国家自然科学基金项目(U1361209、51674264)
“十三五”国家重点研发计划项目(2017YFC0603002)

放顶煤开采基础理论与应用

Basic Theories and Applications in Top-coal Caving Mining

王家臣　张锦旺　王兆会　著

科学出版社
北　京

内 容 简 介

本书针对放顶煤开采技术的基础理论问题及工程应用，系统总结了作者20余年来在十余个煤矿集团、数十个工作面的研究成果，提出了放顶煤开采需要研究的基础理论问题，归纳总结了我国放顶煤开采技术的工程实践和发展过程、理论研究进展等。介绍了放顶煤开采需要的基础力学知识、采动应力分布基本规律。重点研究了放顶煤开采的采动岩层运动规律、采场围岩稳定性分析与控制、顶煤破碎机理、顶煤冒放性指标及应用、顶煤冒放性主导因素、顶煤放出规律的BBR体系、顶煤三维放出规律、顶煤采出率实测仪器研制及应用以及提高顶煤采出率的工艺优化等。

本书是我国第一本系统、全面研究放顶煤开采基础理论的学术著作，可作为高等院校采矿工程等相关专业研究生及高年级本科生的教学参考书，也可供从事煤矿开采方面的教师、研究人员、工程技术人员、设计人员，以及相关科技管理人员阅读参考。

图书在版编目(CIP)数据

放顶煤开采基础理论与应用 = Basic Theories and Applications in Top-coal Caving Mining/ 王家臣，张锦旺，王兆会著. —北京：科学出版社，2018

ISBN 978-7-03-056717-8

Ⅰ. ①放…　Ⅱ. ①王…　②张…　③王…　Ⅲ. ①放顶煤开采–研究

Ⅳ. ①TD823.4

中国版本图书馆CIP数据核字(2018)第044560号

责任编辑：李　雪　冯晓利 / 责任校对：王萌萌

责任印制：师艳茹 / 封面设计：无极书装

科 学 出 版 社 出版

北京东黄城根北街16号

邮政编码：100717

http://www.sciencep.com

中国科学院印刷厂 印刷

科学出版社发行　各地新华书店经销

*

2018年11月第　一　版　开本：787×1092 1/16

2018年11月第一次印刷　印张：40 1/4

字数：954 000

定价：360.00元

(如有印装质量问题，我社负责调换)

前　言

放顶煤开采技术是开采厚煤层的有效方法，也是近40年来我国煤炭开采领域取得的重要标志性成果，已经成为我国煤炭开采技术问鼎世界的名片。放顶煤开采技术原理源于东欧，但是长壁综合机械化放顶煤开采技术的规范、成熟和创造性地发展源于我国。我国自1982年开始试验放顶煤技术，尤其是20世纪90年代以后，煤炭企业、高校和设计研究单位等积极探索和实践，将放顶煤开采技术发展水平提高到了前所未有的高度。无论是开采的煤层条件、产量、效率，还是理论成果都取得了重大进展，有力地支撑了我国煤炭开采技术的跨越式发展。

放顶煤开采技术的健康持续发展必须建立相应的理论体系、研发专用装备和不同开发条件下的开采工艺。在我国放顶煤开采技术发展过程中，实践探索和应用超前于理论研究，或者说是技术实践带动了理论研究，也先后有多本放顶煤开采技术方面的著作出版，而放顶煤开采的理论方面著作少之又少。就是在这样的背景下，本书针对放顶煤开采的一些基础理论，对作者多年的学术思想和研究成果进行总结和提升，希望能对相关教师、研究生、科技人员和企业人员在放顶煤开采理论的认识、理解、掌握和应用方面有所帮助。放顶煤开采的基础研究一般涉及五个方面，分别是顶煤破碎机理、顶煤放出规律、支架围岩关系、覆岩运动及地表沉陷和灾害防治。本书主要是集中在前四个方面，主要内容有采动应力与岩层运动、采场围岩稳定性分析、顶煤破坏机理、顶煤冒放性指标、顶煤放出规律的BBR体系、顶煤采出率现场实测等。

为了提高本书的可读性，在第2章和第3章也穿插介绍了一些固体力学和采动力学的基础知识。本书由王家臣统一规划和设计，其中第1章、第2章2.1和2.2节、第3章、第4章4.1和4.6节、第5章、第8章、第10章10.1～10.3节由王家臣撰写；第2章2.5节、第9章、第10章10.4节、第11章由张锦旺撰写；第2章2.3和2.4节、第4章4.2～4.5节和4.7节、第6章、第7章由王兆会撰写。

本书是基于作者20多年的放顶煤开采实践和研究成果撰写的。1995年，作者参加吴健教授主持的靖远魏家地矿软煤层放顶煤技术研究中，对传统的顶煤类似直接顶破断的小于90°垮落角这一假设开始质疑。事实上在顶板压力和破断顶板回转作用下，顶煤很难形成小于90°垮落角的突然破断形式，而应该是一种渐进破坏，这也是作者要研究顶煤破碎机理和煤岩分界面形态的起因。事实上，基于顶煤垮落角小于90°假设而进行的工作面顶煤爆破破碎曾引发了严重的瓦斯事故。1996年，在谢和平院士主持的煤炭部“九五”重点科技攻关项目“大同两硬厚煤层综放开采关键技术研究”项目中，开始系统研究顶煤裂隙分布对顶煤冒放性的决定性作用。2004年，在平朔浅埋硬煤放顶煤项目研究中对这一学术思想和成果进行了完善，并系统研究了裂隙顶煤在采动应力作用下的渐进损伤与破坏机理。1998年，作者参加吴健教授主持的国家自然科学基金重点项目“厚煤层开采基础理论研究”，在负责淮北朱仙庄煤矿轻放开采的工业试验过程中，逐步形成了顶煤放出的散体介质流理论思想，并于2002年首次发表。2004年，在淮北芦岭煤矿放顶煤开采项目研究中，更深入地研究了顶煤放出规律，为后来顶煤放出规律的 BBR 体系建立奠定了基础(2015 年)。在该项目研究中，深入思考和研究了支架工作阻力与煤壁稳定的关系，提出了加大支架工作阻力可以缓解煤壁压力，有利于煤壁稳定，并给出了理论模型(2007 年)，这为极软厚煤层采用综合机械化放顶煤开采、控制煤壁稳定提供了理论支持。基于这一思想，提出了支架既要平衡顶板压力，也要有利于煤壁稳定的支架阻力确定的二元准则(2014 年)。2008 年，在潞安王庄煤矿放顶煤项目研究中，首次采用自主研发的顶煤运移跟踪仪进行顶煤采出率现场观测，并取得成功。此后又在汾西新柳煤矿、大同塔山煤矿、靖远宝积山煤矿、山西冀中瑞隆煤矿、峰峰山西大远煤矿等 10 余个煤矿进行了成功观测，获得了顶煤不同层位采出率大小，有利支持了顶煤放出理论研究和建立，也解决了顶煤采出率难以现场观测的难题。在国家“十一五”科技支撑重点项目大同塔山放顶煤研究中(2007 年)，系统研究了特厚煤层综放开采顶煤的三维运移与放出规律，首次获得了顶煤三维放出体形态及发育过程。在冀中东庞煤矿(2007 年)、山西冀中瑞隆煤矿(2009 年)等项目研究中，进一步完善了煤壁稳定的理论模型。在鹤壁二矿 31°(2000 年)、峰峰山西大远煤矿 60°(2011 年)、大同北辛窑 25°(2017 年)等大倾角长壁综放开采研究中，提出和完善了大倾角综放支架设计的原则：支架要有足够工作阻力抵抗工作面上部顶板的突然垮落形成的动载，支架要有足够的抗侧向挤压能力和放煤过程中的尾部抗扭能力，同时，提出了相应的计算方法，并系统研究了大倾角煤层的放煤规律。在包头阿刀亥煤矿(2009 年)、峰峰青海江沧一号井(2015 年)急倾斜水平分段放顶煤研究中，提出了顶板倾倒-滑移破断模型和提高采出率的工艺技术，并指出上分段残留顶煤在下分段无法放出，每个分段都必须重视放煤工艺优化。

上述以时间顺序排列的研究过程和学术成果可以概括为顶煤放出规律、顶煤破碎机理、采场围岩控制和支架围岩关系。这些学术成果的形成不仅仅局限于上述项目，例如，还有与焦作煤业集团、开滦(集团)有限责任公司、黑龙江龙煤矿业控股集团有限责任公司、国家能源投资集团有限责任公司、中国煤炭学会、中煤科工集团有限公司等的合作研究，以及主持的多项国家自然科学基金重点项目和面上项目、两项国家重点基础研究发展计划(973 计划)课题和多个横向项目等。为了深入系统进行学术研究，作者及研究团队先后研制了多个专用试验系统和软件，如三维放煤系统、顶板动载荷测试系统、煤壁破坏实验台等，同时也进行了大量理论分析、试验与数值模拟工作。

本书内容的研究和撰写过程中得到了钱鸣高院士、吴健教授、谢和平院士、彭苏萍院士、袁亮院士、蔡美峰院士、康红普院士、金智新院士、王国法院士、刘峰会长、朱德仁研究员、胡省三研究员、刘修源研究员、曹文君主任、于斌总工、李伟总工、马耕总工、贾明魁董事长、赵兵文董事长、赵鹏飞董事长、梁习明董事长、杨建立总工等的悉心指导和帮助，以及合作过的煤炭企业、研究团队的重要启迪和帮助，在此一并深表感谢。

由于研究条件和个人水平有限，本书也一定会存在许多不足，敬请读者批评指正。

2018 年 8 月 25 日

目　　录

1 绪　　论

放顶煤开采技术是高效开采厚煤层的方法之一，也是我国煤炭开采领域取得的重要标志性成果，放顶煤开采技术原理于1982年引入我国，并在我国得到迅猛发展。目前的放顶煤开采技术无论是理论体系、装备、开采的煤层条件，还是取得的技术经济指标等较刚引进时已经有了质的飞跃。

应用放顶煤开采技术的根本目的就是安全、高效、高采出率地开采厚煤层和拓展放顶煤技术的应用条件。根据放顶煤开采技术在我国应用与创新发展的历史，通过对放顶煤开采技术实践阶段的合理划分有助于为我们理清该项技术发展的历史脉络。通过系统分析，适当总结放顶煤开采技术取得的理论成果及需要深入研究的问题将有助于该项技术的进一步发展。总体来看，放顶煤开采技术的工程实践超前于理论发展，尤其在放顶煤开采技术应用之初，这种现象尤为突出。此外，煤矿开采的概念或术语是非常重要的，在可能的情况下应尽可能规范有些似是而非的概念或术语。

1.1　放顶煤开采技术

1.1.1　放顶煤开采技术简介

综合机械化放顶煤开采，在此简称为放顶煤开采，其实质是在煤层底部布置一个采高2～3m的综采工作面，使用专用的放顶煤支架，用常规方法进行开采，同时利用矿山压力或辅助以人工弱化措施(如爆破作业、注水软化)使放顶煤支架上方的顶煤破碎成散体，由放顶煤支架尾部放煤口放出，经由综采工作面后部刮板输送机运出综采工作面，连同综采工作面前部刮板输送机运出的从煤壁上割下的底煤一并卸载到综采工作面机巷的转载机上，破碎后由皮带运输机运出综采工作面，如图1-1所示。

放顶煤综采工作面有前、后两部刮板输送机出煤，根据工艺循环设计，采煤和放煤可以平行作业，此时前、后部刮板输送机同时出煤，综采工作面生产效率较高；也可以采煤和放煤间隔作业，此时前、后部刮板输送机交叉出煤。根据煤层厚度及采煤方式等不同，放顶煤开采又可以分为大采高综合机械化放顶煤开采、综合机械化放顶煤开采、简易机械化放顶煤开采与炮采放顶煤。

大采高放顶煤开采是指在特厚煤层底部布置一个采高大于3.5m的综采工作面，放出综采工作面上部的顶煤。大采高放顶煤开采主要用于煤层厚度较大的特厚煤层(煤层厚度≥12m称为特厚煤层)或者是瓦斯涌出量较大的厚煤层。大采高放顶煤开采的优点是机采高度大，适应的煤层厚度大，如大同煤矿集团有限责任公司(简称大同煤矿集团)塔山煤矿，运用机采高度为5m的大采高放顶煤开采技术，可一次采出煤层厚度达20m。对于瓦斯涌出量大的煤层，增大机采高度、增大工作面通风断面，有利于稀释工作面瓦斯。同时《煤矿安全规程》(2016版)规定：“缓倾斜、倾斜厚煤层的采放比大于1∶3(此处是

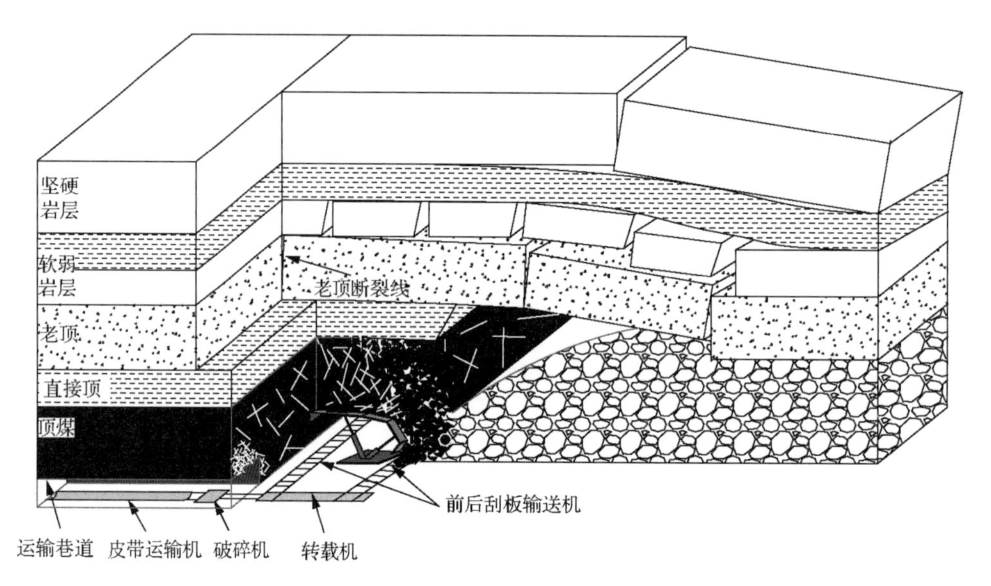

图 1-1　放顶煤开采示意图

通俗说法，严格讲，应为采放比不小于 1∶3)，且未经行业专家论证的、急倾斜水平分段放顶煤采放比大于 1∶8 的严禁采用放顶煤开采”。据此通过提高机采高度有利于开采更厚的煤层，加大机采高度也有利于提高工作面采出率。

简易机械化放顶煤开采技术是指采用采煤机落煤、悬移顶梁液压支架铺网放顶煤的开采技术；炮采放顶煤是指采用爆破落煤、单体液压支柱配 π 型顶梁铺网放顶煤的开采技术。由于这两种放顶煤开采技术对顶板(煤)控制不好，支架工作阻力和初撑力难以达到要求，易产生顶板事故，近年来已经很少使用，尤其是炮采放顶煤技术已基本淘汰。本书所述的放顶煤开采技术是指综合机械化放顶煤(含大采高综合机械化放顶煤)开采技术。

放顶煤开采技术的特点决定了该方法具有巷道掘进率低、投资少、成本低、产量大、生产效率高等优点，对煤层厚度适应性强，4～20m 煤层均可采用。对于急倾斜厚煤层采用水平分段放顶煤技术开采时，煤层厚度最好大于 20m，否则工作面太短，巷道掘进率高、生产效率低、采出率低。放顶煤开采对顶煤采出率控制、工作面两巷全煤巷道稳定性控制、采空区防火、瓦斯涌出控制等难度较大，同时对煤层的硬度和裂隙发育程度要求较高，对于一些坚硬煤层或煤体裂隙不发育的煤层适应性较差。

1.1.2　放顶煤开采技术定义

目前关于放顶煤开采的称谓较多，概括起来主要有放顶煤开采技术、放顶煤开采方法和放顶煤开采工艺。那么，放顶煤开采究竟是“技术”“方法”，还是“工艺”呢？应该说这几种说法都在使用，而且大家也习以为常，无论哪种说法，大家都能理解，也都能接受。对于理解、研究和使用放顶煤开采并无影响。但是为了统一称谓，不引起歧义，也有必要在此澄清一下。

技术是人类为了满足自身的需求和愿望，遵循自然规律，在长期利用和改造自然的过程中，积累起来的知识、经验、技巧和手段，是人类利用自然改造自然的方法、技能和手段的总和。

方法一般是指为获得某种东西或达到某种目的而采取的手段与行为方式。技术方法是人们在技术实践过程中所利用的各种方法、程序、规则、技巧的总称。技术方法是一种实践方法，人们在技术活动中利用技术知识和经验，选择适宜的技术方法或创造出全新的方法，去完成设定的技术目标。

工艺是指劳动者利用生产工具对各种原材料、半成品进行增值加工或处理，最终使之成为制成品的方法与过程，即“做工的艺术”。所以对于同一种产品而言，不同的工厂制定的工艺可能不同；甚至同一个工厂在不同时期对同一产品的工艺也可能不同。

从上述一般概念定义来看，大体上可以得出技术包含的范围最广泛，其次是方法，最后是工艺。在煤矿开采中，一般来说，采煤技术包含着采煤方法与所使用的装备。采煤方法包括采区内采煤系统和采煤工艺两部分，或者称为采煤工艺与回采巷道布置及其在时间、空间上的相互配合[1]。采煤工艺是指工作面采煤作业的工艺过程。据此将放顶煤开采定义为“放顶煤开采技术”更加合适，放顶煤开采的采煤工艺和巷道布置与普通长壁综采是有差异的。普通长壁综采采煤与巷道处于同一立体空间(宏观上)，而放顶煤开采只在煤层底部布置巷道，除需要采出巷道所涵盖空间内的底煤外，还需放出巷道所涵盖的立体空间上部顶煤。同时放顶煤开采的工艺与综采也不同，除机采割煤外，还需要放出顶煤。另外，放顶煤开采支架也与综采不同，需要专用放顶煤支架，工作面设备布置也多了后部专用运输顶煤的刮板输送机，因此将放顶煤开采称为“放顶煤开采技术”是相对更准确的称谓。

1.2 放顶煤开采技术发展简介

1.2.1 放顶煤开采的技术实践

1964 年，法国首先在中南部煤田的布朗齐煤矿试验成功了综合机械化放顶煤开采技术，后在苏联、南斯拉夫、罗马尼亚、匈牙利等国推广应用[2]。当时放顶煤开采技术主要用于边角煤和煤柱开采，最高月产只有 4.96 万 t(法国的布朗齐矿)，由于资源枯竭和思想认识等原因，并未将这项具有巨大潜力的开采技术进一步发展。

放顶煤开采技术在我国开始试验和应用已有 36 年的时间，取得了举世瞩目的成绩，已经成为我国煤炭行业近 30 年来的标志性成果之一，也为煤炭企业渡过世纪之交的困难期、走出低谷做出了重要贡献。

我国的放顶煤开采技术发展大体上可以分为以下 4 个阶段。

1) 探索阶段(1982～1990 年)

1982 年放顶煤开采技术引入我国，1984 年 4 月我国第一个缓倾斜厚煤层综合机械化放顶煤工作面在沈阳矿务局蒲河煤矿进行井下工业试验，由于支架架型不合理和采空区发火等，试验效果不理想。1986 年在甘肃窑街矿务局二矿进行了急倾斜特厚煤层水平分段综合机械化放顶煤开采试验，取得了成功，并获得 1990 年国家科学技术进步奖二等奖。

1987 年以后，综放技术开始在缓倾斜软煤及中硬煤中进行试验，到 1990 年底，全国已经有 32 个综合机械化放顶煤工作面(缓倾斜厚煤层长壁放顶煤工作面+急倾斜厚煤层水平分段放顶煤工作面)。当时的长壁放顶煤工作面煤层厚度大部分为 5～8m，煤层倾角在 20°以下，所用支架工作阻力为 4000kN 左右，工作面机采高度为 2～2.5m。水平分段放顶煤工作面的煤层厚度为 15～30m，个别达 70m，煤层倾角在 45°以上。平顶山、阳泉、潞安、晋城、郑州、兖州等矿务局进行缓倾斜厚煤层的放顶煤开采试验和推广应用；辽源、乌鲁木齐、包头和平庄等矿务局进行急倾斜特厚煤层的水平分段放顶煤试验和推广应用[2-4]。1990 年上半年，阳泉矿物局一矿(简称阳泉一矿)和潞安集团王庄煤矿的放顶煤工作面月产都超过了 8 万 t。1990 年下半年，阳泉一矿 9603 放顶煤工作面月产超过 14 万 t，比该矿分层综采工作面的产量和效率都提高了一倍以上，工作面煤炭采出率在 80%以上，基本上摸索出了一条放顶煤开采实现高产、高效的技术途径，证明了放顶煤开采的巨大潜力和优势，使放顶煤开采技术在国内基本得到认可[5]。

2) 应用阶段(1991～1995 年)

这一阶段的特点是：在条件适宜矿井，放顶煤开采技术的应用范围迅速扩大，工作面的产量迅速提高，高产高效是这一阶段的主题，从 1990 年的年产百万 t 的水平提高到 1995 年的年产 300 万 t 的水平。阳泉、潞安、郑州、兖州等局矿在推动放顶煤高产高效方面做出了巨大贡献，如潞安集团王庄煤矿 1993 年工作面最高月产达 31 万 t，年产 250 万 t，工效为 100t/工。1995 年兖州兴隆庄煤矿工作面年产突破了 300 万 t。1995 年全国共有 67 个综合机械化放顶煤工作面，占全国当时百万吨以上工作面的 34.3%[5]。

与此同时，也加快了在“三软”煤层(郑州)、高瓦斯煤层(阳泉)和大倾角煤层(石炭井，30°)中试验放顶煤开采技术的进程。放顶煤支架由早期的仿制欧洲国家到自主研制，并基本上形成了具有我国自己特点的放顶煤支架。然而在放顶煤开采的采出率、瓦斯防治、粉尘与采空区自燃等方面，尚有许多疑虑；在高瓦斯煤层、大倾角煤层、浅埋和坚硬厚煤层等难采厚煤层中能否实现高产高效的放顶煤开采，也有许多待解决的问题。为了指导放顶煤开采技术的健康发展，1993 年煤炭工业部在中国矿业大学(北京)研究生部与潞安矿业集团联合成立了煤炭工业部放顶煤开采技术中心，时任国务院副总理邹家华题写了中心名称，吴健教授担任主任，2014 年该中心由中国煤炭工业协会更名为放顶煤开采煤炭行业工程研究中心，王家臣教授任主任，进一步深化和拓展了相关的研究领域。1994 年在煤炭工业部科教司的具体领导下成立了煤炭工业部综采放顶煤技术专家小组，编制了放顶煤开采的暂行技术规定，对于研究、指导和推广放顶煤开采技术发挥了积极作用。

3) 拓展阶段(1996～2005 年)

1996～2005 年是国家“九五”和“十五”计划期，煤炭行业经历了跌宕起伏的过程。1997 年下半年，煤炭行业进入了严冬期，煤炭企业全面亏损；2002 年下半年，煤炭行业逐渐复苏，至此迎来了煤炭行业快速发展的 10 年(2002～2012 年)。在这 10 年间，煤炭开采技术的发展与企业经济形势密切相关，在 20 世纪末煤炭行业进入困难期后，各煤炭企业寻求低成本的开采技术成为当务之急。放顶煤开采技术经过 10 余年的发展，已经证明了其具有成本低、效率高、产量大的优势，为此应用和发展放顶煤开采技术就成了煤炭企业降本提效的首选。

在“九五”期间，煤炭工业部将综采放顶煤开采技术作为五项重点科技攻关项目之首，提出：“在综采放顶煤技术上要取得新突破，力求在所有适用放顶煤的厚煤层都推广这一新工艺”(煤炭工业部关于颁发《“九五”时期煤炭工业改革与发展纲要》的通知，1996 年 5 月 15 日)。科研院所、高等学校、煤炭企业、煤机制造厂等联合研究，在大同“两硬”、郑州“三软”等煤层条件下开展了应用放顶煤开采技术的科技攻关工作，其中由大同煤矿集团、中国矿业大学(北京)、太原理工大学和太原煤科院组成的课题组，解决大同“两硬”厚煤层放顶煤开采过程中在顶煤预爆破和提高采出率、坚硬顶板处理、支架设计与设备配套方面取得了重要创新成果，获得了 2000 年国家科学技术进步奖二等奖。与此同时在极软高瓦斯厚煤层、大倾角厚煤层、轻型支架等放顶煤开采技术方面取得了成功和进行了推广，极大地拓展了放顶煤开采技术的应用范围。峰峰集团的轻型支架放顶煤开采技术当时具有很大的影响力和推广价值。中国矿业大学(北京)与企业合作，1996 年在靖远矿务局魏家地煤矿、2000 年在淮北矿业集团朱仙庄煤矿和 2005 年在芦岭煤矿的极软高瓦斯厚煤层中创造性地应用了放顶煤开采技术，并取得成功；2001 年在鹤壁矿务局二矿 31°大倾角厚煤层中，成功应用了轻型支架放顶煤开采技术。这一阶段，中国矿业大学(北京)、煤炭工业部放顶煤开采技术中心等对拓展放顶煤开采技术的应用范围和创新发展发挥了重要作用。

潞安、阳泉、兖州在进一步提高放顶煤工作面产量和效率方面做出了巨大贡献。中煤平朔公司联合中国矿业大学(北京)、煤炭科学研究总院开采分院等在埋深 70～150m 的硬煤中成功应用了放顶开采技术，工作面年产均可以达到 600 万 t。

在进一步发展综合机械化放顶煤开采技术高产、高效的基础上，拓展和研究多种形式的综合机械化放顶煤开采技术是这一时期的主流。然而也有一些局矿为了降本提效也开发和应用了一些简易支架放顶煤开采技术，如悬移支架机采放顶煤开采技术、滑移支架机采放顶煤开采技术甚至是单体支柱炮采放顶煤开采技术等，这一阶段的放顶煤开采技术可以用“百花齐放”来表达。

4) 成熟与输出发展阶段(2006 年至今)

2006 年以后的 10 余年间，我国放顶煤开采技术逐渐进入成熟期，也是深入自主研发和创新期，重要的标志性成果是开发了大采高放顶煤开采技术，大同煤矿集团有限责任公司(简称大同煤矿集团)联合中国煤炭科工集团有限公司(简称中煤科工集团)及下属单位、中国矿业大学(北京)等在塔山煤矿开发了机采高度为 3.5～5m、可以开采 14～20m 特厚煤层的大采高放顶煤开采技术，工作面年产达 1000 万 t 以上，获得了 2014 年国家科学技术进步奖一等奖。潞安矿业(集团)公司王庄煤矿、山东能源新矿集团新巨龙公司等在大采高放顶煤开采技术及放顶煤工作面自动化方面也取得了重要进展。

急倾斜厚煤层放顶煤开采技术取得重要进展。2014 年冀中能源峰峰集团有限公司(简称峰峰集团)与中国矿业大学(北京)合作在 60°急倾斜 6～8m 厚煤层中应用走向长壁放顶煤开采技术，取得成功，工作面月产 7 万 t，获 2016 年国家科学技术进步奖二等奖。

2013 年神华新疆能源有限责任公司与西安科技大学合作在乌东煤矿南采区倾角 63°、煤层厚度为 39m 的特厚煤层中，采用水平分段放顶煤开采技术，分段高度 30m，割煤高度 3m，选用了 ZF6500/20/40 两柱支架和短机身单滚筒采煤机，应用超前爆破作业和注水弱化顶煤技术，实现了工作面年产达 300 万 t 的水平。

放顶煤液压支架研制方面，结合放顶煤工作面顶板压力前部大、后部小的特点，提出了四柱支架后柱减小缸径的设计思路，同时兖州矿务局率先开发和应用两柱放顶煤液压支架，后逐渐推广到神华集团神东分公司保德煤矿(简称保德煤矿)和神华万利煤炭有限责任公司柳塔矿(简称柳塔矿)、中煤平朔煤业有限责任公司安家岭井工一矿、冀中能源集团有限责任公司显德旺矿(简称显德旺矿)等，均取得了良好效果。放顶煤支架的阻力越来越大，神华集团有限责任公司黄玉川煤矿(简称黄玉川煤矿)四柱放顶煤支架的工作阻力达 20000kN。

2004 年 11 月兖矿集团在澳大利亚注册了兖煤澳大利亚公司(YAN COAL AUSTRALIA LIMITED)。兖煤澳大利亚公司 2004 年 12 月 24 日收购了位于澳大利亚新南威尔士州南部煤田的澳斯达煤矿，2006 年 10 月该公司提供的第一套综采放顶煤配套设备在澳斯达煤矿投入使用，建立了澳大利亚第一个放顶煤工作面。2013 年 10 月，该公司提供了一套两柱放顶煤支架及成套设备在昆士兰博地公司的北贡拉特矿开始使用。标志着我国放顶煤开采技术基本成熟，并走向国外。除澳大利亚以外，印度、土耳其、俄罗斯、越南等国也有个别煤矿在应用放顶煤开采技术，并进行了一些基础研究[6]。

这一阶段的特点是特厚煤层大采高放顶煤开采技术取得突破，工作面年产可达千万吨；两柱支架放顶煤开采技术得到认可和应用；急倾斜特厚煤层水平分段放顶煤开采技术发展迅速；急倾斜厚煤层长壁放顶煤开采技术进一步发展；放顶煤工作面的产量、效率和安全状况进一步提高；我国的放顶煤开采技术输出到国外。

到目前为止，放顶煤开采技术在我国得到了全面发展和应用，也是我国煤炭开采取得的处于世界领先水平的标志性成果，然而由于我国煤层赋存条件复杂、开采难度大，放顶煤开采技术仍然需要继续创新、发展和完善，在高产高效、提高采出率、地面保护、瓦斯防治、水体下及难采煤层放顶煤开采等方面还需要不断改进和提高。

1.2.2 放顶煤开采的理论研究

总体上看，我国的放顶煤开采的理论研究落后于技术实践，放顶煤开采技术在我国应用初期，这一现象尤其突出，最近 10 年，理论研究进展较快、也逐渐成熟与完善，对指导放顶煤开采技术更加广泛地发展和应用起到了促进作用。

事实上，自 1982 年开始引进放顶煤开采技术，国内的放顶煤开采理论研究就已经开始了，并且持续至今，所研究的几个基本理论问题大体上是一致的，研究思路经历了“共性—个性—共性”的过程。相比技术实践而言，放顶煤开采的理论研究不易截然按照年代划分，也没有一个十分明确的标志性理论成果高点进行严格划分，但是按照理论研究的方法、思路和取得的进展等，可以大体上分为以下 3 个阶段，其中划分的年代仅仅作为参考。

1) 借鉴阶段(1982～1997年)

放顶煤开采与综采的主要区别是在支架上方有一层在矿山压力作用下破碎的顶煤，并且随着工作面的推进呈步距式放出，因此在放顶煤开采的初期理论研究中，自然是把研究注意力集中到了顶煤放出规律上，对比了松散顶煤放出与金属矿放矿的相似和差异之处，加之这一时期一些高位和中位放顶煤支架的使用(高位放顶煤支架的放煤过程与金属矿放矿过程相似之处较多)，借鉴了金属矿的放矿椭球体理论，提出了放煤椭球体理论[4,7-10]，是这一阶段的主要理论贡献。

放顶煤开采的一次采高(机采高度+放煤高度)与分层开采相比成倍增加，但是实际观测到的顶板压力并没有成倍增加，基本上与类似条件顶分层顶板压力相当，再继续沿用采高倍数估算工作面顶板压力与实际相差较大，为此，提出了破碎顶煤可以缓解顶板压力的思想，但是这一思想没有在理论上进行深入、可行的解释，实际生产上也难以应用。引用损伤力学对顶煤进行分区也是一个重要的学术思想[8]。吴健教授等在这一时期的放顶煤开采理论研究方面做了大量有益的探索和重要贡献。

2) 探索阶段(1998～2005年)

在放顶煤开采的理论研究初期以借鉴相关理论为主的基础上，逐渐开始针对放顶煤开采技术特点进行相关理论研究，国内相关学者也开始了更加深入的思考和研究。1998年国家自然科学基金委员会重点资助了吴健教授主持的“厚煤层全高开采方法基础研究”(批准号：59734090)，这也是国家自然科学基金委员会在矿业学科资助的第一个重点项目，由中国矿业大学(北京)、中国矿业大学、淮北矿业(集团)有限责任公司(简称淮北矿业)、潞安矿业(集团)公司(简称潞安矿业)、煤炭科学研究总院、太原理工大学共同组成项目组，集中进行放顶煤开采的基础理论研究。

吴健教授系统地提出了放顶煤开采的基础理论框架，从放顶煤开采的岩层运动、顶煤破碎、放煤规律、巷道围岩控制、瓦斯防治，到火灾与粉尘防治等系统列举了放顶煤开采的基础理论研究的主要方面，对于促进放顶煤开采的理论研究起到了积极作用[10,11]。在考虑顶煤作用情况下，钱鸣高院士及其团队等建立了综放采场整体力学模型，以及支架工作阻力与采场端面顶板稳定性关系[12,13]。谢和平院士将分形几何理论应用于顶煤破碎块度分布、顶煤预爆破炸药能量消耗、放顶煤巷道裂隙分布等，指导了大同“两硬”厚煤层的顶煤预爆破方案设计[14,15]。

针对我国2000年以后各局矿均采用低位放顶煤支架的事实，通过模拟试验、数值分析和现场实际观测等，提出了顶煤放出散体介质流理论，客观地考虑支架步距式周期移动、支架掩护梁与尾梁的影响等，基于煤岩分界面形态从宏观上描述顶煤放出过程和计算顶煤采出率，是这一阶段的重要学术思想[16,17]。对于中硬及硬煤层，放顶煤开采过程中，顶煤破碎难易程度及破碎块度主要取决于顶板压力、顶煤中的裂隙发育程度和分布，为此在煤炭工业部“九五”重点科技攻关项目大同“两硬”厚煤层放顶煤开采关键技术研究过程中，提出了基于顶煤裂隙分布的顶煤破碎块度预测的学术思想和模型[18]，后来应用到了中煤平朔煤业有限责任公司(简称中煤平朔)浅埋硬煤、大同塔山侏罗系特厚硬煤层的放顶煤开采中，科学地解释了硬度大体相同，由于裂隙发育程度不同，进行放顶煤开采具有截然不同的效果，抓住了评价顶煤冒放性的主要矛盾。

利用损伤力学研究顶煤的冒放性，建立损伤力学理论模型[19,20]，将损伤力学原理引入放顶煤支架工作阻力确定、采用统计方法确定放顶煤支架工作阻力等都是有益的理论探索[21]。

3) 创新阶段(2006 年～)

2006 年以后，我国的放顶煤开采技术逐渐成熟，并进入深入发展阶段，理论研究在继续深入的基础上逐渐完善，并且初步形成体系。

作者在 2002 年提出的顶煤放出散体介质流理论思想的基础上，又进一步发展和完善了放煤理论，一些研究成果先后发表在《煤炭学报》、*International Journal of Rock Mechanics and Mining Sciences* 等国内外重要的学术期刊上，提出了顶煤放出规律的 BBR 体系。该理论的核心是系统研究了综放开采顶煤放出规律，建立了统一研究煤岩分界面、顶煤放出体、顶煤采出率和含矸率四要素的 BBR 体系，并发明了顶煤运移跟踪仪进行现场顶煤采出率实测和三维模拟试验台进行系列试验来验证理论的正确性。分析了煤岩分界面形态及支架和移架对其的影响，提出了用二次函数拟合煤岩分界面。将放出体分为发育不完整、基本成熟和成熟 3 个发育过程。发现了支架掩护梁的影响会使放出体前部发育较快，始终超出椭球体范围的现象，指出顶煤放出体是被支架掩护梁所切割的非椭球体，提出了切割变异椭球体的概念。指出应尽可能地扩大放出体与煤岩分界面的相切范围来提高顶煤采出率、降低含矸率，通过确定合理放煤工艺与参数，控制煤岩分界面形态来提高顶煤采出率。该理论为提高顶煤采出率、确定放顶煤开采适用的煤层厚度等提供了理论指导，从理论上指明了顶煤损失、矸石混入的部位和机理，是放顶煤开采的重要原创成果[22-27]。

煤壁破坏与端面漏冒是放顶煤开采需要解决的重要问题之一。影响煤壁破坏的主要因素是顶板压力、煤壁黏结力、支架工作阻力。建立了煤壁剪切破坏的力学模型，提出了基于煤壁稳定和平衡顶板压力的支架工作阻力的确定方法[28-31]。同时考虑到顶板结构突然失稳时对支架的动载荷冲击作用，提出了支架工作阻力计算的动载荷方法[3,30]。根据采动应力作用，基于顶煤裂隙的逐渐扩展与贯通，建立了顶煤裂隙的三维网络模型，提出了顶煤破碎块度的量化预测方法[18]。随着大采高技术的应用，近年来关于煤壁破坏的研究较多，这些研究的原理和方法同样可以作为放顶煤开采时的参考和借鉴[32,33]。

这一阶段，研究不同煤层条件下的顶板结构、支架阻力计算、大倾角厚煤层长壁放顶煤开采的顶板压力相关理论等也十分活跃[34]，其中笔者以顶煤放出理论、顶煤采出率现场观测、顶煤破碎块度预测方法和顶煤动载荷计算为主要内容及其工程应用获得了 2011 年国家科学技术进步奖二等奖。事实上，放顶煤开采的理论问题还远远没有解决，对许多问题的研究也不够深入，也没有达成共识，还需要进一步加强。

1.3　放顶煤开采的基础理论问题

放顶煤开采技术总体上可以分为两大类：走向(倾斜)长壁放顶煤开采技术和急倾斜

特厚煤层的水平分段放顶煤开采技术。本书所说的放顶煤开采技术若不加特殊说明是指前一类。放顶煤开采技术需要解决的基本理论问题既有与一般长壁开采方法相同的基本理论问题，也有一些是放顶煤开采技术所特有的。这些基础理论问题可以分为 3 类：第一类是采矿方面的，第二类是安全方面的，第三类是机械方面的。在此仅就与采矿方面相关的一些基础理论问题进行简单描述。

1.3.1 顶煤破碎机理

顶煤破碎机理研究是放顶煤开采所特有的，也是放顶煤开采需要解决的最基础的理论问题。顶煤破碎程度与煤体强度、裂隙发育程度与分布、矿山压力作用、顶煤中的夹矸分布等情况有关，早期的放顶煤研究中经常采用顶煤冒放性指标来说明顶煤破碎程度，这是一个综合性指标，其实顶煤是否易于破碎主要取决于顶煤中的裂隙密度、分布和顶煤中的夹矸厚度与强度，因此近年来研究顶煤破碎机理时，更加注重顶煤中裂隙分布的研究。顶煤破碎机理研究主要是研究在矿山压力作用下，顶煤的变形、移动和破裂的机理与过程，对于不同性质和外界作用条件的顶煤，其破裂机理和过程也有所差异。对于普氏硬度系数 $f<1$ 的软煤，在矿山压力作用下顶煤能够完全破碎并在支架上方破碎成散体，极容易流动和放出；对于裂隙较发育的中硬顶煤($1\leqslant f\leqslant3$)，在矿山压力作用下能够破碎成满足放煤要求的合适块度。对于裂隙发育的坚硬顶煤($f>3$)，在矿山压力作用下能够自然破碎，并在支架上方破碎成散体，可满足放煤要求；对于裂隙不发育的坚硬顶煤($f>3$)，在矿山压力作用下能够自然破碎，但是顶煤的垮落角较小，部分上位顶煤会直接冒落到采空区，难以回收，同时顶煤破碎的块度较大，难以高效放出，因此一般需采用爆破等人工辅助措施对顶煤进行预破碎作业，以改善顶煤的冒放性，提高顶煤采出率。研究顶煤破碎机理，既要研究矿山压力作用下顶煤的自然破碎机理，也要研究坚硬顶煤在爆破作用下的破碎机理。研究顶煤破碎机理与顶煤冒放性是确定厚煤层开采技术、确定放顶煤工作面采放工艺、进行支架设计、提高顶煤采出率、改善顶煤破碎技术的基础[3]。

顶煤破碎机理的研究一直沿用岩石加载的思路和技术途径，采用岩石力学通用的方法和强度理论。然而顶煤破碎既有形成采动应力的加载作用，也有在采空区一侧约束条件改变的卸载或释放应力作用，而且约束条件改变和裂隙扩展可能是顶煤破碎的主要原因。

1.3.2 散体顶煤放出规律

散体顶煤放出规律与顶煤破碎机理一样都是放顶煤开采技术所特有的基础理论。散体顶煤放出规律研究是放顶煤开采技术的核心研究内容，顶煤破碎机理研究主要是服务于厚煤层开采技术选择，如顶煤容易破碎的厚煤层可以选用放顶煤开采技术，否则选择大采高或者分层开采更合适。顶煤破碎机理研究是顶煤放出规律研究的前期研究工作，只有那些容易破碎的顶煤，才有进一步研究其放出规律的必要。顶煤放出规律研究主要是研究破裂与冒落后的散体顶煤在支架掩护梁和尾梁上方的流动与放出规律，建立符合放顶煤开采的顶煤放出理论，可对顶煤放出过程进行正确描述，预测顶煤采出率与含矸率，指导采放工艺与参数确定，指导实际生产中提高顶煤采出率与降低含矸率，实现精准放煤。自从我国开始应用放顶煤开采技术以来，就开展了对该项内容的研究，前面的理论进展部分对此已经有较详细的叙述。

散体顶煤放出规律的研究必须考虑支架掩护梁和尾梁的影响、支架周期性步距式移动(支架移动步距就是采煤机的每刀割煤进尺)、移架过程中支架上方顶煤周期性下落、放煤步距、破碎煤岩的物理力学性质等，简单地引用放矿椭球体理论是不合适的，放煤与放矿无论在过程上，还是边界条件上都有很大差异，因此需要建立符合放煤过程和条件的顶煤放出理论。

1.3.3　支架—围岩关系

采场支架—围岩关系是煤炭开采领域传统的、经典的研究内容，其核心是通过支架与围岩相互作用关系研究，给出支架设计的类型与参数，实现对围岩，尤其是对顶板的经济、有效控制。掌握采场支架与围岩关系，对于理解采场围岩控制、设计合理的支架、提高开采效率等都有重要意义。事实上，无论是普通综采还是放顶煤开采，支架与围岩关系研究还大都处于定性阶段，对现场的指导也很有限。早期的研究(1970 年以前)大都是针对单体支架的。最近这些年，从理论和数值模拟方面对于液压支架的研究较多，但是研究的系统性、扎实性和现场实测等方面又很薄弱，因此加强这方面的研究势在必行。

放顶煤开采自工作面前方开始，仍然是煤壁—支架—采空区共同支撑着上覆岩层及其组成的结构。自下而上分别是煤层底板、支架、顶煤、直接顶、基本顶组成的系统，且其之间相互作用。顶煤既是需要放出的煤炭，同时也能传递力的作用，也正是由于在支架上方存在一层厚的、破碎的、随采随放的顶煤，放顶煤开采的支架—围岩关系更加复杂，从理论上建立经典模型也更加困难，但是这一研究是放顶煤开采需要开展的重要基础研究工作之一，可以用来指导支架选型与设计、采放工艺设计，分析顶底板岩层活动规律、工作面围岩控制等。

1.3.4　工作面煤壁稳定控制

放顶煤工作面的围岩控制主要是指工作面煤壁控制和顶煤控制。顶煤控制主要是防止机道上方和支架间的顶煤冒漏，这可以通过支架顶梁结构设计，实现对顶煤全封闭来解决。控制煤壁稳定主要有 3 种途径：一是采用注浆、非金属锚杆等加固煤壁；二是加快工作面推进速度，减少煤壁裸露时间；三是减缓煤壁压力。作者的理论研究和工程实践表明，通过增大支架的支撑能力和刚度可以减缓煤壁压力，减缓煤壁压力是防止煤壁破坏的有效途径[28-31]。但是如何建立支架阻力、刚度、顶煤刚度与煤壁压力之间的理论关系，在支架设计和使用中缓解煤壁压力还需要深入系统地研究。通过理论研究，给出煤壁所能承受的压力大小及分布，设计合理的支架分担来自顶板的压力。

1.3.5　岩层移动规律

放顶煤开采一次采高增大，一次可采出煤层厚度达 20m，上覆岩层移动规律更加剧烈。开采以后，顶煤破碎和放出，直接顶垮落、基本顶破断，继续向上发展，引起高位岩层移动与地表沉陷等。岩层移动与地表沉陷规律研究可以采用经典的概率积分法，也可以采用数值模拟或者相似模拟等，若从理论上建立数学模型相对难度较大。地表沉陷规律研究伴随着煤矿的大规模开采一直在进行着，某些基本规律已经大体上清楚，但是由于煤矿开采条件千差万别，具体的沉陷规律也有很大区别。沉陷规律研究一方面用于保障安全开采、对地面设施进行保护或者搬迁；另一方面，是用来指导地面减沉技术设计与实施。随着国家环境保护政策越来越完善，放顶煤开采的岩层移动规律研究和减沉技术实施越来越迫切。但是如何从理论上给出放顶煤开采的高位岩层移动规律及范围等一直是一个需要开展的重要工作。

1.3.6 全煤巷道支护机理

一般而言，放顶煤开采的煤层强度较低、煤体内裂隙较发育，而且工作面回采巷道沿厚煤层下部布置，巷道四周均是强度较低的煤层，且开采过程中，前方支承压力分布范围大，对巷道的影响范围大，有的达到百米以上，放顶煤工作面回采巷道的变形和破坏比较严重，因此研究全煤巷道支护机理、巷道变形与破坏规律、改善巷道破坏的技术措施等至关重要。许多软煤层放顶煤工作面产量不高是由于巷道变形量大，工作面两端维护工作量大，工作面无法正常推进。事实上，到目前为止，我国煤矿巷道支护理论还不完善，或者说已经基本掌握巷道的变形与破坏规律，但是在围岩控制对策方面还缺少经济、有效的办法，即在巷道的支架—围岩关系方面还有许多理论问题需要研究，如在充分考虑地应力作用、地质构造和破碎带影响、支架及锚杆等支护物的受力和破坏状态等研究方面还有许多欠缺。理论上讲，锚杆和锚索等受拉力作用，因此在设计和施工锚杆和锚索时，总是希望有更大的抗拉强度和足够的延伸量，然而事实上锚杆和锚索的受力状态极其复杂，破坏形式多种多样，真正单纯的拉伸破坏的很少，这就导致支护的设计思路与实际情况有很大差异。

1.3.7 放顶煤开采的经济性

技术离不开经济，经济上不合理的技术是没有生命力的。在进行放顶煤开采技术选择与使用过程中，需要先进行经济比较，在可以选择的几种可行开采技术中只有当放顶煤开采技术的整体经济效益最优时，我们才会选择放顶煤开采技术。因此一个矿区、采区或者工作面采用何种开采技术，既要考虑技术的可行性，更要考虑经济上的合理性。目前煤矿开采已经融入整个社会的大系统中，不再是单纯的开采本身，因此对其进行经济评价需要建立系统和全面的评价模型，既要考虑开采的直接成本和效益，也要考虑与开采相关的其他成本，如环境、资源采出率、煤质、地面沉降与修复等。

1.4 煤炭开采的几个基本概念

煤炭开采同其他理论、技术一样，在其发展过程中有些术语、概念可能会发生变化，甚至偏离原有的含义，这是一门理论或技术发展过程中的必然现象。同时在发展过程中根据需要和表述方便也会出现一些新的名词或者术语，在此就作者近 20 多年来遇见的，也是常常容易混淆、没有确切定义的几个与放顶煤开采有关的技术术语进行解释。

1.4.1 特厚煤层

众所周知，厚煤层是指煤层厚度大于3.5m的煤层，基于当时(20世纪50年代)的开采技术与装备所限，一般认为对于厚煤层需进行分层开采，尽管目前一次开采的煤层厚度不止3.5m，但这种煤层厚度的划分标准一直沿用至今。近年来，随着大量厚度更大煤层的开采，如厚度为20m、30m，甚至更厚的煤层，人们又给出了特厚、超厚、巨厚煤层的概念，但这些概念地给出往往是个别矿区或单位为了反映自己的技术难度大和技术水平先进而提出的，具有随意性。客观上讲，由于近年来遇到的煤层厚度范围宽泛，应给出一些概念，对煤层厚度加以划分，划分的标准仍然是以开采技术为前提，3.5m以上作为厚煤层的定义仍然是可行的。因为对于大多数矿井来说，如果不采用综采技术，3.5m以上厚度的煤层仍然需要考虑采用分层或放顶煤开采，加之这个概念使用至今，已被业内人士广泛接受。关于特厚煤层，目前没有明确定义，因此在此将特厚煤层定义为12m及以上的煤层。这样定义的主要原因是按照目前的开采技术，12m以下条件适宜的厚煤层，可以通过放顶煤开采一次采出，这既符合目前《煤矿安全规程》中采放比小于1∶3的规定(割煤高度为3m是容易实现的)，这也符合1994年煤炭工业部颁布的《放顶煤开采技术暂行规定》中“煤层厚度大于12m进行放顶煤开采时需经专家论证与上级主管部门审批”的条款。对于“超厚”“巨厚”等煤层厚度可以不再定义，实际应用中可以采用“20m特厚煤层”“30m特厚煤层”等进行描述。

1.4.2 大采高与大采高放顶煤

我国从20世纪80年代开始，在引进国外设备的基础上，研制了适应我国地质条件的一系列大采高产品，也开始了大采高开采的工业试验与应用，但是大采高开采的采高定义容易混淆。《大采高液压支架技术条件》(MT/T550—1996)规定：最大采高大于或等于3800mm，用于一次采全高工作面的液压支架称为大采高支架，对应的采煤工作面称为大采高工作面。结合厚煤层定义及上述规定，在此定义大采高工作面是指工作面实际割煤高度大于3.5m的工作面，即大采高工作面是指厚煤层一次采全高的工作面。由于实际的割煤高度不好统计和掌握，可以通过工作面所采用的液压支架的最大支撑高度来判别，考虑到支架顶梁厚度及支撑效率和支架安全余量等，定义最大支撑高度大于或等于3.8m的工作面称为大采高工作面。如果采用支撑高度大于3.8m的支架进行放顶煤开采，该工作面可称为大采高放顶煤工作面，这与前面的大采高放顶煤开采的定义是一致的，这里强调的是用支架的最大支撑高度来判断，前面说的是用实际采高大于3.5m来判断，二者是一致的。

1.4.3 煤层硬度划分

近年来，经常会遇见“坚硬煤层”“极软煤层”“两硬煤层”“三软煤层”等说法，但是这些煤层的划分是按照什么标准或者惯例呢？其实是没有统一标准。下面是依据作者的理解和认识进行的划分。

坚硬煤层是指单轴抗压强度>30MPa 的煤层，即 $f>3$ 的煤层。煤层坚硬会导致工作面割煤困难，需要大功率的采煤机，开采过程中，煤体易积蓄大量的弹性能，煤壁容易出现突然破坏的现象。如果采用放顶煤开采，顶煤不易冒落，或者冒落块度大，不易放出回收，导致顶煤采出率低。当然顶煤的冒放性除了与煤层硬度有关外，更主要的是取决于煤层内部的裂隙发育程度。裂隙发育的煤层，顶煤的冒放性好。大同侏罗系煤层和石炭系煤层都属于坚硬煤层，但是石炭系煤层的裂隙发育，顶煤的冒放性好。侏罗系煤层采用放顶煤开采时，需要采取人工预爆破作业措施改善顶煤的冒放性。

中硬煤层一般是指单轴抗压强度介于 10～30MPa 的煤层，即 $1\leqslant f\leqslant 3$ 的煤层。中硬煤层可以采用放顶煤开采，并且一般情况下顶煤都具有较好的冒放性，但是当煤层裂隙不发育时候，在放顶煤工作面的两端，由于煤柱支撑作用，顶煤的冒放性往往较差，必要时需要采用人工强制冒放措施。潞安、兖州矿区的大部分煤层都属于中硬煤层，采用放顶煤开采均取得了很好的效果。

软煤层是指单轴抗压强度＜10MPa 的煤层，即 $f<1$ 的煤层。事实上软煤层也常常伴随着极其发育的裂隙，有许多情况下，已经不能再用裂隙发育程度来描述软煤层中的裂隙情况，许多软煤层呈现出的是粉状的黏结体，尤其是对于极软煤层而言($f<0.5$)。对于软煤层放顶煤开采，顶煤具有很好的冒放性和流动性，此时关注的不是顶煤的冒放性，而是如何保持煤壁的稳定性、如何控制工作面端面的顶煤漏冒及架间顶煤漏冒问题。研究表明，煤壁注水是防治软煤层煤壁破坏的有效措施之一[31]。

顶煤的冒放性与煤体(层)的单轴抗压强度有关，但不是呈完全的线性关系，事实上顶煤的冒放性主要取决于煤体内的裂隙发育程度和裂隙分布方位。同等硬度情况下，裂隙发育的煤层更易破碎和冒放，顶煤的采出率也会更高。因此对于坚硬煤层而言，研究顶煤的冒放性，主要是研究煤体内裂隙发育程度与分布状况，以及裂隙分布方位与工作面之间的空间关系。工作面煤壁和端面的稳定性除了和煤层强度、裂隙发育程度与分布情况有关外，还与支架工作面阻力、支架刚度、支架结构形式及生产管理等有关。

1.4.4 长壁与短壁工作面

宏观上可以将采煤方法分为壁式和柱式两大体系，柱式体系又可以分为房式和房柱式采煤法。柱式体系采煤法是以间隔开掘煤房采煤和留设煤柱为主要标志，当只进行煤房开采、不回收留设的煤柱时称为房式采煤法；当房间煤柱只作为临时支撑顶板，在煤房开采结束后，充填煤房，进行煤柱回收的称为房柱式采煤法[1]。

壁式体系采煤法是以在煤壁上进行采煤为主要标志，进行采煤的煤壁长度也就是工作面长度。当工作面长度小于 50m 时称为短壁工作面，大于 50m 时称为长壁工作面。实际开采中，壁式体系采煤法中的工作面长度一般都大于 80m，目前国内开采过的长壁工作面长度达到 400m，这要看地质条件、井型大小、装备条件，以及投资和实际需求等。目前国内一般的工作面长度在 100～250m，但有逐渐加大工作面长度的趋势，美国开采过的长壁工作面平均长度在 240m 左右，大于我国的平均值。

1.4.5　大倾角煤层

根据煤层倾角已经对煤层有严格的分类：近水平煤层(煤层倾角小于 8°)、缓倾斜煤层(煤层倾角为 8°～25°)、倾斜煤层(煤层倾角为 25°～45°)、急倾斜煤层(煤层倾角大于 45°)。那么为什么还有一个大倾角煤层的概念呢？这是生产实践中的一个通俗说法。但是使用起来概念过于宽泛，一般理解上我们所说的大倾角煤层是指煤层倾角为 30°～45°的煤层，煤层倾角为 45°以上煤层用急倾斜煤层概念更能反映实际情况。鉴于目前对该概念使用上的模糊，建议在具体写法上尽可能地给出明确的定义，如“35°大倾角煤层”“50°急倾斜煤层”等。

1.4.6　液压支架分类

液压支架是由支柱、底座和顶梁为主要构件联合组成一个整体结构的采煤工作面支护设备，其分类可以有多种原则，但是目前常用的原则是按其对顶板支撑面积与掩护面积的比值进行分类，或者说按支架顶梁面积与掩护梁面积的水平投影的比值进行分类[11]。当掩护梁的水平投影为零时，称为支撑式支架；当顶梁的水平投影为零或者接近为零时，称为掩护式支架；当支架顶梁面积与掩护梁面积的水平投影比值大于 1 时，称为支撑掩护式支架；当支架顶梁面积与掩护梁面积的水平投影比值小于 1 时，称为掩护支撑式支架。我国目前使用的支架绝大部分都属于支撑掩护式支架，这种分类与支架的支柱数量没有必然联系，只要符合支架的分类原则，即使是两柱支架仍然属于支撑掩护式支架，但是有时为了更加强调，有人将两柱式支架通称为掩护式支架。我国在采煤机械化发展的初期，如 20 世纪 60～80 年代，曾使用过支撑式支架，由于其不能防护采空区矸石，以及与采空区隔离不好，现在已经很少使用。由于单纯的掩护式支架对顶板的支撑能力和控制顶板能力弱，以及目前工作面大型化，工作面需要保护的范围大，掩护式支架在这方面有许多不足，现在也很少使用。无论是四柱支架还是两柱支架，国内外所使用的支架基本上都属于支撑掩护式支架。

参 考 文 献

[1] 杜计平，孟宪锐. 采矿学[M]. 徐州：中国矿业大学出版社, 2009.

[2] 樊运策. 中国厚煤层采煤方法的一次革命：综采放顶煤技术理论与实践的创新发展[M]. 北京：煤炭工业出版社, 2012.

[3] 王家臣. 厚煤层开采理论与技术[M]. 北京：冶金工业出版社, 2009.

[4] 吴健. 我国放顶煤开采的理论研究与实践[J]. 煤炭学报, 1991, 16(3): 1-10.

[5] 吴健. 综放开采技术 15 年回顾[C]//吴健. 全国第三届放顶煤开采理论与实践研讨会论文集. 矿山压力与顶板管理专刊, 1998.

[6] Tien D L. Long wall top coal caving mechanism and cavability assessment[D]. Sydney: The University of New South Wales, 2017.

[7] 于海勇. 放顶煤开采基础理论[M]. 北京：煤炭工业出版社, 1995.

[8] 闫少宏，孟金锁，吴健. 放顶煤开采顶煤分区的力学方法[J]. 煤炭科学技术, 1995, 23(12): 33-37.

[9] 吴健，张勇. 关于长壁放顶煤开采基础理论的研究[J]. 中国矿业大学学报, 1998, 27(2): 331-335.

[10] 吴健，秦跃平，王家臣，等. 关于放顶煤开采基础理论研究的框架[C]//吴健. 全国第三届放顶煤开采理论与实践研讨会论文集. 矿山压力与顶板管理专刊, 1998.

[11] 钱鸣高, 石平五, 许家林. 矿山压力与岩层控制[M]. 徐州: 中国矿业大学出版社, 2010.
[12] 钱鸣高, 缪协兴, 茅献标. 综放采场围岩—支架整体力学模型[C]//吴健. 关于放顶煤开采基础理论研究的框架[C]//全国第三届放顶煤开采理论与实践研讨会论文集. 矿山压力与顶板管理专刊, 1998.
[13] 曹胜根, 钱鸣高, 刘长友. 综放支架工作阻力与端面顶板稳定性[C]//吴健, 王家臣. 99'厚煤层现代开采技术国际专题研讨会论文集. 北京: 煤炭工业出版社, 1999.
[14] 谢和平, 王家臣, 陈忠辉, 等. 坚硬厚煤层综放开采爆破破碎顶煤技术研究[J]. 煤炭学报, 1999, 24(4): 350-354.
[15] 谢和平, 陈忠辉, 王家臣. 放顶煤开采巷道裂隙的分形研究[J]. 煤炭学报, 1998, 23(3): 252-257.
[16] 王家臣, 富强. 低位综放开采顶煤放出的散体介质流理论与应用[J]. 煤炭学报, 2002, 27(4): 337-340.
[17] 王家臣, 李志刚, 陈亚军, 等. 综放开采顶煤放出散体介质流理论的试验研究[J]. 煤炭学报, 2004, 29(3): 260-263.
[18] 王家臣, 白希军, 吴志山, 等. 坚硬煤体综放开采顶煤破碎块度的研究[J]. 煤炭学报, 2000, 25(3): 238-242.
[19] 陈忠辉, 谢和平, 王家臣. 综放开采顶煤三维变形、破坏的数值分析[J]. 岩石力学与工程学报, 2002, 21(3): 309-313.
[20] 陈忠辉, 谢和平, 林忠明. 综放开采顶煤冒放性的损伤力学分析[J]. 岩石力学与工程学报, 2002, 21(8): 1136-1140.
[21] 闫少宏, 毛德兵, 范韶刚. 综放工作面支架工作阻力确定的理论与应用[J]. 煤炭学报, 2002, 27(1):64-67.
[22] 王家臣, 杨建立, 刘颢颢, 等. 顶煤放出散体介质流理论的现场观测研究[J]. 煤炭学报, 2010, 35(3):353-356.
[23] 王家臣, 魏立科, 张锦旺, 等. 综放开采顶煤放出规律三维数值模拟[J]. 煤炭学报, 2013, 38(11): 1905-1911.
[24] Wang J C, Yang S L, Li Y, et al. Caving mechanisms of loose top-coal in longwall top-coal caving mining method[J]. International Journal of Rock Mechanics & Mining Sciences, 2014, 71:160-170.
[25] 王家臣, 耿华乐, 张锦旺. 顶煤运移跟踪标签合理布置密度与方式的数值模拟研究[J]. 煤炭工程, 2014, 46(2):1-3.
[26] 王家臣, 杨胜利, 黄国君, 等. 综放开采顶煤运移跟踪仪研制与顶煤采出率测定[J]. 煤炭科学技术, 2013, 41(1):36-39.
[27] 王家臣, 张锦旺. 综放开采顶煤放出规律的 BBR 研究[J]. 煤炭学报, 2015, 40(3): 487-493.
[28] 王家臣, 王蕾, 郭尧. 基于顶板与煤壁控制的支架阻力的确定[J]. 煤炭学报, 2014, 39(8): 1619-1624.
[29] 王家臣, 杨印朝, 孔德中, 等. 含夹矸厚煤层大采高仰采煤壁破坏机理与注浆加固技术[J]. 采矿与安全工程学报, 2014, 31(6): 832-837.
[30] Wang J C, Yang S L, Li Y, et al. A dynamic method to determine the support capacity in longwall coal mines[J]. International Journal of Mining, Reclamation and Environment, 2015, 29(4): 1-12.
[31] 王家臣. 极软厚煤层煤壁片帮与防治机理[J]. 煤炭学报, 2007, 32(8): 785-788.
[32] 华心祝, 谢广祥. 大采高综采工作面煤壁片帮机理及控制技术[J]. 煤炭科学技术, 2008, 36(9): 1-3.
[33] 尹希文, 闫少宏, 安宇. 大采高综采面煤壁片帮特征分析与应用[J]. 采矿与安全工程学报, 2008, 25(2): 222-225.
[34] 王家臣, 魏炜杰, 张锦旺, 等. 急倾斜厚煤层走向长壁综放开采支架稳定性分析[J]. 煤炭学报, 2017, 42(11): 2783-2791.

2　放顶煤开采的力学基础

无论是煤矿开采、金属矿开采还是其他固体矿床开采都是在地壳上进行开挖活动，其涉及的主要基础学科就是固体力学及其分支。此外，开采过程中也涉及开采方法及工艺、地质与测量、矿井通风与灾害防治、机械设备、电气设备、自动控制及通信等。

煤矿开采的对象是地壳中的煤层，由于开采方法等制约，有时不得不开挖部分岩体。宏观上讲，煤岩体具有弹性体的一般性质，同时由于煤岩成因及地壳运动等，其也具有非连续、非完全弹性体等特殊性。煤矿开采就是在这种天然形成的煤岩体中进行开挖活动，这就涉及力学上的两个相反问题：一是破碎煤岩，使其脱离母体；二是维护开挖空间(巷道、采场、硐室与井筒等)围岩的稳定性。放顶煤开采技术作为煤矿开采中的一种厚煤层开采技术，也涉及破碎煤岩与维护开挖空间围岩稳定性这两个相反问题，如第 1 章所说的顶煤破碎，工作面煤壁稳定控制、支架—围岩关系、巷道支护等。但由于放顶煤工艺的特殊性，除破碎煤岩与维护开挖空间围岩稳定性以外，还涉及散体顶煤的流动与放出，因此，放顶煤开采要较其他的煤矿开采技术多一方面的研究内容和力学基础。概括地说，若进行深入的放顶煤开采基础理论研究需具有弹性力学、塑性力学、岩体力学、松散介质力学等的基础知识。本章是在参考了一些经典力学书籍与资料以后，为了更好地理解放顶煤开采基础理论内容而撰写的。

2.1　弹性体的基本力学分析

2.1.1　弹性力学的基本概念

2.1.1.1　基本假设

弹性体是指在去除外力后能恢复原状的连续性物体。研究弹性体受力后的力学反应及行为，称为弹性体力学，也称弹性力学或弹性理论。为了用严格的数学方法研究弹性体的力学行为，通常有 4 个基本假设[1,2]。

(1) 物体连续性假设。物体的整个体积都由组成该物体的介质充满，没有留下任何空隙。因此物体中的一些物理量，如应力、应变、位移等都是连续的，可以用坐标的连续函数表示。该假设忽略了物体中分子间的距离及微小空隙。事实上，煤岩体内含有大量裂隙或空隙，但在进行宏观尺度分析时，可以忽略小尺寸裂隙影响。

(2) 物体的完全弹性假设。物体在外力作用下会产生变形，当外力去除后物体的变形会瞬间消失，物体完全恢复到其原来形状，而没有任何残余变形。同时假设物体完全服从胡克定律。这一假设对于煤岩体的某一应力阶段是可以采用的，事实上大部分物体在应力水平超过某一数值后，都会有不可恢复的残余变形(永久变形)。

(3) 均质与各向同性假设。假设物体都是由同一种材料组成，而且物体内部各部分的单位体积所含有的物质量是相同的，整个物体都具有相同的弹性常数，在物体的不同方向上弹性常数也相同，而物体的弹性常数不随坐标位置和方向而变化。严格来讲，对于煤矿开采的沉积煤系地层，这一假设有一定偏差，煤岩体的物理力学参数在不同方向上是有差异的，但是为了简化和方便进行工程应用，也常常忽略这种差异，而采用煤岩体的均质与各向同性假设。

(4) 小变形假设。假设物体在外力作用下，其产生的变形与物体的尺寸相比是微小的，在研究物体受力后的平衡状态时，可以不考虑物体尺寸的改变。在煤矿开采中有些煤岩变形量是很大的，尤其是一些软岩，尚不能完全忽略开挖后围岩尺寸的改变，但是小变形假设是弹性力学进行严格数学推导的基础之一。

2.1.1.2　弹性力学基本问题

任何物体都是空间物体，占有三维空间，一般的外力也都是空间力系，由外力在物体内产生的应力、变形、位移必然也是三维的，它们都是三个坐标 x、y、z 的函数，如图 2-1 所示。图 2-1 (a) 表示一个空间物体在外力系 P_s 作用下及物体内任意一点的三维单元体。图 2-1 (b) 表示物体内任意一点的三维单元体 3 个可见平面上的应力分量，其中 σ_x、σ_y、σ_z 分别为 x、y、z 轴方向上的正应力，τ_{xy} 为单元体 y 平面上 x 方向的剪应力，其他剪应力含义以此类推，由剪应力互等定理：$\tau_{xy}=\tau_{yx}$，$\tau_{yz}=\tau_{zy}$，$\tau_{xz}=\tau_{zx}$。

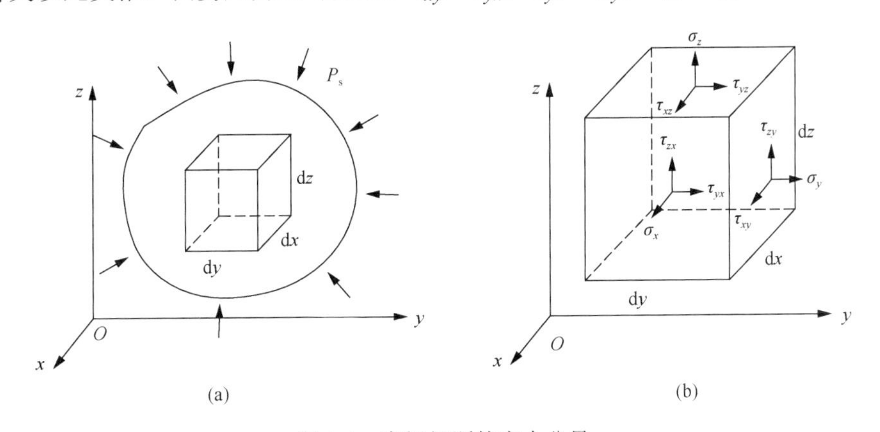

图 2-1　空间问题的应力分量

对于一些特殊情况，如物体具有某种特殊形状，并且承受的是某种特殊的外力系，就可以把上述复杂的空间问题简化为平面问题，这样就可以大大简化分析与计算的工作量，而所得到的结果仍然满足工程精度需要。平面问题分为平面应力问题与平面应变问题。

(1) 平面应力问题。当有一厚度为 t 的薄板，板内有张开度为 d 的裂隙，作用于其上的外力 (q) 及体力均平行于板的平面，沿板的厚度方向没有变化，此类问题称为平面应力问题。如图 2-2 所示，在板面上 ($z=\pm t/2$) 没有力的作用，所以板面上 $\sigma_z=0$、$\tau_{xz}=0$、$\tau_{yz}=0$。由于板很薄，外力沿厚度方向不变化，在整个薄板的所有点均有 $\sigma_z=\tau_{xz}=\tau_{yz}=0$，由剪应力互等原理：$\tau_{xz}=\tau_{zx}=0$。据此可以得出平板内仅有平行于 x-y 坐标平面内的应力分量 σ_x、

σ_y、$\tau_{xy} = \tau_{yx}$，在 z 方向的所有应力分量均为零，所以称为平面应力问题。平面应力问题在煤矿开采中并不常见，但是其研究方法和一些基本公式可以借鉴。目前在煤矿开采物理相似模拟试验中经常使用的平面模型试验可以近似地看作是一种平面应力问题。

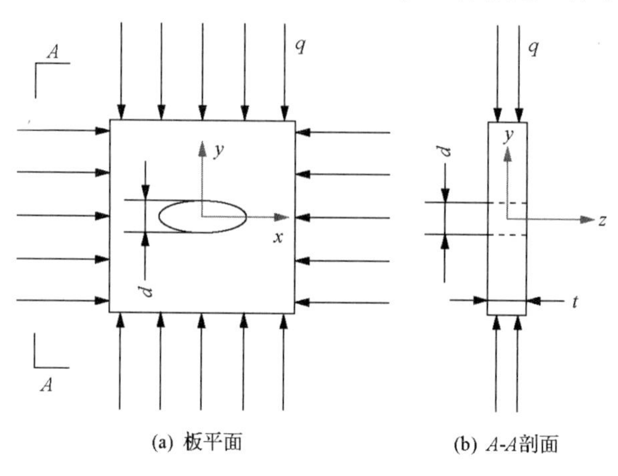

图 2-2　平面应力问题

(2)平面应变问题。平面应力问题是指物体中的所有应力都在同一个平面内，顾名思义，平面应变问题是指物体中所有的应变均在同一平面内，在垂直平面方向物体不产生应变。这类问题在煤矿开采及其他工程中极其常见，如长直的煤矿巷道、长度较大的近水平工作面、长直的挡土墙、长直的露天矿边坡等。这类问题的共同特点是物体或者工程具有长直的外观特征，约束条件沿长度方向没有变化，所受面力和体力平行于横截面且沿长度方向没有变化。

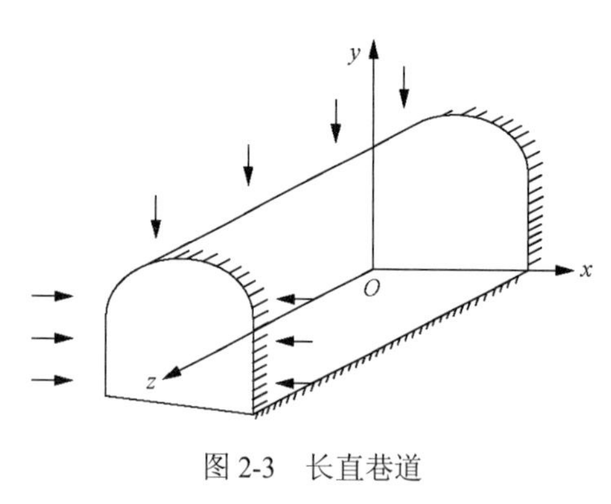

图 2-3　长直巷道

假设巷道为无限长，如图 2-3 所示，可以取任意一横截面 xy 平面加以研究，由于约束条件和对称原因，巷道围岩在 z 轴方向上不会产生位移和应变，巷道围岩内所有位移和应变只会在 xy 平面内发生。由对称条件可知 $\tau_{xz}=0$，$\tau_{yz}=0$。同时由剪应力互等原理：$\tau_{xz}=\tau_{zx}=0$，$\tau_{yz}=\tau_{zy}=0$。巷道围岩在 xy 平面受力和变形过程中，会引起 z 方向的位移，但是由于 z 方向约束作用，z 方向的位移被阻止，因此 σ_z 一般不等于零。

平面应变问题是煤矿开采中常用的简化模型，除了如图 2-3 所示的长直巷道外，在采场岩层运动研究中也常常将其简化，在工作面中部取平行于工作面推进方向的断面，作为平面应变问题研究，如图 2-4 所示。

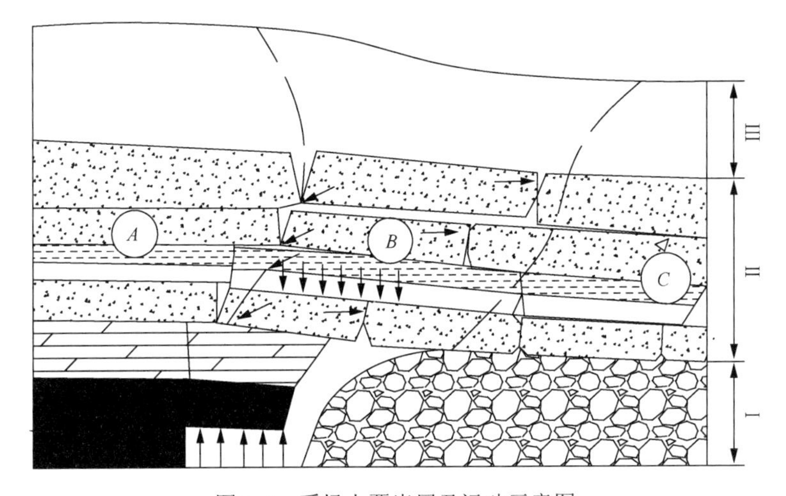

图 2-4　采场上覆岩层及运动示意图

Ⅰ-冒落带；Ⅱ-裂缝带；Ⅲ-弯曲下沉带；*A*-煤壁支撑区；*B*-离层区；*C*-重新压实区

这里要特别指出的是将实际的三维物体或工程结构简化为平面应力或平面应变问题时是有严格的几何、受力与约束条件的。不但物体的几何形状需要满足条件，受力条件也需要满足条件，如沿轴向方向没有变化等。对于倾角较大的倾斜巷道及采场顶板，分析时将其简化为平面应变问题在理论上是不适用的。而这种简化在一些研究生毕业论文或发表的文章中也常出现，对于一些不能简化为平面问题的需采用三维分析。当然三维理论分析的难度相当大，甚至无法完成，但是采用三维数值软件进行三维分析目前已经比较成熟和方便[3,4]。

2.1.2　弹性力学的基本方程

2.1.2.1　空间问题

在弹性力学中，假设任何物体都是三维连续的弹性体，物体在外载荷作用下，会发生三维的弹性变形，内部也会产生三维应力，但是物体并不发生破裂和整体移动，因此，受力后的物体仍然是连续的，而且处于静止平衡状态。物体在外载荷作用下处于平衡状态时，其内任一点都处于力的平衡状态，如图 2-1 所示，六面单元体上共有 9 个应力分量，由剪应力互等原理，只有 6 个独立的应力分量：σ_x、σ_y、σ_z、$\tau_{xy}=\tau_{yx}$、$\tau_{yz}=\tau_{zy}$、$\tau_{xz}=\tau_{zx}$。物体内部任一点的应力分量应满足如下基本平衡方程：

$$
\begin{aligned}
&\frac{\partial\sigma_x}{\partial x}+\frac{\partial\tau_{xy}}{\partial y}+\frac{\partial\tau_{xz}}{\partial z}+P_x=0\\
&\frac{\partial\tau_{yx}}{\partial x}+\frac{\partial\sigma_y}{\partial y}+\frac{\partial\tau_{yz}}{\partial z}+P_y=0\\
&\frac{\partial\tau_{zx}}{\partial x}+\frac{\partial\tau_{zy}}{\partial y}+\frac{\partial\sigma_z}{\partial z}+P_z=0
\end{aligned}
\tag{2-1}
$$

式中，P_x、P_y、P_z 为物体分别在 x、y、z 方向上的单位体积力。

在物体的边界处，也应满足力的平衡方程，通常将物体边界处的平衡方程称为边界条件：

$$
\begin{aligned}
\overline{P}_x &= \sigma_x l + \tau_{xy} m + \tau_{xz} n \\
\overline{P}_y &= \tau_{yx} l + \sigma_y m + \tau_{yz} n \\
\overline{P}_z &= \tau_{zx} l + \tau_{zy} m + \sigma_z n
\end{aligned}
\tag{2-2}
$$

式中，$\overline{P}_x$、$\overline{P}_y$、$\overline{P}_z$ 为物体边界处单位面积的外力分别在 x、y、z 轴上的投影大小；l、m、n 分别为物体边界面外法线与 x、y、z 坐标轴的方向余弦。

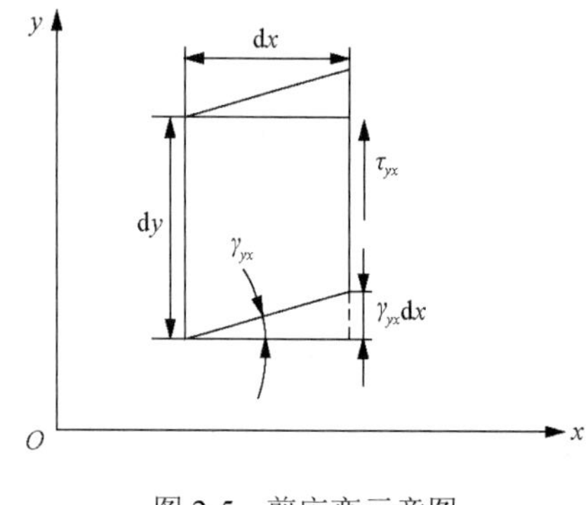

图 2-5　剪应变示意图

在外力作用下，物体会发生变形，物体内的点会发生移动，某点相对其初始位置的移动称为位移。单位长度的移动称为应变。应变大小可以反映物体变形能力的强弱。如同应力一样，物体中的任一点也有 6 个独立的应变分量，它们是分别 ε_x、ε_x、ε_z、γ_{xy}、γ_{yz}、γ_{zx}，其中 ε_x、ε_x、ε_z 分别为 x、y、z 轴方向的线应变，γ_{xy}、γ_{yz}、γ_{zx} 分别为剪应力 τ_{xy}、τ_{yz}、τ_{zx} 所产生的剪(角)应变。如图 2-5 所示，剪(角)应变 γ_{yx} 实质上是由剪应力 τ_{yx} 的作用使单元体原来正交的两个面在角度上发生的变化量。由剪应力互等原理，同样 $\gamma_{yx}=\gamma_{xy}$，$\gamma_{zy}=\gamma_{yz}$，$\gamma_{xz}=\gamma_{zx}$。

通过物体变形后仍然保持连续性、不发生破裂的几何关系分析，可得物体内任意一点的位移与应变之间具有如下关系，也称几何方程：

$$
\begin{aligned}
\varepsilon_x &= \frac{\partial u}{\partial x}, & \gamma_{xy} &= \frac{\partial v}{\partial x}+\frac{\partial u}{\partial y} \\
\varepsilon_y &= \frac{\partial v}{\partial y}, & \gamma_{yz} &= \frac{\partial \omega}{\partial y}+\frac{\partial v}{\partial z} \\
\varepsilon_z &= \frac{\partial \omega}{\partial z}, & \gamma_{zx} &= \frac{\partial u}{\partial z}+\frac{\partial \omega}{\partial x}
\end{aligned}
\tag{2-3}
$$

式中，u、v、ω 分别为某点位移在 x、y、z 方向上的分量。

由式(2-3)可知，6 个应变分量 ε_x、ε_y、ε_z、γ_{xy}、γ_{yz}、γ_{zx} 是由 3 个位移分量 u、v、ω 对 x、y、z 的偏导数确定的，因此，6 个应变分量均是 x、y、z 的函数，它们之间必然存在一定的关系。在研究物体的弹性限度内，物体变形前是连续的，变形后也是连续的，物体变形过程中不能产生空隙、撕裂或者褶皱，因此，各应变分量之间必然相互协调，且存在一定的关系。通过对式(2-3)6 个几何方程求导数，并消去位移分量 u、v、ω，可以得到应变分量之间应满足的 6 个微分关系，即[1]

$$
\begin{aligned}
&\frac{\partial^2 \varepsilon_x}{\partial y^2}+\frac{\partial^2 \varepsilon_y}{\partial x^2}=\frac{\partial^2 \gamma_{xy}}{\partial x \partial y}\\
&\frac{\partial^2 \varepsilon_y}{\partial z^2}+\frac{\partial^2 \varepsilon_z}{\partial y^2}=\frac{\partial^2 \gamma_{yz}}{\partial y \partial z}\\
&\frac{\partial^2 \varepsilon_z}{\partial x^2}+\frac{\partial^2 \varepsilon_x}{\partial z^2}=\frac{\partial^2 \gamma_{zx}}{\partial z \partial x}\\
&\frac{\partial}{\partial x}\left(\frac{\partial \gamma_{zx}}{\partial y}+\frac{\partial \gamma_{xy}}{\partial z}-\frac{\partial \gamma_{yz}}{\partial x}\right)=2\frac{\partial^2 \varepsilon_x}{\partial y \partial z}\\
&\frac{\partial}{\partial y}\left(\frac{\partial \gamma_{xy}}{\partial z}+\frac{\partial \gamma_{yz}}{\partial x}-\frac{\partial \gamma_{zx}}{\partial y}\right)=2\frac{\partial^2 \varepsilon_y}{\partial x \partial z}\\
&\frac{\partial}{\partial z}\left(\frac{\partial \gamma_{yz}}{\partial x}+\frac{\partial \gamma_{zx}}{\partial y}-\frac{\partial \gamma_{xy}}{\partial z}\right)=2\frac{\partial^2 \varepsilon_z}{\partial x \partial y}
\end{aligned}
\tag{2-4}
$$

式(2-4)称为应变连续方程，也称为应变相容(协调)方程。

应力与应变都是物体受外载荷后的反应，其大小可以反映物体经受外载荷程度，因此应力与应变之间可以通过某种关系联系起来，这种关系也称本构关系(方程)。在弹性力学中，联系二者关系的就是胡克定律；对于各向同性均质的物体来说，胡克定律的形式如下：

$$
\begin{aligned}
&\varepsilon_x=\frac{1}{E}[\sigma_x-\mu(\sigma_y+\sigma_z)]\\
&\varepsilon_y=\frac{1}{E}[\sigma_y-\mu(\sigma_z+\sigma_x)]\\
&\varepsilon_z=\frac{1}{E}[\sigma_z-\mu(\sigma_x+\sigma_y)]\\
&\gamma_{xy}=\frac{1}{G}\tau_{xy}\\
&\gamma_{yz}=\frac{1}{G}\tau_{yz}\\
&\gamma_{zx}=\frac{1}{G}\tau_{zx}
\end{aligned}
\tag{2-5}
$$

式中，E 为弹性模量；μ 为泊松比；G 为剪切模量。

剪切模量并不是独立的常数，它与弹性模量、泊松比的关系为

$$
G=\frac{E}{2(1+\mu)} \tag{2-6}
$$

上述 5 组弹性力学的基本方程是一个物体内应力、应变应该满足的基本关系，换句话说，物体内的应力必须满足式(2-1)的基本平衡方程；在物体的边界处，应力与外界的

面力之间必须满足式(2-2)的边界条件；物体内的应变与位移必须满足式(2-3)的几何方程；各应变分量之间必须满足式(2-4)的应变连续方程；而应力、应变同时满足式(2-5)的胡克定律。当有一组应力和应变同时满足上述 5 组方程时，它们就是这个物体的真实应力、应变解。即无论以何种方式构造应力、应变的初始形式，只要其满足上述 5 组方程，最终获得的应力、应变都是一样的，这也就是弹性力学问题所具有的解的唯一性。

2.1.2.2　平面问题

1) 平面应力问题

如前所诉，平面应力问题是指应力只存在于 x、y 平面上，即 $\sigma_z=0$，$\tau_{xz}=\tau_{zx}=0$，$\tau_{yz}=\tau_{zy}=0$，由式(2-1)可得其平衡方程为

$$\begin{aligned}&\frac{\partial \sigma_x}{\partial x}+\frac{\partial \tau_{xy}}{\partial y}+P_x=0\\&\frac{\partial \tau_{yx}}{\partial x}+\frac{\partial \sigma_y}{\partial y}+P_y=0\end{aligned} \tag{2-7}$$

由式(2-2)可得其边界条件为

$$\begin{aligned}&\overline{P_x}=\sigma_x l+\tau_{xy}m\\&\overline{P_y}=\tau_{yx}l+\sigma_y m\end{aligned} \tag{2-8}$$

由式(2-3)可得其几何方程为

$$\begin{aligned}&\varepsilon_x=\frac{\partial u}{\partial x},\ \varepsilon_y=\frac{\partial v}{\partial y}\\&\gamma_{xy}=\frac{\partial v}{\partial x}+\frac{\partial u}{\partial y}\end{aligned} \tag{2-9}$$

由式(2-4)可得其应变连续方程为

$$\frac{\partial^2 \varepsilon_x}{\partial y^2}+\frac{\partial^2 \varepsilon_y}{\partial x^2}=\frac{\partial^2 \gamma_{xy}}{\partial x\partial y} \tag{2-10}$$

由式(2-5)可得其胡克定律为

$$\begin{aligned}&\varepsilon_x=\frac{1}{E}(\sigma_x-\mu\sigma_y)\\&\varepsilon_y=\frac{1}{E}(\sigma_y-\mu\sigma_x)\\&\gamma_{xy}=\frac{1}{G}\tau_{xy}\end{aligned} \tag{2-11}$$

此外，平面应力问题中，在 z 方向是允许而且也有变形的，所以由式(2-5)可得 z 方向的应变分量为

$$\varepsilon_z = -\frac{\mu}{E}(\sigma_x + \sigma_y) \tag{2-12}$$

2) 平面应变问题

在平面应变问题中，如图 2-3 所示，因为物体内部的所有点在 z 方向都被约束，而不会发生移动，即 z 方向的位移量 $\omega=0$，所以 z 方向的线段也没有伸缩，即 $\varepsilon_z = 0$。则由式(2-5)中的第三式可得

$$\sigma_z = \mu(\sigma_x + \sigma_y) \tag{2-13}$$

代入式(2-5)中的第一式与第四式就可得到平面应变问题的胡克定律：

$$\begin{aligned} \varepsilon_x &= \frac{1}{E_1}(\sigma_x - \mu_1\sigma_y) \\ \varepsilon_y &= \frac{1}{E_1}(\sigma_y - \mu_1\sigma_x) \\ \gamma_{xy} &= \frac{1}{G}\tau_{xy} \end{aligned} \tag{2-14}$$

式中，$E_1 = \dfrac{E}{1-\mu^2}$；$\mu_1 = \dfrac{\mu}{1-\mu}$。

对于平面应变问题，平面应力问题的平衡方程式(2-7)、边界条件式(2-8)、几何方程式(2-9)、应变连续方程式(2-10)仍然适用。平面应变问题的胡克定律式(2-14)与平面应力问题的胡克定律式(2-11)具有相同的形式，但是其中的系数 E_1、μ_1 与平面应力问题的弹性模量 E 和泊松比 μ 之间有一定的换算关系，这是在做煤矿开采相关平面问题简化计算中需注意的，因为煤矿开采问题绝大多数都简化为平面应变模型，而不是简化平面应力模型，为此在进行分析求解时需代入煤岩体的 E_1、μ_1 参数，而不是煤岩体的 E、μ 参数。代入参数不同，对计算结果会有一定的影响。

下面是一个埋深为 500m，侧压系数为 1.5，高 3m、宽 4m 的矩形巷道采用平面应力与平面应变模型时的数值模拟结果对比，岩体选用弹性本构关系，弹性模量为 12GPa，泊松比为 0.33。由图 2-6 可知两种条件下的水平应力计算结果分布基本一致：水平应力和垂直应力最大值均出现在巷道肩角处，水平应力最大值均为 40MPa，垂直应力最大值均为 30MPa；由图 2-7 可知平面应力模式下所得巷道围岩变形计算结果稍大于平面应变模式下的计算结果，两种模式计算下所得最大水平位移分别为 0.63m 和 0.60m，发生在巷道两帮，最大垂直位移分别为 0.56m 和 0.55m，发生在巷道顶板。

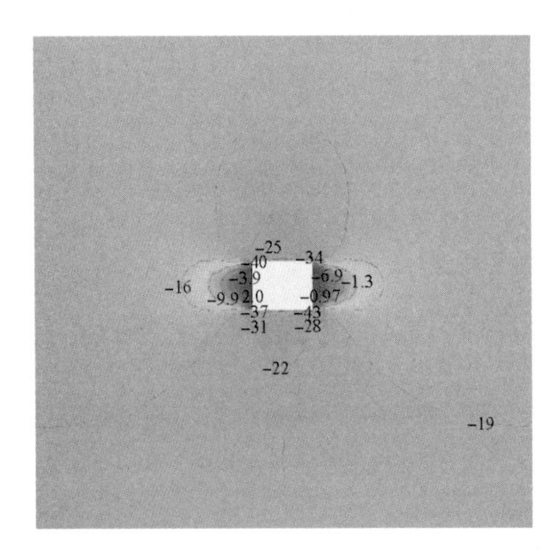

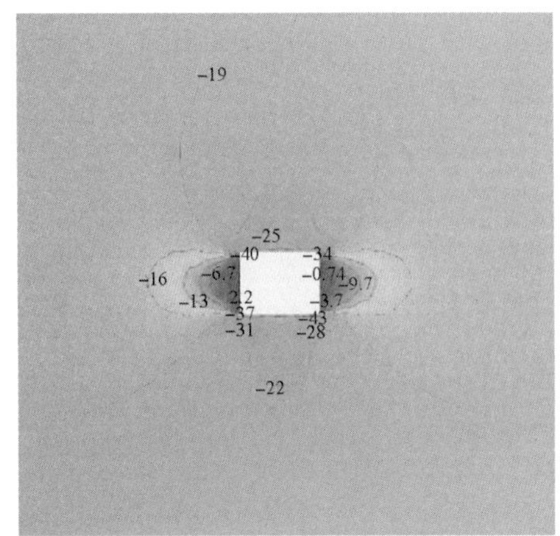

(a) 水平应力

(b) 垂直应力

图 2-6　应力计算结果(左：平面应力；右：平面应变；单位：MPa)

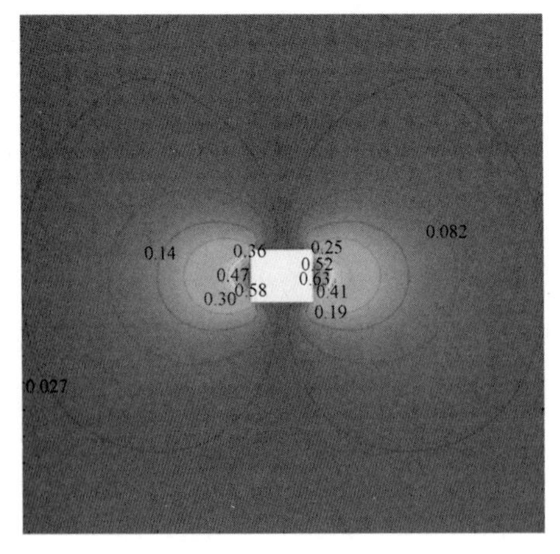

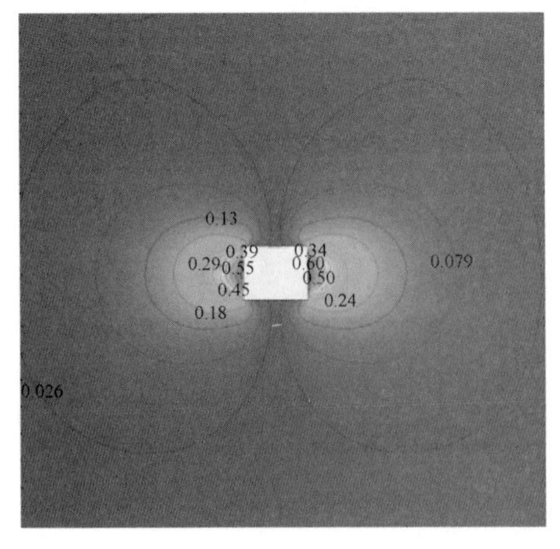

(a) 水平位移

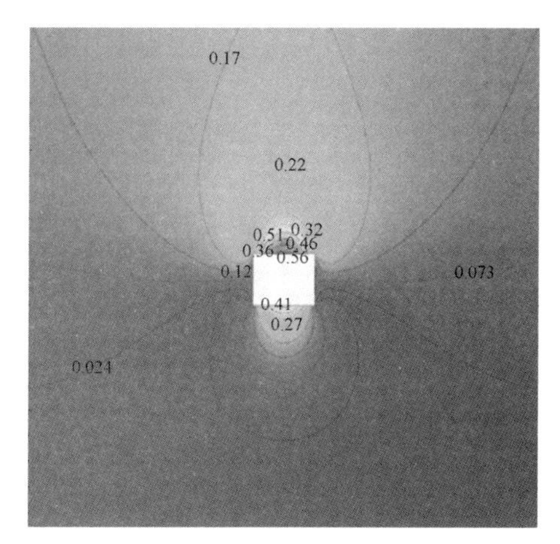

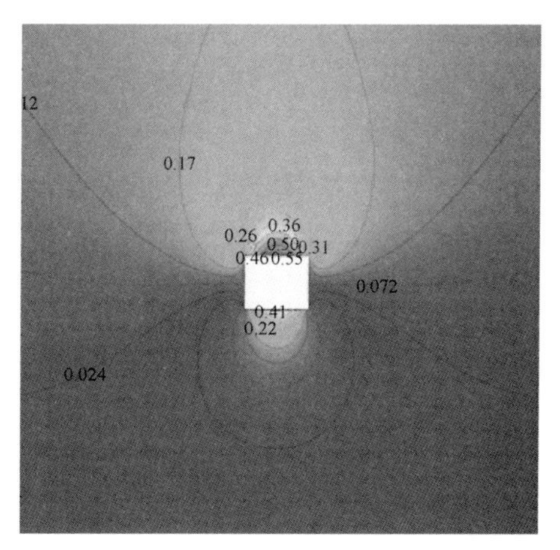

(b) 垂直位移

图 2-7　位移计算结果(左：平面应力；右：平面应变；单位：m)

2.1.2.3　坐标变换

坐标变换是力学分析中经常用到的方法。实际计算分析中，经常遇到如图 2-8 所示的两个直角坐标系之间的变换问题。

1) 位移分量的坐标变换

如图 2-8 所示，有一点 M，其在坐标系 xOy 中的位移分量分别为 u 和 v，那么该点的位移在 x_1Oy_1 中的位移分量分别为 u_1 和 v_1，其中坐标系 x_1Oy_1 相对于坐标系 xOy 逆时针旋转 β 角。应用几何关系则点 M 的位移在不同坐标系中的分量具有如下关系：

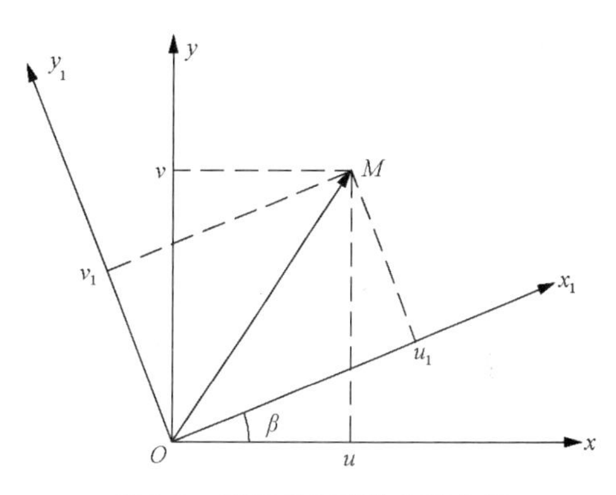

图 2-8　不同坐标系的位移分量

$$\begin{aligned} u &= u_1 \cos\beta - v_1 \sin\beta \\ v &= u_1 \sin\beta + v_1 \cos\beta \end{aligned} \tag{2-15}$$

或

$$\begin{aligned} u_1 &= u \cos\beta + v \sin\beta \\ v_1 &= v \cos\beta - u \sin\beta \end{aligned} \tag{2-16}$$

2) 应力分量的坐标变换

如图 2-9 所示，取三角单元体，通过单元体上的力对各坐标轴求平衡可以得到应力的坐标变换式(2-17)或式(2-18)。

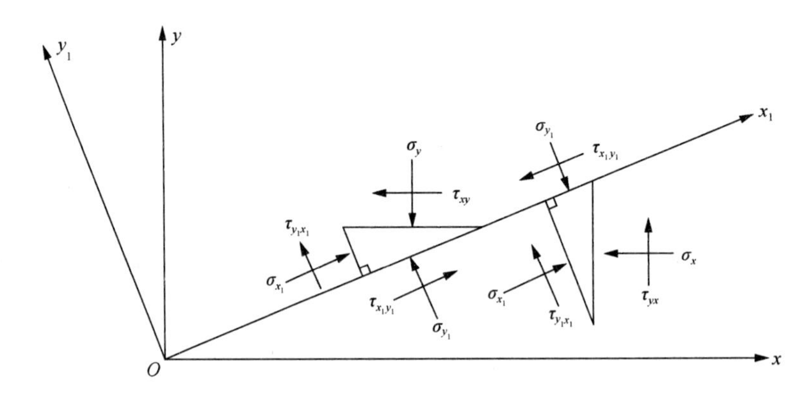

图 2-9 不同坐标系的应力分量

$$
\begin{aligned}
\sigma_x &= \sigma_{x_1}\cos^2\beta + \sigma_{y_1}\sin^2\beta - 2\tau_{x_1y_1}\sin\beta\cos\beta \\
\sigma_y &= \sigma_{x_1}\sin^2\beta + \sigma_{y_1}\cos^2\beta + 2\tau_{x_1y_1}\sin\beta\cos\beta \\
\tau_{xy} &= \tau_{yx} = \left(\sigma_{x_1} - \sigma_{y_1}\right)\sin\beta\cos\beta + \tau_{x_1y_1}\left(\cos^2\beta - \sin^2\beta\right)
\end{aligned}
\tag{2-17}
$$

或

$$
\begin{aligned}
\sigma_{x_1} &= \sigma_x\cos^2\beta + \sigma_y\sin^2\beta + 2\tau_{xy}\sin\beta\cos\beta \\
\sigma_{y_1} &= \sigma_x\sin^2\beta + \sigma_y\cos^2\beta - 2\tau_{xy}\sin\beta\cos\beta \\
\tau_{x_1y_1} &= \tau_{y_1x_1} = \tau_{xy}\left(\cos^2\beta - \sin^2\beta\right) - \left(\sigma_x - \sigma_y\right)\sin\beta\cos\beta
\end{aligned}
\tag{2-18}
$$

上述各方程的来历均有严格的理论推导，若读者有兴趣可参阅相关书籍，这里只是介绍了相关方程及其应用。

2.1.3 弹性力学的基本解法

在弹性力学基本方程式(2-1)、式(2-2)、式(2-3)、式(2-4)、式(2-5)中共有 6 个应力分量(σ_x、σ_y、σ_z、τ_{xy}、τ_{yz}、τ_{zx})、6 个应变分量(ε_x、ε_x、ε_z、γ_{xy}、γ_{yz}、γ_{zx})和 3 个位移分量(u、v、ω)。从数学观点来看，方程数是足够求解未知量数，问题是有解的。实际求解中，并不是在这些基本方程中反复代入求解，而是总结出一些比较成熟的技巧方法。常用的方法有位移法和应力法两种：位移法就是取物体中各点的位移分量作为基本未知量；应力法就是以物体中各点的应力分量作为基本未知量。无论是位移法还是应力法，均有一系列的基本方程和边界条件方程需要联立求解。直接积分求解这些方程非常困难，对于一些实际问题，往往可以假定位移或者应力是点坐标的某种函数，然后求出应力或应变等，使它们满足弹性力学的基本方程。如果假定的位移或应力不能满足基本方程或不符合提出的实际问题，则需要重新假定。事实上，许多弹性力学问题还不能获得理论解，一些经典问题的理论解在许多弹性力学教科书中都有详细介绍。

2.1.4　弹性体中应力分析

2.1.4.1　点的应力状态

力是引起物体(岩体)变形、破坏的根源，前面从易于理解的角度对物体中的应力进行了简单介绍，现在从一般原理上对弹性体中任意一点的应力状态进行分析。设通过点 M 而平行于坐标面的 3 个微分面上的各应力分量为已知(图 2-10)，现在要求解通过点 M 的任一平面上的分量。过点 M(点 M 附近)取任一微平面 abc，其外法线与 x、y、z 坐标轴的方向余弦分别为 l、m、n。微平面 abc 与过点 M 的 3 个坐标平面组成了一个微小的四面体 $Mabc$。由于整个弹性体处于平衡状态，四面体 $Mabc$ 也应满足平衡条件，即四面体在 x、y、z 3 个坐标轴方向的合力均为零，令所取四面体的尺寸趋近于零，得到：

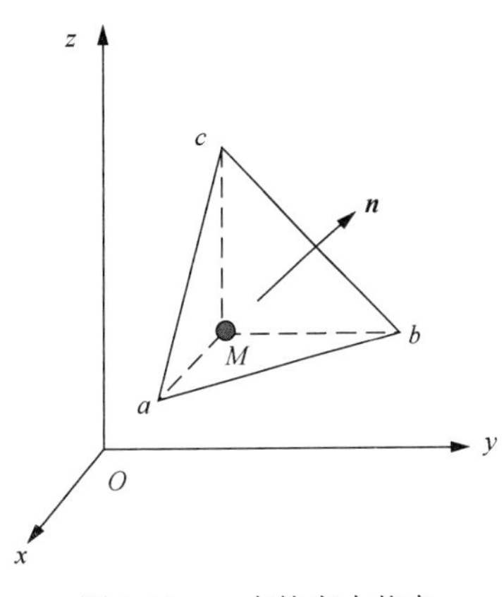

图 2-10　一点的应力状态

$$
\begin{aligned}
X_v &= \sigma_x l + \tau_{xy} m + \tau_{xz} n \\
Y_v &= \tau_{xy} l + \sigma_y m + \tau_{yz} n \\
Z_v &= \tau_{zx} l + \tau_{zy} m + \sigma_z n
\end{aligned}
\tag{2-19}
$$

式中，X_v、Y_v、Z_v 分别为微平面 abc 上的应力在 x、y、z 坐标轴上的投影，σ_x、σ_y、σ_z、$\tau_{xy}=\tau_{yx}$、$\tau_{yz}=\tau_{zy}$、$\tau_{zx}=\tau_{xz}$ 分别为点 M 处在 3 个坐标平面上的 9 个应力分量。

将 X_v、Y_v、Z_v 投影到法线 $\boldsymbol{n}$ 上，得到微平面 abc 上的正应力为

$$
\sigma_n = X_v l + Y_v m + Z_v n = \sigma_x l^2 + \sigma_y m^2 + \sigma_z n^2 + 2\tau_{xy} lm + 2\tau_{yz} mn + 2\tau_{zx} nl \tag{2-20}
$$

若微平面 abc 是在物体的表面，则式(2-19)就是物体在边界处需满足的平衡条件，就是前面所说的边界条件式(2-2)。

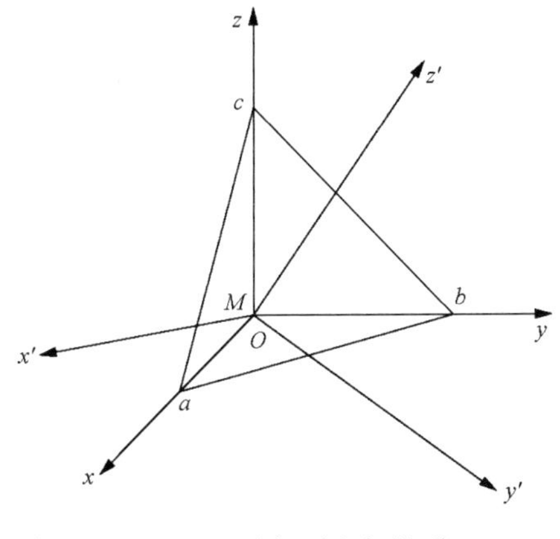

图 2-11　坐标系之间关系

2.1.4.2　应力张量

2.1.2.3 节从几何角度介绍了平面问题的位移与应力坐标变换，在一般情况下，已知某点 M 对于直角坐标系 $Oxyz$ 的应力分量为 σ_x、σ_y、σ_z、$\tau_{xy}=\tau_{yx}$、$\tau_{yz}=\tau_{zy}$、$\tau_{zx}=\tau_{xz}$，让新坐标系的 z' 轴与微平面外法线 $\boldsymbol{n}'$ 重合，可以利用式(2-19)求出对于新直角坐标系 $Ox'y'z'$ 的应力分量，如图 2-11 所示。设两个坐标系的原点重合，均为点 M，则新直角坐标系 $Ox'y'z'$ 的各轴对于原直角坐标系 $Oxyz$ 各轴的方向余弦见表 2-1。

表 2-1　新旧坐标系方向余弦

坐标	x	y	z
x'	l_1	m_1	n_1
y'	l_2	m_2	n_2
z'	l_3	m_3	n_3

根据前述应力分量坐标变换方法可得新坐标系下各应力分量的表达式：

$$
\begin{aligned}
&\sigma_{x'} = \sigma_x l_1^2 + \sigma_y m_1^2 + \sigma_z n_1^2 + 2\tau_{xy} l_1 m_1 + 2\tau_{yz} m_1 n_1 + 2\tau_{zx} l_1 n_1 \\
&\sigma_{y'} = \sigma_x l_2^2 + \sigma_y m_2^2 + \sigma_z n_2^2 + 2\tau_{xy} l_2 m_2 + 2\tau_{yz} m_2 n_2 + 2\tau_{zx} l_2 n_2 \\
&\sigma_{z'} = \sigma_x l_3^2 + \sigma_y m_3^2 + \sigma_z n_3^2 + 2\tau_{xy} l_3 m_3 + 2\tau_{yz} m_3 n_3 + 2\tau_{zx} l_3 n_3 \\
&\tau_{x'y'} = \tau_{y'x'} = \sigma_x l_1 l_2 + \sigma_y m_1 m_2 + \sigma_z n_1 n_2 + \tau_{xy}(l_1 m_2 + l_2 m_1) + \tau_{yz}(m_1 n_2 + m_2 n_1) + \tau_{zx}(l_1 n_2 + l_2 n_1) \\
&\tau_{x'z'} = \tau_{z'x'} = \sigma_x l_1 l_3 + \sigma_y m_1 m_3 + \sigma_z n_1 n_3 + \tau_{xy}(l_1 m_3 + l_3 m_1) + \tau_{yz}(m_1 n_3 + m_3 n_1) + \tau_{zx}(l_1 n_3 + l_3 n_1) \\
&\tau_{y'z'} = \tau_{z'y'} = \sigma_x l_2 l_3 + \sigma_y m_2 m_3 + \sigma_z n_2 n_3 + \tau_{xy}(l_2 m_3 + l_3 m_2) + \tau_{yz}(m_2 n_3 + m_3 n_2) + \tau_{zx}(l_2 n_3 + l_3 n_2)
\end{aligned}
\tag{2-21}
$$

为了简化，可以将一点的应力状态用张量形式表示，如对于图 2-11 原坐标系 $Oxyz$ 的点 M 3 个相互垂直微分面上的应力分量可写成：

$$
\left\{\begin{matrix} \sigma_x & \tau_{xy} & \tau_{xz} \\ \tau_{yx} & \sigma_y & \tau_{yz} \\ \tau_{zx} & \tau_{zy} & \sigma_z \end{matrix}\right\}
\tag{2-22}
$$

对于点 M 在新坐标系 $Ox'y'z'$的 3 个相互垂直微分面上的应力分量同样可写成：

$$
\left\{\begin{matrix} \sigma_{x'} & \tau_{x'y'} & \tau_{x'z'} \\ \tau_{y'x'} & \sigma_{y'} & \tau_{y'z'} \\ \tau_{z'x'} & \tau_{z'y'} & \sigma_{z'} \end{matrix}\right\}
\tag{2-23}
$$

同一点(M)在新旧坐标间的应力分布量式(2-22)、式(2-23)可由式(2-21)进行转换，他们反映了点 M 的应力分布状态，由 9 个应力分布量组成，称为应力张量。由式(2-22)、式(2-23)可见，关于主对角线对称的应力分量是相等的，所以应力张量是对称张量，它共有 6 个独立的应力分量。

通过坐标变换，总可以得到一点的 3 个主平面，在主平面上只有正应力，而没有剪应力，则作用在主平面上的总应力就是主应力，若使坐标面与一点的主平面重合，则 $\sigma_x = \sigma_1$， $\sigma_y = \sigma_2$， $\sigma_z = \sigma_3$。其中 σ_1、σ_2、σ_3 分别为 3 个主平面上的正(主)应力。若按几何方法表达一点的应力状态，分别以 3 个主应力表示 3 个半轴长度，可以得到一椭球面，称为应力椭球面，如图 2-12 所示。

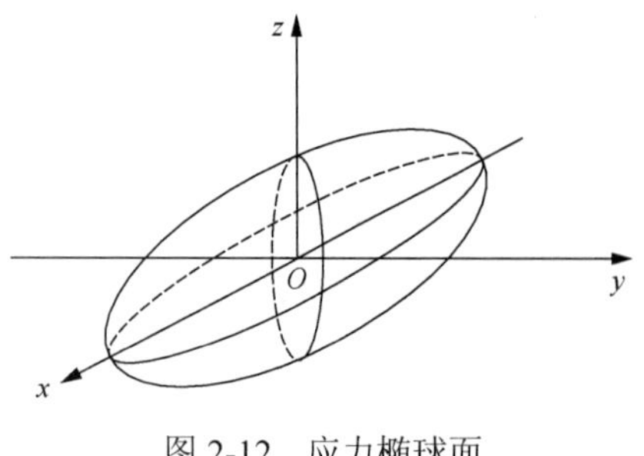

图 2-12　应力椭球面

若有两个主应力相等，如$\sigma_2=\sigma_3$，应力椭球面就变为旋转椭球面，则该点的应力状态对于主轴 ox 是对称的。若$\sigma_1=\sigma_2=\sigma_3=\sigma_0$，应力椭球面就变为半径为$\sigma_0$的圆球面，则通过该点的任一微分面均为主平面。这点的应力状态以应力张量表示为

$$\begin{Bmatrix} \sigma_0 & 0 & 0 \\ 0 & \sigma_0 & 0 \\ 0 & 0 & \sigma_0 \end{Bmatrix} \tag{2-24}$$

这一应力张量也称为球形应力张量，任一物体(岩体)在球形压应力张量作用下是很难破坏的。

一般情况下，任意应力张量可以写成球形应力张量与偏应力张量之和，见式(2-25)：

$$\begin{Bmatrix} \sigma_x & \tau_{xy} & \tau_{xz} \\ \tau_{yx} & \sigma_y & \tau_{yz} \\ \tau_{zx} & \tau_{zy} & \sigma_z \end{Bmatrix} = \begin{Bmatrix} \sigma_0 & 0 & 0 \\ 0 & \sigma_0 & 0 \\ 0 & 0 & \sigma_0 \end{Bmatrix} + \begin{Bmatrix} \sigma_x-\sigma_0 & \tau_{xy} & \tau_{xz} \\ \tau_{yx} & \sigma_y-\sigma_0 & \tau_{yz} \\ \tau_{zx} & \tau_{zy} & \sigma_z-\sigma_0 \end{Bmatrix} \tag{2-25}$$

式(2-25)中等式右边第二项称为偏应力张量。球形应力张量表示物体各向均匀受压(拉)，仅改变单元体的体积而不改变它的形状。偏应力张量仅改变单元体的形状，而不改变它们的体积，会引起物体的塑性变形。一般而言，偏应力张量更容易引起物体(岩体)的塑性变形和破坏，因此，对应力张量进行分解，分析偏应力张量对于研究物体尤其是矿山开挖岩体变形与破坏意义重大。采矿工程均是在地下包含有原始应力的原岩体中进行开挖，从而引起临空面应力释放，围岩则处于强烈的偏应力状态，受到偏应力张量作用，导致开挖工程的围岩破坏。

2.1.5 弹性体的应变能与虚功原理

2.1.5.1 弹性体的应变能

物体在外力作用下，发生了变形，变形过程中，外力做了功，外力功就会转变为物体中储存的能量。如果忽略了物体变形过程中由于温度、速度等变化而改变的能量，则物体所获得的能量就等于外力对物体所做的功，这种由于变形而积蓄在物体中的能量称为应变能。弹性物体所积蓄的应变能的大小与物体的受力次序无关，只取决于应力及应变的最终大小。因此，假定单元体的 6 个独立的应力分量和 6 个独立的应变分量完全按同样的比例自零增加到最后的大小，这样可以得到物体的应变能密度 u_1 为[2]

$$u_1=\frac{1}{2}(\sigma_x\varepsilon_x+\sigma_y\varepsilon_y+\sigma_z\varepsilon_z+\tau_{xy}\gamma_{xy}+\tau_{yz}\gamma_{yz}+\tau_{zx}\gamma_{zx}) \tag{2-26}$$

一般情况下，各应力分量与应变分量均是位置坐标(x, y, z)的函数，因此整个物体的应变能 U 就是应变能密度 u_1 在整个物体体积的积分：

$$U=\frac{1}{2}\iiint(\sigma_x\varepsilon_x+\sigma_y\varepsilon_y+\sigma_z\varepsilon_z+\tau_{xy}\gamma_{xy}+\tau_{yz}\gamma_{yz}+\tau_{zx}\gamma_{zx})\mathrm{d}x\mathrm{d}y\mathrm{d}z \tag{2-27}$$

利用胡克定律代入式(2-27)，可以得到以应力分量表示的整个物体的应变能：

$$\begin{aligned}U=\frac{1}{2E}\iiint&[(\sigma_x{}^2+\sigma_y{}^2+\sigma_z{}^2)-2\mu(\sigma_x\sigma_y+\sigma_y\sigma_z+\sigma_z\sigma_x)\\&+2(1+\mu)(\tau_{xy}^2+\tau_{yz}^2+\tau_{zx}^2)]\mathrm{d}x\mathrm{d}y\mathrm{d}z\end{aligned} \tag{2-28}$$

2.1.5.2　*虚功原理与虚功方程*

虚功原理也称虚位移原理，是力学中的一个非常重要的普遍原理，也是有限单元法中载荷移置确定节点载荷的基本原理，在此作为弹性力学的基本原理之一加以介绍。

虚位移和虚功的概念在理论力学和材料力学中都有阐述，虚字意味着其是假设的，并非真实存在的。虚位移是指结构或物体真实约束条件所允许的任意微小的假想位移，它在物体内部是连续的，在物体的边界必须满足运动学条件。例如，对于悬臂梁来说，在其固定端就不能给出假想的虚位移，因为真实的约束条件不允许固定端有位移发生。由虚位移引起的物体中的微小应变称为虚应变。在发生虚应变过程中作用在物体上的真实外力所做的功称为虚功，即真实的外力在虚位移上所做的功称为虚功。

虚功原理作为力学中的一个普遍原理，可以表述为：一个受力物体处于平衡状态时，若给一任意微小的约束所许可的虚位移并同时在物体内产生虚应变时，物体所受的真实体力或者面力在虚位移上所做的虚功等于整个物体内积蓄的虚应变能。

如果用u^*、v^*、ω^*分别表示点在x、y、z方向的虚位移，那么体力(P_x、P_y、P_z)在虚位移上的虚功为

$$\iiint\limits_V(P_xu^*+P_yv^*+P_z\omega^*)\mathrm{d}x\mathrm{d}y\mathrm{d}z$$

面力($\bar{P}_x$，$\bar{P}_y$，$\bar{P}_z$)在虚位移上所做的虚功为

$$\iint\limits_A(\bar{P}_xu^*+\bar{P}_yv^*+\bar{P}_z\omega^*)\mathrm{d}A$$

式中，V为物体的体积；A为表面力所作用的面积。

如果ε_x^*、ε_y^*、ε_z^*、γ_{xy}^*、γ_{yz}^*、γ_{zx}^*表示由虚位移引起的虚应变分量，那么真实的应力在虚应变上的虚应变能为

$$\iiint\limits_V(\sigma_x\varepsilon_x^*+\sigma_y\varepsilon_y^*+\sigma_z\varepsilon_z^*+\tau_{xy}\gamma_{xy}^*+\tau_{yz}\gamma_{yz}^*+\tau_{zx}\gamma_{zx}^*)\mathrm{d}x\mathrm{d}y\mathrm{d}z$$

上式缺少物体真实应变能推导式(2-27)中的系数1/2，这是因为虚位移是弹性体在真

实的外力作用下所假设的瞬时位移，而不是真实应变能推导中真实外力是从零逐渐增加到某一值，应变也是从零逐渐产生的，因此没有式(2-27)中的系数 1/2。

根据三维物体的虚功原理，可得到空间问题的虚功方程：

$$\begin{aligned}&\iiint_V(\sigma_x\varepsilon_x^*+\sigma_y\varepsilon_y^*+\sigma_z\varepsilon_z^*+\tau_{xy}\gamma_{xy}^*+\tau_{yz}\gamma_{yz}^*+\tau_{zx}\gamma_{zx}^*)\mathrm{d}x\mathrm{d}y\mathrm{d}z\\&=\iiint_V(P_xu^*+P_yv^*+P_z\omega^*)\mathrm{d}x\mathrm{d}y\mathrm{d}z+\iint_A(\overline{P_x}u^*+\overline{P_y}v^*+\overline{P_z}\omega^*)\mathrm{d}A\end{aligned} \tag{2-29}$$

在使用虚功方程时，需要注意的是虚位移是约束条件下许可的微小位移。若物体的某点在某个方向上有固定约束，限制产生位移，则该点在该方向就不能产生虚位移，所以该方向的约束反力就不做虚功。但是如果解除了某点某方向的约束而代之以相应的约束反力，那么这种约束反力在相应的虚位移上要做虚功，它就要进入虚功方程。

在平面应力问题中，$\sigma_z=0$，同时在 z 轴方向上没有外力，即 z 轴方向上的体力 P_z 和面力 $\overline{P_z}$ 均为零。在平面应变问题中 z 轴方向上不允许产生虚位移和虚应变，即 $\omega^*=\varepsilon_z^*=0$。而且无论哪种平面问题，$\tau_{zx}=\tau_{yz}=\gamma_{zx}{}^*=\gamma_{yz}{}^*=0$，所以由式(2-29)可得平面问题虚功方程：

$$\iint_A(\sigma_x\varepsilon_x^*+\sigma_y\varepsilon_y^*+\tau_{xy}\gamma_{xy}^*)t\mathrm{d}x\mathrm{d}y=\iint_A(P_xu^*+P_yv^*)t\mathrm{d}x\mathrm{d}y+\int_{S_\sigma}(\overline{P_x}u^*+\overline{P_y}v^*)t\mathrm{d}S \tag{2-30}$$

用矩阵表示如下：

$$\iint_A\{\boldsymbol{\varepsilon}^*\}^{\mathrm{T}}\{\boldsymbol{\sigma}\}t\mathrm{d}x\mathrm{d}y=\iint_A\{\boldsymbol{\delta}^*\}^{\mathrm{T}}\{\boldsymbol{P}\}t\mathrm{d}x\mathrm{d}y+\int_{S_\sigma}\{\boldsymbol{\delta}^*\}^{\mathrm{T}}\{\bar{\boldsymbol{P}}\}t\mathrm{d}S \tag{2-31}$$

式中，$\begin{Bmatrix}\varepsilon_x^* & \gamma_{xy}^*\\ \gamma_{yx}^* & \varepsilon_y^*\end{Bmatrix}$为虚应变列阵；$\begin{Bmatrix}\sigma_x & \tau_{xy}\\ \tau_{yx} & \sigma_y\end{Bmatrix}$为应力列阵；$\begin{Bmatrix}\delta_x^*\\ \delta_y^*\end{Bmatrix}$为虚位移列阵；$\begin{Bmatrix}P_x\\ P_y\end{Bmatrix}$为体力列阵；$\begin{Bmatrix}\overline{P_x}\\ \overline{P_y}\end{Bmatrix}$为面力列阵；$A$ 为物体与 z 轴垂直的平面面积；S_σ 为应力条件边界；t 为物体的厚度。

2.1.5.3　虚功原理的证明

为了加深对弹性力学基本方程和虚功原理的理解，现以平面应力问题为例，推证虚功原理。设有一单位厚度的薄板(t=1)，没有体积力和初应力，如图 2-13 所示，平板的边界分为位移条件边界 S_u 和应力条件边界 S_σ。在 S_u 上，位移等于零；在 S_σ 上，边界面力为 $\overline{P}$，沿着 x、y 坐标轴的分量分别为 $\overline{P_x}$、$\overline{P_y}$。在平板边界处的应力满足边界条件式(2-32)，即

$$
\begin{aligned}
\sigma_x l + \tau_{xy} m = \overline{P_x} \\
\tau_{yx} l + \sigma_y m = \overline{P_y}
\end{aligned}
\tag{2-32}
$$

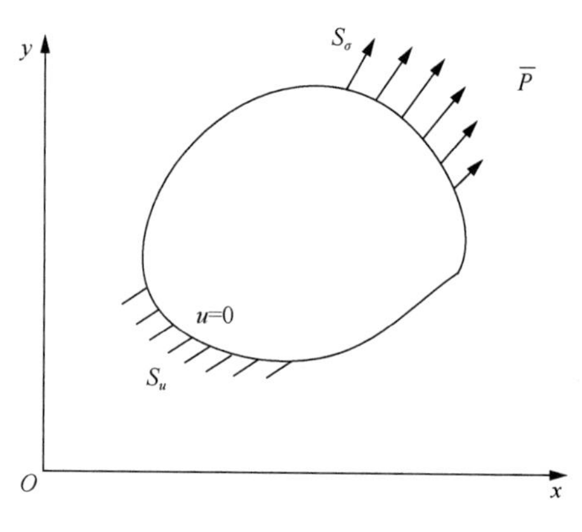

图 2-13　物体边界条件

在外力$\overline{P}$的作用下(不考虑体力)，平板体内产生的应力σ_x、σ_y、τ_{xy}应满足平衡方程式(2-33)，即

$$
\begin{aligned}
\frac{\partial \sigma_x}{\partial x} + \frac{\partial \tau_{xy}}{\partial y} = 0 \\
\frac{\partial \tau_{yx}}{\partial x} + \frac{\partial \sigma_y}{\partial y} = 0
\end{aligned}
\tag{2-33}
$$

现假设给定平板一约束条件许可的虚位移u^*、v^*，由式(2-34)可得到相应的虚应变：

$$
\varepsilon_x^* = \frac{\partial u^*}{\partial x}, \varepsilon_y^* = \frac{\partial v^*}{\partial y}, \gamma_{xy}^* = \frac{\partial u^*}{\partial y} + \frac{\partial v^*}{\partial x} \tag{2-34}
$$

由式(2-34)所述的虚应变，弹性体内部的真实应力所产生的虚应变能为

$$
\mathrm{d}U = \iint \{\boldsymbol{\varepsilon}^*\}^{\mathrm{T}} \{\boldsymbol{\sigma}\} \mathrm{d}x\mathrm{d}y = \iint \left[\sigma_x \frac{\partial u^*}{\partial x} + \sigma_y \frac{\partial v^*}{\partial y} + \tau_{xy} \left(\frac{\partial u^*}{\partial y} + \frac{\partial v^*}{\partial x} \right) \right] \mathrm{d}x\mathrm{d}y \tag{2-35}
$$

真实应力σ_x及虚位移u^*都是坐标系x、y的函数，所以

$$
\iint \frac{\partial(\sigma_x u^*)}{\partial x} \mathrm{d}x\mathrm{d}y = \iint u^* \frac{\partial \sigma_x}{\partial x} \mathrm{d}x\mathrm{d}y + \iint \sigma_x \frac{\partial u^*}{\partial x} \mathrm{d}x\mathrm{d}y
$$

式(2-35)右端第一项可以写成：

$$
\iint \sigma_x \frac{\partial u^*}{\partial x} \mathrm{d}x\mathrm{d}y = \iint \frac{\partial(\sigma_x u^*)}{\partial x} \mathrm{d}x\mathrm{d}y - \iint u^* \frac{\partial \sigma_x}{\partial x} \mathrm{d}x\mathrm{d}y
$$

同理，对式(2-35)右端的其余两项做类似运算后，并将它们代入式(2-35)有

$$\mathrm{d}U=-\iint\left[\left(\frac{\partial\sigma_x}{\partial x}+\frac{\partial\tau_{xy}}{\partial y}\right)u^*+\left(\frac{\partial\sigma_y}{\partial y}+\frac{\partial\tau_{xy}}{\partial x}\right)v^*\right]\mathrm{d}x\mathrm{d}y$$
$$+\iint\left(\frac{\partial(\sigma_x u^*)}{\partial x}+\frac{\partial(\tau_{xy}v^*)}{\partial x}+\frac{\partial(\sigma_y v^*)}{\partial y}+\frac{\partial(\tau_{xy}u^*)}{\partial y}\right)\mathrm{d}x\mathrm{d}y$$

由平衡方程式(2-33)可知，上式右端第一项积分等于零，因此应变能表达式简化为

$$\mathrm{d}U=\iint\left[\frac{\partial}{\partial x}(\sigma_x u^*+\tau_{xy}v^*)+\frac{\partial}{\partial y}(\sigma_y v^*+\tau_{xy}u^*)\right]\mathrm{d}x\mathrm{d}y \tag{2-36}$$

令 $Q=\sigma_x u^*+\tau_{xy}v^*$，$P=\sigma_y v^*+\tau_{xy}u^*$，由格林公式可知式(2-36)中的面积分可转化为边界曲线积分，即

$$\iint\left(\frac{\partial Q}{\partial x}+\frac{\partial P}{\partial y}\right)\mathrm{d}x\mathrm{d}y=\int(Ql+Pm)\mathrm{d}S \tag{2-37}$$

式中，l、m 分别为积分边界曲线 S 与 x、y 轴的方向余弦。由式(2-36)、式(2-37)可知，虚应变能 $\mathrm{d}U$ 可表示为

$$\mathrm{d}U=\int[(\sigma_x u^*+\tau_{xy}v^*)l+(\sigma_y v^*+\tau_{xy}u^*)m]\mathrm{d}S$$

整理后有

$$\mathrm{d}U=\int[(\sigma_x l+\tau_{xy}m)u^*+(\sigma_y m+\tau_{xy}l)v^*]\mathrm{d}S \tag{2-38}$$

根据边界条件，在位移条件边界 S_u 上，$u^*=v^*=0$。在应力条件边界 S_σ 上，应满足边界条件式(2-32)，所以式(2-38)可写为

$$\mathrm{d}U=\int_{S_\sigma}(\overline{P_x}u^*+\overline{P_y}v^*)\mathrm{d}S$$

上式表明平板的虚应变能等于边界上真实的面力 $\overline{P_x}$、$\overline{P_y}$ 在虚位移上所做的虚功。从而证明了虚功原理。上述推导过程中，并未用到平板材料的应力-应变关系，因此，虚功原理不但适用于线弹性材料，也适用于非线弹性材料。

2.1.6　无限大介质中圆孔周边应力分析

有些工程问题，如地下圆形巷道，在 z 轴方向(轴向)延伸很长，可以将其简化为 xOy 平面的平面应变问题。当巷道在断面平面上承载双向等压应力时，应力通常又对称于坐标原点 O，这种情况下，可以采用极坐标分析，且应力与极角 θ 无关，而仅是半径 r 的

函数。由于对称原因，剪应力等于零，只有径向正应力 σ_r 和环向正应力 σ_θ，如图 2-14 所示。

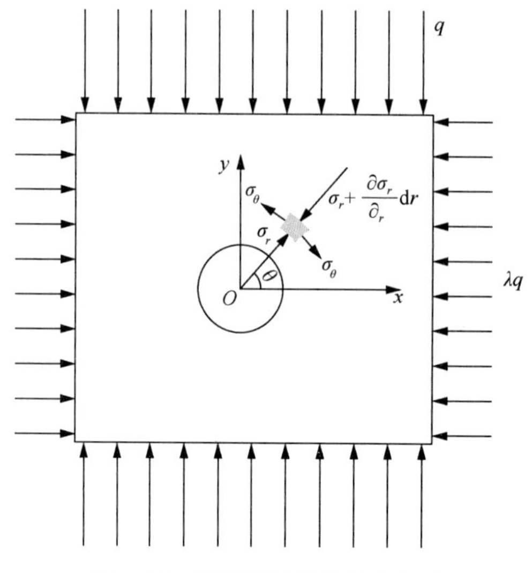

图 2-14　极坐标表示的应力分量

根据上述情况，应力函数也与极角 θ 无关，则以应力函数表示的应变连续方程可简化为[1]

$$\left(\frac{\partial^2}{\partial r^2}+\frac{1}{r}\frac{\partial}{\partial r}\right)\left(\frac{\partial^2\varphi}{\partial r^2}+\frac{1}{r}\frac{\partial\varphi}{\partial r}\right)=0 \tag{2-39}$$

应力函数 $\varphi(r,\theta)$ 是指表示应力的一个事先给定某种形式的函数。在极坐标情况，应力(正应为 σ_r、环向应力 σ_θ 和剪应力 $\tau_{r\theta}$)与应力函数的一般关系为

$$\begin{aligned}\sigma_r&=\frac{1}{r}\frac{\partial\varphi}{\partial r}+\frac{1}{r^2}\frac{\partial^2\varphi}{\partial\theta^2}\\ \sigma_\theta&=\frac{\partial^2\varphi}{\partial r^2}\\ \tau_{r\theta}&=-\frac{1}{r}\frac{\partial^2\varphi}{\partial r\partial\theta}+\frac{1}{r^2}\frac{\partial\varphi}{\partial\theta}=-\frac{\partial}{\partial r}\left(\frac{1}{r}\frac{\partial\varphi}{\partial\theta}\right)\end{aligned} \tag{2-40}$$

求解式(2-39)，可得应力函数为

$$\varphi(r)=A\ln r+Br^2\ln r+Cr^2+D \tag{2-41}$$

式中，A、B、C、D 均为积分常数，可通过实际问题与边界条件求得。

由式(2-40)可得对称问题(图 2-14)的应力表达式为

$$\sigma_r = \frac{1}{r}\frac{\mathrm{d}\varphi}{\mathrm{d}r} = \frac{A}{r^2} + B(2\ln r + 1) + 2C$$
$$\sigma_\theta = \frac{\mathrm{d}^2\varphi}{\mathrm{d}r^2} = -\frac{A}{r^2} + B(2\ln r + 3) + 2C \tag{2-42}$$
$$\tau_{r\theta} = 0$$

极坐标求解的一个经典问题就是厚壁圆筒问题。设筒内外受均匀压力 p_1 和 p_2，如图 2-15 所示，筒内外半径分别为 a、b。筒很长，可简化为平面应变问题，考虑位移单值条件，式(2-40)中常数 B=0，则由式(2-42)可得

$$\sigma_r = \frac{A}{r^2} + 2C$$
$$\sigma_\theta = -\frac{A}{r^2} + 2C \tag{2-43}$$

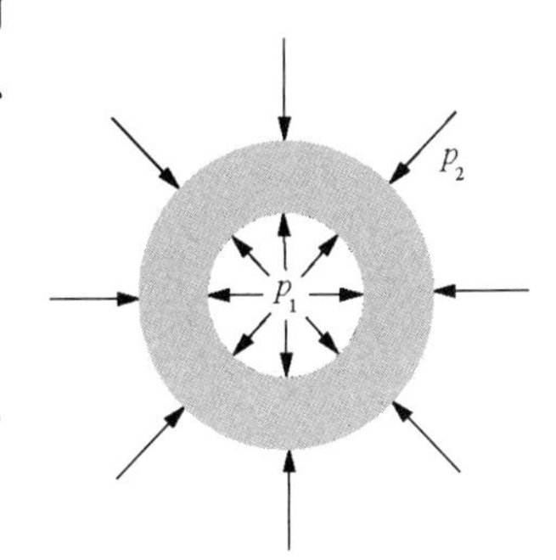

图 2-15　厚壁圆筒问题

在 $r = a$ 处，$\sigma_r = -p_1$；在 $r = b$ 处，$\sigma_r = -p_2$，此处压应力为负值，拉应力为正值。代入式(2-43)，可得常数：

$$A = \frac{a^2 b^2 (p_2 - p_1)}{b^2 - a^2}$$
$$2C = \frac{a^2 p_1 - b^2 p_2}{b^2 - a^2}$$

将上述常数代入式(2-43)，有厚壁圆筒断面任意一点的应力表达式为

$$\sigma_r = \frac{a^2 b^2}{b^2 - a^2}\frac{p_2 - p_1}{r^2} + \frac{a^2 p_1 - b^2 p_2}{b^2 - a^2}$$
$$\sigma_\theta = -\frac{a^2 b^2}{b^2 - a^2}\frac{p_2 - p_1}{r^2} + \frac{a^2 p_1 - b^2 p_2}{b^2 - a^2} \tag{2-44}$$

式(2-44)中，若 $b\to\infty$，且筒内压力 p_1=0，则相当于在无限大弹性体的边界处作用有均匀分布的压力 p_2，而在其中间开挖了一个半径为 a 的圆形孔，孔周边的应力分布为

$$\sigma_r = p_2\left(\frac{a^2}{r^2} - 1\right)$$
$$\sigma_\theta = -p_2\left(\frac{a^2}{r^2} + 1\right) \tag{2-45}$$

式(2-45)就是矿山压力与岩层控制教科书[5]中双向等压条件下圆形巷道围岩中应力分布的经典弹性力学解，关于非双向等压条件的应力分布在教科书中也有所讨论，不再赘述。

2.1.7　半无限平面体边界上受力分析

2.1.7.1　半无限平面体边界上受集中力的作用

如图 2-16 所示，有一个半无限体，在边界上受均匀分布的线载荷作用，可以将其简化为如图 2-17 所示的平面应变问题。最早求解这个问题的是法国力学家 Flamant（1839～1914），他于 1892 年给出了这个问题的弹性力学解。这一问题的工程意义很大，如地基承载能力、煤矿开采支承压力在煤层底板中的分布等，因此将这一问题作一详细介绍[1,2,4,5]。

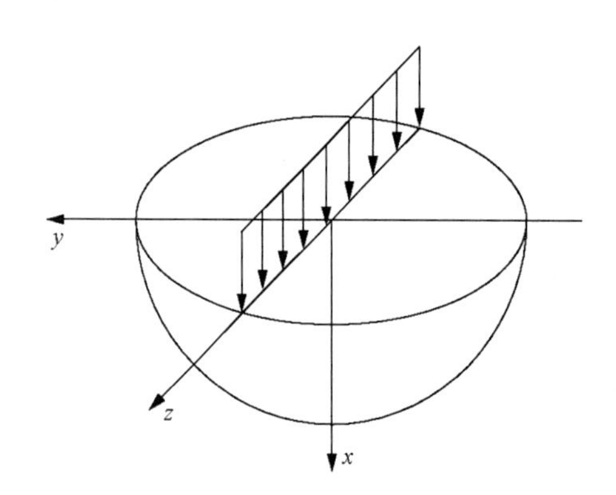

图 2-16　半无限体受线载荷作用

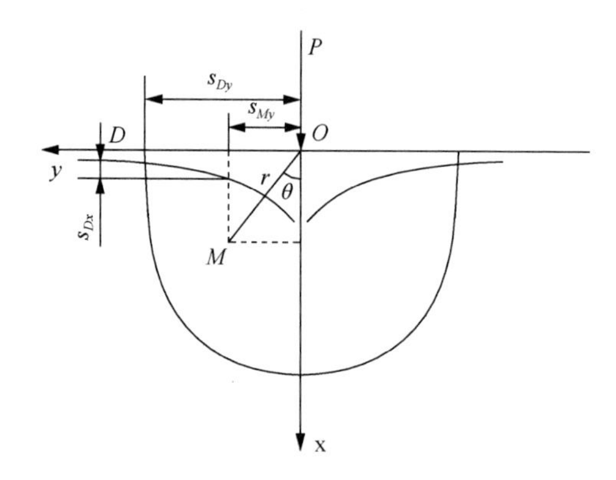

图 2-17　平面问题中半无限体受集中载荷

如图 2-17 所示，暂时按平面应力进行分析，在半无限大平面中有任一点 M，距离力 P 的作用点的距离为 r，与 x 轴夹角为 θ，采用极坐标表示时，则点 M 处的应力为[2]

$$
\begin{aligned}
\sigma_r &= -\frac{2P}{\pi}\frac{\cos\theta}{r} \\
\sigma_\theta &= 0 \\
\tau_{r\theta} &= \tau_{\theta r} = 0
\end{aligned}
\tag{2-46}
$$

利用坐标变换式(2-17)，由式(2-46)得到直角坐标中的应力分量为

$$
\begin{aligned}
\sigma_x &= -\frac{2P}{\pi}\frac{\cos^2\theta}{r} \\
\sigma_y &= -\frac{2P}{\pi}\frac{\sin^2\theta\cos\theta}{r} \\
\tau_{xy} &= -\frac{2P}{\pi}\frac{\sin\theta\cos^2\theta}{r}
\end{aligned}
\tag{2-47a}
$$

或以直角坐标表示：

$$\sigma_x=-\frac{2P}{\pi}\frac{x^3}{(x^2+y^2)^2}$$
$$\sigma_y=-\frac{2P}{\pi}\frac{xy^2}{(x^2+y^2)^2} \tag{2-47b}$$
$$\tau_{xy}=-\frac{2P}{\pi}\frac{x^2y}{(x^2+y^2)^2}$$

将应力分量代入胡克定律式(2-11)，考虑极坐标与直角坐标的对应关系可得

$$\varepsilon_r=-\frac{2P}{\pi E}\frac{\cos\theta}{r}$$
$$\varepsilon_\theta=\frac{2\mu P}{\pi E}\frac{\cos\theta}{r} \tag{2-48}$$
$$\gamma_{r\theta}=0$$

将式(2-48)代入极坐标表示的几何方程可得

$$\varepsilon_r=\frac{\partial u_r}{\partial r}$$
$$\varepsilon_\theta=\frac{u_r}{r}+\frac{1}{r}\frac{\partial u_\theta}{\partial\theta} \tag{2-49}$$
$$\gamma_{r\theta}=\frac{1}{r}\frac{\partial u_r}{\partial\theta}+\frac{\partial u_\theta}{\partial r}-\frac{u_\theta}{r}$$

考虑到边界条件：当$\theta=0$时，位移$u_\theta=0$，则有下列位移表达式：

$$u_r=-\frac{2P}{\pi E}\cos\theta\ln r-\frac{(1-\mu)P}{\pi E}\theta\sin\theta+B\cos\theta$$
$$u_\theta=\frac{2P}{\pi E}\sin\theta\ln r-\frac{(1-\mu)P}{\pi E}\theta\cos\theta+\frac{(1+\mu)P}{\pi E}\sin\theta-B\sin\theta \tag{2-50}$$

式中，B为任意常数。由于B的存在，无法计算出点M的绝对位移。

当$\theta=\frac{\pi}{2}$时，可以得到点M相对于点D的位移，即相对沉降量：

$$\eta=\frac{\partial P}{\pi E}\ln\frac{s_{Dy}}{s_{My}} \tag{2-51}$$

式中，s_{Dy}和s_{My}分别为D点、M点到坐标原点O的水平距离。

前述推导中是以平面应力问题为例，对于平面应变问题须将有关公式中的E换成$E/(1-\mu^2)$，将μ换成$\mu/(1-\mu)$。

2.1.7.2　半无限平面体边界上受法向分布力的作用

如图2-18所示，半无限边界上受法向分布力作用，分布力的集度为q，现求一点M

处的应力。这与采场支承压力在底板中的传播问题极其类似。现沿 y 轴取一微段 $\mathrm{d}\zeta$，而将 $q\mathrm{d}\zeta$ 作为集中力处理，则利用（2-47）可得直角坐标表达式：

$$\mathrm{d}\sigma_x = -\frac{2q\mathrm{d}\zeta}{\pi}\frac{x^3}{[x^2+(y-\zeta)^2]^2}$$

$$\mathrm{d}\sigma_y = -\frac{2q\mathrm{d}\zeta}{\pi}\frac{x(y-\zeta)^2}{[x^2+(y-\zeta)^2]^2}$$

$$\mathrm{d}\tau_{xy} = -\frac{2q\mathrm{d}\zeta}{\pi}\frac{x^2(y-\zeta)}{[x^2+(y-\zeta)^2]^2}$$

式中，ζ 为微段 $\mathrm{d}\zeta$ 距原点的水平距离。

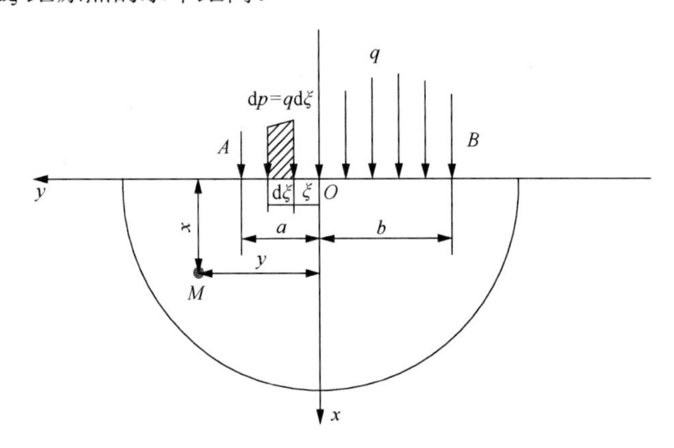

图 2-18　法向分布力作用

为了求出所有分布力的作用，则需对分布力范围进行积分：

$$\begin{aligned}\sigma_x &= -\frac{2}{\pi}\int_{-b}^{a}\frac{qx^3\mathrm{d}\zeta}{[x^2+(y-\zeta)^2]^2}\\ \sigma_y &= -\frac{2}{\pi}\int_{-b}^{a}\frac{qx(y-\zeta)^2\mathrm{d}\zeta}{[x^2+(y-\zeta)^2]^2}\\ \tau_{xy} &= -\frac{2}{\pi}\int_{-b}^{a}\frac{qx^2(y-\zeta)\mathrm{d}\zeta}{[x^2+(y-\zeta)^2]^2}\end{aligned}\tag{2-52}$$

式中，a、b 分别为点 A、B 距原点的水平距离。当 q 为非均匀分布时，需将 q 表达式换成 ζ 的函数，然后进行上述积分。

前面介绍的无限大介质中圆孔周边应力分析及半无限平面体边界上受力分析是煤矿开采中经常用到的两种典型情况，还有一种情况就是在分析顶板岩层受力时也常常会用到薄板理论。在利用弹性力学经典公式时，一定要注意模型简化的正确性和边界条件的适用性，不能简单地套用，在很多理论分析文章及学生的学位论文中经常存在一些对经典模型的错误使用。首先是煤矿开采工程简化为力学模型时要正确，其次是引用经典力学解时要与所简化的力学模型相适应，否则所得到的结果是错误的。

2.2 岩石变形与强度特征

岩石强度在各种岩体力学书中均有较详细的介绍，在此仅就放顶煤开采中所要用到的一些岩石力学基础知识加以概略介绍

2.2.1 岩石变形特征

如图 2-19[6]所示，有一岩石试件，在压力 P 的作用下，沿试件轴向产生压缩变形，其中 l_0 为试件原长度，l_a 为压缩变形后的长度，A 为试件原断面积，则试件的轴向应力为

$$\sigma = \frac{P}{A} \tag{2-53}$$

试件的轴向应变为

$$\varepsilon = \frac{l_0 - l_a}{l_0} \tag{2-54}$$

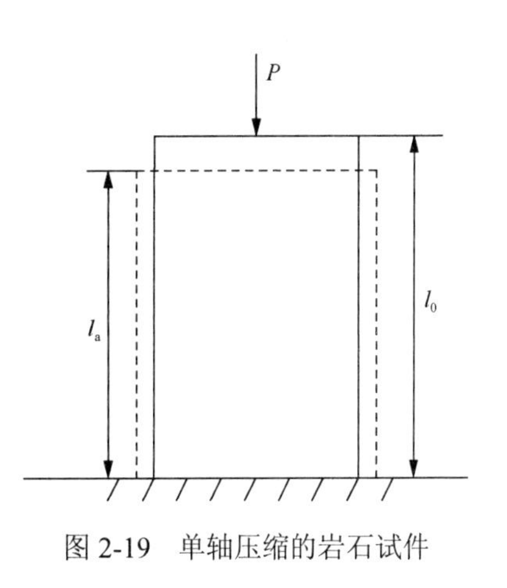

图 2-19 单轴压缩的岩石试件

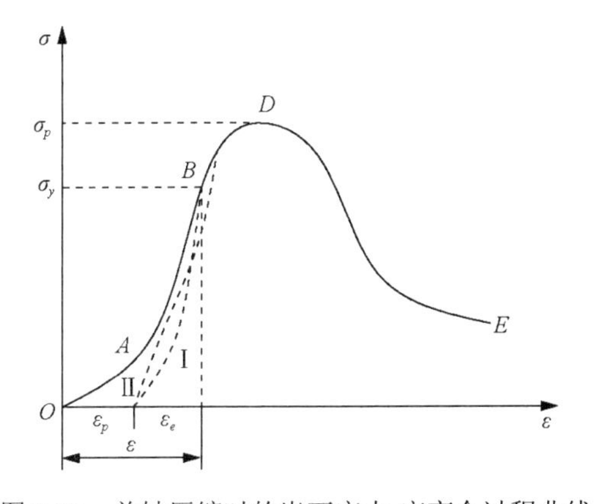

图 2-20 单轴压缩时的岩石应力-应变全过程曲线

一般情况下，试件从初始加载至破坏全过程中，岩石的应力(σ)-应变(ε)曲线具有如图 2-20 所示的形式。即随着试件内应力 σ 的逐渐增大，岩石试件的应变经历了 OA 段、AB 段、BD 段和 DE 段。在 OA 段内曲线斜率逐渐增加，反映的是岩石试件内有一些微空隙，在应力不大的情况下就开始闭合，随着空隙闭合，试件承载能力增大，因此曲线呈现上凹形状，其斜率逐渐增加，当岩石中空隙或裂隙发育时，这一特征十分明显。AB 段基本为直线，表明该阶段岩石处于弹性压缩变形阶段，曲线斜率处于稳定阶段，一般情况下，这是岩石加载过程曲线的重要部分，但其与岩石类型有很大关系，如硬岩、中硬岩、软岩等。BD 段曲线呈现下凹形状，曲线斜率逐渐降低，表明岩石试件内原有裂隙逐渐张开、贯通，新的裂隙逐渐产生，直至试件完全破坏。从点 B 开始，岩石试件开始出现不可恢复的变形，即进入塑性阶段，因此点 B 的应力 σ_y 即为屈服应力(屈服极限)。点 D 是岩石试件所能承受的最大应力极限，其应力值 σ_p 称为峰值强度，也就是通常意义的岩石强度。过了峰值点 D 以后，岩石内部结构遭到破坏，试件表面基本保持整体状，但岩石内裂隙迅速发育，变形增加，其承载能力迅速下降，但并不降为零，说明破裂的岩石仍具有一定的承载能力[7]。

在岩石试件加载过程中进行卸载，则应力-应变路径为图 2-20 中的 I，卸载曲线 I

回不到原点 O，则 ε_p 称为塑性应变(永久应变)。即使岩石在弹性阶段完全卸载，岩石变形也不能完全恢复，这主要与岩石中的空隙在很小应力下就闭合有关系。ε_e 即为弹性应变，它与 ε_p 构成了岩石加载时的总应变。再次进行加载时，加载曲线为Ⅱ，它又会与单一加载时的应力-应变全过程曲线相接。

对于不同岩石试件测得的应力-应变全过程曲线，如图 2-21[8,9]所示，图中的曲线可以归结为两种类型，一类是峰值强度点后，岩石还具有一定的强度，峰值后破裂的传播较稳定，如图中的炭灰色花岗岩Ⅰ、印第安纳石灰岩Ⅰ和田纳西大理岩Ⅰ。另一种类型是峰值后破裂处于非稳定传播，岩石试件迅速崩解，失去承载能力，如炭灰色花岗岩Ⅱ、玄武岩Ⅱ、索霍芬石灰岩Ⅱ。

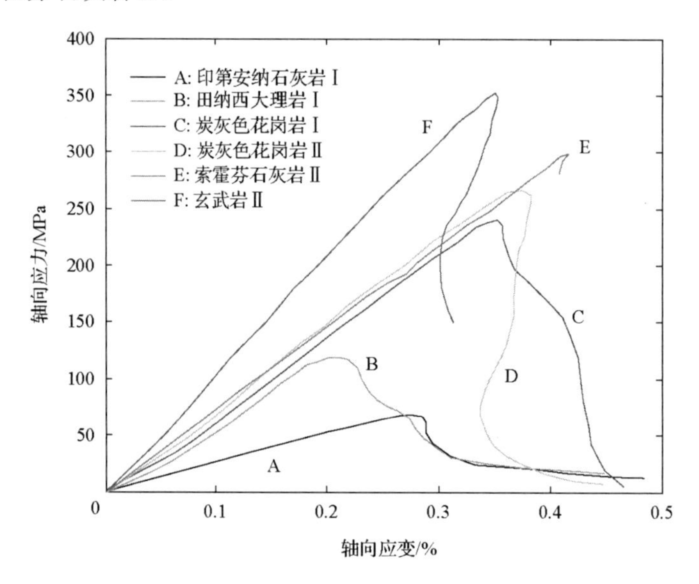

图 2-21　不同类型岩石的单轴应力-应变全过程曲线

岩石的应力-应变全过程曲线是在刚性压力机上测得的，通常情况下，在普通压力机上，我们只能测得峰值前的应力-应变曲线，虽然有很多种曲线形状，但是一般可以将它们归结为 3 类。图 2-22(a)为线弹性，一般的硬岩均具有此类应力-应变特征；图 2-22(b)中的曲线是岩石常见的应力-应变曲线，在图 2-20 中已经进行了详细分析，表现为黏弹塑的特征；图 2-22(c)开始时有一小段直线，然后岩石的变形迅速增大，而承载力并不增加，表现为理想弹塑性性质，是软岩的典型特征。

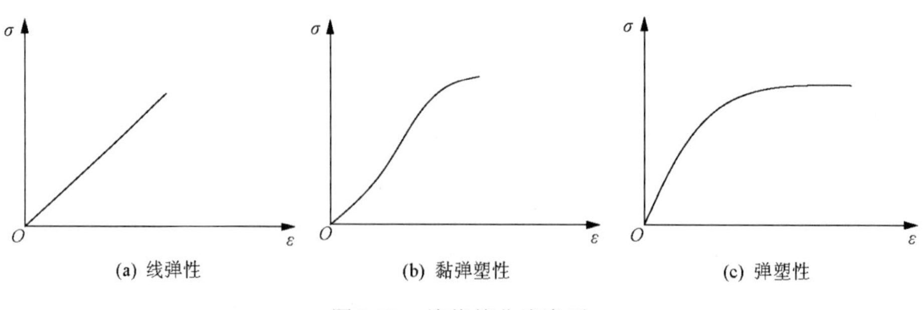

图 2-22　峰值前曲线类型

放顶煤开采过程中，随着工作面的推进，受支架反复循环支撑作用，顶煤通常经历了反复的循环加载过程，工作面附近的顶煤往往已经破坏，反复加载处于顶煤的峰值强度以后，会有利于顶煤的进一步破碎。岩石试件在完全破坏以前进行加卸载循环时的典型应力-应变曲线如图 2-23 所示。该曲线是美国田纳西大理岩在强度峰值后进行循环加卸载时的轴向应力与轴向位移关系曲线，是 1970 年由 Wawersik 和 Fairhurst 采用直径 51mm、长 102mm 的田纳西大理岩试件进行试验获得的[8,9]。

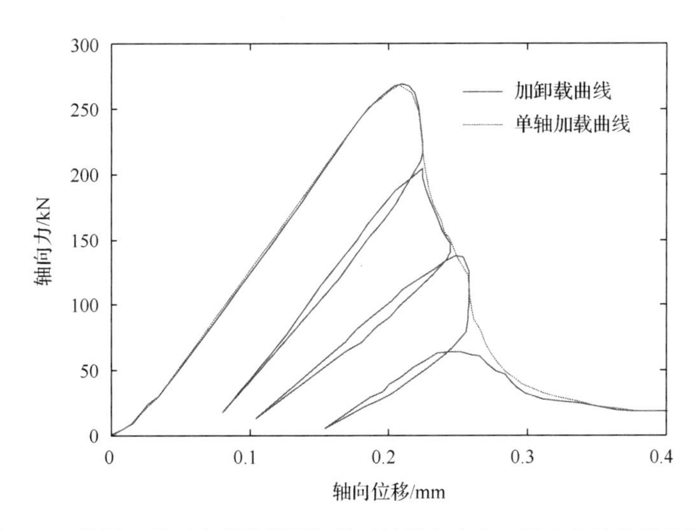

图 2-23 美国田纳西大理岩循环加载时的轴向应力与轴向位移关系曲线[8]

图 2-23 表明，循环加载时的曲线最终会与单一加载的试验曲线汇合，并随着时间的增加，位移会单调递增；在强度峰值后的区域，随着位移增加，不可恢复的塑性位移占总位移的比例增加；卸载-加载循环有某些滞后性；可以通过循环加载曲线的斜率计算岩石的实际弹性模量，从图中可以看出，随着峰值后变形增加和试件渐进破坏，循环加载曲线的斜率下降，即弹性模量逐渐降低。

前面的研究为岩石在单轴加载情况下的实验结果，然而实际工程中岩石都处于三向应力作用，对于三向应力作用下的岩石变形和破坏也进行了大量研究，其中比较经典的曲线如图 2-24 所示[8]。图中三向压缩状态下的岩石应力-应变全过程曲线是由 Wawersik 和 Fairhurst 于 1970 年通过试验测得的，岩石试件为田纳西大理岩，对于其他种类岩石或者煤样均可得到类似的实验结果。图中的数值表示实验的围压大小。从图中可以看出随着围压的增加，同一种岩石的峰值强度也相应增加；岩石应力-应变曲线特性从典型的脆性特征发展为结构流动和颗粒滑移的塑性特征；在很高的围压条件下，峰值强度与残余强度十分接近。图 2-24 中的曲线表明围压对岩石强度有很大影响，高围压会显著提高岩石峰值强度，使岩石的承载能力更具有持久性。

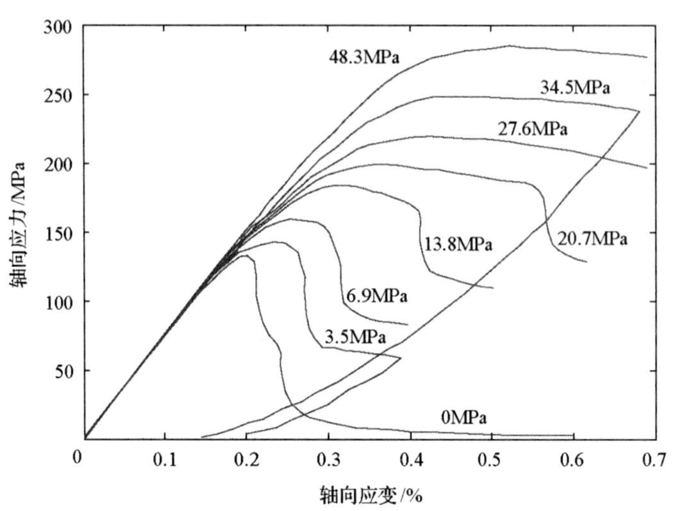

图 2-24　三向压缩状态下岩石的轴向应力应变全过程曲线

2.2.2　岩石强度

岩石强度是指岩石单位面积上所能承受的最大载荷，它反映了岩石抵抗外载荷的能力，常用的岩石强度单位为 MPa。若岩石单位面积上的外载荷达到了岩石强度，岩石就会发生破坏。根据外载荷方式的不同，岩石强度分为抗压强度、抗拉强度和抗剪强度。一般说来，同一种岩石的抗压强度最大，抗剪强度次之，抗拉强度最小。所以岩石若受到拉应力作用，极易产生拉破坏。

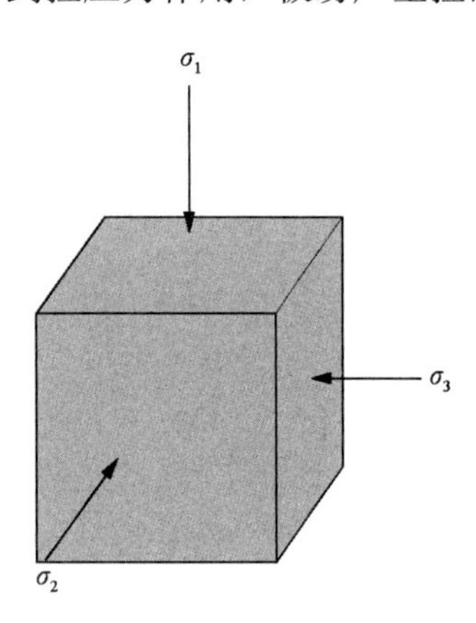

图 2-25　岩石三向受力示意图

岩石的抗压强度。岩石的抗压强度是指岩石单位面积上所能承受的最大压力。根据岩石受压情况不同，又可分为单轴抗压强度、双轴抗压强度和三轴抗压强度。如图 2-25 所示，岩石三轴(向)抗压强度是指岩石试件在围压(σ_2、σ_3)作用下，在 σ_1 方向的抗压强度。理论上讲，当 $\sigma_1=\sigma_2=\sigma_3$ 时，即使应力水平再高，岩石也不会发生破坏。类似的，单轴抗压强度是指岩石仅在 σ_1 作用下的抗压强度；双轴抗压强度是指岩石在 σ_1、σ_2 作用下的抗压强度。岩石的双轴抗压强度和三轴抗压强度的大小与岩石试件所受到的围压(σ_2、σ_3)有关，随着围压的增大，抗压强度也会增大，如图 2-24 所示。三轴抗压强度大于双轴抗压强度，双轴抗压强度大于单轴抗压强度，一般沉积岩的单轴抗压强度介于 10～150MPa，大部分介于 30～100MPa；煤的单轴抗压强度介于 3～40MPa。为了简单地表示岩石的单轴抗压强度，工程上也常用普氏硬度系数 f 表示，f 值大小为岩石的单轴抗压强度除以 10。

岩石抗拉强度。岩石抗拉强度是指岩石单位面积上所能承受的最大拉力。与岩石的抗压强度相比，岩石的抗拉强度要小很多，甚至小于单轴抗压强度的 1/10。由于岩石的脆性，很难加工成标准的抗拉试件进行测试，一般采用劈裂法测试岩石的抗拉强度。如图 2-26 所示，把加工成的圆盘形岩石试件放置在压力机的两个承压板中间，并在试件与上下承压板之间放置一根硬钢丝以使试件上下两端受到集中压力作用。要保持上下载荷通过竖直方向的硬钢丝和试件的圆心，试件受压力 P 后，试件内部在垂直载荷作用线上将产生拉应力，当拉应力达到试件的抗拉强度时，将沿垂直载荷作用线产生拉破坏。岩石的抗拉强度由式(2-55)确定：

$$R_{\mathrm{t}}=\frac{2P_{\max}}{\pi Dt} \tag{2-55}$$

式中，D、t 分别为试件的直径和厚度；$P_{\max}$ 为试件破坏时的最大载荷。

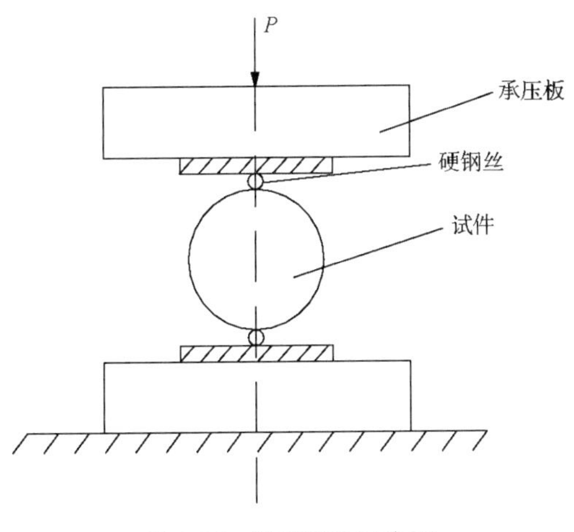

图 2-26 劈裂试验示意图

岩石抗剪强度。岩石的抗剪(切)强度是指岩石单位面积上抵抗剪切破坏的能力。如图 2-27 所示，剪切盒内的岩石试件受到法向应力 Q 和剪切力 T 的作用。当 T 足够大时，试件将沿 ab 面发生剪切破坏。从图中可以看到试件是否破坏与 T 的大小有关，也与 Q 的大小有关。设 ab 面的面积为 A，则 ab 面上的正应力 $\sigma=Q/A$，剪应力 $\tau=T/A$。随着试件所受到的正应力 σ 的增加，试件破坏时所需要的剪应力 τ(抗剪强度)也增大，即岩石的抗剪强度并不是一个定值，它随试件所受到的正应力 σ 的增加而增加，如图 2-28 所示。图中的虚线为实际测试得到的岩石抗剪强度曲线，岩石的正应力 σ 较小($\sigma\leqslant 10$MPa)时，可以采用直线 AB 代替岩石的抗剪强度曲线，因此，岩石的抗剪强度曲线如下：

$$\tau=C+\sigma\tan\varphi \tag{2-56}$$

式中，C 为岩石的黏聚力(内聚力)，反映在没有正应力 σ 作用下岩石的抗剪能力，即岩石的纯抗剪切能力；φ 为岩石的内摩擦角。

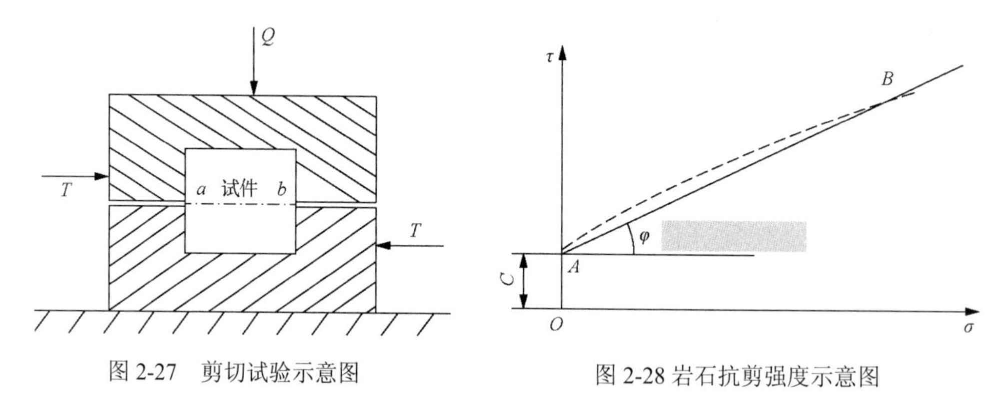

图 2-27　剪切试验示意图　　图 2-28 岩石抗剪强度示意图

从式(2-56)可以看到，岩石的抗剪强度由岩石的纯抗剪能力 C 和由于剪切面上的正应力所产生的摩擦力 $\sigma\tan\varphi$ 两部分组成。若岩石的黏聚力 C 为零，如岩石结构面，则其抗剪强度只由摩擦力 $\sigma\tan\varphi$ 组成。

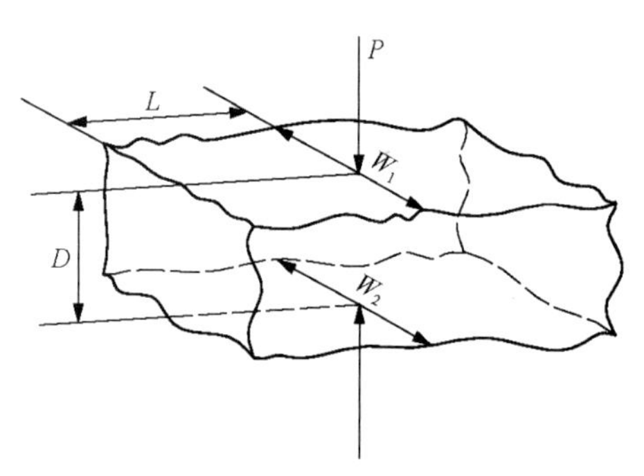

图 2-29　点荷载测试方法示意图

岩石强度的点载荷测试方法。把岩石加工成标准试件在室内进行岩石强度测试是一种标准方法，但试件加工过程相对费时费力，为此提出了岩石强度的点载荷测试方法，如图 2-29 所示。

点载荷测试的岩石试件可以是规则岩心、试块，也可以是不规则试件，试件大小和形状有一定要求，对于不规则试件通常厚度 D=30～55mm，半边长 $L>0.5D$，$3W<D<W$，其中，$W=(W_1+W_2)/2$，W_1 和 W_2 分别为试件上、下面宽度。把测量好尺寸的岩石试件放在点载荷仪的加载盘上进行加载，直至试件破坏，根据试件破坏时的载荷 P，计算点载荷指数 I_s[6]：

$$I_s = \frac{P}{D_e^2} \tag{2-57}$$

式中，D_e 为当量直径，对于不规则试件，$D_e^2=4WD/\pi$。

为了便于比较，获得一致性的点载荷指数，需对试件尺寸进行修正，以岩心直径 D=50mm 为标准，修正后的点载荷指数 $I_{s(50)}$ 称为标准点载荷指数，具体计算如下：

$$I_{s(50)} = \left(\frac{D_e}{50}\right)^{0.45} I_s \tag{2-58}$$

单轴抗压强度换算公式为

$$R_c = (22.8 \sim 23.7) I_{s(50)} \tag{2-59}$$

单轴抗拉强度换算公式为

$$R_t = (0.79 \sim 0.90) I_{s(50)} \tag{2-60}$$

从上述换算公式可以看出，岩石的抗压强度是抗拉强度的20倍以上。事实上，岩石很难承受拉应力。工程分析中，如果岩石工程的某处出现了拉应力，那么就认为该处会破坏，这也就是通常所说的岩石工程“无拉力分析”。岩石强度点载荷测试方法具有简单、成本低、设备轻便易于携带、便于现场测试等优点。

2.2.3 岩石强度的变异性

无论是岩石的抗压强度、抗拉强度还是抗剪强度都具有一定的变异性。即同一种岩石不同试件测得的强度是有差异的，有时离散性很大。同时，同一种岩石的不同点间的强度也具有一定的相关性。严格来讲，岩石(体)强度的变异性是指同一种岩石(体)不同点间的强度既有差异又有相关性的统称。在此主要指同一种岩石的强度差异性，关于同一种岩石不同点间强度的相关性在一些岩石工程可靠性的专门著作中会有所涉及[6]。

岩石强度的差异性主要是由其成因造成的，岩石是经历了几千万年甚至数亿年的地质作用形成的。同一种岩石不同试件内部的空隙分布、密度等都会有很大不同，因此同一种岩石的不同试件测得的强度也会有很大不同，其分布一般服从正态分布或对数正态分布，如图2-30所示。D_R为强度R的标准差，$\bar{R}$为强度R的均值，变异系数η为

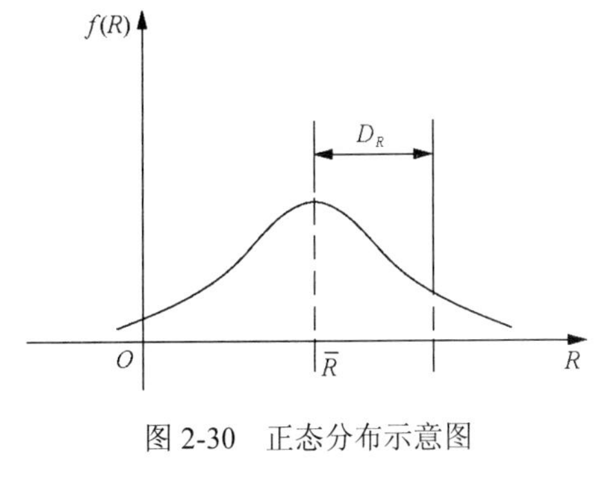

图2-30 正态分布示意图

$$\eta = D_R / R \tag{2-61}$$

一般情况下，岩石的变异系数η=0.3～0.8，为了尽可能减少岩石强度的变异性对工程分析结果的影响，国际岩石力学学会规定进行岩石力学强度测试时，试件数量不少于5块，然后取其平均值。

图2-31是通过点载荷方法测得的大同煤矿集团有限责任公司忻州窑矿(简称忻州窑矿)侏罗纪系11号煤层单轴抗压强度沿巷道轴向的分布，在9.5m范围内，共测试199块试件，对其进行统计分析可知，它们服从正态分布，抗压强度均值为37.43MPa，变异系数为0.39。

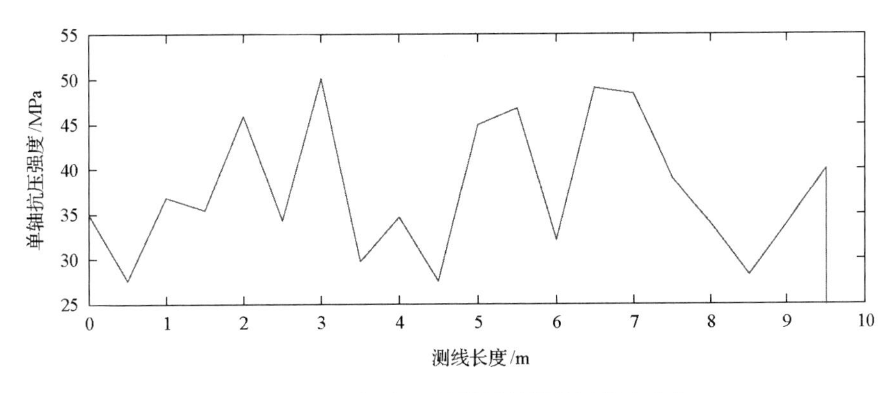

图2-31 忻州窑矿11号煤层单轴抗压强度分布

图 2-32 是义马煤业(集团)有限责任公司北露天煤矿(简称义马北露天煤矿)390 水平黄砂岩的标准点载荷指数 $I_{s(50)}$沿台阶分布情况，沿台阶 95m 范围内共测试了 100 块试件。将上述 100 块岩石试件进行统计分析，统计分析得到抗压强度均值为 32.88MPa，变异系数为 0.74。

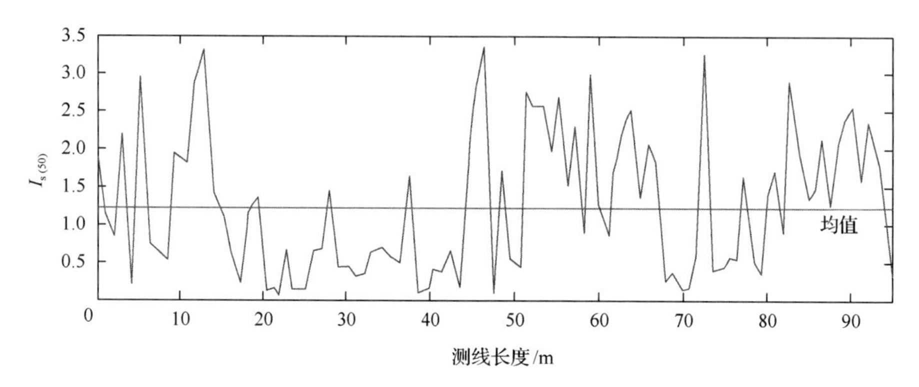

图 2-32　义马北露天煤矿 390 水平黄砂岩的标准点荷载指数 $I_{s(50)}$沿台阶测试结果

从统计结果看岩石强度的离散性(变异系数)明显大于煤层。由于测试地点的差异，上述给出的测试结果，岩石强度小于煤体强度，这是由义马北露天煤矿属于软岩矿区，而忻州窑矿煤体坚硬所致，一般情况下，同一个矿区的岩石强度会大于煤体强度，当然也有个别矿区的煤体强度大于岩石强度，尤其是在一些褐煤矿区。

图 2-31 和图 2-32 所示的煤岩强度的变异性是指在不同空间点的差异，对其进行统计分析时，需采用随机场理论，而不是采用简单的经典统计分析。

2.2.4　岩石强度理论

实际工程中岩石处于复杂应力状态下(除单向受拉和单向受压以外的应力状态)，这就不能简单地用单轴抗压强度或单轴抗拉强度作为复杂应力状态下岩石是否破坏的判别准则，而需建立岩石在复杂应力状态下的破坏判别准则，并解释岩石破坏的原因和规律，即岩石强度理论。

1) 莫尔-库仑强度理论

莫尔-库仑强度理论是莫尔强度理论与库仑强度理论的统称，适用于岩石发生剪切破坏的情况，可简单地表述为：岩石发生破坏的主要原因是剪应力达到了一定程度。岩石抵抗剪切破坏的能力除了与岩石材料本身的性质有关外，还与破坏面上的正应力所造成的摩擦阻力有关，因此，岩石沿某一平面抗剪切破坏的能力(剪切强度)τ_f 与该平面上的正应力 σ 可以写成某种函数关系：

$$\tau_f = f(\sigma) \tag{2-62}$$

若某一组岩石试件处于双向受压状态，如图 2-33 所示，可以得到岩石试件破坏时不同的(σ_1，σ_3)组合，用(σ_1，σ_3)的不同组合可以得到多个极限莫尔圆，做这些极限莫尔圆的包络线，即岩石的莫尔强度包络线 $\tau_f=f(\sigma)$。理论上讲，τ_f是一条曲线，若用一条直线代替时，其精度也足以满足工程需用。因此，库仑提出了抗剪切强度的直线表达式：

$$\tau_{\mathrm{f}} = C + \sigma \tan\varphi \tag{2-63}$$

式中，C 为岩石的黏聚力；φ 为岩石的内摩擦角。

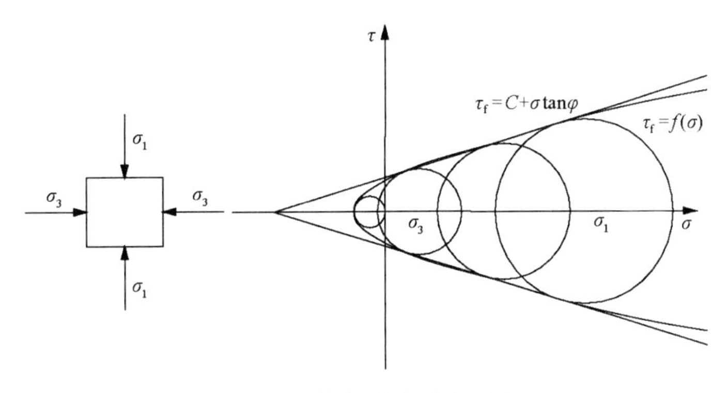

图 2-33　莫尔-库仑强度理论

利用莫尔-库仑强度理论的几何关系(图 2-34)，可以得到如下一些基本认识。

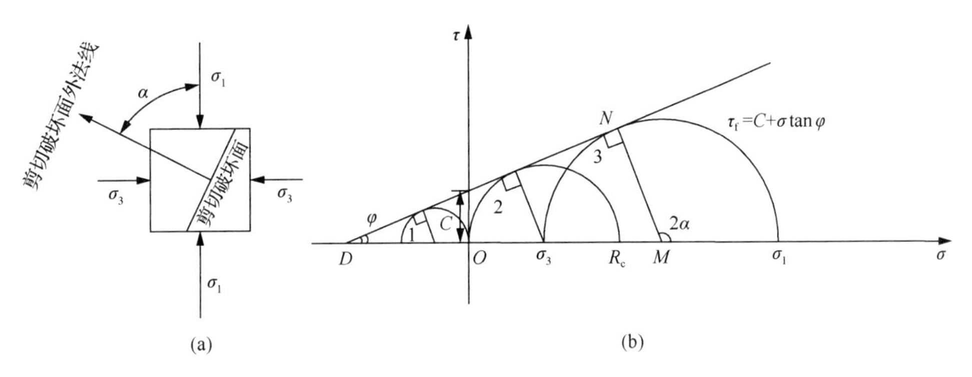

图 2-34　莫尔-库仑强度理论的几何关系

(1)岩石的单向抗拉强度远小于单向抗压强度。如图 2-34(b)所示，极限莫尔圆 1 和 2 分别代表岩石单向受拉和单向受压的情况，此时试件所能承受的极限应力就是单向强度，可见单向抗拉强度 R_{t} 远小于单向抗压强度 R_{c}，由图 2-34(b)中极限莫尔圆 1 和 2 的几何关系可得

$$\sin\varphi = \frac{\dfrac{R_{\mathrm{c}}}{2}}{\dfrac{R_{\mathrm{c}}}{2} + C\cot\varphi} = \frac{\dfrac{R_{\mathrm{t}}}{2}}{C\cot\varphi - \dfrac{R_{\mathrm{t}}}{2}}$$

其中：

$$R_c = \frac{2C\sin\varphi\cot\varphi}{1-\sin\varphi} \tag{2-64}$$

$$R_t = \frac{2C\sin\varphi\cot\varphi}{1+\sin\varphi} \tag{2-65}$$

由式(2-64)和式(2-65)可得

$$\begin{aligned} \frac{R_c}{R_t} = \frac{1+\sin\varphi}{1-\sin\varphi} = \tan^2\left(45°+\frac{\varphi}{2}\right) \\ R_c=R_t\tan^2\left(45°+\frac{\varphi}{2}\right) \end{aligned} \tag{2-66}$$

一般说来，岩石的内摩擦角 φ=30°～40°，则 R_c=(3.0～4.6) R_t。

(2)剪切破坏面与最大主应力 σ_1 呈锐角。如图 2-34(a)所示，最大主应力 σ_1 与剪切破坏面外法线的夹角为 α，主应力 σ_1 与最小主应力 σ_3 的夹角为 90°。对应图 2-34(b)，σ_1 与 σ_3 的夹角为 180°，则最大主应力 σ_1 与破坏面的夹角可推测为 2α，由几何关系有 $2\alpha=90°+\varphi$，因此：

$$\alpha = 45° + \frac{\varphi}{2} \tag{2-67}$$

由式(2-67)得到最大主应力 σ_1 与破坏面之间的夹角为锐角，大小为 $45°-\varphi/2$。理论上讲，剪切破坏面是共生的，在岩石试件中还会有一个与 MN 对称的剪切破坏面 $M'N'$，MN 与 $M'N'$的夹角为锐角，方向对着的最大主应力 σ_1 的方向。

(3)判断岩石是否发生剪切破坏。判断岩石在应力作用下是否发生剪切破坏，是莫尔-库仑强度理论的核心作用。从几何上讲，可以根据岩石所处的应力状态变换得出岩石试件所处的主应力状态，利用 σ_1、σ_3 在 σ-τ 坐标系中得到岩石在此应力状态下的莫尔圆，若莫尔圆与强度曲线 $\tau_f=C+\sigma\tan\varphi$ 相离，则该岩石处于完好状态，不会发生破坏；若莫尔圆与强度曲线 $\tau_f=C+\sigma\tan\varphi$ 相交(割)，则岩石处于破坏状态；若相切，则岩石处于即将破坏的极限状态。

岩石的抗剪强度曲线除了可按式(2-63)表示外，根据图 2-34 中的几何关系，可有如下表述：

$$\begin{aligned} \sin\varphi &= \frac{MN}{DO+OM} \\ MN &= \frac{\sigma_1-\sigma_3}{2} \\ DO &= C\cot\varphi \\ OM &= \frac{\sigma_1+\sigma_3}{2} \end{aligned}$$

所以，可得出：

$$\sigma_1 = \frac{2C\sin\varphi\cot\varphi}{1-\sin\varphi} + \frac{1+\sin\varphi}{1-\sin\varphi}\sigma_3 \tag{2-68}$$

式(2-68)为用主应力表示的莫尔-库仑强度条件，若 $\sigma_3=0$，即岩石处于单向受压状态，此时岩石若发生破坏，则为单向受压破坏，其强度则为单向抗压强度，由式(2-68)得到：

$$R_c = \frac{2C\sin\varphi\cot\varphi}{1-\sin\varphi}$$

式(2-68)可表示为

$$\sigma_1 = R_c + \frac{1+\sin\varphi}{1-\sin\varphi}\sigma_3 \tag{2-69}$$

2)格里菲斯强度理论

格里菲斯认为：对于脆性固体材料，如玻璃、钢材、陶瓷、岩石等，其宏观破坏是由其内部的微裂隙尖端拉应力集中造成的，在能量非稳定条件下，裂隙就会扩展。随着裂隙长度的增加，岩石系统的全部势能减少或者保持恒定时，裂隙就会停止扩展。

对于一个势能恒定的系统，裂隙扩展的准则可写成：

$$\frac{\partial}{\partial c}(W_d - W_e) \leqslant 0 \tag{2-70}$$

式中，c 为裂隙长度参数；W_d 为裂隙表面的表面能；W_e 为储存在裂隙周围的弹性应变能。

格里菲斯(1921)推导了一个单位厚度的板受单向拉应力 σ 作用下，一个长轴垂直于拉伸方向、长度为 $2c$ 的椭圆裂隙的扩展条件[8]：

$$\sigma \geqslant \sqrt{\frac{2E\alpha}{\pi c}} \tag{2-71}$$

式中，α 为裂隙表面的单位面积表面能；E 为不含裂隙岩石材料的弹性模量。

如图 2-35 所示，格里菲斯假设裂隙尖端按着某一单一路径扩展[图 2-35(a)]，而实际的岩石试验表明，裂隙尖端扩展并不是沿单一路径发展，而是在裂隙尖端形成许多小裂隙组成的破坏带[图 2-35(b)]。因此，式(2-71)中的 α 可称为视表面能，以区别于真实的表面能。

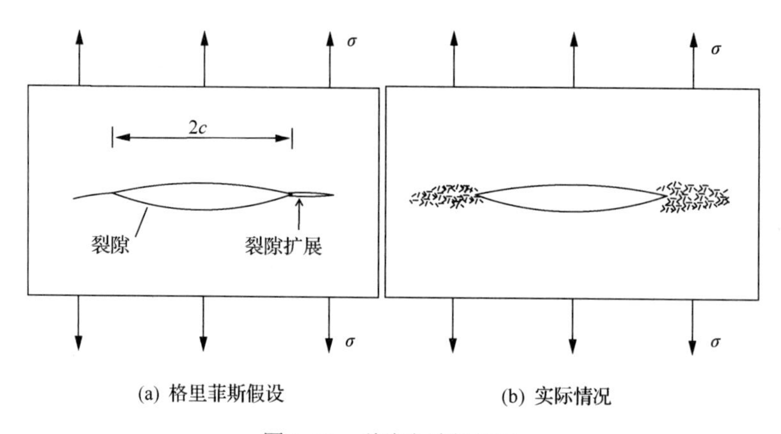

图 2-35　裂隙尖端的扩展

不计压缩应力状态下闭合裂隙摩擦现象的影响，并假设椭圆裂隙扩展起自其最大的拉应力集中点(图 2-36 中的点 M)，格里菲斯于 1924 年推导了平面压应力状态下裂隙扩展的条件：

$$
\begin{aligned}
&(\sigma_1-\sigma_3)^2-8R_t(\sigma_1+\sigma_3)=0, \quad && \sigma_1+3\sigma_3>0 \\
&\sigma_3+R_t=0, && \sigma_1+3\sigma_3<0
\end{aligned}
\tag{2-72}
$$

式中，R_t 为不含裂隙岩石的单轴抗拉强度。

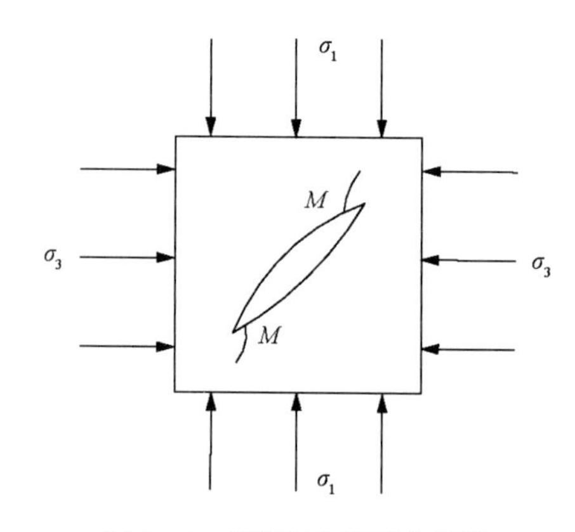

图 2-36　裂隙初始扩展点假设

对照莫尔-库仑强度理论，以裂隙面上的正应力 σ_n、剪应力 τ 表示格里菲斯强度条件，则

$$
\tau^2=4R_t(\sigma_n+R_t) \tag{2-73}
$$

根据式(2-72)和式(2-73)绘成图 2-37。

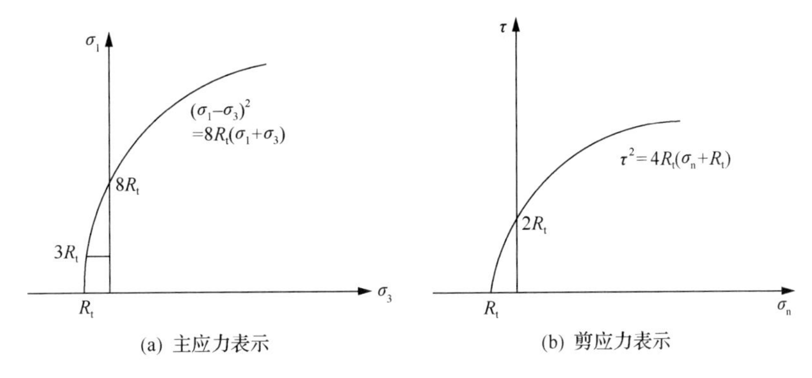

图 2-37　格里菲斯强度曲线

3) 经验准则

比尼奥斯基(Bieniawski，1974 年)发现某些岩石的三向强度可以很好地表示为[8]

$$\frac{\sigma_1}{R_c}=1+A\left(\frac{\sigma_3}{R_c}\right)^k \tag{2-74}$$

$$\frac{\tau_m}{R_c}=0.1+B\left(\frac{\sigma_m}{R_c}\right)^c \tag{2-75}$$

式中，R_c 为岩石单轴抗压强度；$\tau_m=\frac{1}{2}(\sigma_1-\sigma_3)$；$\sigma_m=\frac{1}{2}(\sigma_1+\sigma_3)$；$A$、$B$、$k$、$c$ 均为岩石强度系数。

对于一般岩石来说，$k\approx0.75$，$c\approx0.90$，A 和 B 的值见表 2-2。

表 2-2　比尼奥斯基的经验准则参数[8]

岩石种类	A	B
苏长岩	5.0	0.80
石英岩	4.5	0.78
砂岩	4.0	0.75
粉砂岩	3.0	0.70
泥岩	3.0	0.70

Brady 和 Brown[8]研究了澳大利亚蒙特艾萨(Mount Isa)铜矿矿化页岩矿柱中上向钻孔围岩的破坏过程，采用边界元方法计算了矿柱被渐进回采时在上向钻孔周围产生的弹性应力分布。他发现岩石的破坏可以准确地由式(2-74)模拟，其中系数 A=3.0、k=0.75，而 R_c=90MPa，这大约仅仅是室内试验所得出的岩石强度(170MPa)的一半。

除了比尼奥斯基的经验准则外，最著名的准则就是霍克-布朗经验准则(Hoek and Brown, 1980)。该准则认为，在各向同性岩石材料中，其三轴抗压强度满足式(2-76)[8]：

$$\sigma_1=\sigma_3+(mR_c\sigma_3+sR_c{}^2)^{0.5} \tag{2-76}$$

式中，m 和 s 均与岩石类型有关；对于完整岩石，s=1。马里诺斯和霍克（Marinos and Hoek, 2000）建议对于不同的岩石可用 m_i 代替式（2-76）中 m，其中 m_i 取值见表 2-3[8]。

表 2-3　对于不同岩石类型 m_i 的取值建议[8]

岩石类型	分类	岩组	纹理			
			粗	中等	细	很细
沉积岩	碎屑岩		砾岩 角砾岩	砂岩 17±4	粉砂岩 7±2 硬砂岩 (18±3)	泥岩 4±2 页岩 (6±2) 泥灰岩(7±2)
	非碎屑岩	碳酸岩	晶状 石灰岩 (12±3)	亮晶 石灰石 (10±2)	微晶 石灰岩 (9±2)	白云岩 (9±3)
		蒸发岩		石膏 8±2	无水石膏 12±2	
		有机岩				白垩石 7±2
变质岩	非叶片状		大理石 9±3	角顶岩 (19±4) 变质砂岩 (19±3)	石英 20±3	
	微叶片状		混合岩 32±3	闪长岩 26±6	片麻岩 25±5	
	叶片状			片岩 12±3	千枚岩 7±3	板岩 7±4
火成岩	深成岩	暗色	花岗岩 27±3	白云岩 (16±5)		
			花岗闪长岩 (29±3)			
		黑色	辉长岩 27±3	粗玄岩(16±5)		
			苏长岩 20±5			
	浅成岩		斑岩 (20±5)		辉绿岩 (15±5)	基性岩 (25±5)
	火山岩	火山熔岩		流纹岩 (25±5) 安山岩 (25±5)	英安岩 (25±3) 玄武岩 (25±5)	
		火山碎屑	集块岩 (19±3)	角砾岩 (19±5)	凝灰岩 (13±5)	

霍克和布朗（1980）总结分析了砂岩的强度测试数据，并对其进行回归处理，如图 2-38 所示，回归曲线可由经验准则进行表示。

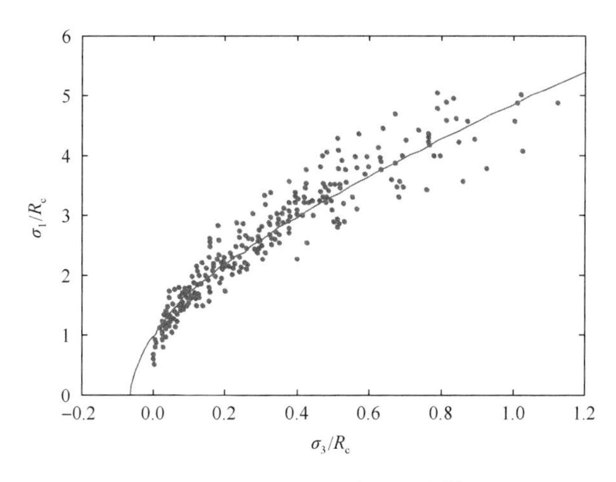

图 2-38 砂岩的强度包络线[8]

岩石强度受到岩石种类、矿物组分、颗粒大小和形状、颗粒排列方式及颗粒的胶结材料等影响，准确地给出某种岩石的强度曲线是一件很困难的事情，然而岩石的强度曲线是判断工程岩体是否安全、稳定的基础，国内外很多学者都做了大量的研究工作，关于一些强度理论更详细和深入的介绍可以参阅有关岩石力学的专门著作或教材。然而工程上最常用的强度理论还是莫尔-库仑强度理论和霍克-布朗经验准则。实际上霍克-布朗经验准则更能够考虑岩体中的裂隙分布，因此近年来在工程上有较广泛的应用。关于霍克-布朗经验准则的应用技巧和方法可参阅有关资料。

岩石作为一种天然形成的材料，含各种不同矿物、不同孔隙，其性质除了具有典型的弹性外，也具有塑性，受力过程中会产生不可恢复的永久变形，尤其对于一些软岩，引用经典的塑性准则描述岩石强度也是一种思路，在某些工程计算和分析中会取得很好的效果。

2.2.5 岩石的塑性和黏性

塑性是相对于弹性而言的，塑性是指当物体移去外载荷后，其变形仍然具有不可恢复的现象。对于某些材料，如钢材，往往是在外载荷达到一定程度后才会产生塑性变形，但对于岩石材料而言，即使在小的外载荷作用下也会产生塑性变形，这是由于成岩过程中岩石内部就存在一些微孔隙，在外载荷较小的情况下，这些微孔隙就会压缩闭合，而产生不可恢复的塑性变形，如图 2-20 所示。岩石的另一个变形特性就是岩石在卸去外载荷后有一部分变形可以随着时间的增加而逐渐恢复，这种现象称为弹性后效。为此

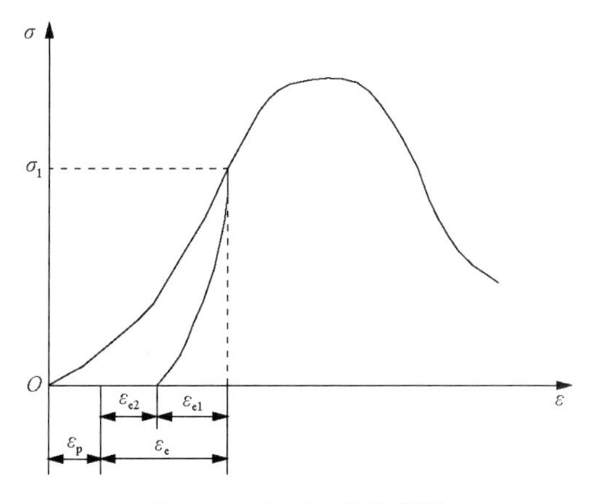

图 2-39 岩石的塑性变形

可以将岩石的变形表示为如图 2-39 所示，岩石在加载到应力水平 σ_1 后，进行卸载，则岩石会有瞬时的恢复变形 ε_{e1}，随着时间的增加，还有一部分变形 ε_{e2} 可以逐渐恢复，ε_{e1} 与

ε_{e2}统称为岩石的弹性变形，ε_p则为岩石不可恢复的永久变形，即塑性变形。那么岩石的变形则由瞬时变形ε_{e1}、弹性后效变形ε_{e2}与塑性变形ε_p组成。

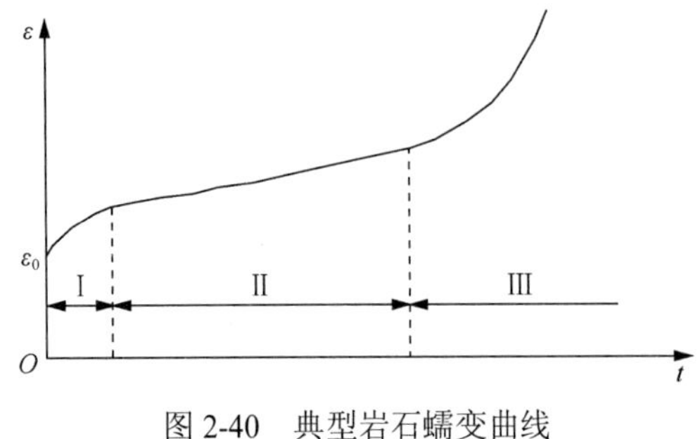

图 2-40　典型岩石蠕变曲线

黏性是指岩石的变形与时间的关系，图 2-39 中的弹性后效变形ε_{e2}就属于岩石黏性范畴。描述岩石的黏性通常采用岩石蠕变的概念，即岩石在外载荷不变的条件下，岩石变形随时间增加而增加的现象。自从研究岩石特性开始，就有人进行了岩石蠕变研究，通过试验获得的典型岩石蠕变曲线如图 2-40 所示。

当岩石加载瞬间，岩石会产生瞬时变形ε_0。然后即使在载荷不变的情况下，岩石的变形也会增加，但是变形速率逐渐减小，即图 2-40 中的阶段Ⅰ；随后变形速率基本恒定，即图 2-40 中的阶段Ⅱ；随着时间继续增加，变形速率可能会逐渐上升，直至破坏，即图 2-40 中的阶段Ⅲ。

实际的岩石蠕变曲线除图 2-40 中的典型情况外，还有如图 2-41 所示的两种情况。其中曲线 1 是在载荷较大情况下，岩石的变形量急剧增加，很快岩石就破坏了。曲线 2 是在岩石载荷不大的情况下，岩石的变形量趋于平稳，不再增加。

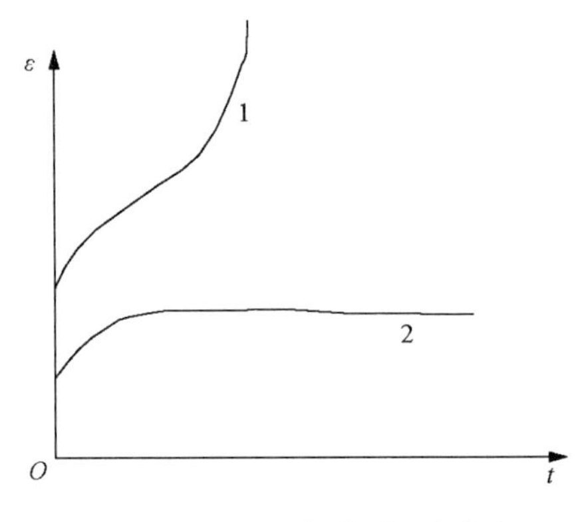

图 2-41　岩石其他类型蠕变曲线

岩石蠕变特性可以作为岩石工程稳定监测的重要基础。人们也建立了一些描述岩石蠕变曲线的经典理论模型，如开尔文模型、马克斯威尔模型、伯格斯模型等，但是这些模型往往对岩石蠕变的阶段Ⅰ、Ⅱ描述的较好，对阶段Ⅲ的描述准确性较差，当然不同岩石种类的蠕变曲线差别很大，若用理论模型精确描述难度很大。

2.2.6　岩体强度

岩体和岩石是不同的概念，岩石一般是指小的岩块，岩体是指由岩石和结构面所组成的工程地质体，其中也会包含原岩应力及地温等。采矿工程等几乎所有和岩石相关的工程都是在岩体上进行的，如采矿的开挖工程、公路与铁路的开挖或建筑工程等，因此掌握岩体强度特征更加重要。一般来讲，目前的工程规模和深度，尤其是我国煤矿开采所触及的深度(1500m 左右)，原岩应力及地温尚不能显著改变岩体的强度与性质，由此岩体中的结构面(节理)是影响岩体强度的主要因素之一。

结构面是指岩体中的不连续面(也称地质弱面)，小的结构面也称为节理和裂隙(结构面两侧没有明显位移)，岩体中结构面的密度和分布会显著影响岩体强度。结构面对岩体强度的影响主要是表现在降低岩体强度和导致岩体强度具有明显各向异性两个方面。由于结构面切割，岩体更加破碎，承载能力更弱。一般认为岩体强度会小于岩石强度，大于结构面强度，如图 2-42 所示。具体的岩体强度确定是一件非常困难的事情。霍克-布朗强度准则被认为是目前能较好地反映岩体强度的实用准则，在工程界得到广泛的认可和采用。

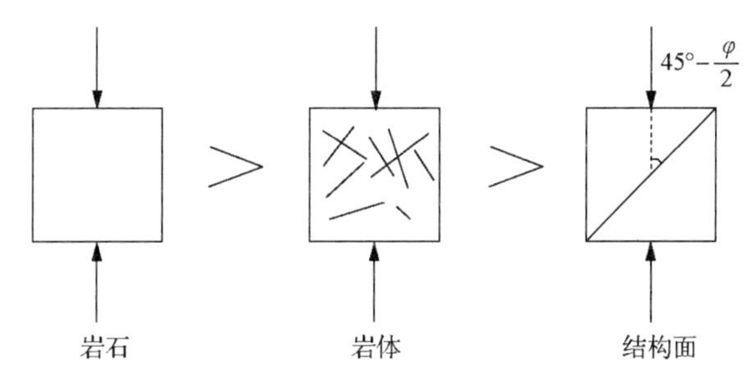

图 2-42　岩石及岩体强度排列示意图

岩体强度的各向异性主要来自结构面的影响，如层理、各种原因形成的裂隙等，结构面与载荷的方位关系对岩体强度的影响十分显著，如图 2-43 所示。

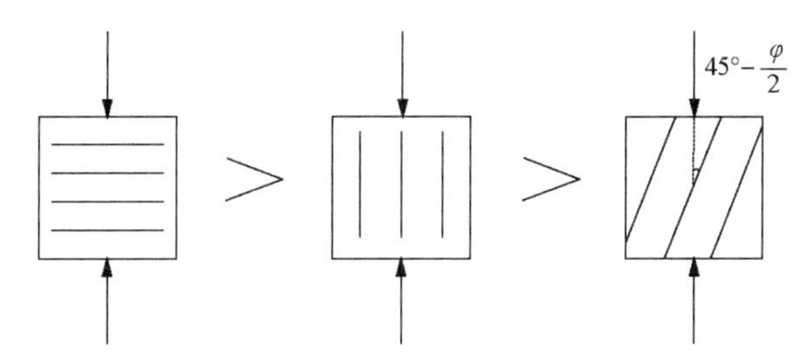

图 2-43　结构面方位对岩体强度的影响

图 2-43 表明当结构面与最大主应力夹角为 $45°-\varphi/2$ 时，岩体强度最低，会发生沿结构面的剪切破坏，此时岩体强度就是结构面的抗剪强度，其原因在莫尔-库仑强度理论中就已经有过分析。分析结构面对工程稳定的影响是岩体力学的重要工作内容，如图 2-44 所示，有一巷道开挖在层状岩体中，相同的一组结构面对巷道左右两帮的影响是不同的。结构面对巷道左帮稳定性基本没有影响，但对巷道右帮稳定性影响很大，岩体会在图中虚线处拉剪破断。破断岩体(块)会因结构面的剪切破坏而产生滑移。

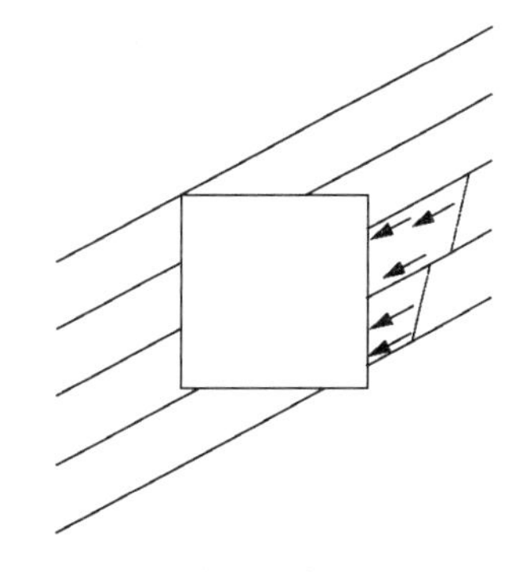

图 2-44　结构面对巷道稳定的影响

关于结构面的统计分布及对岩体强度的影响在某些岩石力学著作中有较详细的分析，在此不再介绍。

2.2.7　岩体开挖卸载问题

从理论上讲，采矿及任何岩石开挖工程，最先是开挖引起了开挖边界的应力释放问题。没有开挖以前地壳是完整地存在的，岩体作为组成地壳的物质没有受到扰动，岩体中存在以水平应力为主的原岩应力场，岩体本身就是受载体。采矿开挖是在已经承受原岩应力(也称地应力)的岩体中进行的，相当于在受载岩体中移除了开挖空间范围内的岩体，而使开挖工程围岩中的应力得到释放，围岩边界原有相互作用的原岩应力得到解除，如图 2-45 所示。圆形巷道边界在开挖前承受着原岩应力作用，开挖后巷道边界应力解除，边界的径向应力为零。

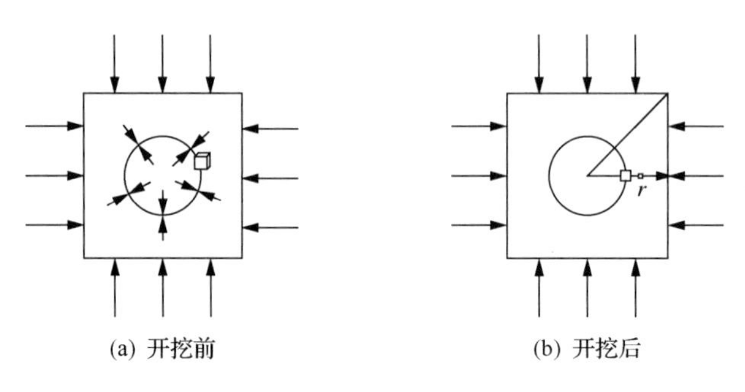

图 2-45　开挖卸荷示意

在巷道径向围岩中不同点取出单元进行受力分析，有两种结果：一种是将岩体作为完全的弹性体，此时巷道围岩的应力分布如图 2-46(a)所示；另一种是将岩体看作弹塑性体，巷道围岩中的应力分布如图 2-46(b)所示。无论哪种情况巷道围岩的径向应力 σ_r 都会小于原岩应力，在巷道边界处减小为零，而切向应力增大，其中图 2-46(b)的弹塑性分析结果更加真实。切向应力 σ_t 由于巷道周边围岩破坏，承载能力下降而降低，而随着深入围岩内部，切向应力也会增大，然后再逐渐恢复到原岩应力。切向应力 σ_t 的最大值一般会是原岩应力的 2 倍左右，如图 2-46 所示，不同位置单元体的莫尔圆如图 2-47 所示。

单元体①和②处于巷道围岩的破坏岩体中，所以莫尔圆①和②要与围岩的残余强度曲线Ⅰ相切，单元体③处于切向应力的峰值点，这一点也是围岩弹性区的边界，所以莫尔圆③与围岩的峰值强度曲线Ⅱ相切，单元体④处于围岩弹性区内，其径向应力 σ_r 与切向应力 σ_t 的差值很小，所以其莫尔应力圆很小，处于残余强度曲线之内。

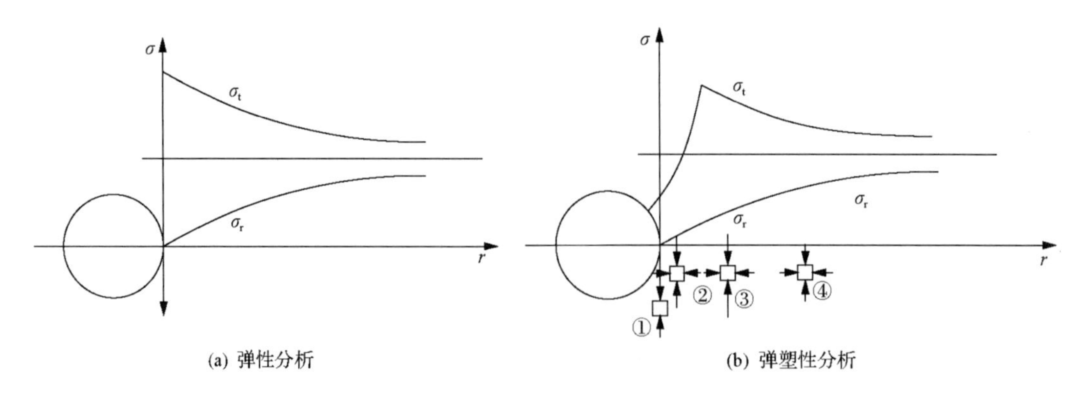

图 2-46　圆形巷道围岩应力分布

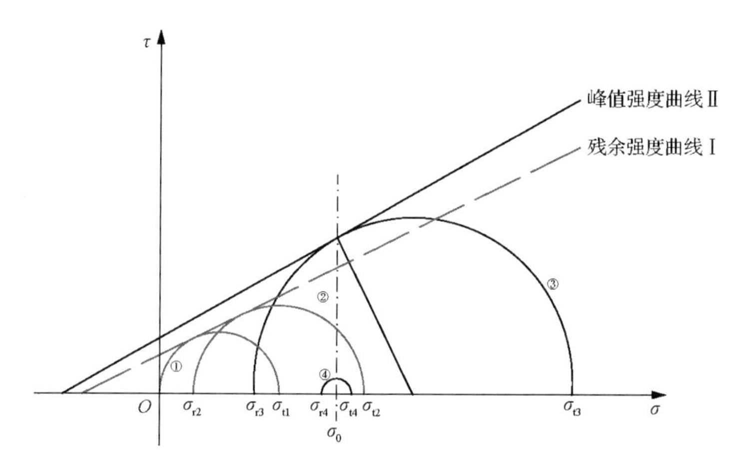

图 2-47　不同位置莫尔圆

一个三向受力的单元体无论是某一个方向加载或卸载都可产生破坏，如图 2-48 所示。

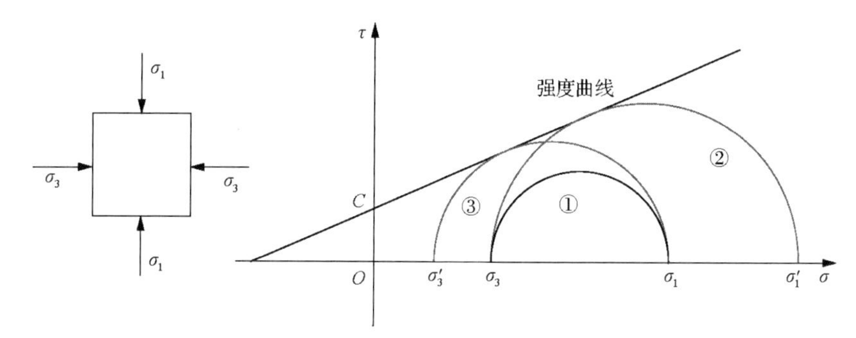

图 2-48　单元体加卸载示意图

有一单元体承受 σ_1 和 σ_3 的作用，其莫尔圆为图 2-48 中①所示，其未与强度曲线相切，单元体未破坏。当 σ_3 不变，增大 σ_1，直至其莫尔圆与强度曲线相切，即莫尔圆②；同理 σ_1 不变，减小 σ_3，直至其莫尔圆与强度曲线相切，即莫尔圆③。无论增大 σ_1 或减小 σ_3，都可使单元体的莫尔圆与强度曲线相切，而使单元体发生破坏。这种单元体某一方向加载或卸载的本质就是使单元体偏应力增加，使单元体处于非均匀应力状态。根据式(2-68)，对于莫尔圆②和③分别有

$$\sigma_1' = \frac{2C\sin\varphi\cot\varphi}{1-\sin\varphi} + \frac{1+\sin\varphi}{1-\sin\varphi}\sigma_3$$

$$\sigma_1 = \frac{2C\sin\varphi\cot\varphi}{1-\sin\varphi} + \frac{1+\sin\varphi}{1-\sin\varphi}\sigma_3'$$

则：

$$\sigma_1' - \sigma_1 = \frac{1+\sin\varphi}{1-\sin\varphi}(\sigma_3 - \sigma_3') \tag{2-77}$$

由式(2-77)可以看出加载时使单元体破坏的应力增量 $\sigma_1'-\sigma_1$ 明显大于卸载时使单元体破坏的卸载量 $\sigma_3-\sigma_3'$，换句话说，多向受载的单元体在某一方向卸载时较某一个方向加载时更容易破坏，这就是采矿开挖及其围岩容易破坏的原因。

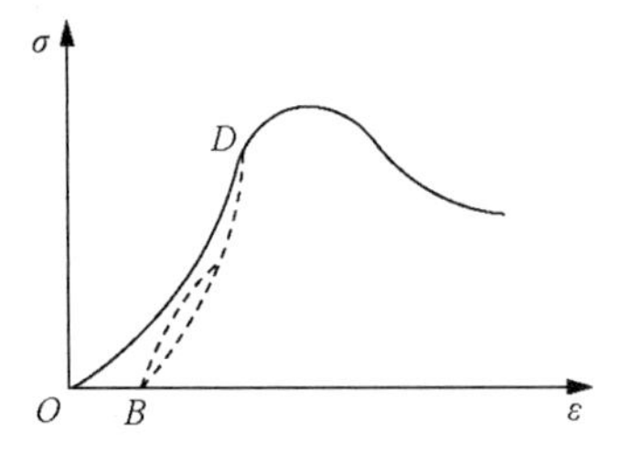

图 2-49 岩石卸荷本构关系示意图

根据开挖以后围岩的应力分布特点，可以分析岩体开挖的破坏原因。如图 2-49 所示，为典型的岩石应力-应变过程曲线。假设岩体开挖以前处于点 D 的应力水平，开挖后，在点 D 卸载，则卸载曲线为 DB，因此有人建议岩体开挖问题计算时的本构关系应采用卸载曲线 DB，而不是加载曲线 OD，似乎有道理。然而事实上图 2-49 中岩石应力-应变全过程曲线是岩石单轴加载或卸载曲线，理论上讲岩石在单轴加载至点 D 卸载，岩石不可能破坏。而实际的工程岩体是被破坏的，其主要原因就是岩体承受着三向应力作用，在某方向应力释放后而其他方向的应力增加，使开挖工程围岩承受非均匀作用的偏应力，从而使岩体发生剪切破坏。开挖引起的围岩偏应力增加是引起岩体破坏的主要原因[10]。

2.3 岩石断裂与损伤

2.3.1 岩石断裂类型

当岩石发生脆性破坏时，可以采用断裂力学进行分析，断裂力学的研究重点是分析岩石的断裂何时发生及断裂发生时裂纹萌生和扩展的力学机制。岩石中存在孔隙、裂隙、节理和断层等多种非连续面，为了便于建模，断裂力学通常将上述裂纹简化为平直、端部非常尖锐、厚度为零的裂纹。根据边界条件的不同，Irwin 将岩石断裂分为 3 种基本类型[11]，如图 2-50 所示。

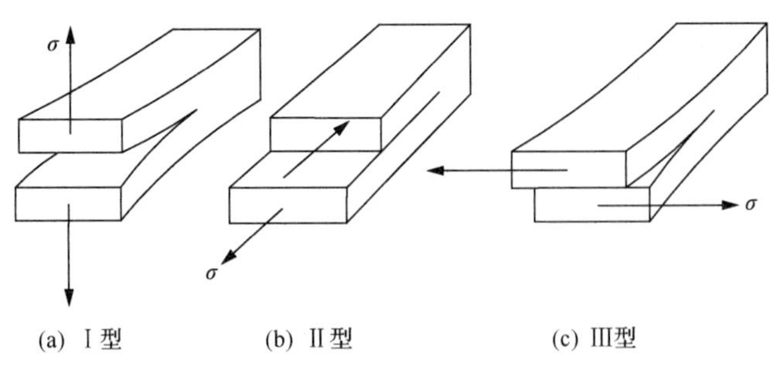

图 2-50 裂纹扩展形式

3 种基本的岩石断裂类型包括Ⅰ型(拉伸型或张开型)、Ⅱ型(面内剪切型或滑开型)和Ⅲ型(反平面剪切型或撕开型)。对于拉伸引起的张开型裂纹，裂纹面上的位移与其法线方向平行，由法向位移差异造成裂纹上、下表面张开；对于面内剪切型裂纹，位移方向平行于裂纹面，但垂直于裂纹前缘，由切向位移差异引起裂纹上、下表面滑开；对于撕开型裂纹，位移方向同时平行于裂纹面和裂纹前缘。工程实践中遭遇的煤岩体断裂可由上述 3 种基本岩石断裂类型之间自由组合和叠加得到。

如图 2-51 所示，在裂纹前沿同时设立空间直角坐标系和极坐标系，假设潜在的裂纹表面平行于 y=0 的平面，则岩石发生 3 种基本断裂类型的边界条件为

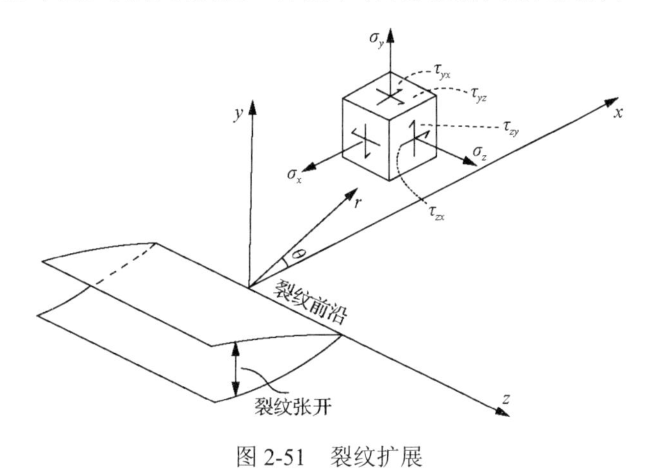

图 2-51　裂纹扩展

$$\text{Ⅰ型}\ \sigma_x = 0, \sigma_y \neq \sigma_z \neq 0, \tau_{xy} = 0 \tag{2-78a}$$

$$\text{Ⅱ型}\ \tau_{xy} \neq 0, \sigma_y = 0 \tag{2-78b}$$

$$\text{Ⅲ型}\ \tau_{yz} \neq 0, \sigma_y = 0, \tau_{xy} = 0 \tag{2-78c}$$

2.3.2　岩石断裂判据

2.3.2.1　应力强度因子

应力强度因子代表岩石脆性断裂时裂纹尖端的应力状态，它的大小决定裂纹发生扩展还是保持稳定。采用线弹性断裂力学求解得到的应力分量正比于 $r^{-1/2}$，其中 r 是距裂纹端点的距离，通常将解析表达式中 $r^{-1/2}$ 项的系数称为应力强度因子 K，因此，应力强度因子表征裂纹端部应力场强度。应力强度因子取决于岩石承受的外载荷、岩石的形状尺度和裂纹的长度。将图 2-50 中 3 种基本类型的裂纹扩展问题简化为平面问题，则 3 种岩石断裂类型所对应的应力边界条件如图 2-52 所示[12]。

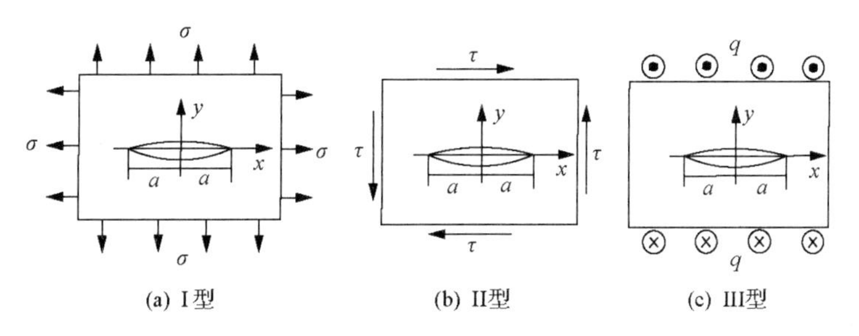

图 2-52　3 种边界条件引起不同类型的裂纹扩展

对于Ⅰ型裂纹，裂纹尖端附近的应力场分布为

$$
\begin{aligned}
\sigma_x &= \frac{K_{\mathrm{I}}}{(2\pi r)^{1/2}}\cos\theta\left(1+\sin\frac{\theta}{2}\sin\frac{3\theta}{2}\right)\\
\sigma_x &= \frac{K_{\mathrm{I}}}{(2\pi r)^{1/2}}\cos\theta\left(1-\sin\frac{\theta}{2}\sin\frac{3\theta}{2}\right)\\
\tau_{xy} &= \frac{K_{\mathrm{I}}}{(2\pi r)^{1/2}}\cos\frac{\theta}{2}\sin\frac{\theta}{2}\cos\frac{3\theta}{2}
\end{aligned}
\tag{2-79}
$$

对于Ⅱ型裂纹，裂纹尖端附近的应力场分布为

$$
\begin{aligned}
\sigma_x &= -\frac{K_{\mathrm{II}}}{(2\pi r)^{1/2}}\sin\frac{\theta}{2}\left(1+\cos\frac{\theta}{2}\cos\frac{3\theta}{2}\right)\\
\sigma_x &= \frac{K_{\mathrm{II}}}{(2\pi r)^{1/2}}\cos\frac{\theta}{2}\sin\frac{\theta}{2}\cos\frac{3\theta}{2}\\
\tau_{xy} &= \frac{K_{\mathrm{II}}}{(2\pi r)^{1/2}}\cos\frac{\theta}{2}\left(1-\sin\frac{\theta}{2}\sin\frac{3\theta}{2}\right)
\end{aligned}
\tag{2-80}
$$

对Ⅲ型裂纹，裂纹尖端附近的应力场分布为

$$
\begin{aligned}
\tau_{xy} &= \frac{K_{\mathrm{III}}}{(2\pi r)^{1/2}}\cos\frac{\theta}{2}\\
\tau_{xz} &= \frac{K_{\mathrm{III}}}{(2\pi r)^{1/2}}\sin\frac{\theta}{2}
\end{aligned}
\tag{2-81}
$$

对于以上 3 种基本岩石断裂类型的应力强度因子，其值可进一步定义为

$$
\begin{aligned}
K_{\mathrm{I}} &= \lim[\sigma_y(2\pi r)^{1/2}]\\
K_{\mathrm{II}} &= \lim[\tau_{xy}(2\pi r)^{1/2}]\\
K_{\mathrm{III}} &= \lim[\tau_{xz}(2\pi r)^{1/2}]
\end{aligned}
\tag{2-82}
$$

式中，σ_y、τ_{xy}和τ_{xz}分别为岩石发生拉伸型、滑开型和撕开型断裂时沿裂纹表面质点位移方向的远场应力，MPa。

由式(2-79)～式(2-81)可知，求解裂纹尖端应力场问题本质上是求解应力强度因子，对于任意形式的二维裂纹，其应力强度因子均可表示为[13-15]

$$K = Y\sigma_r(\pi r)^{1/2} \tag{2-83}$$

式中，σ_r为远场应力；Y为考虑到裂纹几何形状、加载条件及边界效应的无量纲修正系数。

由式(2-83)可知，裂纹尖端应力强度因子同岩石承受的外载荷成正比。随着外载荷的增加，应力强度因子逐渐增大，当应力强度因子 K 增加到某临界值时，裂纹开始扩展

并导致岩石失稳，该临界值称为岩石的断裂韧性 K_c，断裂韧性 K_c 是岩石阻止宏观裂纹扩展能力的参数，相当于弹塑性理论中的岩石强度。

2.3.2.2 能量释放率

能量释放率 G 又称为裂纹扩展力，是指裂纹扩展单位面积时系统所释放的能量。该理论认为裂纹在外载荷作用下要发生扩展，需要增加自由表面，当岩石释放的应变能达到产生自由表面所需消耗的能量时，裂纹发生扩展。

如图 2-53 所示，假设实验试件含有长度为 a 的微裂纹，P 为单位厚度上作用于试件的外载荷，加载点处的位移大小为 Δ，则岩石试件的总势能为

$$\Pi = U - P\Delta = -P\Delta / 2 \tag{2-84}$$

式中，U 为岩石试件内储存的总应变能。

由岩石试件的外力势能可得裂纹扩展时的能量释放率为[12]

$$G = -\mathrm{d}\Pi / \mathrm{d}a \tag{2-85}$$

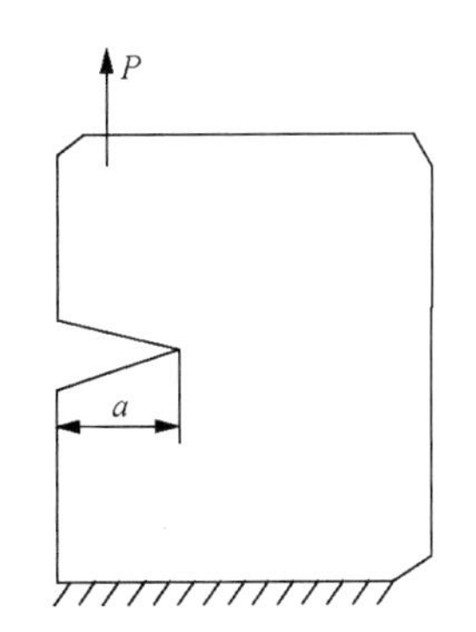

图 2-53 集中力引起裂纹扩展

将式(2-84)代入式(2-85)可得

$$G = \frac{1}{2}P(\mathrm{d}\Delta / \mathrm{d}a)_P \tag{2-86}$$

根据胡克定律可得加载点处岩石试件的位移为

$$\Delta = CP \tag{2-87}$$

式中，C 为岩石试件的柔度。将式(2-87)代入式(2-86)可得能量释放率的表达式为

$$G = \frac{1}{2}P^2\left(\frac{\mathrm{d}C}{\mathrm{d}a}\right)_P = \frac{1}{2}\left(\frac{\Delta}{C}\right)^2\left(\frac{\mathrm{d}C}{\mathrm{d}a}\right)_p \tag{2-88}$$

能量释放率 G 和应力强度因子 K 均可描述岩石断裂时的裂纹扩展过程，根据贝克纳尔公式可得 3 种基本的岩石断裂类型中裂纹扩展力同应力强度因子之间的关系为[13-15]

$$\begin{aligned} G_{\mathrm{I}} &= K_{\mathrm{I}}^2(1-\mu^2)/E \\ G_{\mathrm{II}} &= K_{\mathrm{II}}^2(1-\mu^2)/E \\ G_{\mathrm{III}} &= K_{\mathrm{III}}^2(1+\mu)/\mathrm{E} \end{aligned} \tag{2-89}$$

式中，μ 为岩石泊松比；E 为岩石弹性模量。对于正在扩展中的裂纹，其尖端应力场为动态应力场，G 和 K^2 之间的比例系数还会受到裂纹扩展速度的影响。

当岩石中产生混合型裂纹时，不同形式的裂纹的能量释放率是可叠加的，在线弹性

体中，裂纹端部的应力场具有普遍形式[式(2-82)]，因此，能量释放率 G 可由应力强度因子表示。

在平面应变条件下：

$$G=(K_{\mathrm{I}}^2+K_{\mathrm{II}}^2)[(1-\nu^2)/E]+K_{\mathrm{III}}^2(1+\nu)/E \tag{2-90}$$

在平面应力条件下：

$$G=(K_{\mathrm{I}}^2+K_{\mathrm{II}}^2)/E+K_{\mathrm{III}}^2(1+\nu)/E \tag{2-91}$$

2.3.2.3　J 积分

对于深部软岩，由于岩石本身具有较强的塑性变形性能，裂纹尖端的塑性区尺寸通常接近或超过初始裂纹尺寸，该类问题需要采用弹塑性断裂力学予以解决。Rice 于 1968 年提出 J 积分的概念，其物理意义为裂纹扩展单位长度时每单位厚度的岩石中流入回路 Γ 的能量[16,17]。J 积分理论认为裂纹尖端近于静态；应变在加载过程中随时间单调递增；应变能密度可以按照应力-应变关系是可逆过程进行计算。

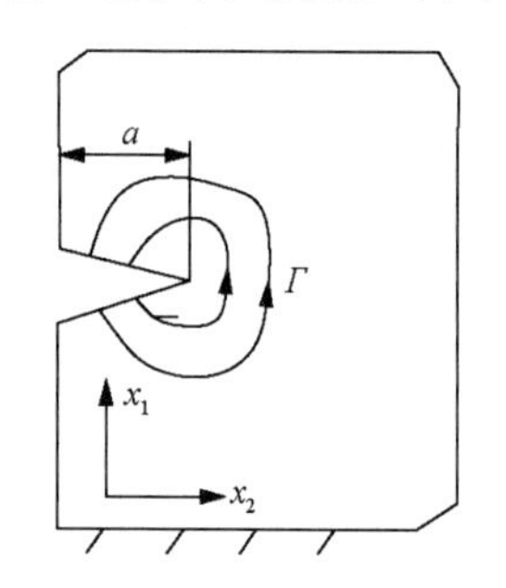

图 2-54　围绕裂纹尖端的 J 积分回路

如图 2-54 所示的裂纹和坐标系，J 积分的定义为

$$J=\int_{\Gamma}\left(W\mathrm{d}y-T\frac{\partial \boldsymbol{u}}{\partial x}\mathrm{d}s\right)=\int_{\Gamma}\left(W\mathrm{d}y-\boldsymbol{n\sigma}\frac{\partial \boldsymbol{u}}{\partial x}\mathrm{d}s\right) \tag{2-92}$$

式中，Γ 为包围裂纹尖端的积分回路，始于裂纹下表面，逆时针方向围绕裂纹尖端终止于裂纹上表面；ds 为积分回路的弧长；$\boldsymbol{u}$ 为积分回路边界上的位移；T 为作用于积分回路上的力；$\boldsymbol{n}$ 为积分回路上的外法线矢量；$\boldsymbol{\sigma}$ 为应力张量矩阵；W 为形变功密度，其确定公式为

$$W=\int_0^{\varepsilon_{ij}}\sigma_{ij}\mathrm{d}\varepsilon_{ij} \tag{2-93}$$

式中，ε_{ij} 为岩石沿各应力方向的应变值。

在不存在卸载现象和岩石小变形的条件下，J 积分是守恒的，在裂纹尖端的塑性区内，其值与积分回路的路径无关。只要积分回路式中包含裂纹尖端的全部塑性区，绕距离裂纹尖端很远的积分回路和绕裂纹尖端附近的积分回路求取的 J 值是相等的，因此，在计算过程中可以使积分回路向裂纹尖端收缩。

按照 J 积分和能量释放率的含义，岩石保持线弹性或局部屈服的条件下，J 积分与能量释放率 G 的大小是相等的，它们之间存在如下关系：

$$J=-\mathrm{d}U/\mathrm{d}A_{\mathrm{c}}=G \tag{2-94}$$

式中，U 为系统的总势能；A_{c} 为裂纹面积。

2.3.3 岩石裂纹的扩展条件

2.3.3.1 $\sigma(\theta)_{\max}$ 扩展理论

该理论为混合型裂纹扩展理论，控制岩石断裂的参数是裂纹尖端的最大环向拉应力 $\sigma(\theta)_{\max}$。对于已知的Ⅰ-Ⅱ型复合裂纹，裂纹尖端的应力状态在极坐标系中可表示为

$$
\begin{aligned}
\sigma_r &= \frac{1}{(2\pi r)^{1/2}}\cos\frac{\theta}{2}\left[K_{\mathrm{I}}\left(1+\sin^2\frac{\theta}{2}\right)+\frac{3}{2}K_{\mathrm{II}}\sin\theta-2K_{\mathrm{II}}\tan\frac{\theta}{2}\right]\\
\sigma_\theta &= \frac{1}{(2\pi r)^{1/2}}\cos\frac{\theta}{2}\left(K_{\mathrm{I}}\cos^2\frac{\theta}{2}-\frac{3}{2}K_{\mathrm{II}}\sin\theta\right)\\
\tau_{r\theta} &= \frac{1}{(2\pi r)^{1/2}}\cos\frac{\theta}{2}\left[K_{\mathrm{I}}\sin\theta+K_{\mathrm{II}}(3\cos\theta-1)\right]
\end{aligned}
\tag{2-95}
$$

根据式(2-95)，岩石中裂纹尖端各方向应力分量如图 2-55 所示，最大环向拉应力扩展理论的主要内容可概括如下：①裂纹在其端部沿径向开始扩展；②裂纹在垂直于最大拉应力的方向开始扩展，在此方向上，剪应力为 0；③当最大环向拉应力达到某一临界值时，岩石裂纹开始扩展。

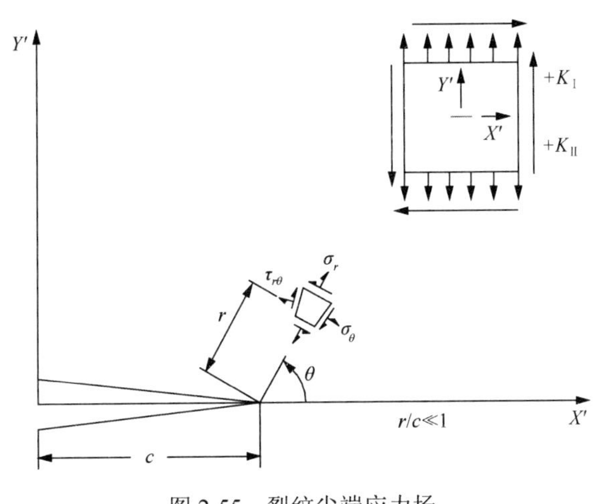

图 2-55 裂纹尖端应力场

利用式(2-95)，最大环向拉应力扩展理论可表示为

$$
\sigma_\theta(2\pi r)^{1/2}=\cos\frac{\theta_0}{2}\left(K_{\mathrm{I}}\cos^2\frac{\theta_0}{2}-\frac{3}{2}K_{\mathrm{II}}\sin\theta_0\right)=K_{\mathrm{Ic}} \tag{2-96}
$$

或

$$
\cos\frac{\theta_0}{2}\left(\frac{K_{\mathrm{I}}}{K_{\mathrm{Ic}}}\cos^2\frac{\theta_0}{2}-\frac{3}{2}\frac{K_{\mathrm{II}}}{K_{\mathrm{Ic}}}\sin\theta\right)=1 \tag{2-97}
$$

或

$$\tau_{r\theta}(2\pi r)^{1/2}=\cos\frac{\theta_0}{2}[K_{\mathrm{I}}\sin\theta_0+K_{\mathrm{II}}(3\cos\theta_0-1)]=0 \tag{2-98}$$

式(2-96)～式(2-98)是 K_{I}-K_{II}平面上裂纹扩展迹线的参数方程，其中 θ_0 为裂纹扩展角度。

不同扩展理论对应的裂纹起裂迹线如图 2-56 所示，当裂纹尖端应力状态使断裂参数处于断裂迹线上时，岩石裂纹开始扩展。

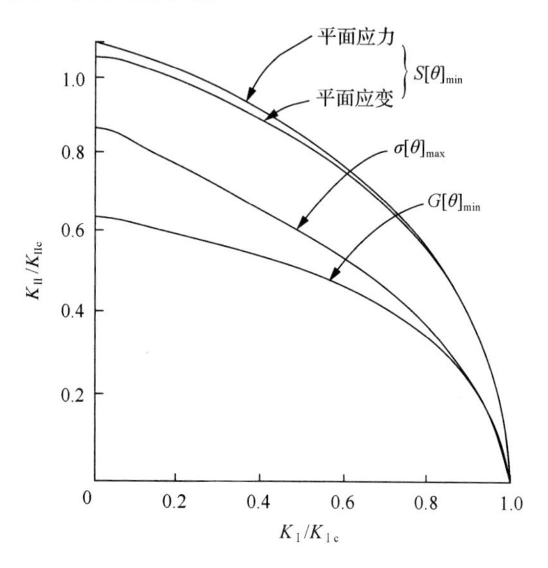

图 2-56　裂纹扩展迹线[18]

由式(2-98)可得初始裂纹扩展增量方向可由式(2-99)确定

$$K_{\mathrm{I}}\sin\theta_0+K_{\mathrm{II}}(3\cos\theta_0-1)=0 \tag{2-99}$$

对于纯 I 型裂纹，其扩展方向为

$$\begin{aligned}K_{\mathrm{II}}&=0\\ \theta_0&=0^\circ\end{aligned} \tag{2-100}$$

对于纯 II 型裂纹，其扩展方向为

$$\begin{aligned}K_{\mathrm{I}}&=0\\ \theta_0&=\pm\arccos\frac{1}{3}\end{aligned} \tag{2-101}$$

由式(2-98)～式(2-101)可知，满足扩展条件时，I 型裂纹将沿自身平面扩展，而 II 型和混合型裂纹均不沿其自身平面扩展。最大环向拉应力理论的控制方程为式(2-96)和式(2-98)，分析岩石裂纹扩展问题时，首先确定裂纹类型，给出裂纹尖端的应力强度因子，其次利用式(2-99)确定裂纹扩展方向角，最后将应力强度因子和裂纹扩展方向角代入式(2-97)。若满足式(2-97)，则岩石裂纹发生稳态扩展；若不满足，则根据点(K_{I}，K_{II})同断裂迹线的相对位置关系确定裂纹状态。若点(K_{I}，K_{II})落于断裂迹线的内侧，则岩石保持稳定，裂纹不会发生扩展；若点(K_{I}，K_{II})落于断裂迹线的外侧，则裂纹将发生突变性扩展，直至贯穿整块岩石，点(K_{I}，K_{II})重新回落于断裂迹线的内侧。

2.3.3.2　$S(\theta)_{\min}$扩展理论

该理论同样适用于混合型裂纹扩展分析，控制裂纹开裂的参数是裂纹尖端的应变能密度，距离裂纹端部为r的点的应变能密度为

$$\frac{\mathrm{d}U}{\mathrm{d}V}=\frac{1}{r}\left(\frac{a_{11}K_{\mathrm{I}}^2+a_{12}K_{\mathrm{I}}K_{\mathrm{II}}+a_{22}K_{\mathrm{II}}^2}{\pi}\right)=\frac{S}{r} \tag{2-102}$$

式中，G为剪切模量；S为环绕裂纹端点应变能密度的变化；未知参数a_{ij}分别为

$$\begin{aligned}
a_{11}&=\frac{1}{16G}[(1+\cos\theta)(\kappa+1)]\\
a_{12}&=\frac{1}{16G}[\cos\theta-(\kappa-1)]\\
a_{22}&=\frac{1}{16G}[(\kappa+1)(1-\cos\theta)+(1+\cos\theta)(3\cos\theta-1)]\\
\kappa&=3-v/(1+v)
\end{aligned}$$

$S(\theta)_{\min}$扩展理论的主要内容如下所述。

(1)裂纹沿$\mathrm{d}U/\mathrm{d}V$取最小值的方向扩展，裂纹扩展角度θ_0由式(2-103)确定：

$$\frac{\partial S}{\partial\theta}=0,\frac{\partial^2 S}{\partial\theta^2}\geqslant 0 \tag{2-103}$$

(2)当$S(\theta_0)$达到某一材料常数S_{c}时，岩石中的裂纹开始扩展；

(3)$S(\theta)$沿圆周$r=r_0$取值，r_0为材料常数，结合第(2)条可得

$$\left(\frac{\mathrm{d}U}{\mathrm{d}V}\right)_{\mathrm{c}}=\frac{S_{\mathrm{c}}}{r_0} \tag{2-104}$$

在纯Ⅰ型裂纹的条件下，由式(2-103)可得裂纹扩展角度θ_0等于0，结合式(2-102)和式(2-104)可得S_{c}与岩石断裂韧度之间的关系：

$$S_{\mathrm{c}}=\frac{(\kappa-1)K_{\mathrm{I}c}^2}{8\pi G} \tag{2-105}$$

同样可以得到混合型裂纹在K_{I}-K_{II}平面上的起裂迹线：

$$\frac{S_c}{r_0} = \frac{1}{\pi r_0}(a_{11}K_{\mathrm{I}}^2 + a_{12}K_{\mathrm{I}}K_{\mathrm{II}} + a_{22}K_{\mathrm{II}}^2) \tag{2-106a}$$

或

$$\frac{8G}{(\kappa-1)}\left[a_{11}\left(\frac{K_{\mathrm{I}}}{K_{\mathrm{Ic}}}\right)^2 + 2a_{12}\frac{K_{\mathrm{I}}K_{\mathrm{II}}}{K_{\mathrm{Ic}}} + a_{22}\left(\frac{K_{\mathrm{II}}}{K_{\mathrm{Ic}}}\right)^2\right] = 1 \tag{2-106b}$$

2.3.4　岩石损伤的力学表示

2.3.4.1　损伤变量的含义

外载荷作用下，岩石破坏是一个渐进损伤过程，损伤理论通过定义损伤张量或依据热力学推导出损伤状态变量，损伤力学即通过损伤变量研究岩石在外载荷作用下承载能力逐渐退化的机理。岩石中存在大量的原生缺陷，包含孔隙、裂隙、节理和断层。在微观尺度下，在微缺陷的附近，微应力积累会使岩石材料产生损伤。在细观尺度的单元中，损伤是指微裂纹或微孔洞的增长和接合，最终导致裂纹的萌生。在宏观尺度下，损伤是指裂纹的扩展。岩石损伤的前两个阶段可用损伤变量进行研究，最后阶段的宏观过程可用断裂力学进行研究。

损伤是指产生非连续现象的微表面，即微孔洞与所研究平面的截面积。损伤变量能够代表细观体积单元上的微缺陷的失效效应，其意义类似于塑性力学中的塑性应变 ε_p。考虑岩石中点 M 处的典型单元(REV)，如图 2-57 所示。其中 δS 为 REV 平面的截面积，δS_D 是位于截面积 δS 上的微裂纹或微孔洞的有效截面积。则沿方向 $\boldsymbol{n}$ 在点 M 处的损伤值 D 为[18-20]

$$D = \delta S_D / \delta S \tag{2-107}$$

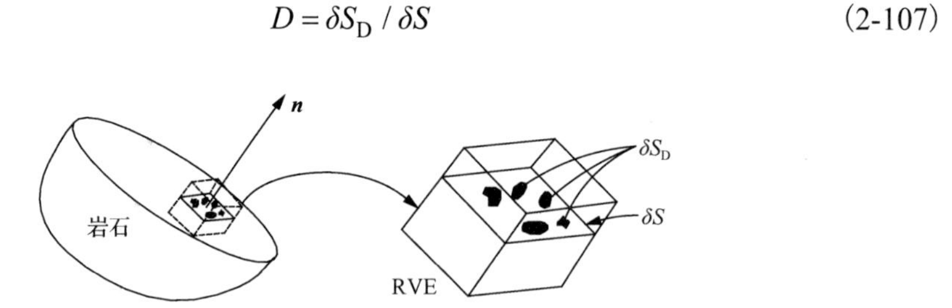

图 2-57　损伤的物理含义

损伤值 D 的大小介于 0～1，当 D 等于 0 时，岩石中不存在损伤；当 D=1 时，岩石完全断裂成两个部分。在实际岩石的渐进损伤过程中，破坏发生于 D<1 的不稳定过程。如图 2-58 所示，考虑岩石单轴拉伸试验，此时岩石的损伤可以定义为微缺陷的有效表面密度：

$$D = S_D / S \tag{2-108}$$

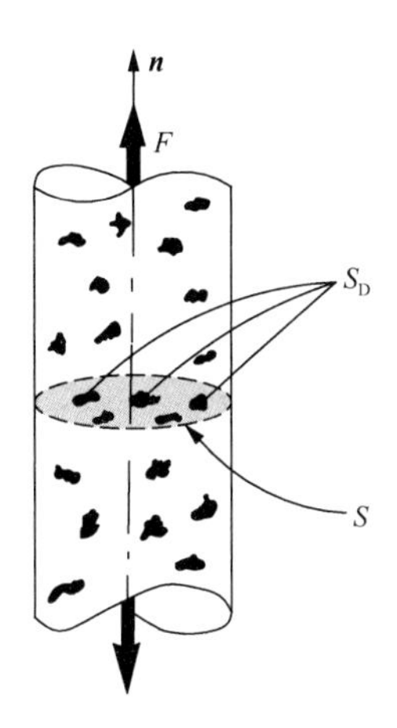

图 2-58　单轴抗拉实验

2.3.4.2　有效应力

岩石直接拉伸试验中，损伤 REV 受到的外载荷 $\boldsymbol{F}=\boldsymbol{n}F$ 的作用，如图 2-58 所示，则经典弹性力学中的轴向拉力确定方法为

$$\sigma = F / S \tag{2-109}$$

为表示岩石损伤程度对任意表面上应力分布的影响，定义有效应力为[21]

$$\tilde{\sigma} = \frac{F}{S - S_D} \tag{2-110}$$

将损伤变量 D 的定义代入式(2-110)，可得有效应力的表达式：

$$\tilde{\sigma} = \frac{F}{S\left(1 - \frac{S_D}{S}\right)} = \frac{\sigma}{1 - D} \tag{2-111}$$

2.3.4.3　应变等价原理

Lemaitre 在细观尺度上提出了应变等价原理：任何对于损伤岩石所建立的应变本构方程都可以用同无损状态相同的方法导出，但公式中的经典应力需用有效应力代替。对于完整岩石，本构方程可表示为[21]

$$\begin{aligned} &D = 0 \\ &\varepsilon = f(\sigma, E) \end{aligned} \tag{2-112}$$

对于损伤岩石，本构方程则修正为

$$\begin{aligned} &0 < D < 1 \\ &\varepsilon = f(\tilde{\sigma}, \tilde{E}) \end{aligned} \tag{2-113}$$

式中，$\tilde{E}$ 为损伤弹性模量。

2.3.5　损伤变量定义方法

2.3.5.1　面积测量法

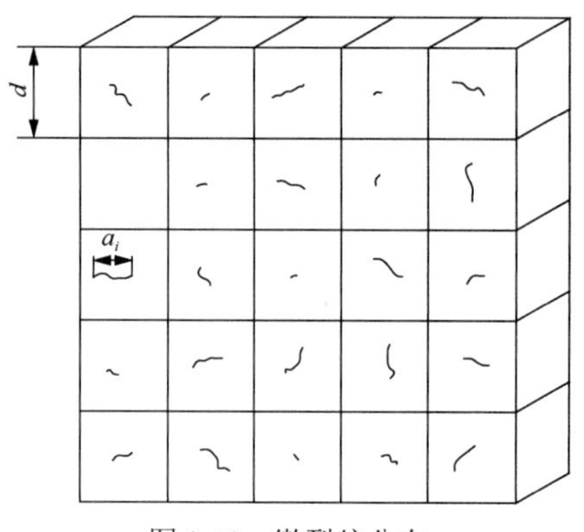

图 2-59　微裂纹分布

损伤的定义为破坏面积同总面积之比，直接测量法就是在细观尺度上计算截面上的总裂纹面积。如果损伤在岩石单元中是由不完全均匀的微裂纹组成，在任何截面上均不能得到一条完整的裂纹，损伤可以根据观测平面上微裂纹的截面与观测平面的交线进行等效计算。等效的各向同性损伤可由以下步骤确定：取一定尺寸的岩石体积单元，将该单元划分为 $d\times d\times d$ 正方体晶格，如图 2-59 所示。每个晶格中都可能包含尺寸为 a_i 的裂纹，则每个晶格中裂纹面上的损伤为

$$D_i=\frac{\delta S_{\mathrm{D}}}{\delta S}=\frac{a_i^2}{d^2} \tag{2-114}$$

在含有 n 个晶格的平面上，等效各向同性损伤可以视为每个晶格损伤的平均值：

$$D=\frac{\sum_{i=1}^{n}\frac{a_i^2}{d^2}}{n}=\frac{\sum_{i=1}^{n}a_i^2}{nd^2} \tag{2-115}$$

相应地，在二维平面上，可以确定尺寸为 l^2 的断面损伤，将截面划分为 n 个网格，每个网格中的裂纹长度为 a_i，则损伤变量的表达式可以简化为

$$D=\frac{\sum_{i=1}^{n}a_i^2}{l^2} \tag{2-116}$$

2.3.5.2　弹性模量定义法

岩石试件中的弹性应变等于有效应力同弹性模量之比：

$$\varepsilon_{\mathrm{e}}=\frac{\sigma}{E(1-D)} \tag{2-117}$$

该方法假定试件测量的截面上损伤是均匀分布的。将 $\tilde{E}=E\,(1-D)$ 定义为损伤材料的有效弹性模量，在完整岩石弹性模量已知的条件下，岩石损伤变量的大小可由有效弹性模量导出：

$$D=1-\frac{\tilde{E}}{E} \tag{2-118}$$

该方法是应用范围最广的损伤变量确定方法，它的有效性取决于准确的应变值测量。岩石力学实验中，采用应变计在岩石卸载阶段测量有效弹性模量。由于岩石变形破坏过程中极易出现变形集中化现象，校验裂纹在岩石中的分布特征十分重要，如果存在贯穿岩石试件的大裂纹扩展，该损伤变量确定方法不再适用，应选取其他测量方法。

随着实验测量手段的发展，目前出现了多种损伤变量确定方法，包含岩石密度、岩石强度、应变能、超声波和电阻率等方法。

2.3.6 细观统计损伤力学

岩石是典型的非均质性材料，可假定岩石细观单元强度符合 Weilbull 分布，即

$$p=\frac{\beta}{\eta_0}\left(\frac{\eta}{\eta_0}\right)^{\beta-1}\exp\left[-\left(\frac{\eta}{\eta_0}\right)^{\beta}\right] \tag{2-119}$$

式中，p 为概率密度；η、η_0 和 β 分别为强度参数、均值强度及强度参数的分散性指标。

岩石强度参数在不同尺度上保持该分布形式不变，该现象称为尺度不变性。采用细观统计损伤力学可以分析非均质岩石的损伤演化和破坏过程[21]。经过多年的研究，非均质岩石的变形、损伤和破坏的复杂力学行为存在如下共性[22,23]。

(1) 随机损伤演化导致灾变。由细小的随机损伤演化导致的破坏带有突变型特征。

(2) 灾变的不确定性。对于取回的岩石试件，即使在室内实验过程中表现出相似的宏观力学行为，由于岩石损伤的随机性分布，不同试件的破坏行为可能呈现出显著的差异，工程开挖过程中灾变显现具有明显的不确定性。

(3) 损伤局部化。岩石破坏前，细观损伤的萌生、扩展和贯通，使岩石中通常会出现损伤分布较为集中的区域，这也是岩石表现出变形局部集中化的原因。

(4) 跨尺度涨落。初始完整岩石处于稳定状态，由损伤的演化最终诱导灾变现象的发生，细观单元在不同尺度上的应力和损伤涨落均表现出显著增加。

(5) 临界敏感性。岩石临近灾变时，围岩系统对宏观控制变量响应的敏感程度显著增加。

2.4 裂隙煤体损伤和本构模型

2.4.1 裂隙煤体力学特征

2.4.1.1 型煤试件的制备

为研究裂隙对煤体力学特征的影响，分别制备不含裂隙和含预制裂隙的型煤试件。将煤粉、水泥和水按 2∶2∶1 的比例混合并搅拌均匀，将混合物灌注至边长 100mm 的立方体模具中，在 30℃条件下养护一周，将试件取出，得到标准立方体试件，用于研究裂隙倾角、长度和条数对煤体力学特征的影响。最终制备的型煤试件共 69 个，具体参数见表 2-4。

表 2-4　型煤试件参数

裂隙参数	角度/(°)	条数	长度/mm	完整试件
参数值	0/15/30/45/60/75/90	1/2/3/4/5/6	2/4/6/8/10	—
试件个数	21	18	15	15

最终得到的型煤试件如图 2-60～图 2-62 所示，包括含不同裂隙倾角、裂隙条数和裂隙长度的试件。将所有试件进行分组：根据裂隙倾角的不同，将试件分为 A1～A7 共 7 组，根据裂隙条数的不同，将试件分为 N1～N6 共 6 组，根据裂隙长度的不同将试件分为 L1～L5 共 5 组，将完整试件分为 I1～I5 共 5 组，每组含 3 个试件。

图 2-60　裂隙倾角

图 2-61　裂隙条数

图 2-62　裂隙长度

2.4.1.2　实验方法及设备

为得到裂隙参数对型煤试件抗压强度、变形参数及破坏特征的影响，采用 TAW 2000 微机控制液压伺服压力机[图 2-63(a)]对各组试件进行单轴抗压实验。该实验系统包括实验台、加载控制系统和数据采集系统 3 个部分，具有应力控制和位移控制两种加载模式，数据采集系统可实现轴向应力和轴向应变的实时监测。实验过程中采用径向引伸计[图 2-63(b)]对试件的水平(径向)应变进行监测。实验过程中采用智博联 U5200 超声波探测仪[图 2-63(c)]对煤样试件中的超声波速进行监测。为得到型煤试件的内聚力和内摩擦角，改变实验机压头[图 2-63(d)]，对 I2～I5 组试件进行角模剪切实验，压头选取 15°、30°、45°和 60°4 个角度。

(a) TAW 2000微机控制液压伺服压力机

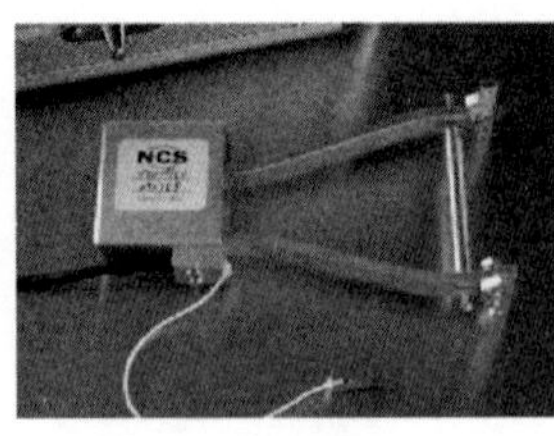

(b) 径向引伸计

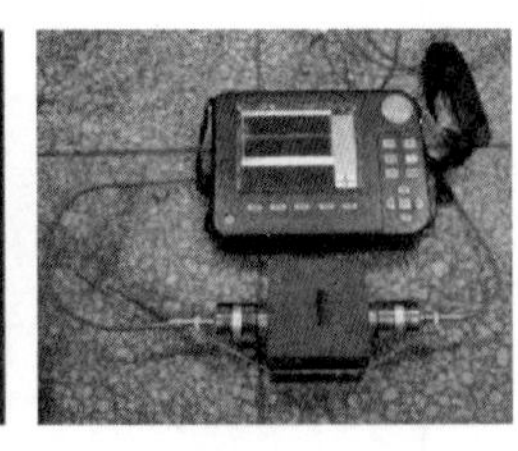

(c) 智博联U5200超声波探测仪

(d) 试验机压头

图 2-63　实验设备

2.4.1.3 应力-应变曲线响应特征

抗压实验所得型煤试件的全应力-应变曲线(图 2-64)变化趋势同现场取心所得煤样试件基本一致(图 2-65)。初始加载阶段(OA)，型煤试件经历明显的初始裂隙闭合过程，该阶段，存在于型煤试件中的孔隙、裂隙在压应力作用下闭合，煤样体积减小，应力水平增长缓慢，曲线呈上凹形状，同真实煤样相比，型煤试件的压密阶段更为明显，这是由于型煤试件在自由状态下养护，没有承受压力作用，其中存在的孔隙、裂隙较多。初始孔隙和裂隙被压密实后，煤样变形进入线弹性阶段(AB)，该阶段煤样承受的轴向应力随着轴向应变呈线性增长过程，卸载后煤样中产生的轴向应变能够完全恢复，该过程称为煤样的弹性响应过程，煤体的弹性变形参数(弹性模量和泊松比)可由该阶段应力-应变数据求得，轴向应力同轴向应变增量之比($d\sigma_a/d\varepsilon_a$)称为煤样试件的弹性模量，径向应变

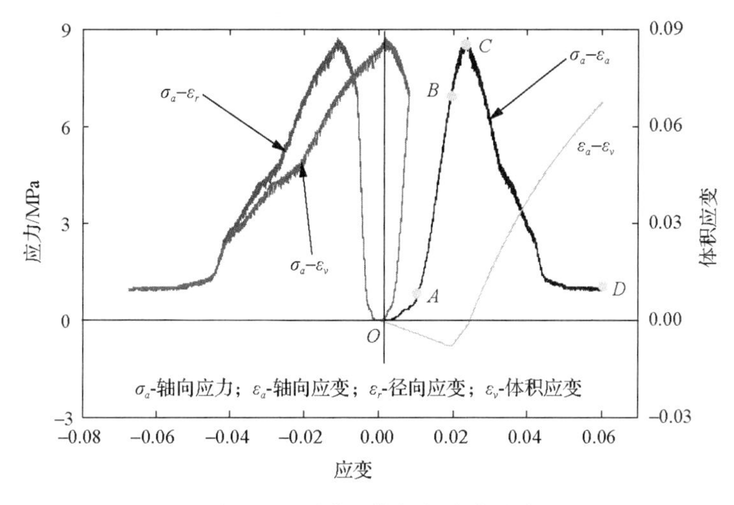

图 2-64 型煤试件应力-应变曲线

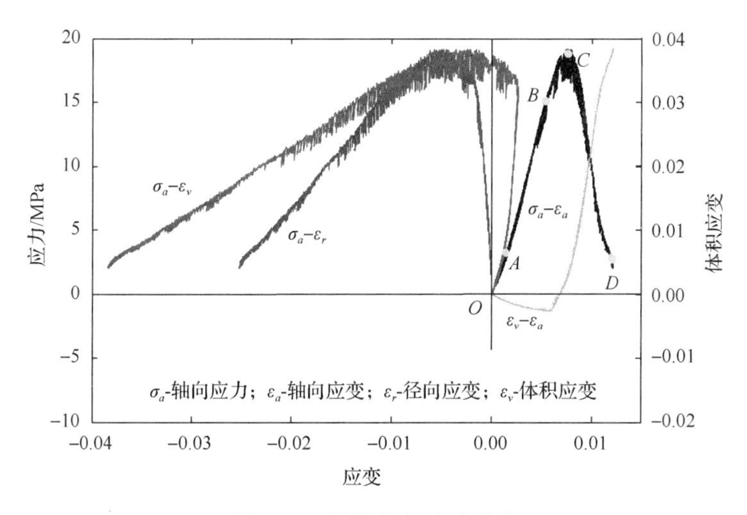

图 2-65 原煤应力-应变曲线

同轴向应变增量之比($d\varepsilon_r/d\varepsilon_a$)称为煤样试件的泊松比。当轴向应力达到煤样试件的初始屈服强度时，弹性变形阶段结束，煤样进入应变硬化阶段(BC)，煤样中产生不可恢复的塑性变形，在塑性流动作用下，煤样的径向应变增量大于轴向应变增量，该阶段煤样试件的抗压强度随着塑性变形的增加呈非线性增长，应力-应变曲线形状呈上凸形；轴向应力达到峰值点后，煤样变形进入应变软化阶段(CD)，该阶段煤样中因塑性变形产生的微小裂隙迅速扩展、贯通，同加载前的初始体积相比，煤样在峰值点附近由压缩过渡至膨胀状态，随着塑性变形的累积和微观裂隙的发育，煤样表面出现宏观裂隙，承载能力持续降低，最终仅剩残余应力。

与真实煤样的全应力-应变曲线(图 2-65)相比，本次实验制作的型煤试件所表现出的宏观应力-应变曲线同样存在初始裂隙压密阶段、线弹性阶段、应变硬化阶段和应变软化阶段，煤样达到初始屈强度服后表现出明显的塑性流动行为和剪胀效应，在峰值点附近煤样变形由压缩状态转变为膨胀状态，应变软化阶段，煤样的体积剪胀变形增长速度随着塑性变形程度的增高而减小，因此，本次实验制作煤样试件可以较高程度地反映真实煤体的宏观变形破坏特征。

抗压实验结果所得型煤试件的应力-应变曲线如图 2-66～图 2-69 所示，图中 θ、l 和 n 分别为煤样试件中的裂隙倾角、长度和条数。图 2-66 为完整型煤试件的应力-应变曲线，3 个完整型煤试件的弹性模量和抗压强度大致相同，说明该实验条件下所得到的同类型煤试件具有很高的相似性。煤样均在加载初期表现出裂隙闭合阶段，之后进入线弹性阶段，当轴向应力水平达到峰值强度的 80%时，型煤达到初始屈服点，之后进入应变硬化阶段，当应力水平达到 15.8MPa 时，应力-应变曲线达到峰值，即本次实验制作的完整型煤试件的单轴抗压强度为 16MPa，达到应力峰值之后，煤样进入应变软化阶段，最终残余强度约为 4MPa。煤样中存在裂隙后，加载过程中应力-应变曲线形状发生明显改变，如图 2-67～图 2-69 所示：初始加载阶段裂隙煤样表现出的裂隙闭合阶段更为明显。不同裂隙产状影响下煤样试件均存在线弹性阶段，但线弹性阶段产生的应变量随着裂隙倾角的增大先减小后增大，随着裂隙长度和裂隙条数的增加而持续减小，弹性模量受裂隙倾角和长度的影响不明显，其值随着裂隙条数的增多而降低。

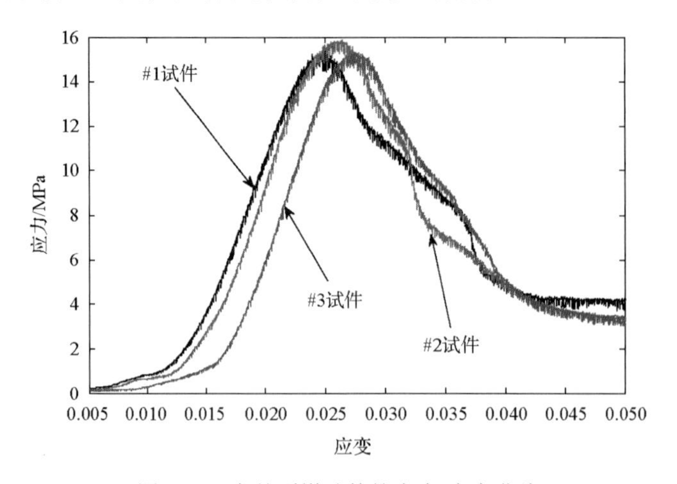

图 2-66　完整型煤试件的应力-应变曲线

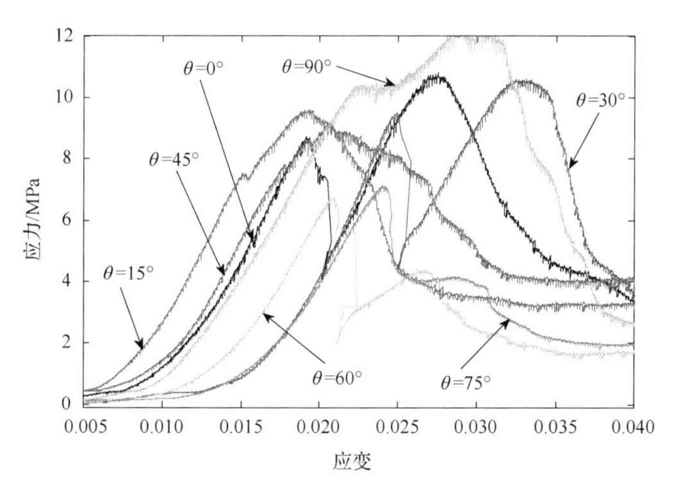

图 2-67　裂隙倾角对应力-应变响应的影响

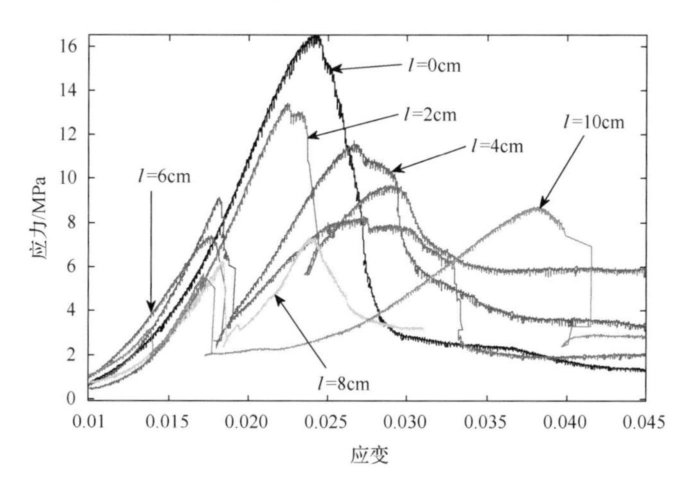

图 2-68　裂隙长度对应力-应变响应的影响

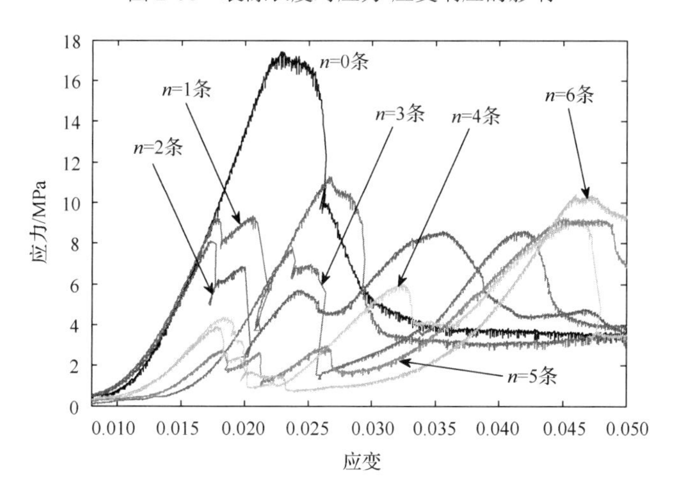

图 2-69　裂隙条数对应力-应变响应的影响

同完整型煤试件的应力-应变曲线特征相比，裂隙煤样应力-应变曲线表现出双峰值特征，在达到第 1 个峰值时煤样中的预制裂隙迅速扩展将煤样试件切割成块体，煤样的承载能力迅速跌落，该峰值强度为裂隙型煤试件的极限抗压强度。继续对破坏煤样进行加载，破碎煤块被压实，其强度再次升高并再次达到峰值，该峰值强度实质为块体组合的结构强度。在后续的分析中，含裂隙煤试件的抗压强度是指应力-应变曲线中的第 1 个峰值强度。

2.4.1.4 强度特征

1) 型煤试件抗剪强度

完整型煤试件的角模剪切实验结果如图 2-70 所示，抗剪强度随着法向应力的增大而增加。由岩石力学理论可知煤岩的抗剪强度同法向应力之间存在如下关系：

$$\tau = C + \sigma_n \tan\varphi \tag{2-120}$$

式中，C 为煤体的内聚力，MPa；φ 分为煤体的内摩擦角，(°)；τ 和 σ_n 分别为煤体抗剪强度和作用于其上的正应力，MPa。

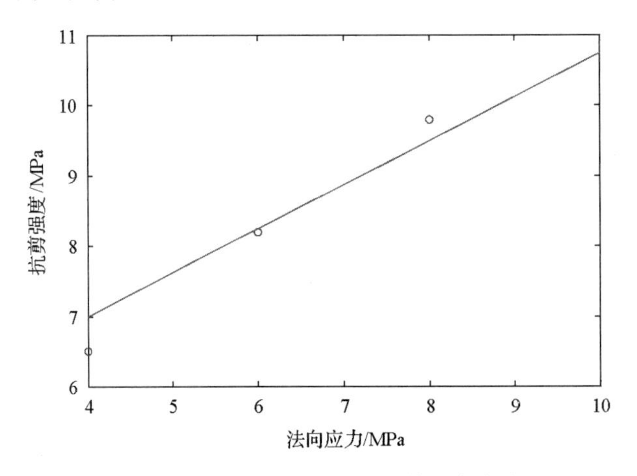

图 2-70 完整型煤试件的角模剪切实验结果

对图 2-70 中的实验数据进行拟合可得完整型煤试件的内聚力和内摩擦角分别为 4.5MPa 和 32°，图 2-70 中斜线为式(2-120)拟合曲线，实验数据同拟合结果的相关性系数为 0.91。

2) 裂隙产状对煤体弹性模量的影响

由图 2-67 和图 2-68 可以看出裂隙倾角和长度对煤体弹性模量的影响并不明显，因此，上述两种因素对弹性模量的影响不予考虑。裂隙条数对煤体弹性模量的影响如图 2-71 所示，弹性模量的大小随着煤样中裂隙条数的增多不断减小。对实验数据进行拟合可得煤体弹性模量随裂隙条数的变化趋势由式(2-121)表示。

$$E = E_{\mathrm{i}} \exp(-\alpha n) \tag{2-121}$$

式中，E_{i} 为完整煤样的弹性模量，GPa；α 为拟合常数。对图 2-71 中数据拟合可得 E_{i} 和

α 的值分别为 2GPa 和 0.31，由式(2-121)所得拟合曲线如图中曲线所示，同实验数据可以很好地吻合，两者的相关性系数为 0.92。

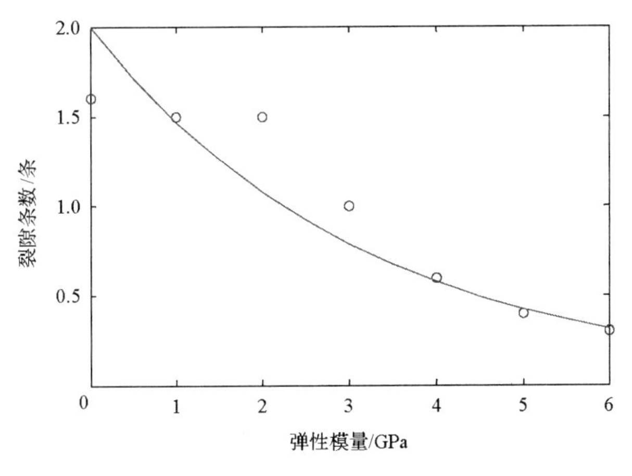

图 2-71 裂隙条数对弹性模量的影响

3) 裂隙产状对煤体抗压强度的影响

由图 2-66～图 2-69 可知裂隙产状对煤体力学行为和强度参数产生明显的影响。裂隙倾角、长度和条数对煤体抗压强度的影响如图 2-72～图 2-74 所示。煤体单轴抗压强度与裂隙倾角的关系并非单调变化，而是呈现先减小、后增大的趋势。对图 2-72 中的数据进行拟合分析可知裂隙倾角对煤体抗压强度 σ_c 的影响由式(2-122)表示：

$$\sigma_c = \sigma_{c0}\left\{1-\frac{\beta_1}{\sqrt{2\pi}\beta_2}\exp\left[-\frac{(\theta-\beta_3)^2}{2\beta_2^2}\right]\right\} \tag{2-122}$$

式中，σ_{c0} 为裂隙倾角为 0 时煤样单轴抗压强度，MPa；β_1、β_2 和 β_3 为拟合常数。其中 $\beta_3=\pi/4+\varphi/2$。对图 2-72 中的数据进行拟合可得 β_1、β_2 和 β_3 分别为 16、15 和 64，将上述参数代入式(2-122)可得拟合曲线如图 2-72 中曲线所示，拟合结果与实验数据具有相同的变化趋势，两者具有较高的吻合程度，相关性系数为 0.88。

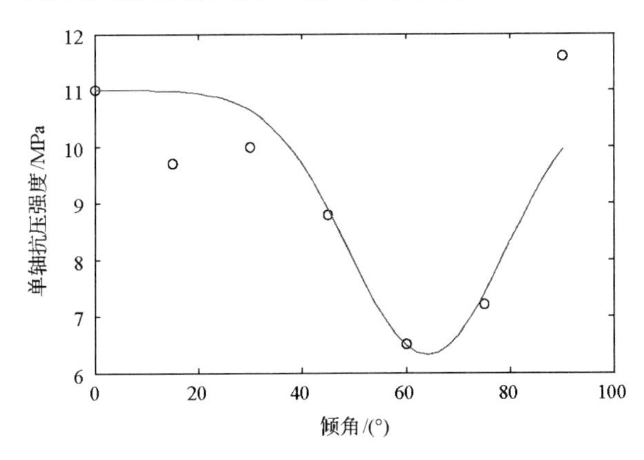

图 2-72 裂隙倾角与煤体单轴抗压强度的关系

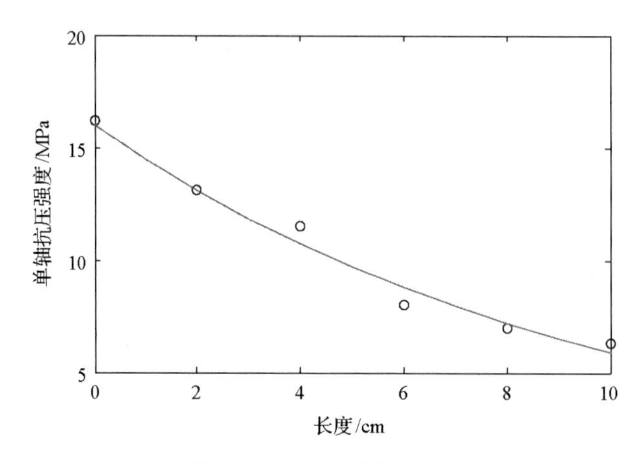

图 2-73　裂隙长度与煤体单轴抗压强度的关系

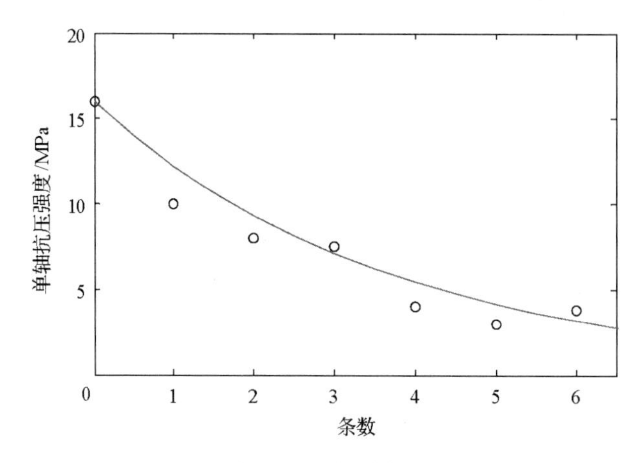

图 2-74　裂隙条数与煤体单轴抗压强度的关系

裂隙长度对煤体单轴抗压强度的影响如图 2-73 所示，随着裂隙长度的增加，煤体单轴抗压强度持续降低，但降低速度随着裂隙长度的增加而减小，对图中数据进行拟合可得煤体单轴抗压强度与裂隙长度之间的关系由式(2-123)表示：

$$\sigma_{\mathrm{c}} = \sigma_{\mathrm{ci}} \exp(-\eta l) \tag{2-123}$$

式中，σ_{ci} 为完整煤体单轴抗压强度，MPa；η 为拟合常数。实验数据拟合结果表明 σ_{ci} 和 η 分别为 16MPa 和 0.1。将以上参数代入式(2-123)可得拟合曲线如图 2-73 中曲线所示，拟合结果同实验数据具有很好的一致性，两者相关性系数为 0.99。

型煤试件中预制裂隙条数与煤体单轴抗压强度之间的关系如图 2-74 所示，煤体单轴抗压强度随裂隙条数的变化趋势与其随裂隙长度的变化趋势类似，两者呈负相关关系，裂隙条数对煤体单轴抗压强度参数的影响更为明显，当裂隙条数由 0 增大至 6 时，煤体单轴抗压强度由 16MPa 降低至 4MPa。对图 2-74 中的实验数据进行拟合可得，裂隙条数与煤体单轴抗压强度之间的关系由式(2-124)表示：

$$\sigma_c = \sigma_{ci} \exp(-\kappa n) \tag{2-124}$$

式中，κ 为拟合常数。图 2-74 中的数据拟合结果表明其值为 0.27。将其值代入式(2-124)可得拟合曲线如图 2-74 中曲线所示，同实验数据的相关性系数为 0.96。

2.4.1.5　裂隙煤样宏观破坏模式

不同煤样的宏观破坏模式如图 2-75～图 2-79 所示。单轴抗压条件下，完整型煤表现为劈裂破坏(图 2-76)，在试件的中部出现一条明显的拉伸裂纹，裂纹扩展方向沿最大主应力方向，该破坏模式同真实煤样试件在单轴抗压下的破坏形式相同，破坏后裂隙发育程度低，煤样被切割成块度较大的块体。

图 2-75　完整煤样破坏前图

图 2-76　完整试件破坏后

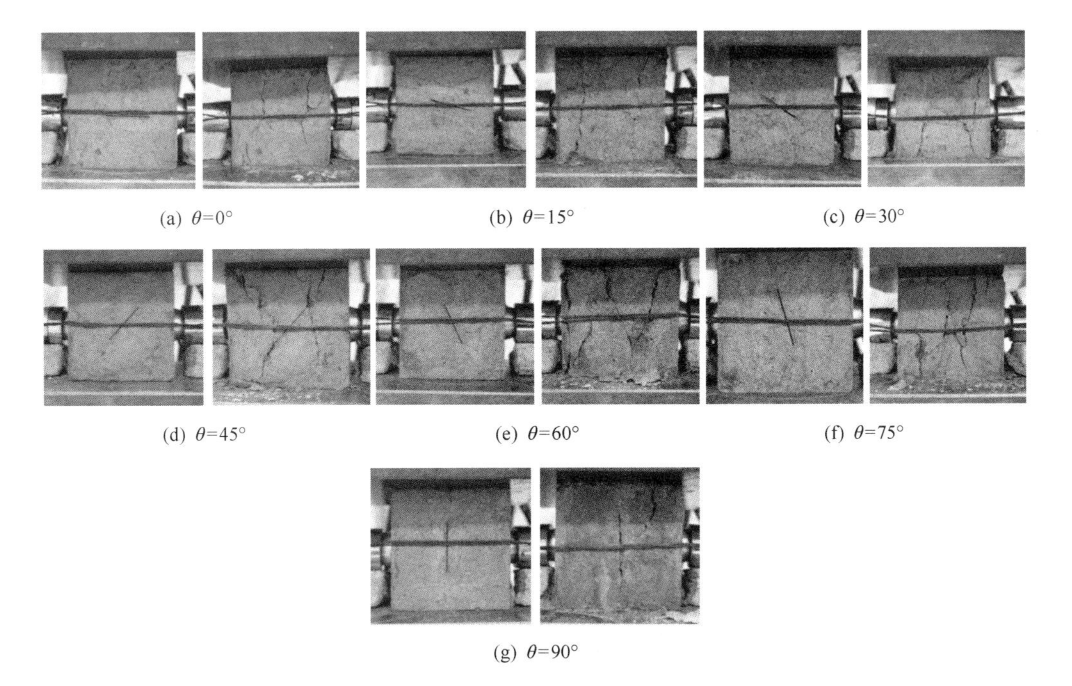

(a) θ=0°　(b) θ=15°　(c) θ=30°

(d) θ=45°　(e) θ=60°　(f) θ=75°

(g) θ=90°

图 2-77　裂隙倾角的影响(左：破坏前；右：破坏后)

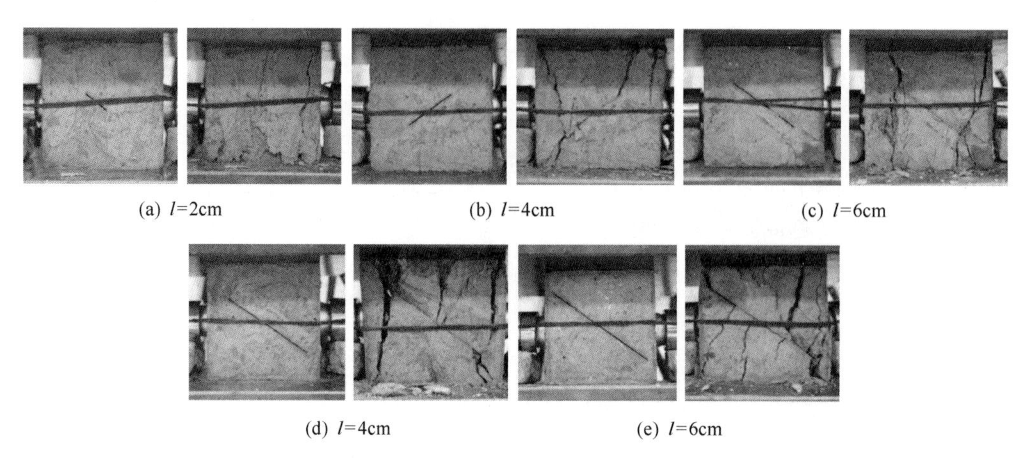

(a) l=2cm　(b) l=4cm　(c) l=6cm

(d) l=4cm　(e) l=6cm

图 2-78　不同裂隙长度煤样的宏观破坏模式(左：破坏前；右：破坏后)

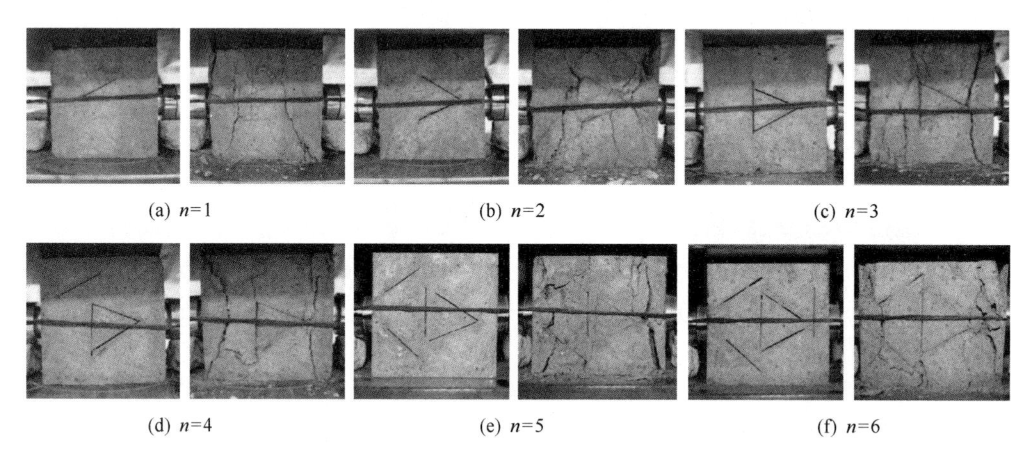

(a) n=1　(b) n=2　(c) n=3

(d) n=4　(e) n=5　(f) n=6

图 2-79　不同裂隙条数煤样的宏观破坏模式(左：破坏前；右：破坏后)

不同裂隙倾角型煤试件的破坏模式如图 2-77 所示：型煤试件均表现为剪切破坏。破坏后煤样中的压剪裂纹在预制裂隙的尖端沿最大主应力方向扩展。随着裂隙倾角的增大，破坏后型煤样试件中出现的剪切裂纹逐渐增多，当倾角达到 60°和 75°时，破坏煤样中的裂纹发育程度最高，之后裂纹条数随倾角的增大急剧减少。

不同裂隙长度煤样的宏观破坏模式如图 2-78 所示：裂隙长度为 2cm 时，煤样试件的破坏形式同完整煤样相似，在煤样试件的中部和边缘出现劈裂裂纹，说明长度较小时，裂隙对煤样破坏模式的影响较小。随着长度的增加，破坏后煤样中的裂隙条数逐渐增加，裂隙长度达到 10cm 时，破坏后煤样试件的破碎程度最高。

不同裂隙条数煤样的宏观破坏模式如图 2-79 所示：煤样中仅存在一条裂隙时，破坏后出现 5 条宏观裂隙，其发育方向均平行于加载方向。随着裂隙条数的增多，煤样中产生的宏观裂隙逐渐增多，当裂隙达到 6 条时，煤样破坏程度最高，试件被发育的裂隙切割成非常小的块体，裂隙发育方向无明显规律。

在本次进行的抗压试验中，所有煤样的轴向应变均在6%时停止加载，因此，所有煤样的轴向变形程度是一致的。结合图2-76～图2-79可以看出，在相同轴向应变程度条件下，煤样中裂隙发育程度和分布形式受裂隙倾角、长度和条数的影响非常明显，当最大主应力方向同裂隙平面夹角为$\pi/4-\varphi/2$、裂隙长度越长、裂隙条数越多时，煤样破坏后其中的裂隙发育程度越高，被裂隙切割成的破碎块体的块度越小，这种条件下顶煤的冒放性越好。

2.4.1.6　裂隙煤体各向异性力学特征

煤体是一种被大量不连续结构切割的复杂地质体，其中存在着大量的孔隙、裂隙、纹理、层理和断层等不连续结构，使煤体力学特征表现出明显的方向性，即各向异性特征。为了研究主应力方向变化对煤体力学特征的影响，准备A、B和C三组含预制裂隙的方形煤样试件，每组包含3个型煤试件，其中A组含2条裂隙，B组含3条裂隙，C组含5条裂隙，裂隙编号如图2-80所示。另垂直方向为x轴，水平方向为y轴，面内方向为z轴，对每组型煤试件分别沿x、y和z轴3个方向加载荷，不同的加载方向，型煤试件承受的最大主应力发生90°旋转，因此，可以根据实验结果分析主应力旋转对煤体力学特征的影响。

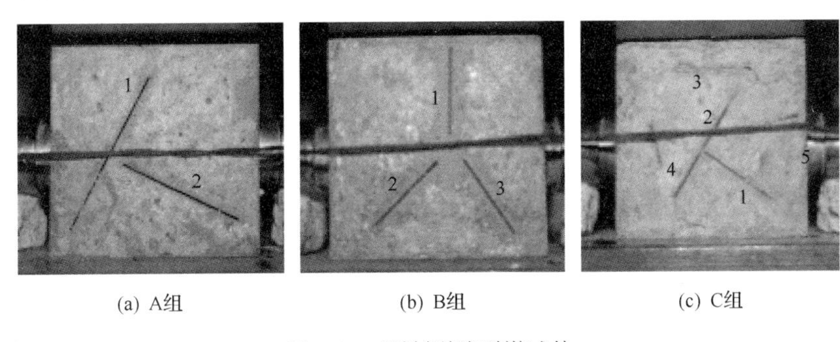

(a) A组　(b) B组　(c) C组

图2-80　预制裂隙型煤试件

沿不同方向对型煤试件进行单轴抗压实验所得应力-应变曲线结果如图2-81所示：沿不同方向加载时，型煤试件的应力-应变曲线弹性阶段的斜率有一定的差异，说明煤体弹性模量受到加载方向的影响，但主应力方向旋转对煤体弹性模量的影响没有明显的规律，对于A组和B组试件，最大主应力方向分别沿x、y和z轴时，煤体弹性模量依次降低，对于C组试件，最大主应力方向旋转对煤体弹性模量基本没有影响。型煤试件最大主应力加载方向不同时，其峰值强度表现出明显的差异，对于3组型煤试件，最大主应力分别沿x、y和z轴加载时，型煤试件的极限承载能力依次增大。此外，型煤试件的峰后行为同样表现出明显的差异性，当最大主应力方向与x和y轴方向一致时，应力-应变曲线为双峰甚至是多峰曲线，与z轴方向一致时，应力-应变曲线为圆滑的单峰曲线；A组试件沿不同方向加载时残余强度基本一致，B组试件沿x轴和z轴加载时的残余强度较大，而C组试件沿y轴和z轴加载时的残余强度较大。

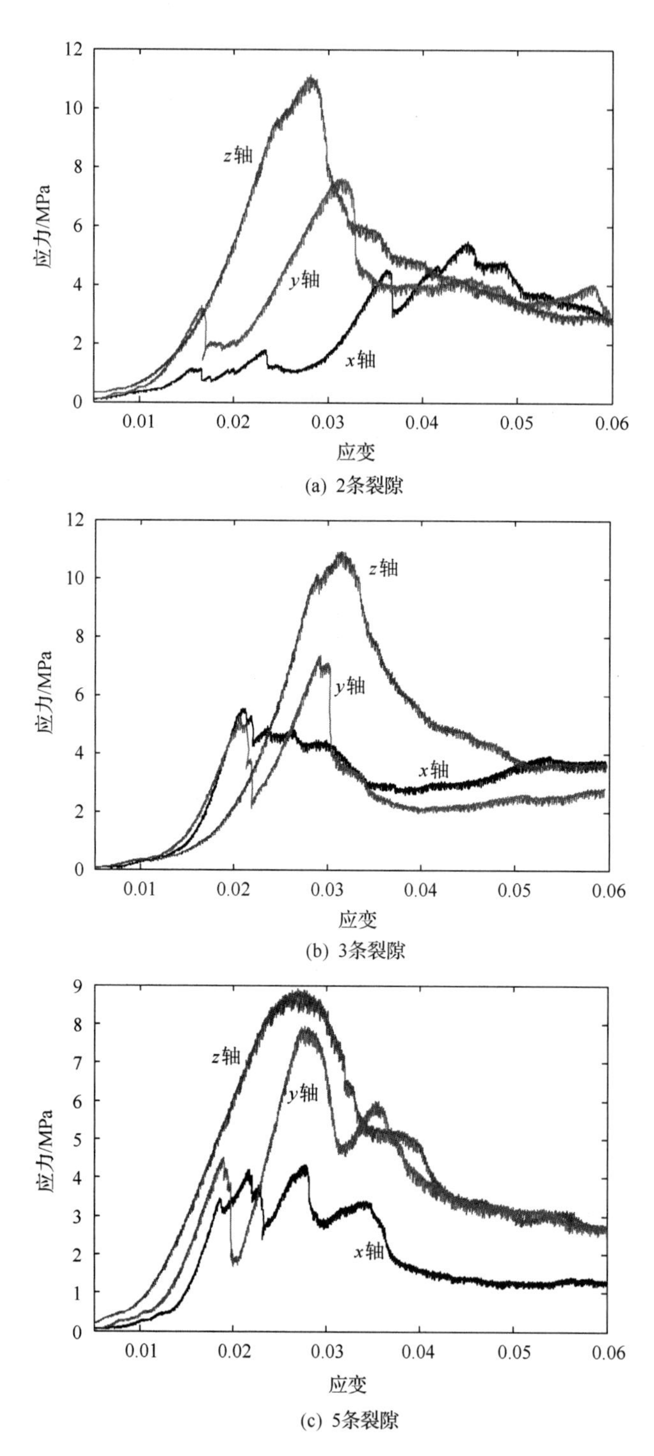

(a) 2条裂隙

(b) 3条裂隙

(c) 5条裂隙

图 2-81　沿不同方向加载时型煤试件的应力-应变曲线

型煤试件沿不同方向加载至破坏时，煤样中的裂隙分布模式如图 2-82 所示：在不同加载方向条件下，煤样中的裂隙发育程度和分布特征是完全不同的。A 组型煤试件破坏模式如图 2-82(a)所示，最大主应力方向与 x 轴一致时，2#裂纹的左上尖端最先出现翼裂纹发育并同 1#裂纹的右上尖端贯通，该翼裂纹继续发育并同试件的边界贯通，在 2#裂隙的上部出现 3 条次生倾斜裂纹，裂纹发育方向与最大主应力方向一致，在 1#裂纹的左下尖端和 2#裂纹的右下尖端分别发育 1 条次生共面裂纹，同试件边界贯通，试件被切割成 3 个独立的块体，右上部块体裂隙发育程度最高；当最大主应力方向与 y 轴一致时，在 2#裂隙的左下尖端发育 2 条翼裂纹，分别同 1#裂隙的右下尖端和中部贯通，右上尖端发育 1 条共面次生裂纹，同试件上边界贯通；1#裂隙的右下尖端发育 1 条翼裂纹，同试件边界贯通，左上尖端出现 2 条倾斜次生裂纹和 1 条共面次生裂纹，分别同试件的上、下和左侧边界贯通，倾斜次生裂纹扩展方向与最大主应力加载方向一致，此外，该裂隙的下部发育 2 条倾斜次生非贯通裂纹；当最大主应力方向与 z 轴方向一致时，试件的左下部发育一条纵向裂纹，在靠近试件中部的位置，裂纹发生分叉现象，衍生为 3 条裂纹，沿不同方向扩展。A 组型煤试件最大主应力沿 y 轴方向时裂隙发育程度最高，沿 x 轴方向时次之，沿 z 轴方向时最低。

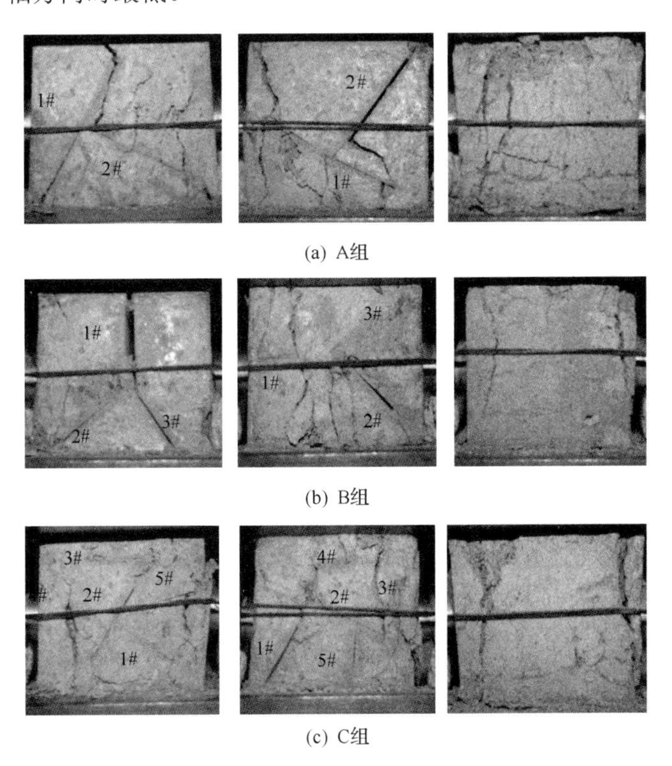

(a) A组

(b) B组

(c) C组

图 2-82 裂隙煤样破坏模式

左→右：x→y→z

B 组型煤试件破坏模式如图 2-82(b)所示：当最大主应力沿 x 轴方向时，1#裂纹上尖端发育 1 条共面次生裂纹，同试件上边界贯通，下尖端发育 2 条倾斜次生裂纹，分别同 2#和 3#裂纹贯通，2#裂纹左下尖端发育 1 条倾斜次生裂纹，扩展方向与最大主应力方向基本一致；当最大主应力沿 y 轴方向时，1#裂隙的上下部出现 6 条倾斜次生裂纹，发育方向同最大主应力方向一致，2#和 3#裂纹的右上和右下尖端分别出现 1 条共面次生裂纹；当最大主应力沿 z 轴方向时，试件的左侧发育 1 条弧形贯穿裂纹，右侧出现煤块剥落现象，试件中部发育 1 条长约 4cm 的非贯通裂纹，右上边界开始萌生，张开度很小。B 组试件沿不同方向加载至破坏后的裂隙发育程度同 A 组一致：沿 y 轴加载时发育程度最高，沿 x 轴时次之，沿 z 轴时最低。

C 组型煤试件破坏模式如图 2-82(c)所示：最大主应力方向沿 x 轴时，1#裂隙右下尖端发育 1 条翼裂纹，2#裂隙右上和左下尖端分别发育 1 条倾斜次生裂纹，在次生裂纹的尖端分叉成为 2 条翼裂纹，3#裂隙被压实，4#裂隙的上、下尖端分别发育 1 条倾斜次生裂纹，裂纹扩展方向与最大主应力方向一致，5#裂纹右上尖端的翼裂纹与试件右侧边界贯通，该裂隙下部发育 1 条次生裂纹，次生裂纹尖端分叉成为 2 条翼裂纹，一条翼裂纹与 1#裂纹右下尖端贯通，另一条与试件左侧边界贯通；最大主应力方向沿 y 轴时，1#裂隙中部发育 1 条倾斜次生裂纹，与 2#裂隙贯通，2#裂隙左上尖端和右下尖端各发育 1 条倾斜次生裂纹，扩展方向与最大主应力方向一致，右下侧次生裂纹与 4#裂隙贯通，3#裂隙上、下两端同样各发育 1 条倾斜次生裂纹，与试件右侧边界贯通，4#裂隙左、右尖端各发育 1 条次生裂纹，扩展方向与最大主应力方向一致，与试件上边界贯通，5#裂纹没有发生扩展现象；最大主应力方向沿 z 轴时，试件的左、右两侧各发育 1 条纵向贯穿裂隙。C 组试件最大主应力加载方向沿 x 轴时的裂隙发育程度最高，出现多次裂纹分叉现象，沿 y 轴时次之，沿 z 轴时最小。

2.4.2　不同应力路径条件下煤体破坏特征

2.4.2.1　试件准备

在 2.4.1 节，我们详尽分析了裂隙产状参数对含预制裂隙型煤试件应力-应变曲线响应特征、强度特征及宏观破坏特征的影响。本节我们从现场取回煤样并制作标准煤样试件，对其分别进行单轴抗压实验、常规三轴实验、三轴卸围压实验和巴西劈裂实验，研究煤体强度参数及应力路径对煤体力学行为的影响。分别从山西焦煤汾西矿业集团新柳煤矿(简称新柳煤矿)和山西大同煤矿集团公司煤峪口煤矿(简称煤峪口煤矿)取回煤样，在实验室磨制成 50×100mm 和 50×20mm 的标准圆柱试件和圆盘试件。新柳煤矿煤质松软，裂隙发育，不好成样，共得到 6 个标准圆柱试件和 1 个圆盘试件，6 个标准圆柱试件沿两个方向钻取，每个方向钻取 3 个，分为 D1 和 D2 组，两组煤样试件中的裂隙纹理方向不同，钻取的圆盘试件标注为 B1 组。煤峪口煤层强度较大，裂隙不发育，共得到 21 个标准圆柱试件和 3 个圆盘试件，标准圆柱试件分为 G1～G7 组，每组包含 3 个试件，3 个圆盘试件标注为 B2 组。为确定煤样试件是否存在初始差异，分别对煤样超声波速进行监测，所测结果见表 2-5。超声波速测量结果表明：新柳煤矿所钻取的两组圆柱试件中的超声波速存在较为明显的差异，而煤峪口煤矿的煤样试件中超声波速差异不大，均质程度较高。

表 2-5 煤样分组及超声波速

项目	实验类型										
	UC			TX				TUX		BD	
试件分组	D1	D2	G1	G2	G3	G4	G5	G6	G7	BD1	BD2
试件个数	3	3	3	3	3	3	3	3	3	1	3
UWV/(km/s)	1.28	1	1.5	1.53	1.51	1.48	1.5	1.51	1.48	1.3	1.49

注：表中 UC-单轴抗压实验；TX-常规三轴实验；TUX-三轴卸围压实验；BD-巴西劈裂实验；UWV-超声波速度。

2.4.2.2 试验方案和设备

利用标准圆柱煤样试件进行单轴抗压实验和常规三轴实验以确定煤样的内聚力、内摩擦角及抗压强度等物理力学参数。每组试件所进行的实验类型见表 2-5。室内实验在 TAW 2000 岩石三轴力学实验系统上进行，该实验系统可以同时实现轴向和径向应变的监测。进行单轴抗压实验时，采用 Micro-II 声发射检测系统对煤样中产生的声发射现象进行监测。通过改变压头，对圆盘试件进行径向加载，进行巴西劈裂实验，以确定煤样试件的抗拉强度。本次实验所用的所有实验设备如图 2-83 所示。

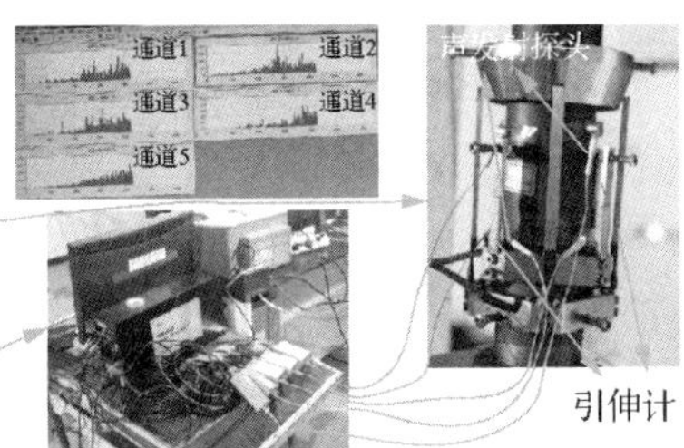

图 2-83 实验设备

加载方式：围压采用应力控制，轴压采用位移控制。轴压加载速率为 0.02mm/min，围压卸载速率选取 0.005MPa/s。常规三轴实验围压分别选取 7.5MPa、15MPa、22.5MPa 和 30MPa，初始加载时围压和轴压均在应力控制模式下同步加载，当围压增加至设定水平后保持不变，轴向改变为位移控制模式进行实验直至煤样破坏。三轴卸围压实验中初始围压分别为 7.5MPa 和 15MPa，当围压加载至预定水平时，开始在设计的速度下卸载，轴向则持续加载，直至煤样发生破坏。

2.4.2.3 应力-应变曲线特征分析

实验所得煤样应力-应变响应特征如图 2-84 所示。图中 ε_a 为轴向应变，ε_r 为径向应变，ε_v 为体积应变。不同加载路径煤体变形过程均经历了线弹性阶段、应变硬化阶段和应变软化阶段，应力水平加载至煤样的初始屈服强度时，在表现出应变硬化现象的同时，煤样同时表现出体积扩容(剪胀)现象。煤体抗压强度随着围压的增大而增大，三轴卸围压实验由于侧向卸荷作用，煤样试件峰值强度降低，煤样峰后残余强度小，基本跌落至 0 水平，丧失承载能力，因此，无围压或侧向卸荷条件下，煤样容易破坏。

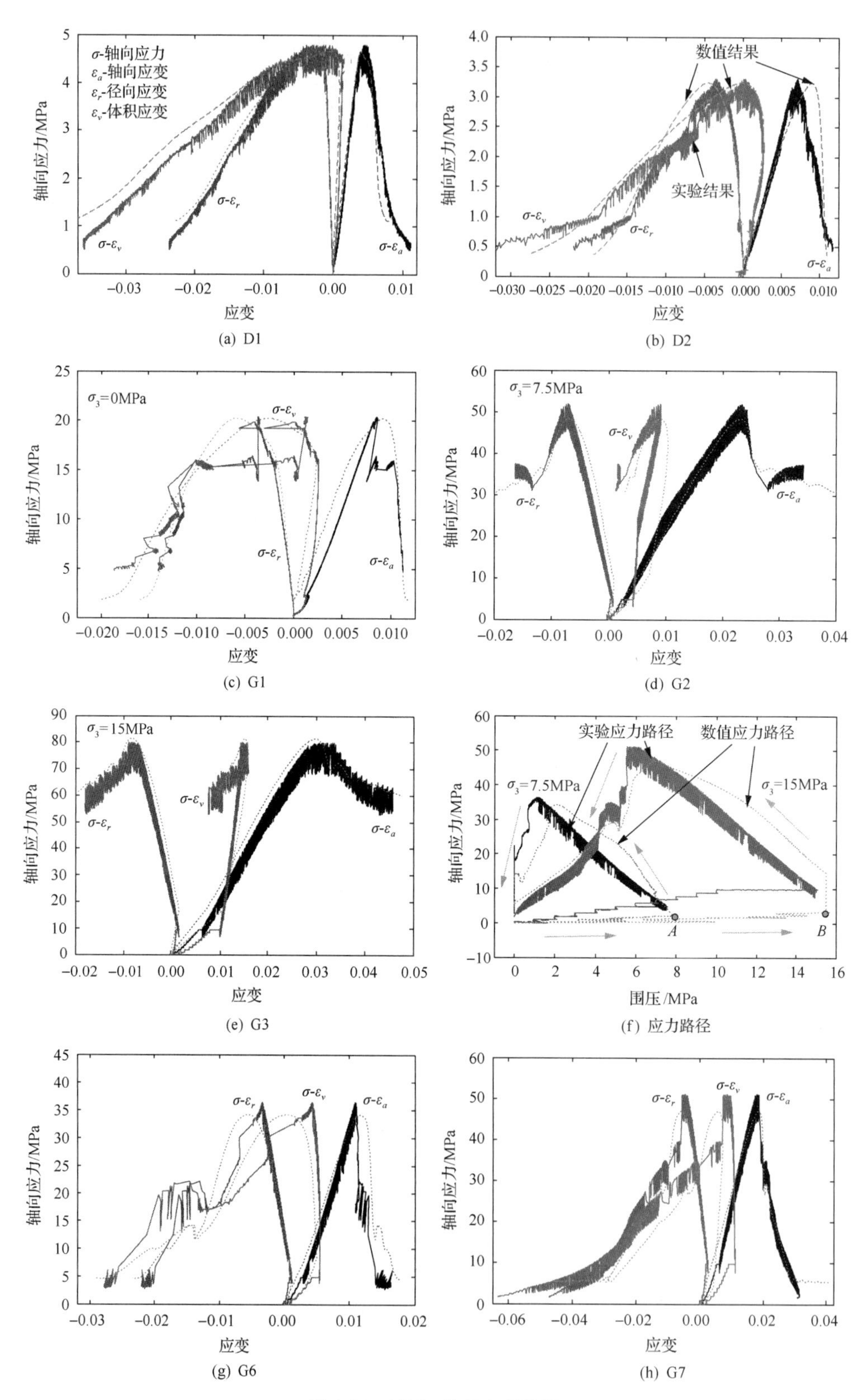

(a) D1　(b) D2　(c) G1　(d) G2　(e) G3　(f) 应力路径　(g) G6　(h) G7

图 2-84　应力-应变响应特征

与 D1 和 D2 组煤样试件中超声波速差异一致，两组煤样的应力-应变曲线特征及强度大小存在明显差异。D1 组煤样试件的单轴抗压强度明显大于 D2 组煤样，但 D2 组煤样试件在峰值前表现出的应变硬化现象更为明显。在无围压条件下，D1 组煤样和 D2 组煤样试件在弹性阶段均表现为压缩变形，即轴向应变速率大于径向应变速率。应力水平达到煤样试件的初始屈服极限后，煤样试件开始出现塑性变形，此时径向应变速率大于轴向应变速率，应力-应变曲线开始偏离直线，而煤体的体积变形由持续压缩转变为膨胀，因此，应力-体积曲线开始反转，煤样表现出剪胀效应，当应力水平达到峰值时，煤样由压缩变形状态过渡至膨胀变形状态，说明此时煤样中微裂纹发育速度加快，峰后阶段煤样中发育的微裂纹快速贯通，承载能力下降。

常规三轴实验中，煤样的力学行为和强度大小受到围压水平的明显影响。当围压较小或围压等于 0 时，煤样的抗压强度最小，轴向变形量最小，而径向和体积变形量则最大。随着围压的增加，煤样的抗压强度增大，轴向变形量增大，而径向和体积变形量则受到围压的明显限制。在围压较小时(G1)，煤样试件在峰后表现为Ⅰ类曲线，即在应力跌落过程中，弹性变形存在弹性恢复的现象，随着围压的增大，煤样在峰后的应力-应变曲线类型逐渐过渡至Ⅱ类，煤样由动力破坏逐渐过渡至延性破坏，峰后软化模量减小。由于围压的存在，破坏后的煤样仍具有一定的承载能力。

在三轴卸围压实验中，当径向应力水平达到设计值后其值持续降低，而轴压则持续加载直至煤样发生破坏，如图 2-84(f)所示。同常规三轴实验结果相比，在初始围压相同的条件下，在卸围压实验中由于围压逐渐降低，煤样试件的抗压强度较低，轴向变形量减少，但径向和体积变形量则明显增大。同单轴抗压实验和常规三轴实验结果相比，三轴卸围压实验中，煤样试件没有经历明显的体积压缩阶段，由于围压的持续卸载，在实验起始点开始，煤样试件始终处于膨胀变形过程，特别是在峰后屈服阶段，由于剪胀效应，煤样试件的体积增长速度较大。

由以上分析可知，煤体的应变硬化/软化、体积剪胀及所表现出的强度特征等力学行为均受到煤体材料参数、应力路径的影响，致使不同材料参数的煤体在不同的应力路径作用下表现出完全不同的力学行为。

2.4.2.4　*声发射特征*

单轴抗压实验过程中，D1 煤样试件中的声发射频数和能量特征如图 2-85 所示。在初期加载阶段，由于裂隙闭合效应，煤样试件中产生较少的声发射现象。随着轴向应力水平的提高，当加载至煤样的初始屈服点时，煤样中开始出现新裂纹萌生现象，声发射现象突然增加，在应力峰值附近，声发射频数达到峰值。煤样试件进入应变软化阶段后，煤样试件中的变化主要表现为已萌生微裂纹的贯通，该阶段煤样试件中的声发射现象持续减少，最终消失。

同声发射现象频数的变化特征类似，加载过程中声发射能量的变化同样表现为在初期加载阶段很小，达到初始屈服点后，能量值突然上升并在应力峰值附近能量释放速度达到最大值，峰值后能量释放速度逐渐降低，同声发射频数随轴向应变的单调递减特征不同，该变形阶段仍能监测到较大值的能量释放现象，说明在塑性变形程度较高时，煤样试件中仍在存在较为剧烈的声发射现象。

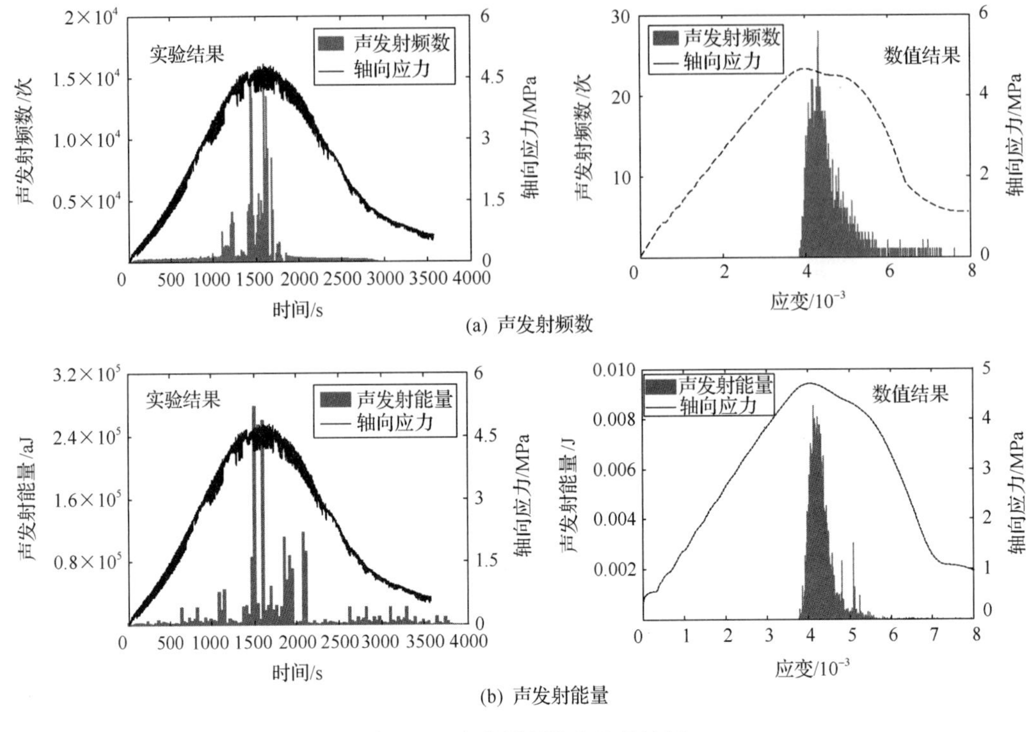

图 2-85　声发射频数和能量特征

2.4.2.5　宏观破坏特征分析

不同应力路径和不同材料强度煤样试件的宏观破坏特征如图 2-86 所示。单轴抗压条件下来自不同煤矿的煤样试件因材料参数的不同而表现出不同的破坏形式：煤峪口煤矿煤样试件因强度较大，单轴抗压实验结束后煤样中出现两条裂纹，裂纹发育方向与最大主应力方向基本一致，煤样试件表现为劈裂破坏[图 2-86(b)]；煤样表面出现少量煤屑剥落现象，这是由煤体表面变形局部集中化造成的，煤样试件表面无翼裂纹发育现象；煤样试件被劈裂裂纹切割成 4 个煤块，对破坏后的煤块进行点载荷实验，结果表明煤块抗压强度可达到完整煤体的 76%。新柳煤矿煤样试件强度较小，单轴抗压实验中表现为剪切破坏，如图 2-86(c)所示，煤样中产生的剪切裂纹较劈裂破坏多。

(a) 单轴抗压试验前

(b) G1

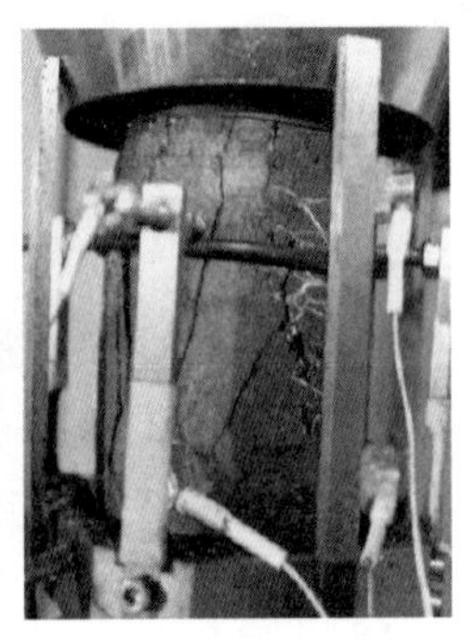
(c) D1

(d) 常规三轴实验前 (e) G3 (f) G6 (g) G7

图 2-86 不同应力路径和不同材料强度煤样试件的宏观破坏特征

不同应力路径下煤样试件破坏形态同样存在明显区别：与单轴抗压实验相比，常规三轴实验中煤样试件均发生剪切破坏。常规三轴实验结束后，煤样试件中出现一条主裂纹，裂纹倾角约为 65°，煤样试件表现为单裂纹剪切破坏形式[图 2-86(e)]；煤样试件表面无翼裂纹发育现象，被主裂纹切割成两个块体，两个块体的接触面上有明显的摩擦痕迹，破坏后的块体强度与完整煤体试件强度基本相同。初始围压为 7.5MPa 的三轴卸围压实验中，煤样试件出现两条相互平行的剪切裂纹，裂纹倾角约为 75°[图 2-86(f)]，在两条主剪裂纹之间有一条贯穿半个煤样试件高度的翼裂纹，裂纹发育方向与最大主应力方向一致，在左侧主剪裂纹的中部发育 1 条长约 3cm 的翼裂纹，裂纹发育方向与主剪裂纹接近垂直，此外，煤样试件表面还出现 5 条长度小于 1cm 的、张开度很小的翼裂纹，煤样表现为剪切破坏主导的拉-剪混合型破坏。被裂纹切割产生的煤块强度明显降低，点载荷实验无法测出煤块强度，说明煤样试件内部存在较多的微裂纹发育现象。初始围压为 15MPa 的三轴卸围压实验中，煤样试件中出现 4 条主裂纹，裂纹倾角均接近 85°，其中 3 条裂纹面接近平行，1 条裂纹面同其他 3 条主裂纹面之间成 60°夹角[图 2-86(g)]。主裂纹面上有明显的摩擦痕迹，说明 4 条主裂纹均为剪切裂纹，煤样试件表面发育多条翼裂纹，煤样试件表现为剪切破坏主导的拉-剪混合型破坏；多条翼裂纹同主裂纹之间相互贯通，将试件切割成许多小体积煤块，实验结束后煤样试件完全丧失承载能力。不同应力路径条件下煤样中的裂隙发育程度与根据煤样体积变形的预测结果完全一致，因此，对于处于峰后变形阶段的煤体试件，其变形主要产生于裂隙地张开和滑移，由于承载能力的降低，煤体基质产生的弹性变形部分可以忽略。

2.4.3 煤体宏-细观本构模型

2.4.3.1 宏观本构模型

由 2.4.1 节和 2.4.2 节实验结果可知煤体的力学行为和破坏形式受到煤体基质材料常数、裂隙分布和应力路径的影响，说明煤体变形破坏特征与其材料常数、裂隙分布及所经历的应力历史具有很强的相关性。为实现不同应力路径下煤体力学特征的预测，应先确定煤体不同应力路径下的本构模型，从而准确实现复杂应力路径下煤体变形破坏特征的预测。通过准确监测能量变化，实现煤体中应变能演化及声发射等细观现象的预测。为了反映煤体的非均质性和各向异性特征，采用煤体材料参数随机分布方法及 FLAC^{3D} 中的随机裂隙网格模拟(DFN)方法模拟煤体材料常数非均质性和宏观缺陷(裂隙)。本节本构模型的构建过程中采用岩石力学中对拉、压应力符号的规定：压应力为正，拉应力为负。

1)应力-应变关系

不考虑弹塑性耦合效应，煤体弹性参数不随塑性变形的变化而发生变化，则煤体变形过程中其承受的应力增量由弹性模量及弹性应变增量确定：

$$\mathrm{d}\sigma_{ij} = D_{ijkl}\mathrm{d}\varepsilon_{kl}^{\mathrm{e}} \tag{2-125}$$

式中，D_{ijkl} 为弹性张量，GPa；$\varepsilon_{kl}^{\mathrm{e}}$ 为煤体应变的弹性部分。可由下式表示：

$$D_{ijkl} = \left(K - \frac{2}{3}G\right)\delta_{ij}\delta_{kl} + G(\delta_{ik}\delta_{jl} + \delta_{il}\delta_{jk}) \tag{2-126}$$

式中，K 为体积模量，MPa；G 为剪切模量，MPa；δ 为克罗内克符号。

煤体的弹性变形参数可通过单轴抗压实验数据确定。煤体中应力状态达到其强度极限后，总应变由弹性部分及塑性部分组成：

$$\mathrm{d}\varepsilon=\mathrm{d}\varepsilon^{\mathrm{e}}+\mathrm{d}\varepsilon^{\mathrm{p}} \tag{2-127}$$

式中，ε 为煤体总应变；ε^{p} 为煤体应变的塑性部分。

由式(2-125)和式(2-127)可得式(2-128)，因此，要确定煤样变形过程中应力增量与弹性应变增量的关系，应先确定每次加载过程中产生的塑性应变增量。

$$\mathrm{d}\sigma_{ij} = D_{ijkl}(\mathrm{d}\varepsilon_{kl} - \mathrm{d}\varepsilon_{kl}^{\mathrm{p}}) \tag{2-128}$$

2)屈服条件

对于给定应力状态和应力历史的煤体，确定其是否超出弹性界限进入塑性屈服状态，需建立煤体屈服条件。本节采用莫尔-库仑强度准则：

$$f_i = \sigma_1 - N_\varphi\sigma_3 - 2\sqrt{N_\varphi}C = 0 \tag{2-129}$$

式中，f_i 为煤体的初始屈服条件；σ_1 和 σ_3 分别为最大和最小主应力，MPa；C 为煤体的内聚力，MPa；$N_\varphi=(1+\sin\varphi)/(1-\sin\varphi)$，其中 φ 为煤体的内摩擦角，(°)。

煤体的内聚力和内摩擦角可由剪切实验确定。应力水平达到初始屈服点后，若煤体仍处于加载状态，则煤体强度参数会随着塑性变形程度的升高而变化，本节选取累积塑性应变表征塑性变形程度。内摩擦角随累积塑性应变的变化很小，可忽略不计，仅煤体的内聚力随累积塑性应变的增加而改变，将其视为硬化/软化参数，则后继屈服条件可表示为

$$f_s = \sigma_1 - N_\varphi\sigma_3 - 2\sqrt{N_\varphi}C(\xi) = 0 \tag{2-130}$$

式中，f_s 为煤体的后继屈服条件；ξ 为煤体累积塑性应变。在弹塑性力学中，其定义为

$$d\xi = \overline{d\varepsilon}^{p} = \sqrt{\frac{2}{3} de_{ij}^{p} de_{ij}^{p}} \tag{2-131}$$

式中，de_{ij}^{p} 为塑性偏应变张量增量，其定义为

$$d\boldsymbol{e}^{\mathbf{p}} = d\varepsilon^{\mathbf{p}} - \frac{1}{3}\boldsymbol{I} d\varepsilon_{v}^{p} \tag{2-132}$$

式中，$\boldsymbol{I}$ 为二阶单位矩阵；$d\varepsilon_{v}^{p}$ 为体积塑性应变。

在后继屈服阶段，屈服准则在应力空间中定义的屈服面将随着硬化/软化参数的改变而不断演化。如图 2-87 所示，在初始屈服面的基础上，当煤体塑性变形程度较低时，处于硬化阶段，屈服面在应力空间中向外扩张，最小主应力在一定条件下，煤体承载能力由 A 点升高至 B 点。随着塑性变形程度的提高，煤体进入软化阶段，屈服面在应力空间中开始收缩，煤体承载能力由 B 点降至 C 点。

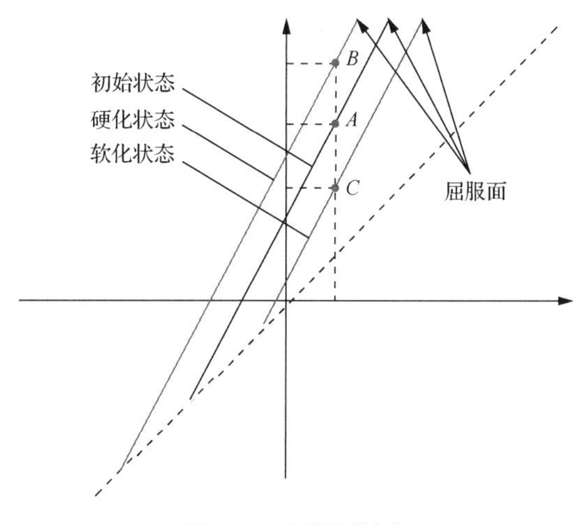

图 2-87 屈服面演化

3) 流动法则和塑性势函数

煤体应力状态达到屈服准则所定义的极限值时，开始出现不可恢复的塑性应变，为确定塑性应变的大小需要流动法则规定煤体内塑性流动特征。以往研究表明，关联流动法则通常造成煤岩发生过大的剪胀应变，为正确反映煤体体积变形特征，本节采用非正交流动法则：

$$d\boldsymbol{\varepsilon}^{\mathbf{p}} = d\lambda \frac{\partial g}{\partial \boldsymbol{\sigma}} \tag{2-133}$$

式中，$d\lambda$ 为代表塑性应变大小的非负比例因子；g 为塑性势函数。前者定义塑性应变增量的大小，后者定义塑性应变增量的方向。

由于此处采用非关联流动法则，塑性势函数与屈服函数表达形式不一致，而是将屈服准则中的内摩擦角替换为剪胀角，从而正确反映煤体体积扩容特征，即

$$g = \sigma_1 - N_\psi \sigma_3 \tag{2-134}$$

式中，$N_\varphi=(1+\sin\psi)/(1-\sin\psi)$，其中 ψ 为煤体的剪胀角，在塑性力学中其定义为

$$\psi = \arcsin \frac{\mathrm{d}\varepsilon_v^{\mathrm{p}}}{\mathrm{d}\gamma^{\mathrm{p}}} \tag{2-135}$$

式中，$\mathrm{d}\varepsilon_v^{\mathrm{p}}$ 和 $\mathrm{d}\gamma^{\mathrm{p}}$ 分别为煤体体积塑性应变和最大剪切塑性应变。剪胀角通常由单轴抗压或常规三轴实验数据确定：

$$\begin{aligned} \mathrm{d}\varepsilon_v^{\mathrm{p}} &= \mathrm{d}\varepsilon_a^{\mathrm{p}} + 2\mathrm{d}\varepsilon_r^{\mathrm{p}} \\ \mathrm{d}\gamma^{\mathrm{p}} &= 2\mathrm{d}\varepsilon_r^{\mathrm{p}} - \mathrm{d}\varepsilon_a^{\mathrm{p}} \end{aligned} \tag{2-136}$$

式中，$\mathrm{d}\varepsilon_a^{\mathrm{p}}$ 和 $\mathrm{d}\varepsilon_r^{\mathrm{p}}$ 分别为实验过程中煤样的轴向塑性应变和径向塑性应变。结合式(2-135)和式(2-136)可得煤体任意变形阶段的剪胀角由式(2-137)确定：

$$\psi = \arcsin \frac{2\mathrm{d}\varepsilon_r^{\mathrm{p}} + \mathrm{d}\varepsilon_a^{\mathrm{p}}}{2\mathrm{d}\varepsilon_r^{\mathrm{p}} - \mathrm{d}\varepsilon_a^{\mathrm{p}}} \tag{2-137}$$

为确定式(2-128)中存在的塑性应变增量，还需确定式(2-133)中的非负比例因子，该塑性乘子可由变形一致性条件确定：

$$\mathrm{d}f = \frac{\partial f}{\partial \boldsymbol{\sigma}} \mathrm{d}\boldsymbol{\sigma} + \frac{\partial f}{\partial \xi} \mathrm{d}\xi = 0 \tag{2-138}$$

为得到累积塑性应变的表达式，将式(2-134)代入(2-133)可得沿各主方向上的塑性应变增量为

$$\mathrm{d}\varepsilon_1^{\mathrm{p}} = \mathrm{d}\lambda, \ \mathrm{d}\varepsilon_2^{\mathrm{p}} = 0, \ \mathrm{d}\varepsilon_3^{\mathrm{p}} = -N_\psi \mathrm{d}\lambda \tag{2-139}$$

结合式(2-139)、式(2-131)和式(2-132)可得累积塑性应变表达式为

$$\mathrm{d}\xi = \frac{2}{3}\sqrt{N_\psi^2 + N_\psi + 1}\mathrm{d}\lambda \tag{2-140}$$

将式(2-128)、式(2-133)和式(2-140)代入变形一致性条件可得非负比例因子为

$$\mathrm{d}\lambda = \frac{\dfrac{\partial f}{\partial \boldsymbol{\sigma}} \boldsymbol{D} \mathrm{d}\boldsymbol{\varepsilon}}{\dfrac{\partial f}{\partial \boldsymbol{\sigma}} \boldsymbol{D} \dfrac{\partial g}{\partial \boldsymbol{\sigma}} - \dfrac{2}{3}\sqrt{N_\psi^2 + N_\psi + 1}\dfrac{\partial f}{\partial \xi}} \tag{2-141}$$

式中，$\boldsymbol{D}$ 为煤体弹性常量矩阵。

4）剪胀模型和硬化/软化规律

在加载过程中，随着塑性变形程度及围压不同，式(2-135)定义的剪胀角并非常数，为使建立的本构模型能够正确模拟煤体的剪胀效应，需要建立剪胀模型。Alejano 和 Alonso[24]、Zhao 和 Cai[25]提出了两种剪胀角模型确定方法。Alejano 和 Alonso 认为当应力水平达到煤体的极限抗压强度时，煤体开始表现出剪胀现象。Zhao 和 Cai 的方法如图 2-88(a)～(c)所示，该方法将初始加载引起的裂隙闭合阶段包括进剪胀模型的构建，因此，模型中剪胀角存在负值。本书认为裂隙闭合阶段并非塑性流动引起的，初期加载的非线性阶段在本书的模型构建中均没有考虑，而是用一条与线弹性阶段斜率相同的直线代替该阶段，如图 2-88(d)所示。当应力水平达到煤体的初始屈服极限时，煤体开始表现出剪胀现象。将煤体变形中弹性部分去除可由体积应变-轴向应变曲线得到体积塑性应变-轴向塑性应变如图 2-88(e)所示，将轴向塑性应变用累积塑性应变代替，结合剪胀角的定义，可得出不同塑性变形程度时煤体剪胀角的大小如图 2-88(f)所示。

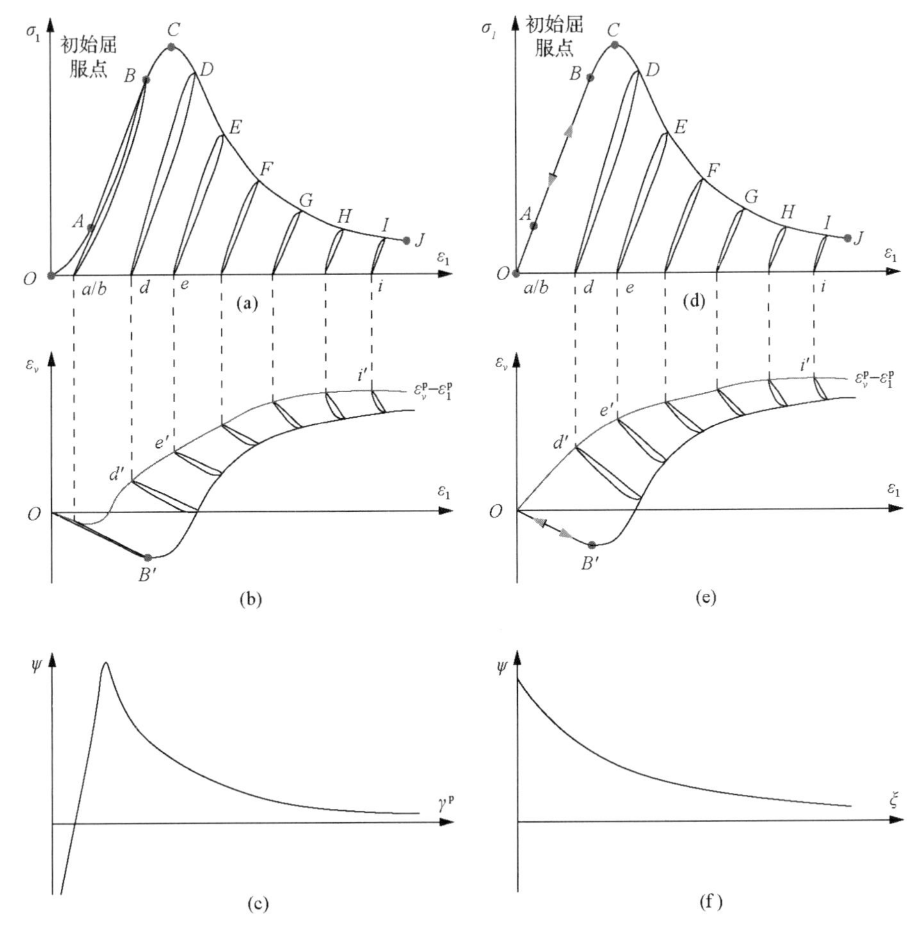

图 2-88 剪胀模型构建方法

σ_1-轴向应力；ε_1-轴向应变；ε_1^p-轴向塑性应变；ε_v-体积应变；ν_0^p-体积塑性应变；

γ^p-最大剪应变；ξ-累积塑性应变；ψ-剪胀角

根据上述方法对 Zhao 和 Cai 的数据进行处理可得不同围压条件下煤体的剪胀角随累积塑性应变的变化如图 2-89 所示，煤体的剪胀角在塑性变形程度较低时最大，随着塑性变形程度的提高，煤体的剪胀角不断减小，最终减小至 0，因此，在实验中，煤体的剪胀效应随着塑性变形程度的提高而逐渐消失。另外可以发现煤体的剪胀角同样随着围压的增大而减小，通过对实验数据的拟合分析，可由式(2-142)确定后继屈服阶段煤体的剪胀角随围压和累积塑性变形的变化特征：

$$\psi(\sigma_3,\xi)=\psi_0[a_1\exp(-a_2\sigma_3)+a_3]\exp\{-b_1[1-b_2\exp(-b_3\sigma_3)]\xi\} \tag{2-142}$$

式中，ψ_0 为单轴抗压条件下煤体的初始剪胀角，(°)；a_i 和 b_i 为拟合常数，i=1,2,3。

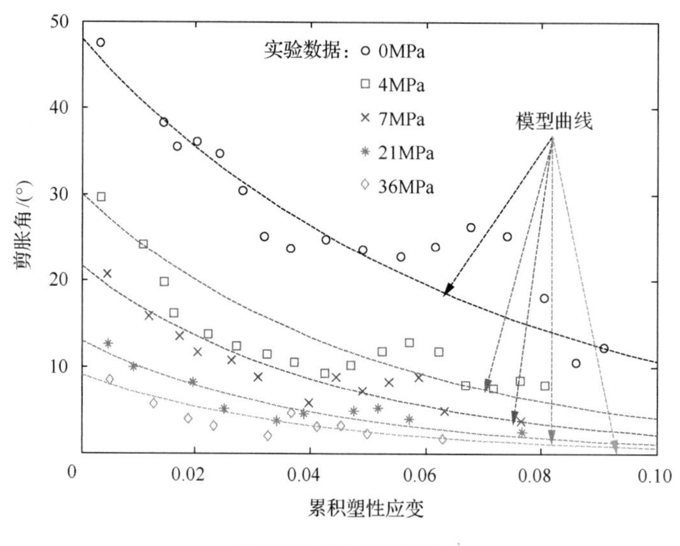

图 2-89　剪胀角演化

对图 2-89 中的数据进行拟合分析可得各常数值见表 2-6，将表中的数值代入式(2-142)中可得拟合曲线如图 2-89 所示，模型预测的煤体的剪胀角与累积塑性应变和最小主应力相同，呈负相关关系，与实验数据一致，两者的相关性系数可达 0.93。

表 2-6　剪胀模型拟合常数

剪胀参数	a_1	a_2	a_3	b_1	b_2	b_3
取值	0.7865	0.1638	0.2135	25.72	0.4191	0.1745

应力水平达到煤体的初始屈服强度时，应变硬化/软化现象与剪胀效应伴生出现[图 2-90(a)]，将轴向应变中的弹性部分减去可得应力-轴向塑性应变之间的关系[图 2-90(b)]。

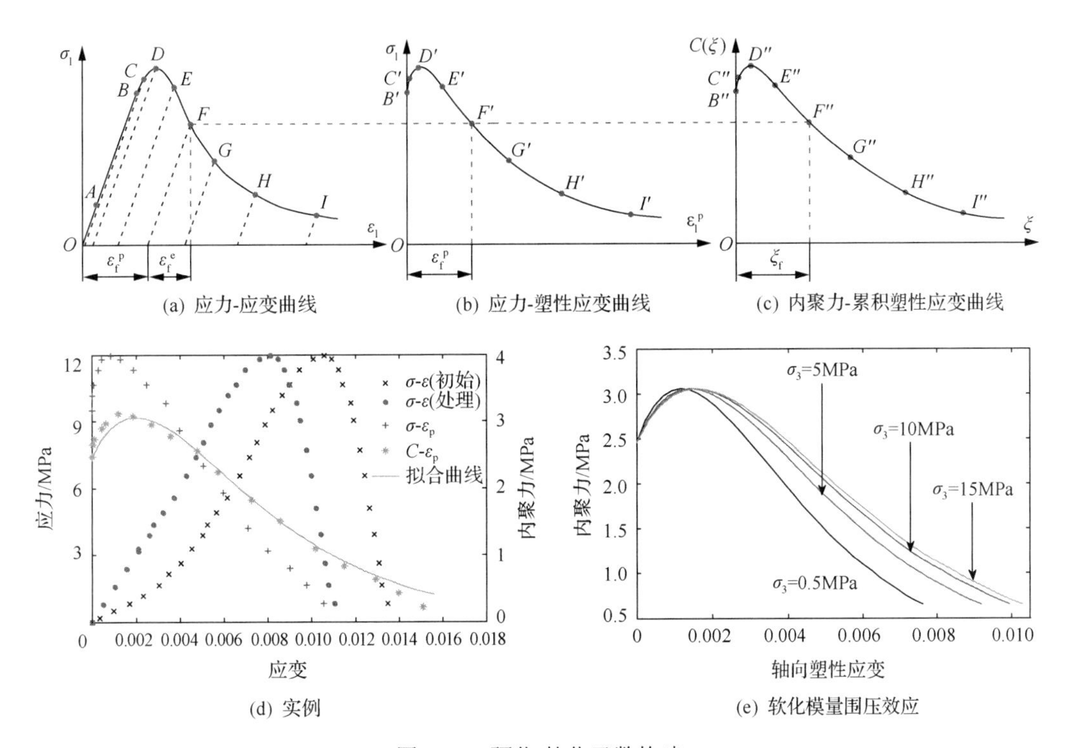

图 2-90 硬化/软化函数构建

σ_1-轴向应力；ε_1-轴向应变；ε_f^e-i 点轴向弹性应变；ε_f^p-f 点轴向塑性应变；ξ_f-f 点累积塑性应变；C-内聚力

由变形一致性条件可知：在后继屈服阶段，应力水平始终位于强度准则确定加载面上，由后继屈服准则可知硬化/软化参数为最大和最小主应力的函数：

$$C(\xi)=\frac{\sigma_1-N_\varphi\sigma_3}{2\sqrt{N_\varphi}} \tag{2-143}$$

结合式(2-143)可将应力-轴向塑性应变曲线转变为煤体内聚力随轴向塑性应变的变化曲线，将相应点的轴向塑性应变用累积塑性应变代替可得后继屈服阶段煤体的内聚力随累积塑性应变的变化特征，如图 2-90(c)所示。

利用上述方法对文献[26]中的数据进行处理，如图 2-90(d)所示，在初始数据应力-应变曲线的基础上，利用直线代替应力-应变曲线中的裂隙闭合阶段可得修正后的应力-应变曲线，然后得到应力-轴向塑性应变曲线(σ_a-$\varepsilon_a{}^p$)，最后利用式(2-143)得到内聚力-累积塑性应变曲线(C-ξ)，数据分析表明图中数据可由修正后的 Weibull 分布函数拟合：

$$C(\xi)=\frac{C_i}{m}(k\xi+m)\exp(-n\xi) \tag{2-144}$$

式中，C_i 为煤体初始内聚力，MPa；m、k 和 n 为拟合常数。

对图 2-90(d)中的数据进行拟合，各常数值见表 2-7，将表中的数值代入式(2-144)

可得拟合曲线如图 2-90(d)中的实线所示，实验数据与拟合结果具有很高的一致性。

表 2-7　硬化/软化参数

软化参数	C_i	m	k	n
取值	2.6	0.0019	0.749	430

式(2-144)定义的硬化/软化规律可以解释实验中观测到的煤体延性随着围压的增大而趋于明显的现象。结合式(2-139)～式(2-140)可得累积塑性应变与轴向塑性应变之间的关系：

$$
\mathrm{d}\xi = \frac{2}{3}\sqrt{N_\psi^2 + N_\psi + 1}\,\mathrm{d}\varepsilon_1^{\mathrm{p}} \tag{2-145}
$$

假设煤体的剪胀角不随塑性变形程度的改变而变化，对式(2-145)两侧进行积分可得轴向塑性应变与累积塑性应变之间关系为

$$
\varepsilon_1^{\mathrm{p}} = \frac{3}{2}\frac{\xi}{\sqrt{N_\psi^2 + N_\psi + 1}} \tag{2-146}
$$

结合式(2-146)可将内聚力-累积塑性应变曲线转变为内聚力-轴向塑性应变曲线。煤体的软化模量可由峰后内聚力-轴向塑性应变曲线的斜率确定，软化阶段曲线斜率越大，煤体的脆性越明显，假设表 2-7 中的拟合常数适用于文献[26]中的实验数据，并认为单轴抗压条件下煤体的剪胀角为 20°，可得不同围压条件下，文献[26]中煤体的内聚力随轴向塑性应变的变化曲线如图 2-90(e)所示，围压越大，峰后阶段曲线的斜率越小，代表煤体的延性越明显。

5)本构关系

将得到塑性应变增量的非负比例因子、硬化/软化规律及剪胀模型代入塑性应变增量确定公式(2-172)可得

$$
\mathrm{d}\boldsymbol{\varepsilon}^{\mathrm{p}} = \frac{\dfrac{\partial g}{\partial \boldsymbol{\sigma}}\dfrac{\partial f}{\partial \boldsymbol{\sigma}}\boldsymbol{D}\mathrm{d}\boldsymbol{\varepsilon}}{\dfrac{\partial f}{\partial \boldsymbol{\sigma}}\boldsymbol{D}\dfrac{\partial g}{\partial \boldsymbol{\sigma}} - \dfrac{2}{3}\sqrt{N_\psi^2 + N_\psi + 1}\dfrac{\partial f}{\partial \xi}} \tag{2-147}
$$

将式(2-147)代入式(2-128)可得煤体最终的应力应变关系：

$$
\mathrm{d}\boldsymbol{\sigma} = \left(\boldsymbol{D} - \frac{\boldsymbol{D}\dfrac{\partial g}{\partial \boldsymbol{\sigma}}\dfrac{\partial f}{\partial \boldsymbol{\sigma}}\boldsymbol{D}}{\dfrac{\partial f}{\partial \boldsymbol{\sigma}}\boldsymbol{D}\dfrac{\partial g}{\partial \boldsymbol{\sigma}} - \dfrac{2}{3}\sqrt{N_\psi^2 + N_\psi + 1}\dfrac{\partial f}{\partial \xi}}\right)\mathrm{d}\boldsymbol{\varepsilon} \tag{2-148}
$$

由式(2-139)或式(2-140)得到的煤体抗拉强度远大于巴西劈裂实验结果，即在拉应力区采用莫尔-库仑强度理论描述煤体的抗拉强度误差较大，因此，在拉应力区对莫尔-

库仑强度理论作如下修正：

$$f_t = \sigma_3 - \sigma_t = 0 \tag{2-149}$$

式中，f_t为煤体拉伸屈服条件；σ_t为煤体抗拉强度，MPa。

修正后本书采用的煤体强度准则在应力空间确定的屈服面形式如图 2-91 所示。巴西劈裂实验表明，煤体发生拉伸破坏瞬间其抗拉强度瞬间降至 0，在本书所建立的本构模型中，煤体发生拉伸破坏时采用弹脆塑性模型和正交流动法则。

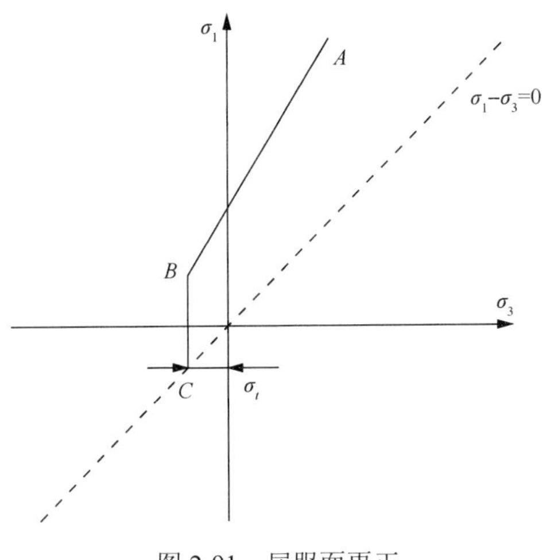

图 2-91 屈服面更正

2.4.3.2 声发射(细观)模型

1) 能量耗散与释放原理

能量理论可以很好地解释煤体发生静力和动力破坏的条件，如图 2-92(a) 中所示的岩石-煤组合体，该情况在井下工作面最为常见，为引入能量理论，此处对该组合体的破坏过程进行了分析。加载过程中组合体中的岩石和煤体的应力-应变响应如图 2-92(a) 所示，在初始加载阶段，岩石和煤体均处于弹性变形阶段。当加载至点 A 时，煤体中出现不可恢复的塑性变形，表现出应变软化现象，煤体承载能力逐渐降低，而此时岩石仍处于弹性状态，由于煤体和岩石中分布的轴向应力大小相等，点 A 后岩石表现出弹性恢复现象，这一过程中虽然岩石和煤体中应力大小变化一致，但其中应变能转化过程完全不同。煤体为继续产生塑性应变和微裂纹而持续吸收能量，岩石则因弹性恢复开始释放能量。当煤体变形达到点 B 时，煤体应力-应变曲线的斜率(软化模量)与岩石的弹性模量相等，此时在应力变化量相同的条件下，岩石释放的能量与煤体塑性变形和微裂纹萌生所需吸收的能量相等。点 B 之后，煤体应力-应变曲线的斜率大于岩石的弹性模量，此时在应力变化量相同的条件下，岩石释放的能量大于煤体所需吸收的能量，煤体发生不可控破坏。当应力水平达到点 D 时，煤体应力-应变曲线的斜率与岩石的弹性模量再次相等，结构体再次恢复至准静态破坏过程。根据能量吸收与释放特征可以判定由点 B 至点 D 为煤体剧烈(不可控)破坏阶段，该阶段煤体的微裂纹迅速扩展、贯通并在煤体中产生宏观裂隙。井下围岩控制中应将围岩的变形程度控制在点 B 范围内，否则围岩存在灾变的风险。所以点 B 被称为煤体破坏的关键点，煤体中任意微小单元的变形程度达到点 B 后，其中的应变能开始迅速释放并产生声发射现象。

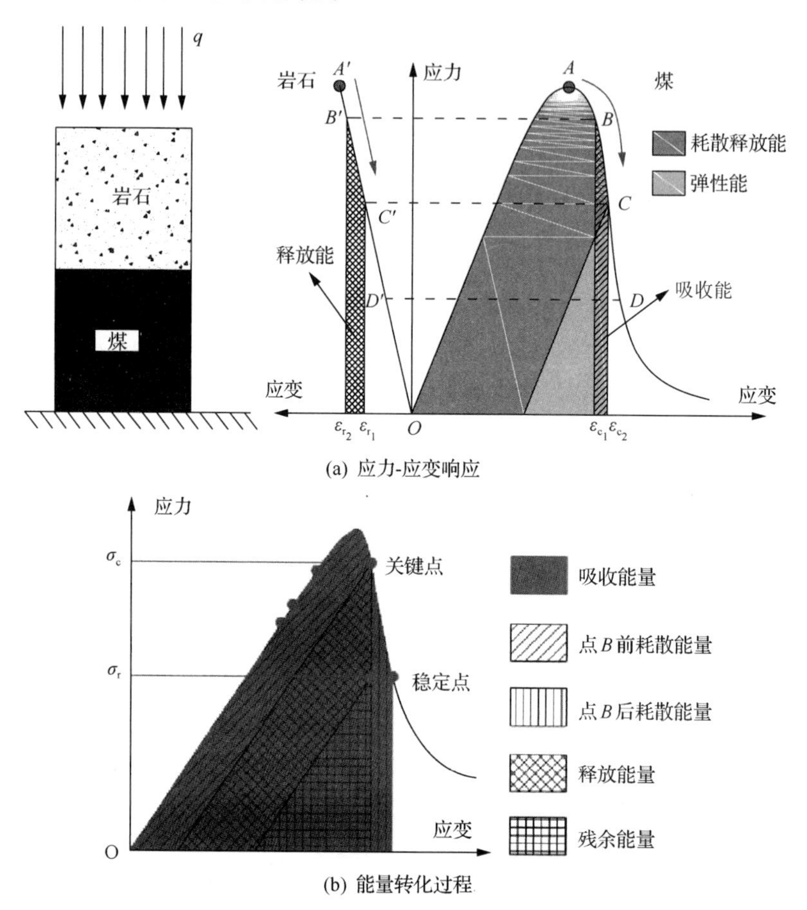

(a) 应力-应变响应

(b) 能量转化过程

图 2-92　煤体变形破坏过程中能量转化特征

ε_{r_1}、ε_{r_2}-岩石应变；ε_{c_1}、ε_{c_2}-煤体应变；σ_c-关键点应力；σ_r-稳定点应力

根据能量耗散与释放原理，煤体吸收的能量(U_a)一部分以塑性功的形式耗散(U_d)，一部分以声能、电磁能和热能的形式释放(U_r)，还存在一部分以弹性应变能(U_e)的形式储存在煤体中。煤体变形破坏过程中各种形式的能量之间的关系如图 2-92(b)所示，可由式(2-150)表示：

$$U_a = U_e + U_d + U_r \tag{2-150}$$

在弹性阶段，煤体吸收的能量全部以弹性应变能的形式储存在煤体中；应力水平达到初始屈服强度后，煤体中产生塑性变形，一部分吸收的能量以塑性功和微裂纹表面能的形式耗散；当煤体加载至点 B 时，大量微裂纹迅速萌生并贯通，煤体吸收的能量快速释放。释放的应变能所转变的辐射能类型中，声能最容易探测，并被定义为声发射事件，声发射探测被广泛应用于井下围岩动力灾变预测中。

2) 声发射试件的定义与追踪

声发射模型建立在应变能释放与耗散原理的基础上，并在 $FLAC^{3D}$ 数值计算软件中实现。在 $FLAC^{3D}$ 数值计算软件中，数值模型被离散为微小单元体，此处认为每一个微小单元体为组成煤体的微小颗粒。实验表明，微裂纹自由表面的产生为应变能的快速释放提供了条件，因此，认为微裂纹的产生是捕捉到声发射现象的基础。微裂纹通常在组成煤体单元的边缘产生并扩展，若较为真实地研究煤体变形破坏过程中的声发射特征，应使数值模型中的微小单元体体积与实际煤体基质颗粒在一个数量级别上。许多学者采用 PFC 颗粒流数值计算软件研究煤岩微观行为时的结果表明将微小单元体的体积离散为 10^{-1}～$10mm^3$ 是可行的，在 $FLAC^{3D}$ 中建立的数值模型被离散成体积介于 3～$8mm^3$ 的多面体。

数值模型包含的所有微单元体中均可能产生 1 条微裂纹并激发 1 次声发射现象，且不同微单元体中产生的微裂纹之间互不影响。基于此，声发射现象的判别方法如下：根据应变能耗散与释放原理，只有当煤体任意微小单元释放的能量大于 0 时才会产生声发射现象，而煤体中任意微裂纹萌生完成后才能为应变能的释放提供自由表面，因此，本书认为当煤体中任意单元的变形程度达到关键点 B 时才会激发声发射现象，即该微小单元体中的微裂纹在点 B 萌生完成。根据式(2-150)可知判断释放应变能的大小，应先确定煤体吸收的能量、耗散的能量及储存于煤体中的弹性应变能。

由于声发射现象的判别以离散后的微小单元为尺度，应首先确定每个微小单元的能量转化特征，判断该单元中是否产生声发射现象，以及以声能形式释放掉的能量大小；其次对每种形式的能量沿数值模型包含的所有微小单元进行积分，进而得到数值模型加载过程中声发射演化及能量转化特征。在 $FLAC^{3D}$ 数值计算软件中，每一时间步中微小单元中吸收的能量可根据改变时间步内微小单元的应变速率、时间步长和应力水平求得

$$\Delta U_{\mathrm{a}}^{n,w} = \frac{1}{2}(\sigma_{ij}^{n,w-1} + \sigma_{ij}^{n,w})\dot{\varepsilon}_{ij}^{n,w} V^n t \tag{2-151a}$$

式中，$\Delta U_{\mathrm{a}}^{n,w}$ 为在第 w 计算步中单元体 n 中吸收的能量，J；n 为单元体在数值模型中的 ID；w 为当前计算步；σ_{ij} 和 $\dot{\varepsilon}_{ij}$ 为单元体中的应力水平和应变速率；V 为单元体的体积，m^3；t 为时间步长，s。

将式(2-151a)沿数值模型的所有单元体和加载步数进行积分，可得到数值模型在整个加载过程中吸收的能量：

$$U_{\mathrm{a}} = \sum_{w=1}^{W}\sum_{n=1}^{N}\Delta U_{\mathrm{a}}^{n,w} \tag{2-151b}$$

式中，U_{a} 为数值模型吸收的能量，J；W 为当前数值模型所经历的计算步数；N 为数值模型中包含的单元体个数。

在吸收的总能量中，转化为弹性应变能储存于煤体中的部分可由式(2-152)求得

$$U_{\mathrm{e}}^{n}=[(I_{1}^{n,w})^{2}/(18K)+J_{2}^{n,w}/(2G)]V^{n}$$
$$U_{\mathrm{e}}=\sum_{n=1}^{N}U_{\mathrm{e}}^{n} \tag{2-152}$$

式中，U_{e}^{n} 和 U_{e} 分别为 n 号单元体中储存的弹性应变能和数值模型储存的弹性应变能，J；K 和 G 为煤体的体积模量和剪切模量，GPa；I_1 和 J_2 为单元体中的第 1 应力不变量和第 2 偏应力不变量，MPa。

煤体进入屈服状态后，塑性应变的累积和微裂纹的萌生均耗散能量，以往研究表明煤体破坏过程中产生的塑性应变很小，主要表现为微裂纹的萌生，所以在本模型的建立中忽略塑性应变发育过程中耗散的塑性功，认为耗散部分能量全部转变为微裂纹的表面能。由实验结果可知，煤体在受压过程中可能产生两种形式的微裂纹，即拉伸裂纹和剪切裂纹，在数值模型中的任意微小单元体中均可能产生上述两种形式的裂纹，如图 2-93 所示。拉伸微裂纹与单轴抗压实验中观测到的劈裂裂纹类似，沿最大主应力方向发育；剪切裂纹与抗压实验中观测到的剪切裂纹类似，其发育平面与最小主应力方向之间的夹角为 π/4+φ/2。

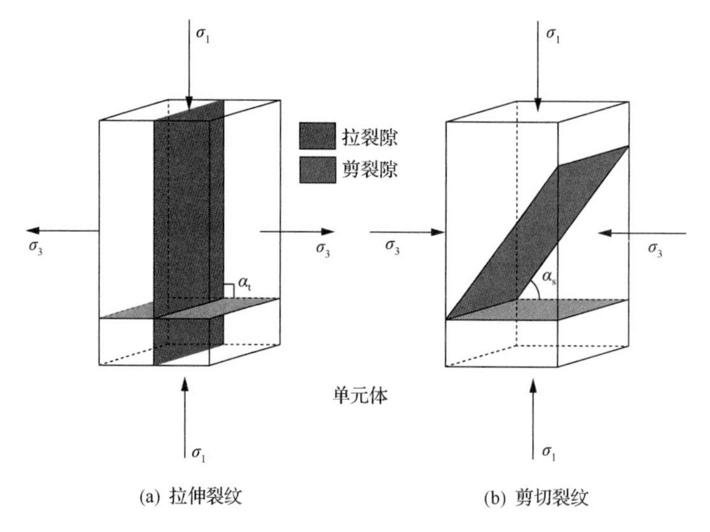

图 2-93　微裂纹萌生方式

α_{t} 和 α_{s} 分别为拉伸裂纹和剪切裂纹同最大主应力平面的夹角

如果微小单元体发生拉伸破坏，产生拉伸裂纹所需的能量与最小主应力(抗拉强度)引起的应变能相同，而中间主应力和最大主应力所引起的应变能则以声能、电磁能等形式释放，此时，单元体中产生声发射信号前所需耗散的能量为

$$U_{\mathrm{dt}}^{n}=\sigma_{\mathrm{t}}^{2}V^{n}/(2E)$$
$$U_{\mathrm{dt}}=\sum_{w=1}^{W}\sum_{n=1}^{n_w}U_{\mathrm{dt}}^{n} \tag{2-153}$$

式中，U_{dt}^{n} 为单元体 n 中产生拉伸裂纹所需耗散的能量；J；U_{dt} 为数值模型中因拉伸破坏

而耗散的能量，J；σ_t为煤体的单轴抗拉强度，MPa；n_w为每一计算步中数值模型中发生拉伸破坏的微小单元体的数量。

如果微小单元体发生剪切破坏，确定三轴应力状态下产生剪切裂纹所需的能量极为困难，那么，先确定单轴抗压状态下产生剪切裂纹所需的能量：

$$
\begin{aligned}
&U_{ds}^{n}=(1-v^2)\pi\sin^2(2\beta)\sigma_c^2V^n/(16E\cos\alpha_s)\\
&U_{ds}=\sum_{w=1}^{W}\sum_{n=1}^{n_w}U_{ds}^{n}
\end{aligned}
\tag{2-154}
$$

式中，U_{ds}^{n}为单元体n中产生剪切裂纹所需耗散的能量；J；U_{ds}为数值模型中因剪切破坏而耗散的能量，J；σ_c为煤体单轴抗压强度，MPa；n_w为每一计算步发生剪切破坏的微小单元体的数量。该公式为煤体在单轴抗压条件下获得，若煤体处于三轴应力状态，为近似反映围压对剪切耗散能的影响，建议将式(2-154)中的单轴抗压强度替换为煤体的三轴抗压强度。

由式(2-151)-式(2-154)可以得到每个单元体中及数值模型中吸收的能量、储存的弹性应变能、产生微裂纹过程中的耗散能，将以上各种形式能量代入能量耗散与释放原理表达式(2-150)可以确定单元体和数值模型中释放能量的大小。对于微小单元体，若释放能量大于 0，则单元体中产生声发射信号，否则不会产生。由实验可知声发射信号一旦产生，其用时极短，对监测设备的精度要求极高。因此，本模型认为一旦某一单元体中释放的能量值大于 0，声发射信号将在下一计算步中完成。基于此原理，单元体和数值模型中因产生声发射信号所释放的能量为

$$
\begin{aligned}
&\Delta U_{AE}^{w}=\sum_{r=1}^{r_w}(U_a^r-U_e^r-U_d^r)\\
&U_{AE}=\sum_{w=1}^{W}\Delta U_{AE}^{w}
\end{aligned}
\tag{2-155}
$$

式中：ΔU_{AE}^{w}为在w时间步中数值模型中释放的声能，J；U_{AE}为数值模型中释放的总声能，J；r_w为在w时间步产生声发射信号的单元体个数；$U_a{}^r$为 ID 为r单元体中所吸收的能量，J，其值计算方法为：$U^r=\sum_{w=1}^{W}\Delta U^{n,w}$。

将式(2-150)～式(2-155)通过 FISH 语言嵌入 FLAC^{3D}数值计算软件中，通过监测每一加载步中单元体中的应力和应变速率变化可以确定煤体加载过程中所吸收的能量、储存的弹性应变能、产生微裂隙耗散的能量、总耗散能及以声能形式释放的能量，同时可以确定每个时间步中声发射次数信息，利用 FISH 语言同时可以对产生声发射信号的单元体位置进行定位和追踪，最终利用该模型可以得到煤体加载过程中声发射现象随加载时间的演化特征及在空间位置上的分布特征，在实际过程中可以实现对煤岩破坏危险性及破坏位置的预测。

2.4.3.3　非均质性模型的实现

以往数值计算过程中，数值模型通常设为均质的各向同性材料，大量实验结果表明，煤体为典型的非均质性材料，其中有随机分布的微观缺陷和宏观裂隙，实验结果表明非均质性决定了煤体的各向异性力学行为。本模型采用随机分布方法模拟煤体中的微观裂隙，认为煤体基质的材料参数在空间上服从 Weibull 分布：

$$p=\frac{\beta}{\eta_0}\left(\frac{\eta}{\eta_0}\right)^{\beta-1}\exp\left[-\left(\frac{\eta}{\eta_0}\right)^{\beta}\right] \tag{2-156}$$

式中，η 为随机分布的力学参数；η_0 为随机分布力学参数的平均值；β 为煤体的非均质性系数。本书考虑的随机分布力学参数包括弹性模量、泊松比、内聚力和抗拉强度。针对每一种力学参数首先采用莫尔-库仑强度理论方法产生与数值模型中单元体个数相同的随机数，其次将这些随机数分别赋给每一个微小单元体，从而实现煤体基质力学参数在空间上的随机分布。采用上述方法得到的标准圆柱体中内聚力分布如图 2-94(a) 所示，模型中灰度的非均匀程度表示煤体的非均质程度，随着非均质性系数的升高，煤体中内聚力分布趋于均匀化，由此可知煤体基质力学参数的非均质程度与非均质性系数成反比。

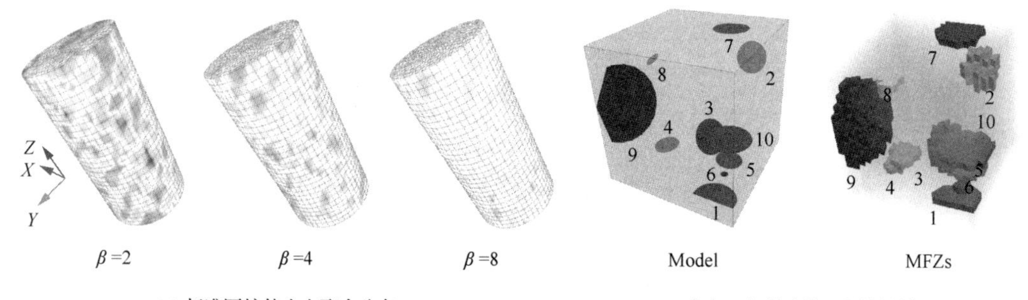

(a) 标准圆柱体中内聚力分布　　(b) 含有10条裂隙的正方体煤样

图 2-94　非均质性表征方法

煤体中存在的宏观缺陷(裂隙)采用随机离散裂隙网格(DFN)方法进行模拟，FLAC^{3D} 数值计算软件中每个 DFN 为一系列随机分布的圆盘，每个圆盘可代表一条随机分布的裂隙，将被裂隙切割的单元定义为裂隙影响域，并将裂隙影响域按其中包含裂隙的 ID 进行分组，将裂隙影响域内的单元体力学参数进行弱化，从而反映宏观缺陷对煤体力学特征的影响。根据对煤层中裂隙分布的实测结果，本书煤体中裂隙中心位置服从均匀分布、裂隙长度服从对数正态分布、裂隙倾向服从正态分布、裂隙倾角服从负指数分布。如图 2-94(b) 中所示，为含有 10 条裂隙的正方体煤样，将其中的裂隙影响域分别找出，并根据 10 条裂隙的编号进行分组，将完整单元和裂隙影响域内单元分别赋参，使裂隙影响域强度参数小于完整煤体，从而实现对宏观裂隙的模拟。

2.4.3.4　模型验证

利用 FISH 语言将建立的力学模型嵌入 FLAC^{3D} 数值计算软件中，并将 2.4.2 节中的实验结果代入模型中，煤体材料参数和模型参数见表 2-8。数值计算中采用的数值模型及边界条件如图 2-95 所示，模型形状和尺寸均与实验中采用的标准圆柱体煤样试件一致，即直径和高度分别为 50mm 和 100mm。模型底部和顶部分别施加向上和向下的速度模拟加载，上述表面的垂直位移固定，模型侧面边界在单轴抗压实验中为自由表面，在常规三轴实验中则施加相应的径向载荷控制围压。

表 2-8　模型验证参数

试件	E_0/GPa	μ_0	C_0/MPa	φ/(°)	ψ_0/(°)	σ_t/MPa	β	a			b			m	k	n
								$a1$	$a2$	$a3$	$b1$	$b2$	$b3$			
D1	1.25	0.36	1.15	36	45	1.00	5.00	0.00	0.00	1.00	8	—	—	0.0050	0.235	42.3
D2	0.50	0.26	0.70	36	34	0.08	2.50	0.00	0.00	1.00	8	—	—	0.0017	0.363	87.2
G1～G6	2.80	0.35	5.00	35	37	2.40	5.00	0.80	0.05	0.20	100	0.80	0.18	0.0030	0.326	52.1

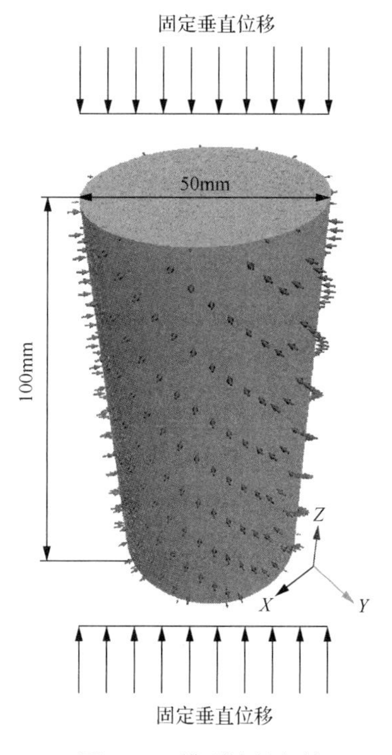

图 2-95　模型边界条件

不同应力路径条件下煤体应力-应变曲线模拟结果如图 2-84 所示：建立的力学模型可以同时反映煤体的弹性行为、应变硬化/软化行为和剪胀行为。在单轴抗压实验、常规三轴实验和三轴卸围压实验 3 种应力路径加载过程中，模拟结果与实验数据具有较高的一致性，由此判断本模型可用于模拟井下顶煤在复杂应力路径下的破坏过程。对本书声发射的模拟结果如图 2-85 所示：模拟结果与实验数据变化趋势一致，在煤体初始屈服后声发射信号快速增多，在应力峰值处其增长速度达到最大，并在软化阶段迅速减少，声发射能量表现出类似的变化特征，在应变软化阶段本模型同样监测到较为强烈的声发射信号，该现象与实验结果一致。

为进一步验证所建模型模拟煤体宏-细观力学行为的准确程度，采用本模型对Wang[27]和Huang等[28]得到的实验数据进行模拟，所采用的模型参数见表2-9。实验数据及模拟结果如图2-96所示。对Wang所得到的声发射实验数据的模拟结果表明，除初期加载阶段裂隙闭合造成的声发射信号无法正确模拟外，弹性阶段、后继屈服阶段声发射现象的演化特征的模拟曲线均与实验数据高度吻合。对Huang等的应变能数据的模拟结果表明，在弹性阶段储存于煤体中的弹性应变能与其所吸收的能量同步增长，应力水平达到初始屈服强度后，一部分吸收的能量以塑性功和微裂纹表面能形式耗散，弹性应变能增长速度降低，峰值过后，随着煤体承载能力的下降，储存于煤体中的弹性应变能急剧减少，吸收能量增长速度减缓，耗散能和释放能则急剧升高，这是由微裂纹形成后大部分应变能被释放造成的。各种形式能量的模拟结果均大于实验值，这是由实验结果中仅考虑了轴向应力引起的应变能，而实际由于端部效应，煤体中同样存在径向应力，径向应力同样引起煤体应变能，造成数值结果大于试验结果。

表 2-9　文献数据验证参数

试件	E_0/GPa	μ_0	C_0/MPa	φ/(°)	ψ_0/(°)	σ_t/MPa	β	a	b	m	k	n
Wang[27]	14.0	0.25	17	40	20	6	5	1	15	0.00018	0.29	696
Huang 等[28]	9.6	0.20	14	40	30	10	2	1	12	0.00160	0.29	81

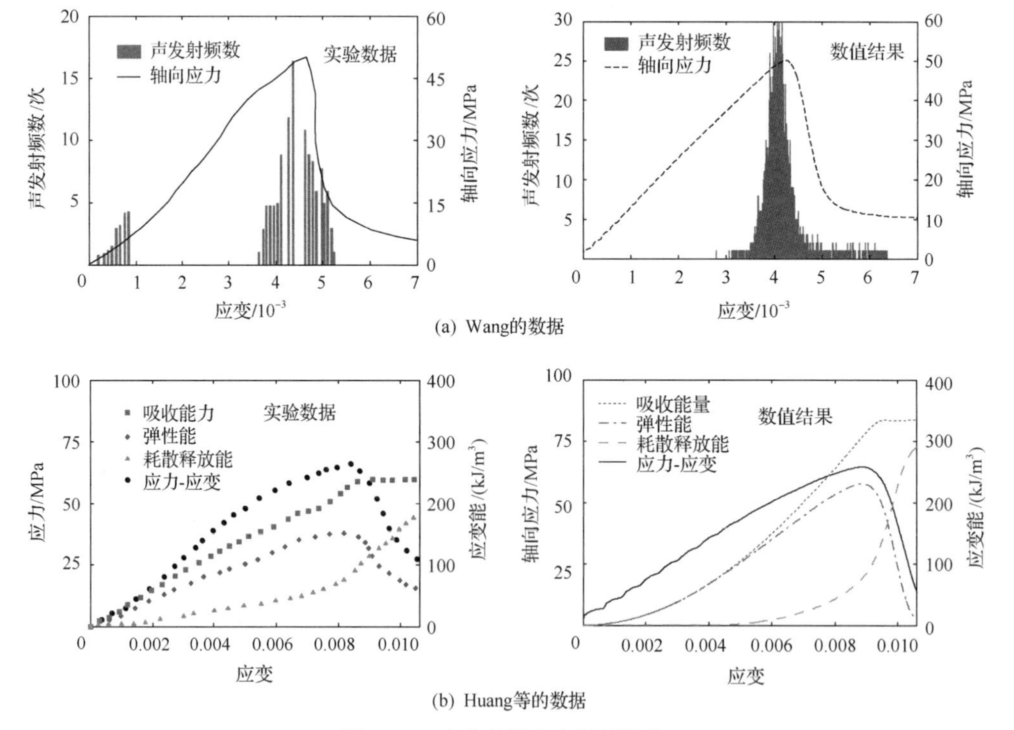

图 2-96　声发射演化和能量转化

本书模拟所得声发射特征(图2-97)可以有效地解释图2-86中不同材料参数和应力路径下煤样试件呈现出的不同形式的宏观破坏特征。如图2-97(a)所示，煤峪口煤矿煤样试件在单轴抗压条件下，当应力水平达到初始屈服强度时，煤体中萌生的微裂纹以拉伸裂纹为主，随着轴向应力的加载，剪切裂纹的数量不断增加，并在煤体破坏中起主导作用，最终剪切裂纹使分散式分布的拉伸裂纹相互贯通，在煤样试件表面形成劈裂裂纹。而新柳煤矿煤样试件破坏过程中，没有出现拉伸裂纹，如图2-85(a)所示，最终所有剪切裂纹相互贯通并在煤样试件中产生宏观剪切裂纹。在三轴应力状态下煤样试件中仅出现剪切裂纹[图2.97(b)～(d)]，因此，三轴应力状态下煤样试件均表现为剪切破坏。常规三轴实验中，随着围压的增大，声发射信号的增长速度逐渐降低，因此，与单轴抗压条件下煤样中产生的剪切裂隙条数相比，三轴应力状态下仅出现1条主剪切裂隙。而随着围压的逐渐卸载，煤样试件中声发射信号增长速度再次增加，表明煤样试件中产生的微裂纹数量增多，因此，在三轴卸围压实验中，煤样破坏后主剪切裂纹和翼裂纹均发育良好，将煤样试件切割成块度很小的煤块。

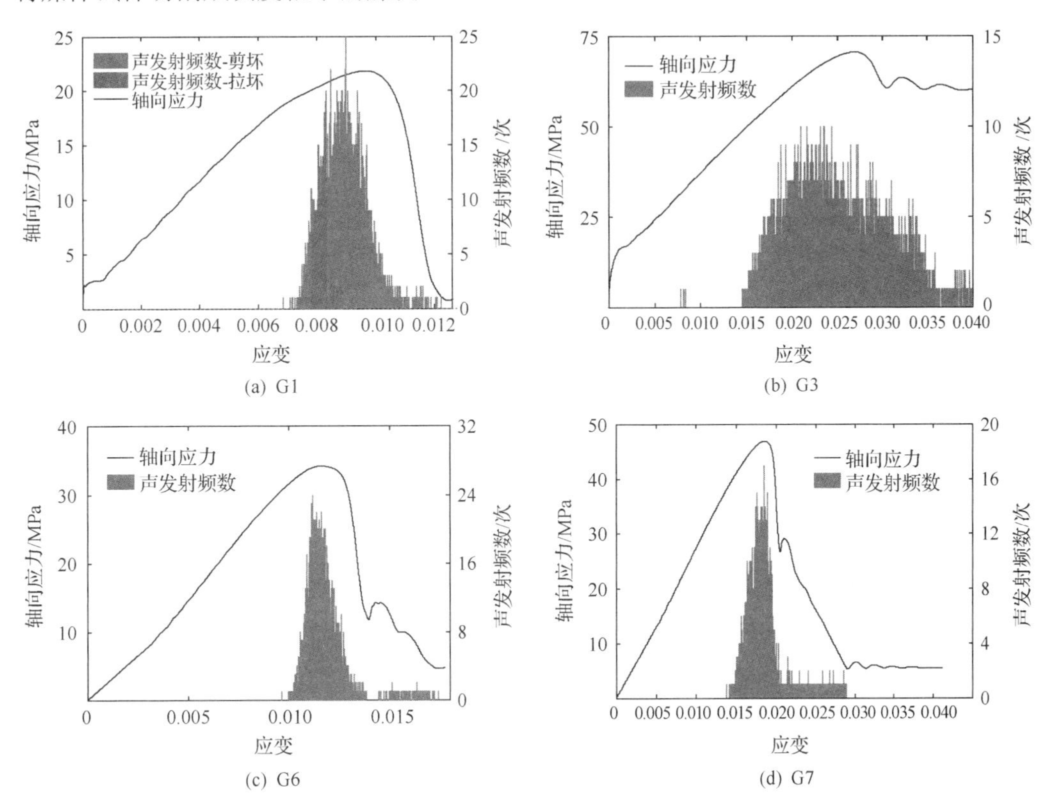

图2-97 煤峪口煤矿煤样试件声发射模拟结果

2.4.3.5 煤体宏-细观力学行为模拟

本节采用上述建立并验证后的力学模型研究煤体的宏-细观力学行为，共进行了3组模拟，第1组采用的为如图2-94(b)所示的含裂隙的正方体数值模型，分别沿模型表面的

3 个法线方向加载从而研究其各向异性力学行为，第 2 组和 3 组均采用如图 2-94(a)所示的标准圆柱体数值模型，用于研究均质性系数及围压初始值和卸载速度对煤体宏-细观力学行为的影响。各组模拟所用材料参数及模型参数见表 2-10。

表 2-10　宏-细观行为模拟参数

序号	E_0/GPa	μ_0	C_0/MPa	φ/(°)	ψ_0/(°)	β	a			b			m	k	n
							a_1	a_2	a_3	b_1	b_2	b_3			
第 1 组	14.0	0.30	17	40	20	1.5	—	—	1	100	—	—	0.0007	0.29	203
第 2 组	0.5	0.26	1	36	30	1.1/3/5	—	—	1	20	—	—	0.0020	0.34	122
第 3 组	0.5	0.26	1	36	30	4.0	0.79	0.16	0.21	26	0.42	0.17	0.0020	0.34	122

1)各向异性力学行为

该模拟采用如图 2-94(b)所示的立方体煤样，裂隙影响域中微小单元的内聚力由表 2-10 中的数值(完整单元)除以 2 倍裂隙编号获得，沿 x、y 和 z 轴三个正交方向加载时，煤样试件的应力-应变响应如图 2-98(a)所示，初始加载阶段，煤样的应力-应变曲线一致，但沿 z 轴加载时煤样试件的单轴抗压强度最大，沿 x 轴加载时次之，沿 y 轴加载时最小；煤样试件的应力-应变曲线偏离直线段进入后继屈服阶段后，其应力-应变曲线特征不再一致，即该模型可以实现煤样试件各向异性宏观力学行为的模拟。加载过程中煤样试件中的能量转化特征如图 2-98(b)所示，应力水平达到初始屈服强度前，煤样中储存的弹性应变能与煤体吸收能量同步增长，耗散和释放掉的能量始终为 0；达到初始屈服强度后，沿 y 轴加载的模型能量耗散和释放速度最快，沿 x 轴加载时次之，沿 z 轴加载时最慢，即非均质煤体沿不同方向加载时，煤体中的能量转化现象也表现出各向异性特征。

沿不同方向加载时煤体中的声发射演化特征如图 2-98(c)所示，煤体中存在宏观裂隙时，在初始加载阶段存在声发射现象活跃期，这是由初始裂隙闭合造成的，与实验观测到的现象一致，之后声发射信号进入稳步增长阶段，该阶段声发射信号增长速度较小，当应力水平达到初始屈服点后，声发射信号迅速增多，当沿 z 轴加载时煤样试件中声发射增长速度最快，沿 x 轴加载时次之，沿 y 轴加载时最慢。沿不同方向加载至点 A、B、C、D、E、F 时，煤样试件中声发射信号定位结果如图 2-98(d)所示，在不同加载方向条件下，声发射信号均最先出现在裂隙影响域，而不是完整单元中。当沿 x 轴加载时，声发射信号首先出现在#8 和#9 裂隙周围(A)，之后#7 和#10 周围出现声发射现象(B)，当加载至点 C 时，#5 裂隙影响域内的单元开始释放能量，加载至点 D 时，#3 和#4 裂隙影响域内出现声发射信号，最后在初始屈服点 E，所有裂隙影响域内的单元均破坏产生微裂纹，最终在点 F 所有微裂纹贯通，煤体发生破坏。当沿 y 轴和 z 轴加载时，声发射现象在裂隙影响域内出现的顺序分别为#9 和#10→#7 和#8→#5→#4 和#6→所有裂隙影响域→破坏、#9 和#10→#4 和#7→#6→#2 和#8→所有裂隙影响域→破坏。由此可以判定沿不同方向加载时，非均质煤体中的声发射信号的空间分布也是不同的，即表现出各向异性特征。

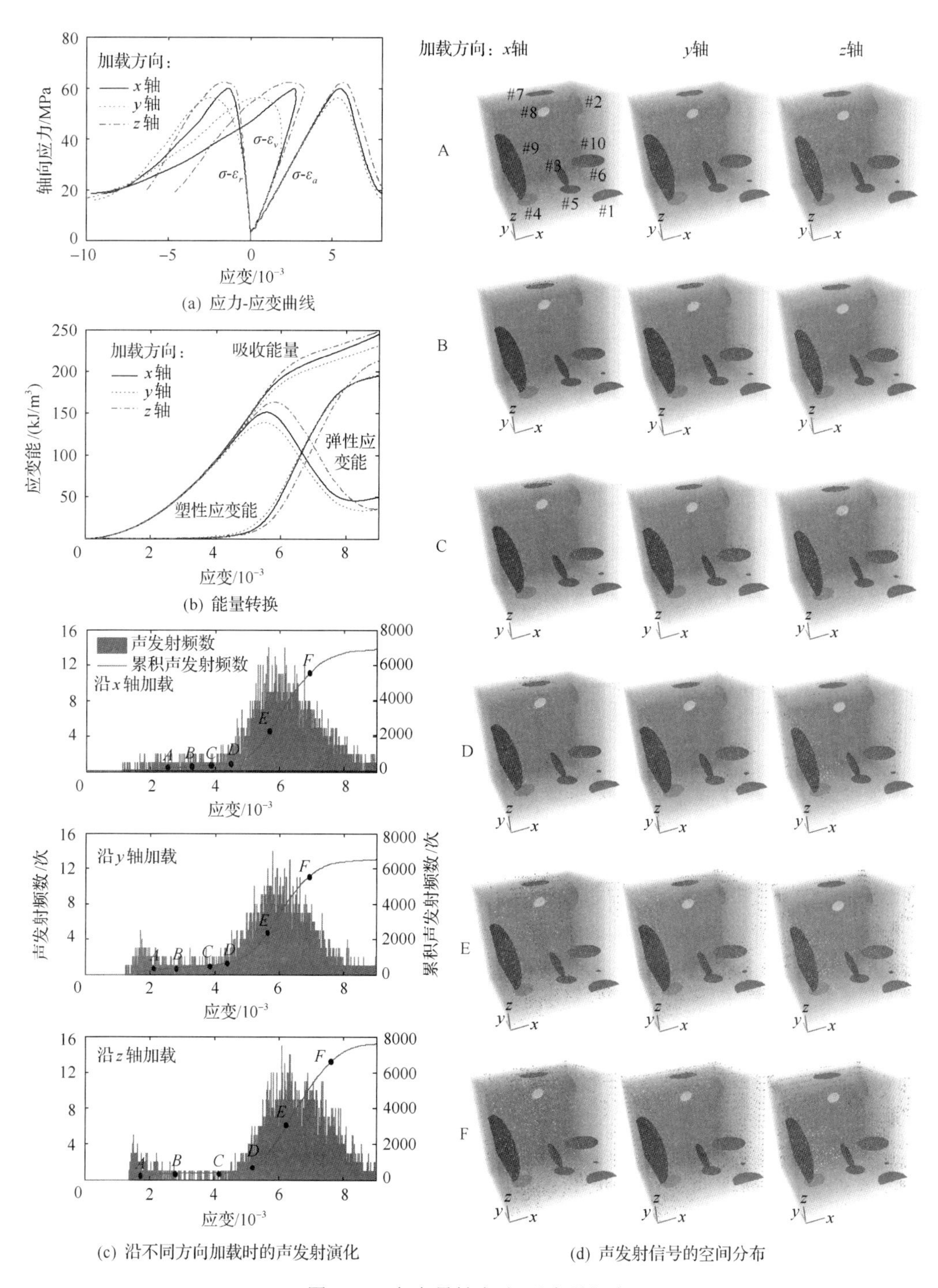

图 2-98 各向异性宏-细观力学行为

2) 非均质程度的影响

不同非均质性系数条件下，煤样试件数值模型的轴向应力-应变曲线及声发射现象的演化特征如图 2-99(a) 所示。煤体试件非均质性程度越高，煤体的弹性模量越小，单轴抗压强度越小，而应力峰值强度前煤样试件表现出的应变硬化现象更为明显，峰后应变软化阶段煤样试件的软化模量越小。随着煤样试件均质性程度的提高，声发射现象出现的阶段更为集中，增长速度越快，当煤体非均质性程度极高时，煤样变形破坏过程中不再存在声发射现象发生的极度活跃期。

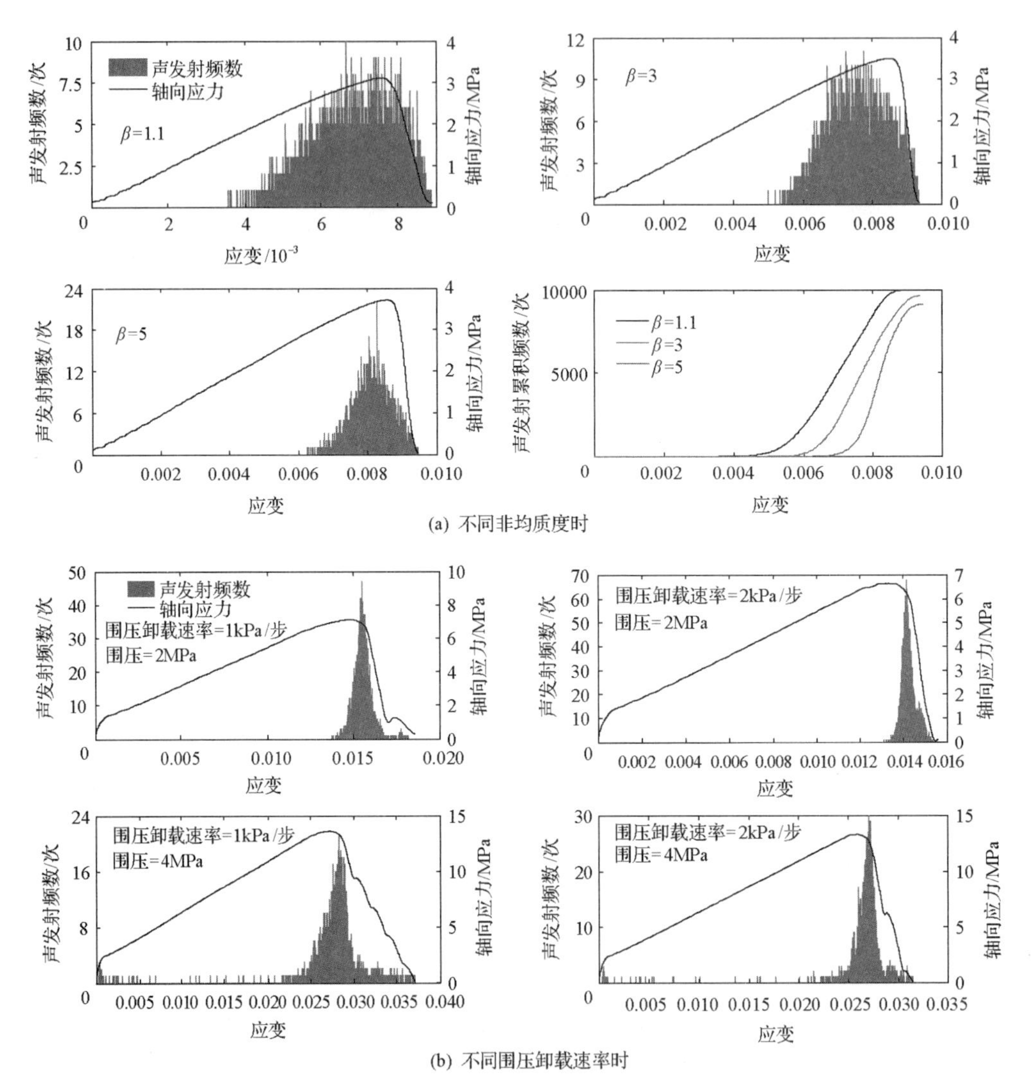

图 2-99　非均质度和围压卸载速率对煤体力学行为的影响

3) 围压卸载速度的影响

不同围压卸载速率条件下，煤样数值模型的应力-应变曲线及声发射现象演化特征如图 2-99(b)所示，声发射信号增长速度随着围压的增大而降低。在相同初始围压条件下，随着围压卸载速度的加快，煤样试件的抗压强度降低，峰后阶段煤样试件的软化模量增大。声发射信号增长速度随着围压卸载速度的增大而增大，其极度活跃期则随着围压卸载由峰值应力阶段延后至峰后软化阶段。这种因围压卸载而引起的声发射信号延迟的现象在图 2-97 中同样可以发现。

2.4.4 裂隙煤体各向异性损伤模型

由 2.4.1 节的裂隙煤样试件的单轴抗压实验结果可知：裂隙产状参数对煤体的弹性模量及单轴抗压强度有着明显的影响，为正确模拟裂隙产状对煤体力学行为的影响，需建立能够正确反映煤体各向异性损伤的损伤模型

2.4.4.1 裂隙产状对弹性模量的影响

由 2.4.1 节的实验结果分析可知，裂隙角度和裂隙长度对煤体弹性模量的影响不大，仅裂隙条数的增大导致煤体弹性模量的降低，裂隙角度对弹性模量没有影响表明，裂隙产状对煤体弹性模量的影响不存在各向异性特征，因此，煤体弹性模量与裂隙条数之间的关系可用式(2-157)表示，即

$$E = E_i \exp(-\alpha n) \tag{2-157}$$

式中，E_i 为无裂隙煤体弹性模量；α 为拟合常数。

2.4.4.2 裂隙产状对内聚力的影响

以往研究表明，裂隙对煤样试件的内摩擦角影响不大，因此裂隙产状参数对煤体单轴抗压强度的影响可直接转化为裂隙产状对煤体内聚力的影响。其中裂隙长度和裂隙条数对煤体内聚力的影响同样不存在各向异性特征，结合 2.4.1 节的实验结果可知，两者对煤体内聚力的影响可由式(2-158)表示：

$$C = C_i \exp\left(-\eta l - \kappa n\right) \tag{2-158}$$

式中，C_i 为无裂缝煤体的内聚力；η 和 κ 均为拟合常数。

裂隙的倾角对煤体内聚力的影响表明，裂隙对煤体内聚力的影响具有各向异性特征。实质上裂隙的倾角对煤体内聚力的影响是由最大主应力加载方向 n_{prin} 与裂隙外法线方向 n_{nor} 之间的夹角不同造成的，如图 2-100 所示。

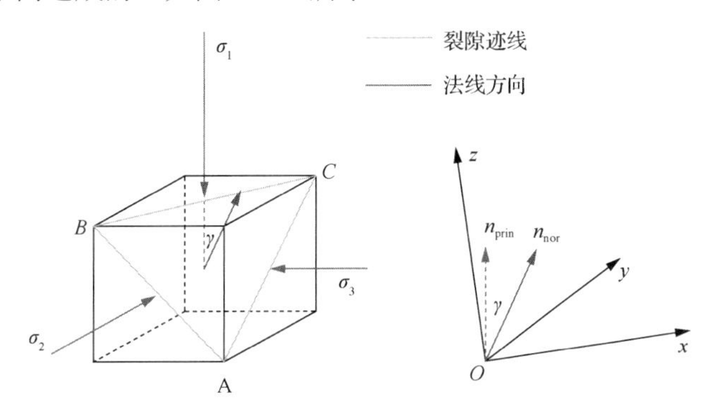

图 2-100 裂隙外法线方向与最大主应力方向夹角

在数值模型中，裂隙的倾角和倾向都有可能发生变化，进而造成最大主应力方向与裂隙外法线方向之间的夹角发生变化，为减少所建立模型包含的未知参数，此处将裂隙的倾角和倾向对煤体内聚力的影响转化为裂隙外法线方向与最大主应力方向夹角 γ 的影

响，在实验中，裂隙的倾角与裂隙外法线方向和最大主应力方向之间的夹角相等，则夹角 γ 与煤体内聚力之间的关系为

$$C = C_0\left[1-\frac{\beta_1}{\sqrt{2\pi}\beta_2}\exp\left(-\frac{(\gamma-\beta_3)^2}{2\beta_2^2}\right)\right] \tag{2-159}$$

式中，C_0 为裂缝倾角为 0°时煤体的内聚力；β_1、β_2、β_3 均为拟合常数。

结合式(2-158)和式(2-159)最终可得裂隙引起的煤体各向异性损伤表示为

$$C = C_i\exp(-\eta l-\kappa n)\left[1-\frac{\beta_1}{\sqrt{2\pi}\beta_2}\exp\left(-\frac{(\gamma-\beta_3)^2}{2{\beta_2}^2}\right)\right] \tag{2-160}$$

2.4.4.3　模型验证

将建立的各向异性损伤模型与煤体宏-细观本构模型相结合并嵌入 FLAC^{3D} 数值计算软件中对 2.4.1 节中所进行的含预制裂隙煤样试件单轴抗压实验进行模拟，建立如图 2-101 所示的含不同倾角裂隙的数值模型[图 2-101(a)]，将 2.4.1 节确定的模型参数代入，所得单轴抗压强度实验的数值模拟结果如图 2-101(b)所示，裂隙倾角为 0°和 90°时，煤样试件的单轴抗压强度最大，裂隙倾角为 60°时，煤样试件的单轴抗压强度最小，数值模拟结果与 2.4.1 节实验结果一致。

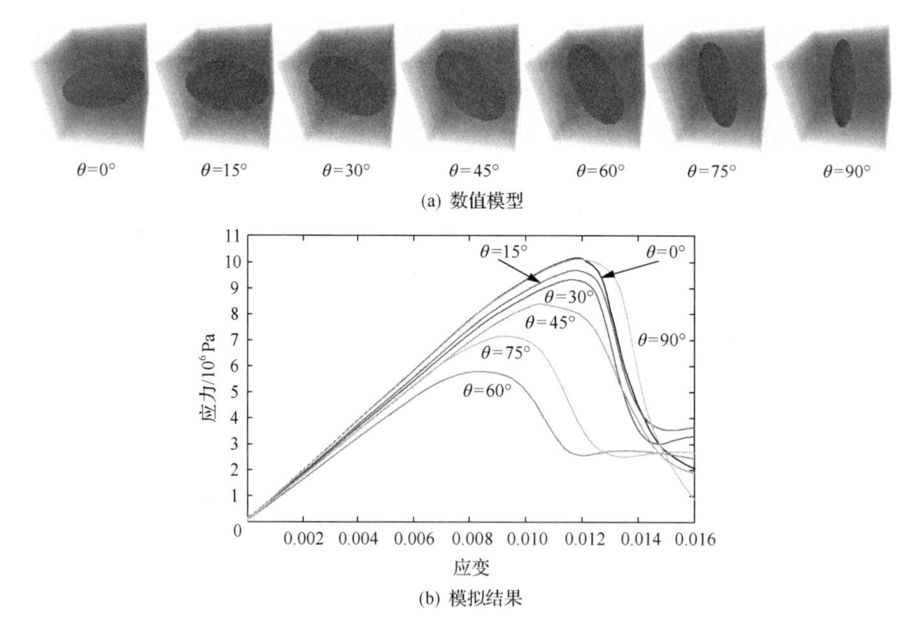

图 2-101　不同倾角的数值模型及模拟结果

含不同长度裂隙的数值模型及模拟结果如图 2-102 所示，裂隙长度为 3cm 时，对煤样试件单轴抗压强度的影响程度低，此时数值模拟实验所得单轴抗压强度为 14MPa，与完整煤样试件单轴抗压的强度相当，随着裂隙长度的增加，裂隙对煤样试件的单轴抗压强度的影响越加明显，当裂隙长度达到 15cm 时，煤样试件的单轴抗压强度降低至约 6MPa，

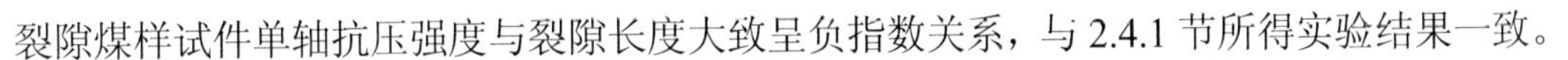

裂隙煤样试件单轴抗压强度与裂隙长度大致呈负指数关系，与 2.4.1 节所得实验结果一致。

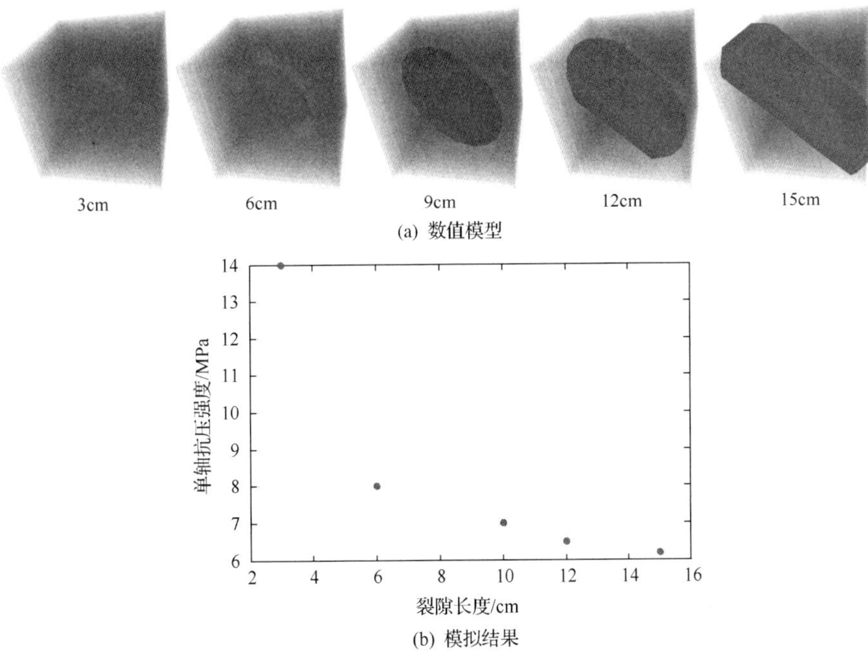

图 2-102　含不同长度裂隙的数值模型及模拟结果

含不同裂隙条数的数值模型及模拟结果如图 2-103 所示，煤样试件的单轴抗压强度与裂隙条数呈负指数关系，与 2.4.1 节实验结果吻合。数值计算结果与实验数据的一致性表明本书建立的各向异性损伤模型是正确的。

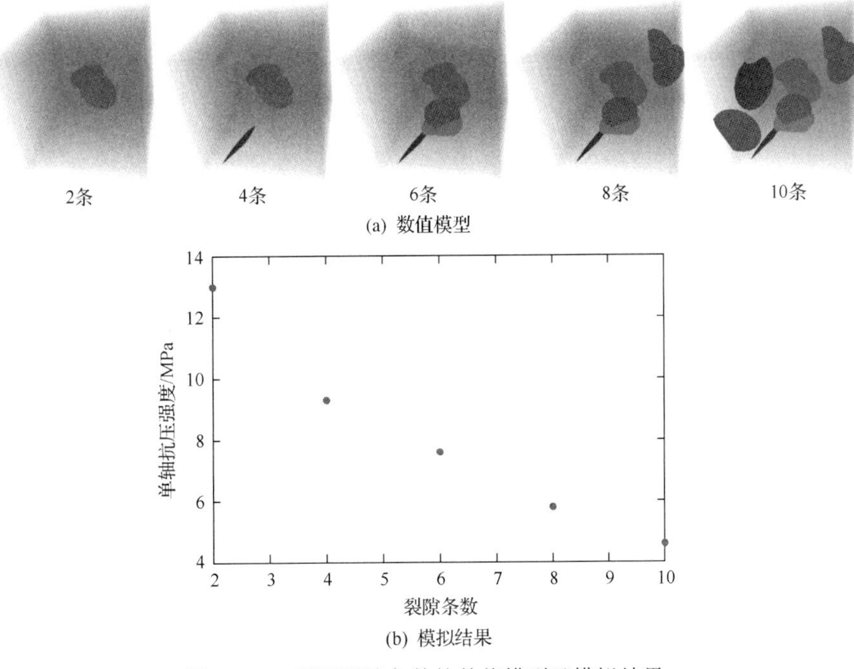

图 2-103　不同裂隙条数的数值模型及模拟结果

2.5　散体的力学分析

大量的几何尺寸基本属于同一量级的颗粒所构成的介质(砂石、砾石土、碎煤、水泥及其他颗粒状和粉状材料)，其物理性质介于固体和液体的中间状态，被称为松散介质[29]。

松散介质与固体不同，松散介质的颗粒具有部分流动性，仅在一定范围内能保持其形状。松散介质的抗剪强度随剪切面上的正压力而改变，正压力增加，抗剪强度也增加。就松散介质中的单个颗粒而言，它具有固态的性质；就整个散体而言，它又表现出一定的流动性。但松散介质与液体不同，液体具有更大的流动性，没有固定的形状，抵抗剪切力的能力更小。

一般地，将松散介质分为两类，一类是颗粒之间不存在黏结力，称为理想松散介质，如干燥的砂、碎煤(石)、谷物等。理想松散介质不具有抗拉强度。另一类是颗粒间具有胶结物充填，称为非理想松散介质或黏性松散介质，如黏土之类的物质[29]。本书中主要介绍理想松散介质的相关力学分析。

2.5.1　散体的基本物理性质

2.5.1.1　块度

沿 3 个相互垂直的方向对松散介质中的不规则块(颗粒)进行测量，可得到 3 个线性尺寸 a、b、c，取三者中的最大值，即为块(颗粒)的块度值[30]，如图 2-104 所中 a 所示。根据它可以确定与散体介质相关的生产、运输和储存设备的许多尺寸(支架放煤口尺寸、刮板输送机或皮带的宽度、煤仓的放出口尺寸等)。

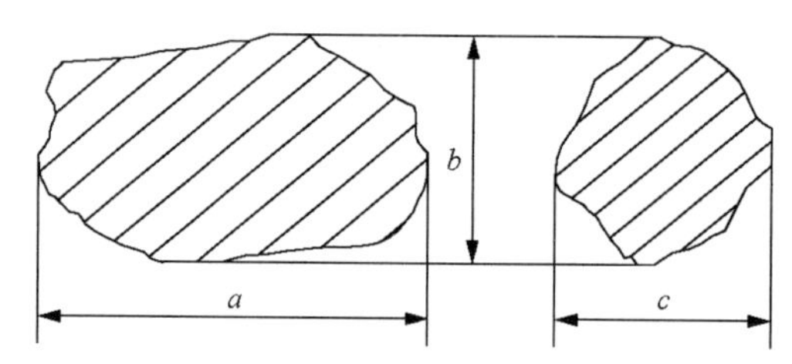

图 2-104　块(颗粒)的线性尺寸图[30]

2.5.1.2　块度分布

块度分布亦称颗粒组成、颗粒级配，通常用颗粒的级配曲线来表示松散介质的颗粒组成，可采用筛分法来进行测量。取松散介质试样，使其通过一套具有不同尺寸的标准筛子，经过筛孔筛分微粒，把试样分成各个等级，如图 2-105 所示。等级取决于邻近筛孔的尺寸，根据通过某一筛孔尺寸的颗粒占试样总质量的百分率来绘制块度分布(级配)曲线[31]，如图 2-106 所示，图中横坐标表示标准筛孔的尺寸，纵坐标表示累计过筛质量百分比。

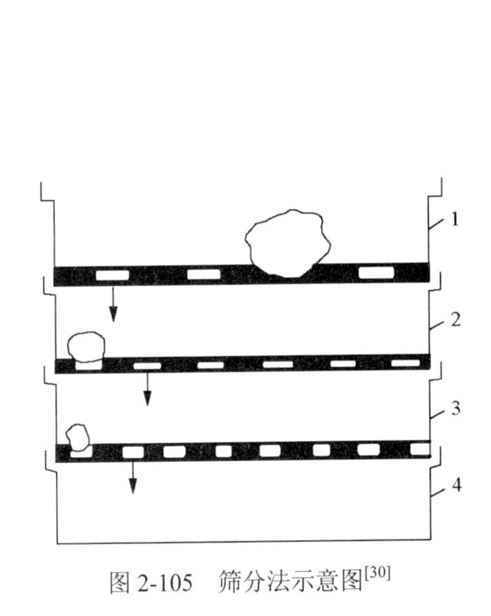

图 2-105　筛分法示意图[30]

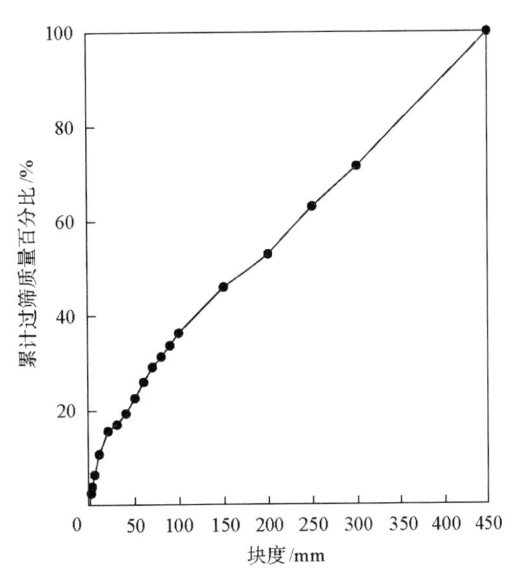

图 2-106　顶煤块度分布曲线(瑞隆矿实测数据)

2.5.1.3　密度

松散介质的密度是指散粒物料单位体积的质量，其表达式为

$$\rho = \frac{m}{V} \tag{2-161}$$

式中，ρ 为松散介质的密度，kg/m^3；m 为松散介质的质量，kg；V 为松散介质的体积，m^3。

根据堆积条件的不同，松散介质的密度通常可以分为自由堆积密度和压实堆积密度。自由堆积密度是指散粒物料在松散状态下单位体积的质量，一般用 ρ_l 表示；松散状态下的散粒物料受振动或动载荷后被会被压实，压实堆积密度是指压实后的散粒物料单位体积的质量，一般用 ρ_c 表示。松散介质的自由堆积密度和压实堆积密度一般是不同的，两者之比称为压实系数，其表达式为

$$K_c = \frac{\rho_c}{\rho_l} \tag{2-162}$$

式中，K_c 为压实系数；ρ_c 为压实堆积密度，kg/m^3；ρ_l 为自由堆积密度，kg/m^3。

对于不同的松散介质，压实系数 K_c 值多在 1.05～1.52 变动。

2.5.1.4　孔隙率

松散物料一般由不同形状和大小的颗粒组成，颗粒与颗粒之间存有间隙，这种间隙称为孔隙。松散介质在一定容积中的孔隙体积与总体积(物料体积与孔隙体积之和)之比称为孔隙率，其表达式为

$$P = \frac{V_0}{V_1 + V_0} \times 100\% \tag{2-163}$$

式中，P 为孔隙率，%；V_0 为孔隙体积，m^3；V_1 为固体物料体积，m^3。

松散介质的孔隙性还可以用孔隙比来表示。孔隙比是指松散介质中孔隙体积与固体物料体积之比，其表达式为

$$e = \frac{V_0}{V_1} \times 100\% \tag{2-164}$$

式中，e 为孔隙比，%。

孔隙率与孔隙比之间存在如下关系：

$$P = \frac{e}{1+e} \quad \text{或} \quad e = \frac{P}{1-P}$$

松散介质的孔隙率与其颗粒尺寸、颗粒形状、颗粒级配、颗粒的相互位置及所受的压力等有关。

2.5.1.5　湿度

松散介质的湿度是指一定量的松散介质中所含水分的百分比[31]。通常用松散介质中所含水分质量与干燥的松散介质质量之比来表示，即

$$M = \frac{m_1 - m_2}{m_2} \times 100\% \tag{2-165}$$

式中，M 为松散介质的湿度，%；m_1 为松散介质在自然湿度状态下的质量，kg；m_2 为松散介质在干燥状态下的质量，kg。

湿度会影响松散介质的诸多物理性质，在放顶煤开采中，散体的顶煤的湿度是影响放煤过程的重要物理参数之一，特别是采用水力压裂方法对坚硬顶煤进行处理时，湿度是一个重要的物理参数，不同的湿度对顶煤的松散性和流动性有较大影响。

2.5.1.6　自然安息角

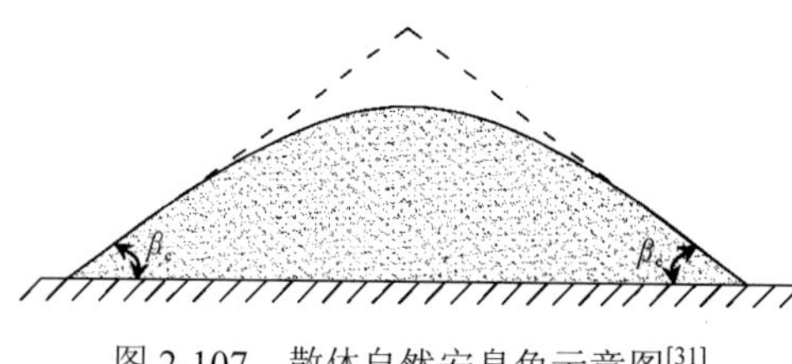

图 2-107　散体自然安息角示意图[31]

散体材料在堆放时，能够保持自然稳定状态的最大角度，即物料自然坡面与水平面之间的最大夹角，称为自然安息角，如图 2-107 中 β_c 所示。

松散介质的自然安息角与散体的块度尺寸、湿度等因素有关。散体尺寸越大，自然安息角越小；散体的湿度越大，颗粒间的黏聚力也增大，自然安息角会随着散体的湿度的增加而增大。当散体的湿度达到饱和程度之后，散体颗粒之间充满水，摩擦力大幅度减小，自然安息角也随之减小。

2.5.1.7 内外摩擦系数

1) 外摩擦系数

松散介质颗粒沿斜面或斜槽，由静止状态转变为运动状态(开始下滑)瞬间所在斜面与水平面之间的夹角称为外摩擦角 φ_w。外摩擦角的正切值，称为外摩擦系数 μ_w[31]。

在采矿工程中，为了使散体沿某一斜面(斜溜井、溜槽)自由下滑，这个斜面的倾角 α 必须要大于外摩擦角 φ_w。外摩擦角的测定装置如图 2-108 所示。测量时，把欲测的散体介质放置在距转轴 8～10cm 的旋转槽中，用绳索缓慢平稳地把旋转槽上提，当散体开始下滑的瞬间停止上提。度量旋转槽底板斜面与水平面之间的夹角，即为外摩擦角，亦可用式(2-166)计算：

$$\varphi_w = \arcsin\frac{h_x}{l_x} \tag{2-166}$$

式中，φ_w 为外摩擦角，(°)；h_x 为旋转槽所提的高度，mm；l_x 为旋转槽的长度，mm。

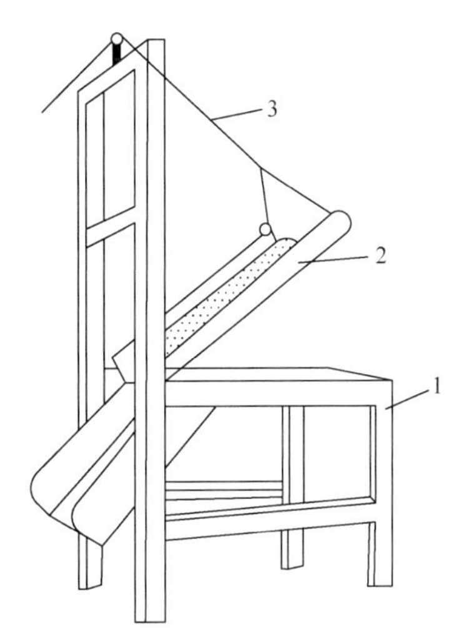

图 2-108 外摩擦角测定装置[31]
1-装置架；2-旋转槽；3-拉绳

外摩擦系数与松散介质的块度、湿度及接触面的光滑程度有关，散体颗粒的尺寸越大、湿度越大、接触面越光滑，外摩擦系数越小；反之，外摩擦系数越大。

2) 内摩擦系数

内摩擦角反映松散介质的摩擦特性，包括散体颗粒之间相互滑动时需要克服由颗粒表面粗糙不平而引起的滑动摩擦，以及由颗粒间的嵌入、连锁和脱离咬合状态而移动所产生的咬合摩擦。松散介质的内摩擦角一般采用散体抗剪强度试验求得。根据试验结果所做的 σ-τ (正应力-剪应力)图解，把抗剪强度曲线与横坐标 σ 之间的夹角，称为内摩擦角 φ。内摩擦角的正切值，称为内摩擦系数 u。

对于理想松散介质，颗粒间黏聚力为 0，其内摩擦系数是散体在破坏瞬间沿剪切面的极限剪应力 τ 与正应力 σ 之比，即

$$u = \tan\varphi = \frac{\tau}{\sigma} \tag{2-167}$$

对于非理想松散介质或黏性松散介质，则具有黏聚力 C，因此，内摩擦系数则应为剪应力和黏聚力之差($\tau - C$)与正应力 σ 之比，即

$$u = \tan\varphi = \frac{\tau - C}{\sigma} \tag{2-168}$$

内摩擦系数与松散介质的孔隙率、湿度、块度分布、块体形状、表面粗糙程度等有关，其在很大程度上会影响散体的流动性，是松散介质非常重要的参数之一。

2.5.2 散体的静力学分析

2.5.2.1 基本假设

一般情况下，松散介质材料是形状和大小各异的颗粒混合物，在干燥的松散介质中，这些固体颗粒之间的间隙充满着空气；在湿的松散介质中，这些间隙的空气局部被水排挤。分析固体、液体和气体相混合的内力分布问题是相当困难的，因此，在对散体介质进行静力学分析时采用以下假设[30]。

(1)松散物料是由比容器尺寸或运输机械工作机构尺寸小得多的颗粒组成，可以作为连续介质来研究。

(2)按照第一个假设，对于散体介质所取的应力的概念，与连续介质力学概念类似。

(3)在松散物料层中，一般认为可能产生压缩应力σ和剪切应力τ；

(4)组成松散介质的颗粒具有弹性，且有一定强度，在σ和τ的作用下，没有发生塑性变形；

(5)松散物料在各个方向上具有基本相同的性质。

在进行静力学分析时，如果松散介质中各个颗粒之间没有相互滑动，我们称之为松散物料或颗粒介质的平衡。

2.5.2.2 松散介质的抗剪强度

一般来说，松散介质材料是不能承受拉伸应力的，在黏性材料的情况下，也只有很小的拉伸强度，故其破坏强度主要取决于松散介质的抗切或抗剪强度。

确定散体抗剪强度一般采用剪切试验仪，试验程序如下：把散体放置在有上下部分组成的环内，下部固定不动，上部在剪切力S作用下可以沿着Ⅰ-Ⅰ断面在水平方向移动(图2-109)。垂直于断面Ⅰ-Ⅰ施加竖直荷载N，试验时将N保持不变，逐渐加大剪切力S，直到散体的一部分相对于另一部分刚刚发生滑动为止。记录下不同垂直载荷N和与之对应的剪断试样的各个剪切力S，N和S除以剪切面积A，得到垂直应力σ和剪切应力τ。根据试验得到σ和τ的值，画在σ-τ图上得到屈服轨迹(图2-110)。屈服轨迹在整个长度上，除了开始一段外，曲率都很小，所以为了实用，通常用一条近似直线(图2-110中虚线)来代替，其表达式为

$$\tau=\sigma\tan\varphi+C \tag{2-169}$$

式中，τ为剪切应力；σ为垂直应力；φ为内摩擦角；C为黏聚力。

2.5.2.3 侧压力系数

对于理想松散介质，侧压力系数是指散体所受水平压应力与垂直压应力之比，其表达式为

$$\lambda=\frac{\sigma_2}{\sigma_1} \tag{2-170}$$

式中，λ为侧压力系数；σ_1为散体所受的垂直压应力，MPa；σ_2为散体所受的水平压应力，MPa。

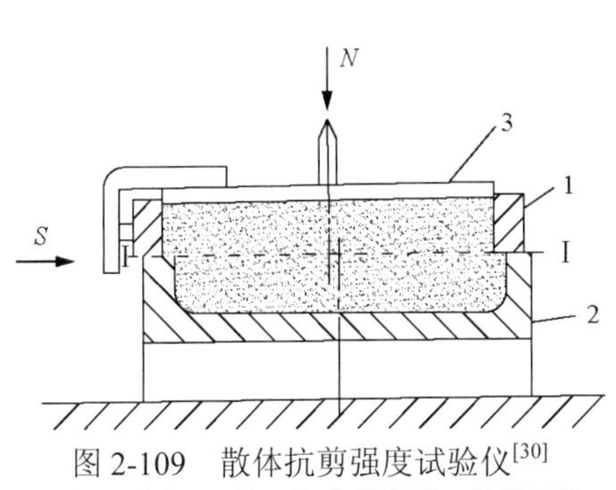

图 2-109 散体抗剪强度试验仪[30]
1-环；2-底座；3-盖；Ⅰ-Ⅰ-面积为 A 的剪切面

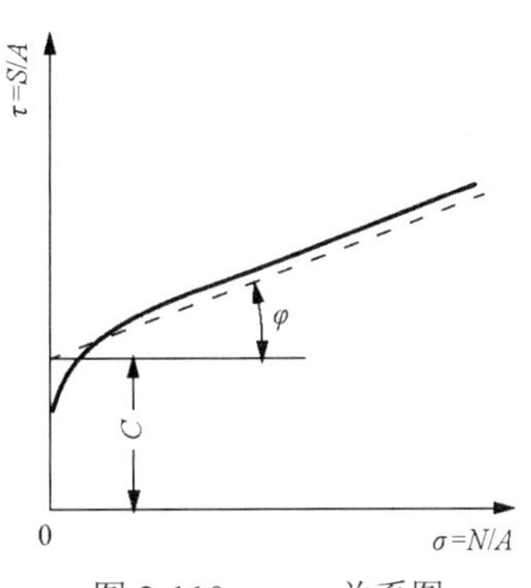

图 2-110 σ-τ 关系图

侧压力系数是非常重要的力学参数之一，可以用散体颗粒屈服轨迹和莫尔应力圆来推导出侧压力系数 λ 与散体材料特性的关系。Jenike[29, 30]提出了有效屈服轨迹的概念，并指出散体颗粒有效屈服轨迹与莫尔应力圆相切，且有效屈服轨迹是一条通过原点的直线，如图 2-111 所示。

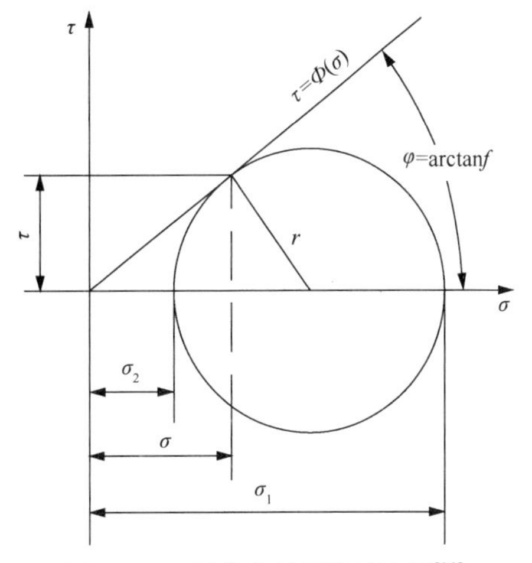

图 2-111 颗粒有效屈服轨迹图[30]

屈服轨迹可以用方程表示

$$\tau=\varphi(\sigma) \tag{2-171}$$

莫尔应力圆与屈服轨迹相切，其坐标为 $(\sigma、\tau)$ 根据图 2-111 中的几何关系可以推导出莫尔应力圆半径 r 为

$$r=\sqrt{\tau^2+(\tau\tan\varphi)^2}=\tau\sqrt{1+\left(\frac{\mathrm{d}\tau}{\mathrm{d}\sigma}\right)^2} \tag{2-172}$$

同时

$$r=\frac{1}{2}(\sigma_1-\sigma_2)=\sigma_1\frac{1-\lambda}{2} \tag{2-173}$$

经过算式变化

$$\lambda=\frac{\sigma_1-2r}{\sigma_1}=1-\frac{2}{\sigma_1}\tau\sqrt{1+\left(\frac{\mathrm{d}\tau}{\mathrm{d}\sigma}\right)^2} \tag{2-174}$$

τ 是 σ 的函数，所以为了解出式(2-174)，应当先解出 σ 和 σ_1 的关系，根据图 2-111 中几何关系，可以得到

$$\sigma=\sigma_1-(r+\tau\tan\varphi) \tag{2-175}$$

将式(2-172)代入式(2-175)得

$$\sigma = \sigma_1 - \left[\tau \sqrt{1 + \left(\frac{\mathrm{d}\tau}{\mathrm{d}\sigma} \right)^2} + \tau \frac{\mathrm{d}\tau}{\mathrm{d}\sigma} \right] \tag{2-176}$$

采用 Jenike 有效屈服轨迹后，有效屈服轨迹变成了通过原点的直线，可得到

$$\tau = u\sigma \tag{2-177}$$

式中，u 为内摩擦系数。所以可以得到

$$\frac{\mathrm{d}\tau}{\mathrm{d}\sigma} = u \tag{2-178}$$

此时

$$\tau = \left[\sigma_1 - \tau \left(\sqrt{1 + u^2} + u \right) \right] u \tag{2-179}$$

将式(2-179)代入式(2-174)可得到

$$\frac{\sigma_2}{\sigma_1} = \frac{\sqrt{1 + u^2} - u}{\sqrt{1 + u^2} + u} = \lambda \tag{2-180}$$

因此，

$$\lambda = \frac{\sqrt{1 + u^2} - u}{\sqrt{1 + u^2} + u} \tag{2-181}$$

2.5.3 散体的动力学分析

Bergmark-Roos 模型(B-R 模型)是研究松散介质颗粒流动广泛应用的经典动力学模型之一[32]，该模型由 Bergmark JE 提出[33]。Rustan[34]依据 B-R 模型对金属矿崩落放矿过程中破碎岩体重力流的特性进行了研究，为散体矿岩的放出形态研究提供了理论依据，图 2-112 为 B-R 模型的坐标系示意图，其基本假设如下：

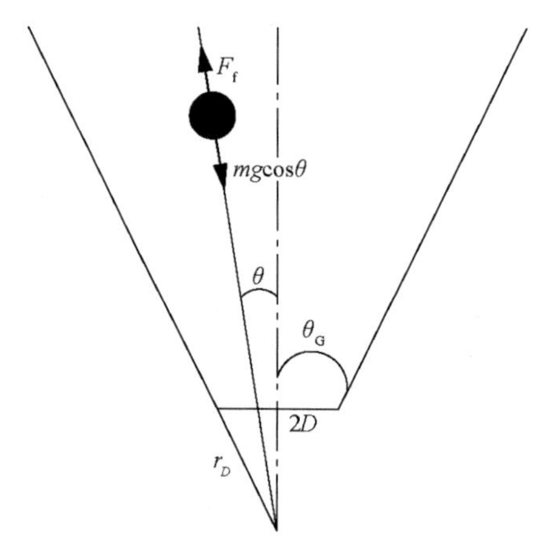

图 2-112　B-R 模型的坐标系示意图

(1) 散体材料为均质颗粒；

(2) 散体颗粒从始动点到放出口的移动轨迹为直线，且移动过程连续；

(3) 散体颗粒在整个放出过程中只受两个力的作用且这两个力互为作用反力，即重力和颗粒之间的摩擦力；

(4) 散体颗粒在运移过程中具有恒定的加速度(方向和大小均恒定)。

$\theta(\theta \leqslant \theta_G)$ 为任意一点处散体矿岩颗粒的角坐标，且颗粒的放出类型为点放源。则该点处的下滑分力为 $mg\cos\theta$ 。根据 B-R 模型假设，散体颗粒在运移过程中的加速度恒定。根据力的平衡，任意一点处的加速度有如下表示形式：

$$a_r(\theta) = g(\cos\theta - \cos\theta_G)\text{，且}\ \theta \leqslant \theta_G \tag{2-182}$$

式中， θ_G 为散体颗粒发生运移时刻的最大临界角度，当 $\theta > \theta_G$ 时，颗粒不发生移动。且 θ_G 满足式(2-183)，F_f 为颗粒间摩擦力：

$$mg\cos\theta_G = F_f \tag{2-183}$$

θ_G 取决于颗粒的内摩擦角 φ_0，其值由式(2-184)确定：

$$\theta_G = 45° - \frac{\varphi_0}{2} \tag{2-184}$$

如图 2-112 所示，放出口的宽度为 $2D$， $2D = 2r_D\sin\theta_G$ ，并且放出口距离极坐标原点的距离为 r_D ，根据所建坐标加速度为负，其大小应用绝对值表示，如式(2-185)所示：

$$a_r(\theta) = |-g(\cos\theta - \cos\theta_G)| \tag{2-185}$$

根据 B-R 模型假设，颗粒移动过程中加速度的大小和方向均恒定，则颗粒的切向速度为 $V_r = -a_r(\theta)t$ ，其角速度 V_θ=0，根据牛顿第二定律，任意位置散体颗粒的坐标应该是一个与运移角度 θ 和时间 t 有关的方程，其表示形式如式(2-186)所示：

$$r(\theta,t) = r_0(\theta,t) - \frac{1}{2}a_r(\theta)t^2 \tag{2-186}$$

其中 $r_0(\theta,t)$ 为始动点颗粒坐标。对于放煤漏斗边界内($\theta<\theta_G$)的任意点经过时间 t 后，定义该颗粒恰好经过放出口，此时距离坐标原点的距离为 r_D，根据加速度可反推出放出体颗粒的始动坐标位置。

$$r_0(\theta,t) = r_D + \frac{1}{2}a_r(\theta)t^2 \tag{2-187}$$

根据式(2-187)可以推导出，放出体的最远始动点距离 r_{max} 在 θ=0° 处，最远始动点距离如式(2-188)所示：

$$r_{\max} = r_D + \left(\frac{gt^2}{2}\right)(1 - \cos\theta_G) \tag{2-188}$$

放出体边界上其他始动点距坐标原点距离计算方法如式(2-189)所示：

$$r_0(\theta, r_{\max}) = (r_{\max} - r_D)\frac{(\cos\theta - \cos\theta_G)}{1 - \cos\theta_G} + r_D \tag{2-189}$$

根据算式(2-189)，可以求解出放出体的理论形态模型，取 $\theta_G = 30°$、$r_D = 0.5m$，开始放出 5 秒后的放出体形态可以精确求解，如图 2-113 所示。

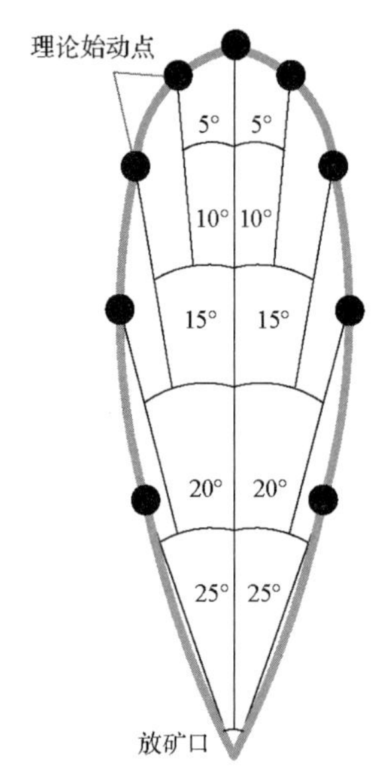

图 2-113　放出体理论形态图

2.5.4　散体的运动学分析

Kinematic 模型是 Nedderman 在前人的基础上提出的研究散体颗粒流动性的另一经典理论[35, 36]。该模型将连续流动的散体作为流体进行处理，通过连续性方程推导出放出体及颗粒迹线方程，并得到了很好的验证。

2.5.4.1　基本假设

(1)视崩落矿岩散体充满整个介质空间，散体场是连续的；颗粒从初始位置向放矿口的移动过程是连续的，其移动过程中在 x、y、z 3 个方向上的速度为 V_x、V_y、V_z，满足连续性方程：

$$\frac{\partial V_x}{\partial x} + \frac{\partial V_y}{\partial y} + \frac{\partial V_z}{\partial z} = 0 \tag{2-190}$$

(2)放矿口为理想放矿口(点源放矿口)，散体均经坐标原点放出，理想放矿口可同时放出所有同时到达的颗粒。

(3)散体的移动过程为一随机过程。

(4)散体的垂直下降速度与其下移概率呈正比，即满足：

$$V_x=-D_{\mathrm{p}}\frac{\partial V_z}{\partial x},V_y=-D_{\mathrm{p}}\frac{\partial V_z}{\partial y} \tag{2-191}$$

(5)崩落矿岩散体水平均质且各向同性。

2.5.4.2　二维条件下颗粒流动迹线及放出体方程

二维条件下，颗粒流动迹线应满足：

$$\frac{\mathrm{d}x}{V_x}=\frac{\mathrm{d}y}{V_y} \tag{2-192}$$

式中，y 轴沿垂直方向，x 轴为水平方向；V_x、V_y 分别为 x、y 方向的速度。在二维条件下，由式(2-190)和式(2-191)可得

$$V_x=-D_{\mathrm{p}}\frac{\partial V_y}{\partial x},\ \frac{\partial V_{\mathrm{y}}}{\partial y}=D_{\mathrm{p}}\frac{\partial^2 V_y}{\partial y^2} \tag{2-193}$$

式中，D_{p} 为扩散系数。则由式(2-193)可得

$$V_x=\frac{-Q}{\sqrt{4\pi D_{\mathrm{p}}y}}\exp\left(-\frac{x^2}{4D_{\mathrm{p}}y}\right)\frac{x}{2y},\ V_y=\frac{-Q}{\sqrt{4\pi D_{\mathrm{p}}y}}\exp\left(-\frac{x^2}{4D_{\mathrm{p}}y}\right) \tag{2-194}$$

式中，Q 为单位时间内通过放出口的截面流量。因此，将式(2-194)代入式(2-192)可得

$$\frac{\mathrm{d}x}{\mathrm{d}y}=\frac{x}{2y} \tag{2-195}$$

将式(2-195)进行一次积分得，颗粒迹线方程为

$$y=cx^2 \tag{2-196}$$

式中，c 为常数。又由式(2-194)可知，流动颗粒在流动过程中，其瞬时速度应满足：

$$\frac{\mathrm{d}x}{\mathrm{d}t}=\frac{-Q}{\sqrt{4\pi D_{\mathrm{p}}y}}\exp\left(-\frac{x^2}{4D_{\mathrm{p}}y}\right)\frac{x}{2y},\ \frac{\mathrm{d}y}{\mathrm{d}t}=\frac{-Q}{\sqrt{4\pi D_{\mathrm{p}}y}}\exp\left(-\frac{x^2}{4D_{\mathrm{p}}y}\right) \tag{2-197}$$

将得到的颗粒迹线方程(2-196)代入式(2-197)中任一方程分别得

$$\frac{4\sqrt{\pi c^3 D_p}}{3}({x_0}^3-x^3)\exp\left(\frac{1}{4cD_{\mathrm{p}}}\right)=Q_t,\quad \frac{4\sqrt{\pi D_{\mathrm{p}}}}{3}({y_0}^{3/2}-y^{3/2})\exp\left(\frac{1}{4cD_{\mathrm{p}}}\right)=Q_t \tag{2-198}$$

式中，Q_t 为时间 t 内通过放出口截面的颗粒体积量；(x_0, y_0) 为颗粒在 t=0 时刻的坐标位置。假设该颗粒经过时间 t 后恰好到达放出口(0，0)位置，代入式(2-198)得

$$\frac{4}{3}\sqrt{\pi D_{\mathrm{p}}}\exp\left(\frac{{x_0}^2}{4D_{\mathrm{p}}y_0}\right){y_0}^{3/2}=Q_t \tag{2-199}$$

式(2-199)即为二维条件下放出体理论方程。该放出体的最大高度是在 x_0=0 时得到，即

$$y_0^{\max}=\left(\frac{3Q_t}{4\sqrt{\pi D_{\mathrm{p}}}}\right)^{2/3} \tag{2-200}$$

而该放出体的最大宽度是当 $\mathrm{d}x_0/\mathrm{d}y_0 \mid y_0^*=0$ 时求得，最大宽度 $w_0^{\max}$ 和当取得最大宽度时放出体高度位置 y_0^* 的关系满足：

$$\frac{{w_0}^{2\max}}{4y_0^*}=6D_{\mathrm{p}} \tag{2-201}$$

2.5.4.3 三维条件下放出体方程

类似于二维条件下的推导过程，联立式(2-190)和式(2-191)在圆柱坐标系下得

$$\frac{\partial V_z}{\partial z}=D_{\mathrm{p}}\left[\frac{1}{r}\frac{\partial}{\partial r}\left(r\frac{\partial V_z}{\partial r}\right)\right] \tag{2-202}$$

式中，V_z 为 z 轴方向的速度。在放出口为小圆孔情况下，解得

$$V_z=\frac{-Q}{4\pi D_{\mathrm{p}}z}\exp\left(-\frac{r^2}{4D_{\mathrm{p}}z}\right) \tag{2-203}$$

同样的，颗粒迹线方程可求得

$$z=cr^2 \tag{2-204}$$

根据颗粒迹线方程便可求得三维条件下的放出体方程为

$$2\pi D_{\mathrm{p}}\exp\left(\frac{{r_0}^2}{4D_{\mathrm{p}}z_0}\right){z_0}^2=Q_t \tag{2-205}$$

式中，$z_0=z_0(r_0,t)$ 为 t=0 时颗粒初始坐标位置。由式(2-197)可分别求得放出体的最大高度 $z_0^{\max}$ 及最大宽度 $w_0^{\max}$ 和当取得最大宽度时放出体高度位置 z_0^* 的关系如下：

$$z_0^{\max} = \left(\frac{Q_t}{2\pi D_\mathrm{p}} \right)^{1/2}, \quad \frac{w_0^{\max 2}}{4 z_0^*} = 8 D_\mathrm{p} \tag{2-206}$$

参 考 文 献

[1] 王龙甫. 弹性理论: 第 2 版[M]. 北京: 科学出版社, 1984.

[2] 徐芝纶. 弹性力学: 第 3 版[M]. 北京: 高等教育出版社, 1990.

[3] 王家臣. 岩体力学中的数值分析方法[R]. 鞍山钢铁学院内部讲义, 1987.

[4] Crouch S L, Starfield A M, George A, et al. Boundary Element Methods in Solid Mechanics[M]. London: George Allen &Unwin (Publishers) Ltd London, 1983.

[5] 钱鸣高, 石平五, 许家林. 矿山压力与岩层控制[M]. 徐州: 中国矿业大学出版社, 2010.

[6] 王家臣, 孙书伟. 露天矿边坡工程[M]. 北京: 科学出版社, 2016.

[7] 蔡美峰. 岩石力学与工程[M]. 北京: 科学出版社, 2002.

[8] Bardy B H G, Brown E T. Rock Mechanics for Underground Mining. 3rd Edition[M]. London: Kluwer Academic Publishers, 2004.

[9] Wawersik W R, Fairhurst C. A study of brittle rock fracture in laboratory compression experiments[J]. International Journal of Rock Mechanics and Mining Sciences, 1970, 7 (5) : 561-575.

[10] 李建林. 卸荷岩体力学理论与应用[M]. 北京: 中国建筑工业出版社, 1999.

[11] Irwin G R. Analysis of stress and strains near the end of a crack extension force[J]. Journal of Applied Mechanics, 1957, 24:361-364.

[12] 谢和平, 陈忠辉. 分形岩石力学[M]. 北京: 科学出版社, 2000.

[13] 李世愚, 泰名, 尹祥础. 岩石断裂力学[M]. 北京: 科学出版社, 2016.

[14] 李贺. 岩石断裂力学[M]. 重庆: 重庆大学出版社, 1988.

[15] Bueckner H F. Propagation of cracks and the energy of elastic deformation. Trans of ASME, 1958, 80: 1225-1241.

[16] Rice J R. A path independent integral and the approximation analysis of strain concentration by notches and cracks[J]. Journal of Applied Mechanics, 1968, 35 (2) :379-386.

[17] Rice J R, Sammis C G, Parsons R. Off-fault secondary failure induced by a dynamic slip rupture[J]. Bulletin of the Seismological Society of America, 2005, 95 (1) : 109-134.

[18] 余寿文, 冯西桥. 损伤力学[M]. 北京: 清华大学出版社, 1997.

[19] 易顺民, 朱珍德. 裂隙岩体损伤力学导论[M]. 北京: 科学出版社, 2005.

[20] Molladavoodi H Mortazari A. A damaged-based numerical analysis of brittle rocks failure mechanism[J]. Finite Element in Analysis and Design, 2011, 47 (9) :991-1003.

[21] Bai Y L, Xia M F, Ke F J, et al. Statistical microdamage mechanics and damage field evolution[J]. Theoretical and Applied Fracture Mechanics, 2001, 37 (1) :1-10.

[22] 夏蒙棼, 韩闻生, 柯孚久, 等. 统计细观损伤力学和损伤演化诱致突变 (Ⅰ) [J]. 力学进展, 1995, 25 (1) : 1-40.

[23] 夏蒙棼, 韩闻生, 柯孚久, 等. 统计细观损伤力学和损伤演化诱致突变 (Ⅱ) [J]. 力学进展, 1995, 25 (1) : 145-173.

[24] Alejano L R, Alonso E. Considerations of the dilatancy angle in rocks and rock masses[J]. International Journal of Rock Mechanics and Mining Sciences, 2005, 42 (4) : 481-507.

[25] Zhao X G, Cai M. A mobilized dilation angle model for rocks[J]. International Journal of Rock Mechanics and Mining Sciences, 2010, 47 (3) : 368-384.

[26] Su C D, Gao B B, Nan H. Experimental study on acoustic emission characteristics during deformation and failure processes of coal samples under different stress paths[J]. Chinese Journal of Rock Mechanics and Engineering, 2009, 28 (4) : 757-766.

[27] Wang C L. Identification of early-warning key point for rockmass instability using acoustic emission/microseismic activity monitoring[J].International Journal of Rock Mechanics and Mining Sciences, 2014, 71(6): 171-175.

[28] Huang D, Huang R Q, Zhang Y X. Experimental investing on static loading rate effects on mechanical properties and energy mechanism of coarse crystal grain marble under uniaxial compression[J]. Chinese Journal of Rock Mechanics and Engineering, 2012, 31(2): 245-255.

[29] 赵彭年. 松散介质力学[M]. 北京: 地震出版社, 1995.

[30] 周睿煦. 松散物料力学[M]. 徐州: 中国矿业大学出版社, 1995.

[31] 吴爱祥, 孙业志, 刘湘平. 散体动力学理论及应用[M]. 北京: 冶金工业出版社, 2002.

[32] Mark E. Kuchta. A revised form of the Bergmark-Roos equation for describing the gravity flow of broken rock[J]. Mineral Resources Engineering, 2002, 11(4): 349-360.

[33] Bergmark J E. The calculation of drift spacing and ring burden for sublevel caving[M]. Sweden: LKAB memo # RU 76-16, 1975.

[34] Rustan A. Gravity flow of broken rock-what is known and unknown[C]//Proceedings of MassMin 2000. Brisbane, 2000: 557-567.

[35] Melo F, Vivanco F, Fuentes C, et al. On drawbody shapes: from Bergmark-Roos to kinematic models[J]. International Journal of Rock Mechanics & Mining Sciences, 2007, 44(1): 77-86.

[36] Nedderman R M, Tüzün U. A kinematic model for the flow of granular material[J]. Powder Technology, 1979, 22(2): 243-253.

3 采动应力与岩层运动

煤矿开采中常见的采动开挖工程就是巷道与工作面，巷道是进入采煤工作面的通道，同时也是工作面煤炭运输、行人、通风、运输各种采煤所需物料与设备的通道。工作面是采煤的作业场所，所以工作面也称为采场，相比较而言工作面的开挖规模远远大于巷道，所造成的采动影响范围和剧烈程度也远大于巷道。因此，对有关工作面的采动影响研究也更多一些。本章主要介绍巷道开挖和工作面采动引起的岩层运动及采动应力分布。

3.1 原岩应力及分布

人类所有地下工程活动都要与地壳打交道，尤其是煤矿开采就是以地壳岩体和煤层为研究和工作对象，因此研究煤矿岩体的天然性质及所处的原始应力状态极其重要。煤矿开挖工程活动就是在原岩应力状态下进行的，煤矿开挖引起的采动应力分布与原岩应力状态密切相关。我们把地壳中未受到人类工程活动影响的岩体称为原岩体，原岩体中所存在的天然应力称为原岩应力或地应力。将原岩应力在地壳中的分布称为原岩应力场，原岩应力的的形成主要与岩体自重及地壳形成后长期的地质运动等有关，如地壳板块挤压、地幔热对流、地球转动、地壳运动等。原岩应力不等于自重应力，但它包含自重应力，一般说来，原岩应力是由自重应力、构造应力和温度应力等组成，其中，自重应力与构造应力是原岩应力的主要组成部分，实际工程中主要依靠现场实际观测来确定具体矿区的原岩应力大小及分布规律，目前还没有办法从理论上准确地计算某一矿区的原岩应力大小。

3.1.1 自重应力

假设岩体是均质、各向同性的线性岩体，在不考虑构造应力的作用下，则可以采用连续介质力学原理计算地下任一深度 H 处的自重应力大小。如图 3-1 所示，设在地下深度 H 处取一单元体，单元体的每个平面均为主平面，单元体上的应力分别为 σ_x、σ_y 和 σ_z，垂直应力 σ_z 就等于上覆岩层单位面积岩柱的质量，由式(3-1)确定[1]。

$$\sigma_z = \gamma H \tag{3-1}$$

式中，γ 为上覆岩层的平均体积力，kN/m^3，若为多层岩体，可分层计算后再累加；H 为单元体的埋深，m。

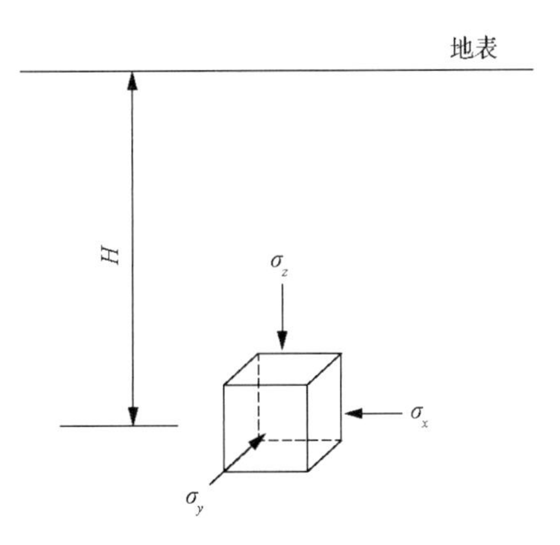

图 3-1 原岩应力示意图

X 和 Y 方向的水平应力为

$$\sigma_x = \sigma_y = \lambda\sigma_z \tag{3-2}$$

式中，λ 为侧压力系数。目前侧应力系数主要有以下两种确定方法。

1) 海姆(Haim)法则

瑞士地质学家海姆(Haim)于 1912 年提出了计算原岩应力的静水压力假说，认为地壳中任意一点各个方向的原岩应力大小均等于上覆岩层单位面积岩柱的质量，即式(3-2)中的侧压力系数 $\lambda=1$，这是最早的原岩应力计算模型[2]。

2) 金尼克解

1926 年苏联学者金尼克引用线弹性理论的广义胡克定律求解了只在自重作用下地下任意一点原岩应力的大小，他修正了海姆的静水压力假说。由广义胡克定律可知，地下任意一点的应力–应变关系为[3]

$$\begin{aligned} \varepsilon_x &= \frac{1}{E}[\sigma_x - \mu(\sigma_y + \sigma_z)] \\ \varepsilon_y &= \frac{1}{E}[\sigma_y - \mu(\sigma_x + \sigma_z)] \\ \varepsilon_z &= \frac{1}{E}[\sigma_z - \mu(\sigma_y + \sigma_x)] \end{aligned} \tag{3-3}$$

式中，ε_x、ε_y、ε_z 分别为单元体 X、Y、Z 方向的应变；E 为岩体的弹性模量；μ 为岩体的泊松比。由于单元体在 X、Y 水平方向上不能产生变形，否则岩体将被撕裂或者叠起，所以 $\varepsilon_x=\varepsilon_y=0$，另外设单元体在 X、Y 水平方向的主应力相等 $\sigma_x=\sigma_y$，由式(3-3)可得

$$\begin{aligned} \sigma_z &= \gamma H \\ \sigma_x = \sigma_y &= \lambda\sigma_z = \frac{\mu}{1-\mu}\gamma H \end{aligned} \tag{3-4}$$

即相当于式(3-2)中的侧压力系数 $\lambda=\mu/(1-\mu)$。当 $\mu=0.5$ 时，$\lambda=1$，则金尼克解与海姆法则相同，一般情况下，岩体的泊松比 $\mu=0.2$～0.3，则侧压力系数 $\lambda=0.25$～0.43[1-3]。

3.1.2 构造应力

1) 构造应力的一般概念

前面的自重应力分析是假设地壳下任意一点岩体只受自重作用，然而，地壳在漫长的地质年代里要经历不断地运动变化，这种运动变化会使地壳内部积蓄一定的应力，即构造应力。在自然界中，我们经常见到的岩层褶曲或者断裂就反映了这种地壳运动的结果，通过地壳的构造形迹及岩层的褶曲与断裂可以说明 3 个事实：一是岩体的变形与断裂不能复原，说明岩体不是一种完全弹性体，受力后的岩体会发生不可恢复的永久变形；二是地壳的构造形迹可反映出地壳经历的构造运动，以及构造应力场的作用；三是岩体

的变形与断裂除了与构造运动有关外，还与岩体本身的物理力学性质及周围的构造形迹有关，相同的构造运动对于不同的岩体可能会产生不同的形变与断裂。

地壳运动是产生构造应力的根本原因，地壳运动既有水平运动也有垂直运动，但通过大量的构造形迹观察、物样资料分析及地球自转速率变化研究等，可以得出地壳运动以水平运动为主，内部的垂直运动也是来自于水平运动的结果，因此构造应力也是以水平应力为主。假设以地球球心为原点建立一个球极坐标，在地壳表面向下取深度为 d 的单元体，建立单元体在径向(重力方向)的静力平衡条件，经简化处理后得到式(3-5)[4]

$$\frac{\sigma_r}{\sigma_\varphi - \sigma_\theta} = -\frac{d}{R} \tag{3-5}$$

式中，σ_r 为垂直应力；σ_θ 和 σ_φ 分别为相互垂直的两个水平应力；d 为地壳下任意一点的深度；R 为地球半径。式(3-5)中的负号表示主应力不能同为压应力或同为拉应力。

设地球半径为 6000km，在深度为 2km 处，垂直应力约占水平应力之和的 1/3000；若在深度为 20km 处，垂直应力约占水平应力之和的 1/300。这个简单的模型说明了地壳中水平应力的重要性远远大于垂直应力，水平应力在地壳中起主导作用。上述公式推导中假设主应力方向不随地壳深度变化，它们始终是垂直或水平的，而且水平主应力方向始终与经线、纬线方向一致，水平主应力大小不随深度变化，同时没有考虑地质活动作用及地壳岩层的变化等，因此式(3-5)仅仅是一个概念模型，计算结果与实际相差很大。

2) 构造应力与构造形迹的关系

地壳的构造形迹主要是通过结构面方向来表达，任何一种构造形迹都反映原岩应力的作用结果，结构面的形成必然有它的力学机制[5,6]。通过理论分析结构面产状来研究原岩应力分布的方法有很多种，但目前主要有两种，一种是应变椭球理论，另一种是莫尔-库仑强度理论。

应变椭球理论是基于连续介质的均匀变形假设，均匀变形假设是指变形前的直线在变形后仍为直线，变形前相互平行的两直线变形后仍相互平行；变形前的平面变形后仍为平面，变形前相互平行的平面变形后仍相互平行，变形前的介质中，一定可以找到 3 个相互垂直的方向线，在变形后这 3 个方向仍相互垂直，这 3 个相互正交的方向，称为均匀变形的主方向，在主方向上的直线的应变称为主应变。基于上述假设进行变形的几何分析并引入等伸缩圆剖面与无伸缩圆剖面概念得到在变形前的连续介质中任意划定一个圆球，变形后圆球变成了椭球，这个椭球常称为应变椭球，如图 3-2 所示。

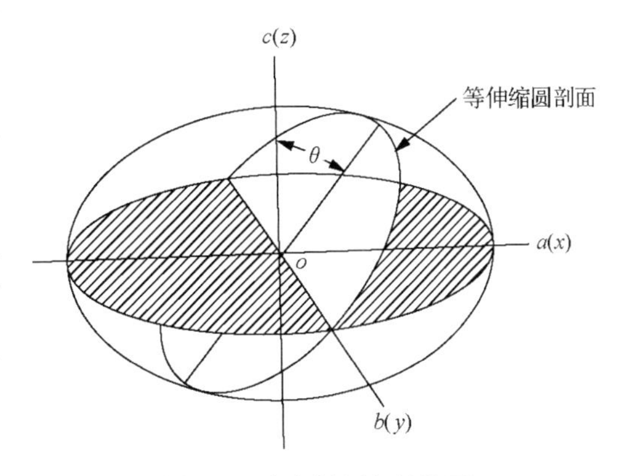

图 3-2 应变椭圆与等伸面

无伸缩圆剖面是指应变椭圆中某些半径的长度与原来圆球半径的长度相等所组成的轨迹曲线，等伸缩圆剖面是指应变椭球中马靴半径伸长或缩短量都相等的半径所组成的轨迹曲面。在应变椭球内只有无伸缩圆剖面和等伸缩圆剖面在变形前后均保持圆形，而通过应变椭球中心的其他任何剖面均为椭球形，而且无伸缩圆剖面与等伸缩圆剖面不能在一个应变椭球中同时存在。

地质界一直认为应变椭球中的等伸缩圆剖面和无伸缩圆剖面是地壳一旦破裂后的剪切滑动面，那么现在的问题可归结为如何寻找剪切滑动面与最大原岩应力之间的关系。通过引入应力椭球与广义胡克定律，并基于无伸缩圆剖面就是剪切滑动面的概念，得到交叉剪切滑动面之间朝着最大主应力方向的夹角大于或等于 90°。野外地质调查中的部分现象与这一结论是吻合的，但多数情况下不一致。其原因是多方面的，其中岩体是各方向同性的线弹性假设、均匀变形假设、无伸缩圆剖面或等伸缩圆剖面就是剪切滑动面假设是值得商榷的。现已证明，无伸缩圆剖面和等伸缩圆剖面既不是最大剪应力面也不是最大剪应变面[7]。

近期的一些野外调查发现许多构造破裂面平行于最大压应力方向，或者两个破裂面小于 90°的夹角对着最大主应力方向。这与应变椭球理论所得结论是相反的，而且大量的岩石试件破坏实验也表明，当试件两端部约束条件较弱时，岩石破裂面会平行于最大主应力方向，但更多情况下，共轭破裂面小于 90°的夹角会对着最大压应力方向，无论是矩形试件还是圆柱形试件均证实了这种破坏形式。莫尔-库仑强度理论较好地解释了上述现象，如图 3-3 所示。

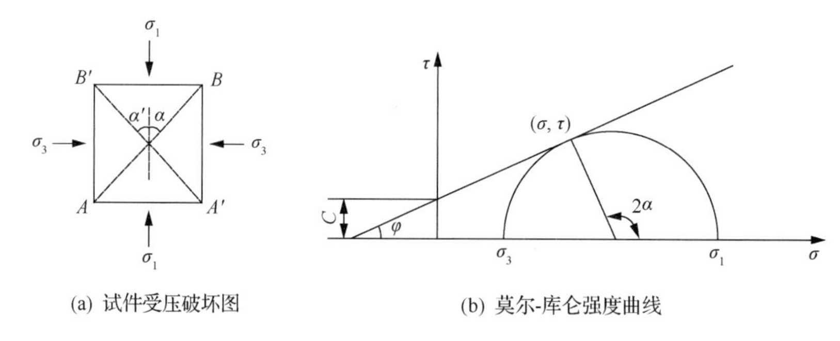

(a) 试件受压破坏图　　(b) 莫尔-库仑强度曲线

图 3-3　莫尔-库伦强度理论示意图

一岩石试件在最大主应力 σ_1 和最小主应力 σ_3 作用下发生剪切破坏，图 3-3(a)共轭剪切破坏面分别为 AB 和 $A'B'$，AB 破坏面与最大主应力 σ_1 的夹角为 α，由莫尔-库仑强度理论图 3-3(b)可知 AB 破坏面、$A'B'$破坏面与最大主应力 σ_1 的夹角 α 与 α' 均等于 $45°-\varphi/2$。据此可以得到$\angle BDB'=\alpha+\alpha'=90°-\varphi$，即共轭破坏面小于 90°的夹角对着最大压应力方向，工程中利用这一原理可以通过构造破坏面形迹来初步推断最大水平原岩应力方向。图 3-3(b)中的 C 为岩石的黏聚力，φ 岩石的内摩擦角，σ 为岩石破坏面 AB 和 $A'B'$的正应力，τ 为岩石破坏面上的剪切力。

3) 构造应力的分布规律

地球形成至今已有好几亿年的历史，经历了无数次构造运动，每次构造运动的应力场也经过了多次叠加、改造和牵引等，而且时至今日，地壳内部仍在运动，构造应力场仍在变化，因此，岩体内的构造应力可以分为现代构造应力与地质残余构造应力(或称古时构造应力)。前者是指正在经受地质构造运动作用在岩体内产生的应力。后者是指已经结束的地质构造运动作用在岩体内产生的应力。由于地壳一直处于运动之中，因此严格区分现代构造应力与古时构造应力是很困难的。目前也没有一种理论模型可以求解构造应力的分布规律，只能通过现场实际观测，观测到的原岩应力也很难区分出构造应力与自重应力。

大量地研究发现构造应力具有如下特点[1,8]：①构造应力以水平应力为主，具有明显的区域性和方向性；②地壳的总体运动趋势是板块间的相互挤压，因此，构造应力以水平挤压应力为主；③构造应力分布不均匀，在地质构造变化比较剧烈的地区，最大主应力的大小和方向往往有很大变化；④构造应力具有明显的方向性，最大水平应力与最小水平应力相差可达数倍，我国观测结果为最大水平应力是最小水平应力的1.4～3.3倍[9]；⑤构造应力与岩性有很大关系，一般情况下，在坚硬岩层中构造应力较为明显，而在软弱岩层中，软弱岩层的塑性变形与破裂会吸收和释放构造应力，因此，软弱岩层中的构造应力较小；⑥在孤立的山体中，岩体自重应力起主导作用，在断裂带岩体中一般会残留较大的构造应力。

3.1.3 原岩应力分布基本规律

1)原岩应力实测

前面从概念上介绍了原岩应力的两个主要组成部分——自重应力与构造应力，但实际上若想分清某一地区原岩应力的自重应力分量与构造应力分量是很困难的。当然可以把某一地区的原岩应力减去理论上计算的自重应力，剩余的作为构造应力，但这种区分的意义不大。实际工程研究中只关心原岩应力的实际分布情况，并不一定要求出自重应力与构造应力各自的大小及分布。目前获得原岩应力的可行办法就是实际现场观测。

原岩应力实测开始于20世纪，最早是美国人劳伦斯(lieurace)于1932年在胡佛水坝下面的一个隧道内应用应力解除法成功地进行了原岩应力测量。哈斯特(Hast)在1958年首次公布了他于1952～1953年采用应力解除法和压磁变形计在瑞典拉伊斯瓦尔(Laiswall)铅矿和斯堪的纳维亚半岛(Seandinavian Peninsula)4个矿区的原岩应力测量结果，首次指出了在地下浅部水平应力大于垂直应力这一事实，随后各国均展开了大量的原岩应力实测。例如，美国20世纪30年代提出了应力解除法，20世纪60年代提出了水压致裂法；南非科学和研究工业研究委员会(CSIR)研制出的门塞式孔底应变计和三轴孔壁应变计在全世界得到了广泛应用；澳大利亚从1957年开始了原岩应力测量，并于1976年研制出了CSIRO(澳大利亚联邦科学院)空心包体应变计，在全世界得到推广应用。此外，瑞典、葡萄牙、苏联、英国、加拿大、芬兰、日本均于20世纪50～60年代开始了原岩应力测量，主要是在一些矿山、水电、隧道等工程中开展的[10]。

我国的原岩应力测量始于 20 世纪 60 年代，1964 年陈宗基在湖北大冶铁矿进行了国内首次运用应力解除法测量巷道围岩内的次生应力；1966 年 3 月李四光在河北上吴县建立了国内第一个原岩应力观测站；20 世纪 60 年代后期国内许多单位开展了矿山与地震研究方面的原岩应力测量工作；20 世纪 70 年代中期以后，水利水电部门也开展了原岩应力测量工作。我国的原岩应力测量主要是采用应力解除法与水压致裂法，20 世纪 90 年代以后，北京科技大学蔡美峰院士针对矿山工程开展了系统的原岩应力测量工作，对推动我国原岩应力测量技术的进步做出了重要贡献[11]。

2) 原岩应力实测结果

通过大量实测，可以总结出原岩应力在绝大部分地区是以水平应力为主的三向不等压应力场，3 个主应力大小随时间和空间变化，从小的范围来看，原岩应力变化是明显的，如从某一点到相距数十米外的另一点，原岩应力大小和方向都可能发生变化。在某些地震活跃地区，地震前后的原岩应力场有极大变化[9]。但从大的范围来看，原岩应力分布的规律性是很强的，两个水平主应力分布方向具有很好的规律性。

霍克(Hoek)和布朗(Brown)于 1978 年总结了世界各国的原岩应力实测结果，后来温莎(Windsor)于 2003 年补充了一些后来的原岩应力实测结果，共统计了 900 个实测数据，对霍克和布朗的统计结果进行了更新和修改，如图 3-4 和图 3-5 所示[12,13]，实际的统计数据到埋深 7km 范围，但图中只给出 3km 范围内测量结果。

图 3-4 表明，垂直应力随深度增大呈线性增加，基本上就是上覆岩层单位面积岩柱的质量，然而，实测结果也表明，世界多数地区都存在一个现象：主应力接近与地表垂直，但又有不完全垂直，其偏差小于 20°，这说明原岩应力的垂直分量主要受重力控制，但也受到其他因素的影响。世界几乎所有地区均有两个主应力位于或接近水平面内，其与水平面的夹角小于 30°。最大水平应力普遍大于垂直应力，多数情况下二者比值大于 2，见表 3-1。

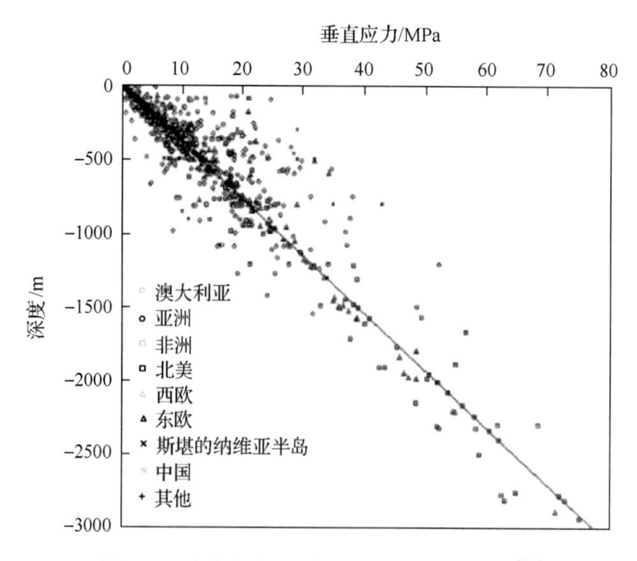

图 3-4　垂直应力 σ_v 随深度 H 的变化规律[13]

表 3-1　世界各国水平应力与垂直应力关系[12]

国家	$\frac{\sigma_{n\cdot\max}+\sigma_{n\cdot\min}}{2\sigma_v}$			$\frac{\sigma_{n\cdot\max}}{\sigma_v}$
	<0.8	0.8～1.2	>1.2	
中国	3.2	40.0	28.0	2.09
澳大利亚	0.0	22.0	78.0	2.95
加拿大	0.0	0.0	100.0	2.56
美国	18.0	41.0	41.0	3.29
挪威	17.0	17.0	66.0	3.56
瑞典	0.0	0.0	100.0	4.99
南非	41.0	24.0	35.0	2.50
苏联	51.0	29.0	20.0	4.30
其他地区	37.5	37.5	25.0	1.96

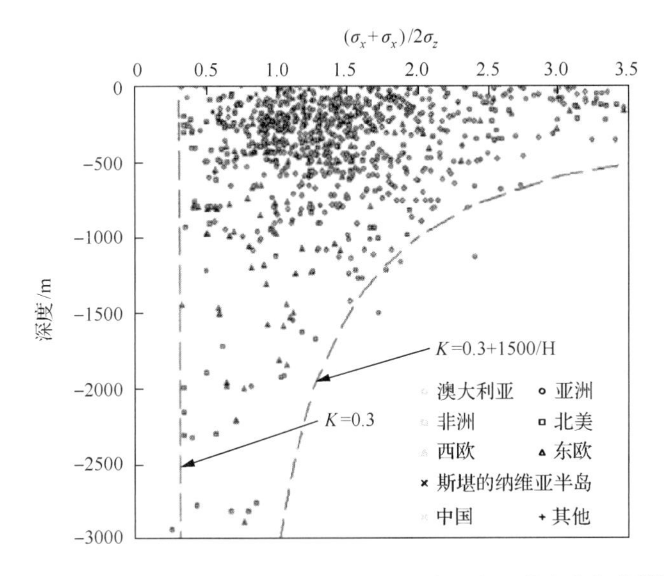

图 3-5　平均水平应力与垂直应力之比 K 随深度 H 的变化规律[13]

图 3-5 表明，平均水平应力与垂直应力的比值随深度的增加而减小，不同地区的具体变化程度有所不同，但趋势是一致的。霍克和布朗 1978 年给出的 K 随深度 H 的变化取值范围[12]为

$$\frac{100}{H}+0.3\leqslant K\leqslant\frac{1500}{H}+0.5$$

式中，H 为深度，m。

温莎 2003 年修正霍克和布朗的统计结果后，给出 K 值的最新取值范围为 $0.3\leqslant K\leqslant 0.3+1500/H$，随着深度增大 K 值逐渐变小，并趋于 1，即在地壳深部有可能出现静水压力状态，加拿大、澳大利亚等也模仿了霍克和布朗的统计分析，所的结论是类似的，只是具

体数值略有差异，这表明图 3-4 和图 3-5 具有普遍性，原岩应力中的两个水平主应力具有明显差异，即水平应力具有方向性，见表 3-2[12]。

表 3-2 世界部分地区两个水平主应力比值

地点	统计数目	$\frac{\sigma_{n\cdot\min}}{\sigma_{n\cdot\max}}$ / %				
		1.00～0.75	0.75～0.50	0.50～0.25	0.25～0.00	合计
斯堪的纳维亚半岛	51	14	67	13	6	100
北美	222	22	46	23	9	100
中国	25	12	56	24	8	100
中国华北地区	18	6	61	22	11	100

原岩应力分布除了具有一般性规律外，还会受到地形、岩体结构、岩体力学性质、温度、地下水、地表剥蚀、风化等因素的影响，尤其是地形和断层的影响最大。

3.2 巷道围岩应力分布

3.2.1 单个圆形巷道围岩应力分布

1) 弹性分析

当巷道开挖位置处于静水压力环境时，水平地应力和垂直地应力大小相等，若不考虑巷道围岩的塑性屈服，则该条件下巷道围岩的应力分布在第 2 章无限大介质中圆孔周边应力分析一节中已得到答案，距离巷道轴线距离为 r 的任意一点的应力状态可由式(3-6)确定：

$$\sigma_r=\left(1-\frac{a^2}{r^2}\right)q,\sigma_\theta=\left(1+\frac{a^2}{r^2}\right)q,\tau_{r\theta}=0 \tag{3-6}$$

式中，a 为巷道半径，m；r 为围岩某点距离巷道轴线的距离，m，q 为初始地应力，MPa。

由式(3-6)可知：弹性条件下，静水压力环境中的圆形巷道围岩应力大小与岩体性质无关，与巷道半径、围岩某点距离巷道轴线的距离和初始地应力大小有关。无支护条件下最小径向应力等于 0，最大切向应力等于 $2q$，最小径向应力和最大切向应力均出现在巷道周边。

此处假设某巷道半径为 2m，巷道埋深为 1000m，处于静水压力状态，水平应力和垂直应力大小均等于覆岩自重应力 25MPa(若无特殊说明，本章的所有算例均采用该赋存条件)。将上述条件代入式(3-6)，可得双向等压条件下巷道围岩切应力分布如图 3-6 所示：巷道围岩应力分布与方向无关，只与距离巷道轴线的距离有关，随着该距离的增大，巷道围岩切应力逐渐减小，巷道周边切应力最大值为 50MPa，为原岩应力的 2 倍。

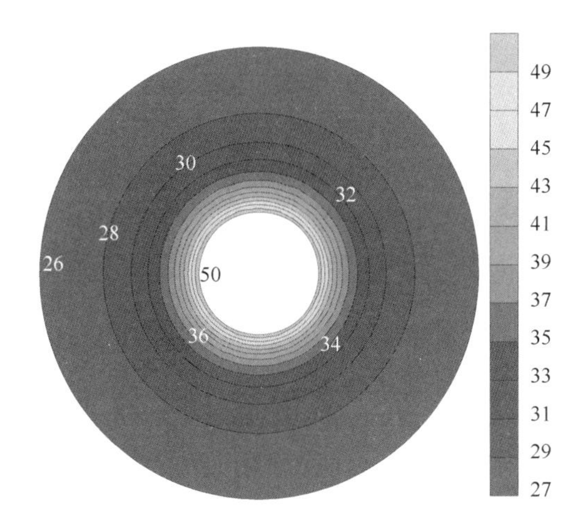

图 3-6 双向等压条件下巷道围岩切应力分布(单位：MPa)

当巷道埋深较小或所处位置受构造应力影响明显时，水平地应力与垂直地应力大小不同，通常将水平地应力与垂直地应力之比称为侧压力系数 λ，若侧压力系数不等于 1，则静水压力条件下推导得到的式(3-6)不再适用。根据应力叠加原理，可将侧压力系数不等于 1 的巷道围岩应力分析问题分解为等压和双向等值拉压环境中巷道围岩应力求解问题[14]。如图 3-7 所示，另外：

$$q_1 = \frac{\lambda + 1}{2} q, q_2 = \frac{\lambda - 1}{2} q \tag{3-7}$$

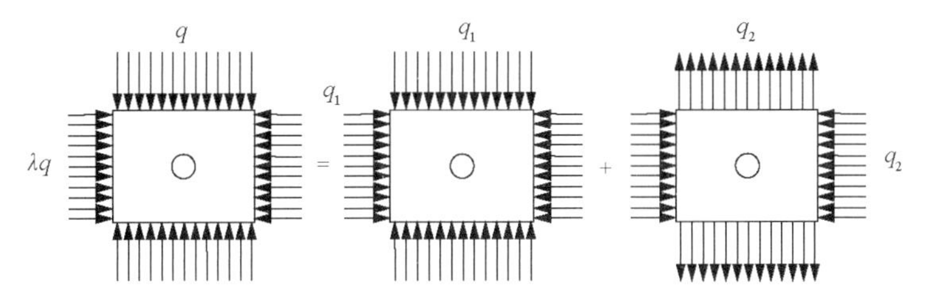

图 3-7 边界条件分解

双向等压条件下的应力分布可由式(3-6)确定，因此，将侧压力系数不等于 0 的巷道围岩应力分布确定的难点改变为双向等值拉压条件下围岩应力分布的求解问题。根据圣维南原理，可将图 3-7 最后一图中的应力边界条件转换为极坐标方向的应力分量，圆形巷道周边为自由边界条件，距离巷道中心很远处(r=b)，边界条件转化为

$$\left(\sigma_r\right)_{r=b} = \frac{\lambda - 1}{2} q \cos 2\theta, \left(\tau_{r\theta}\right)_{r=b} = -\frac{\lambda - 1}{2} q \sin 2\theta \tag{3-8}$$

根据边界上的应力分布特征，假设应力函数为

$$\varphi = f\left(r\right) \cos 2\theta \tag{3-9}$$

将应力函数代入协调方程可得

$$f(r)=Ar^4+Br^2+C+\frac{D}{r^2} \tag{3-10}$$

式中，A、B、C、D 均为系数。

极坐标条件下应力分量的的确定公式(平衡微分方程)为

$$\sigma_r=\frac{1}{r}\frac{\partial\varphi}{\partial r}+\frac{1}{r^2}\frac{\partial^2\varphi}{\partial\theta^2},\sigma_\theta=\frac{\partial^2\varphi}{\partial r^2},\tau_{r\theta}=-\frac{1}{r}\frac{\partial^2\varphi}{\partial r\partial\theta}+\frac{1}{r^2}\frac{\partial\varphi}{\partial\theta}=-\frac{\partial}{\partial r}\left(\frac{1}{r}\frac{\partial\varphi}{\partial\theta}\right) \tag{3-11}$$

将式(3-10)代入应力函数，然后将应力函数代入式(3-11)可得巷道围岩中各方向应力分量为

$$\begin{aligned}
\sigma_r&=-\cos2\theta\left(2B+\frac{4C}{r^2}+\frac{6D}{r^4}\right)\\
\sigma_\theta&=\cos2\theta\left(12Ar^2+2B+\frac{6D}{r^4}\right)\\
\tau_{r\theta}&=\sin2\theta\left(6Ar^2+2B-\frac{2C}{r^2}-\frac{6D}{r^4}\right)
\end{aligned} \tag{3-12}$$

利用巷道周边和无限远处的应力边界条件可以确定式(3-12)中的未知常数，最后可得双向等值拉压条件下巷道围岩中的应力分布确定公式为

$$\begin{aligned}
\sigma_r&=\left(1-\frac{a^2}{r^2}\right)\left(1-3\frac{a^2}{r^2}\right)\frac{\lambda-1}{2}q\cos2\theta\\
\sigma_\theta&=-\left(1+3\frac{a^4}{r^4}\right)\frac{\lambda-1}{2}q\cos2\theta\\
\tau_{r\theta}&=-\left(1-\frac{a^2}{r^2}\right)\left(1+3\frac{a^2}{r^2}\right)\frac{\lambda-1}{2}q\sin2\theta
\end{aligned} \tag{3-13}$$

式中，a 为圆形巷道的半径。

结合式(3-6)、式(3-7)和式(3-13)可得侧压力系数不等于 1 的圆形巷道围岩应力分布可由式(3-14)确定：

$$\begin{aligned}
\sigma_r&=\left(1-\frac{a^2}{r^2}\right)\frac{\lambda+1}{2}q+\left(1-\frac{a^2}{r^2}\right)\left(1-3\frac{a^2}{r^2}\right)\frac{\lambda-1}{2}q\cos2\theta\\
\sigma_\theta&=\left(1+\frac{a^2}{r^2}\right)\frac{\lambda+1}{2}q-\left(1+3\frac{a^4}{r^4}\right)\frac{\lambda-1}{2}q\cos2\theta\\
\tau_{r\theta}&=-\left(1-\frac{a^2}{r^2}\right)\left(1+3\frac{a^2}{r^2}\right)\frac{\lambda-1}{2}q\sin2\theta
\end{aligned} \tag{3-14}$$

采用同静水压力环境中圆形巷道相同的赋存条件，但侧压力系数分别取 2 和 5，可得不同应力环境中巷道围岩切应力分布如图 3-8 所示：侧压力系数大于 1，巷道围岩切应力分布呈现非中心对称分布特征，与方向有关，最大切应力位于巷道顶板，最小切应力位于巷道两帮。侧压力系数等于 2 时，巷道围岩切应力最大值为 125MPa；侧压力系数增加至 5 时，巷道围岩切应力最大值增加至 360MPa，巷道两帮出现拉应力分布，说明巷道围岩状态随着侧压力系数的增大趋于恶劣。

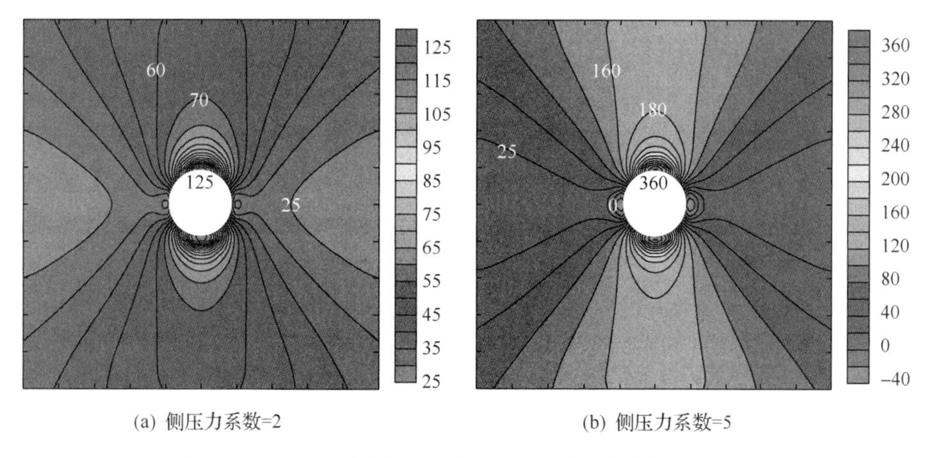

(a) 侧压力系数=2　　(b) 侧压力系数=5

图 3-8 不同应力环境中巷道围岩切应力分布(单位：MPa)

2) 弹塑性分析

巷道开挖后，应力重新分布导致靠近巷道表面的浅部围岩进入破坏状态，即采动应力达到强度极限促使围岩进入塑性屈服变形阶段。若考虑塑性变形条件，巷道围岩应力分布与弹性解存在明显区别。由弹性分析可知当巷道处于静水压力环境中时，围岩中的采动应力分布与 θ 无关，若侧压力系数不等于 1，则巷道围岩中的采动应力分布均与方向角 θ 有关(图 3-8)。为便于分析，此处在进行圆形巷道围岩应力分布的弹塑性求解时，仅考虑侧压力系数等于 1 的情况。

当侧压力系数等于 1 时，围岩中的剪应力等于 0，因此，切向应力和径向应力分别为围岩承受的最大和最小主应力，根据莫尔-库仑准则可得围岩的塑性屈服启动条件为

$$\sigma_{\theta\mathrm{p}}=\xi\sigma_{r\mathrm{p}}+\sigma_{\mathrm{c}} \tag{3-15}$$

式中，$\sigma_{\theta\mathrm{p}}$ 和 $\sigma_{r\mathrm{p}}$ 分别为塑性区的切向应力和径向应力，MPa；ξ=1+sinφ/1−sinφ，其中 φ 为巷道围岩的内摩擦角，(°)；σ_{c} 为巷道围岩的单轴抗压强度，MPa。

极坐标中径向方向的静力平衡方程为

$$\sigma_{\theta\mathrm{p}}=\frac{\mathrm{d}(r\sigma_{r\mathrm{p}})}{\mathrm{d}r} \tag{3-16}$$

将式(3-15)代入式(3-16)可得

$$\sigma_{\theta\mathrm{p}}=\frac{\sigma_{\theta\mathrm{p}}-\sigma_{\mathrm{c}}}{\xi}+\frac{r\mathrm{d}\sigma_{\theta\mathrm{p}}}{\xi\mathrm{d}r},\frac{\mathrm{d}\sigma_{\theta\mathrm{p}}}{\mathrm{d}r}-\frac{\xi-1}{r}\sigma_{\theta\mathrm{p}}=\frac{\sigma_{\mathrm{c}}}{r} \tag{3-17}$$

由式(3-17)可得塑性区内的切向应力和径向应力的形式解为

$$\sigma_{\theta\mathrm{p}}=\frac{\sigma_{\mathrm{c}}}{-\xi+1}+Cr^{\xi-1},\sigma_{r\mathrm{p}}=\frac{1}{\xi}\left(\frac{\xi\sigma_{\mathrm{c}}}{-\xi+1}+Cr^{\xi-1}\right) \tag{3-18}$$

在巷道围岩表面,径向应力等于0,将该边界条件代入式(3-18)可得式中的未知常数:

$$C=\frac{\xi\sigma_{\mathrm{c}}}{\xi-1}\left(\frac{1}{a}\right)^{\xi-1} \tag{3-19}$$

将式(3-19)代入式(3-18)可得塑性区应力的计算表达式[15]:

$$\begin{aligned}\sigma_{\theta\mathrm{p}}&=\frac{\sigma_{\mathrm{c}}}{\xi-1}\left[\xi\left(\frac{r}{a}\right)^{\xi-1}-1\right]\\\sigma_{r\mathrm{p}}&=\frac{\sigma_{\mathrm{c}}}{\xi-1}\left[\left(\frac{r}{a}\right)^{\xi-1}-1\right]\end{aligned} \tag{3-20}$$

围岩塑性区宽度是有限的，在距巷道表面一定深度处，巷道围岩过渡至弹性区，在弹塑性交界处，径向应力和切向应力保持连续。根据围岩应力分布的弹性解可知，在弹塑性交界处径向应力和切向应力之和为初始地应力的2倍，由此可得

$$\frac{\sigma_{\mathrm{c}}}{\xi-1}\left[\xi\left(\frac{R_{\mathrm{p}}}{a}\right)^{\xi-1}-1\right]+\frac{\sigma_{\mathrm{c}}}{\xi-1}\left[\left(\frac{R_{\mathrm{p}}}{a}\right)^{\xi-1}-1\right]=2q \tag{3-21}$$

式中，R_{p}为巷道围岩塑性区宽度，m。由式(3-21)可得其值为

$$R_{\mathrm{p}}=a\left[\frac{2q(\xi-1)+2\sigma_{\mathrm{c}}}{\sigma_{\mathrm{c}}(\xi+1)}\right]^{\frac{1}{\xi-1}} \tag{3-22}$$

将式(3-22)代入式(3-20)可得弹塑性交界处的径向应力为

$$\sigma_{R_{\mathrm{p}}}=\frac{1}{\xi-1}\left[\frac{2q(\xi-1)+2\sigma_{\mathrm{c}}}{\xi+1}-\sigma_{\mathrm{c}}\right] \tag{3-23}$$

为得到弹性区的应力分布，不考虑塑性区的存在，则围岩中存在半径为R_{p}的圆形巷道，将弹塑性交界面上的径向应力视为对该巷道表面的支护力，根据该边界条件，将其代入第2章中无限大介质中圆形孔周边应力分布的解析式(2-45)可得，弹性区的应力分布表达式为

$$
\begin{aligned}
\sigma_{re} &= q\left(1-\frac{R_{\mathrm{p}}^{2}}{r^{2}}\right)+\sigma_{R_{\mathrm{p}}}\frac{R_{\mathrm{p}}^{2}}{r^{2}} \\
\sigma_{\theta e} &= q\left(1+\frac{R_{\mathrm{p}}^{2}}{r^{2}}\right)-\sigma_{R_{\mathrm{p}}}\frac{R_{\mathrm{p}}^{2}}{r^{2}}
\end{aligned}
\tag{3-24}
$$

式(3-20)和式(3-24)即为圆形巷道围岩应力分布的弹塑性解。

采用与弹性解算例中相同的条件，围岩内摩擦角取30°，内聚力取6MPa，结合圆形巷道围岩应力分布的弹塑性解，可得该条件下围岩切应力分布如图3-9所示：由于侧压力系数等于1，巷道围岩切应力呈现出中心对称分布形态，巷道浅部围岩发生破坏并卸压，表面围岩切应力降低至12MPa，随着距离巷道轴线距离的增加，巷道围岩承载能力增强，切应力增大，在距离巷道表面3m处达到峰值45MPa，该处为弹塑性边界，更深处围岩处于弹性状态，切应力随着距离巷道轴线距离的增加而降低。

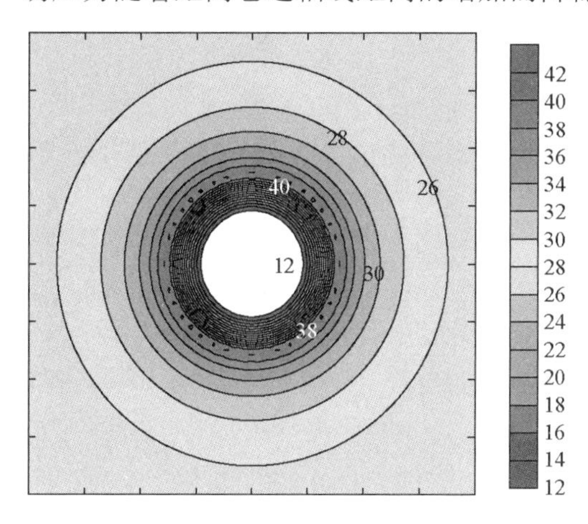

图3-9 巷道围岩切应力分布的弹塑性解(单位：MPa)

当侧压力系数不等于1时，圆形巷道围岩应分布问题不再是中心对称问题，得到其理论解的过程极为复杂，此处不再进行详细推导，可采用数值计算方法分析侧压力系数不等于1时巷道围岩弹塑性区域内的采动应力分布。

3) 弹性解与弹塑性解的差异

不同侧压力系数条件下，圆形巷道围岩最大主应力分布的数值计算结果如图3-10所示。圆形巷道围岩最大应力分布的弹性解和弹塑性解存在明显区别，考虑到塑性变形后，巷道浅部围岩出现破坏区，该区域内围岩承载能力降低，因此，最大主应力峰值向围岩深处转移，位于弹塑性交界处，而不是弹性分析结果中的巷道围岩表面。在塑性破坏区，最大主应力分布取决于围岩的变形和强度参数，当侧压力系数等于1时，最大和最小主应力之和不再满足等于2倍的原岩应力的特点。当侧压力系数等于2时，两帮围岩最大主应力的弹性和弹塑性分析结果差异不大，但弹塑性分析结果中最大主应力的集中程度明显低于弹性分析结果，侧压力系数等于 1 时，弹塑性分析结果的最大主应力峰值为弹性分析结果的 0.8 倍，侧压力系数等于 2 时，该系数降低至 0.68。

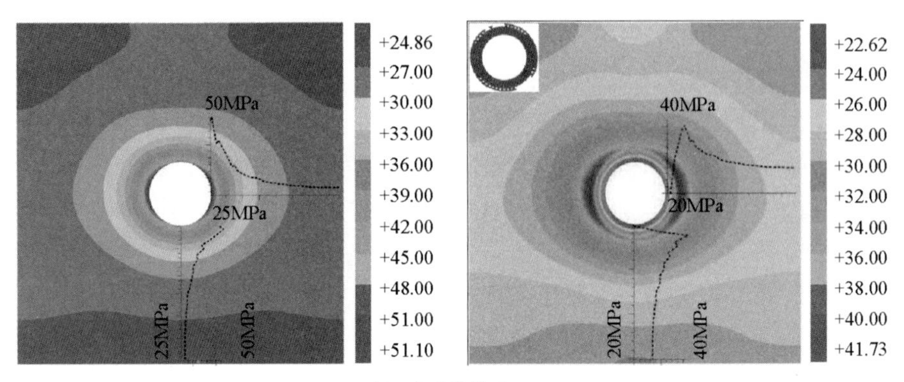

(a) 侧压力系数等于1

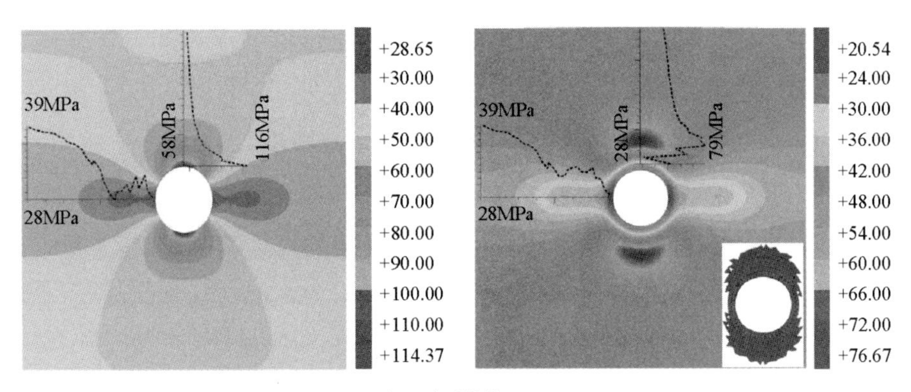

(b) 侧压力系数等于2

图 3-10　圆形巷道围岩最大主应力分布的数值计算结果(左：弹性；右：弹塑性；单位：MPa)

3.2.2　椭圆巷道周边应力分析

1)应力分布特征

在地下开挖椭圆巷道后(图 3-11)，通过理论分析只能得到巷道表面的应力分布，在无支护条件下，径向应力等于 0，切向应力可由式(3-25)确定[15]：

$$\sigma_\theta = q\frac{m^2\sin^2\theta + 2m\sin^2\theta - \cos^2\theta}{\cos^2\theta + m^2\sin^2\theta} + \lambda q\frac{\cos^2\theta + 2m\cos^2\theta - m^2\sin^2\theta}{\cos^2\theta + m^2\sin^2\theta} \tag{3-25}$$

式中，θ 为巷道表面某点与巷道中心连线和垂直方向的夹角，(°)；m 为椭圆形巷道垂直半轴长与水平半轴长之比(简称轴比)。

由式(3-25)可知，椭圆形巷道周边应力分布不仅与 θ 角有关，还与侧压力系数及椭圆形巷道轴比 m 有关，其中参数 θ 和 m 在椭圆形巷道截面上的几何表示如图 3-11 所示。

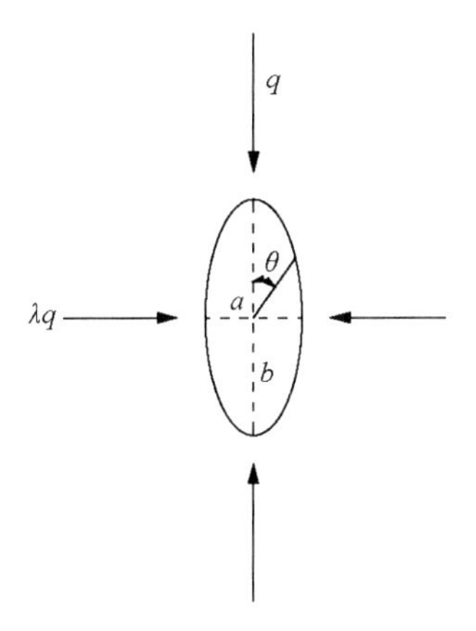

图 3-11　椭圆巷道受力模型

2) 轴变论分析

根据等应力轴比理论，在进行巷道断面设计时，最理想的形状是使巷道周边应力达到均匀分布，即巷道周边应力分布与 θ 角无关[16]：

$$\frac{\mathrm{d}\sigma_\theta}{\mathrm{d}\theta}=0 \tag{3-26}$$

将式(3-25)代入式(3-26)可得使椭圆巷道周边切向应力均匀分布的条件为

$$m=1/\lambda \tag{3-27}$$

此时，巷道表面的切向应力大小为

$$\sigma_\theta=(1+\lambda)q \tag{3-28}$$

上述分析表明，椭圆巷道的长轴应顺着最大主应力方向，且满足式(3-27)，该条件可使地下工程巷道处于最稳定状态，通常将满足该条件的轴比称为等应力轴比。

当最佳轴比无法被满足时，考虑到岩石的抗拉强度低的特征，巷道断面应保证其周边无拉应力产生，即拉应力等于零，将满足该条件的轴比称为零应力轴比。由于椭圆巷道周边切向应力的非中心对称分布特征，各点对应的零应力轴比不同。由式(3-25)及工程实际可知，在椭圆巷道的顶底部和两帮最容易出现拉应力，因此，在进行巷道断面设计时，应先保证这两处的拉应力为 0。

对于巷道顶部，夹角 θ 等于 0，将其代入式(3-25)可得

$$\sigma_\theta=-q+\lambda q(1+2m) \tag{3-29}$$

当 $\lambda>1$ 时，巷道顶部围岩始终处于受压状态，不会出现拉应力；当 $\lambda<1$ 时，巷道顶部围压不出现拉应力的条件为

$$m\geqslant\frac{1-\lambda}{2\lambda} \tag{3-30}$$

对于巷道两帮，夹角 θ 等于 90°，将其代入式(3-25)可得

$$\sigma_\theta = q\left(1+\frac{2}{m}\right)-\lambda q \tag{3-31}$$

当 $\lambda<1$ 时，巷道帮部不会出现拉应力；当 $\lambda>1$ 时，巷道帮部不出现拉应力的条件为

$$m \geqslant \frac{2}{\lambda-1} \tag{3-32}$$

当式(3-31)和式(3-32)中的等号满足时便可得到对应于巷道顶板和两帮的零应力轴比。

若 q 取 25MPa，椭圆巷道水平宽度 2m，垂直高度 4m，轴比 m=2，根据式(3-25)可得不同侧压力系数条件下巷道周边切应力分布如图 3-12 所示：当侧压力系数 λ 小于 $1/m$ 的时，巷道周边最大拉应力出现在巷道顶底板中部，最大压应力出现在巷道两帮中部，最大拉/压应力均随着侧压力系数的增大而减小；当侧压力系数 λ 等于 $1/m$ 时，巷道周边切应力呈均匀分布形式，且不存在拉应力，该条件下巷道所处的应力环境最有利于保持围岩稳定；当侧压力系数大于 $1/m$ 时，巷道周边最大拉应力出现在巷道两帮中部，最大压应力出现在巷道顶底板中部，最大拉/压应力均随着侧压力系数的增大而增大。巷道周边压应力水平明显高于拉应力，考虑到煤岩抗压不抗拉的特点，巷道设计时应尽量避免巷道周边拉应力的出现。侧压力系数小于 $1/m$ 时，巷道周边应力集中程度明显小于侧压力系数大于 $1/m$ 时，因此，进行巷道开挖设计时，若无法保证巷道侧压力系数等于 $1/m$ 或巷道周边无拉应力分布，应尽量使巷道所处应力环境的侧压力系数小于 $1/m$。

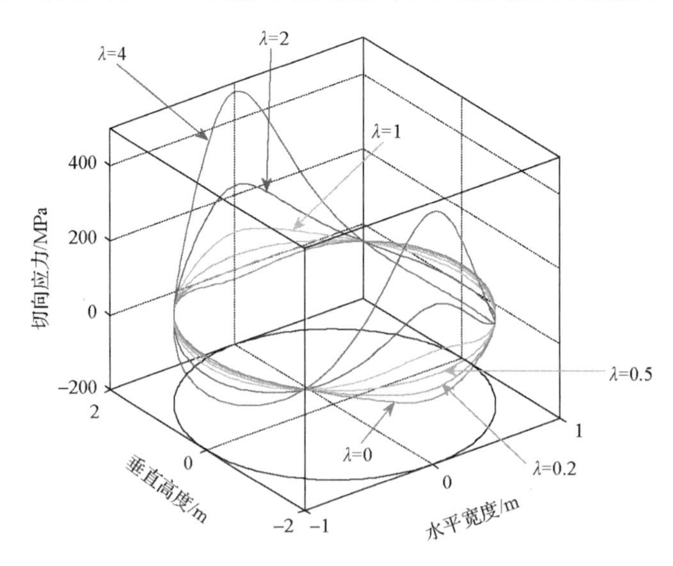

图 3-12　不同侧压力系数条件下巷道周边切应力分布

椭圆形巷道周边应力分布同时受到巷道轴比的影响。当侧压力系数恒等于 0.5 时，不同轴比条件下巷道周边切应力分布如图 3-13(a)所示，当轴比等于 2 时，巷道周边切应

力呈均匀分布形式，当轴比小于 2 时，巷道周边切应力分布的均匀程度随着轴比的减小而降低，最大拉应力出现在巷道顶底板中部，最大压应力出现在两帮中部，该条件下巷道围岩稳定性随着轴比的减小而降低。当侧压力系数恒等于 1 时，不同轴比条件下巷道周边切应力分布如图 3-13(b)所示：当轴比大于 1 时，随着轴比的增大，巷道周边切应力集中程度逐渐升高，最大拉应力出现在巷道两帮中部，最大压应力出现在巷道顶底板中部，该条件下巷道围岩稳定性随着轴比的升高而降低。

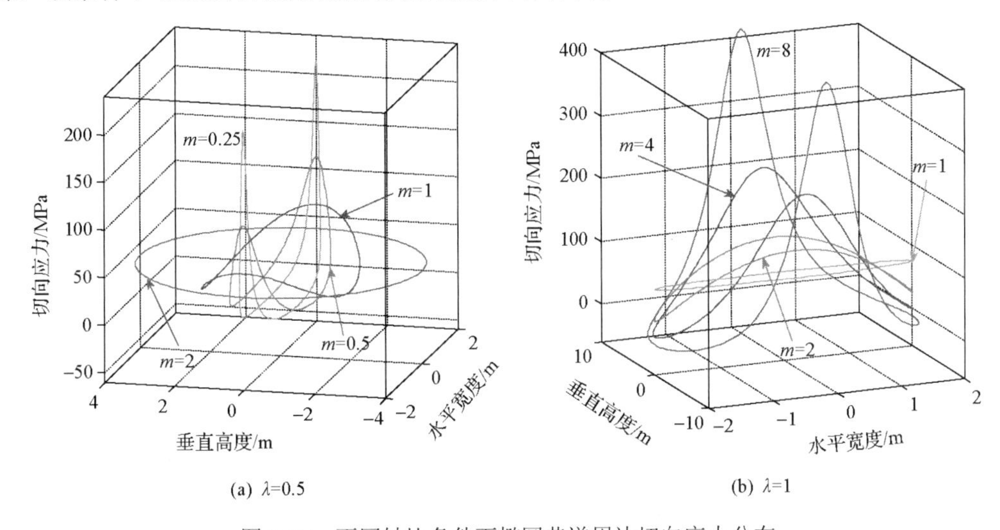

图 3-13 不同轴比条件下椭圆巷道周边切向应力分布

为得到巷道轴比变化对围岩应力分布特征的影响，建立不同轴比巷道的数值模型，侧压力系数均等于 1，巷道处于静水压力环境，初始压力值为 25MPa，随着巷道轴比的变化，围岩应力分布特征的弹性分析结果如图 3-14 所示：巷道轴比为 1/3 时，最大压应力出现在巷道两帮，应力峰值达到 100MPa，随着距巷道两帮水平距离的增加，围岩切应力呈负指数形式降低，最终降至原岩应力水平；切应力在巷道顶底板达到最小值，约为 18MPa，随着距巷道顶底板垂直距离的增加，切应力水平逐渐升高，最终恢复至原岩应力水平。当轴比为 1/2 时，巷道两帮围岩应力变化趋势与轴比为 1/3 时相同，但切应力最大值由 100MPa 降至 85MPa，该变化趋势与理论分析结果一致，巷道顶底板围岩应力随着距巷道中心距离的增加表现出先增加后降低的趋势，存在峰值现象，该峰值应力大于初始应力，该现象可能是由应力拱效应造成的，即在椭圆形巷道顶底板存在应力拱结构。当巷道轴比为 1 时，为圆形巷道，巷道周边应力分布形式与理论分析结果完全一致，切应力在环向方向均匀分布，在巷道周边切应力数值为初始应力值的 2 倍，随着距巷道中心距离的增加，巷道顶底板围岩的切应力均呈现逐渐降低的趋势。当巷道轴比增加至 2 时，在巷道两帮则出现应力拱效应，随着距巷道中心距离的增加，切应力先增加后降低，巷道顶底板切应力集中程度最高，最大值为 75MPa。由图 3-14 可知：随着椭圆巷道轴比的变化，围岩中最大压应力大小、位置均发生改变；随着距巷道中心距离的增加，切应力变化趋势同样受到巷道轴比的变化。当 1/2≤巷道轴比≤2 时，巷道围岩中存在应力拱现象，该应力拱距离巷道周边围岩的深度受到巷道轴比的影响。

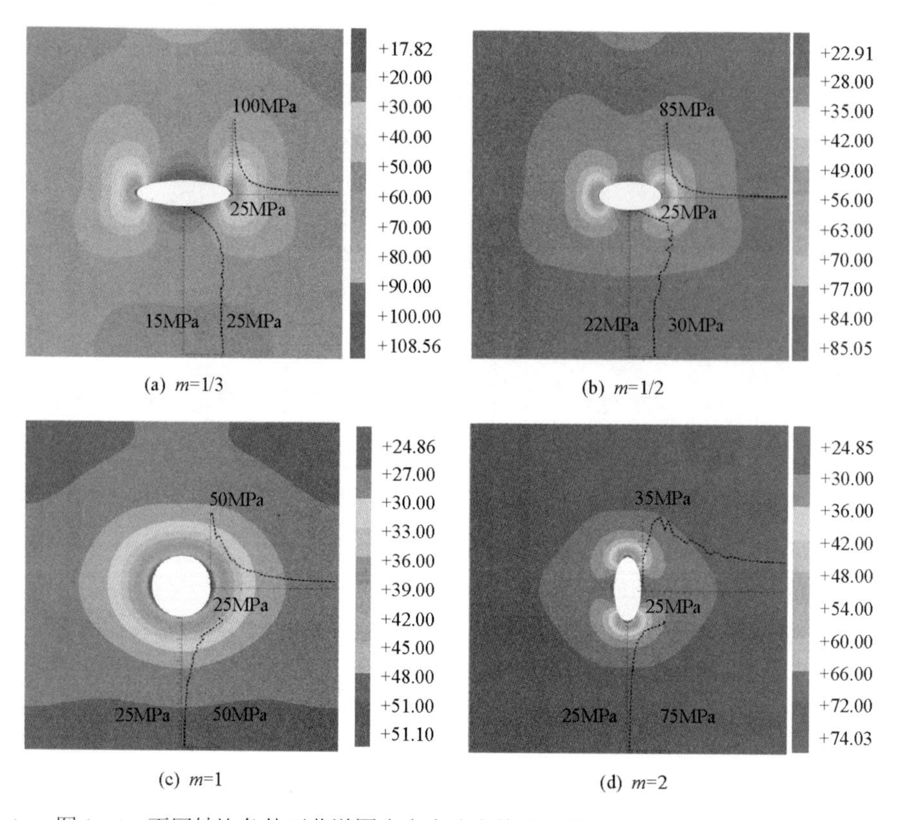

(a) m=1/3　(b) m=1/2

(c) m=1　(d) m=2

图 3-14　不同轴比条件下巷道围岩应力分布特征的弹性分析结果(单位：MPa)

不同轴比条件下巷道围岩切应力分布的弹塑性分析结果如图 3-15 所示：巷道轴比为 1/3 时，最大切应力值为 85MPa，位于巷道两帮，随着距巷道表面水平距离的增大逐渐降低至原岩应力，最小切应力值为 12MPa，位于巷道顶底板，随着距巷道表面距离的增加逐渐升高至原岩应力，巷道顶底板出现塑性破坏区，破坏区厚度可达 1m，巷道两帮保持较好的完整性。巷道轴比为 1/2 时，最大切向应力值为 65MPa，出现在巷道两帮，随着距离巷道表面距离的增加逐渐减小至原岩应力；最小切应力值为 15MPa，出现在巷道顶底板，随着距巷道表面距离的增加逐渐升高，距巷道表面深度约 1m 时，切应力达到最大值，但该峰值不明显，然后逐渐减小至原岩应力，说明巷道顶板中存在应力拱现象，应力拱范围内的围岩承载能力强；顶底板围岩破坏深度约为 0.8m，巷道两帮出现少量破坏，深度约为 0.2m；巷道两帮围岩发生破坏仍没有出现卸压现象是由于围岩破坏范围小，破坏程度低，仍然具有很高的承载能力。巷道轴比为 1 时，巷道围岩应力分布仍然呈现中心对称特征，巷道表面切应力出现降低，其值为 20MPa，说明圆形巷道浅部围岩进入卸压区，应力峰值距离巷道表面约为 1.5m，最大值达到 42MPa，之后随着距巷道表面围岩距离的增加逐渐降低至原岩应力；圆形巷道围岩破坏区同样呈现中心对称分布形式，破坏区厚度约为 0.6m。巷道轴比为 2 时，巷道表面最大切应力值为 60MPa，出现在巷道顶底板，随着距表面围岩距离的增加逐渐降低至原岩应力；最小切应力出现在巷道两帮，其值为 15MPa，在距巷帮约 1m 的深度出现峰值点，随后逐渐降低至原岩应力，峰值现象的出现说明巷帮存在应力拱效应，围岩承载能力高。围岩破坏区分布表明：巷道轴比

$m=1/\lambda$ 时，塑性区范围最小，在巷道周围均布程度高，围岩稳定性好。

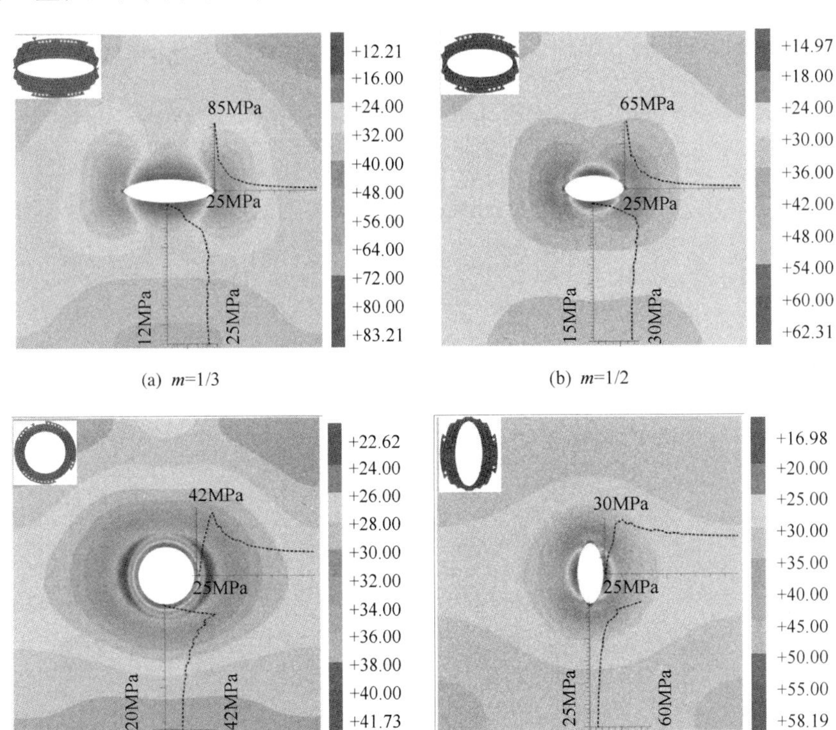

(a) $m=1/3$ (b) $m=1/2$

(c) $m=1$ (d) $m=2$

图 3-15 不同轴比条件下巷道围岩切应力分布的弹塑性分析结果(单位：MPa)

对比弹性和弹塑性分析结果可以看出，考虑围岩塑性破坏条件下，巷道开挖后采动应力集中程度低，但受采动影响的围岩范围增大，由于破坏区的出现，巷道围岩切应力最大值呈现出逐渐向围岩深处转移的趋势。

3.2.3 单个非圆形巷道围岩应力分析

非圆形巷道围岩最大主应力分布理论解析需要用到复变函数，过程极为复杂，本书借助数值分析对非圆形巷道应力分布进行求解。弹性解如图 3-16 所示：方形和梯形巷道最大主应力出现在 4 个肩角处，半圆拱形巷道周边最大主应力出现在底板两肩角和拱顶表面围岩中。

当侧压力系数等于 1 时，方形和梯形巷道顶板和两帮围岩最大主应力随着距巷道表面距离的增加呈现先增大后减小的趋势，说明距离巷道表面一定深度的围岩中存在应力拱现象；与方形巷道相比，梯形巷道应力拱位置距离巷道周边更近，应力水平更高；对于半圆拱形巷道，两帮围岩最大主应力随着距表面围岩距离的增加首先升高和降低，顶板围岩最大主应力则表现出单调递减的趋势，说明应力拱位置外移至巷道表面围岩。当侧压力系数等于 1 时，3 种截面的巷道围岩中应力拱位置距巷道中心的距离依次为：半圆拱形巷道＞梯形巷道＞方形巷道。应力拱范围内的最大主应力水平依次为：半圆拱形巷道＞梯形巷道＞方形巷道。

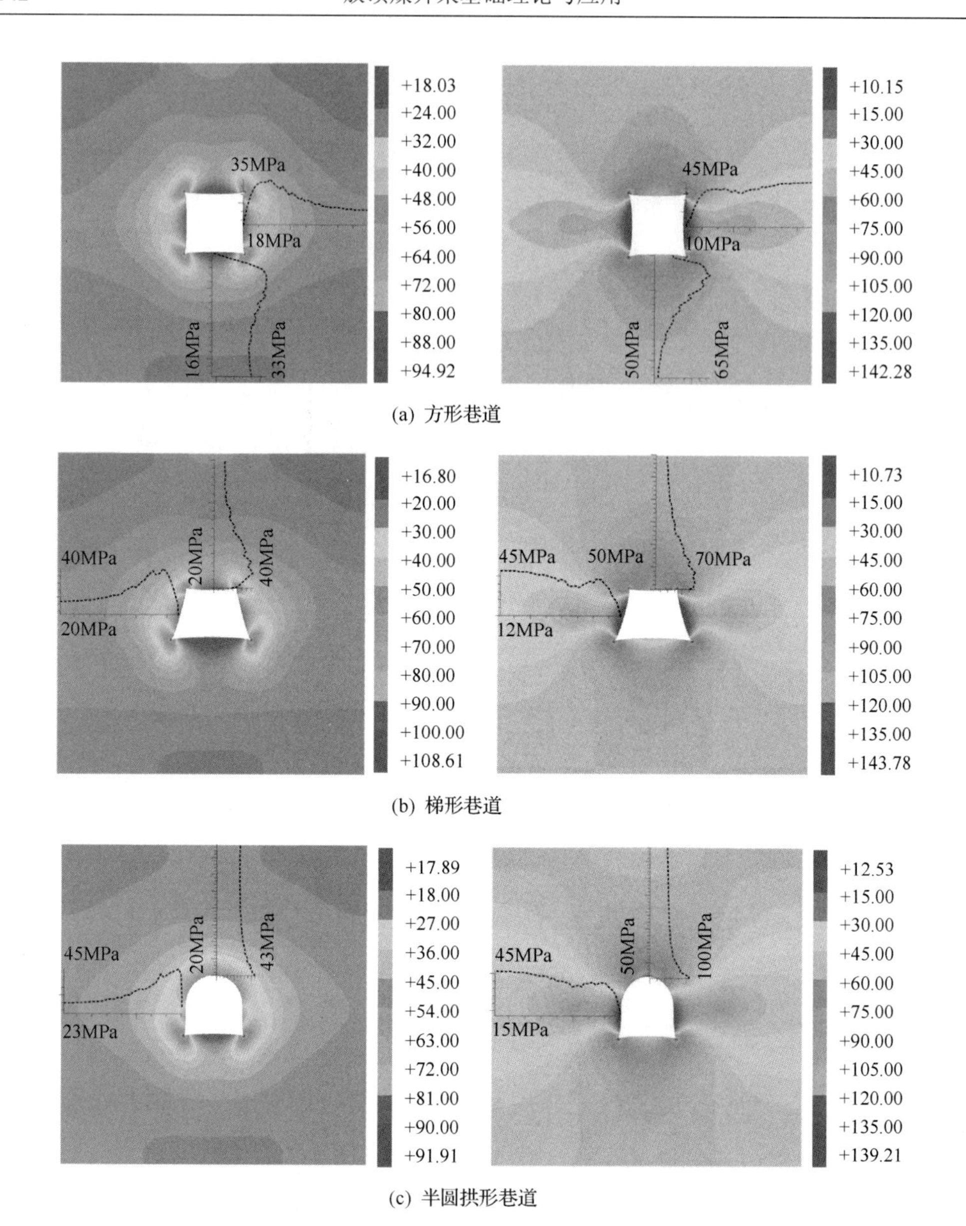

(a) 方形巷道

(b) 梯形巷道

(c) 半圆拱形巷道

图 3-16　非圆形巷道围岩应力分布的弹性解(左：$\lambda=1$；右：$\lambda=2$；单位：MPa)

当侧压力系数等于 2 时，3 种截面巷道两帮围岩中的最大主应力分布形式一致：随着距表面围岩水平距离的增加，最大主应力先升高，后降低，继而缓慢增加至原岩应力，分布曲线中分别存在一个不明显的波峰和波谷。随着距表面围岩垂直距离的增加，方形和梯形巷道顶板围岩中的最大主应力表现先升高后降低的趋势，最后恢复至原岩应力；半圆拱形巷道顶板围岩最大主应力峰值出现在巷道表面，随着距表面围岩垂直距离的增加，其大小表现出单调递减的趋势。3 种截面巷道顶板围岩中存在应力拱现象，应力拱的位置及拱内应力水平随巷道截面的变化趋势与侧压力系数为 1 时一致。

非圆形巷道围岩应力分布的弹塑性分析结果如图 3-17 所示。当侧压力系数等于 1 时，方形巷道周边最大主应力出现在 4 个肩角处，在巷道顶底板和两帮，随着距巷道表面距离的增加，最大主应力均呈现先升高后降低的趋势，最后恢复至原岩应力，巷帮表面围岩最大主应力为 10MPa，深部峰值为 46MPa，顶板表面围岩最大主应力为 16MPa，深部峰值为 34MPa；梯形巷道周边最大主应力峰值出现在靠近底板的两个肩角处，在巷道顶底板和两帮，最大主应力呈现先升高后缓慢降低的趋势，巷帮表面围岩最大主应力为 11MPa，深部峰值为 49MPa，顶板表面围岩最大主应力为 15MPa，深部峰值为 36MPa；半圆拱形巷道围岩最大主应力同样出现在靠近底板的两个肩角处，在巷道两帮和顶底板，

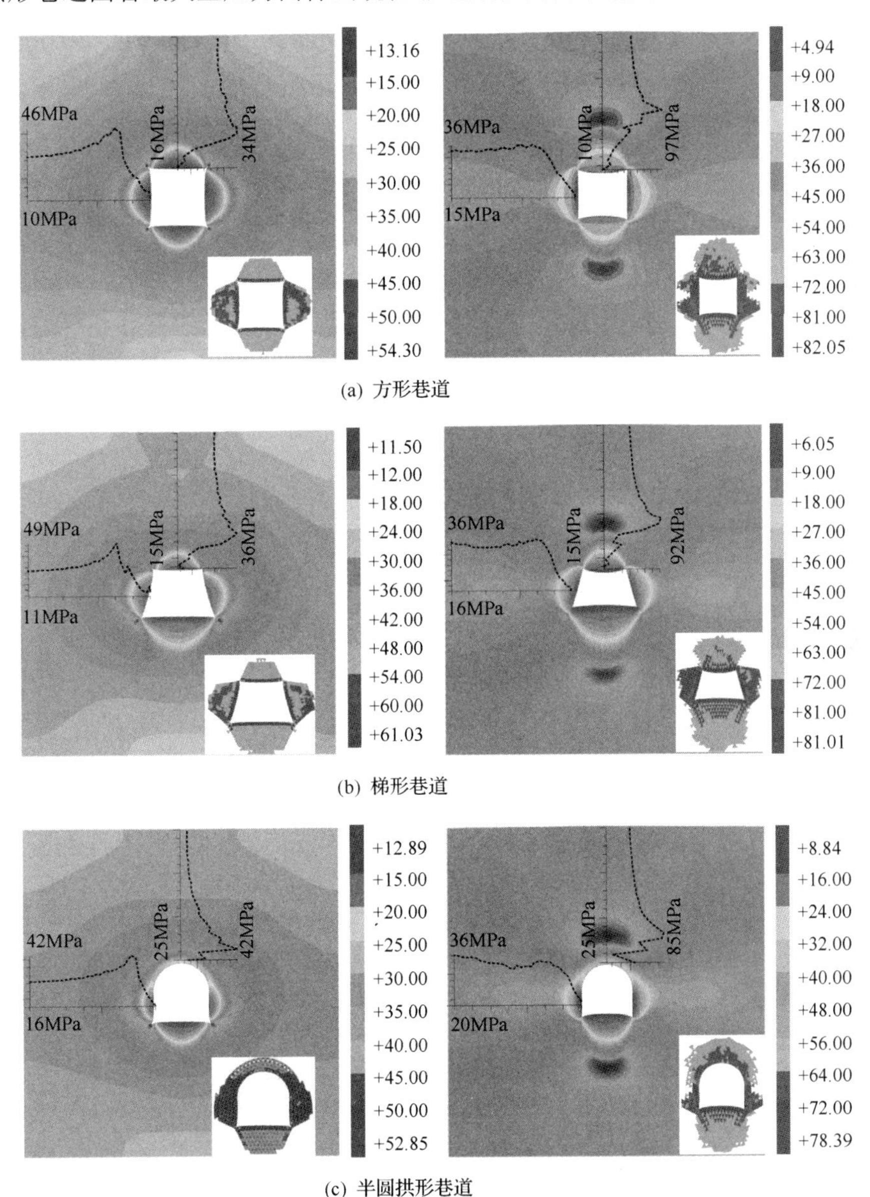

图 3-17 非圆形巷道围岩应力分布的弹塑性分析结果(左：$\lambda=1$；右：$\lambda=2$；单位：MPa)

随着距表面围岩距离的增加，最大主应力先增大后减小至原岩应力，顶板处最大主应力值为 25MPa，深部峰值为 42MPa，巷道两帮最大主应力值为 16MPa，深部峰值为 42MPa。3 种截面形状巷道围岩应力分布对比可知：方形和梯形巷道围岩应力分布差异不大，但梯形巷道最大主应力峰值出现的次数减少；半圆拱形巷道表面最大主应力水平明显高于方形和梯形巷道，浅部围岩最大主应力峰值升高区范围则明显小于后两者，顶板最大主应力峰值高于后两者而两帮最大主应力峰值则低于后两者。弹塑性分析条件下，巷道浅部围岩均发生破坏现象，不同截面巷道的塑性区分布特征存在明显差异，但方形和梯形巷道塑性破坏区范围差异较小，半圆拱形巷道塑性破坏区范围明显减小。当侧压力系数等于 2 时，巷道围岩应力分布特征与侧压力系数等于 1 时存在明显差异，所有截面巷道顶底板围岩中各出现 1 个最大主应力峰值，在方形、梯形和半圆拱形巷道顶板中，最大主应力峰值分别为 97MPa、92MPa 和 85MPa，其位置距顶板表面的距离同样表现出递减的趋势，顶板表面最大主应力水平则为递增的趋势，其值分别为 10MPa、15MPa 和 25MPa；巷帮围岩中最大主应力则表现出逐渐升高然后降低并趋于稳定的特征，方形、梯形和半圆拱形巷道帮部表面最大主应力分别为 15MPa、16MPa 和 20MPa，最终稳定时深部围岩最大主应力水平均为 36MPa。在侧压力系数等于 2 的条件下，3 种截面巷道围岩塑性区分布与静水压力条件时存在明显区别，由于水平应力的增大，巷道帮部围岩塑性区的扩展受到限制，但顶底板围岩塑性区扩展范围则明显增大，说明水平应力的升高不利于顶底板围岩的稳定性。

对比圆形巷道和非圆形巷道周边应力分布可知：圆形巷道周边应力集中程度低，应力分布的均匀性程度高，特别是在静水压力环境中，圆形巷道围岩应力实现沿环向的均匀分布，有利于保持巷道自身的稳定性。圆形巷道周边应力水平相对较低，围岩塑性区扩展范围相对较小，且围岩破坏深度相对稳定，有利于实现一体化支护设计，在非圆形巷道周边，塑性区呈非对称形式扩展，因此，在进行支护设计时同样需要考虑支护措施的非对称性。

3.2.4　多个巷道的相互影响规律

采矿工程巷道布置中，存在多条巷道集中在一个区域布置的情况，此时需要考虑不同巷道之间的相互影响。以区段煤柱两侧的巷道为例，与巷道造成的应力二次分布特征相比，两条平行巷道围岩的应力分布特征必然呈现出新的特点，它们之间的相互影响程度受到巷道断面大小、巷道断面形状、区段煤柱宽度及原岩应力性质等因素的影响。

1) 大小相等的两个圆形巷道

在弹性条件下，两条大小相等的圆形巷道周边切应力分布可根据单孔周围的切应力衰减特征进行确定，通常认为采动应力超出原岩应力的 5%便属于影响区，另外，巷道的影响半径为 R_i，根据式(3-6)可得：$R_i=20^{1/2}r$。若两个巷道之间的距离大于 $2R_i$，则相互之间无影响，若巷道之间的距离小于 $2R_i$，则巷道之间的煤柱中会出现应力叠加区。实际工程开挖中，巷道浅部围岩会发生破坏，使切应力峰值向围岩深处转移。假设两个圆形巷道的半径均为 2m，巷道之间的煤柱宽度分别为 2m、4m、6m、8m、10m，巷道开挖位置垂直应力为 25MPa，侧压力系数分别等于 1 和 2，则巷道围岩垂直应力分布特征的弹塑性分析结果如图 3-18 所示。

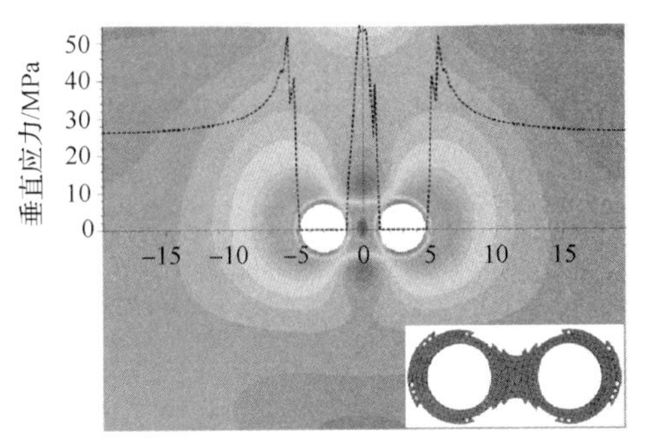

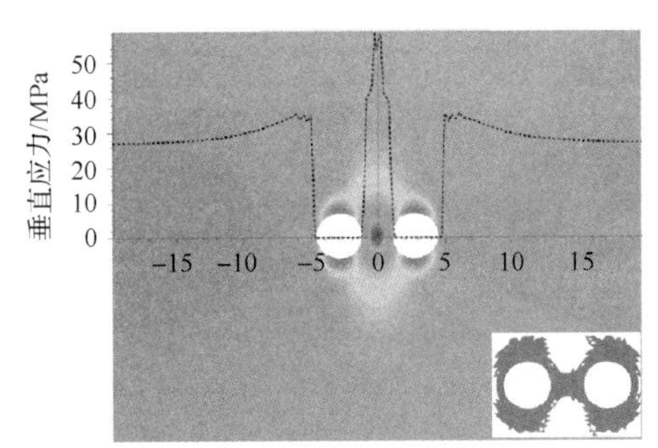

(a) 巷道间距为2m

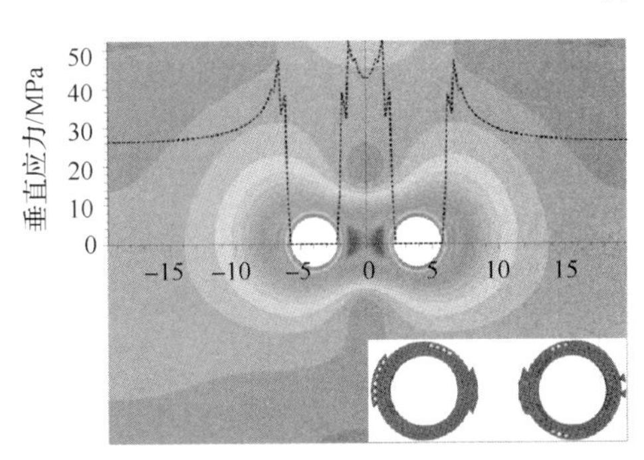

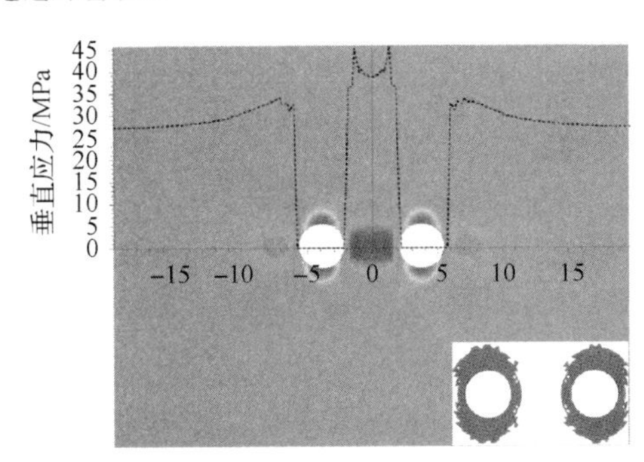

(b) 巷道间距为4m

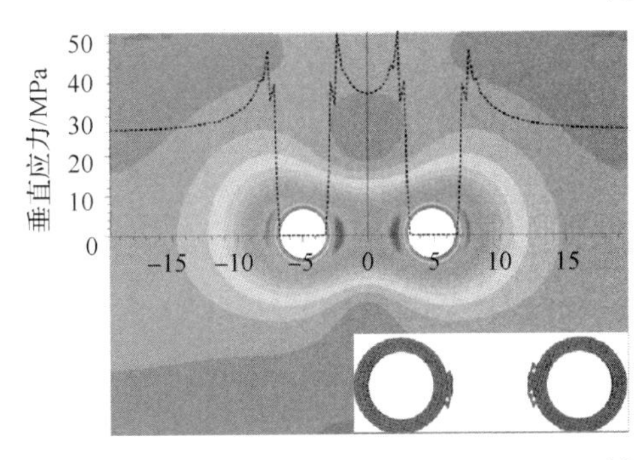

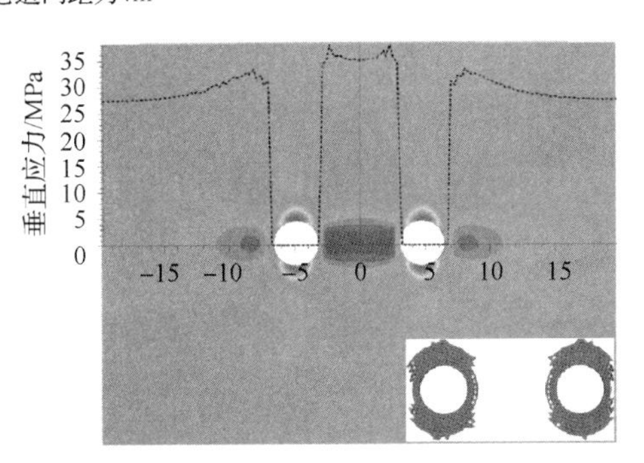

(c) 巷道间距为6m

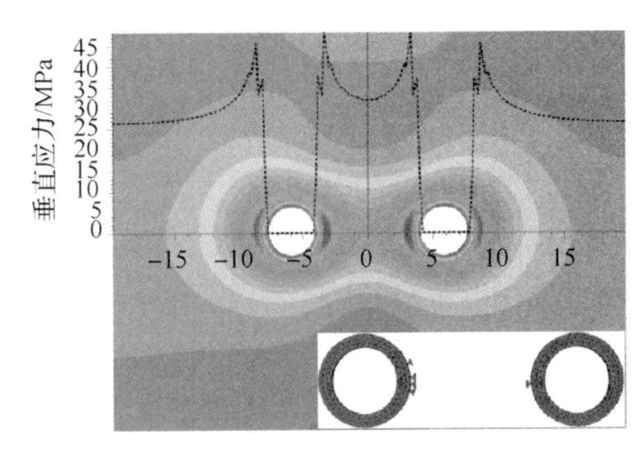

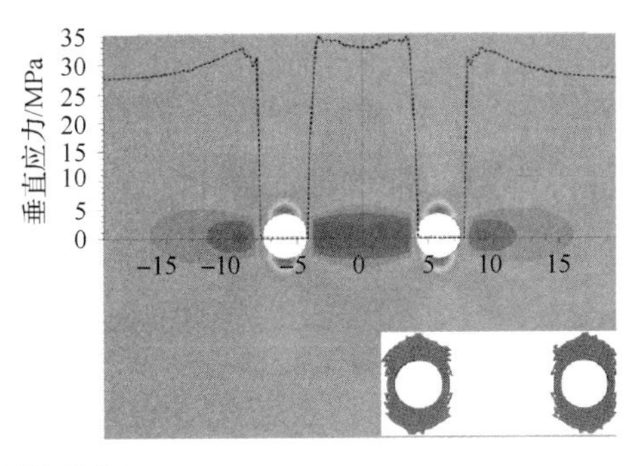

(d) 巷道间距为8m

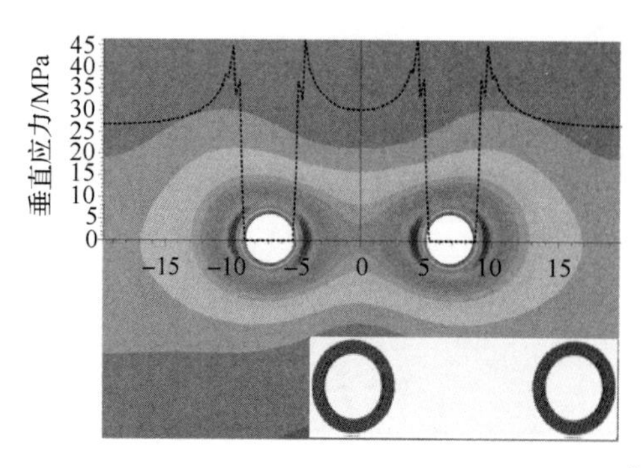

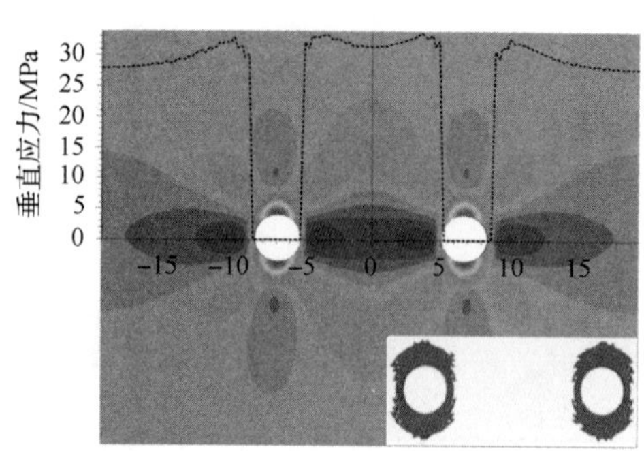

(e) 巷道间距为10m

图 3-18　两个大小相等的圆形巷道围岩切应力分布特征的弹塑性分析结果

左：λ=1；右：λ=2；横坐标数值为距煤柱中心的距离，*m*，下同

侧压力系数等于 1 时：巷道周边出现均匀分布的卸压区，厚度约为 0.6m；巷道间距为 2m 时，煤柱中的垂直应力呈单峰形态分布，最大值为 54MPa，巷道非煤柱侧垂直应力峰值约为 51MPa；巷道间距为 4m 时，煤柱中的垂直应力呈双峰状态分布，峰值为 52MPa，煤柱中部的垂直应力为 42MPa，非煤柱侧垂直应力峰值为 48MPa；巷道间距为 6m 时，煤柱侧的垂直应力峰值为 50MPa，煤柱中部的垂直应力为 35MPa，非煤柱侧的垂直应力峰值为 46MPa；煤柱宽度为 8m 时，煤柱侧的垂直应力峰值为 48MPa，煤柱中部的垂直应力为 32MPa，非煤柱侧的垂直应力峰值为 45MPa；巷道间距为 10m 时，煤柱侧的垂直应力峰值为 46MPa，煤柱中部的垂直应力为 30MPa，非煤柱侧的垂直应力峰值为 44MPa。随着巷道间距的增大，巷道围岩应力集中程度逐渐降低，说明两个巷道之间的相互影响逐渐减少，由图中垂直应力云图还可以看出，随着巷道间距的增加，煤柱侧和非煤柱侧的垂直应力峰值差异迅速降低，巷道围岩切应力逐渐恢复至单孔周边的均匀分布状态。此外，巷道两帮塑性区厚度随着巷道间距的增减呈现逐渐减小的趋势，巷道顶底板破坏深度基本不受巷道间距的影响，当巷道间距增大至 10m 时，两巷道周边破坏区厚度实现均匀分布。

侧压力系数等于 2 时：巷道顶底板出现非均匀分布的卸压区，巷道两帮围岩则没有出现明显的卸压现象；巷道间距为 2m 时，煤柱侧的垂直应力呈单峰形态，其峰值为 58MPa，非煤柱侧的垂直应力峰值为 35MPa；巷道间距为 4m 时，煤柱侧的垂直应力呈双峰分布形态，峰值为 45MPa，煤柱中部的垂直应力为 39MPa，非煤柱侧的垂直应力峰值为 34MPa；巷道间距为 6m 时，煤柱侧的垂直应力峰值为 38MPa，煤柱中部的垂直应力为 35MPa，非煤柱侧的垂直应力峰值为 33.5MPa；巷道间距为 8m 时，煤柱侧的垂直应力峰值为 35MPa，煤柱中部侧垂直应力为 33MPa，非煤柱侧的垂直应力峰值为 33MPa；巷道间距为 10m 时，煤柱侧和非煤柱侧的垂直应力峰值均为 33MPa，煤柱中部的垂直应力为 31.5MPa。随着巷道间距的增大，巷道围岩应力和破坏区分布呈现与侧压力系数为 1 时相同的变化趋势。与侧压力系数等于 1 时相比，巷道围岩切应力集中程度相对较低，煤柱侧的垂直应力峰值降低速度快，煤柱上的垂直应力的均布化程度高，巷道间距增加至 10m 时，煤柱上的垂直应力基本呈现均匀分布形式；非煤柱侧的垂直应力峰值相对较小，随着巷道间距的增大，其下降速度则相对较慢；巷道周边破坏区均布化程度低，顶板围岩破坏深度明显增加，两帮围岩破坏深度则相对减小，说明水平应力的增大恶化了顶板围岩的控制难度，降低了两帮围岩的控制难度。

2) 大小不等的两个圆形巷道

当两条圆形巷道断面尺寸不同时，围岩应力分布将呈现出新的特点。假设两条巷道的半径分别为 2m 和 4m，处于垂直应力为 25MPa 的应力环境中，侧压力系数分别为 1 和 2，围岩应力和塑性区分布的弹塑性分析结果如图 3-19 所示。

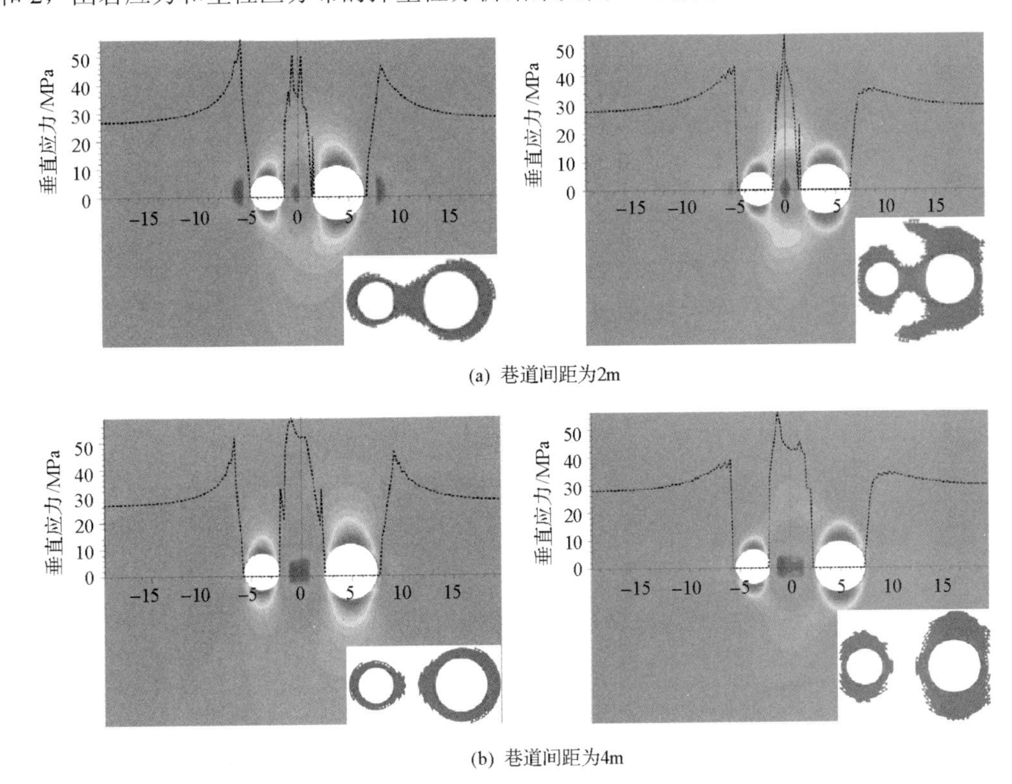

(a) 巷道间距为2m

(b) 巷道间距为4m

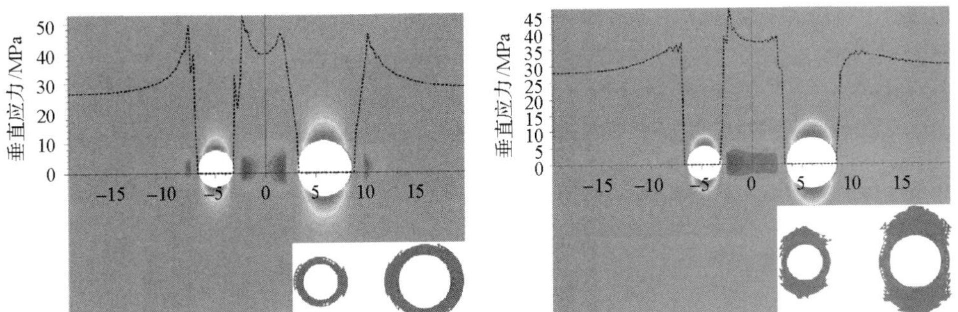

(c) 巷道间距为6m

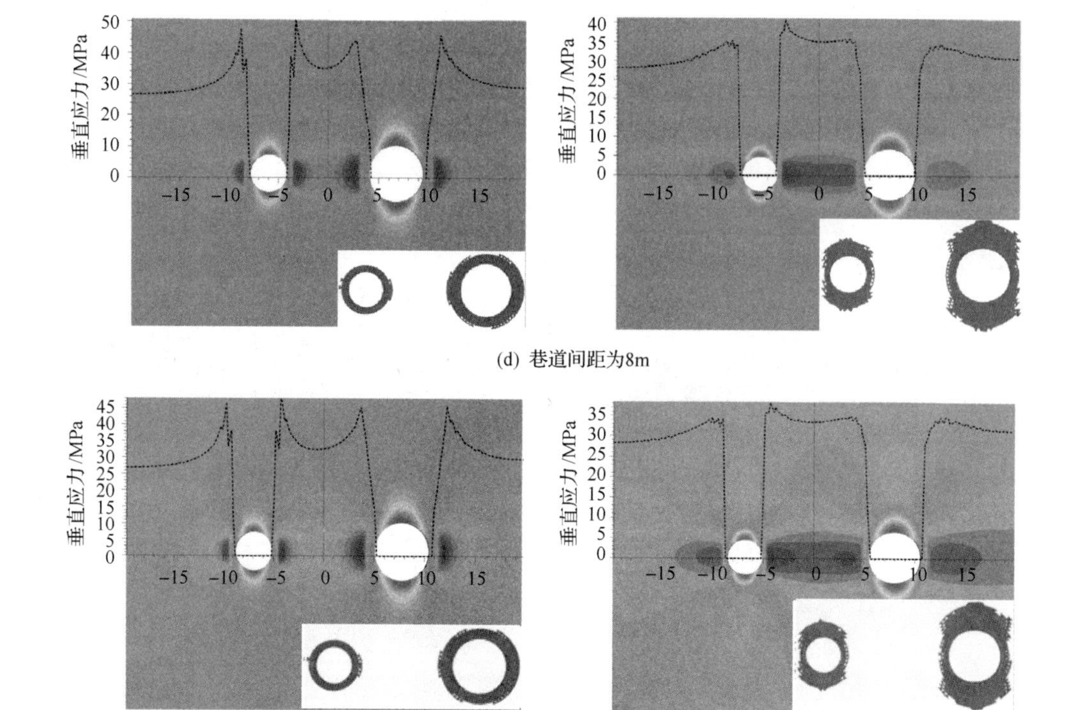

(d) 巷道间距为8m

(e) 巷道间距为10m

图 3-19　两个大小不等的圆形巷道围岩应力分布的弹塑性分析结果(左：λ=1；右：λ=2)

侧压力系数为 1 时：巷道间距为 2m 时，煤柱中的垂直应力呈单峰分布形态，最大值为 50MPa，2m 半径巷道非煤柱侧的垂直应力峰值为 57MPa，4m 半径巷道非煤柱侧的垂直应力则为 47MPa；巷道间距为 4m 时，煤柱中垂直应力开始呈现双峰分布的特点，2m 半径巷道煤柱侧的垂直应力峰值为 59MPa，非煤柱侧的垂直应力峰值为 52MPa，4m 半径巷道煤柱侧的垂直应力峰值为 52MPa，非煤柱侧的应力峰值为 47MPa；巷道间距为 6m 时，2m 半径巷道煤柱侧和非煤柱侧的垂直应力峰值分别为 53 和 50MPa，4m 半径巷道煤柱和非煤柱侧的垂直应力峰值均为 47MPa；巷道间距为 8m 时，2m 半径巷道煤柱侧和非煤柱侧的垂直应力峰值分别为 51MPa 和 48MPa，4m 半径巷道煤柱侧和非煤柱侧的垂直应力峰值均为 45MPa；巷道间距为 10m 时，2m 半径巷道煤柱侧和非煤柱侧的垂直应力峰值分别为 49MPa 和 47MPa，4m 半径煤柱侧和非煤柱侧的垂直应力峰值均为 45MPa。巷道间距为 2m 时，煤柱侧的垂直应力峰值明显小于巷道间距为 4m 时，这是由于大巷道半径加剧了煤柱内最小水平应力的卸荷程度，煤柱破坏程度高，极限承载能力低。大半径巷道两侧的垂直应力峰值相对较小，且巷道间距达到 6m 时，大半径巷道两侧的垂直应力峰值趋于一致，说明小半径巷道对大半径巷道围岩应力分布的影响程度低，而大半径巷道对小半径巷道围岩应力分布的影响程度高。巷道间距为 2m 时，煤柱全部进入塑性破坏状态，随着煤柱宽度的增加，巷道两帮破坏深度逐渐减小，煤柱中开始出现弹性区，巷道顶底板破坏范围基本不受巷道宽度的影响。此外，巷道半径的增大加剧了巷道破坏区的扩展范围，考虑到大半径巷道垂直应力峰值的降低趋势，可以判断开挖空间的增加扩大了围岩最小主应力的卸荷范围，由最小主应力的降低造成了大半径巷道围岩破坏区厚度的增加。

侧压力系数等于 2 时，围岩应力分布随煤柱宽度的变化与侧压力系数等于 1 时相似，以煤柱中心为轴线，两侧应力呈现非对称分布特征，该差异随着煤柱宽度的增加而弱化，当煤柱宽度增加至 10m 时，大小半径巷道非煤柱侧的垂直应力峰值相等；非煤柱侧的垂直应力峰值位置距巷道中心的距离小于煤柱侧，非煤柱侧塑性区宽度小于煤柱侧，说明围岩破坏区为卸压区，水平应力的升高明显增大了巷道顶底板围岩的破坏范围，对巷帮破坏的抑制作用不明显，但水平应力的升高明显降低了围岩垂直应力集中程度。

巷道半径的变化使垂直应力呈现出非对称变化特征，小半径巷道两侧的垂直应力峰值明显高于大半径巷道两侧的垂直应力峰值；两者差异随煤柱宽度的增大而减小，巷道半径的增加加剧了围岩破坏区的扩展范围，垂直应力峰值呈现向围岩更深处转移的特点。

3) 大小相等的两个矩形巷道

采矿工程中，回采巷道大部分为矩形截面，因此，确定矩形巷道围岩应力分布对现场具有更好的指导意义，图 3-20 为大小相等的两个矩形巷道围岩应力分布的弹塑性分析结果。

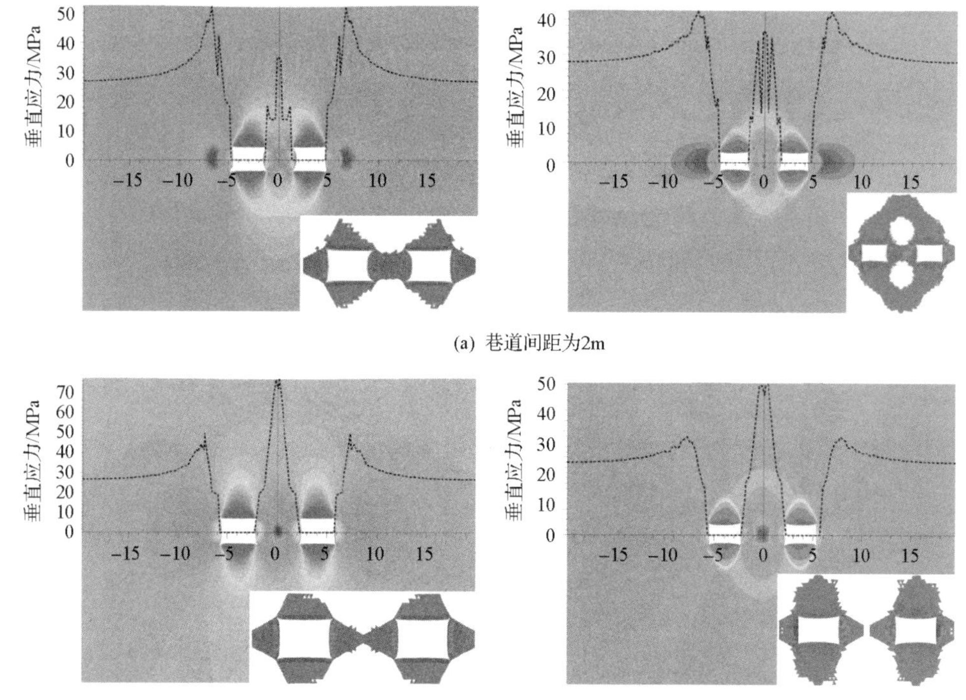

(a) 巷道间距为2m

(b) 巷道间距为4m

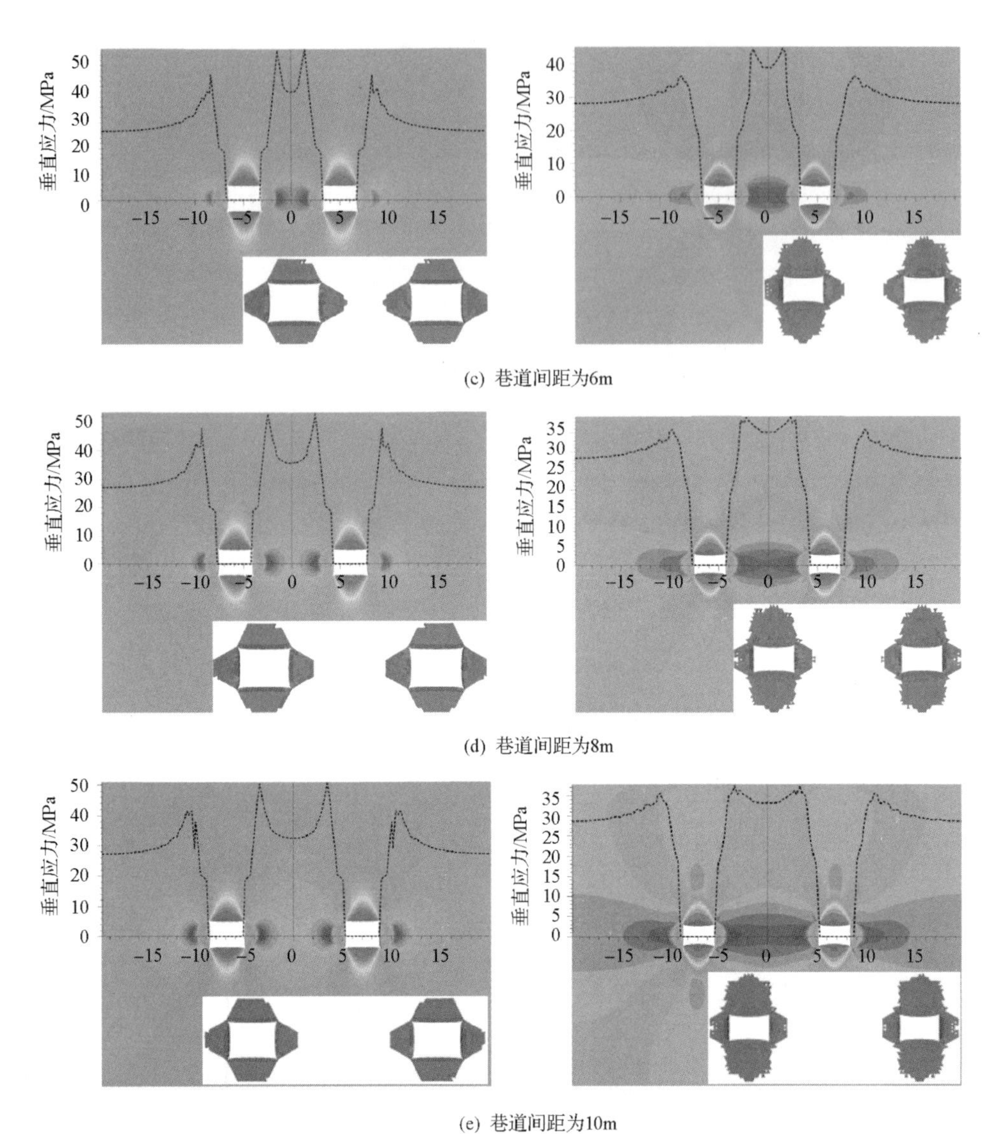

(c) 巷道间距为6m

(d) 巷道间距为8m

(e) 巷道间距为10m

图 3-20　大小相等的两个矩形巷道围岩应力分布的弹塑性分析结果(左：λ=1；右：λ=2)

侧压力系数等于 1 时，两个巷道煤柱侧巷帮水平变形明显大于非煤柱侧。巷道间距为 2m 时全部进入塑性破坏状态，煤柱侧的垂直应力呈单峰分布形态，此时煤柱破坏程度高，煤柱的承载能力低，垂直应力峰值为 35MPa，非煤柱侧的垂直应力峰值为 52MPa，明显大于煤柱侧；巷道间距为 4m 时，内部塑性区呈 X 形态分布，两巷的塑性区出现点式交汇，煤柱的上下部分仍处于弹性状态，承载能力较强，此时煤柱侧的垂直应力呈单峰分布形态，峰值达到 78MPa，非煤柱侧的垂直应力峰值为 50MPa；巷道间距加至 6m、8m 和 10m 时，煤柱中部出现明显的弹性核区，煤柱侧的垂直应力开始呈现双峰分布形态，其峰值分别为 58MPa、53MPa 和 50MPa，非煤柱侧的垂直应力峰值则分别为 48MPa、47MPa 和 44MPa。随着巷道间距的增加，煤柱侧的垂直应力峰值表现出先升高后降低的趋势，非煤柱侧的垂直应力峰值则表现出持续降低的趋势。巷道顶底板和两帮塑性区发育形态和扩展范围相似，但顶底板卸压范围和卸压程度明显高于巷道两帮围岩。

侧压力系数为 2 时，巷道间距为 2m 时，全部进入塑性破坏状态，煤柱侧的垂直应力峰值为 35MPa，非煤柱侧的垂直应力峰值为 42MPa，该条件下巷道顶底板破坏区也出现交汇，巷道围岩表现出明显的分区破坏特征，控制难度升高；巷道间距增加至 4m 时，巷道顶底板和煤柱侧的塑性区相互分离，煤柱中部出现宽度很小的弹性核区，但煤柱侧的垂直应力仍为单峰形态，最大值为 58MPa，巷道非煤柱侧的垂直应力峰值为 38MPa；巷道间距增加至 6m、8m 和 10m 时，煤柱中的弹性区域增加，垂直应力开始呈现双峰分布形态，最大值分别为 45MPa、39MPa 和 37MPa，非煤柱侧的垂直应力峰值均为 36MPa。与侧压力系数等于 1 时相比，煤柱侧的垂直应力均布程度高，非煤柱侧的垂直应力集中程度低，巷道两帮塑性区扩展范围受到水平应力的限制，但顶板围岩的破坏范围明显增加，由梯形分布转变为拱形分布形态，说明在水平应力很大的地应力环境中布置巷道，将巷道断面设计成半圆拱形更有利于围岩保持自身的稳定。

4)大小不等的两个矩形巷道

大小不等的两个矩形巷道围岩应力分布的弹塑性分析结果如图 3-21 所示。随着巷道间距和侧压力系数的改变，围岩中应力分布和塑性区变化与两个大小不等的圆形巷道相似，以煤柱中部为轴线，垂直应力呈现出非对称分布特征，但矩形巷道围岩破坏范围扩大，进入卸压区的围岩厚度增加，因此，垂直应力峰值位置距巷道表面的距离增大，垂直应力集中程度升高。由垂直应力分布云图可以看出矩形巷道顶底板卸压范围明显大于圆形巷道，大断面巷道对小断面巷道围岩应力分布的影响程度高于小断面巷道对大断面巷道的影响，这是应力呈非对称分布的本质原因。

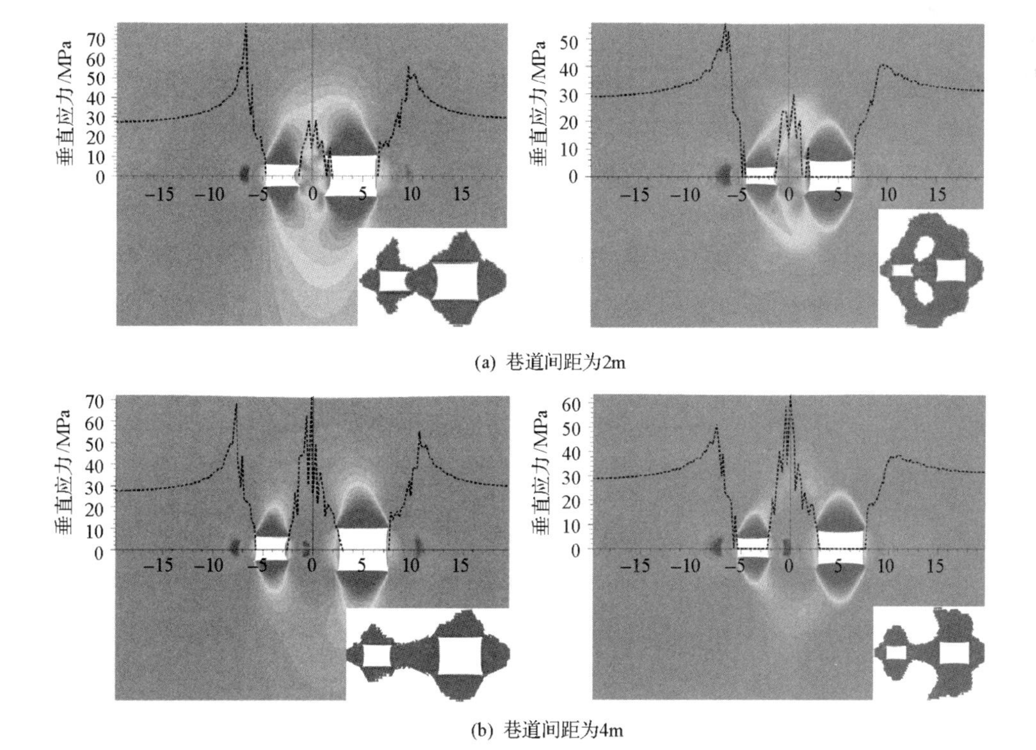

(a) 巷道间距为2m

(b) 巷道间距为4m

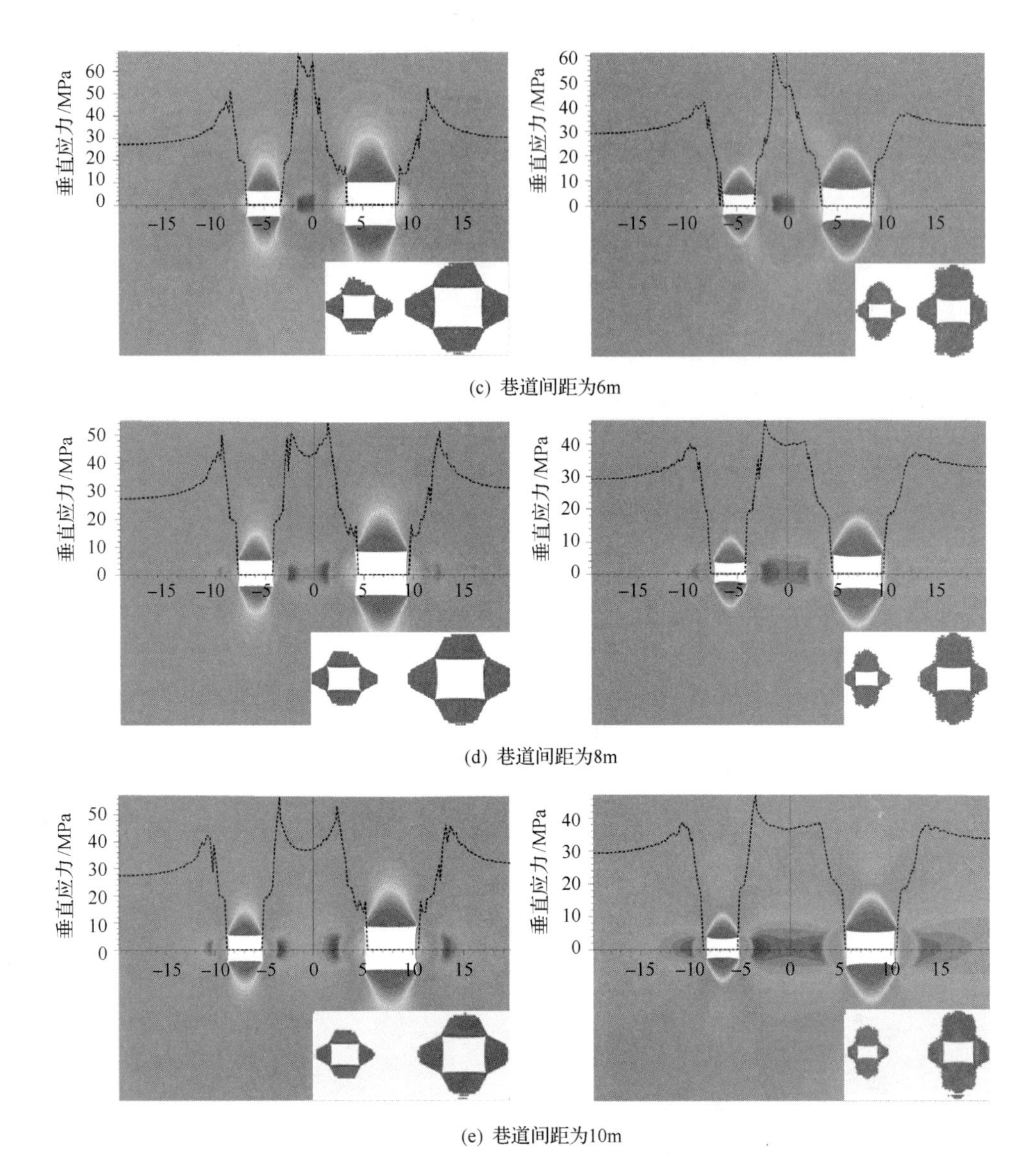

(c) 巷道间距为6m

(d) 巷道间距为8m

(e) 巷道间距为10m

图 3-21　大小不等的两个矩形巷道围岩应力分布的弹塑性分析结果(左：λ=1；右：λ=2)

3.3　采场围岩支承压力

3.3.1　支承压力分类

采动以后，采空区四周的支承压力分布基本规律如图 3-22 所示[16]。支承压力 A 称为工作面前方超前支承压力，它是随工作面向前推进而向前移动的，也是研究的重点，对巷道的超前支护煤壁稳定、采煤机割煤效率、注水防尘、瓦斯抽采(放)等都有很大影响。

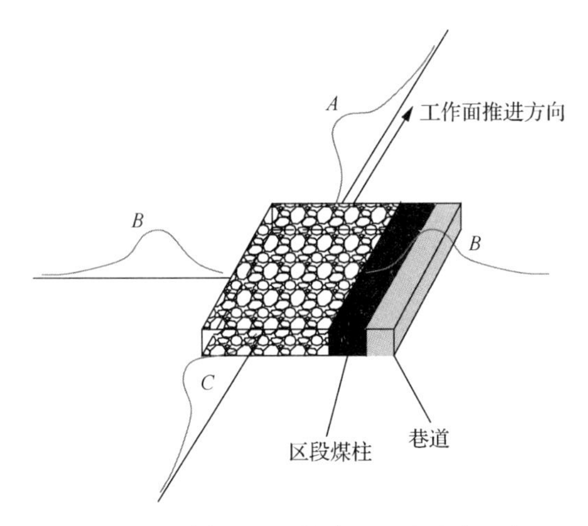

图 3-22　采空区四周的支承压力分布示意

支承压力 B 称为采空区两侧的固定支承压力或残余支承压力，在工作面推进一定距离后，基本处于稳定状态，固定支承压力的分布范围和大小主要会影响区段煤柱留设及区段巷道的护巷方式，固定支承压力的分布范围一般为 15～30m，少数可达 35～40m，支承压力的峰值位置一般距煤壁 10～20m，应力增高系数(即支承应力的峰值与原岩应力之比)为 2～3。固定支承压力的分布规律与顶板岩性、煤层性质及护巷方式都有一定的关系。

支承压力 C 称为采空区支承压力，其应力增高系数通常不大于 1。采空区一侧的支承压力对于采区边界煤柱留设及护巷方式等有一定的影响。

3.3.2　支承压力分区

根据支承压力的分布规律，可以对支承压力进行分区，下面以工作面前方超前支承压力为例，如图 3-23 所示。工作面前方的支承压力按煤体性质，可以分为极限平衡区(塑性区)D 和弹性区 E；按支承压力与原岩应力大小可将其分为减压区Ⅰ、增压区Ⅱ和稳压区Ⅲ。支承压力的分布范围(Ⅰ+Ⅱ)以支承压力高于原岩应力的 5%为界。支承压力的分布范围增高系数 K 与煤岩层的硬度、开采煤层厚度等有关，一般分布范围 30～50m，K=1.5～3，支承压力峰值点距煤壁距离 D 一般为 3～5m。当煤体坚硬时，分布范围小，K 值大，D 值小；当煤层软弱，顶板软弱，开采厚度大时分布范围大，K 值小，支承压力峰值远离煤壁(即 D 值较大)。放顶煤开采时，支承压力的分布范围较大，可达 100～200m，压力增高系数 K 较小，峰值距煤壁距离 D 较大。采场四周都存在支承压力，从分布程度来看有所差异，但其分布特征是类似的，无论是工作面前方超前支承压力 A、采空区两侧的固定支承压力 B，还是采空区支承压力 C 都可以按图 3-23 进行分区，分为减压区Ⅰ，增压区Ⅱ和稳压区Ⅲ。从区段巷道(上、下顺槽)布置来说，总希望将其布置在两侧固定支承压力的减压区内，而不是在增压区内，这样有利于巷道的维护，这就是沿空巷道和小煤柱护巷的基本原理。但是工程实践也表明沿空巷道和小煤柱巷道在掘进和支护期间压力小，工程难度小，成形较好，但是在回采期间，由于采动应力作用其往往变形较大，甚至需要返修。

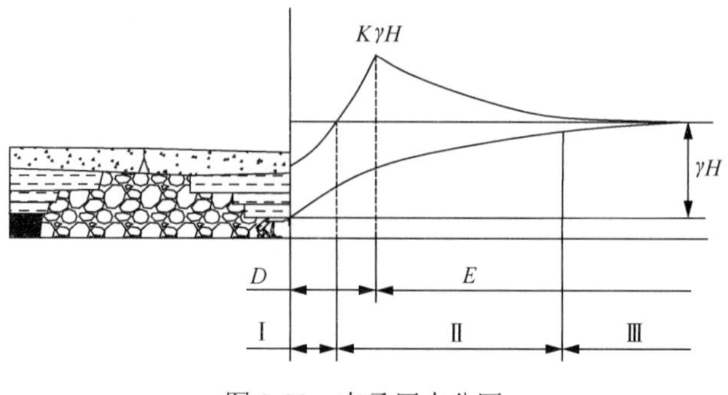

图 3-23 支承压力分区

3.3.3 支承压力叠加

支承压力分布规律研究是采动应力研究的重要内容，事实上，煤矿开采中同一采区并不是只有孤立的一个工作面，同一个采区会有多个工作面，开采中各工作面之间会相互影响，支承压力就会产生叠加。即使是顺序开采，上区段的固定支承压力也会与正在开采工作面的超前支承压力及固定支承压力产生叠加，从而恶化工作面及巷道的受力状况。图 3-24 是德国埃森采矿研究中心所进行的两个工作面前后同时推进时的数值模拟计算结果。模拟的开采条件为：开采深度为 1000m，原岩垂直应力为 25MPa，工作面长均为 250m，将煤岩体均作为线弹性体。两个工作面之间没有煤柱时，模拟结果表明两个工作面交汇处的应力值高达 120MPa，是原岩应力的近 5 倍，远远大于单一工作面开采时的应力增高系数，该应力集中区范围很小，两端头支承压力峰值系数之比可达到 4。工作面之间存在煤柱时，最大垂直应力出现在区段煤柱中，位于工作面后方，最大值达到 160MPa，两个工作面交汇处的应力值为 80MPa，工作面两端头支承压力峰值系数之比约为 2.6。

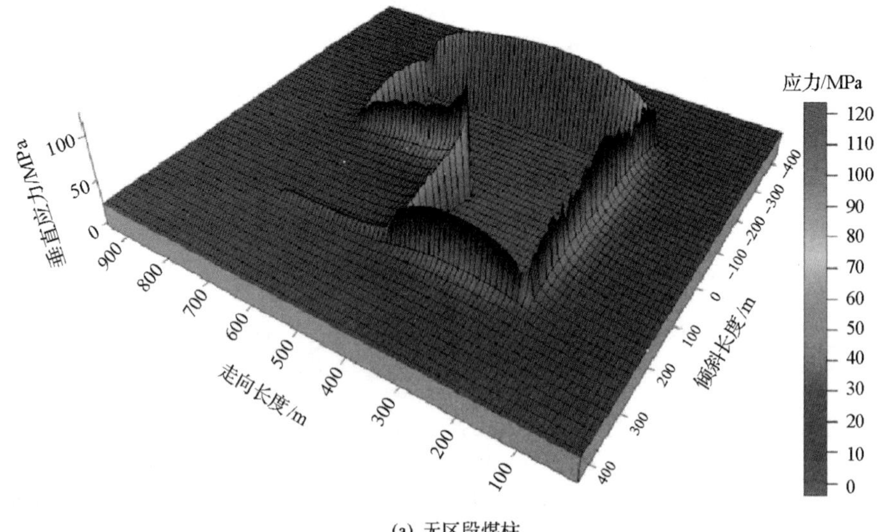

(a) 无区段煤柱

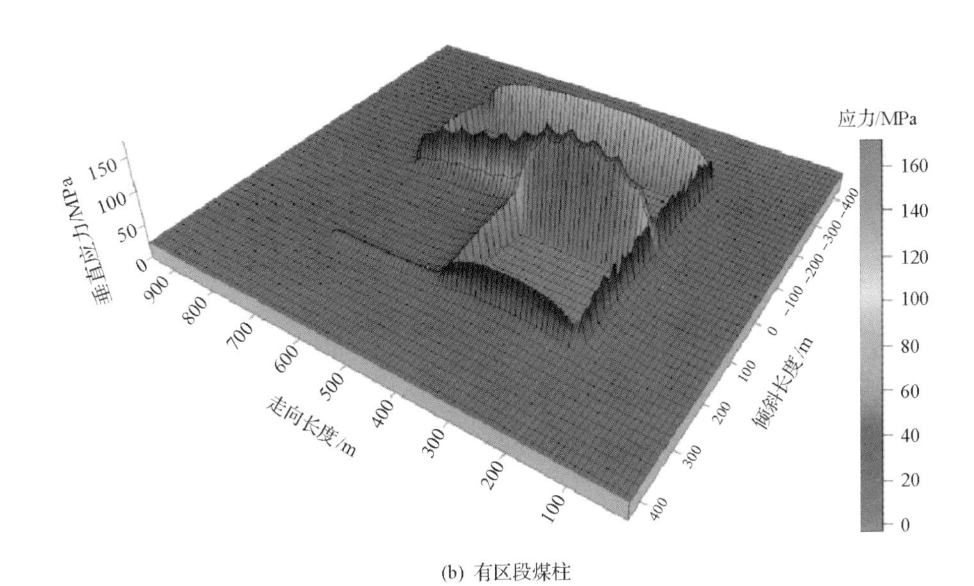

(b) 有区段煤柱

图 3-24 德国埃森采矿研究中心进行的两个工作面的数值模拟结果

事实上，煤岩体均为弹塑性体，当应力达到一定值时，工作面围岩就会发生破坏，采空区冒落矸石同样会对覆岩产生一定的支撑作用，在工作面边界处并不会有过高的应力值。图 3-25 就是按弹塑性模型的模拟计算结果，弹塑性模拟结果的应力值明显小于弹性分析结果，临空侧的浅部煤体全部进入卸压区，应力集中出现的位置向实体煤深处转移。两个工作面之间无煤柱时，最大垂直应力仍然出现在两个工作面的交汇处，其值为 83MPa，超前工作面位置约 10m，工作面两端头支承压力峰值系数之比可达到 2.1；工作面间有煤柱时，最大垂直应力出现在煤柱中，两工作面交汇处垂直应力值约为 75MPa，两端头支承压力峰值系数之比降低至 1.8。

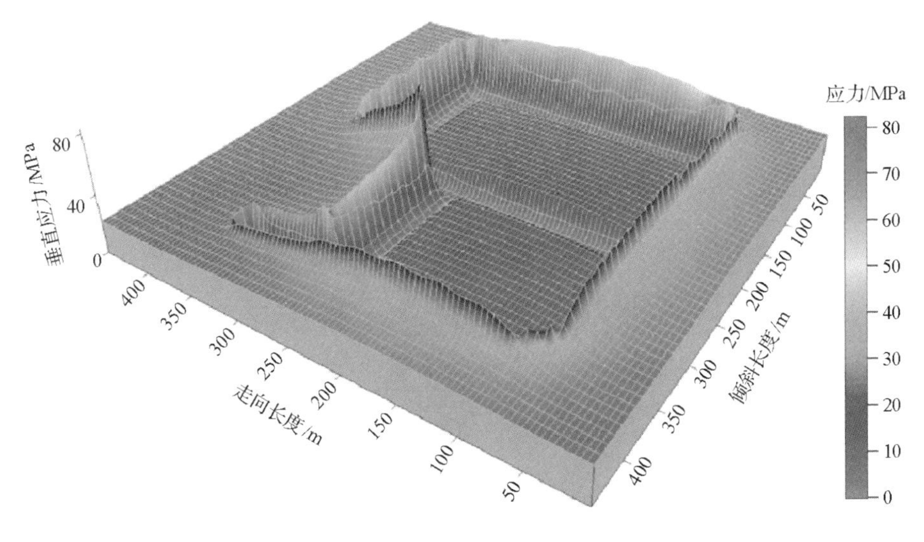

(a) 无区段煤柱

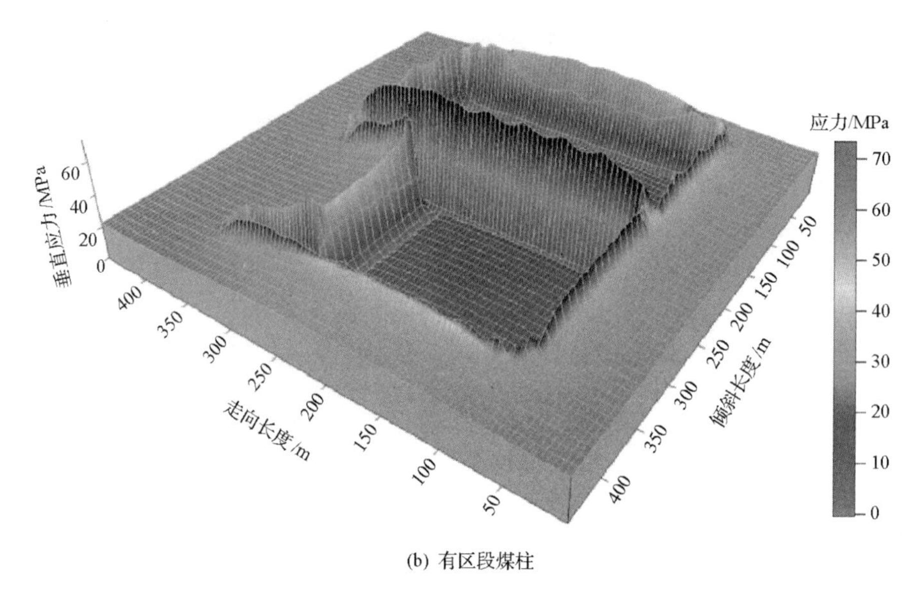

(b) 有区段煤柱

图 3-25 按弹塑性模型的模拟计算结果

3.4 支承压力在煤层底板中的传播

3.4.1 基本规律

若将图 3-23 中煤层底板及以下岩层与煤层及以上岩层分开，然后以应力代替底板之上的煤岩层作用，大体可以简化为如图 3-26 所示情况。图 3-26 从理论上可以简化为半无限大介质在水平分界受到分布面力时的情况，这类问题的理论解在 2.1.6 节中有所介绍，即集中力 F 作用下的铅垂应力可由式(3-33)确定：

$$\sigma_z = -\frac{2F}{\pi}\frac{\cos^2\theta}{r} \tag{3-33}$$

式中，r 为底板某点距集中力作用点的距离，m；σ_z 为底板中心的铅垂应力；θ 含义参见图 2-17。

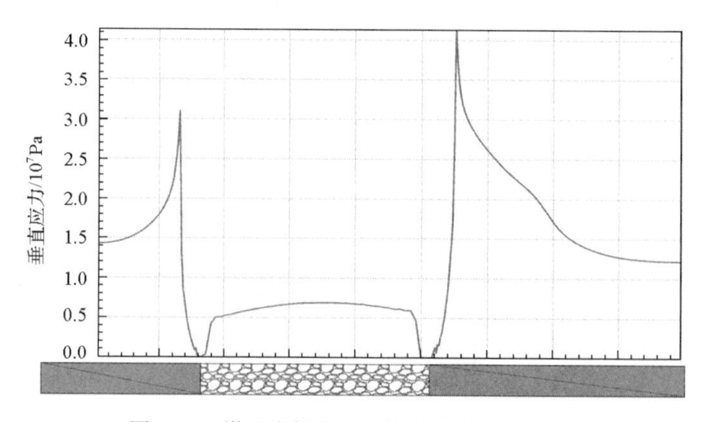

图 3-26 煤层底板上所受到的铅垂应力示意

令集中力 F 为 1MN，由式(3-33)可得底板中的等值线图如图 3-27 所示：集中力作用下，底板中的垂直应力分布类似卵形的压力泡，以集中力作用轴线为中心呈对称分布。

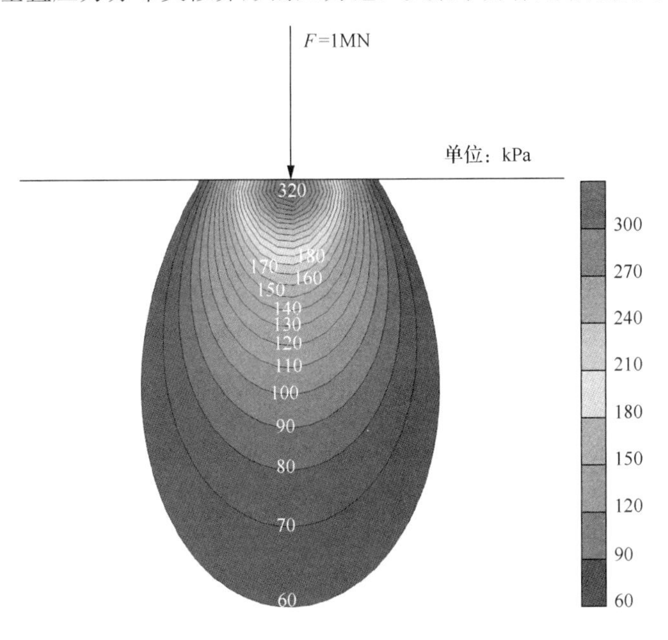

图 3-27　集中应力作用下底板中的垂直应力等值线图

理论上，只要知道图 3-26 所示支承压力的分布函数，就可以借助 2.1.6 节中的理论分析求解各类支承压力在煤层底板中的传播规律，但这种分析的基本假设是将底板岩体为线弹性体。在应力传播过程中没有发生破坏，这与实际情况是有差异的。采用数值模拟方法可以较好地给出煤层底板中的采动应力分布。图 3-28 为采用通用的 FLAC^{3D} 软件的模拟计算结果，采深 600m，煤层厚度 10m(放顶煤开采)，煤层中水平应力与垂直应力相等，煤层开采后，顶板和底板的垂直应力分布情况如图 3-28 所示：工作面下方底板中应力卸载程度最高，由于冒落矸石的压实作用，采空区下方底板岩层中的垂直应力出现一定程度的恢复，但小于初始地应力水平，工作面前方煤层底板中出现垂直应力升高的现象。

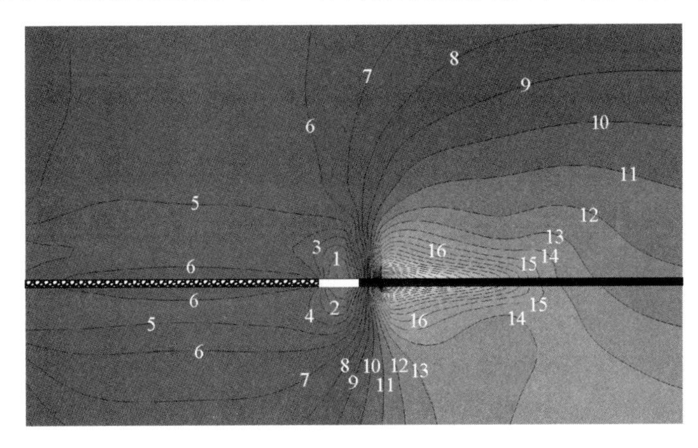

图 3-28　底板应力分布模拟结果(单位：MPa)

3.4.2　煤柱底板应力分布特征

煤柱是采煤过程中经常遇到的，由于采煤工程需布置大量巷道，遇到地质构造及存在突水、防砂、防塌等风险时，为了更好地维护巷道，不得不有计划地留设一些煤柱。煤柱自然就成了支承压力集中区，同时也会将应力传播到煤层底板，尤其是多煤层开采时，当层间距较小时(≤100m)，上层煤柱的应力会传递到下层煤，给下层煤开采时的巷道布置和支护、工作面顶板控制等都带来困难，如图 3-29 所示。因此上层煤的无煤柱开采及多煤层间合理留设煤柱，应尽可能减少煤柱间的相互影响是采煤中的一个重要技术方向。

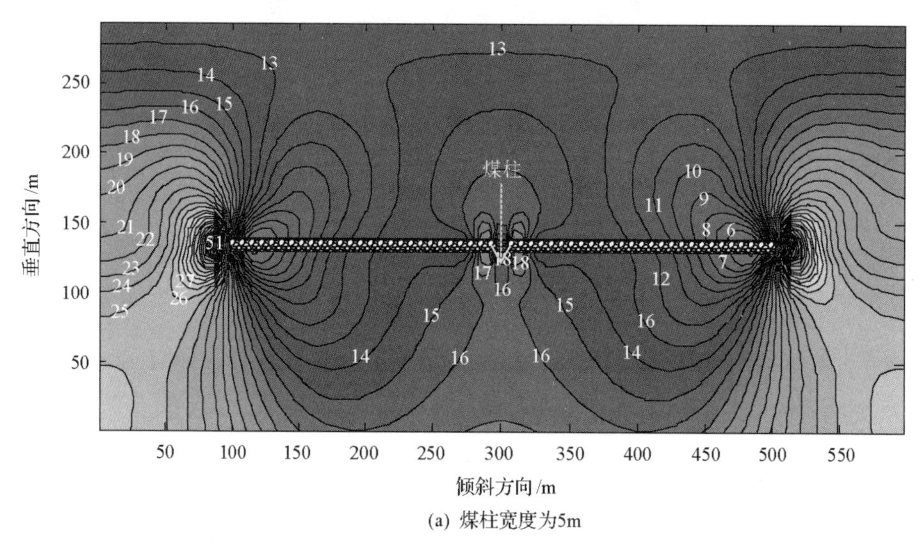

(a) 煤柱宽度为5m

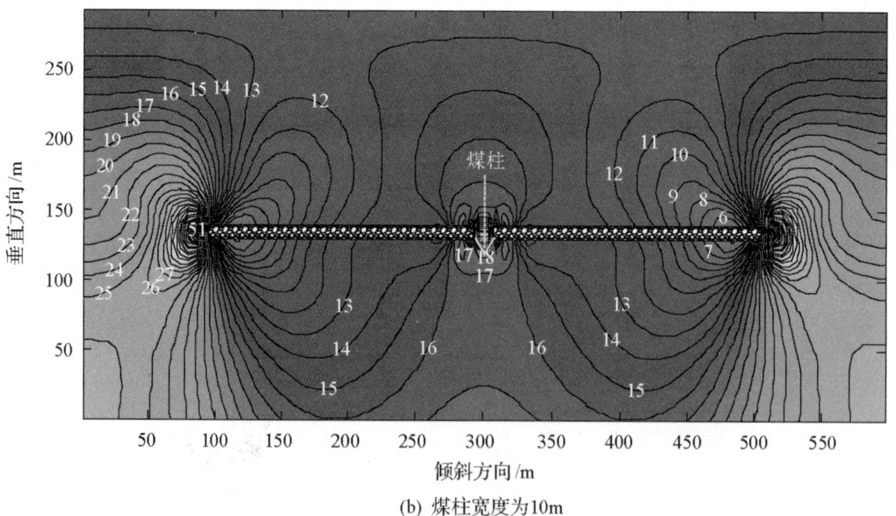

(b) 煤柱宽度为10m

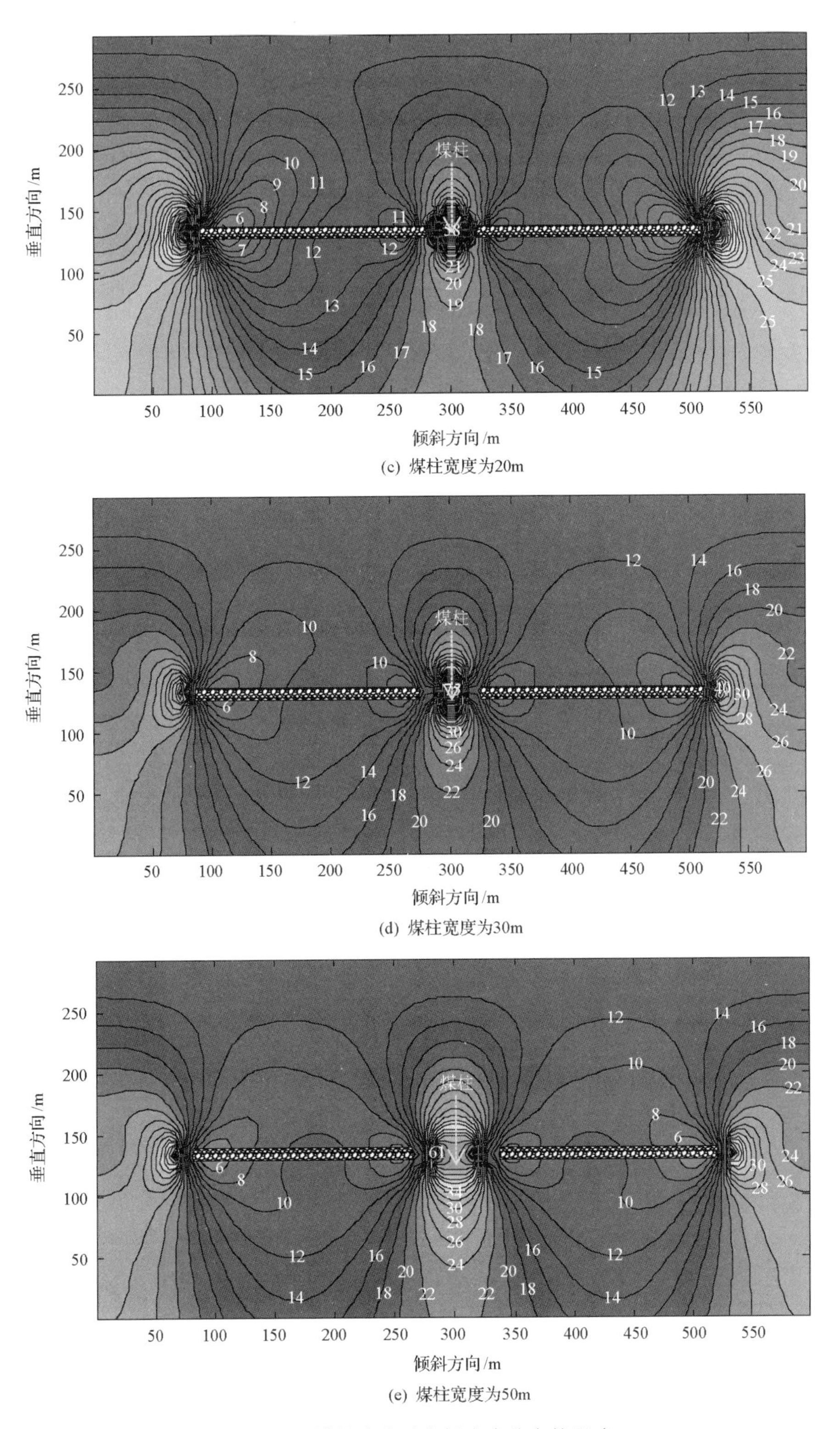

图 3-29 煤柱宽度对底板应力分布的影响

等值线单位为 MPa

图 3-29 是 5 种不同宽度煤柱的支承压力及在底板中的传播情况，模拟煤层埋藏深度 600m，煤层厚度 10m，工作面长度 200m。由非煤柱侧支承压力分布可知：该开采条件下临空侧煤体破坏范围为 9m，将该范围称为支承压力分布范围 D。当煤柱宽度（W）为 5m 时（$W<D$），煤柱完全进入破坏状态，承载能力降低，在采空区矸石的挤压作用下煤柱的承载能力为 18MPa，此时煤柱下方的底板岩层中没有应力集中现象，反而发生轻微的卸压；当煤柱宽度为 10m 时（$W\approx D$），采动影响下仍然完全进入破坏状态，但承载能力增加至 30MPa，明显低于非煤柱侧垂直应力集中程度，底板中出现小范围应力集中现象；当煤柱宽度增加至 20m 时，其宽度约为支承压力分布范围的 2 倍（$W\approx 2D$），煤柱中部的上下位煤体仍处于弹性状态，煤柱中的垂直应力增加至 58MPa，该值大于非煤柱侧的应力集中程度，煤柱影响下底板中出现较大范围的应力集中区，但应力集中程度低；当煤柱宽度增加至 30m 时，煤柱宽大于支承压力分布范围的 2 倍（$W>2D$），采动后煤柱中部存在一定范围的弹性核，煤柱中的垂直应力峰值达到 78MPa，传递至底板后造成很高的应力集中现象；当煤柱宽度增加至 50m 时（$W\gg 2D$），煤柱中的弹性区范围大于 20m，煤柱中出现两个峰值区，与煤柱宽度较小时的单峰值分布特征不同，但支承压力峰值降低至 61MPa，对底板的影响范围增加，但影响程度降低。

3.5 顶板破断基本规律

多年来人们一直研究采场顶板岩层的运动与破断规律，至今已经形成了一些基本共识和理论模型。煤系地层均为沉积地层，且每层顶板岩层的厚度与采场范围相比较小，所以在顶板岩层破断与结构分析中常常将顶板岩层简化为薄板分析。如图 3-30 所示，工作面自开切眼推进[图 3-30(a)]，推进到一定距离后顶煤冒落，而后直接顶垮落；随着工作面的继续推进，悬露基本顶的前后边界破断[图 3-30(b)]，而后悬露基本顶的中部破断，上下两侧破断，破断基本顶下沉，基本顶整体破断形成 O-X 断裂[图 3-30(c)]。破断的基本顶若满足一定条件，则可能形成临时稳定结构，在基本顶岩层破断时，工作面推进距离 d 往往小于 4 倍的工作面长度 b，所以通常情况下沿工作面推进方向在工作面中部取Ⅰ-Ⅰ剖面进行顶板梁式破断分析，这样可以大大简化顶板破断板式分析带来的难题[16-18]。

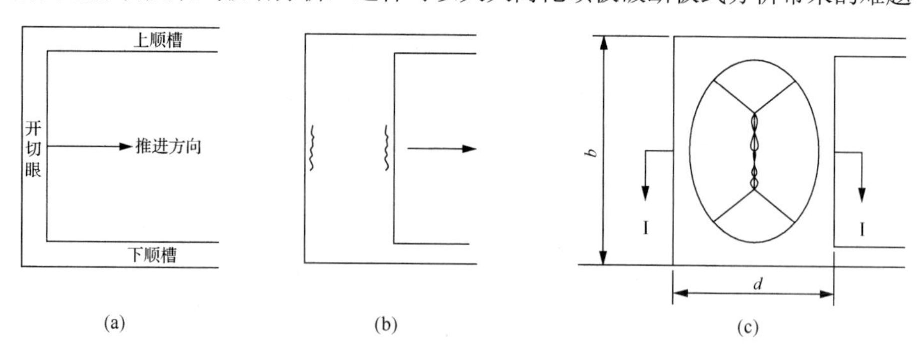

图 3-30 基本顶岩层的板式破断

工作面推进不同距离时Ⅰ-Ⅰ剖面如图 3-31 所示，工作面自开切眼[3-31(a)]推进一定距离后，顶煤冒落[3-31(b)]，顶煤初次冒落距一般为 10～20m，这主要取决于顶煤中的裂隙发育程度及顶煤强度和夹矸情况。对于软弱煤层，工作面一出切眼，顶煤就会冒落，但对于一些裂隙不发育的坚硬煤层，顶煤的悬顶距离可达 20m，甚至 30m，此时往往需要人工预爆破或注水等弱化顶煤措施。随着工作面的继续推进，直接顶垮落[3-31(c)]，对于一些软弱煤层直接顶会随顶煤冒落而一起垮落，但对于大部分直接顶，其垮落滞后顶煤冒落 10～20m。随着工作面继续推进，基本顶岩层破断，大部分情况下 A、B 岩块可以咬合在一起，形成“三铰拱”式结构(有 a、b、e3 个铰接点形成的结构)，此时 A、B 岩块的两个拱脚 a、e 承担着 A、B 岩块及其上覆岩层的载荷，如图 3-31(d)所示，A、B 岩块可以形成平衡结构。随着工作面继续推进，基本顶岩层继续破断，如图 3-31(d)中的 C 岩块破断、回转，B 岩块下沉，回转，点 d 受到挤压闭合，点 e 张开，如图 3-31(e)所示，可能会形成 A、B、C 3 个岩块挤压咬合在一起的平衡结构，该结构从本质上看也是“三铰拱”结构，点 a、点 g 相当于“三铰拱”的拱脚，点 b、点 d 形成了“三铰拱”的拱顶。随着工作面继续推进，基本顶也可能会破断成更多岩块组成的“三铰拱”式平

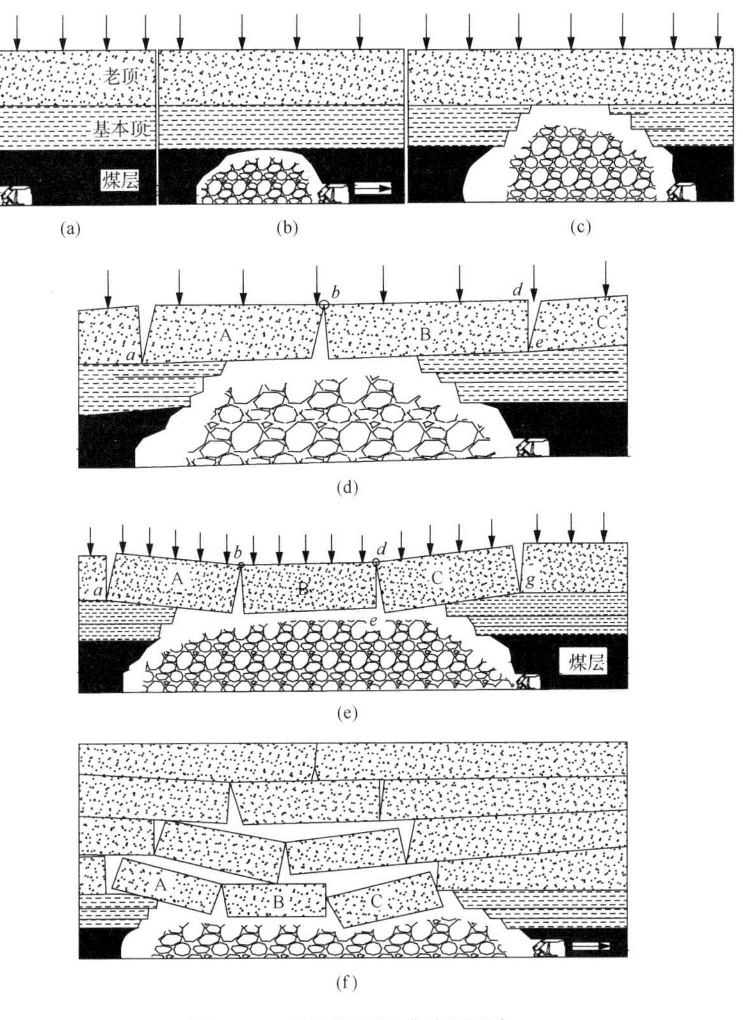

图 3-31 顶板岩层梁式破断示意

衡结构。破断岩块是否会形成“三铰拱”式平衡结构取决于基本顶岩层的厚度和力学性质，需要具体分析。这种破断岩块咬合在一起，表面上看类似于梁，而实质上是拱的结构，称为“砌体梁”结构，该理论是 20 世纪 80 年代初由钱鸣高院士提出来的，并进行了结构稳定的理论解析[16-18]。

当工作面继续推进，图 3-31(e)的“砌体梁”结构会失稳破坏，如图 3-31(f)。“砌体梁”结构失稳以前，A、B、C 岩块及上覆岩层载荷通过结构传递到拱脚 a 和 g，并作用到采场前后煤体上，即前拱脚的压力作用在前方煤壁上，而支架只承担顶煤、直接顶及基本顶回转变形挤压的载荷，此时支架所受的载荷并不是很大。当“砌体梁”结构失稳瞬间，B、C 岩块及上覆岩层载荷就会通过直接顶和顶煤突然作用在支架上，此时支架的阻力会突然增加，这种现象称为工作面的初次来压，初次来压时支架阻力与平时阻力之比称为初次来压的动载系数(增载系数、来压系数)，动载系数的大小与基本顶岩层物理力学性质、几何参数、采高、直接顶厚度及力学性质、顶煤的厚度及力学性质等有关，一般介于 1.2～1.5，顶板坚硬时，动载系数较大。初次来压时工作面的推进距离称为基本顶初次来压步距，一般为 20～50m，顶板坚硬时，动载系数和来压步距都较大。过大的来压步距会对工作面产生较大的冲击，实际开采中会通过顶板预裂爆破或注水软化等措施减小顶板来压步距。“砌体梁”结构初次失稳以后，形成了如图 3-31(f)所示的情形，工作面继续推进以后，基本顶又会破断成岩块，破断的岩块与采空区的垮落顶板同样可以相互挤压，形成类似于如图 3-31(d)或(e)所示的情形，然后“砌体梁”结构失稳，对工作面支架产生冲击，随着工作面不断推进，这一过程会周而复始地循环着，这种周期性地对支架产生的顶板载荷突然增加的现象称为工作面基本顶的周期来压，周期来压时支架阻力与平时阻力之比称为周期来压的动载系数(增压系数、来压系数)，一般为 1.1～1.3。两次相邻周期来压的工作面推进距离称为周期来压步距，一般为 10～30m，顶板坚硬时，动载系数大，周期来压步距大。

顶板破断后的结构形式及其稳定性一直是采场围岩控制的重点，只有正确判断顶板破断后形成的结构，才能对其稳定性进行分析，进而选择正确的支护措施。为提高综放工作面顶板控制效果，通常以特定地质条件和开采条件为背景铺设物理模型，进行相似模拟试验，反演工作面推进过程中顶板破断运动形态及失稳条件，如图 3-32 所示。基于实验结果分析顶板破断与顶板结构形成、失稳过程，从而对理论分析结果进行验证。

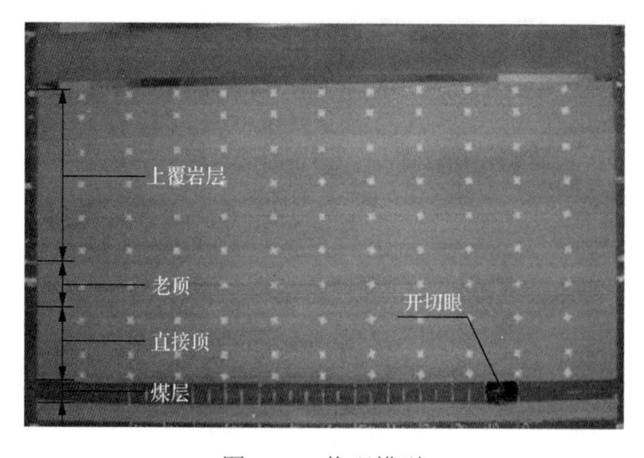

图 3-32　物理模型

工作面初次来压时，顶板运动形态如图 3-33 所示，直接顶全部垮落，由于采出空间大，下位基本顶无法形成结构，断裂后与直接顶一同垮落，作为静载荷作用于工作面支架，上位基本顶形成静定三铰拱结构，可以保持自身稳定并承担上位随动岩层载荷，文献[19,20]对该结构的稳定性及可能产生的动载冲击作用进行了分析，在形成上述结构条件下，工作面液压支架承受的顶板压力仅为直接顶和下位基本顶的自重及上位基本顶结构的变形压力。

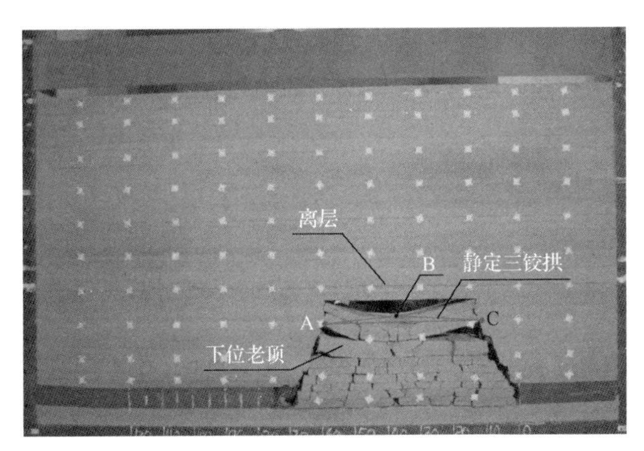

图 3-33 工作面初次来压

工作面进入正常推进阶段周期来压时，顶板破坏运动形态如图 3-34 所示。下位基本顶破断后形成的岩块 EF 在煤壁及采空区切落岩块的支撑下可暂时保持自身平衡，岩块失稳造成支架阻力增大，上位基本顶形成与初次来压类似的静定三铰拱结构，承担其上随动岩层的质量，因采动范围增大，随动岩层厚度达到 h，若上位基本顶结构失稳，对工作面支架产生影响的岩层范围迅速增加。

图 3-34 工作面周期来压

3.6 顶板结构与失稳判据

“砌体梁”结构平衡取决于铰接点的挤压力是否超过接触面处的强度极限，若局部挤压力超过岩块的抗压强度，可能导致岩块随着回转形成变形失稳。此外，铰接面产生的摩擦力与剪切力之间的关系同样影响结构的稳定，当剪切力大于摩擦力时形成滑落失稳，在工作面的表现形式为顶板的台阶下沉。

砌体梁结构受力如图 3-35 所示，前铰接点由煤壁和支架支撑，铰接面上的剪切力为 R_A，水平推力 T 由工作前方未断裂基本顶岩层提供，后铰接点由采空区垮落矸石支撑，铰接面上的剪切力为 R_B，水平推力 T 由采空区冒落矸石提供；此外，结构上部承受的集中力 P 为其自重及随动岩层载荷，岩块 A 和 B 的回转角分别为 β_1 和 β_2，根据结构力学理论可知“砌体梁”结构中的压力传递线为 3 个铰接点的连线，如图 3-35 所示，顶板破断岩块形成的是一个静定三铰拱，下面分别对初次来压和周期来压拱结构失稳判据进行分析。

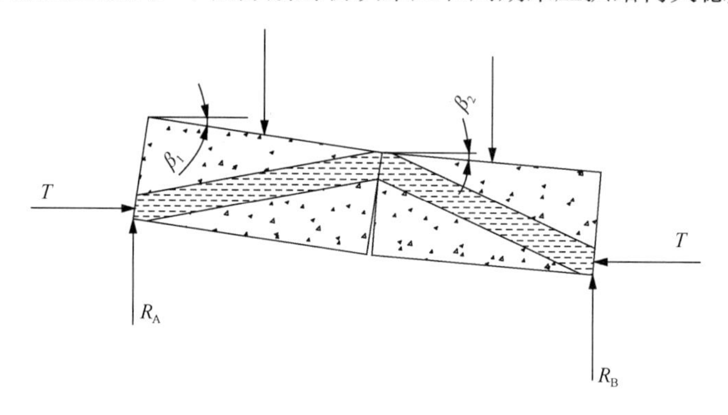

图 3-35　砌体梁结构受力图

3.6.1　初次来压顶板结构失稳判据

3.6.1.1　简化力学模型

初次来压时，图 3-31(d)和图 3-33 基本顶形成的砌体梁结构如图 3-36(a)所示：基本顶岩层破断后，破断岩块随着工作面的推进不断回转，铰接形式由线接触转变为面接触，接触面高度为 a。为简化分析，将接触面上的载荷视为集中力 T，根据静力等效可知岩块所受合力作用点位于接触面的中部[图 3-36(a)]，将两破断岩块视为一个整体进行研究，根据静力平衡关系可得在 A 和 C 处：

$$R = qL \tag{3-34}$$

式中，R 为铰接面上的剪力；q 为顶板岩块承受的载荷；L 为破断岩块长度。

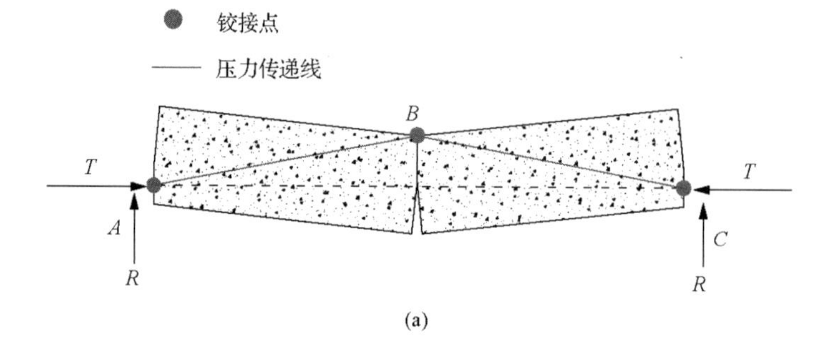

(a)

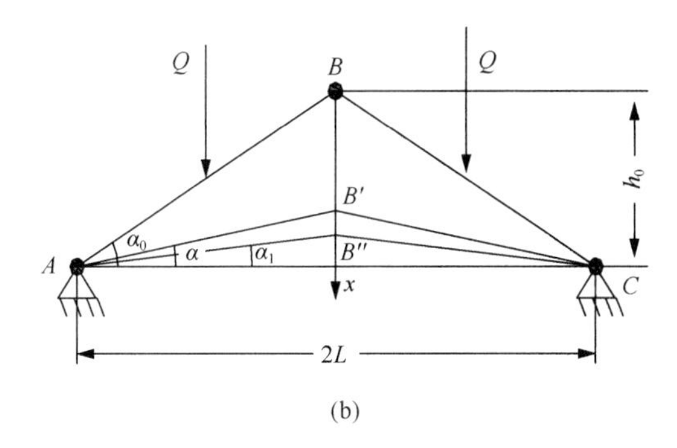

(b)

图 3-36　基本顶初次破断结构

由于 A、C 处剪力 R 相等，因此 B 处铰接面上不存在剪力，只存在水平挤压力，为求得其大小，取 A、B 岩块进行受力分析，对点 A 取矩平衡可得

$$Th=\frac{1}{2}q\left(L\cos\beta\right)^{2}+qLH\sin\beta \tag{3-35}$$

式中，T 为水平挤压力，N；R 为保持结构平衡所需的剪力，N；β 为破断岩块的回转角，度；h 为 A 和 B 两铰接点的垂直距离，可由几何关系求出，m；H 为破断岩块高度，即基本顶厚度，m。

由式(3-35)可看出水平挤压力 T 与破断岩块的回转角成正比，与合力作用点间的垂直距离成反比。若不考虑滑落失稳的可能性，同样将破断岩块所受载荷均简化为集中力作用，根据静力等效确定集中力作用点的位置，则根据破断岩块的受力边界条件可将基本顶岩块结构沿压力传递线的方向简化为如图 3-36(b)所示的铰接杆结构，其中：Q=qL。

3.6.1.2　顶板结构极限承载能力

结构稳定是在弹性范畴内讨论的，若基本顶结构进入塑性状态，则必然发生失稳，因此，分析基本顶结构的稳定性，应先确定其所处的弹塑性状态。随着基本顶结构回转角度的增大，破断岩块中产生的压力越大，由式(3-35)可得作用于铰接面的压应力 σ 与破断岩块回转角度之间的关系为

$$\sigma=\frac{q\left(L\cos\beta\right)^{2}+2qLH\sin\beta}{2ha} \tag{3-36}$$

令式(3-36)中的压力 σ 等于基本顶单轴抗压强度，可得顶板结构极限承载能力 $q_{\max}$ 为

$$q_{\max}=\frac{2ha\sigma_{c}}{\left(L\cos\beta\right)^{2}+2LH\sin\beta} \tag{3-37}$$

式中，σ_{c} 为基本顶单轴抗压强度。

式(3-37)为基本顶结构极限承载能力确定公式，基本顶之上的随动岩层范围可由组合梁理论确定，根据随动岩层范围可以计算基本顶结构之上随动载荷的大小。若顶板自

重及作用于其上的随动载荷大于顶板结构极限承载能力，基本顶结构形成瞬间便会发生大范围塑性流动变形而失稳；若随动载荷小于顶板结构极限承载能力，结构处于弹性状态，可保持自身稳定，需进一步对结构失稳条件进行分析。由矿山压力及岩层控制理论可知顶板结构存在回转和滑落两种失稳形式，下面分别对两种失稳形式的产生条件进行分析。

3.6.1.3 回转失稳条件

随着破断岩块的回转，当图 3-36(b)中角 α 很小时铰接杆结构可视为浅梁结构，此时点 B 下沉至 B'的位置，铰接点距 AC 的距离减小至 $h_{\min}$，平衡结构可能会失去稳定性。

此时点 B'的坐标 $x=-h_{\min}$，由三角函数关系可得 AB'的长度：

$$l=\frac{L}{\cos\alpha}=L\left(1+\frac{\alpha^2}{2}\right)$$

当 AB'回转至角 α_1 时，点 B'下沉至 B''位置，AB''的长度为

$$l_1=\frac{L}{\cos\alpha_1}=L\left(1+\frac{\alpha_1{}^2}{2}\right)$$

B''点的坐标为 $x\approx l\alpha_1$，杆的变形量为

$$\Delta l=\frac{1}{2}L\left(\alpha^2-\alpha_1{}^2\right)$$

杆的应变值为

$$\varepsilon=\frac{1}{2}\left(\alpha^2-\alpha_1{}^2\right)$$

点 B'的位移为 $u=l\alpha_1+h_{\min}$，应变值用点 B 的位移表示，则 $\varepsilon=\frac{-u\left(u-2h_{\min}\right)}{2l^2}$，顶板结构的应变能 U 为

$$U=E\varepsilon^2Al=EA\frac{u^2\left(u-2h_{\min}\right)^2}{4l^3} \tag{3-38}$$

基本顶岩块及载荷层的重力所做的功为

$$V=-Qu \tag{3-39}$$

式中，Q 为基本顶岩块及载荷层的重力，kN。

铰接结构的总势能为

$$\Pi=U+V=EA\frac{u^2\left(u-2h_{\min}\right)^2}{4l^3}-Qu \tag{3-40}$$

根据最小势能原理，铰接结构保持平衡的条件为

$$\delta \Pi = \left[EA\frac{u(u-h_{\min})(u-2h_{\min})}{l^3} - Q \right]\delta u = 0 \tag{3-41}$$

结构总势能在其二次变分大于 0 时取得最小值，因此，当 $\delta^2 \Pi > 0$ 时结构的平衡是稳定的，$\delta^2 \Pi < 0$ 时结构很可能会过渡到失稳状态。对系统的总势能取二次变分得

$$\delta^2 \Pi = \left[EA\frac{3u^2 - 6h_{\min}u + 2{h_{\min}}^2}{l^3} \right](\delta u)^2 = \left[\frac{EA}{l^3}\left[u - \left(1-\frac{1}{\sqrt{3}}\right)h_{\min} \right]\left[u - \left(1+\frac{1}{\sqrt{3}}\right)h_{\min} \right] \right](\delta u)^2 \tag{3-42}$$

由式(3-42)可看出当点 B 的位移 $u < \left(1-\frac{1}{\sqrt{3}}\right)h_{\min}$ 时，结构是稳定的，而当 $u > \left(1-\frac{1}{\sqrt{3}}\right)h_{\min}$ 时，结构便突变至失稳状态，即点 B 位移 $u = \left(1-\frac{1}{\sqrt{3}}\right)h_{\min}$ 是铰接结构能够保持平衡的极限位置。

因此当铰接点 B 下沉至距基本顶岩层下表面距离为 $\Delta = \frac{a}{2} + \frac{\sqrt{3}}{3}h_{\min}$ 时，平衡结构便会失去稳定性，$h_{\min}$ 值可根据基本顶极限破断距适当选取。

3.6.1.4 滑落失稳条件

事实上，图 3-36(a)中的断裂岩块在铰接点 A 和 C 处与未断裂岩层之间依靠摩擦力保持结构平衡，因此在中间铰接面回转至极限平衡位置前，很可能因前后铰接面处的摩擦力太小发生滑落失稳，根据静力平衡关系可知平衡结构发生滑落失稳的条件为

$$T\tan\varphi < qL \tag{3-43}$$

式中，φ 为基本顶岩层的内摩擦角，(°)。

浅埋覆岩基本顶破断岩块在回转过程中产生的水平挤压力较小，而唯一的基本顶结构控制着直至地表的所有基岩和表土的运动，即载荷层的厚度大，因此式(3-43)很容易满足，即浅埋采场基本顶破断岩块极易发生滑落失稳。

3.6.2 周期来压顶板结构失稳判据

3.6.2.1 简化力学模型

将周期来压时上位基本顶断裂岩块形成结构描绘出来，如图 3-37(a)所示，本节认为岩块 M 断裂初始时的回转角度为 0°，两岩块间的作用力仅沿压力传递线传递，为简化分析，认为岩块回转过程中，压力传递线始终平行于断裂岩块的上、下表面，且铰接面 A、C 的位置不变，即 AC 之间的距离不变。岩块 N 触矸时的回转角度为 α，可由式(3-44)求得，则 AB、BC 与 AC 之间的夹角 $\beta=\alpha/2$。若岩块 N 触矸时点 B 的铰接面高度为 b，则

点 A、C 处有效铰接面高度为 $a=b\cos\beta$。若仅分析结构回转失稳，而不考虑结构滑落失稳的可能性，则可沿压力传递线的方向将基本顶结构简化为铰接杆结构，杆的横截面积为铰接面高度 a 乘以岩块宽度，若岩块宽取单位长度，则铰接杆的面积为 a，如图 3-37(b)所示。

$$\alpha=\arcsin\frac{M-(k_{\mathrm{p}}-1)\sum h}{L}=\frac{\Delta}{L} \tag{3-44}$$

式中，M 为采高，m；k_{p} 为直接顶碎胀系数；$\sum h$ 为直接顶厚度，m；Δ 为基本顶下表面与垮落矸石之间的自由空间，m。

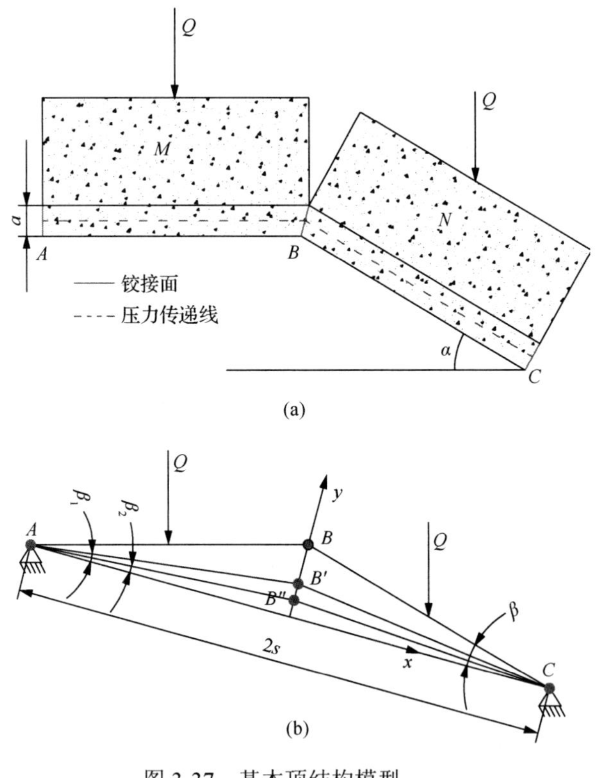

图 3-37　基本顶结构模型

3.6.2.2　顶板结构极限承载能力

根据静力等效，将图 3-37(b)两铰接杆上的作用力均移至点 B，则杆中的应力分布为

$$\sigma_M=\frac{2Q}{a\tan\alpha},\quad \sigma_N=\frac{2Q}{a\sin\alpha} \tag{3-45}$$

由式(3-45)可知岩块 N 中的应力分布大于 M，因此，岩块 N 先屈服，岩块回转过程中，铰接面高度最大值为基本顶厚度，可得基本顶结构可承受的最大覆岩载荷 $Q_{\max}$ 为

$$Q_{\max} = \frac{H}{2L} \sigma_c \sin \alpha \tag{3-46}$$

基本顶结构可承受的最大覆岩载荷和覆岩随动载荷确定后，若前者小于后者，则基本顶结构必然发生失稳；若前者大于后者，则基本顶结构发生失稳需要满足一定的条件。

3.6.2.3 极限回转失稳位置的确定

建立坐标系如图 3-37(b)所示，岩块 N 触矸瞬间，铰接点 B 距直线 AC 的垂直距离 Δ 较大，夹角 β 值大，结构可保持自身稳定。采动影响下，岩块回转，铰接点 B 沿坐标轴 y 轴运动，夹角 β 值减小，由结构力学稳定性原理可知，此时杆结构进入不稳定平衡状态，小扰动便可能失稳，此处认为当 $\beta \leqslant 5°$时，结构可能进入不平衡状态。

岩块 N 刚触矸时，由几何关系可得 AC 间的距离 $2s=2L\cos\beta$。当点 B 运动至点 B'时，β_1 等于 5°，此时 AB'的长度为：$l_1=s/\cos\beta_1=s(1+\beta_1^2/2)$，点 B′的纵坐标为 $h_1=s\tan\beta_1=l\sin\beta_1\approx l\beta_1$。随采动影响点 B'继续运动，当运动至点 B''时，其与 AC 之间的夹角减小至 β_2，此时 AB'' 的长度为：$l_2=s/\cos\beta_2=s(1+\beta_2^2/2)$，$B''$点的纵坐标为 $h_2=s\tan\beta_2=l\sin\theta_2\approx l\beta_2$。这一过程中，杆 AB'产生的应变增量为 $\varepsilon=(\beta_1^2-\beta_2^2)/2$，点 B'的位移为 $u=h_1-l\beta_2$，将点 B'的位移代入杆 AB'应变增量得：$\varepsilon=u(u-h_1)/(2l_1)$，因此，杆中的应变能增量 U 为

$$U = E\varepsilon^2 a l_1 = Ea \frac{u^2 (u-2h_1)^2}{4l_1^3} \tag{3-47}$$

式中，E 为基本顶的弹性模量，m；u 为铰接点 B'的位移，m；h_1 为铰接点 B'的纵坐标，m；l_1 为铰接杆 AB'的长度，m。

基本顶岩块回转过程中，作用于其上的覆岩载荷所做的外力势 V 为

$$V = -Qu\cos\beta_1 \tag{3-48}$$

由式(3-47)、式(3-48)可知，基本顶铰接点由点 B'运动至点 B''的过程中，铰接结构的总势能 Π 变化为

$$\Pi = Ea \frac{u^2 (u-2h_1)^2}{4l_1^3} - Qu\cos\beta_1 \tag{3-49}$$

根据基本顶结构稳定原理，在所有可能的位移上，基本顶结构保持平衡的条件为总势能的一次变分等于 0，而基本顶结构可保持稳定平衡状态的条件为总势能的二次变分大于 0，若基本顶结构总势能的二次变分小于等于 0，则在采动影响下，基本顶结构随时可能过渡至非稳定平衡状态而失稳。由此可得基本顶结构可保持自身稳定的条件为点 B' 的位移 u 必须满足式(3-50)：

$$u \leqslant \left(1 - \frac{1}{\sqrt{3}}\right) h_1 \tag{3-50}$$

基本顶可保持自身平衡的极限位置为基本顶破断岩块下表面铰接点 B 距 AC 距离为

$h_1\sqrt{3}/3$ 处。直接顶垮落后，若垮落矸石可充填至基本顶极限平衡位置，则基本顶结构不会发生回转失稳，若直接顶较薄或采高较大，采空区充填率不高，不能达到基本顶极限平衡位置，则基本顶结构必然会发生回转失稳。

3.6.2.4　滑落失稳条件

结合第 3 章“砌体梁”结构滑落失稳条件，即铰接面上的摩擦力不低于剪切力，此处对岩块 M 进行分析，如图 3-38 所示，岩块 N 触矸瞬间，M 保持静力平衡的条件为

$$
\begin{gathered}
T\sin\beta+T\cos\beta\tan\varphi=Q \\
T\left(\frac{b}{2}+L\sin\beta\right)=Q\frac{L}{2}
\end{gathered}
\tag{3-51}
$$

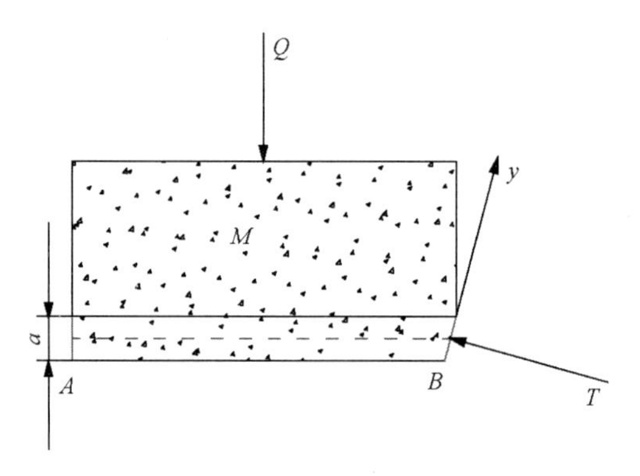

图 3-38　单岩块力学分析模型

由式(3-51)可得，岩块 N 触矸瞬间，基本顶结构保持平衡而不发生滑落失稳的条件为

$$
\begin{gathered}
T=\frac{Q}{\sin\beta+\cos\beta\tan\varphi} \\
b=L\cos\beta\tan\varphi
\end{gathered}
\tag{3-52}
$$

岩块 N 触矸瞬间，若式(3-52)得不到满足，基本顶结构便会发生滑落失稳，否则，基本顶结构在采动影响下发生回转，铰接点 B 仅沿 y 轴移动，岩块间的挤压作用力 T 方向不变，而大小增大。结合式(3-51)第 1 式可以判定，岩块 N 触矸瞬间，若基本顶结构不发生滑落失稳，则之后回转过程中，基本顶平衡结构肯定不会发生滑落失稳，即岩块 N 触矸瞬间是基本顶平衡结构的滑落失稳危险点。

3.7　急倾斜煤层的顶板破断

我国赋存有大量急倾斜煤层(倾角大于 45°)，随着缓倾斜煤炭资源的逐步减少，急倾斜煤层开采所占的比重越来越大。随着煤层倾角的增大，会面临新的科学问题和技术难题，采煤方法的确定、设备的选型及采场围岩控制等也会变得很困难。当急倾斜煤层

厚度小于 5m 时，可以进行走向长壁综合机械化开采，四川省煤炭产业集团有限责任公司(简称川煤集团)的绿水洞煤矿通过设计特殊的液压支架和改进采煤机等措施，使工作面倾角达到了 70°；煤层厚度为 5～20m 时，可以进行走向长壁放顶煤开采，冀中能源峰峰集团有限公司(简称峰峰集团)大远煤矿 2 号煤层通过改进液压支架并创新放煤工艺，实现了 62°急倾斜煤层走向长壁综放开采；煤层厚度超过 20m 时，可以进行水平分段综放开采，目前一次分段的高度已经超过 25m，在新疆神新能源公司乌东煤矿、包头市矿务局阿刀亥煤矿都有应用。在急倾斜煤层开采中，无论是走向长壁工作面，还是水平分段综放工作面，顶板破断形式、破断发生条件、冒落高度等都会发生变化，传统的矿压理论不能很好地解释覆岩移动和矿压显现规律，尤其是对于水平分段放顶煤工作面。基于此，需要对于厚且层理发育直接顶，甚至复合顶板的破坏特征、冒落形态及顶板载荷特征等进行研究。

3.7.1 顶板破坏与移动形态实验

顶板破坏与移动是上覆岩层在煤体采出以后应力重新平衡的过程，会对水平分段开采顶煤的冒放规律、工作面矿压显现规律、地表下沉规律等产生影响，反之，不同的煤层赋存条件、开采条件、放煤过程等也会影响覆岩移动规律[21]，因此，客观认识顶板破坏与移动规律是急倾斜煤层采场围岩控制的基础。

3.7.1.1 工程概况

江仓一号井位于青海省东北部，江仓河南岸，海拔高度约为 3800m。井田面积为 3.31km^2，矿井设计年产能力 90 万吨。井田区域构造较简单，为一轴向近东西、两翼不对称的向斜构造，向斜南翼倾角由东向西渐陡，东部为 50°左右，向西渐至 60°～70°。井田上部为煤系露头，浅部进行露天开采，深部转入井工开采。初步设计片盘垂高 50m，分为 3 个分段回采，为了提高效率计划改为两个分段回采，每个分段高度为 25m，其中机采高度为 2.8m，放顶煤高度为 22.2m，采放比接近 1∶8，工作面平均长度为 17m，煤层倾角为 55°，截深为 0.6m，割煤循环进度为 0.6m。工作面采用超前爆破方式松动顶煤，放煤方法采用多轮、间隔、顺序放煤，从煤层底板向顶板方向放煤，工作面布置及顶底板情况如图 3-39 所示。

3.7.1.2 顶煤放出与覆岩冒落过程

按照煤层赋存条件、相似三定律等进行相似材料配比试验、模型铺设、风干、设置标试点与观测点等。实验台宽度为 1.8m，总体高度为 1.4m，为了能够呈现两个分段的完整开采情况，设定几何相似比为 α_L=40∶1。根据几何相似比，设置厚度为 50cm 的煤层区域，两侧顶底板使用沙子、石灰和石膏根据相应配比进行调配，并通过放置施重块模拟来自上覆岩层的压力，模拟实验材料配比见表 3-3。按照相似比例每个分段高度为 62.5cm，割煤高度为 7cm，放煤高度为 55.5cm。

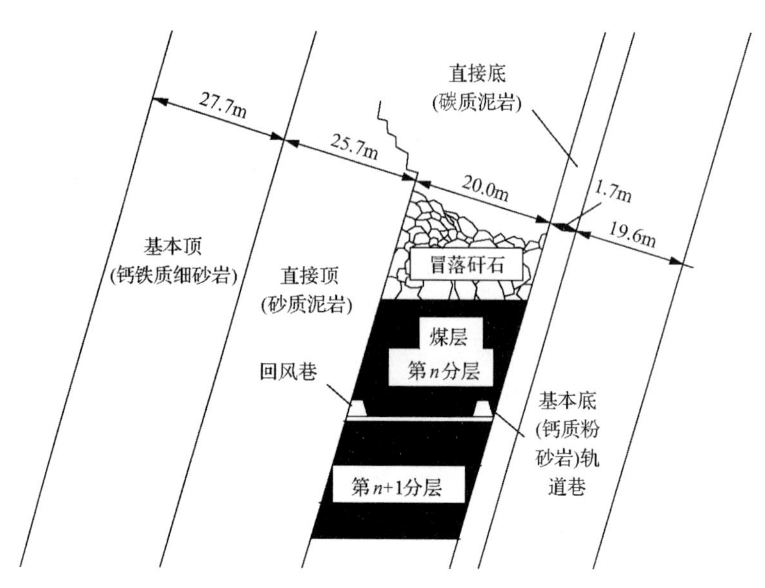

图 3-39　工作面布置及顶底板情况

表 3-3　模拟试验材料配比

层号	岩性	层厚/cm	分层/厚度/cm	每分层总质量/kg	配比号	每分层用砂量/kg	每分层用灰量/kg	每分层用膏量/kg	每分层用水量/kg
1	钙铁质细砂岩	70.06	29/2.43	6.38	655	5.47	0.46	0.46	0.64
2	砂质泥岩	65.05	27/2.43	5.09	746	4.45	0.25	0.38	0.51
3	煤	50.60	25/2.02	8.82	855	7.84	0.49	0.49	0.88
4	碳质泥岩	4.26	2/2.56	11.14	755	9.75	0.70	0.70	1.11
5	钙质粉砂岩	49.60	17/2.97	7.80	655	6.69	0.56	0.56	0.78

模型铺设及标志点设置如图 3-40 所示。待模型强度达到要求以后进行开挖与放煤试验，首先在分段(62.5m)下部煤层中开挖高度 7cm 工作面，然后布置 10 个厚度为 7cm、宽度为 5cm 的木板，用以代替液压支架，然后分别从顶板向底板或底板向顶板抽出木块，顶煤则在上覆岩层载荷(配重块)和顶煤自重作用下破碎，然后在液压支架位置处放出。随着顶煤的不断放出，顶板发生破坏和冒落，上、下分段回采完以后顶板的破坏模式如图 3-40 所示。

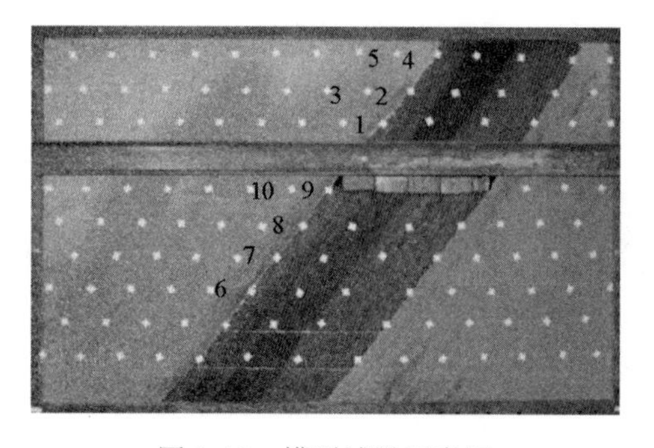

图 3-40　模型铺设示意图

1）上分段回采与放煤

上分段开采时，自底板向顶板分 3 次进行放煤，并对直接顶冒落过程中的关键点位移进行观测。随着顶煤的逐渐放出，顶板逐渐悬空，在重力和上覆岩层载荷作用下，在顶板靠上位置会产生拉伸，当超过其抗拉强度时则会发生折断形成岩块，靠近煤层的直接顶较为破碎，形成的岩块高度较小，随着向顶板深处延伸，岩块高度逐渐增大至最大值后又逐渐减小，呈现“短-长-短”式分布。同时顶板在发生折断的一瞬间，顶板岩块发生突然的沿岩块底部支点的旋转，倾倒冒落在顶煤上，表现为倾倒式破坏，这主要是由煤层倾角、煤层厚度和水平分段高度决定的。倾倒破坏依次向顶板深处岩块传递，倾倒的岩块依次叠压，表现出“多米诺骨牌”式的连锁破坏，如图 3-41（a）所示。对于岩块系统而言，如果倾倒式破坏岩块有足够的运动空间，则发生倾倒式破坏的岩块作用在下方岩块，使下方岩块有可能发生沿底面的滑动。随着开采水平的逐渐加深，这种现象更为明显，顶板更容易发生伴随着滑动破坏的折断与倾倒，表现出滑塌式破坏，如图 3-41（b）所示。滑塌的机理也是岩层的折断、倾倒，但是相对于单一的倾倒，滑塌对采空区的冲击更大。上分段回采中，岩块以倾倒式破坏为主。

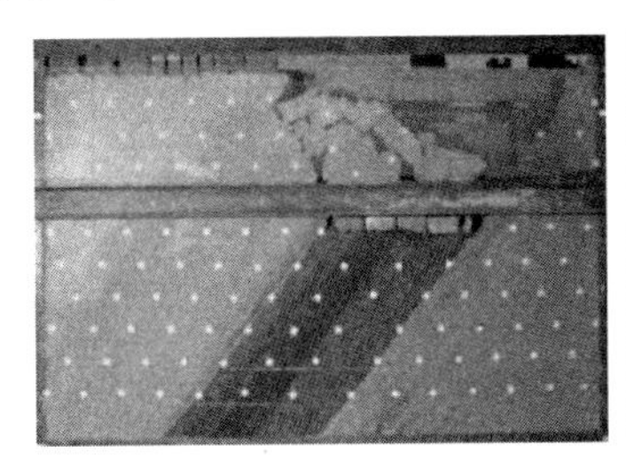
(a) 上分段倾倒式破坏

(b) 下分段滑塌式破坏

图 3-41　顶板破坏物理相似模拟试验

为了验证相似模拟实验结果，应用 UDEC 软件进行数值计算。数值计算所需煤岩参数依据实际测试和查表获得，简化边界条件，生成多节理模型，设置初始条件，在大变形模型下进行计算并进行后处理，顶板破坏垮落到采空区以后与相似模拟实验获得的图 3-41 的结果类似。为了弥补模拟实验中顶板破坏瞬间不能形象反映破坏过程的不足，特取上、下分段放煤以后顶板破坏的中间过程，上、下分段开采放煤以后顶板破坏模式结果如图 3-42 所示。

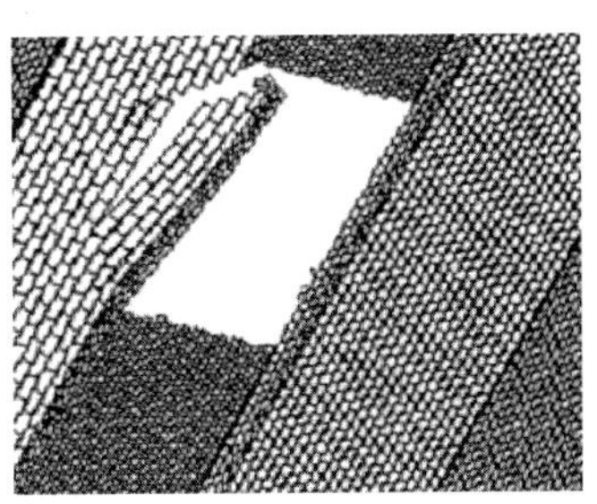
(a) 上分段倾倒式破坏

(b) 下分段滑塌式破坏

图 3-42　顶板破坏 UDEC 数值计算

由于顶煤并不能完全被放出，有一部分残留在下分段顶煤之上，随着上分段顶板破坏与垮落，破碎的矸石会冒落到下分段顶煤之上。随着下分段顶煤的逐步放出，上分段残留的顶煤和顶板垮落的矸石会混合，这是下分段放煤时不能将上分段残留顶煤放出的原因。实验发现，从右起第一个支架(1 号)开始放煤，到第一轮放煤结束时，由于放出煤量较少，顶板完整性较好，冒落范围有限；当进行到第二轮 1 号支架和 3 号支架放煤时，4 号测点位移变化明显，尤其是下沉量，说明此时顶板上部发生垮落变形；5 号支架将靠近顶板侧的三角残煤基本全部放出使顶板有了回转变形的空间，在覆岩载荷的作用下发生明显的弯曲变形，出现明显的台阶状破坏形态，反映了急倾斜特厚煤层复合顶板的块状倾倒式破坏。从图 3-43 中可以看到，4 号支架放煤时，顶板的最大水平位移量和最大下沉量分别出现在 5 号测点和 4 号测点，4 号支架最大值分别为 157.4mm、122.8mm；随着 2 号支架和 4 号支架将工作面上方的剩余煤量继续放出，顶板进一步回转变形，下沉量和水平位移量的最大值分别为 226.3mm、268.63mm，分别出现在 4 号测点和 5 测号点。

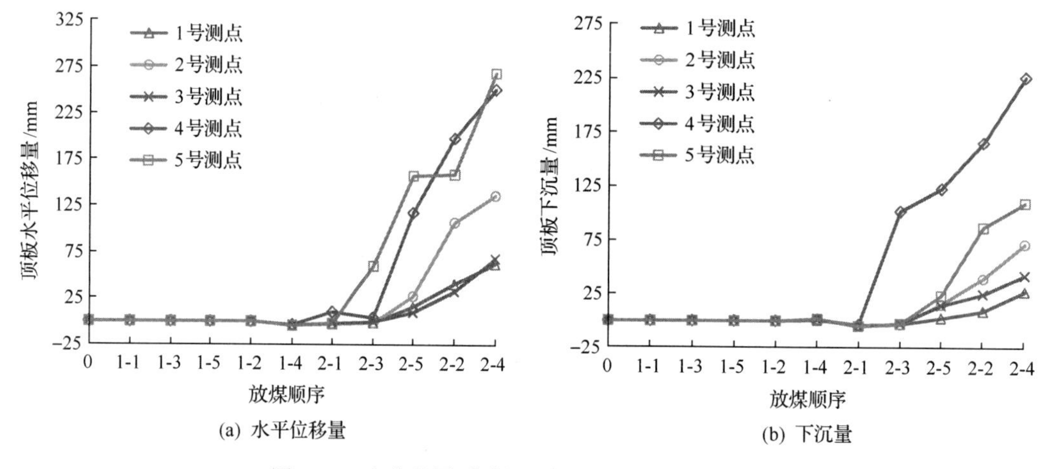

图 3-43 上分段回采过程顶板水平位移量和下沉量

2) 下分段回采

上分段倾倒的顶板岩块作用在下分段顶板上，促进了下分段顶板的折断与倾倒。下分段回采时，顶板倾倒式破坏或滑塌式破坏发生在上分段顶板冒落形成的矸石和没有放出的残煤上。随着下分段顶煤的逐步放出，上分段的矸石和残煤会随之向下移动，而顶板此时由于上一分段的垮落，在其上端相当于自由端，因此，顶板在折断成岩块前，相比较上分段回采阶段，储存更少的应变能。同时下分段回采时，靠近煤层的直接顶在采动影响下更为破碎，因此岩块高度比上分段更小，不容易发生沿支点旋转的倾倒式破坏，更容易沿底面发生滑动，落入采空区。随着靠近煤层的直接顶的滑塌充填采空区，远离煤层的更上方的直接顶岩块由于运动空间受限，该处顶板完整性较好，折断后形成的岩块高度较大，更容易发生倾倒式破坏，倾倒后的岩块促进了下方高度较小岩块的滑动，表现为滑塌式破坏。总的来看，在下分段回采中，滑塌式破坏为主要破坏形式，如图 3-42(b)所示；当采空区充填充分，也可能表现为稳定式破坏，这种破坏形式往往是中间过程，最终多会演化为倾倒式或滑塌式破坏。另外，不同于上分段开采，直接顶破坏以后先有较大的水平位移，然后是明显的垂直下落，下沉量的大小与水平分段高度明显相关；下沉量和水平位移量的最大值分别为 287.54mm、89.05mm，均出现在 9 号测点，与上分段相比下沉量增大，水平位移量减小，如图 3-44 所示。

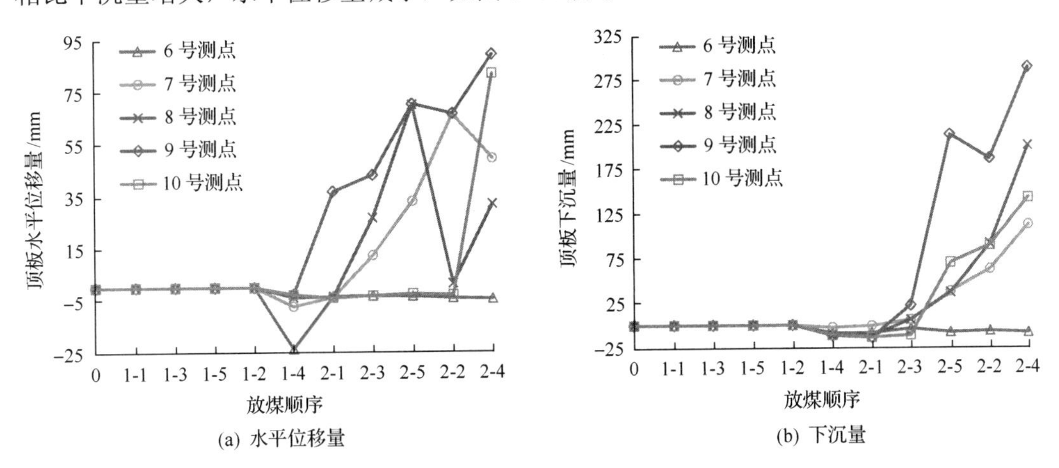

图 3-44 下分段回采过程顶板水平位移量和下沉量

3.7.2 顶板倾倒-滑塌式破坏力学解析

为了获得直接顶冒落的厚度、范围，以及破坏发生的条件等，可以将顶板岩层简化为一组陡倾节理和裂隙分割形成的一个破坏面为台阶状的离散矩形岩块系统。从相似模拟试验和数值计算都可以发现，上分段开采以后直接顶的初次倾倒和下分段的后续倾倒破断顶板的受力和边界条件不同，初次破坏时顶板是连续的，并且有覆岩载荷作用其上，而下分段时，破坏顶板上端相当于自由端；另外，从整体上看，顶板的破坏形式主要表现为：稳定式、倾倒式和滑塌式，倾倒式破坏容易引起滑塌式破坏，而滑塌式破坏对顶煤和采空区围岩的影响最大，滑塌式往往会形成冲击，引起灾变[22]。综合物理实验和数值计算结果，建立顶板倾倒-滑塌式破坏几何模型[23]，如图 3-45 所示。q 为覆岩载荷，为简化模型构建，将其视为均布载荷；Δx、y_n 分别为岩块的厚度和高度；Ψ_d 为陡倾节理倾角；Ψ_p(Ψ_p=90°−Ψ_d) 为陡倾节理法向倾角；H 为直接顶竖直冒落高度；Ψ_f 为下堆面角；Ψ_s 为上堆面角；Ψ_b 为岩块基底所形成的台阶状破坏面的倾角。该系统中岩块的数量为 N，根据图 3-45 的几何关系可以得出 N 的表达式：

$$N = \frac{H}{\Delta x}\left[\csc\psi_b + \frac{\cot\psi_b - \cot\psi_f}{\sin(\psi_b - \psi_f)}\sin\psi_s\right] \tag{3-53}$$

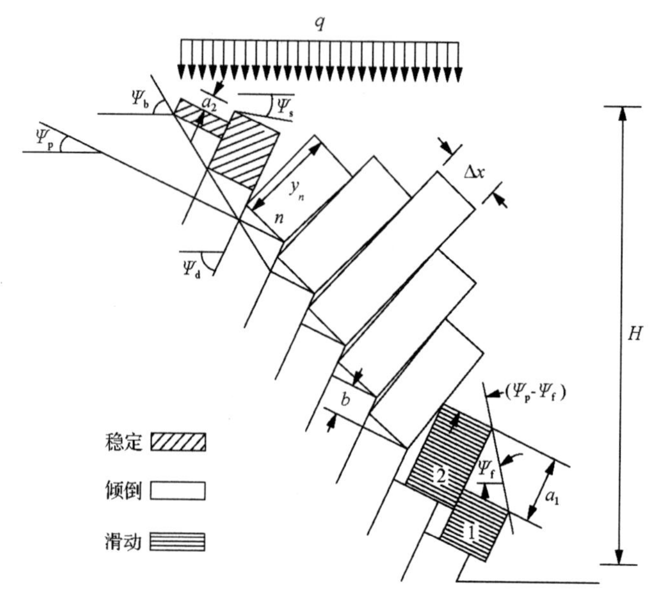

图 3-45　倾倒-滑塌破坏几何模型

从底部最小的岩块开始，对岩块依次进行编号，即底部最小岩块记为岩块 1，最高处岩块记为岩块 N，其上部任意一个岩块记为岩块 n，将长度最大的岩块所在位置称为堆顶，该岩块记为 n_m。岩块 n 的高度 y_n 为

$$y_n=\begin{cases}n(a_1-b), & n\leqslant n_m\\ y_{n-1}-a_2-b, & n>n_m\end{cases}\tag{3-54}$$

式中，a_1、a_2 分别为堆顶以下及以上相邻两岩块的高度差；b 为相邻两陡倾节理高度差。

其中，由几何关系可知

$$\begin{cases}a_1=\Delta x\tan(\psi_{\mathrm{f}}-\psi_{\mathrm{p}})\\ a_2=\Delta x\tan(\psi_{\mathrm{p}}-\psi_{\mathrm{s}})\\ b=\Delta x\tan(\psi_{\mathrm{b}}-\psi_{\mathrm{p}})\end{cases}\tag{3-55}$$

对于岩块发生倾倒稳定性分析的前提是系统不发生整体的滑动，即需要满足：

$$\psi_{\mathrm{p}}<\Phi_{\mathrm{p}}\tag{3-56}$$

式中，Ψ_{p} 为陡倾节理法向倾角；Φ_{p} 为岩块底面摩擦角。

3.7.2.1　顶板岩块破坏形式判别

顶板岩层所形成的岩块，主要有 3 种状态：稳定、倾倒和滑动，判别破坏形式是顶板冒落形式分析的基础。将其中岩块 n 作为研究对象，并将其简化为矩形进行受力分析[23]，如图 3-46 所示。图中 λ 为覆岩载荷 q 与岩块重度 γ 的比值，P_n、P_{n-1} 分别为岩块 $(n+1)$、岩块$(n-1)$给岩块n的侧向力，其作用点至岩块n底面的距离分别为M_n、L_n，定义M_n、L_n分别为

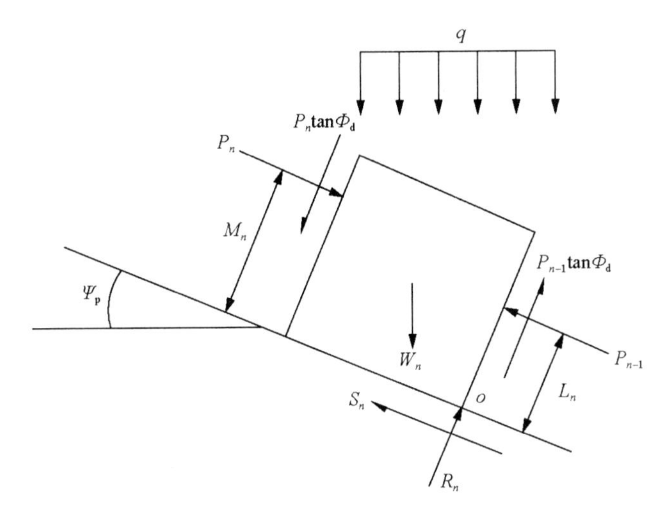

图 3-46　顶板岩块n倾倒分析图

$$M_n = \begin{cases} y_n, & n < n_m \\ y_n - a_2, & n \geqslant n_m \end{cases} \tag{3-57}$$

$$L_n = \begin{cases} y_n - a_1, & n \leqslant n_m \\ y_n, & n > n_m \end{cases} \tag{3-58}$$

厚直接顶条件下急倾斜厚煤层水平分段综放工作面顶板稳定性分析是以单个岩块为基础进行受力分析，此时可以忽略上下相邻岩块的作用，则P_n、P_{n-1}、M_n、L_n均为0。由图3-46可知，在覆岩载荷作用下，单个岩块发生倾倒的必要条件是覆岩载荷与岩块重力对于旋转点O的转矩之和大于零，即

$$\frac{y_n}{\Delta x} > \frac{\lambda + y_n}{y_n \tan\psi_p + 2\lambda\tan\psi_p} \tag{3-59}$$

自岩块N依次向下，将第一个使式(3-59)成立的岩块记为n_1，则岩块n_1及其以下岩块有可能发生倾倒破坏，而该岩块以上的岩块处于稳定状态。

通过该步骤，可以确定处于稳定状态和可能发生倾倒式破坏岩块的数量，即确定了可能发生倾倒破坏的范围，进而可以对这些具有潜在倾倒破坏可能性的岩块进行力学建模以深入分析。

3.7.2.2　倾倒力学模型的构建

当厚直接顶破坏后满足块状倾倒破坏时，块状顶板会发生倾倒并堆砌，形成堆状形态，并且受采动影响，靠近煤层的直接顶更为破碎，形成的岩块高度更小，远处顶板由

于运动空间的限制及受采动影响减小，顶板破坏程度逐渐减小，岩块高度逐渐增大，但是由于陡倾节理的存在，岩块高度在增大到最大值后逐渐减小，如图 3-45 所示。位于堆顶以上($n>n_m$)、堆顶处($n=n_m$)、堆顶以下($n<n_m$)不同位置的岩块受力和边界条件不同，所以对不同位置的岩块分别构建倾倒力学模型进行讨论[23,24]。

假设陡倾节理面满足极限平衡条件，令岩块两侧的极限静摩擦力分别为

$$F_n = P_n \tan \Phi_{\mathrm{d}} \tag{3-60}$$

$$F_{n-1} = P_{n-1} \tan \Phi_{\mathrm{d}} \tag{3-61}$$

式中，Φ_{d}为岩块侧面摩擦角。

(1)当岩块n位于堆顶以上，且为第一个出现倾倒式破坏的岩块，即 $n=n_1$ 时，由于岩块(n+1)处于稳定状态，岩块n和岩块(n+1)之间存在一个由上至下逐渐变窄的张裂缝，因此岩块n在垂直于岩块侧面方向只受到来自于岩块(n–1)的侧向力P_{n-1}。此时岩块n受到覆岩载荷的作用，如图 3-47 所示。

通过受力分析，岩块n极限转动平衡方程为

$$P_{n-1,t} = \frac{y_n \sin\psi_{\mathrm{p}} - \Delta x \cos\psi_{\mathrm{p}}}{2L_n} W_n + \frac{2y_n \sin\psi_{\mathrm{p}} - \Delta x \cos\psi_{\mathrm{p}}}{2L_n} Q_n \tag{3-62}$$

式中，$P_{n-1,t}$为防止岩块n发生倾倒破坏所需侧向力的临界值。

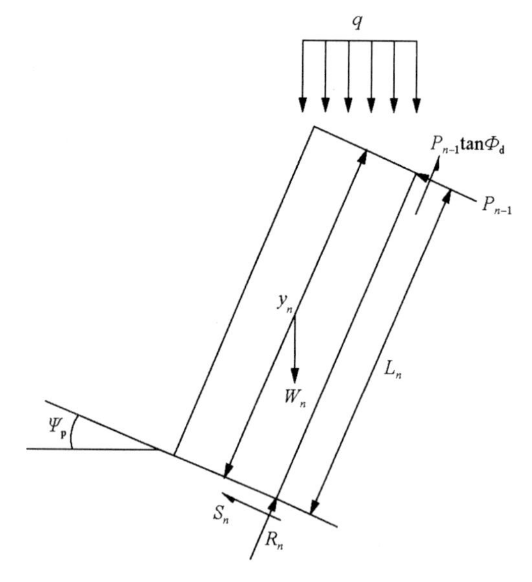

图 3-47 $n=n_1$时倾倒式破坏力学模型

(2)当 $n_m<n<n_1$ 时，岩块n在垂直于岩块侧面方向除了受来自于岩块(n–1)的侧向力P_{n-1}，同时受到来自于岩块(n+1)的侧向力P_n，如图 3-48 所示。

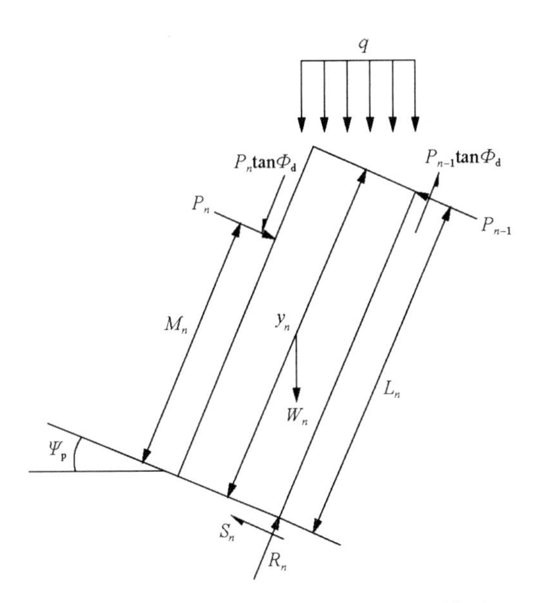

图 3-48 $n_m < n < n_1$ 时倾倒式破坏力学模型

$$P_{n-1,t} = \frac{M_n - \Delta x \tan \Phi_d}{L_n} P_n + \frac{y_n \sin \psi_p - \Delta x \cos \psi_p}{2L_n} W_n + \frac{2y_n \sin \psi_p - \Delta x \cos \psi_p}{2L_n} Q_n \quad (3\text{-}63)$$

(3) 当 $n=n_m$ 时，由于岩块向自由空间旋转，使岩块顶部没有全部承受覆岩载荷的作用，假设此时覆岩载荷的作用范围仅为岩块厚度的一半，如图 3-49 所示。

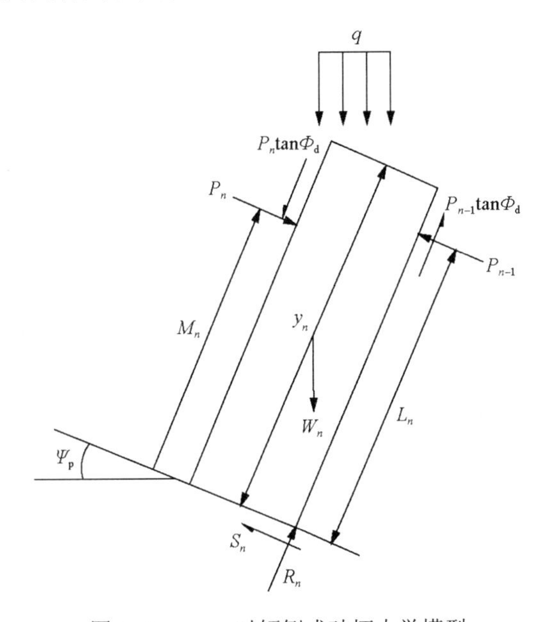

图 3-49 $n=n_m$ 时倾倒式破坏力学模型

$$P_{n-1,t} = \frac{M_n - \Delta x \tan \Phi_d}{L_n} P_n + \frac{y_n \sin \psi_p - \Delta x \cos \psi_p}{2L_n} W_n + \frac{2y_n \sin \psi_p - 3\Delta x \cos \psi_p}{4L_n} Q_n \quad (3\text{-}64)$$

(4) 当 $n<n_m$ 时，此时岩块不受覆岩载荷的作用，如图 3-50 所示。

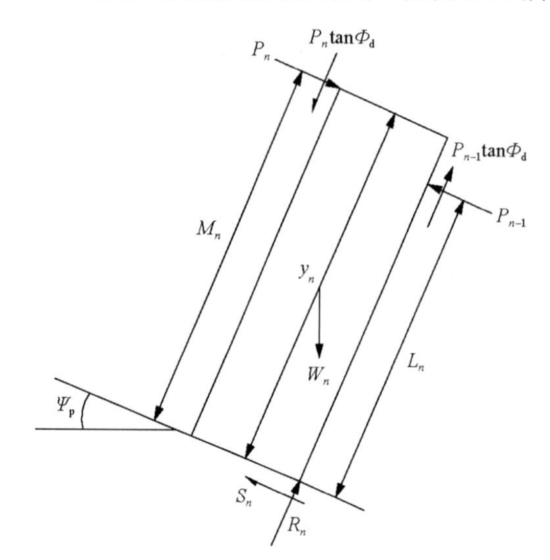

图 3-50　$n<n_m$ 时倾倒式破坏力学模型

$$P_{n-1,t}=\frac{M_n-\Delta x\tan\Phi_d}{L_n}P_n+\frac{y_n\sin\psi_p-\Delta x\cos\psi_p}{2L_n}W_n \tag{3-65}$$

式(3-62)～式(3-65)可用下式统一表达，即岩块 n 极限转动平衡方程为

$$P_{n-1,t}=\omega_n P_n+\zeta_n W_n+\xi_n Q_n \tag{3-66}$$

式中，ω_n、ζ_n、ξ_n 分别为岩块倾倒传递系数、重力传递系数和覆岩载荷传递系数，并且：

$$\omega_n=\begin{cases}0, & n=n_1\\ \left(M_n-\Delta x\tan\Phi_d\right)/L_n, & n<n_1\end{cases} \tag{3-67}$$

$$\zeta_n=\left(y_n\sin\psi_p-\Delta x\cos\psi_p\right)/2L_n \tag{3-68}$$

$$\xi_n=\begin{cases}\left(2y_n\sin\psi_p-\Delta x\cos\psi_p\right)/2L_n, & n_m<n\leqslant n_1\\ \left(2y_n\sin\psi_p-3\Delta x\cos\psi_p\right)/4L_n, & n=n_m\\ 0, & n<n_m\end{cases} \tag{3-69}$$

所以，岩块 n 由于倾倒式破坏而作用在岩块 $(n-1)$ 上的法向力为

$$P_{n-1,t}=\sum_{j=n+1}^{N}\left[\left(\zeta_j W_j+\xi_j Q_j\right)\prod_{k=n}^{j-1}\omega_k\right]+\zeta_n W_n+\xi_n Q_n \tag{3-70}$$

式中，ω_k、ξ_j、ξ_n 分别为岩块的倾倒传递系数、重力传递系数和覆岩载荷传递系数。

3.7.2.3 破坏形式转变点判别

对于岩块系统中的单个岩块而言，岩块会发生倾倒或滑动；而对岩块系统而言，除了会发生单一的倾倒式和滑动式破坏外，还有可能发生伴随着滑动与倾倒的滑塌式破坏。滑塌式破坏中存在着顶板破坏形式的转变，该转变意味着系统的稳定性发生了变化，破坏形式转变点附近岩块的状态对于系统整体的稳定性有着显著的影响[24]。

通过分析岩块沿法向和切向的受力情况可以对岩块滑动破坏进行判别，当岩块满足式(3-71)时，岩块就达到极限滑动状态：

$$S_n = R_n \tan \varPhi_{\mathrm{p}} \tag{3-71}$$

通过受力分析得到岩块n的极限转动平衡方程为

$$P_{n-1,s} = \omega'_n P_n + \zeta'_n W_n + \xi'_n Q_n \tag{3-72}$$

式中，ω'_n、ζ'_n、ξ'_n分别为岩块滑动传递系数、重力传递系数和覆岩载荷传递系数，并且

$$\omega'_n = \begin{cases} 0, & n = n_1 \\ 1, & n < n_1 \end{cases} \tag{3-73}$$

$$\zeta'_n = \frac{\sin\psi_{\mathrm{p}} - \cos\psi_{\mathrm{p}} \tan\varPhi_{\mathrm{p}}}{1 - \tan\varPhi_{\mathrm{d}} \tan\varPhi_{\mathrm{p}}} \tag{3-74}$$

$$\xi'_n = \begin{cases} \dfrac{\sin\psi_{\mathrm{p}} - \cos\psi_{\mathrm{p}} \tan\varPhi_{\mathrm{p}}}{1 - \tan\varPhi_{\mathrm{d}} \tan\varPhi_{\mathrm{p}}}, & n_m < n \leqslant n_1 \\ \dfrac{\sin\psi_{\mathrm{p}} - \cos\psi_{\mathrm{p}} \tan\varPhi_{\mathrm{p}}}{2 - 2\tan\varPhi_{\mathrm{d}} \tan\varPhi_{\mathrm{p}}}, & n = n_m \\ 0, & n < n_m \end{cases} \tag{3-75}$$

通常，滑动破坏通常发生在堆顶以下($n<n_m$)，将堆顶以下发生滑动破坏的岩块数S_{s}与发生倾倒式破坏的岩块数S_{t}的比值记为滑-倾系数m^*，以方便讨论覆岩载荷q对于破坏形式转变点的影响[24]：

$$m^* = S_{\mathrm{s}} / S_{\mathrm{t}} \tag{3-76}$$

3.7.2.4 稳定性分析步骤

基于极限平衡分析并结合传递系数法，对于急倾斜厚煤层水平分段综放工作面顶板岩块倾倒稳定性进行分析，其分析过程如下所述[23]。

(1)对岩块的破坏形式进行分析。如果顶板岩块系统满足式(3-55)，说明顶板不会发

生整体滑动破坏，可以进一步进行稳定性分析。

(2) 对岩块稳定性状态进行判别。从岩块 N 开始，根据式(3-58)依次判断岩块是否会发生倾倒，并将第一个发生倾倒的岩块记为岩块 n_1。从岩块 n_1 开始，针对岩块所处的不同位置，分别根据式(3-65)和式(3-72)计算防止该岩块发生倾倒及滑动所需侧向力的临界值 $P_{n-1,t}$、$P_{n-1,s}$，将两者的较大值记为

$$P_{n-1}=\begin{cases}P_{n-1,t}, & P_{n-1,t}>P_{n-1,s}\\ P_{n-1,s}, & P_{n-1,t}<P_{n-1,s}\end{cases} \tag{3-77}$$

如果 $P_{n-1}=P_{n-1,t}$，那么说明该岩块有可能发生倾倒式破坏；如果 $P_{n-1}=P_{n-1,s}$，那么说明该岩块有可能发生滑动。如果所有的岩块均满足 $P_{n-1}=P_{n-1,t}$，那么说明倾倒式破坏会延伸至最低处的岩块，而不发生滑动；如果某一岩块满足 $P_{n-1}=P_{n-1,s}$，那么包括这个岩块在内的以下所有岩块都处于滑动临界状态。

根据 $P_{n-1,t}$ 与 $P_{n-1,s}$ 的计算结果，将第一个满足 $P_{n-1}<0$ 的岩块称为关键块，关键块的存在阻止了顶板岩块的继续倾倒而使系统趋于稳定，顶板无法及时垮落而造成大面积的悬顶，会造成顶板大面积来压，不利于安全生产。对于关键块所在位置采取松动措施，破坏关键块的稳定状态，可以实现用最小的能量来最大限度地降低系统整体的稳定性，避免大面积悬顶。

采空区的充填程度对顶板活动有重要的影响，充填对于力学模型的影响，体现在岩块 1 所受的垂直于岩块侧面的力 P_0，如果采空区堆积充填的矸石较为紧密，那么该力较大，有助于该岩块系统的整体稳定；另外如果采空区充填较为充分，矸石堆积高度较高，那么该力学模型所涉及的岩块也会相应减少，表明顶板破坏程度较小，较为稳定。随着顶煤的继续放出和采动影响，顶板稳定性逐渐降低，最终将会发生倾倒式或者滑塌式破坏。

(3) 确定滑-倾系数。顶板岩块发生失稳破坏落入采空区残煤上方，会对工作面支架施以冲击载荷作用。如果滑-倾系数 m^*越大，那么说明滑动岩块越多，顶板整体破坏越严重，对于采空区残煤的冲击也越大。因此对于滑-倾系数的研究，在一定程度上可以定性预测顶板冲击载荷的强度，保证安全回采。

3.7.3 算例分析

根据表 3-4 给出的算例物理力学参数[23,24]，按照上述步骤进行稳定性分析，得到 $P_{n,t}$、$P_{n,s}$ 及 R_n、S_n 的变化情况，以及不同岩块厚度下覆岩载荷对滑-倾系数的影响。

表 3-4　算例物理力学参数

H/m	Δx/m	γ/(kN/m^3)	Ψ_d/(°)	Ψ_p/(°)	Ψ_f/(°)	Ψ_s/(°)	Ψ_b/(°)	Φ_d/(°)	Φ_p/(°)
92.50	10.00	25.00	60.00	30.00	56.60	4.00	35.70	38.15	38.15

3.7.3.1　$P_{n,t}$、$P_{n,s}$ 及 R_n、S_n 的变化情况

利用 Excel 计算可得该算例中 N=16，n_m=10。假设覆岩载荷 q=200kN/m，按照稳定性分析的步骤，得到岩块 16 和岩块 15 是稳定的，因此对岩块 14 及其以下岩块进行力学

建模，$P_{n,t}$及$P_{n,s}$的计算结果如图 3-51 所示。岩块 14 上方为稳定岩块，对岩块 14 没有侧向力作用，并且岩块 14 高度也较小，因此岩块 13 为阻止岩块 14 倾倒而所需要提供的力比较低，为 0.9MN；之后倾倒破坏向下部岩块传递，这个过程也伴随着岩块的质量逐渐增加及侧向力作用效果的叠加，使倾倒更容易发生，而阻止倾倒所需的力也逐渐增大；倾倒破坏传递至堆顶以下时，由于岩块不再受覆岩载荷作用，同时岩块的质量也逐渐减小，岩块倾倒的趋势变缓，$P_{n,t}$ 增长的速率降低，当 n=6 时，$P_{n,t}$ 达到最大值，$P_{n,t,\max}=P_{6,t}=5.8$MN；峰值之后$P_{n,t}$逐渐减小，即越靠近堆脚处的岩块发生倾倒式破坏的可能性越低。

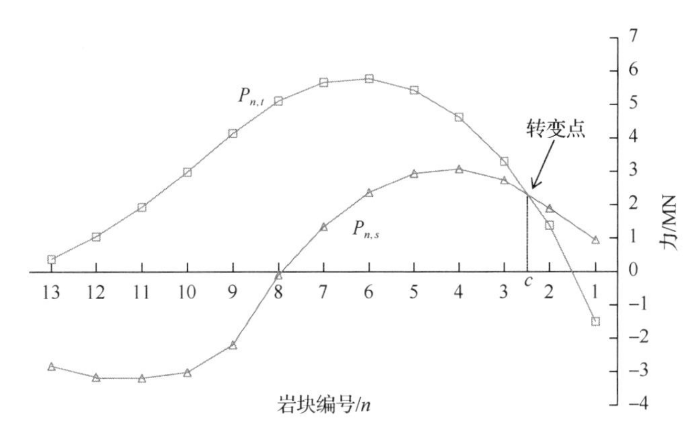

图 3-51　$P_{n,t}$与$P_{n,s}$曲线

从图 3-51 中可以看出，当 13>n>8 时，$P_{n,s}$<0，说明在本算例所提供的参数条件下，岩块 14 至岩块 9 很难发生沿底面的滑动。之后$P_{n,s}$先增大至峰值后逐渐减小，越靠近堆脚处的岩块发生滑动的可能性越低。两条曲线在图中存在一个交点，交点横坐标记为 $c[c\in(2,3)]$，该点即为破坏形式转变点。当 $n>c$ 时，有 $P_{n,t}>P_{n,s}$，即岩块 14 至岩块 4 发生的是倾倒式破坏；当 $n<c$ 时，有 $P_{n,t}<P_{n,s}$，即岩块 3 至岩块 1 发生的是沿底面的滑动。因此，该系统中既有发生倾倒的岩块，也有发生滑动的岩块，认为发生了伴随着滑动折断与倾倒，即滑塌破坏。

岩块 16 至岩块 1 的R_n与S_n计算结果如图 3-52 所示。

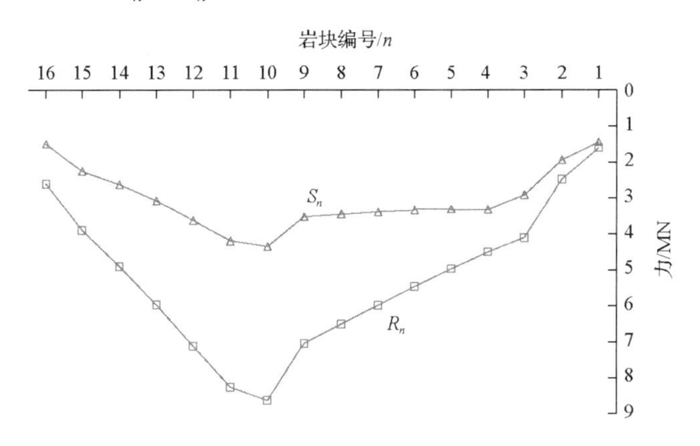

图 3-52　R_n与S_n曲线

如图 3-52 所示，对于所有岩块均有 $R_n>S_n>0$。岩块 16 所受法向力和切向力较小，分别为 2.6MN 和 1.5MN。之后随着倾倒向下部岩块传递，R_n 及 S_n 以近似一次函数的趋势逐渐增大，且 R_n 增大的速率大于 S_n。两者均在岩块 10(即岩块 n_m)处取得最大值，分别为 8.6MN 和 4.4MN，随后均逐渐减小至较低水平。

3.7.3.2 覆岩载荷对滑-倾系数的影响

在其他条件不变的情况下，将岩块厚度 Δx 分别取 2m、4m、6m、8m、10m，讨论覆岩载荷对滑-倾系数的影响，计算结果如图 3-53 所示。

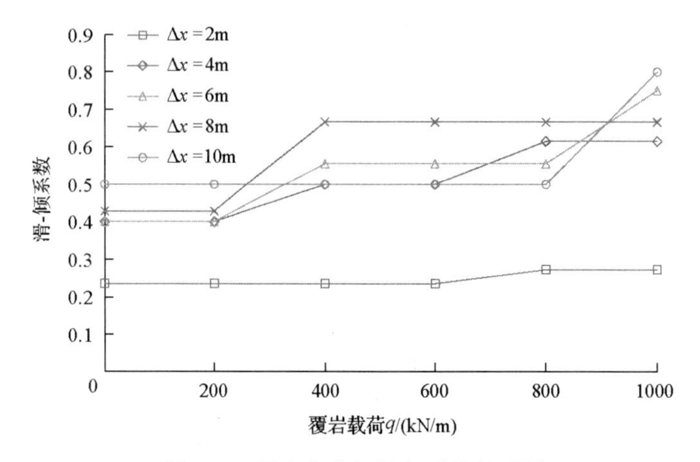

图 3-53 覆岩载荷与滑-倾系数关系图

大体上，在覆岩载荷不变的情况下，滑-倾系数随着岩块厚度的增大而增大。

当岩块厚度 Δx 分别为 4m、6m、8m，覆岩载荷的取值较小时($0\text{kN/m}<q<200\text{kN/m}$)，覆岩载荷对滑-倾系数影响不大，且不同岩块厚度的滑-倾系数没有明显差别；随着覆岩载荷的增大($200\text{kN/m}<q<400\text{kN/m}$)，滑-倾系数也增大，且岩块厚度越大，其滑-倾系数增大的速率越大；在增大到一定值后，随着覆岩载荷的增大($400\text{kN/m}<q<600\text{kN/m}$)，滑-倾系数保持稳定；之后覆岩载荷继续增大，当 q=600kN/m 时，Δx=4m 的滑-倾系数再次变大，当 q=800kN/m 时，Δx=6m 滑-倾系数也出现增大，表现出“滞后性”，而 Δx=8m 的滑-倾系数在该阶段并不随着覆岩载荷的变化而变化。

但当岩块厚度 Δx=10m 时，在一定范围内随覆岩载荷的增大($0\text{kN/m}<q<600\text{kN/m}$)，滑-倾系数保持不变，表现出明显的“钝化”，只当 q 达到一个较大的值时(q=800kN/m)，该滑-倾系数才出现明显的增大。可以看出，随着岩块厚度的增大，覆岩载荷对于破坏形式转变点的影响降低。

在本算例中，当 Δx=2m 时，N=72，n_m=43，y_{43}=34.3m，块体高度大而厚度小，容易发生倾倒式破坏，削减了覆岩载荷对于破坏形式转变点的影响，使曲线没有出现明显变化。

参 考 文 献

[1] 潘立宙. 地质力学的力学知识[M]. 北京: 地质出版社, 1977.

[2] 李四光. 地质力学方法[M]. 北京: 科学出版社, 1976.

[3] 李四光. 地质力学概论[M]. 北京: 科学出版社, 1973.
[4] 潘立宙. 变形椭球的性质及其在地质应用中的一些问题[J]. 力学, 1976, 12(1): 6-7.
[5] Kaiser P K, Maloney S. Review of ground stress database for the Canadian shield. Report to Ontario Power Generation, MIRARCO Mining Innovation Report, No: 06819-REP-01300-10107-R00, 2005.
[6] Corkuma A G, Damjanac B, Lam T. Variation of horizontal in situ stress with depth for long-term performance evaluation of the Deep Geological Repository project access shaft[J]. International Journal of Rock Mechanics & Mining Science, 2018, 107(4): 75-85.
[7] 王正荣. 应变椭球体平面投影及在构造分析中的应用[J]. 煤炭技术, 2006, 25(1): 92-95.
[8] 汪素云, 许忠淮. 中国东部大陆的地震构造应力场[J]. 地震学报, 1985, (1): 19-34.
[9] 谢富仁, 崔效锋, 赵建涛, 等. 中国大陆及邻区现代构造应力场分区[J]. 地球物理学报, 2004, 47(4): 654-662.
[10] Funato A, Itob T. A new method of diametrical core deformation analysis for in-situ stress measurements[J]. International Journal of Rock Mechanics & Mining Science, 2018, 91: 112-118.
[11] 蔡美峰, 乔兰, 于波, 等. 金川二矿区深部地应力测量及其分布规律研究[J]. 岩石力学与工程学报, 1999, 18(4): 414-420.
[12] Brown E T, Hoek E. Trends in relationships between measured in-situ stresses and depth[J]. International Journal of Rock Mechanics & Mining Sciences & Geomechanics Abstracts, 1978, 15(4): 211-215.
[13] Brady B H G, Brown E T. Rock mechanics for underground mining[M]. London: Kluwer Academic Publishers, 2004.
[14] 陈明祥. 弹塑性力学[M]. 北京: 科学出版社, 2007.
[15] 沈明荣, 陈建峰. 岩体力学[M]. 上海: 同济大学出版社, 2006.
[16] 钱鸣高, 石平五, 许家林. 矿山压力与岩层控制[M]. 徐州: 国矿业大学出版社, 2010.
[17] 钱鸣高, 缪协兴, 许家林. 岩层控制中的关键层理论研究[J]. 煤炭学报, 1996, 21(3): 225-230.
[18] 钱鸣高. 岩层控制的关键层理论[M]. 徐州: 中国矿业大学出版社, 2003.
[19] 王家臣, 王兆会. 浅埋薄基岩高强度开采工作面初次来压基本顶结构稳定性研究[J]. 采矿与安全工程学报, 2015, 32(2): 175-181.
[20] 杨胜利, 王兆会, 孔德中, 等. 大采高采场覆岩破断演化过程及支架阻力的确定[J]. 采矿与安全工程学报, 2016, 33(2): 199-207.
[21] 王红伟, 伍永平, 解盘石, 等. 大倾角变角度综放工作面顶板运移与支架稳定性分析[J]. 中国矿业大学学报, 2017, 46(3): 1-7.
[22] Qiao J Y. On the preimages of parabolic periodic points[J]. Nonlinearity, 2000, 13(3): 813-818.
[23] Wyllie D C, Mah C W. Rock Slope Engineering: Civil and Mining[M]. London: Spon Press, 2004.
[24] 郑允, 陈从新, 刘婷婷, 等. 坡顶荷载作用下岩质边坡倾倒破坏分析[J]. 岩土力学, 2015, 36(9): 2639-2647.

4 采场围岩稳定性分析与控制

放顶煤开采工艺于 20 世纪 80 年代在我国平顶山煤矿工业试验成功，其巨大的技术优势迅速得到煤矿开采领域的高度重视，放顶煤开采技术在我国迅速推广[1,2]。为使放顶煤开采方法适应不同赋存条件厚煤层回收的需要，放顶煤开采方法在理论研究、技术改进和设备研发方面得到迅速发展，先后出现了适应大倾角煤层的大倾角放顶煤开采工艺，适应近水平特厚煤层(煤厚达 20m)的大采高综放回采工艺，适应急倾斜特厚煤层的水平分段综放开采工艺等[3,4]。以上难采厚煤层综放开采技术的突破性进展使放顶煤开采工艺的应用范围不断扩大，逐渐成为我国 7m 以上厚煤层回采的首要技术选择，并成为我国煤炭开采领域在世界范围内的一项标志性成果。基于放顶煤采煤工艺，要实现厚煤层的安全、高效回收，采场围岩的有效控制是关键，因此，在进行放顶煤研究时，应先对顶板和煤壁的稳定性和控制方法进行分析。

4.1 顶板压力的工程计算方法

开采技术、配套设备的快速革新极大地刺激了煤炭资源的开采力度，以空间大尺度、设备高功率、推进高速度为特征的高强度采场迅速普及。高强度采场特有的强矿压显现(顶板甚至所有基岩沿煤壁整体切落压架等)使人们认识到顶板断裂后破断岩块对工作面支架的动载冲击作用是采场围岩大范围灾变的前提。所谓动载冲击是指基本顶破断岩块与直接顶或工作面支架之间的非静态接触形式造成的接触碰撞现象，可在短时间内产生远大于岩块静态自重的撞击力，进而引起围岩大范围灾变。

4.1.1 力学模型的建立

由本书第 3 章可知基本顶破断后，破断岩块可通过 3 个铰点形成的“砌体梁”结构，如图 4-1 所示，在宽度方向上取 1m，基本顶岩块长度 L_B，初次来压步距为 L，直接顶悬顶长度 L_D，支架控顶距为 L_s，基本顶岩层厚度为 H，直接顶岩层厚度$\sum h$，工作面采高 M。“砌体梁”结构形成后，工作面继续推进，平衡结构在采动影响下发生回转变形，导致中间铰点下沉，或者破断成多个岩块组成的结构。该结构在下沉、回转过程中，在 3 个铰接点处会产生水平挤压力 T。根据“三铰拱”平衡原理，成拱且保持岩块结构稳定的水平力为

$$T = \frac{qL^2}{8H} \tag{4-1}$$

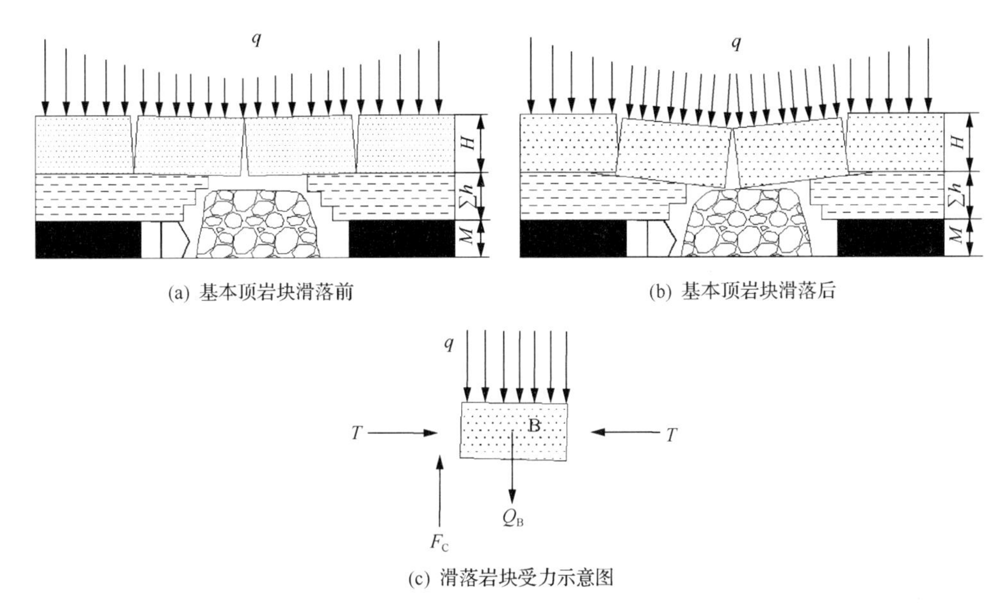

(a) 基本顶岩块滑落前　(b) 基本顶岩块滑落后

(c) 滑落岩块受力示意图

图 4-1　顶板载荷计算基本模型

基本顶岩块在下沉、回转过程中，其变形压力通过直接顶作用在支架上，支架对基本顶的回转起到部分限制作用，但从根本上，支架尚无法控制基本顶的回转变形，支架在基本顶岩块回转下沉过程中，会被压缩，但是，此时上覆岩层主要的载荷还是由基本顶形成的结构承担，因此，来压前，基本顶岩块及上覆岩层载荷主要由拱脚两个铰接点承担。“砌体梁”结构失稳时，基本顶岩块及上覆载荷突然作用在直接顶上，并通过直接顶传递到支架上，这实际上是基本顶岩块对直接顶的一种冲击，或称动载荷。此时，考虑到组成平衡结构的两岩块失稳时同时向下滑落，即认为两岩块间没有相对运动的趋势，因此不考虑滑落岩块间的摩擦力影响，力学模型如图 4-1(c)所示。

由图 4-1 可得基本顶失稳后产生的压力 P 为：$P=Q_D+(Q_B+qL_B-F_C)K_d$，其中：K_d为动载系数；Q_D直接顶质量；F_C为 B 岩块滑落时受到的摩擦力，$F_C=T\tan\varphi$，T为岩块间的挤压力，φ为破断岩块间的内摩擦角，一般取 30°～40°；Q_B为 B 岩块质量；q为 B 岩块上覆岩层的载荷集度。将 B 岩块质量、上覆岩层载荷qL_B、B 岩块滑落时的摩擦力F_C统称为Q_H，即$Q_H=Q_B+qL_B-F_C$，则支架工作阻力 P 为[5]

$$P=Q_D+K_dQ_H \tag{4-2}$$

4.1.2　动载系数计算

基本顶岩块在平衡结构失稳瞬间对直接顶产生的冲击力，和Q_H有关，也和基本顶与直接顶间离层量 Δh 及直接顶与支架的综合弹性模量E_d等有关。考虑基本顶在煤壁上方断裂这一最不利情况，将直接顶和支架看作整体。为简化计算，设基本顶及随动岩块质量为Q_H，从距离直接顶微小高度 Δh 下落冲击到直接顶上，直接顶在动载荷作用下发生变形 Δd，如图 4-2 所示。

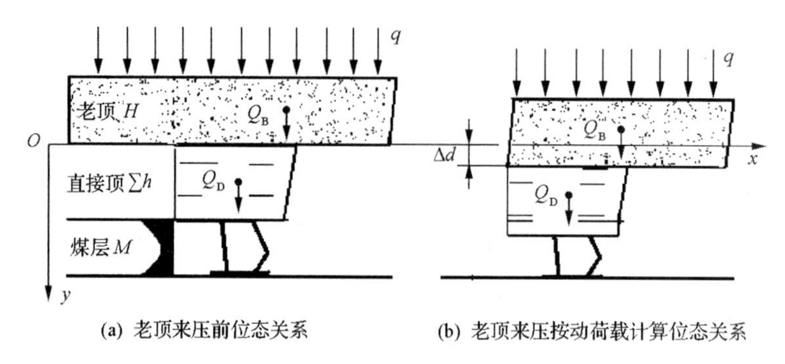

图 4-2　基本顶岩块突然失稳的动载荷计算模型

作如下假定：①不计基本顶岩块的变形，且基本顶岩块与直接顶接触后无回弹；②直接顶质量与基本顶岩块比很小可略去不计，而冲击应力瞬时传遍被冲击物，且材料服从胡克定律；③在冲击过程中，声、热等能量损耗很小，可略去不计。依据上述假设，在冲击过程中，当基本顶岩块与直接顶接触后的下沉速度变为零时，直接顶的下边界到达最低位置。此时，直接顶的变形最大 Δd，与之相应的冲击荷载为 F_d。

根据机械能守恒定律，基本顶岩块在冲击过程中的动能 E_k 和势能 E_p 全部转化为直接顶所增加的体积改变能 U_v 和畸变能 U_d，其中畸变能在直接顶发生塑性变形时以热能、声能等形式释放出去(为简化计算，此处略去了直接顶的质量，故直接顶的动能和势能变化也略去不计)，即[6]

$$E_k + E_p = U_v + U_d \tag{4-3}$$

在冲击瞬间，认为基本顶以上的高位岩层并没有随之运动，所以只考虑基本顶质量及随动载荷 Q_H，当直接顶的下边界达到最低位置时，基本顶减少的势能为

$$E_p = Q_H(\Delta d + \Delta h) \tag{4-4}$$

由于基本顶岩块的初速度和终速度均等于零，因而动能：

$$E_k = 0 \tag{4-5}$$

设材料服从胡克定律，而直接顶所增加的体积改变能和畸变能则可通过冲击荷载 F_d 对位移 Δd 所做的功进行计算，则有

$$U_v + U_d = \frac{1}{2} F_d \times \Delta d \tag{4-6}$$

就直接顶而言，F_d 与 Δd 间的关系为

$$F_d = \frac{E L_S}{\sum h} \Delta d \tag{4-7}$$

将式(4-7)代入式(4-6)，即可得

$$U_{\mathrm{v}}+U_{\mathrm{d}}=\frac{1}{2}\frac{EL_{\mathrm{S}}}{\sum h}\Delta d^{2} \tag{4-8}$$

将式(4-4)、式(4-5)和式(4-8)代入式(4-3)，即可得

$$Q_{\mathrm{H}}\left(\Delta d+\Delta h\right)=\frac{1}{2}\frac{EL_{\mathrm{S}}}{\sum h}\Delta d^{2} \tag{4-9}$$

由于基本顶岩块作为静载荷作用在直接顶时，直接顶的静位移 Δ_{st} (即直接顶的压缩量)为

$$\Delta_{\mathrm{st}}=\frac{Q_{\mathrm{H}}\sum h}{EL_{\mathrm{S}}} \tag{4-10}$$

于是，式(4-9)可简化为

$$\Delta d^{2}-2\Delta_{\mathrm{st}}\Delta d-2\Delta_{\mathrm{st}}\Delta h=0 \tag{4-11}$$

由式(4-11)解得 Δd 的两个根，此处应取大于 Δ_{st} 的根，即可得

$$\Delta d=\Delta_{\mathrm{st}}\left(1+\sqrt{1+2\frac{\Delta h}{\Delta_{\mathrm{st}}}}\right) \tag{4-12}$$

将式(4-12)中的 Δd 代入式(4-7)，即得冲击载荷 F_{d} 为

$$F_{\mathrm{d}}=\frac{EL_{\mathrm{S}}}{\sum h}\Delta_{\mathrm{st}}\left(1+\sqrt{1+2\frac{\Delta h}{\Delta_{\mathrm{st}}}}\right) \tag{4-13}$$

式中

$$\frac{EL_{\mathrm{S}}}{\sum h}\Delta_{\mathrm{st}}=Q_{\mathrm{H}}$$

将式(4-13)右端的括号记为

$$K_{\mathrm{d}}=\left(1+\sqrt{1+2\frac{\Delta h}{\Delta_{\mathrm{st}}}}\right) \tag{4-14}$$

式中，K_{d} 为动载系数。于是，式(4-13)可改写为

$$F_{\mathrm{d}}=K_{\mathrm{d}}Q_{\mathrm{H}} \tag{4-15}$$

由式(4-14)可见，减小基本顶岩块自由下落的高度 Δh，可降低冲击动载系数 K_{d}，在采场围岩控制中，可以通过增加支架初撑力来减小 Δh。当 Δh 趋于 0 时，即基本顶与直接顶不发生离层，相当于基本顶岩块骤加在直接顶上，其动载系数为

$$K_{\mathrm{d}}=\left(1+\sqrt{1+2\frac{\Delta h}{\Delta_{\mathrm{st}}}}\right)=2 \tag{4-16}$$

综合以上分析，以直接顶为研究对象，液压支架承受的顶板压力 P 为

$$P=Q_{\mathrm{D}}+K_{\mathrm{d}}Q_{\mathrm{H}}$$

在采场围岩控制中，增加支架初撑力来减小直接顶与基本顶的离层，当没有离层发生时，Δh 等于 0，此时动载系数 K_{d} 等于 2。事实上，直接顶的弹性缓冲作用及基本顶冲击时，部分直接顶(顶煤)会被挤出到采空区，吸收基本顶岩块的部分冲击载荷，缓冲基本顶及随动载荷的冲击，因此对于支架实际载荷计算而言，K_{d} 介于 1～2。

对于坚硬顶板及直接顶薄的大采高工作面，基本顶结构失稳前，破断岩块难以接触到垮落的直接顶矸石，此时动载系数 K_{d} 可取 1.8～2.0；相同顶板条件的普通回采工作面，可取 K_{d} 1.6～1.8；直接顶薄而坚硬的放顶煤工作面，K_{d} 可取 1.5～1.6；对于直接顶中等稳定且基本顶来压明显的Ⅱ级 2 类顶板或厚直接顶的坚硬顶板(垮落的直接顶可充满采空区)，K_{d} 可取 1.3～1.5；对于厚直接顶的普通放顶煤工作面，K_{d} 可取 1.2～1.3；对于软弱顶板，基本顶来压不明显，此时工作面 K_{d} 可取 1.1～1.2。

4.1.3　基本顶岩块及随动载荷计算

由材料力学理论，工作面刚开始推进时，基本顶岩层可按两端固支梁计算[7]，则基本顶岩层极限跨距：

$$L=H\sqrt{\frac{2R_{\mathrm{t}}}{q}} \tag{4-17}$$

式中，R_{t} 为基本顶岩层抗拉强度，MPa；q 为上覆岩层的载荷集度，MPa/m；H 为基本顶岩层厚度，m。

对于一般的岩层条件，在煤层上方有多组岩层，所有岩层在破裂和弯曲下沉过程中，均可能对第一层基本顶产生载荷，设工作面上方第一层基本顶编号为 1，向上编号依次增加。为此，由组合梁理论，可得[8]

$$(q_n)_1=\frac{E_1h_1^3(\gamma_1h_1+\gamma_2h_2+\cdots+\gamma_nh_n)}{E_1h_1^3+E_2h_2^3+\cdots+E_nh_n^3} \tag{4-18}$$

式中，$(q_n)_1$ 为工作面上方第 n 层岩层对第一层基本顶的载荷集度，计算中若 $(q_n)_1>(q_{n+1})_1$，则取随动岩层载荷取到第 n 层。

当工作面上方基岩较薄时，或者基岩厚度无法形成完整的裂隙带时，基岩上方松散层也将破裂、冒落，如图 4-3 所示。

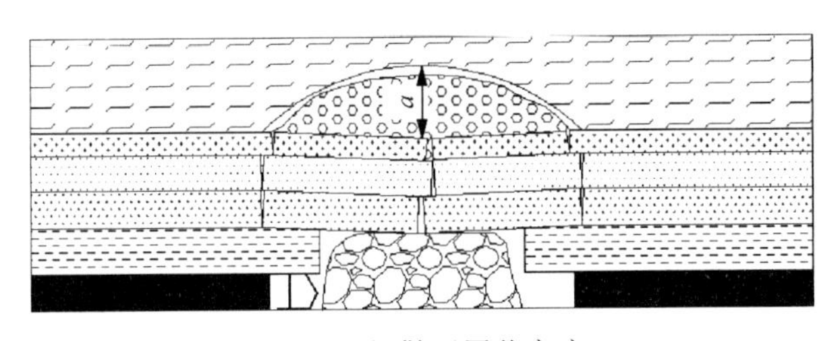

图 4-3　松散层冒落高度

拱高 $a=\frac{L}{2f}$，f 为松散层的硬度系数，L 为初次来压步距。

4.1.4　工程应用

为验证上述理论的正确性，以山东新巨龙煤矿（综放工作面）、大同塔山煤矿（综放工作面）、河南赵固一矿（大采高工作面）和赵固二矿为例，分别计算开采工作面液压支架的工作阻力。为简化计算，煤的容重统一取 14kN/m^3，岩石容重则统一取 26kN/m^3，基本顶岩块的内摩擦角统一取 30°。所得各工作面初次来压时支架的工作阻力见表 4-1。

表 4-1　各工作面初次来压时支架的工作阻力

煤矿	割煤高度/m	顶煤厚度/m	直接顶厚度/m	基本顶厚度/m	随动岩层厚度/m	内摩擦角/(°)	动载系数	理论支架受力/kN	实际支架额定工作阻力/kN
新巨龙	3.5	5.5	19.87	6.18	23.42	30	1.2	14019	14000
塔山矿	3.5	9.5	10.70	7.00	12.72	30	1.5	13838	13000
赵固二矿	6.0	0	6.31	7.46	15.16	30	1.8	17563	18000
赵固一矿	3.0	0	2.89	8.24	17.43	30	1.6	12192	9000

新巨龙、塔山、赵固一矿和二矿所选支架的额定工作阻力分别为 14000kN、13000kN、9000kN 和 18000kN。经对比分析可知新巨龙和赵固二矿理论计算结果与实际支架额定工作阻力相比相差不大，在实际回采过程中没有压架或冒顶事故的发生，即现有支护强度是合理的；塔山矿的理论计算结果比实际支架额定工作阻力稍大，当工作面来压时，需要结合采矿工艺等采取其他技术措施，防止压架或冒顶事故的发生；赵固一矿的理论计算结果与实际支架额定工作阻力相比大 3000kN，仅依靠目前的支架是无法保证工作面支护安全的，因此在现场来压期间，工作面多次发生液压支架被压死的现象，为避免发生事故而影响正常生产，需要根据理论计算结果加大液压支架额定工作阻力。赵固一矿工作面来压时的矿压显现情况见表 4-2。

表 4-2　赵固一矿工作面来压时的矿压显现情况

日期	距上次来压距离/m	矿压显现
4 月 2 日		整个工作面来压，液压支架安全阀均处于开启状态，3-24#支架压死，其余液压支架大立柱收缩 0.5～0.8m
5 月 7 日	7	1-40#液压支架安全阀开启，1-12#支架压死，15-30#支架大立柱收缩 0.4～0.6m
5 月 18 日	9.8	工作面支架安全阀全开启，1-35#液压支架压死，40-70#、90-100#液压支架大立柱收缩 0.5～0.8m

续表

日期	距上次来压距离/m	矿压显现
6 月 17 日	15.9	1-8#、105#液压支架压死，9-16#、80-110#液压支架立柱下缩量 0.5～0.6m
7 月 22 日	2.8	1-60#、90-117#液压支架安全阀开启，1-60#液压支架大立柱收缩 0.6m，7-17#液压支架压死
8 月 22 日	3.9	1-4#架液压支架压死，7#以上支架高度过不去采煤机，8#支架后上立柱受压折断
9 月 4 日	12.7	1-2#支架安全阀开启，1-20#支架大立柱平均柱心拔高收缩 0.6m，1-20#大槽底鼓 0.5～0.6m
9 月 8 日	3.2	75-95#支架大立柱平均柱心拔高压缩 0.3～0.4m，115-116#液压支架压死，45-117#支架安全阀开启

4.2　顶板破断型失稳与载荷确定

顶板断裂失稳是造成工作面液压支架阻力迅速升高的本质原因，顶板运动造成液压支架工况的改变：由给定变形工作状态转变为给定载荷工作状态。顶板失稳形式可划分为材料破坏引起的破断型失稳和结构破坏引起的结构型失稳，结构型失稳又可划分为回转失稳和滑落失稳。若顶板因发生动力破断而失稳，即使失稳前基本顶与直接顶之间不存在离层现象，破断岩块初始启动速度也会造成动载冲击工作面液压支架现象的发生。

4.2.1　顶板动力破断的折叠突变模型

工作面正常推进过程中，基本顶悬露长度不断增加，达到极限跨距时，必然发生断裂失稳现象，围岩系统的失稳存在静力和动力两种形式，若基本顶的断裂属动力破断类型，则破断岩块伴生的初始动能会对工作面支架形成冲击，造成高强度采场顶板沿煤壁大范围切落甚至引起顶板断裂诱导的冲击地压等灾害。

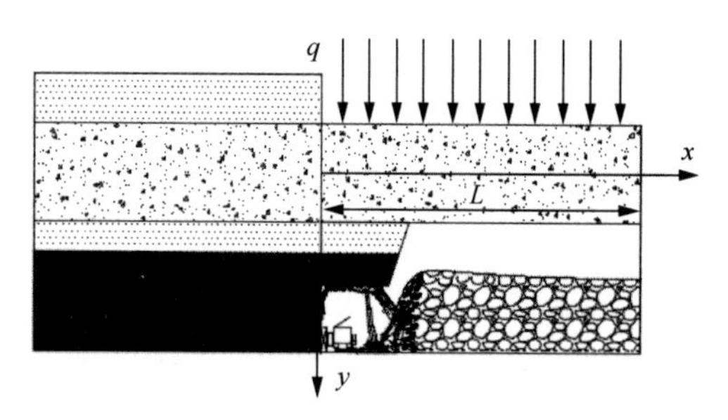

图 4-4　基本顶悬臂梁系统模型

沿工作面倾斜方向可将基本顶稳定性问题简化为平面应变问题，基本顶断裂后，断裂面产生处失去约束，成为自由端，且由于高强度采场采高较大，基本顶再次断裂前自由端不易与采空区矸石接触，约束条件保持不变，另一端则嵌固于煤壁上方未断裂岩层中；基本顶承受最大荷载为基本顶与第 2 亚关键层之间的岩层自重，因此，可将基本顶视为受均布载荷的悬臂梁系统(图 4-4)，悬臂梁系统由悬臂段和嵌固段组成。

将基本顶岩层悬臂段视为弹塑性软化岩体，将嵌固段视为理想弹性体而非理想刚体(图 4-5)。以煤壁上方为原点，弹塑性软化岩体与理想弹性岩体交界面为 x=0。此处认为岩石受拉过程中其材料微元强度与受压过程相似，服从 Weibull 分布，则其加载过程中的力-位移曲线可由式(4-19)表示：

$$f(u)=\lambda u\exp(-u/u_0) \tag{4-19}$$

式中，$f(u)$为基本顶上表面x=0$^+$处的水平拉力，N；λ为基本顶初始刚度，N/m；u为基本顶上表面$x=0^+$处的位移，m；u_0为基本顶上表面$x=0^+$处达到抗拉强度时的水平位移，m。

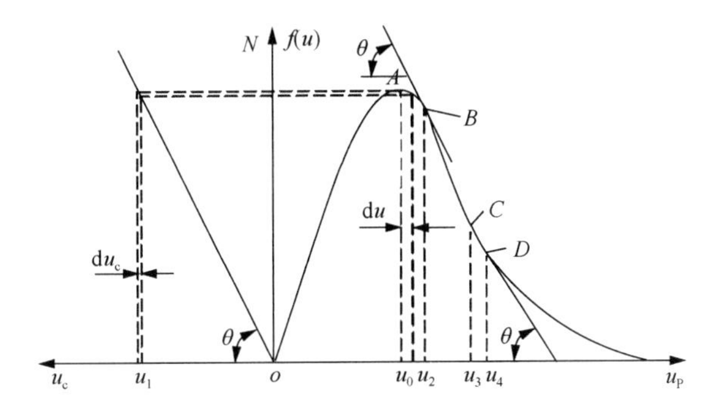

图 4-5　悬臂梁系统加载曲线

嵌固段基本顶中的应力分布与梁中相似，仅由水平应变产生，且服从胡克定律，由此可得嵌固段岩层对基本顶悬臂段作用力的表达式如下：

$$N=k_e u_e \tag{4-20}$$

式中，N为基本顶上表面$x=0^-$处的拉力，N；k_e为嵌固段基本顶刚度，其值与λ相等，N/m；u_e为嵌固段水平位移，m。

截取$x=0$处的单元体，悬臂梁系统的悬臂段、嵌固段岩石选取不同的本构模型，因此$x=0^-$侧拉力由式(4-20)确定，而$x=0^+$侧拉力由式(4-19)确定。由变形协调方程可知基本顶断裂前，N和$f(u)$可视为一对相互作用力，工作面推进时引起的基本顶悬臂段和嵌固段加载路径曲线如图 4-5 所示。

基本顶在悬臂段进入峰后软化阶段才可能失稳，仅对峰后段变形特征进行分析。基本顶上表面x=0$^+$处岩石达到抗拉强度后，随着工作面推进距离的增加，其横向位移增加 du，嵌固段则开始卸载，横向位移减少 du_e，这一过程中悬臂段需要吸收能量$f(u)\mathrm{d}u$，而嵌固段释放弹性能$N\mathrm{d}u_e$。若$f(u)\mathrm{d}u>N\mathrm{d}u_e$，则悬臂梁结构自身不会破断失稳，即工作面可继续安全推进。随着悬露范围的扩大，基本顶悬臂梁系统在x=0$^+$处首先屈服，取该位置微小单元体进行受力分析，如图 4-6 所示。

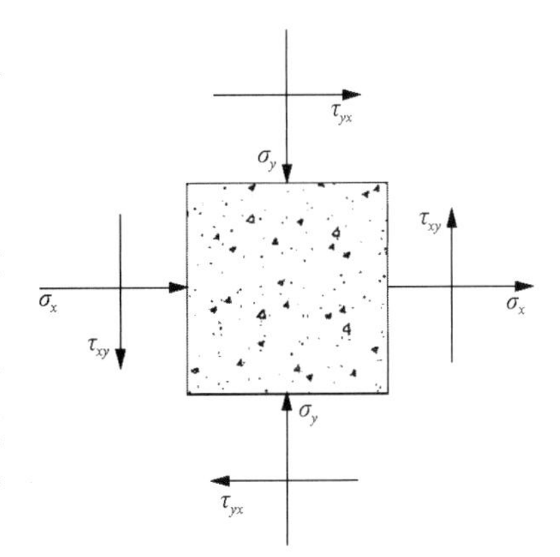

图 4-6　单元体受力分析

由挠曲梁中应力分布特征可知，拉应力 σ_x 远大于压应力 σ_y 和剪应力 τ_{xy}，基本顶破断条件采用最大拉应力强度理论，即基本顶稳定性取决于x=0 处的拉应力，由梁理论可知图 4-4 中基本顶悬臂梁垂直位移方程可由式(4-21)表示：

$$g=\frac{qx^2}{24EI}(x^2-4Lx+6L^2) \tag{4-21}$$

式中，g 为基本顶垂直位移，m；E 为基本顶的弹性模量，GPa；L 为基本顶悬臂梁长度，m；q 为基本顶承受荷载集度，N/m；I 为基本顶竖直截面对 z 轴的惯性矩，$I=\int y^2\mathrm{d}A$，m^4；A 为基本顶的横截面积。

由式(4-21)可得到基本顶 x=0 处的曲率 $K=\mathrm{d}^2g/\mathrm{d}x^2$，将曲率代入弯矩与曲率的关系可得该点的弯矩为 $M=EIK$，将弯矩代入弯矩与拉应力的表达式 $\sigma_x=My/I$，可得 $x=0$ 处的水平拉应力为

$$\sigma_x=\frac{3q}{H^2}L^2 \tag{4-22}$$

式中，H 为基本顶岩层厚度，m。

由式(4-22)得水平拉应力 σ_x 与基本顶跨距 L^2 呈正比，随着工作面推进距离的增加，基本顶跨距 L 增大，$x=0$ 处的拉应力 σ_x 同样增加。为了便于分析，将推进距离增加引起的微单元加载等效为推进距离不变而悬臂梁自由端增加外力 P，假设基本顶跨距 L 增加 l，则 $P=\int[\sigma_x(L+l)-\sigma_x(L)]\mathrm{d}A$，如图 4-7 所示，图 4-7(a)和(b)中基本顶上表面 $x=0$ 处的最大拉应力相等。对图 4-7(b)进行分析可得基本顶悬臂梁系统发生静态破断时，系统内力及外力应满足的条件[9]为

$$f(u)\mathrm{d}u-N\mathrm{d}u_e-P\mathrm{d}u_P=0 \tag{4-23}$$

式中，u_P 为集中力 P 作用点处的水平位移，m；$f(u)=N=\int\sigma_x\mathrm{d}A$(N)，此处 A 的值可取单位面积。

令式(4-23)两端同时除以 du 可得[9]

$$f(u)+\frac{f(u)f'(u)}{k_\mathrm{e}}-J=0 \tag{4-24}$$

式中，$J=P\mathrm{d}u_P/\mathrm{d}u$，为悬臂梁系统发生单位位移所需外界输入的能量。$J=0$ 为系统自身保持静态变形破坏的临界状态。

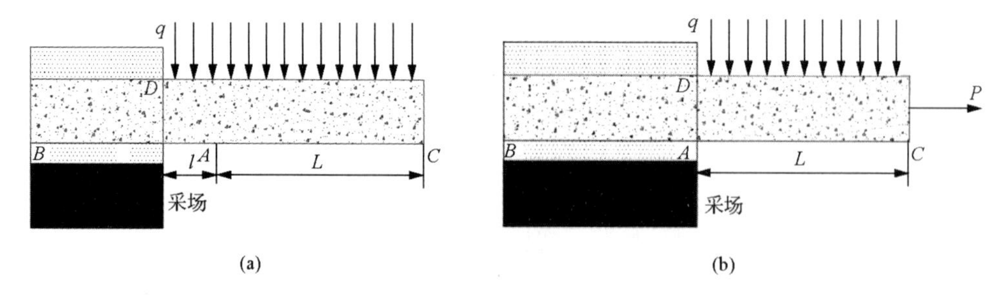

图 4-7　基本顶悬臂梁的等效加载模型

式(4-19)对应曲线如图 4-5 所示，其峰值点 A 对应位移为 u_0，点 B、D 的切线斜率

等于 k_e，对应的位移分别为 u_2 和 u_4，点 C 为曲线的拐点，曲线斜率在该点达到极值，该点对应基本顶横向位移 u_3，由曲线拐点性质 $f''(u)=0$ 可得 $u_3=2u_0$。将式(4-20)在拐点处利用泰勒级数展开，并忽略高阶项可得

$$\left(\frac{u-u_3}{u_3}+\frac{1-K}{4}\right)^2-\left(\frac{1-K}{4}\right)^2-\frac{1-K}{2}-\frac{K}{2f(u_3)}J=0 \tag{4-25}$$

式中，K 为 k_e 与拐点处切线斜率绝对值之比，令

$$\left.\begin{aligned} x&=\frac{u-u_3}{u_3}+\frac{1-K}{4} \\ a&=-\left(\frac{1-K}{4}\right)^2-\frac{1-K}{2}-\frac{K}{2f(u_3)}J \end{aligned}\right\} \tag{4-26}$$

则式(4-25)可转化为折叠突变模型的控制方程：

$$x^2+a=0 \tag{4-27}$$

由控制方程得折叠突变模型的控制曲面如图 4-8 所示。$K\geqslant 1$ 时，基本顶发生渐进静态破断；$K<1$ 时，基本顶发生突发动力破断。岩土材料的拉伸破坏属典型的脆性破坏，峰后阶段的软化模量大于峰前弹性模量，因此，基本顶悬臂梁系统平衡控制方程曲线属于 $K<1$ 类型，在点 B、D，悬臂梁系统均达到极限平衡状态，对应图 4-8 两分支上的点 x_2、x_4。根据稳定性原理可知，当基本顶变形处于分支 1 上时，曲线斜率小于 0，基本顶平衡状态属于不稳定类型，遭受较小扰动后平衡状态可能被破坏，而基本顶变形处于分支 2 上时，曲线斜率大于 0，基本顶平衡属于稳定类型，因此，悬臂梁系统在点 B 处于不稳定极限平衡状态，而点 D 属于稳定极限平衡状态。在图 4-5 中点 B 满足 $\mathrm{d}u_P/\mathrm{d}u=0$，即基本顶最大拉应力处的水平位移存在突变，使图 4-5 中 x 值由分支 1 上的点 x_2 突变至分支 2 中的点 x_4，悬臂梁系统发生动力破断，不稳定平衡系统突然失稳，这一过程中基本顶悬臂梁系统释放的弹性应变能转变为裂纹扩展所需的表面能及破断岩块的初始动能。

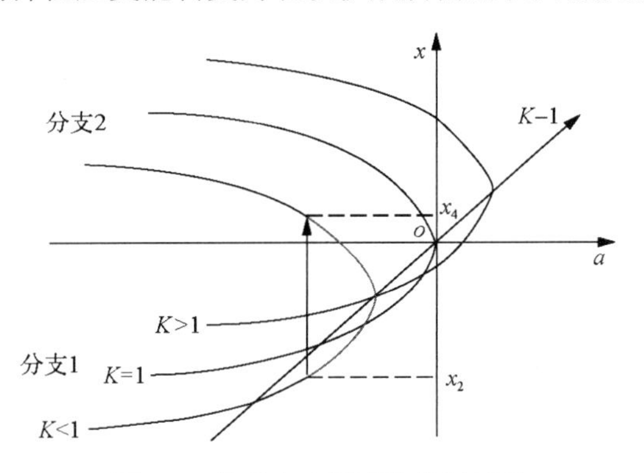

图 4-8 折叠突变模型的控制曲面

4.2.2　顶板断裂瞬间的能量转换

1) 能量转换过程

岩石受拉时的应力-应变曲线如图 4-9 所示，施加载荷达到岩石的强度极限后，岩石发生塑性变形，外载荷做功一部分以弹性应变能 U_e 的形式储存在岩石单元中，一部分则以塑性功 U_p 的形式耗散掉。

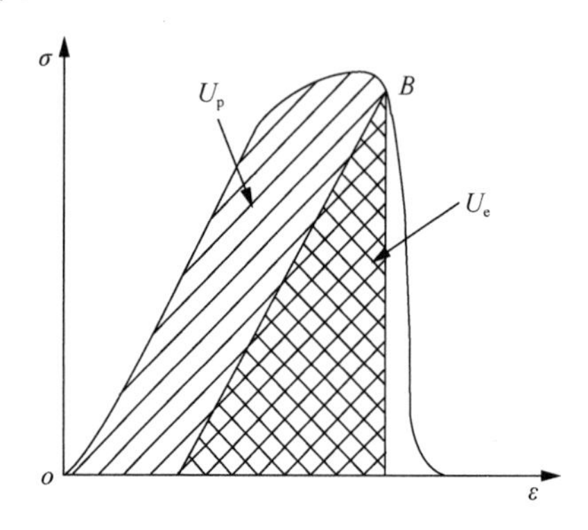

图 4-9　岩石受拉时的应力-应变曲线

由基本顶动力破断的折叠突变模型可知当加载路径达到点 B 时，岩石发生动力破坏失稳，储存于岩石单元体中的弹性应变能瞬间转变为形成断裂面所需表面能及破断岩块的初始动能，由此可以判断随着基本顶中可释放应变能的增多，动力破断后破断岩块的初始启动速度越大。基本顶中应变能密度的数值模拟结果如图 4-10 所示：在开挖卸荷作用下，基本顶中积聚的初始弹性变性能迅速释放并重新积聚和转移，基本顶破断前，采空区上方基本顶应变能密度降低，煤体上方基本顶应变能密度升高。基本顶破断后，其中应变能再次释放，采空区上方破断岩块中应变能密度迅速降至 0，在裂缝处出现应变能分布不连续现象，释放的应变能以应力波形式向下位煤层和工作面转移，工作面液压支架承受上述动载荷后，阻力迅速增大，即为基本顶动力破断引起的工作面来压[10]。

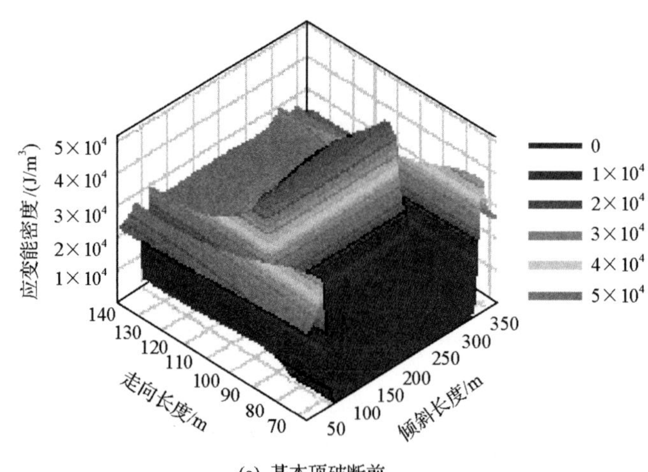

(a) 基本顶破断前

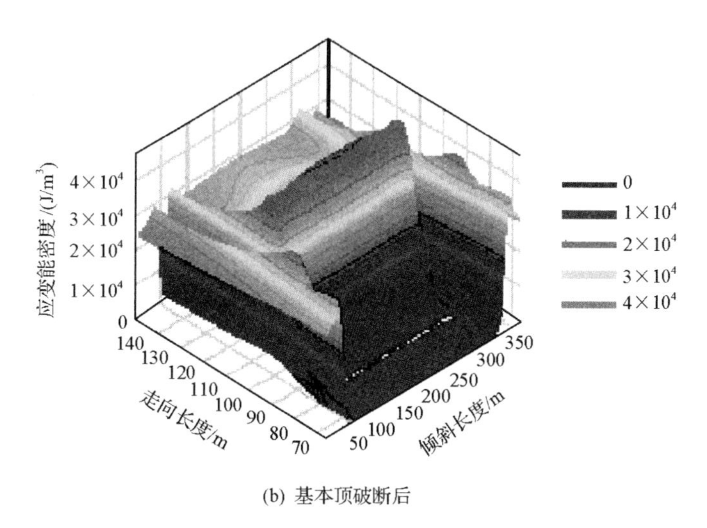

(b) 基本顶破断后

图 4-10 基本顶中应变能密度的数值模拟结果

2) 基本顶塑性区范围确定

为得到基本顶由弹性稳定状态过渡至断裂失稳状态过程中，弹性应变能、塑性耗散功、断裂面表面能及破断岩块初始动能之间的分配关系，需确定基本顶破断失稳前进入塑性屈服状态的岩石范围。基本顶悬露长度 L 较小时，悬臂段处于弹性阶段，其垂直位移方程可由式(4-21)表示，梁中最大拉应力、压应力均位于 $x=0$ 界面上。随着工作面推进距离的增加，$x=0$ 处基本顶上、下表面最先进入塑性屈服状态，为得到塑性区范围的解析解，再次将基本顶本构模型简化，使其退化为弹脆塑性材料，取 $x=0$ 处的竖直截面，则该截面上的正应力分布如图 4-11 所示。

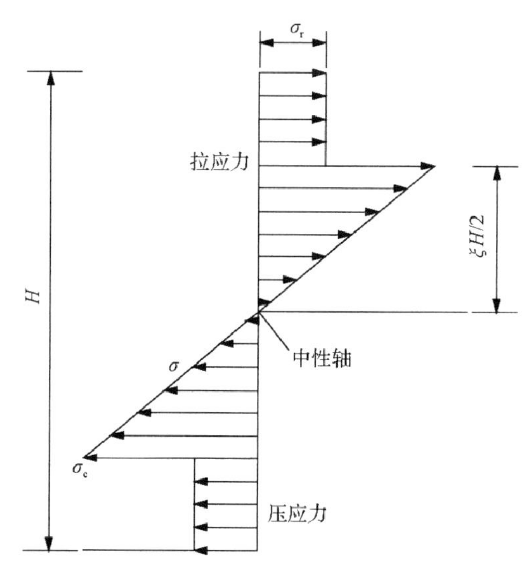

图 4-11 梁截面拉应力分布

基本顶需保持稳定，对该截面取弯矩平衡有

$$M=2b\left(\int_0^{\frac{\xi H}{2}}EKy^2\mathrm{d}y+\int_{\frac{\xi H}{2}}^{\frac{H}{2}}\sigma_{\mathrm{r}}y\mathrm{d}y\right)\tag{4-28}$$

式中，M 为基本顶竖直截面处的弯矩，N·m；b 为沿倾斜方向所取基本顶梁宽度，m，默认取 1m；ξ 为弹性区厚度与基本顶总厚度的比值；K 为基本顶曲率，m^{-1}；σ_{r} 为残余强度，MPa。

由弯矩与拉应力之间的关系可得基本顶所能承受的弹性极限弯矩为 $M_{\mathrm{e}}=bH^2\sigma_{\mathrm{t}}/6$，其中 σ_{t} 为基本顶抗拉强度，MPa；在 $y=\xi h/2$ 处，基本顶的极限拉应变为 $\varepsilon_{\mathrm{t}}=\sigma_{\mathrm{t}}/E=K\xi H/2$。令 $\sigma_{\mathrm{r}}=\beta\sigma_{\mathrm{t}}$，其中 β 为脆性跌落系数，并将 M_{e}、ε_{t} 的表达式代入式(4-28)得

$$M=\frac{1}{2}M_{\mathrm{e}}[3\beta+(2-3\beta)\xi^2]\tag{4-29}$$

由式(4-29)可得基本顶悬臂梁中弹性区厚度与基本顶总厚度的比值为

$$\xi=\sqrt{(3\beta-2)^{-1}\left(3\beta-\frac{M}{M_{\mathrm{e}}}\right)}\tag{4-30}$$

将 $M=EI\mathrm{d}^2g/\mathrm{d}x^2$ 代入式(4-30)得

$$\xi=\sqrt{(3\beta-2)^{-1}\left(3\beta-\frac{q(x-L)^2}{2M_{\mathrm{e}}}\right)}\tag{4-31}$$

当 $\xi=0$ 时，截面 $x=0$ 全部进入塑性屈服状态，此时基本顶可产生任意曲率，悬臂梁失去抗弯能力，受外载荷扰动后便会发生整体断裂失稳现象。将 $x=0$、$\xi=0$ 代入式(4-31)可得基本顶的极限跨距为

$$L_{\max}=\sqrt{\frac{\beta\sigma_{\mathrm{t}}H^2}{q}}\tag{4-32}$$

将式(4-32)代入式(4-31)可得

$$\xi=\sqrt{(3\beta-2)^{-1}\left[\frac{q(2L_{\max}x-x^2)}{2M_{\mathrm{e}}}\right]}\tag{4-33}$$

当 x 位于区间[0，$L_{\max}$]时，ξ 始终存在，且其值位于[0，1]，由式(4-33)可知脆性跌落系数 $\beta>2/3$。应变软化本构曲线及理想弹脆塑性本构曲线分布如图 4-12 所示，两者进入软化阶段后，在应力水平相同的条件下，储存于基本顶中的弹性应变能差异较大，仅在交点 A 处相同。点 A 之前，由软化模型计算所得储存于基本顶单元体中的能量较脆性跌落模型大，点 A 之后，后者比前者大。为使两者相互补偿，减小因模型简化而造成的能量误差，脆性跌落系数 β 取较大值。

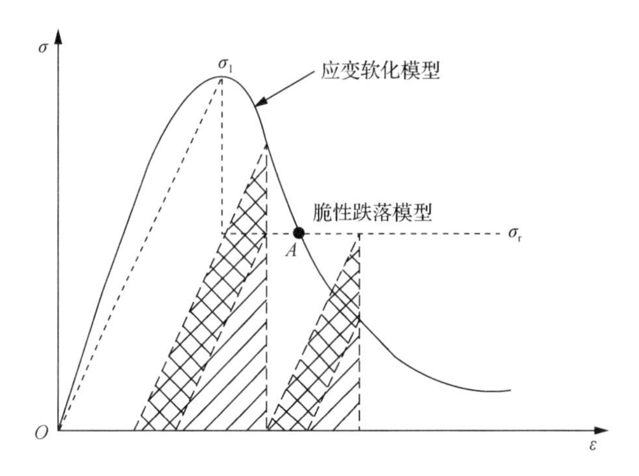

图 4-12 应变弱化本构曲线及理想弹塑性本构曲线分布

基本顶中开始出现塑性屈服现象时，$\xi=1$，由式(4-22)可知此时的基本顶初始屈服跨距 L_{ini} 为

$$L_{ini}=\sqrt{\frac{\sigma_t H^2}{3q}} \tag{4-34}$$

若与两端固支梁相似，悬臂梁中弹塑性区域分界线同样为二次抛物线，则根据抛物线顶点、端点及其对称性可得其曲线方程为式

$$y=\frac{H}{2}\sqrt{\frac{x}{L_{max}-L_{ini}}} \tag{4-35}$$

由曲线方程、基本顶上下表面及 x=0 截面包围的区域即为塑性区范围，如图 4-13 所示。

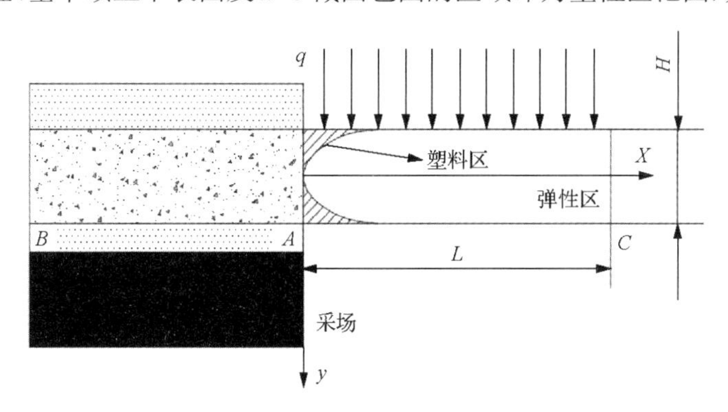

图 4-13 悬臂梁弹塑性分界线

3) 断裂岩块的初始动能

基本顶破断岩块的初始动能等于基本顶产生塑性变形后其中分布的弹性应变能减去产生断裂面所需的表面能。假设基本顶跨距达到 L_{max} 仍保持弹性状态，则理想弹性基本顶中的弹性应变能减去塑性耗散功即为实际基本顶中分布的应变能。由弯曲梁中应力分

布特征可知水平应力 σ_x 和垂直应力 σ_y 大于剪应力 τ_{xy}，在进行能量计算时忽略剪应力 τ_{xy} 的影响，并将垂直应力 σ_y 视为恒值 q。定义沿工作面倾斜方向为 z 轴方向，由平面应变问题条件可知，沿 z 轴方向的剪应力 τ_{zx}、τ_{zy} 均等于 0，正应力 $\sigma_z=\mu(\sigma_x+\sigma_y)$。基本顶跨距达到 $L_{\max}$ 时，将其视为理想弹性体，则其中储存的弹性应变能 U 为

$$U=\frac{1}{2}\int_{\Omega}\sigma_{ij}\varepsilon_{ij}\mathrm{d}\Omega=\int_0^{L_{\max}}\int_A\frac{\sigma_x^2+\sigma_y^2+\sigma_z^2}{2E}\mathrm{d}A\mathrm{d}x \tag{4-36}$$

式中，Ω 为基本顶悬臂梁体积。

将正应力 σ_x、σ_y、σ_z 的表达式代入式(4-36)，并考虑到惯性矩 $I=\int y^2\mathrm{d}A$，可得

$$U=\frac{(1+\mu^2)}{2}\int_0^{L_{\max}}\left(\frac{EI\mathrm{d}^2g}{\mathrm{d}x^2}+\frac{\mathrm{q}^2H}{E}\right)\mathrm{d}x \tag{4-37}$$

将基本顶垂直位移方程式(4-21)代入式(4-37)可得

$$U=(1+\mu^2)\int_0^{L_{\max}}\left[\frac{q^2(x-L_{\max})^4}{8EI}+\frac{q^2H}{2E}\right]\mathrm{d}x=(1+\mu^2)\left[\frac{q^2L_{\max}^5}{40EI}+\frac{q^2HL_{\max}}{2E}\right] \tag{4-38}$$

式(4-38)是基本顶跨距达到 $L_{\max}$ 时，仍将其视为理想弹性体条件下其中储存的弹性应变能，其值减去基本顶塑性变形过程中作为塑性功耗散的能量即为基本顶中实际储存的弹性应变能。由基本顶弹脆塑性本构模型应力-应变函数曲线可知，基本顶塑性区内的塑性耗散功可由式(4-39)求得

$$U_{\mathrm{p}}=\int_A\frac{(1-\mu^2)(1-\beta^2)\sigma_{\mathrm{t}}{}^2+2(1-\beta)\mu^2q\sigma_{\mathrm{t}}}{2E}\mathrm{d}A \tag{4-39}$$

式中，A_{p} 为进入塑性区的基本顶面积。

为得到 A_{p} 的值，沿基本顶的厚度即 y 方向对式(4-35)中的 x 值进行积分，可得基本顶整体断裂前进入塑性区的面积为

$$A_{\mathrm{p}}=2\int_0^{\frac{H}{2}}\frac{4y^2}{(L_{\max}-L_{\mathrm{ini}})H^2}\mathrm{d}y=\frac{H}{3(L_{\max}-L_{\mathrm{ini}})} \tag{4-40}$$

由式(4-40)可知，基本顶破坏前进入塑性屈服状态的面积较小，将式(4-40)代入式(4-39)可得，基本顶变形破坏过程中塑性功耗散的能量为

$$U_{\mathrm{p}}=\frac{H}{E}\frac{(1-\mu^2)(1-\beta^2)\sigma_{\mathrm{t}}{}^2+2(1-\beta)\mu^2q\sigma_{\mathrm{t}}}{6(L_{\max}-L_{\mathrm{ini}})} \tag{4-41}$$

联合式(4-38)、式(4-41)可得，断裂失稳前实际储存于基本顶中的弹性应变能为

$$U_{\mathrm{e}}=U-U_{\mathrm{p}}=(1+\mu^2)\left(\frac{q^2L_{\max}{}^5}{40EI}+\frac{q^2HL_{\max}}{2E}\right)-\frac{H}{E}\frac{(1-\mu^2)(1-\beta^2)\sigma_{\mathrm{t}}{}^2+2(1-\beta)\mu^2q\sigma_{\mathrm{t}}}{6(L_{\max}-L_{\mathrm{ini}})} \tag{4-42}$$

对于图 4-13 中的基本顶悬臂梁，其断裂瞬间，储存于其中的弹性应变能 U_e 转化为断裂面表面能 U_f 和破断岩块的初始动能 E_k 两部分，在基本顶厚度一定的条件下，产生竖直断裂面所需的表面能一定，该表面能可采用本书第 2 章中的断裂力学理论求得。若产生断裂面所需表面能占基本顶应变能的比例为 $1-\alpha$，其中，参数 α 值小于 1，则基本顶断裂瞬间，转变为破断岩块初始动能的应变能可由式(4-43)表示：

$$E_k = \alpha U_e \tag{4-43}$$

4.2.3 顶板载荷确定方法

近年来，我国煤炭主采区逐渐向西部转移，西部神东煤田赋存有靠近地表的浅埋煤层，其覆岩沉积年代新，弱胶结、低强度是该区域基岩的主要特征，岩层刚度比值小，基本顶断裂线普遍位于煤壁上方，是基本顶沿煤壁产生切落现象的高发区，其顶板结构如图 4-14 所示。

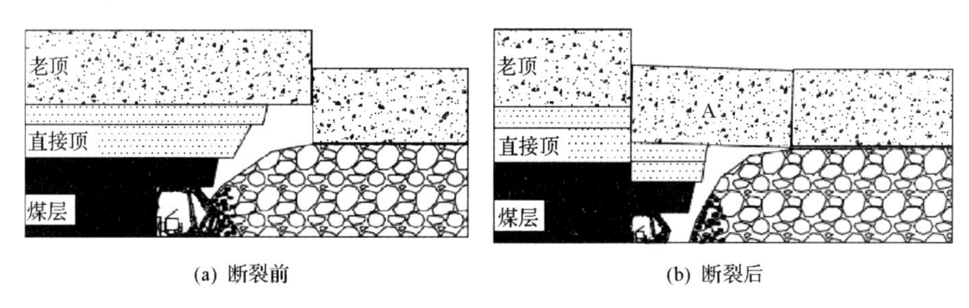

图 4-14 基本顶断裂线位于煤壁上方

由动能表达式结合式(4-43)可得基本顶断裂瞬间岩块 A 伴生的初始启动速度为

$$v_c = \sqrt{\frac{2\alpha U_e}{m}} \tag{4-44}$$

岩块 A 冲击直接顶后两者速度均等于 0，根据系统动量与外力冲量之间的关系有：$Ft=mv+Gt$，其中 F 为冲击力，t 为冲击时间，m 为物体质量，v 为物体速度，G 为物体重力。将基本顶断裂瞬间破断岩块的初始启动速度式(4-44)代入该关系可得基本顶断裂线位于煤壁上方时，岩块 A 通过直接顶对工作面的冲击作用力为[11]

$$F=G+\frac{1}{t}\sqrt{2\alpha m U_e} \tag{4-45}$$

由式(4-45)可知，基本顶断裂线位于煤壁上方条件下，基本顶破断岩块通过直接顶传递至工作面支架的冲击作用力 F 大于基本顶破断岩块自重，若液压支架选型不合理，则工作面容易发生顶板切落压架事故。

物体之间的撞击可以分为完全弹性碰撞、非弹性碰撞和完全非弹性碰撞，将基本顶岩块和直接顶视为一个系统，系统能量在第一种撞击过程中保持守恒，后两种撞击则因塑性变形的产生导致能量耗散，机械能不守恒。基本顶岩块冲击直接顶的过程中，控顶区直接顶在支承压力、顶板回转及支架反复支撑作用下普遍已进入塑性屈服状态，岩石的弹性变形较塑性变形可忽略不计，此处将基本顶与直接顶之间的撞击视为完全非弹性碰撞，机械能守恒原理不再适用，因此，冲击力的确定采用动量守恒定理。

由于基本顶破断岩块与直接顶之间的碰撞属于完全非弹性碰撞，可以认为碰撞期间失稳基本顶岩块匀速运动，撞击时间可由直接顶变形量与基本顶破断岩块的启动速度的比值确定，即式(4-46)。由试验可以得到直接顶在抗压试验中达到残余变形阶段时的应变值，该应变值与直接顶厚度的乘积即为直接顶最大变形量：

$$t = S / v_c \tag{4-46}$$

式中，S 为直接顶垂直变形量，m。

4.2.4　推进速度与动载作用关系

假设工作面保持均匀速度 v 推进，则基本顶跨距 $L = vt$，将其代入式(4-22)可得基本顶悬臂梁中的最大拉应力为

$$\sigma_x = \frac{3qv^2t_{\mathrm{m}}^2}{H^2} \tag{4-47}$$

式中，v 为工作面推进速度，m/s，t_{m} 为上一次来压结束起工作面推进时间，s。

工作面在不同推进速度条件下，基本顶悬臂梁中最大拉应力随推进时间的关系如图 4-15 所示，工作面的持续推进相当于对基本顶岩层的加载，由不同推进速度条件下拉应力随推进时间的变化曲线的斜率可得：推进速度越快，加载速率越大。

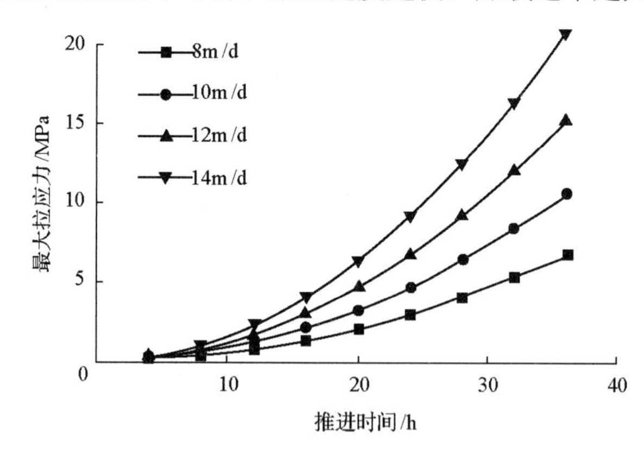

图 4-15　基本顶悬壁梁中最大拉应力随推进时间的关系

基本顶悬壁梁中最大拉应力随推进时间的变化对于基本顶来说是加载速率的改变，岩石力学实验结果表明煤岩宏观破断形式和强度同时受到加载速率的影响。不同加载速率条件下煤岩试件宏观破坏形态如图 4-16 所示。抗压实验低加载速率条件下，煤岩试件中出现多条主裂纹，裂纹呈闭合状态，翼裂纹发育且贯通程度高，这是由于煤岩试件发生静态破坏，储存于其中的能量主要转变为塑性耗散功和破坏面表面能。破坏煤岩块不存在初始动能，破坏面的张开度小，摩擦效应明显。高加载速率条件下，煤岩试件中主裂纹条数减少，基本无翼裂纹发育现象，煤岩试件破坏形式向动力破坏转变，破坏用时

短，翼裂纹来不及发育，储存于其中的弹性应变能主要转变为破坏面表面能和破坏煤岩块初始动能，且由于破坏面条数减少，后者占总应变能比例升高，破坏煤岩试件伴生初始速度使裂纹横向张开度大。

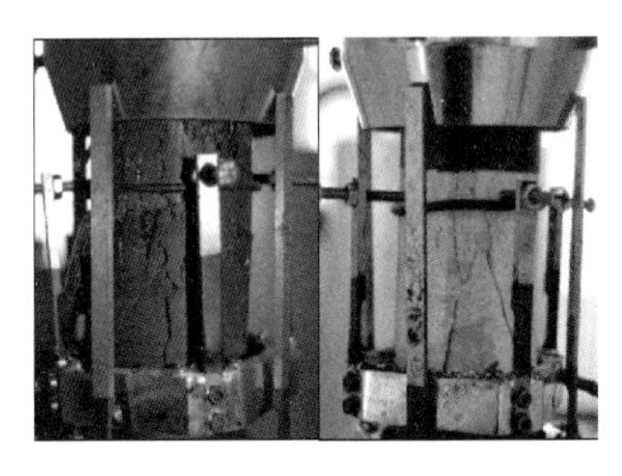

(a) 低加载速率

(b) 高加载速率

图 4-16 不同加载速率条件下煤岩试件破坏形态

不同加载速率条件下煤岩试件单轴抗压的应力-应变曲线如图 4-17 所示。受载初期，煤岩试件均存在明显的弹性变形阶段，该阶段是弹性应变能储存关键时期，外力做的功全部以应变能形式储存于煤岩试件中。当煤岩试件承受载荷达到煤岩试件峰值强度后，煤岩发生破坏，应力水平开始跌落，储存于其中的弹性应变能开始耗散、释放。低加载速率条件下煤岩试件破坏用时长，后破坏阶段产生的应变值大。由此可以判断低加载速率条件下煤岩试件应力-应变曲线属于典型的 I 类曲线，发生静态破坏。高加载速率条件下，煤岩试件应力-应变曲线峰值强度增大，达到峰值强度时储存于煤岩体的弹性应变能增多，且随着加载速率的升高，煤岩试件破坏用时减少，弹性应变能释放速度升高，应力-应变曲线向 II 类曲线转变。煤岩整体破坏时储存于其中的弹性应变能主要转变为塑性耗散功、破坏面表面能及破坏煤岩块初始动能 3 种形式，加载速率越高，塑性耗散功所占比例越低，在煤岩试件尺寸和破坏面方位一致的条件下，产生破坏面所需表面能基本不变，可转化为破碎岩块动能的应变能增多，说明煤岩体随着加载速率的提高存在由静态破坏向动力破坏转变的趋势。

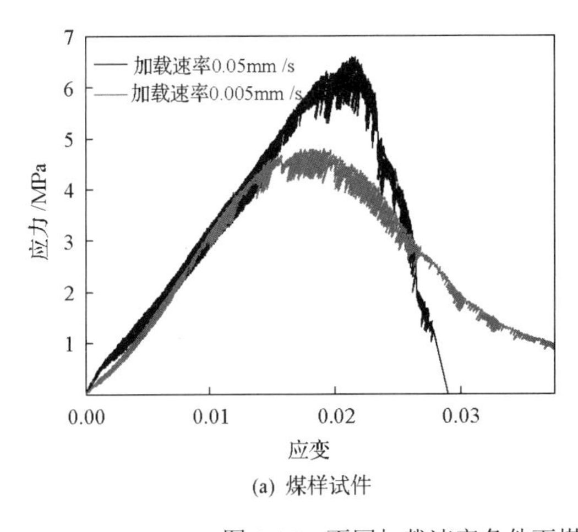

(a) 煤样试件

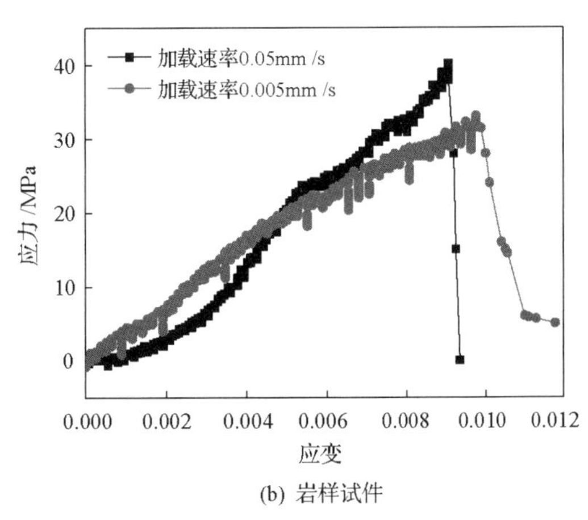

(b) 岩样试件

图 4-17 不同加载速率条件下煤岩试件单轴抗压的应力-应变曲线

煤岩属于率相关材料，岩石应力状态可能位于加载面之外(图 4-18)，使其强度表现出一定的伪增强现象。在低加载速率条件下，煤岩经历的应力路径由初始无压力状态到达初始屈服面上的点 A 便会发生软化，后继屈服面内缩，应力状态变化指向加载面内；而在高加载速率条件下，应力变化率过大，而煤岩体内变形来不及发育，便会出现应力状态达到初始屈服面后继续增加而达到加载面外部(点 B)的现象。该条件下应力变化率过大，而应变变化率来不及反应仍处于较小的状态，使式(4-48)大于 0，促使煤岩表现为非静态破坏，而煤岩强度则表现为一定程度的伪增强现象。煤岩发生破坏后，其中所分布的应力迅速跌落至残余强度水平，则该过程中煤岩释放的能量为 U_{d}[12]

$$U_{\mathrm{d}}=\frac{1}{2}\int_{V}(\sigma_{B}-\sigma_{\mathrm{r}})\varepsilon_{\mathrm{e}}\mathrm{d}V \tag{4-48}$$

式中，σ_B 为 B 点应力状态，MPa；σ_{r} 为煤岩残余强度，MPa；ε_{e} 为弹性应变；V 为破坏煤岩的体积，m^3。由图 4-18 可知点 B 应力水平高于位于初始屈服面的点 A，因此，高加载速率条件下煤岩破坏释放的能量高于低加载速率条件下煤岩破坏所释放的能量，使煤岩高加载速率条件下破坏所释放的能量大于煤岩产生塑性变形和形成破坏面所需吸收的能量，多余能量转化为破坏煤岩块伴生初始动能，宏观上则表现为煤岩动力破坏。

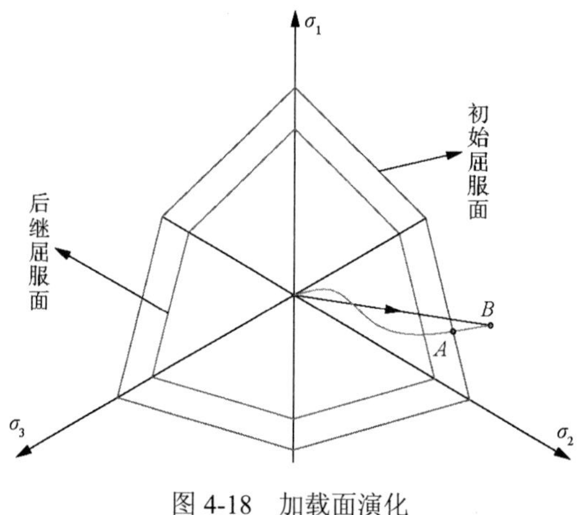

图 4-18　加载面演化

结合图 4-17 和图 4-18 可知，工作面推进速度加快，基本顶悬臂梁中的拉应力增长率变大，基本顶强度极限表现出一定程度的伪增强，且基本顶破断前的极限拉应变增大，由单元体应变能计算公式 $U=1/2\,\sigma_{ij}\varepsilon_{ij}$ 可知，基本顶断裂前储存于每个单元体中的应变能增加。另外，基本顶极限抗拉强度增大，由式(4-32)可知基本顶极限跨距 $L_{\max}$ 增大，因此，随高强度开采工作面推进速度的提高，基本顶断裂前储存于悬臂梁中的弹性应变能增加。基本顶悬臂梁断裂时仅在固支端产生 1 条垂直断裂面，基本顶厚度、岩性一定的条件下产生断裂面所需的表面能 U_{f} 不变，由式(4-31)可知，$U_{\mathrm{f}}=(1-\alpha)U_{\mathrm{d}}$，随着工作面推进速度的提高，$U_{\mathrm{d}}$ 增大，而 U_{f} 不变，因此，系数 α 增大。由式(4-43)可得，基本顶断裂瞬间，岩块伴生的初始动能 E_{k} 随基本顶跨距 L、系数 α 的变化曲线如图 4-19 所示，储存于基本顶中的应变能随基本顶跨距 L 及 α 的增大而升高，由之前分析可知，随着工作面推进速度的提高，基本顶极限跨距 L、系数 α 均增大，因此，推进速度越快，基本顶断裂时，破断岩块伴生的初始动能越大，结合式(4-45)可知，破断岩块通过直接顶对工作面支架造成的动载冲击作用越明显。

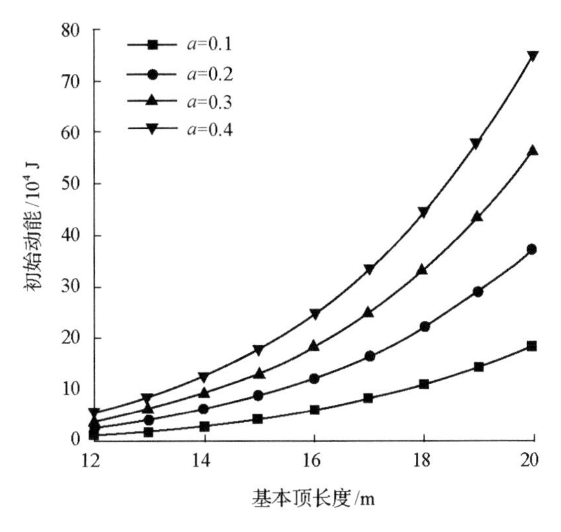

图 4-19 破断岩块初始动能与基本顶长度的关系

4.2.5 应用实例

1) 工程概况

潞安集团王庄煤矿 8101 工作面为主采 3#煤，煤层厚度 3～7.2m，平均为 6m，煤层倾角小于 10°，为近水平煤层，采用综采工艺进行回收，回采初期最快推进速度可达 10m/d。工作面倾斜长 270m，走向长 1014m，直接顶为厚 12m 的泥岩，基本顶为厚 9m 的细砂岩。工作面液压支架型号为 ZY15000/33/72D。

2013 年 10 月工作面推进至 150m 时，煤壁出现片帮现象，并引起顶板泥岩破碎冒顶，支架接顶性能降低，承受载荷约为 25MPa，换算为压力为 9800kN，约占支架额定工作阻力的 65%(图 4-20)。之后采取注浆加固煤壁和顶板，由于注浆量过大，提高了煤壁刚

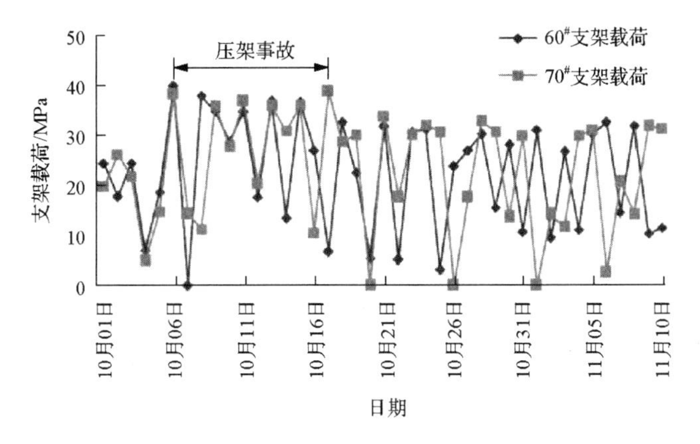

图 4-20 支架载荷变化曲线(2013 年)

度，10 月 6 日，工作面上方顶板出现较大断裂声响，工作面支架压力迅速增大至接近额定工作阻力水平，其中 80#～120#支架发生较大范围切顶压架事故，并有大量支架发生漏液、窜液和安全阀损坏现象。

2) 事故分析

由顶板断裂位置及支架载荷响应特征可以判断该次事故的原因为：注浆明显提高了煤壁及直接顶刚度，造成基本顶在煤壁上方发生动力破断，直接对工作面支架形成冲击。8101 工作面基本顶厚度 $H=9\text{m}$，抗拉强度 $\sigma_t=2\text{MPa}$，脆性跌落系数取 3/4，由组合梁变性特征结合覆岩组合特征求得基本顶顶断裂前承受载荷为 0.4MPa，由式(4-34)求得基本顶极限跨距为 16.2m，实测实际来压步距为 12～16m，误差不大，由式(4-25)求得基本顶初始屈服跨距 $L_{\text{ini}}=11.6\text{m}$，基本顶岩层的泊松比取 0.2，将以上各参数代入式(4-42)可得基本顶断裂前储存于其中的弹性应变能为 $1.56\times10^6\text{J}$，若取 $\alpha=0.5$，则破断岩块的初始动能为 $0.78\times10^6\text{J}$，启动速度为 1.8m/s，直接顶最大变形量取 0.4m，且在基本顶压力及支架反复支撑下已完全进入塑性屈服状态，由岩土材料变形破坏特征可知其塑性变形远大于弹性变形，因此可忽略直接顶弹性变形而将基本顶与直接顶之间的接触碰撞视为完全非弹性碰撞，碰撞期间基本顶匀速运动，则撞击用时约为 0.2s，基本顶容重取 2 700kg/m^3，则破断岩块的质量为 $0.39\times10^6\text{g}$，将以上各参数代入式(4-45)可得单位宽度基本顶的冲击作用力为 7168kN，为基本顶自重的 1.8 倍。支架宽度为 2.5m，则单个支架承受的基本顶冲击作用力为 17920kN，大于该工作面所选架型的额定工作阻力，最终导致大范围切顶压架事故的发生。

3) 事故治理

为防止同类顶板灾变事故的发生，8101 工作面将围岩注浆加固形式改变为“大直径棕绳+注浆”柔性加固形式，减少了注浆量，提高了煤壁的韧性并降低了其刚度，使基本顶断裂位置前移，为顶板平衡结构的形成创造条件。改变围岩加固形式后，顶板控制效果明显改善，基本顶来压期间支架载荷变化范围保持在 30～35MPa，为额定工作阻力的 80%～91%。

4.3 顶板结构型失稳与载荷确定

本书 4.1 节针对基本顶初次破断形成的“砌体梁”结构，提出了一种顶板压力的工程计算方法，得到了顶板压力动载系数的上限值，根据采煤方法、顶底板条件，对动载系数的择取区间进行了划分。本节摒弃直接顶的弹性体假设和机械能守恒原理，将直接顶视为弹塑性体，采用冲量守恒定理对基本顶“砌体梁”结构周期性失稳后产生的动载现象进行分析，避免了对动载系数的经验性择取。

由相似模拟实验可知：周期来压时，靠煤层较近的下位顶板形成的结构如图 4-21 所示，在支架初撑力不足的条件下，直接顶与基本顶之间的离层空间高度为 Δ，基本顶结构失稳后，存在一定时间的自由落体阶段，对下位直接顶和支架造成冲击，因此，顶板结构与下位直接顶之间产生离层是造成动载产生的基本条件。顶板结构发生不同形式的失稳，基本顶运动位态及储存于破断岩块中的应变能均不相同，认为结构失稳时储存于破断岩块中的应变能全部转化为岩块下落的初始动能，则失稳岩块与其下位的直接顶之间必然存在非静态接触现象，由此造成的接触碰撞现象可在短时间内产生远大于岩块静态自重的撞击力，撞击力通过直接顶传递至工作面支架，宏观表现为高强度工作面周期来压时的动载效应。由图 4-21 可知，对工作面支架产生影响的仅为岩块 M，因此，仅对不同结构失稳形式下岩块 M 的位态及储存于其中的应变能(初始动能)进行分析，求解结构失稳造成的顶板冲击作用力。

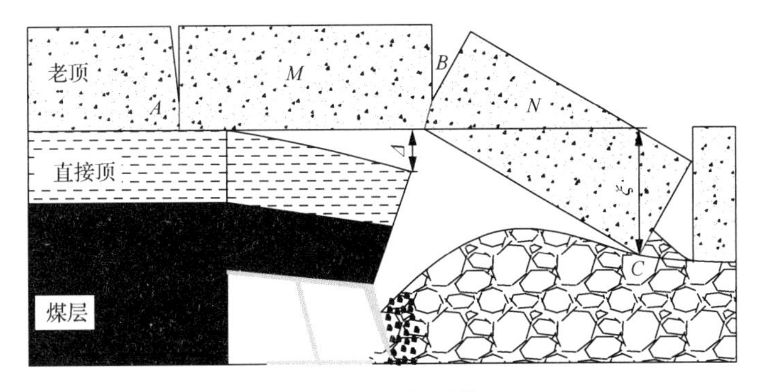

图 4-21　顶板结构

4.3.1　回转失稳顶板载荷确定

由几何关系可得岩块 N 触矸瞬间，基本顶平衡结构中间铰接点 B 距离 AC 连线的垂直距离为

$$\Delta_1 = L\sin\beta \tag{4-49}$$

回转失稳条件下，由式(3-44)可知中间铰接点的极限失稳位置距 AC 的垂直距离很小，此处忽略其值，即认为中间铰接点运动至 AC 时结构失稳，根据几何关系可得基本顶结构失稳后，控顶距范围内岩块 M 的最大允许自由下沉量为

$$\Delta_2 = \Delta - \frac{L_k \Delta_1 \cos\beta}{2L\left(1-\sin^2\beta\right)} = \Delta - \frac{L_k \sin\alpha}{2\left(1-\sin^2\beta\right)} \tag{4-50}$$

式中，Δ_2 为基本顶岩块最大允许下沉量，m；L_k 为控顶距长度，m。结合式(3-47)可得结构失稳时，储存于岩块 M 中的弹性应变能 U 为

$$U = E\varepsilon^2 aL = E\left(1-\cos\beta\right)^2 HL \tag{4-51}$$

基本顶结构失稳后，由于没有产生新的自由面，储存于岩块 M 中的应变能全部转化为其初始动能，根据动能原理可得岩块 M 的启动速度为

$$v_{\mathrm{i}}=\left(1-\cos\beta\right)\sqrt{\frac{2E}{\rho}} \tag{4-52}$$

由式(4-50)、式(4-52)可得岩块 M 经自由落体运动后，与直接顶接触瞬间的初始速度为

$$v_{\mathrm{c}}=\sqrt{\frac{2E}{\rho}\left(1-\cos\beta\right)^{2}+2g\varDelta-\frac{L_{\mathrm{k}}g\sin\alpha}{\left(1-\sin^{2}\beta\right)}} \tag{4-53}$$

式中，ρ 为基本顶密度，kg/m^3；g 为重力加速度，N/Kg。

岩块 M 冲击直接顶之后，系统再次达到平衡时两者速度均等于 0，根据系统动量与外力冲量之间的关系有

$$Ft=mv_{\mathrm{c}}+Qt \tag{4-54}$$

式中，F 为冲击作用力，kN；t 为冲击用时，s；m 为基本顶的质量，kg；Q 为基本顶岩块及随动岩块的重力。

将式(4-53)代入式(4-54)可得基本顶结构回转失稳后对直接顶的冲击作用力为

$$F=\frac{m}{t}\sqrt{\frac{2E}{\rho}\left(1-\cos\beta\right)^{2}+2g\varDelta-\frac{L_{\mathrm{k}}g\sin\alpha}{\left(1-\sin^{2}\beta\right)}}+Q \tag{4-55}$$

4.3.2 滑落失稳动载的确定

若基本顶结构发生滑落失稳，则危险点即为岩块 N 触矸的瞬间，此时岩块 M 的回转角度为 0°，由式(3-52)可知储存于其中的应变能为

$$U=\frac{Q^{2}}{E\left(\sin\beta+\cos\beta\tan\varphi\right)^{2}\tan\varphi} \tag{4-56}$$

由式(4-56)结合动能原理可得基本顶结构发生滑落失稳时，岩块 M 的启动速度为

$$v_{\mathrm{i}}=\frac{Q}{\sin\beta+\cos\beta\tan\varphi}\sqrt{\frac{2}{EHL\rho\tan\varphi}} \tag{4-57}$$

由于岩块 M 没有发生回转，结构失稳后，岩块 M 在控顶范围内的最大允许下沉量为 $\varDelta$，由此可得，岩块 M 经自由落体运动后，与直接顶接触瞬间的速度为

$$v_{\mathrm{c}}=\sqrt{\frac{2Q^{2}}{EHL\rho\tan\varphi\left(\sin\beta+\cos\beta\tan\varphi\right)^{2}}+2g\varDelta} \tag{4-58}$$

将式(4-58)代入式(4-44)可得滑落失稳对直接顶造成的冲击作用力为

$$F=\frac{m}{t}\sqrt{\frac{2Q^{2}}{EHL\rho\tan\varphi\left(\sin\beta+\cos\beta\tan\varphi\right)^{2}}+2g\varDelta+Q} \tag{4-59}$$

由式(4-55)和式(4-59)可以看出顶板结构失稳瞬间作用于工作面支架的顶板压力大于基本顶岩块的自身重力，从而使工作面出现顶板动压现象。动载荷冲击力的大小与基本顶的厚度、来压步距及基本顶结构与下位直接顶之间的离层量 Δ 成正比。厚硬顶板的厚度大、强度高、来压步距大，放顶煤和大采高工作面由于回采高度增加基本顶与下位直接顶之间容易产生离层，因此，厚硬顶板条件下的放顶煤或大采高工作面液压支架承受的顶板动压现象趋于剧烈，该趋势与工程实践结果一致：高强度开采条件下，工作面顶板动压灾害成为影响生产的一个重要难题。

4.3.3 应用实例

1) 工程概况

潞安集团王庄煤矿 8101 工作面选用 ZY15000/33/72D 型液压支架，周期来压时受顶板动载冲击作用明显，动载系数高，严重影响液压支架的工况及来压期间的稳定性。采取措施前沿工作面倾斜方向液压支架阻力分布如图 4-22 所示：实测液压支架阻力分布涣散，方差大，约有 13%的液压支架因接顶效果差而处于空载状态，覆岩载荷向其相邻液压支架之上传递，造成约 21%的液压支架处于满载状态，安全阀开启且出现漏液现象，其中 35-38#、114-120#液压支架被压死，液压支架活柱下缩严重，液压支架掩护梁和护帮板触及煤层底板，对顶板和煤壁的控制效果降低，发生冒顶和煤壁破坏现象。

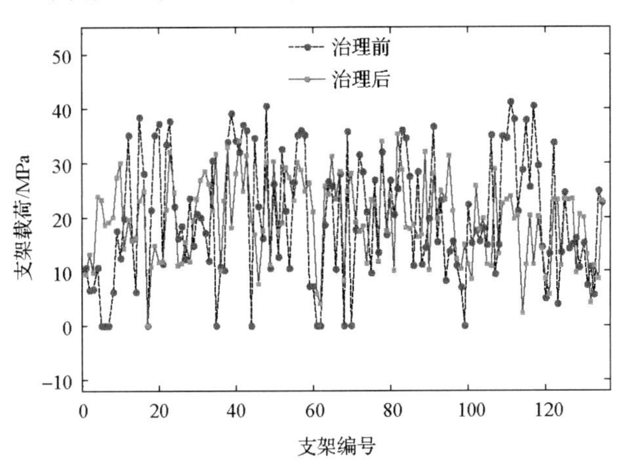

图 4-22 液压支架载荷实测

2) 事故分析

由于工作面所采煤层受中小型断层构造影响明显，推进过程中经常发生片帮事故，推进初期，采取对煤壁注浆加固措施，但没有取得预期围岩控制效果，在将工作面煤壁加固方式由单纯注浆改变为“棕绳+注浆”柔性加固技术以后，顶板断裂时伴有较大声响，虽然工作面液压支架阻力迅速增大，但没有出现过载漏液及压架现象，可以判断，上述压架事故是基本顶断裂后，其所形成结构的突然失稳造成的。

实测及相似模拟实验表明基本顶断裂步距位于 12～18m，此处取 16m，基本顶厚度不 8m，钻孔取心表明，在距基本顶下表面 2m 处存在一较明显的横向节理面，岩心大部分在此处断裂，此处认为基本顶分上下两层断裂，相似模拟实验结果证明了上述观点，形成砌体梁结构的为上位厚度为 6m 的基本顶岩层(图 3-35 和图 3-36)。

直接顶厚度为 13m，残余碎胀系数取 1.3，忽略下位基本顶断裂后产生的膨胀变形，由式(3-44)求得 α=8°，β=4°，由式(4-12)求得砌体梁结构可能承受的最大随动荷载约为 4MPa，根据组合梁理论求得基本顶平衡结构承受的最大随动载荷为 1.05MPa，因此，结构存在稳定的可能性。由式(3-51)可得，岩块 N 触矸瞬间基本顶结构保持平衡的条件为 T=1.6×10^7N，接触面 b 的高度为 7.5m，大于基本顶厚度，因此，基本顶结构必然发生滑落失稳。

由实验得直接顶泥岩破坏时的极限应变值取 1%，则直接顶最大变形量为 1.3m，实测表明液压支架存在空载现象，必然导致直接顶与基本顶岩层之间产生离层，此处取离层量 0.2m，将各参数代入式(4-58)可得破断岩块与基本顶接触瞬间的速度为 2m/s，则冲击用时为 0.65s，结合式(4-59)可得基本顶岩块的冲击作用力为 3120kN，约为基本顶岩块自重的 1.3 倍，单位宽度下位基本顶岩块净重为 800kN，液压支架控顶距为 6m。则单位宽度直接顶净重为 1950kN，将以上各力源之和乘液压支架中心距 2.5m 可得液压支架承受的顶板压力为 14675kN，接近液压支架额定承载能力，最终导致上述压架及漏液事故。

3) 事故治理

由以上分析可知作用于液压支架上的主要力源为失稳基本顶岩块的冲击作用力，因此，改善液压支架工况最有效的方法为使冲击作用力转变为基本顶岩块的净重甚至是回转变形压力。直接顶露冒导致液压支架接顶状况差使其承载能力不能得到有效发挥是基本顶岩块产生动载现象的直接原因，因此，改善煤壁加固工艺，加大注浆孔长度，使其由原先的 10m 增加至 16m，并保持 10°的上仰角度，适当降低注浆孔距底板的高度，使“棕绳+注浆”工艺技术在加固煤壁的同时，可以改善直接顶的完整性，保证液压支架顶梁与直接顶的接触率达到 90%以上，同时提高液压支架初撑力，并坚持带压擦顶移架的原则，防治直接顶与基本顶之间出现离层现象。采取以上措施后，液压支架阻力沿工作面倾斜方向分布如图 4-22 所示，分布较为均匀，且符合工作面中部液压支架阻力大于两端的分布规律，基本不存在空载和过载现象，其整体液压支架的利用率得到提高，可达到液压支架额定承载能力的 85%～90%。

4.4　煤壁破坏形式和破坏机理

4.4.1　煤壁常见破坏形式

受煤体物理力学属性、煤中裂隙发育程度、初始地应力、顶板压力、液压支架参数及采动效应等因素的影响，工作面前方煤体所处应力环境极为复杂。根据煤体应力状态的不同，煤壁存在剪切和拉伸两种破坏机理[13-15]。煤壁破坏后，由于破坏面发育位置的不同，破坏块体表现出多种滑落模式，即煤壁片帮事故。

煤壁上部片帮是综采工作面最为常见的一种围岩失稳现象(图 4-23)。由于揭露煤壁与顶板的交界处容易产生应力集中，随着顶板下沉量的增加，作用于煤壁上部的顶板压力集中程度迅速升高，当顶板压力达到煤壁的极限承载能力时，煤体破坏，导致煤壁上部产生片帮现象。由于破坏煤体位于煤壁上部，片帮块体存在滑落伤人的风险。

受煤层强度和节理裂隙发育程度的影响，煤壁上部片帮现象片落的煤块大小各异。对于完整程度高的坚硬煤层，煤中裂隙发育程度低，采动应力在煤层中分布的均布程度高，当采动应力达到煤体强度时，煤体变形发生局部集中化现象，采动裂隙沿变形集中带发育，裂隙充分扩展和贯通后对煤体的切割程度低，煤体发生强度控制型破坏，煤壁表现为大块体片帮，危害程度高[图 4-23(a)]。对于节理裂隙发育程度高的软煤层，煤层中采动应力非均布程度高，在非均布采动应力驱动下，原生裂隙扩展方向各异，采动裂隙充分扩展和贯通后对煤体的切割程度高，煤体发生裂隙控制型破坏，煤壁表现为小块度上部片帮，危害程度低但治理难度高[图 4-23(b)]。

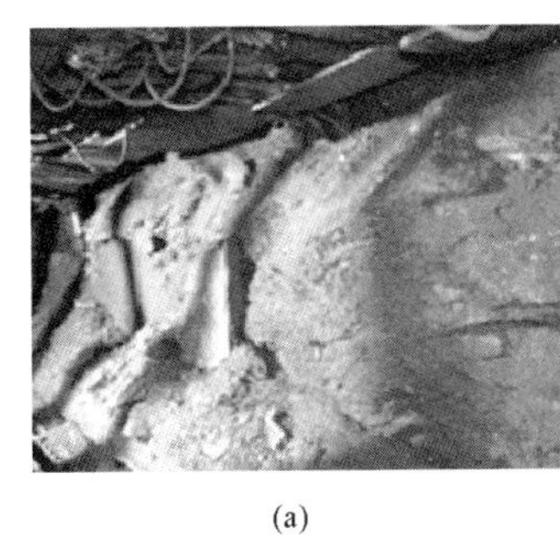

(a)

(b)

图 4-23　煤壁上部片帮

若煤层初始水平地应力很大，煤壁可能发生下部片帮(图 4-24)。造成煤壁下部片帮的原因是：煤层采出后，采空区底板岩层失去覆岩重力约束，在垂直方向上迅速卸荷，底板岩层发生较大的弹性恢复变形，在高水平应力的作用下，发生垂直弹性恢复变形的底板岩层发生结构失稳型变形，产生明显的底鼓现象，在底鼓现象的作用下，揭露煤壁与底板交界处产生应力集中，随着底鼓程度的升高，作用于煤壁底部的集中应力迅速增大，当应力水平达到煤体的强度极限时，煤体破坏并发生下部片帮现象。

图 4-24　煤壁下部片帮

若煤层采动后工作面同时发生明显的顶板下沉和底鼓，煤壁上部和下部可能同时发生片帮现象。较大的顶板下沉量和底鼓量会在煤壁的上部和下部同时引起高应力集中，若煤壁上部应力集中区和下部应力集中区产生交汇，则在交界区域出现应力叠加，促使整个煤壁全部进入应力集中区，煤层上部和下部产生的采动裂隙相互贯通，造成煤壁产生整体片帮现象。

近年来，我国煤炭资源的开采深度逐年增大，目前已经出现多个千米深井进行煤炭资源的回收。在大埋深的条件下，煤壁出现完全不同于常规采场的破坏形式，即大范围小块度破碎现象(图 4-25)。由于破坏深度大，这种煤壁失稳经常埋没采场设备，严重威胁工作面安全生产。产生这种煤壁破坏的原因为：大埋深条件下，煤层承受的垂直地应力和水平地应力均很大，揭露前煤体在高围压应力环境中发生大范围塑性流动，宏观上表现为煤壁横向大变形，揭露后，煤壁在顶板下沉和采场设备扰动作用下发生结构型破坏，高塑性流动程度的煤体破碎成大量体积较小的煤块。

图 4-25　深部开采煤壁塑性流动破坏

4.4.2　煤壁破坏机理分析

煤壁破坏与煤样试件破坏具有相似的内在机制，煤壁片帮是煤体破坏在更大尺度上的宏观体现，为得到煤壁破坏机理，先对室内煤样试件破坏机理进行分析。煤体的硬度系数可由其单轴抗压强度除以 10 得到，煤体的硬度系数大于 3 时便不再建议采用放顶煤开采方法，但工程实践表明煤体的硬度系数接近 3 时顶煤很难破碎，因此，此处采取更为保守的原则，认为煤体的硬度系数小于 1 为软媒，介于 1～2 为中硬煤，大于 2 则为硬煤。

为得到软煤、硬煤在不同应力路径下的破坏形式，分别在新柳煤矿、煤峪口煤矿采集煤样制作成 50×100 的标准圆柱试件进行抗压试验，不同煤样试件在单轴抗压试验中的应力-应变全过程曲线及破坏形式如图 4-26 所示。单轴试验中软煤应力-应变曲线可由峰前阶段圆滑过渡至峰后阶段，没有在峰值点发生突跳现象，为典型的 I 类曲线，煤样试件不会发生崩溃式破坏，宏观破坏面为压剪型斜切主裂纹，翼裂纹发育程度高；硬煤破坏时应力发生突然跌落，且存在弹性变形回弹现象，局部表现为 II 类破坏曲线，达到峰值时煤样试件破坏不需外力做功，储存于煤样试件中的能量一部分转化为破坏煤块的初始动能，导致硬煤破坏面法向张开度较大，宏观破坏面表现出劈裂破坏特征。

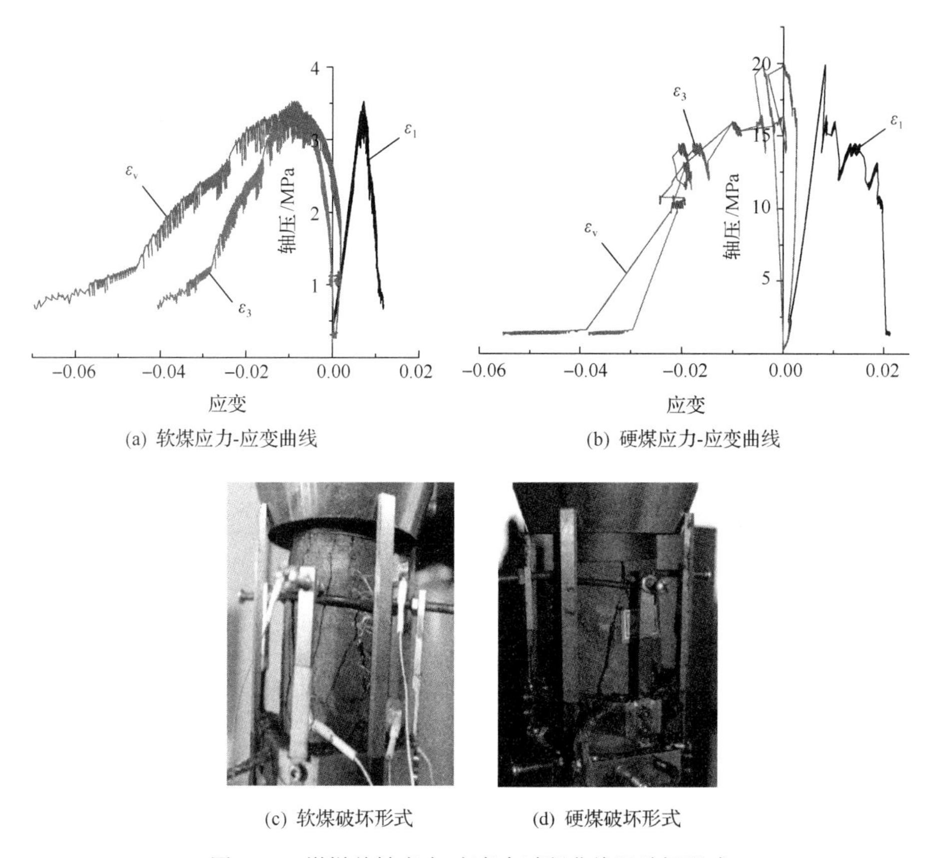

(a) 软煤应力-应变曲线　(b) 硬煤应力-应变曲线

(c) 软煤破坏形式　(d) 硬煤破坏形式

图 4-26　煤样单轴应力-应变全过程曲线及破坏形式

软煤、硬煤应力-应变曲线在峰值阶段变形参数不同导致单向加载过程中煤样试件中应力状态出现明显差异。为分析其原因，将高度为 d、宽度为 $2c$ 的煤样试件下表面视为固定位移边界，上表面施加载荷 q，因摩擦效应产生剪应力 τ，如图 4-27 所示。

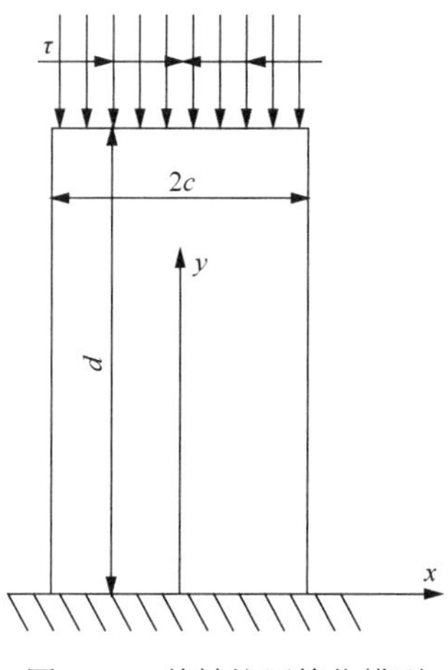

图 4-27　单轴抗压简化模型

将煤样试件视为弹性体，水平位移函数为关于 x 的奇函数，垂直位移为关于 x 的偶函数，由最小势能原理可得该条件下位移分量解析式为

$$
\begin{aligned}
u_x &= \frac{6(\mu^2-1)(c\tau - dqv)}{E\left[2c^2(\mu-1)+d^2(3\mu^2-4)\right]}xy \\
u_y &= \frac{-(\mu^2-1)(2c^2q-2c^2q\mu+4d^2q-3cd\tau\mu)}{E\left[2c^2(\mu-1)+d^2(3\mu^2-4)\right]}y
\end{aligned}
\tag{4-60}
$$

式中，E 为煤体的弹性模量，MPa；μ 为煤体的泊松比。

将平面应变条件下几何方程、本构方程代入式(4-60)，可得轴向加载条件下水平应力的表达式为

$$
\sigma_x = \frac{(2c^2q-2c^2q\mu+4d^2q-3cd\tau\mu)\mu+6y(c\tau-dq\mu)}{2c^2(1-\mu)+d^2(4-3\mu^2)} \tag{4-61}
$$

由式(4-61)可知弹性条件下，煤样试件中的水平应力与弹性模量无关，仅与泊松比有关，取煤样试件尺寸 c=25mm、d=100mm，载荷 q=50MPa，因摩擦产生的剪应力取30MPa，可得分布于煤样试件中上部(y=90mm)的水平应力与泊松比之间的关系曲线如图 4-28 所示。图中水平应力为正代表拉应力，为负代表压应力，由曲线可知水平应力随泊松比变化存在拉、压分界点，泊松比较大时，煤样试件中为水平压应力，随着泊松比的减小，煤样试件中会出现水平拉应力，且泊松比越小，拉应力水平越高。

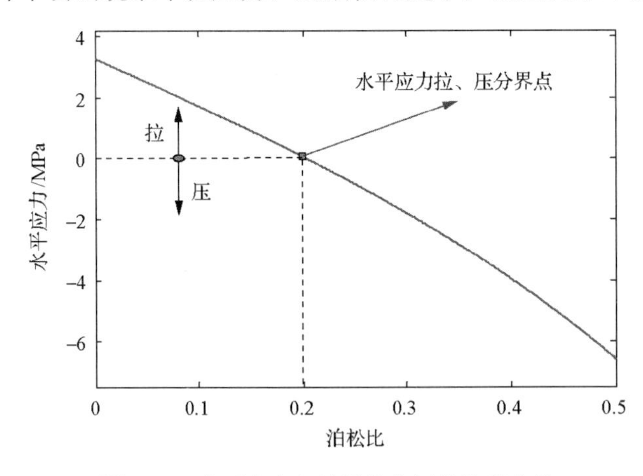

图 4-28　水平应力与泊松比之间的关系曲线

软煤泊松比大，轴向加载条件下水平应力仍为压应力，其破坏属于压剪型破坏，应力-应变曲线可由峰前光滑地过渡至峰后阶段；硬煤泊松比小，轴向加载条件下会出现水平拉应力，其破坏属于拉剪破坏甚至会发生劈裂破坏，应力-应变曲线在峰值处出现突跳现象，煤体发生动力破坏。

三轴抗压试验中煤样试件应力-应变曲线如图 4-29 所示：软煤应力-应变曲线峰前至峰后仍为光滑过渡形式，体积应变、径向应变在峰值处出现塑性变形平台，在围压制约

作用下，硬煤应力-应变曲线整体呈光滑过渡形式，体积应变、径向应变在峰值处没有出现塑性变形平台，峰后变形曲线在局部仍然存在突跳现象，与单轴抗压试验相比，突跳次数明显减少，随着围压增大，硬煤逐渐由拉剪(拉裂)式破坏形式向压剪式破坏转变。软、硬煤样试件均表现出扩容现象，整体破坏前软煤试件的体积变形明显大于硬煤，由以上分析可知两者扩容机制不同，前者因剪胀效应，后者则为拉应力引起的拉伸变形造成煤样试件体积增大。

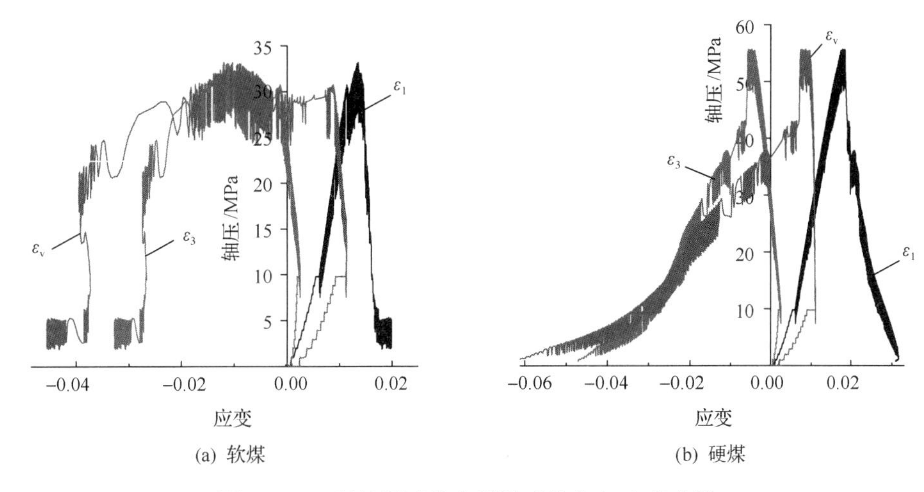

(a) 软煤 (b) 硬煤

图 4-29 三轴抗压试验中煤样试件应力-应变曲线

工作面不同煤壁破坏形式的实质是煤体不同破坏形态的宏观表现，根据抗压试验结果可知煤体破坏形态与其自身变形参数、强度参数及应力状态和边界条件相关。煤层开挖后，工作面前方煤体、顶板及液压支架形成的平衡系统如图 4-30(a)所示，一次割煤高度增大，基本顶破断岩块形成“砌体梁”平衡结构的概率降低，通常形成悬臂梁结构，为了便于分析，根据煤层与顶板之间有无剪切错动将工作面前方煤体边界条件简化为如图 4-30(b)、(c)所示的两种情况：若煤层与顶板岩层之间的变形参数差异大，则开挖后煤层与顶板在接触面位置不能协调变形，进而出现剪切错动裂隙，基本顶对煤层的作用力简化为条形载荷 q 及剪应力 τ；若煤体坚硬、顶板岩层变形参数差异小，则开挖后煤层与顶板协调变形不会出现剪切错动裂隙，煤层上表面简化为水平位移恒等于 0 的位移边界。

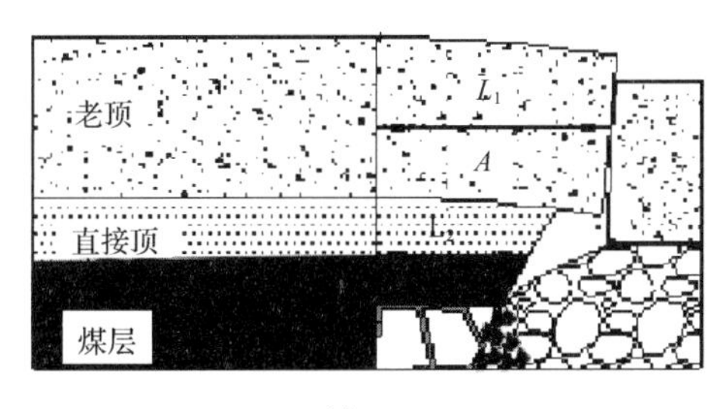

(a)

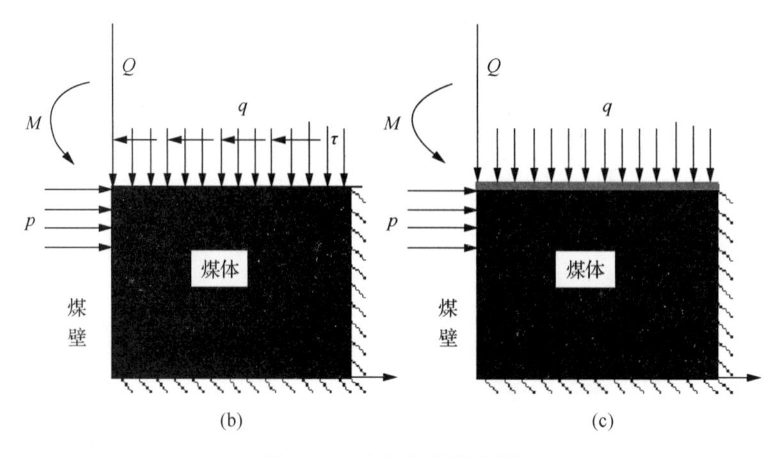

图 4-30　边界条件简化图

基本顶及直接顶悬露部分和支架对煤壁的共同作用力简化为煤壁上方的集中力 Q、弯矩 M 及水平支护载荷 p，其中：

$$
\begin{aligned}
Q &= Q_A + Q_B - F \\
M &= \frac{1}{2}(Q_A L_1 + Q_B L_2 - F L_k)
\end{aligned}
\tag{4-62}
$$

式中，Q 为作用于煤壁上方的集中力，kN；Q_A 为基本顶悬顶部分重力，kN；Q_B 为直接顶悬顶部分重力，kN；F 为支架阻力，kN；L_1 为基本顶悬顶距，m；L_2 为直接顶悬顶距，m；L_k 为支架控顶距，m；M 为作用于煤壁上方的弯矩，kN·m。

沿工作面倾斜方向将煤壁破坏问题视为平面应变问题，与抗压实验中煤体不同破坏形式相对应，软煤的泊松比大，外载荷作用下产生横向压应力或低水平拉应力，与未完全释放的原岩应力叠加后，煤体仍处于双向受压状态，破坏形式属于压剪型，其应力状态及破坏形态如图 4-31(a)所示；硬煤的泊松比小、弹模大，外载荷作用下产生高水平拉应力，与原岩应力叠加后煤体处于单向受拉状态，若煤层与顶板之间存在剪切错动裂隙，则裂纹由上表面开始发育，煤体应力状态及最终破坏形式如图 4-31(b)所示，属于拉剪型破坏；若煤层与顶板之间不存在剪切错动裂隙，则煤体中出现的拉应力水平更高，当其值达到煤体抗拉强度时，煤壁发生拉裂型破坏，其破坏形态如图 4-31(c)所示。

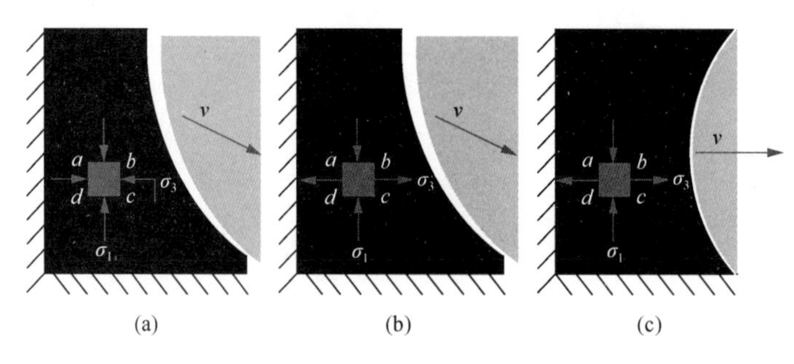

图 4-31　煤壁破坏形式

4.4.3 煤壁破坏条件

4.4.3.1 压剪型破坏发生条件

将工作面前方煤体视为半无限体，煤壁高 H，上部受护帮板作用力 N，下部为自由表面，煤层底板为固定位移边界，上表面为受顶板压力 q、剪力 τ 的应力边界，与煤壁前方支承压力影响区相比，煤壁片帮的深度很小，因此可将煤层所受顶板压力视为条形载荷。沿工作面倾斜方向可将煤壁片帮视为平面应变问题，其力学模型如图 4-32 所示。地应力不大时，岩体以脆性破坏为主，煤壁可能发生剪切、拉伸两种形式的破坏，利用极限分析定理近似求解煤壁破坏问题的极限解。

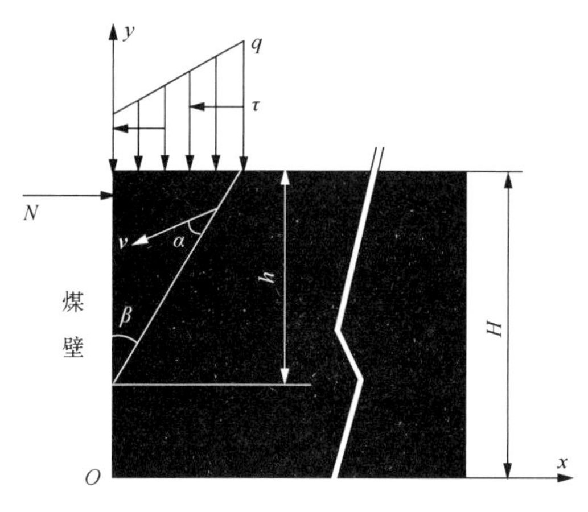

图 4-32 煤壁片帮力学模型

根据极限定理可知，若外载荷在可能破坏煤体滑动速度矢量 v 上的功率大于零，且与煤体破坏时内部的塑性耗散功率相等，则此时的外载荷不小于煤壁的极限承载能力。为便于计算，以下分析中均假设片帮高度 h 等于煤层厚度 H。

1) 剪切破坏形式[16]

在顶板载荷作用下，靠近煤壁的煤体进入塑性区，远离煤壁的煤体受采动影响小，仍保持弹性状态，在塑性区和弹性区之间，煤体变形速度的大小会产生间断，间断线外侧煤体沿间断线产生相对滑移，从而导致片帮。与其他岩土材料相同，煤体具有体积扩容性，煤体在间断线上会产生切向速度间断和法向速度间断，前者导致沿间断线的相对滑动，后者导致相对分离，假设速度间断矢量的大小为 v，与切线方向的夹角为 α，条带的高度为 h，则条带内的应变速率分量为：$\varepsilon'_n=v\sin\alpha/h$、$\gamma'_n=v\cos\alpha/h$，假设应力主轴与塑性应变增量主轴重合，根据与莫尔-库仑屈服准则相关联的流动法则可得塑性应变增量的主值分别为：$d\varepsilon_1^p=d\lambda(1+\sin\varphi)/2$、$d\varepsilon_3^p=-d\lambda(1-\sin\varphi)/2$，式中 $d\lambda$ 为正值比例因子，表示塑性应变增量的大小，由此可得速度间断矢量 v 与切线方向的夹角 α 等于煤体内摩擦角 φ，因此应变速率高度集中的条带内单位面积塑性耗散功率为 $Cv\cos\varphi$，片帮块体重力为 $G=\gamma h^2\tan\beta/2$，下滑速度为 v，其中垂直下滑分量 $v_\perp$、水平移动分量 $v_{/\!/}$ 分别为 $v\cos(\varphi+\beta)$、$v\sin(\varphi+\beta)$，因此外力功率为重力 G、顶板载荷 q、τ 及煤体对护帮板作用力 N 的总功率：

$$P_o = Gv_\perp + qh\tan\beta v_\perp + qh\tan\beta f v_{/\!/} - Nv_{/\!/} \tag{4-63}$$

式中，f 为顶板与煤层间的摩擦系数，其值等于 $\tan\varphi$。

煤体内部塑性破坏耗散功率为

$$P_i = Chv\frac{\cos\varphi}{\cos\beta} \tag{4-64}$$

令外力对煤壁的做功功率与煤体塑性破坏耗散功率相等，则有

$$\begin{aligned}&\frac{1}{2}\gamma h^2\tan\beta v\cos(\beta+\varphi)+qh\tan\beta v\cos(\beta+\varphi)\\&+qh\tan\beta fv\sin(\beta+\varphi)-Nv\sin(\beta+\varphi)=Chv\frac{\cos\varphi}{\cos\beta}\end{aligned}\tag{4-65}$$

由式(4-65)可得顶板载荷 q 的极限解与各影响因素之间的关系为

$$q=\frac{2hC\cos\varphi+2N\sin(\beta+\varphi)\cos\beta-\gamma h^2\cos(\beta+\varphi)\sin\beta}{2h\sin\beta\left[\cos(\beta+\varphi)+f\sin(\beta+\varphi)\right]}\tag{4-66}$$

令式(4-66)中 N、f 项等于 0，式(4-66)退化为受条形载荷垂直边坡稳定问题解，即式(4-67)，对式(4-67)求导可得 $\beta=\pi/4-\varphi/2$ 时，q 取极小值，与平面应变问题的滑移线理论所求得的严格解析解完全吻合，验证了该方法的可靠性。

$$q=\frac{C\cos\varphi}{\sin\beta\cos(\beta+\varphi)}-\frac{\gamma h}{2}\tag{4-67}$$

护帮板的主要作用为：防止剪切破坏煤体滑落及拉裂型片帮，对剪坏型片帮控制能力很低，在不考虑护帮板作用条件下对式(4-66)求导可得使 q 取得极小值的片帮起裂角 β_{sm}，将其代入式(4-66)得煤壁极限承载能力，由式(4-68)可知剪切起裂角非恒定值，因煤体力学参数及采高的不同而发生改变，随着煤体内聚力的增大而增加并逐渐趋于稳定，随着煤体的内摩擦角、采高的增大而减小，如图 4-33 所示。

$$\begin{aligned}\beta_{sm}=&-\lg(-\{8[C(e^{2\varphi i}+1)(Ci-\gamma h^2/2+Ce^{2\varphi i}i+\gamma h^2e^{2\varphi i}/2)i/4]^{1/2}-\gamma h^2i+\gamma h^2e^{2\varphi i}i\}\\&/(4C+\gamma h^2i+4Ce^{2\varphi i}-\gamma h^2e^{2\varphi i}i))i/2\end{aligned}\tag{4-68}$$

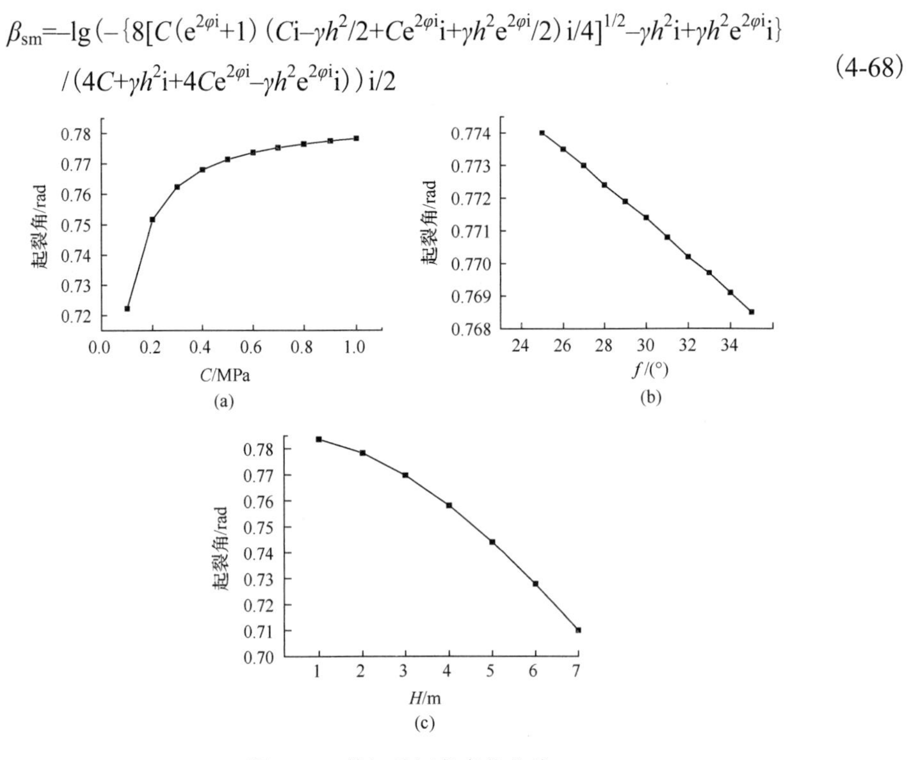

图 4-33　剪切破坏角变化曲线

4.4.3.2　拉剪型破坏发生条件[17]

当工作面前方煤体处于单向受拉状态时，煤壁可能发生拉剪破坏型片帮现象[图 4-31(b)]。煤体破坏前产生的塑性变形很小，且存在变形局部集中化效应，此处认为煤体破坏时仅局部剪切带内发生塑性变形，其余煤体仍保持弹性状态，为便于分析，剪切带形状简化为直线，设在剪切带内产生的速度间断矢量的大小为 v，采用非关联流动法则，煤体局部剪切带内塑性应变增量与屈服面不正交，速度间断矢量与切线方向的夹角等于煤体剪胀角，建立拉剪型破坏力学分析模型，如图 4-34 所示。

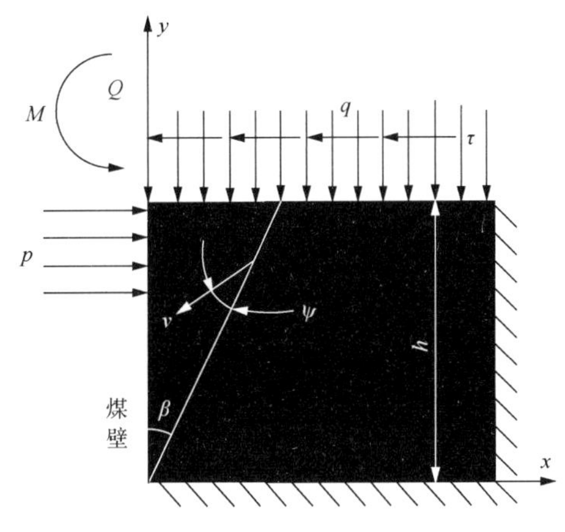

图 4-34　拉剪型破坏力学分析模型

根据极限定理可知，若外载荷在可能破坏煤体滑动速度矢量 v 上的功率大于 0，且与煤体破坏时内部的塑性耗散功率相等，则此时的外载荷不小于煤壁的极限承载能力。图中煤体处于单向受拉状态，在拉应力区，煤体内部摩擦效应(内摩擦角)在抵抗外载荷作用中不发挥作用，仅煤体的内聚力及抗拉强度发挥作用。为得到煤壁的极限承载能力，认为煤体破坏时，破坏带内煤体的内聚力、抗拉强度在抵抗外载荷时均达到峰值，则塑性破坏带内的塑性耗散功率的大小为

$$P_{\mathrm{i}} = \left(Cv\cos\psi + \sigma_{\mathrm{t}} v\sin\psi\right)h / \cos\beta \tag{4-69}$$

式中，C 为煤体内聚力，MPa；v 为破坏带内的速度间断矢量，m/s；ψ 为煤体的剪胀角，(°)；σ_{t} 为煤体抗拉强度，MPa；h 为煤壁破坏高度，m；β 为煤壁破坏起裂角，(°)。

该破坏形式下，破坏煤体仅沿破坏带发生平动，而不会发生转动，弯矩 M 不做功，由各外载荷及滑动块体运动方向可得煤壁承受的外载荷在滑动速度矢量 v 上的总功率为

$$P_{\mathrm{o}} = Gv_v + qh\tan\beta v_v + Qv_v + \tau h\tan\beta v_h - ph_{\mathrm{s}}v_h \tag{4-70}$$

式中，G 为片落煤块的重力，kN；v_v、v_h 分别为速度间断矢量的垂直分量、水平分量，v_v=$v\cos(\beta+\Phi)$，v_h=$\sin(\beta+\Phi)$，m/s；q 为顶板载荷，MPa；Q 为顶板悬臂段对煤壁的作用力，kN；$\tau = fq$ 为摩擦产生的剪应力，MPa，其中 f 为煤层顶板摩擦系数；p 为支架护帮板提供的护帮载荷，MPa；h_{s} 为支架护帮高度，m。

令煤体内部塑性功耗散功率与外力对煤体做功功率相等，则

$$\begin{aligned}&Gv\cos\left(\beta+\psi\right)+qhv\tan\beta\cos\left(\beta+\psi\right)+\\&\left(Q_A+Q_B-F\right)v\cos\left(\beta+\psi\right)+fqhv\tan\beta\sin\left(\beta+\psi\right)\\&-ph_s v\sin\left(\beta+\psi\right)=\left(Cv\cos\psi+\sigma_{\mathrm{t}}v\sin\psi\right)h/\cos\beta\end{aligned} \tag{4-71}$$

由式(4-71)可得煤壁所能承担的极限顶板载荷与各影响因素之间的关系为

$$
\begin{aligned}
q = & \Big[\big(Cv\cos\psi + \sigma_{\mathrm{t}} v\sin\psi\big)h / \cos\beta + ph_{\mathrm{s}} v\sin\big(\beta+\psi\big) \\
& - Gv\cos\big(\beta+\psi\big) - \big(Q_A + Q_B - F\big)v\cos\big(\beta+\psi\big)\Big] / \\
& \Big[hv\tan\beta\cos\big(\beta+\psi\big) + fhv\tan\beta\sin\big(\beta+\psi\big)\Big]
\end{aligned}
\tag{4-72}
$$

当坚硬煤壁实际承受的顶板压力达到式(4-72)计算所得值时，便会发生煤壁拉剪型破坏事故。为得到使煤壁承载能力取得最小值的起裂角，对式(4-72)求导，并令导数值等于0，即可求得最容易发生煤壁拉剪型破坏事故的起裂角度 β_{tm} 与各影响因素之间的关系曲线，如图4-35所示：起裂角非恒值，随着采高、煤体内聚力、抗拉强度及悬露顶板重力的增大而减小，随着护帮板载荷、护帮高度及支架阻力的增大而增大。实际厚煤层开采过程中，依据工程地质条件得到煤壁最易破坏的起裂角，进而得到破坏深度，可为注浆孔布置优化提供理论指导，降低煤壁稳定性治理成本。

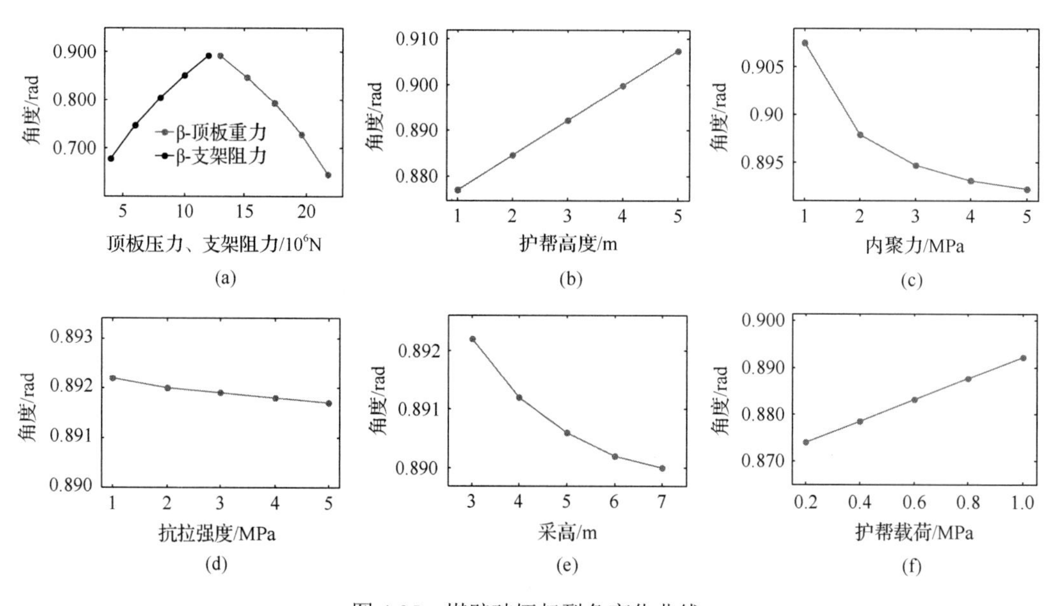

图4-35　煤壁破坏起裂角变化曲线

4.4.3.3　拉裂型破坏发生条件[17]

若煤层硬度系数大，与顶板之间无剪切错动裂隙，在顶底板岩层挤压和约束下，煤层内出现高水平横向拉应力分布形式，当水平拉应力达到煤体抗拉强度时，便会发生如图4-31(c)所示的煤壁拉裂型破坏。建立煤壁拉裂型破坏力学分析模型，如图4-36所示。

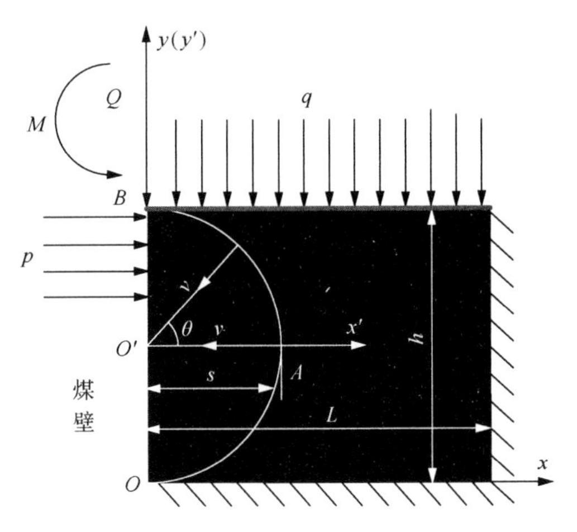

图 4-36 拉裂型破坏力学分析模型

为简化分析，假设煤壁破坏块体为半椭圆，煤壁发生拉伸破坏，仅在最大拉应力方向产生拉伸塑性变形，在其他方向始终保持弹性状态，假设在滑移线上产生的速度间断矢量大小为 v，建立如图 4-36 所示的坐标系 $x'o'y'$，煤体破坏过程中则因拉伸塑性变形而产生的塑性耗散总功率为间断线上各点功率沿圆弧 OAB 的曲线积分：

$$\begin{aligned} P_{\mathrm{i}} &= \int_{l_{OAB}} \sigma_t v'(x', y')\mathrm{d}s \\ &= 2\int_0^{\frac{\pi}{2}} \sigma_{\mathrm{t}} v \sqrt{s\sin^2\theta + \frac{h}{2}\cos^2\theta}\mathrm{d}\theta = \sigma_{\mathrm{t}} v(\pi s + h - 2s) \end{aligned} \tag{4-73}$$

式中，θ 为与水平面的夹角，(°)；s 为拉裂型煤壁破坏深度，m。

煤壁前方煤体上表面水平位移受到限制，在外载荷作用下，煤壁上表面会发生偏转，即在该破坏形式下，作用于煤壁之上的弯矩 M 也会做功，滑移线上各点速度间断矢量大小相等，点 B 的垂直速度分量为 v ，假设煤层上表面变形速度由固支处向自由面线性递减，则各点速度大小为 $(s–x)\,v/\mathrm{s}$，煤层上表面转动速度为 v/L，煤壁破坏时自由面 OB 处的变形速度大小与点 B 相同为 v，因此，煤壁破坏瞬间，外载荷做功功率为

$$P_0 = \frac{1}{2}qvs + Qv + M\frac{v}{s} - pvh_s \tag{4-74}$$

令煤壁破坏瞬间的外载功率同内部塑性耗散功率相等，则

$$\frac{1}{2}qvs + Qv + M\frac{v}{s} - pvh_{\mathrm{s}} = \sigma_{\mathrm{t}} v(\pi s + h - 2s) \tag{4-75}$$

由式(4-75)可得，在煤壁拉裂型破坏条件下，坚硬煤壁所能承受的极限顶板载荷为

$$q = \frac{2}{s}\left[\sigma_{\mathrm{t}}(\pi s + h - 2s) + ph_{\mathrm{s}} - Q\right] - \frac{2}{s^2}M \tag{4-76}$$

为得到使煤壁极限承载能力达到最小的煤壁破坏深度，对式(4-76)进行求导，并令其导数值等于 0，可得到最易破坏深度与各影响因素之间的关系为式(4-77)。由式(4-77)

可知煤壁拉裂型破坏深度与悬顶(直接顶、基本顶)重力、顶板悬臂长度呈正比，与支架阻力、煤体抗拉强度、采高、护帮板支护力及护帮高度呈反比。

$$s=\frac{2M}{\sigma_{\mathrm{t}}h-Q+ph_{\mathrm{s}}} \tag{4-77}$$

4.5　煤壁稳定性影响因素及控制方法

4.5.1　压剪型破坏影响因素

煤壁极限承载能力 q 与煤体内聚力 C、内摩擦角 φ 及采高 H 的关系曲线如图 4-37 所示，其值随着煤体内聚力的增大呈线性增加，随着煤体内摩擦角的增大呈非线性升高，采高小于 3m 对煤壁极限承载能力影响不大，大于 3m 其影响程度趋于明显，煤壁极限承载能力与煤体内摩擦角的关系曲线最为陡峭，内聚力次之，与采高的关系曲线最为平缓，因此 3 种影响因素对煤壁极限承载能力的影响程度依次为：内摩擦角＞内聚力＞采高。

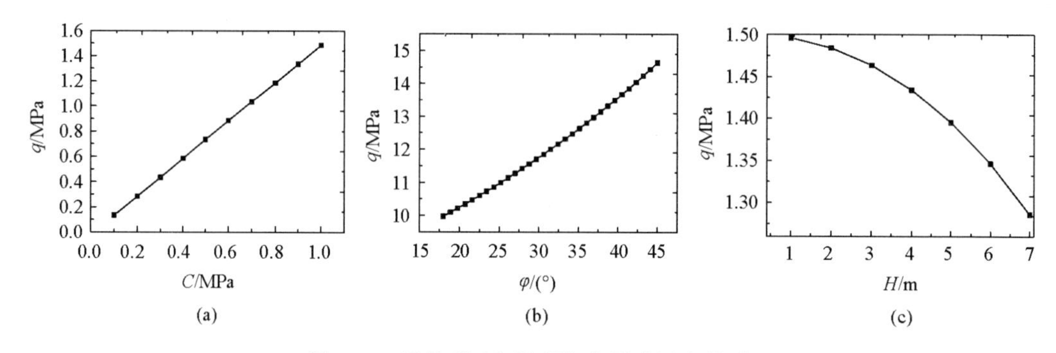

图 4-37　压剪型破坏片帮与各影响因素关系

4.5.2　拉剪型破坏影响因素

煤壁拉剪型破坏与各影响因素之间的关系曲线如图 4-38 所示：煤壁极限承载能力随着支架阻力、内聚力、内摩擦角、护帮板载荷及护帮高度的增大而升高，随着悬露顶板重力、采高的增大而降低。由各曲线斜率可得各影响因素对煤壁极限承载能力的影响程度依次为内摩擦角＞悬露顶板重力＞支架阻力＞内聚力，采高、护帮板载荷、护帮高度对煤壁极限承载能力的影响不明显。

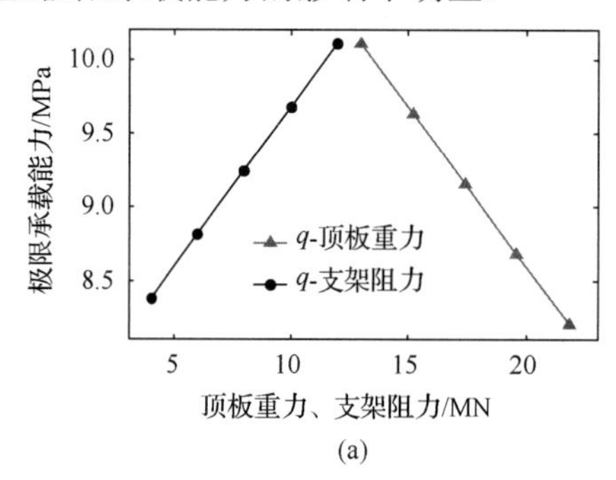

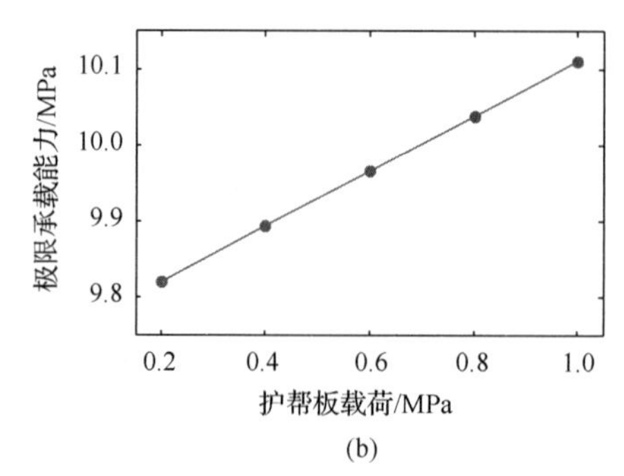

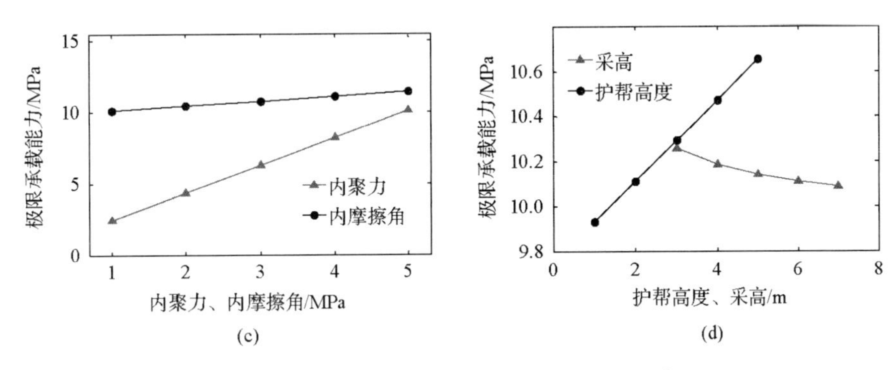

图 4-38 煤壁拉剪型破坏与各影响因素关系

4.5.3 拉裂型破坏影响因素

煤壁拉裂型破坏与各影响因素之间的关系曲线如图 4-39 所示：该条件下坚硬煤壁极限承载能力随着支架阻力、煤体抗拉强度、采高、护帮板载荷及控顶距的增大而升高，随着悬露顶板重力的增大而降低。各影响因素对煤壁极限承载能力的影响程度依次为抗拉强度>采高>悬露顶板重力>支架阻力>控顶距>护帮板载荷。

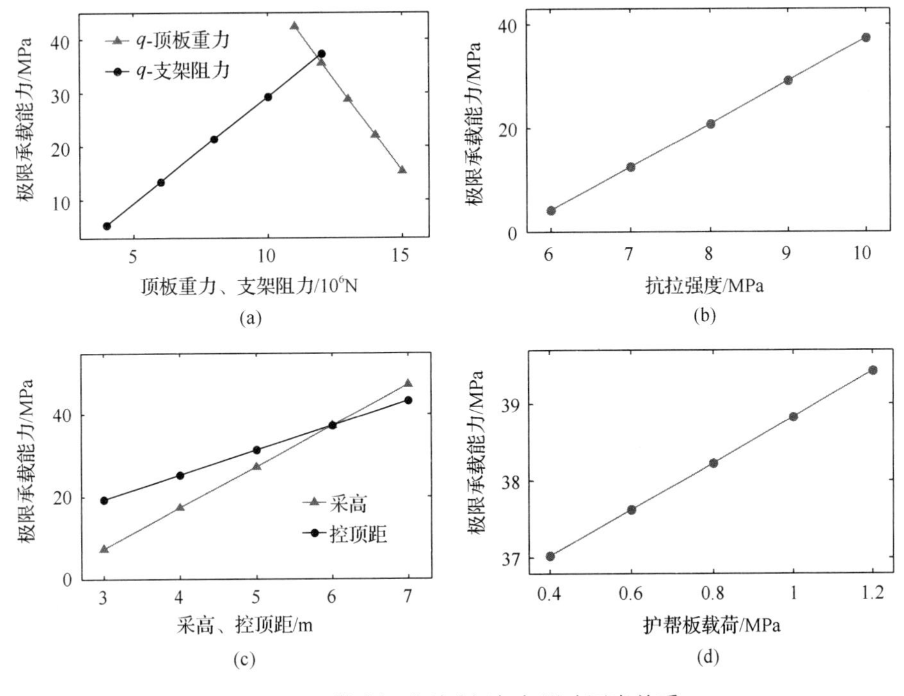

图 4-39 煤壁拉裂型破坏与各影响因素关系

4.5.4 断层构造引起的煤壁破坏

工程实践表明断层构造是工作面煤壁片帮的一大原因。某工作面平面布置如图 4-40 所示，距开切眼约 150m 工作面一侧将遭遇 F286 断层，断层走向 132°、倾向 222°、倾角 50°，为正断层，最大落差达 3m。F286 断层由回风巷掘进时揭露，向工作面中部延伸约 100m 尖灭，走向影响范围约 50m。工作面过断层期间，采场围岩控制效果恶化，采动引起断层活化，上下盘位错滑移导致压架事故、煤壁片帮、端面冒顶严重，护帮板作用力得不到充分发挥。大范围煤壁片帮严重阻碍工作面的快速推进，生产潜能优势得不到体现。

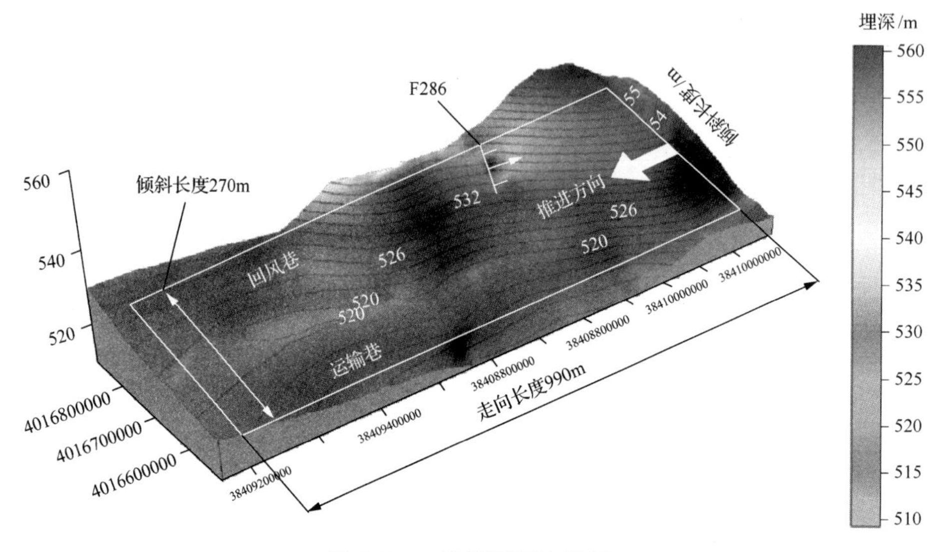

图 4-40　工作面平面布置图

工作面运输、回风巷分别设立两组测站，一组超前工作面 5m，另一组超前工作面 10m，利用 CXK6 矿用本安型钻孔成像仪对高强度采动影响下，煤壁前方煤体破坏范围进行探测，钻孔直径 20mm，孔深 18m，工作面临近断层时，截取孔底图像并沿圆周方向展开，如图 4-41 所示。运输巷侧超前 5m 钻孔孔壁出现破坏现象，但破碎程度不高，超前 10m 钻孔孔壁平滑，完整性较好，说明无断层影响下煤体破坏范围小于 10m；回风巷侧超前 5m 钻孔孔壁破坏严重，探头进入 15m 便无法继续进入，说明有塌孔现象，超前 10m 钻孔孔壁仍存在破坏区域，说明在断层构造影响下，煤壁前方煤体破坏范围增加，大于 10m。

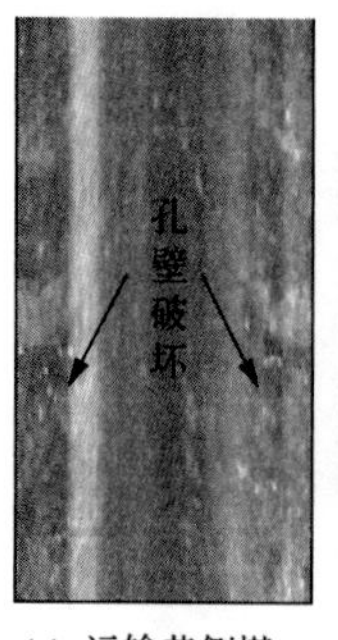

(a) 运输巷侧煤壁前方5m

(b) 运输巷侧煤壁前方10m

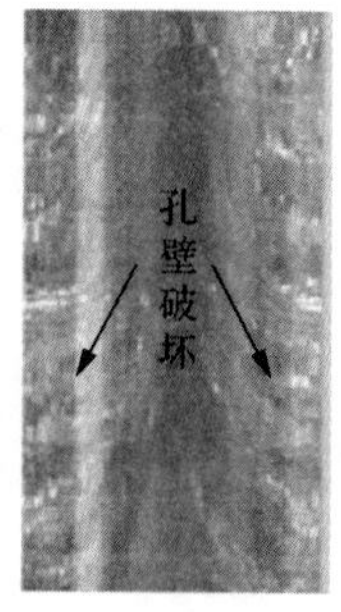

(c) 回风巷侧煤壁前方5m

(d) 回风巷侧煤壁前方10m

图 4-41　煤体破坏范围

采用 FLAC^{3D} 进行工作面过断层阶段围岩破坏特征的数值模拟。根据某综放工作面覆岩组合特征建立数值计算模型，模拟工作面推进过程中断层对工作面围岩破坏特征及支架工作阻力的影响，模拟煤层埋藏深度为 360m，煤层厚度为 6.3m，全部垮落法管理顶板。数值计算模型如图 4-42 所示，模型高 161m，走向长 306m，四周及底边为固定位移边界约束，模型顶部施加 5MPa 应力边界条件。煤岩体采用莫尔-库仑模型，F286 断层面采用分界面 Interface 模拟，分界面采用库仑剪切模型，各岩体及接触面力学参数分别见表 4-3 和表 4-4，工作面支架采用杆结构单元模拟，用较低力学参数岩体模拟断层构造带。分 5 步开挖：第一步开挖 40m，工作面距断层 25m；第二步开挖 30m，工作面推进至断层处；第三步开挖 20m，工作面采用挑顶法通过断层；第 4 步开挖 15m，工作面推过断层 20m；第 5 步开挖 15m。

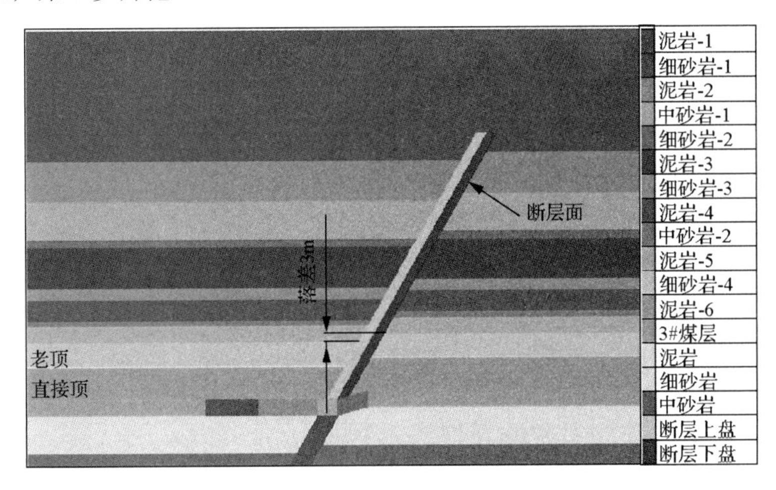

图 4-42　数值计算模型

表 4-3　岩体物理力学参数

岩性	体积模量/GPa	剪切模量/GPa	内聚力/MPa	内摩擦角/(°)	抗拉强度/MPa
泥岩	1.25	0.58	0.70	33	0.50
细砂岩	7.14	4.92	2.90	45	1.90
中砂岩	5.95	4.10	3.00	46	2.70
煤	0.93	0.38	0.60	32	0.40
破碎带	0.5	0.18	0.30	20	0.30

表 4-4　接触面力学参数

法向刚度/GPa	切向刚度/GPa	内聚力/MPa	摩擦角/(°)	抗拉强度/MPa
6.4	2.8	0.1	8	0

工作面由 F286 断层上盘推进至下盘过程中，采场围岩破坏发育及支架阻力变化情况如图 4-43 所示，其整体趋势为靠近断层面处煤壁前方塑性破坏区发育范围增加，支架阻力增大，上述两种矿压现象表明断层必然引起工作面围岩控制效果的降低。

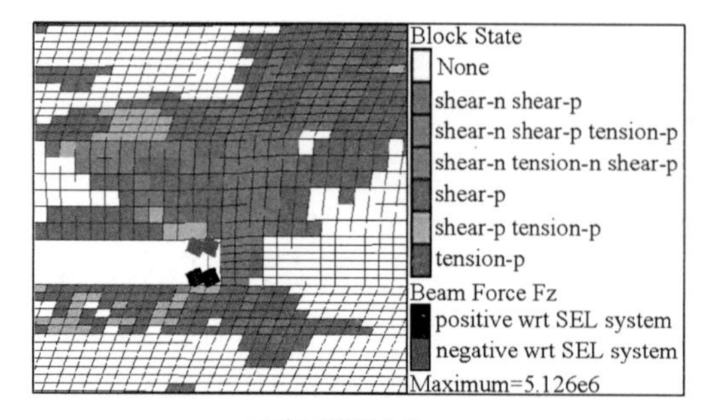

工作面位于上盘

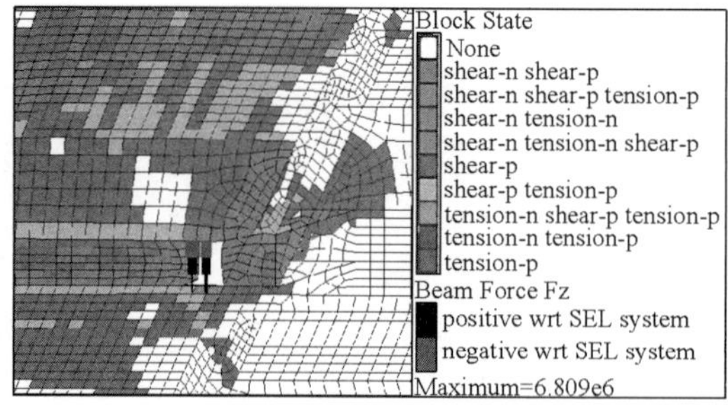

断层面附近

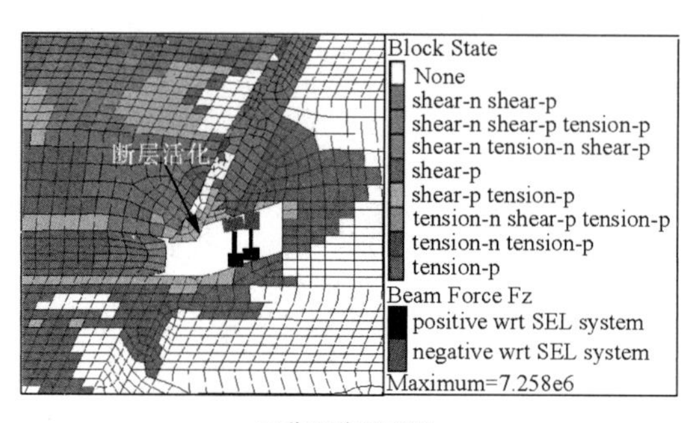

工作面位于下盘

图 4-43　工作面推进至不同距离围岩破坏特征

煤壁前方煤体塑性区范围变化过程如图 4-44 所示，L 为工作面距断层面距离，负值位于上盘，正值位于下盘。受上下盘滑移失稳的影响，工作面位于断层下盘时塑性区范围整体大于工作面上盘，在断层面附近达到最大值 13m。现场实测及数值分析结果证明断层构造处煤壁前方煤体破坏范围扩大，揭露前煤体在支承压力作用下破坏损伤充分，残余强度小，揭露后煤壁片帮概率增加，与数值模拟结果吻合。

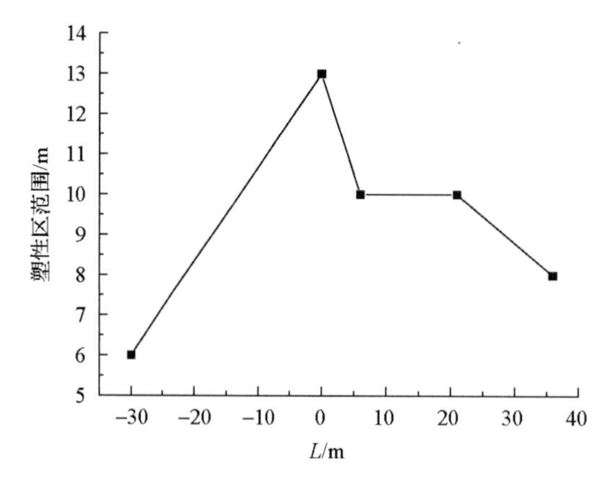

图 4-44　煤壁前方煤体塑性区范围变化

结合本节分析的 3 种煤壁破坏形式的影响因素可以判断，工作面受断层影响容易发生煤壁破坏现象的原因主要有以下 3 点。

1)采高过大

以上分析可知大采高对煤壁极限承载能力、护帮板作用力的影响程度较大，受断层影响工作面一次采高为6.3m(图4-40)，且工作面初采阶段的顺利导致工作面临近断层时并没有加强管理，支架支撑力、护帮板水平支护力不足，加剧了煤壁片帮程度。

2)煤体物理力学性能降低

对断层附近煤体取样并磨制成尺寸为50mm×100mm的标准圆柱体试件，编号1-1至1-10，进行单轴抗压试验，煤体试件破坏前后照片如图4-45所示，煤体试件主要出现3种破坏形式：1-3、1-6、1-7、1-9发生X状共轭剪切破坏，1-1、1-2、1-8表现为单斜面剪切破坏，1-4、1-5、1-10表现为劈裂破坏。

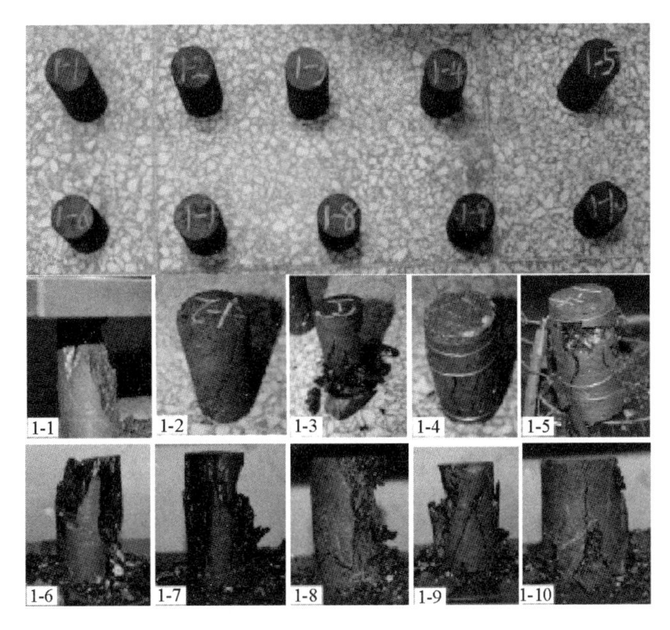

图4-45 煤体试件破坏前后对照图

煤体试件单轴抗压试验结果见表4-5，由于试件1-1加载速率过高，测得的单轴抗压强度过大，因此舍弃试件1-1所得结果，最终得到其余9个煤样试件的单轴抗压强度的平均值为4.22MPa，勘测时3#煤体硬度系数为1.1～1.2，实验结果同勘测结果相比，断层处煤体硬度系数明显降低，导致片帮事故发生的概率升高。

表4-5 煤体试件单轴抗压强度测定结果

试件编号	平均直径/mm	高度/mm	抗压强度/MPa	平均值/MPa
1-2	50.65	101.9	3.22	
1-3	50.11	101.5	4.51	
1-4	50.37	99.7	5.58	
1-5	50.33	100.1	2.51	
1-6	50.25	78.3	5.90	4.22
1-7	50.60	88.1	5.15	
1-8	50.00	76.7	4.06	
1-9	50.08	72.1	4.63	
1-10	50.21	71.1	2.40	

围压等于 0 时，岩石的单轴抗压强度可由式(4-78)表示，由此可推断断层附近煤体的内聚力和内摩擦角均减小，煤壁极限承载能力降低而工作面煤壁所需的水平支护力升高，片帮概率增大。

$$R_c = 2C\sqrt{\frac{1+\sin\varphi}{1-\sin\varphi}} \tag{4-78}$$

3) 顶板载荷增大

工作面距断层不同距离时，实测及数值模拟所得支架阻力变化曲线如图 4-46 所示，横坐标为负表示工作面位于上盘距断层面的距离，正值表示工作面位于下盘距断层面的距离。正常推进阶段支架阻力约为 10400kN，随着工作面临近断层，断层面受采动影响而发生活化，上下盘沿断层面发生较大范围位错滑移，顶板下沉量增加，顶板载荷增大，工作面位于断层面附近时最大支架阻力可达 15000kN，推过断层一定距离后，支架阻力开始降低，但由于断层下盘基本顶回转下沉量大，下盘支架阻力大于上盘支架阻力，断层附近顶板载荷增大，而煤壁承载能力降低是片帮事故的关键起因。

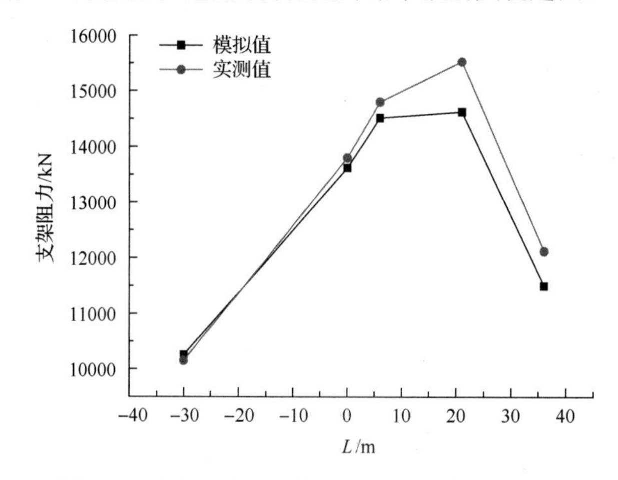

图 4-46　支架阻力与工作面和断层相对位置的关系

4.5.5　煤壁破坏防控措施

1) 增加支柱初撑力

过断层期间增大支架初撑力，提高液压支架支撑能力的利用率，限制顶板下沉，并在断层两侧堆砌木垛分担顶板作用于煤壁之上的载荷。

2) 降低采高，增加护帮高度

断层附近降低采高，减少割岩量，留下底煤，降低保持煤壁稳定所需的最小水平支护力；充分利用液压支架三级护帮机构，提高支架护帮板的利用效率。

3) 工作面煤壁注浆

根据煤层实际赋存情况确定注浆孔布置方式，注浆压力通常为 3MPa 左右，根据浆液漏失量及注浆总量确定封孔时间。注浆过程中，由于注浆孔距底板较高，需设置注浆架加固系统，并在支架护帮板之间拉设钢丝网防止煤壁大块地片落砸伤注浆人员，注浆加固系统及工艺过程如图 4-47 所示。

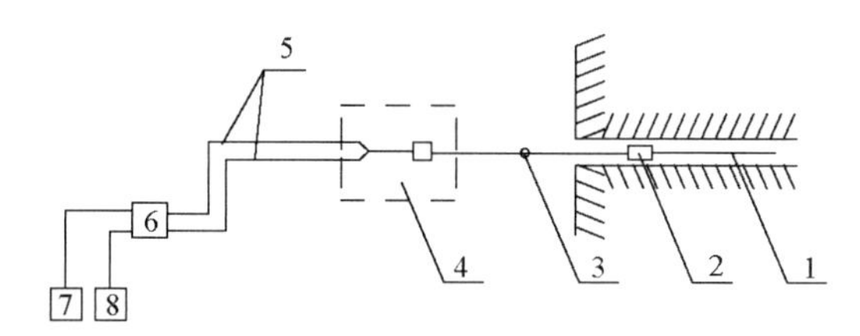

图 4-47 注浆加固系统及工艺过程

1-浆体注射花管；2-封孔器；3-快速接头；4-专用注射枪；5-高压胶管；6-气动注浆泵；7-浆液 A；8-浆液 B

4）“棕绳+注浆”柔性加固技术[18,19]

坚硬煤壁破坏的防治最佳措施是提高工作面煤体的抗拉强度。传统煤壁加固技术，存在延伸量较小、支护强度低、支护效果差、成本高、抗剪能力差、浆液流动不可控、影响煤质等问题，因此，采用煤壁柔性加固技术提高煤壁稳定性。煤壁柔性加固机理是通过浆液使具有一定刚度和伸长率的棕绳很好地附着在煤体内，形成全长锚固，实现对煤体的加固。

4.5.6 应用实例

某矿 11050 工作面主采二$_1$煤层，平均倾角 6°,平均厚度 6.3m，煤体的抗压强度在 18.7～38.06MPa，属于硬煤，煤层赋存具有埋藏深度大、基岩薄、底板高承压水、横向层理发育等特点。工作面长 180m，工作面自开切眼推进，煤壁及顶板破碎严重，煤壁破坏长度累计达工作面长度的 30%以上，遇地质构造带达 50%左右，片落煤体破坏面表现出明显的劈裂破坏特征，块度大，甚至存在一定的启动速度，严重威胁人员和设备安全及工作面安全快速推进。

为治理煤壁破坏和冒顶事故，提高围岩稳定性，对坚硬煤壁横向层理发育、受构造断层影响地段进行“棕绳+注浆”柔性加固技术。采用地质钻机打孔，严格控制钻孔角度和深度，柔性加固材料棕绳和注浆管捆绑后伸入钻孔，并把棕绳一端固定在钻孔孔底，给棕绳的另一端施加拉力，使其释放一定的初始变形，提高对煤壁变形的抑制能力。采用 ZBQ-5/12 型注浆泵进行注浆，注浆压力达到 3～8MPa；为保证浆液充分扩散并且防止漏浆，注浆孔外用纱布等将孔口堵严。

实践证明“棕绳+注浆”柔性加固对煤壁拉伸破坏起到了有效的抑制作用，注浆后沿倾斜方向煤壁破坏范围减少至工作面倾斜长度的 8%，约减少了原破坏范围的 75%，且没有发生大范围的煤壁破坏现象，破坏深度和破坏煤体块度均明显减小，煤壁稳定性得到提高，保证了高强度开采工作面的安全快速推进，提高了开机率。

4.6　煤壁压剪型破坏的极限平衡分析

4.6.1　煤壁剪切破坏力学模型

煤壁剪切破坏面多为曲面，为了研究方便，将其简化为平面 abc，顶板压力简化为均布力，集度为 q，建立如图 4-48 所示的力学模型[20]。按照莫尔-库仑强度理论，定义沿破坏面上的抗剪力 T 除以该面上的滑动力 S 为煤壁稳定系数：$K=\dfrac{T}{S}$，若该值小于 1，则煤壁发生剪切破坏，否则煤壁稳定。

$$S=(Q+G)\cos\alpha-Q_0\sin\alpha$$

$$T=CL+N\tan\varphi=\frac{CH_2}{\cos\alpha}+[(Q+G)\sin\alpha+Q_0\cos\alpha]\tan\varphi$$

式中，T 为破坏面提供的抗滑力；S 为破坏面 ab 的滑动力；N 为破坏面所受的正压力，$N=(Q+G)\sin\alpha+Q_0\cos\alpha$；$T$ 为破坏面所受的抗滑力；L 为破坏面长度，$L=\dfrac{H_2}{\cos\alpha}$；$q_0$ 为护帮板作用在煤壁上的载荷集度；H 为煤壁高度；H_1 为护帮板高度；H_2 为破坏体高度；G 为破坏体重力，$G=A\gamma=\dfrac{1}{2}H_2^2\gamma\tan\alpha$；$\gamma$ 为煤的体积力；α 为破坏面与煤壁的夹角；Q 为破坏体所受的顶板压力，$Q=qB=qH_2\tan\alpha$；Q_0 为护帮板对煤壁的水平作用力，$Q_0=\dfrac{q_0H_1}{2}$；C 为煤的内聚力；φ 为煤的内摩擦角。

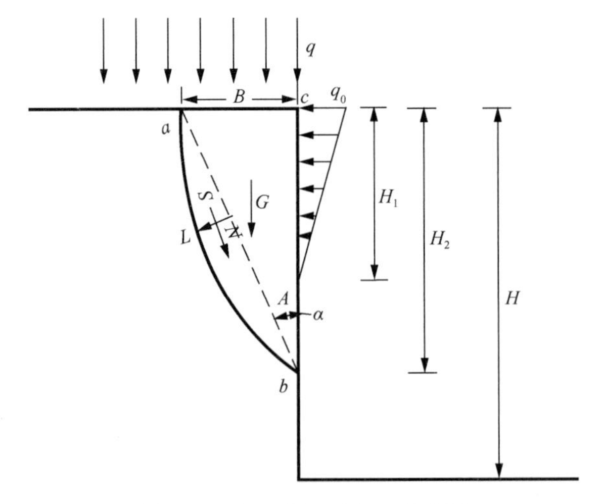

图 4-48　煤壁剪切破坏力学分析

煤壁稳定系数[20]：

$$K=\frac{T}{S}=\frac{\dfrac{cH_2}{\cos\alpha}+[(Q+G)\sin\alpha+Q_0\cos\alpha]\tan\varphi}{(Q+G)\cos\alpha-Q_0\sin\alpha}=\frac{\left[(Q+G)\sin\alpha+Q_0\cos\alpha\right]\tan\varphi+CH_2\sec\alpha}{(Q+G)\cos\alpha-Q_0\sin\alpha}\tag{4-79}$$

对于放顶煤和大采高工作面，随着采高的增加，进入垮落带岩层的厚度逐渐增加，基本顶岩层向上发展，此时顶板压力可采取估算的方法。

直接顶载荷为

$$Q_1=\frac{H}{k_p-1}\gamma L_1\tag{4-80}$$

式中，k_p为碎胀系数；H为采高，m；L_1为直接顶悬顶距，m。

基本顶及随动载荷为

$$Q_2=n\frac{H}{k_p-1}\gamma L_2\tag{4-81}$$

式中，n为增载系数，取1.2～1.5；L_2为基本顶破断岩块长度，m。

支架与煤壁共同承担上覆岩层顶板压力，其中作用于煤壁之上的顶板压力为

$$Q=\frac{H\gamma(L_1+nL_2)}{(k_p-1)}-L_BP\tag{4-82}$$

式中，L_B为支架控顶距，m；P为支架承受的顶板压力。

4.6.2　煤壁破坏的敏感度分析

工作面煤壁的基础数据为：H=5m、c=0.5MPa、φ=25°、P=0.8MPa、q_0=0.1MPa、H_1=2m、α=45°−φ/2、L_B=5m、L_1=7m、L_2=15m、k_p=1.25、γ=14kN/m^3。设H_2=H，将式(4-82)代入式(4-79)，分别改变p、H、φ、c，得到煤壁稳定系数K值，如图4-49所示。

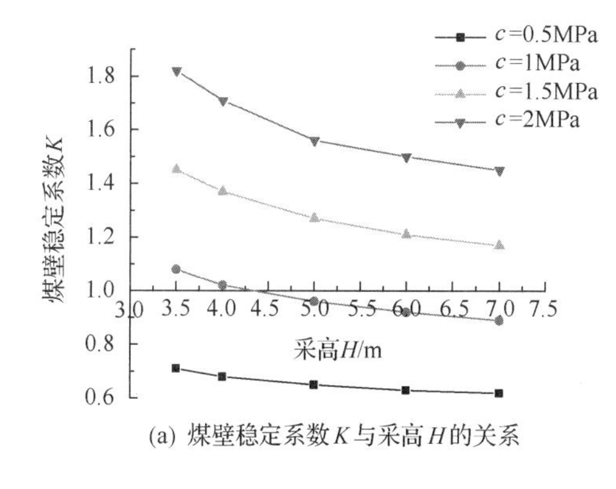

(a) 煤壁稳定系数K与采高H的关系

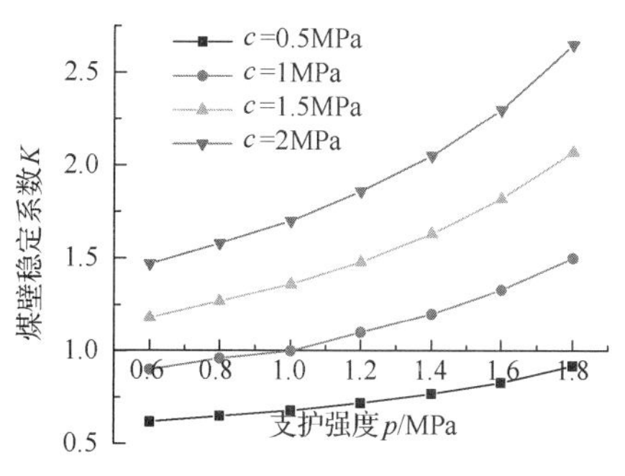

(b) 煤壁稳定系数K与支护强度p的关系

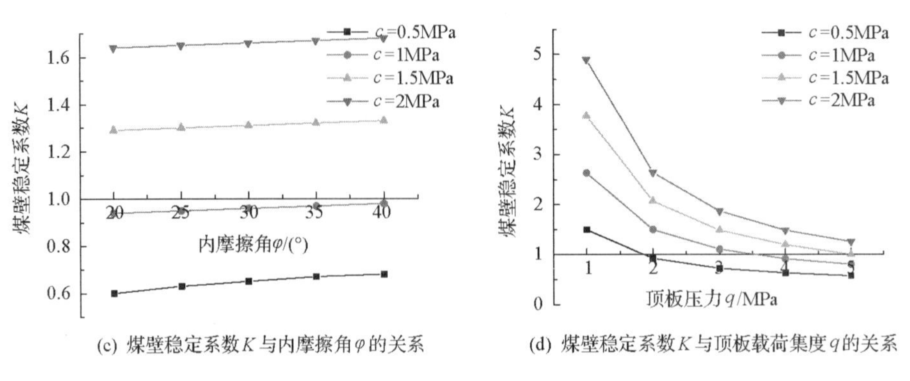

(c) 煤壁稳定系数K与内摩擦角φ的关系　(d) 煤壁稳定系数K与顶板载荷集度q的关系

图 4-49　煤壁稳定系数 K 的变化曲线

图 4-49 反映了煤壁稳定系数与煤体内聚力 c、采高 H、支架支护强度 P 和煤体的内摩擦角 φ 的变化关系。从图中可以看出煤壁稳定系数 K 随煤体内聚力 c 和支架支护强度 p 的增加而增大，且很敏感，即通过提高煤体内聚力 c 或者支架支护强度 p，会显著提高煤壁的稳定性；煤壁稳定系数 K 随采高 H 的增加而降低，即增大采高，煤壁破坏的可能性加大；煤壁稳定系数 K 随煤体的内摩擦角 φ 的增加而增大，但是不敏感，即提高煤体的内摩擦角对于提高煤壁的稳定性作用不大。顶板载荷集度 q 增加会使煤壁稳定系数 K 迅速降低，因此减缓煤壁顶煤压力是提高煤壁稳定性的重要措施。

煤壁压力 q 是煤壁发生破坏的最主要原因；采高 H 越大、煤壁压力 q 越大；支架的支护强度 P 越大，作用在煤壁处的顶板压力就越小，煤壁越不容易发生片帮；护帮板对防止破坏的煤壁滑塌下来作用很大，但在控制塑性区煤体继续破坏起的作用不大。以上分析结果表明煤壁压剪型破坏影响因素的极限平衡分析结果与上限定理的分析结果一致。

4.6.3　煤壁稳定性的数值模拟

1) 采高

图 4-50 是采高分别为 3m、4m、5m、6m 时工作面推进 35m 时煤壁破坏区分布图。从图中可以看出，当采高为 3m 时，煤壁破坏高度为 1.5～2m，破坏深度为 0.2～0.4m；当采高为 4m 时，煤壁破坏落高度为 3～3.5m，破坏深度为 0.6～0.8m；当采高为 5m 时，煤壁破坏高度为 4～4.5m，破坏深度为 0.4～1.6m；当采高为 6m 时，煤壁整体破坏，破坏高度为 5.5～6m，破坏深度为 0.8～1.8m。随着采高的增加，煤壁片帮高度、片帮深度和片帮范围都不断增加。

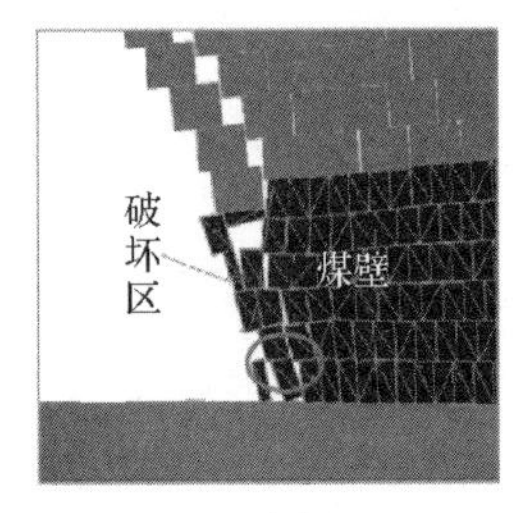

(a) 采高3m

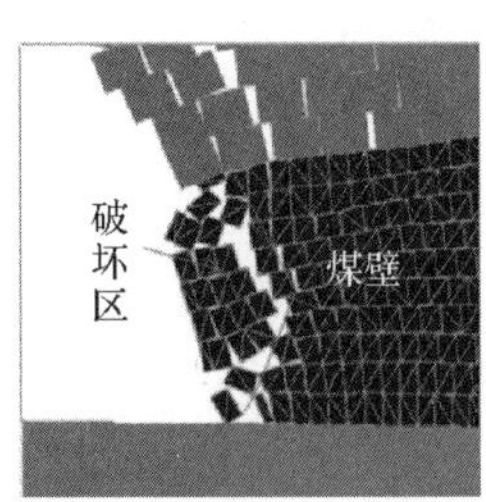

(b) 采高4m

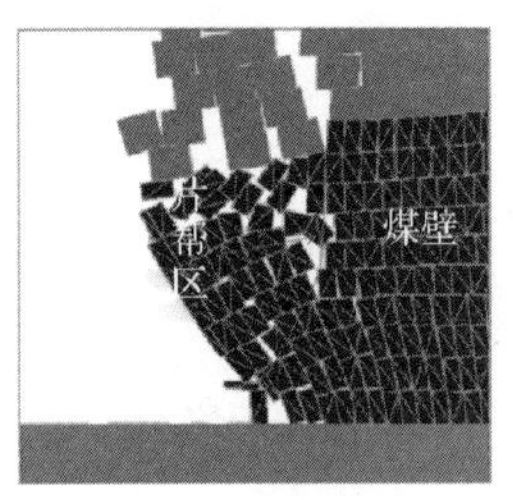

(c) 采高5m

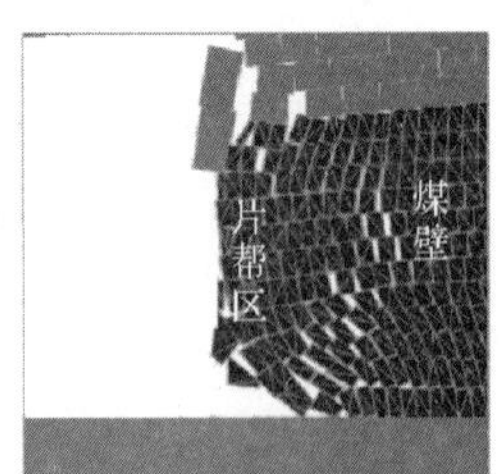

(d) 采高6m

图 4-50　不同采高下工作面煤壁破坏情况

2) 内聚力

当工作面推进 35m 时，不同煤体的内聚力下煤壁破坏特征如图 4-51 所示。从图可以看出，当煤体的内聚力 c=0.4MPa 时，煤壁高度上整体都出现破坏，最大破坏深度为 2m；当煤体的内聚力 c=0.8MPa 时，煤壁破坏表现为剪切破坏，片落高度为 3～3.5m，最大破坏深度为 2m；当煤体的内聚力 c=1.2MPa 时，煤壁破坏表现为拉裂型破坏，距底板 1m 以上的煤壁出现破坏，最大破坏深度为 1.0m；当煤体的内聚力 c=1.6MPa 时，煤壁保持稳定没有出现破坏。随着煤体的内聚力的增加，煤壁的稳定性逐渐提高，煤壁破坏深度和破坏范围都不断减小。

(a) 内聚力c=0.4MPa

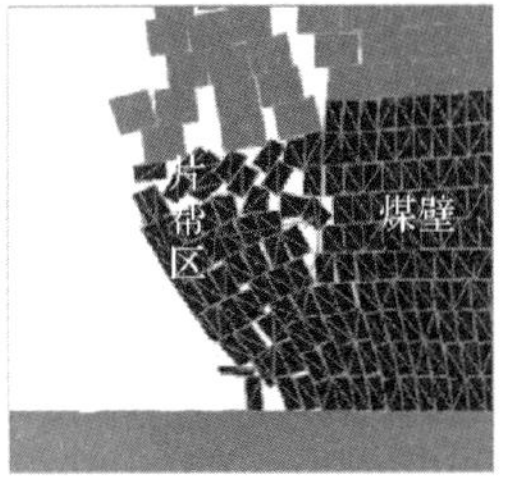

(b) 内聚力c=0.8MPa

(c) 内聚力c=1.2MPa

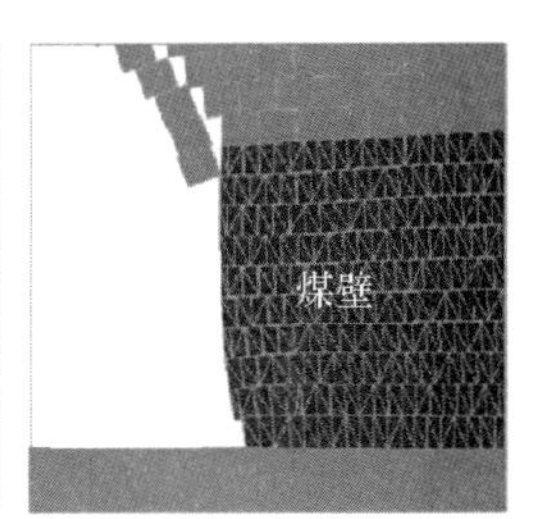

(d) 内聚力c=1.6MPa

图 4-51　不同煤体的内聚力下煤壁破坏特征

3) 内摩擦角

当基本顶初次来压时，不同煤体的内摩擦角(φ=15°、20°、22°、25°、30°、35°)下煤壁破坏特征和煤壁水平位移如图 4-52 所示。从图中可以看出，当煤体的内摩擦角 φ=15°、

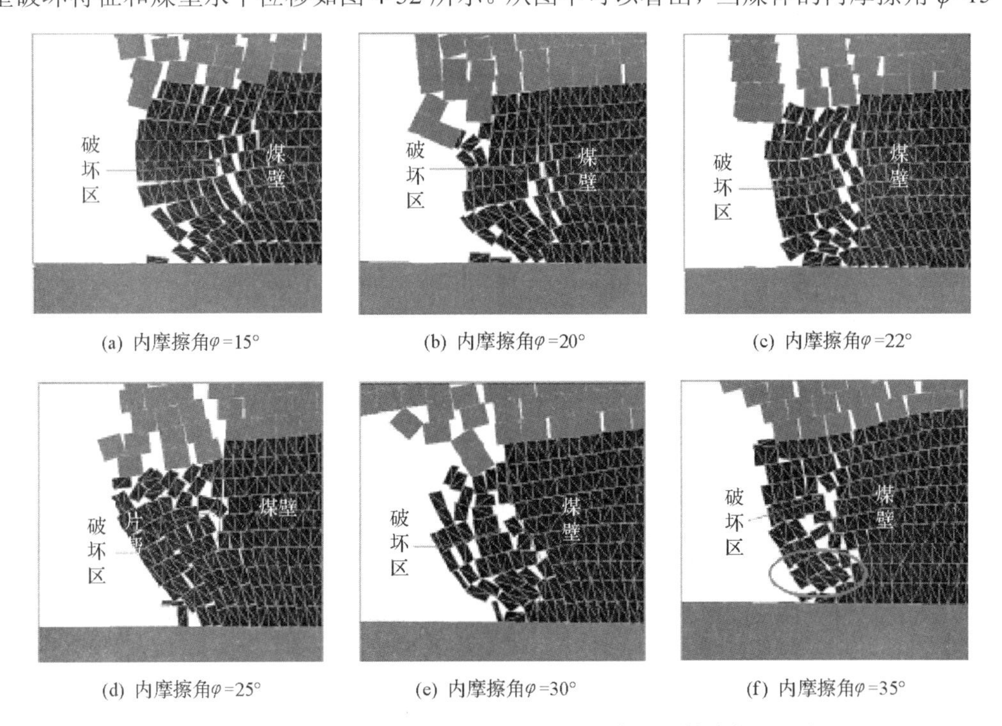

(a) 内摩擦角φ=15°　(b) 内摩擦角φ=20°　(c) 内摩擦角φ=22°

(d) 内摩擦角φ=25°　(e) 内摩擦角φ=30°　(f) 内摩擦角φ=35°

图 4-52　不同煤体的内摩擦角下煤壁破坏特征和煤壁水平位移

20°、22°时，煤壁纵向上整体都出现破坏，破坏深度分别为 0.8～1.6m、0.7～1.5m、0.6～1.5m，破坏面积分别为 6.47m²、5.75m²、5.5m²；当煤体的内摩擦角 φ=30°时，破坏深度为 0.5～1.3m，破坏面积为 4.05m²；当内摩擦角 φ=35°时，破坏深度为 0.4～1.3m，破坏面积为 3.85m²。随着煤体的内摩擦角的增加，煤壁破坏深度和破坏范围都不断减小，但减小程度很低。

4) 支架的支护强度

不同支架工作阻力下煤壁破坏特征如图 4-53 所示。当支架初撑力为 0MPa(无支护状态)时，煤壁最大破坏深度达到 1.3m，破坏面积为 4.55m²；当支架工作阻力为 0.8MPa 时，煤壁最大破坏深度达到 1.1m，破坏面积为 3.9m²；当支架工作阻力分别为 1.1MPa、1.4MPa 时，煤壁最大破坏深度分别为 1.0m、0.9m，破坏面积分别为 3.05m²、2.8m²；当支架工作阻力分别为 1.7MPa、2MPa 时，煤壁最大破坏深度分别为 0.9m、0.9m，破坏面积分别为 2.45m²、2.4m²。支架和煤壁共同承担着上覆岩层的作用力，提高支架的初撑力和工作阻力有利于减缓煤壁上方的压力，有助于减轻煤壁片帮程度。

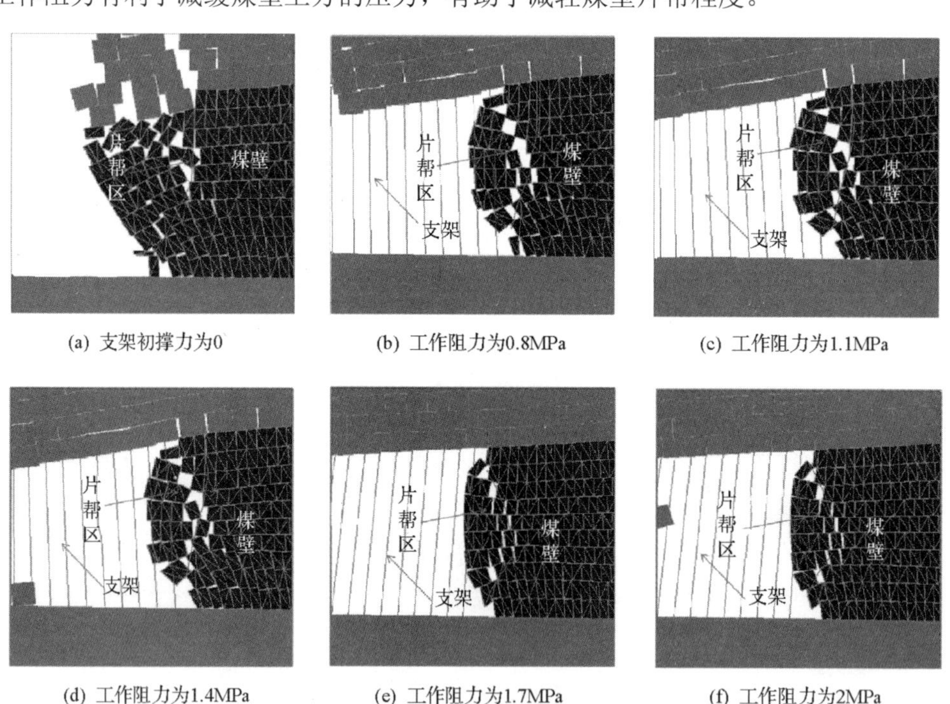

(a) 支架初撑力为0　(b) 工作阻力为0.8MPa　(c) 工作阻力为1.1MPa

(d) 工作阻力为1.4MPa　(e) 工作阻力为1.7MPa　(f) 工作阻力为2MPa

图 4-53　不同工作阻力下煤壁破坏特征

5) 仰采角度

仰斜开采时，支架稳定性差，支架对煤壁和顶板的保护作用较弱，不利于控制片帮；另外煤壁自重沿自由面的分力更容易导致煤壁破坏。不同仰采角度下煤壁破坏情况如图 4-54 所示。从图中可以看出：随着仰采角度的增加，煤壁破坏高度、深度、范围都增大。当工作面俯斜推进且俯采角度为 10°时，煤壁最大破坏深度达到 1.1m，破坏面积为 2.3m²；当工作面近水平开采时，煤壁最大破坏深度达到 1.3m，破坏面积为 4.55m²；当工作面仰采角度为 10°时，煤壁最大破坏深度达到 2m，破坏面积为 5.75m^2；当工作面仰采角度为 20°时，煤壁最大破坏深度达到 3.3m，破坏面积为 7.45m^2。

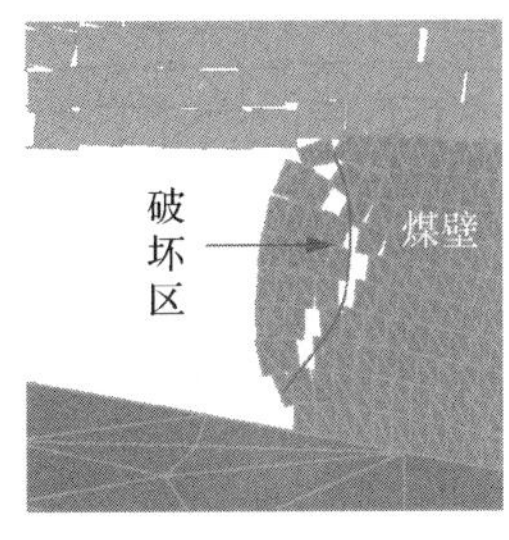

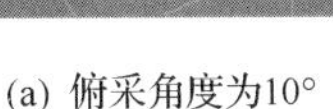
(a) 俯采角度为10°

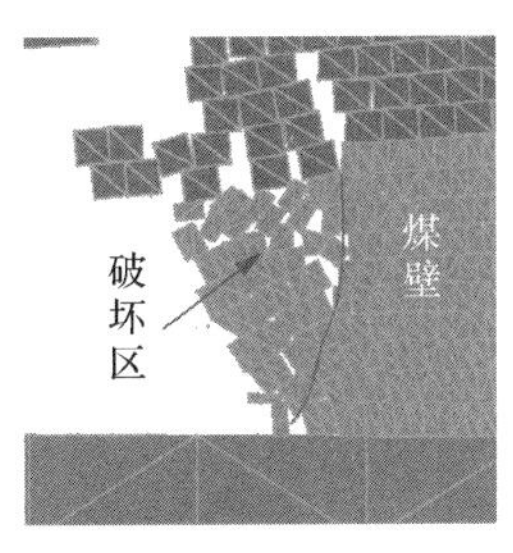

(b) 仰采角度为0°水平煤层

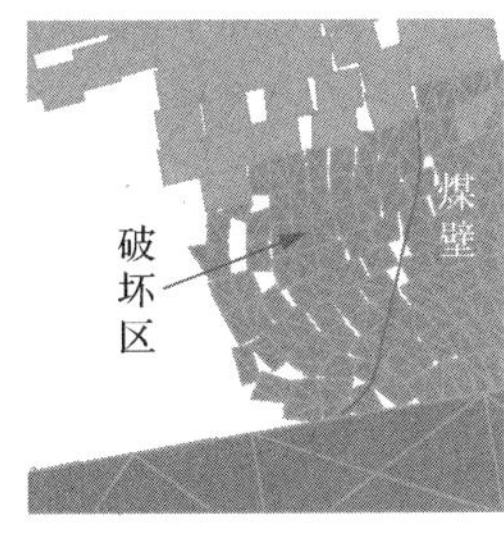

(c) 仰采角度为10°

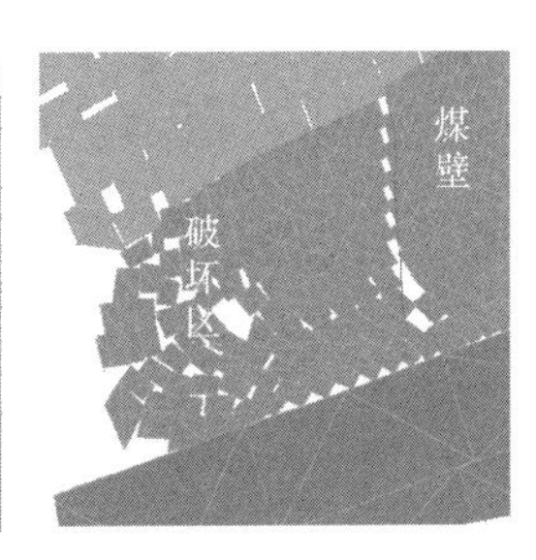

(d) 仰采角度为20°

图 4-54 不同仰采角度下煤壁破坏情况

6) 推进速度

工作面推进速度越快，顶板来压作用在煤壁上的时间越短，煤壁破坏程度越轻。在 UDEC 模拟软件中，计算的时步可以表示相应的开挖速度，时间步越小，推进速度越大。不同时间步下的煤壁破坏情况如图 4-55 所示。

(a) 时间步为150000

(b) 时间步为120000

(c) 时间步为100000

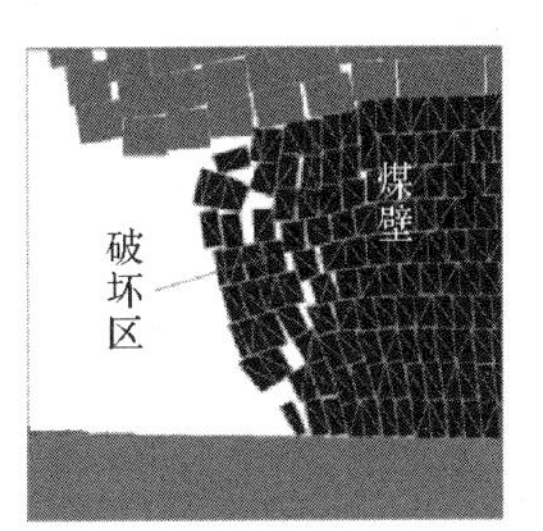

(d) 时间步为80000

图 4-55 不同时间步下煤壁破坏情况

随着推进速度的提高，来压期间顶板压力作用在煤壁上的时间相应减少，煤壁破坏程度逐渐降低。当运算时步为 150000 步时，煤壁最大破坏深度为 1.5m，破坏面积为 3.8m^2；当运算时步为 120000 步时，煤壁最大破坏深度为 1.3m，破坏面积为 3.1m^2；当运算时步分别为 100000 步、80000 步，煤壁最大破坏深度分别为 1m、0.8m，破坏面积分别为 2.75m^2、3.1m^2。提高工作面推进速度，有利于减少顶板来压作用在煤壁上的时间及煤壁暴露的时间，从而降低煤壁破坏程度。

4.6.4 “注浆+棕绳”柔性加固技术数值模拟

“棕绳+注浆”柔性加固技术防治煤壁破坏的关键在于棕绳直径和注浆孔位置的选择。采用离散元 UDEC 数值模拟软件模拟不同棕绳直径和不同注浆位置下煤壁片帮治理效果，不同棕绳直径下煤壁片帮防治效果如图 4-56 所示。从图中可以看出：当棕绳直径为 8mm 时，“棕绳+注浆”后破坏区域有所减小，最大破坏深度为 1.0m，破坏面积为 2.85m^2；当棕绳直径分别为 12mm 和 16mm 时，最大破坏深度分别为 0.8m 和 0.6m，破坏面积分别为 2.35m² 和 1.1m²；当棕绳直径为 20mm 时，最大破坏深度为 0.8m，破坏面积为 2.45m²。棕绳直径不同，片帮防治效果不同，棕绳的存在减轻了煤壁片帮程度，同时能够抑制部分破坏的煤体向下片落，且存在一个合理的棕绳直径使得防治煤壁片帮效果最佳；注浆孔径大于或小于此值，注浆效果不理想。

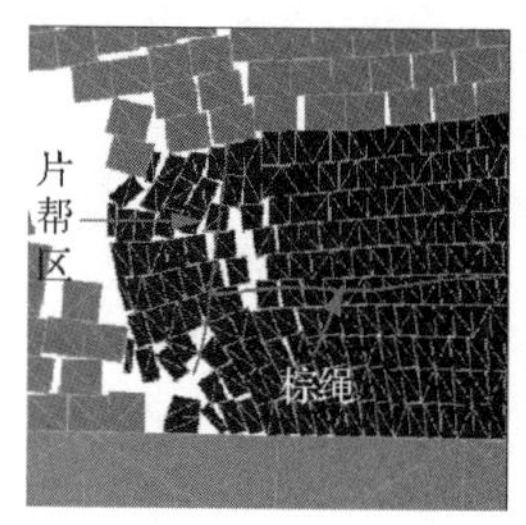

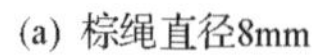
(a) 棕绳直径8mm

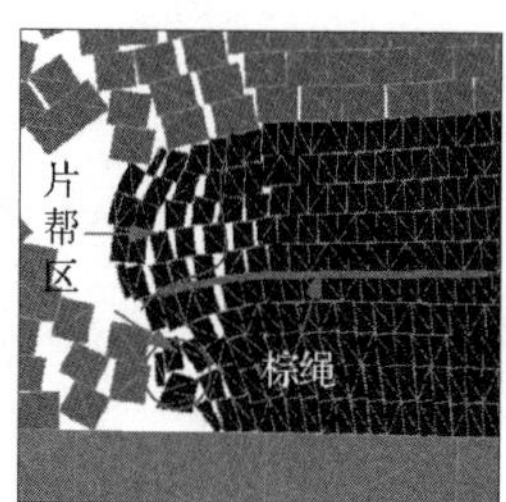

(b) 棕绳直径12mm

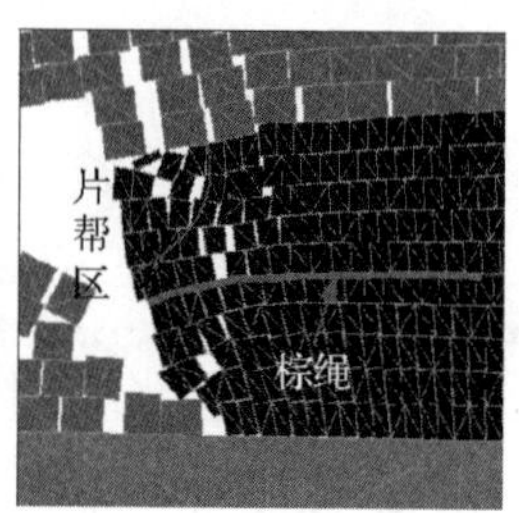

(c) 棕绳直径16mm

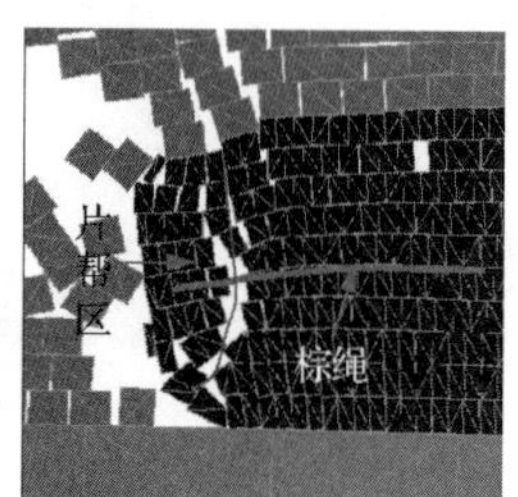

(d) 棕绳直径20mm

图 4-56　不同棕绳直径下煤壁片帮防治效果图

根据以上分析可知棕绳直径为 16mm 时，煤壁注浆效果最佳，现对棕绳直径为 16mm 时不同注浆孔位置下煤壁片帮防治效果进行模拟，结果如图 4-57 所示。图 4-57(a)注浆孔布置在距顶板 1.5m 处，破坏区域靠近底板，最大破坏深度为 0.8m，破坏面积为 1.4m²；图 4-57(b)注浆孔布置在距顶板 2m 处，注浆后破坏区域大为减小，几乎没有破坏，注浆防治片帮效果明显；图 4-57(c)注浆孔布置在煤壁高度的中间，距顶板 2.5m，破坏区域集中在顶板和注浆孔之间，最大破坏深度为 0.6m，破坏面积为 1.1m²；图 4-57(d)注浆孔布置在距底板 3m 处，破坏区域靠近顶板，最大破坏深度为 0.8m，破坏面积为 2.3m²，注浆效果不明显。注浆孔的最佳位置为在煤壁起裂位置，为煤壁高度的 60%～70%处。

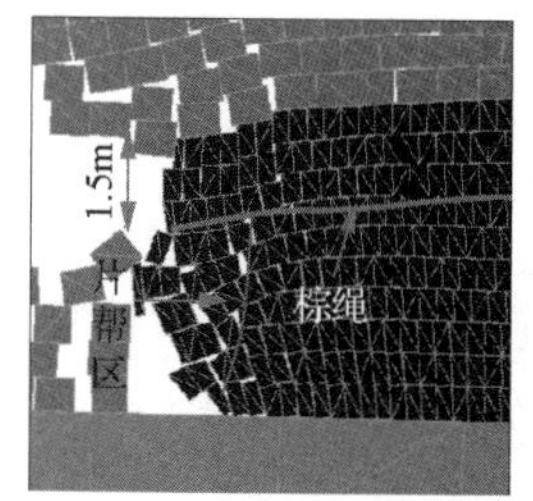

(a) 注浆孔距顶板1.5m

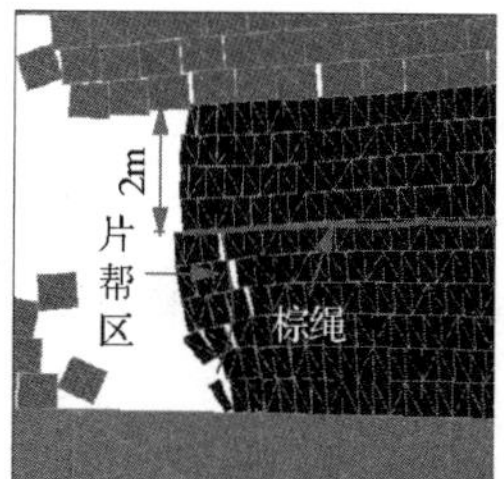

(b) 注浆孔距顶板2m

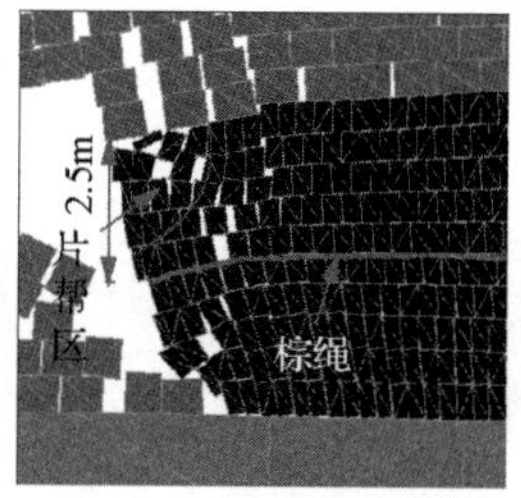

(c) 注浆孔距顶板2.5m

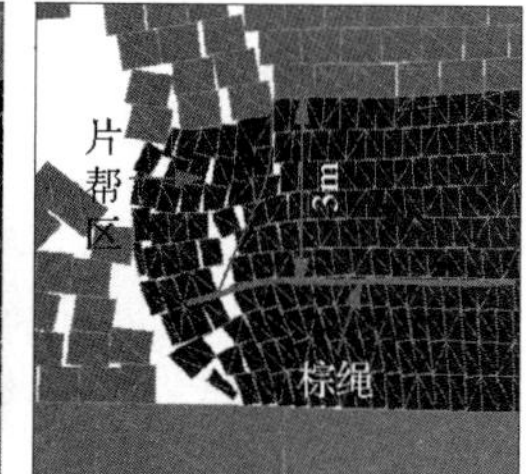

(d) 注浆孔距顶板3m

图 4-57　棕绳直径为 16mm 时不同注浆孔位置下煤壁片帮防治效果图

4.7　“顶板-煤壁”联动失稳与协同控制

工作面支架的存在不但可以保证顶板稳定，而且可以提高煤壁稳定性，该观点众多研究者已达成共识，但以往研究只考虑支架阻力的影响，认为只要支架额定工作阻力足够大，便可在提高煤壁稳定性中发挥作用，而没有考虑支架刚度的影响。工程实践表明，支架刚度和支架阻力均对煤壁和顶板稳定性具有显著影响。

4.7.1 煤壁稳定性的支架刚度效应

4.7.1.1 “顶板-煤壁-支架”相互作用关系

综采工作面围岩系统中，顶板是唯一的力源，工作面前方煤壁和支架为顶板载荷的主要承载体。工作面推进过程中，顶板在煤壁和支架的共同支撑作用下达到稳定状态，三者形成的平衡系统共同保护工作面回采空间[21]。回采过程中，若平衡系统中任意组成部分发生破坏和失稳，必然影响围岩结构系统的稳定性。顶板、支架和煤壁之间的相互作用关系也是基本顶断裂前期煤壁破坏现象高发的原因。该阶段基本顶悬臂长度接近其极限值，悬露部分的顶板自重及作用于其上的随动载荷全部传递至下位煤壁和液压支架，在支架承载能力一定的条件下，作用于煤壁上的载荷达到其极限值，导致煤壁破坏。

综采工作面“顶板-煤壁-支架”系统的联动失稳过程如图 4-58 所示。最先煤壁上部发生破坏并出现煤块滑落现象[图 4-58(a)]，支架护帮板工况变差；随着煤壁破坏范围的增大，靠近端面区域的直接顶开始冒落，架间出现高位岩层破坏后形成的白色岩块[图 4-58(b)]，煤壁和直接顶的破坏导致煤壁对顶板的支撑能力降低，基本顶结构发生运动，顶板载荷向支架转移，支架阻力迅速升高并达到额定承载能力，支架立柱大范围下缩，最终发生压架事故[图 4-58(c)]；作为顶板载荷承载结构的煤壁和支架均发生失稳，必然导致基本顶结构的大范围运动，在上述工作面围岩失稳现象的前后，在架间钻取直径 32mm 的顶板垂直钻孔，对基本顶运动位态进行观测，围岩失稳前基本顶与上位随动岩层之间出现离层裂隙，此时裂隙张开度小，且没有剪切错动位移[图 4-58(d)]；围岩失稳后，基本顶与上位岩层之间的离层裂隙的张开度增大，沿工作面走向方向发生约 6mm 的剪切错动位移[图 4-58(e)]，监测结果表明工作面煤壁和支架失稳后，上位基本顶同时发生失稳现象，由于离层面的存在，与更高位随动岩层出现非协调运动。

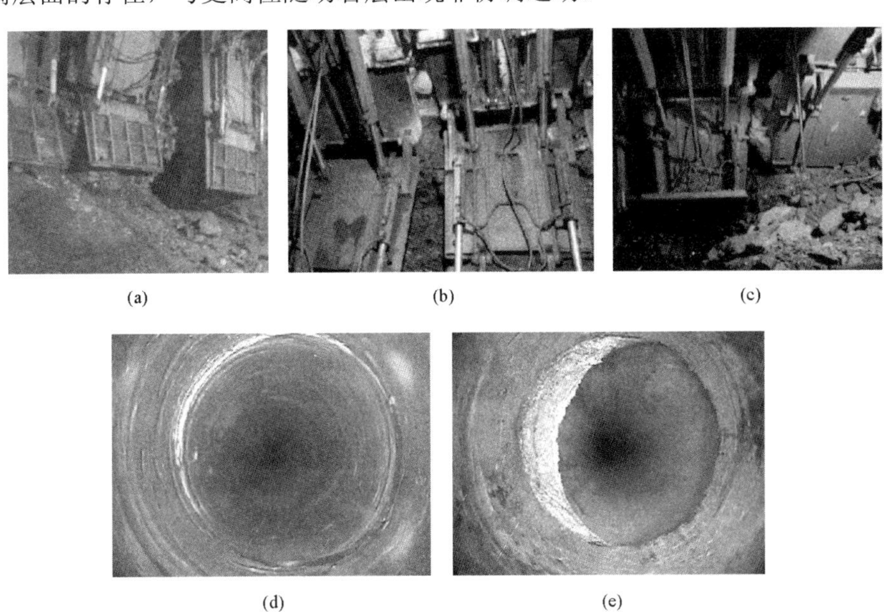

图 4-58 “顶板-煤壁-支架”系统的联动失稳现象

工作面围岩失稳特征表明：顶板、煤壁和支架三者共同组成保护工作面生产空间的力学平衡系统，围岩系统的稳定由 3 种系统组分共同保证。由于顶板载荷由煤壁和支架共同承担，支架承载特征的改变必然对煤壁的稳定性造成影响。

4.7.1.2　支架刚度对煤壁稳定性的影响

在顶板运动位态一定的条件下，顶板载荷在支架和煤壁上的分配特征由两者的刚度决定。生产实践表明：若支架刚度适应性差，会导致支架额定承载能力利用率低，顶板载荷向煤壁转移，恶化煤壁稳定性，如图 4-59 所示。

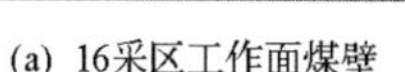

(a) 16采区工作面煤壁

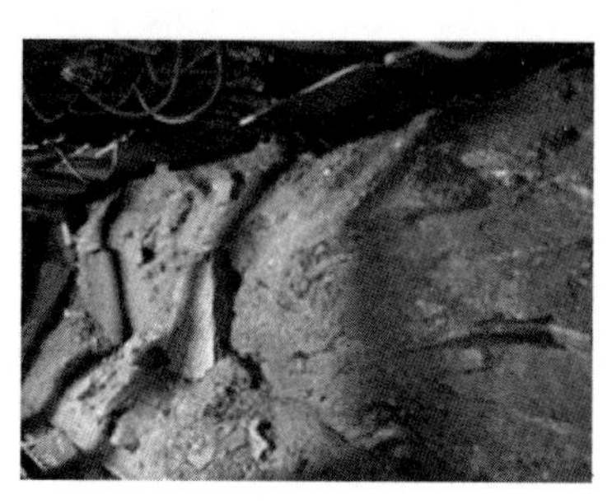

(b) 14采区工作面煤壁

图 4-59　支架刚度对煤壁稳定性的影响

焦煤九里山矿井存在 14 和 16 两个采区，两个采区各对一个工作面进行回采工作，一次割煤高度均为 3.5m，为大采高工作面。14 采区为最后一个工作面，为解决接续工作中配套设备紧张问题，该工作面采用放顶煤液压支架，为保障顶板稳定，所选放顶煤液压支架与 16 采区采用的大采高液压支架具有相同的额定工作阻力(6000kN)。与大采高液压支架相比，放顶煤支架立柱直径小，刚度明显降低。液压支架刚度差异导致两个赋存条件和开采技术条件相似的工作面煤壁稳定性存在明显区别。16 采区工作面液压支架刚度大，额定承载能力利用率高，煤壁稳定性良好；14 采区工作面液压支架刚度小，额定承载能力利用率低，顶板载荷转移至煤壁，煤壁上部破坏严重，常有大块煤体片落，堵塞割煤机道，影响生产。14 采区工作面只有严格保证支架初撑力达到额定工作阻力的 80%才能避免煤壁上部产生片帮现象，保证工作面的正常推进。为解释低液压支架刚度采场煤壁易于发生煤壁上部片帮的原因，需要对煤壁稳定性的支架刚度效应进行分析。

4.7.2　支架刚度对煤壁稳定性的影响机理

4.7.2.1　“顶板-煤壁-支架”力学平衡系统

顶板来压前的煤壁破坏现象已得到相关研究人员重视，工程实践中，煤壁大范围片帮现象被视为顶板来压的前兆。为了解释基本顶断裂前期的煤壁破坏现象，建立“顶板-煤壁-支架”力学平衡系统如图 4-60(a)所示。此时基本顶悬露长度接近最大值，顶板作用于煤壁上的变形载荷同样接近最大值，煤壁处于最危险状态。为便于力学解析，对图 4-60(a)中的围岩系统作如下简化：基本顶在其承受载荷的峰值点位置点 A 下沉量和转角均接近等于 0，而其中的弯矩不等于 0，因此，该位置可作为基本顶的固支点。将直接顶视为弹性体，则作用于煤层之上的支承压力则为煤壁对基本顶的支撑载荷，将支架简化为刚度为 K 的弹簧，根据静力等效原理将煤壁后方悬露顶板作用力等效为剪力 Q 和力矩 M，“顶板-煤壁-支架”围岩系统的简化力学模型如图 4-60(b)所示。

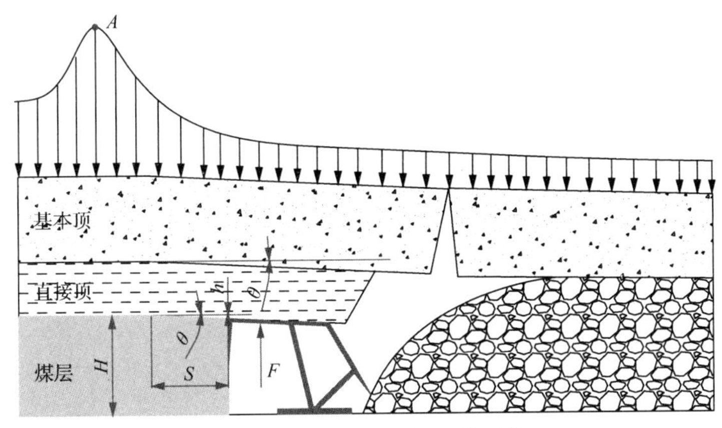

(a)“顶板-煤壁-支架”力学平衡系统

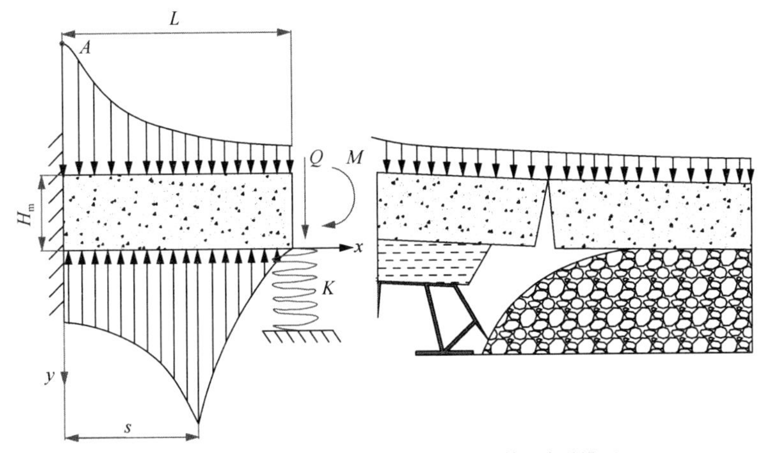

(b)“顶煤-煤壁-支架”围岩系统的简化力学模型

图 4-60　“顶板-煤壁-支架”力学平衡系统及围岩系统的简化力学模型

4.7.2.2　煤壁压力的确定

工作面前方煤体可视为损伤材料，采用损伤变量 D 表征煤体损伤程度，损伤变量 D 由实验确定。顶板作用于煤壁上的压力可由损伤煤体的弹性模量与煤壁的垂直应变的乘积确定。

$$p = E_{\mathrm{d}} w / H \tag{4-83}$$

式中，p 为顶板实际作用于煤壁之上的压力，MPa；E_{d} 为损伤煤体的弹性模量，GPa；w 为煤壁的垂直变形量，其值同基本顶下沉量相等，m；H 为煤壁高度，m。

损伤煤体的弹性模量与损伤变量有关，其值可由式(4-84)确定：

$$E_{\mathrm{d}}=E_0(1-D) \tag{4-84}$$

式中，E_0为无损煤体的弹性模量，GPa。

为确定作用于煤壁上的顶板压力，需要得到煤壁的垂直变形量。与煤层变形量相比，直接顶变形量可忽略不计，本书将基本顶在煤壁处的下沉量视为煤壁的垂直变形量。根据图 4-60(b)中的力学模型，下书采用最小势能原理求解煤壁的垂直变形量。

覆岩作用于基本顶的载荷 q_1 由式(4-85)表示：

$$q_1(x)=a_1\mathrm{e}^{a_2 x}+a_3 \tag{4-85}$$

直接顶对基本顶的支撑载荷 q_2 和 q_3 为[10]

$$\begin{aligned} q_2(x)&=b_1\mathrm{e}^{b_2(x-s)}+b_3 \quad (0<x<s) \\ q_3(x)&=(b_1+b_3)\mathrm{e}^{b_4(s-x)} \quad (s<x<L) \end{aligned} \tag{4-86}$$

基本顶弯曲变形过程中储存的弹性变形能 U 为

$$U=\int_0^L\int_A\frac{1}{2E}{\sigma_x}^2\mathrm{d}A\mathrm{d}x \tag{4-87}$$

式中，E 为基本顶的弹性模量，GPa；A 为基本顶梁的截面积，m^2；σ_x 为水平应力值，MPa，其大小由式(4-88)求得

$$\sigma_x=\frac{M}{I}y=-Ew''y \tag{4-88}$$

式中，M为基本顶任意截面上的弯矩，N·m；I为基本顶惯性矩；w为基本顶下沉曲线，m。将式(4-88)代入式(4-87)可得

$$U=\frac{1}{2}\int_0^L EIw''^2\mathrm{d}x \tag{4-89}$$

基本顶弯曲下沉过程中，外载荷对其做的功 V 为

$$\begin{aligned} V=&\frac{1}{2}Kw^2(L)-\int_0^L q_1(x)w\mathrm{d}x+\int_0^s q_2(x)w\mathrm{d}x \\ &+\int_s^L q_3(x)w\mathrm{d}x-Qw(L)-Mw'(L) \end{aligned} \tag{4-90}$$

基本顶结构平衡后，基于其真实的弯曲状态产生的虚位移所引起的总势能变分等于 0：

$$\delta\Pi=\delta(U+V)=0 \tag{4-91}$$

将内力势能和外力势能表达式(4-89)和式(4-90)代入式(4-91)可得

$$\begin{aligned}&\int_0^L EIw''\delta w''\mathrm{d}x+Kw(L)\delta w(L)-\int_0^L q_1(x)\delta w\mathrm{d}x+\int_0^s q_2(x)\delta w\mathrm{d}x\\&+\int_s^L q_3(x)\delta w\mathrm{d}x-Q\delta w(L)-M\delta w'(L)=0\end{aligned}\tag{4-92}$$

对式(4-92)中第1项进行分部积分得

$$\int_0^L EIw''\delta w''\mathrm{d}x=EIw''\delta w'\Big|_0^L-EIw^{(3)}\delta w\Big|_0^L+\int_0^L EIw^{(4)}\delta w\mathrm{d}x\tag{4-93}$$

将式(4-93)代入式(4-92)可得

$$\begin{aligned}&EIw''\delta w'\Big|_0^L-EIw^{(3)}\delta w\Big|_0^L+\int_0^L EIw^{(4)}\delta w\mathrm{d}x+Kw(L)\delta w(L)-\int_0^L q_1(x)\delta w\mathrm{d}x\\&+\int_0^s q_2(x)\delta w\mathrm{d}x+\int_s^L q_3(x)\delta w\mathrm{d}x-Q\delta w(L)-M\delta w'(L)=0\end{aligned}\tag{4-94}$$

根据图4-60中基本顶在原点处的固支边界条件可以推断基本顶在该处的位移及转角均等于0，即 δw 和 $\delta w'$ 均等于0，将上述边界条件代入式(4-94)可得

$$\begin{aligned}&\int_0^s\left[EIw^{(4)}-q_1(x)+q_2(x)\right]\delta w\mathrm{d}x+\int_s^L\left[EIw^{(4)}-q_1(x)+q_3(x)\right]\delta w\mathrm{d}x\\&-EIw^{(3)}\delta w(L)-Q\delta w(L)+Kw(L)\delta w(L)+EIw''\delta w'(L)-M\delta w'(L)=0\end{aligned}\tag{4-95}$$

由于变分 δw 和 $\delta w'$ 具有任意性，由式(4-95)可以推断 δw 和 $\delta w'$ 的系数项均等于0，由此可以得到式(4-96)。式(4-96)前两式为基本顶弯曲下沉的平衡微分方程，后两式为 $x=L$ 处的边界条件。

$$\begin{aligned}&EIw^{(4)}-q_1(x)+q_2(x)=0\quad(0<x<s)\\&EIw^{(4)}-q_1(x)+q_3(x)=0\quad(s<x<L)\\&EIw^{(3)}+Q-Kw=0\quad(x=L)\\&EIw''-M=0\quad(x=L)\end{aligned}\tag{4-96}$$

将式(4-85)和(4-86)代入式(4-96)，求解微分方程可得基本顶的弯曲下沉曲线为

$$w=\begin{cases}\dfrac{1}{EI}\left[\dfrac{a_1}{a_2^4}\mathrm{e}^{a_2x}-\dfrac{b_1}{b_2^4}\mathrm{e}^{b_2(x-s)}+\dfrac{1}{24}(a_3-b_3)x^4+\dfrac{1}{6}Ax^3+\dfrac{1}{2}Bx^2-Ox-P\right] & (0<x<s)\\ \dfrac{1}{EI}\left[\dfrac{a_1}{a_2^4}\mathrm{e}^{a_2x}-\dfrac{b_1+b_3}{b_4^4}\mathrm{e}^{b_4(-x+s)}+\dfrac{a_3}{24}x^4+\dfrac{1}{6}Cx^3+\dfrac{1}{2}Dx^2+Gx+N\right] & (s<x<L)\end{cases}\tag{4-97}$$

考虑到基本顶在固支端和自由端的边界条件及基本顶下沉量、转角、弯矩和剪力在 $x=s$ 处的连续性，式(4-97)中各未知参数的表达式分别为

$$O = \frac{a_1}{a_2^3} - \frac{b_1}{b_2^3} e^{-b_2 s}, P = \frac{a_1}{a_2^4} - \frac{b_1}{b_2^4} e^{-b_2 s}$$

$$G = \frac{1}{2} s^2 (m_1 - n_1) - s(m_2 - n_2) + (m_3 - n_3) - O$$

$$N = -\frac{1}{6} s^3 (m_1 - n_1) + \frac{1}{2} s^2 (m_2 - n_2) - s(m_3 - n_3) + (m_4 - n_4) - P$$

$$C = 3\frac{KLG + KN - Q - f_1 + Kf_4 - \frac{1}{2} KL^2 (f_2 - M)}{3 + KL^3}$$

$$D = M - LC - f_2$$

$$A = C - (m_1 - n_1), B = D + s(m_1 - n_1) - (m_2 - n_2)$$

其中：

$$m_1 - n_1 = -\frac{b_1}{b_2} - \frac{b_1 + b_3}{b_4} - b_3 s$$

$$m_2 - n_2 = -\frac{b_1}{b_2^2} + \frac{b_1 + b_3}{b_4^2} - \frac{b_3}{2} s^2$$

$$m_3 - n_3 = -\frac{b_1}{b_2^3} - \frac{b_1 + b_3}{b_4^3} - \frac{b_3}{6} s^3$$

$$m_4 - n_4 = -\frac{b_1}{b_2^4} + \frac{b_1 + b_3}{b_4^4} - \frac{b_3}{24} s^4$$

式中，m_i、n_i、f_i 均为未知系数，i=1,2,3,4。

将以上各参数代入式(4-97)便可得到煤壁的垂直变形量，将顶煤的垂直变形量和实验确定的损伤煤体的弹性模量代入式(4-83)可以得到顶板作用在煤壁之上的载荷大小。

4.7.2.3　煤壁稳定性的支架刚度效应

定义煤壁稳定性系数为煤壁极限承载能力与实际煤壁压力之比：

$$k_s = q / p \tag{4-98}$$

式中，q 为煤壁极限承载能力，MPa。

当煤壁稳定性系数大于 1 时，煤壁处于稳定状态；等于 1 时，煤壁处于极限平衡状态；小于 1 时，煤壁进入破坏状态，开始发生片帮。煤壁极限承载能力可由式(4-99)确定[16]：

$$q = \frac{2hC\cos\varphi + 2N\sin(\beta + \varphi)\cos\beta - \gamma h^2 \cos(\beta + \varphi)\sin\beta}{2h\sin\beta\left[\cos(\beta + \varphi) + f\sin(\beta + \varphi)\right]} \tag{4-99}$$

式中，C 和 φ 分别为损伤煤体的内聚力和内摩擦角；γ 为煤体容重，kN/m^3；β 为破坏面与竖直方向的夹角，(°)；f 为顶板与煤层接触面的摩擦系数；h 为片落煤块高度，m；N 为护帮板作用力，MN。

式(4-99)中的未知参数取表 4-6 中的数值所得煤壁极限承载能力为 1.3MPa。式(4-84)～式(4-96)中的未知数采用表 4-7 中的数值，由表 4-7 中的数值可得工作面前方煤体的垂直变形分布特征如图 4-61 所示：该方法所得基本顶下沉曲线在支承压力峰值处连续可导，保证了基本顶转角、弯矩和剪力在该处的连续性。基本顶下沉量在固支端等于 0，随着距煤壁距离的减小，顶板下沉量逐渐增大，在煤壁处达到最大值。随着支架刚度的增大，煤壁处的顶板下沉量逐渐减小，当支架刚度由 27MN/m 增大至 216MN/m 时，煤壁处的顶板下沉量由 1.75m 降低至 0.26m，说明支架刚度增大可有效控制基本顶的运动位态。

表 4-6 煤体极限承载力模型参数

参数	h/m	C/MPa	φ/(°)	β/(°)	f	N/MN
取值	3	0.4	28	20	0.2	0.1

表 4-7 煤壁变形量模型参数取值

参数	H/m	s/m	L/m	a_1/MPa	a_2	a_3/MPa	b_1/MPa	b_2	b_3/MPa	b_4	Q/MN	M/(MN·m)	E/MPa
取值	6	12	20	4	−0.1	4	8	0.08	0	0.3	40	200	1500

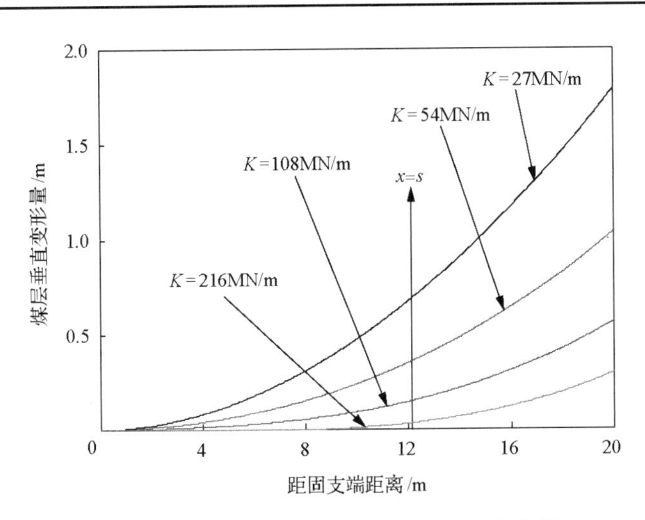

图 4-61 工作面前方煤体的垂直变形分布曲线

假设煤壁处损伤煤体的弹性模量为 10MPa，将该值及图 4-61 中煤壁的变形量代入式(4-83)可得不同支架刚度条件下顶板作用于煤壁上的实际压力。将其值及煤壁极限承载能力 1.3MPa 代入式(4-98)可得煤壁稳定性系数与支架刚度之间的关系如图 4-62 所示：煤壁稳定性系数随着支架刚度的升高而增大，说明高液压支架刚度有利于提高煤壁的稳定性。这是由于支架刚度的升高有效控制了基本顶的运动位态，煤壁的垂直变形量减小，作用于煤壁之上的顶板压力降低。工作面支架选型时应从控制顶板和煤壁的角度，分别确定支架强度和刚度，提高支架适应性。若工作面煤壁片帮严重，则可更换关键位置支架的立柱或增加立柱数量，提高煤壁片帮位置的支架刚度，从而达到控制煤壁破坏的目的。

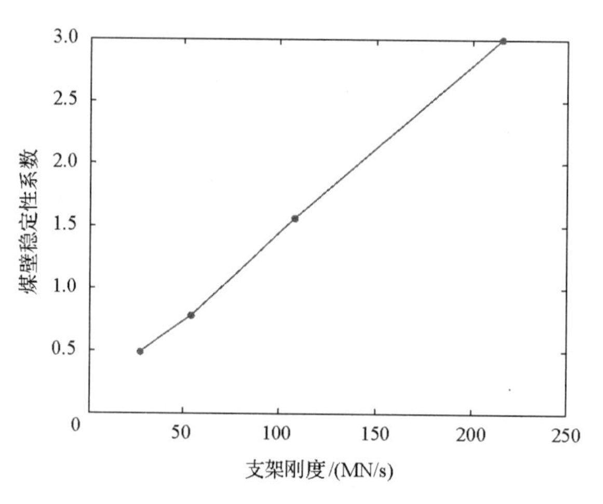

图 4-62　煤壁稳定性系数与支架刚度之间的关系

4.7.3　支架刚度效应的物理模拟实验

4.7.3.1　实验方法及设备

采用三维相似模拟试验台进行煤壁稳定性支架刚度效应的相似模拟实验，三维物理模拟实验台如图 4-63(a)所示。该实验平台包括铺设的工作面煤壁物理模型、顶板加载系统和工作面液压支柱；不考虑直接顶的影响，用刚度较大的铁板模拟坚硬基本顶的弯曲下沉，覆岩载荷由大容量液压千斤顶提供，工作面放置不同刚度的液压支柱，从而实现对不同刚度液压支架的模拟。本模拟选取 3 种刚度的工作面液压支柱，对 3 种工作面液压支柱进行压缩实验可得压力-变形曲线如图 4-63(b)所示：支架 1 的刚度为 11.78MN/m，支架 2 由两个型号相同的千斤顶组成，其组合刚度为 22.18MN/m；支架 3 的刚度为 34.85MN/m。实验一、二和三分别采用支架 1、2 和 3，在实验过程中将工作面液压支柱加载至设定值保持不变，对模拟覆岩载荷的 3 个千斤顶进行分级加载，监测加载过程中煤壁变形情况。

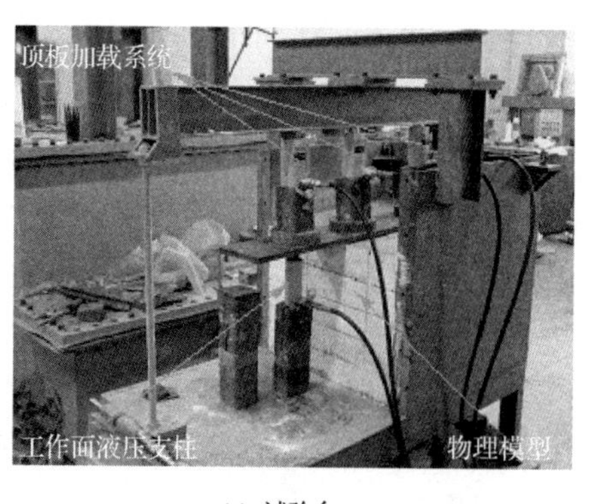

(a) 试验台

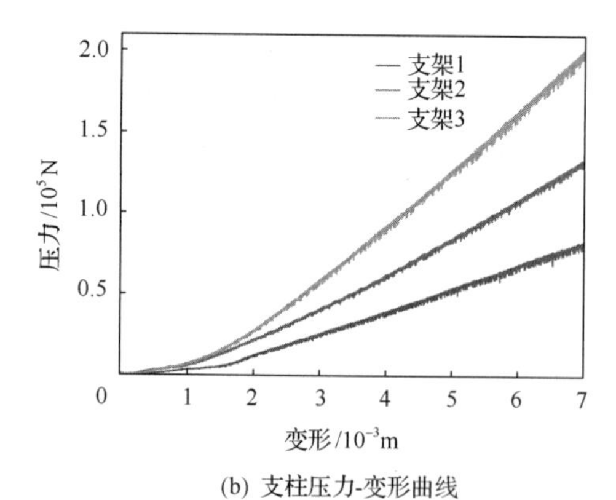

(b) 支柱压力-变形曲线

图 4-63　物理模拟实验台及支柱压力-变形曲线

煤壁具有水平大变形特征，其横向变形值可以表征煤壁的变形破坏程度，将WXY15M-200-R1型拉绳式位移传感器(图4-64)埋设于物理模型中，共埋设3个传感器，埋设高度分别为0.3m、0.5m和0.7m(物理模型尺寸为0.8m×0.8m×0.8m)，由上向下依次编号为1#、2#和3#传感器。利用物理模型中埋设的传感器便可监测煤壁的水平变形，顶板垂直下沉量(液压支柱下缩量)由游标卡尺测量，工作面液压支柱支撑力可根据与千斤顶配套的油压表读数进行计算。

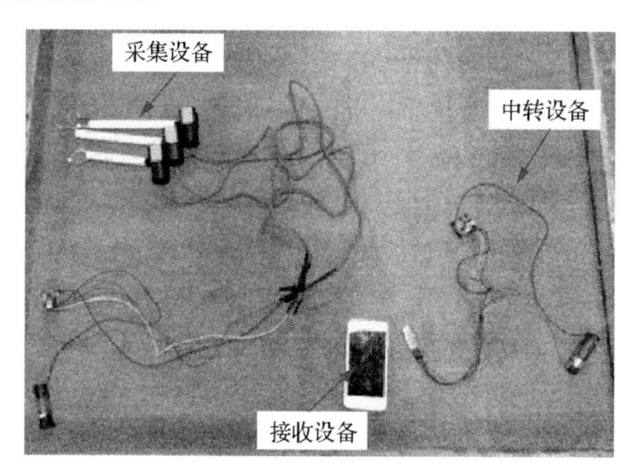

图4-64　水平变形监测方法及设备

4.7.3.2　煤壁的水平变形

加载过程中煤壁的水平变形随时间的变化曲线如图4-65所示。上位顶煤位移较大，由于1#传感器距顶板最近，受顶板千斤顶加载影响最为强烈，2#、3#传感器水平位移数据则相对平稳。顶板加载初期，煤体没有出现水平变形，实验一进行1600s后，煤体的水平位移开始缓慢增长，且上部煤体位移大于下部煤体，实验进行到2800s时，煤体的水平位移突然增大，煤壁发生破坏并片落。此时，1#传感器最大水平位移为17.5mm，2#传感器最大水平位移为14mm，3#传感器最大水平位移为11mm。比较实验一、实验二和实验三过程中煤壁的水平变形变化曲线可知实验二和实验三中煤壁的水平变化趋势与实验一结果相同，但由于支架刚度逐渐增大，实验一、实验二和实验三结束后煤壁的最大水平位移依次降低，说明增大支架刚度可有效控制煤壁的水平变形。

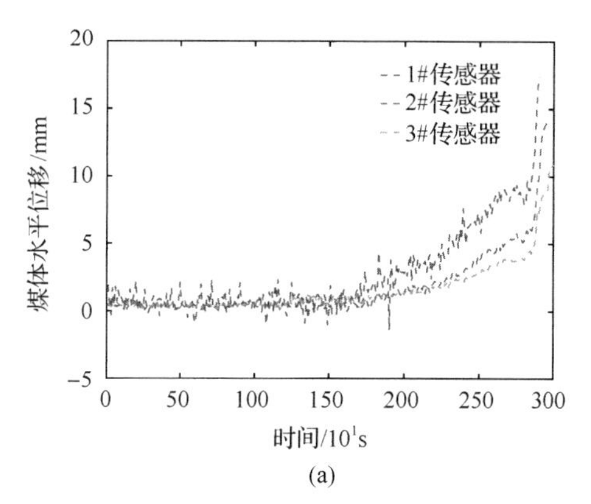

(a)

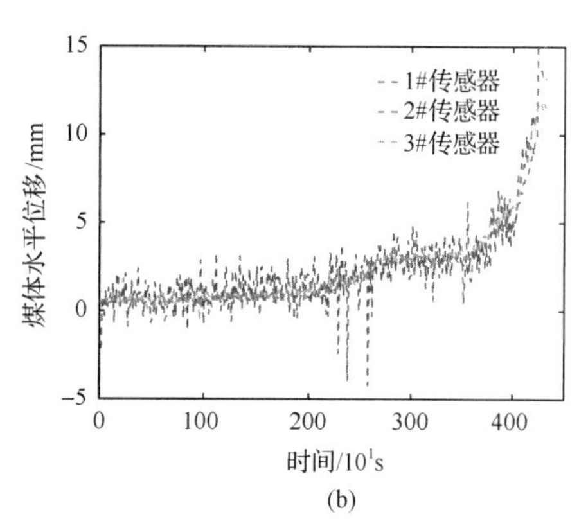

(b)

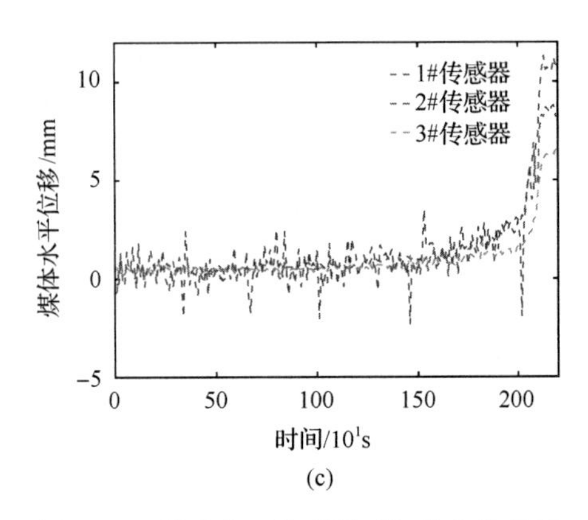

(c)

图 4-65　煤壁水平变形随时间的变化曲线

4.7.3.3　煤壁的垂直变形

分级加载过程中煤壁的垂直变形量随加载次数的变化趋势如图 4-66 所示，加载初期煤壁的垂直变形增长缓慢，实验一中加载次数增加至 18 次时，煤壁的垂直变形快速增长，实验二和实验三中由于工作面液压支柱刚度的增加，煤壁的垂直变形快速增长时对应的加载次数分别增加至 35 次和 39 次。实验一、实验二和实验三过程中煤壁的垂直变形速度依次降低，最终煤壁破坏时的最大垂直变形量分别为 47mm、34mm 和 25mm。实验结果表明增大支架刚度可以有效控制煤壁的垂直变形，提高煤壁的自稳能力。

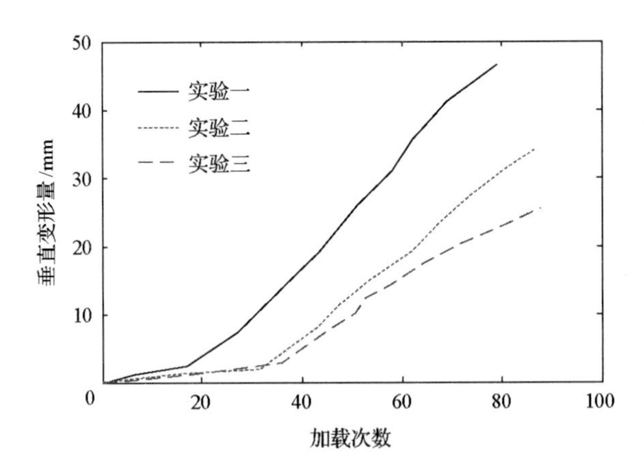

图 4-66　煤壁垂直变形量随加载次数的变化趋势

4.7.4　“顶板-煤壁”联动失稳条件

坚硬厚顶板条件下，基本顶来压期间是煤壁破坏片帮事故的高发期。该条件下基本顶在架后形成悬臂梁结构，基本顶破断后形成单关键块，如图 4-67 所示。

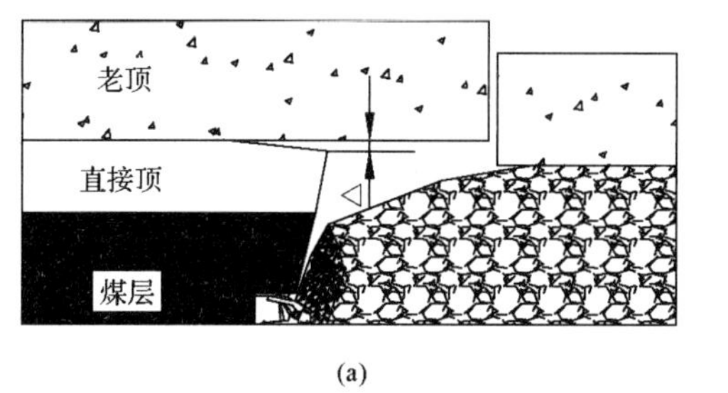

(a)

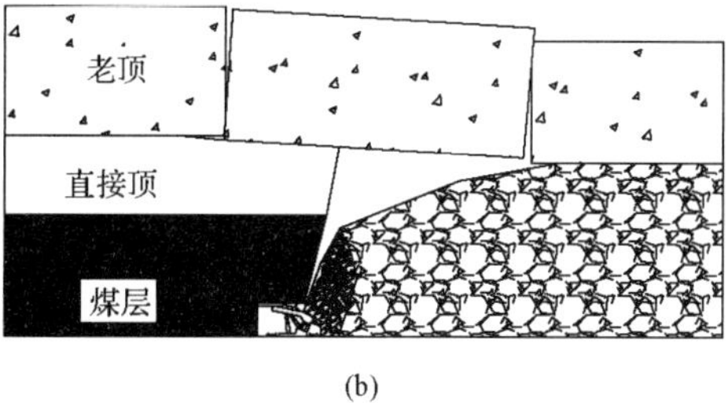

(b)

图 4-67 基本顶破断形态

坚硬顶板条件下基本顶发生动力破断，破断前储存于基本顶中的应变能一部分转变成形成断裂面的表面能，一部分则转变为破断岩块的初始动能，进一步加大煤壁破坏程度。基本顶破断岩块的初始动能为

$$E_{\mathrm{k}}=\frac{1}{2}mv^{2}=\alpha U_{\mathrm{e}} \tag{4-100}$$

式中，E_k 为基本顶破断岩块的初始动能，J；m 为基本顶破断岩块的质量，kg；v 为基本顶破断岩块动力破断后的启动速度，m/s；α 为转变为破断岩块初始动能所占总应变能的比例；U_e 为破断前存储于基本顶中的应变能，J。

存储于基本顶中的弹性能可由式(4-101)求出：

$$U_{\mathrm{e}}=(1+\mu^{2})\left(\frac{q^{2}L_{\max}^{5}}{40EI}+\frac{q^{2}H_{\mathrm{m}}L_{\max}}{2E}\right)-\frac{H_{\mathrm{m}}}{E}\frac{(1-\mu^{2})(1-\beta^{2})\sigma_{\mathrm{t}}{}^{2}+2(1-\beta)\mu^{2}q\sigma_{\mathrm{t}}}{6(L_{\max}-L_{\mathrm{ini}})} \tag{4-101}$$

式中，E 为基本顶的弹性模量，MPa；μ 为基本顶的泊松比；q 为作用于基本顶之上的随动载荷，MPa；σ_t 为基本顶的抗拉强度，MPa；H_m 为基本顶的厚度，m；β 为基本顶脆性跌落系数；L_{ini} 和 L_{max} 分别为基本顶初始屈服和完全断裂失稳时的跨距，m。

如图 4-67(a)所示，若支架刚度小或支架额定工作阻力不足，活柱下缩较大值时才能保证支架阻力、煤壁和顶板形成的系统处于平衡状态，该条件下直接顶与基本顶之间产生离层 Δ。基本顶破断后，破断岩块经一段自由落体运动后与下位直接顶接触，经回转后再次与采空区基本顶岩块接触形成单关键块结构再次进入平衡状态，如图 4-67(b)所示。大量实测结果表明，煤壁片帮多发生于基本顶来压期间，即基本顶破断后再次进入平衡状态阶段为煤壁破坏现象的高发期，因此，需要分析基本顶动力破断后破断岩块作用于煤壁之上的最大冲击载荷。

建立如图 4-68 所示的力学模型，分析基本顶岩块形成冲击时，完整煤体刚度、支架上方破坏顶煤刚度及支架刚度对煤壁承受载荷的影响。为便于分析，此处将直接顶视为与顶煤物理力学性质一致的材料，即以下分析中顶煤厚度记为实际顶煤厚度与直接顶厚度之和。此处以煤壁为界，将煤壁前方顶煤视为完整煤体，控顶区顶煤视为破碎煤体，将两者视为不同材料。基本顶破断岩块冲击后，煤壁前后方煤层变形量相同，因此有

$$s_{\mathrm{i}}=s_{\mathrm{b}}+s_{\mathrm{s}} \tag{4-102}$$

式中，s_{i}为煤壁前方完整煤体的变形量，m；s_{b}为煤壁后方破碎顶煤的变形量，m；s_{s}为液压支架活柱下缩量，m。

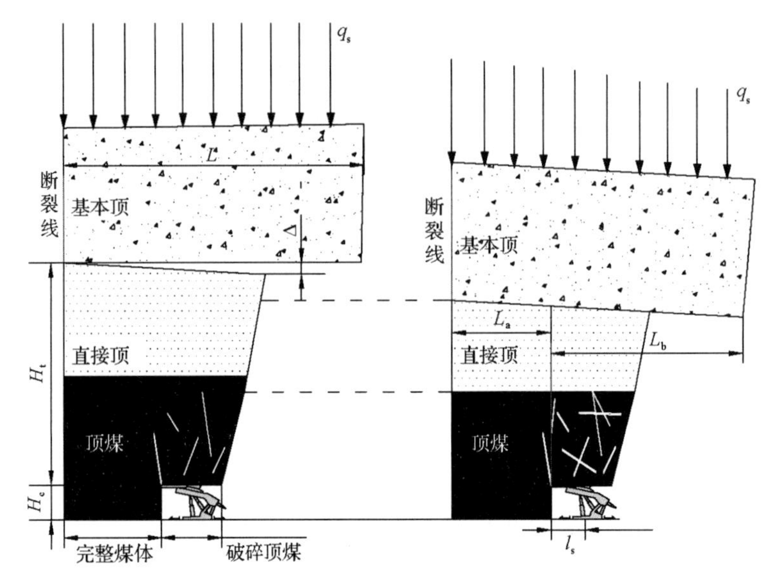

图 4-68　基本顶冲击力学模型

则完整煤体和破碎顶煤的应变量分别为

$$\varepsilon_{\mathrm{i}}=\frac{s_{\mathrm{i}}}{H_{\mathrm{c}}+H_{\mathrm{t}}},\varepsilon_{\mathrm{b}}=\frac{s_{\mathrm{b}}}{H_{\mathrm{t}}} \tag{4-103}$$

式中，ε_{i}、ε_{b}分别为完整顶煤、破碎顶煤的应变；H_{c}、H_{t}分别为割煤高度和顶煤厚度，m。

忽略顶煤自重，顶煤中分布的垂直应力与作用于支架顶梁上的载荷相等，则有

$$E_{\mathrm{b}}\varepsilon_{\mathrm{b}}l_{\mathrm{k}}=\frac{Ks_{\mathrm{s}}}{B} \tag{4-104}$$

式中，E_{b}为破碎顶煤损伤后的弹性模量，GPa；l_{k}为控顶距，m；K为支架刚度，kN/m；B为支架宽度，m。

基本顶破断岩块冲击过程中，顶煤继续破坏，基本顶破断岩块机械能一部分以应变能的形式储存于完整煤体、破碎煤体和液压支架中，另一部分则转变为顶煤破坏所需的裂隙表面能及裂隙表面错动摩擦产生的热能。根据能量守恒原理，基本顶岩块冲击过程中有

$$\frac{1}{2}E_{\mathrm{i}}\varepsilon_{\mathrm{i}}^{2}L_{\mathrm{a}}(H_{\mathrm{c}}+H_{\mathrm{t}})+\frac{1}{2}E_{\mathrm{b}}\varepsilon_{\mathrm{b}}^{2}l_{\mathrm{k}}H_{\mathrm{t}}+\frac{1}{2}\frac{Ks_{\mathrm{s}}^{2}}{B}+\eta U=U \tag{4-105}$$

式中，η 为转变为表面能、热能的能量占所有机械能的比例；U 为破断岩块动能及重力势能减少量之和，J，$U=E_{\mathrm{k}}+(Q+G)(\varDelta+s_{\mathrm{i}})$，其中$G$和$Q$分别为基本顶岩块和随动岩层的重力，kN，$E_{\mathrm{i}}$为煤壁前方完整煤体的弹性模量，GPa；初始动能$E_{\mathrm{k}}$由式(4-100)、式(4-101)

求出。

结合式(4-101)~式(4-105)可得到煤壁前方完整煤体的变形量、煤壁后方破碎顶煤变形量及支架活柱下缩量分别为

$$s_{\mathrm{i}} = \frac{(B+C)D + \sqrt{(B+C)^2 D^2 + 4(B+C)(AB+BC+AC)R}}{2(AB+BC+AC)}$$

$$s_{\mathrm{b}} = \frac{Cs_{\mathrm{i}}}{B+C}, \quad s_{\mathrm{s}} = \frac{Bs_{\mathrm{i}}}{B+C} \tag{4-106}$$

式中，A、B、C、D 均为方程系数，其表达式分别为 $A=L_aE_i/(2H_t+2H_c)$，$B=l_kE_b/(2H_t)$，$C=K/(2B)$，$D=(1-\eta)(G+Q)$，$R=(1-\eta)[E_k+(G+Q)\Delta]$。

基本顶岩块冲击过程中煤壁前方煤体中的垂直应力实质为作用于煤壁上的载荷，结合式(4-103)、式(4-106)和弹性本构关系可得基本顶破断岩块冲击过程中煤壁承受的最大载荷为

$$q = E_{\mathrm{i}} \frac{(B+C)D + \sqrt{(B+C)^2 D^2 + 4(B+C)(AB+BC+AC)R}}{2(AB+BC+AC)(H_{\mathrm{c}}+H_{\mathrm{t}})} \tag{4-107}$$

支架承受的最大压力的确定公式为

$$F = K\frac{(B+C)BD + B\sqrt{(B+C)^2 D^2 + 4(B+C)(AB+BC+AC)R}}{2(B+C)(AB+BC+AC)} \tag{4-108}$$

为分析完整煤体刚度、破坏顶煤刚度及支架刚度对煤壁承受顶板载荷的影响，此处取煤壁前方煤体的弹性模量为 60MPa，破坏顶煤的弹性模量为 12MPa，支架刚度为 12MN/m，基本顶超前破断距为 5m，煤壁后方基本顶悬顶为 15m，控顶距为 5m，割煤高度为 3m，顶煤厚度为 6m，支架宽度为 2.5m；基本顶与直接顶之间的离层量为 0.1m，基本顶岩块重力为 4.32MN，随动岩块重力为 2.7MN，基本顶破断岩块初始动能为 0.6MJ，直接顶和顶煤吸能系数 η 为 0.3。以上述参数为基准代入式(4-107)，分别改变完整煤体的弹性模量、破坏顶煤的弹性模量及支架刚度的大小可得各材料刚度对作用于煤壁顶板载荷的影响，结果如图 4-69 所示。

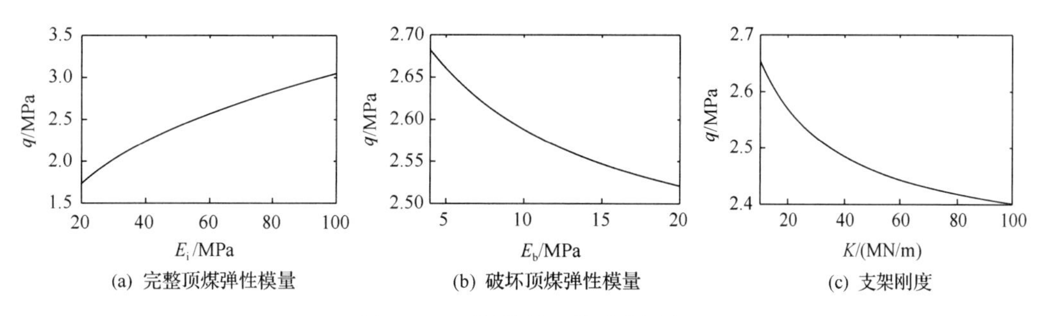

(a) 完整顶煤弹性模量　(b) 破坏顶煤弹性模量　(c) 支架刚度

图 4-69　顶板载荷 q 的影响因素

作用于煤壁的顶板载荷与煤壁前方完整顶煤弹性模量呈非线性正比关系，即煤层完整煤体弹性模量越大，作用于煤壁上的顶板载荷越大。随着煤层完整煤体弹性模量的增大，煤壁承受载荷对其敏感度降低，如图 4-69(a)所示；煤壁承受载荷与煤壁后方破坏顶煤弹性模量及支架刚度均呈非线性反比关系，如图 4-69(b)和(c)所示，即顶煤破坏程度低、支架刚度大均可缓解作用于煤壁上的顶板压力。但是顶煤破坏程度低或直接顶不能随采随冒，会增大顶板控制难度并降低资源采出率，因此，一定地质条件下可通过选取合适的支架刚度降低作用于煤壁上的顶板载荷，提高煤壁稳定性。破坏顶煤的弹性模量、支架刚度的增大对顶板载荷的影响程度降低，为充分发挥支架刚度在缓解煤壁载荷上的能力，不造成资金浪费，应根据实际情况进行支架刚度选型，不能盲目选取大刚度液压支架。

顶煤破坏程度(控顶区顶煤的弹性模量)不同的条件下，增加支架刚度对煤壁载荷的控制能力完全不同，如图 4-70 所示。当顶煤破坏程度较低时(弹性模量为 60MPa)，支架刚度由 10MN/m 升高至 100MN 均可有效缓解煤壁承受的顶板压力，而顶煤破坏程度较高时(弹性模量为 12MPa)，当支架刚度升高至 50MN/m 时，支架刚度对煤壁承受顶板载荷的控制能力便不再发生改变，该条件下选取 100 MN/m 和 50MN/m 的支架对顶板和煤壁的控制能力大致相同，若选取前者便会造成资金浪费。因此，在考虑到对煤壁和顶板的控制进行支架选型时，应根据煤壁后方顶煤和直接顶的实际破坏情况进行支架型号选取，若控顶区顶煤和直接顶破坏程度低，可选取大刚度液压支架，从而缓解煤壁压力和促进顶煤的破坏冒落；若控顶区直接顶和顶煤破坏程度高，盲目选取大刚度液压支架不但对缓解煤壁压力的效果不佳还会造成资金浪费。

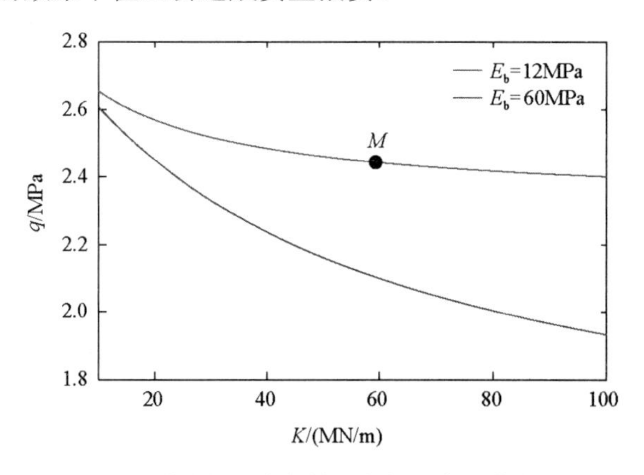

图 4-70　不同顶煤破坏程度条件下支架刚度对煤壁载荷的影响

将上述参数代入式(4-108)可得煤壁前方煤体的弹性模量、破坏顶煤的弹性模量及支架刚度对实际支架阻力的影响，如图 4-71 所示。支架阻力随着煤壁前方初始煤体的弹性模量的增大而降低，随着破坏顶煤的弹性模量和支架刚度的增大而降低。3 种影响因素增大对支架阻力的影响程度逐渐降低，因此，在进行支架额定阻力选取时应根据实际情况进行选取，若盲目选取高额定阻力液压支架，而控顶区顶煤或支架刚度较低，支架承受的最大顶板压力达不到预计额定阻力，则支架承载能力得不到充分发挥，造成资源浪费。

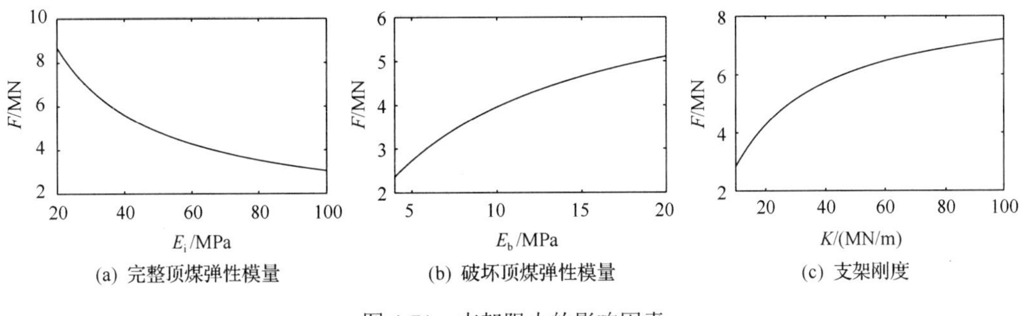

(a) 完整顶煤弹性模量 (b) 破坏顶煤弹性模量 (c) 支架刚度

图 4-71 支架阻力的影响因素

支架承受的最大顶板压力与支架刚度之间的关系同样受到控顶区顶煤和直接顶破坏程度的影响，如图 4-72 所示。顶煤破坏程度较低时，随着支架刚度的增大，支架可能承受的顶板压力持续增加，该条件下若选取高刚度、高额定工作阻力的液压支架可有效降低作用于煤壁的等效集中力。若控顶区顶煤的弹性模量小，当支架刚度达到 50MN/m 后，继续增大支架刚度，支架承受的最大压力为 5MN，且基本保持不变，即该条件下选取支架刚度为 50MN/m、额定工作阻力为 5MN 的支架可使煤壁稳定性控制最优。若选取支架额定阻力远大于 5MN 或支架刚度大于 50MN/m，提高支架刚度成本高，而且对支架承载作用的提升效果有限，且会造成支架额定工作阻力的利用率低，煤壁和顶板稳定性控制效果得不到明显提升。

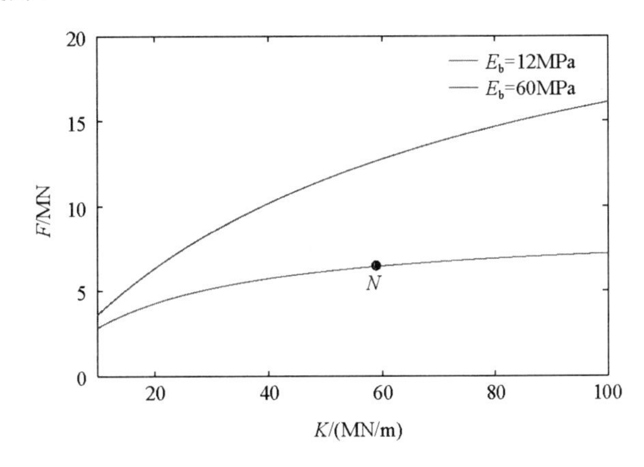

图 4-72 不同顶煤破坏程度条件下支架刚度对顶板压力的影响

4.7.5 “顶板-煤壁”协同控制方法

工作面前方“煤壁-基本顶-控顶区顶煤-液压支架”组成一个完整的采场力学平衡系统。基本顶作为系统中的唯一力源，其载荷由煤壁和支架共同承担，系统载荷分配关系则受各组成部分刚度的影响。工作面设计初期需进行液压支架选型，主要工作为确定支架刚度和额定工作阻力对开采条件的适应性。支架额定工作阻力需要同时满足两个条件：①保证基本顶结构平衡；②保证工作面煤壁稳定。基于上述两个标准的支架额定工作阻力确定方法在文献[21]中进行了详细分析，但没有考虑支架刚度这一影响因素。

支架刚度同时影响作用于煤壁和通过顶煤(直接顶)传递至支架上的顶板压力，从而影响煤壁和顶板稳定性。由图 4-69(c)和图 4-71(c)可知作用于煤壁上的顶板压力随着支架刚度的增大而减小，通过顶煤传递至支架的顶板压力则随着支架刚度的增大而升高。上述现象是由于顶板力源是一定的，且由煤壁和支架同时承担，平衡系统中支架载荷的升高必然导致煤壁载荷的降低。由图 4-69(c)和图 4-71(c)还可以看出小支架刚度、高额定阻力支架不但对提高支架阻力和缓解煤壁压力无益，还会造成支架额定阻力利用率过低，因此，选取高额定工作阻力支架必须以选择高刚度液压支架为前提。由图 4-70 和图 4-72 可知，液压支架在促进煤壁稳定性和支撑基本顶结构平衡中的作用同样受到控顶区破碎顶煤弹性模量(刚度)的影响，在控顶区顶煤刚度较大的条件下，选取高支架刚度、高额定工作阻力可有效促进煤壁和顶板的稳定性；在控顶区顶煤刚度较小的条件下，适合选取低支架刚度，选择原则为支架刚度在所选水平附近对煤壁压力和支架阻力的影响程度明显降低，如图 4-70 和图 4-72 中的点 M 和点 N 所示。支架刚度确定后，图 4-70 和图 4-72 中曲线上该刚度对应的支架阻力最大值即可选为支架额定工作阻力(低支架刚度、低额定工作阻力液压支架)。在控顶区顶煤的弹性模量较小的条件下，支架刚度的提高不会明显提高支架支撑力从而降低煤壁压力。综上所述，选取高刚度、高额定工作阻力液压支架需要以高控顶区顶煤弹性模量为前提。

基于煤壁和顶板稳定性进行液压支架选型，应遵循如图 4-73 所示的原则。首先确定同时保证顶板结构平衡和煤壁稳定所需的支架支撑力 F，其次评估控顶区破坏顶煤刚度，

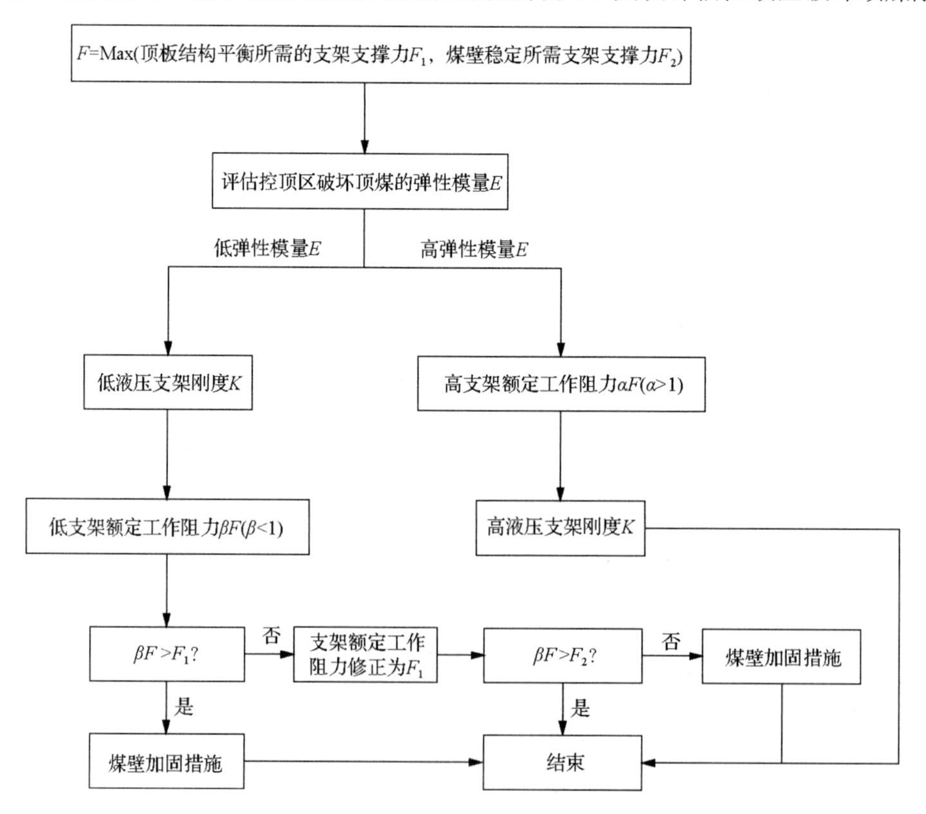

图 4-73　基于顶板与煤壁协同控制的液压支架选型方法

结合式(4-108)，若破坏顶煤刚度能够使支架阻力达到 F 值则为高控顶区顶煤刚度，否则定义为低控顶区顶煤刚度。在高控顶区顶煤刚度条件下，选择高额定阻力液压支架，并根据图 4-72 中的曲线确定达到该额定工作阻力所需的液压支架刚度(三高)。低控顶区顶煤刚度条件下，根据选取原则确定合理的低液压支架刚度和低额定工作阻力值。若低额定工作阻力值大于保证顶板结构平衡所需的支撑力 F_1，则煤壁采取加固措施，否则将支架额定工作阻力修正为 F_1 并继续判断低额定工作阻力是否大于保证煤壁稳定所需的支架支撑力 F_2，若大于 F_2，则结束，否则煤壁采取加固措施。高控顶区顶煤刚度是选取高额定阻力和高刚度液压支架的必要条件（“三高”），低控顶区顶煤的弹性模量是选取低刚度和低额定阻力液压支架的必要条件（“三低”）。任何综放工作面必须保证“三高”条件或“三低”条件同时满足，才能使液压支架选型达到最优的目的，但仅前者可以达到同时控制煤壁-顶板稳定要求。

4.7.6 应用实例

神华能源股份有限公司神东煤炭分公司乌兰木伦煤矿简称(乌兰木伦煤矿)31402 工作面受 F62 正断层影响，随着工作面的推进断层将对整个工作面产生影响，断层落差为 0.8～1.8m。该工作面直接顶是厚度为 3m 的砂质泥岩，基本顶是厚度为 14m 的细砂岩，顶板完整性较好。31402 工作面推进过程中受断层影响范围煤壁破坏严重，部分区段采煤机直接割岩导致煤壁破坏与直接顶冒落伴随发生，如图 4-74(a)所示；工作面来压期间，断层影响范围内支架活柱下缩严重，最大可达 0.9m，甚至出现支架被压死和油缸损坏现象，如图 4-74(b)所示。上述现象严重影响过断层期间工作面的推进速度和生产效率。

(a)

(b)

图 4-74 煤壁破坏和支架压死

根据理论和实验结果可知出现上述煤壁破坏和支架压死事故的原因为支架刚度和额定工作阻力达不到控制断层附近围岩稳定性的要求，因此，采取断层影响支架增加立柱的技术措施，如图 4-75(a)和(b)所示，受断层影响严重的支架均增加两个立柱，该措施同时增大了支架的整体刚度和额定工作阻力，在后续的生产过程中，支架工况良好，煤壁和顶板均处于完整状态，如图 4-75(c)所示，保证了 31402 工作面安全快速地通过断层影响区。

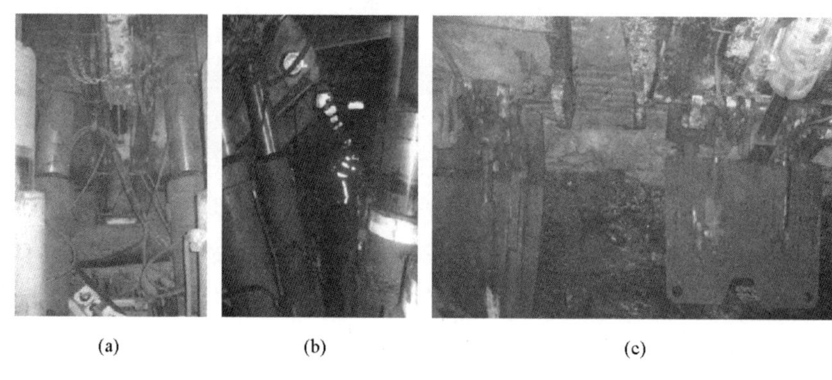

(a)　　(b)　　(c)

图 4-75　增加立柱措施及围压控制效果

参 考 文 献

[1] 王家臣. 厚煤层开采理论与技术[M]. 北京: 冶金工业出版社, 2009.

[2] 王家臣. 我国放顶煤开采的工程实践与理论进展[J]. 煤炭学报, 2018, 43(1): 43-51.

[3] 王家臣, 赵兵文, 赵鹏飞, 等. 急倾斜极软厚煤层走向长壁综放开采技术研究[J]. 煤炭学报, 2017, 42(2): 286-292.

[4] Wang J H. Development and prospect on fully mechanized top-coal caving in Chinese coal mines[J]. The International Journal of Coal Science and Technology, 2014, 1(3): 253-260.

[5] Wang J C, Yang S L, Li Y, et al. A dynamic method to determine the supports capacity in longwall coal mining[J]. International Journal of Mining, Reclamation and Environment, 2015, 29(4): 277-288.

[6] 杨胜利, 王兆会, 孔德中, 等. 大采高采场覆岩破断演化过程及支架阻力的确定[J]. 采矿与安全工程学报, 2016, 33(2): 199-207.

[7] 刘鸿文. 材料力学[M]. 北京: 高等教育出版社, 2004.

[8] 钱鸣高, 石平五, 许家林. 矿山压力与岩层控制[M]. 徐州: 中国矿业大学出版社, 2010.

[9] 潘岳. 岩石破坏过程的折迭突变模型[J]. 岩土工程学报, 1999, 21(3): 299-303.

[10] 杨胜利, 王兆会, 蒋威, 等. 高强度开采工作面煤岩灾变的推进速度效应分析[J]. 煤炭学报, 2016, 41(3): 586-594.

[11] 王家臣, 王兆会. 高强度开采工作面顶板动载冲击效应分析[J]. 岩石力学与工程学报, 2015, (s2): 3987-3997.

[12] 陈明祥. 弹塑性力学[M]. 北京: 科学出版社, 2007.

[13] 王家臣. 极软厚煤层煤壁片帮与防治机理[J]. 煤炭学报, 2007, 32(8): 785-788.

[14] 王家臣, 杨印朝, 孔德中, 等. 含夹矸厚煤层大采高仰采煤壁破坏机理与注浆加固技术[J]. 采矿与安全工程学报, 2014, 31(6): 831-837.

[15] Wang J C, Wang Z H, Zhang J W. Ground control of longwall top-coal caving faces within thick coal seams[C]//Proceeding of the 36th International Conference on Ground Control in Mining. MV: West Virginia University, 2017: 191-197.

[16] 王兆会, 杨敬虎, 孟浩. 大采高工作面过断层构造煤壁片帮机理及控制[J]. 煤炭学报, 2015, 40(1): 42-49.

[17] 王家臣, 王兆会, 孔德中. 硬煤工作面煤壁破坏与防治机理[J]. 煤炭学报, 2015, 40(10): 2243-2250.

[18] 杨胜利, 孔德中. 大采高煤壁片帮防治柔性加固机理与应用[J]. 煤炭学报, 2015, 40(6): 1361-1367.

[19] 杨胜利, 孔德中, 杨敬虎, 等. 综放仰斜开采煤壁稳定性及注浆加固技术[J]. 采矿与安全工程学报, 2015, 32(5): 827-833.

[20] Wang J C, Yang S L, Kong D Z. Failure mechanism and control technology of longwall coalface in large-cutting-height mining method[J]. International Journal of Mining Science and Technology, 2016, 26(1): 111-118.

[21] 王家臣, 王蕾, 郭尧. 基于顶板与煤壁控制的支架阻力的确定[J]. 煤炭学报, 2014, 39(8): 1619-1624.

5　顶煤破坏机理

放顶煤开采技术于20世纪60年代出现于法国，之后被俄罗斯、澳大利亚、波兰、印度等国家引用和发展，1982年放顶煤开采技术开始引入我国，并相继在开滦矿区、大同矿区、兖州矿区和淮北矿区得到应用[1, 2]。经过半个多世纪的探索和发展，放顶煤开采技术日趋成熟并逐渐发挥出其巨大的生产潜能和优势。放顶煤开采具有以下优点：①单产高；②效率高；③成本低；④巷道掘进量少；⑤减少了搬家倒面次数，节省了采煤工作面安装和搬迁费用；⑥对煤层厚度变化及地质构造的适应性强[3]。基于上述优点，综放开采成为我国各大矿区(特)厚煤层开采的主要技术选择。

顶煤能否破碎成具有一定流动性的散体颗粒是放顶煤开采技术能否成功应用的关键。若顶煤在矿山压力及其自重作用下可以充分破碎并放出，则可为煤矿节省很多的人力、物力；反之，若顶煤无法充分破碎，则较低的顶煤采出率导致资源浪费。为提高综放开采效率，国内外学者对顶煤破坏机理进行了大量研究，形成了许多有益结论[4-21]。由于我国厚煤层赋存条件复杂多变，许多有益的研究成果无法得到普遍推广。截至目前，进行放顶煤开采设计时，通常采用采放比不小于1∶3、埋深不小于200m和煤层硬度不大于3等经验性条件[3]。经验准则在相似工程条件下可成功应用，若采矿地质条件与经验总结矿区差异较大，仅依靠经验准则无法保证放顶煤开采工艺在厚煤层中的成功应用。例如，在煤炭主采区西移的背景下，综放开采在西部浅埋厚煤层(埋深小于200m)回收中同样得到成功应用，进一步凸显了经验准则的局限性。综上所述，为确定顶煤破碎效果，正确判断厚煤层开采能否选择放顶煤开采技术，需要对顶煤破碎过程和机理进行分析。

5.1　顶煤裂隙场发育特征

第2章岩石断裂力学分析和煤样力学特性的实验分析表明煤中裂隙的萌生、扩展和贯通同时受到主应力大小和主应力方向的控制，因此，在确定顶煤裂隙场发育特征前，应先确定顶煤主应力大小和方向分布特征。

5.1.1　顶煤主应力分布模拟分析

5.1.1.1　模拟方案

以大同市东周窑煤矿(简称东周窑煤矿)8301工作面地质条件为工程背景，采用FLAC^{3D}建立5个数值模型(N1～N5)，如图5-1所示。数值模型初始条件完全一致，仅工作面推进方向与初始最小地应力方向之间的夹角不同。模型长、宽和高分别为200m、200m和110m，四周和底部为固定位移边界条件。8301工作面岩层以泥岩、砂质泥岩和砂岩为主，煤层厚度为9m，具体参数见文献[4]。

根据工作面推进方向的不同，设计五组(N1～N5)数值模拟方案。数值模型初始最大主应力为垂直应力，其大小为覆岩自重，中间和最小主应力分别为最大主应力的 0.6 倍和 0.3 倍，初始方向分别与模型中的 x 轴和 y 轴平行。数值模拟中，割煤高度为 3m，顶煤厚度为 6m。不同数值模型(N1～N5)中工作面沿不同方向开挖，与初始最小主应力方向(y 轴)的夹角分别为 90°、60°、45°、30°和 0°。布置测面和测线监测顶煤主应力变化特征，测面与水平面平行，距煤层底板 8m，测线位于测面中，在工作面中部沿推进方向布置。5 个数值模型均推进 120m 后，对测面和测线上的顶煤主应力变化特征进行分析。

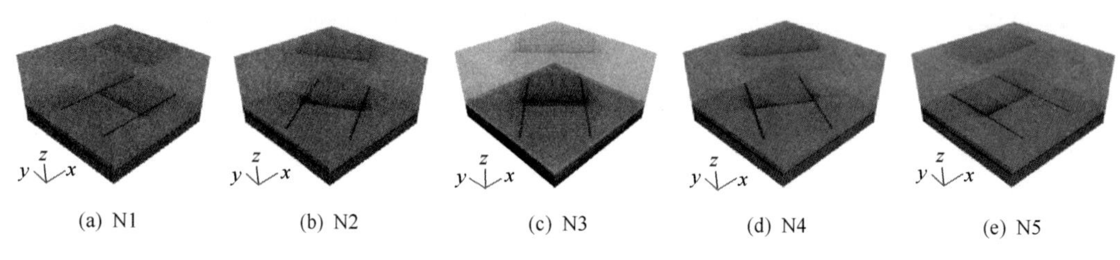

图 5-1　不同模拟方案中工作面推进方向

5.1.1.2　主应力大小分布特征

工作面沿不同方向推进时，顶煤中最大和最小主应力分布如图 5-2 所示：最大主应力在工作面前方 80m 处受到采动影响开始时缓慢增大，工作面前方 20m 处急剧升高，在工作面前方 7m 处达到峰值点，峰值系数为 2.5，之后顶煤开始破坏，承载能力降低，最大主应力迅速减小至顶煤残余强度。对比不同方案测线上顶煤最大主应力分布曲线可知工作面推进方向对最大主应力的影响较小。采动影响下顶煤最小主应力同样表现出缓慢增加的趋势，工作面前方 20m 处开始快速升高并在工作面前方 8m 处达到峰值，该阶段顶煤最小主应力主要受到覆岩运动的影响。峰值过后，开挖卸荷效应开始起主导作用，顶煤中的最小主应力开始减小，顶煤应力环境趋于恶劣。在工作面煤壁附近，顶煤最小

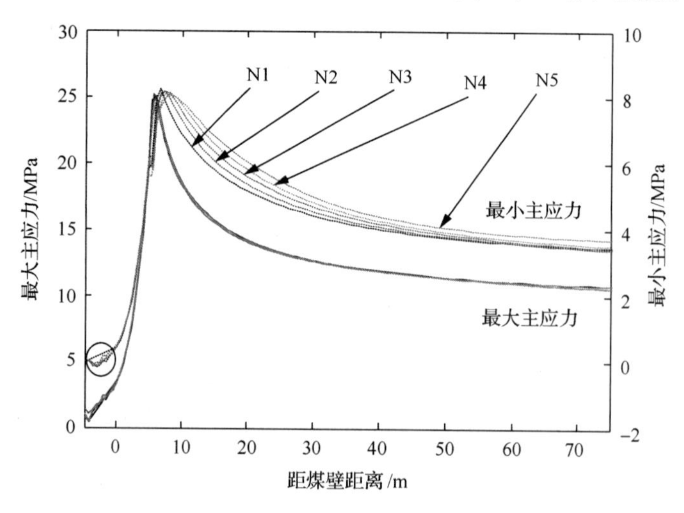

图 5-2　不同测线方案下顶煤主应力大小分布

主应力降至 0 水平，之后受到控顶区顶煤悬臂作用的影响，顶煤最小主应力开始反向加载，转变为拉应力，最终促使顶煤在架后冒落。峰值前方顶煤最小主应力增长速度受到工作面推进方向的影响，随着工作面推进方向与最小主应力方向夹角的增加，最小主应力增长速度放缓。最小主应力峰值出现位置超前最大主应力峰值位置 1m，峰值系数达到 2.7，峰值过后，顶煤最小主应力变化趋于一致，不再受工作面推进方向的影响。

5 种方案的数值模型在工作面推进相同距离后，顶煤中的主应力大小空间分布特征如图 5-3 所示：初始最大主应力为 10MPa，最小主应力为 3MPa。煤层采动后，采空区应力迅速降低，该范围内的覆岩重力向四周实体煤转移。在覆岩重力传递作用下，临空侧煤体进入塑性破坏区，承载能力降低，其中分布的应力水平降低，高应力集中区向深部煤体转移，与工作面前方煤体支承压力峰值的端头分布形式不同，顶煤最大主应力峰值出现在工作面中部。最小主应力(水平应力)同样存在明显的集中现象，该现象有异于通常认为的开挖卸荷作用下煤层水平应力的持续降低过程，说明水平应力受到开挖卸荷和覆岩沉降运动的双重影响。与最大主应力相比，最小主应力变化相对缓和。对比 5 个模型中的应力分布可知：随着推进方向的改变，煤层中最大主应力和最小主应力大小变化不大，最大主应力和最小主应力峰值系数均约等于 2.5，说明推进方向的改变对顶煤应力路径大小的影响不明显。结合顶煤最小主应力峰值位置超前最大主应力峰值出现的特征可知：顶煤经历的应力路径为最大主应力和最小主应力同时加载，煤体承受的外载荷及自身承载能力同时增大，但外载荷始终小于煤体可承受的临界载荷；最小主应力继而达到峰值，在开挖卸荷作用下逐渐降低，煤体承载能力下降，最大主应力迅速达到峰值，煤壁达到极限平衡状态；随着开挖引起的卸荷及顶板沉降现象的继续，顶煤发生破坏，强度降低，煤体中的最大主应力和最小主应力水平同时表现出降低趋势，顶煤裂隙数量不断增多，破碎块度减小。

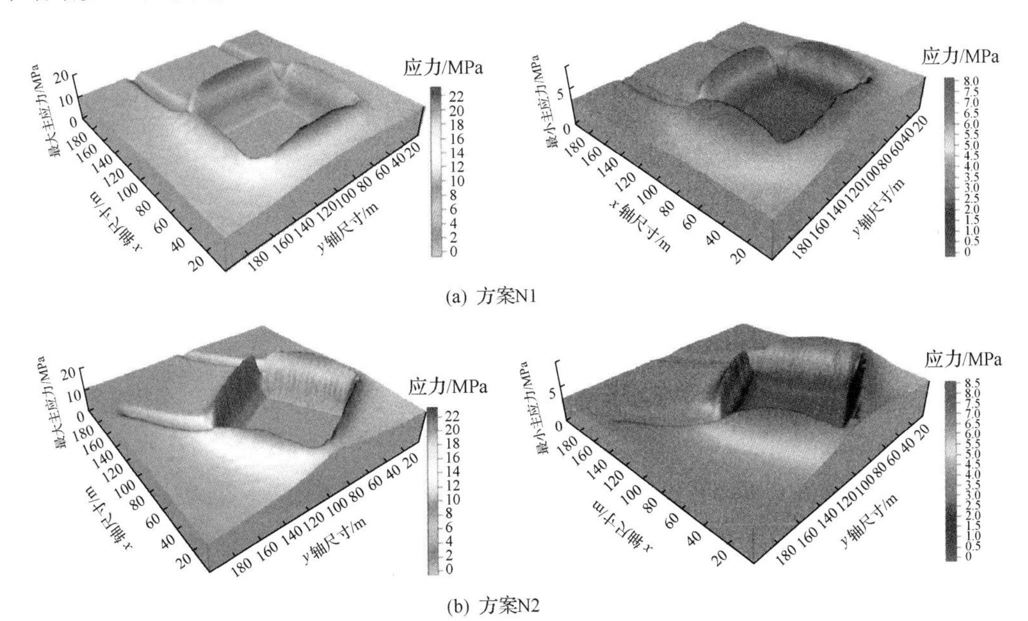

(a) 方案N1

(b) 方案N2

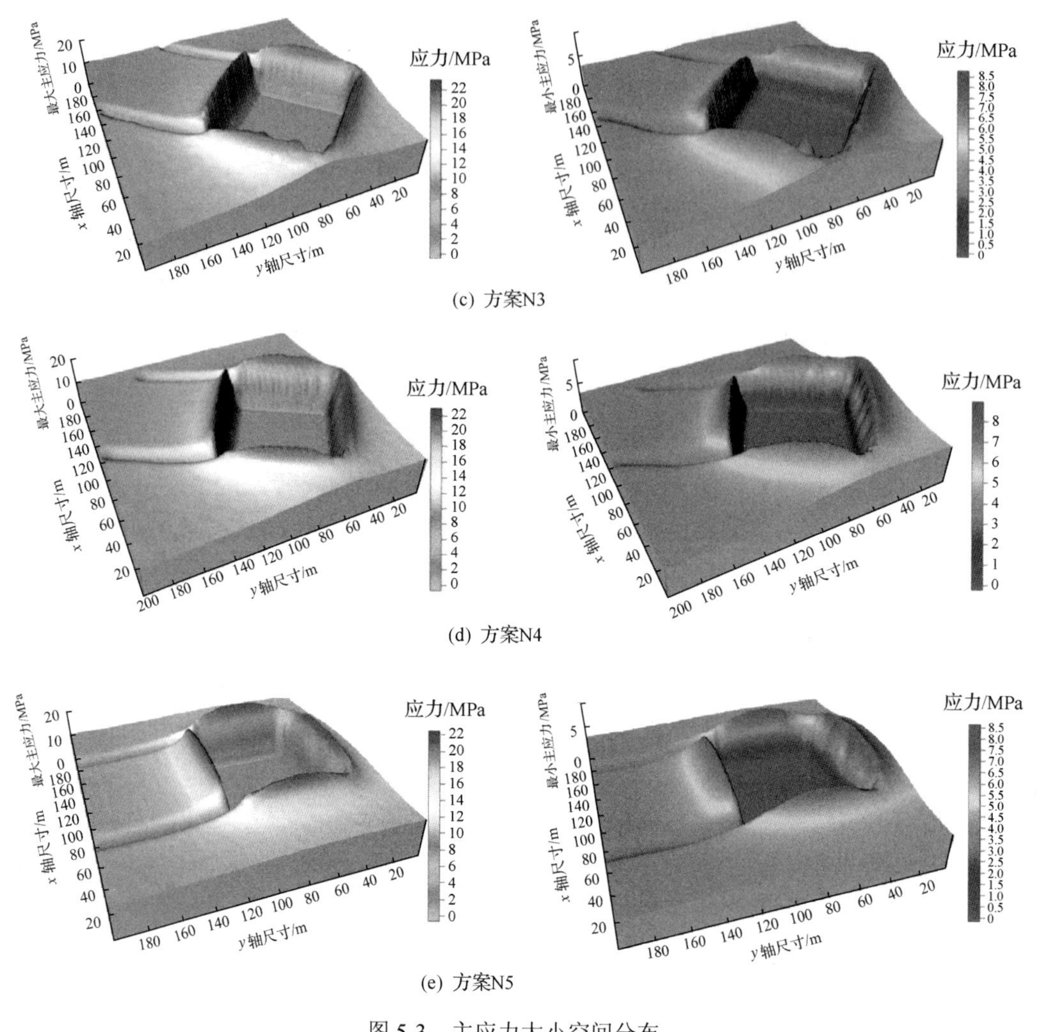

图 5-3　主应力大小空间分布

左：最大主应力；右：最小主应力

5.1.1.3　主应力方向旋转特征

为对测面上顶煤主应力方向旋转特征进行分析，同样提取测面上最大主应力和最小主应力方向数据并绘制成赤平投影图，如图 5-4 所示。图中的东西方向(90°～270°)为数值模型中的 x 轴方向，南北方向(0°～180°)为数值模型中的 y 轴方向。5 个数值模型中初始最大主应力为垂直应力，最小主应力为沿 y 轴方向的水平应力，赤平投影图中数据点的灰度代表了煤体的弹塑性状态。

由赤平投影图可以看出：采动影响下，顶煤最大主应力和最小主应力方向均发生了旋转，快速向平行于工作面推进方向的垂直平面内旋转，分别偏离初始的垂直和水平方向，但最小主应力和最大主应力之间的夹角始终保持不变，恒等于 90°。顶煤中主应力方向在弹性区开始发生旋转，弹性区主应力旋转幅度相对较小，说明煤体受采动影响相对缓和。塑性破坏区煤体中主应力旋转幅度相对较大，这是由于塑性破坏区通常位于临空侧的浅部煤体中，该范围内的煤体受采动影响较为强烈。顶煤中的采动裂隙在弹性区萌生数量很少，在塑性区迅速增多和扩展，而塑性区顶煤主应力在采动影响下发生明显旋转，必然对该区裂隙扩展特征产生影响，因此，在研究顶煤裂隙场扩展的驱动机制时有必要考虑主应力方向旋转的影响。

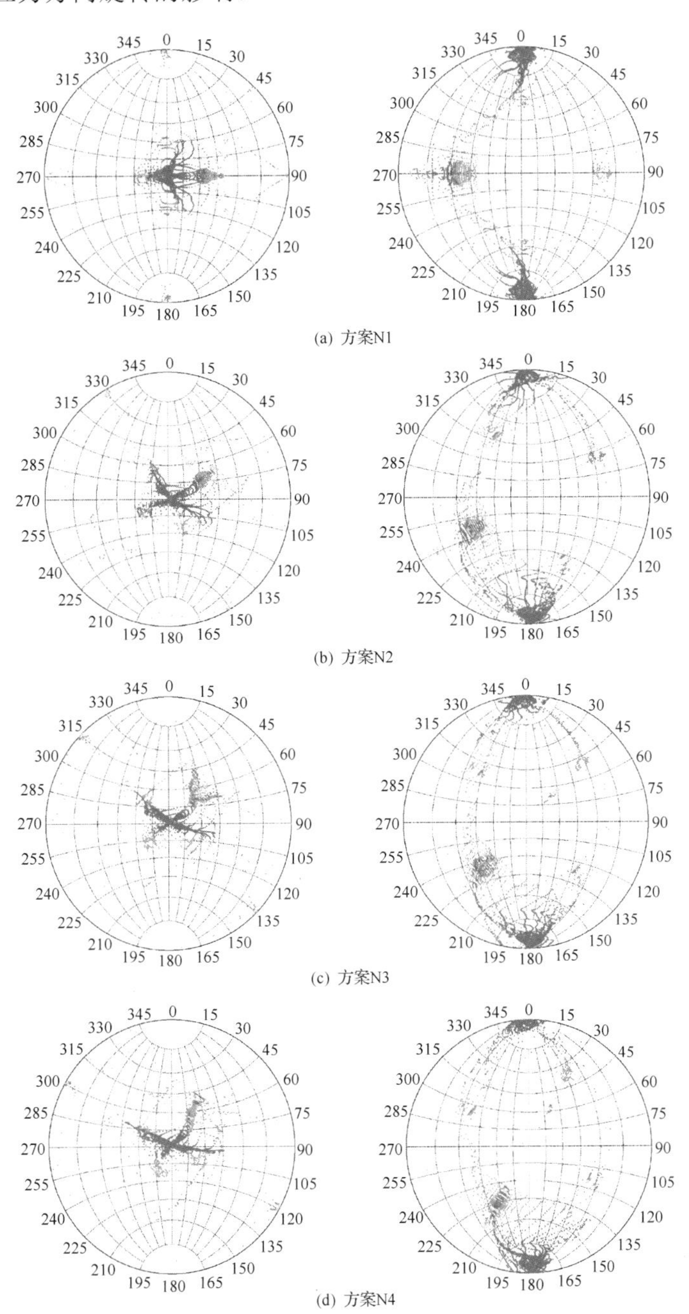

(a) 方案N1

(b) 方案N2

(c) 方案N3

(d) 方案N4

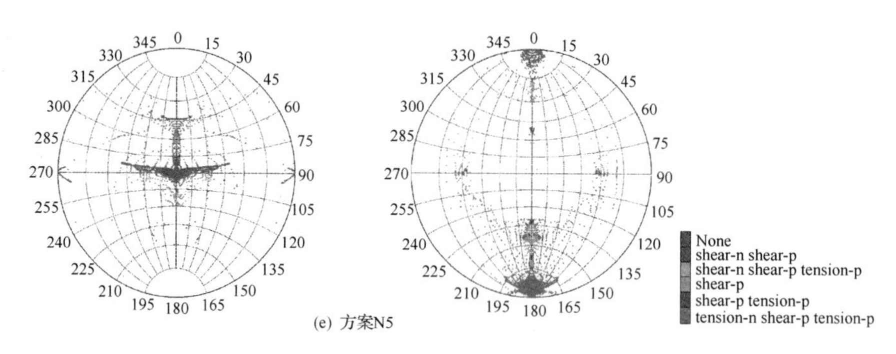

图 5-4　主应力方向分布赤平投影(单位：(°))

左：最大主应力方向，右：最小主应力方向

将测面划分为 A、B、C、D 四个区域，分别提取各测区内的主应力方向数据绘制赤平投影图。工作面沿东西方向(x 轴)推进时(方案 N1)，各测区的最大主应力旋转特征如图 5-5(a)所示：工作面前方重点研究区域 A 的网格密度明显大于 B～D 区域，因此，A 区域赤平投影图中的数据点明显多于其他 3 个区域；距离工作面煤壁较远的位置为弹性区，在工作面前方 50m 处开始受采动影响，最大主应力沿东西轴线逐渐向工作面后方旋转，开始偏离初始垂直方向，与水平面的夹角逐渐减小；由于工作面两巷的影响，临近巷道的顶煤最大主应力同时存在向巷道侧回转的趋势，在东西轴线的上下两侧同时存在两条最大主应力回转轨迹线；在弹塑性交界处，顶煤最大主应力回转角度达到 18°，进入塑性区后，顶煤受采动影响更为强烈，最大主应力继续向工作面后方旋转，最大旋转角度达到 50°；顶煤进入控顶区后，最大主应力方向发生反向回旋现象，与水平面的夹角逐渐增大，此外，放煤口附近顶煤的最大主应力旋转至南北水平轴线方向。B 区域顶煤最大主应力同样发生向采空区回转的现象，由于切眼处没有放煤工作面且网格划分密度小，顶煤最大主应力旋转程度低，最大回转角度为 30°。C 区域顶煤最大主应力整体呈现沿南北轴线向采空区旋转的特征，最大旋转角度达到 38°，由于网格密度小，该区域顶煤最大主应力方向变化梯度大；开切眼后方的 C 区域顶煤，最大主应力方向则沿北偏西 45°轴线方向逐渐向采空区旋转；工作面前方的 C 区域顶煤，由于受到回采巷道的影响，最大主应力回转特征更为复杂，沿北偏东不同角度的轴线方向逐渐向采空区旋转。此外，临空侧的部分顶煤最大主应力方向逐渐旋转至东西水平轴线方向。D 区域顶煤最大主应力旋转特征与 C 区域关于东西轴线方向呈现出完全对称的特征。

工作面沿 x 轴方向推进时，各测区的最小主应力旋转特征如图 5-5(b)所示：A 区域顶煤初始最小主应力沿南北轴向方向，受采动影响的初始位置与最大主应力一致，超前工作面前方 50m。受采动影响后，最小主应力方向沿西侧经线方向逐渐向垂直于东西轴线的平面内旋转，在顶煤弹塑性区域交界处，最小主应力旋转至过东西轴线的垂直平面内，与水平面之间的夹角约为 20°。顶煤过渡至塑性破坏区域后，最小主应力在开挖影响下向垂直方向旋转，在过东西轴线垂直平面内的最大旋转角度达到 30°。此时，最小水平主应力方向与垂直方向之间的夹角约为 40°，顶煤过渡至控顶区，最小水平应力发生反向回旋现象，控顶区顶煤最小主应力方向与水平面的夹角最小值约为 10°。B 区域顶煤最小主应力方向沿东侧经线方向逐渐向垂直于东西轴线的平面内旋转，旋转至该平面内时，顶煤最小主应力方向与水平面之间的夹角为 25°，过东西轴线的垂直平面内，最小主应力方向在采动影响下向垂直方向发生约 5°的回转后开始反向回旋，偏离垂直方向，临近开切眼处顶煤最小主应力方向与水平面之间的夹角约为 18°。C 区域顶煤最小主应力方向整体由初始南北方向沿南北轴向采空区旋转，其中，开切眼后方的 C 区域顶煤最小主应力方向沿南偏东方向逐渐偏离水平方向，呈俯角回转，工作面前方的 C 区域顶煤最小主应力方向沿南偏西方向逐渐偏离水平面，同样呈俯角回转，临空侧顶煤最小主应力的最大回转角度可达 38°。D 区域顶煤最小主应力方向旋转特征与 C 区域关于东西水平轴线方向完全对称。对比图 5-5(a)和(b)中的最大主应力和最小主应力旋转过程可知，采动影响下，两主应力轴旋转过程中始终保持相互垂直的空间位置关系。

工作面推进方向与东西轴线(x 轴)呈 45°夹角时(方案 N3)，测面上顶煤主应力旋转特征如图 5-6 所示：采动影响下，A 区域顶煤最大主应力逐渐偏离初始垂直方向，沿北偏东 45°方位向采空区旋转，与水平面的夹角逐渐减小，由于工作面两侧回采巷道的影响，在北偏东 45°轴线的两侧同样存在两条主应力旋转迹线。在顶煤的弹塑性交界处，最大主应力旋转角度约为 15°，进入塑性区的顶煤最大主应力继续旋转，最大旋转角度达到 40°。工作面煤壁后方顶煤最大主应力出现反向回旋现象，与水平面的夹角再次升高，放煤口附近顶煤最大主应力旋转至北偏西 45°水平轴线方向，最大主应力方向旋转角度达到 90°。B 区域顶煤最大主应力沿南偏西 45°轴线方向逐渐向采空区旋转，最大旋转角度约为 20°，表明开切眼后方顶煤最大主应力旋转程度低于工作面前方顶煤。C 区域顶煤最大主应力沿北偏西 45°轴线方向逐渐向采空区旋转，最大旋转角度约为 35°。受到回采巷道的影响，C 区域临空侧顶煤的最大主应力旋转迹线为弧形。D 区域顶煤最大主应力旋转轨迹与 C 区域关于北偏东 45°轴线对称。

工作面推进方向与东西轴线(x 轴)呈 45°夹角时，A 区域顶煤最小主应力在采动影响下逐渐偏离南北水平轴线方向，旋转轨迹与西侧 60°经线基本一致，在弹塑性交界处，该区域顶煤最小主应力方向最终旋转至垂直于南偏西 45°轴线的平面内，与水平面的夹角约为 40°。B 区域顶煤最小主应力旋转轨迹沿东侧 60°经线，同样在顶煤弹塑性交界处旋转至垂直于北偏东 45°方向的平面内，与水平面之间的夹角约为 26°。C 区域最小主应力沿不同经线逐渐向垂直于南偏东 45°方向的平面内旋转，旋转至该平面后最小主应力方向保持不变，与水平面之间的夹角约为 60°。D 区域顶煤最小主应力旋转特征与 C 区域顶煤关于北偏东 45°轴线对称。

由图 5-5 和图 5-6 可以看出顶煤主应力方向在采动影响下发生明显的旋转现象，最大旋转角度可达 90°，工作面前方和开切眼后方顶煤主应力方向呈现向工作面推进方向旋转的趋势，工作面前方顶煤主应力旋转程度高于开切眼后方顶煤主应力方向变化程度，采空区两侧顶煤主应力则呈现向工作面倾斜方向旋转的趋势，两侧顶煤主应力旋转特征关于工作面中部沿走向方向的轴线对称。主应力旋转过程中，最大主应力和最小主应力方向之间的夹角保持 90°不变，即两者始终保持相互垂直的空间位置关系。

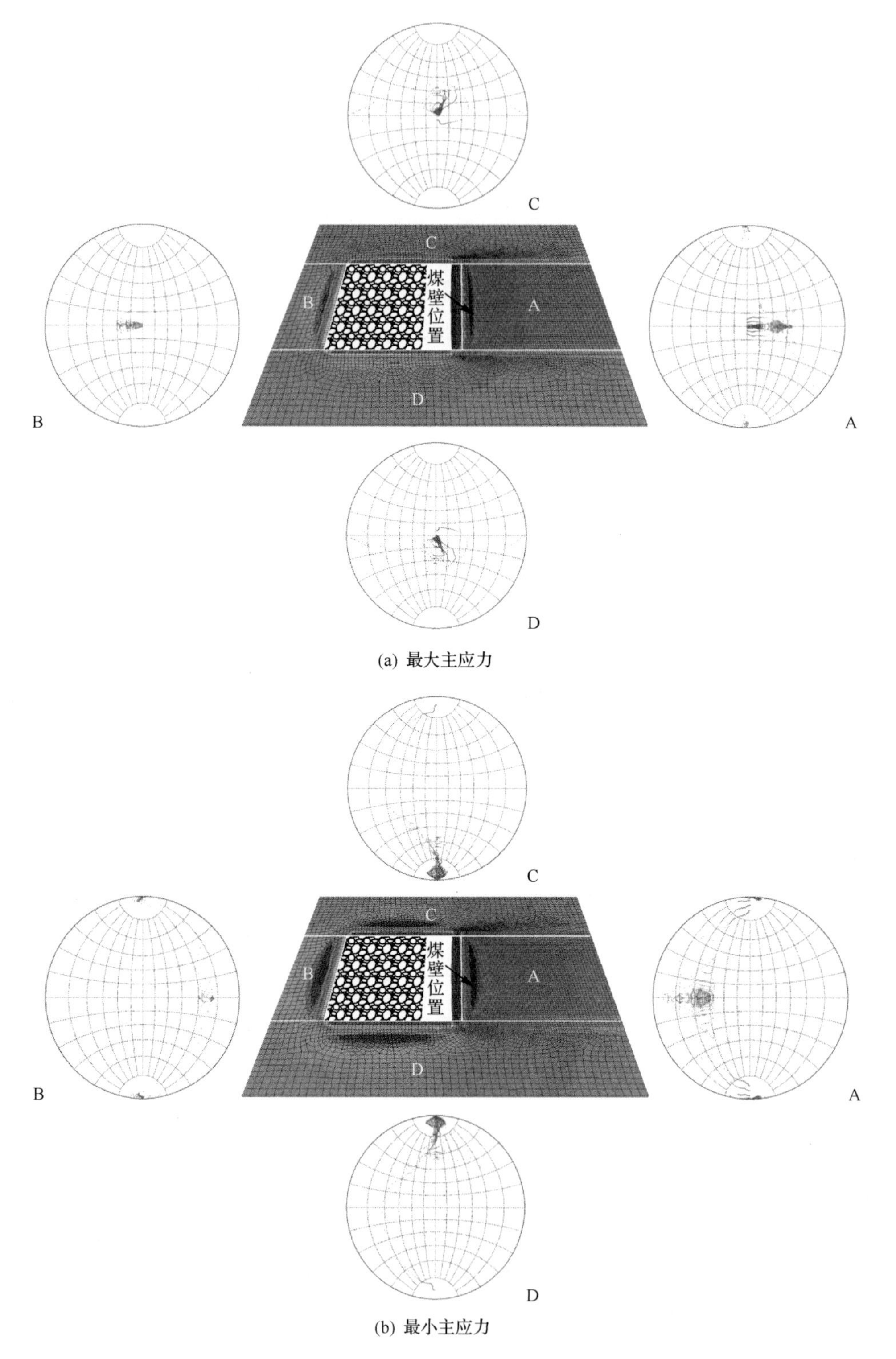

图 5-5　方案 N1 顶煤主应力旋转特征

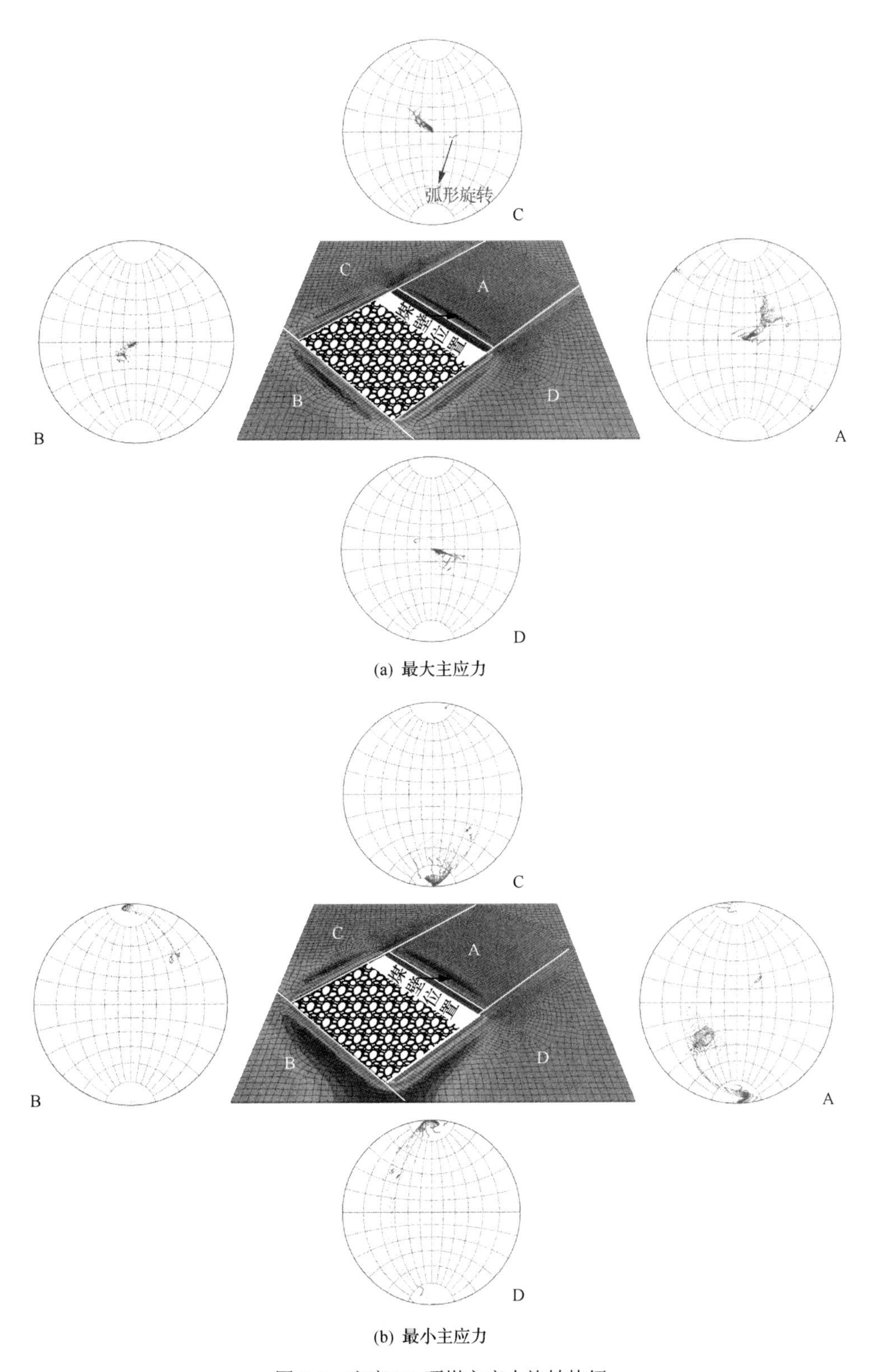

图 5-6 方案 N3 顶煤主应力旋转特征

方案 N2 测线上顶煤主应力旋转轨迹如图 5-7(a)所示：图中数据点灰度代表顶煤距离煤壁的水平距离 *d*，正值代表顶煤位于工作面煤壁前方，负值代表顶煤位于工作面煤壁后方。工作面推进方向与东西轴线呈 30°夹角时，工作面前方顶煤最大主应力在过北偏东 60°轴线的垂直平面内向采空区旋转，偏离垂直方向，煤壁上方顶煤最大主应力旋转角度达到35°，煤壁后方3m范围内顶煤最大主应力继续在该垂直平面内向采空区旋转，与垂直方向的最大夹角达到 45°。煤壁后方 3～5m 的，顶煤最大主应力发生反向回旋，但回转轨迹不在垂直于北偏东 60°轴线的平面内；煤壁后方 5～6m 的顶煤最大主应力方向旋转至北偏西 30°的水平轴线方向。顶煤距工作面煤壁距离大于 25m 时，最小主应力逐渐向南偏东方向旋转，偏离南北水平轴线方向。顶煤距工作面煤壁距离小于 25m 时，顶煤主应力反向回旋，逐渐向南偏西方向回转。在超前工作面煤壁 7m 处，顶煤最小主应力旋转至垂直于南偏西 60°轴线的平面内，与水平面之间的夹角达到 28°，最小主应力方向在水平面内旋转 60°。之后顶煤最小主应力方向在垂直于南偏西 60°轴线的平面内向采空区旋转，在煤壁上方与水平面之间的夹角增加至 35°，煤壁后方 3m 范围内顶煤最小主应力继续在该垂直平面内向采空区旋转，与水平面之间夹角的最大值可达 45°。煤壁后方 3～6m 的顶煤最小主应力方向在垂直于南偏西 60°轴线的平面内发生反向回旋，最大回转角度可达 45°，最小主应力旋转至接近南偏西 60°水平轴线方向。

方案 N4 测线上顶煤主应力旋转轨迹如图 5-7(b)所示：工作面推进方向与东西轴线方向呈 60°夹角时，工作面前方顶煤最大主应力在过北偏东 30°轴线的垂直平面内向采空区旋转，偏离垂直方向，煤壁上方顶煤最大主应力旋转角度达到 40°，煤壁后方 3m 范围内顶煤最大主应力继续在该垂直平面内向采空区旋转，与垂直方向的最大夹角达到 50°。煤壁后方 3～5m 的顶煤最大主应力发生反向回旋，但回转轨迹不在垂直于北偏东 30°轴线的平面内；煤壁后方 5～6m 的顶煤最大主应力方向旋转至南偏东 60°的水平轴线方向。顶煤距工作面煤壁距离大于 25m 时，最小主应力逐渐向南偏东方向旋转，偏离南北水平轴线方向。顶煤距煤壁工作面距离小于 25m 时，顶煤主应力反向回旋，逐渐向南偏西方向回转。在超前工作面煤壁 7m 处，顶煤最小主应力旋转至垂直于南偏西 30°轴线的平面内，与水平面之间的夹角达到 30°，最小主应力方向在水平面内旋转 30°。之后顶煤最小主应力方向在垂直于南偏西 60°轴线的平面内向采空区旋转，在煤壁上方与水平面之间的夹角增加至 40°，煤壁后方 3m 范围内，顶煤最小主应力继续在该垂直平面内向采空区旋转，与水平面之间的夹角的最大值可达 50°；煤壁后方 3～6m 的顶煤最小主应力方向在垂直于南偏西 30°轴线的平面内发生反向回旋，最大回转角度可达 30°。

对比方案 N2 和方案 N4 测线上顶煤主应力旋转特征可知，工作面推进方向与东西轴线夹角呈 30°时，沿工作面推进方向顶煤主应力方向变化梯度大；赤平投影图中最大主应力和最小主应力旋转迹线最终过渡至垂直于工作面推进方向的平面内，之后最大主应力和最小主应力在垂直于工作面推进方向的平面内分别偏离垂直和水平方向旋转，该旋转趋势延续至工作面后方 3m 范围内的顶煤，然后主应力沿接近平行于工作面推进方向的垂直平面内反向回旋；工作面沿不同方向推进时，主应力旋转程度具有明显差异，但是，最大主应力和最小主应力方向旋转过程中，两主应力之间始终保持相互垂直的空间位置关系。

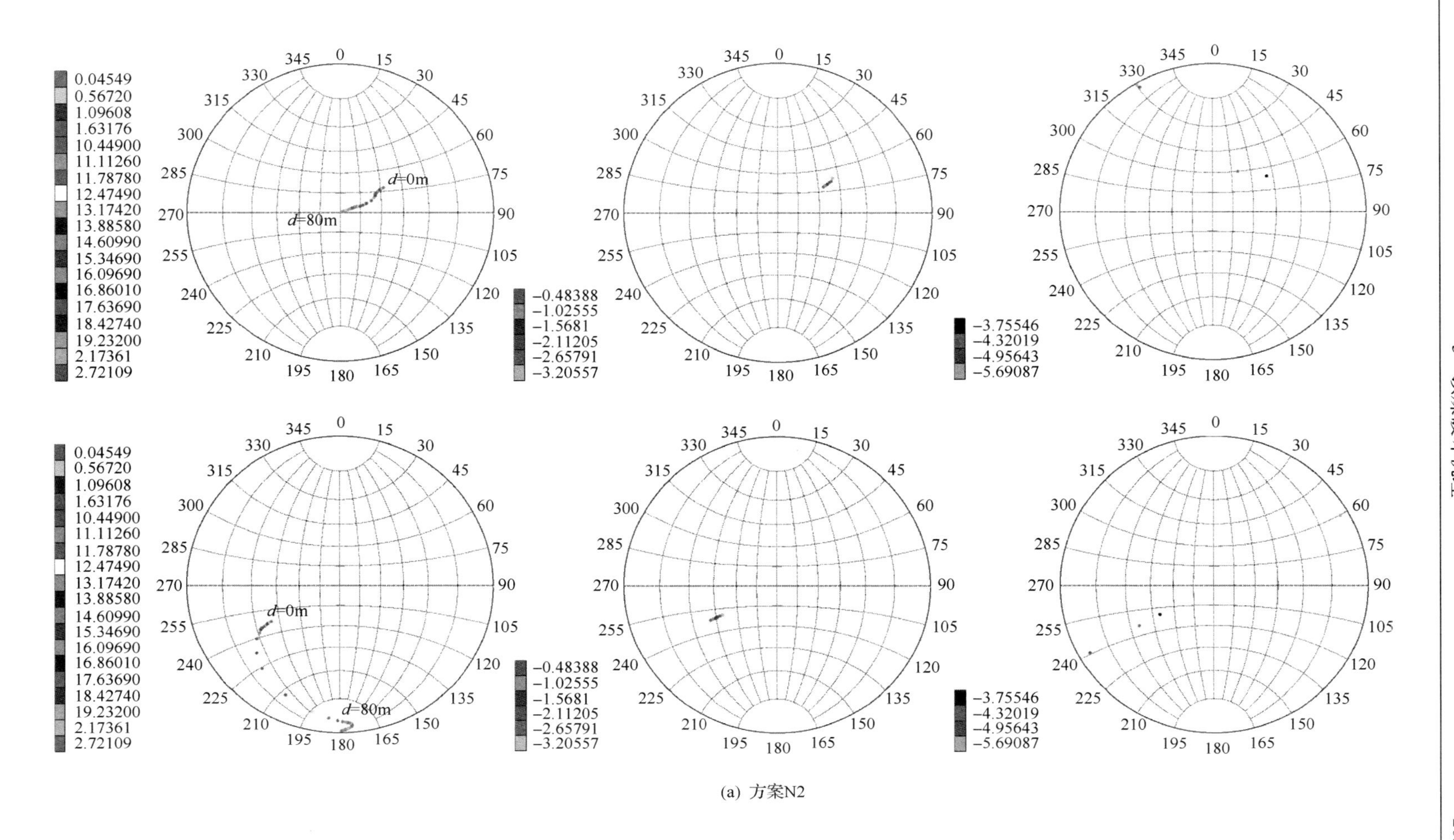
d=0m
d=80m
0.04549
0.56720
1.09608
1.63176
10.44900
11.11260
11.78780
12.47490
13.17420
13.88580
14.60990
15.34690
16.09690
16.86010
17.63690
18.42740
19.23200
2.17361
2.72109
-0.48388
-1.02555
-1.5681
-2.11205
-2.65791
-3.20557
-3.75546
-4.32019
-4.95643
-5.69087

(a) 方案N2

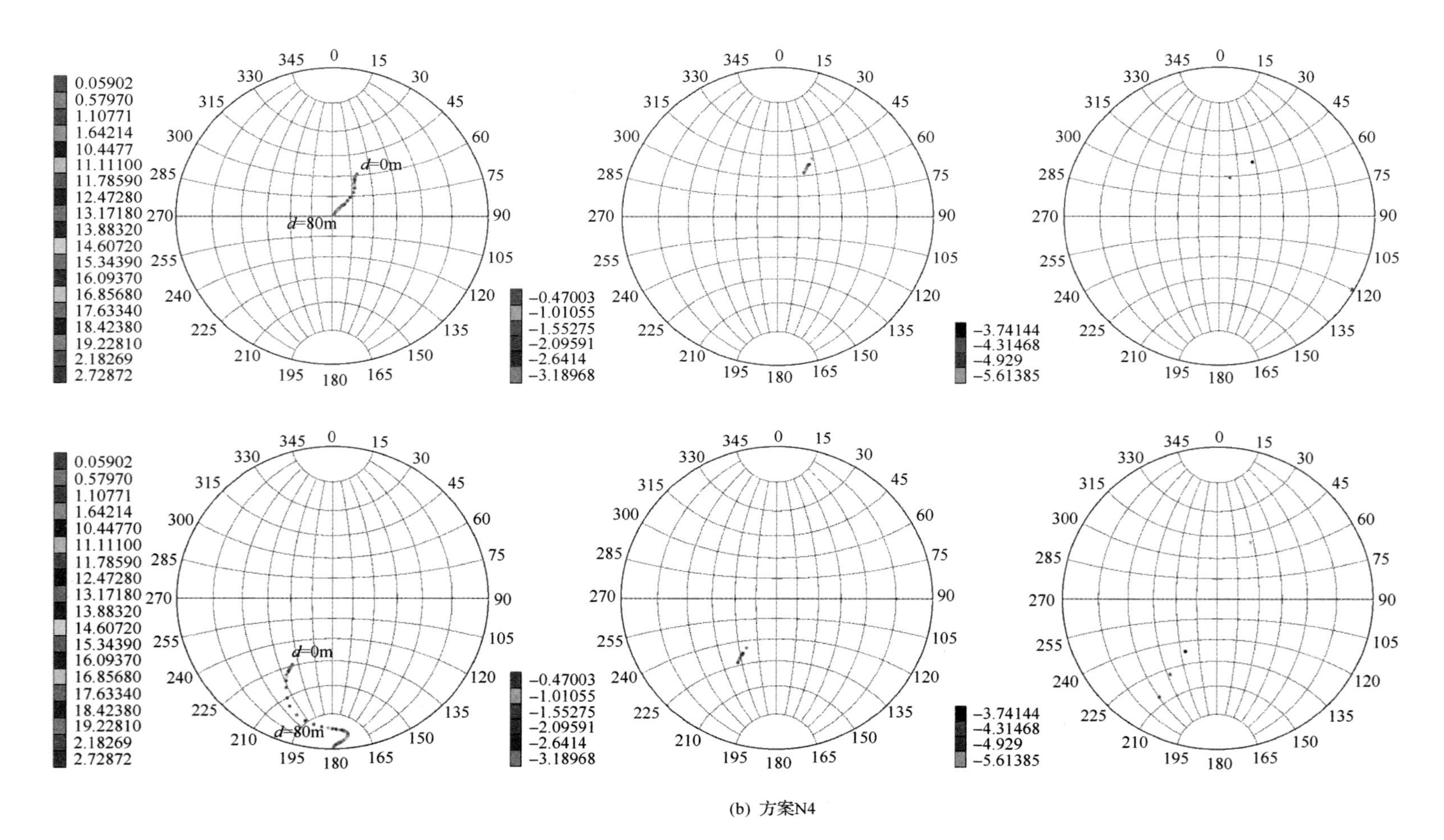

(b) 方案N4

图5-7　测线上主应力分布

上：最大主应力方向，下：最小主应力方向

5.1.2 顶煤裂隙扩展的应力驱动机制

由实验结果可知，煤体中微裂隙产生后最先沿最大主应力方向扩展，这是由于裂隙周边垂直于最大主应力方向产生的拉应力水平最大。如图 5-8 所示，将煤体中的微裂隙简化为长轴为 a 短轴为 b 的椭圆，煤体承受的最大主应力大小为 σ_1，最大主应力方向与裂隙长轴的夹角为 β。

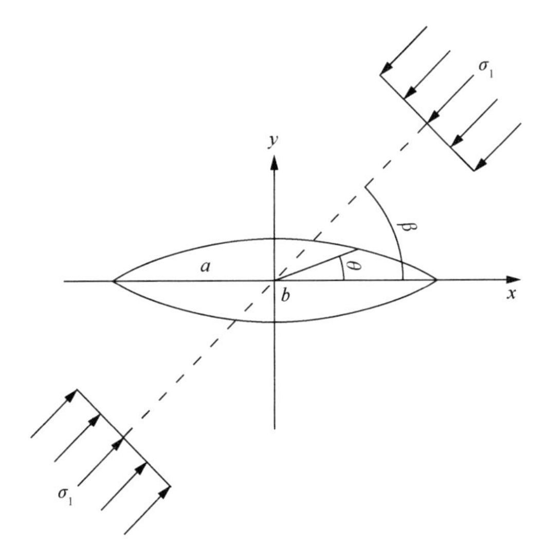

图 5-8 裂隙简化模型

根据上述条件，由本书第 3 章小孔周边应力分布理论可得与 x 轴呈 θ 夹角的裂隙表上的点的面切应力大小为

$$\sigma_\theta=\sigma_1\frac{\left(1+K\right)^2\sin^2\left(\theta+\beta\right)-\sin^2\beta-K^2\cos\beta}{\sin^2\theta+K^2\cos^2\theta} \tag{5-1}$$

式中：σ_θ 为裂隙表面的切应力，MPa；σ_1 为煤体中的最大主应力，MPa；K 为裂隙短半轴与长半轴之比；β 为最大主应力方向同裂隙长轴之间的夹角，(°)；θ 为裂隙表面上的点和裂隙中心的连线与裂隙长轴之间的夹角，(°)。

假设煤体中某裂隙长半轴为 2m，短半轴为 1m，煤体中的最大主应力为 25MPa，当最大主应力沿不同方向对煤体进行加载时，裂隙周边的切应力分布如图 5-9 所示，图中压应力为正，拉应力为负。裂隙周边的切应力以压应力为主，同时存在拉应力，最大压应力水平明显高于最大拉应力水平。最大主应力方向与裂隙长轴夹角分别为 0°、30°、60°和 90°时，裂隙周边最大拉应力出现的位置分别在点 A、点 B、点 C 和点 D，拉应力最大点与裂隙中心的连线和最大主应力加载方向一致。考虑到煤体抗压不抗拉的特点，煤体首先在点 A、点 B、点 C 和点 D 发生拉伸破坏，裂隙扩展方向与最大主应力方向一致，因此，含预制裂隙型煤试件受压过程中，裂隙趋于沿最大主应力方向扩展。

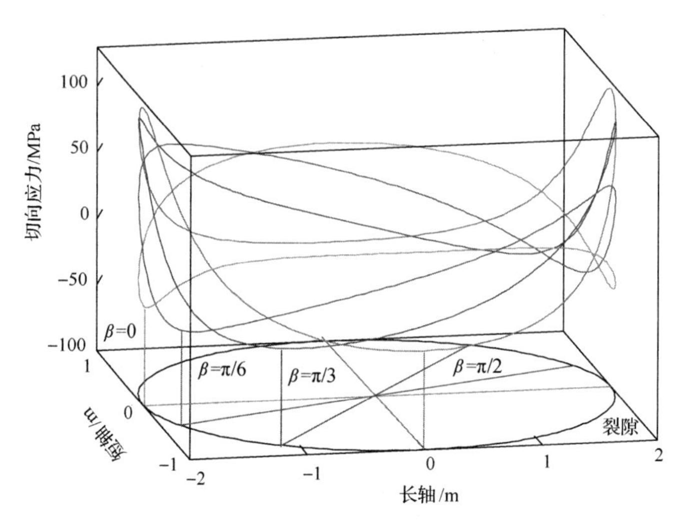

图 5-9　不同加载方向裂隙周边切应力分布

Horii 和 Nemat-Nasser 根据微裂隙发育特征解释了煤体在单轴抗压条件下发生劈裂破坏、三轴抗压条件下发生剪切破坏的原因[22]。在单轴抗压条件下，煤体无围压限制，微裂隙产生后便开始沿最大主应力方向扩展，裂隙最终发育至煤样边界，导致劈裂破坏的发生，如图 5-10(a)所示；在三轴抗压条件下，煤体中微裂隙产生后，受到围压的抑制，裂隙沿最大主应力方向的扩展速度慢，但微裂隙萌生条数多，并随机分布在煤体内部。随着最大主应力水平的升高，煤体中的剪应力水平同样增大，微裂隙密度升高，煤体内部的裂隙贯通率升高。最终，煤体沿裂隙贯通率最高方向或最大剪应力方向发生剪切破坏，如图 5-10(b)所示。

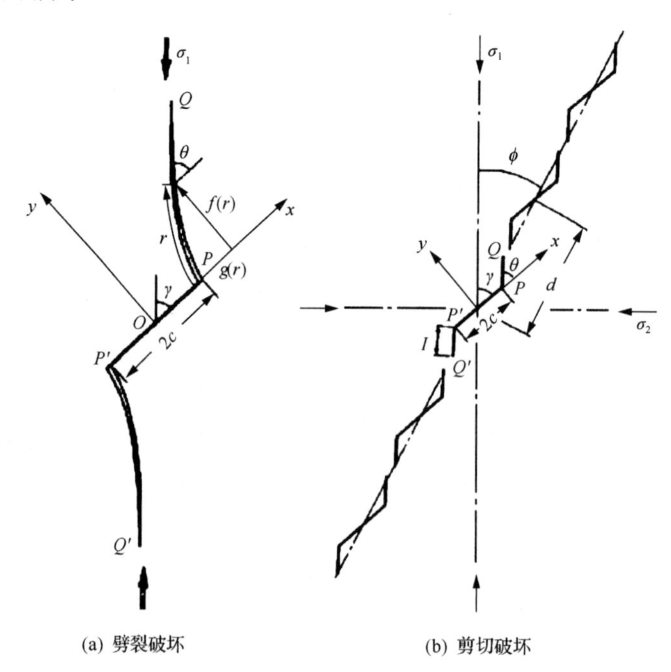

图 5-10　煤体劈裂和剪切破坏模型[22]

结合图 5-2～图 5-7 可知，采动影响下，顶煤主应力大小和方向均发生变化。顶煤由位置 *A* 到 *G* 经历的应力路径如图 5-11 所示。工作面向 *ON* 方向推进，*A* 点顶煤未受采动影响，最大主应力平行于 *z* 轴，中间主应力和最小主应力分别平行于 *x* 和 *y* 轴；采动影响后，*B* 点顶煤主应力增大，最大和最小主应力在垂直平面 *ONZ* 内向采空区旋转，两者旋转角度一致，同时最小主应力在水平面 *OXY* 内向推进方向 *ON* 旋转；*C* 点顶煤最小主应力首先达到峰值，主应力旋转幅度明显增大；*D* 点顶煤最大主应力达到峰值，最小主应力受开挖卸荷影响开始降低，此时，最小主应力在水平面 *OXY* 内旋转至工作面推进方向 *ON*；*D* 点之后顶煤主应力在水平面 *OXY* 内不再发生旋转，在垂直平面 *ONZ* 内继续向采空区倾斜，由于顶煤破坏，最大主应力呈现降低趋势(*E* 点)；煤壁后方，顶煤最小主应力转变为拉应力，最小主应力方向在垂直平面 *ONZ* 内发生反向回旋现象，最大主应力最终旋转至工作面倾斜方向(*F* 点)。

综上所述，顶煤主应力大小变化历史中：最大主应力存在增大和减小两个阶段，最小主应力经历增大、减小和反向增大三个过程。主应力方向旋转轨迹中：最大主应力始终在垂直于工作面推进方向的平面(*ONZ*)内向采空区旋转，控顶区上方发生反向回旋，于支架尾梁附近偏离垂直平面 *ONZ*，最终旋转至工作面倾斜方向；最小主应力同时在垂直平面 *ONZ* 和水平面 *OXY* 内发生旋转，垂直平面内首先向采空区旋转，控顶区发生反向回旋。最小主应力在垂直平面 *ONZ* 内的旋转量同最大主应力旋转量相等，在水平面 *OXY* 内的旋转角度同工作面推进方向与初始最小地应力方向之间的夹角相等。

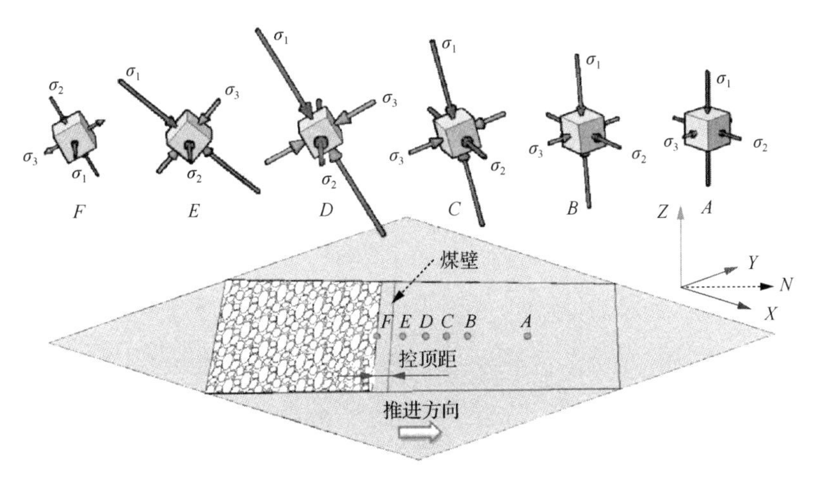

图 5-11 顶煤应力路径

综放开采过程中，顶煤最初处于三向受压应力环境，如图 5-12 所示。在顶煤中任取微小单元体，在原岩应力区，单元体中存在少量原生裂隙，三向应力环境抑制了原生裂隙的扩展。受采动影响后，顶煤中的最大主应力升高，最小主应力减小，顶煤承受的偏应力升高，最大和最小主应力同时发生旋转，顶煤单元体中的原生裂隙沿最大主应力方向扩展，同时产生许多新的采动微裂隙，随机分布于顶煤中。当顶煤单元体过渡至煤壁附近时，采动微裂隙发生扩展，在偏应力作用下，单元体沿微裂隙贯通率最高或剪应力最大的方向发生剪切破坏，剪切破坏面贯穿单元体，同时单元体中还产生多条长度较小的非贯通裂隙。单元体剪切破坏面同最大主应力方向之间的夹角很小，其破坏模式同三轴卸围压实验中煤样试件的破坏模式相似，这是由于顶煤经历的应力路径同三轴卸围压实验煤样应力路径具有较高的相似性。工作面煤壁后方，最小主应力进入反向拉伸加载阶段，顶煤过渡至拉剪破坏状态。支架后方，顶煤在自身重力作用下发生拉伸破坏，顶煤块体沿贯通裂隙面相互分离并冒落。上述过程表明，煤层采动后顶煤最大和最小主应力首先升高，煤层结构的非均质致使局部拉应力的出现，导致顶煤微裂隙的萌生和扩展。随着距工作面煤壁距离的减小，顶煤最小主应力在开挖卸荷效应下持续降低，顶煤中的偏应力水平升高，导致顶煤微裂隙沿最大裂隙贯通率或最大剪应力方向贯通，顶煤被切割成可冒落块体。卸围压应力路径下主剪贯通裂隙同最大主应力方向的小夹角特征及采动后顶煤主应力方向的旋转现象导致顶煤采动裂隙发育方位向工作面后方采空区倾斜。

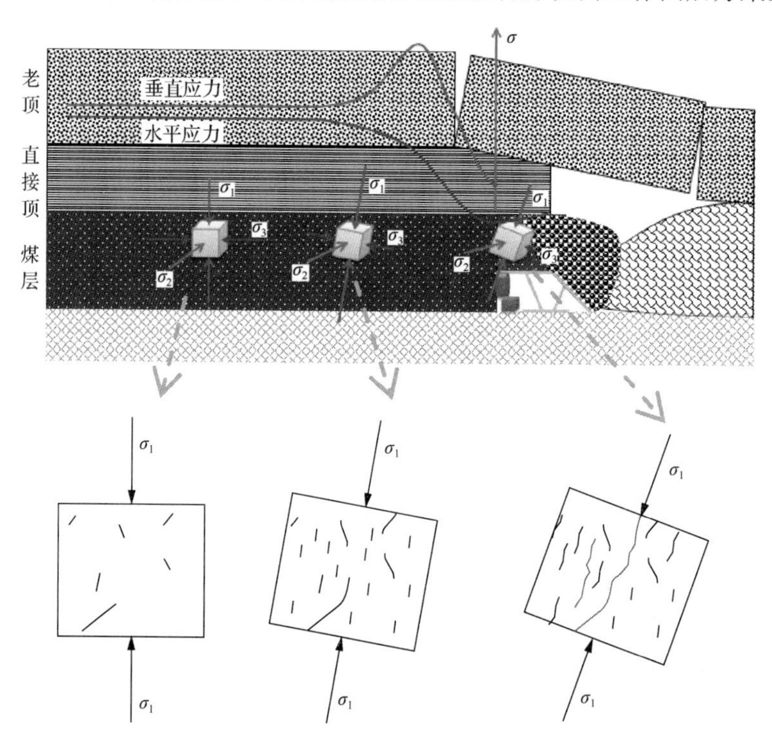

图 5-12　顶煤裂隙发育过程

为了对一定初始地应力条件下的顶煤破坏过程进行分析，建立 FLAC^{3D}-PFC^{3D} 连续-非连续耦合数值计算模型，连续介质模型可实现对顶煤应力路径的准确控制和模拟，非连续介质模型则可以模拟顶煤裂隙场发育过程，从而得到顶煤裂隙场扩展的应力驱动机制。

如图 5-13(a)所示：原岩应力区顶煤处于完整状态，由不规则多面体组成，采动影响下，多面体颗粒逐渐发生破坏，距离煤壁越近，多面体破坏越严重，说明顶煤破坏后产生的块体体积越小，最终破坏顶煤在支架后方冒落。

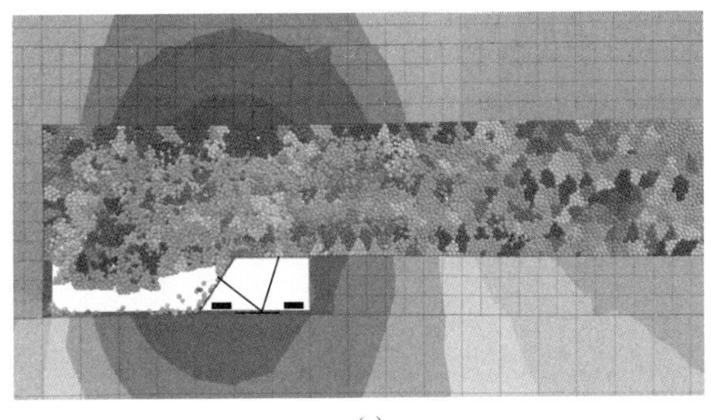

(a)

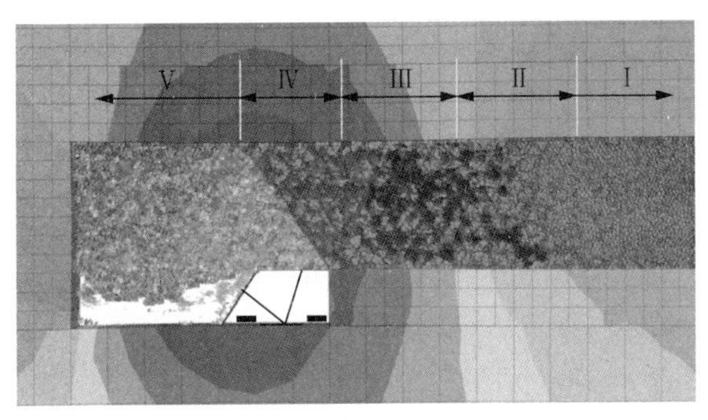

(b)

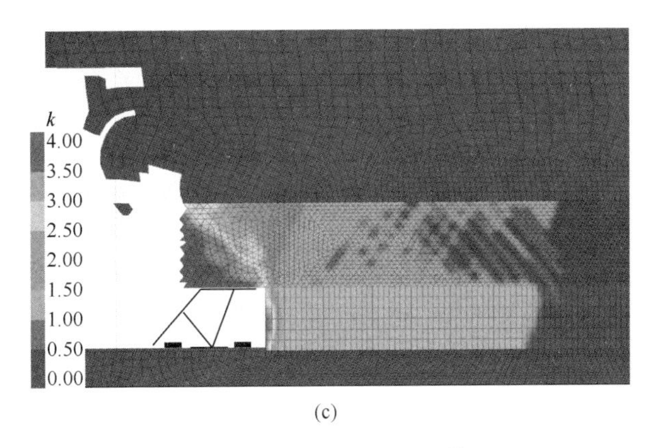

(c)

图 5-13 顶煤裂隙场分布特征

顶煤裂隙发育过程如图 5-13(b)所示：原岩应力区，顶煤没有受到采动影响，原生裂隙随机分布在煤体中；受到采动影响后，顶煤中的微裂隙增多，裂隙密度增大；当微裂隙密度增大到一定程度时，顶煤沿裂隙贯通率或剪应力最大的方向发生破坏。在煤壁前方，剪切破坏面上的正应力为压应力，因此，顶煤破坏模式为压剪破坏，压剪破坏裂隙在顶煤中的贯通率较高，顶煤完整性破坏严重；在煤壁后方，由于控顶区顶煤悬臂作用，顶煤压剪破坏面上的正应力转变为拉应力，顶煤发生拉剪破坏，该区域内顶煤裂隙密度继续升高，顶煤仅剩余强度。支架后方，顶煤在自重作用下发生冒落，顶煤中的裂隙面张开，冒落块体之间的接触消失。综上所述，根据裂隙产生机理的不同，可以将顶煤划分为Ⅰ～Ⅴ五区，分别为：原岩应力区—微裂隙加密区—压剪破坏区—拉剪破坏区—

散体冒落区。

$FLAC^{3D}$-PFC^{3D} 连续-非连续耦合数值模型计算结果同连续介质计算结果完全一致，如图 5-13(c)所示：定义煤体状态参数 k，当煤体处于弹性状态时，$k=0$；当煤体发生压剪破坏时，$k=1$；当煤体发生拉剪破坏时，$k=2$，当煤体发生拉剪-拉伸混合破坏时，$k=3$；当煤体发生拉伸破坏时，$k=4$。在原岩应力区顶煤处于弹性状态，受采动影响，顶煤中开始出现塑性滑移线发育现象，该区域同图 5-12(b)中的微裂隙加密区对应；随着顶煤距煤壁距离的减少，塑性滑移线数量增多并逐渐扩展，最终顶煤全部进入压剪破坏区，该区域同图 5-12(b)中的压剪破坏区对应；当顶煤过渡至控顶区上方时，其破坏模式由压剪破坏转变为拉剪破坏，顶煤塑性变形程度继续升高，该区域同图 5-12(b)中的拉剪破坏区对应；最后顶煤在自身重力作用下于支架后方冒落。

5.2 顶煤破坏过程

5.2.1 顶煤变形特征实测

为得到顶煤变形破坏特征，液压支架侧护板之间沿工作面走向在顶煤中打倾斜钻孔，采用 YTJ20 型岩层探测记录仪对顶煤变形破坏过程进行观测。顶煤自身变形破坏过程受顶煤与直接顶之间的接触面的变形状态的强烈影响，接触面的剪切滑移破坏是下位顶煤破坏的前提，顶煤破坏的难易程度与剪切面的强度参数成正比[23]，因此，对顶煤与直接顶之间的接触面及顶煤自身的变形状况均进行了观测，结果如图 5-14 所示。点 A、点 B 和点 C 为顶煤与直接顶之间的接触面的变形破坏情况，点 D 和点 E 为顶煤自身变形破坏情况。在工作面前方点 A，顶煤与直接顶之间的接触面保持完整，此时顶板弯曲变形程度低，接触面承受的法向压力及自身强度参数足以使其抵抗和传递顶板作用于顶煤之上的水平剪力，接触面没有发生位错滑移，保持完整状态；在煤壁上方点 B，顶煤与直接顶之间的接触面出现明显的裂纹，此时接触面发生破坏，无法承受拉应力，传递水平剪应力的能力降低，破坏接触面下位顶煤中发育有微小的竖向裂隙，说明顶煤在该处已发生破坏；在控顶区上方点 C，顶煤下表面转变为受支架支撑的应力边界条件，工作面推进过程中支架反复升降立柱，该过程导致控顶区顶煤下表面周期性失去支架支撑，成为自由边界条件，控顶区顶煤自由弯曲下沉，最终导致顶煤与直接顶之间的接触面完全破坏，并发生明显的位错滑移。此次钻孔采用的钻头直径为 36mm，对比滑移量与钻孔直径可以确定顶煤与直接顶之间的最大滑移量可达 10mm。与顶煤-顶板接触面变形状态相对应。在工作面前方点 D，顶煤中没有出现较大的宏观裂隙，钻孔仅出现较小的收缩变形，孔壁出现少量的煤屑脱落现象。这是由于该位置顶煤与顶板之间的接触面保持完整，具有较高的传递水平剪应力的能力，在顶板的束缚作用下，顶煤中的初始水平应力不能有效释放，顶煤仍处于较高围压的三轴应力状态，实验表明高围压条件下煤体的三轴抗压强度很大，该应力环境下顶煤的抗压强度足以抵抗高水平的支承压力作用，顶煤仍保持相对完整状态；在控顶范围内的点 E，顶煤破坏严重，实测过程中多次遭遇塌孔现象，顶煤中裂隙发育充分，被切割成块度较小的煤块。这是由于该范围顶煤与直接顶之间的接触面完全破坏，对顶煤的束缚效应降低甚至消失，顶煤经历了多次支架反复升降立柱过程，该过程中顶煤中的初始水平地应力被完全释放，甚至在悬臂作用下出现拉应力，即该点顶煤处于单轴抗压或垂直抗压-水平抗拉的单向受拉应力环境，实验表明该应力状态下煤体的抗压强度很小，控顶范围内顶煤在顶板压力作用下产生大变形，发生较高程度的破坏。

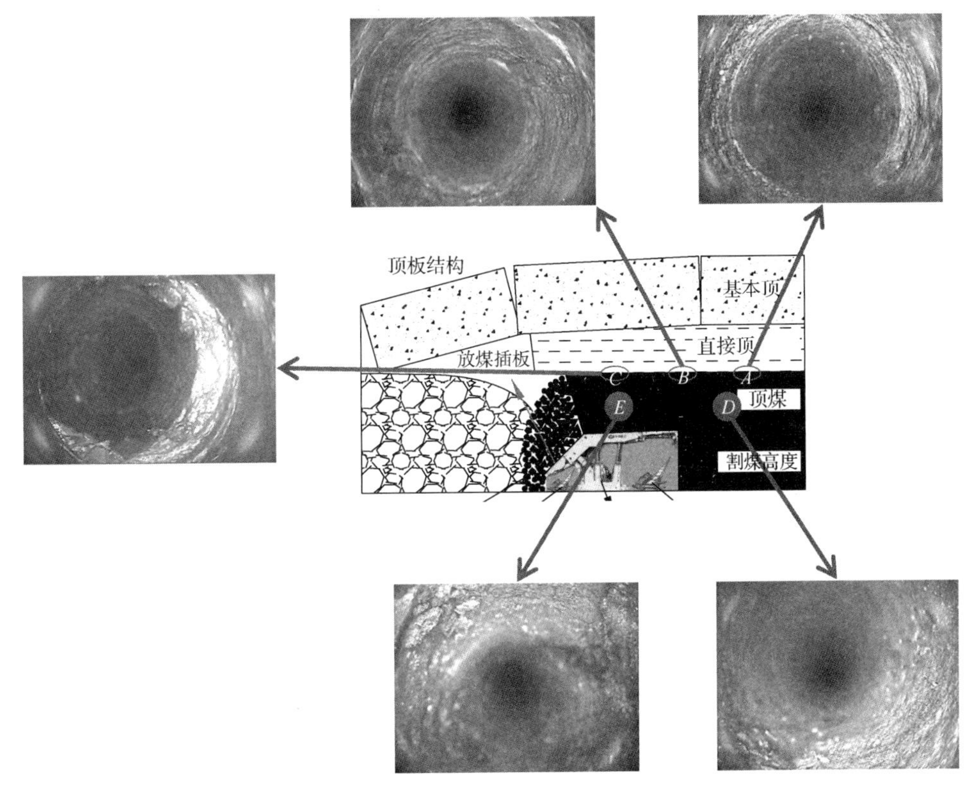

图 5-14 顶煤变形破坏特征

由图 5-14 可知，顶煤在工作面前方变形小、破坏程度低；在工作面后方变形大、破坏程度高。结合顶煤与直接顶之间的接触面的剪切滑动情况可以推断：顶煤在煤壁前、后两个阶段表现出完全各异的变形破坏特征，该现象是顶煤上、下表面边界条件的变化造成的，因此，对顶煤破坏机理进行研究时应该以煤壁为界将顶煤划分为煤壁前方和控顶区上方两个阶段，分别建立简化模型进行力学分析。

5.2.2 煤壁前方阶段

厚度为 H 的煤层采用综放开采，割煤高度为 h，取工作面前方走向范围 L 内的煤体，建立力学模型，如图 5-15 所示。在 L 取值足够大条件下坐标原点处煤体变形值为 0，将边界 $x=0$ 视为固定位移边界；工程实践表明煤层与直接底之间的接触面不会发生破坏，将边界 $y=0$ 同样视为固定位移边界；顶煤上表面 $y=H$ 为承受顶板通过接触面传递至煤层压力 q 和剪力 τ_1 的应力边界条件；在工作面煤壁 $x=L$ 处，割煤高度 $(0, h)$ 范围内为回采揭露的煤壁，视为自由边界条件，顶煤厚度 (h, H) 范围内承受控顶区顶煤悬臂结构作用于其上的条形载荷 p 和剪力 τ_2，为应力边界条件。根据综放采场几何特征可将图 5-14 视为平面应变模型。为得到所建力学模型的位移场和应力场，采用 Ritz 法进行力学分析。

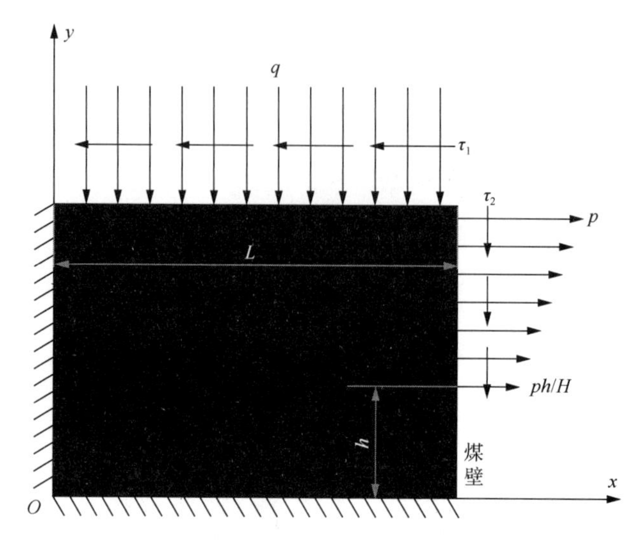

图 5-15　煤壁前方力学模型

根据建立力学模型的位移边界条件，在不计煤体自重的条件下，可假设煤层各处位移分量为

$$
\begin{aligned}
u_x &= xy(a_0 + a_1 x + a_2 y) \\
u_y &= xy(b_0 + b_1 x + b_2 y)
\end{aligned} \tag{5-2}
$$

根据几何方程，煤体沿各方向的应变值可表示为

$$
\begin{aligned}
\varepsilon_x &= \frac{\partial u_x}{\partial x} = y(a_0 + 2a_1 x + a_2 y) = M_a y \\
\varepsilon_y &= \frac{\partial u_y}{\partial y} = x(b_0 + b_1 x + 2b_2 y) = N_b x \\
\gamma_{xy} &= x(a_0 + a_1 x + 2a_2 y) + y(b_0 + 2b_1 x + b_2 y) = N_a x + M_b y
\end{aligned} \tag{5-3}
$$

式中，ε_x、ε_y、γ_{xy} 分别为 x、y 方向的应变及剪应变；M_a、M_b、N_a、N_b 均为 x、y 的函数。

将式(5-3)代入胡克定律，可得煤体内各点的水平应力和垂直应力值为

$$
\begin{aligned}
\sigma_x &= \frac{E}{1-\mu^2}(\varepsilon_x + \mu\varepsilon_y) = \frac{E}{1-\mu^2}(M_a y + \mu N_b x) \\
\sigma_y &= \frac{E}{1-\mu^2}(\mu\varepsilon_x + \varepsilon_y) = \frac{E}{1-\mu^2}(\mu M_a y + N_b x) \\
\tau_{xy} &= \frac{E}{2(1+\mu)}\gamma_{xy} = \frac{E}{2(1+\mu)}(N_a x + M_b y)
\end{aligned} \tag{5-4}
$$

式中，E 为煤体的弹性模量，MPa；μ 为煤体的泊松比。

此处将顶煤破坏问题视为平面应变问题，沿 z 轴方向的厚度为 0，因此，储存于图 5-15

力学模型中的弹性应变能为

$$U = \iint \frac{1}{2}(\sigma_x \varepsilon_x + \sigma_y \varepsilon_y + \sigma_{xy} \varepsilon_{xy}) \mathrm{d}x\mathrm{d}y \tag{5-5}$$

将式(5-3)和式(5-4)代入式(5-5)并省略低阶项可得储存于煤体中的弹性应变能为

$$U = \frac{E}{2\left(1-\mu^2\right)} \int_0^H \int_0^L \left(\left(M_a y\right)^2 + \left(N_b x\right)^2 + 2\mu M_a N_b xy + \frac{1-\mu}{2}(N_a x + M_b y)^2 \right) \mathrm{d}x\mathrm{d}y \tag{5-6}$$

根据建立力学模型的应力边界条件可得顶煤变形过程中，外载荷作用于其上的外力势能为

$$\begin{aligned} V = & H\int_0^L \left[qx(b_0 + b_1 x + b_2 H) + \tau_1 x(a_0 + a_1 x + a_2 H)\right]\mathrm{d}x \\ & -L\int_h^H \left[\frac{p}{H} y^2 (a_0 + a_1 L + a_2 y) - \tau_2 y(b_0 + b_1 L + b_2 y)\right]\mathrm{d}y \end{aligned} \tag{5-7}$$

图 5-15 中力学模型的总势能为内力势能 U 与外力势能 V 之和为

$$\Pi = U + V \tag{5-8}$$

结合式(5-6)和式(5-7)可知式(5-8)中存在 a_i 和 $b_i(i = 0\sim2)$ 6 个未知常数。根据 Ritz 方法可知使力学模型总势能取最小值的那组位移为测试函数中的真实位移，借助位移变分原理，总势能取驻值的条件为

$$\delta\Pi = \sum_{i=0}^{2}\left(\frac{\partial\Pi}{\partial a_i}\delta a_i + \frac{\partial\Pi}{\partial b_i}\delta b_i\right) = 0 \tag{5-9}$$

由于 δa_i 和 δb_i 是任意的且相互独立，保证式(5-9)成立的条件为 δa_i 和 δb_i 的系数分别等于 0：

$$\frac{\partial\Pi}{\partial a_i} = 0;\ \frac{\partial\Pi}{\partial b_i} = 0 \tag{5-10}$$

由式(5-10)可得关于 a_i 和 b_i 的 6 个非齐次六元一次方程组为

$$\boldsymbol{D}(a_0 \quad a_1 \quad a_2 \quad b_0 \quad b_1 \quad b_2)^{\mathrm{T}} = \boldsymbol{Q} \tag{5-11}$$

由位移函数式(5-2)可知 $\boldsymbol{D}$ 为 6×6 的对称矩阵，$\boldsymbol{Q}$ 为 6×1 的非零列向量。根据对称矩阵的特征可知 $\boldsymbol{D}$ 的行列式 $\bar{D} \neq 0$，即方程组式(5-11)存在唯一的解，使图 5-15 中的力学模型达到力学平衡状态，由此可得各未知常数的表达式为

$$a_0 = \frac{\bar{D}_1}{\bar{D}},\ a_1 = \frac{\bar{D}_2}{\bar{D}},\ a_2 = \frac{\bar{D}_3}{\bar{D}},\ b_0 = \frac{\bar{D}_4}{\bar{D}},\ b_1 = \frac{\bar{D}_5}{\bar{D}},\ b_2 = \frac{\bar{D}_6}{\bar{D}} \tag{5-12}$$

式(5-12)中 $\bar{D}_i$ 为用列向量 $\boldsymbol{Q}$ 置换行列式 $\bar{D}$ 中第 i 列所得到的行列式。将式(5-12)分别代入式(5-2)和式(5-4)可得到工作面前方顶煤的位移场和应力场的解析解。

采用上述方法，煤层厚度取 8m，割煤高度取 3m，煤体走向范围 L 值 12m，煤体弹性模量取 1.8GPa，泊松比取 0.3，载荷 q 取 4MPa，p 取 2MPa，τ_1 取 0.4MPa，τ_2 取 0.3MPa。由以上参数可得工作面前方顶煤的位移场如图 5-16 所示。顶煤在水平方向产生拉伸变形，在垂直方向上产生压缩变形。最大拉伸变形出现在煤壁处顶煤上表面位置，达到 8cm，随着向工作面前方远离煤壁和顶煤层位的降低，水平变形值逐渐减小，以建立力学模型的左上角和右下角点的连线为界，该直线左下方的煤体的水平变形值接近于 0；顶煤垂直压缩变形值明显大于水平拉伸变形值，但其分布特征与水平变形相似，最大压缩变形值达到 14cm，位于煤壁处顶煤的上表面，随着远离煤壁和煤层层位的降低，顶煤压缩变形值减小。上述煤体变形分布特征是由边界条件的改变造成的，在远离煤壁位置和靠近煤层下表面位置，煤体受到的位移约束逐渐强烈，变形能力受到限制，结合图 5-14 中顶煤约束条件及变形特征的实测结果可知建立力学模型可以较好地反映边界条件变化对顶煤变形特征的影响。

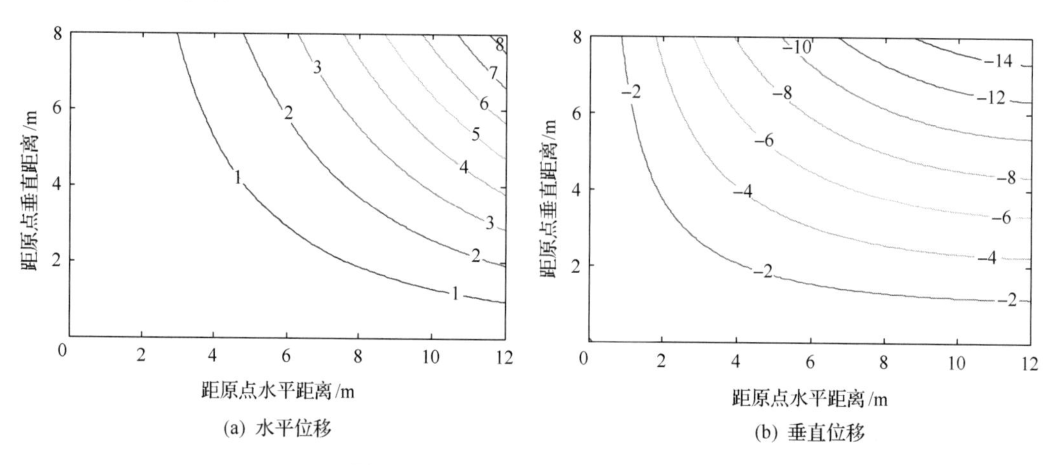

图 5-16　工作面前方顶煤的位移场

等值线单位为 m

工作面前方顶煤应力场如图 5-17 所示：受煤壁后方控顶区顶煤悬臂作用的影响，顶煤中水平应力以拉应力为主，下位煤层由于受直接底约束强烈，水平应力以压应力为主。与最大拉伸变形的位置一致，最大拉应力出现在煤壁处顶煤上表面位置，最大值可达 1MPa。垂直应力呈现线性分布特征，在靠近煤壁处最为接近施加的初始顶板载荷 4MPa，在远离煤壁的工作面前方位置，垂直应力迅速降低，与施加的初始边界载荷出现较大偏差，这是由建立力学模型的边界效应引起的。采用 Ritz 法分析问题时，受假设位移函数式(5-2)所取多项式项数的影响，靠近力学模型位移边界条件一侧的计算结果与实际情况相比，通常会出现不同程度的偏差。但在分析顶煤破坏问题时，我们研究的重点为靠近煤壁的位置(应力边界条件一侧)，因此，Ritz 法计算偏差可以接受，不会对顶煤破坏机理的分析结果产生影响。

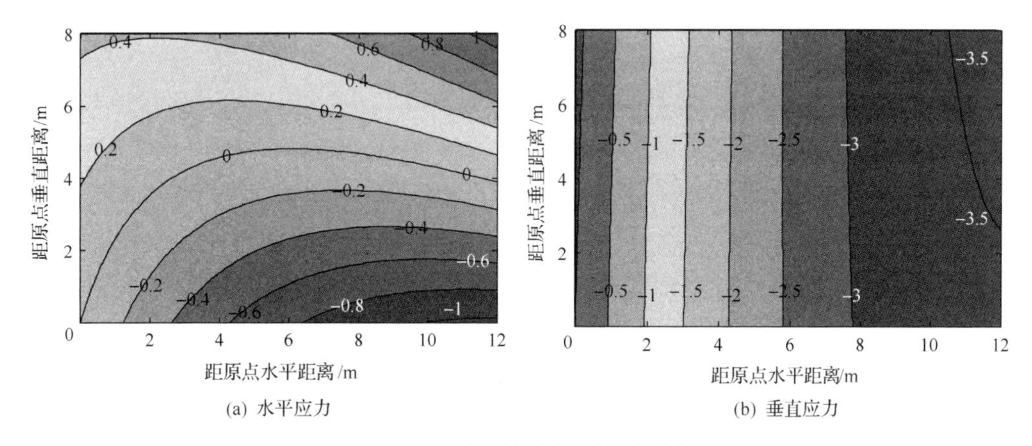

(a) 水平应力 (b) 垂直应力

图 5-17 工作面前方顶煤的应力场

等值线单位为 MPa

图 5-14 中建立的力学模型没有考虑初始地应力的影响，工程实践表明，采动影响造成垂直地应力的升高，开挖引起的卸荷效应则会造成水平地应力逐渐降低，工作面前方水平应力 σ_h 的变化通常采用负指数函数进行描述[11]：

$$\sigma_h = \alpha\left\{\exp\left[\beta(L-x)\right]-1\right\} \tag{5-13}$$

式中，α 初始水平地应力，MPa；β 为反应采动影响强度的无量纲常数。

此处 α 取 2MPa，β 取 0.08。根据应力叠加原理，将式(5-13)确定的应力值与图 5-17(a)中的计算结果叠加，便可得到考虑初始地应力大小和开挖卸荷作用双重影响的采动水平应力分布特征，如图 5-18 所示。应力叠加后，水平应力仍存在拉应力，最大值仍为 1MPa，位于煤壁处顶煤上表面位置，但与图 5-17(a)相比，图 5-18 中的水平拉应力分布范围明显缩小。考虑初始地应力大小和开挖卸荷作用影响后的水平采动应力分布更能够真实反映顶煤应力环境的变化过程，因此，分析顶煤破坏过程，水平应力均采用如图 5-18 所示的叠加结果。

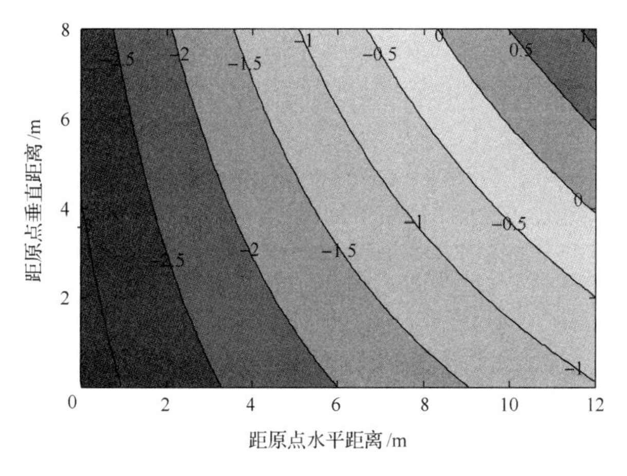

图 5-18 水平应力分布

图中等值线单位为 MPa

文献[11]借助莫尔-库仑强度准则建立了煤体破坏危险性系数，即定义顶煤破坏危险性系数 k 为顶煤中任意一点应力状态确定的莫尔应力圆半径与应力圆圆心至强度曲线垂直距离之差，即 $k=r-h$，其中，$r=(\sigma_1-\sigma_3)/2$，$h=(\sigma_1+\sigma_3)\sin\varphi/2+C\cos\varphi$。当 k 小于 0 时，顶煤处于弹性完整状态；当 k 等于 0 时，顶煤处于极限平衡状态；当 k 大于 0 时，顶煤进入破坏状态。随着 k 值的增大，顶煤破坏危险性升高。此处忽略主应力旋转的影响，将垂直应力和水平应力分别视为最大主应力和最小主应力，将图 5-17(b) 和图 5-18 中的计算结果代入顶煤危险性系数确定公式，煤体的内聚力和内摩擦角分别取 1MPa 和 28°，可得顶煤破坏危险性系数分布如图 5-19 所示。

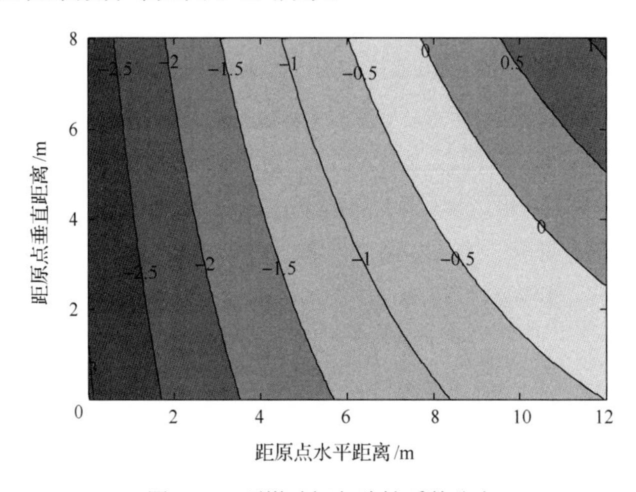

图 5-19　顶煤破坏危险性系数分布

破坏危险性系数为 0 的等值线在工作面前方 4m 处与顶煤上表面相交，在距离直接底高度 2.5m 处与煤壁相交。由该等值线开始，沿远离煤壁的方向，顶煤破坏危险性系数降低，成为负值，沿靠近煤壁的方向顶煤破坏危险性系数升高，成为正值。该等值线内侧远离煤壁方向的顶煤处于弹性完整状态，等值线附近的顶煤处于极限平衡状态，该等值线外侧靠近煤壁方向的顶煤处于破坏状态。随着层位的升高，顶煤超前煤壁的破坏范围逐渐扩大。实测结果表明上位顶煤裂隙发育超前于下位顶煤，该理论分析结果与实测结果可以很好地吻合。

莫尔应力圆与强度曲线之间的关系如图 5-20 所示，当煤体达到极限平衡状态时，莫尔应力圆与强度曲线相切。对比图 5-18 中水平应力等于 0 的等值线及图 5-19 中破坏危险性系数等于 0 的等值线可知，水平应力等于 0 的等值线上煤体已进入破坏状态，该等值线上顶煤处于单轴抗压状态，该应力状态决定的莫尔应力圆如图 5-20 中的圆 1 所示，最大主应力等于煤体的单轴抗压强度 σ_c，最小主应力等于 0，顶煤中破坏面与最小主应力平面之间的夹角 $\theta=45°+\varphi/2$，作用于破坏面上的正应力为莫尔应力圆与强度曲线切点

A_1 的横坐标 σ，此时剪切破坏面上的正应力为压应力，顶煤发生压剪破坏。由图 5-18 中水平应力等于 0 的等值线向煤壁靠近，顶煤最小主应力转变为拉应力，该应力状态决定的莫尔应力圆如图 5-20 中的圆 2 所示，此时最小主应力虽然成为拉应力，顶煤处于单向受拉状态，但破坏面上的正应力仍为压应力，顶煤仍然发生压剪破坏。随着最小主应力的增大，当顶煤应力状态确定的莫尔应力圆为图 5-20 中圆 3 时，顶破坏面上的正应力减小至 0 并开始过渡为拉应力，顶煤开始发生拉剪破坏。根据图 5-20 中的几何关系，顶煤发生拉剪破坏的条件为最小主应力达到：

$$\sigma_{ts}=\frac{C}{\cos\varphi}(1-\sin\varphi) \tag{5-14}$$

式中，σ_{ts} 为发生拉剪破坏的最小主应力极限值。

由顶煤发生拉剪破坏条件的式(5-14)可知：当顶煤内聚力为 1MPa、内摩擦角为 28° 时，应力圆 3 的最小主应力值为 0.5MPa，即当顶煤最小主应力值大于 0.5MPa 时发生拉剪破坏。

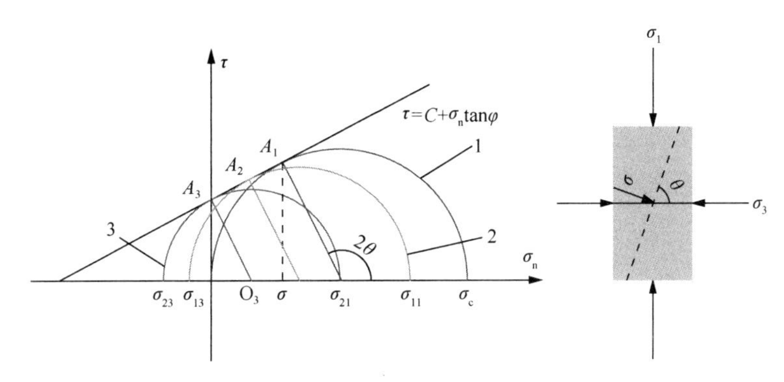

图 5-20　莫尔应力圆与强度曲线之间的关系

根据上述分析，图 5-18 中水平应力值等于 0.5MPa 的等值线至煤壁范围内的顶煤发生拉剪破坏。将图 5-18 中水平应力等于 0.5MPa 的等值线和图 5-19 中破坏危险性系数等于 0 的等值线绘制于图 5-21 中，破坏危险性系数等于 0 的等值线左侧阴影部分，顶煤破坏危险性系数小于 0，处于弹性完整状态；破坏危险性系数等于 0 的等值线右侧部分，顶煤破坏危险性系数大于 0，处于破坏状态。其中破坏危险性系数等于 0 的等值线与水平应力等于 0.5MPa 的等值线之间的阴影部分，顶煤剪切破坏面上的正应力为压应力，发生压剪破坏；水平应力等于 0.5MPa 的等值线至煤壁范围内的阴影部分，顶煤破坏面上的正应力为拉应力，发生拉剪破坏。

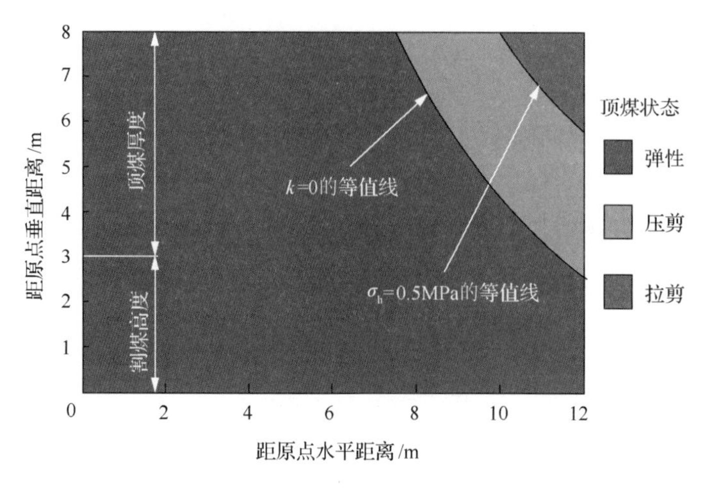

图 5-21　煤壁前方顶煤破坏形式分区

5.2.3　控顶区上方阶段

与工作面前方顶煤损伤过程相比，煤壁后方顶煤所经历的应力路径受工作面割煤工作的影响更为明显，为得到该过程中顶煤所经历的应力路径，对控顶区域内顶煤边界条件进行简化，综放采场顶板结构模型如图 5-22(a)所示。为对控顶区上方顶煤进行受力分析，将顶煤形状视为规则矩形，且不考虑顶煤由原岩应力过渡至煤壁处这一过程中所产生的损伤，仍将顶煤视为弹性体，煤壁上方 $x=0$ 处为固定位移边界约束，支架对顶煤的支撑作用简化为应力边界 q_1，直接顶及基本顶对顶煤的直接挤压作用简化为应力边界条件 q_2，BC 范围内基本顶岩块通过直接顶作用于顶煤上的力按照静力等效原理简化为集中力 P 和力矩 M，简化力学模型如图 5-22(b)所示。为判断顶煤是否发生破坏，应先得到煤体内的应力分布，此处采用 Ritz 法对煤壁前方煤体中的位移场和应力场进行求解。

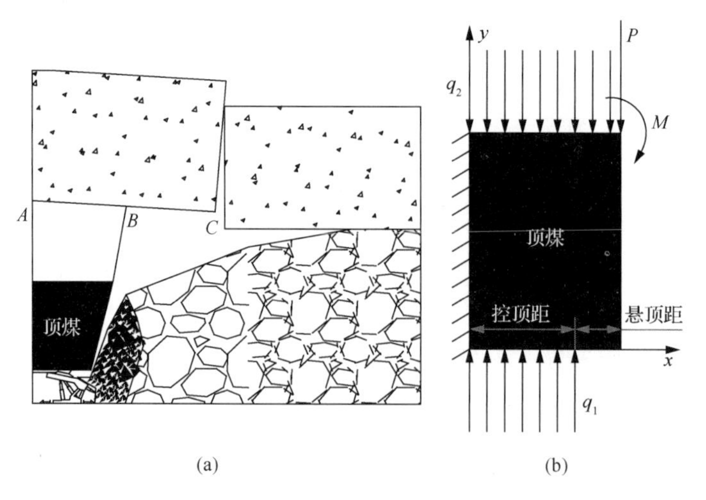

图 5-22　综放采场顶板结构模型及简化力学模型

根据图 5-22 所示简化力学模型的边界条件可假设顶煤中可能的位移函数为

$$u_x = x(a_1 + a_2 x + a_3 y)\ ;\ u_y = x(b_1 + b_2 x + b_3 y) \tag{5-15}$$

式中，u_x为煤体水平位移，m；u_y为煤体垂直位移，m。采用与煤壁前方阶段相同的方法对图 5-22 中的力学模型进行求解。此处控顶距取 6m，悬顶距取 1m，支架支护强度取 1MPa，直接作用于直接顶之上载荷取 1.6MPa，图 5-22(a)中基本顶 CD 段长度取 5m，则简化力学模型中集中力 P 取 8MPa，弯矩 M 取 2×10^7N·m，顶煤的弹性模量取 0.1GPa，泊松比取 0.3，对煤壁后方顶煤所经历的应力路径进行分析。利用 Matlab 计算所得顶煤中水平位移及垂直位移分布如图 5-23 所示。该条件下，控顶区上方顶煤同时发生水平变形和垂直变形，顶煤中位移场分布表现出悬臂梁变形特征。水平变形大致以顶煤厚度的中线为界，下部为负值，即顶煤在水平方向被压缩；上部为正值，即该区域顶煤在水平方向被拉伸，最大压缩和最大拉伸位置位于架后悬顶的上下表面处；顶煤在垂直方向上仅发生压缩变形，靠近煤壁处顶煤垂直位移约为 0，随着距煤壁距离的增大，垂直位移增加，且高位顶煤的垂直位移大于下位顶煤。

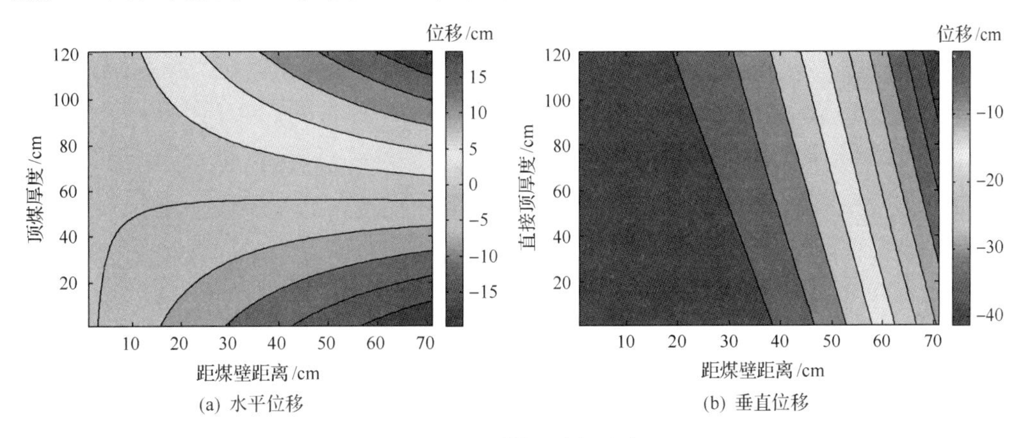

(a) 水平位移　(b) 垂直位移

图 5-23　顶煤位移场分布

顶煤中应力场分布如图 5-24 所示。上位顶煤中出现较大范围的水平拉应力，最大值位于煤壁处顶煤上表面，下位顶煤中分布有压应力，最大值位于支架后方的顶煤下表面；垂直应力均为压应力，同一层位顶煤中的应力值随着距煤壁距离的增加而减小，随着顶煤层位的增加，垂直应力降低，在不考虑割煤机挤压的条件下，上位顶煤先破坏；由图 5-24(c)可知顶煤中存在剪应力，且剪应力以负值为主，其最大值位于架后顶煤下表面处，这是由于该位置顶煤基本不受顶板压力和支架支撑力的影响，呈自由状态，其中的剪应力值约等于 0。

由莫尔-库仑强度准则可知，顶煤是否进入破坏状态由其所处的应力状态、煤体强度共同决定，而莫尔-库仑强度准则中的应力环境通常由第 1 主应力和第 3 主应力表示。顶煤任意一点主应力与各方向应力分量之间的关系为

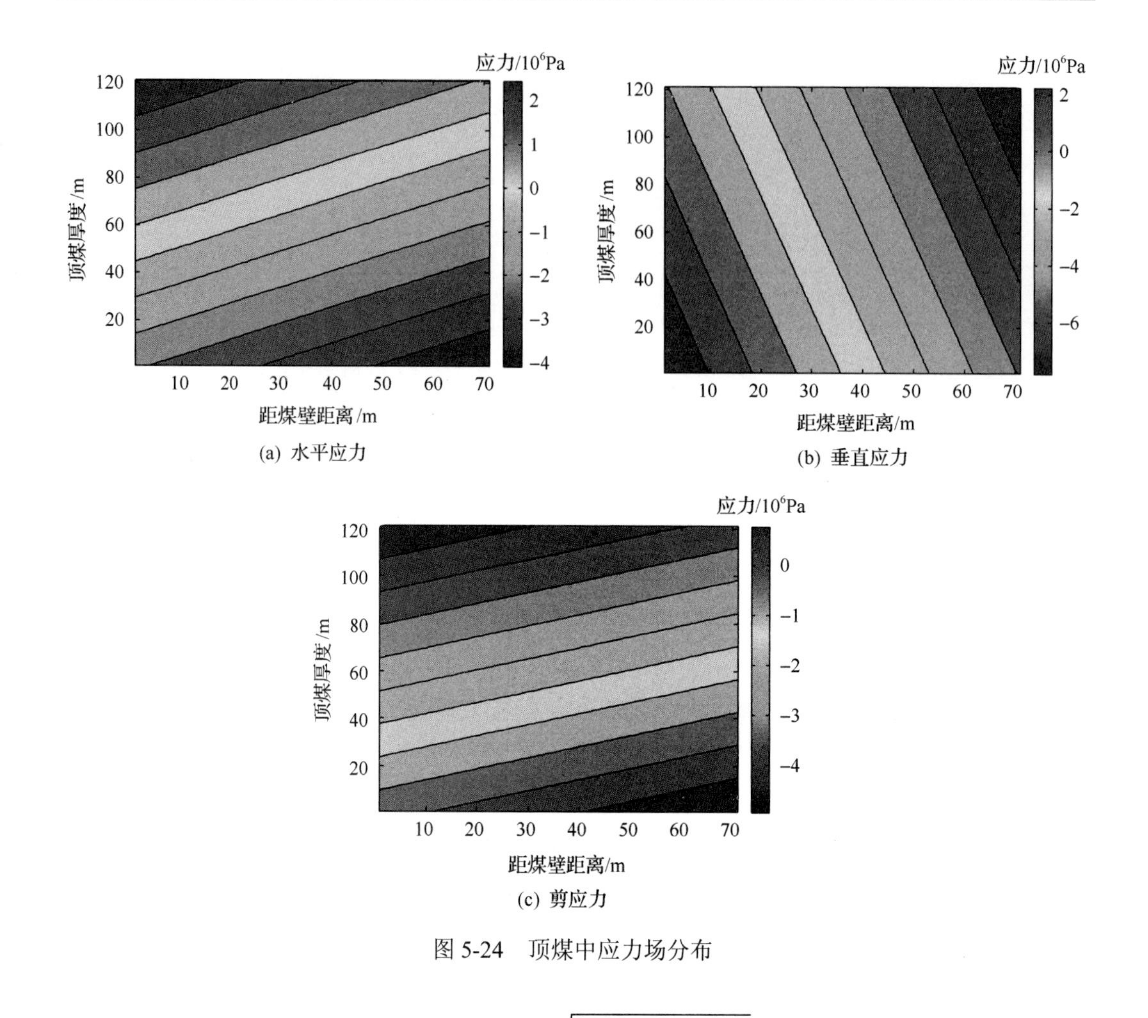

(a) 水平应力　(b) 垂直应力　(c) 剪应力

图 5-24　顶煤中应力场分布

$$\sigma_{1,3}=\frac{\sigma_x+\sigma_y}{2}\pm\sqrt{\left(\frac{\sigma_x+\sigma_y}{2}\right)^2+\tau_{xy}^2} \tag{5-16}$$

将图 5-24 所示的水平应力、垂直应力和剪切应力代入式(5-16)可得顶煤中主应力分布如图 5-25 所示。主应力等值线不再呈线性分布，其中最大主应力均为负值，其绝对值最大值位于架后悬顶的上表面，最小值则位于靠近煤壁的下位顶煤中；最小主应力则同时存在拉应力和压应力，其中拉应力分布于靠近煤壁的上位顶煤中，压应力则分布于靠近架后悬顶的下位顶煤中。根据主应力场分布可以确定，顶煤过渡至煤壁上方后，最小主应力开始转变为拉应力，即顶煤进入反向加载过程，在这一变形阶段，顶煤不但可能在压应力作用下发生剪切破坏，而且可能在拉应力作用下发生拉伸破坏。

控顶区上方顶煤强度参数 C、φ 分别取 2MPa、π/6，结合图 5-25 所示的主应力，可得顶煤中破坏危险性系数分布如图 5-26 所示。随着距煤壁距离的增加，顶煤破坏危险性系数减小，随着顶煤层位的升高，顶煤破坏危险性系数先减小后增大。现场实测证明控顶区范围内上位顶煤最为破碎，冒放性最好，下位顶煤次之，而中位顶煤裂隙发育最少，冒放性最差，而理论计算结果中顶煤破坏危险性系数同样呈现类似的分布特征。结合现

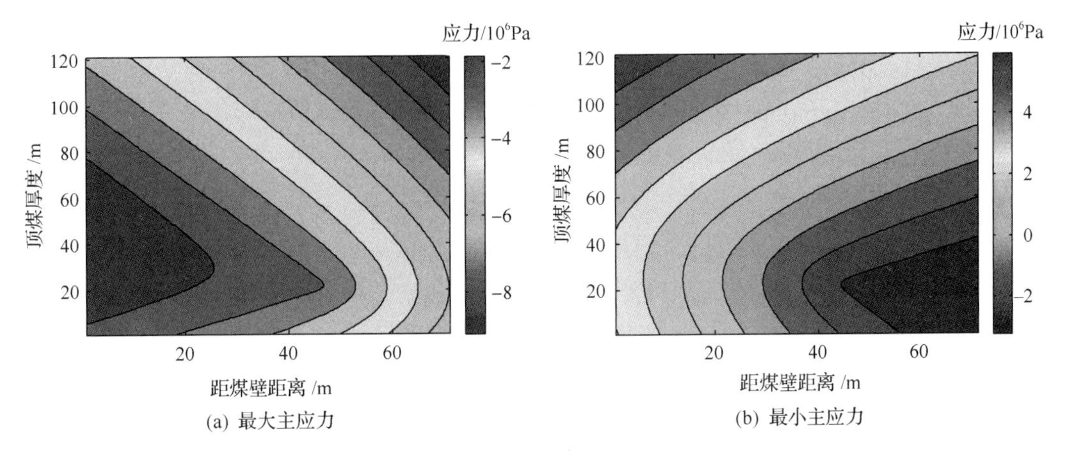

(a) 最大主应力　(b) 最小主应力

图 5-25 顶煤中主应力分布

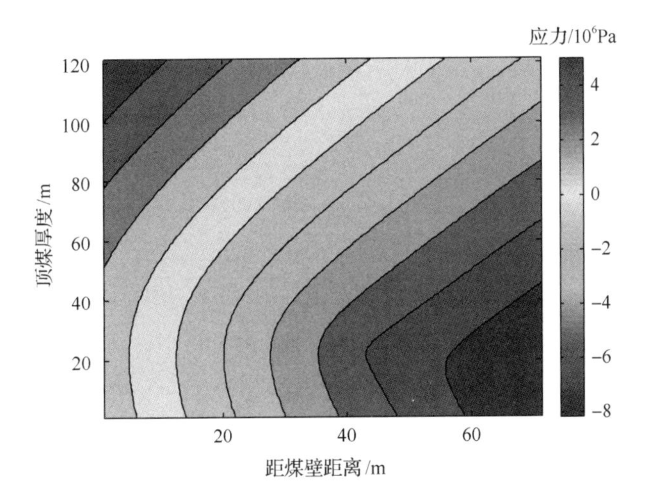

图 5-26 顶煤中破坏危险性系数分布

场实测和理论计算可以判定下位顶煤的破坏受支架载荷影响较大而上位顶煤的破坏则受顶板载荷的影响较大。因此，上、下位顶煤的冒放性最好，而中位顶煤不能直接受到顶板或支架载荷的影响，冒放性最差。由图 5-26 可以判定靠近煤壁位置是顶煤破坏的关键位置，若顶煤在该区域不能充分损伤破坏，则过渡至架后位置后便不能及时冒落，而是形成悬顶，造成顶煤冒放性差、采出率低。对比图 5-25 和图 5-26 还可以看出，顶煤破坏危险性系数分布与最小主应力基本一致，即最小主应力在顶煤破坏过程中所发挥的作用比最大主应力明显，这与实验室结果一致。在煤样的三轴抗压实验中，保持围压不变，持续增大轴压加载至煤样破坏所需的应力水平最高，且煤样破坏后仅有主裂隙发育，煤样被切割成大煤块，流动性差，而围压的卸载导致煤样抗压强度明显降低，且煤样破坏后，主裂隙和翼裂纹均发育完全，煤样被切割成流动性良好的小煤块，即围压的卸载能够最大程度地促进顶煤破坏。

由以上分析可知：顶煤靠近煤壁后，水平主应力卸载至 0 水平，在控顶区顶煤经历最大主应力持续加载、最小主应力的反向加载过程。经过煤壁前方的损伤过程后，顶煤抗拉强度降低至较低水平，特别是在压剪裂隙附近，顶煤的抗拉强度基本消失，因此，在控顶区顶煤中出现较低水平的拉应力便可导致顶煤发生拉伸破坏，于支架后方在其自重作用下冒落并放出。

根据最小主应力分布特征可以判断，在控顶区范围内，距煤壁较近的顶煤继续发生拉剪破坏，下位顶煤则在支架的反复支撑作用下发生压剪破坏。在煤体悬臂作用下，顶煤中拉剪塑性区发育形状为类抛物线形，其形状如图 5-27 所示。抛物线右侧顶煤将在自重作用下发生拉伸破坏并冒落[24, 25]，其冒落原因将在下节分析。由图 5-27 可以看出，由初始完整状态过渡至架后冒落状态的过程中，以破坏危险性系数 $k = 0$ 的等值线、水平应力 $\sigma_h = 0.5$MPa 的等值线和控顶区上方抛物线形拉剪破坏边界线为界，顶煤先后经历了弹性压缩、压剪破坏、拉剪破坏和拉伸破坏 4 个阶段，最终在支架后方冒落。

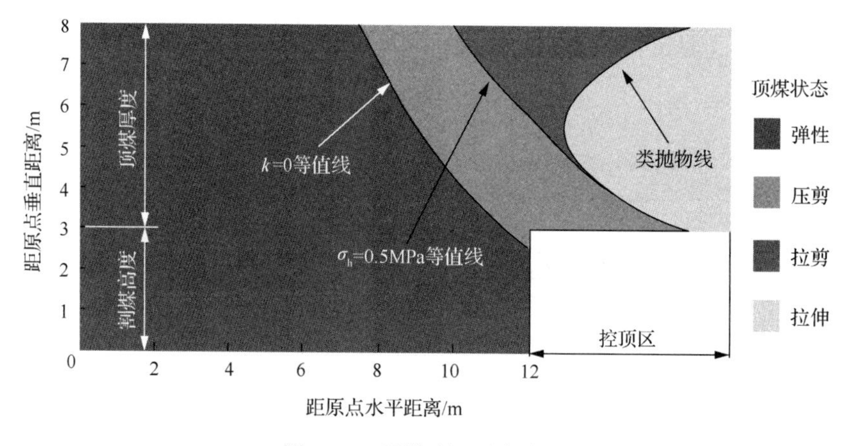

图 5-27　顶煤破坏形式分区

根据以上分析可知，顶煤由原岩应力过渡至架后冒落状态，共经历了 4 个阶段，如图 5-28 所示。

(1) 原岩应力区。该区域顶煤所处应力环境不受采动影响，顶煤应力状态位于应力空间中的压剪应力区，顶煤处于弹性状态，破坏危险性系数不会发生改变。

(2) 弹性加载区。该区域顶煤开始承受采动影响，最大主应力(压)开始加载(覆岩运动引起)，最小主应力(压)开始卸载(开挖卸荷引起)，但该阶段顶煤承受的最大主应力始终在其极限抗压能力范围内，应状态仍然处于图中的压剪应力区，顶煤对该阶段应力状态变化仅作出弹性响应，发生压缩弹性变形(最大主应力方向)和弹性变形恢复(最小主应力方向)，由最大主应力加载、最小主应力卸载导致顶煤中偏应力值逐渐升高，顶煤破坏危险性系数增大，顶煤中微裂纹密度开始增大。

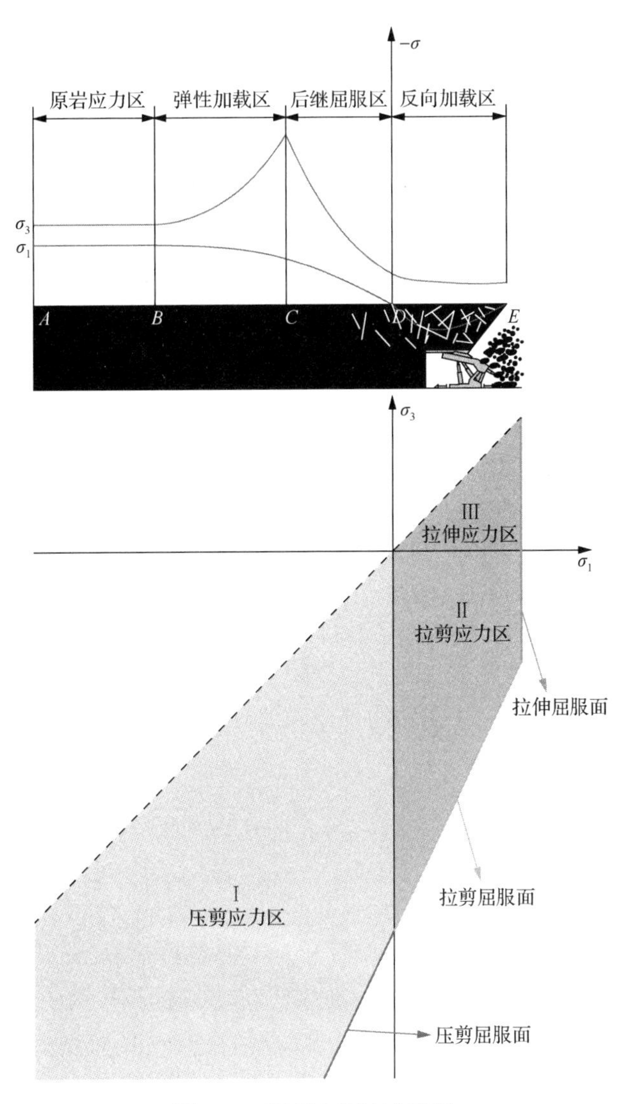

图 5-28　顶煤全程应力路径

(3) 后继屈服区。顶煤在点 C 达到极限承载能力，随着最小主应力的持续卸载和最大主应力的加载，顶煤不断损伤，承载能力降低，顶煤中产生不可恢复的塑性变形，该阶段顶煤变形符合变形一致性条件，破坏危险性系数等于 0(在塑性力学范畴内，准静态加载条件下，材料的破坏危险性系数不可能大于 0)，压剪产生的采动裂隙在该阶段扩展，该阶段顶煤应力状态始终处于由屈服准则在应力空间中定义的屈服面上，即图中的压剪屈服面。

(4) 反向加载压。在靠近煤壁附近的点 D，顶煤中的最小主应力在开挖卸荷作用下卸载至 0 水平，该点顶煤处于单轴抗压状态，点 D 之后，由于煤壁后方顶板及顶煤自身的悬臂作用，顶煤拉应力开始反向加载，进入拉剪应力区甚至是双向拉伸应力区。经过后继屈服区对顶煤的损伤作用，位于反向加载阶段的顶煤抗压、抗拉强度均降低至较低水平，顶煤在较小拉应力作用下便发生拉剪破坏或拉伸破坏，该区域顶煤破坏危险性系数等于 0，应力状态位于图中的拉剪屈服面或拉伸屈服面上。

5.3　顶煤架后冒落条件

本书 5.2 节的图 5-27 将类抛物线右侧区域划分为拉伸破坏区，该节主要分析该阶段顶煤发生拉伸破坏并冒落的原因。文献[15-17]建立了顶煤连续损伤破坏力学模型，分析了顶煤由连续介质向非连续介质转变的过程，将损伤变量定义为顶煤损伤面积与初始无损面积之比，顶煤强度参数随着损伤变量的增大逐渐劣化，最终在自重作用下于支架后方冒落，损伤分析以对顶煤强度随机分布的假设为前提。本书从弹塑性力学的角度分析顶煤在支架后侧冒落的原因，与损伤力学不同，弹塑性力学认为顶煤抵抗外载荷的能力随着塑性变形程度的升高而降低，即确定顶煤塑性变形程度是准确判断顶煤能否在架后冒落的前提。

5.3.1　顶煤剪切塑性变形

由图 5-27 可知顶煤在架后冒落前主要经历了压剪和拉剪两个剪切破坏过程，因此，剪切塑性变形程度是顶煤破坏冒落的主控制因素。顶煤进入破坏状态后，其中开始产生不可恢复的塑性变形，假设工作面匀速推进，则对工作面推进过程中应变速率沿推进时间进行积分可得顶煤垂直应变：

$$\varepsilon_{\mathrm{v}}=\int_{0}^{l/v}\dot{\varepsilon}_{\mathrm{v}}\mathrm{d}t \tag{5-17}$$

式中，ε_{v}为顶煤垂直应变；l为顶煤破坏危险性系数为 0 的等值线上的点距支架放煤口的水平距离，m；v为工作面推进速度，m/d；$\dot{\varepsilon}_{\mathrm{v}}$为顶煤垂直应变增长率。

破坏危险性系数为 0 的等值线至支架放煤口范围内的顶煤均处于峰后软化阶段，该阶段顶煤的塑性变形值远大于弹性变形值[17]，即该范围内顶煤弹性应变值与塑性应变值相比可以忽略，因此，式(5-17)中的垂直应变可直接改写为压缩塑性应变：

$$\varepsilon_{\mathrm{v}}^{p}=\int_{0}^{l/v}\dot{\varepsilon}_{\mathrm{v}}^{p}\mathrm{d}t \tag{5-18}$$

式中，$\varepsilon_{\mathrm{v}}^{p}$为顶煤垂直塑性应变；$\dot{\varepsilon}_{\mathrm{v}}^{p}$为顶煤垂直塑性应变增长率。

不考虑工作面推进过程中水平应力值变化的条件下，将煤体应力-应变曲线简化为双线性曲线，则可得顶煤剪切塑性应变与垂直塑性应变存在如下关系[4]：

$$\xi_{\mathrm{s}}=\frac{2}{3}\frac{\sqrt{3+\sin^{2}\psi}}{1-\sin\psi}\varepsilon_{\mathrm{v}}^{p} \tag{5-19}$$

式中，ξ_{s}为剪切塑性应变；ψ为顶煤剪胀角。将式(5-19)代入式(5-18)可得

$$\xi_s = \frac{2}{3}\frac{\sqrt{3+\sin^2\psi}}{1-\sin\psi}\int_0^{l/v}\dot{\varepsilon}_v^p \mathrm{d}t \tag{5-20}$$

工作面推进过程中，顶煤垂直应变分布的实测结果如图 5-29 所示。x 轴为顶煤距煤壁的距离，煤壁后方为负，前方为正。顶煤垂直位移在工作面前方约 20m 开始增加，顶煤厚度分别为 3m、5m 和 7m 时，顶煤垂直应变差异不大，在煤壁后方的最大值可达 1%；顶煤厚度大于 7m 时，顶煤垂直应变随着其厚度的增加而迅速降低，当顶煤厚度为 11m 时，最大垂直应变值约为 0.8%，顶煤厚度增加至 15m 时，最大垂直应变值降低至约 0.6%。由图 5-29 还可以看出顶煤任意一点的垂直应变值与该点至煤壁的距离呈负指数关系，即式(5-17)积分后的结果应为关于 l 的负指数函数。

将图 5-29 中的实测数据代入式(5-19)，顶煤剪胀角取 20°，则可得到图 5-29 中顶煤剪切塑性应变分布如图 5-30 所示。将剪胀角视为不随塑性变形程度而改变的恒值，剪切

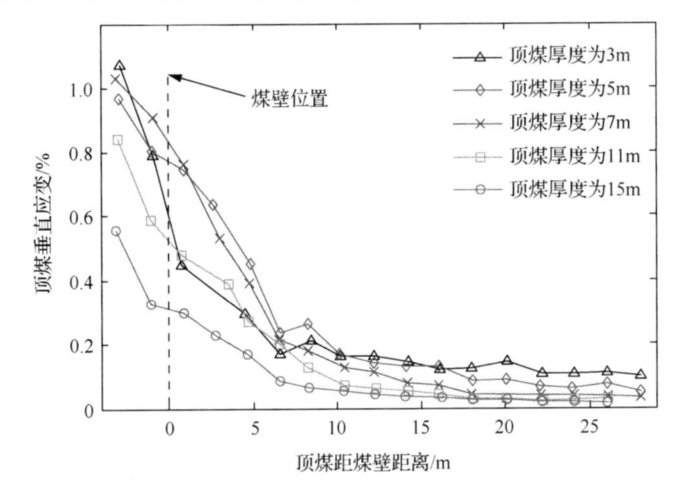

图 5-29 顶煤垂直应变的实测结果

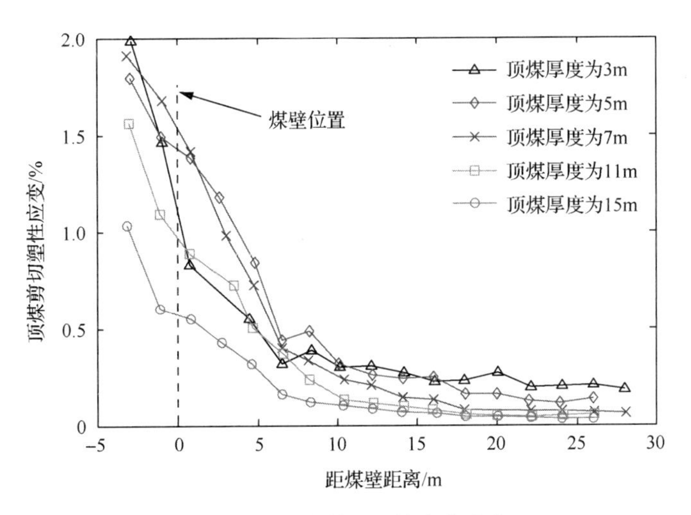

图 5-30 顶煤剪切塑性应变分布

塑性应变与垂直塑性应变之间为线性关系，剪切塑性应变随顶煤厚度的变化特征及在顶煤中的分布特征与图 5-29 中的垂直塑性应变基本一致，即剪切塑性应变式(5-20)的积分结果也是距煤壁距离 l 的负指数函数。

5.3.2 顶煤强度参数演化

弹塑性理论认为煤体强度参数随着塑性变形程度的改变而演化，为得到顶煤冒落判据，在得到顶煤剪切塑性变形的条件下，还需要得到煤体强度参数随剪切塑性变形的演化方程。室内实验表明煤体的内聚力与剪切塑性应变之间的关系(软化函数)为[4]

$$C=\frac{C_{\mathrm{i}}}{m}\left(k\xi_{\mathrm{s}}+m\right)\exp\left(-n\xi_{\mathrm{s}}\right) \tag{5-21}$$

式中，C_{i} 为煤体的初始内聚力，MPa；m、k 和 n 为拟合常数。

图 5-30 表明对式(5-20)积分所得顶煤顶剪切塑性应变分布可由负指数函数表示：

$$\xi_{\mathrm{s}}=a\exp\left(-bl\right) \tag{5-22}$$

采用式(5-22)对图 5-30 中 7m 厚顶煤的剪切塑性应变分布进行拟合，令式(5-22)中未知常数 a 和 b 分别取 1.36 和 0.14，拟合曲线如图 5-31 所示，实测数据同拟合结果可以很好地吻合，相关性指数可达到 0.97。

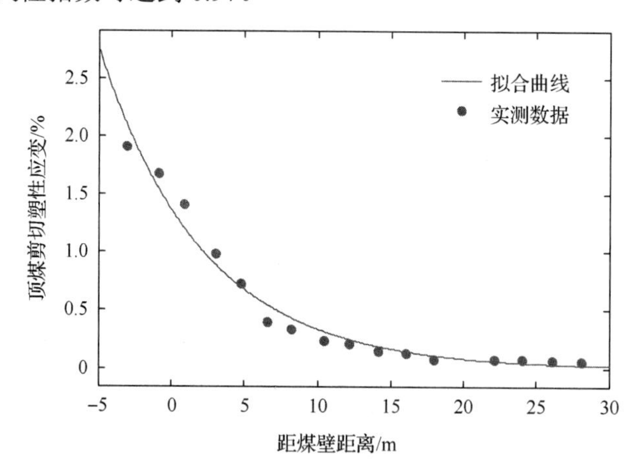

图 5-31 实测与拟合结果对比曲线

表 5-1 软化参数取值

参数	C_{i}	m	k	n
取值	4	0.0019	0.749	500

式(5-21)中各未知参数取表 5-1 中的数值，将图 5-31 中的数据代入式(5-21)则可得到顶煤的内聚力变化特征如图 5-32 所示。顶煤的内聚力于工作面前方约 30m 处由初始值 4MPa 开始缓慢降低，工作面前方 20m 处降低速度升高，在工作面煤壁处降低至 0 水平，在无围压限制条件下，顶煤失去抗剪能力。

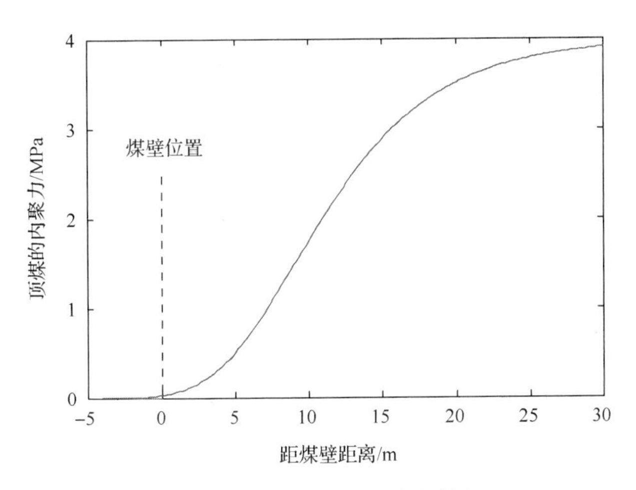

图 5-32 顶煤的内聚力变化特征

剪切塑性应变对抗剪强度参数影响方面的研究成果较多，研究结论已被广泛认可，但受室内实验应力路径的限制，剪切塑性应变对煤体抗拉强度的影响至今鲜见报道。顶煤由初始完整状态过渡至架后冒落状态，经历了压剪、拉剪和拉伸 3 个破坏阶段，因此，建立顶煤在支架后方的冒落判据时，分析顶煤前两个破坏阶段产生的剪切塑性应变对抗拉强度的影响成为必要。为此，设计了一组实验，煤样试件如图 5-33(a)所示，长×宽×高分别为 70cm×10cm×10cm。为使煤样试件经历与顶煤相似的应力路径，实验分为两个阶段：阶段 1 首先在试件中点 O 处进行抗压实验，如图 5-33(b)所示，煤体经历压剪过程，5 个煤样试件分别加载至图 5-33(c)中相应的点 $P1$、点 $P2$、点 $P3$、点 $P4$ 和点 $P5$；然后完全卸载，每个点(试件)对应的剪切塑性变形程度不同。阶段 2 将自由端 A、B 的边界条件改为简支，如图 5-33(d)所示，在点 O 对煤样试件重新进行加载，直至发生拉伸破断为止。该阶段煤样试件可以视为中部受集中力的简支梁，加载过程中得到力-位移曲线如图 5-33(e)所示，由材料力学可知简支梁中部最大拉应力为 $Fhl/8I$，其中 F 为图 5-33(e)中的峰值力，h、l 分别为试件的长度和高度，I 为煤样试件的惯性矩。

阶段 2 过程中所得各煤样试件的力-位移曲线如图 5-34(a)所示，煤样试件 1～5 发生破断瞬间承受的最大集中力逐渐降低，这是由阶段 1 过程中，煤样试件 1～5 加载程度依次升高造成的。图 5-33(a)中煤样试件的弹性模量取 1.5GPa，剪胀角取 20°，由图 5-34(a)中集中力峰值可得各煤样试件中最大拉应力值，由阶段 1 应力-应变曲线及式(5-19)可得阶段 1 结束后煤样试件 1～5 中剪切塑性应变的发育程度。

阶段 2 各煤样试件抗拉强度与阶段 1 剪切塑性变形程度之间的关系如图 5-34(b)所示，煤体硬化阶段的剪切塑性应变对煤体抗拉强度的影响较小，峰后软化阶段剪切塑性变形的累积导致煤样试件抗拉强度迅速降低。整体趋势为煤体抗拉强度随着剪切塑性变形程度的升高而降低。即顶煤剪切变形破坏阶段累积的剪切塑性应变同样可以导致其抗拉强度的降低，促进其在架后自重作用下发生拉伸破坏并冒落。对图 5-34(b)中的数据进行拟合可得拟合函数：

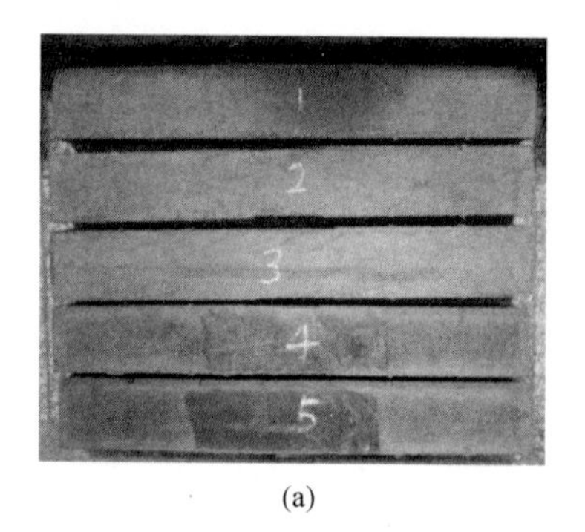

(a)

(b)

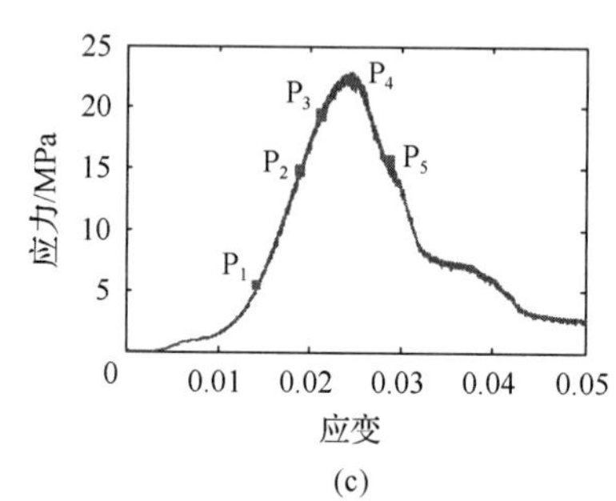

(c)

(d)

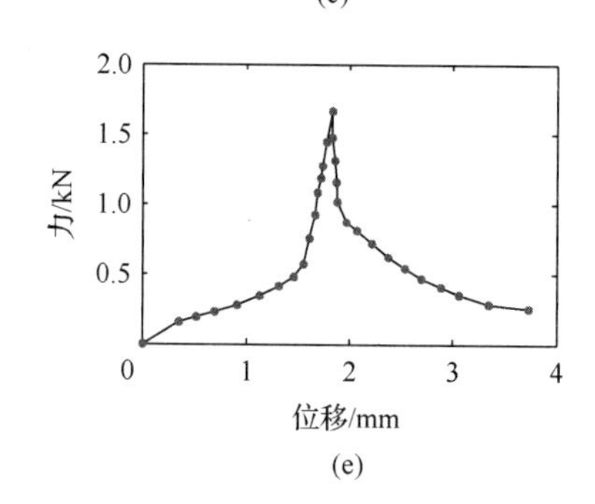

(e)

图 5-33　实验试件及过程

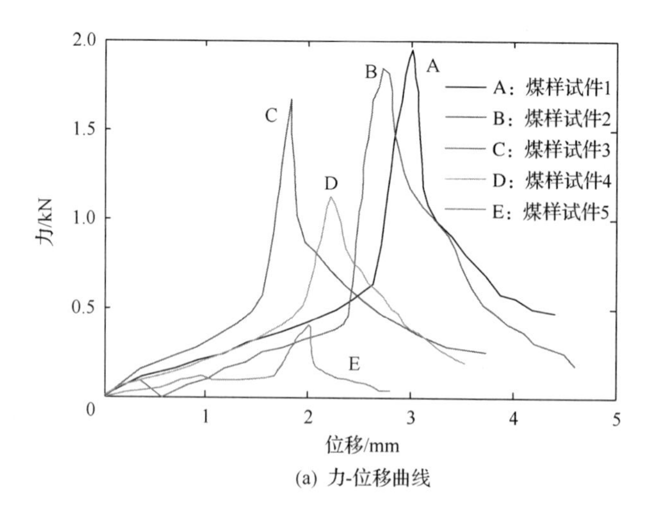

(a) 力-位移曲线

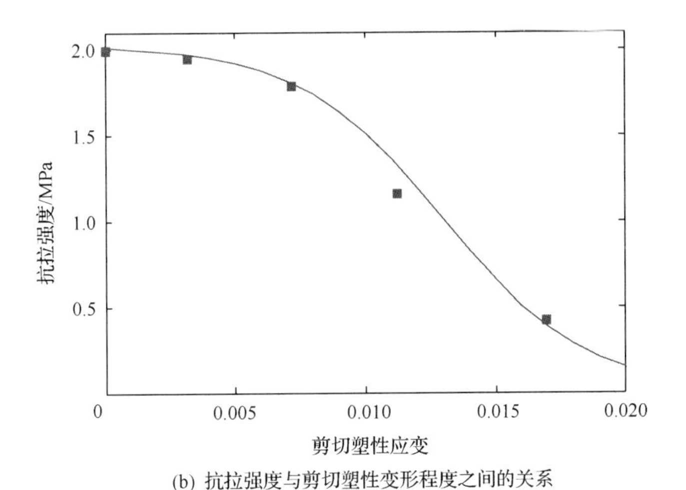

(b) 抗拉强度与剪切塑性变形程度之间的关系

图 5-34　实验结果

$$R_t = R_0 \left[\exp\left(\frac{\gamma}{1+\mathrm{e}^{-\alpha(1-\beta)}} \right) - \exp\left(\frac{\gamma}{1+\mathrm{e}^{-\alpha(\xi_s-\beta)}} \right) \right] \tag{5-23}$$

式中，R_t为损伤煤体抗拉强度，MPa；R_0为初始抗拉强度，MPa；γ、α、β均为拟合常数。R_0取 1.9MPa，拟合常数分别取 0.7、360 和 0.012 可得拟合曲线如图 5-34(b)中的实线所示，与实验数据可以很好地吻合。

式(5-23)中各未知参数取上述数值，将图 5-31 中的数据代入式(5-23)则可得顶煤抗拉强度分布特征如图 5-35 所示。顶煤抗拉强度在工作面前方 5m 处开始降低，说明剪切塑性应变在该位置累积到一定值，抗拉强度对其敏感性增强[图 5-34(b)]，在工作面支架后方，顶煤抗拉强度降低至较低水平甚至丧失抵抗拉应力的能力，在其自重作用下冒落。

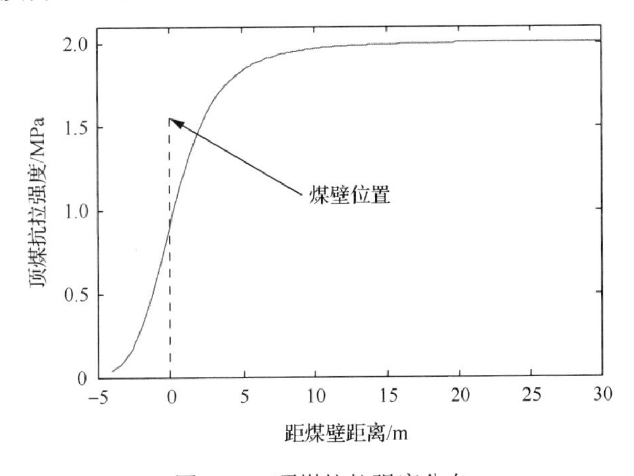

图 5-35　顶煤抗拉强度分布

5.3.3　顶煤冒落条件

文献[25]认为支架后方顶煤在自重作用下发生剪切破坏，建立了如图 5-36 所示的力学模型，并给出了顶煤在支架后方发生剪切冒落的条件：

$$\mathrm{CF}=\frac{a}{b}\left(\frac{\sigma_{\mathrm{v}}+b\gamma_{\mathrm{c}}}{2C+2\sigma_{\mathrm{h}}\tan\varphi+a\sigma_{\mathrm{t}}/b}\right) \tag{5-24}$$

式中，a、b 为顶煤块体的宽度和高度；γ_{c} 为顶煤容重。

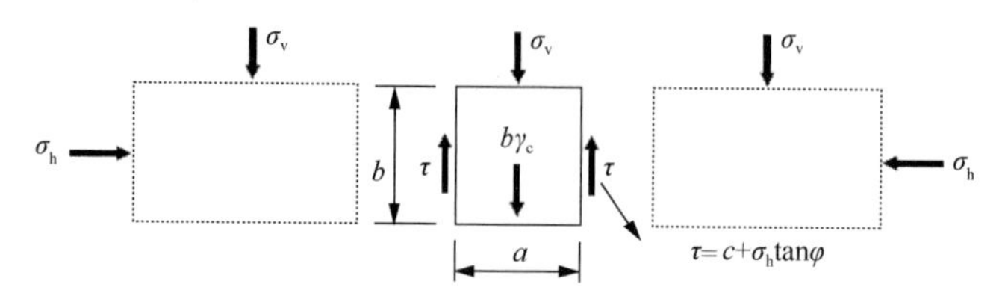

图 5-36　顶煤剪切冒落力学模型[25]

随着冒落系数 CF 的增大，顶煤冒落的概率升高，当 CF 值大于 1 时，顶煤在支架后方冒落。理论分析结果和实验结果表明顶煤在支架后方因发生拉伸破坏而冒落，文献[4]、[24]给出了同样的结论：顶煤和顶板均在自重作用下发生拉伸破坏而冒落。如图 5-25 所示，支架后方顶煤水平应力接近等于 0，因此，图 5-36 模型中应不考虑水平应力；顶煤失去支架支撑后，下表面成为自由边界，顶煤自由弯曲下沉，承受的顶板压力接近 0 水平，图 5-36 中模型中的垂直应力同样不需考虑。支架后方顶煤完全在自重作用下破坏并冒落，修改后的力学模型如图 5-37 所示，对潜在冒落煤块 A 进行分析，顶煤在边界 ab 上发生拉伸破坏，在边界 ac 和 bd 上发生剪切滑动，因此，支架后方顶煤冒落的条件为

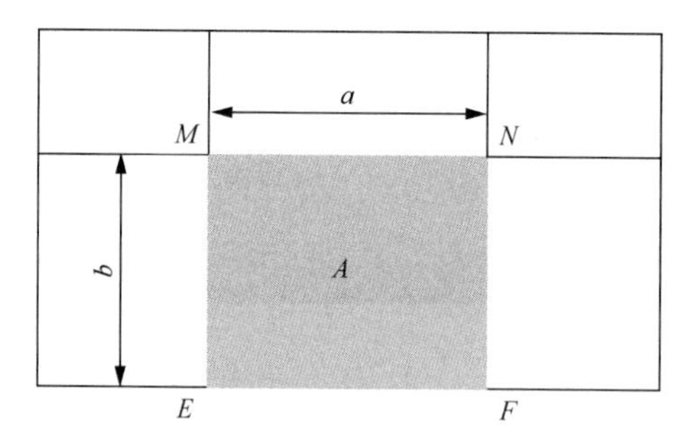

图 5-37　顶煤拉伸冒落力学模型

$$\mathrm{CF}=\gamma_{\mathrm{c}}ab-R_{\mathrm{t}}a-2Cb \tag{5-25}$$

式(5-25)为支架后方顶煤能否冒落的判据，冒落概率随着系数 CF 的增大而升高，当 CF 值大于 0 时，顶煤在支架后方必然破坏冒落。

5.4　数值模拟分析

为了验证 5.3 节理论分析的正确性，以新柳煤矿为工程背景，建立数值模型，煤层厚度为 7m，割煤高度为 3m，顶煤厚度为 4m，对综放开采过程进行数值模拟，定义 fish

函数，当顶煤和顶板发生拉伸破坏时便开始冒落，覆岩冒落岩块足以充满采空区时对采空区进行回充，具体模拟过程在文献[4]中进行了详细的描述，数值模拟结果如图 5-38 所示。图 5-38(a)为煤层采动后煤体破坏分区图，数值模拟过程中，采用如下方法对煤体破坏形式进行区分：定义煤体状态参数 λ，当煤体处于弹性状态时，$\lambda = 0$；当煤体发生压剪破坏时，$\lambda = 1$；当煤体发生拉剪破坏时，$\lambda = 2$，当煤体发生拉剪-拉伸混合破坏时，$\lambda = 3$；当煤体发生拉伸破坏时，$\lambda = 4$。初始条件下顶煤处于弹性状态。顶煤超前工作面约 13m 开始发生压剪破坏，此时顶煤没有完全进入塑性屈服状态，仅产生相互平行的破坏带。初始破坏时顶煤中仅一簇相互平行的破坏带，当顶煤过渡至超前工作面 9m 时，增加至两簇剪切破坏带。上述剪切破坏带实质为塑性流动理论中的滑移线。滑移线在顶煤中成簇发育，而不是均匀发育，这是由于煤体变形破坏过程中具有变形局部区域集中化的特点，滑移线沿剪切塑性应变增长率最大的方向发育。由塑性流动理论可知同簇滑移线相互平行，与模拟结果一致。随着工作面的推进，顶煤水平应力在开挖卸荷作用下不断释放，塑性流动现象在顶煤滑移线附近持续进行，局部剪切破坏带逐渐扩展，在工作面前方约 2m 处，顶煤全部进入压剪破坏状态。在工作面前方约 1m 的位置顶煤(上表面)破坏面上的正应力开始转变为拉应力，顶煤进入拉剪破坏状态，压剪破坏区域与拉剪破坏区域交界线上顶煤应力状态可由图 5-20 中的莫尔应力圆 3 表示，拉剪破坏带一直延展至控顶区上方，呈漏斗状，与图 5-27 中的理论分析结果一致。在拉剪破坏带的左侧，顶煤并非直接进入理论分析中的拉伸破坏范围，而是存在一条宽度较小的拉剪-拉伸混合

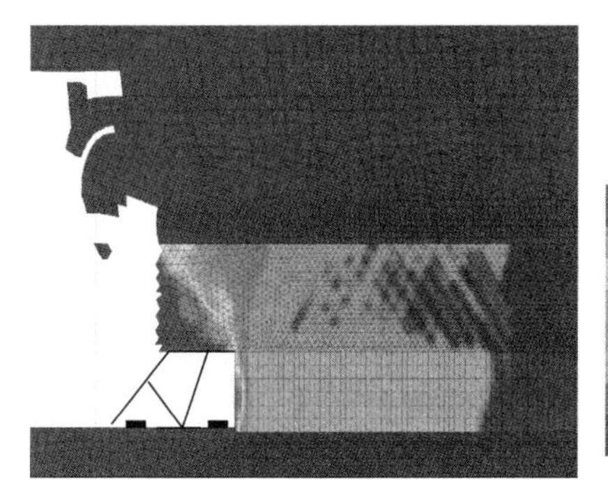

(a) 破坏形式分区

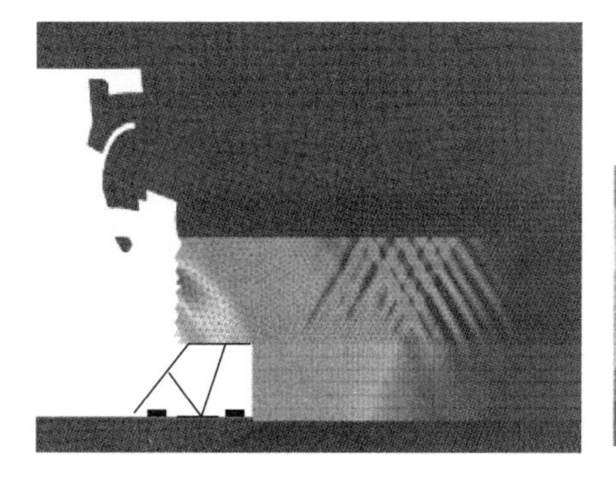

(b) 剪切塑性应变分布

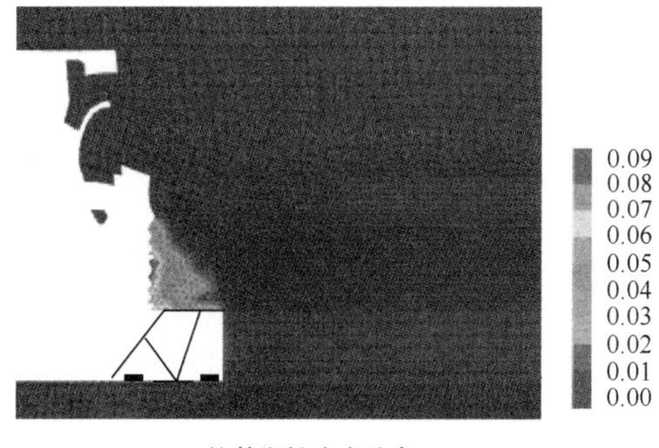

(c) 拉伸塑性应变分布

图 5-38 数值模拟结果

破坏带，拉剪-拉伸混合破坏带呈不规则形态分布，由于宽度较小，顶煤经历该阶段的时间很短。顶煤经历了拉剪-拉伸破坏过程之后便进入拉伸破坏范围，经历拉伸破坏过程之后，煤体塑性变形程度发育至较高水平，由于剪切塑性变形程度高，顶煤的内聚力和抗拉强度均减小至残余水平，顶煤满足冒落条件式(5-25)，在支架后方冒落。

图 5-38(b)为顶煤中剪切塑性应分布特征，由于滑移线上的剪切塑性应变增长率最大，顶煤中的剪切塑性应变同样呈现成簇分布的特征，在工作面前方 13m 处，先出现一簇相互平行的剪切塑性应变集中带，随着水平应力的释放，增加至两簇剪切应变集中带。随着剪切塑性应变的累积，在工作面前方约 2m 处，剪切塑性应变在顶煤中转变为均匀分布形式，说明顶煤全部发生塑性流动现象。之后顶煤进入控顶区，剪切塑性应变继续升高，在支架后方达到最大值 0.29。由式(5-21)和文献[4]中的实验结果可知，剪切塑性应变达到 0.29，煤体的内聚力已降低至残余水平。

图 5-38(c)为顶煤中拉伸塑性应变分布特征，拉伸塑性应变在拉剪-拉伸破坏区开始发育，并非与剪切塑性应变一致超前工作面发育。这是由于顶煤中的水平拉应力在靠近煤壁位置才会出现(图 5-18)，且拉应力水平较低，达不到顶煤初始抗拉强度。经过压剪和拉剪破坏过程，顶煤中的剪切塑性应变已累积到较大值，由式(5-21)和式(5-23)可知，剪切塑性应变的发育导致顶煤抗拉强度和内聚力同时劣化，在拉剪-拉伸破坏区，顶煤抗拉强度降低至较小值，顶煤悬臂产生的较低水平的拉应力便足以促使顶煤发生拉伸破坏，拉伸塑性应变开始累积。在剪切和拉伸塑性应变的双重影响下，顶煤抗拉强度再一次劣化，过渡至拉伸破坏区后，在自重作用下便足以使顶煤继续发生拉伸破坏并冒落。

5.5 顶煤破坏影响因素分析

5.5.1 煤壁前方顶煤损伤过程影响因素

5.5.1.1 顶煤应力路径

工作面前方垂直应力在采动影响下发生变化，如图 5-39 所示。煤层采出后，采空区上覆岩层重力被传递至实体煤，引起煤壁前方垂直应力由点 *A* 开始增大，在煤壁前方的点 *B*，垂直应力增大至最大值，顶煤被压坏，承载能力降低，垂直应力开始减小并在煤壁处降低至残余应力，因此，我国学者长期以来普遍采用单轴或三轴抗压实验分析顶煤破坏机理。

根据弹塑性理论可知：顶煤在点 *B* 进入后继屈服状态，*OB* 段顶煤应力状态始终处于强度准则在应力空间中确定的屈服面上，不考虑采动造成的主应力旋转现象，顶煤破坏同时受垂直应力和水平应力的控制。如图 5-39 所示，在点 *A* 顶煤开始受到采动影响，水平应力在开挖卸荷作用下减小，垂直应力则因覆岩载荷传递作用而增大。垂直应力在点 *B* 达到峰值，在该点垂直应力与水平应力之差(偏应力)达到最大值，顶煤在偏应力作用下发生剪切屈服，煤体中开始出现不可恢复的塑性变形并表现出应变软化现象，顶煤承载能力逐渐降低，在煤壁处仅剩残余应力。

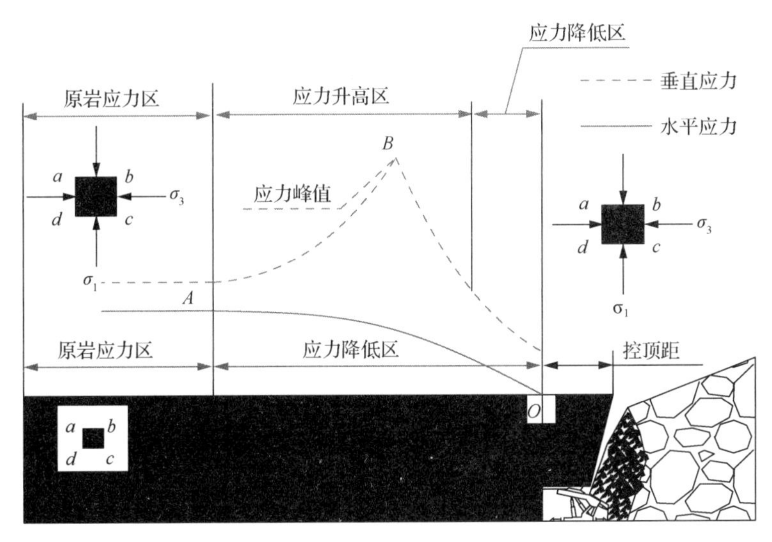

图 5-39 煤壁前方顶煤分区

由常规三轴实验和三轴卸围压实验可知，最大主应力加载和最小主应力卸载均可加剧煤体破坏及其内微小裂隙的萌生、发育和贯通。一定强度的煤体，裂隙的存在会导致煤体强度的降低，进而减弱其承载能力，并使煤体表现出各向异性力学特征。无论是完整煤体还是裂隙煤体，通过改变其所经历的应力路径，均可使煤体发生破坏，并表现出不同的宏观破坏形式，即煤体所经历的应力路径在其破坏过程中起主导作用。为得到工作面前方顶煤的破坏损伤过程，应先确定从采动影响起始点 A 至煤壁这一过程中顶煤所经历的应力路径，此处借助极限平衡原理对煤壁前方顶煤损伤过程进行分析。

工作面开挖造成煤层所受水平约束的消失，煤层中分布的水平地应力由初始值逐渐降低，该现象被称为开挖引起的卸荷作用。随着距离煤壁距离的减小，开挖在煤体中造成的卸荷作用逐渐增强，并在工作面煤壁处降低至 0 水平，由初始采动影响位置至工作面煤壁，开挖造成的水平地应力变化近似服从以下负指数关系[11]：

$$\sigma_{\mathrm{h}} = \sigma_{\mathrm{hi}}\left[1 - \exp(-\alpha x)\right] \tag{5-26}$$

式中，σ_{hi} 为初始水平地应力，MPa，α 为拟合常数，控制采动卸压范围及应力变化梯度，该参数受采高、工作面长度及工作面推进速度的影响；x 为工作面前方任意一点煤体距离工作面煤壁的距离，工作面煤壁位置为坐标原点，m。

开挖在造成侧向卸荷效应的同时，还引起覆岩的下沉运动，未受采动影响前，覆岩处于初始平衡状态，采动影响后，部分煤层被回收形成空区，该范围的上覆岩层失去支撑开始下沉，其重力则通过上覆各岩层向未采出的实体煤层转移，使实体煤承受的覆岩重力增大，从而在工作面前方产生支承压力，如图 5-39 所示。与水平应力在开挖卸荷作用下的降低趋势正好相反，垂直应力自初始采动影响点 A 开始升高。以往学者对垂直应力的变化特征作过大量的理论和现场实测研究，结果表明：垂直应力的升高阶段(图 5-39 中 AB 段)可由式(5-27)拟合[11]：

$$\sigma_{\rm v}=(K-1)\gamma H\exp\left[(l-x)/\beta\right]+\gamma H \tag{5-27}$$

式中，β 为拟合常数；K 为垂直应力峰值系数；l 为垂直应力峰值点距煤壁的水平距离。

数值模拟实验和现场实测结果表明地下开采过程中，垂直应力峰值系数最大值可达到 4，即峰值系数 K 的取值范围介于 1～4：

$$\sigma_{\rm v\,max}=K\gamma H,\qquad K=1\sim 4 \tag{5-28}$$

在峰值点处，顶煤进入极限平衡状态，因塑性变形、微裂隙发育，顶煤中开始出现损伤，在不考虑顶煤软化的条件下，垂直应力峰值位置至煤壁范围内(*OB* 段)，顶煤均处于极限平衡状态，满足莫尔-库仑屈服准则和变形一致性条件：

$$\sigma_{\rm v}=N_{\varphi}\sigma_{\rm h}+2\sqrt{N_{\varphi}}C \tag{5-29}$$

式中，$N_{\varphi}=(1+\sin\varphi)/(1-\sin\varphi)$。

由式(5-29)可知，由于水平应力不断减小，垂直应力由峰值开始降低，顶煤逐渐由三轴应力状态向单轴应力状态转变，在煤壁处垂直应力降至顶煤的单轴抗压强度。将式(5-26)、式(5-28)代入式(5-29)可得垂直应力峰值点 B 距煤壁水平距离为[11]

$$l=-\frac{1}{\alpha}\ln\left[1-\frac{1}{\sigma_{\rm hi}N_{\varphi}}\left(K\sigma_{\rm vi}-2\sqrt{N_{\varphi}}C\right)\right] \tag{5-30}$$

式中，$\sigma_{\rm vi}$ 为初始垂直地应力。

将式(5-30)代入式(5-26)可得垂直应力峰值位置对应的水平应力为

$$\sigma_{\rm hmax}=\sigma_{\rm hi}\left\{1-\exp\left[\ln\left(1-\frac{1}{\sigma_{\rm hi}N_{\varphi}}\left(K\sigma_{\rm vi}-2\sqrt{N_{\varphi}}C\right)\right)\right]\right\} \tag{5-31}$$

结合式(5-26)～式(5-31)，可以初步得到顶煤中垂直应力和水平应力变化特征，在此基础上得到煤壁前方顶煤破坏机理和损伤过程。

5.5.1.2　顶煤损伤过程分析

假设某煤层初始垂直地应力和水平地应力分别为 12MPa、8MPa，支承压力峰值系数 K 取 2，煤体的内聚力和内摩擦角分别取 2MPa 和 30°，式(5-26)～式(5-31)中的未知常数 α 和 β 分别取 0.1 和 20。据此可得煤壁前方垂直应力和水平应力分布曲线如图 5-40 所示。采动影响下，顶煤中应力分布在工作面前方 45m 处(点 A)开始发生变化，垂直应力在覆岩载荷传递作用下增大，但水平应力变化并不明显，其值在距工作面约 20m 处开始在开挖卸荷作用下降低，说明开挖卸荷对水平应力的影响滞后于覆岩沉降对垂直应力的影响，这与本书 5.1 节中的数值计算结果是一致的。垂直应力峰值出现在超前工作面 8m 处(点 B)，峰值应力达到 24MPa。由点 A 至点 B 的过程中顶煤破坏危险性系数逐渐增大，但在 AA'段由于仅垂直应力发生变化，开挖卸荷作用不明显，顶煤破坏危险性系数增长速度小，在 $A'B$ 段，顶煤同时受到覆岩沉降和开挖卸荷的影响，破坏危险性系数增长速度明显提高。对比 AA'段和 $A'B$ 段破坏危险性系数曲线的斜率可判断，开挖卸荷(水平应力卸载)在促进顶煤破坏中所起的作用明显大于覆岩沉降(垂直应力加载)所起的作用。在点 B 顶煤破坏危险性系数增长至 0 水平，说明顶煤进入极限平衡状态并开始损伤，之后随着水平应力在开挖卸荷作用下的持续降低，垂直应力在峰值点后也呈现出降低的趋势。

图 5-40 中所示的顶煤垂直应力和水平应力分布实质就是顶煤中任意一点由原岩应力状态过渡至煤壁位置过程中所经历的应力路径。顶煤受到采动影响后，在工作面前方经历的应力历史为垂直应力持续加载、水平应力持续卸载的过程，由此可判断顶煤破坏形式与实验室中三轴卸围压实验后煤样试件的破坏形式最为相近。根据本书第 2 章的结论可知顶煤中剪切裂纹发育程度与垂直应力加载速度、水平应力卸载速度及初始屈服点对应的水平应力值直接相关。在峰值点前方，顶煤处于弹性变形阶段，虽然该阶段顶煤破坏危险性系数不断增加，但顶煤不会发生破坏，其承受载荷一直处于顶煤三轴极限承载能力范围内，根据弹塑性理论可知顶煤损伤程度仅与后继屈服阶段的应力历史有关，因此，AB 阶段的应力路径对顶煤的损伤破坏不会产生影响。峰值点之后，顶煤达到极限平衡状态，煤体中出现不可恢复的塑性应变及微小的剪切裂纹，煤体中开始出现损伤，且水平应力仍不断降低，顶煤承载能力下降，随着顶板的持续下沉，该阶段顶煤中损伤不断累积，并在煤壁处达到最大损伤程度，该损伤程度的大小取决于 OB 段顶煤应力路径。由以上分析可知，垂直应力峰值点前方的应力路径对顶煤破坏不会造成影响，顶煤损伤程度主要取决于垂直应力峰值点至煤壁这一阶段所经历的应力历史，峰值点后，顶煤发生压剪破坏。

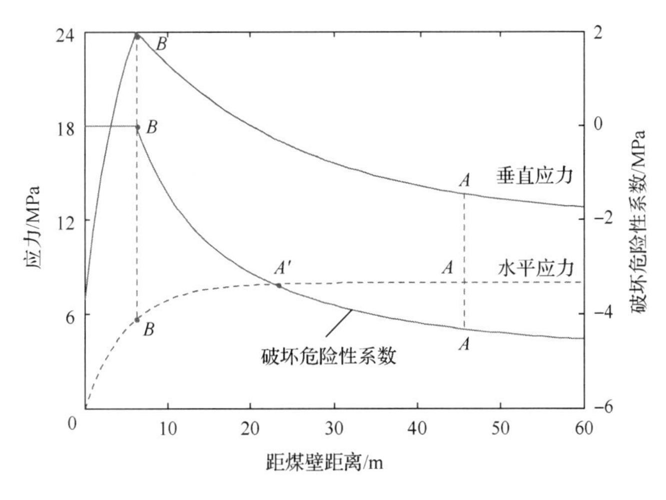

图 5-40 煤壁前方垂直应力和水平应力分布曲线

5.5.1.3 煤壁前方顶煤损伤影响因素

1) 埋藏深度

通过改变煤层埋藏深度(初始垂直地应力)得到顶煤经历应力路径如图 5-41 所示。随着顶煤埋藏深度的增加，顶煤初始屈服点对应的垂直应力增大，初始屈服点位置距离煤壁位置逐渐增加，在推进速度一定的条件下，顶煤能够更早地进入塑性屈服状态，采动裂隙拥有更长的发育时间，过渡至煤壁位置时顶煤损伤最严重。由图 5-41 还可以看出，由于水平地应力分布没有发生变化，各种煤层埋深条件下，靠近煤壁处的垂直应力分布是一致的。

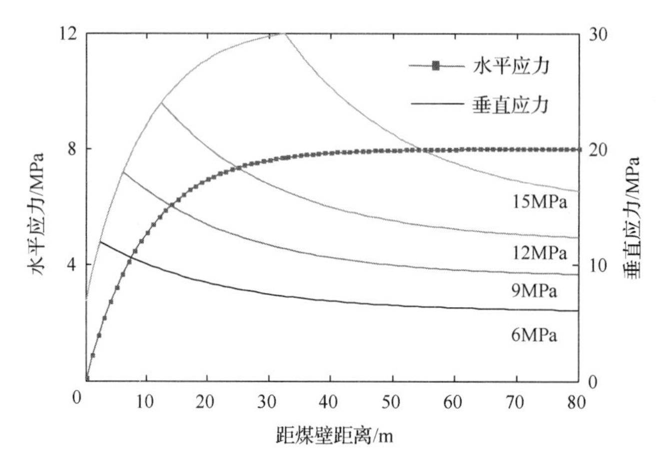

图 5-41　埋藏深度对顶煤中应力分布的影响

2) 水平地应力大小

由于地层形成过程中经历了多次构造运动，在地层中形成较大的构造应力，造成水平地应力通常大于垂直地应力。初始水平地应力对顶煤应力分布特征的影响如图 5-42 所示。随着水平地应力的增大，顶煤初始屈服位置迅速向煤壁靠近，工作面前方塑性区范围迅速缩小，顶煤过渡至煤壁上方前所经历的损伤时间缩短，顶煤冒放性变差。随着水平地应力的增大，初始屈服位置至煤壁上方垂直地应力变化梯度升高，垂直应力分布特征受水平地应力大小的影响程度逐渐降低。

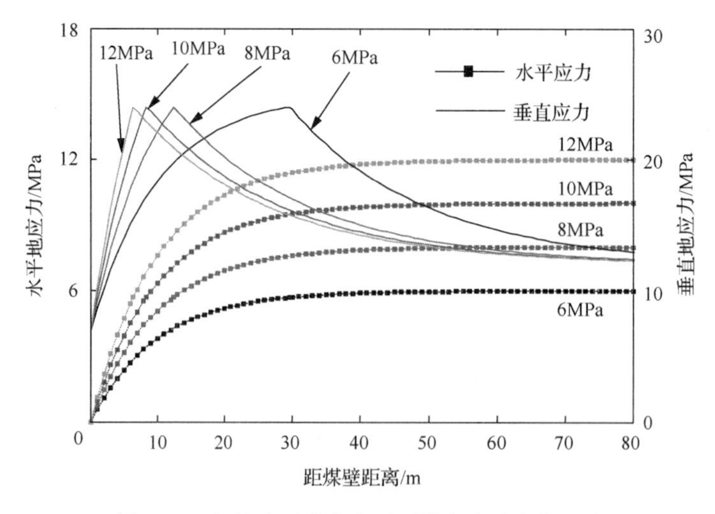

图 5-42　初始水平地应力对顶煤应力分布的影响

3) 煤体的内聚力

内聚力对顶煤应力分布的影响如图 5-43 所示。随着顶煤的内聚力的增大，顶煤初始屈服位置距煤壁的距离逐渐减小，说明内聚力越大，顶煤破坏越困难，初始屈服破坏后经历的损伤时间减少，顶煤冒放性变差。由于没有考虑顶煤在屈服后表现出的应变软化现象，煤壁处顶煤的承载能力随着内聚力的增加而升高。

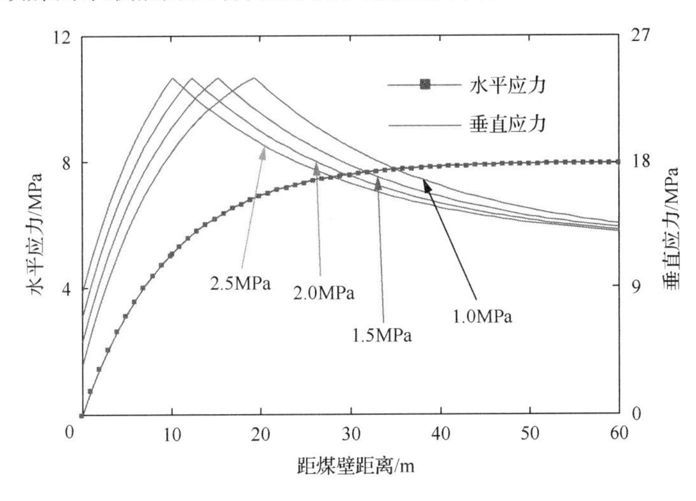

图 5-43 内聚力对顶煤应力分布的影响

4) 煤体的内摩擦角

内摩擦角对顶煤应力路径分布的影响如图 5-44 所示。随着煤体内摩擦角的增加，顶煤初始屈服点位置逐渐向煤壁靠近，超前煤壁破坏的范围越小，由初始屈服点至煤壁，顶煤经历的损伤时间越有限，剪切裂隙的发育程度低，顶煤冒放性差。随着内摩擦角的增大，初始屈服点至煤壁范围内，顶煤中垂直应力的变化梯度逐渐升高，但垂直应力的分布受内摩擦角的影响程度随着内摩擦角的增大而降低。

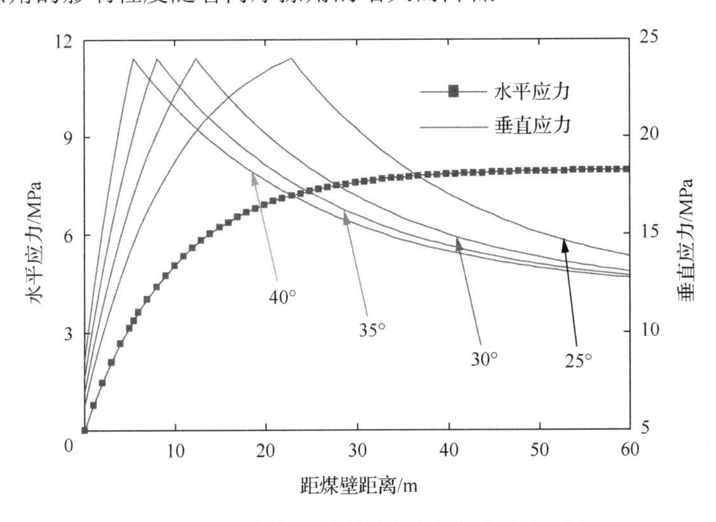

图 5-44 内摩擦角对顶煤应力路径分布的影响

5) 垂直应力峰值系数

顶底板条件及顶煤硬度等煤层赋存条件及采高、推进速度等开采技术条件对垂直应力峰值系数存在显著影响，垂直应力峰值系数对顶煤应力分布的影响如图 5-45 所示。随着垂直应力峰值系数的增大，顶煤初始屈服位置迅速向煤壁内侧前移，距煤壁的距离逐渐增大，说明随着工作面的推进，顶煤受采动影响开始损伤的时间提前。在一定工作面推进速度条件下，煤壁前方受采动影响的顶煤具有更充分的时间进行采动裂隙的发育和扩展，顶煤过渡至煤壁上方时损伤程度提高，冒放性增强。

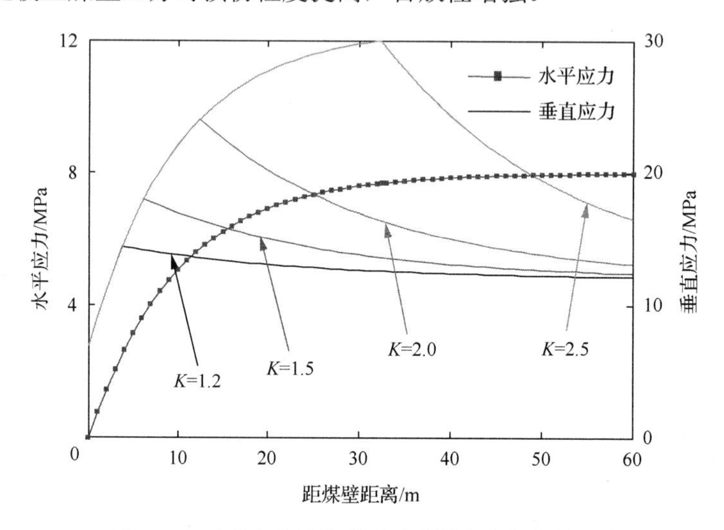

图 5-45 垂直应力峰值系数对顶煤应力分布的影响

6) 开挖卸荷效应

煤层回采引起的开挖卸荷效应越来越多地引起了研究者的注意，开挖卸荷效应成为导致围岩和顶煤破坏的主要原因，开挖卸荷效应指的是开挖引起侧向约束消失，造成水平应力随着距煤壁距离的减少而降低的现象。水平应力的降低范围代表了开挖引起卸荷效应的剧烈程度，该程度受工作面推进速度、割煤高度及工作面空间的几何尺寸等多种因素的影响。开挖卸荷效应对顶煤应力分布的影响如图 5-46 所示。随着参数 α 的增大、水平应力减小速度的加快，降低范围明显减少，顶煤初始屈服点迅速向煤壁靠近，说明顶煤过渡至煤壁上方之前所经历的损伤时间缩短，顶煤中剪切裂隙发育程度低，冒放性变差。由图 5-46 还可以看出，随着水平应力降低速度的加快，受采动影响明显的顶煤范围减少，顶煤初始屈服位置至工作面煤壁范围内垂直应力的降低梯度同样增加。

根据以上对煤壁前方顶煤应力路径的分析，我们仅能判别顶煤有没有发生损伤，而无法判别其真实的损伤程度，因此，暂且以煤壁前方顶煤的损伤范围反映其损伤程度。以上 6 种因素对煤壁前方顶煤损伤范围的影响如图 5-47 所示。随着初始垂直应力及其峰值系数的增加，顶煤损伤范围变大，由初始损伤位置至煤壁顶煤经历的损伤时间增加，冒放性增强，顶煤损伤范围的扩展速度随着垂直应力及其峰值系数的增大而增加。顶煤损伤范围随着内聚力、内摩擦角、水平应力及开挖卸荷系数的增大而减小，顶煤冒放性变差。当上述 4 种因素增大至较高水平时，顶煤损伤范围受其影响不再明显。

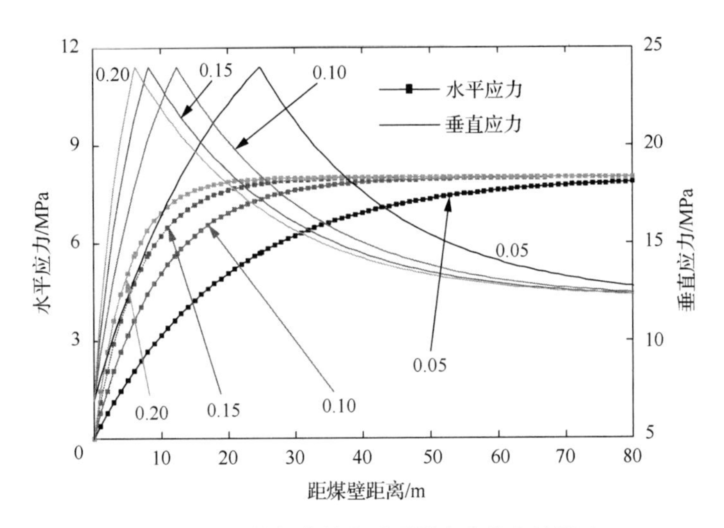

图 5-46　开挖卸荷效应对顶煤应力分布的影响

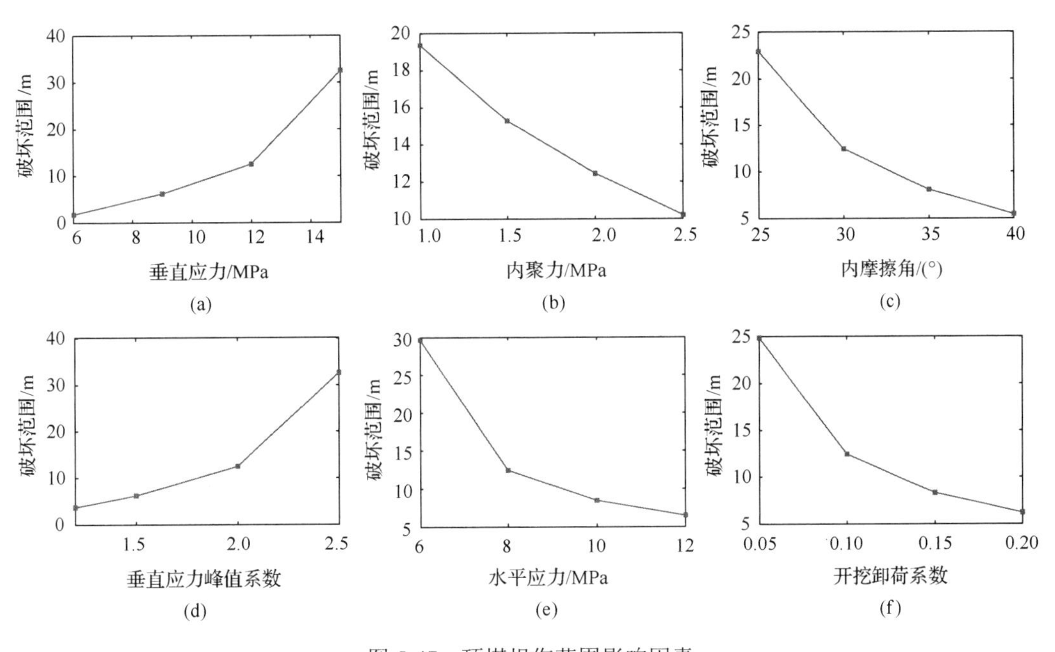

图 5-47　顶煤损伤范围影响因素

5.5.2　控顶区上方顶煤破坏影响因素

在控顶区，上下位顶煤继续破坏的主导因素不同，上位顶煤因顶板回转作用产生水平拉应力而发生拉伸破坏，下位顶煤在支架反复支撑作用下发生剪切或拉伸破坏，因此，其破坏机理也存在较大差异。

5.5.2.1　上位顶煤

在不考虑支架载荷的作用下，控顶区上位顶煤可视为受均布载荷的悬臂梁，该条件下顶煤中水平应力分布如图 5-48 所示。图中横坐标原点为煤壁位置，煤壁后方为负。由图 5-48 可以看出，以顶煤中部为分界线，上位顶煤中水平应力为拉应力，下位顶煤中水平应力为压应力，拉应力最大值位于固支端(煤壁处)上表面。由材料力学理论可知，顶煤中拉应力水平随着顶板载荷的增大和顶煤厚度的减小而增大，因此，可及时断裂冒落的中硬顶板条件和适宜的煤层厚度(<12m)，有利于综放开采取得较高的顶煤采出率。

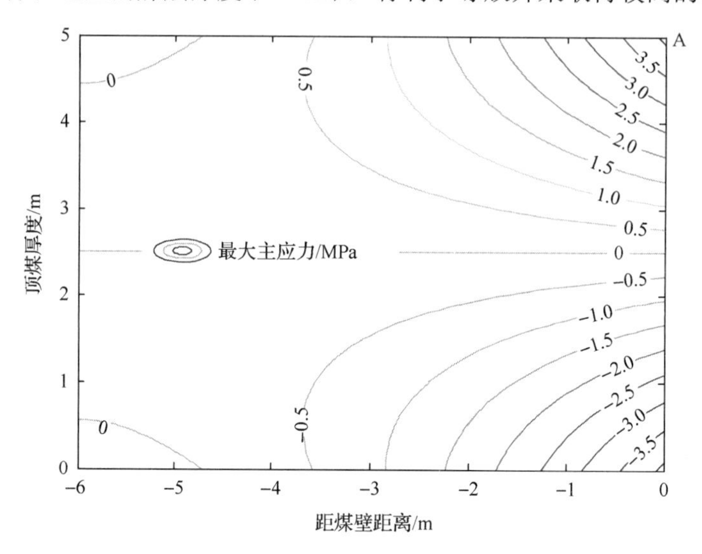

图 5-48　固支梁顶煤中水平应力分布

5.5.2.2　下位顶煤

控顶范围内支架对顶煤的反复支撑作用可视为循环载荷，实验表明峰后阶段对煤体进行循环加卸载可有效降低煤体的残余抗压强度，如图 5-49 所示，在峰后点 A 进行卸载，再次加载时煤体的残余峰值强度小于卸载时的轴向应力大小，残余强度降低。

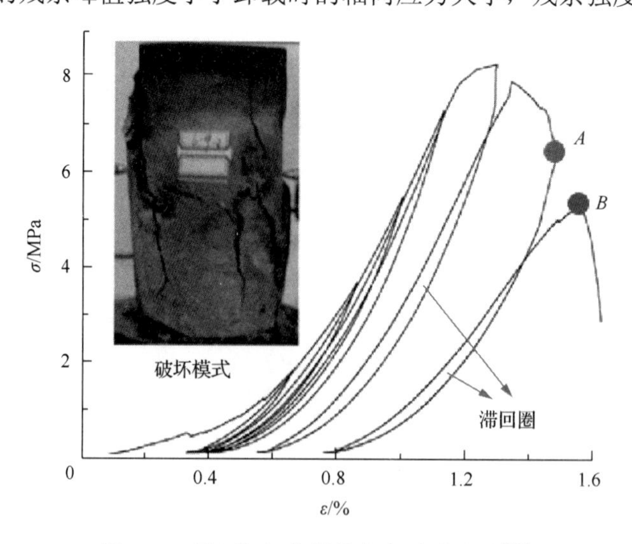

图 5-49　循环加卸载煤体应力-应变曲线[26]

我国学者同样对循环载荷下煤体的损伤过程做过大量研究[27]，室内实验表明循环加卸载实验中煤体损伤变量及渗透率变化与循环次数之间的关系如图 5-50 所示(渗透率在一定程度上可以反映煤体中的裂隙发育程度)。在最大循环载荷保持不变的的条件下，煤体损伤变量及渗透率均随着循环次数的增加而增大，当循环次数达到 10 次以后，损伤变量及渗透率受循环次数的影响程度降低。

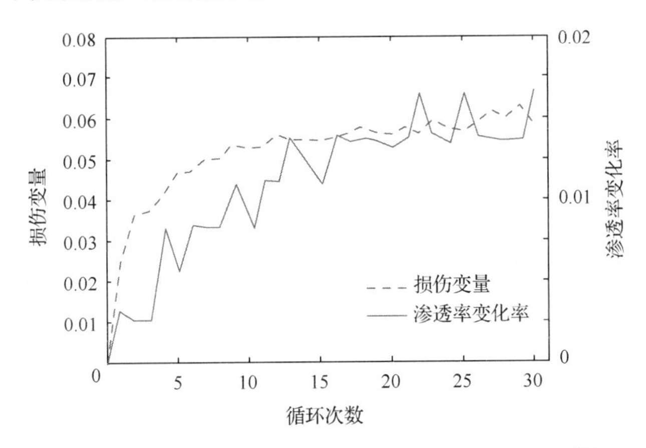

图 5-50 损伤变量和渗透率同循环次数之间的关系[27]

由图 5-49 和图 5-50 可以推断，在支架最大支护载荷保持不变的条件下，通过减小割煤机截割深度，增加控顶范围内顶煤经历的支架反复支撑次数，即增加顶煤经历的载荷循环次数，可有效提高顶煤破坏程度，最终可以改善顶煤采出率和放出效率。

参考文献

[1] 王家臣. 厚煤层开采理论与技术[M]. 北京: 冶金工业出版社, 2009.

[2] 王家臣. 我国放顶煤开采的工程实践与理论进展[J]. 煤炭学报, 2018, 43(1): 43-51.

[3] 徐永圻. 煤矿开采学[M]. 徐州: 中国矿业大学出版社, 1999.

[4] Wang J C, Wang Z H, Yang S L. A coupled macro-and meso-mechanical model for heterogeneous coal[J]. International Journal of Rock Mechanics and Mining Sciences, 2017, 94: 64-81.

[5] Wang J C, Yang S L, Li Y, et al. Caving mechanisms of loose top-coal in longwall top-coal caving mining method[J]. International Journal of Rock Mechanics and Mining Sciences, 2014, 71: 160-170.

[6] Wang J C, Zhang J W, Zhao L. A new research system for caving mechanism analysis and its application to sublevel top-coal caving mining[J]. International Journal of Rock Mechanics and Mining Sciences, 2016, 88: 273-285.

[7] 王家臣, 富强. 低位综放开采顶煤放出的散体介质流理论与应用[J]. 煤炭学报, 2002, 27(4): 337-341.

[8] 王家臣, 杨建立, 刘颢颢, 等. 顶煤放出散体介质流理论的现场观测研究[J]. 煤炭学报, 2010, 35(3): 353-356.

[9] 王家臣, 李志刚, 陈亚军, 等. 综放开采顶煤放出散体介质流理论的试验研究[J]. 煤炭学报, 2004, 29(3): 260-263.

[10] 王家臣, 张锦旺. 综放开采顶煤放出规律的 BBR 研究[J]. 煤炭学报, 2015, 40(3): 487-493.

[11] 王家臣, 王兆会. 综放开采顶煤在加卸载复合作用下的破坏机理[J]. 同煤科技, 2017, 6(3): 1-8.

[12] 王兆会. 综放开采顶煤破坏机理及冒放性判别方法研究[D]. 北京: 中国矿业大学(北京), 2017.

[13] 王金华, 黄志增, 于雷. 特厚煤层综放开采顶煤体“三带”放煤理论与应用[J]. 煤炭学报, 2017, 42(4): 809-816.

[14] 王金华. 特厚煤层大采高综放开采关键技术[J]. 煤炭学报, 2013, 38(12): 2089-2098.

[15] 陈忠辉, 谢和平, 林忠明. 综放开采顶煤冒放性的损伤力学分析[J]. 岩石力学与工程学报, 2002, 21(8): 1136-1140.

[16] 陈忠辉, 谢和平, 王家臣. 综放开采顶煤三维变形、破坏的数值分析[J]. 岩石力学与工程学报, 2002, 21(3): 309-313.

[17] 谢和平, 赵旭清. 综放开采顶煤体的连续损伤破坏分析[J]. 中国矿业大学学报, 2001, 30(4): 323-327.

[18] 张勇, 吴健. 放顶煤开采顶煤的裂移度及顶煤可放性[J]. 中国矿业大学学报, 2000, 29(5): 64-67.

[19] 吴健, 张勇. 顶煤裂隙的发展趋势及其对注水防尘的影响[J]. 煤炭学报, 1998, 23(6): 22-26.

[20] 靳钟铭, 魏锦平, 靳文学. 综放工作面煤体裂隙演化规律研究[J]. 煤炭学报, 2000, 25(s2): 43-45.

[21] 靳钟铭, 弓培林, 靳文学. 煤体压裂特性研究[J]. 岩石力学与工程学报, 2002, 21(1): 70-72.

[22] Horii H, Nemat-Nasser S. Compression-induced microcrack growth in brittle solids' axial splitting and shear failure[J]. Journal of Geophysical Research Solid Earth, 1985, 90(B4): 3105-3125.

[23] Wang H, Zhao Y, Zhu J, et al. Numerical investigation of the dynamic mechanical state of a coal pillar during longwall mining panel extraction[J]. Rock Mechanics & Rock Engineering, 2013, 46(5): 1211-1221.

[24] Yasitli N E, Unver B. 3D numerical modeling of longwall mining with top-coal caving[J]. International Journal of Rock Mechanics and Mining Sciences, 2005, 42(2): 219-235.

[25] Alehossein H, Poulsen B A. Stress analysis of longwall top coal caving[J]. International Journal of Rock Mechanics and Mining Sciences, 2010, 47(1): 30-41.

[26] Liu X S, Ning J G, Tan Y L, et al. Damage constitutive model based on energy dissipation for intact rock subjected to cyclic loading[J]. International Journal of Rock Mechanics and Mining Sciences, 2016, 85(3): 27-32.

[27] 李晓泉, 尹光志, 蔡波. 循环载荷下突出煤样的变形和渗透特性试验研究[J]. 岩石力学与工程学报, 2010, 29(s2): 3498-3504.

6　顶煤冒放性指标及应用

冒放性指标是评价矿体在矿山压力和自重作用下能否破坏并冒落的重要参数，也是评价相关采矿方法效率的重要指标。顶煤冒放性的准确判断，可以成功预测放顶煤是否适用于特定地质条件的厚煤层，为该开采工艺的成功应用提供理论保证，避免因设备安装后不能正常生产造成的损失。为评价金属矿床的崩落性，Laubscher 收集了大量矿山地质资料和实际开采效果数据，并在岩石评价指数(RMR)的基础上提出矿山岩体评价指标(MRMR)，绘制出 Laubscher's 崩落性表格，根据此表格和矿山实际情况可判别三区：冒落区、稳定区和过渡区，从而判断矿山采用崩落法的可行性[1]；Mathews 等根据岩石 Q 分类指标、裂隙分布及岩心强度等因素提出稳定性系数，并绘制出 Mathews's 稳定性划分表格用于判别顶部矿床稳定性[2]。放顶煤开采技术引入我国后，随着放顶煤开采数据的增多，在掌握大量资料的同时，通过数据分析提出顶煤冒放性指标(CCI)，将顶煤冒放性分为很好、好、一般、差和很差 5 个级别，该方法在一定时期内得到广泛认可，但该方法仍然是一种对顶煤冒放性的定性划分[3]。为实现对顶煤冒放性的定量分析，采用拓扑理论对顶煤裂隙参数进行研究，可得到顶煤被裂隙切割块体的大小，但采动裂隙包含密度、位置、尺寸、倾向和倾角 5 个参数，实测难度大[4, 5]。本书结合室内实验、理论分析及数值计算方法构建顶煤冒放性指标并对其有效性进行验证。为实现顶煤冒放性指标的现场可测性，将煤体中塑性应变累积程度与顶煤中超声波波速变化建立联系，构建超声波波速预测模型并与本书第 2 章建立的煤体本构模型耦合嵌入 $FLAC^{3D}$ 数值计算软件，通过数值模拟结果与实验数据的对比验证超声波波速预测模型的正确性，并成功应用于工程实践，从而实现对顶煤冒放性的定量分析及冒放性指标的工程可测性。

6.1　顶煤冒放性评价指标

顶煤冒放性评价包含两层含义，即工作面前方完整顶煤的可冒性和冒落后散体顶煤的可放性，因此，综放采场顶煤的高效率回收要求顶煤必须满足两个条件：①顶煤能够在架前损伤破坏并在架后及时冒落；②顶煤应具有较高的损伤程度以保证冒落后散体顶煤块度小并具有良好的流动性。综放开采顶煤冒放性评价的实质便是预测一定赋存和开采技术条件下，顶煤破坏并冒落的可能性及顶煤的破碎程度和流动性，即冒放性预测指标的选取应保证能够同时体现顶煤破坏的危险性及破碎程度的高低。

室内实验无法再现顶煤由工作面前方原岩应力区过渡至架后冒落区所经历的复杂应力历史，因此，采用单轴抗压实验确定可反映顶煤破坏的危险程度及破碎程度的参数。第 2 章进行的单轴抗压实验过程中煤体全应力-应变曲线及宏观破坏特征如图 6-1 所示。应力峰值点之前，煤体处于完整状态，应力-应变曲线表明煤体表现出线弹性力学行为，应力达到煤体强度极限时，煤体表面出现宏观裂隙，表明顶煤应力状态达到该点时，宏观裂隙开始出现，顶煤可在架后实现冒落，具备可冒性条件，因此，根据第 5 章确定的顶煤碎裂系数(顶煤破坏危险性系数)，可判断顶煤冒落的可能性。但是冒落顶煤能否顺利放出取决于顶煤破坏后形成破碎岩块的大小和分布，顶煤碎裂系数无法反映顶煤的破坏程度。为了更精确地实现顶煤冒放性预判，我们需得到一个能够直观反映顶煤破坏程度的量。如图 6-1 所示，在强度极限点，煤样中仅存在两条裂隙，煤体破碎块度大，顶煤变形程度达到该点后，虽然顶煤碎裂系数等于 0，可保证在架后冒落，但煤体塑性变形程度低，冒落后散体顶煤流动性差，不易通过支架后侧的放煤口放出，即可放性差，必然导致较低的顶煤采出率。峰值点过后继续加载，煤体中塑性变形持续增加，煤样承载能力不断降低，其表面的宏观裂隙则逐渐增多。当煤样塑性变形程度达到点 9 时，煤样被裂隙充分切割，破碎煤块小而均匀，若顶煤中裂隙发育程度达到该点，则冒落后散体顶煤具有良好的流动性。

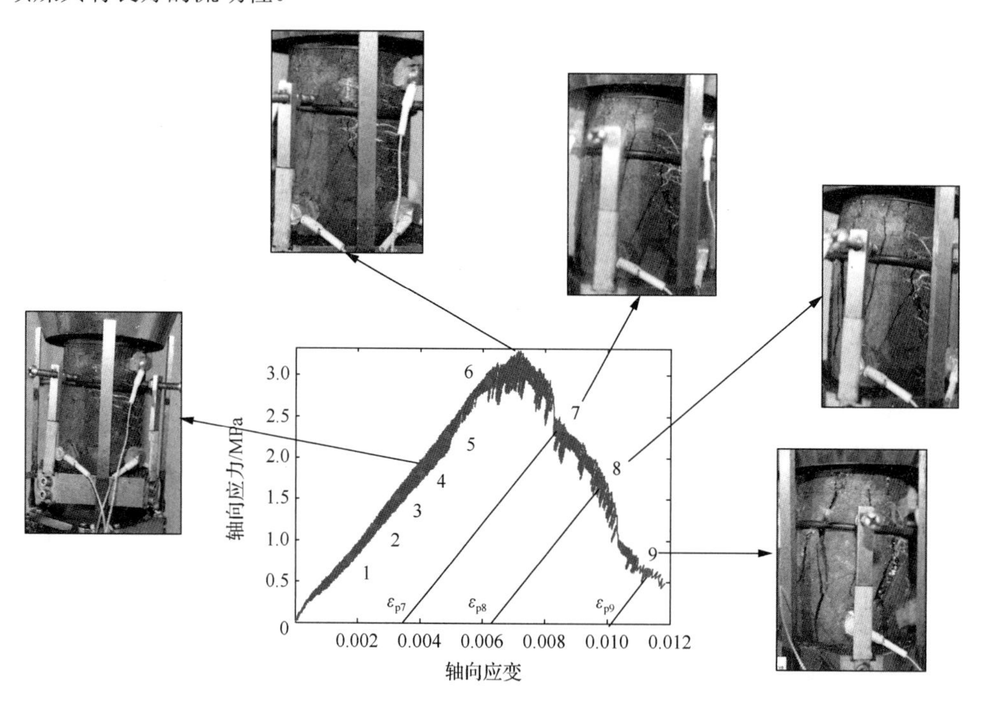

图 6-1　单轴实验应力-应变曲线

不同轴向塑性应变与煤样承载能力及煤样表面裂隙条数之间的关系如图 6-2 所示。随着轴向塑性应变的增加，煤样承载能力降低，而煤样表面裂隙条数增多，较高的裂隙发育程度和较低的承载能力均是顶煤以小块度形式冒落的具体表现，因此，可采用顶煤塑性变形程度表征冒落后散体顶煤的流动性。在塑性力学中，累积塑性应变可反映材料的塑性变形历史，因此，本书采用由原岩应力区过渡至架后冒落区顶煤中发育的累积塑性应变表征其冒放性[6]。

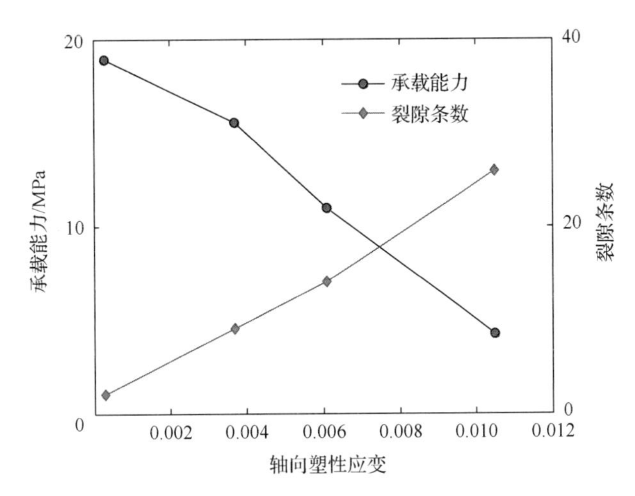

图 6-2 不同塑性应变与煤样承载能力及煤样表面裂隙条数关系

6.2 顶煤累积塑性应变

6.2.1 顶煤累积塑性应变的确定

根据第 2 章建立的煤体本构模型，对处于压、拉应力区的煤体分别采用莫尔-库仑强度准则和最大拉应力准则判断其破坏危险性系数。莫尔-库仑强度理论和最大拉应力强度准则公式分别为

$$f_{\mathrm{c}}=\frac{1}{2}(\sigma_1-\sigma_3)-\frac{1}{2}(\sigma_1+\sigma_3)\sin\varphi-C\cos\varphi \tag{6-1a}$$

$$f_{\mathrm{t}}=\sigma_3-\sigma_t \tag{6-1b}$$

煤体进入屈服状态后，根据塑性流动法则，可得到顶煤中发育的塑性应变。压应力区采用非关联流动法则，拉应力区采用关联流动法则。结合式(2-133)可知顶煤进入塑性屈服后，各主方向上的塑性应变增量可由式(6-2)确定：

$$\mathrm{d}\varepsilon_i^{\mathrm{p}}=\mathrm{d}\lambda\frac{\partial g}{\partial\sigma_i} \tag{6-2}$$

式中，σ_i 为主应力，$i=1,2,3$；$\varepsilon_i^{\mathrm{p}}$ 为主方向塑性应变分量；g 为塑性势函数，煤壁前方压应力区采用非关联流动法则，将莫尔-库仑强度准则中的内摩擦角替换为剪胀角 ψ 可得受压区煤体塑性势函数，受拉区采用关联流动法则，塑性势与最大拉应力强度准则一致；$\mathrm{d}\lambda$ 为表征塑性应变增量大小的非负比例因子，其定义为

$$\mathrm{d}\lambda=\frac{1}{h}\frac{\partial f}{\partial\sigma_i}\mathrm{d}\sigma_i \tag{6-3}$$

式中，f 为强度准则 f_c 或 f_t；h 为煤体塑性模量。将式(6-3)代入变形一致性条件可得塑性模量：

$$h=-\frac{1}{\mathrm{d}\lambda}\frac{\partial f}{\partial \xi}\mathrm{d}\xi \tag{6-4}$$

式中，ξ 为顶煤中累积塑性应变，其定义详见第 2.4.3 节煤体宏–细本构模型。

将塑性势函数代入式(6-2)可得压、拉应力区煤体沿各主方向产生的塑性应变增量及体积塑性应变增量分别为

$$\begin{aligned}&\mathrm{d}\varepsilon_1^{\mathrm{p}}=\frac{1}{2}\mathrm{d}\lambda(1-\sin\psi)\\&\mathrm{d}\varepsilon_3^{\mathrm{p}}=-\frac{1}{2}\mathrm{d}\lambda(1+\sin\psi)\\&\mathrm{d}\varepsilon_2^{\mathrm{p}}=0,\mathrm{d}\varepsilon_v^{\mathrm{p}}=-\mathrm{d}\lambda\sin\psi\end{aligned} \tag{6-5a}$$

$$\mathrm{d}\varepsilon_1^{\mathrm{p}}=0,\mathrm{d}\varepsilon_2^{\mathrm{p}}=0,\mathrm{d}\varepsilon_3^{\mathrm{p}}=\mathrm{d}\lambda,\mathrm{d}\varepsilon_v^{\mathrm{p}}=\mathrm{d}\lambda \tag{6-5b}$$

由主方向上的塑性应变增量减去体积塑性应变部分可得偏塑性应变，将式(6-5)代入式(2-131)可得压、拉应力区顶煤累积塑性应变增量：

$$\mathrm{d}\xi_{\mathrm{c}}=\frac{1}{3}\mathrm{d}\lambda\sqrt{3+\sin^2\psi} \tag{6-6a}$$

$$\mathrm{d}\xi_{\mathrm{t}}=\frac{2}{3}\mathrm{d}\lambda \tag{6-6b}$$

将式(6-6)代入式(6-4)可分别得到压、拉条件下顶煤塑性模量 h_c 和 h_t 分别为

$$h_{\mathrm{c}}=\frac{1}{3}\sqrt{3+\sin^2\psi}\cos\varphi\frac{\mathrm{d}C(\xi)}{\mathrm{d}\xi} \tag{6-7a}$$

$$h_{\mathrm{t}}=\frac{2}{3}\frac{\mathrm{d}\sigma_{\mathrm{t}}(\xi)}{\mathrm{d}\xi} \tag{6-7b}$$

式中，$C(\xi)$、$\sigma_t(\xi)$ 分别为顶煤在压、拉应力区的软化函数。

为确定煤体塑性模量，认为煤体在单轴抗压、抗拉实验中应力-应变曲线为双线性关系，如图 6-3 所示[6]。将单轴压缩、拉伸应力状态代入式(6-1)可得在后继屈服阶段有

$$\sigma_1=-\frac{2\cos\varphi}{1-\sin\varphi}C(\xi) \tag{6-8a}$$

$$\sigma_3=\sigma_{\mathrm{t}}(\xi) \tag{6-8b}$$

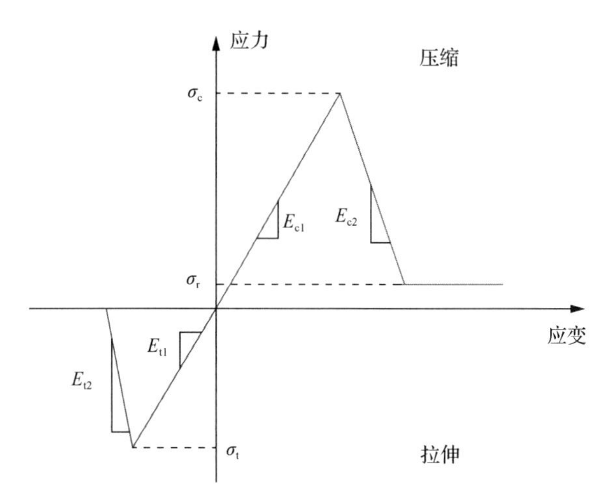

图 6-3 双线性应力-应变关系

由式(6-5)可得单轴抗压、抗拉条件下轴向塑性应变分量分别为

$$\mathrm{d}\varepsilon_1^{\mathrm{p}} = -\frac{1}{2}\mathrm{d}\lambda(1+\sin\psi) \tag{6-9a}$$

$$\mathrm{d}\varepsilon_3^{\mathrm{p}} = \mathrm{d}\lambda \tag{6-9b}$$

结合式(6-6)和式(6-9)可得单轴抗压、抗拉条件下轴向塑性应变与累积塑性应变之间的关系为

$$\xi_{\mathrm{c}} = -\frac{2}{3}\frac{\sqrt{3+\sin^2\psi}}{1-\sin\psi}\varepsilon_1^{\mathrm{p}} \tag{6-10a}$$

$$\xi_{\mathrm{t}} = \frac{2}{3}\varepsilon_3^{\mathrm{p}} \tag{6-10b}$$

由图 6-3 可得，在双线性应力-应变关系条件下，轴向应力增量与轴向塑性应变增量之间的关系为

$$\frac{\mathrm{d}\sigma_1}{\mathrm{d}\varepsilon_1^{\mathrm{p}}} = \frac{E_{\mathrm{c}1}E_{\mathrm{c}2}}{E_{\mathrm{c}1}-E_{\mathrm{c}2}} \tag{6-11a}$$

$$\frac{\mathrm{d}\sigma_3}{\mathrm{d}\varepsilon_3^{\mathrm{p}}} = \frac{E_{\mathrm{t}1}E_{\mathrm{t}2}}{E_{\mathrm{t}1}-E_{\mathrm{t}2}} \tag{6-11b}$$

式中，E_{c1}、E_{c2} 分别为单轴抗压条件下煤体弹性模量和软化模量；E_{t1}、E_{t2} 分别为单轴抗拉条件下煤体弹性模量和软化模量。

将式(6-8)和式(6-10)代入式(6-11)可得到单轴抗压、拉条件下的软化函数为

$$\frac{\mathrm{d}C(\xi_{\mathrm{c}})}{\mathrm{d}\xi_{\mathrm{c}}}=\frac{3E_{\mathrm{c}1}E_{\mathrm{c}2}(1-\sin\psi)(1-\sin\varphi)}{4\cos\varphi(E_{\mathrm{c}1}-E_{\mathrm{c}2})\sqrt{3+\sin^2\psi}} \tag{6-12a}$$

$$\frac{\mathrm{d}\sigma_{\mathrm{t}}(\xi_{\mathrm{t}})}{\mathrm{d}\xi_{\mathrm{t}}}=\frac{3}{2}\frac{E_{\mathrm{t}1}E_{\mathrm{t}2}}{E_{\mathrm{t}1}-E_{\mathrm{t}2}} \tag{6-12b}$$

将式(6-12)代入式(6-7)可得煤体在压、拉作用下的塑性模量分别为

$$h_{\mathrm{c}}=\frac{E_{\mathrm{c}1}E_{\mathrm{c}2}}{4(E_{\mathrm{c}1}-E_{\mathrm{c}2})}(1-\sin\psi)(1-\sin\varphi) \tag{6-13a}$$

$$h_{\mathrm{t}}=\frac{E_{\mathrm{t}1}E_{\mathrm{t}2}}{E_{\mathrm{t}1}-E_{\mathrm{t}2}} \tag{6-13b}$$

将强度准则表达式式(6-1)和塑性模量表达式式(6-13)代入决定塑性应变增量大小的非负比例因子定义式(6-3)可得

$$\mathrm{d}\lambda_{\mathrm{c}}=\frac{2(E_{\mathrm{c}1}-E_{\mathrm{c}2})}{E_{\mathrm{c}1}E_{\mathrm{c}2}(1-\sin\psi)(1-\sin\varphi)}\left[(1+\sin\varphi)\mathrm{d}\sigma_3-(1-\sin\varphi)\mathrm{d}\sigma_1\right] \tag{6-14a}$$

$$\mathrm{d}\lambda_{\mathrm{t}}=\frac{E_{\mathrm{t}1}-E_{\mathrm{t}2}}{E_{\mathrm{t}1}E_{\mathrm{t}2}}\mathrm{d}\sigma_3 \tag{6-14b}$$

将式(6-14)代入式(6-6)可得压、拉应力区顶煤累积塑性应变增量表达式：

$$\mathrm{d}\xi_{\mathrm{c}}=\frac{2}{3}\frac{(E_{\mathrm{c}1}-E_{\mathrm{c}2})\sqrt{3+\sin^2\psi}}{E_{\mathrm{c}1}E_{\mathrm{c}2}(1-\sin\psi)(1-\sin\varphi)}\left[(1+\sin\varphi)\mathrm{d}\sigma_3-(1-\sin\varphi)\mathrm{d}\sigma_1\right] \tag{6-15a}$$

$$\mathrm{d}\xi_{\mathrm{t}}=\frac{3(E_{\mathrm{t}1}-E_{\mathrm{t}2})}{2E_{\mathrm{t}1}E_{\mathrm{t}2}}\mathrm{d}\sigma_3 \tag{6-15b}$$

由一致性变形条件可知顶煤最大主应力与最小主应力增量之间有如下关系：

$$\mathrm{d}\sigma_1=\eta\frac{1+\sin\varphi}{1-\sin\varphi}\mathrm{d}\sigma_3>\frac{1+\sin\varphi}{1-\sin\varphi}\mathrm{d}\sigma_3 \tag{6-16}$$

式中，η 表征了顶煤中最大主应力变化梯度同最小主应力变化梯度之间的比例关系，其值大于 1。将式(6-16)代入式(6-15)可得

$$\mathrm{d}\xi_{\mathrm{c}}=\frac{2}{3}\frac{(E_{\mathrm{c}1}-E_{\mathrm{c}2})\sqrt{3+\sin^2\psi}}{E_{\mathrm{c}1}E_{\mathrm{c}2}(1-\sin\psi)}(\eta-1)\mathrm{d}\sigma_1 \tag{6-17a}$$

$$\mathrm{d}\xi_{\mathrm{t}}=\frac{2(E_{\mathrm{t}1}-E_{\mathrm{t}2})}{3E_{\mathrm{t}1}E_{\mathrm{t}2}}\mathrm{d}\sigma_3 \tag{6-17b}$$

沿顶煤由初始屈服位置至架后冒落位置所经历的应力历史对式(6-17)进行积分便可得到顶煤中最终发育的累积塑性应变：

$$\xi = \frac{2}{3}\frac{\sqrt{3+\sin^2\psi}(E_{c1}-E_{c2})}{(1-\sin\psi)E_{c1}E_{c2}}\int_{\sigma_{3lower}}^{\sigma_{1upper}}(\eta-1)d\sigma_1 + \frac{2}{3}\frac{E_{t1}-E_{t2}}{E_{t1}E_{t2}}\int_{\sigma_{3lower}}^{\sigma_{3upper}}d\sigma_3 \tag{6-18}$$

式中，σ_{1lower}、σ_{1upper}分别为工作面前方初始屈服点和工作面煤壁上方顶煤最大主应力，MPa；σ_{3lower}、σ_{3upper}分别为工作面煤壁上方和支架后方顶煤最小主应力，MPa。式(6-18)表明顶煤最终累积塑性应变的大小取决于顶煤变形参数和其所经历的应力路径。因此，要确定顶煤累积塑性应变的大小，应先得到主应力分布。

6.2.2 冒放性指标有效性检验

为检验累积塑性应变反映煤体破坏程度的有效性，利用式(6-18)对第 2 章煤峪口煤矿煤样试件单轴抗压实验、常规三轴实验和三轴卸围压实验过程中产生的累积塑性应变进行确定。煤样试件的弹性模量和软化模量分别取 1GPa 和–5GPa，剪胀角取 30°。在单轴实验和常规三轴实验中，煤样试件承受的围压不变，忽略煤样试件中沿径向产生的局部拉应力，则单轴实验和常规三轴实验中煤样试件中不会出现因最小主应力(围压)改变而产生的塑性变形。单轴抗压实验中煤样试件的轴向应力由极限单轴抗压强度(20MPa)降至 0 水平，因此单轴抗压实验过程煤样试件的累积塑性应变为

$$\xi = \frac{2}{3}\frac{\sqrt{3+\sin^2\psi}(E_{c1}-E_{c2})}{(1-\sin\psi)E_{c1}E_{c2}}\int_{\sigma_{3lower}}^{\sigma_{3upper}}(\eta-1)d\sigma_1 = 0.06$$

在常规三轴实验中，由于围压的限制作用，煤样试件的轴向应力水平降低量小于煤样试件的单轴抗压强度，由多组常规三轴抗压实验可知平均每次应力跌落水平约为 18MPa，因此，常规三轴实验中煤样试件中产生的累积塑性应变值为 0.054。

在三轴卸围压实验中，煤样试件承受的轴压和围压在峰后软化阶段都持续减小，最终均减至 0 水平，但初始围压为 15MPa 时煤样试件极限抗压强度为 38MPa，而初始围压为 22.5MPa 时煤样试件极限抗压强度为 56MPa，假设实验过程中轴压和围压的变化梯度比值保持为 0.5 不变，将以上数值代入式(6-18)可得初始围压为 15MPa 和 22.5MPa 条件下，煤样试件中产生的累积塑性应变值分别为 0.114 和 0.168。

4 种应力路径条件下煤样试件中产生的累积塑性应变及最终宏观破坏形式对比如图 6-4 所示：其中编号 1 代表单轴抗压实验，编号 2 代表常规三轴实验，编号 3 和编号 4 分别代表初始围压为 15MPa 和 22.5MPa 时的三轴卸围压实验。由图 6-4 可知，常规三轴实验中产生的累积塑性应变值最小，因此煤样试件破坏后其中出现的裂隙条数最少，仅有 1 条主剪切裂隙，单轴抗压实验中产生的累积塑性应变值较常规三轴抗压试验产生的累积塑性应变值大，因此其中产生两条劈裂裂纹和两条翼裂纹。三轴卸围压实验中煤样试件中出现的剪切裂纹条数较前两种实验明显增多，初始围压为 15MPa 时，煤样试件中出现 3 条较大的主剪切裂纹，多条翼裂纹，对应求得的煤样试件中累积塑性应变值为 0.114。

当初始围压达到 22.5MPa 时，实验结束后煤样试件中产生的裂隙将煤样试件完全切割，无法统计其中产生的裂隙条数。对比分析可知随着理论求得的煤样试件中累积塑性应变值的提高，实验结束后煤样试件中的裂隙条数增多，煤样试件破碎程度提高，因此，用累积塑性应变进行顶煤冒放性预测是可行的，随着累积塑性应变程度的提高，顶煤冒放性增强。

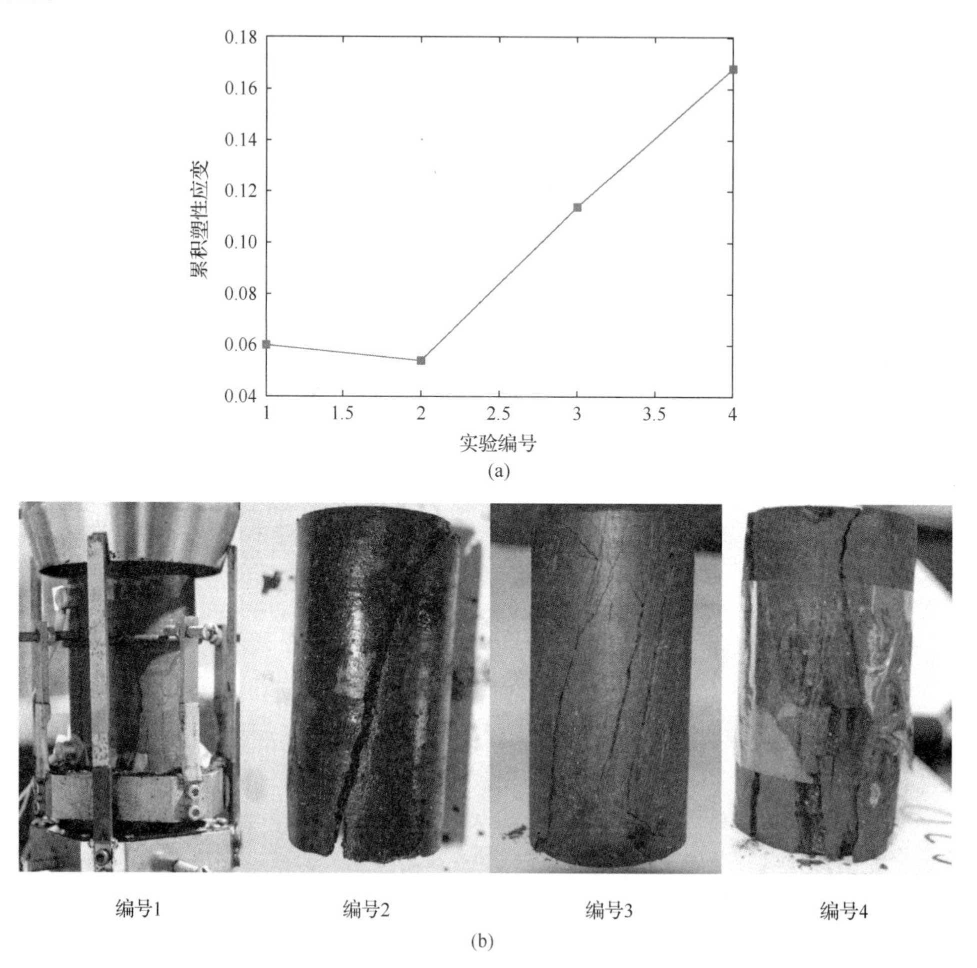

图 6-4　顶煤冒放性指标有效性验证

6.3　冒放性指标的应力路径效应

6.3.1　数值模型及材料参数

根据东周窑综放工作面建立如图 6-5 所示的数值模型，模型长、宽、高度分别为 240m、1m、136m，顶板岩层间分界面采用接触面单元模拟，工作面支架采用杆结构单元近似模拟。数值模型底部及两侧为固定位移条件，沿 y 轴方向模型全部固定，即沿倾斜方向将问题视为平面应变问题，模型顶部施加–6MPa 的压应力用于模拟未建入模型的覆岩载荷。

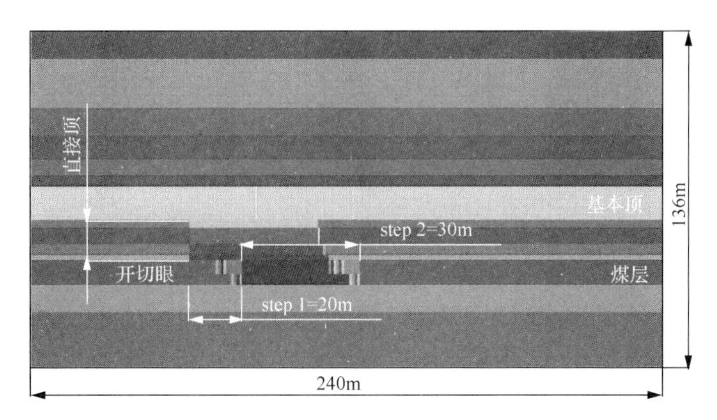

图 6-5　东周窑二维数值模型

工作面开切眼距模型边界 60m，以保证消除边界效应对数值计算结果的影响。工作面共推进两次，第一次推进 20m，第二次推进 30m。第一次推进分 6 步开挖，第一步开挖 15m，第 5～6 步每次开挖 1m；15～50m 分 7 次开挖，第 1 步开挖 20m，第 2 步开挖 5m，之后每步开挖 1m。

煤体选用第 2 章建立的本构模型，但不考虑剪胀模型的影响，即工作面推进过程中剪胀角始终为常数，岩石采用理想弹塑性本构模型，煤岩材料均采用莫尔-库仑强度准则，岩层间的接触面单元采用库仑剪切滑移模型。煤岩材料参数见表 6-1。

表 6-1　煤岩材料参数

岩性	煤	泥岩	砂岩
内聚力/MPa	1.60	5.50	12.00
内摩擦角/(°)	36.00	40.00	35.00
剪胀角/(°)	20.00	18.00	15.00
抗拉强度/MPa	0.80	1.30	3.40
抗压强度/MPa	6.50	23.50	46.00
弹性模量/GPa	0.92	4.50	15.50
泊松比	0.30	0.23	0.18

煤体硬化/软化模型中的未知参数 m、n 和 k 分别取 0.0035、0.54 和 154。接触面法向和剪切刚度由式(6-19)确定，强度参数取接触面两侧岩石强度参数的一半。

$$K_{\mathrm{n}} = K_{\mathrm{s}} = 10\left(K + \frac{4}{3}G\right)\Big/\Delta z_{\min} \tag{6-19}$$

式中，K、G 分别为接触面两侧强度较大岩石的体积模量和剪切模量，GPa；$\Delta z_{\min}$ 为数值模型中接触面两侧岩体网格在 z 轴方向的最小值，m。

6.3.2　顶煤主应力分布特征

1) 顶煤初次冒落后主应力分布

工作面推进 20m 后，顶煤初次垮落，此时顶煤中主应力分布如图 6-6 所示。图中 x 轴为顶煤距工作面煤壁的距离，煤壁后侧为负，前侧为正。y 轴方向固定不变，主应力方向相对于 y 轴不变，因此，仅对主应力与 x 轴夹角 α 及与 z 轴夹角 β 进行分析。最大主应力在超前煤壁约 30m 处开始受采动影响而增大，在煤壁前方约 6m 处达到极大值，约为 14MPa。峰值之后，煤体进入塑性屈服状态，随着累积塑性应变的增加，承载能力逐渐降低，最大主应力迅速减小，在煤壁位置降低至 0。由于采动范围小，覆岩移动不充分，最大主应力极大值与初始值之比约为 1.4，位置超前煤壁约 6m。数值计算结果表明最大主应力方向发生旋转。初始条件下，最大主应力与 z 轴保持一致，与 x 轴呈 90°

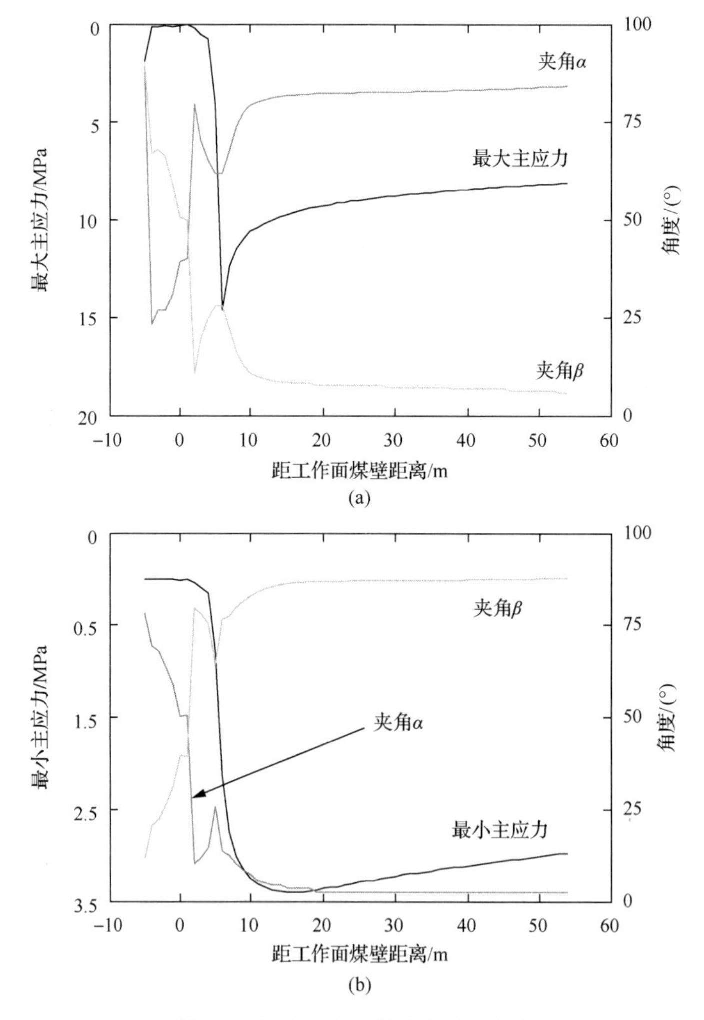

图 6-6　顶煤初次冒落后主应力分布

夹角。超前工作面约 20m 开始受采动影响，最大主应力开始背离垂直方向逐渐向采空区方向旋转，与 x 轴夹角逐渐减小，与 z 轴夹角逐渐增大。峰值之后，最大主应力与 x 轴、z 轴的夹角分别达到极小值和极大值(分别为 64°和 26°)，之后最大主应力开始反向回转，与 x 轴夹角增大，与 z 轴夹角减小，并在靠近煤壁位置处分别达到极大值和极小值，之后最大主应力再次向采空区旋转，在煤壁后方与 x 轴夹角降低至约 23°，与 z 轴夹角增加至约 67°。在顶煤冒落位置，最小主应力与 x 轴、z 轴夹角均突变至 90°，说明主应力轴在该位置发生突变，最大主应力瞬间突变为与 y 轴(工作面倾向)平行的方向。

最小主应力超前煤壁 30m 出现明显增大，并在工作面前方约 13m 处达到极大值，约为 3.4MPa，与初始值之比约为 1.16。峰值之后，随着与工作面煤壁距离的减少，最小主应力在开挖卸荷作用下逐渐降低，并在煤壁附近因顶煤悬臂作用转变为拉应力，如图 6-7 所示。拉应力值在煤壁上方达到极大值，之后逐渐降低至 0 水平。与最大主应力一致，最小主应力在采动影响下同样存在旋转现象，在初始条件下，最小主应力与 x 轴保持一致，与 z 轴呈 90°夹角，在采动影响下超前煤壁 20m 发生旋转，与 x 轴夹角逐渐增大，与 z 轴夹角逐渐减小，并在工作面前方 6m 位置分别达到极值(分别为 26°和 64°)，之后最小主应力发生反向回旋，并在靠近工作面位置与 x 轴、z 轴夹角分别达到另一极值(分别为 13°和 77°)，最后，最小主应力再次背离水平方向持续旋转，在工作面后方，最小主应力与 x 轴夹角增加至 78°，与 y 轴夹角降低至 12°，基本达到垂直方向。

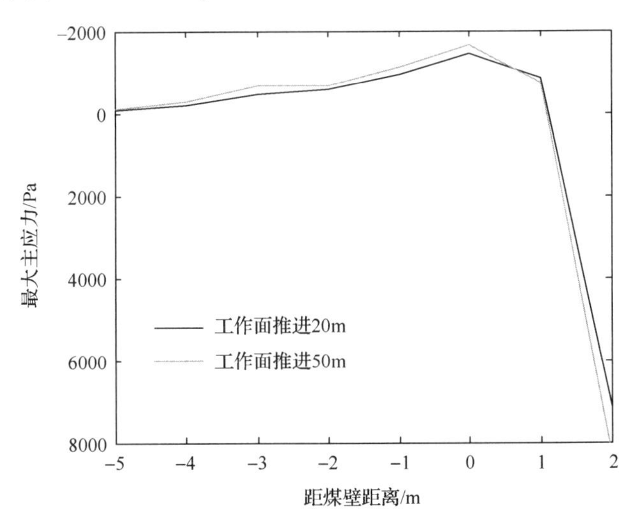

图 6-7　煤壁上方最小主应力分布

2) 初次来压时顶煤主应力分布

工作面推进至 50m 初次来压，顶煤主应力分布如图 6-8 所示。主应力大小变化趋势及方向旋转特征与工作面推进至 20m 时基本保持一致。由于采动范围增大，受采动影响煤层范围增加，最大、最小主应力均在超前工作面前方 50m 处便明显增大。最大主应力极大值升高至 18.5MPa，应力集中系数达到 1.85，与工作面推进 20m 时(1.4)相比明显增大，且极大值距煤壁距离由 6m 增加至 9m，说明顶煤进入塑性屈服的范围增加。最小主应力则在距煤壁约 10m 处达到极大值，约为 5.1MPa，集中系数达到 1.7，与工作面推进 20m 时相比，距煤壁距离减小而集中系数增大，之后在采动卸压作用下逐渐降低，在靠近煤壁处因顶煤悬臂作用转变为拉应力。最大主应力表现为先背离垂直方向旋转，之后反向回旋，并在靠近煤壁方向再次背离垂直方向持续向采空区旋转，冒落位置突变至工作面倾斜方向；最小主应力表现为先背离水平方向旋转，之后反向回旋，在靠近煤壁位置再次背离水平方向旋转，并在煤壁后方旋转至接近垂直方向。

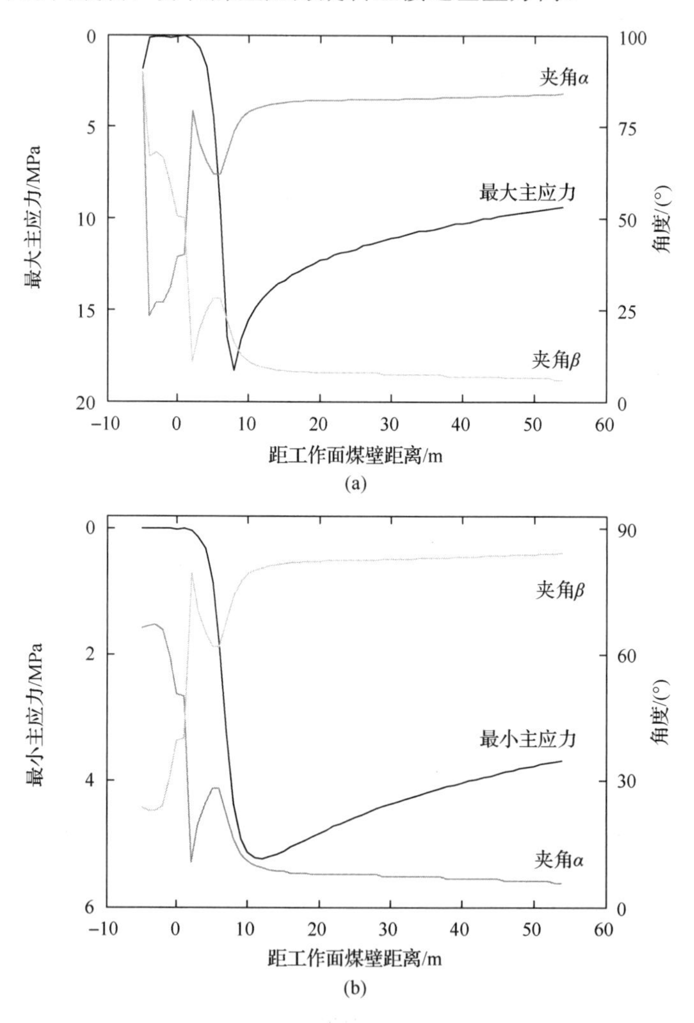

图 6-8　初次来压后顶煤主应力分布

由以上分析可知顶煤由初始应力状态过渡至架后冒落状态的过程中所经历的应力路径与第 3 章理论分析结果大致相同，即这一过程中顶煤中的主应力的大小和方向均发生变化。在靠近煤壁的过程中顶煤先在最大主应力作用下加载至屈服(支承压力峰值点)，之后由于覆岩的持续沉降运动，最大主应力不断加载，顶煤的变形破坏程度不断升高，承载能力降低，最大主应力在支承压力峰值点后不断减小。在煤壁上方附近，由于架后悬臂梁作用，顶煤中的最小主应力转变为拉应力，即最小主应力开始反方向加载，并在煤壁上方达到峰值。在煤壁前方，顶煤剪切破坏不但造成煤体内聚力的降低同样造成抗拉强度的降低，第 2 章建立的本构模型没有考虑剪切破坏产生的塑性应变对抗拉强度的影响，这是由于实验室条件的限制，目前我们无法设计并成功实现煤样试件先受压至屈服然后卸载并反向加载至拉伸屈服这样复杂的应力路径实验，无法研究剪切塑性应变对抗拉强度的影响。而理论分析和数值计算结果表明顶煤所经历的应力路径包括最大主应力加载至剪切屈服和最小主应力反向加载至拉伸屈服两个过程，实验结果表明第 1 个过程对顶煤抗拉强度的弱化作用不能忽略(针对该现象对本构模型的修改将在第 7 章详细说明，此处不作讲解)。煤壁上方顶煤的抗拉强度被弱化，在低拉应力水平作用下便可发生拉伸屈服，因此，顶煤在支架上方经历拉应力作用下的塑性流动，该阶段顶煤的塑性应变以拉伸塑性应变为主。

6.3.3 冒放性指标应力路径效应分析

1) 主应力大小演化对顶煤累积塑性应变的影响

煤壁前方煤体压应力区软化模量取–2GPa，控顶区上方煤体抗拉弹性模量及软化模量分别取 1MPa 和–2MPa。将数值计算所得工作面推进至不同距离时顶煤中最大主应力和最小主应力分布绘制在主应力空间中，如图 6-9 所示。最大主应力和最小主应力之间并非线性关系，顶煤达到初始屈服点后，最大主应力变化梯度明显大于最小主应力，因此，顶煤由原岩应力区过渡至架后冒落区的过程中，最大主应力与最小主应力之比非恒值。

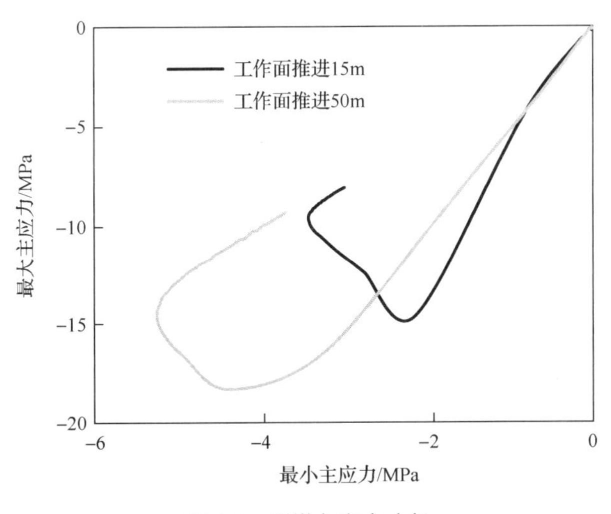

图 6-9 顶煤主应力路径

为便于计算，此处参数 η 假设为恒值，其值分别取 1.4、1.6 和 1.8，将以上参数及表 6-1 中的煤岩材料参数代入式(6-18)可得顶煤中累积塑性应变。根据以上数据及方法最终求得顶煤中累积塑性应变分布与主应力分布的对比图，如图 6-10 所示。在最大主应力达到峰值之前，顶煤中累积塑性应变为 0，与工作面煤壁水平间距较大时，顶煤始终处于弹性状态，顶煤通过最大主应力峰值点后，其中发育的累积塑性应变持续增加，顶煤承载能力持续降低。在煤壁前方，累积塑性应变的增长速度随着距煤壁距离的减小而降低，到达煤壁后，由于拉应力主导破坏区的出现，顶煤中累积塑性应变增长速度再次升高，直至在架后冒落位置累积塑性应变达到最大值。对比图 6-10(a) 和 (b) 中工作面不同推进阶段主应力及累计塑性应变分布可知，由于推进 20m 时采动范围较小，顶煤由初始屈服点至架后冒落位置所经历的主应力变化差值($\Delta\sigma_1$ 和 $\Delta\sigma_3$，其值约等于顶煤初始屈服点对应主应力值的绝对值)明显小于工作面推进至 50m 时，因此，工作面推进至 50m 时顶煤中累积塑性应变值明显大于工作面推进 20m 时，即顶煤中累积塑性应变大小与经历应力路径的主应力变化差值成正比，这是工作面初始推进阶段顶煤放出率较低的本质原因。对比参数 η 取不同值条件下顶煤累积塑性应变分布可知，顶煤中发育的累积塑性应变随着最大主应力、最小主应力变化梯度比值的增大而增大，即与顶煤中最大主应力、

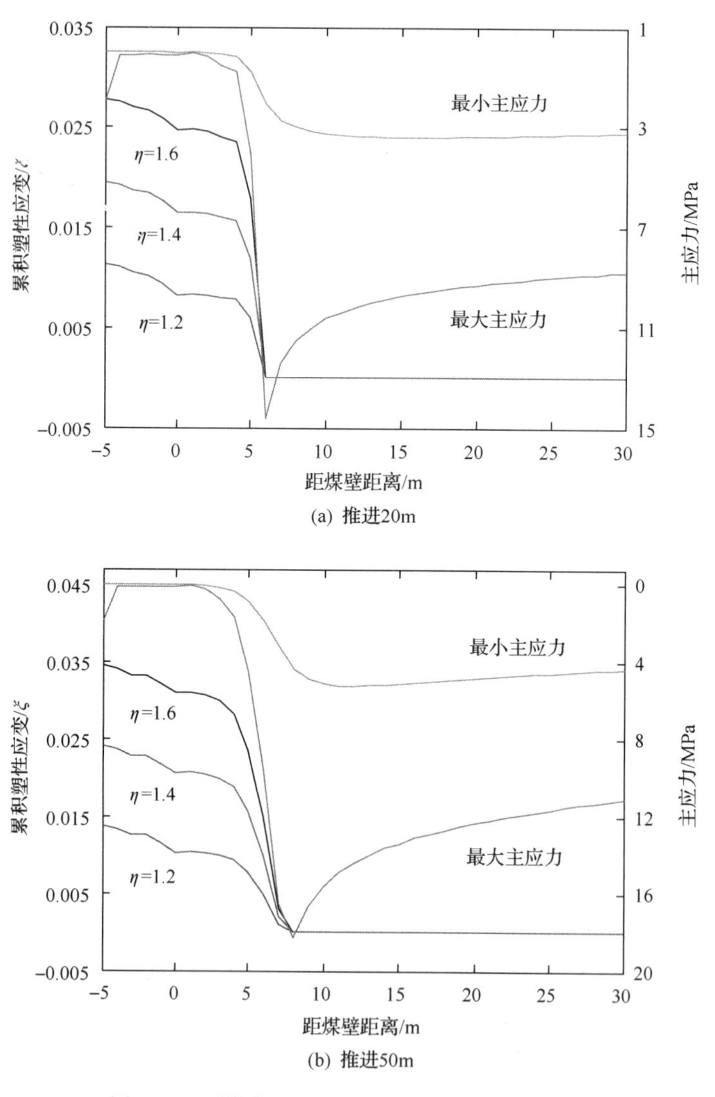

图 6-10　顶煤中累积塑性应变与主应力分布对比

最小主应力变化梯度的比值成正比。由以上分析可知：顶煤中累积塑性应变分布最终取决于所经历应力路径主应力变化差值($\Delta\sigma_1$ 和 $\Delta\sigma_3$)及最大主应力、最小主应力变化梯度的比值($d\sigma_3/d\sigma_1$)，顶煤冒放性与两者成正比。

顶煤中累积塑性应变的数值计算结果如图 6-11 所示，与理论预测值分布相似，累积塑性应变在煤壁前方开始发育，并在架后达到最大值；由于受采动影响范围增加，顶煤经历的最大主应力峰值升高，工作面推进至 50m 时顶煤中累积塑性应变较推进至 20m 时大，由此可以验证理论模型在预测顶煤累积塑性应变时的正确性。与理论预测值相比，数值计算结果明显较大，这是由于理论模型中仅考虑了煤体弹性变形及软化变形阶段，残余阶段的塑性流动没有考虑，因为理想塑性流动部分的塑性应变值无法根据应力路径求出。

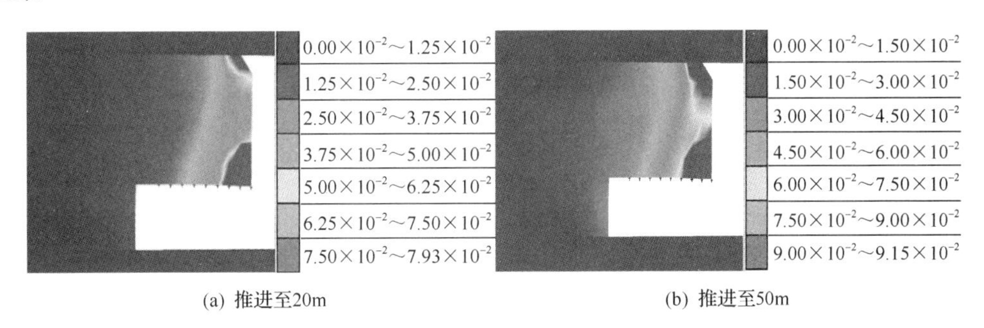

(a) 推进至20m　　(b) 推进至50m

图 6-11　顶煤中累积塑性应变的数值计算结果

由数值计算结果还可以看出顶煤沿厚度方向上的冒放性是不同的，在工作面支架后方，顶煤冒放性依次为下位顶煤＞上位顶煤＞中位顶煤，这与第 5 章所得理论计算结果较为一致。第 5 章理论计算中无法考虑工作面推进过程中塑性应变的累积效应，仅能判别某一时刻顶煤破坏危险性分布，因此，所得结论为上位顶煤冒放性优于下位顶煤。数值计算结果表明，随着工作面的推进，顶煤中塑性应变程度存在累积效应，且割煤机和工作面液压支架对下位顶煤破坏的效果较顶板对上位顶煤的破坏效果更为明显。

2) 主应力旋转对顶煤冒放性的影响

在连续介质力学范畴内，煤体被视为均质的各向同性材料，加载过程中的主应力旋转属于中性变载，煤体仅作出弹性响应，对其塑性变形没有影响，因此，在考虑顶煤冒放性的主应力旋转效应时必须将顶煤视为非均质各向异性材料，即必须考虑裂隙的影响[7-10]。在应力大小变化一致的条件下，主应力旋转对裂纹发育具有明显影响。由第 2 章实验结果表明，裂隙影响下，煤体表现出明显的各向异性，在裂隙分布一定的条件下，沿不同方向加载煤体表现出的力学行为和强度特征差异巨大。数值模拟结果表明在初始最大主应力为竖直方向，初始最小主应力平行于工作面方向条件下，开采过程中顶煤中最大主应力逐渐偏离垂直方向，而最小主应力则逐渐偏离工作面推进方向。如图 6-12(a) 所示，若顶煤处于原始应力状态(点 A)的某一微小单元体中存在两条裂隙，裂隙与工作面推进方向之间的夹角为 $\pi/4+\varphi/2$，随着工作面的推进，顶煤中最大主应力达到峰值点时(点 B)，主应力方向已发生旋转，假设最大主应力极大值点主应力旋转角度为 θ，如图 6-12(b)

所示，最小主应力平面方向与工作面推进(水平)方向不再一致，顶煤中裂隙面与水平方向之间的夹角仍为 $\pi/4+\varphi/2$，但与最小主应力平面之间的夹角变为 $\pi/4+\varphi/2\pm\theta$，随着工作面的推进，主应力继续旋转，当该单元体过渡至最大主应力峰值点与煤壁之间时(点 C)，主应力方向再次旋转 $\Delta\theta$，如图 6-12(c)所示，此时，裂隙平面方向与水平方向之间的夹角仍保持不变，但与最大主应力平面之间的夹角变为 $\pi/4+\varphi/2\pm(\theta+\Delta\theta)$。单元体在点 A、点 B 和点 C 时，裂隙产状不变，但主应力方向发生变化，因此，单元体的强度、力学行为及破坏后的采动裂隙分布均不相同，并最终影响冒落顶煤的块度分布。为得到已知裂隙分布条件下，主应力旋转对各向异性裂隙顶煤冒放性的影响，需得到顶煤中主应力在不同赋存和开采条件下的旋转特征，该内容已在第 5 章进行详细分析，此处不作分析。

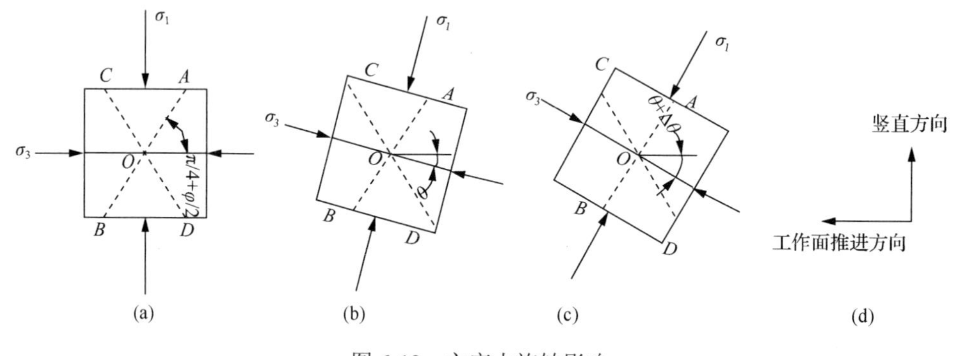

图 6-12　主应力旋转影响

6.4　煤体中超声波波速预测模型

本书 6.2 节建立的顶煤冒放性指标仅在实验室中可以监测、计算并反映煤样试件的破碎程度，目前，现场实践中还没有设备能够直接监测顶煤中累积塑性应变，为了能够验证所建立顶煤冒放性指标应用于顶煤冒放性预测的有效性，需要将构建的顶煤冒放性指标与现场可测的参数联系起来。我们在现场监测中所能直接测量的参数主要有位移、应力。由顶煤经历的应力路径可知，顶煤由原岩应力状态过渡至架后冒落状态的过程中，存在最小主应力卸荷引起的弹性恢复变形，在现场实测的横向位移中包括煤体的这部分弹性恢复变形，此变形量的大小与初始水平地应力的大小有关，因此，利用横向位移反映顶煤冒放性指标存在不足。煤体的承载能力也是可以进行现场监测的常规变量，顶煤承载能力越低，其冒放性越好，但根据应力状态无法判别监测位置煤体所处的变形状态，如图 6-13 所示，在煤体的变形破坏过程中，峰前阶段和峰后阶段存在两种变形程度对应相同的承载能力，如图 6-13 的点 A 和点 C，两点的应力水平相同，但变形破坏程度不同，若用煤体承载能力反映顶煤冒放性，确定煤体所处的变形破坏状态(峰前或峰后)存在困难。

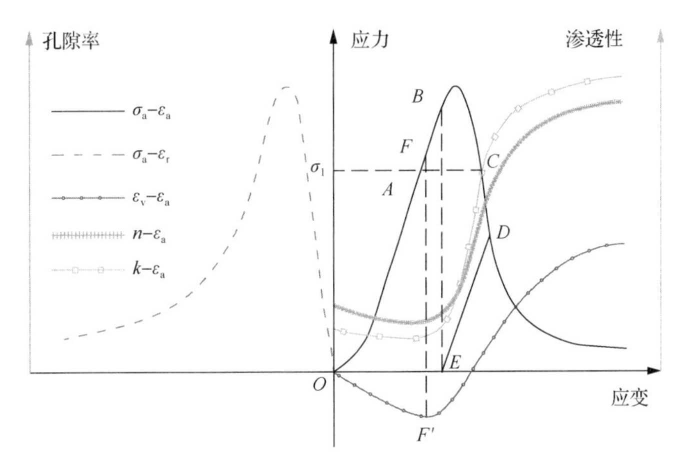

图 6-13 煤体变形破坏过程中参数演化

σ_a-轴向应力；ε_a-轴向应变；ε_v-体积应变；n-孔隙率；k-渗透性

为了实现顶煤冒放性的定量分析和准确预测，应当找到现场可测的、在顶煤变形破坏过程中呈单调形式变化(单调递减或单调递增)且该参数的大小基本不受煤体弹性响应的影响(弹性变形阶段该参数的大小基本保持不变)，并将该量与建立的顶煤冒放性预测指标(累积塑性应变)建立关系，通过监测该量来验证顶煤冒放性指标在工程实践中应用时的有效性。第 2 章进行的室内实验对煤样试件变形破坏过程中超声波波速变化进行了监测，结果表明在实验进行过程中煤样试件中超声波速是单调变化的，且其大小在弹性变形阶段基本保持不变，而且在现场实践中我们可以实现对顶煤中超声波波速的直接测量[11,12]，因此，本节根据实验数据将煤体中超声波波速变化与冒放性指标相联系，建立超声波波速模型，并通过模拟结果与实验结果的对比验证模型的正确性。

6.4.1 顶煤超声波波速分布特征实测

超声波波速检测是煤炭地下开采中常用的一种无损检测方法。文献[13]根据超声波波速在岩石中的传播速度将巷道围岩划分为采动破坏区和采动影响区。为分析顶煤冒放性与超声波波速之间的关系，对新柳煤矿综放面顶煤超声波波速进行了现场实测。

6.4.1.1 顶煤超声波波速监测方法

本书超声波波速实测在工作面运输巷道设置测站，如图 6-14(a)所示，测站超前工作面布置；每个测站钻取两个平行钻孔，分别安装超声波信号的发射探头和接收探头，如图 6-14(b)所示。钻孔直径 32mm、深度 15m，钻孔与水平面之间的夹角为 20°，孔底注入保证探头与孔壁密实接触的耦合剂。随着工作面的推进，对超声波在钻孔之间的传播速度进行跟踪监测，从而得到距工作面煤壁不同距离时，顶煤中超声波波速的变化特征。

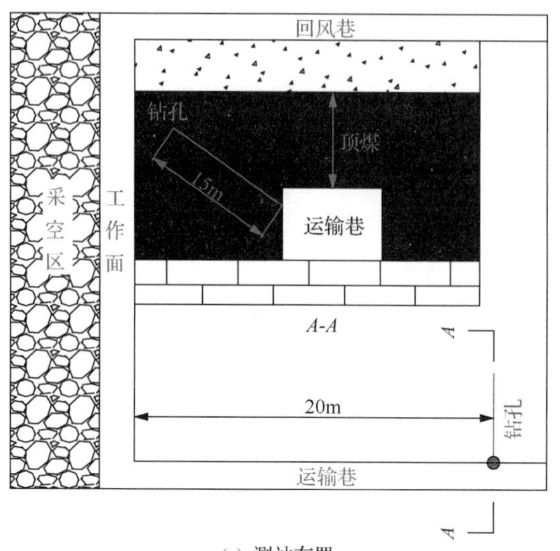

(a) 测站布置

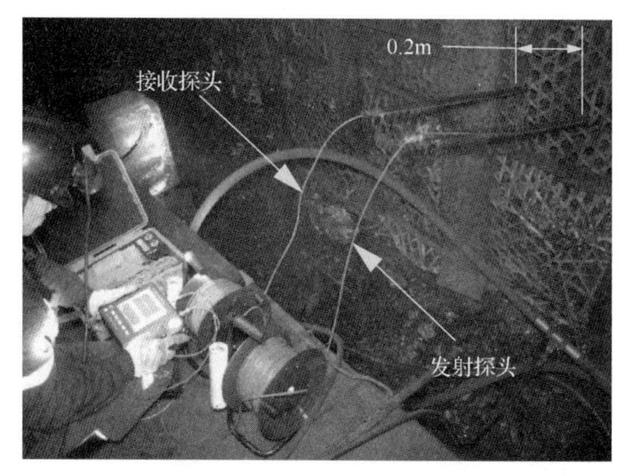

(b) 钻孔布置

图 6-14　顶煤超声波波速现场实测

6.4.1.2　顶煤超声波波速监测结果

测站距工作面煤壁的距离分别为 20m、12m、9m 和 5m 时，超声波波速在顶煤中的传播波形如图 6-15 所示：顶煤距工作面煤壁的距离大于 12m 时，超声波在顶煤中的传播波形基本呈正弦波分布，规律性较好；顶煤距工作面煤壁的距离小于 12m 后，超声波波形逐渐变得紊乱，无规律可循。随着顶煤距工作面煤壁距离的减小，超声波在顶煤中的传播速度逐渐降低，顶煤超前工作面煤壁 20m 时，超声波在其中的传播速度为 1.46km/s；超前 12m 时，超声波速降低至 1.24km/s，顶煤超前工作面煤壁的距离减少至 9m 和 5m 时，超声波在其中的传播速度分别降低至 1.02km/s 和 0.56km/s。

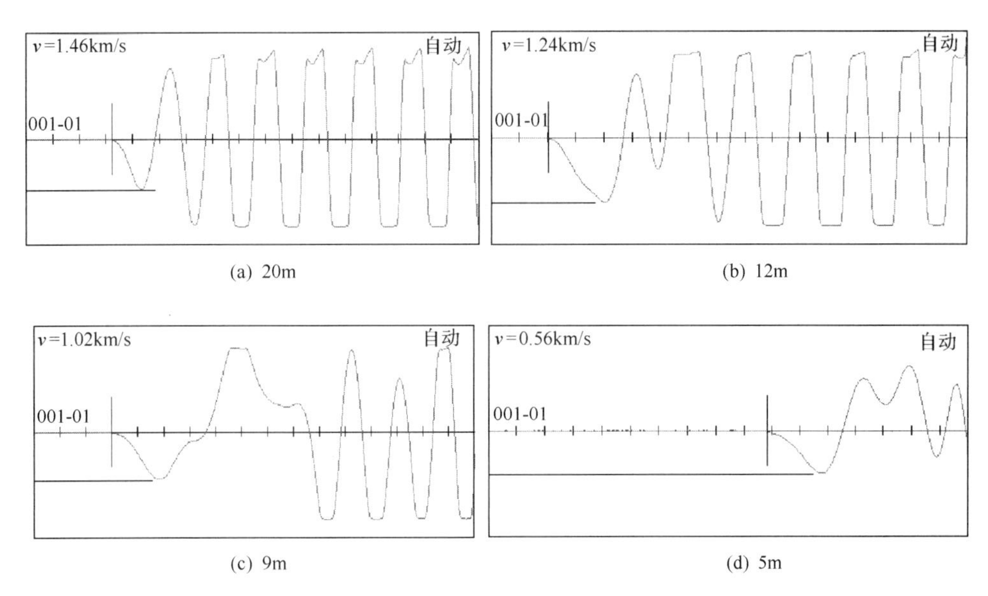

(a) 20m　(b) 12m　(c) 9m　(d) 5m

图 6-15　超声波波形和波速

在进行超声波波速监测的同时，采用钻孔成像仪对钻孔内壁的变形破坏情况进行了观测，如图 6-16 所示。钻孔超前工作面 20m 时，变形量小，孔壁保持光滑完整，表明顶煤没有受到开采活动的影响；钻孔与煤壁之间的距离为 12m 时，钻孔内壁变形仍然不大，但内壁出现两条闭合裂隙；钻孔与煤壁之间的距离为 9m 时，钻孔内壁的裂隙发生扩展和张开，裂隙长度和张开度增大；钻孔距离煤壁 5m 时，内壁被裂隙切割严重，钻孔中碎块脱落现象严重。上述现象表面随着顶煤与煤壁间距的减小，顶煤中的裂隙发育程度和顶煤被采动裂隙的切割程度增大，顶煤冒放性增强。

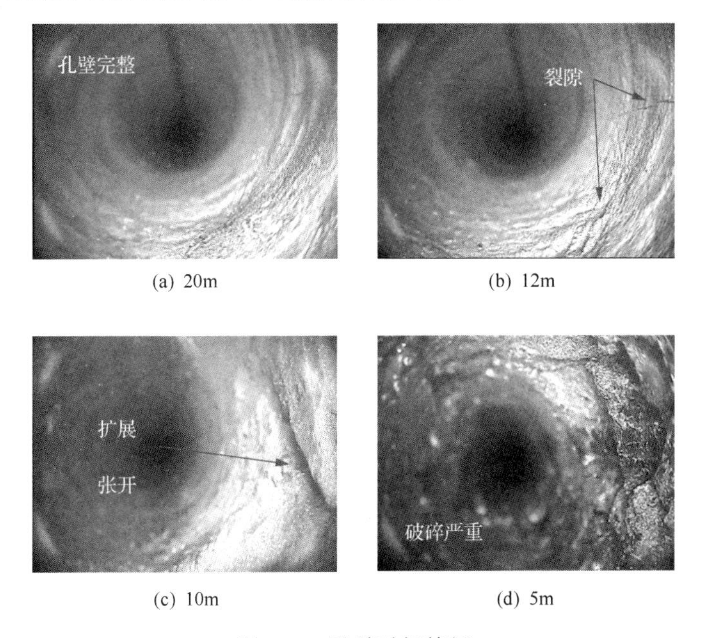

(a) 20m　(b) 12m　(c) 10m　(d) 5m

图 6-16　孔壁破坏特征

顶煤中超声波波速和采动裂隙的观测结果表明：顶煤冒放性与超声波在煤体中的传播速度成反比。根据超声波波速在顶煤中的分布特征，可对顶煤冒放性进行预测，即超声波波速可作为表征综放开采顶煤冒放性优劣的指标，根据该指标可实现对顶煤冒放性的定量分析。为了对顶煤冒放性进行预测，科学指导综放采场参数选择，需要先通过室内实验确定超声波在煤体中的传播特征。

6.4.2　煤体中超声波传播特征

6.4.2.1　煤体变形过程中超声波波速特征

第 2 章进行的室内试验中含有 A 和 B 两组型煤试件，A 组型煤试件养护 3 天，B 组型煤试件在相同环境条件下养护 7 天。每组含 3 个方形型煤试件，编号为 5～7 和 15～17。在对两组型煤试件进行单轴抗压实验过程中采用超声波探测系统(图 6-17)对超声波在型煤试件中的传播速度进行监测和记录。

图 6-17　超声波探测系统

养护 3 天的型煤试件的单轴抗压实验结果如图 6-18 所示。应力-应变曲线类型与原煤一致，可划分为压密阶段、弹性阶段、应变硬化阶段、峰后软化阶段和残余变形阶段。弹性变形阶段煤体的弹性模量为 0.6GPa，当轴向应力加载至 6.5MPa 时，达到初始屈服点，煤体中开始出现塑性变形，并表现出应变硬化现象，承载能力随着塑性变形的增大而升高。煤体的峰值强度为 7.6MPa，峰值之后，煤体表现出应变软化现象，承载能力随着塑性变形的增大而降低。压密和弹性变形阶段，超声波在煤体中的传播速度没有明显的变化，始终保持在 2.2km/s，这是因为该阶段煤体中没有微裂纹的产生，图 6-18 中点 A 对应的煤样表面没有出现破坏现象。轴向应力加载至初始屈服强度时，煤体中开始出现新的微裂隙，微裂隙阻抑超声波在煤体中的传播，监测到的超声波速开始降低。应变硬化阶段，煤体内部裂纹张开度低，在点 B，试件表面出现一条张开度很小的倾斜剪切裂纹，裂纹长度约 5cm，煤体超声波波速减小至 2km/s。轴向应力达到峰值强度后，煤体中的剪切裂纹扩展至上下边界，如图 6-18 中点 C 对应的试件表面裂纹，由于裂纹长度的增加，煤样中的超声波速降低至 1.85km/s。煤样承载能力在点 D 降低至 3.4MPa，试件中裂纹张开度增大，下部的表面裂纹张开度达到 3mm，上部的表面裂纹分叉为两条，张开度较小，由于裂纹张开度的增大，超声波在煤体中的传播速度降低至 1.6km/s。残余变形阶段，煤体中的裂隙继续扩展，在点 E，表面裂纹条数增加至 5 条，超声波传播速度降低至 1.4km/s，该型煤试件最终表现为剪切裂纹主导的拉剪混合型破坏。塑性变形阶段，随着煤样中裂隙条数和张开度的增加，超声波传播速度由初始值 2.2km/s 降低至最终阶段的 1.3km/s。

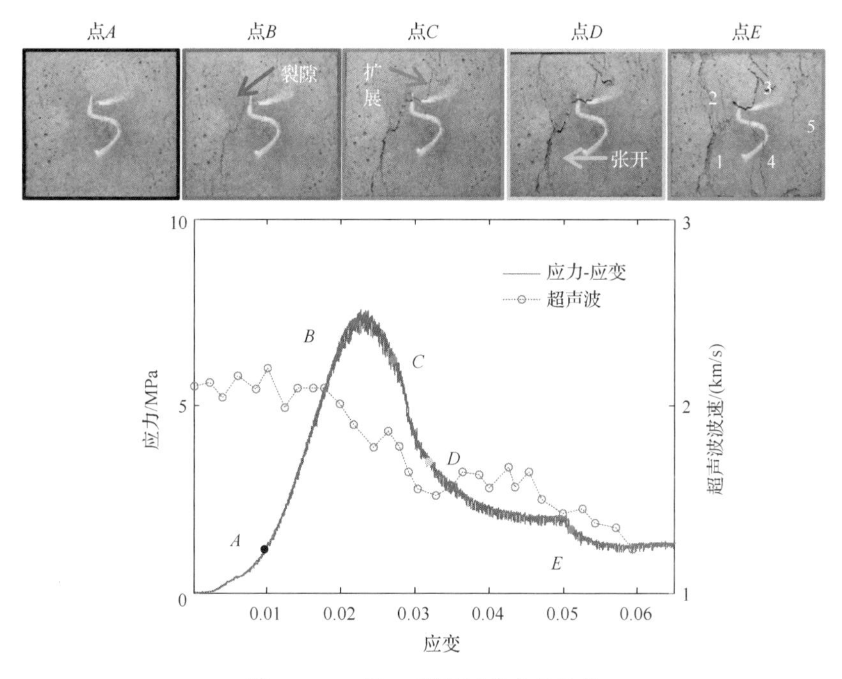

图 6-18　A 组 5#型煤试件实验结果

养护 7 天的型煤试件单轴抗压实验结果如图 6-19 所示。试件的初始屈服强度和单轴抗压强度分别上升至 14MPa 和 16.5MPa，煤体弹性模量则增加至 1.2GPa。弹性变形阶段，超声波在煤体中的传播速度约为 2.35km/s，且大小基本保持不变。

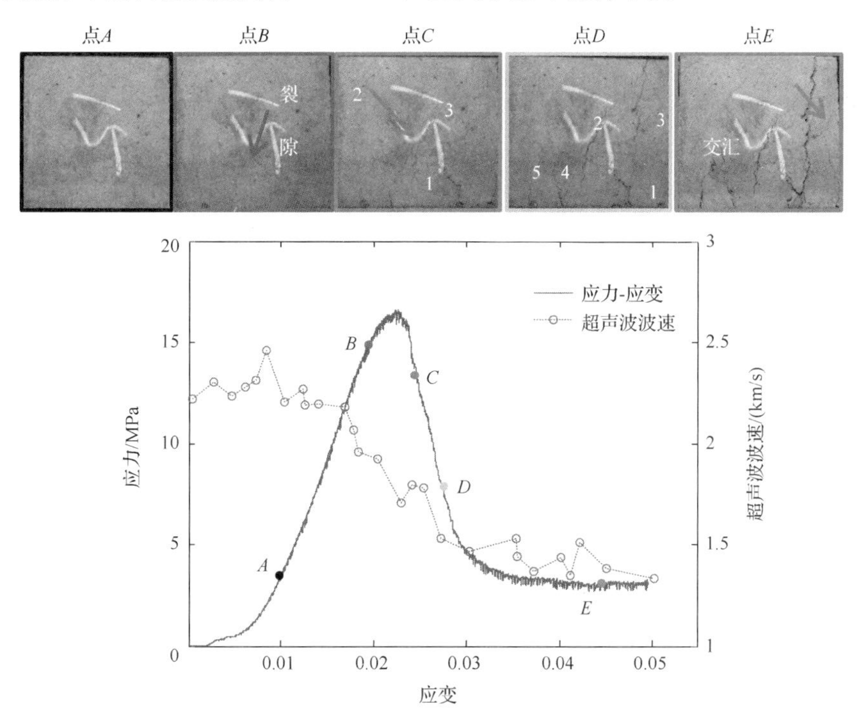

图 6-19　B 组 15#型煤试件实验结果

轴向应力加载至初始屈服强度时，由于微裂纹的萌生，煤体超声波波速开始降低，在点 B，煤样表面出现长度约为 4cm 的倾斜剪切裂纹，该裂纹由底部边界开始发育，呈闭合状态，此时超声波波速降低至 1.9km/s。进入峰后软化阶段后，煤样的裂纹数量增多，超声波在其中的传播速度继续降低，在点 C，煤样表面裂隙增加至 3 条，其中 1#和 2#为倾斜剪切裂纹，3#为与加载方向一致的劈裂裂纹，3 条裂纹的张开度很小，超声波在试件中的传播速度降低至 1.75km/s。在点 D，煤样试件承载能力降低至 8MPa，表面的 1#～3#裂纹张开度增大，且 2#和 3#裂纹发生扩展，在底部边界的左侧出现 4#和 5#两条长度较小的裂纹，点 D 对应的超声波波速为 1.6km/s。煤体变形程度达到点 E 时，3#裂纹扩展至上下边界，张开度达到 2.5mm，裂纹扩展方向与加载方向一致，为典型的劈裂裂纹，4#和 5#裂纹开始扩展，两条裂隙的上部尖端最终发生交汇，煤体中的超声波波速降低至 1.4km/s。最终煤样中产生 1 条张开度较大的贯穿型劈裂裂纹，倾斜剪切裂纹集中在试件的下部，张开度较小，煤样发生张拉裂纹主导的拉剪混合型破坏。煤样变形破坏过程中，随着裂纹数量和张开度的增大，超声波传播速度由初始阶段的 2.35km/s 降低至残余阶段的 1.4km/s。

6.4.2.2　煤中原生裂隙对超声波波速的影响

由于尺度很小，室内进行实验的煤样试件通常为完整无裂隙煤体，而工程实践中煤层是被裂隙等不连续结构切割的复杂地质体。在地应力作用下，煤中原生裂隙大部分处于闭合状态。为确定闭合裂隙对煤体中超声波传播速度的影响，准备不同裂隙倾角(0°～90°)、裂隙长度(0～10cm)和裂隙条数(0～6)的型煤试件(图 6-20)。对预制裂隙型煤试件进行单轴抗压实验，并监测煤样中超声波速变化特征。

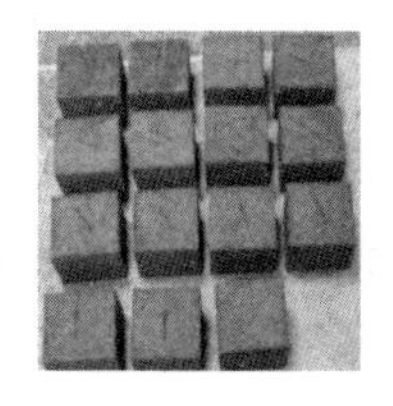

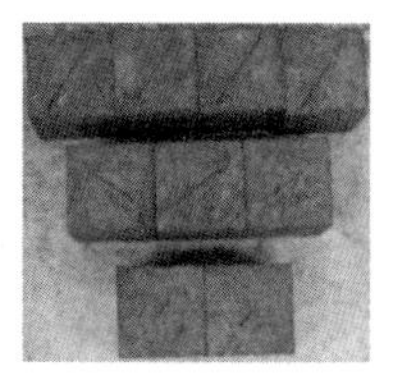

图 6-20　预制裂隙型煤试件

实验所得弹性变形阶段闭合裂隙对煤体超声波波速的影响特征如图 6-21 所示(离散数据点)。裂隙倾角不同时，煤体超声波速出现波动，但波动范围很小，在 1.97～2.1km/s [图 6-21(a)]。波速的波动特征与裂隙倾角之间无明显规律，倾角为 0°、15°、45°和 90°时，煤体中超声波传播速度呈现降低的特征，倾角为 30°、60°和 75°时，超声波波速则出现明显的升高。由于影响程度低和波动无规律，裂隙方向对煤体超声波波速的影响可以忽略。裂隙长度和裂隙条数对煤体超声波波速的影响呈现相似的特征[图 6-21(b)和(c)]，随着裂隙长度和裂隙条数的增多，超声波在煤体中的传播速度表现出单调降低的趋势，但降低速度逐渐减小，说明煤体超声波波速变化对裂隙的敏感度随着裂隙尺寸和裂隙密度的升高而降低。闭合裂隙长度由 0cm 增加至 10cm 时，煤体中的超声波传播速度由 2.2km/s 降低至 1.95km/s；闭合裂隙条数由 0 条增加至 6 条时，超声波在煤体中的

传播速度由 2.2km/s 降低至 1.8km/s。

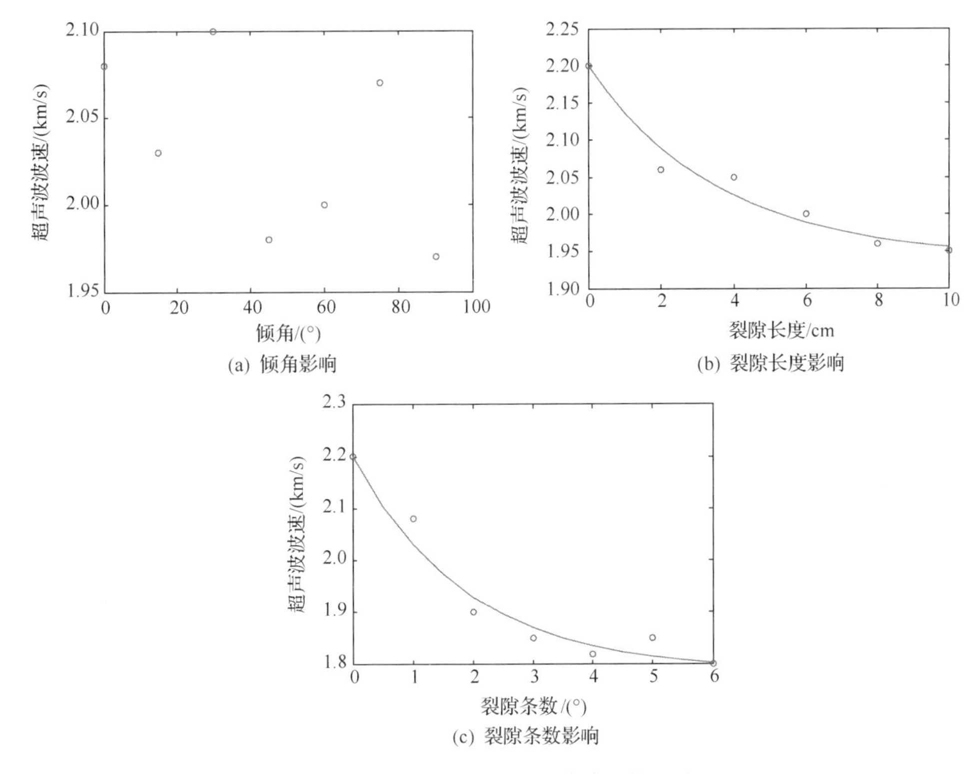

(a) 倾角影响

(b) 裂隙长度影响

(c) 裂隙条数影响

图 6-21 裂隙产状对超声波波速的影响

单轴抗压实验后含预制裂隙型煤试件的宏观破坏模式如图 6-22 所示。随着裂隙长度和裂隙条数的增加，煤样试件破坏后表面的裂隙条数呈现单调递增的特征，破坏裂隙越多，煤体被切割程度越高，破坏块度越小，冒放性增强。图 6-21 则表明超声波在煤体中的传播速度随着裂隙长度和裂隙条数增加呈现单调递减的特征，即煤体被裂隙切割程度越高，对超声波的阻抑作用越明显，超声波在煤体中的传播速度越小。

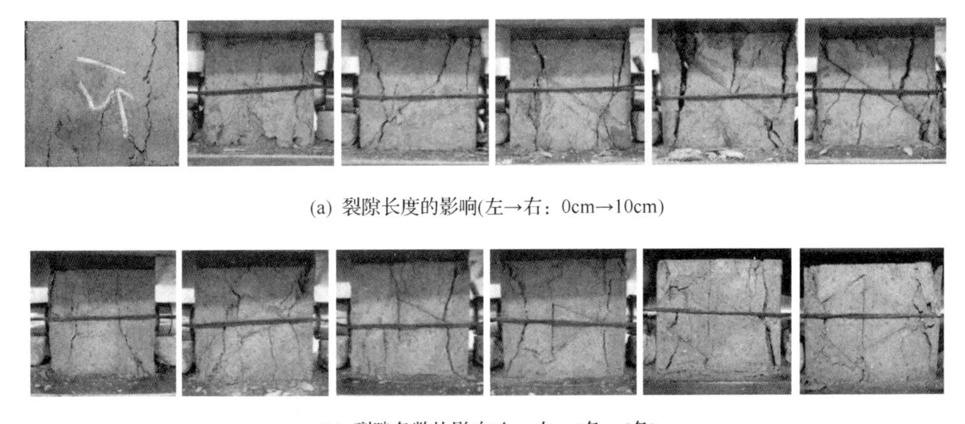
(a) 裂隙长度的影响(左→右：0cm→10cm)

(b) 裂隙条数的影响(左→右：1条→6条)

图 6-22 裂隙参数对煤体破坏模式的影响

综上所述，煤体冒放性与超声波在其中的传播速度呈负相关，而且煤体变形破坏过程中超声波速单调递减，因此，综放开采设计中可采用超声波波速作为表征顶煤冒放性的指标。本书将下面建立的煤体中超声波波速预测模型作为综放开采顶煤冒放性的预测模型，若控顶区上方顶煤中超声波传播速度降低至残余值，则说明顶煤在该区域进入残余变形阶段，顶煤中采动裂隙发育程度高，冒放性良好。

6.4.3　超声波波速预测模型的构建

6.4.3.1　超声波波速预测模型的构建

煤体变形破坏过程中，超声波在其中的传播速度呈现单调变化的特征，其值不受弹性变形的影响。后继屈服阶段，超声波在煤体中的传播速度随着裂隙的扩展和张开单调减小，在连续介质理论中，裂隙的扩展和张开采用塑性变形进行表示，因此，煤体中超声波波速随着塑性变形程度的升高而降低。第 2 章建立的煤体宏-细观本构模型采用累积塑性应变作为反映塑性变形历史的内变量，因此，可以进一步建立超声波波速与煤体累积塑性应变的联系，构建煤体变形过程中超声波波速变化特征的预测模型，并将建立的超声波波速预测模型嵌入 $FLAC^{3D}$ 数值计算软件，与煤体宏-细观本构模型耦合在一起，实现煤体在不同应力路径条件下变形破坏过程和超声波波速变化特征的准确模拟。

弹性变形阶段超声波在煤体中的传播速度保持不变，该阶段煤体中同样不会出现塑性变形，因此，建立模型时无需对该阶段的超声波数据进行处理。进入屈服阶段后，煤体中开始出现塑性变形，超声波波速开始降低，将该阶段煤体中的弹性变形部分从总变形中去除，便可得到超声波波速与轴向塑性应变之间的关系，不同变形阶段煤体中的弹性变形可由应力-应变曲线上任意一点的应力大小与弹性模量的比值确定。采用上述方法得到后继屈服阶段煤体超声波波速的演化过程如图 6-23 所示(圆形、方形和三角形数据点分别表示组内 3 个试件的实验数据)。由于养护环境相同，组内不同试件所得超声波数据

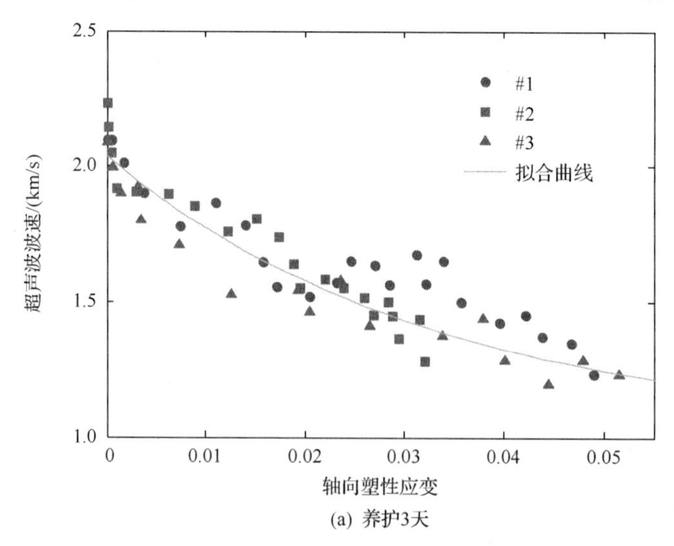

(a) 养护3天

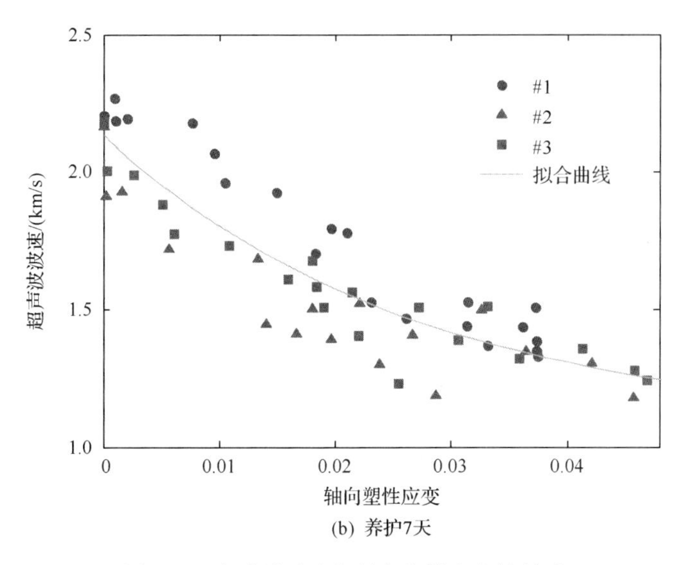

(b) 养护7天

图 6-23 超声波波速与轴向塑性应变的关系

大小和变化趋势具有较高的一致性，随着轴向塑性应变程度的升高，超声波在煤体中的传播速度持续降低。对于养护时间为 3 天的型煤试件，轴向塑性应变达到 0.05 时，煤样中超声波波速由弹性阶段的 2.2km/s 降至 1.2km/s；对于养护时间为 7 天的型煤试件，轴向塑性应变达到 0.04 时，煤样中的超声波波速由弹性阶段的 2.35km/s 降至 1.3km/s。

为得到超声波波速 v 与轴向塑性应变 ε_a^p 之间的定量关系，对图 6-23 中的实验数据进行拟合分析，最终确定采用式(6-20)描述两者之间的关系：

$$v = \frac{1}{2} v_i \left[1 + \exp(-\eta \varepsilon_a^p) \right] \tag{6-20}$$

式中，v_i 为初始超声波波速，m/s；η 为拟合常数。

型煤试件养护时间为 3 天和 7 天时未知参数分别取值为 30 和 37，将数值代入式(6-20)所得拟合曲线如图 6-23 中的实线所示，拟合曲线与实验数据具有很高的一致性，表明式(6-20)可以正确描述煤体变形破坏过程中超声波波速同轴向塑性变形之间的关系。

单调加载条件下，轴向塑性应变可正确反映型煤试件的塑性变形程度，在更为复杂的应力环境中，特别是综放开采实践中，顶煤会经历开挖卸荷和反向加载过程，轴向塑性应变失去反映煤体变形程度的能力，此时，应采用累积塑性应变反映煤体塑性变形程度。轴向塑性应变与累积塑性应变之间的关系可根据弹塑性理论推导确定：

$$\varepsilon_p = \frac{3}{2} \frac{1 - \sin\psi}{\sqrt{3 + \sin^2\psi}} \xi \tag{6-21}$$

式中，ε_p 为轴向塑性应变；ψ 为煤体的剪胀角，(°)；ξ 为煤体的累积塑性应变。

将式(6-21)代入式(6-20)可得煤体中超声波波速与累积塑性应变之间的关系为

$$v=\frac{1}{2}v_i\left\{1+\exp\left(-\frac{3}{2}\frac{1-\sin\psi}{\sqrt{3+\sin^2\psi}}\eta\xi\right)\right\} \tag{6-22}$$

图 6-21 表明煤层中的原生闭合裂隙同样对超声波波速造成影响，对图中的数据进行拟合分析，最终确定采用式(6-23)描述煤体中超声波波速与裂隙长度和裂隙条数之间的关系：

$$\begin{aligned} v &= a\exp(-bl)+c \\ v &= v_i + p\left[\exp(-qn)-1\right] \end{aligned} \tag{6-23}$$

式中，a、b、c、p 和 q 为拟合常数；l 和 n 分别为裂隙长度和裂隙条数。由式(6-23)可知 $a+c$ 为完整煤体中初始超声波波速。

将表 6-2 中所列的拟合参数代入式(6-23)，可得拟合曲线如图 6-21 中实线所示，拟合结果与实验数据可以高度吻合，表明式(6-23)可有效描述煤体中超声波波速与原生闭合裂隙参数之间的关系。

表 6-2　裂隙影响拟合常数

参数	a	b	c	p	q
取值	0.2568	0.2574	1.9350	0.4140	0.5290

结合式(6-22)和式(6-23)可得裂隙煤体变形破坏过程中超声波波速变化特征的控制方程：

$$v=\frac{1}{2}\left[a\exp(-bl)+c+p\left(\exp(-qn)-1\right)\right]\left[1+\exp\left(-\frac{3}{2}\frac{1-\sin\psi}{\sqrt{3+\sin^2\psi}}\eta\xi\right)\right] \tag{6-24}$$

6.4.3.2　超声波波速预测模型的验证

将建立的煤体超声波波速预测模型嵌入 FLAC^{3D} 数值计算软件，与文献[14]建立并嵌入 FLAC^{3D} 的煤体宏-细观本构模型耦合在一起，模拟养护 7 天的完整型煤试件和含两条预制裂隙型煤试件的单轴抗压实验及加载过程中煤体中超声波波速变化特征。超声波波速模型参数采用本书确定的数值，煤体材料参数及本构模型参数见表 6-3。

表 6-3　煤体材料参数及本构模型参数

裂隙	E	μ	C	φ	m	k	n
0	1.2	0.3	4.6	32	0.00025	0.06	130
2	0.8	0.32	3.0	30			

模拟结果与实验数据的对比如图 6-24 所示。数值计算所得完整煤体弹性模量、单轴抗压强度和残余强度分别为 1.2GPa、16MPa 和 4MPa，与实验所得结果大小一致；弹性

变形阶段，煤体中的超声波波速为 2.28km/s，应力水平达到初始屈服强度后，超声波波速开始降低，在残余变形阶段，超声波波速降低至 1.4km/s，超声波波速的变化趋势和大小分布均与实验结果一致。煤样中存在两条裂隙时，弹性模量和单轴抗压强度分别降低为 0.8GPa 和 10MPa，实验过程中，超声波的传播速度由初始值 1.95km/s 降低至最终值 1.1km/s，由于文献[14]建立的本构模型没有考虑裂隙对煤体峰后软化阶段变形特征的影响，数值计算无法准确模拟含预制裂隙试件的锯齿状峰后变形特征。数值模拟和实验数据之间的一致性表明本文建立的超声波速预测模型可以准确预测煤体变形破坏过程中超声波波速的变化特征。

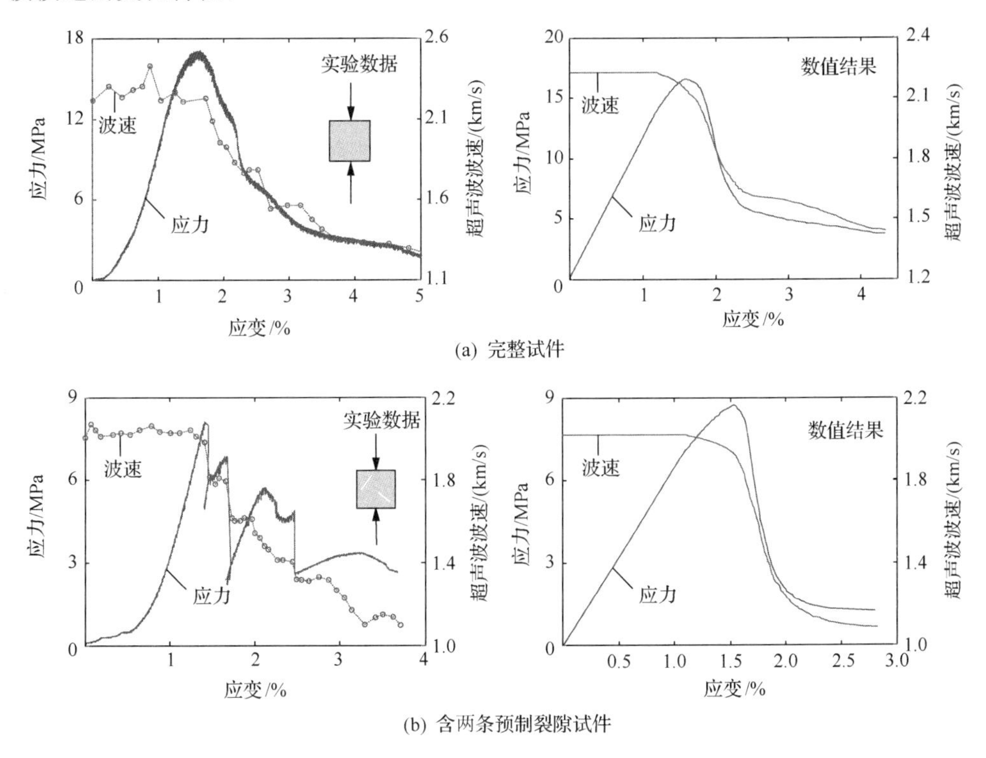

图 6-24　模拟结果与实验数据的对比(左：实验数据；右：模拟结果)

6.5　顶煤冒放性指标的现场应用

采用构建的顶煤冒放性指标确定方法及超声波波速预测模型，以新柳煤矿和东周窑煤矿的综放开采工作面为研究对象(两个煤矿所采煤层分别为软弱煤层和较坚硬煤层)，对不同开采条件下顶煤冒放性进行预测，将预测结果与现场工程实践所得顶煤实际冒放性进行对比，从而验证顶煤冒放性判定方法的工程实用性和可靠性。

6.5.1　新柳煤矿 241103 综放面

6.5.1.1　工程概况

新柳煤矿 241103 工作面位于矿区四采区，主采 10#和 11#煤合并层，煤层平均厚度约 6m，煤层倾角 4°，属于近水平煤层，煤层埋藏深度约 300m。采用综放开采方法，工作面割煤高度 2.5m，顶煤厚度 3.5m。工作面直接顶为泥岩和石灰岩，强度较小，可随采随冒，基本顶为砂岩，强度较大，回采期间工作面存在明显的顶板来压现象，底板为一层厚度近 12m 的泥岩。煤层顶底板综合柱状图如图 6-25 所示。

	柱状图	编号	分层厚度/m	岩石名称	岩性描述
太原组	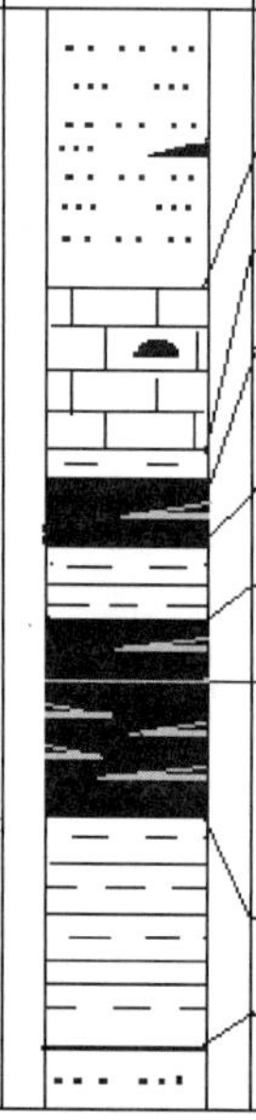		5.85～19.85 12.85	砂岩	灰色、灰白色，上部以泥岩为主，中下部常为厚层状细粒砂岩，中部有8#煤层位，不稳定，不可采
		K2	1.60～13.95 5.43	石灰岩	青灰色、灰褐色，有时含1～2层扁豆状黑色燧石层，灰岩中含有动物化石
			0～1.6 0.25	泥岩	灰色、深灰色，有时尖灭
		9#	0.24～2.4 1.22	煤	为区内主要可采煤层之一，煤层稳定，一般不含或含有一层夹石，直接顶为泥岩和石灰岩，有时间隔泥岩，底板为泥岩
			0.25～7.4 2	泥岩	深灰色，有时含有砂质泥岩
		10#	0.4～5.7 1.3	煤	为区内主要可采煤层之一，一般不含或含1～2层夹石
		11#	4.4～8.95 4.7	煤	为区内主要可采煤层之一，夹矸变化大，一般2～4层，多达8～9层，结构复杂，顶板多为泥岩，有古河床冲蚀现象
			22.67～23.82 11.78	泥岩	灰色，深灰色泥岩为主，偶夹1～2层薄煤层，含多种植物化石
		K1	0～7.60 1.35	砂岩	灰白色，细粒为主，石英质含量较多，较坚硬，有尖灭或变为砂质泥岩

图 6-25　顶底板柱状图

6.5.1.2　数值模型及参数

根据主采煤层顶底板特征建立数值计算模型，如图 6-26 所示，模型尺寸为 200m×200m×110m，模型底部和四周为固定位移边界条件，模型顶部施加 6.2MPa 的压应力模拟未建入数值模型的覆岩载荷，煤层采用第 2 章建立的宏-细观本构模型，采用建立的超声波波速预测模型模拟煤层中超声波波速分布特征。为提高计算速度，顶底板岩层采用 FLAC^{3D} 自带的莫尔-库仑理想弹塑性本构模型。数值模拟过程中工作面沿 x 轴方向布置，沿 y 轴方向推进。

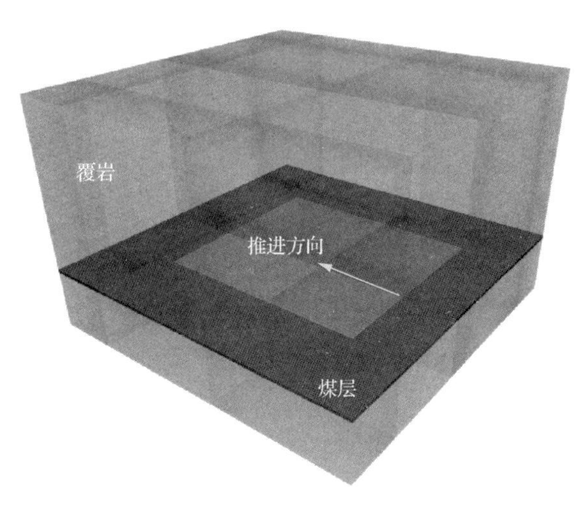

图 6-26　新柳矿数值模型

对工作面采集的煤样进行单轴抗压实验，实验过程中采用贴于试件表面的小探头对波速进行监测，实验结果如图 6-27 所示。煤体弹性模量为 1GPa，单轴抗压强度为 4.6MPa，弹性变形阶段超声波在煤体中的传播速度为 1.85km/s，煤体中产生塑性变形后，超声波波速度开始降低，当轴向应变达到 0.010 时，超声波在煤体中的传播速度降低至 1km/s。

超声波波速降低至 1km/s 时，煤体中的裂隙发育特征如图 6-27(b)所示，产生 3 条剪切裂隙，其中两条贯穿整个试件高度，中间 1 条长度为 5cm，与左侧贯通裂隙贯通后停止发育，煤样被切割成小块体，说明当超声波波速降低至 1km/s 时，煤体具有良好的冒放性，可在支架后方及时地以小块度形式冒落。由单轴抗压实验数据得到煤体本构模型参数及超声波波速预测模型参数，见表 6-4，对煤样进行剪切实验得到煤体内聚力和内摩擦角分别为 1MPa 和 32°。

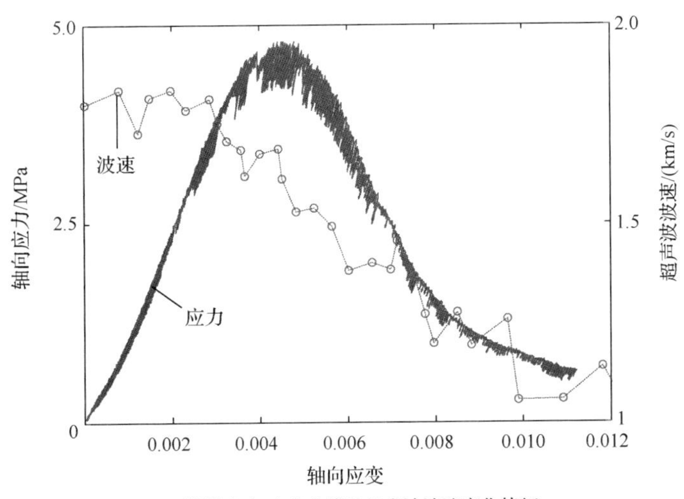

(a) 煤样应力-应变曲线及超声波波速变化特征

(b) 煤样破坏模式

图 6-27　煤样试件单轴抗压实验结果

表 6-4　模型参数

模型	煤体本构模型			超声波波速模型	
参数	m	k	n	v_i	η
取值	0.00025	0.065	130	1.85	204

四采区工作面顶底板岩层以泥岩和砂岩为主，因此，在建立的数值模型中仅考虑了泥岩、粗砂岩和细砂岩 3 种岩性的岩层，本章模拟采用的泥岩和砂岩的材料参数见表 6-5。

表 6-5　顶板岩层材料参数

岩性	E/GPa	μ	C/MPa	φ/(°)
泥岩	16. 7	0.29	12.3	34
粗砂岩	4.5	0.33	3.6	38
细砂岩	22.2	0.22	26	36

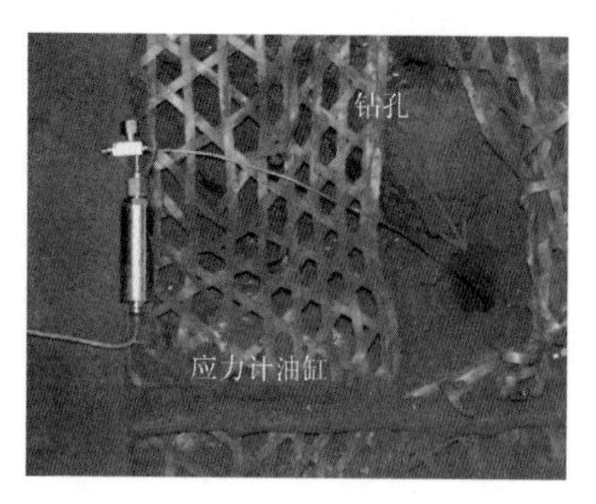

图 6-28　煤体垂直应力实测方法

6.5.1.3　模拟结果分析

1) 垂直应力分布

综放面回采过程中，为监测煤层中垂直应力分布特征，在工作面前方 50m 钻取直径 41cm、深度 20m 的钻孔，埋设钻孔应力计，如图 6-28 所示。

钻孔应力计每 1h 记录一次作用于其上的垂直应力数据，应力计不回收，工作面推进至钻孔位置，数据采集结束。根据采集的垂直应力数据和工作面实际推

进速度可以得到煤壁前方煤体中垂直应力分布特征如图 6-29 中离散数据点所示。

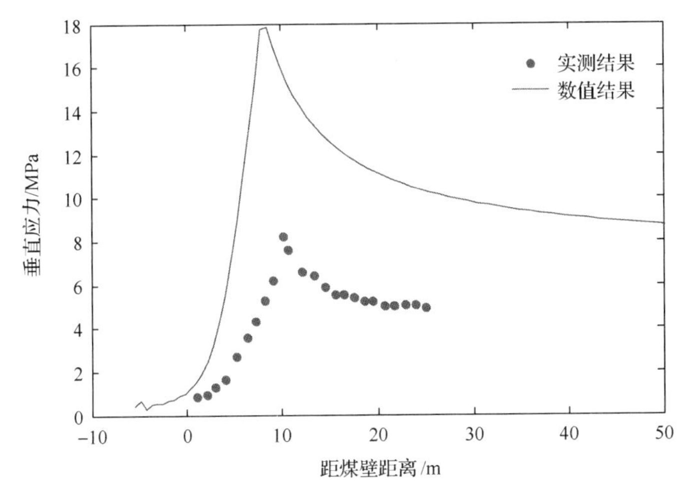

图 6-29 垂直应力分布对比图

钻孔应力计只能监测垂直应力的相对变化，无法得到绝对值，因此，实际测得的垂直应力远小于埋深为 350m 的覆岩自重。应力计安装完成后，向油缸内注入液压油，使应力计与钻孔内壁紧密接触，注入油缸初始压力值为 4.5MPa，该值即为实测得到未受采动影响区域的垂直应力。随着工作面煤壁与应力计之间距离的减少，应力计安装位置开始受采动影响，钻孔发生变形，作用于应力计上的垂直应力升高，在工作面前方 10m 处，垂直应力达到峰值 8MPa，峰值系数为 1.8。垂直应力峰值现象说明该位置为煤体弹性区与塑性区的边界。原岩应力区至垂直应力峰值位置煤层处于弹性状态，钻孔内壁破坏程度低，处于相对完整状态，如图 6-30(a)所示。峰值点之后，煤体发生破坏，承载能力降低，作用于应力计上的垂直应力开始降低，在煤壁处降低至 0.6MPa，结合图 6-27(a)可知该值接近煤体残余强度。垂直应力峰值至煤壁区间的煤体发生破坏，钻孔内壁变形大，煤屑剥落现象严重，如图 6-30(b)所示。

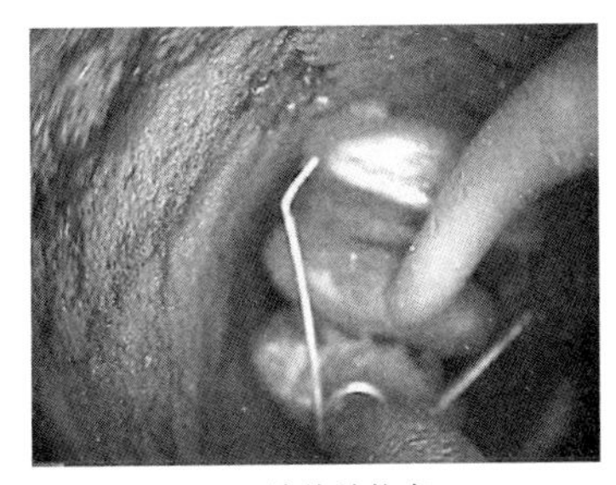

(a) 峰值前状态

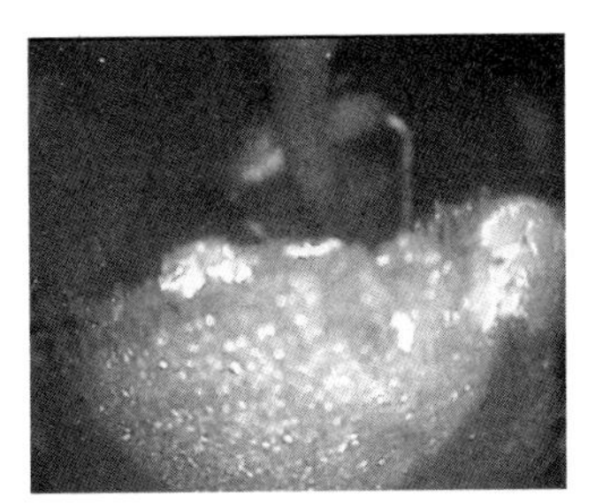

(b) 峰值后状态

图 6-30 钻孔应力计附近煤体破坏特征

模拟所得煤层中垂直应力分布特征如图 6-29 实线所示，初始垂直应力为覆岩自重，大小为 8.5MPa，采动影响后煤层中垂直应力开始升高，在工作面前方 9m 处达到峰值 18MPa，峰值系数为 2.1，峰值过后垂直应力开始降低，在煤壁处同样降低至煤体残余承载能力 0.6MPa，该值与实测结果一致。

多个矿区的钻孔应力监测经验表明实测垂直应力峰值和峰值系数大小与钻孔应力计的刚度和量程有很大关系，因此，其值与数值模拟结果没有可比性。实测所得垂直应力峰值位置和煤壁处垂直应力大小具有很高的参考价值，可与模拟结果进行对比，用于验证模型计算精度的可靠性。由图 6-29 可知：数值模拟所得支承压力峰值位置与实测结果相差 1m，两种方法所得煤壁附近垂直应力大小一致，由此可以判断建立的数值模型计算精度是可靠的。

2) 顶煤超声波波速分布

工作面推进至 110m（y 轴坐标）位置时，顶煤中超声波波速空间分布如图 6-31 所示。距工作面煤壁较远的原岩应力区顶煤超声波波速为 1.85km/s，在空间中均匀分布，超声波波速在空间的分布形态呈现为一个平面。垂直应力的数值模拟结果表明顶煤在工作面前方 20m 开始受采动影响而急剧上升，在工作面前方 9m 处达到峰值，结合图 6-31 可以看出 y 轴坐标 120～130m 顶煤超声波波速仍然以平面形式分布，说明受采动影响的弹性区超声波在顶煤中的传播速度没有发生改变。工作面前方 10m 范围内（y 轴坐标 110～120m），顶煤中的超声波波速开始降低，说明顶煤中开始出现裂隙发育现象。该阶段超声波波速表现出非均匀分布特征，工作面中部顶煤超声波波速最小，向两端头位置顶煤超声波波速逐渐升高，说明工作面中部顶煤裂隙最为发育，而两端头位置顶煤裂隙发育程度最低，该现象与实际观测结果一致。煤壁后方位于支架上方的顶煤超声波波速降低至约 1km/s，说明该区域顶煤进入残余变形阶段，冒放性良好。

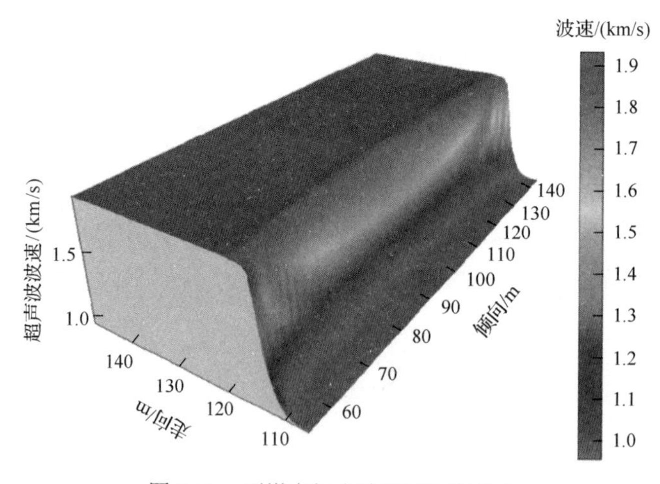

图 6-31　顶煤中超声波波速空间分布

在图 6-31 中提取一条沿走线方向测线上的顶煤超声波波速分布曲线，如图 6-32 所示。顶煤超声波波速在工作面前方 9.7m 处开始降低，说明煤体在该处达到初始屈服强度，煤体内产生微裂纹，但微裂纹扩展长度和张开度均很小，煤体表现出应变硬化现象，承载能力升高。工作面前方 9～9.7m 范围内的顶煤全部处于应变硬化阶段，垂直应力在该范围内仍表现出升高趋势(图 6-29)，但超声波在煤体中的传播速度开始呈现出降低趋势，但降低速度小。距煤壁距离小于 9m 后，顶煤进入应变软化阶段，采动裂隙迅速扩展，张开度增大，超声波在煤体中的传播速度迅速降低，煤壁附近降低至 0.95km/s。煤壁后方，顶煤超声波波速保持为 0.95km/s 基本不变，说明顶煤在控顶区域内进入残余变形阶段，结合图 6-27(b)中残余变形阶段煤体中裂隙发育特征可以判断，新柳煤矿顶煤冒放性良好。

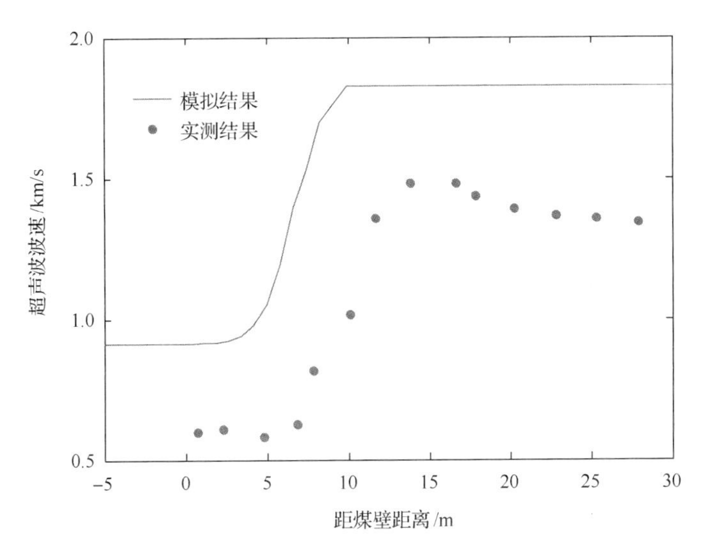

图 6-32 超声波波速模拟结果与实测数据对比图

顶煤超声波波速分布特征的实测结果如图 6-32 离散数据点所示：实测超声波变化趋势与模拟结果较为一致，在工作面前方 12m 处开始降低，在煤壁附近降低至残余值。但实测煤体超声波波速明显小于实验室测量和模拟结果，该现象是由煤层中存在大量的原生裂隙，原生裂隙的阻抑作用导致超声波波速的降低。而现场取样通常采集完整度高、无明显裂隙的块体，所以实验室测得试件中超声波波速相对较高，本书建立的超声波波速预测模型以实验室结果为基础，因此，图 6-32 中模拟所得顶煤超声波波速明显高于实测值。实测与模拟结果曲线的一致性变化趋势表明构建的顶煤冒放性预测模型是正确的。煤壁附近和控顶区上方顶煤中超声波波速降低至残余值，该现象表明新柳煤矿主采煤层冒放性良好，这与现场较高的顶煤采出率是吻合的，将超声波波速预测模型作为综放开采实践中顶煤冒放性预测模型是可行的。

6.5.2　东周窑煤矿 8301 综放面

6.5.2.1　工程概况

东周窑煤矿位于山西省左云县城东，东西长约 15.8km，南北宽约 14.4km，地面标高 700m，面积 119.1288km^2。井田内可采煤层有 4#、5#、8-1#、8-2# 4 层，可采资源储量 169422 万 t，矿井投产后设计生产能力 1000 万 t/a，服务年限 118 年。8301 工作面主采 5#煤层。顶板岩性以泥岩、砂质泥岩为主，含碳质泥岩。底板为泥岩、砂质泥岩和黏土岩。与下部 8-1#煤层间距 11.45～52.57m。煤层厚度 0.66～11.93m，平均 6.5m，呈现由西向东变薄的趋势，厚度大于 12m 的煤层在井田中西部零星分布，东部煤层厚度多在 3.5～8m，北西部煤层遭受剥蚀。煤层结构较简单，夹矸厚度 0.10～0.42m，全区可采，煤层埋藏深度约 400m。煌斑岩侵入井田，仅有个别钻孔煤层及其上下未见煌斑岩侵入体，其余各钻孔均遭到不同程度的侵入破坏，个别钻孔 5#煤层被煌斑岩侵入破坏殆尽。8301 工作面采用综放开采方法进行回采，工作面割煤高度 3m，顶煤厚度 3.5m。

6.5.2.2　岩石力学参数及超声波波速测试

为得到 8301 工作面所采煤层材料参数及加载过程中超声波波速变化情况，在工作面采集割落的大块煤样，在实验室加工成 100mm×100mm 的立方体试件进行单轴抗压实验和角模剪切实验。其中不同法向应力下，煤体的抗剪强度如图 6-33 所示。随着法向应力的增大，煤样的抗剪强度升高，对图中的实验数据进行拟合分析可知东周窑煤矿 8301 工作面所采煤层的内聚力和内摩擦角分别为 4.8MPa 和 37°。

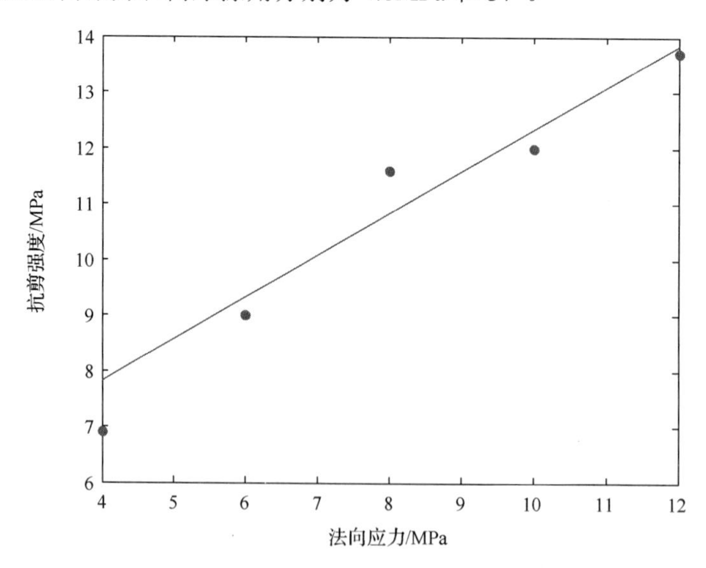

图 6-33　东周窑煤矿煤样剪切实验结果

东周窑煤矿煤样单轴抗压实验所得应力-应变数据及超声波数据如图 6-34 所示。由于煤层煤质坚硬，煤体无明显的硬化现象，线弹性阶段完成后，煤样直接进入软化阶段。在峰后阶段，煤样应力-应变曲线属于Ⅱ类，表现出动力破坏特征，轴向变形出现弹性恢复现象。煤样单轴抗压强度为 20MPa，由剪切实验所得内聚力和内摩擦角计算得到煤样单轴抗压强度为 19.3MPa，两组实验数据可较好地吻合。

由于东周窑煤矿所取煤样中原生裂隙和孔隙极少，煤样中的初始超声波波速可达到 2.15km/s。轴向应力水平达到煤样单轴抗压强度后，超声波在煤样中的传播速度迅速降低，当出现第 1 次应力跌落后，煤样中的超声波波速降至 2.01km/s。之后随着轴向应力的继续加载，超声波在煤样中的传播速度随着煤样中微裂隙的发育不断降低，煤样完全丧失承载能力后，超声波波速降至 1.25km/s，并不再随着煤样塑性变形程度的增大而发生变化。

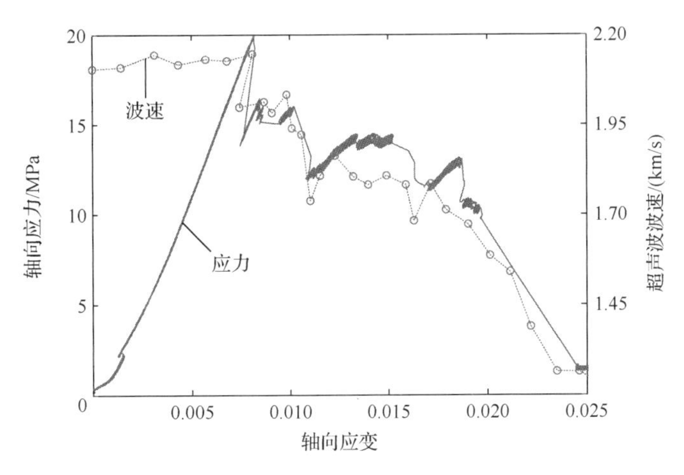

图 6-34 东周窑煤矿煤样应力-应变及超声波数据

由图 6-34 中的应力-应变曲线可得东周窑煤矿所采煤层的弹性模量为 2.8GPa，泊松比取 0.3。假设东周窑煤矿所采煤层的初始剪胀角为 20°，则在图 6-34 的基础上，将各变形阶段的弹性变形部分去除可得煤样内聚力及超声波波速随累积塑性应变的变化曲线如图 6-35 所示。与新柳煤矿所采软弱煤层相比，东周窑煤矿所采坚硬煤层没有表现出峰前硬化现象，弹性阶段结束后，内聚力便开始减小，表现出软化现象，直至煤样中仅剩残余内聚力。煤样中超声波波速变化特征与软弱煤样中相似，煤样屈服后，超声波波速随着塑性变形程度的升高而降低，当煤样中裂隙发育稳定之后，超声波波速降低至残余值并保持不变。

利用第 2 章建立的硬化/软化函数及第 6 章构建的超声波波速预测模型对图 6-35 中的实验数据进行拟合可得硬化/软化函数中的未知常数及超声波波速预测模型中的未知参数(表 6-6)。将各参数值代入对应的公式可得理论预测曲线如图 6-35 中实线所示，预测结果与实验数据可以很好地吻合，验证了模型参数的正确性。

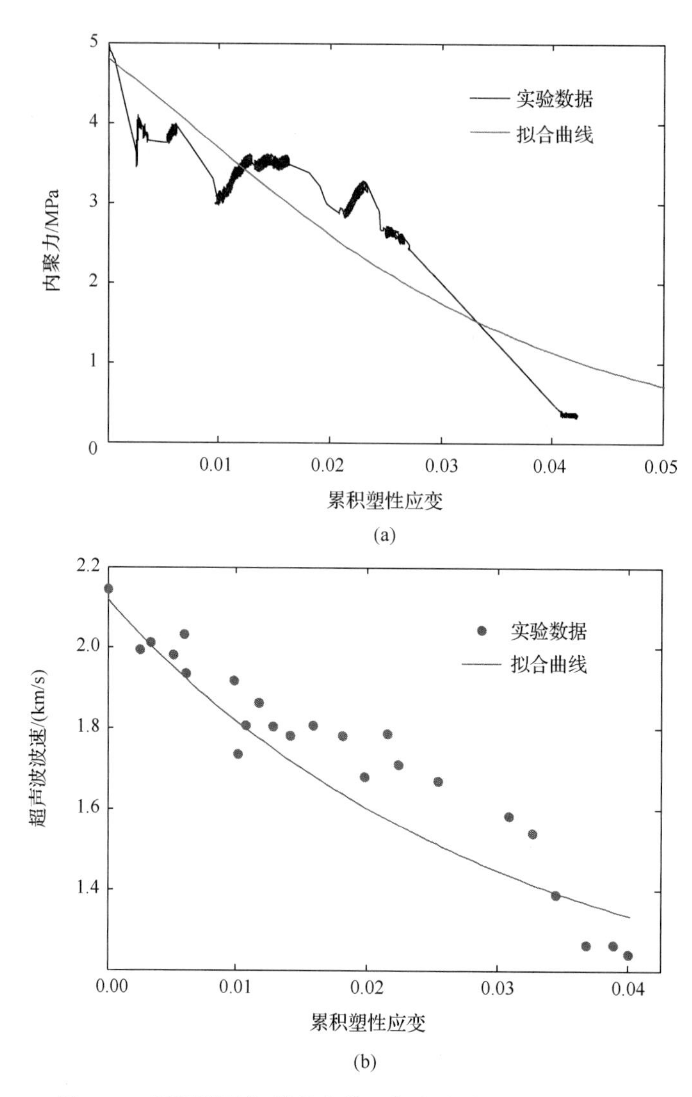

图 6-35　硬煤样硬化/软化参数及超声波波速峰后变化特征

表 6-6　模型参数

模型	硬化/软化函数			超声波波速模型	
参数	m	k	n	v_i	η
取值	0.00025	0.01	60	2.15	60

表 6-7　顶板岩层材料参数

参数	泥岩				粗砂岩				细砂岩			
	E/GPa	μ	C/MPa	φ/(°)	E/GPa	μ	C/MPa	φ/(°)	E/GPa	μ	C/MPa	φ/(°)
取值	16.7	0.29	12.3	34	4.5	0.33	3.6	38	22.2	0.22	26	36

8301 工作面材料巷套取顶板岩心并磨制成标准圆柱试件，如图 6-36(a)～(c)所示，直接顶包括一层厚 12m 的泥岩和一层较薄的粗砂岩，两者强度较小，单轴抗压强度分别为 45MPa 和 18MPa[图 6-36(d)和(e)]，基本顶是一层厚 6.5m 的细砂岩，单轴抗压强度可达 100MPa，根据单轴实验和角模剪切实验结果可得顶板岩层材料参数，见表 6-7。表中的 E、μ、C 和 φ 分别代表岩石的弹性模量、泊松比、内聚力和内摩擦角。

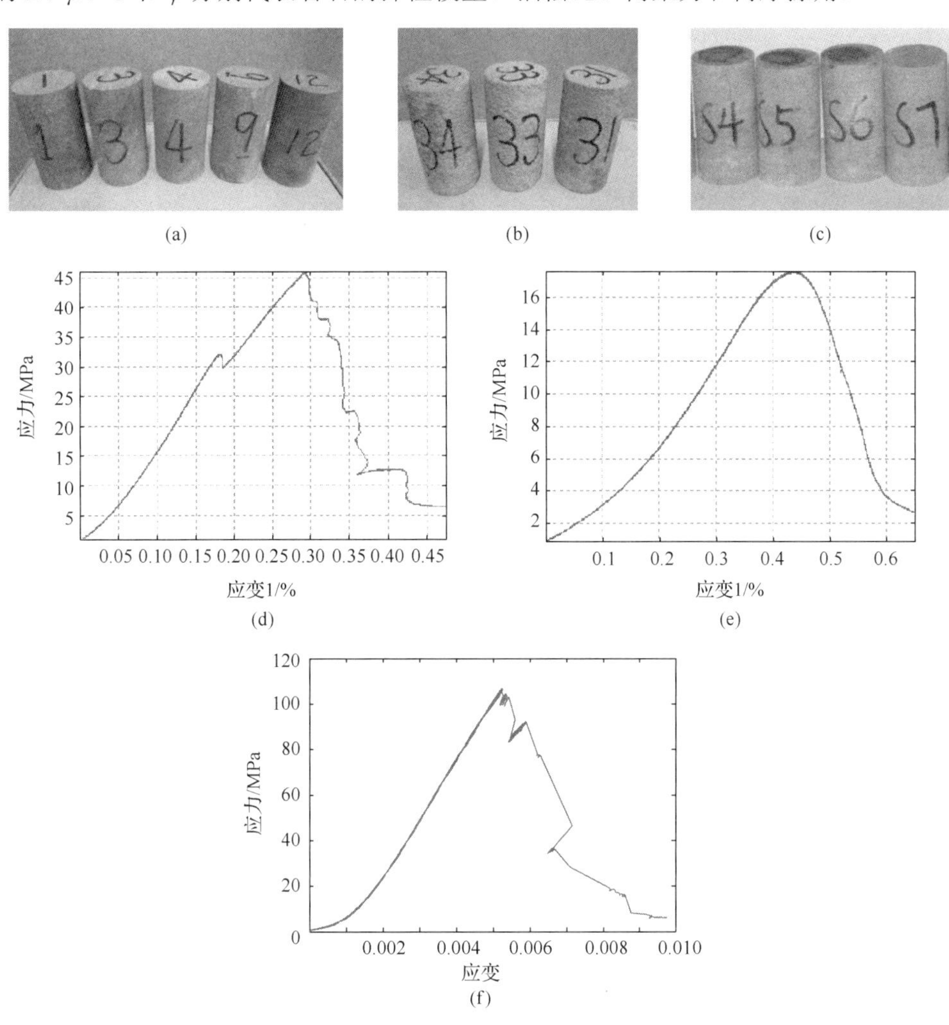

图 6-36　顶板岩样试件单轴抗压实验结果

6.5.2.3　初始地应力的现场测量

本章地应力原位测量采用空心包体应力解除法，共布置 4 个测站，分别位于南回风巷(1 个)、南胶带巷(1 个)、2202 工作面运输巷道(2 个)，二采区平面布置及测点布置如图 6-37 所示。

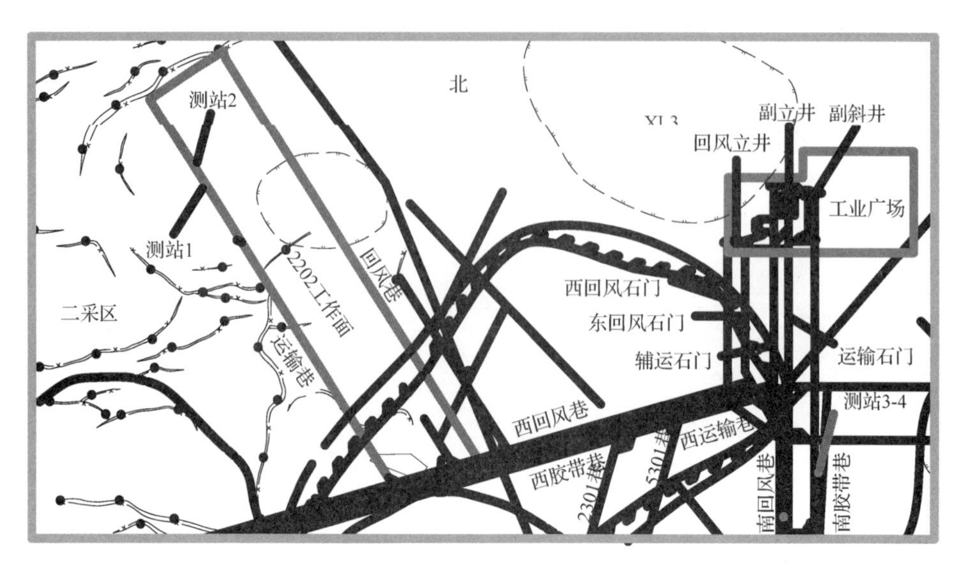

图 6-37　二采区平面布置及测点布置

4 个测站距离较远，保证所测地应力结果能够最大可能地反映矿区地应力分布特点。本章测量所用到的设备如图 6-38(a)所示，测站位置确定后，分别在各测站采用 15cm 的钻头钻取深 12m 的大孔，各测站钻孔特征见表 6-8。在本章地应力测量中，采用罗盘对方向和倾角进行定位，因此，180°对应正北方向。

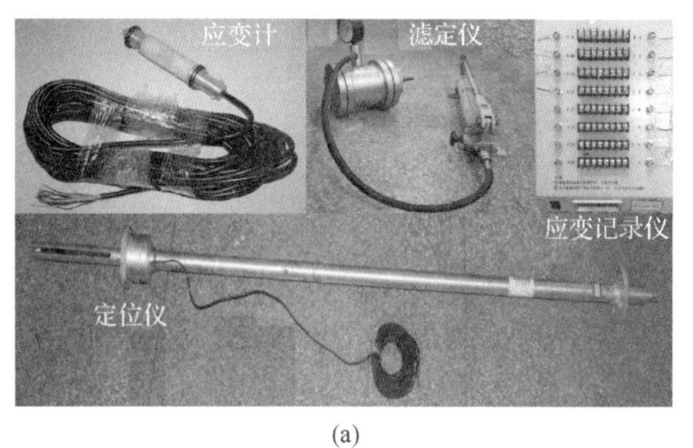

(a)

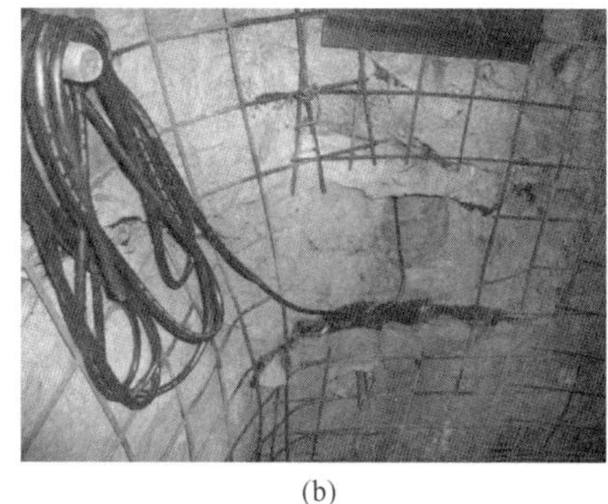

(b)

图 6-38　测量设备

表 6-8　地应力测点钻孔技术特征

测点	埋深/m	岩性	位置	钻孔特征		
				孔深/m	方位角/(°)	倾角/(°)
1#	380	砂岩	南回风巷	12	180	4
2#	400	砂岩	南胶带巷	12	200	5
3#	420	粗砂岩	2202 工作面回风顺槽	12	255	4
4#	400	砂岩	2202 工作面回风顺槽	13	217	5

大孔钻取完成后，换为小直径钻头，在孔底钻取深 0.4m 的小孔，将应变计与带有定位仪的连接杆相接，将应变计埋设在小孔孔底，并用黏结剂保证应变计与小孔孔壁紧密接触。应变计上装有 12 个应变片，用定位仪可控制各应变片的方向。将应变计固定好之后，将定位仪及连接杆卸除，仅将连有数据传输线的应变计留在孔底，如图 6-38(b)所示。

应变计安设 24h 后，采用套筒将孔底的应变计连同岩心一同套出，在套取岩心和应变计的同时，采用应变记录仪记录每个应变片产生的应变，如图 6-39(a)所示。测站 3# 岩芯钻取过程中各应变计所得数据如图 6-39(b)所示，其中 1 个通道不可用，此测站仅得到 11 组应变数据。

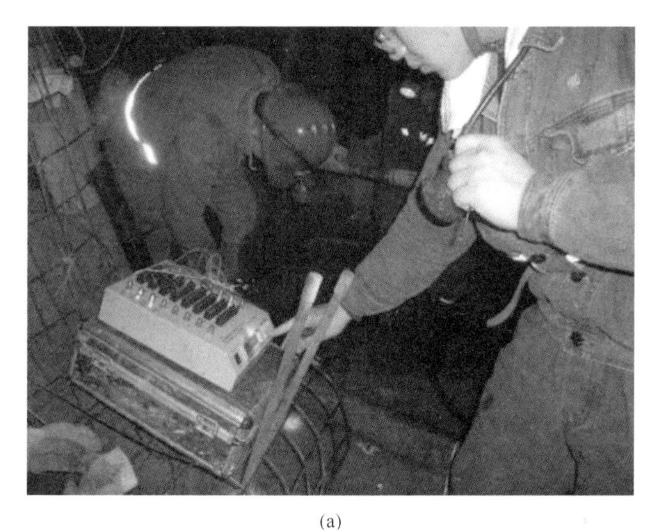

(a)

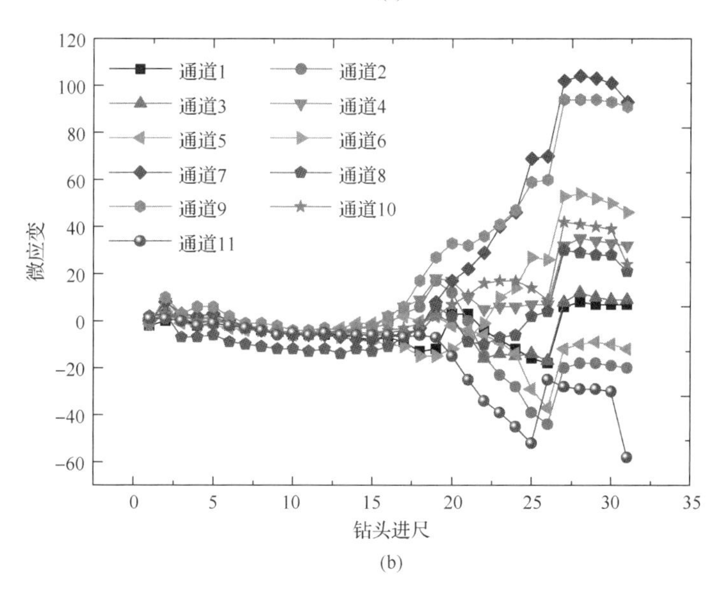

(b)

图 6-39 岩心钻取与应变测量

采用图 6-38(a)中的滤定仪对所钻取的岩心进行滤定可得到岩心沿各方向的弹性模量，结合图 6-39(b)中的应变数据便可得到测站位置地应力的大小和方向。采用以上方法得到东周窑煤矿初始地应力分布，见表 6-9。由于测站 4 岩心套取失败，没有得到地应力数据。由表 6-9 数据可以看出，井田内初始地应力分布特征为：第 1 主应力和第 2 主应力为近水平方向，与水平面夹角最小值为 5.1°，最大值不大于 21°，第 3 主应力接近于竖直方向，与水平面夹角约 70°；两个水平主应力与竖直主应力之间的平均比值分别为 2 和 1.35；区域内最大主应力为水平应力，最小主应力为垂直应力，最大主应力的方向为 NE-SE 方向，与南-北方向夹角约为 10°。

表 6-9　地应力实测结果

测点编号	第 1 主应力			第 2 主应力			第 3 主应力		
	数值/MPa	方向/(°)	倾角/(°)	数值/MPa	方向/(°)	倾角/(°)	数值/MPa	方向/(°)	倾角/(°)
1#	18.0	181	8.6	12.7	268	–21	9.5	–69	68
2#	23.6	186	–7.0	14.7	93	–19	11.0	–67	–66
3#	16.8	204	5.1	12.0	112	13	8.7	–56	64

6.5.2.4　数值模型的建立及验证

根据东周窑煤矿煤层及顶底板岩性和岩层材料参数建立如图 6-40 所示的数值模型，回采巷道顶板钻孔窥视观测结果表明：煤层开采过程中，采动影响下顶板岩层离层现象严重，因此，在数值模型中各岩层之间嵌入接触面单元，模拟工作面开采中的离层现象，模型尺寸为 300m×300m×200m，模型四周及底部为固定位移约束，模型顶部施加 5MPa 的压应力，模拟未建入数值模型的覆岩重力，水平主应力按照实测结果施加。煤层采用第 2 章建立的本构模型，底板及顶板岩层采用 $FLAC^{3D}$ 自带莫尔-库仑理想弹塑性模型，材料及模型参数采用实验测定结果。

工作面推进 50m 后，所有直接顶岩层均已进入塑性状态并垮落，如图 6-41 所示。冒落带高度为泥岩和较薄粗砂岩的累积高度，可达 15m。此时，采空区中部、开切眼及工作面上方基本顶中均出现岩层拉破坏导致的声发射现象，在实际现场测量中，岩层中的声发射被称为微震现象，其活跃期可视为顶板来压的标志，因此，数值结果表明 8301 工作面初次来压步距约为 50m。

工作面实测 4#和 40#支架工作阻力变化特征的现场实际测量值如图 6-42 所示，两个支架实测结果表明 8301 工作面初次来压步距分别为 43m 和 47m，与数值模拟所得结果(50m)较为相近，之后的周期来压步距位于 15～22m。实测所得工作面初次来压步距与数值模拟结果较为一致，由此可以验证本书建立的数值模型是正确的，采用本模型确定顶煤应力路径及其冒放性是可行的。

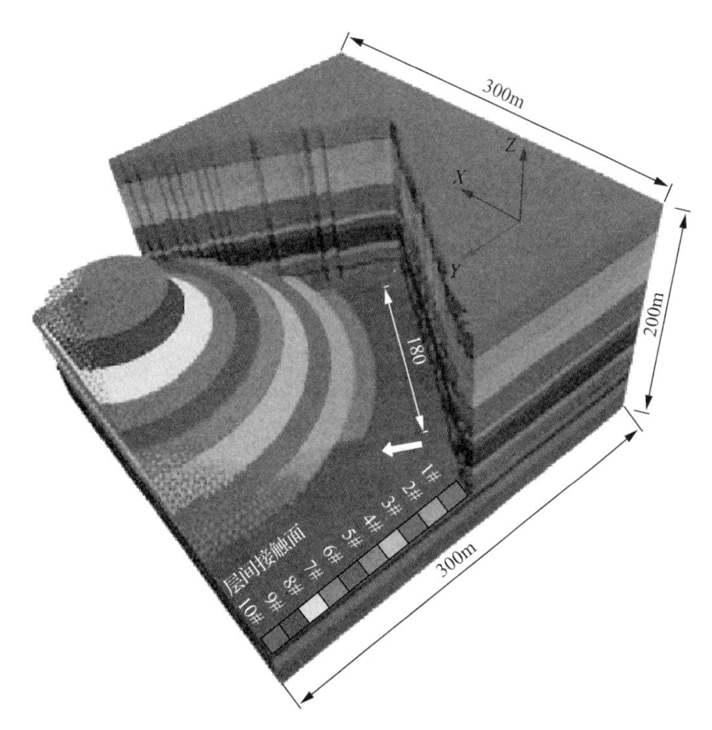

图 6-40　东周窑数值模型

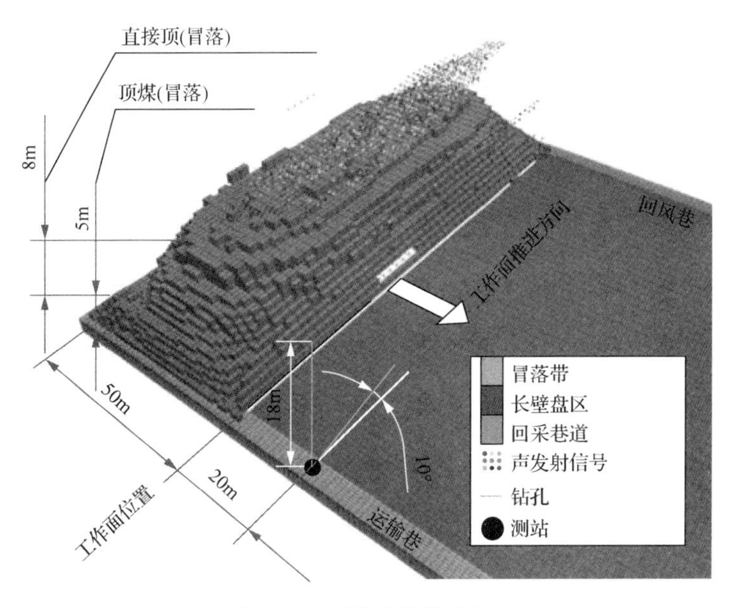

图 6-41　工作面初次来压

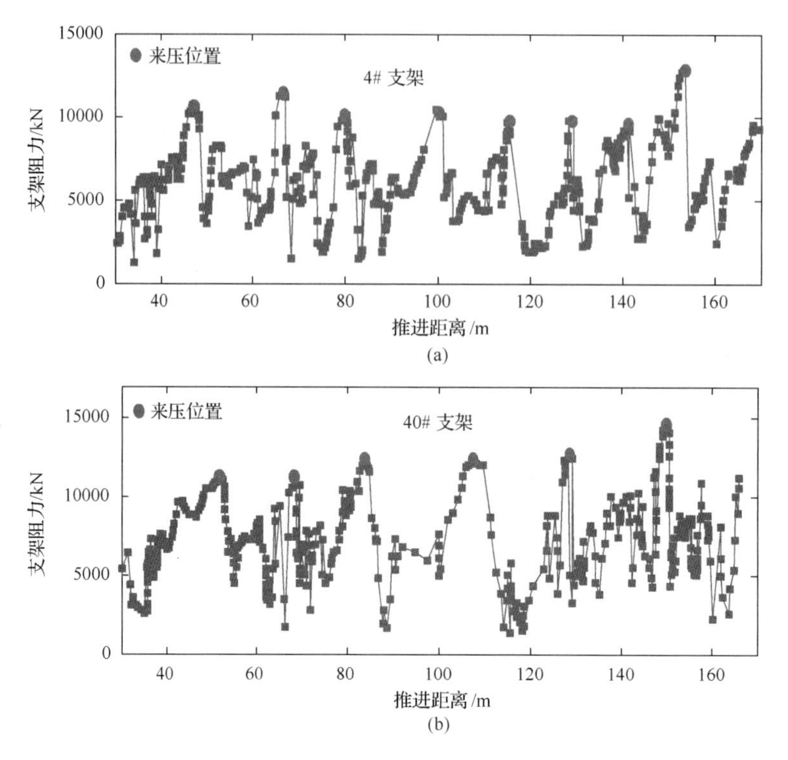

图 6-42　4#和 40#支架工作阻力变化

6.5.2.5　顶煤冒放性指标的确定

由验证过的数值模型得到顶煤应力路径及累积塑性应变如图 6-43 所示，顶煤在煤壁前方 2m 处才开始损伤破坏，由于初始屈服点距煤壁位置太近，顶煤损伤时间短，因此，煤壁上方顶煤损伤程度低，仍具有较高的承载能力。由顶煤所经历应力路径可得顶煤中累积塑性应变分布如图 6-43 所示，峰前应力路径对顶煤破坏不会造成影响，顶煤中不存在剪切塑性应变累积现象。在初始屈服点累积塑性应变开始增长，到煤壁附近，其值增长至 0.032。

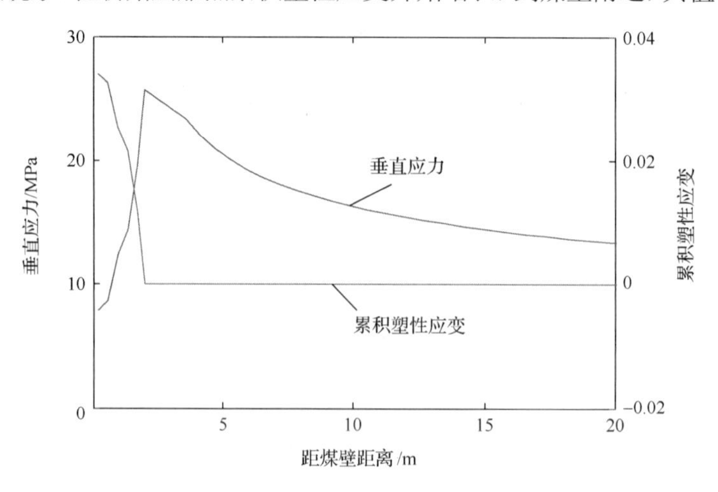

图 6-43　顶煤应力路径及累积塑性应变

由 6.5.2.2 节实验结果可知，顶煤在单轴抗压实验过程中，东周窑煤矿煤样试件破坏并丧失承载能力时其中累积塑性应变值达到 0.04，宏观破坏形式如图 6-44 所示。煤样表现为劈裂破坏，裂纹条数少，裂纹扩展方向与加载面平行。由图 6-44 可知累积塑性应变达到 0.04 时，煤体被裂纹切割所形成的块度较大，若顶煤在支架后方的累积塑性应变仅达到 0.04，其冒放性较差。理论计算结果表明煤壁上方顶煤累积塑性应变值为 0.032，对比实验结果可以判定，顶煤中裂隙发育不充分，损伤程度低，架后产生的较低水平的拉应力很难使其再次发生拉伸破坏，冒放性差。

图 6-44　单轴抗压实验东周窑煤矿煤样破坏形式

数值结果表明顶煤中超声波波速分布特征如图 6-45 所示：由图可以看出顶煤中初始超声波速约为 2.15km/s，同实验结果一致。超声波传播速度在煤壁前方 3～5m 处开始降低，且沿工作面倾斜方向降低程度不同。工作面中部超声波降低速度最快，工作面两端超声波降低速度最慢，说明沿工作面倾斜方向中部位置的顶煤冒放性优于上、下两端头处。在煤壁上方，顶煤中超声波速降低至 1.4km/s。

根据图 6-43 中累积塑性应变计算所得工作面中部测线上的超声波波速及数值计算结果如图 6-46 所示，两种预测结果可以较好地吻合，在工作面煤壁上方，顶煤中的超声波波速降低至 1.4km/s。根据 6.5.2.2 节中实验结果可知，煤样破坏后，超声波速残余值约为 1.2km/s，由此可以判定，顶煤过渡至煤壁上方时，其中的采动裂隙还没有充分发育，因此，超声波波速并没有降低至残余值，顶煤冒放性差。

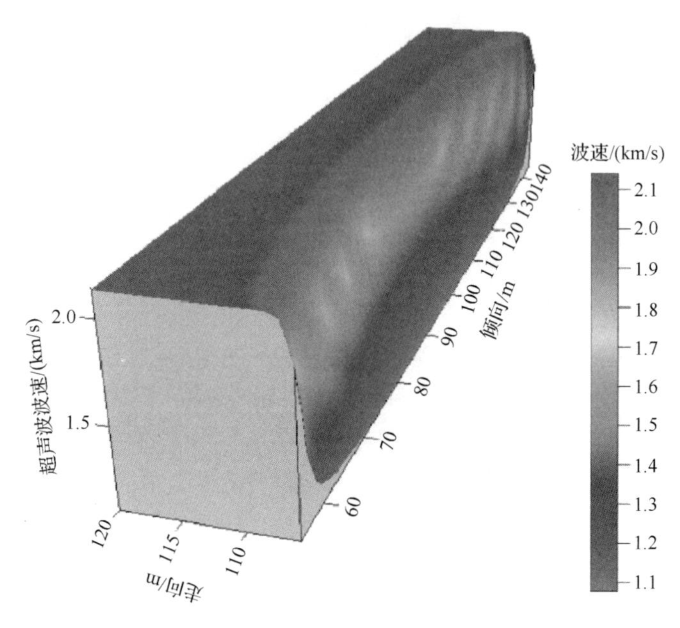

图 6-45　顶煤超声波波速分布

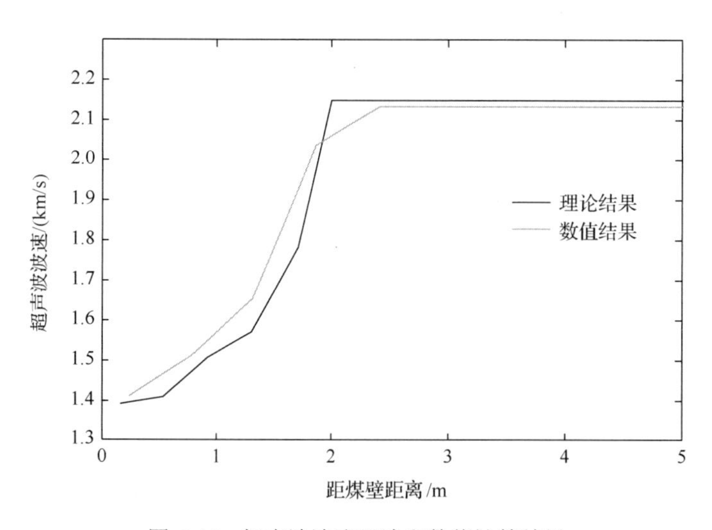

图 6-46　超声波波速理论和数值计算结果

东周窑煤矿 8301 工作面的实际生产经验表明，由于该工作面顶煤坚硬，受火成岩侵蚀的影响，煤层中存在强度较大的夹矸，工作面推进过程中，顶煤无法在支架后方全厚冒落，且冒落顶煤的块度较大，工作面采出率和生产效率均较低，因此，东周窑煤矿成立《同发东周窑矿井复杂煤层条件下放顶煤开采技术研究》项目，旨在提高该工作面的顶煤采出率，尽最大可能地发挥综放开采技术优势。

参考文献

[1] Laubscher D H. A geomechanics classification system for the rating of rock mass in mine design[J]. J SIns/ Min Metall, 1990, 90(10): 257-273.

[2] Mathews K E, Hoek E, Wyllie D C, et al. Prediction of stable excavation spans for mining at depths below 1,000 metres in hard rock. Golder Associates Report to Canada Centre for Mining and Energy Technology (CANMET)[R]. Department of Energy and Resources, Ottawa, 1980.

[3] 靳钟铭. 放顶煤开采理论与技术[M]. 北京: 煤炭工业出版社，2001.

[4] 王家臣, 白希军, 吴志山, 等. 坚硬煤体综放开采顶煤破碎块度的研究[J]. 煤炭学报, 2000, 25(3): 238-242.

[5] 张开智, 王新华. 顶煤块度预测方法与应用[J]. 岩石力学与工程学报, 2003, 22(8): 1339-1343.

[6] 陈明祥. 弹塑性力学[M]. 北京: 科学出版社, 2007.

[7] Basarir H, Oge I F, Aydin O. Prediction of the stresses around main and tail gates during top coal caving by 3D numerical analysis[J]. International Journal of Rock Mechanics and Mining Science, 2015, 76: 88-97.

[8] Diederichsa M S, Kaiserb P K, Eberhardtc E. Damage initiation and propagation in hard rock during tunneling and the influence of near-face stress rotation[J]. International Journal of Rock Mechanics and Mining Science, 2004, 41: 785-812.

[9] Eberhardtc E. Numerical modelling of three-dimension stress rotation ahead of an advancing tunnel face[J]. International Journal of Rock Mechanics and Mining Science, 2001, 38: 499-518.

[10] Le T D, Oh J, Hebblewhite B, et al. A discontinuum modelling approach for investigation of longwall top coal caving mechanisms[J]. International Journal of Rock Mechanics and Mining Science, 2018, 106: 84-95.

[11] 潘卫东. 综放开采中煤体属性的超声波探测技术[M]. 北京: 煤炭工业出版社, 2014.

[12] 王兆会. 综放开采顶煤破坏机理与冒放性判别方法研究[D]. 北京: 中国矿业大学(北京), 2017.

[13] Wang H, Jiang Y D, Xue S. Assessment of excavation damaged zone around roadways under dynamic pressure induced by an active mining process[J]. International Journal of Rock Mechanics and Mining Sciences, 2015, 77: 265-277.

[14] Wang J C, Wang Z H, Yang S L. A coupled macro-and meso-mechanical model for heterogeneous coal[J]. International Journal of Rock Mechanics and Mining Sciences, 2017, 94: 64-81.

7 顶煤冒放性主导因素和控制原理

顶煤破坏并及时冒落是其在支架后方流动并放出的基础，放顶煤开采技术应用初期，我国学者普遍认为顶煤在支承压力作用下压碎，并对大尺度煤体在单轴抗压条件下的破坏特征进行了大量研究[1-5]；随着放顶煤开采技术的推广，裂隙对顶煤冒放性的控制作用得到重视，根据采动裂隙分布特征，建立了随机分布裂隙网格，通过拓扑分析得到顶煤破碎块度的大小和分布，可以实现顶煤采出率的初步预测[6, 7]。虽然裂隙对顶煤冒放性的控制作用逐渐成为共识，但由于煤中裂隙分布的复杂性，很难实现顶煤冒放性对裂隙参数敏感度的定量分析。目前，通过对裂隙分布的简化，采用物理相似模拟手段，对1～2组裂隙对顶煤冒放性的影响进行了分析，但由于对裂隙分布特征的过分简化，研究结论很难对工程实践产生指导作用[8, 9]。本章采用第2章建立的本构模型及随机裂隙网格生成方法对顶煤冒放性的影响因素进行数值分析，基于顶煤破坏过程中表现出的体积膨胀现象，提出顶煤冒放性控制的局部约束解除方法。

7.1 煤层裂隙分布特征

7.1.1 现场实测数据分析

1) 裂隙间距

裂隙间距测量结果见表7-1，共得到裂隙间距数据117个。为便于整理，以30cm为间距对落于各范围内的裂隙进行统计，实测最小裂隙间距6cm，最大裂隙间距268cm，由现场测量数据分别得到各范围内裂隙间距的频数及概率，以便进行统计分析。

表7-1 裂隙间距测量结果

参数	间距/cm								
	0～30	30～60	60～90	90～120	120～150	150～180	180～210	210～240	240～270
条数	50	29	19	7	6	2	1	2	1
概率	0.427	0.248	0.162	0.06	0.051	0.017	0.009	0.017	0.009

2) 裂隙长度

实测所得裂隙长度数据见表7-2，本次测量共得到裂隙长度数据200个。以20cm为间距，将落于各长度间距内的裂隙进行记录，最终得到各裂隙长度间距内裂隙出现的频数和概率。本次测量所得最短裂隙长度为5cm，最大裂隙长度为180cm，说明煤层中不存在可能引起采动灾害的大裂隙。

表 7-2 实测裂隙长度数据

参数	长度/cm								
	0～20	20～40	40～60	60～80	80～100	100～120	120～140	140～160	160～180
条数	22	41	55	42	22	11	3	2	2
概率	0.110	0.205	0.275	0.210	0.110	0.055	0.015	0.010	0.010

3) 裂隙倾角

实测所得裂隙倾角数据见表 7-3，本次测量共得到关于裂隙倾角数据 195 个。同样采用倾角间距(20°)的方法对裂隙倾角数据进行记录，最终得到落于各角度范围内裂隙的频率和出现的概率。

表 7-3 实测裂隙倾角数据

参数	倾角/(°)								
	0～20	20～40	40～60	60～80	80～100	100～120	120～140	140～160	160～180
条数	48	40	38	18	14	10	11	9	7
概率	0.25	0.20	0.19	0.09	0.07	0.05	0.06	0.05	0.04

7.1.2 裂隙分布的概率模型

将表 7-1 中的裂隙长度取各范围的中间值，将各裂隙间距的概率数据绘于图 7-1 中：随着裂隙间距的增加，较大裂隙间距出现的概率逐渐降低，当裂隙间距达到 250cm 时，出现的概率降低至 0 水平，说明煤层中裂隙间距较小，呈遍布式分布。

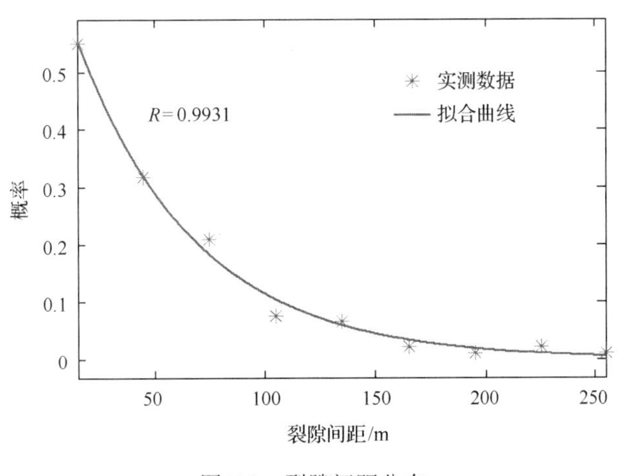

图 7-1 裂隙间距分布

对图 7-1 中的裂隙间距数据进行统计分析表明：所测裂隙间距数据可由负指数分布函数进行拟合，拟合公式为式(7-1)，拟合曲线如图 7-1 所示，与实测数据具有很高的吻合程度，相关性系数达到 0.9931，煤层中裂隙间距近似服从负指数分布。

$$p = 0.7292\exp\left(-0.01845D\right) \tag{7-1}$$

式中，D 为裂隙间距；p 为裂隙出现的概率。

将表 7-2 中的裂隙长度数据绘制于图 7-2 中，可以看出，裂隙出现的概率随着裂隙长度的增加先呈现出增长过程，当裂隙长度达到 50cm 时，裂隙出现频率达到峰值 0.28，之后随着裂隙长度的增加，裂隙出现的概率持续降低。

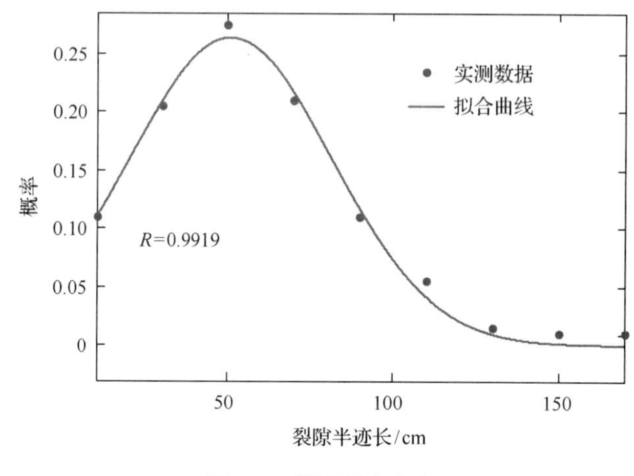

图 7-2　裂隙长度分布

经统计分析可得上述裂隙长度数据可由对数正态分布函数进行拟合，拟合公式为式(7-2)。拟合曲线如图 7-2 所示，与实测数据具有很高的一致性，相关性系数可达 0.9919，采用对数正态分布函数对裂隙长度分布特征进行描述是有效的。

$$p = 0.2639\exp\left\{-\left[(l-50.71)/43.6\right]^2\right\} \tag{7-2}$$

式中，p 为裂隙出现的概率；l 为裂隙半迹长。

将表 7-3 中的裂隙角度数据绘制于图 7-3 中，裂隙角度数据分布特征与裂隙间距数据相似，裂隙倾角较小时，裂隙出现的概率最大，随着裂隙倾角的增加，裂隙出现的概率持续降低。经拟合可得图 7-3 中的数据同样可由负指数分布函数进行拟合，拟合公式为式(7-3)。对比图 7-3 中的实测数据和拟合曲线可知，拟合曲线与实测数据具有较高的一致性，两者相关性系数达到 0.9371，因此，采用负指数分布函数描述煤层中裂隙倾角分布特征是可行的。

$$p = 0.2968\exp(-0.01347\theta) \tag{7-3}$$

式中，θ 为裂隙倾角。

由于煤体的不透明特征及探测设备的局限性，目前实现对煤层中裂隙真实倾向的直接观测仍具有难度，本次测量并没有得到关于裂隙倾向的数据。国内外学者通过大量钻孔观测和后期分析推测煤层中裂隙倾向服从正态分布[10, 11]。

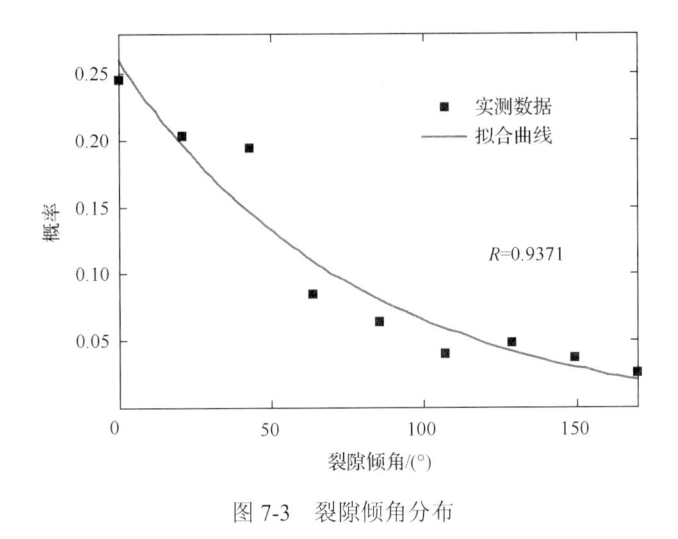

图 7-3 裂隙倾角分布

7.2 顶煤破坏过程的数值模拟

7.2.1 数值模型的建立

本章数值分析建立的数值模型以东周窑煤矿 8301 工作面地质条件为工程背景，所建数值模型如图 7-4 所示。模型长、宽和高度分别为 200m、200m 和 110m，模型四周和底部为固定位移边界条件。8301 盘区岩层以泥岩、砂质泥岩和砂岩为主，模拟岩层均选取 $FLAC^{3D}$ 中莫尔-库仑理想弹塑性本构模型，煤层则采用第 2 章建立的本构模型，随机分布裂隙对顶煤破坏行为的影响采用第 2 章建立的各向异性损伤模型。工作面沿 y 轴方向推进，倾斜方向与 x 轴方向平行，初始地应力方向分别与 x、y 和 z 轴方向一致。

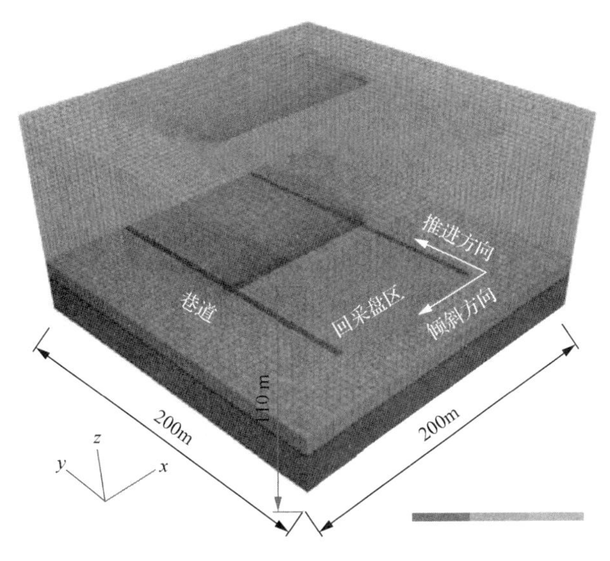

图 7-4 东周窑三维数值模型

7.2.2　煤体本构模型修正

第 2 章建立的力学模型中，拉应力环境中煤体采用弹脆塑性模型，即煤体中出现拉伸塑性应变后，煤体的抗拉强度迅速降为 0。受实验方法的限制，模型构建过程中仅分析了剪切塑性应变对抗压强度的影响及拉伸塑性应变对抗拉强度的影响。抗压过程中产生的剪切塑性应变对煤体抗拉强度的影响没有考虑。放顶煤开采数值模拟中直接采用该本构模型，即使煤体发生较高程度剪切塑性变形，其抗拉强度仍保持初始值，这与实际情况产生较大差异。如图 7-5 所示，在单轴抗压条件下，当轴向应力加载至点 A 时，煤样中出现宏观剪切裂隙(图 7-6)，此时若将轴向载荷卸除，对煤样进行抗拉实验，在宏观剪切裂隙的影响下，煤样抗拉强度将明显降低。由第 3 章对顶煤应力路径的理论分析可知，顶煤在煤壁前方先在压应力作用下损伤，煤体强度降低，当顶煤过渡至煤壁上方附近时，顶煤中出现拉应力，即顶煤开始反向加载，实际回采过程中顶煤经历的应力路径包括垂直应力加载、水平应力卸载和反向加载过程，若忽视压应力作用下剪切塑性应变对顶煤抗拉强度的影响，必然造成数值计算所得顶煤冒放性与实际情况存在差异。

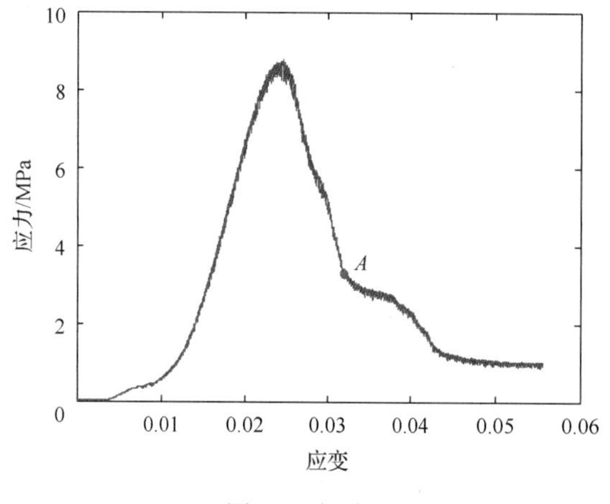

图 7-5　卸载位置

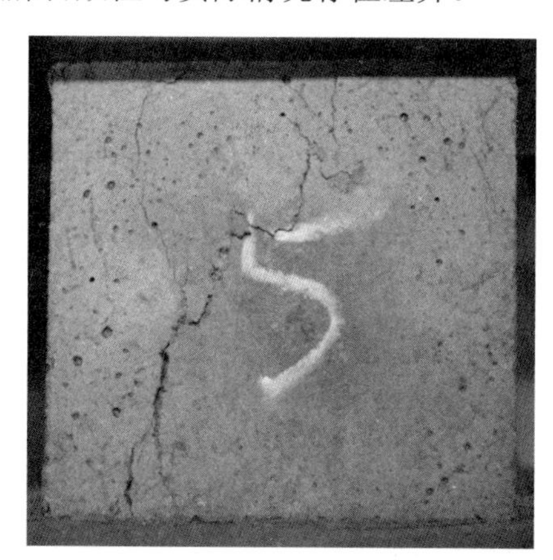

图 7-6　压应力作用下的剪切裂隙

为体现剪切塑性应变对煤体抗拉强度的影响，对第 2 章煤体本构模型进行如下修正，当主应力达到煤体抗拉或抗压极限时，煤体抗拉强度随剪切塑性应变和拉伸塑性应变的变化特征用式(7-4)表示：

$$\sigma_{\rm t}(\xi) = \sigma_{\rm t} \exp\left[-\alpha(\beta\xi_{\rm c} + \xi_{\rm t})\right] \tag{7-4}$$

式中，α、β 均为拟合常数，其值可通过抗压实验和抗拉实验确定。根据图 7-5 中的实验数据得到煤样试件的材料参数见表 7-4。

表 7-4　煤样试件的材料参数

参数	E/GPa	μ	C/MPa	φ/(°)	ψ/(°)	$\sigma_{\rm t}$/MPa	m	k	n	α	β
取值	2.24	0.35	2.0	35	15	1.5	0.0025	0.36	150	1500	0.05

用以上参数进行煤样加、卸载实验，先进行单轴抗压加载，当加载至点 *A*、点 *B*、点 *C*、点 *D* 时将煤样卸载至自由状态并进行反向加载进行单轴抗拉实验。由上述数值实验过程所得煤样的应力-应变曲线如图 7-7 所示。由点 *A* 到点 *D*，煤样的剪切塑性变形程度逐渐升高。在上述 4 点卸载后再次进行反向加载时煤样的抗拉强度逐渐降低，修正后的本构模型可以反映压应力作用下煤体剪切塑性变形对抗拉强度的影响，该模型应用于放顶煤开采模拟中，可更为精确地模拟复杂应力路径下顶煤的破坏过程。

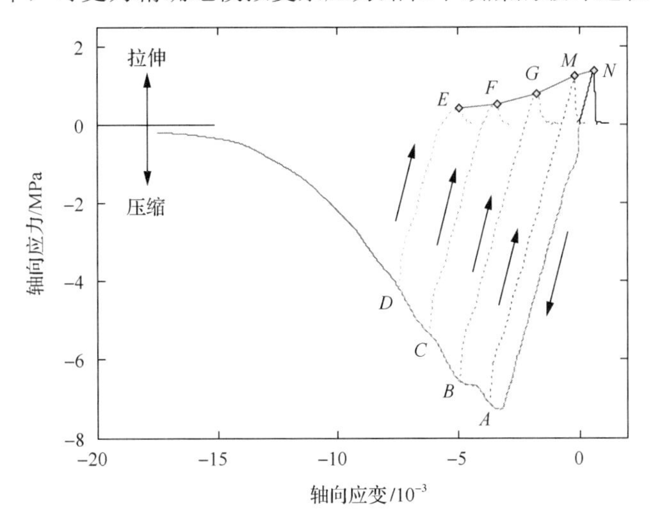

图 7-7 剪切塑性变形对煤体抗拉强度的影响

7.2.3 煤岩物理力学参数

数值模拟采用的煤岩材料参数见表 7-5，所有模拟均没有考虑围压对剪胀角的影响，覆岩不考虑后继屈服阶段的软化和剪胀现象。超声波预测模型参数采用第 6 章的实验结果。

表 7-5 煤岩材料参数

参数	煤	泥岩	砂质泥岩	砂岩
K/GPa	1.8	3.6	7.2	9.6
G/GPa	0.6	1.6	4	6.6
C/MPa	2	4	6	10
φ/(°)	30	33	37	42
σ_t/MPa	0.6	1	1.5	3
φ/(°)	20	10	10	10
m	0.0025	—	—	—
k	1.3	—	—	—
n	300	—	—	—
α	600	—	—	—
β	0.2	—	—	—

7.2.4 模拟方案设计

数值模拟考虑的顶煤破坏影响因素包括初始地应力大小、顶煤厚度、割煤高度、煤体性质、裂隙分布特征(密度、长度、倾向和倾角)及工作面推进方向，具体模拟方案见表 7-6。基准模型参数为垂直地应力 11MPa，沿 x、y 轴的水平地应力分别为 3MPa 和 6MPa，弹模和泊松比分别为 1GPa 和 0.3，内聚力、内摩擦角分别为 2MPa 和 30°，抗拉强度取 0.6MPa，剪胀角取 20°。在基准模型的基础上，按照每种方案的变量(影响因素)取值不同分别增加 3 组模拟。共进行 46 组数值模拟，分别研究上述影响因素对顶煤冒放性的影响。其中方案 A～I 和方案 O 均采用同一个数值模型(图 7-4)，仅材料参数不同。

表 7-6 模拟方案

编号	方案	变量	方案			
			1	2	3	4
1	A	垂直地应力大小/MPa	7	9	11	13
2	B	水平地应力大小/MPa	3/6	6/8	15/12	18/15
3	C	割煤高度/m	2	3	4	6
4	D	顶煤厚度/m	3	6	7	9
5	E	煤体弹摸/GPa	0.5	1	2	4
6	F	煤体内聚力/MPa	1	2	4	6
7	G	煤体内摩擦角/(°)	20	30	35	40
8	H	煤体抗拉强度/MPa	2	1	0.6	0.2
9	I	煤体剪胀角/(°)	2	10	20	30
10	J	裂隙密度/条	0	500	2000	4000
11	K	裂隙长度/m	0	1.2	1.5	1.8
12	L	裂隙倾向/(°)	0	0	90	180
13	M	裂隙倾角/(°)	0	30	45	60
14	N	推进方向同最大主应力夹角/(°)	90	60	45/30	0
15	O	支护强度/MPa	0	1	3	5

在模拟裂隙对顶煤冒放性的影响时，裂隙产状不同，导致采用模型不同。其中方案 J 中不同裂隙条数对应的数值模型如图 7-8 所示。3 个模型中分别含有 500 条、2000 条和 4000 条裂隙，裂隙长度、倾角和倾向的平均值均相同，所有裂隙均分布在数值模型中的重点研究区域，为提高模型计算效率，煤层的其他区域不考虑裂隙的影响。裂隙面法向方向的极射赤平投影如图 7-8 所示。

不同裂隙长度条件下建立的数值模型如图 7-9 所示，所有模型中均含有 2000 条裂隙，裂隙产状与模型 J3 中相同，裂隙长度的平均值分别为 1.0m、1.5m 和 2.0m。

方案 L 和 M 中裂隙条数和长度均值分别为 2000 和 1.5m，而裂隙的倾向和倾角不同，数值模型中裂隙产状特征如图 7-10 和图 7-11 所示，方案 L 中裂隙倾向均值分别为 0°、

90°和 180°，其中 0°与 y 轴正方向一致；方案 M 中裂隙倾角均值分别为 30°、45°和 60°，若裂隙平面与 FLAC^{3D} 中 x-y 平面平行，则倾角为 0°。

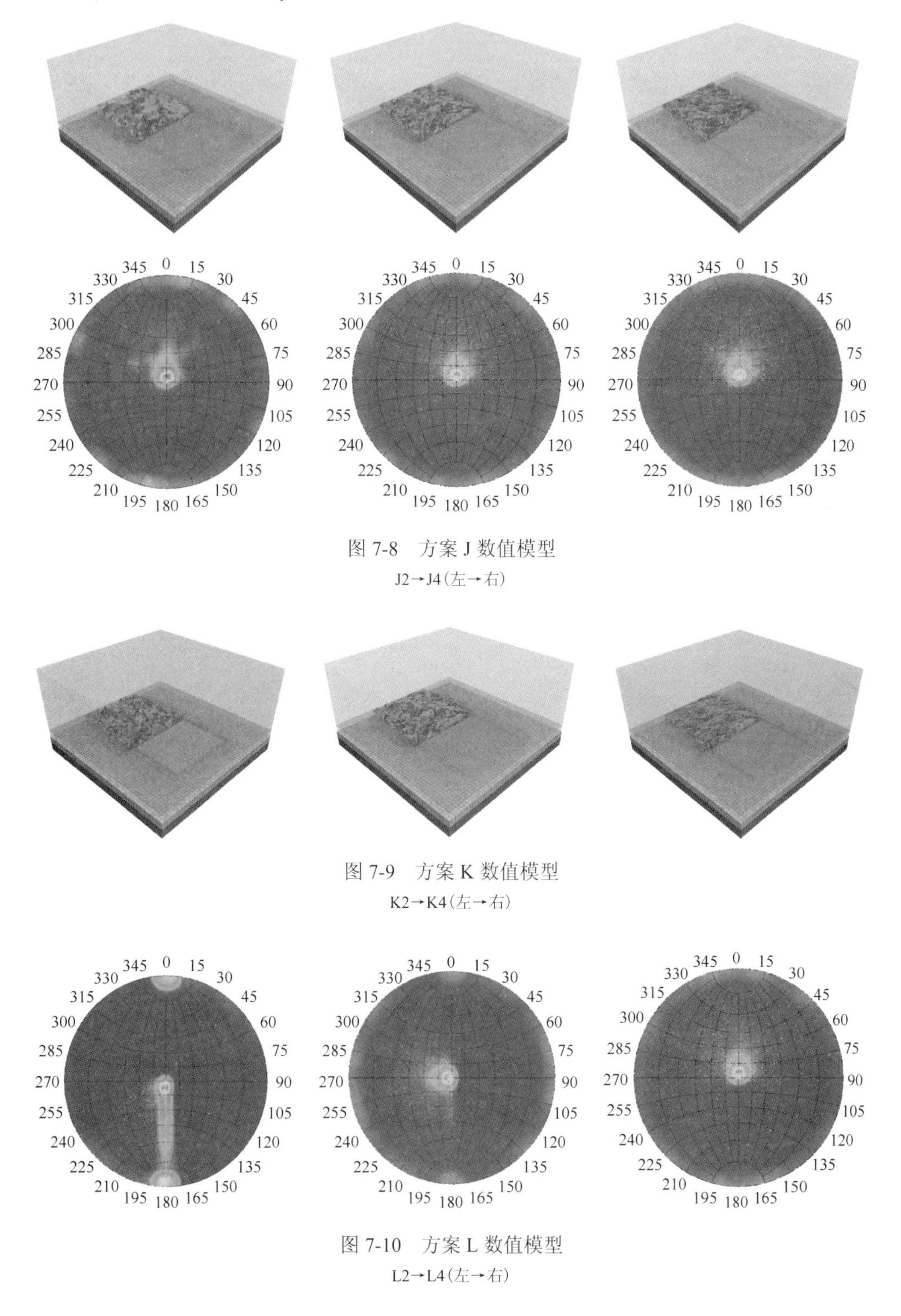

图 7-8　方案 J 数值模型

J2→J4(左→右)

图 7-9　方案 K 数值模型

K2→K4(左→右)

图 7-10　方案 L 数值模型

L2→L4(左→右)

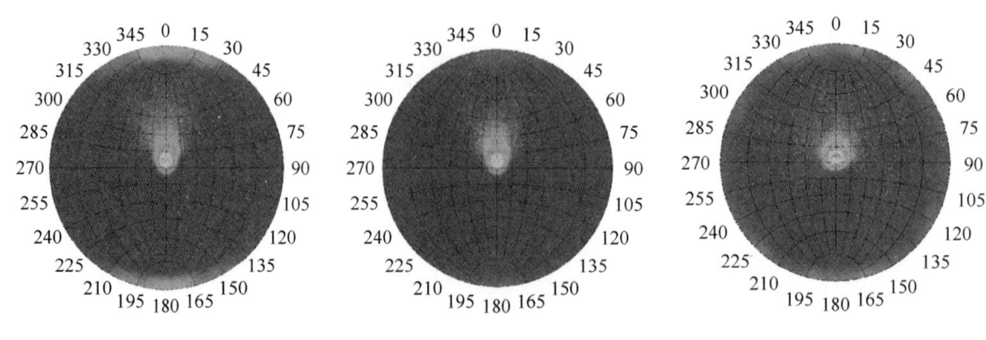

图 7-11　方案 M 数值模型

M2→M4(左→右)

在模拟工作面推进方向与水平地应力轴夹角对顶煤冒放性的影响时，图 7-4 中的数值模型需要作局部改变。FLAC^{3D} 中沿 x、y 和 z 轴方向施加主应力最为方便，因此，本书通过改变工作面推进方向达到改变推进方向与最小主应力夹角的目的，最终建立的模型如图 5-1 所示。由表 7-5 可知方案 N 中最小初始地应力方向均沿 y 轴，图 5-1 所示的模型中通过调整工作面推进方向，使推进方向与 y 坐标轴(最小主应力轴)之间的夹角分别为 90°、60°、45°、30°和 0°。

在实际生产过程中，液压支架对顶煤的支撑作用力并非恒值，可以近似地将其视为具有一定周期的循环作用力，在模拟支架对顶煤冒放性的影响时，将支架阻力设置为周期作用力，模型每运行 500 步，支架作用力循环一次，其表达式为

$$p=p_{\max}\,\mathrm{abs}\left[\sin\left(\frac{\pi}{500}n\right)\right] \tag{7-5}$$

式中，$p_{\max}$ 为最大支护强度，MPa；n 为当前运算步数；abs( )为绝对值函数。

方案 O 各模拟方案支架阻力变化如图 7-12 所示，支护强度的周期性变化反映升降架对顶煤冒放性的影响。

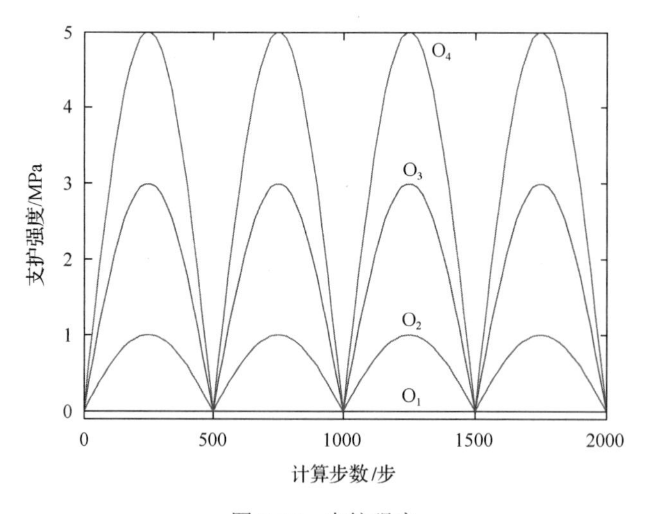

图 7-12　支护强度

7.2.5　顶煤强度特征

数值模型中工作面布置剖面如图 7-13(a)所示，测面和测线均布置在煤层中，重点研究区域集中于图中被圆形圈出的部分，该区域的局部放大图如图 7-13(b)所示，以该视角进行分析可以最为清晰地呈现工作面推进后顶煤破坏情况，因此，在之后分析中的所有截图均以图 7-13(b)所示的视角进行呈现。

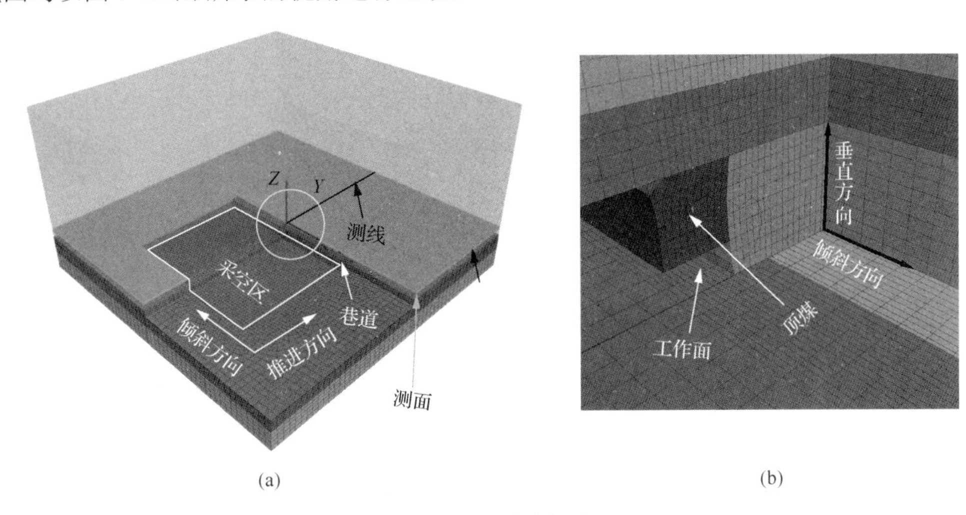

图 7-13　测面布置

以方案 A1 计算结果为例，煤层开采后顶煤内聚力和抗拉强度变化如图 7-14 所示。顶煤内聚力在工作面前方开始降低，说明剪切破坏开始于工作面前方，并在支架后方达到最小值。随着距煤壁距离的不同，顶煤内聚力由初始值 2MPa 降低至 0.6MPa，单轴状态下基本丧失抗压能力。煤体的抗拉强度在煤壁附近开始降低，这是由于剪切屈服应变在该处积累到一定值并对煤体抗拉强度产生影响，在煤壁上方，顶煤中出现拉应力，拉伸塑性应变迅速增大，抗拉强度迅速降低，并在支架后方降至最小值 0.008MPa，丧失抗拉能力。

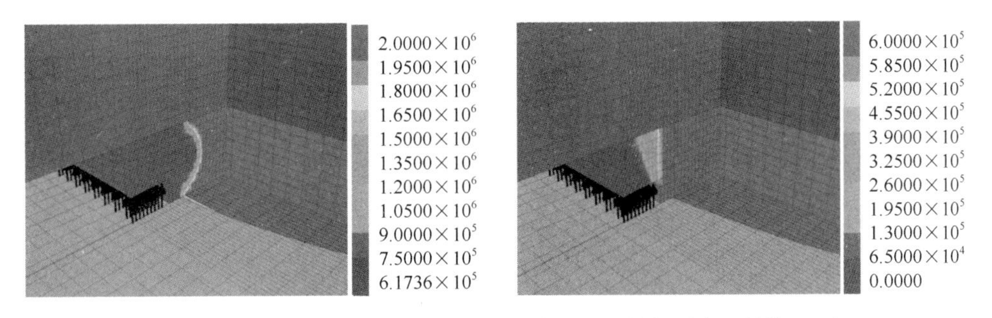

图 7-14　顶煤强度变化特征(左：内聚力；右：抗拉强度；单位：Pa)

7.2.6　顶煤塑性区、累积塑性应变、超声波波速分布特征

煤层开采后顶煤塑性区、累积塑性应变和超声波波速分布如图 7-15 所示。顶煤在采动造成的最大主应力加载、最小主应力卸载作用下超前工作面煤壁进入剪切屈服状态，在煤壁后方，由于悬臂作用顶煤进入反向加载阶段，开始出现拉应力，煤壁前方产生的剪切塑性应变导致顶煤抗拉强度降低，在低拉应力水平下顶煤便进入拉伸屈服状态。过去通常根据顶煤是否进入屈服状态来判断其冒放性[7-15(a)]，第 6 章结果表明仅塑性区分布无法正确判断顶煤冒放性，煤体进入屈服状态后，若塑性变形程度低、冒放性差，只有塑性变形程度达到一定值时才能保证顶煤能够及时在架后冒落而不发生悬顶现象。顶煤中累积的剪切和拉伸塑性应变如图 7-15(b)和(c)所示，在煤壁前方，顶煤中开始出现剪切塑性应变，但此时累积剪切塑性应变值较小，顶煤仍不具备冒放性或冒放性差，随着距工作面煤壁距离的减小，顶煤中累积塑性应变值逐渐增大，冒放性增强。在支架后方，顶煤经历了压剪损伤后，累积剪切塑性应变达到最大值。拉应力在煤壁后方出现，因此，支架上方的顶煤中开始出现拉伸塑性应变累积现象，并在支架后方达到最大值。通过实验我们可以得到煤体破坏达到可冒放性条件所需的累积塑性应变值，将该值与预测的顶煤累积塑性应变进行对比，可以实现顶煤的冒放性预测。由第 6 章建立的超声波波速模型可得顶煤中的超声波波速分布如图 7-15(d)所示，在工作面前方，由于不可恢复塑性变形的出现，超声波波速逐渐减小，在支架后方顶煤中超声波波速由初始值 2.1km/s 降至 1.4km/s。

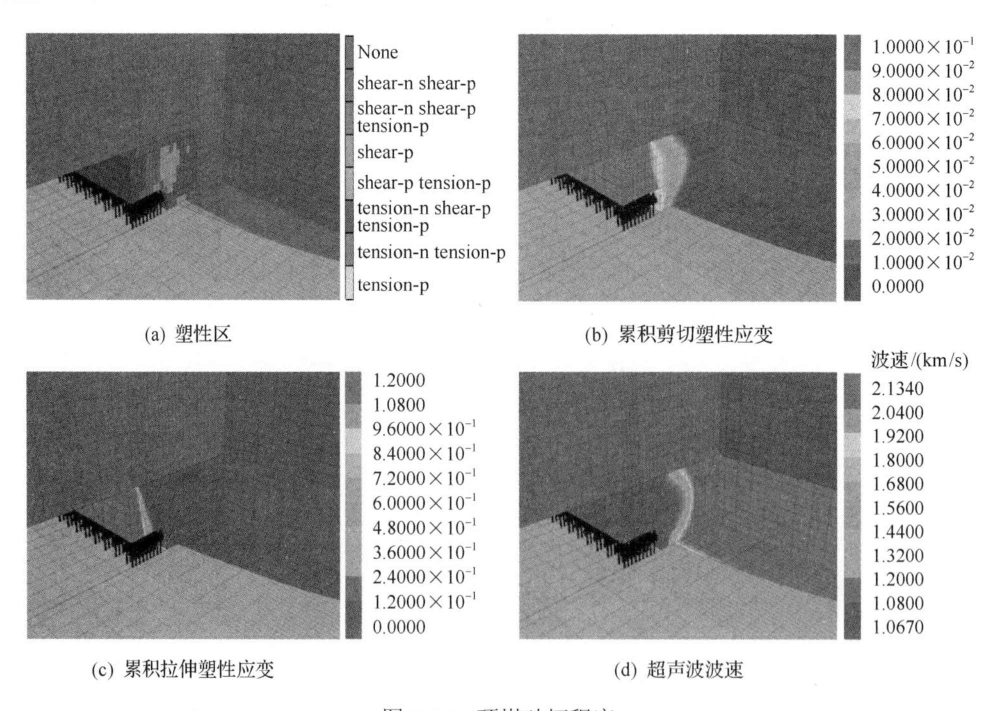

图 7-15　顶煤破坏程度

工作面推出切眼后，测面上顶煤累积剪切塑性应变、累积拉伸塑性应变和超声波波

速分布如图 7-16 所示，工作面前方顶煤中开始出现剪切塑性应变累积，而拉伸塑性应变则出现于工作面后方，受剪切塑性变形的影响，煤体中超声波波速在工作面前方开始出现降低现象。在不考虑裂隙影响的条件下，煤体中塑性变形及超声波波速相对于工作面中部基本呈对称分布，靠近工作面中部的顶煤冒放性较好，而靠近两端头的顶煤冒放性较差。由于塑性变形及超声波波速的对称分布特征，可通过分析测线(图 7-16)上的塑性变形及超声波波速分布来确定各影响因素对顶煤冒放性的影响。

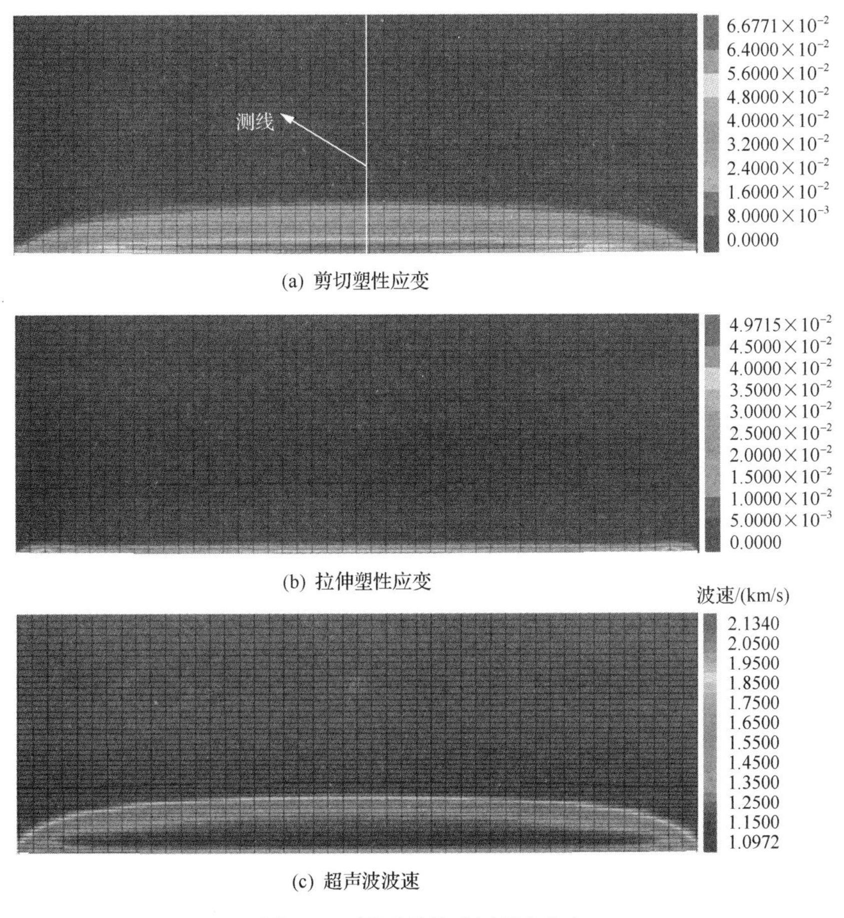

图 7-16 测面顶煤破坏程度分布

7.3 顶煤破坏的主导因素分析

7.3.1 煤体力学属性

为便于作图，本节图中的剪切塑性应变均用 APSS 表示，拉伸塑性应变均用 APTS 表示。

1) 弹性模量

弹性模量对顶煤累积塑性应变分布的影响如图 7-17(a)所示，剪切塑性应变从初始屈服点开始累积，在弹性模量较大的条件下顶煤出现剪切塑性应变的时间最早(超前工作面煤壁最远)，累积塑性应变发育速度与弹性模量成反比，大弹性模量条件下剪切塑性应变增长速度最慢，顶煤累积的剪切塑性应变值最小。较大的剪切塑性变形程度有效弱化了顶煤抗拉强度，因此，煤壁后方发育的拉伸塑性应变随着弹性模量的增大呈现降低趋势。

弹性模量对顶煤中超声波波速变化的影响如图 7-17(b)所示，超声波速降低的速度随着顶煤弹性模量的增大而减小，在顶煤弹性模量最小的条件下，超声波波速降低至残余水平的时间最早(超前工作面煤壁的距离最远)，且超声波波速残余值最小，顶煤冒放性最好。

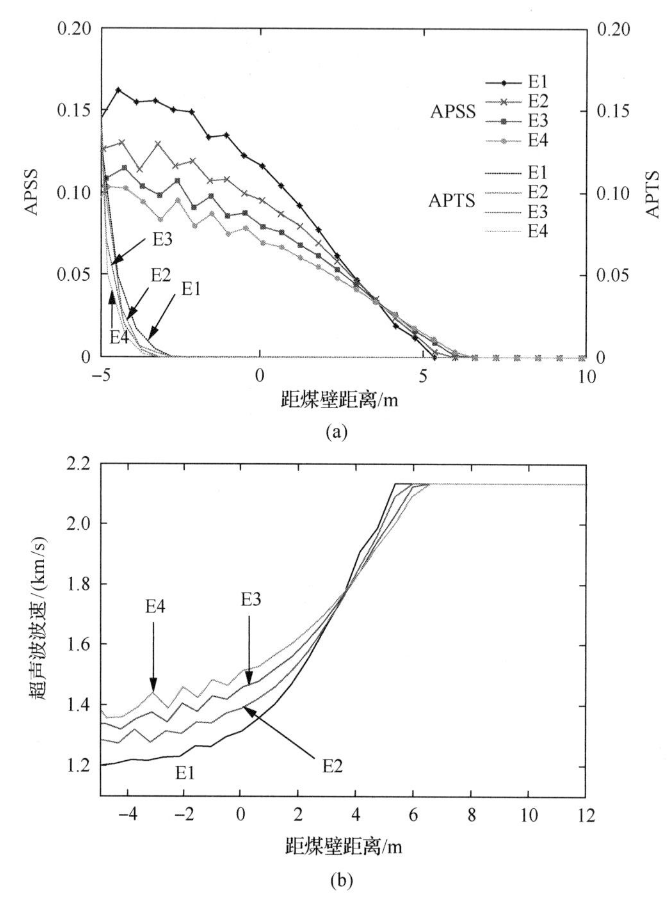

图 7-17　煤体弹模的影响

2)煤体内聚力

不同煤体内聚力条件下顶煤累积塑性应变发育特征如图 7-18(a)所示，煤体内聚力较小时，顶煤剪切塑性应变发育的起始位置超前工作面煤壁最远，方案 F1～F3 中，累积剪切塑性应变增长速度大致相同，方案 F4 中，剪切塑性应变在煤壁后方开始发育，说明由于内聚力过大，顶煤在工作面前方没有发生破坏。在内聚力较小条件下，较高的剪切屈服程度造成顶煤抗拉强度明显降低，但煤壁后方顶煤拉伸塑性应变随着内聚力的增大呈现升高的现象，因此，随着内聚力的增大，顶煤中更容易出现拉伸应力，顶煤由煤壁前方的剪切破坏和煤壁后方的拉伸破坏组合模式向煤壁后方拉伸破坏的单一模式转变。煤体剪切破坏产生的剪切裂隙较劈裂破坏产生的劈裂裂隙多，由此可以判断顶煤经历剪切→拉伸破坏模式后的冒放性比单一拉伸破坏条件下高，顶煤冒放性随着其内聚力的增加而不断劣化。

不同内聚力条件下顶煤中超声波波速变化如图 7-18(b)所示，随着内聚力的增加，超声波波速开始降低的位置和降低至残余水平的位置逐渐靠近煤壁，超声波波速降低速度受内聚力变化影响不大，因此，在内聚力较小条件下顶煤破坏程度最高。方案 F3 中，煤壁处顶煤超声波波速没有降低至残余水平，因此，顶煤冒放性差，综放开采时需对顶煤进行人工处理，改善冒放性。方案 F4 中，超声波在工作面前方没有出现降低现象，说明该条件下顶煤不具备冒放性，不适宜采用综放开采方法。

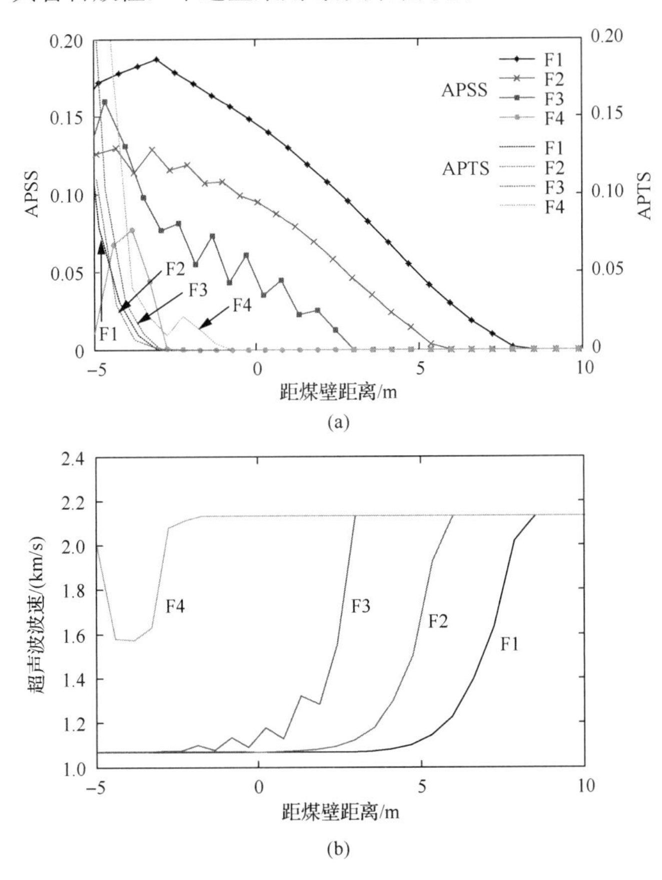

图 7-18　煤体内聚力的影响

3) 煤体内摩擦角

煤体内摩擦角对顶煤剪切塑性应变的影响如图 7-19(a)所示，随着内摩擦角的增大，顶煤出现剪切塑性应变的时间越晚(距煤壁距离愈小)，剪切塑性应变的增长速度不受内摩擦角的影响，内摩擦角较小时，顶煤累积剪切塑性应变值最大，顶煤抗拉强度降低程度高。煤壁后方顶煤累积拉伸塑性应变值随着内摩擦角的增大而减小。

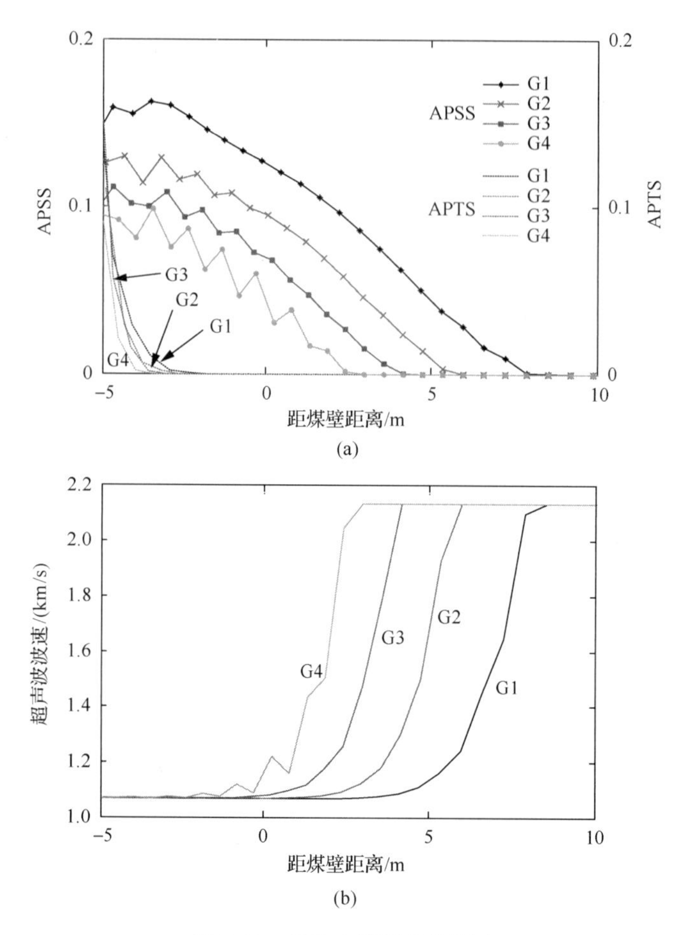

图 7-19　煤体内摩擦角的影响

煤体内摩擦角对顶煤超声波波速变化特征的影响如图 7-19(b)所示，与剪切塑性应变初始发育位置随内摩擦角的变化特征一致，超声波波速降低位置及降低至残余水平位置随煤体内摩擦角的增大而逐渐靠近煤壁，超声波波速降低速度受煤体内摩擦角的影响不大，顶煤冒放性随煤体内摩擦角的减小而增强。

4) 煤体抗拉强度

抗拉强度对煤壁前方累积剪切塑性应变不产生影响，如图 7-20(a)所示，煤壁附近顶煤抗拉强度的损伤程度一致。煤壁后方，顶煤抗拉强度对拉伸累积塑性应变的影响非常明显，随着煤体抗拉强度的减小，拉伸塑性应变发育位置逐渐靠近煤壁，而拉伸塑性应变的增长速度基本不受抗拉强度变化的影响。架后冒落位置，顶煤中累积拉伸塑性应变随着抗拉强度的减小而增大，顶煤冒放性增强。

第 6 章建立的煤体超声波预测模型没有考虑拉伸破坏程度对超声波波速的影响，因此，数值模拟结果无法反映煤体抗拉强度对顶煤超声波波速变化的影响，如图 7-20(b)所示，不同煤体抗拉强度条件模拟所得超声波波速结果一致。

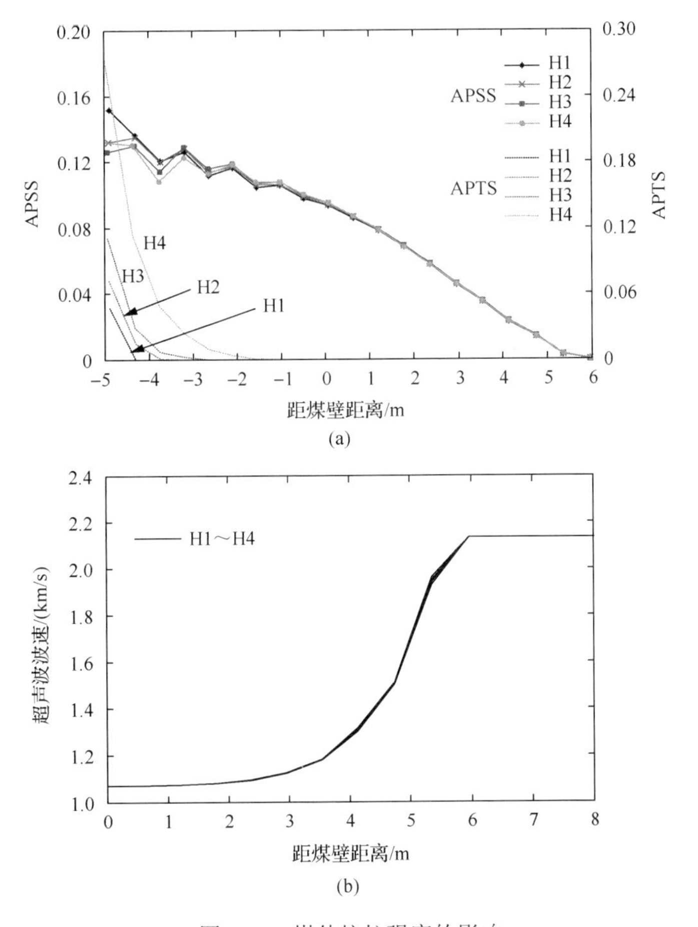

图 7-20　煤体抗拉强度的影响

5）煤体剪胀角

煤体剪胀角对顶煤累积塑性应变分布特征的影响如图 7-21（a）所示，不同剪胀角条件下，煤壁前方剪切塑性应变发育位置一致，但累积剪切塑性应变的增长速度随着剪胀角的增大迅速升高，顶煤中累积剪切塑性应变随着剪胀角的增大而增多。在剪胀角较大条件下，较快的剪切塑性应变增长速度导致顶煤抗拉强度减小速度快，因此，煤壁后方拉伸塑性应变发育位置最靠近煤壁，并迅速增多。架后冒落位置顶煤中产生的累积拉伸塑性应变随剪胀角的增大而增多，顶煤冒放性增强。

不同剪胀角条件下顶煤中超声波波速变化特征如图 7-21（b）所示，4 种模拟方案中超声波波速降低位置保持一致，但超声波降低速度随着顶煤剪胀角的增大而迅速升高。在剪胀角较大的条件下，顶煤超声波波速降至残余水平的位置超前工作面煤壁最远，说明顶煤过渡至架后冒落位置时裂隙发育最为充分，破坏程度最高。

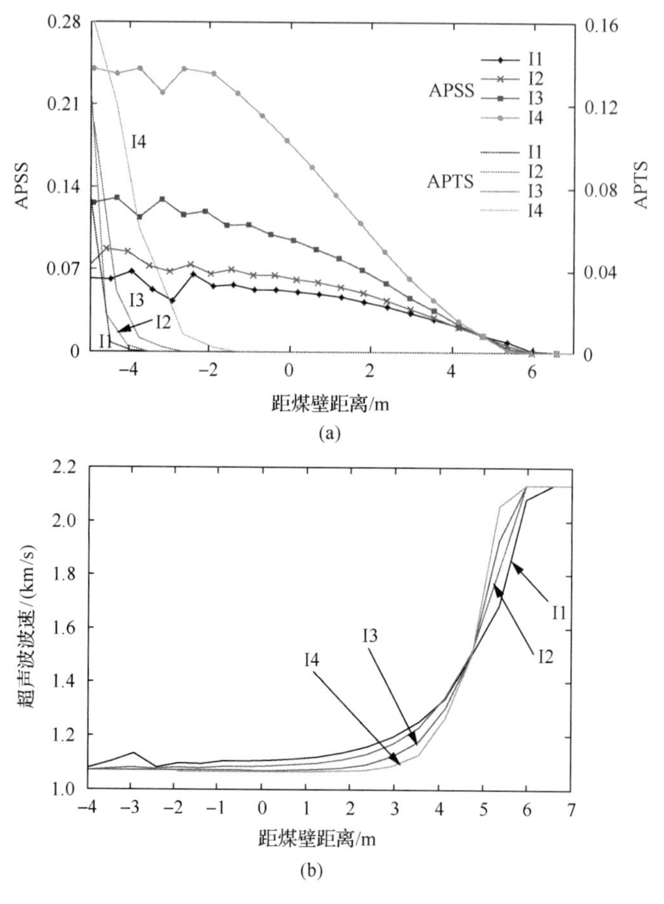

图 7-21　煤体剪胀角的影响

7.3.2　裂隙发育程度

1) 裂隙密度

裂隙密度对顶煤累积塑性应变发育特征的影响如图 7-22(a)所示，工作面前方顶煤累积塑性应变发育位置随着裂隙密度的增大逐渐远离煤壁，且剪切塑性应变增长速度随着裂隙的增多呈升高趋势，因此，顶煤过渡至控顶区后，累积剪切塑性应变值随着裂隙的增多而增大。在裂隙密度较大的条件下，较高的剪切塑性变形程度导致较大的顶煤抗拉强度损伤程度，当顶煤过渡至拉应力环境中后，拉伸塑性应变更容易累积，因此，在煤壁后方拉伸塑性应变的发育位置随着裂隙密度的增大而靠近煤壁，发育速度加快，架后冒落位置顶煤拉伸塑性应变值随着裂隙密度的增大明显升高，顶煤冒放性增强。

在不同裂隙密度条件下，顶煤中超声波波速变化特征如图 7-22(b)所示，原岩应力区，顶煤超声波波速随着裂隙密度的增大而降低，研究区域内裂隙条数由 0 条增长至 4000 条时，顶煤初始超声波波速由 2.2km/s 降低至 1.82km/s。由于裂隙分布的随机性，初始超声波波速呈不均匀状态分布。采动影响下，超声波波速降低位置随着裂隙密度的增大逐渐远离煤壁，降低速度加快，超声波波速降低至残余水平的位置距煤壁更远。残余超声波波速随着裂隙密度的升高而降低，由无裂隙条件下的 1.18km/s 降低至 4000 条裂隙时的 0.98km/s，因此，顶煤冒放性随着裂隙密度的增大显著提高。

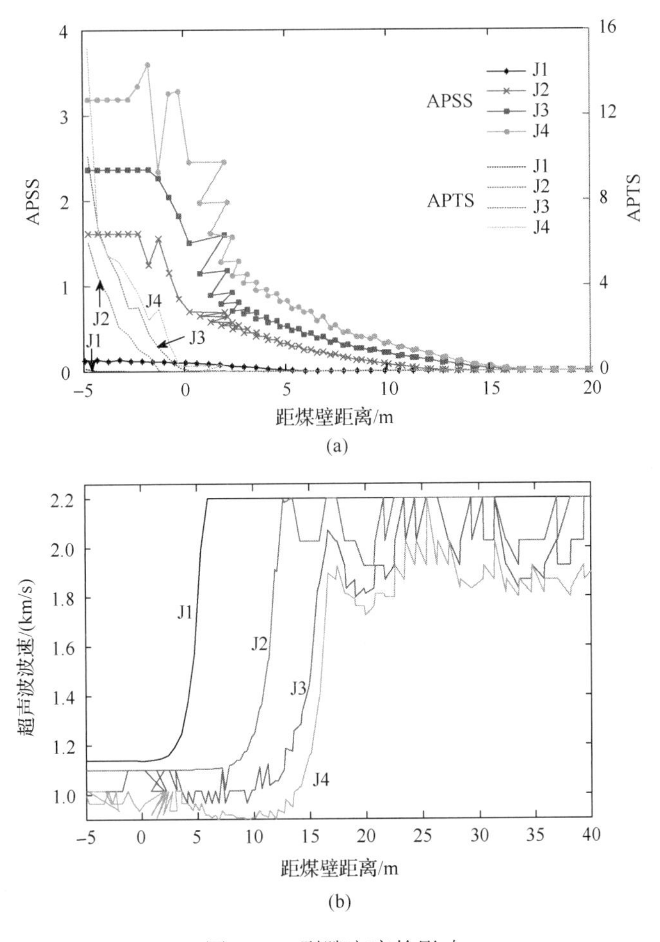

图 7-22　裂隙密度的影响

为得到顶煤超声波波速分布的空间变异性随着裂隙密度的变化情况，将测面超声波数据导出并绘制成三维图(图 7-23)，顶煤中不存在裂隙时，原岩应力区顶煤中超声波波速呈均匀分布(2.2km/s)；顶煤进入塑性屈服状态后，超声波波速开始降低，沿工作面倾向，超声波波速变化特征并非一致，呈现工作面中部超声波波速降低速度快而两端超声波波速降低相对缓慢的特点，因此，工作面中部顶煤冒放性较两端头好。顶煤存在裂隙后(500 条)，裂隙分布的随机性，导致原岩应力区超声波波速的不均匀分布特征，受裂隙影响后顶煤超声波波速减小。进入屈服状态后，顶煤超声波波速开始降低，降低位置由无裂隙时的 115m 前移至 120m 附近，采动影响范围内顶煤超声波波速降低程度呈不均匀分布状态。裂隙条数增加至 2000 条时，初始超声波波速受裂隙影响更为明显，超声波在空间分布上的不均匀程度升高。采动影响下，超声波波速降低位置前移至 125m 附近；顶煤裂隙数量增加至 4000 条时，研究区域内顶煤基本全部受到裂隙的影响，原岩应力区超声波峰值个数明显减少，顶煤超声波波速分布的均匀程度升高，采动导致的超声波波速降低位置前移至工作面前方 20m 处。由于裂隙的存在，沿工作面倾斜方向顶煤冒放性(超声波波速)存在明显的差异，顶煤超声波波速沿工作面倾斜方向的分布特征受到裂隙密度的明显影响。

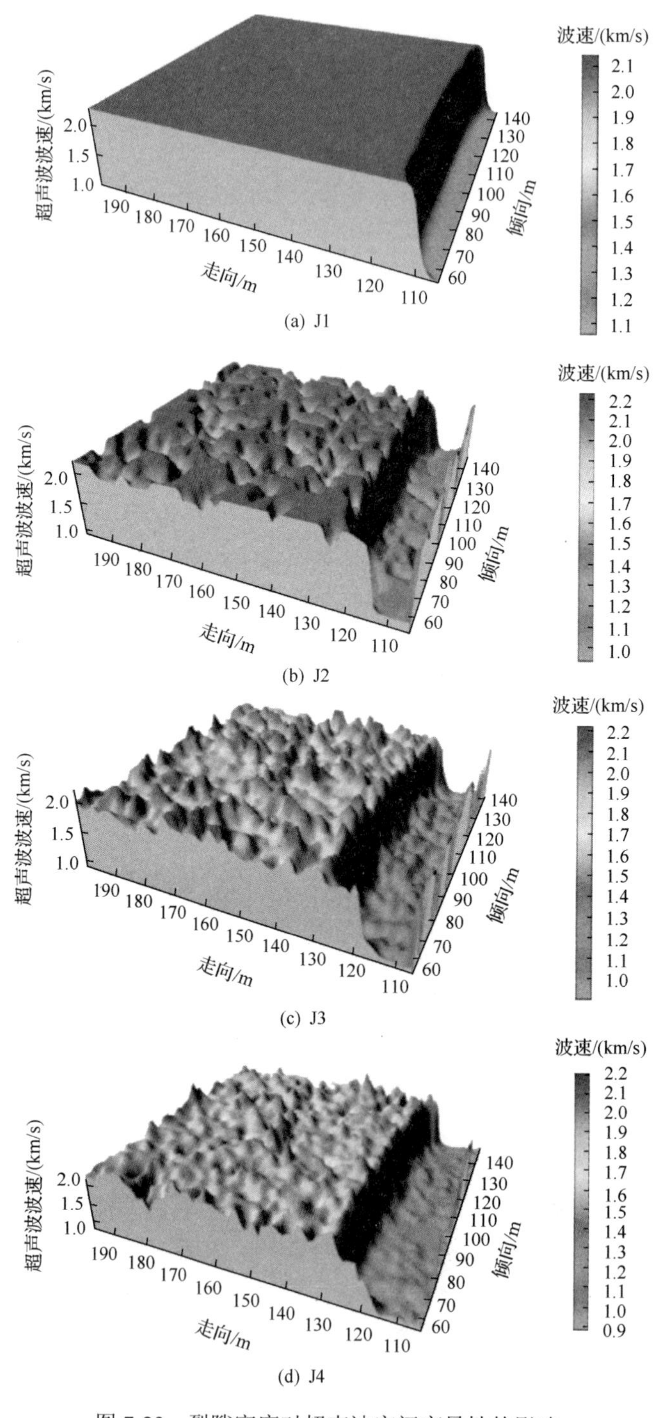

图 7-23　裂隙密度对超声波空间变异性的影响

2) 裂隙迹长

裂隙迹长对顶煤累积塑性应变发育特征的影响如图 7-24(a)所示，顶煤中存在裂隙时，剪切塑性应变初始发育位置迅速前移，发育速度大幅度增加。随着裂隙迹长的增加，剪切塑性应变增长速度呈小幅度增加趋势，煤壁上方顶煤累积塑性应变值增大。受较高剪切塑性变形程度的影响，裂隙迹长较大时，顶煤抗拉强度弱化程度高，煤壁后方出现拉应力后，顶煤中累积拉伸塑性应变值随着裂隙迹长的增加呈现上升趋势，顶煤冒放性增强。

裂隙迹长对顶煤中超声波波速的影响如图 7-24(b)所示，原岩应力区，超声波波速随着裂隙长度的增加而减小。进入塑性屈服状态后，顶煤中超声波波速随着塑性变形的累积逐渐降低。裂隙的存在导致超声波波速的初始降低位置逐渐前移(远离煤壁)，顶煤具有更加充足的破碎时间。随着裂隙迹长的增加，顶煤中超声波波速更早地降低至残余水平，且残余超声波波速呈现逐渐降低的趋势，因此，顶煤冒放性随着裂隙迹长的增加而增强。

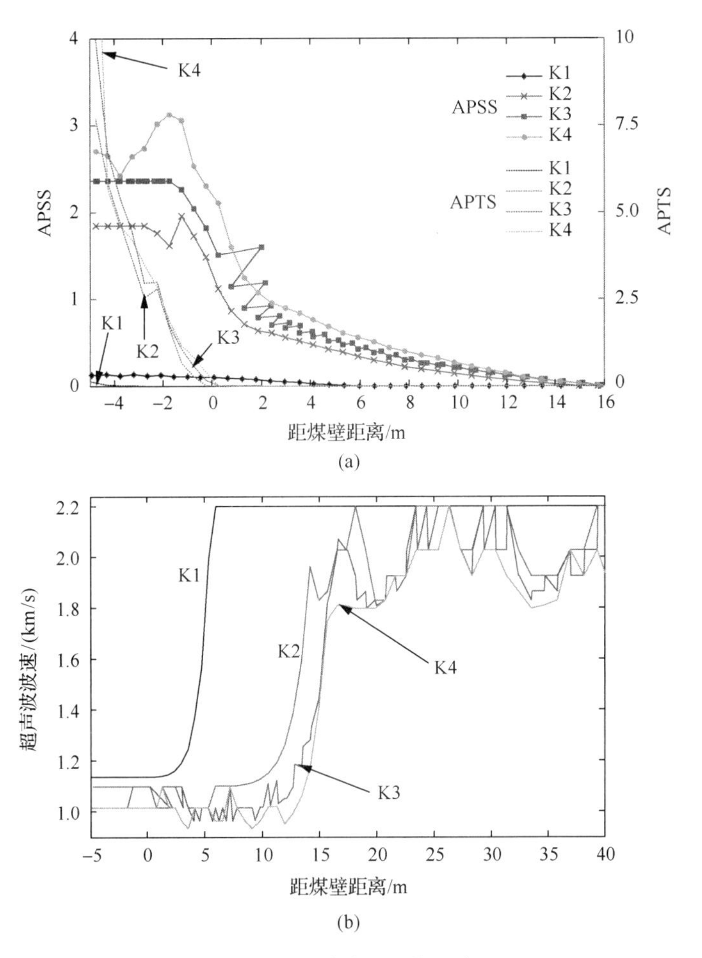

图 7-24 裂隙迹长的影响

为了更加全面的了解裂隙迹长对顶煤中超声波速空间分布的影响，将侧面超声波数据导出并绘制成三维图(图 7-25)。由图 7-25 可知裂隙的存在导致顶煤中超声波波速局部降低，呈不均匀状态分布。原始应力状态超声波空间分布的变异程度随着裂隙迹长的增加呈先升高后降低的趋势。采动影响下顶煤逐渐破坏，随着采动裂隙的发育，顶煤中超声波波速在超前工作面约 15m 处开始降低，超声波波速降低程度随着裂隙迹长的增加而升高。由图 7-25 还可以看出，沿工作面倾斜方向，顶煤中超声波波速分布受到裂隙迹长的明显影响，即在不同裂隙迹长条件下，顶煤冒放性沿工作面倾向上的分布是不同的。

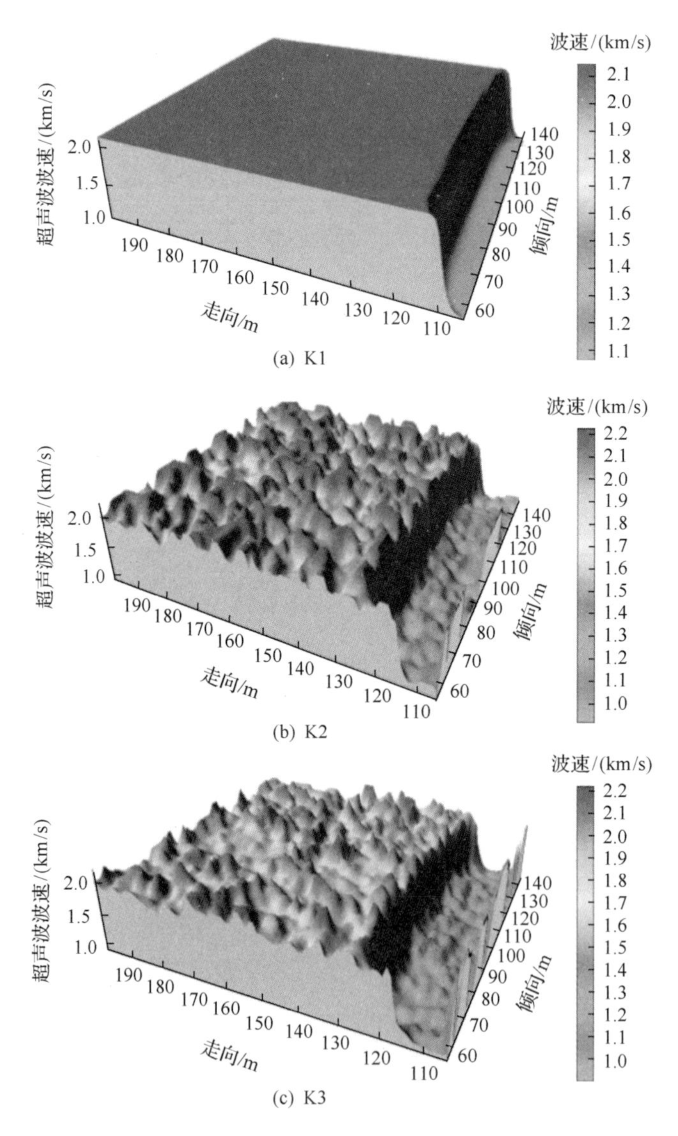

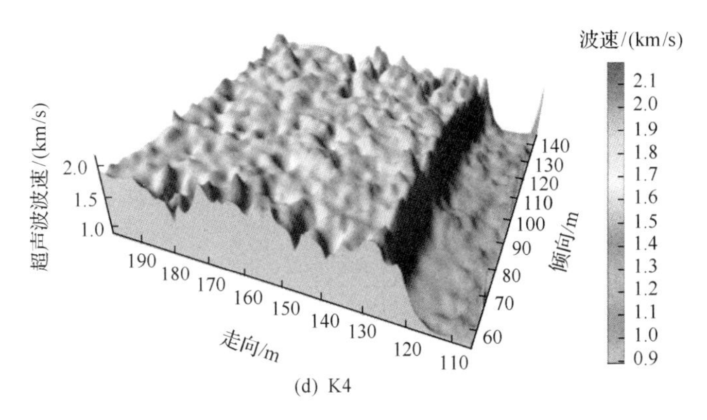

(d) K4

图 7-25 裂隙迹长对超声波空间变异性影响

3) 裂隙倾向

裂隙倾向对顶煤中累积塑性应变发育特征的影响如图 7-26(a)所示，在不同裂隙倾向条件下，剪切塑性应变超前工作面发育位置基本一致，且增长速度差异不大。裂隙倾向为 180°时，煤壁上方顶煤中累积剪切塑性应变值最大，0°时次之，90°最小。由于第 2 章

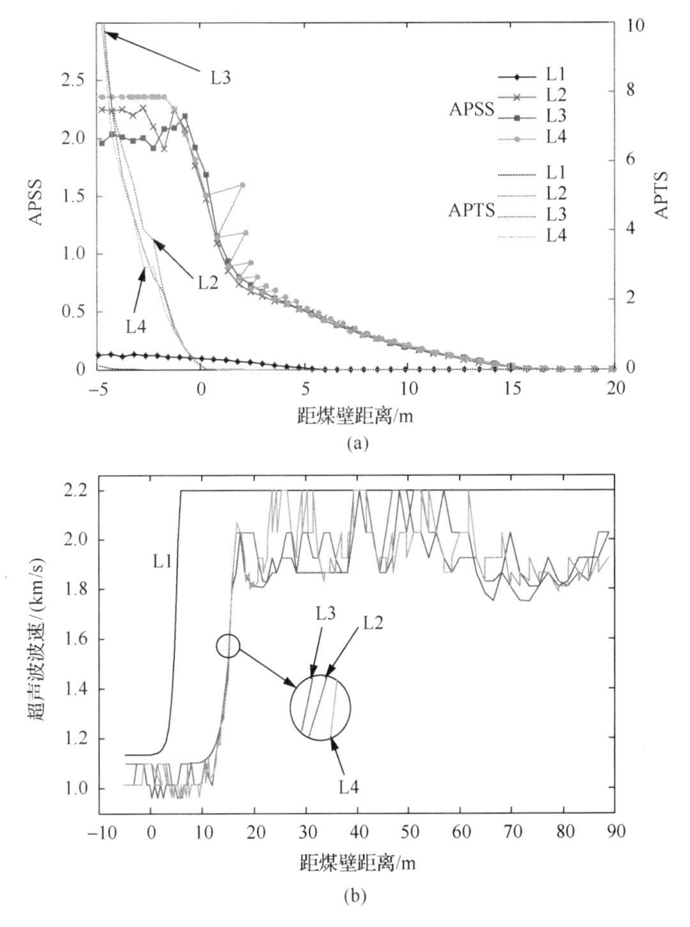

图 7-26 裂隙倾向的影响

建立的煤体各向异性损伤模型中没有考虑裂隙产状对煤体抗拉强度的影响，煤壁后方顶煤中拉伸塑性应变程度基本不受裂隙倾向的影响。

不同裂隙倾向条件下顶煤中超声波波速分布特征如图 7-26(b)所示，初始状态下，裂隙倾向的差异，导致测线上超声波波速分布特征存在明显差异，但初始超声波波速随裂隙倾向的变化无明显规律可循，在超声波波速降低阶段，裂隙倾向为 180°时，超声波波速下降速度较大，倾向为 0°次之，倾向为 90°时最小，由此可以判断测线上顶煤冒放性在裂隙倾向为 180°时最好，裂隙倾向为 0°时次之，倾向为 90°时最差。

由于裂隙分布的随机性，根据测线上顶煤冒放性指标确定裂隙倾向对顶煤冒放性的影响缺乏可靠性，为更加准确地分析不同裂隙倾向条件下顶煤冒放性分布特征，将侧面超声波数据导出，如图 7-27 所示。初始条件下，裂隙倾向的不同导致超声波波速非均布特征存在明显差异，与裂隙密度和裂隙迹长的影响相比，裂隙倾向对初始超声波波速空间变异性的影响程度较低。采动影响区域，超声波波速沿工作面倾向的分布受到裂隙倾向的明显影响，顶煤冒放性不同。对比不同裂隙倾向条件下采动影响范围内超声波波速大小可知裂隙倾向为 0°时顶煤冒放性最好，为 180°时次之，为 90°时最差，该结果与通过测线的预测结果存在差异，说明通过测线冒放性指标分布确定顶煤冒放性存在局限性。

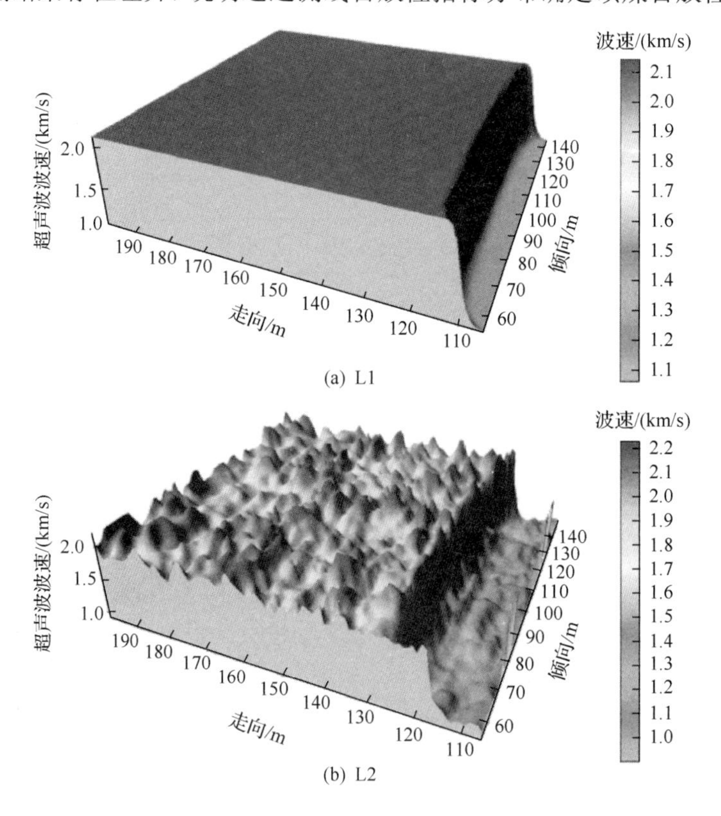

(a) L1

(b) L2

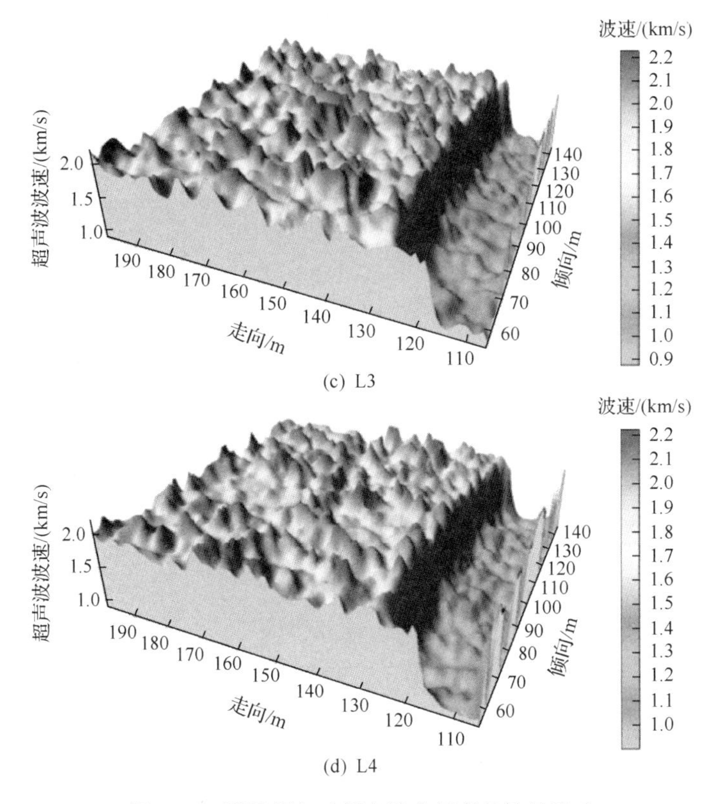

(c) L3

(d) L4

图 7-27 裂隙倾向对超声波空间变异性的影响

4) 裂隙倾角

不同裂隙倾角条件下顶煤累积塑性应变发育特征如图 7-28(a)所示，不存在裂隙时，剪切塑性应变在工作面前方 6m 处开始发育，裂隙影响下，该发育位置前移至工作面前方 17m。在顶煤屈服阶段，剪切塑性应变增长速度不受裂隙倾角影响，过渡至工作面控顶区后，裂隙倾角为 30°和 45°时，顶煤累积剪切塑性应变值相等，该值明显大于裂隙倾角为 60°时顶煤中的剪切塑性应变值。裂隙倾角对煤壁后方拉伸塑性应变值影响不大。

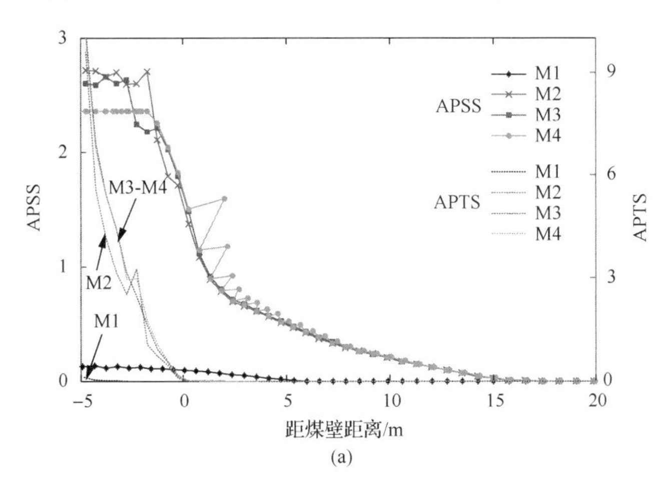

(a)

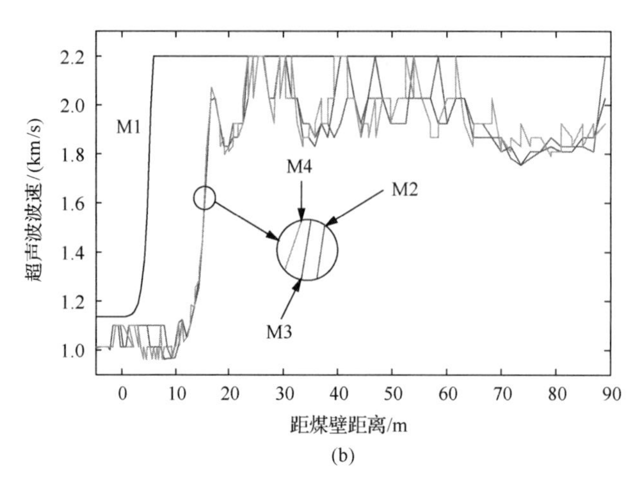

(b)

图 7-28 裂隙倾角的影响

裂隙倾角对顶煤中超声波波速变化特征分布如图 7-28(b)所示，在原岩应力区，裂隙倾角对顶煤中初始超声波波速的影响无明显规律可循。受采动影响后，裂隙倾角为 30°和 45°时，顶煤中超声波波速以较快的速度降低，在距工作面煤壁较远的位置降至残余水平，而裂隙倾角为 60°时顶煤中超声波波速降低速度相对较慢。因此，裂隙倾角为 30°和 45°时，测线上顶煤冒放性较好，倾角为 60°时，顶煤冒放性较差。

不同裂隙倾角条件下，顶煤超声波波速的空间分布如图 7-29 所示，不同倾角的裂隙均导致顶煤中初始超声波波速的降低，且初始超声波因倾角的不同存在明显的差异。受采动影响后，顶煤中超声波波速分布沿工作面倾向存在很大差异。不同裂隙倾角条件下，顶煤中超声波波速沿工作面倾向分布不同。对比分析其三维数据可知，当工作面倾角为 45°时，工作面的整体冒放性最好，倾角为 30°时次之，倾角为 60°时最差。

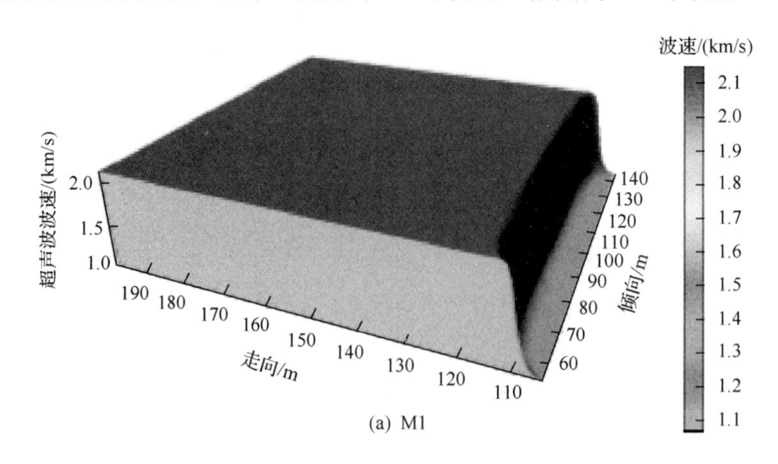

(a) M1

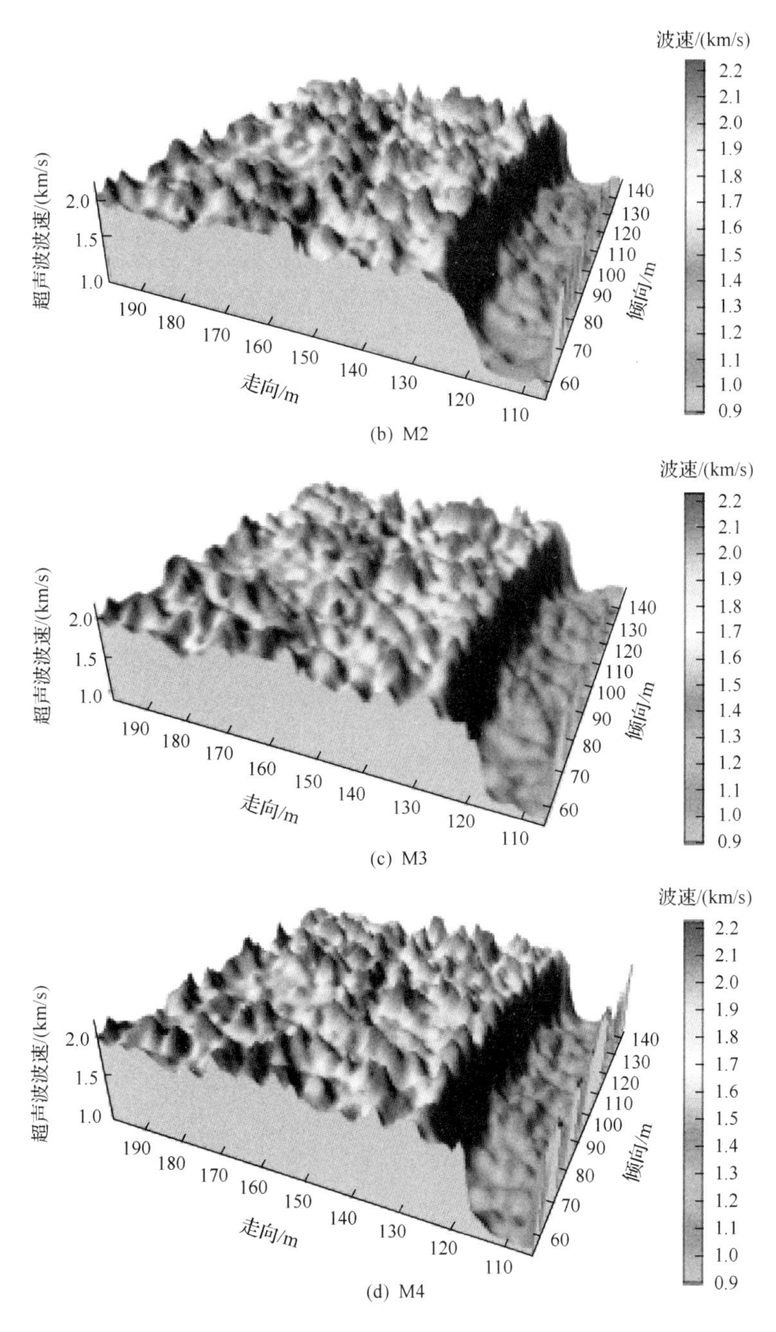

(b) M2

(c) M3

(d) M4

图 7-29 裂隙倾角对超声波空间变异性的影响

7.3.3 原岩应力

1) 垂直地应力

顶煤累积剪切塑性应变和拉伸塑性应变分布如图 7-30(a)所示，前者超前工作面发育，后者滞后于工作面发育。随着垂直地应力的增加，剪切塑性应变发育位置前移远离煤壁，在工作面推进速度一定的条件下，顶煤塑性屈服后经历的损伤时间增加，因此，最终累积剪切塑性应变值增加。比较图 7-30(a) 中 4 条实线的斜率可以判断不同埋深条件下顶煤中累积剪切塑性应变增长速率基本相等，结合第 6 章建立的顶煤冒放性指标预测模型可以确定埋深仅改变顶煤由初始屈服位置过渡至架后冒落位置过程中所经历的主应力变化量及初始屈服位置，但对主应力变化梯度比值($\eta = \mathrm{d}\sigma_1/\mathrm{d}\sigma_3$)基本没有影响。在埋深较大的条件下，顶煤累积剪切塑性变形值较大，在高剪切塑性变形程度的影响下，顶煤抗拉强度的降低程度较高，因此，在架后产生的拉伸塑性应变值增大，顶煤冒放性增强。

顶煤中超声波波速(UWV)变化如图 7-30(b) 所示，随着埋深的增加，超声波波速降低位置前移且超声波波速降低速度基本保持不变，因此，超声波波速降低至残余水平的位置同时前移，说明顶煤变形破坏程度升高，顶煤冒放性改善。初始垂直地应力为 7MPa 时，煤壁上方顶煤中超声波波速仍没有降低至残余水平，说明该条件下由于垂直地应力过小，顶煤裂隙发育不充分，需要采取人工措施改善顶煤冒放性。

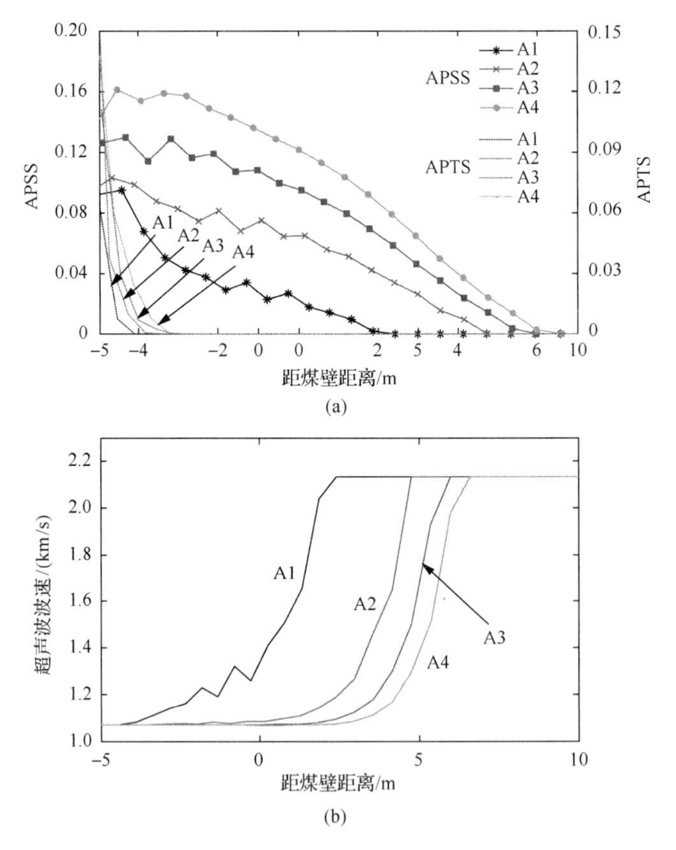

图 7-30　垂直地应力对顶煤冒放指标的影响

2) 水平地应力

水平地应力对累积塑性应变的影响如图 7-31(a) 所示，其值较大时(15MPa 和 18MPa)，顶煤初始屈服后累积塑性应变增长速度较大，之后迅速减小。由于顶煤屈服后经历的最大主应力和最小主应力变量随着水平地应力的升高呈增加趋势，在高水平地应力条件下，顶煤中累积剪切塑性应变值较大，煤壁附近顶煤抗拉强度弱化程度较高，煤壁后方拉伸塑性应变值大，顶煤冒放性较好。

顶煤中超声波波速变化特征如图 7-31(b)所示，与初始水平地应力较大时顶煤中较快的剪切塑性应变增长速度相对应，该条件下煤体中超声波波速降低速度快，虽然超声波波速减小位置更靠近煤壁，但超声波波速在超前煤壁更远的位置降低至残余水平，代表了较好的顶煤冒放性。此处数值模拟所得结论同第 5 章理论分析所得结论相悖，因此，水平地应力对顶煤冒放性的影响有待进一步研究。

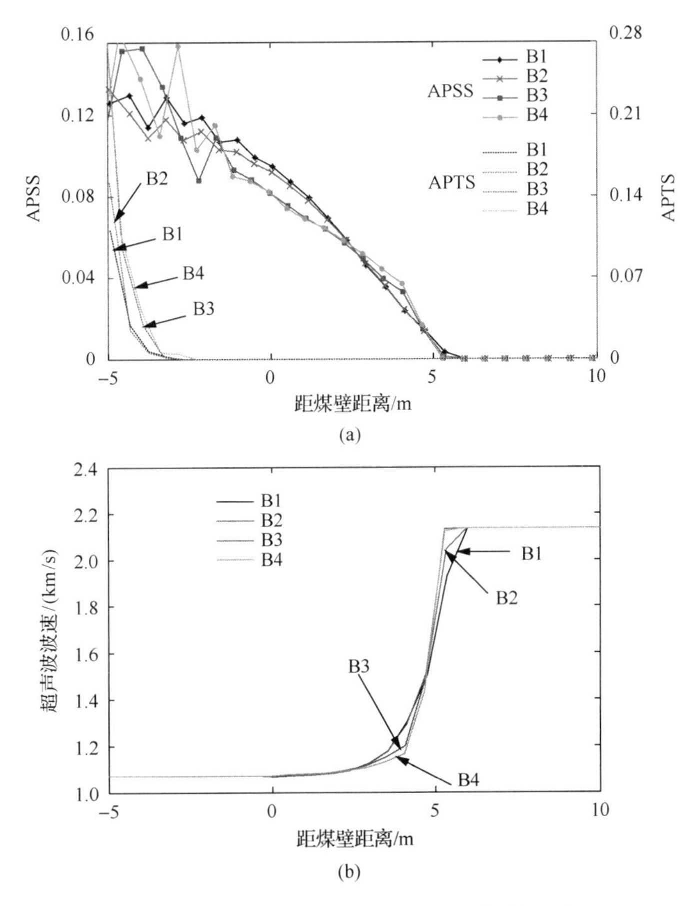

图 7-31　水平地应力对顶煤冒放指标的影响

7.3.4　顶煤厚度

顶煤厚度对累积塑性应变的影响如图 7-32(a)所示，随着顶煤厚度的增大，累积塑性应变发育位置前移，但增长速度迅速降低。在超前工作面约 2.5m 处，不同厚度条件下顶煤中累积剪切塑性应变值达到相同的水平，但由于累积剪切塑性应变增长速度不同，最终顶煤厚度较小时(3m)累积剪切塑性应变值明显较大。较大的剪切塑性变形程度导致顶煤抗拉强度明显降低。顶煤较薄条件下工作面后方出现的拉应力值越大，在煤壁后更容易出现拉伸塑性应变累积，因此，顶煤厚度为 3m 时的最终拉伸塑性应变值为 0.4，远大于厚顶煤条件下(9m)顶煤拉伸破坏程度(0.076)，因此，减小顶煤厚度可以最大限度地提高顶煤冒放性。

不同顶煤厚度条件下顶煤中的超声波波速变化如图 7-32(b)所示，顶煤厚度越大，超声波波速降低位置相对于工作面煤壁前移，但超声波波速降低速度小，说明顶煤中裂隙发育速度慢。随着顶煤厚度的减小，超声波波速降低位置更加靠近煤壁，但降低速度明显加快，说明顶煤中裂隙发育速度快，最终煤壁后方顶煤中的超声波波速随着顶煤厚度的减小而升高，顶煤冒放性增强。

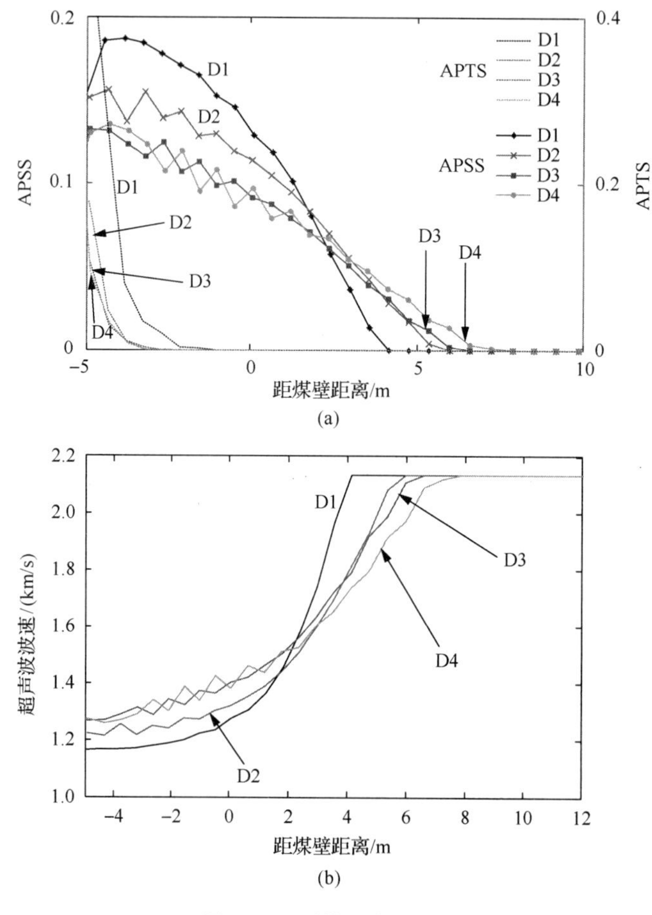

图 7-32 顶煤厚度的影响

7.3.5 割煤高度

不同割煤高度条件下顶煤累积塑性应变发育特征如图 7-33(a)所示，割煤高低越大，剪切塑性应变发育位置距工作面煤壁位置越远，剪切塑性应变增长速度越小。不同割煤高度条件下，顶煤过渡至超前煤壁约 2m 时，其中累积剪切塑性应变值大致相同。工作面后方，顶煤中累积剪切塑性应变再次呈现出随采高增加而增大的趋势，但不同割煤高度条件下其值差异很小，压剪破坏过程中对顶煤抗拉强度的弱化作用大致相当，因此，工作面后方顶煤中累积拉伸塑性应变值不受割煤高度的影响，由此可以判断采高仅影响累积塑性应变的发育位置及发育速度，对最终顶煤累积塑性应变值影响不大。

不同割煤高度条件下顶煤中超声波波速变化特征如图 7-33(b)所示，割煤高度越大，超声波波速降低位置距工作面煤壁越远，降低速度越小。不同割煤高度条件下，顶煤中超声波波速基本在同一位置降低至残余水平，说明采高对顶煤冒放性的影响不明显。

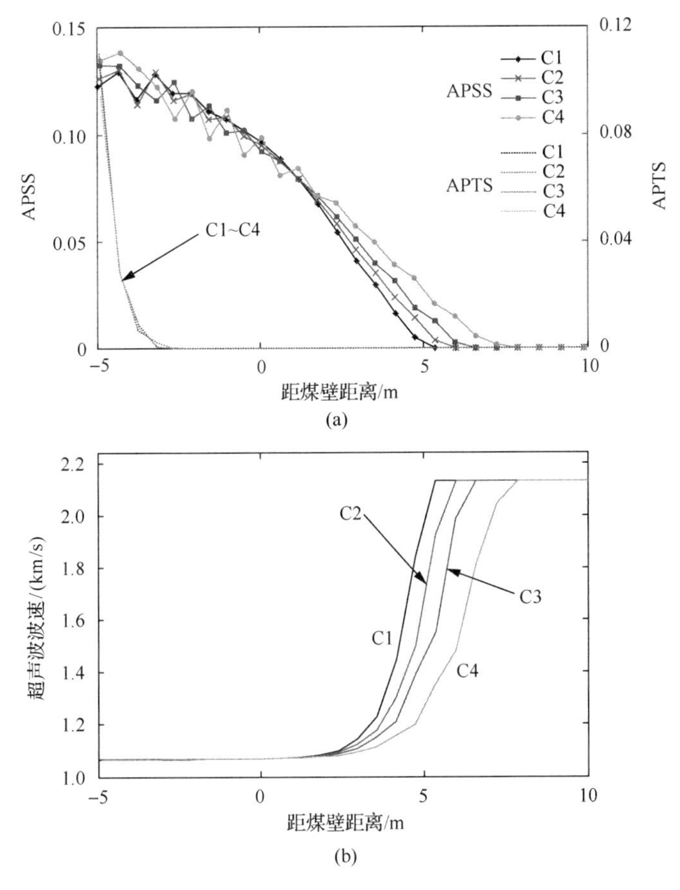

图 7-33　割煤高度的影响

7.3.6　支架循环阻力

支架循环阻力的改变对顶煤中累积塑性应变发育特征的影响如图 7-34(a)所示，考虑支架阻力后，剪切塑性应变发育位置向煤壁靠近，增长速度升高。支架循环阻力改变对煤壁前方顶煤累积剪切塑性应变的发育特征不产生影响。煤壁后方，较大的支架阻力促进损伤顶煤的破坏，顶煤中累积剪切塑性应变量和增长速度均随着支架循环阻力的升高而增大。较高的剪切塑性变形程度促进了抗拉强度的损伤，使顶煤更容易发生拉伸破坏，顶煤中累积拉伸塑性应变量和增长速度同样随着支架循环阻力的升高而增大。由此可以判定顶煤冒放性随着支架阻力的增大而增强。

支架循环阻力对顶煤超声波波速变化特征的影响如图 7-34(b)所示，考虑支架阻力后，煤壁前方顶煤超声波波速降低位置向煤壁靠近，降低速度加快。该阶段顶煤超声波波速受支架阻力改变的影响不明显。支架后方，顶煤超声波波速随着支架阻力的增大明显降低，说明较大的支架阻力可改善顶煤冒放性。

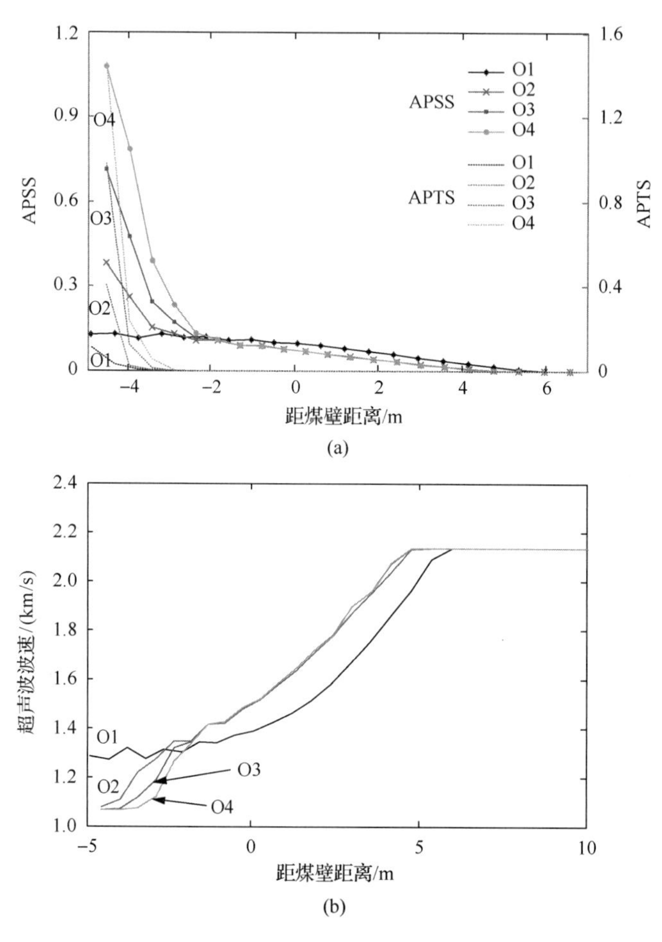

图 7-34　支架循环阻力的影响

7.3.7　工作面推进方向

工作面推进方向与水平主应力之间夹角的变化对顶煤累积塑性应变分布及超声波波速变化特征的影响如图 7-35 所示，夹角变化对顶煤中累积剪切和累积拉伸塑性应变及超声波变化特征均无明显影响，因此，在顶煤中不存在裂隙的条件下，工作面推进方向与水平主应力之间夹角的改变对顶煤的冒放性不会造成明显影响，工作面布置无需考虑主应力方向。

工作面推进方向对主应力大小影响不明显，但是对于主应力方向旋转特征存在强烈影响。若煤层裂隙发育程度高，则会影响顶煤裂隙扩展特征，需要顶煤主应力方向旋转特征进行分析。

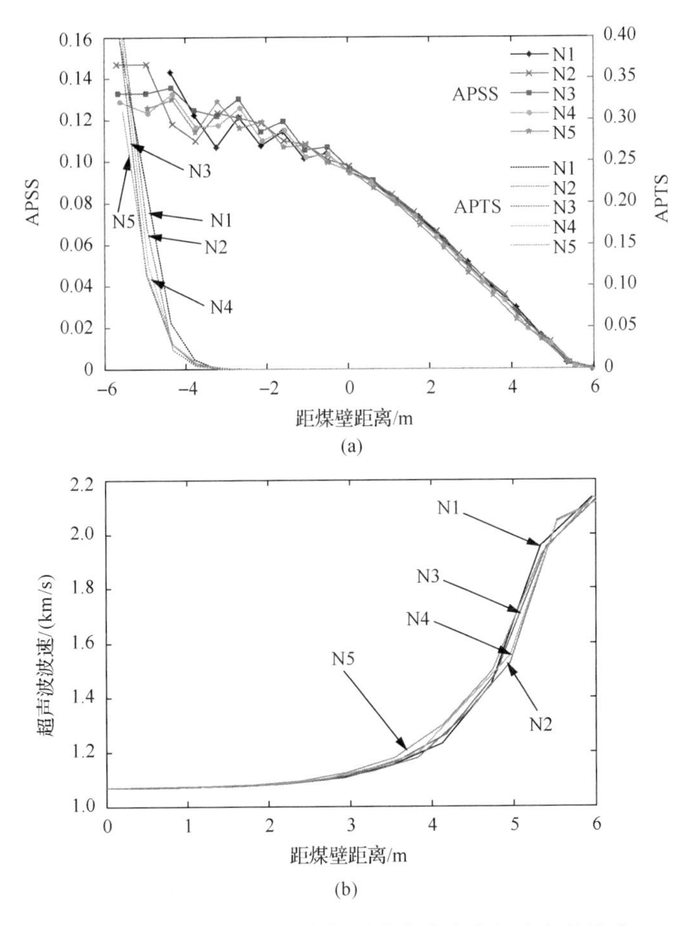

图 7-35　工作面推进方向与最大主应力之间夹角的影响

7.4　改善顶煤冒放性的原理及方法

7.4.1　局部约束解除法

1) 理论依据

顶煤在由原岩应力状态过渡至架后冒落状态的过程中，经历了小变形和大变形两个破坏阶段，两个阶段中顶煤破坏机理完全不同。工作面前方，采动造成垂直应力加载和水平应力卸载，顶煤先在偏应力作用下进入剪切屈服状态，并出现压剪裂纹发育现象。煤壁后方，由于顶煤和顶板悬臂作用，顶煤中出现拉应力，顶煤开始承受反向拉应力加载。煤壁后方，顶煤剪切塑性变形已经积累到较大值，顶煤抗拉强度出现较大程度的降低，在较低水平拉应力作用下，顶煤发生拉伸或拉剪破坏，于支架后方在自重作用下冒落放出。

如图 7-36 所示，不同围压条件下，煤体先经历弹性压缩变形过程，初始屈服后，在塑性流动作用下进入膨胀变形过程。由应力路径的相似性可以判断，顶煤由初始屈服位置过渡至煤壁上方的过程中同样经历了膨胀变形过程。顶煤在膨胀变形过程中，由于顶、底板岩层及周围顶煤的约束作用，会增加煤体单元之间的相互挤压作用，弱化开挖引起的卸荷作用，使靠近煤壁的顶煤仍然处于三向受压状态。侧向约束的存在限制了顶煤体积变形程度，导致煤体抗压强度增大的同时，煤体破坏程度降低，因此，顶、底板及顶煤自身对开挖引起的侧向卸荷的约束作用增大了顶煤破坏的难度。基于以上认识，为促进工作面前方顶煤的剪切破坏，我国学者在顶煤冒放性控制研究方面主要提出爆破预裂和水力预裂两项技术。在本质上，爆破预裂和水力致裂的目的均为在顶煤中人为制造自由表面，为破坏后顶煤的膨胀变形提供自由空间，并促进水平应力的卸载。在爆破预裂过程中炸药爆破导致有效孔径增大，而水力致裂产生的裂缝张开度较小，该措施在顶煤中产生的自由空间远小于前者，因此，通常情况下爆破预裂的效果优于水力致裂技术。爆破预裂后，顶煤所受约束被局部解除，促使顶煤在煤壁前方便提前进入双向受压甚至是单轴抗压状态。因此，可以通过改变顶煤所处应力环境降低其抗压强度，促进顶煤在工作面前方的压剪破坏过程。

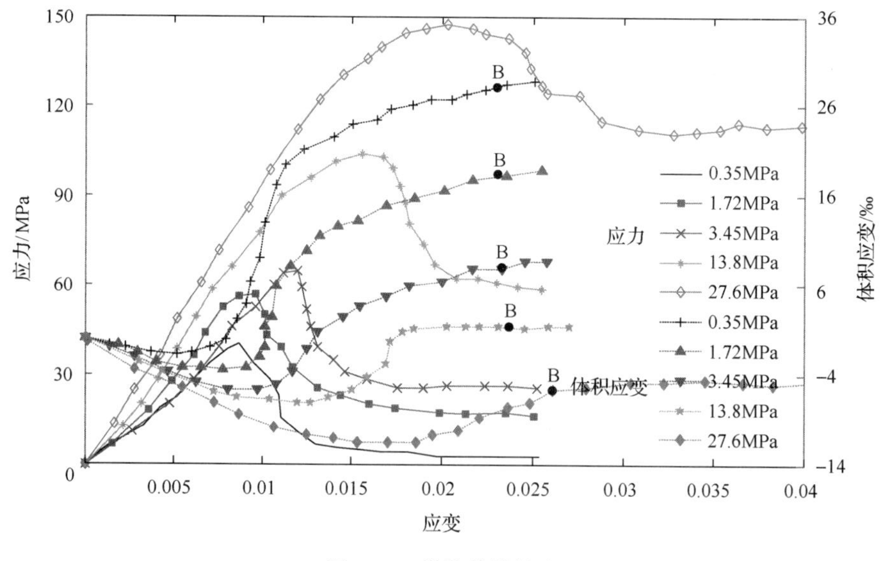

图 7-36　煤体剪胀效应

2) 实验验证

为验证解除局部约束在促进煤体破坏中的效果，设计两组实验，如图 7-37(a) 所示，编号为 7～9 的煤样试件为完整试件，编号为 10～12 的试件中预制图中所示的圆形小孔。采用微机控制伺服压力实验机对两组试件进行单轴抗压实验[图 7-37(b)]，分别记录两组试件的应力-应变数据和宏观破坏形态，含有小孔的试件采用内窥镜记录煤样变形过程中孔壁破坏情况，如图 7-37(c) 所示。

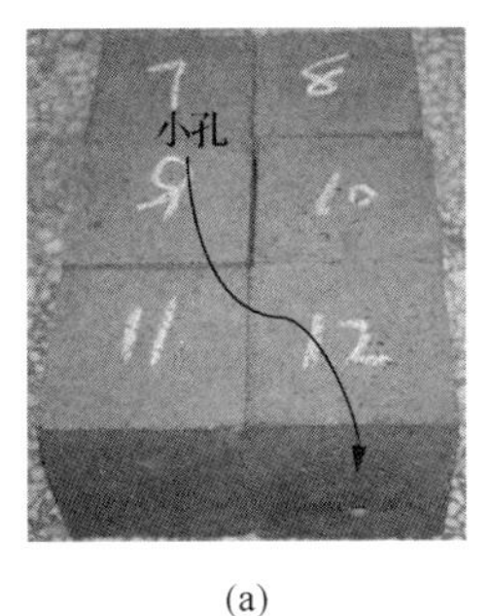

(a)

(b)

(c)

图 7-37　实验煤样及设备

两组煤样试件单轴抗压实验中的应力-应变曲线如图 7-38 和图 7-39 所示，煤样在不存在预制圆形小孔条件下，完整煤样试件的单轴抗压强度可达到 11MPa，弹性模量约为 1GPa；含预制小孔煤样单轴抗压强度则降至 8.5MPa，弹性模量减少至 0.6GPa，而顶煤冒放性随着单轴抗压强度和弹性模量的减小而增大。由此可以判断超前工作面布置钻孔可有效改善顶煤冒放性。

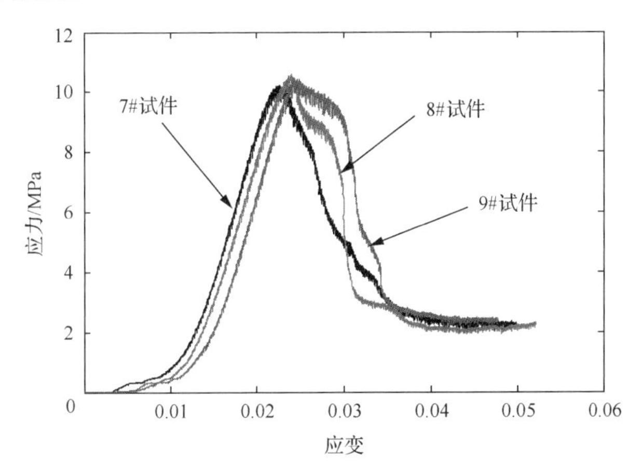

图 7-38　完整煤样应力-应变曲线

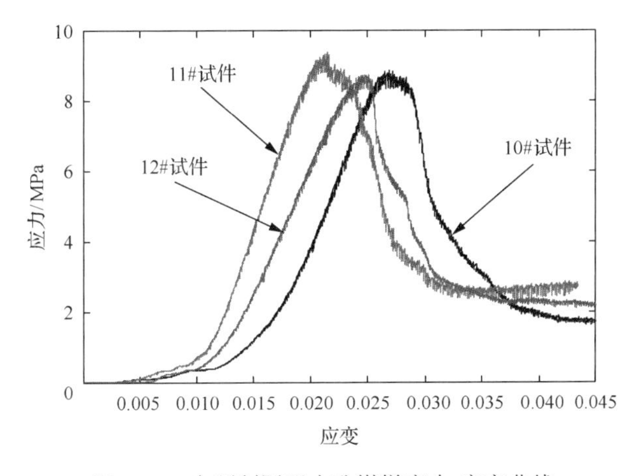

图 7-39　含预制图形小孔煤样应力-应变曲线

完整煤样(9#)与含预制圆形小孔煤样(12#)的宏观破坏形态如图 7-40 所示，完整煤样中仅出现 1 条明显的、张开度较大的裂隙，煤样被切割成两个块度较大的煤块，若顶煤以该形式破坏则冒放性差。含预制圆形小孔的煤样中则出现 5 条明显的裂隙，煤样被裂隙充分切割成块度较小的煤块，完全丧失承载能力。若顶煤以该形式破坏，则冒放性良好。

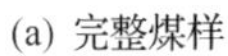
(a) 完整煤样

(b) 含预制圆形小孔煤样

图 7-40　宏观破坏形式

加载过程中，小孔孔壁的变形破坏特征如图 7-41 所示。弹性变形阶段，小孔孔壁的变形很小，达到初始屈服点后，小孔内壁出现破坏和片落现象；后继屈服阶段，随着煤样膨胀变形的加剧，小孔内壁逐渐内缩，小孔直径逐渐缩小，最终小孔基本全部被膨胀变形挤出的煤样颗粒充填。由小孔内壁的破坏过程可以看出，圆形小孔为煤样膨胀变形提供了自由空间，使煤样剪胀变形可以沿垂直于周围 4 个边界表面和小孔内壁的方向同时发展，促进了煤样中破坏裂隙的发育。

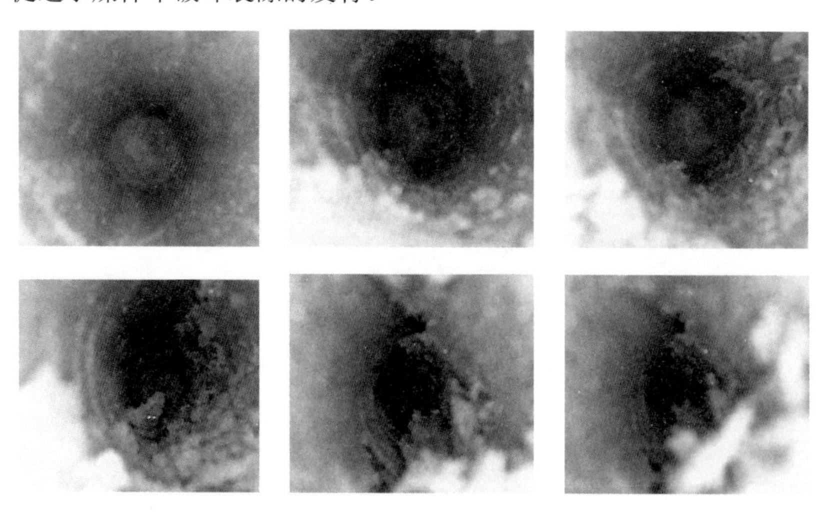

图 7-41　小孔孔壁的变形破坏特征

7.4.2 局部约束钻孔解除法及布置

由图 7-36 可知煤体在三向受压状态下，先经历体积压缩过程，煤体体积最小值点基本与其初始屈服点对应。后继屈服阶段，由于塑性流动作用，煤体呈现出剪胀现象，煤体体积开始增加，而体积增加速度随着塑性变形程度的升高而降低。由第 2 章理论分析可知，由于煤体剪胀角随着累积塑性应变的增加而减小，当轴向塑性应变达到一定值时，煤体体积基本保持稳定而不再发生变化，此时煤体体积塑性应变达到最大值，剪胀角减小至 0，煤体进入残余变形阶段，发生较高程度破坏。据此我们可认为顶煤体积变形程度若达到图 7-36 中的点 B，则具有良好的冒放性。本质上点 B 对应的体积塑性应变与第 6 章建立的煤体冒放性指标(累积塑性应变)一样可以代表煤体变形破坏程度。第 2 章理论分析表明：在受压状态条件下，煤体后继屈服阶段体积塑性应变增量与累积塑性应变增量之间的关系为

$$\frac{\mathrm{d}\varepsilon_{\mathrm{v}}^{\mathrm{p}}}{\mathrm{d}\xi_{\mathrm{c}}}=\frac{3\sin\psi}{\sqrt{3+\sin^2\psi}} \tag{7-6}$$

在煤体变形破坏过程中，煤体剪胀角始终不小于 0，因此可以判定煤体体积塑性应变与累积剪切塑性应变始终呈正比例关系，因此，点 B 较高的体积塑性变形程度同样代表了较高的累积剪切塑性应变值。

煤体由初始屈服点 A 至点 B 的体积应变差即为顶煤体积塑性应变值($\varepsilon_{\mathrm{v}}^{\mathrm{p}}=\varepsilon_{\mathrm{v}}^{\mathrm{B}}-\varepsilon_{\mathrm{v}}^{\mathrm{A}}$)。在顶煤所处的初始地应力状态确定后，顶煤破坏程度达到图 7-36 中的点 B(具有良好的冒放性)所需产生的体积塑性应变便可通过三轴卸围压实验获得。假设欲使顶煤初始破坏点超前工作面煤壁的距离为 L，顶煤厚度为 H，则该范围内顶煤达到具有良好冒放性所需产生的体积塑性变形为

$$\Delta V^{\mathrm{p}}=LH\varepsilon_{\mathrm{v}}^{\mathrm{p}} \tag{7-7}$$

在爆破预裂促进顶煤冒放性作业中，爆破钻孔的总体积其实就是为顶煤膨胀变形提供的自由空间[10, 11]，若钻孔布置工作中采用的钻头半径为 r，钻杆的长度为 l，则每个钻孔提供的可使顶煤产生膨胀变形的自由空间为

$$V=\pi r^2 l \tag{7-8}$$

式中，V 为钻孔体积。

由此可以确定该范围内顶煤中所需布置的钻孔个数为

$$n=\frac{\Delta V^{\mathrm{p}}}{V} \tag{7-9}$$

在实际钻孔布置中，局部爆破会改变顶煤中应力场分布，如图 7-42 所示的综放工作面，若不对顶煤进行人工处理，采动后顶煤承受的压力不足以使其发生压剪破坏，因此，

在顶煤中布置超前钻孔，进行超前爆破预裂，钻孔布置如图中浅色线条所示，爆破影响范围内顶煤顺利进入剪切屈服状态，承载能力降低，上覆岩层重力便会向工作面中部的浅色区域(无超前钻孔)转移，浅色区域顶煤承受的覆岩重力增加，压力增大同样可能使该部分顶煤进入破坏状态。而且由于顶煤由初始屈服位置过渡至架后冒落点过程中，其中的塑性变形始终处于累积状态，只需保证顶煤达到架后冒落位置时其体积塑性应变程度达到图 7-36 中的点 B 即可，因此，通过上述方法确定钻孔布置会得到过于保守的结果，造成资金浪费。为了更为合理的实现顶煤中钻孔布置，可以在上述钻孔布置确定方法的基础是适当降低钻孔量，并结合数值分析方法确定最为合理的钻孔布置方式。

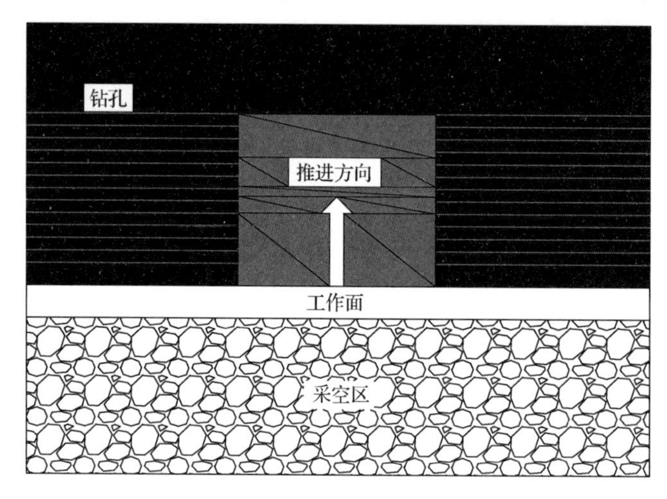

图 7-42　超前钻孔布置

7.4.3　钻孔布置对顶煤冒放性影响分析

1) 模拟方案

本书模拟所用数值模型如图 7-43 所示，材料参数选取与 7.2 节方案 F3 一致的材料参数。在距离开切眼 80m 处布置钻孔，进行爆破预裂，爆破范围为工作面前方 20m，对比分析爆破前后顶煤的冒放性。设计两种方案分别研究钻孔间距及钻孔长度对顶煤冒放性改善效果的影响，采用裂隙密度代替钻孔间距对爆破效果的影响，通过控制裂隙在顶煤中的分布范围代表钻孔长度对爆破效果的影响，假设钻孔在间距为 1m 条件下，爆破后在预裂范围内的顶煤中产生 60 条裂隙，在间距为 2m 条件下产生 40 条裂隙，在间距为 3m 条件下产生 30 条裂隙；钻孔长度分别取 15m、25m、35m。

最终模拟方案见表 7-7。方案 A 包含超前钻孔的数值模型如图 7-44(a)所示，钻孔在工作面回采巷道向顶煤钻取，钻孔长度均为 35m，为得到不同钻孔间距对顶煤冒放性改善效果的影响，本书模拟选取 1m、2m 和 3m 3 种不同的钻孔间距，在工作面两侧的爆破范围内分别布置 30 条、40 条和 60 条裂隙；方案 B 中包含超前钻孔的数值模型如图 7-44(b)所示，超前钻孔位于靠近工作面顺槽的两侧顶煤中，钻孔间距均为 2m，为得到不同钻孔长度对顶煤冒放性改善效果的影响，本书模拟方案选取 15m、25m 和 35m 3 种不同的钻孔长度，在工作面两侧的爆破范围内分别布置 20 条、40 条和 60 条裂隙。

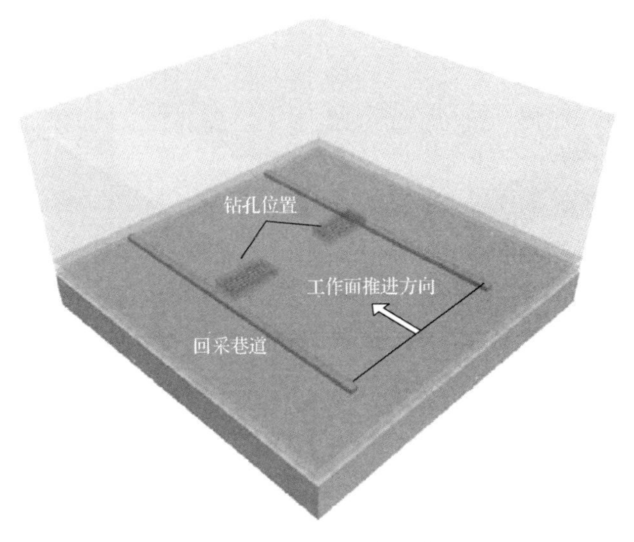

图 7-43 预裂爆破数值模型

表 7-7 预裂爆破模拟方案

编号	方案	变量	方案			
			1	2	3	4
1	A	钻孔间距(裂隙条数)/m	0	3(30)	2(40)	1(60)
2	B	钻孔长度(裂隙条数)/m	—	15(20)	25(40)	35(60)

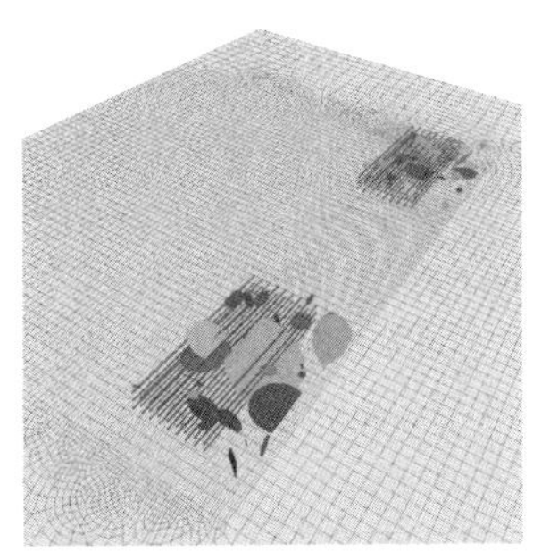

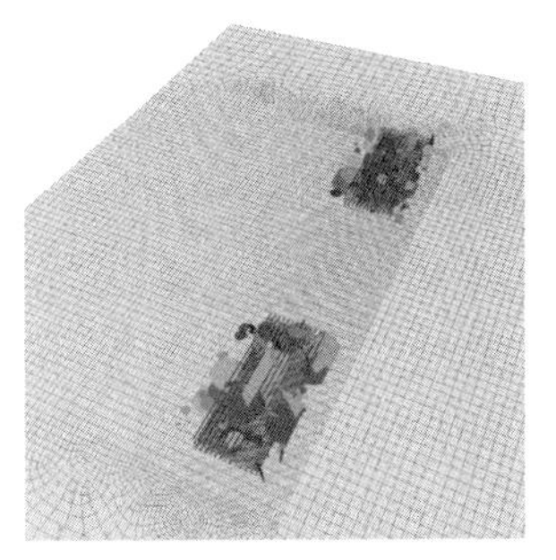

(a) 方案A数值模型(A1→A3)

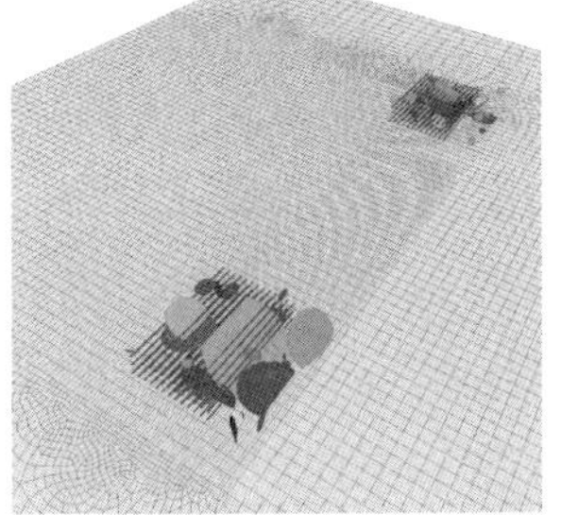

(b) 方案B数值模型(B1→B3)

图 7-44 数值模拟方案

2) 钻孔间距对顶煤冒放性的影响

在不进行预裂爆破的条件下，工作面推进 80m 后顶煤中超声波波速分布如图 7-45 所示，超声波在顶煤中的传播速度超前工作面 3～5m 开始降低，当顶煤过渡至控顶区域后，超声波波速降低至 1.6～1.7km/s。由第 6 章数值模拟结果表明，超声波速残余水平为 1.1km/s，说明该条件下顶煤中裂隙发育不充分，冒放性差。

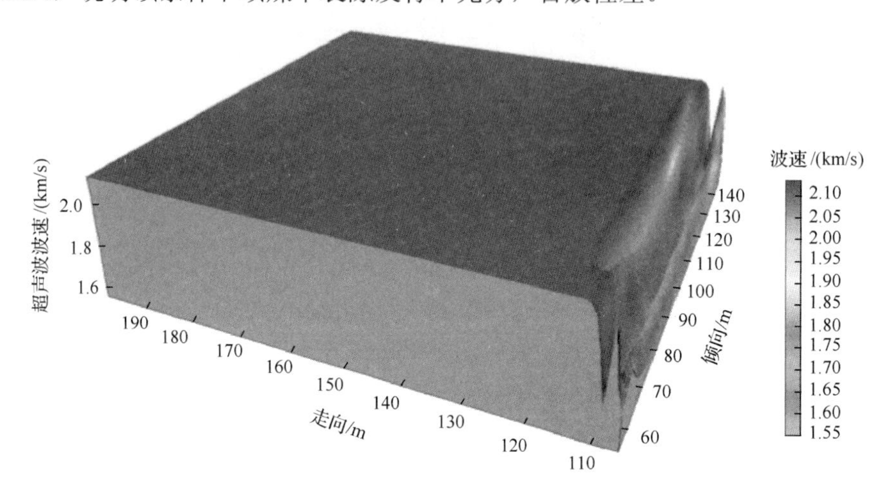

图 7-45　爆破预裂前顶煤超声波波速变化特征

不同钻孔间距条件下，爆破预裂后顶煤中超声波波速分布如图 7-46 所示，钻孔间距为 3m 时，超声波速降低位置前移至超前工作面煤壁 8m 位置，顶煤损伤时间增加，过渡至煤壁上方后，顶煤中超声波速降低至 1.3～1.4km/s。与未爆破处理情况相比，顶煤冒放性明显改善，但由于钻孔间距过大，顶煤中产生的爆破裂隙少，控顶区上方顶煤超声波波速仍没有降低至残余水平，说明该条件下顶煤冒放性仍然较差。当钻孔间距减少至 2m 时，顶煤中超声波波速降低位置前移至工作面前方 17m 位置，顶煤具有较为充分的损伤时间，超声波波速在煤壁处降低至 1.2km/s，说明此时顶煤冒放性达到较为理想值，但由于爆破裂隙的影响，顶煤中超声波波速呈不均匀分布状态，某些位置可能形成大体积冒落煤块。当爆破钻孔间距降至 1m 时，在煤壁上方顶煤超声波波速降至 1.05 km/s，且超声波分布的空间变异性明显降低，顶煤冒落产生的大体积煤块明显减少，顶煤采出率达到理想值。

3) 钻孔长度对顶煤冒放性的影响

钻孔长度对爆破预裂效果的影响如图 7-47 所示，当钻孔长度为 15m 时，顶煤初始屈服点位置前移至超前煤壁 8m 的位置，虽然钻孔长度小，由于覆岩载荷的传递作用，沿工作面倾向，顶煤损伤范围均扩大至 8m。但在煤壁上方超声波波速仅降至 1.5～1.6km/s，说明此时顶煤仍不具备良好的冒放性；当钻孔长度增加至 25m 时，顶煤损伤范围扩展至超前工作面 23m，煤壁处顶煤超声波波速降低至 1.3km/s 左右，顶煤具有了一定的冒放性，但沿工作面倾斜方向，超声波波速分布不均，顶煤冒落后将产生许多大块，影响采出率；当钻孔长度增加至 35m 时，顶煤损伤范围进一步扩展，煤壁处超声波波速降低至 1.05km/s，且分布相对均匀，冒放性增强。

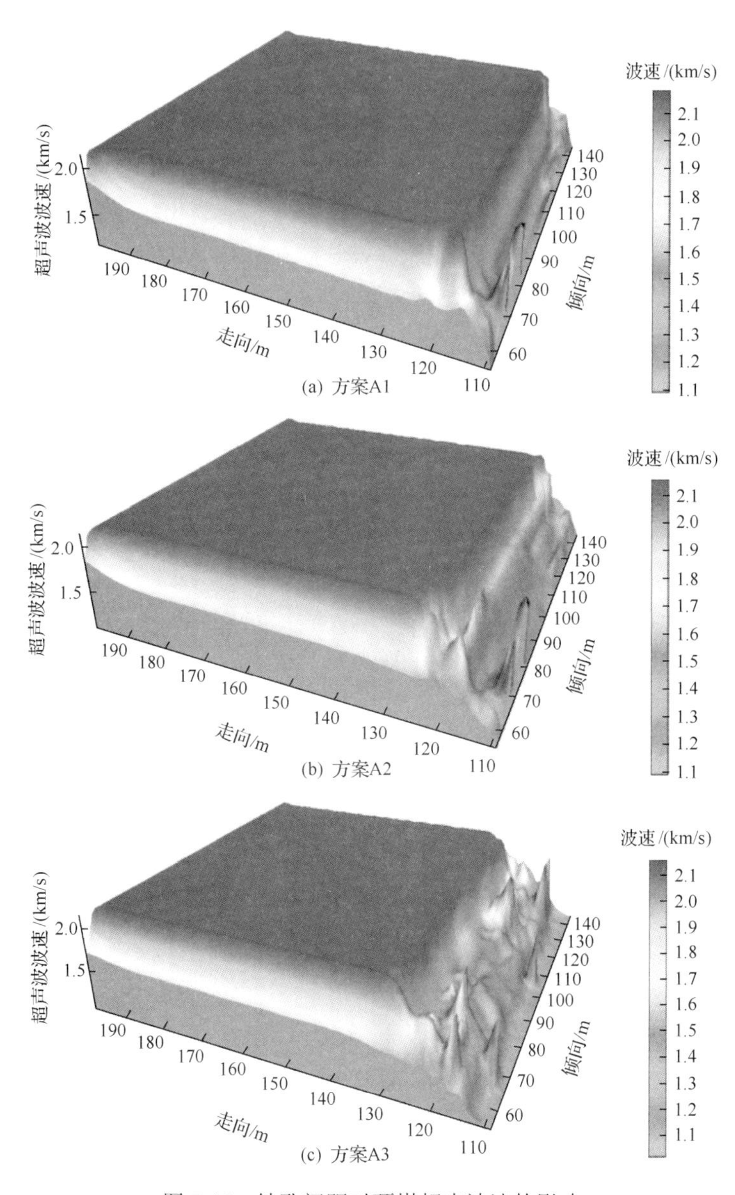

图 7-46　钻孔间距对顶煤超声波速的影响

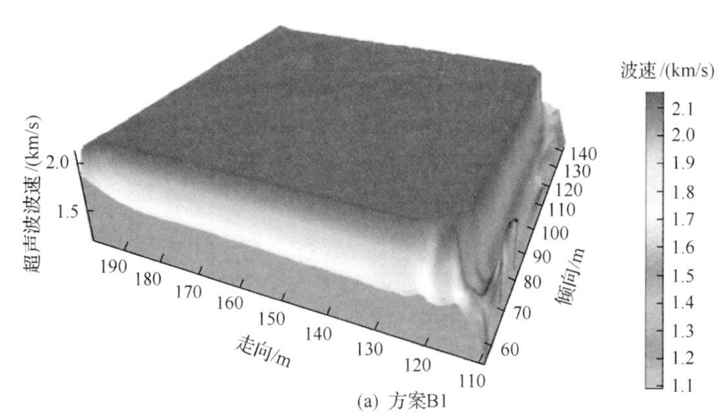

(a) 方案B1

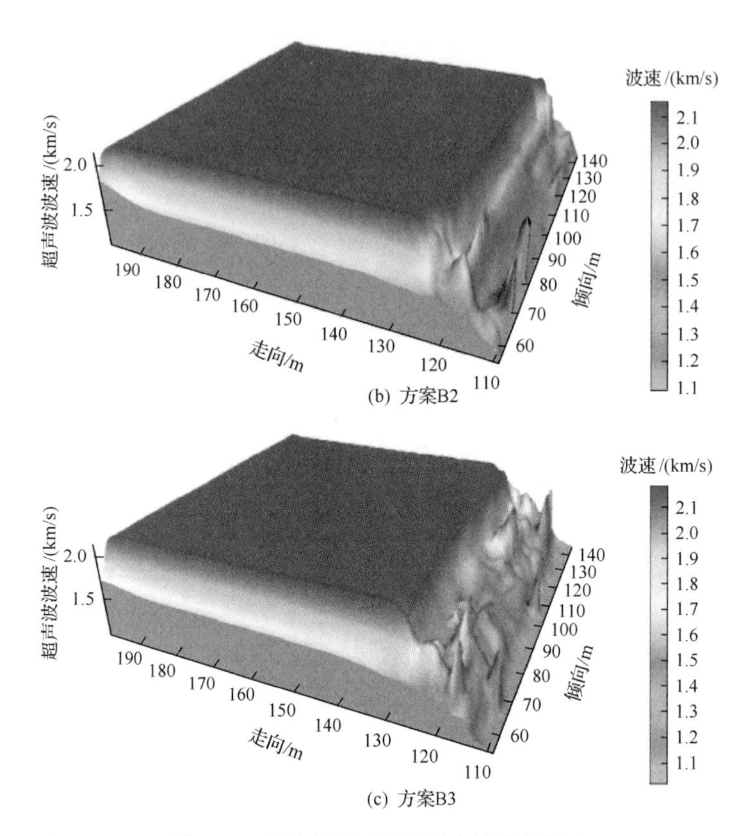

(b) 方案B2

(c) 方案B3

图 7-47　钻孔长度对顶煤超声波速的影响

7.5　基于裂隙分布的顶煤冒放块度预测方法

7.5.1　顶煤冒放块度预测原理

冒落后的顶煤均由放顶煤液压支架后侧的放煤口放出，如图 7-48 所示，放煤口最大张开尺寸约为 1m。实际生产过程中，若顶煤冒落块度沿各方向的最大尺寸均小于 1m，则顶煤可顺利放出；若顶煤冒落岩块沿某方向的尺寸大于 1m，则煤块存在无法放出甚至造成堵架影响工作面正常生产的风险，因此，顶煤冒落块度的大小和分布对顶煤采出率存在很大影响。在已知顶煤冒落块度分布的条件下，若确定在工作面某个位置存在过大煤块冒落现象，可通过调整放煤步距和支架放煤次序，防治该大煤块流动到放煤口造成堵架事故的发生，将其遗落在采空区，或采取其他人工措施使过大煤块再次破碎为尺寸较小煤块放出。

根据裂隙分布可以判断顶煤的被切割程度[12, 13]。一块含有裂隙的正方形煤体如图 7-49 所示，随着其中所含裂隙条数、裂隙长度、倾向和倾角的不同，煤体被切割而成的小煤块的体积大小和分布也不相同，随着裂隙条数的增加，煤体被切割成的小煤块的体积逐渐减小。

图 7-48　放顶煤液压支架简图

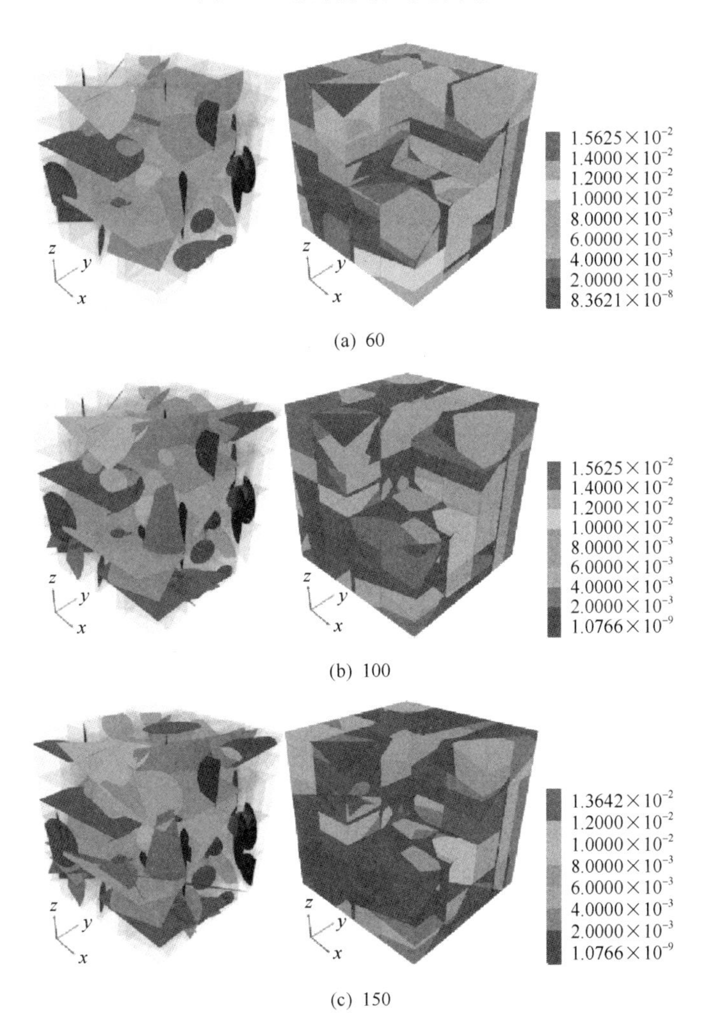

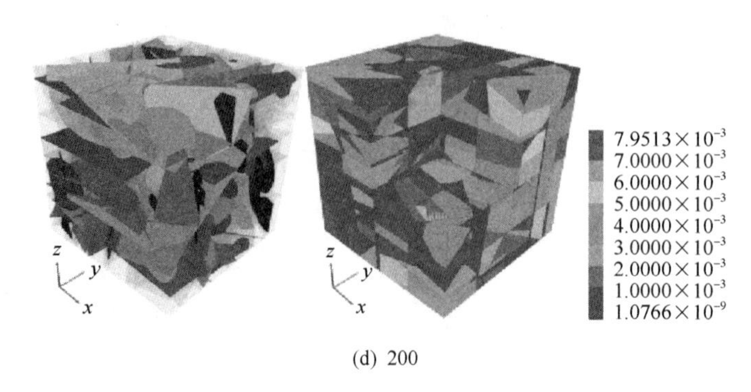

(d) 200

图 7-49　裂隙密度对煤块体积的影响

左：裂隙分布；右：块体体积云图

7.5.2　顶煤冒放块度的数值模拟

顶煤被采动裂隙切割的过程与图 7-49 相似，随着工作面的推进，顶煤中的采动裂隙不断增多，由此可以判定顶煤被切割块度的大小和分布与顶煤中采动裂隙的分布直接相关。得到顶煤被采动裂隙所切割块体的体积大小及其分布特征，可为工作面放煤工艺的优化提供指导。我们可以在顶煤工艺巷中布置测站，采取多种方法(测线、测窗及钻孔方法)对采动裂隙进行测量，最终得到采动裂隙在顶煤中的分布特征。将实测所得裂隙产状分布数据通过数学公式进行描述，并将其在数值计算软件中重建，然后监测顶煤被切割块体的体积和位置，便可实现顶煤块度大小及其分布的准确预测。为得到采动裂隙产状对顶煤冒落块体体积大小及其空间分布特征，此处设计 16 组模型，对各种条件下顶煤冒落块度及其分布进行分析，具体从模型参数见表 7-8。

表 7-8　模拟方案

编号	方案	变量	方案			
			1	2	3	4
1	A	裂隙条数/条	2000	3000	4000	6000
2	B	裂隙长度/m	0.5	1	1.5	2
3	C	裂隙倾向/(°)	0	60	120	180
4	D	裂隙倾角/(°)	20	40	60	80

表 7-8 中方案 A1 所对应的数值重建模型如图 7-50 所示，采用 3DEC 数值计算软件对含裂隙顶煤进行重构，模型宽度和长度均为 200m、高度为 100m。为节省模型运行速度，本模拟仅考虑图中矩形线条圈出的研究区域中的裂隙分布，并对顶煤破碎块体的体积进行提取计算，分析裂隙分布对顶煤破碎块度的影响。

不同裂隙密度条件下，不同体积冒落煤块的累积百分比如图 7-51 所示，当顶煤中仅存在 2000 条裂隙时，体积小于 $4m^3$ 的块体体积刚好达到总顶煤体积的 80%。体积大于 $1m^3$ 的块体均难以从放煤口放出，因此，此时顶煤的采出率约为 50%，远低于平均水平。随着顶煤中采动裂隙的增加，顶煤被切割成的块体体积逐渐降低，当顶煤中的采动裂隙达到 4000 条时，顶煤采出率可达到 78%，达到综放工作面平均采出率水平。当顶煤中的采动裂隙可达到6000条时，顶煤采出率增长至90%，达到非常理想的采出率水平。

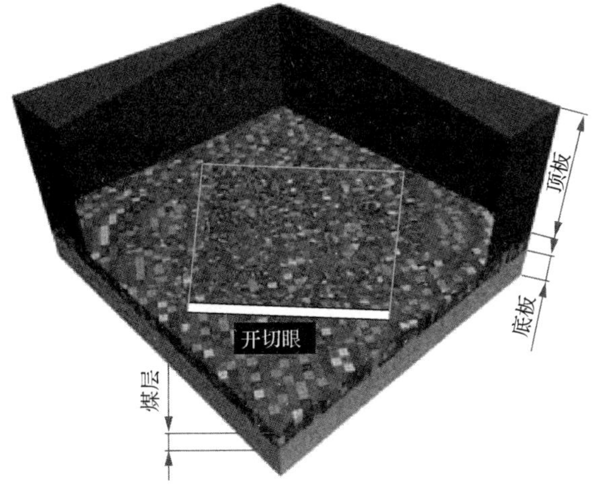

图7-50 数值模型

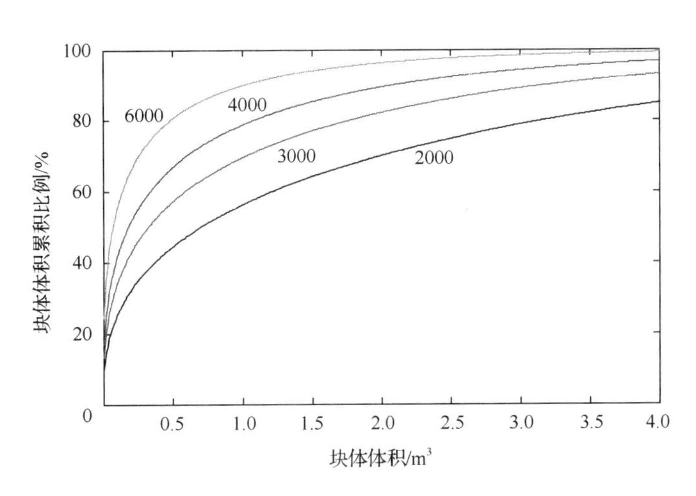

图7-51 不同体积冒落块的累积百分比

不同裂隙密度条件下顶煤块度的空间分布特征如图7-52所示，若采动裂隙过少，则顶煤被切割成为体积较大的煤块，当裂隙条数为2000条时，顶煤中存在许多体积为8m^{3}的煤块，这种煤块无法从放煤口放出，若顶煤裂隙仅发育至该种程度，则顶煤采出率低，且由大煤块造成的堵架事故，工作面回收效率低下。随着裂隙条数的增加，顶煤中大块煤体数量迅速减少，当采动裂隙增加至6000条时，顶煤基本全部被切割成体积小于1m^{3}的煤块，其回收效率明显提高。由图7-52还可以看出，由于采动裂隙的随机发育和扩展特征，沿工作面倾斜方向，顶煤块度呈非均匀形式分布，即使在顶煤采动裂隙发育程度很高的条件下，工作面局部位置同样可能出现体积较大的冒落煤块，在这些位置应对放煤工艺进行调整或者对过大煤块再次进行人为破碎，防止其流动至放煤口造成堵架现象。

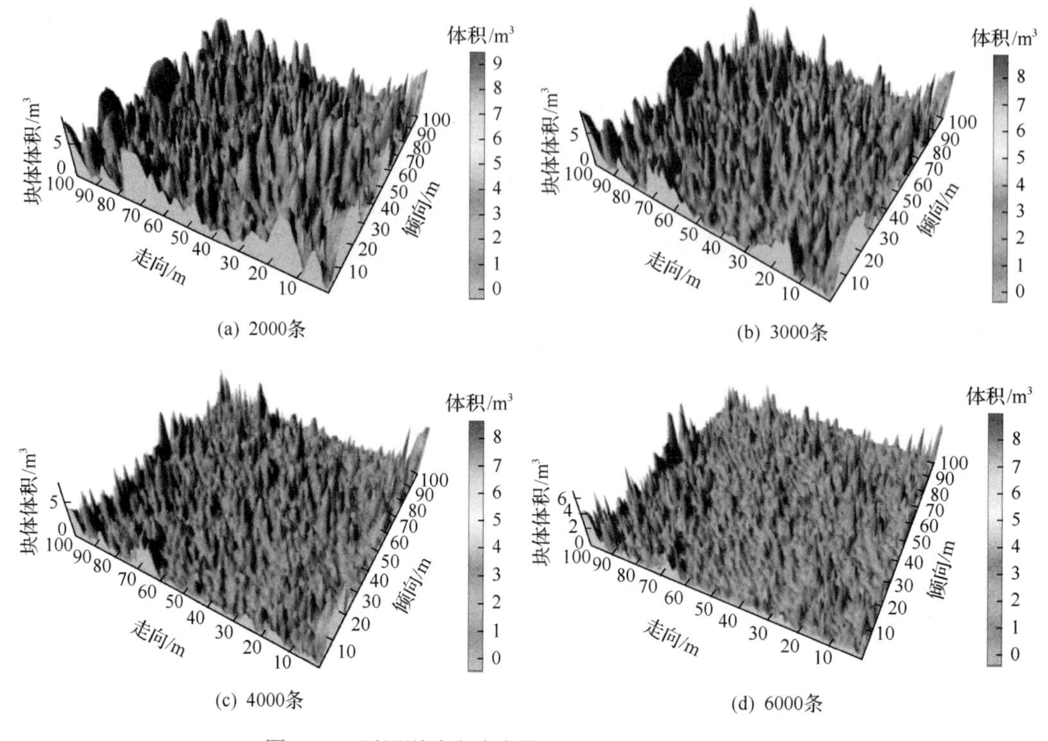

图 7-52　不同裂隙密度条件下顶煤块度的空间分布

裂隙迹长对顶煤破碎块体体积大小的影响如图 7-53 所示，顶煤中含 4000 条采动裂隙条件下，若采动裂隙均长 0.5m，则被切割形成的所有顶煤块体中，体积小于 1m^3 的块体占顶煤总体积的 50%，顶煤采出率低于 50%。随着裂隙迹长的增大，小体积块体占顶煤总体积的比例逐渐增大，裂隙迹长为 1m、1.3m 和 1.5m 的条件下，顶煤采出率最大可分别达到 78%、90%和 95%。由图 7-53 还可以看出随着裂隙迹长的增加，顶煤块度受裂隙迹长的影响程度逐渐降低。

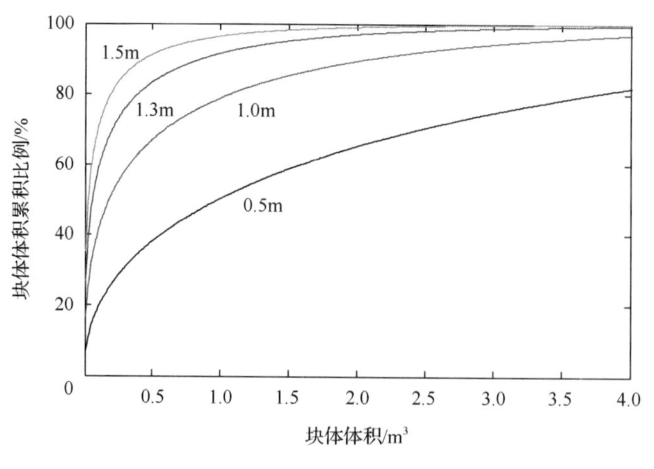

图 7-53　裂隙长度对顶煤块度的影响

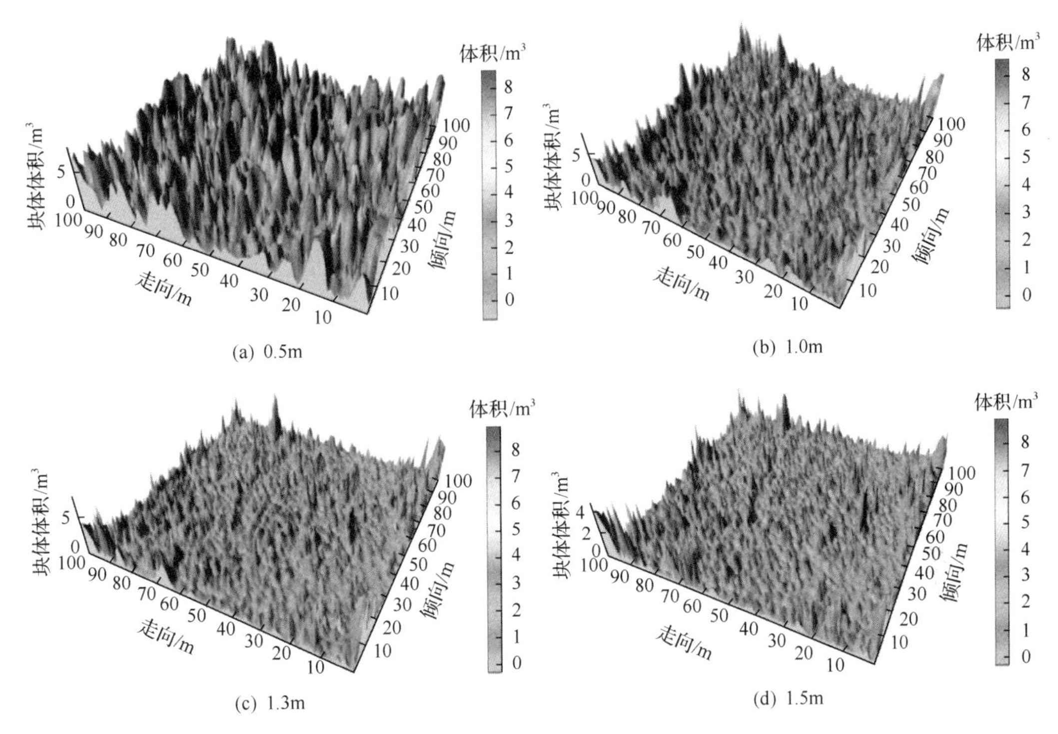

(a) 0.5m　(b) 1.0m　(c) 1.3m　(d) 1.5m

图 7-54　不同裂隙迹长条件下顶煤块度的空间分布

不同裂隙迹长条件下，顶煤块度的空间分布特征如图 7-54 所示，当裂隙迹长均值为 0.5m 时，顶煤中出现许多体积处于 2～8m^3 的煤块，受放煤口尺寸的限制，这些煤块均无法从放煤口放出。当裂隙迹长 0.5m 时，体积较大的破碎煤块所占比例较大，这些煤块遍布于顶煤中，影响放出效率。当裂隙迹长均值增加至 1m 时，顶煤破碎块体的体积最大值由 8m^3 降至 4～5m^3，且这些大体积煤块所占顶煤的总体积比例迅速降低，当裂隙迹长增加至 1.3m 时，基本所有顶煤均被切割成体积小于 1m^3 的煤块，从而保证了较高的顶煤采出率，随着裂隙迹长的再次增加(1.5m)，顶煤破碎块体的空间分布变化不再明显，说明裂隙长度变化对顶煤采出率影响程度降低。

裂隙倾向对块体积大小的影响如图 7-55 所示，当裂隙倾向为 0°(沿 y 轴正方向)时，小体积煤块的累积比例增长速度最慢，此时，顶煤的放出率可能达到的最大值为 72%。当裂隙倾向逐渐增大(由 y 轴正方向顺时针旋转)至 60°、120°和 180°时，顶煤块度曲线变化基本保持一致，顶煤采出率大致相同，且均大于裂隙倾向为 0°时的采出率。模拟结果表明顶块体体积受到裂隙倾向的影响，但由于本模拟所选取裂隙倾向取值个数太少，根据模拟结果无法得到块体体积与裂隙倾向之间的定量关系。

不同裂隙倾向条件下顶煤块度的空间分布特征如图 7-56 所示，顶煤破碎块度在空间上分布的不均匀程度受到采动裂隙倾向的明显影响，倾向为 0°时大块度破碎顶煤数量明显大于其他 3 种情况，因此，该条件下顶煤采出率最低。顶煤破碎块度沿工作面倾向分布特征随裂隙倾向而变化的现象表明合理放煤工艺的确定需要考虑裂隙倾向的影响。

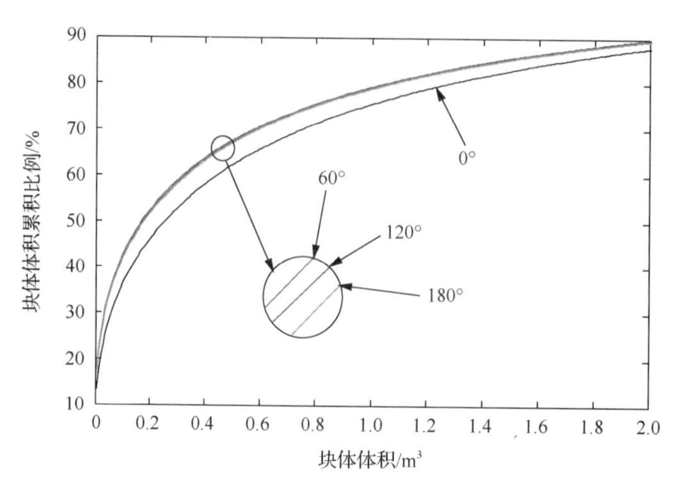

图 7-55 裂隙倾向对块体体积大小的影响

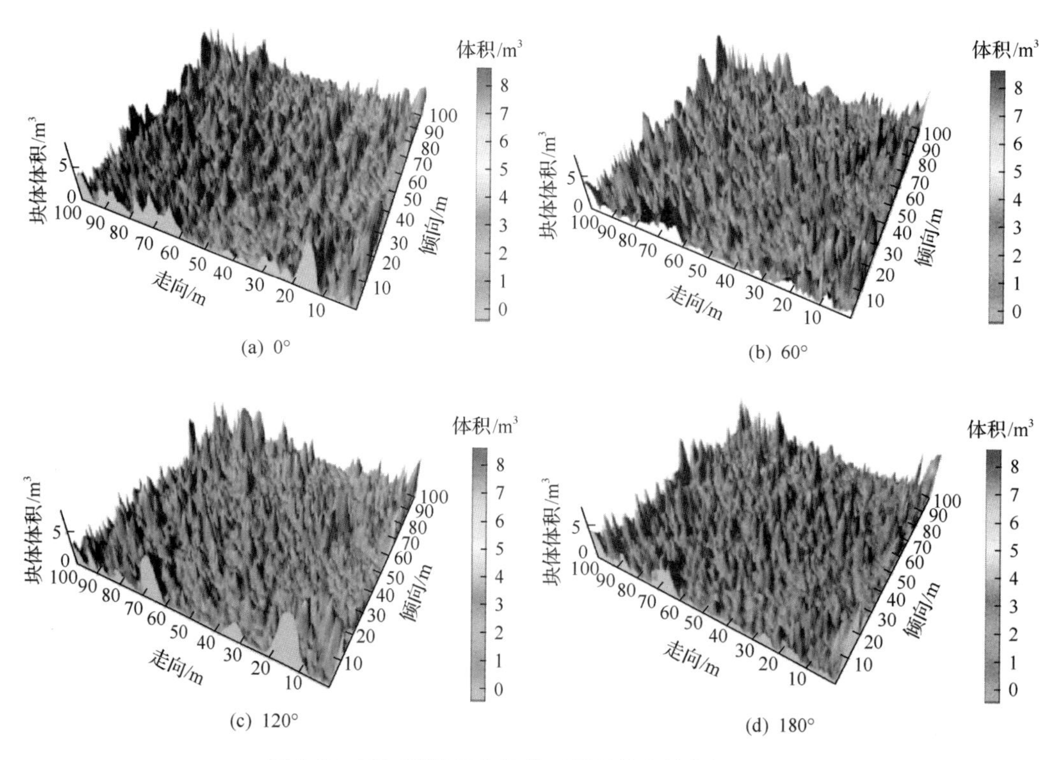

图 7-56 不同裂隙倾向条件下顶煤块度的空间分布

裂隙倾角对块体体积大小的影响如图 7-57 所示，当裂隙倾角为 0°时，即裂隙面与水平面平行时，顶煤冒落块体的累积比例曲线增长最慢，说明该条件下顶煤中小块度顶煤占顶煤总量的百分比较小，顶煤采出率低，约为 65%。随着采动裂隙倾角的增大，顶煤冒落块体的累积比例曲线增长速度逐渐加快，顶煤被切割后形成小体积煤块的数量增加，顶煤采出率提高。当采动裂隙倾角增加至 80°时，顶煤采出率增长至 80%。

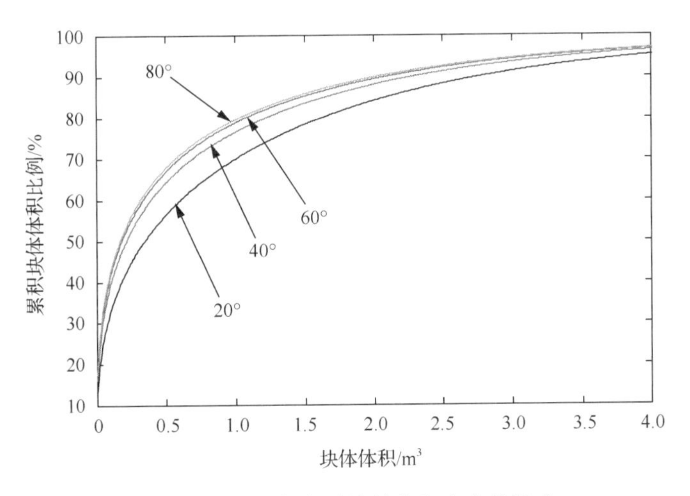

图 7-57 裂隙倾角对块体体积大小的影响

不同裂隙倾角条件下顶煤块度的空间分布特征如图 7-58 所示，破碎块体体积在空间上分布的不均匀程度同样受到裂隙倾角的影响，当裂隙倾角为 0°时，顶煤被采动裂隙切割后形成超大块体的概率最高。随着裂隙倾角的增大，顶煤破坏后形成超块体的概率迅速降低，但形成 $2\sim3\text{m}^3$ 煤块的概率则增大。比较图中非峰值部分面积(体积小于 1m^3)可知顶煤采出率随着采动裂隙倾角的增大而升高。在随机分布采动裂隙的切割作用下，沿工作面倾斜方向顶煤破碎度不同，说明不同工作面位置顶煤采出率是不同的，且采出率沿工作面倾斜方向的变化特征受到裂隙倾角的影响。

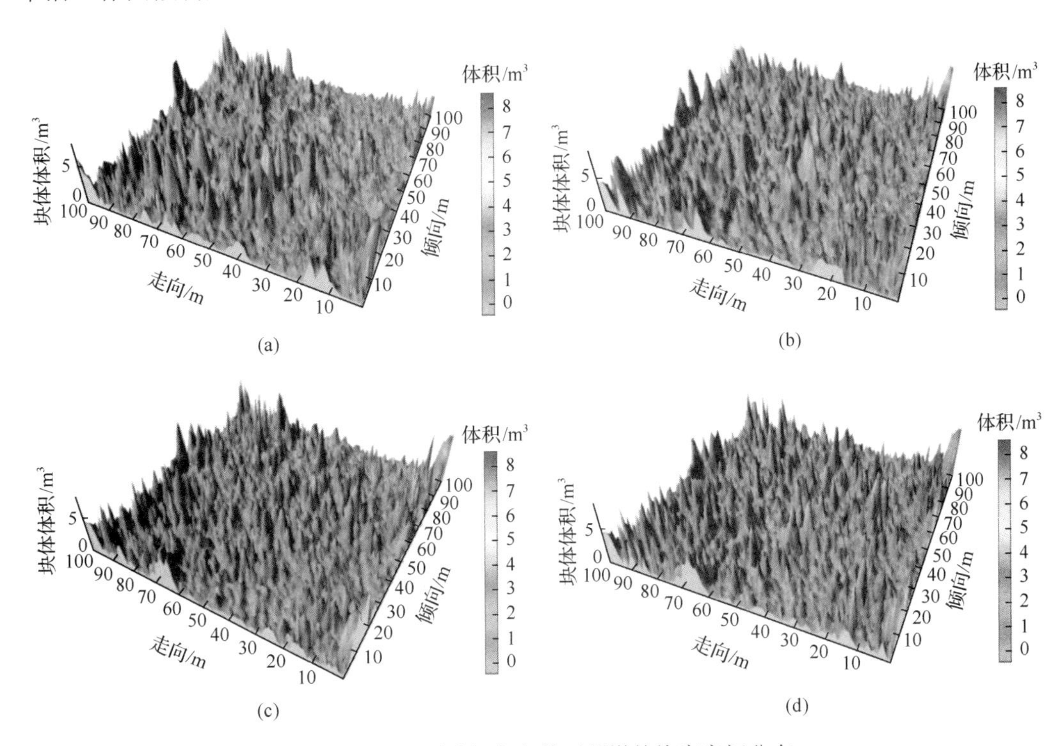

图 7-58 不同裂隙倾角条件下顶煤的块度空间分布

参 考 文 献

[1] 靳钟铭, 康天合, 弓培林, 等. 煤体裂隙分形与顶煤冒放性的相关研究[J]. 岩石力学与工程学报, 1996, 15(2): 143-149.

[2] 靳钟铭, 宋选民, 薛亚东. 顶煤压裂的实验研究[J]. 煤炭学报, 1999, 24(1): 29-33.

[3] 靳钟铭, 牛彦华, 魏锦平, 等. “两硬”条件下综放面支架围岩关系[J]. 岩石力学与工程学报, 1998, 17(5): 514-520.

[4] 宋选民. 放顶煤开采顶煤裂隙分布与块度的相关研究[J]. 煤炭学报, 1998, 23(2): 150-154.

[5] 宋选民, 钱鸣高, 靳钟铭. 放顶煤开采顶煤块度分布规律研究[J]. 煤炭学报, 1999, 24(3): 261-265.

[6] 王家臣, 白希军, 吴志山, 等. 坚硬煤体综放开采顶煤破碎块度的研究[J]. 煤炭学报, 2000, 25(3): 238-242.

[7] 王家臣, 常来山, 陈亚军, 等. 露天矿节理岩体三维网络模拟与概率损伤分析[J]. 北京科技大学学报, 2005, 27(1): 1-4.

[8] 康天合, 宋选民, 弓培林, 等. 煤层条件对顶煤可放性的影响研究[J]. 岩土工程学报, 1996, 18(5): 26-33.

[9] 王开, 张彬, 康天合, 等. 浅埋综放开采煤层裂隙与工作面方位匹配的物理模拟与应用[J]. 煤炭学报, 2013, 38(12): 2099-2105.

[10] 谢和平, 于广明, 杨伦, 等. 采动岩体分形裂隙网络研究[J]. 岩石力学与工程学报, 1999, 18(2): 29-33.

[11] 鞠杨, 杨永明, 陈佳亮, 等. 低渗透非均质砂砾岩的三维重构与水压致裂模拟[J]. 科学通报, 2016, 11(1): 82-93.

[12] Brzovic A, Rogers S, Webb G, et al. Discrete fracture network modelling to quantify rock mass pre-conditioning at the El Teniente Mine, Chile[J]. Mining Technology, 2015, 124(3): 163-177.

[13] Rogers S, Elmo D, Webb G, et al. Volumetric Fracture Intensity Measurement for Improved Rock Mass Characterisation and Fragmentation Assessment in Block Caving Operations[J].Rock Mechanics and Rock Engineering, 2015, 48: 633-649.

8　顶煤放出规律的 BBR 体系

近年来，随着采矿相关装备的进步和机械化水平的不断提高，放顶煤开采在各种复杂厚煤层中的应用案例日益增多，掌握破碎后散体顶煤的放出规律是放顶煤开采基础理论的核心研究内容之一，也是提高顶煤采出率的重要理论基础。

综放开采顶煤放出规律是指研究冒落以后的散体顶煤在放出过程中的流动与放出规律，研究对象仅限于冒落后的散体顶煤，此时无论冒落块度大小、块度分布如何，均将其视为可流动的松散介质。当支架放煤口打开以后，已破碎的散体顶煤在自重和上覆已垮落岩层的作用下，自动流入放煤口(图 8-1)。尽管某个具体的煤块可能发生随机滚动和滑移，但是从宏观上来看，大量松散煤块集合体的流动仍然具有连续性[1]。

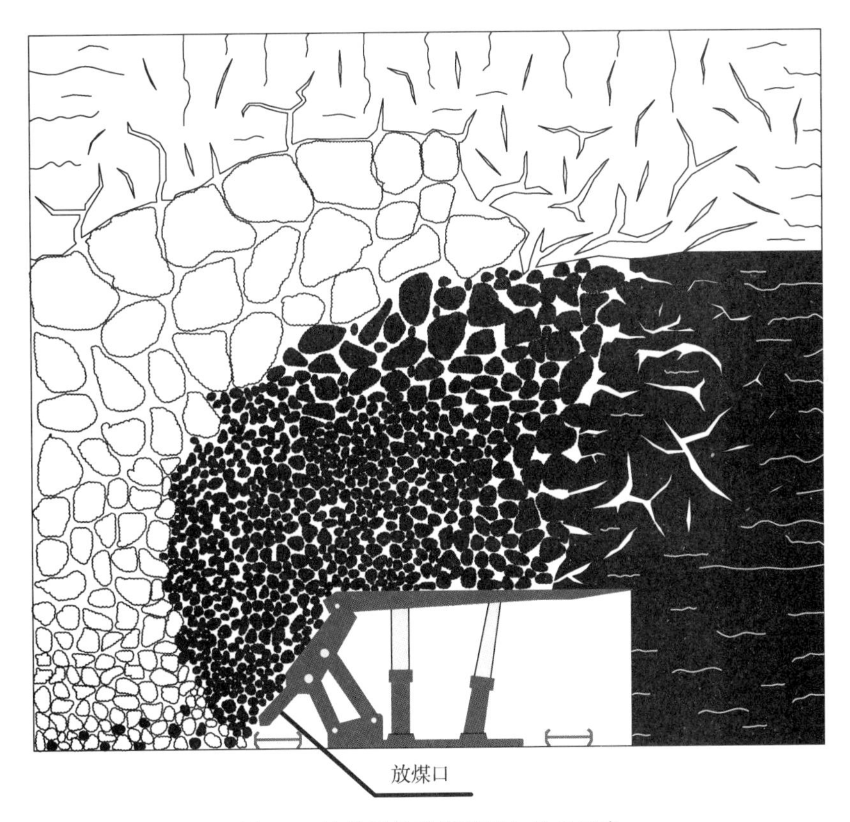

图 8-1　综放采场顶煤破碎与放出示意

来自金属矿的放矿椭球体理论在相当长的时间内一直是描述顶煤放出规律最常用的理论[2]，但是放煤时顶煤受到以液压支架为边界条件的限制和移架过程对顶煤位移场的干扰，会使得低位放煤过程与金属矿放矿过程相比较呈现本质的差异，从而导致在描述放煤过程时利用放矿椭球体理论会产生较大误差，甚至不再适用。因此需要基于放顶煤开采的具体特征，发展适用于放顶煤开采的顶煤放出规律基础理论。

8.1　散体介质流理论与 BBR 体系

8.1.1　散体介质流理论简介

散体介质流理论的学术思想是作者于 2002 年首次提出来的，后来在《煤炭学报》、*International Journal of Rock Mechanics and Mining Sciences* 等国内外重要学术期刊上相继发表了相关文章进行了完善。该理论认为在综放工作面推进过程中，顶煤与直接顶在工作面上方已经完全破碎, 形成松散体，因而其运移和放出符合散体流动规律，在由散体顶煤与散体顶板组成的复合散体介质中，支架放煤口成为介质流动和释放介质颗粒间作用应力的自由边界，支架的上部和后部的散体会以阻力最小的路径逐渐向放煤口处移动，散体介质内形成了类似于牵引流动的运动场，这样的顶煤流动与放出过程，称之为顶煤运移的散体介质流理论模型[1, 3]，如图 8-2 所示。

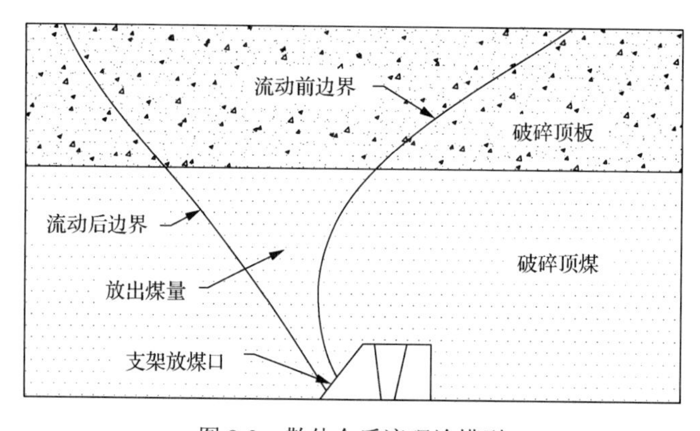

图 8-2　散体介质流理论模型

散体介质流理论揭示了低位放顶煤开采顶煤放出过程与金属矿崩落法放矿过程的主要区别：一是需要充分考虑低位放煤过程中支架尾梁的影响，由于支架倾斜尾梁的存在，放煤时顶煤的重力场和运动场不一致，这与崩落法放矿的重力场和运动场一致是有本质区别的；二是低位放煤时，在上一个放煤循环完成后支架要前移，在移架过程中顶煤会向下运动，下一个放煤循环是在顶煤向下移动后进行的，这和放矿口固定的崩落法放矿是不同的。

散体介质流理论提出了顶煤放出量的理论计算方法，即放煤前的起始煤岩分界面与放煤后的终止煤岩分界面之间所围成的体积，减去遗留在采空区的顶煤的体积，就是此轮放煤的理论放出煤量 Q_t，如图 8-3 和式(8-1)所示。

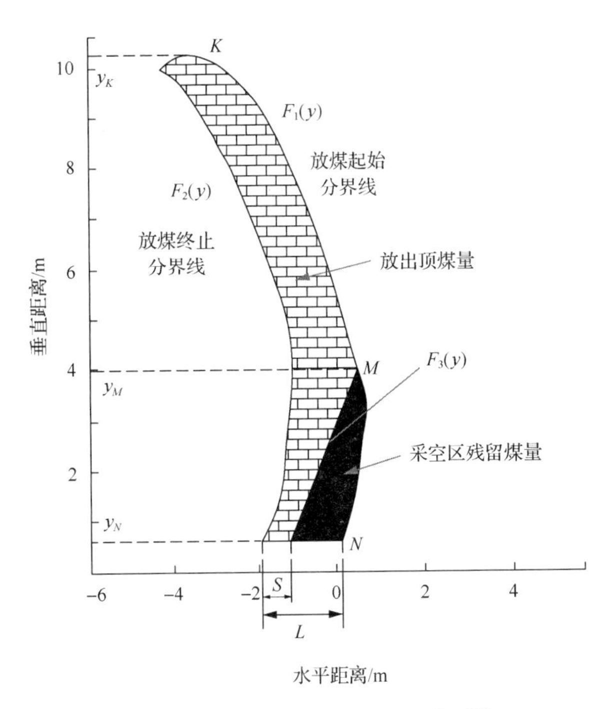

图 8-3 顶煤放出量理论计算模型[4]

$$Q_t=\int_{y_N}^{y_K}F_1(y)\mathrm{d}y-\int_{y_N}^{y_K}F_2(y)\mathrm{d}y-\left[\int_{y_N}^{y_M}F_1(y)\mathrm{d}y-\int_{y_N}^{y_M}F_3(y)\mathrm{d}y\right] \tag{8-1}$$

式中，Q_t 为理论放出煤量，m^3；$F_1(y)$ 为放煤起始分界线方程；$F_2(y)$ 为放煤终止分界线方程；$F_3(y)$ 为遗留在采空区顶煤边界线的方程；y_K 为起始煤岩分界面最高点的纵坐标，m；y_N 为煤岩分界面最低点的纵坐标，m；y_M 为遗留在采空区顶煤最高点的纵坐标，m。

8.1.2 顶煤放出规律的 BBR 体系

BBR 体系是指综合研究综放开采顶煤放出过程中煤岩分界面(boundary)、顶煤放出体(body)、顶煤采出率与混矸率(ratio)及其相互关系，是作者基于顶煤放出散体介质流理论

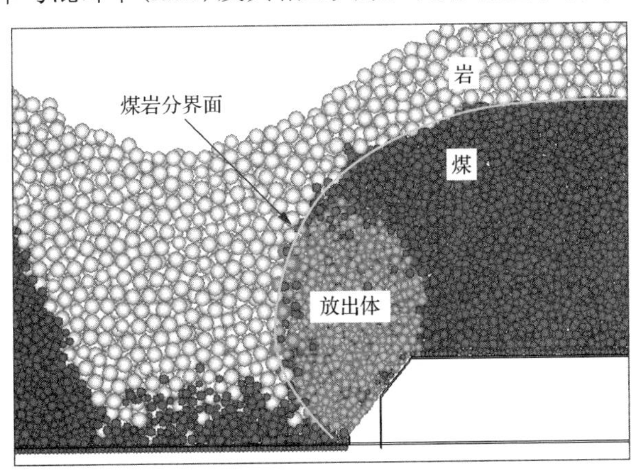

图 8-4 BBR 的含义

学术思想于 2015 年提出的一种具体研究体系[5]。其中：第一个 B 是指煤岩分界面(顶煤边界面)(boundary of top-coal)；第二个 B 是指顶煤放出体(drawing body of top-coal)；R 是指顶煤采出率(recovery ratio of top-coal)和含矸率(rock mixed ratio of top-coal)，如图 8-4 所示。

BBR 体系最大的特点，就是充分考虑了综放开采时，顶煤放出前支架周期性移动、顶煤周期性下落填充原有支架占有空间、煤岩分界面发生移动及支架倾斜掩护梁与尾梁摆动等对顶煤放出规律的影响；并在大量数值模拟、物理模拟和现场实测数据的基础上，对散体介质流理论进行了科学提升，建立了综合煤岩分界面、顶煤放出体、顶煤采出率和含矸率的统一研究体系。

8.1.2.1　BBR 体系的基本思想

1) 顶煤放出过程描述

综放开采的实质就是在厚煤层底部布置一个综采工作面，工作面支架设计成具有放煤功能的放顶煤专用支架，且在工作面后部增加一部刮板输送机，用来运输放出的顶煤。顶煤在自重及矿山压力作用下，随着工作面的推进，逐步破碎冒落和放出，图 8-5 是顶煤放出后的煤岩分界面形态。在初始放煤阶段，工作面第一次放煤后，形成的前后煤岩分界面基本对称，支架只影响放煤口附近的煤岩分界面形状，如图 8-5(a)所示。初始放煤后，支架向前移动，支架上方顶煤下落，形成新的煤岩分界面，在此新的煤岩分界面下放煤。经过 2～3 个放煤循环后，进入正常放煤阶段，此时由于移架和支架尾梁作用，前后煤岩分界面不再对称，如图 8-5(b)所示。

(a) 初始放煤阶段

(b) 正常放煤阶段

图 8-5　顶煤放出后的煤岩分界面形态(相似模拟试验)

2)BBR 体系的基本内涵

BBR 体系的基本内涵就是研究综放开采顶煤放出过程中的煤岩分界面形态、顶煤放出体发育过程及形态，目的是用来提高顶煤采出率、降低含矸率。其基本学术思想是将每个放煤循环中的起始和终止煤岩分界面形态、放出体发育过程及形态、放出煤量和混入岩石量 4 个相互影响的时空要素统一进行研究，形成完整的、反映真实放煤过程的研究体系，将以前单一的煤岩分界面、放出体，或者是采出率等的研究统一到系统的研究体系中，科学地阐述 4 个要素及相互影响关系，为提高顶煤采出率、降低含矸率提供科学指导。图 8-6 描述了放煤过程中 BBR 体系 4 个要素之间的关系。

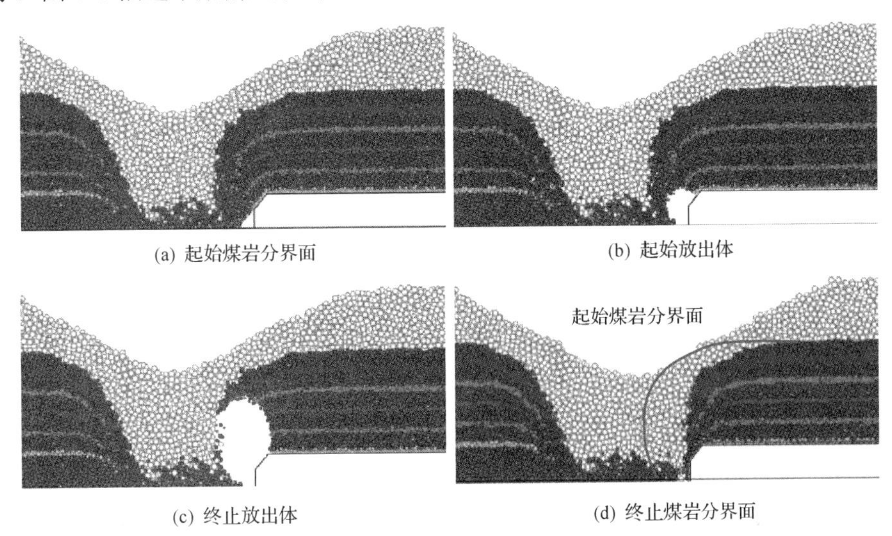

(a) 起始煤岩分界面　(b) 起始放出体

(c) 终止放出体　(d) 终止煤岩分界面

图 8-6　BBR 体系的要素之间关系(数值模拟)

上一个放煤过程结束之后，开始移架，支架上方的顶煤下落，形成如图 8-6(a)所示的煤岩分界面，此煤岩分界面是此次放煤的起始煤岩分界面，放煤就是在该煤岩分界面下进行的；放煤过程中，从外观上看，散体顶煤从放煤口逐渐流出，顶煤内部形成流动场，煤岩分界面移动、下降。通过标志点法观测，还原放出煤量在原有顶煤中所占有的空间，发现实际放出煤量就是放出体体积，放煤过程也可以简化为放出体的发育过程，如图 8-6(b)和图 8-6(c)所示；放煤结束后移架前顶煤的煤岩分界面如图 8-6(d)所示，也是此次放煤的终止煤岩分界面。随着采煤继续进行，支架前移，支架上方顶煤下落，形成新的煤岩分界面，与图 8-6(a)相同，此时的煤岩分界面就是下次放煤时的起始煤岩分界面，放煤就是这样周期性地进行，直到工作面开采结束。数值模拟和相似模拟得到的煤岩分界面具有很好的一致性，如图 8-5(b)和 8-6(a)所示。

顶煤放出过程表明，起始煤岩分界面形态是个重要因素，放煤是在该面以下进行，放出体从放煤口开始向上逐渐发育，当放出体在煤岩分界面以内时，放出的煤量为纯顶煤，当放出体与煤岩分界面相交时，在相交处放出体就会含有部分岩石并放出，成为顶煤中混入的矸石。若在混入岩石后关闭放煤口，如果放出体还没有包含煤岩分界面附近的部分顶煤，那么这部分顶煤就无法放出，形成了顶煤损失，遗留在采空区。从图 8-6(c)可以看出，当放出体外边界与煤岩分界面相切并高度重合时，会最大限度地放出顶煤、减少岩石混入，有利于提高顶煤采出率。混入的岩石和损失的顶煤的位置主要取决于煤岩分界面和放出体形态，放出体最早与煤岩分界面相交处是混入岩石的初始点，若继续放煤，则从该点向周围扩散逐渐混入岩石。损失的顶煤是那些在停止放煤时没有进入放出体，处在放出体边缘外，而且在移架后，下一轮放煤前没有被新的煤岩分界面所包围的顶煤，他们会堆积在采空区底部，形成煤炭损失。当放煤终止放出体与起始煤岩分界面在采空区一侧完全相切重合时，顶煤的损失量会最小，采出率最高。因此研究和控制起始煤岩分界面与放出体的形态是提高顶煤采出率、降低含矸率的科学基础。

8.1.2.2　煤岩分界面

煤岩分界面反映的是放煤前后顶煤与破碎直接顶的宏观形态。煤岩分界面是一个动态的概念，煤层在开采之前，原始煤岩分界面是指原始赋存条件下煤层与直接顶(或伪顶)两种介质之间的曲面，由煤层的赋存条件决定，受断层或褶曲等地质构造影响较大。研究中通常把原始煤岩分界面简化为一个平面，如图 8-7 所示。

图 8-7　原始煤岩分界面

随着放煤的进行，沿着工作面推进方向的原始煤岩分界面会逐步破坏，破碎的直接顶矸石会沿着最小阻力路径逐步向放煤口运移流动，完整的煤岩分界面被侵入的矸石分为两部分，煤岩前分界面和煤岩后分界面，如图 8-8 所示。

图 8-8　煤岩前分界面和煤岩后分界面

(1)煤岩前分界面：即支架上方和前方未放出煤体与采空区垮落岩石前边界之间的分界面。在初始放煤结束后形成，随着工作面的推进，受移架和放煤的影响剧烈，其形态常处于动态的变化发展过程中。

(2) 煤岩后分界面：即采空区后方未放出煤体与采空区垮落岩石后边界之间的分界面。在初始放煤结束后形成，之后的移架放煤过程中受到扰动较少，煤层倾角较小时，其形态基本保持不变。

初始放煤阶段的煤岩分界面形态体现了特定地质条件和放煤工艺下煤岩散体本身的流动特性，根据散体介质流理论，其一般可用二次曲线来近似描述[6]。正常循环阶段的煤岩前分界面随着工作面的不断推进，受移架和放煤的影响非常剧烈，其形态常处于动态的发展变化过程中，是本书研究的主要对象，后面所提到的煤岩分界面若无特别说明，都是指正常循环阶段的煤岩前分界面。

煤岩分界面反映的是放煤前后顶煤与破碎直接顶的宏观形态，它是控制顶煤放出体发育和放煤量大小的边界条件。煤岩分界面形态与放煤步距、顶煤厚度、支架几何尺寸、煤岩的物理力学性质、煤岩颗粒组成等有关，经过大量的试验研究，发现其基本形态总体上可以用抛物线来近似描述，如图 8-9 和图 8-10 所示。

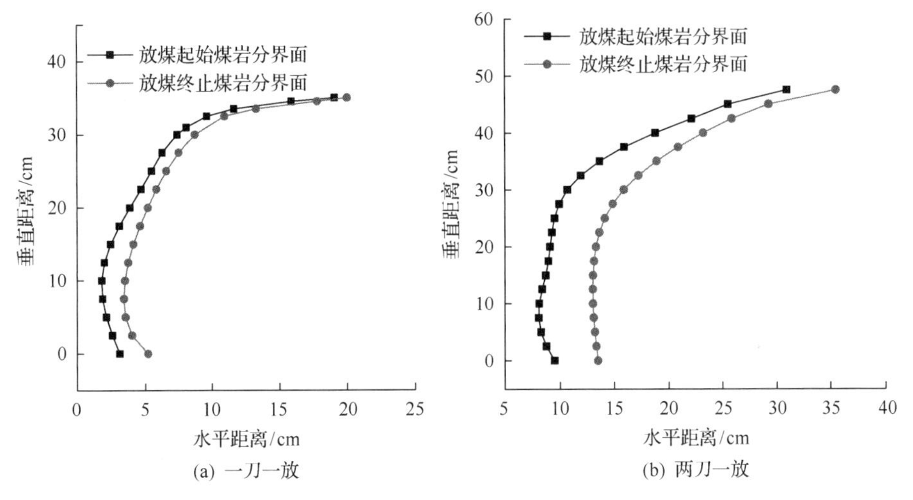

图 8-9　不同放煤步距时的煤岩分界面形态(相似模拟)

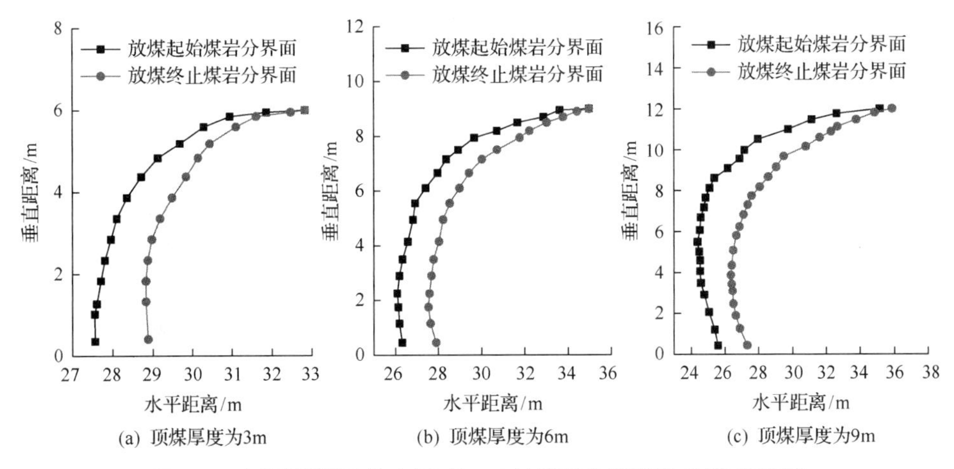

图 8-10　不同顶煤厚度时(采高 3m)的煤岩分界面形态(数值模拟)

以放煤步距两刀一放（相似模拟）和采放比 1∶2（数值模拟）的结果为例，其煤岩分界面的抛物线方程拟合如下：

两刀一放起始煤岩分界线（$R^2 = 0.9623$）：

$$(y-13.82)^2 = 52.63(x-7.21) \tag{8-2}$$

两刀一放终止煤岩分界线（$R^2 = 0.9682$）：

$$(y-13.47)^2 = 55.56(x-11.9) \tag{8-3}$$

采放比 1∶2 起始煤岩分界线（$R^2 = 0.9366$）：

$$(y-3.07)^2 = 4.65(x-25.65) \tag{8-4}$$

采放比 1∶2 终止煤岩分界线（$R^2 = 0.9762$）：

$$(y-2.89)^2 = 5.38(x-27.27) \tag{8-5}$$

由式（8-2）～式（8-5）可以看出，放煤过程中煤岩分界线变化过程的实质是右开口抛物线顶点右移、对称轴下移的过程。根据起始、终止时刻两抛物线的方程即可求出该次放煤量的大小。

8.1.2.3　顶煤放出体

在综放开采中，顶煤放出体是指将放煤口放出的煤量还原到其放出前在原有顶煤中所占有的空间体积，需要通过反演得到。根据放煤阶段的不同，放出体可以分为两种：纯煤放出体和煤岩（矸）放出体。以初次见矸为界，初次见矸之前，由于放煤口中放出的全部为煤炭，称之为纯煤放出体；初次见矸之后，若继续放煤会导致纯煤中混入一定量的矸石，称之为煤岩放出体或煤矸放出体。若按照严格的“见矸关门”原则执行，则每次放煤应均为纯煤放出体，但在现场实践中发现，“初次见矸”后继续放煤，可通过增加一定的含矸率来大幅度提高顶煤采出率，因此现场中放出体的最终形态一般为煤岩（矸）放出体。

在金属矿放矿理论中业已证明在没有边界条件限制的情况下，矿石放出体是一空间旋转的椭球体[2, 7]，但是因为放煤过程与放矿过程的工艺不同，而且支架对放出体边界影响始终是存在的，所以二者的放出体差异较大，相对来说，放煤过程更加复杂，影响因素更多。

图 8-11 给出了采放比为 1∶3、放煤步距一刀一放条件下，单个放煤口放煤过程中放出体的发育过程，可以将放出体的发育过程大体上分为 3 个阶段。

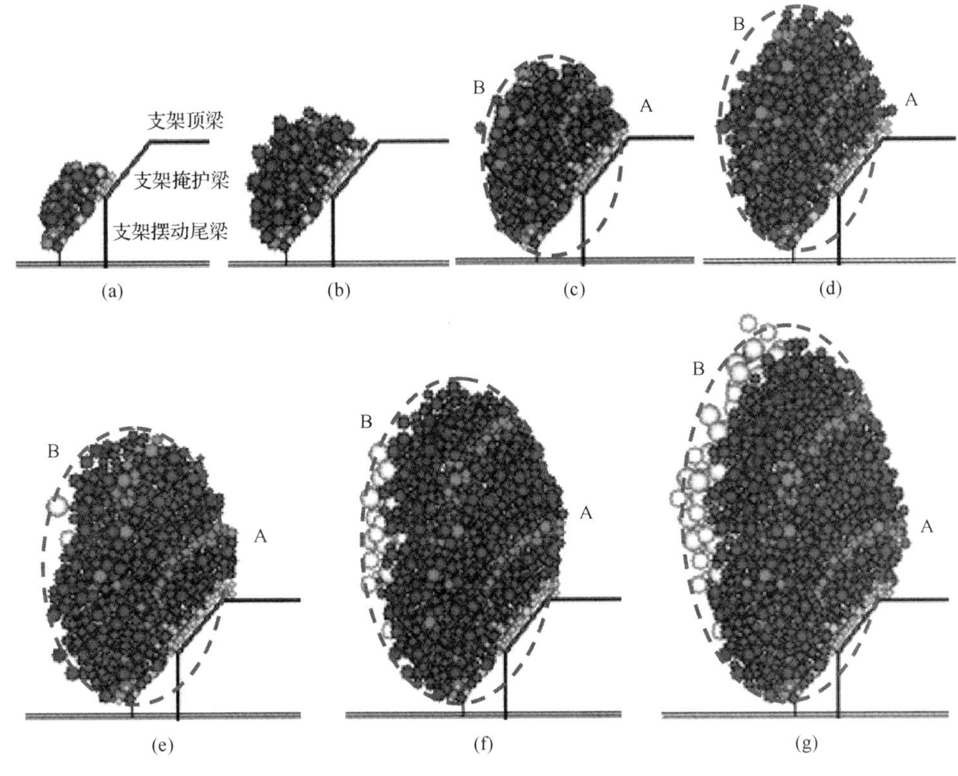

图 8-11　放出体发育过程

阶段Ⅰ：放出体高度小于或者近似等于支架高度时，属于起始放煤阶段，顶煤以打开放煤口无序下落放出为主，类似于散体的突然垮落，随后位于支架掩护梁上部顶煤快速流动放出，放出体发育不完整，如图 8-11(a)和(b)所示。

阶段Ⅱ：放出体高度大于支架高度，小于二倍支架高度时，如图 8-11(c)和(d)所示，放出体发育基本成熟，顶煤形成了规律的散体介质流动，宏观上放出体可以看作是类似椭球体(不是真正的椭球体)，但在下部被支架掩护梁所切割。由图 8-11(c)和(d)可以看出，A 附近的放出体会超出椭球体的范畴，B 附近的放出体会亏入椭球体的范畴。这是因为支架倾斜的掩护梁与顶煤之间的摩擦系数要小于顶煤内部之间的摩擦系数，顶煤与金属掩护梁之间的摩擦系数一般为 0.4～0.5，甚至小于 0.3，而顶煤之间的摩擦系数一般为 0.6～0.7，个别会大于 0.7，因此掩护梁附近的顶煤更容易放出，顶煤流动速度也快，远离掩护梁的顶煤放出难度较大，速度也慢，如图 8-12 所示。所以放出体并不是真正的椭球体，但在宏观上可以将其看作是被支架掩护梁切割掉一部分的近似椭球体，在此称其为“切割变异椭球体”，如图 8-13 所示。

阶段Ⅲ：放出体高度大于二倍支架高度时，放出体发育更加成熟、完善，B 附近的亏缺部分逐渐消失，但是 A 附近的超出部分始终存在，还无法发育成真正的椭球体，因此放出体在宏观上仍然是“切割变异椭球体”。在过量放煤时，就会混入一部分岩石并放出，如图 8-11(f)和(g)。

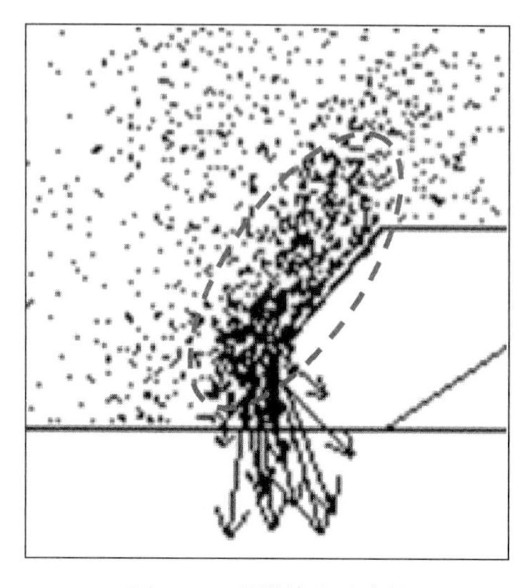

图 8-12　顶煤放出速度场

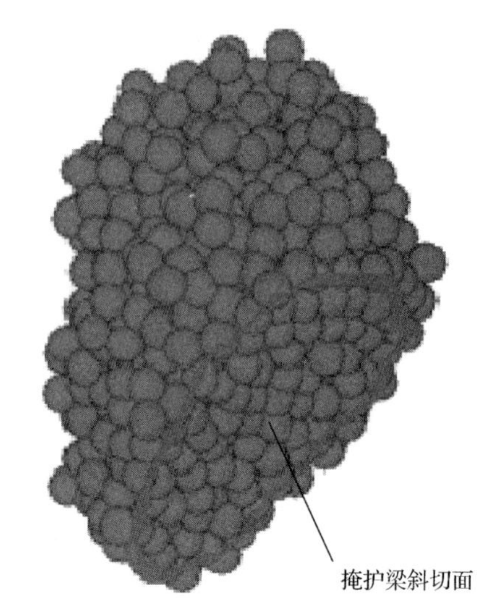

图 8-13　切割变异椭球体

图 8-14 是 5 个支架的间隔放煤三维数值模拟结果，可以看出第一次间隔放煤时，放出体体积较大，放出煤量较多[图 8-14(a)的 1、3、5 号放出体]，第二次放煤是在第一次放煤的煤岩分界面下放煤，受到煤岩分界面限制，放出体体积较小，放出煤量较少[图 8-14(b)的 2、4 号放出体]。

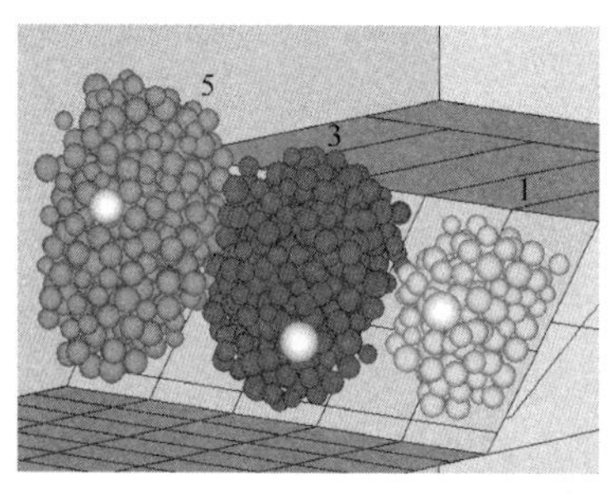

(a) 间隔放煤

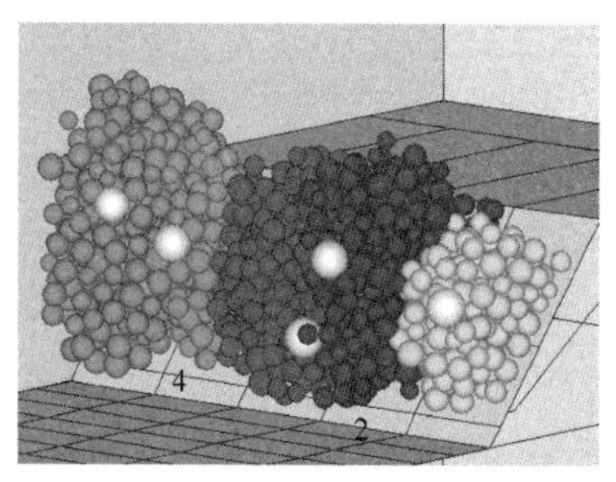

(b) 放煤完成

图 8-14　多架间隔放煤时的三维放出体

8.1.2.4　煤炭采出率与含矸率

采出率是指计算区域采出的煤炭和煤炭储量的比值。采出率是评价综放开采经济合理的重要指标之一，根据《煤炭工业矿井设计规范》(GB/T 50215—2015)的规定：厚煤层的采区采出率不应小于 75%，中厚煤层的采区采出率不应小于 80%。当厚煤层采用综合机械化放顶煤采煤法时，放煤过程中顶煤的损失对采区采出率影响很大，为了定量衡量放煤过程中对顶煤的回收程度，根据《煤矿开采学》中采区采出率的定义[8]，对顶煤采出率 ω 作如下定义：

$$\omega = \frac{Z_{\mathrm{g}} - Z_{\mathrm{s}}}{Z_{\mathrm{g}}} \times 100\% \tag{8-6}$$

式中，ω 为顶煤采出率；Z_g 为顶煤的工业储量，t；Z_s 为放煤损失，t。

含矸率是指粒度大于 50mm 的矸石量占全部煤量的百分数[9]。原煤采样筛分后，在大于 50mm 的粒级中人工拣选出矸石(包括硫铁矿)进行称量计算而得。含矸率是检查采煤工作面管理水平、采掘方法和技术措施等方面是否合理的一个重要指标。

提高顶煤采出率、降低含矸率是放顶煤开采的重要研究内容，但同时二者也是一对矛盾。在放煤初期，可以放出纯顶煤，放出体完全由顶煤组成，如图 8-11(a)～(d)所示。但是随着放煤进行，放出体体积增大，破碎的直接顶岩石就会进入放出体，形成混矸，而此时仍然有一部分顶煤没有放出，如图 8-11(e)～(g)所示，此后放出的煤量越多，混入的岩石量就会越多，含矸率越高。图 8-15 是顶煤放出的原煤采出率、纯煤采出率和含矸率之间的关系[纯煤采出率=(放出纯煤量/该放煤步距内的纯顶煤量)×100%；原煤采出率=(放出的煤岩量/该放煤步距内的纯顶煤量)×100%；含矸率=(原煤中混入的岩石量/放出的煤岩量)×100%]。

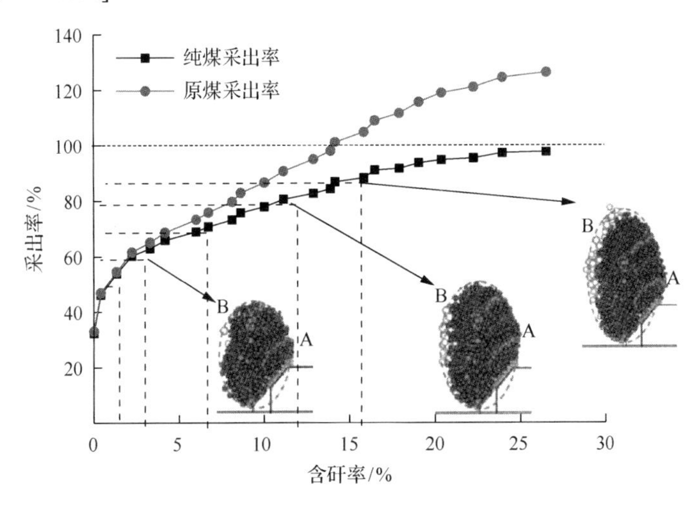

图 8-15 顶煤采出率与含矸率的关系(数值模拟)

可以看出，开始放煤不久，就会有岩石混入，但是在纯煤采出率达到 50%以前，混入的岩石量很少，含矸率低于 2%；在纯煤采出率达到 70%以后，含矸率会较快增加，当含矸率达到 11%时，纯煤采出率接近 80%；当含矸率为 15%时，纯煤采出率达 88%。如图 8-6(c)、图 8-11(e)～(g)、图 8-14(b)所示，混入的岩石先出现在放出体靠近采空区一侧的中部，然后向上下方向发展，其中以向上方向发展为主。事实上岩石的混入也可能开始于已经放煤的相邻支架后方。

混入岩石的起始点位于放出体与煤岩分界面的交点处，这是由于放出体的曲率大于煤岩分界面的曲率，在放出体发育过程中，往往是横向最大尺寸点先与采空区一侧的煤岩分界面相交，形成岩石混入点，这就是说采空区一侧的岩石更容易进入放出体。当采用大步距放煤，如三刀一放，煤岩分界面在采空区一侧更大，包围的顶煤更多，此时岩石会在图 8-11 中的 B 区域首先进入放出体，形成混矸。若想提高顶煤采出率、降低含矸率，就要使放出体边界面与煤岩分界面尽可能多地重合，二者在采空区一侧相切。放出体形态主要与煤体的物理力学性质、支架结构、煤层厚度等有关，一般来说不易人为控制，但是煤岩分界面可以通过移架步距、每次放出煤量、采放比等进行控制，所以在影响采出率与含矸率的煤岩分界面与放出体这两个因素中，放出体可以看作是不可控因素，煤岩分界面可以看作是可控因素，控制煤岩分界面形态是提高顶煤采出率、降低含矸率的主要途径。

在顶煤不同高度层位上，采出率是有差别的，一般来说，顶煤中间层位的采出率较高，顶煤上下层位的采出率都要低一些。从放出体的形态来看，当放出体中部与煤岩分界面相交以后，岩石进入，停止放煤，此时交点上下部分的顶煤就会堆积在采空区，形成顶煤损失。现场实际的顶煤采出率观测和室内模拟试验也证明了这一点[6, 10, 11]。

放煤过程中在放煤口附近往往形成卸压区，有成拱现象，所以放煤过程中的支架尾梁摆动是十分必要的，有利于提高放煤速度和顶煤采出率。图 8-16 给出了放煤过程中的力链[12]变化情况。图 8-16(a)为放煤前顶煤及采空区矸石中的力链分布，可以看出在采空区底板和支架顶梁前端有较多强力链，待放顶煤区域处于力链相对较弱区域。开始放煤后，待放区域的力链进一步减弱[图 8-16(b)]，放煤过程中，力链逐渐调整，但整体上待放顶煤区域的力链较弱，且在放煤口附近有拱形力链存在。

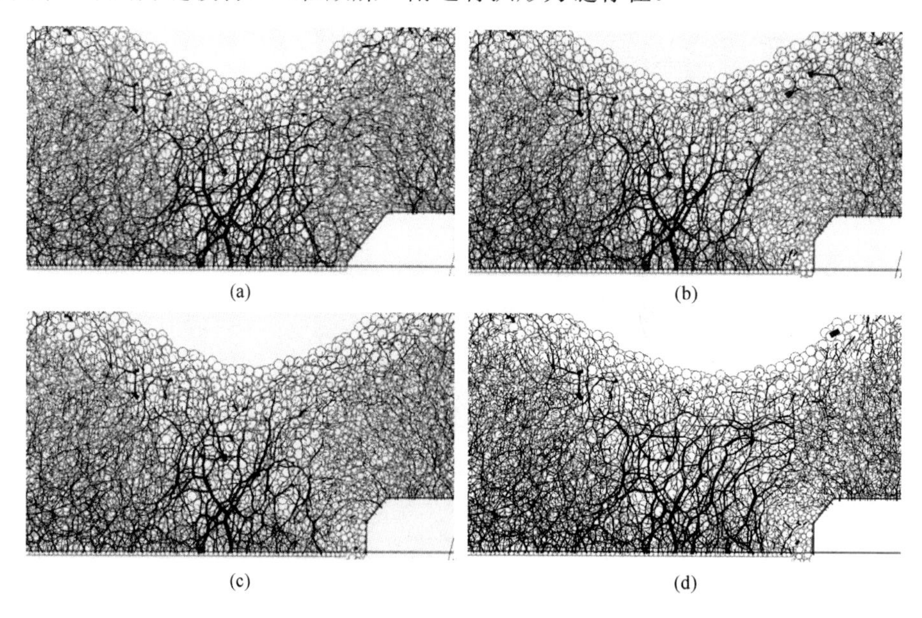

图 8-16　放煤过程中的力链变化

8.2　煤岩分界面理论计算方程

综放开采中煤岩分界面理论方程的确定一直是顶煤放出规律研究中的难点，本节采用散体介质力学的分析方法，通过理论分析结合放煤试验和数值计算结果，推导出基于散体力学的水平和倾斜条件下煤岩分界面的理论方程，并对其动态演化特征进行了深入分析和总结。

8.2.1　初始煤岩分界面形态特征

在综放开采过程中，煤岩分界面从放煤步骤角度可分为初始煤岩分界面和移架后煤岩分界面。初始煤岩分界面是指在初始放煤工序结束后(一般在初始放煤见矸并关闭综放支架放煤口之后)形成的散体顶煤和矸石块体的连续接触曲面。移架后煤岩分界面是指在初始放煤结束后，工作面综放支架要根据合理的移架步距向前推进，此后由于受到支架移架、再次放煤影响而形成的煤岩分界面称为移架后煤岩分界面。从形成时间先后来看，初始煤岩分界面形成早于移架后煤岩分界面，并且初始煤岩分界面形态特征会对移架后煤岩分界面形态产生重要影响。

后续移架放煤时，所放出的散体顶煤均来自于初始煤岩分界面与支架边界所包围的区域，其放出过程会受到初始煤岩分界面的明显约束。一般来说，综放开采初始放煤量大于之后的移架放煤量。但如果初始放煤量过多，在初始放煤之后形成的初始煤岩分界面会向支架前方过度发育和前倾，后续移架放煤可能会因过度超前发育的初始煤岩分界面而受到约束，这样会使后续放煤过程中有大量顶煤无法放出，造成煤炭资源的浪费。因此深入分析散体顶煤初始煤岩分界面特征及其形成机理，可以从理论上得出不同煤层赋存条件下初始煤岩分界面形态特征，对于后续移架放煤和合理控制煤岩分界面形态具有重要意义。

8.2.1.1　水平条件下初始煤岩分界面特征

图 8-17 和图 8-18 分别为散体顶煤三维放煤试验和 PFC^{3D} 数值计算得到的初始煤岩分界面形态图。在初次放煤后，形成了特定形态的煤岩分界面。由于破碎直接顶要填充放出的顶煤，直接顶区域形成一个凹陷锥形体。其凹陷角度近似等于破碎直接顶的休止角[13]。从图 8-17 和图 8-18 中可以看出破碎直接顶凹陷形成的锥体边界形态与煤岩分界面边界形态有所差异，破碎直接顶凹陷边界近似直线，煤岩分界面边界形态为一条斜率不断变化的曲线，上部斜率小、下部斜率大。将煤岩分界面继续向上方延伸，其延伸线近似与直接顶凹陷锥体边界相切，组成一个大的放煤漏斗，此漏斗区域内顶煤和破碎直接顶都有放出倾向性，并在放出过程中形成空间递补关系，放煤漏斗边界示意图如图 8-19 所示。

图 8-17　三维放煤试验初始煤岩分界面

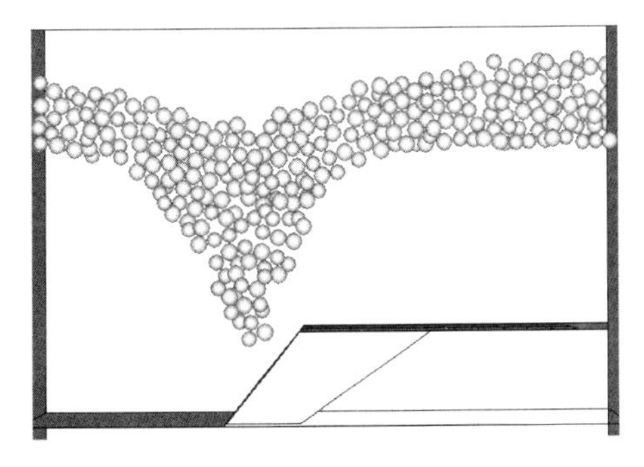

图 8-18　PDF^{3D} 数值计算初始煤岩分界面

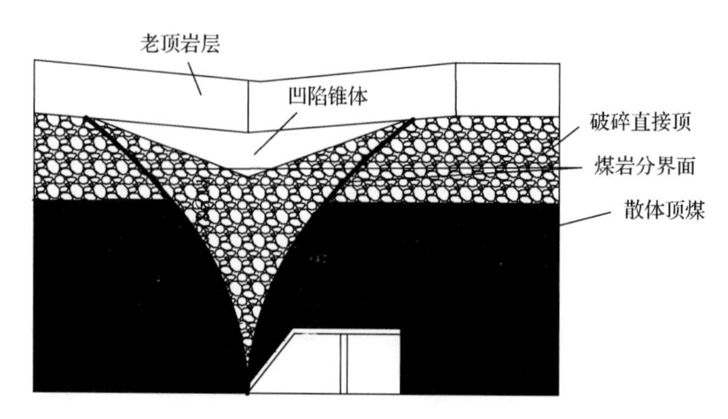

图 8-19　放煤漏斗边界示意图

根据散体介质流理论建立如图 8-20 所示的初始煤岩分界面散体力学模型。

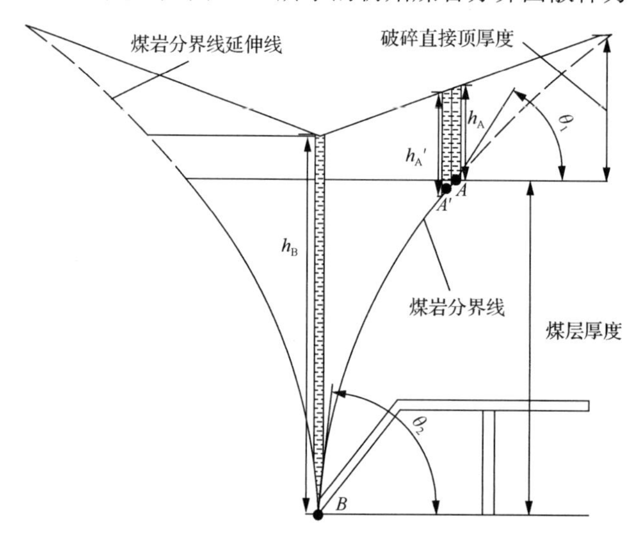

图 8-20　初始煤岩分界面散体力学模型

放煤漏斗上部破碎直接顶由于重力作用对下部区域挤压并且产生侧向压力。由于放煤漏斗区域内煤岩分界面上不同点上方矸石厚度的不同，其受到的侧向压力也随着竖直方向载荷的改变而变化。分别对煤岩分界面上点 A 和点 B 进行分析，点 A 和点 B 分别位于初始煤岩分界面与放煤口和煤层顶部的交点处，点 A 和点 B 处煤岩分界面切线与水平面夹角分别为 θ_1 和 θ_2。对于点 A，其承受的上方载荷为以点 A 处面积 Δ 为底、高度为 h_A 的柱体内矸石颗粒的重力。放煤口关闭时，点 A 处于平衡状态。根据散体力学，颗粒放出时受到的侧压系数 λ 与颗粒间的内摩擦因数 μ 有如下关系：

$$\lambda=\frac{\sqrt{1+\mu^2}-\mu}{\sqrt{1+\mu^2}+\mu} \tag{8-7}$$

点 A 承受的上方体积为 $h_A\Delta$ 的柱体矸石区域重力为 $G_A=\gamma h_A\Delta$，γ 为容重，$\mathrm{N/m^3}$。点 A 受到的水平侧向压力为 F_A，$F_A=\lambda G_A$，则点 A 受到水平侧向压力产生的沿煤岩分界面切线方向的摩擦力 f_A 为 $F_A\cos\theta_1$。

$$F_A = \lambda G_A = \frac{\sqrt{1+\mu^2}-\mu}{\sqrt{1+\mu^2}+\mu}\gamma h_A \Delta \tag{8-8}$$

$$f_A = \frac{\sqrt{1+\mu^2}-\mu}{\sqrt{1+\mu^2}+\mu}\gamma h_A \Delta \cos\theta_1 \tag{8-9}$$

式中，F_A为点A受到的水平侧向压力，kN；G_A为点A受到的竖直载荷 kN；h_A为点A上方矸石柱体高度，m。

由于点A煤岩分界面切线与水平方向之间的夹角为θ_1，其流动趋势为沿着与水平夹角为θ_1的方向，当点A处于平衡状态时其重力沿煤岩分界面切向分力与水平侧压力在煤岩分界面切线方向的分力相等，G为点A处单位体积的重力，kN。

$$F_A \cos\theta_1 = G\sin\theta_1 \tag{8-10}$$

$$\frac{\sqrt{1+\mu^2}-\mu}{\sqrt{1+\mu^2}+\mu}\gamma h_A \Delta \cos\theta_1 = G\sin\theta_1 \tag{8-11}$$

$$\theta_1 = \arctan\frac{\gamma h_A \Delta\left(\sqrt{1+\mu^2}-\mu\right)}{G\left(\sqrt{1+\mu^2}+\mu\right)} \tag{8-12}$$

同理当点B处于平衡状态时，点B所承受的上方体积为$h_B\Delta$的柱体矸石重量$G_B=\gamma h_B\Delta$，F_B为点B受到的水平侧向压力，kN；G_B为点B受到的竖直载荷，kN。

$$F_B = \lambda G_B = \frac{\sqrt{1+\mu^2}-\mu}{\sqrt{1+\mu^2}+\mu}\gamma h_B \Delta \tag{8-13}$$

$$\theta_2 = \arctan\frac{\gamma h_B \Delta\left(\sqrt{1+\mu^2}-\mu\right)}{G\left(\sqrt{1+\mu^2}+\mu\right)} \tag{8-14}$$

$$\theta_2 - \theta_1 = \arctan\frac{\gamma h_B \Delta^2\left(\sqrt{1+\mu^2}-\mu\right)}{G\left(\sqrt{1+\mu^2}+\mu\right)} - \arctan\frac{\gamma h_A \Delta^2\left(\sqrt{1+\mu^2}-\mu\right)}{G\left(\sqrt{1+\mu^2}+\mu\right)} \tag{8-15}$$

从图8-20可知随着向放煤口靠近，初始煤岩分界面上点的上方矸石柱体高度越来越大，煤岩分界面单位面积上所受到的顶部矸石压力也逐渐增大，图8-20中明显可以看出$h_B > h_A$，所以$\theta_2 > \theta_1$。可以看出，A、B两点煤岩分界线切线斜率的差值主要是由点B受到上部矸石的压力大于点A受到的矸石压力，A、B两点的竖直方向压力不同造成水平侧压力的不同，从而导致沿煤岩分界面切向摩擦力的差异。

分析位于点 A 左下方距点 A 为 Δ 的点 A'，$\Delta \propto 0$，设点 A'处煤岩分界面切向与水平面的夹角为 θ_1'，位于点 A 煤岩分界面的斜率变化率如式(8-16)所示：

$$\frac{\tan\theta_1' - \tan\theta_1}{\Delta} = \frac{\gamma\left(h_{A'} - h_A\right)\left(\sqrt{1+\mu^2} - \mu\right)}{G\left(\sqrt{1+\mu^2} + \mu\right)} \tag{8-16}$$

可以看出煤岩分界面斜率变化率与其上相邻两点竖直方向矸石柱体厚度的差值成正比，随着煤岩分界面上的点向放煤口靠近，其相邻两点竖直方向上矸石厚度的差值也逐渐增大，可得出煤岩分界面斜率变化率呈现出上缓下急的趋势。

8.2.1.2　倾斜条件下初始煤岩分界面特征

图 8-21 和图 8-22 分别为散体顶煤三维放煤试验和 PFC^{3D} 数值计算得到的倾斜条件下(仰斜开采)初始煤岩分界面形态图。当有倾角存在时，初始煤岩分界面左右两翼并呈不对称发育，左右两翼各呈现出不同形态。将图 8-21 中仰斜综放开采放煤试验中煤岩分界面形态图进行素描后绘制成 CAD 格式进行分析，如图 8-23 所示。

图 8-21　倾斜条件下三维放煤试验分界面

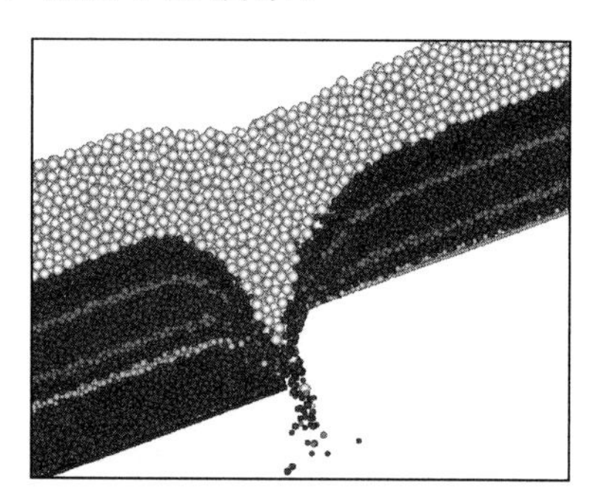

图 8-22　倾斜条件下数值计算分界面

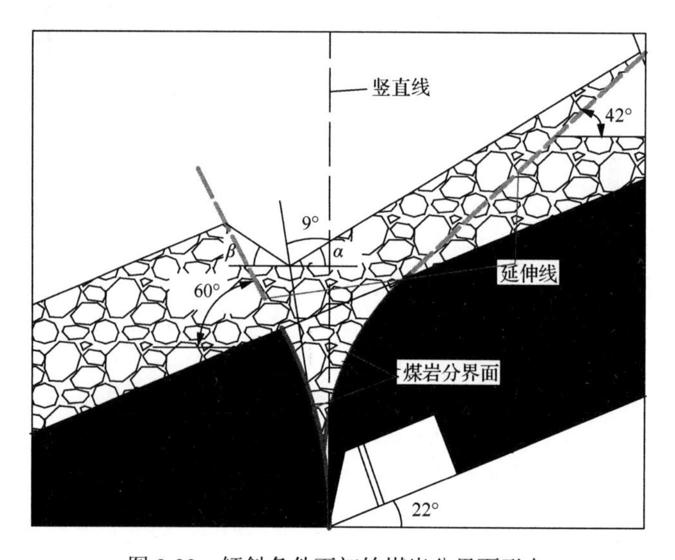

图 8-23　倾斜条件下初始煤岩分界面形态

由图8-23可知，由于煤层倾角的存在，初始煤岩分界面右翼形态与水平条件时相比明显拉长，而初始煤岩分界面左翼长度则相对减小；在顶煤层位内，初始煤岩分界面右翼斜率小于左翼煤岩分界面，左翼煤岩分界面形态较陡，在支架高度范围内几乎与水平面垂直。

将初始煤岩分界面向直接顶上方延伸，仍符合水平条件下延伸线近似与直接顶凹陷锥体边界相切的规律，且破碎直接顶由于没有受到上覆散体岩块的作用，其凹陷边界仍为一条直线，与散体力学研究结果相符[13, 14]。初始煤岩分界面左翼和右翼的延伸线与水平方向的夹角分别为60°和42°，可以看出左翼煤岩分界面延伸线形态要比右翼煤岩分界面延伸形态陡。将破碎直接顶下凹区域最下部与放煤口相连，形成的直线与竖直方向的夹角为9°，小于煤层走向方向倾角22°。

对倾斜条件煤岩分界面成因进行分析，如图8-24所示，在顶煤层位内同一竖直高度，初煤岩分界面左右两翼斜率相差不大，但随竖直高度增加，初始煤岩分界面左右两翼斜率差值逐渐增加并在左翼煤岩分界面延伸线与直接顶顶部交点处达到最大差值。这是由于倾角存在时，左翼煤岩分界面上方直接顶厚度小，煤岩分界面延伸线由于矸石的缺失停止发育，而右翼煤岩分界面上方直接顶厚度大，煤岩分界面可以在直接顶层位内继续发育，右翼下凹始动点相比于左翼始动点要远离放煤口，且倾角越大，两者距离之差越大。

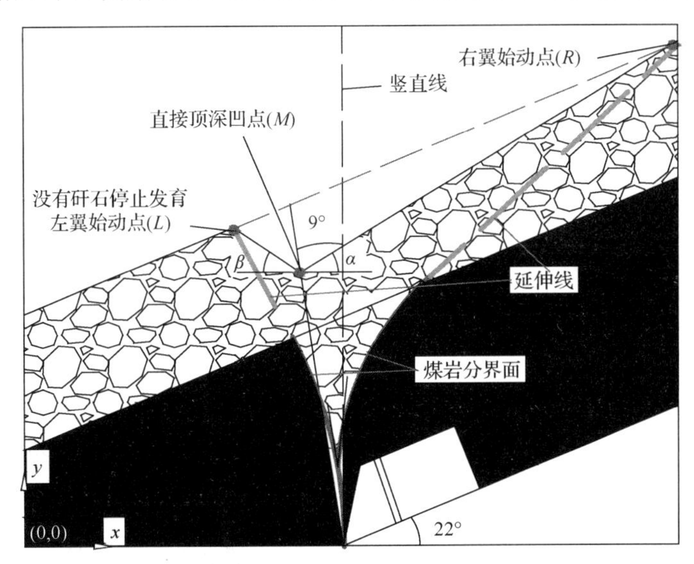

图8-24 倾斜条件煤岩分界面成因分析

根据散体力学有关内容，当图8-24中散体直接顶右侧凹陷边界与水平方向夹角α和左侧凹陷边界与水平方向夹角β满足以下条件时，破碎直接顶才开始发生下凹现象[13, 14]：

$$\alpha > \alpha_{\max}\text{，}\ \beta > \beta_{\max}$$

式中，$\alpha_{\max}$、$\beta_{\max}$分别为倾角存在条件下的散体颗粒自然安息角。

根据上述条件可以确定直接顶深凹点坐标，建立直角坐标系，分析破碎直接顶下凹的临界情况，即

$$\alpha = \alpha_{\max}\text{，}\quad \beta = \beta_{\max}$$

设右翼始动点坐标为(R_X, R_Y)，左翼始动点坐标为(L_X, L_Y)，直接顶深凹点坐标为(M_X, M_Y)，且左翼和右翼始动点都在直接顶最上面层位满足斜率方程。

$$\begin{cases} \dfrac{R_Y - M_Y}{R_X - M_X} = \tan\alpha_{\max} \\ \dfrac{L_Y - M_Y}{L_X - M_X} = \tan\beta_{\max} \\ \dfrac{R_Y - L_Y}{R_X - L_X} = \tan\theta_{倾} \end{cases}$$

式中，$\theta_{倾}$ 为煤层走向倾角。

设竖直线与直接顶最高层位的交点坐标为(X_1, Y_1)，结合上述方程可以解出直接顶深凹点坐标(M_X, M_Y)。根据不同时刻的右翼始动点坐标(R_X, R_Y)和左翼始动点坐标(L_X, L_Y)可以计算出不同时刻直接顶深凹点的移动轨迹，因此直接顶下凹特征可以根据此计算方法来推算。

如图 8-25 所示，倾斜条件下初始煤岩分界面斜率变化特征可以大体分为两部分：①顶煤层位内的煤岩分界面变化特征；②直接顶层位内的煤岩分界面延伸线斜率特征。在直接顶层位内，煤岩分界面延伸线斜率变化微小，基本为一条直线。具体来说，右翼煤岩分界面延伸线切线与水平面之间的夹角为 42°，左翼煤岩分界面延伸线切线与水平面之间的夹角为 60°；在顶煤层位内，煤岩分界面斜率由于受到上覆矸石颗粒岩柱的不均

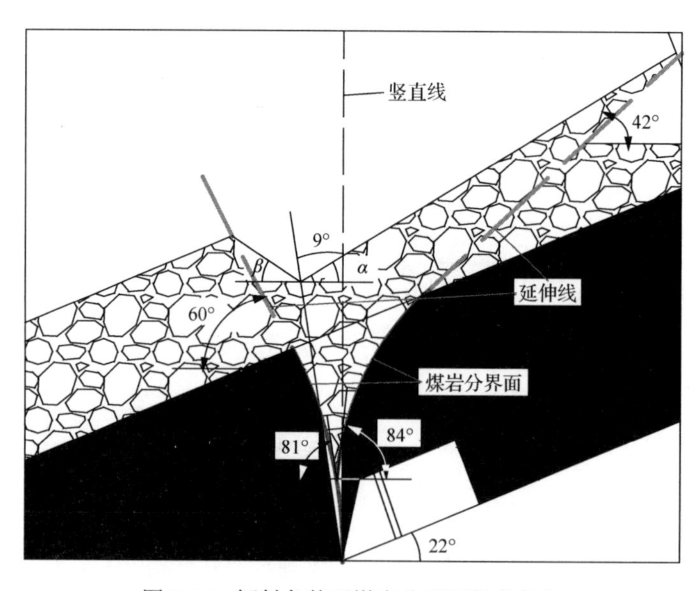

图 8-25　倾斜条件下煤岩分界面斜率变化

匀载荷形态发生巨大变化，右翼煤岩分界面斜率从 tan42°迅速增加到支架顶梁处的tan84°，切线倾角变化至之前的两倍，斜率变化速率极快。而左翼煤岩分界面斜率从tan60°增加到支架顶梁处的 tan81°，斜率变化率小于右翼煤岩分界面，再次验证了煤岩分界面斜率与上覆矸石柱高度有直接关系。

8.2.2 初始煤岩分界面理论计算方程

8.2.2.1 初始煤岩分界面散体力学模型

1) 散体力学分析

基于顶煤放出三维模拟试验台，通过实验室室内放煤试验和颗粒流软件 PFC^{3D} 对水平条件下散体顶煤放出过程进行模拟，在第一次放煤结束后形成初始煤岩分界面，如图 8-26 和图 8-27 所示。从图中可以看出，在工作面推进方向，放煤结束后形成的煤岩分界面其左右两翼并非直线，确切来说是一条斜率不断变化的连续曲线，曲线斜率随着层位的升高逐渐减小。将煤岩分界面向上方延伸，其延伸线近似与破碎直接顶凹陷锥体边界相切，组成一个大的放煤漏斗，放煤漏斗区域内顶煤和破碎直接顶在放出过程中形成空间递补关系[15]。

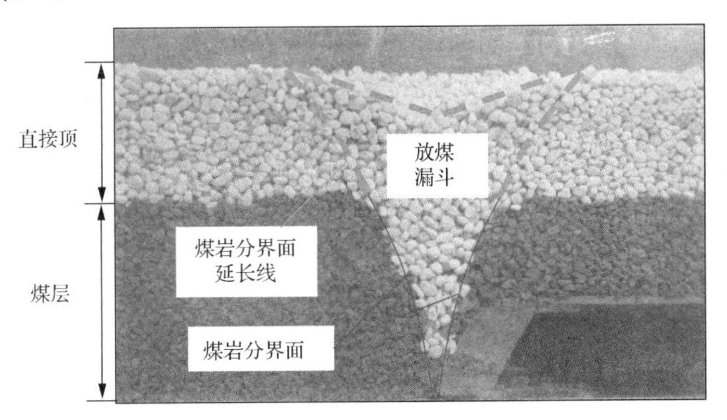

图 8-26 散体顶煤相似模拟初始煤岩分界面

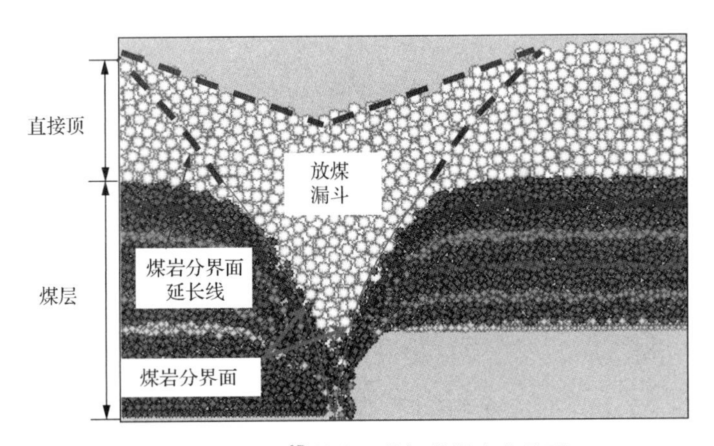

图 8-27 PFC^{3D} 数值计算初始煤岩分界面

当第一颗矸石放出时，放煤口关闭。初始煤岩分界面形态随着放煤工序的结束而保持稳定，此时初始煤岩分界面上颗粒受力平衡，不再滑动(流动)，其沿工作面推进方向剖面图如图 8-28 所示。由于初始煤岩分界面近似左右对称，取右翼分界面及以上层位任意颗粒进行受力分析，如图 8-29 所示。老顶岩层破断形成铰接结构，且假设直接顶完全破碎为散体使得老顶的力无法传递下来，因此煤岩分界面上颗粒受上部破碎矸石柱的载荷为 $\gamma H\Delta S$，水平侧向压力 $F_{侧}=\lambda\gamma H\Delta S$，沿煤岩分界面切线方向的摩擦力 f 及颗粒所受的支持力 F_N。其中 H 为煤岩分界面上任意一点上覆岩柱的高度，m；ΔS 为该点所受载荷的面积，m^2；ΔM 为直接顶中心凹陷高度，m；γ 为矸石块体容重，N/m^3；λ 为侧压力系数。

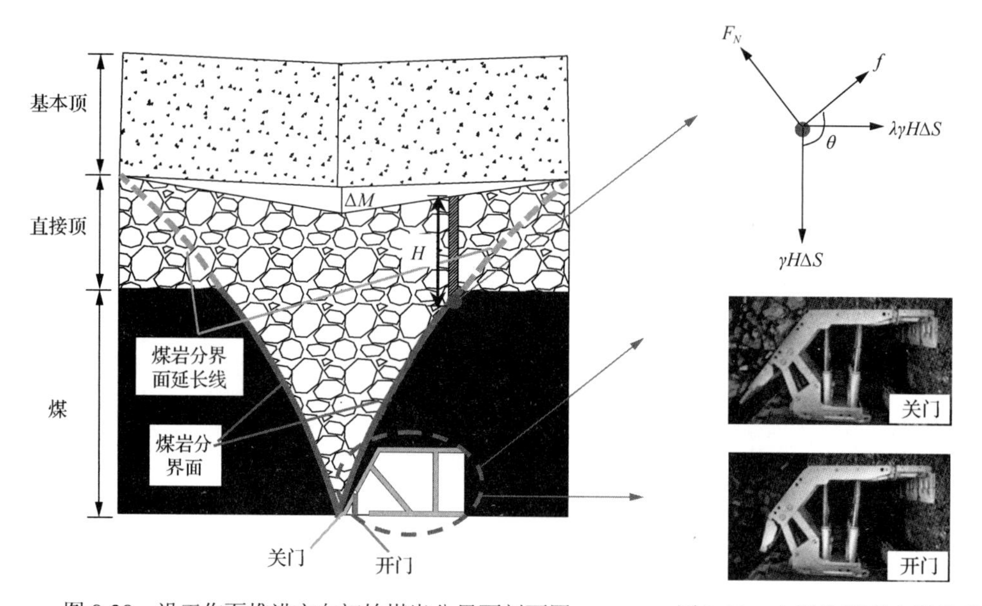

图 8-28　沿工作面推进方向初始煤岩分界面剖面图　　图 8-29　右翼分界面上颗粒受力分析

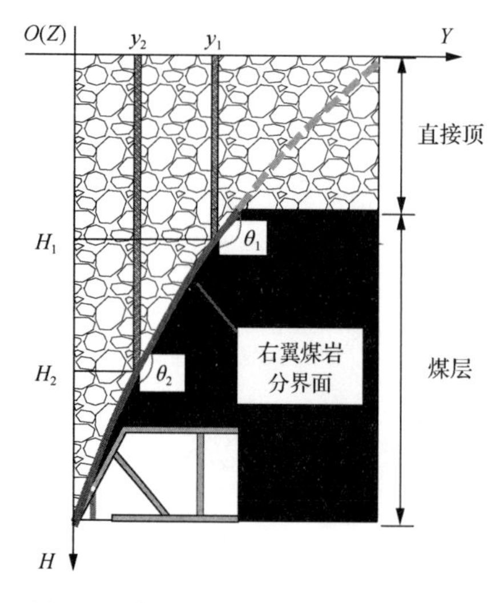

图 8-30　初始煤岩分界面力学计算模型

2) 坐标系建立

如图 8-30 所示，以放煤漏斗最高处中心为原点，以矸石柱高度为 H 轴，以工作面推进方向为 Y 轴，以工作面布置方向为 Z 轴，根据右手准则建立笛卡尔直角坐标系，初始放煤 $\Delta M\approx 0$，可将其忽略不计。然后将图 8-28 中右翼煤岩分界面力学模型代入图 8-30 坐标系中得到初始煤岩分界面力学计算模型。

其中，图 8-30 中煤岩分界面上任一点处切线方向与 H 轴正方向的夹角为 θ。坐标系建立完成后，结合散体颗粒受力分析分别对初次见矸和过量放煤两种情况下综放开采初始煤岩分界面形态方程进行理论推导。

8.2.2.2 初次见矸煤岩分界面理论方程推导

1) 初次见矸煤岩分界面斜率变化趋势分析

当初始煤岩分界面上颗粒受力平衡时，满足平衡式(8-17)和式(8-18)：

$$-f\cos\theta + F_N\sin\theta = \gamma H\Delta S \tag{8-17}$$

$$f\sin\theta + F_{侧} = -F_N\cos\theta \tag{8-18}$$

式中，$f=\mu F_N$，N；μ 为颗粒间摩擦系数，$0<\mu<1$；$F_{侧}$为颗粒受到的水平方向侧向压力，N；λ 为侧压力系数，$0<\lambda<1$。则式(8-17)和式(8-18)变形为(8-19)和式(8-20)：

$$-\mu F_N\cos\theta + F_N\sin\theta = \gamma H\Delta S \tag{8-19}$$

$$\mu F_N\sin\theta + \lambda\gamma H\Delta S = -F_N\cos\theta \tag{8-20}$$

将含有 $\gamma H\Delta S$ 的移到方程右侧，用式(8-22)除以式(8-21)，得到式(8-23)：

$$-\mu F_N\cos\theta + F_N\sin\theta = \gamma H\Delta S \tag{8-21}$$

$$\mu F_N\sin\theta + F_N\cos\theta = -\lambda\gamma H\Delta S \tag{8-22}$$

$$-\lambda = \frac{\mu\sin\theta + \cos\theta}{\sin\theta - \mu\cos\theta} \tag{8-23}$$

将式(8-23)变形得到式(8-24)：

$$\lambda = \frac{\mu\tan\theta + 1}{\mu - \tan\theta} \tag{8-24}$$

将式(8-24)变形得到 $\tan\theta$ 和 λ 的关系，如式(8-25)所示：

$$\tan\theta = \frac{\lambda\mu - 1}{\mu + \lambda} \tag{8-25}$$

将散体顶煤假设为理想流体，设侧压力系数 λ 随颗粒上覆颗粒柱厚度 H 的增加而增大，即

$$\lambda = mH \tag{8-26}$$

式中，m 为侧压力传递系数。

将式(8-26)代入式(8-25)得式(8-27)：

$$\tan\theta = \frac{mH\mu - 1}{\mu + mH} \tag{8-27}$$

由图 8-30 的坐标系可知，$\tan\theta$ 为煤岩分界面上点的切线斜率且煤岩分界面连续，则满足式(8-28)：

$$\tan\theta = \frac{\mathrm{d}y}{\mathrm{d}H} = y' = \lim_{\Delta H \to 0} \frac{y(H + \Delta H) - y(H)}{\Delta H} \tag{8-28}$$

则

$$y'' = \frac{\mathrm{d}^2 y}{\mathrm{d}H^2} = \frac{\mathrm{d}\tan\theta}{\mathrm{d}H} \tag{8-29}$$

对式(8-27)求导可得

$$y'' = \frac{\mathrm{d}^2 y}{\mathrm{d}\lambda^2} = \frac{\mathrm{d}\tan\theta}{\mathrm{d}\lambda} = \frac{m\left(1 + \mu^2\right)}{\left(\mu + mH\right)^2} > 0 \tag{8-30}$$

从式(8-30)显然得到：$y'' > 0$，且仅与 H 成反比关系。因此初始煤岩分界面的斜率 y' 随着矸石柱厚度 H 的增大而增大，而斜率变化率 y'' 随着矸石柱 H 的增大而减小，即随着初始煤岩分界面上的点向放煤口靠近时，初始煤岩分界面斜率变化率呈现出上急下缓的趋势。

2) 初次见矸煤岩分界面方程推导

根据式(8-30)的形式可知，y'' 是关于 H 的非一阶方程，则

$$y'' = f\left[\left(\mu + mH\right)^{-2}\right] \tag{8-31}$$

对 y'' 进行一次积分得

$$y' = \int y''\mathrm{d}H = A'f\left[\left(\mu + mH\right)^{-1}\right] + B \tag{8-32}$$

式中，$A' = -\dfrac{1}{m}$；$B = \mu$

对 y' 进行一次积分得

$$y = \int y'\mathrm{d}H = A\ln\left(\mu + mH\right) + BH + C \tag{8-33}$$

根据式(8-25)和式(8-33)可得 $A = -\dfrac{\left(1 + \mu^2\right)}{m}$。

因此得到初始煤岩分界面二维方程为

$$y=\int y'\mathrm{d}\lambda=-\frac{\left(1+\mu^2\right)}{m}\ln\left(mH+\mu\right)+\mu H+C \tag{8-34}$$

根据图 8-30 可知，当 y=0 时，初始煤岩分界面上覆矸石柱厚度 H 为

$$H=M_{\mathrm{r}}+M_{\mathrm{c}} \tag{8-35}$$

式中，M_{r} 为直接顶厚度，m；M_{c} 为煤层厚度，m。

将点 $(M_{\mathrm{r}}+M_{\mathrm{c}},0)$ 带入式(8-34)，可解得式(8-36)，则 H-Y 平面煤岩分界面方程如式(8-37)所示：

$$C=\frac{\left(1+\mu^2\right)}{m}\ln\left[m(M_{\mathrm{r}}+M_{\mathrm{c}})+\mu\right]-\mu(M_{\mathrm{r}}+M_{\mathrm{c}}) \tag{8-36}$$

$$y=-\frac{\left(1+\mu^2\right)}{m}\ln\left(mH+\mu\right)+\mu H+\frac{\left(1+\mu^2\right)}{m}\ln\left[m(M_{\mathrm{r}}+M_{\mathrm{c}})+\mu\right]-\mu(M_{\mathrm{r}}+M_{\mathrm{c}}) \tag{8-37}$$

从三维空间来看，煤岩分界面相当于把 H-Y 平面内煤岩分界线绕 H 轴旋转一周得到，即对其变形可得到三维空间内煤岩分界面曲面方程，如式(8-38)所示：

$$y^2+z^2=\left\{-\frac{\left(1+\mu^2\right)}{m}\ln\left(mH+\mu\right)+\mu H+\frac{\left(1+\mu^2\right)}{m}\ln\left[m(M_{\mathrm{r}}+M_{\mathrm{c}})+\mu\right]-\mu(M_{\mathrm{r}}+M_{\mathrm{c}})\right\}^2 \tag{8-38}$$

8.2.2.3　过量放煤煤岩分界面理论方程推导

在实际现场中为了提高顶煤采出率，一般都是当放煤口不再放出煤炭时才会关闭，很难达到“见矸关门”的要求，因此，现场实际放煤后形成的初始煤岩分界面较上述理论形态更加发育，以水平煤层为例，考虑到放煤口投影形态一般为矩形，其后续初始煤岩分界面发育过程如图 8-31 所示。

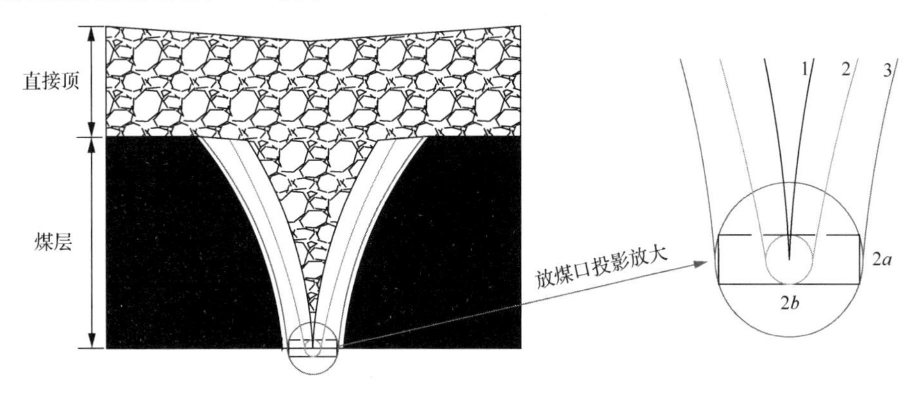

图 8-31　初始煤岩分界面后续发育过程

理论上当第一块矸石到达放煤口时即关门，此时煤岩分界面方程为图 8-31 中曲线 1；此后放煤过程中煤和矸石一起放出，煤岩分界面持续发育，且保持上述煤岩分界面形态，为“对数曲线漏斗”状；图 8-31 中曲线 2 为“对数曲线漏斗”状的临界状态，此时煤岩分界面下边缘在工作面推进方向必经过点（M_r+M_c，a），将其代入式(8-34)中，此时 H-Y 平面内煤岩分界面曲线方程如式(8-39)所示。式中，$2a$ 为放煤口投影短边长度，m；$2b$ 为放煤口投影长边长度，m。

$$y=-\frac{\left(1+\mu^2\right)}{m}\ln\left(mH+\mu\right)+\mu H+\frac{\left(1+\mu^2\right)}{m}\ln\left[m(M_r+M_c)+\mu\right]-\mu(M_r+M_c)+a \tag{8-39}$$

通过将式(8-39)绕 H 轴旋转得到三维空间内初始煤岩分界面曲面方程，如式(8-40)所示。

$$y^2+z^2=\left\{-\frac{\left(1+\mu^2\right)}{m}\ln\left(mH+\mu\right)+\mu H+\frac{\left(1+\mu^2\right)}{m}\ln\left[m(M_r+M_c)+\mu\right]-\mu(M_r+M_c)+a\right\}^2 \tag{8-40}$$

随着放煤口继续放煤，在工作面推进方向由于受到放煤口的限制，认为初始煤岩分界面不再发育，而在工作面布置方向继续发育，当煤岩分界面达到如图 8-31 中曲线 3 状态时，放煤口内全部充满矸石，此时初始煤岩分界面完全发育，而由于三维空间内初始煤岩分界面各个方向发育状态不同，其形态不再是标准“对数曲线漏斗”状，而是开口近似为椭圆形、底部为矩形的“方底椭圆顶漏斗”状。如图 8-32 所示，为空间内任意一条煤岩分界线在 Y-Z 平面内投影与 Y 轴正方向的夹角 φ 的示意图。则过量放煤后形成的初始煤岩分界面曲面方程如式(8-41)所示。

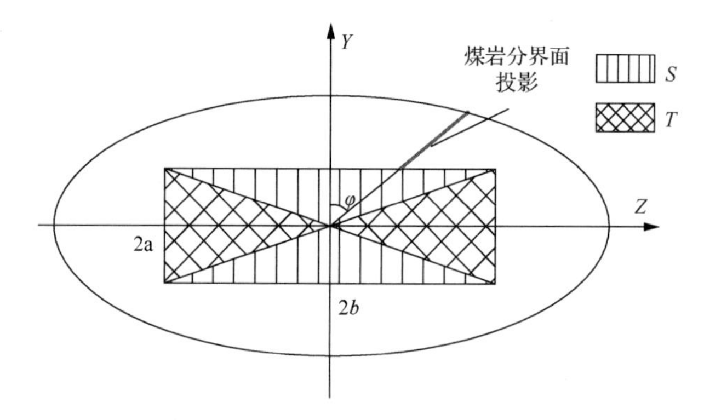

图 8-32　空间内任意一条煤岩分界线在 Y-Z 平面内投影与 Y 轴正方向的夹角 φ 示意图

$$y=\begin{cases}-\dfrac{\left(1+\mu^2\right)}{m}\ln\left(mH+\mu\right)+\mu H+\dfrac{\left(1+\mu^2\right)}{m}\ln\left(m(M_r+M_c)+\mu\right)-\mu(M_r+M_c)+\left|\dfrac{a}{\cos\varphi}\right|, & \varphi\in S\\ -\dfrac{\left(1+\mu^2\right)}{m}\ln\left(mH+\mu\right)+\mu H+\dfrac{\left(1+\mu^2\right)}{m}\ln\left(m(M_r+M_c)+\mu\right)-\mu(M_r+M_c)+\left|\dfrac{b}{\sin\varphi}\right|, & \varphi\in T\end{cases} \tag{8-41}$$

式中，$S=\left(0,\arccos\dfrac{a}{\sqrt{a^2+b^2}}\right)\cup\left(\pi-\arccos\dfrac{a}{\sqrt{a^2+b^2}},\ \pi+\arccos\dfrac{a}{\sqrt{a^2+b^2}}\right)\cup\left(2\pi-\arccos\dfrac{a}{\sqrt{a^2+b^2}},\ 2\pi\right)$，$T=\left(\arccos\dfrac{a}{\sqrt{a^2+b^2}},\ \pi-\arccos\dfrac{a}{\sqrt{a^2+b^2}}\right)\cup\left(\pi+\arccos\dfrac{a}{\sqrt{a^2+b^2}},\ 2\pi-\arccos\dfrac{a}{\sqrt{a^2+b^2}}\right)$。

8.2.2.4　物理试验与数值模拟验证

1) 初次见矸方程二维物理试验验证

一般情况下，散体煤岩颗粒摩擦系数 μ=0.5～0.6，侧压力传递系数 m=0.03～0.05，当煤层厚度较大时 m 和 μ 取较小值，且满足 $mH+\mu<1$。令，

$$\delta=\frac{M_{\mathrm{r}}}{M_{\mathrm{c}}}\tag{8-42}$$

式中，δ 为直接顶厚度与煤层厚度的比值，随着比值条件的不同，初始煤岩分界面方程不同，取 3 种不同 δ 值，通过实验室放煤试验对煤岩分界面方程进行验证。

(a) $M_{\mathrm{r}}=6.0\mathrm{m}$，$M_{\mathrm{c}}=9.0\mathrm{m}$，$\delta=0.67$；

(b) $M_{\mathrm{r}}=4.5\mathrm{m}$，$M_{\mathrm{c}}=6.0\mathrm{m}$，$\delta=0.75$；

(c) $M_{\mathrm{r}}=7.6\mathrm{m}$，$M_{\mathrm{c}}=6.4\mathrm{m}$，$\delta=1.19$；

代入上述参数后，根据所得煤岩分界面通解形式分别对其进行拟合，得到 3 种条件下的初始煤岩分界面方程如下，考虑实际情况，初始煤岩分界面上颗粒上覆煤岩柱高度取值范围为 $(M_{\mathrm{r}}<H<M_{\mathrm{c}}+M_{\mathrm{r}})$。

$$f_a(H)=-41.67\ln(0.03H+0.5)+0.5H-9.64\ (6<H<15)$$

$$f_b(H)=-31.25\ln(0.04H+0.5)+0.5H-7.86\ (4.5<H<10.5)$$

$$f_c(H)=-41.67\ln(0.03H+0.5)+0.5H-10.47\ (7.6<H<14)$$

图 8-33(a)～(c)中，曲线 1 为 H-Y 平面内初始煤岩分界面的理论形态，其形态与相似模拟材料试验得到的结果有所差异，这是因为理论推导中含有理想假设，所以需要对方程引入修正系数 k。引入修正系数 k 后，理论计算方程为变为图中曲线 2，其对应的修正系数分别为 $k_a=0.38$、$k_b=0.40$、$k_c=0.31$。经过修正后的曲线方程可以准确拟合煤岩分界面形态，说明修正后的煤岩分界面方程可以达到准确描述煤岩分界面形态的目的。

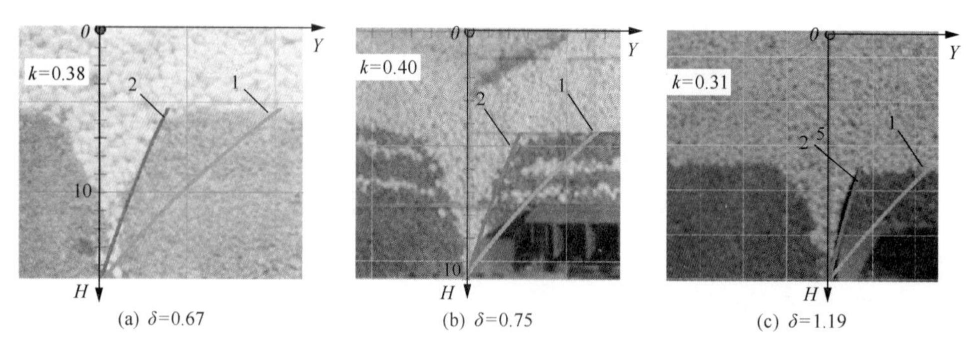

(a) δ=0.67　(b) δ=0.75　(c) δ=1.19

图 8-33　不同 δ 值条件下煤岩分界面理论方程拟合情况

1-修正前理论曲线；2-修正后理论曲线

通过实验室放煤试验得出煤岩分界面方程修正系数 k 的取值在 0.3～0.4，且当直接顶厚度较大时（$M_r>M_c$），k 通常取较小值。因此修正后的 H-Y 平面内煤岩分界面形态方程通式满足式(8-43)。

$$y=k\left\{-\frac{\left(1+\mu^2\right)}{m}\ln\left(mH+\mu\right)+\mu H+\frac{\left(1+\mu^2\right)}{m}\ln\left[m(M_r+M_c)+\mu\right]-\mu(M_r+M_c)\right\},k\in\left(0.3,0.4\right) \tag{8-43}$$

2) 初次见矸方程三维物理试验验证

由式(8-43)和修正系数 k 的取值范围得到三维空间内煤岩分界面方程，如式(8-44)所示。

$$y^2+z^2=k^2\left\{-\frac{\left(1+\mu^2\right)}{m}\ln\left(mH+\mu\right)+\mu H+\frac{\left(1+\mu^2\right)}{m}\ln\left[m(M_r+M_c)+\mu\right]-\mu(M_r+M_c)\right\}^2,k\in\left(0.3,0.4\right) \tag{8-44}$$

图 8-33 (a)～(c) 3 种情况分别对应的煤岩分界面方程的三维空间形态如图 8-34 所示，可以看出煤岩分界面三维空间形态类似于“对数曲线漏斗”状，根据煤岩分界面三维空间方程，可以算出特定煤层条件下的顶煤放出体积，并依据放煤口面积和顶煤放出速度可以确定放出体完全放出所需时间。

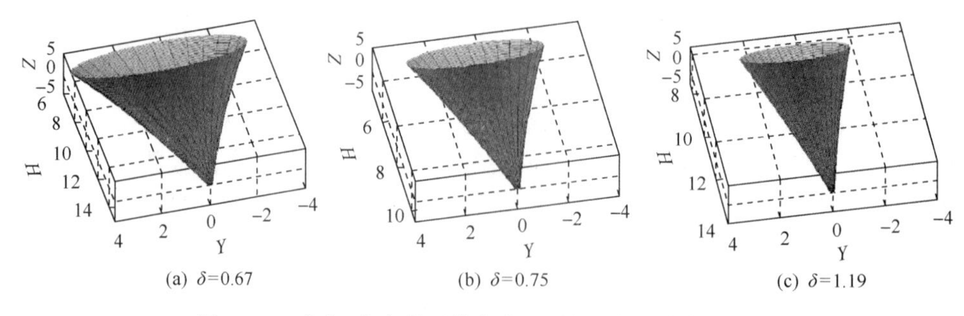

(a) δ=0.67　(b) δ=0.75　(c) δ=1.19

图 8-34　不同 δ 值条件下煤岩分界面方程的三维空间形态

如图 8-35 所示，利用综放开采顶煤三维放出试验台对煤岩分界面三维空间形态进行验证。具体试验参数为：铺设 30cm 厚的粒径为 3～5mm 的顶煤相似材料(模拟顶煤厚度 6m)，铺设 20cm 厚粒径为 5～8mm 的直接顶相似材料(模拟直接顶厚度 4m)，沿竖直方向每隔 3cm 铺设一层标志点。当相似材料铺设完成后进行放煤工序，并遵循“见矸关门”原则，矸石放出时停止放煤并逐层剥离矸石使放煤漏斗露出特定层位的漏斗边界。按层位高度剥离矸石测量漏斗半径，测量时为消除误差采用 4 组互相正交半径(r_1，r_2，r_3，r_4)求均值法，如图 8-36 所示，其测量结果见表 8-1。

图 8-35　综放开采顶煤三维放出试验台

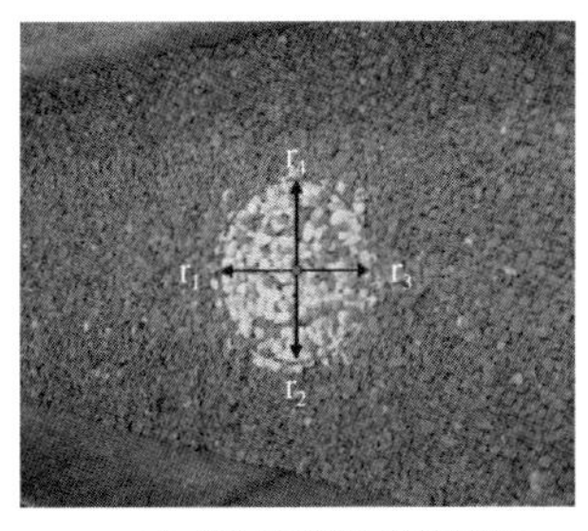

(a) 第10层漏斗半径测量

(b) 第7层漏斗半径测量

(c) 第4层漏斗半径测量

图 8-36　放煤漏斗半径测量图

表 8-1　放煤漏斗半径测量结果

层位	r_1/cm	r_2/cm	r_3/cm	r_4/cm	r_{av}/cm
10	9.7	9.7	9.7	10.5	9.9
9	7.8	7.8	7.8	7.8	7.8
8	6.4	6.4	6.4	6.4	6.4
7	5.0	5.0	5.5	5.0	5.1
6	3.5	3.5	3.8	4.3	3.8
5	3.2	3.2	3.0	3.5	3.2
4	2.9	2.9	2.8	3.0	2.9
3	2.0	2.0	2.0	2.0	2.0

根据表 8-1 实测数据拟合得到煤岩分界面空间三维形态如图 8-37(a)所示，并将放煤试验参数代入式(8-44)得到煤岩分界面三维空间理论形态，如图 8-37(b)所示。

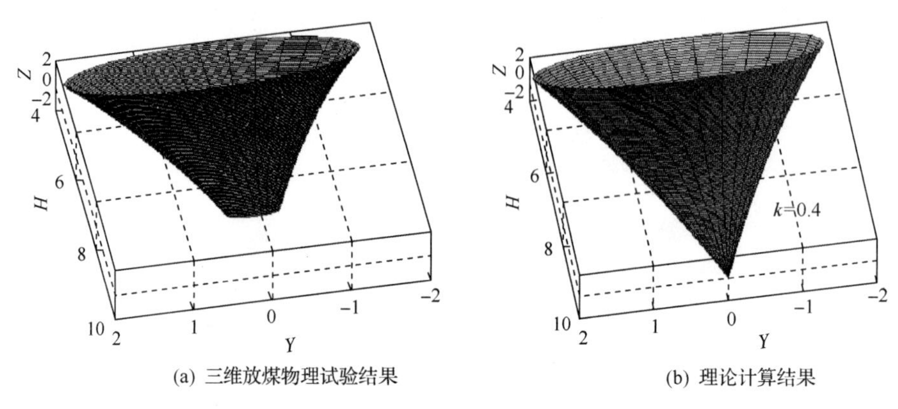

(a) 三维放煤物理试验结果　　(b) 理论计算结果

图 8-37　物理试验与理论计算的煤岩分界面三维空间形态对比(初次见矸)

比较图 8-37(a)与(b)中放煤漏斗的开口大小及漏斗斜率变化趋势可以得出，三维初始煤岩分界面理论方程可以较为准确地描述放煤试验初次见矸后形成的初始煤岩分界面空间形态，从而验证了该理论方程的正确性。

3)过量放煤方程三维数值试验验证

由式(8-41)和修正系数 k 的取值范围得到三维空间内过量放煤煤岩分界面方程，如式(8-45)所示：

$$y_m = ky + (1-k)\left|\frac{a}{\cos\varphi}\right|, \qquad \varphi \in S$$

$$y_m = ky + (1-k)\left|\frac{b}{\sin\varphi}\right|, \qquad \varphi \in T \tag{8-45}$$

根据课题组的前期研究成果，在三维放煤数值模拟的基础上，进行过量放煤数值试验，为消除边界效应，将 4.5m 及以下侵入煤层中的矸石颗粒群外表面作为煤岩分界面来进行研究。如图 8-38 所示为过量放煤初始煤岩分界面空间形态变化过程的正视图和俯视图，可知从放煤初次见矸后，煤岩分界面的形态逐渐由“对数曲线漏斗”状向“方底椭圆顶漏斗”状演化，当达到图 8-38(d)中放出颗粒全为纯矸石时关闭放煤口，此时煤岩分界面完全发育。为验证过量放煤煤岩分界面理论方程的正确性，对矸石侵入体不同层位(每隔 0.5m 一层，4.5m 水平为第 10 层，0m 水平为第 1 层)的水平截面进行形态分析，发现其截面外轮廓可大致采用椭圆形来描述，不同高度层位上的 r_1、r_2、r_3、r_4 值见表 8-2。

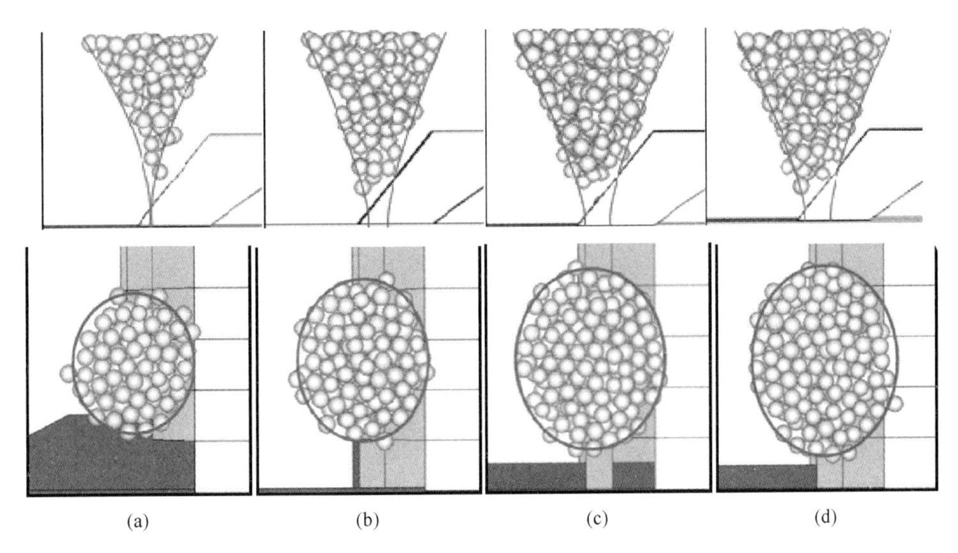

(a)　(b)　(c)　(d)

图 8-38　过量放煤初始煤岩分界面空间形态变化过程

表 8-2　不同层位截面半径测量结果

层位	r_1/cm	r_2/cm	r_3/cm	r_4/cm
10	2.4	2.8	2.1	2.8
9	2.0	2.3	1.8	2.3
8	1.6	2.0	1.5	1.9
7	1.4	1.7	1.3	1.7
6	1.2	1.4	1.1	1.5
5	1.0	1.2	0.9	1.2
4	0.8	0.8	0.7	1.0

根据表 8-2 数据反演出过量放煤煤岩分界面曲面形态，如图 8-39(a)所示，将 m=0.04、μ=0.5、M_r=4.4、M_c=6.6、a=0.31、b=0.75、k=0.4 代入式(8-45)中，得出过量放煤理论方程，并绘制其曲面形态，如图 8-39(b)所示。比较图 8-39(a)和(b)中过量放煤煤岩分界面开口大小及斜率变化趋势可知，过量放煤煤岩分界面理论方程可以较为准确地拟合三维

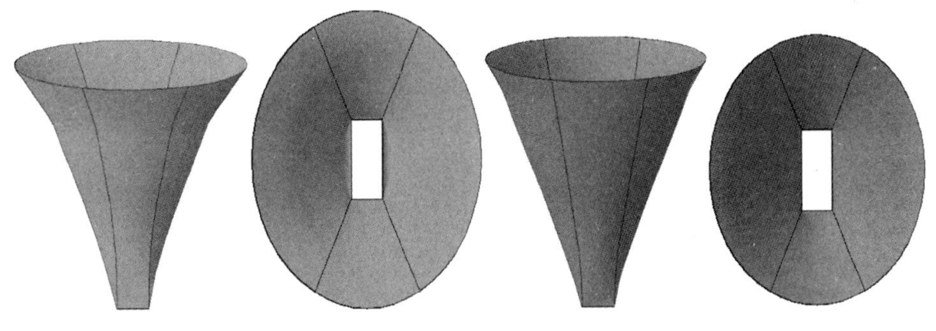

(a) 三维数值模拟试验结果　(b) 理论计算结果

图 8-39　三维数值试验与理论计算的煤岩分界面空间形态对比(过量放煤)

数值模拟试验结果，验证了方程的正确性。同时比较图 8-39 和图 8-37 可以看出，过量放煤后形成的煤岩分界面更加发育，因此对于相邻支架放煤影响更大，使得两支架之间放煤量差距变大，不利于放煤管理，需要进一步研究并对其进行控制，使得现场工作面顶煤采出率最大化。

8.2.3 移架后煤岩分界面理论计算方程

8.2.3.1 移架后煤岩递补模型及假设

在初始放煤结束后，放煤支架要向工作面前方推进一个移架步距的长度 L，此时在支架尾梁后方会出现一个面积为 D 的空缺区域，如图 8-40 所示。

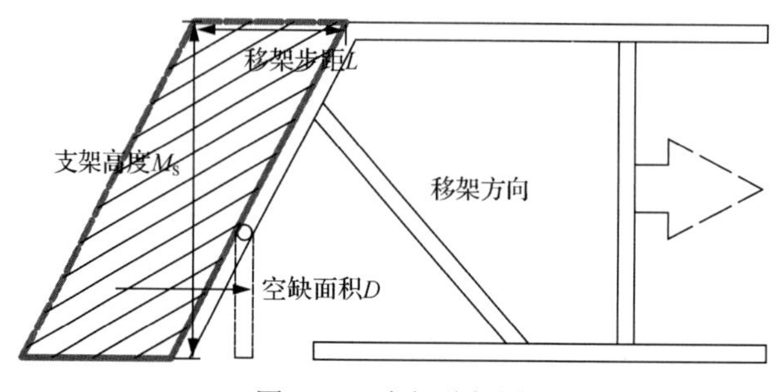

图 8-40 支架移架图

对移架前支架掩护梁(尾梁)上矸石进行分析，认为在支架高度范围内，初始煤岩分界面上矸石紧贴于支架掩护梁(尾梁)之上。假设矸石粒径相同，为 d，设有 n 个矸石颗粒紧密排列，如图 8-41 所示，则

$$n = \frac{L_M}{d} \tag{8-46}$$

式中，L_M 为支架掩护梁及尾梁长度总和，则相邻矸石颗粒岩石柱高程差为

$$\Delta H = d\cos\theta \tag{8-47}$$

式中，θ 为掩护梁与竖直方向夹角；将颗粒按照层位从高到低依次排序，分别编号为 $1^{\#}$，$2^{\#}$，…，$n^{\#}$，如图 8-41 所示。

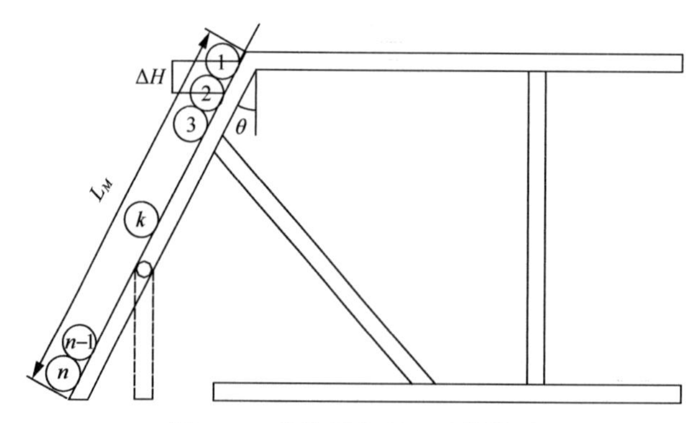

图 8-41 掩护梁上矸石颗粒模型

认为煤岩颗粒在递补过程中碎胀系数不发生变化，则递补的煤岩颗粒面积应与支架移架后形成的空缺区域面积 D 相等。通过观察 PFC 数值计算过程，并且反演递补区域，发现煤岩主要分为两部分对空缺区域进行递补，即顶梁上部 V_1 和掩护梁(尾梁)后部 V_2，如图 8-42 所示，关系满足式(8-48)。

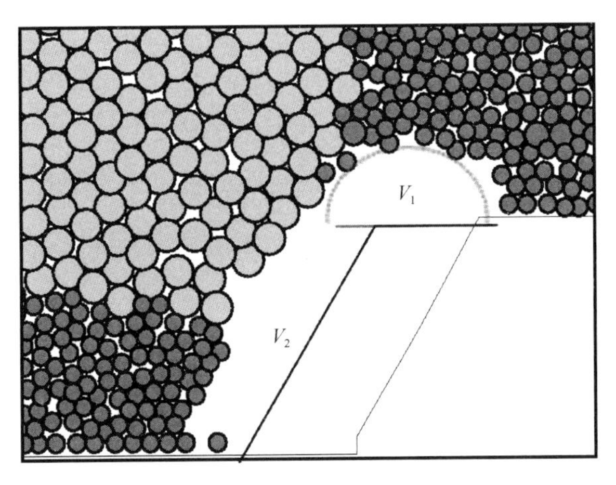

图 8-42　两个递补区域

$$V_1 + V_2 = D \tag{8-48}$$

式中，V_1 为顶梁上部顶煤颗粒所填充的区域面积；V_2 为支架掩护梁(尾梁)后方矸石颗粒(n 个)所填补的区域面积；D 为支架移架后空缺区域面积，D 满足式(8-49)

$$D=L\times M_S \tag{8-49}$$

式中，L 为移架步距；M_S 为支架高度。

8.2.3.2　递补区域 V_1 的计算方法

如图 8-43 所示，可近似认为用来递补移架空缺的顶梁上部顶煤放出区域形态，是由一个正弦函数包络的平面，根据式(8-48)，顶梁上部来填补移架空缺区域平面面积 V_1。该区域放出时近似自由落体，左右作用力相互平衡，相当于只受重力作用，加速度为 g，在时间 t 内，颗粒移动的距离 S 满足式(8-50)：

$$S = \frac{1}{2}gt^2 \tag{8-50}$$

θ 取值范围$(0, \pi)$，则 V_1 为

$$V_1 = \frac{1}{2}gt^2\int_0^{\pi}\sin\theta\mathrm{d}\theta \tag{8-51}$$

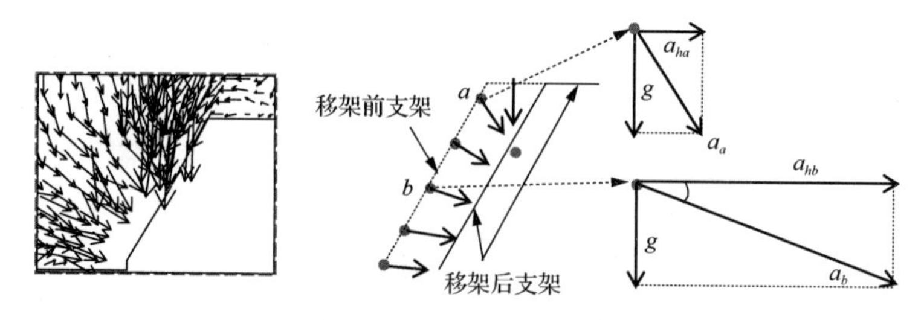

图 8-43　掩护梁(尾梁)后部煤岩递补模型

8.2.3.3　递补区域 V_2 的计算方法

对于支架掩护梁(尾梁)后方的矸石颗粒，其递补过程按图 8-43 进行如下分析：按照图 8-41 的基本假设，每个矸石颗粒的移动轨迹为直线，且轨迹间不互相交叉，矸石颗粒运动中碰到支架掩护梁(尾梁)和底板后停止运动，则单个矸石颗粒移动的距离 S 与粒径 d 的乘积为该颗粒及后续填补颗粒所填充的面积，即

$$\mathrm{d}V = Sd \tag{8-52}$$

设图 8-41 中 $1^{\#}$矸石颗粒水平加速度为 $a_{1h} = \lambda\gamma H$，重力加速度为 g，由式(8-26) $\lambda = mH$，则

$$a_{1h} = m\gamma H^2$$

则 $1^{\#}$矸石颗粒加速度为 $a_1 = \sqrt{g^2 + \left(m\gamma H^2\right)^2}$，因矸石颗粒运动轨迹为直线，且设矸石碰到支架掩护梁(尾梁)或底板后停止运动，则 $1^{\#}$矸石颗粒沿着加速度方向的最大运行距离 S_1 是确定的，设运行 S_1 所用的时间为 t_1，则

$$S_1 = \frac{1}{2}a_1 t_1^2$$

同理，$2^{\#}$矸石颗粒水平加速度为 $a_{2h} = m\gamma\left(H + \Delta H\right)^2$，重力加速度为 g。

则 $2^{\#}$矸石颗粒加速度为 $a_2 = \sqrt{g^2 + \left[m\gamma\left(H + \Delta H\right)^2\right]^2}$，$S_2$ 是确定的，设颗粒运行 S_2 距离所用的时间为 t_2，则

$$S_2 = \frac{1}{2}a_2 t_2^2$$

以此类推，得

$$a_n = \sqrt{g^2 + \left[m\gamma\left(H + (n-1)\Delta H\right)^2\right]^2} \tag{8-53}$$

$$S_n = \frac{1}{2} a_n t_n^2 \tag{8-54}$$

依次解得时间 t_1、t_2、t_3、…、t_n 并对其大小进行排序，使得 $T_1 < T_2 < T_3 < \cdots < T_n$，所对应的加速度依次是 a_1'、a_2'、a_3'、…、a_n'。依次取时间 T，进行验证，验证流程如图 8-44 所示。

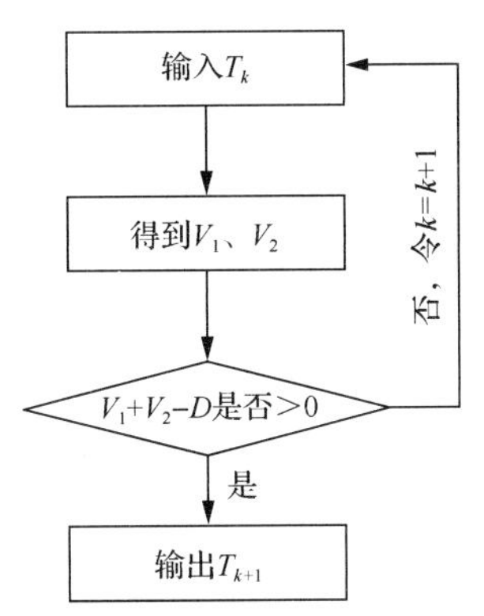

图 8-44 求解时间 t 的流程图(k 的初始值为 1)

当取 $t = T_k$ 时，$V_2 = d\left(\frac{1}{2}a_1'T_1^2 + \cdots + \frac{1}{2}a_k'T_k^2 + \cdots \frac{1}{2}a_n'T_k^2\right)$，且

$$\frac{1}{2}gT_k^2\int_0^{\pi}\sin\theta \mathrm{d}\theta + d\left(\frac{1}{2}a_1'T_1^2 + \cdots + \frac{1}{2}a_k'T_k^2 + \cdots \frac{1}{2}a_n'T_k^2\right) < D \tag{8-55}$$

取 $t = T_{k+1}$ 时，$V_2 = d\left(\frac{1}{2}a_1'T_1^2 + \cdots + \frac{1}{2}a_{k+1}'T_{k+1}^2 + \cdots + \frac{1}{2}a_n'T_{k+1}^2\right)$

$$\frac{1}{2}gT_{k+1}^2\int_0^{\pi}\sin\theta \mathrm{d}\theta + d\frac{1}{2}a_1'T_1^2 + \cdots + \frac{1}{2}a_{k+1}'T_{k+1}^2 + \cdots + \frac{1}{2}a_n'T_{k+1}^2 > D \tag{8-56}$$

则时间 t 的取值范围为(T_k, T_{k+1})，比较式(8-57)和式(8-58)的绝对值大小

$$\Delta_k = \left|\frac{1}{2}gT_k^2\int_0^{\pi}\sin\theta \mathrm{d}\theta + d\left(\frac{1}{2}a_1'T_1^2 + \cdots + \frac{1}{2}a_k'T_k^2 + \cdots + \frac{1}{2}a_n'T_k^2\right) - D\right| \tag{8-57}$$

$$\Delta_{k+1} = \left|\frac{1}{2}gT_{k+1}^2\int_0^{\pi}\sin\theta \mathrm{d}\theta + d\left(\frac{1}{2}a_1'T_1^2 + \cdots + \frac{1}{2}a_{k+1}'T_{k+1}^2 + \cdots + \frac{1}{2}a_n'T_{k+1}^2\right) - D\right| \tag{8-58}$$

取 $\min(\Delta_k,\ \Delta_{k+1})$对应的时间为 T_{final}，假设 $\Delta_k < \Delta_{k+1}$，则 $T_{\mathrm{final}} = T_k$，此时，V_2 为

$$V_2 = \frac{1}{2}d\left(a_1'T_1^2 + a_2'T_2^2 + \cdots + a_k'T_k^2 + \cdots + a_n'T_k^2\right) \tag{8-59}$$

如图 8-45 所示，从大量放煤试验和 PFC 数值模拟中可以观察到，在移架后煤岩分界面会出现回勾显现，因此确定回勾点的位置十分必要，而在递补模型中回勾点即是矸石

颗粒停止运动后横坐标最小的点，其求解如式(8-60)所示：

$$\min\left\{H_{\text{origin}1^{\#}}+\frac{1}{2}a'_{1h}T_1^2,\ H_{\text{origin}2^{\#}}+\frac{1}{2}a'_{2h}T_2^2,\cdots,\ H_{\text{originn}^{\#}}+\frac{1}{2}a'_{kh}T_k^2,\cdots,\ H_{\text{originn}^{\#}}+\frac{1}{2}a'_{nh}T_k^2\right\} \tag{8-60}$$

式中，$H_{\text{origin}x^{\#}}$为支架掩护梁(尾梁)上按时间排序后的矸石颗粒相应的初始横坐标，若解得排序后的第 m 点为回勾点，则回勾点坐标为

$$\left[H_{\text{originm}^{\#}}+\frac{1}{2}a'_{mh}T_k^2,\ Y_{\text{originm}^{\#}}+\frac{1}{2}gT_k^2(m>k)\right]$$

$$\left[H_{\text{originm}^{\#}}+\frac{1}{2}a'_{mh}T_m^2,\ Y_{\text{originm}^{\#}}+\frac{1}{2}gT_m^2(m<k)\right]$$

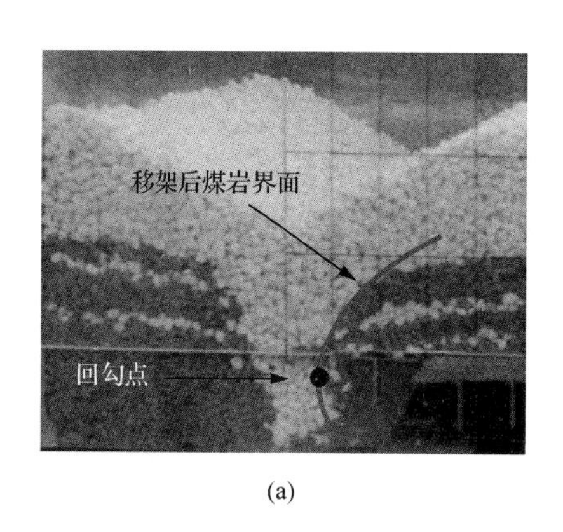

(a)

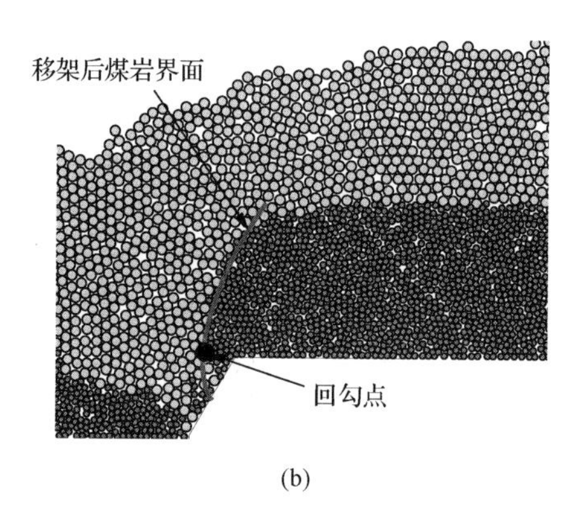

(b)

图 8-45 放煤试验和 PFC 数值计算中移架后煤岩分界面回勾点

认为移架后形成的煤岩分界面自回勾点以上至始动点形态仍然满足初始煤岩分界面形态，则移架后形成的煤岩分界面方程为

$$y=A'\ln(H)+B'H+C' \tag{8-61}$$

方程中有 3 个需要确定的未知数 A'、B'、C'，因此需要 3 个边界条件求解，如下所述。

(1)通过大量放煤试验和数值计算结果可知，支架移架后形成的煤岩分界面最高点与移架前基本无变化，可认为移架后煤岩分界面最高点与移架前相同，因为移架前最高点坐标为(M_r, Y)，Y 通过将 M_r 代入式(8-42)得到 M_r 直接顶厚度。则(M_r, Y)满足：

$$Y=A'\ln(M_r)+B'M_r+C' \tag{8-62}$$

(2)移架后煤岩分界面回勾点满足取$(M>k)$时的解：

$$Y_{\text{originm}^{\#}}+\frac{1}{2}gT_k^2=A'\ln\left(H_{\text{originm}^{\#}}+\frac{1}{2}a_{mh}T_k^2\right)+B'\left(H_{\text{originm}^{\#}}+\frac{1}{2}a_{mh}T_k^2\right)+C' \tag{8-63}$$

(3) V_1 等于移架后煤岩分界面与初始煤岩分界面在支架顶梁层位上范围内的面积之差，M_s 为支架高度：

$$V_1=\int_{M_r}^{M_r+(M_c-M_s)}\left[A'ln(H)+B'(H)+C'\right]-$$

$$\left\{-\frac{\left(1+\mu^2\right)}{m}\ln\left(mH+\mu\right)+\mu H+\frac{\left(1+\mu^2\right)}{m}\ln\left[m(M_r+M_c)+\mu\right]-\mu(M_r+M_c)\right\}\mathrm{d}H \tag{8-64}$$

将式(8-62)～(8-64)联立解得 A'、B'、C'，即求出了移架后回勾点以上的煤岩分界面方程，回勾点以下形态通过光滑连接其下递补颗粒最终位移得到。

8.2.4　放煤后煤岩分界面理论计算方程

在工作面布置方向上，综放过程通常按照支架编号依次放煤，初始放煤后形成的煤岩分界面与本节所得结论一致，分为左翼和右翼两部分。如图 8-46 所示，在初始支架($1^{\#}$)放煤结束后，$2^{\#}$支架会打开放煤口，则散体顶煤在初始煤岩分界面的约束下从 $2^{\#}$放煤口放出。根据放煤试验和 PFC 数值计算反演，初始煤岩分界面下的顶煤放出体在工作面布置方向上的投影为一椭圆，其满足以下平面几何关系，放出体高度 h，即椭圆长半轴 $a=\dfrac{h}{2}$，椭圆的长短半轴之比 $\delta_e=\dfrac{b}{a}$ 为一定值[16]，椭圆短轴长度计算得到式(8-65)：

$$b=a\delta_e \tag{8-65}$$

式中，a 为椭圆长半轴；b 为椭圆短半轴；δ_e 为椭圆的长短半轴之比。

椭圆的面积如式(8-66)所示：

$$S=\pi ab=\pi\delta_e a^2=\frac{1}{4}\pi\delta_e h^2 \tag{8-66}$$

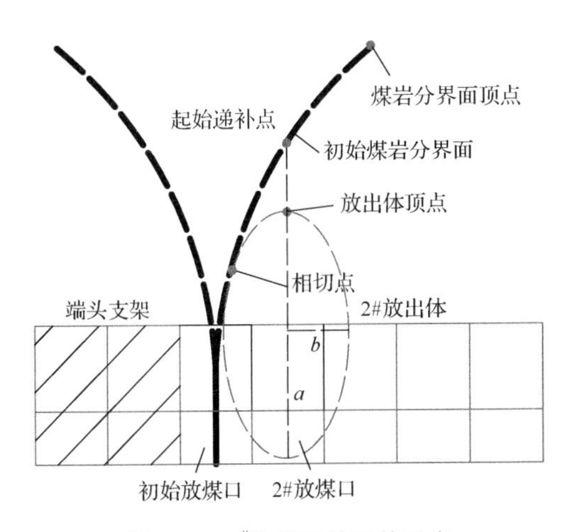

图 8-46　$2^{\#}$放煤口放出体形态

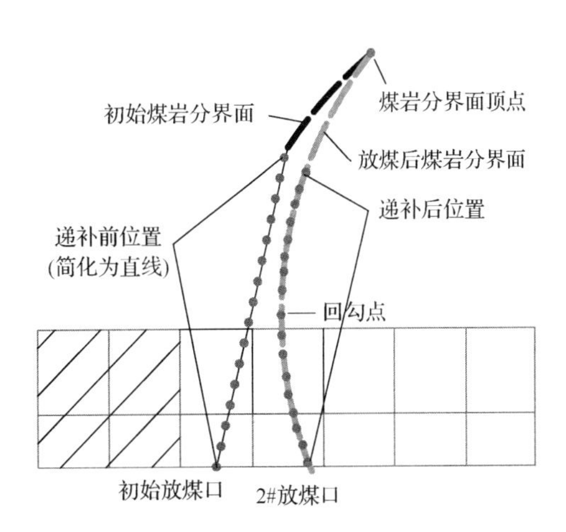

图 8-47　放煤前后煤岩分界面上矸石颗粒分布

由于遵循“见矸关门”的准则，放出体与初始煤岩分界面边界相切时第一颗矸石放出。假设没有残煤，对初始煤岩分界面上的矸石颗粒仿照图 8-41 中的方式建模，如图 8-46 所示，将矸石颗粒起始递补点下方煤岩分界面简化成直线，n 颗矸石颗粒粒径相同，为 d，呈均匀分布，依次编号为 $1^{\#}$，$2^{\#}$，…，$n^{\#}$，相邻两颗矸石颗粒高程差如式(8-46)所示，θ 为假设直线与竖直方向夹角。认为煤岩流动状态相同，矸石颗粒在运动中到达放出体中轴线后停止向前运动，随着顶煤颗粒一起沿中轴线向下运动，则初始煤岩分界面上的矸石颗粒应递补左侧顶煤放出体面积，即初始煤岩分界面上矸石颗粒的空间递补区域等于放出体面积的一半，关系满足式(8-67)：

$$V_1 = \frac{1}{2}S \tag{8-67}$$

式中，V_1 为煤岩分界面上矸石颗粒所填补的区域面积。

图 8-47 中 n 颗矸石颗粒的加速度依次仿照式(8-53)计算得到式(8-68)，即

$$\begin{gathered} A_1 = \sqrt{g^2 + \left(m\gamma H_s^2\right)^2} \\ \vdots \\ A_n = \sqrt{g^2 + \left[m\gamma\left(H_s + (n-1)\Delta H\right)^2\right]^2} \end{gathered} \tag{8-68}$$

式中，H_s 为图 8-47 中起始递补点的横坐标。

同理，若设矸石颗粒在运动中到达放出椭球中轴线后停止向前运动，则每个矸石颗粒沿着加速度方向的最大移动距离是确定的，设矸石颗粒运行最大距离所用的时间分别是 t_1、t_2、t_3、…、t_n，则按式(2-49)得

$$\begin{gathered} S_1 = \frac{1}{2}a_1 t_1^{\,2} \\ \vdots \\ S_n = \frac{1}{2}a_n t_n^2 \end{gathered}$$

仿照流程图图 8-44 中的算法，先将依次解得的时间 t_1、t_2、t_3、…、t_n 进行排序，得 $T_1 < T_2 < T_3 < \cdots < T_n$，其所对应的加速度依次为 A_1'、A_2'、A_3'、…、A_n'，将时间 T 依次带入进行验证。

当取 $t = T_k$ 时，$V_1 = d\left(\frac{1}{2}A_1'T_1^2 + \frac{1}{2}A_2'T_2^{\,2} + \cdots + \frac{1}{2}A_k'T_k^{\,2} + \cdots + \frac{1}{2}A_n'T_k^{\,2}\right)$，且

$$d\left(\frac{1}{2}A_1'T_1^2 + \frac{1}{2}A_2'T_2^{\,2} + \cdots + \frac{1}{2}A_k'T_k^{\,2} + \cdots + \frac{1}{2}A_n'T_k^{\,2}\right) < \frac{1}{2}S \tag{8-69}$$

取 $t=T_{k+1}$ 时，$V_1=d\left(\frac{1}{2}A_1'T_1^{\,2}+\frac{1}{2}A_2'T_2^{\,2}+\cdots+\frac{1}{2}A_{k+1}'T_{k+1}^{\,2}+\cdots+\frac{1}{2}A_n'T_{k+1}^{\,2}\right)$，且

$$d\left(\frac{1}{2}A_1'T_1^{\,2}+\frac{1}{2}A_2'T_2^{\,2}+\cdots+\frac{1}{2}A_{k+1}'T_{k+1}^{\,2}+\cdots+\frac{1}{2}A_n'T_{k+1}^{\,2}\right)>\frac{1}{2}S \tag{8-70}$$

则时间 t 的取值范围为 (T_k, T_{k+1})，比较式(8-71)和式(8-72)的绝对值大小

$$\Delta_k=\left|d\left(\frac{1}{2}A_1'T_1^{\,2}+\frac{1}{2}A_2'T_2^{\,2}+\cdots+\frac{1}{2}A_k'T_k^{\,2}+\cdots+\frac{1}{2}A_n'T_k^{\,2}\right)-\frac{1}{2}S\right| \tag{8-71}$$

$$\Delta_{k+1}=\left|d\left(\frac{1}{2}A_1'T_1^{\,2}+\frac{1}{2}A_2'T_2^{\,2}+\cdots+\frac{1}{2}A_{k+1}'T_{k+1}^{\,2}+\cdots+\frac{1}{2}A_n'T_{k+1}^{\,2}\right)-\frac{1}{2}S\right| \tag{8-72}$$

取 $\min(\Delta_k,\ \Delta_{k+1})$ 对应的时间为 T_{final}，假设 $\Delta_k<\Delta_{k+1}$，则 $T_{\text{final}}=T_k$

$$V_1=\frac{1}{2}d(A_1'T_1^{\,2}+A_2'T_2^{\,2}+\cdots+A_k'T_k^{\,2}+\cdots+A_n'T_k^{\,2}) \tag{8-73}$$

如图 8-48 所示，从大量放煤试验和 PFC 数值模拟中可以观察到，放煤后煤岩分界面同样会出现回勾现象，其回勾点坐标位置确定仿照式(8-60)可得式(8-74)：

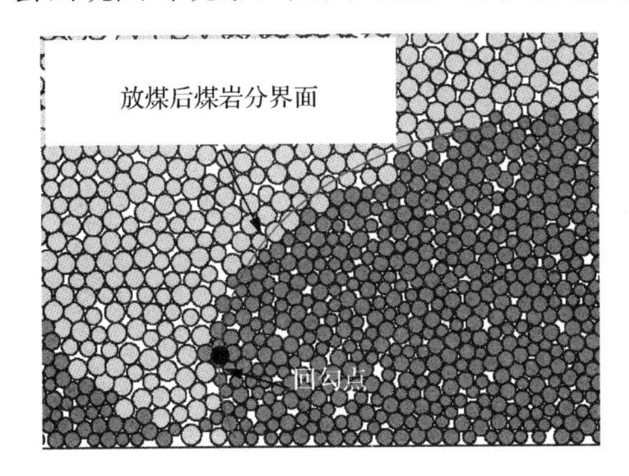

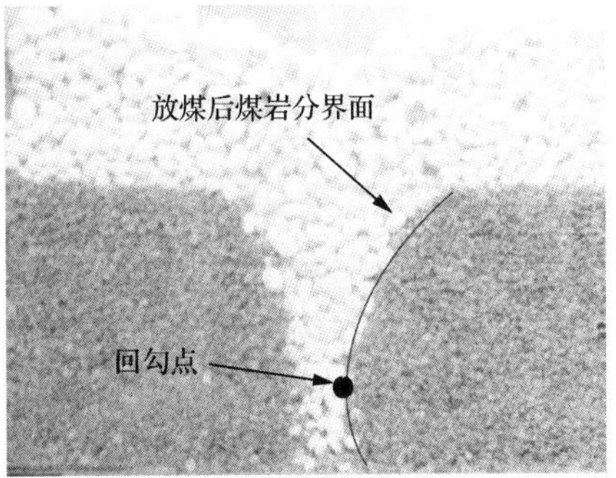

图 8-48 放煤试验和 PFC 数值计算中移架后煤岩分界面回勾点

$$\min\left\{H_{\text{origin1}^{\#}}+\frac{1}{2}A_{1h}'T_1^2,\ H_{\text{origin2}^{\#}}+\frac{1}{2}A_{2h}'T_2^{\,2},\cdots,\ H_{\text{originn}^{\#}}+\frac{1}{2}A_{kh}'T_k^{\,2},\cdots,\ H_{\text{originn}^{\#}}+\frac{1}{2}A_{nh}'T_k^{\,2}\right\} \tag{8-74}$$

$H_{\text{origin}x^{\#}}$ 为煤岩分界面上按时间排序后的矸石颗粒相应的初始横坐标，若解得排序后的第 i 点为回勾点，则回勾点坐标为

$$\left[H_{\text{origini}^{\#}}+\frac{1}{2}A_{ih}'T_k^{\,2},\ Y_{\text{origini}^{\#}}+\frac{1}{2}gT_k^{\,2}(i>k)\right]\text{或}\left[H_{\text{origini}^{\#}}+\frac{1}{2}A_{ih}'T_i^2,\ Y_{\text{origini}^{\#}}+\frac{1}{2}gT_i^2(i<k)\right]$$

认为放煤后形成的煤岩分界面自回勾点以上至始动点形态仍然满足初始煤岩分界面形态，则放煤后形成的煤岩分界面方程为

$$y = A'' \ln H + B''H + C'' \tag{8-75}$$

方程中有 3 个需要确定的未知数 A'' 、 B'' 、 C'' ，因此需要 3 个边界条件求解，如下所述。

(1)通过大量放煤试验和数值计算结果可知，放煤后形成的煤岩分界面最高点与放煤前基本无变化，可认为放煤后煤岩分界面最高点与放煤前相同，因为放煤前最高点坐标为(M_r, Y)，Y 通过将 M_r 代入式(8-42)得到 M_r 直接顶厚度。则(M_r, Y)满足：

$$Y = A'' \ln M_r + B''M_r + C'' \tag{8-76}$$

(2)放煤后煤岩分界面回勾点满足取$(i>k)$时的解：

$$Y_{\text{origin}i^{\#}} + \frac{1}{2}gT_k^{\ 2} = A'' \ln\left(H_{\text{origin}i^{\#}} + \frac{1}{2}A'_{ih}T_k^{\ 2}\right) + B''\left(H_{\text{origin}i^{\#}} + \frac{1}{2}A'_{ih}T_k^{\ 2}\right) + C'' \tag{8-77}$$

(3)放煤后煤岩分界面在回勾点处的斜率为 0，即

$$y' \left| \left(H_{\text{origin}i^{\#}} + \frac{1}{2}A'_{ih}T_k^{\ 2},\ Y_{\text{origin}i^{\#}} + \frac{1}{2}gT_k^{\ 2}\right) \right. = 0 \tag{8-78}$$

由式(8-76)～式(8-78)联立解得 A'' 、 B'' 、 C'' ，即求出了放煤后回勾点以上的煤岩分界面方程，回勾点以下形态通过光滑连接其下递补颗粒最终位移得到。

8.3　顶煤放出体理论计算方程

BBR 体系认为通过研究煤岩分界面、顶煤放出体形态特征并对其进行有效控制，可以达到提高顶煤采出率与降低含矸率的目的，并提出了顶煤放出体为“切割变异椭球体”的概念。因此建立一个理论模型描述顶煤放出体形态与顶煤放出过程是十分必要的，本节基于散体介质力学中的 Bergmark-Roos(B-R 模型)模型，引入支架掩护梁约束条件及重力加速度修正系数，得到了顶煤放出体的理论形态及放煤时间的理论计算方法。

B-R 模型是研究松散介质颗粒流动广泛应用的经典模型之一，一些国内外学者依据 B-R 模型对金属矿崩落放矿过程中的相关问题进行了研究，但是综放开采与上述金属矿崩落放矿具有明显差异，综放开采的放煤口位于综放支架的尾部，且综放支架掩护梁的存在对于散体顶煤的放出具有边界约束效应，因此不能直接将 B-R 模型用于综放开采散体顶煤放出体形态的描述研究中，必须在考虑综放支架存在的条件下，对其进行改进，使其更加符合综放开采的工艺特征。

“切割变异椭球体”是指在综放开采中，顶煤放出体形态呈现出向支架前方超前发育的趋势，同时放出体下部被支架掩护梁所切割，这是因为综放支架掩护梁与散体顶煤的摩擦系数小于散体顶煤颗粒之间的摩擦系数，所以造成支架掩护梁处散体流场内的颗粒流动速度和流动范围大于其他区域，根据综放开采这一基本事实和特征，本书对 B-R 模型进行了重要改进。

8.3.1 B-R 模型的改进

由于金属矿崩落放矿过程中没有综放支架的存在，放出口左右两侧对放出矿岩的边界约束相同，因此从理论上计算出的放出体形态应当左右对称，如图 2-113 所示。但在综放工作面，放顶煤支架的存在使得放煤口两端的边界效应截然不同。具体来说，放煤口采空区一侧为散体顶煤和散体矸石的相互作用，放煤口掩护梁一侧为散体顶煤和综放支架掩护梁的相互作用；两者的相互接触机理和摩擦系数均不相同，对于散体顶煤和破碎矸石来说，其破裂具有随机性，破裂后的形态特征也具有随机性，因此顶煤颗粒之间会存在相互嵌合(A 型)、平面贴合(B 型)及顶点相切(C 型)3 种接触类型，其对应的摩擦分别属于静摩擦(相互嵌合)、滑动摩擦(平面贴合)、滚动摩擦(顶点相切)，如图 2-113 所示。

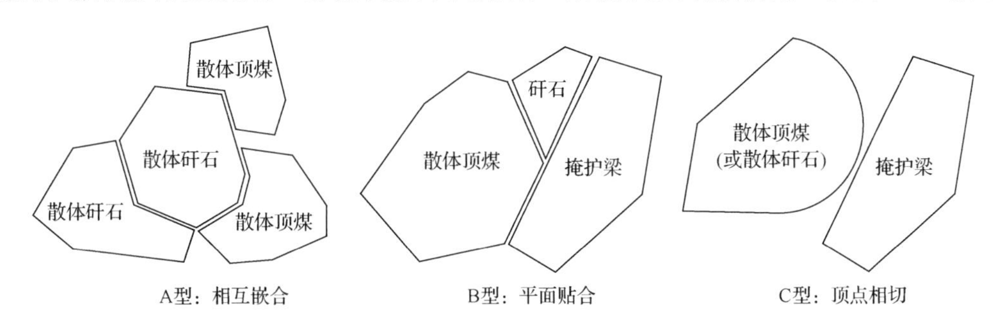

图 8-49 顶煤放出过程中的 3 种接触类型

以上 3 种不同摩擦形式对应的摩擦系数分别为静摩擦系数 μ_s、滑动摩擦系数 μ_h、滚动摩擦系数 μ_g。在同种散体颗粒介质前提下，满足 $\mu_s > \mu_h > \mu_g$[17]。在顶煤放出过程中，由于重力作用，散体顶煤向着颗粒密度变大的趋势发展[18]，顶点相切的情况极少出现，大多数为相互嵌合和平面贴合状态，因此散体顶煤颗粒之间的摩擦力以静摩擦和滑动摩擦为主；通常支架掩护梁为金属材质的光滑平面，其与散体顶煤颗粒的摩擦为滑动摩擦和滚动摩擦。因此将流动颗粒的接触类型分为以下两类。

(1) 煤-煤(矸石)接触类型：A 型、B 型；

(2) 煤(矸石)-掩护梁接触类型：B 型、C 型。

颗粒间摩擦系数 μ 和内摩擦角 φ 之间满足如式(8-79)所示的关系：

$$\mu = \tan\varphi \tag{8-79}$$

根据文献[5]中的相关研究，随机破碎成不规则形状的顶煤块体之间的摩擦系数 μ 在 0.6～0.7。根据式(8-79)计算，内摩擦角 φ 介于 30.96°～34.99°；最大临界运移角 θ_G 介于 27.5°～29.52°。

另外根据图 8-17，可以看出在散体顶煤放出条件下，放煤口处的左侧煤岩分界面斜率很大，倾角约为 68°，由于煤岩分界面左侧不受综放支架掩护梁的影响，因此可以认为在无支架条件下，放出体的 θ_G 不大于 25°，这与文献[19]中的 θ_G 角度取值相符；而右侧煤岩分界面斜率小于左侧煤岩分界面，倾角约为 62°，且右侧煤岩分界面受到支架掩护梁的影响明显。可以认为由于散体顶煤颗粒与支架掩护梁的摩擦系数较小，之前受到

临界运移角 θ_G 限制无法放出的顶煤区域因掩护梁的光滑平面而顺利放出。等效为因支架掩护梁的存在增大了右侧放出体的最大临界运移角 θ'_G。由于散体顶煤与掩护梁接触类型为 B 型和 C 型，散体顶煤可以紧贴掩护梁平面滑移，则 $\theta'_G=90°-\theta_S$，θ_S 为支架掩护梁倾角，图 8-17 中相似模拟所用支架掩护梁倾角为 60°。

因此考虑支架掩护梁影响的 B-R 模型应当分为左右两部分。公式中 r_D 为综放支架尾梁长度，左侧为原 B-R 模型，右侧为受到支架掩护梁影响的 B-R 模型。其本质在于左侧散体顶煤发生移动时的最大临界运移角为 θ_G，右侧散体顶煤发生移动时的最大临界运移角为 $\theta'_G=90°-\theta_S$，通常 $\theta_G<\theta'_G$。左侧放出体始动点坐标计算公式仍为式(2-189)，而右侧(掩护梁侧)放出体始动点坐标计算公式变为式(8-80)：

$$r_0(\theta,r_{\max})=(r_{\max}-r_D)\frac{(\cos\theta-\cos\theta'_G)}{1-\cos\theta'_G}+r_D(\theta_G<\theta'_G) \tag{8-80}$$

式(8-80)变形后为式(8-81)：

$$r_0(\theta,r_{\max})=(r_{\max}-r_D)\frac{[\cos\theta-\cos(90°-\theta_s)]}{1-\cos(90°-\theta_s)}+r_D \tag{8-81}$$

根据顶煤放出相似模拟试验的相关数据，以 $\theta_G=25°$、$\theta'_G=30°$($\theta_s=60°$)为例，对比放出体左右两侧形态，如图 8-50 所示。

从图 8-50 中可以看出：相比于金属矿崩落放矿，综放支架的存在对于放出体的形态影响十分明显，其本质是综放支架的光滑掩护梁增大了散体颗粒临界运移角 θ'_G，整体影响了放出体右侧颗粒始动点位置，从而改变了放出体右侧边界形态，可大致描述

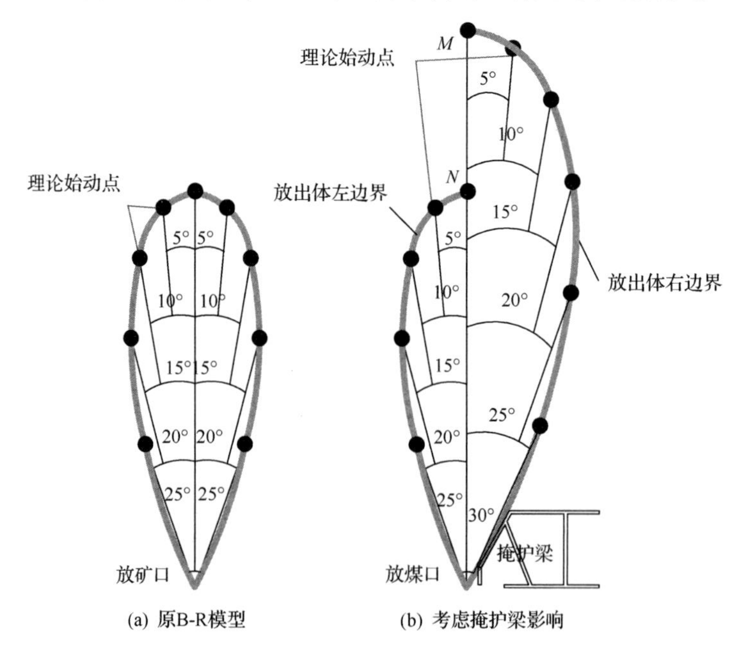

图 8-50　考虑支架掩护梁后的放出体形态

放出体向支架前方倾斜的趋势。但左侧放出体的最远始动点 N 和右侧放出体的最远始动点 M 之间存在一个高度突变，这是由于放出体左右两侧按照不同 B-R 公式计算的结果。但在实际相似模拟和颗粒流数值模拟(PFC^{3D})中此突变现象并不存在[5,16]，因此考虑综放支架影响后的 B-R 模型仍需进一步修正从而更加精确地描述综放开采条件下的顶煤放出体形态。

8.3.2 重力加速度修正系数 *K*

根据B-R模型，最远始动点位于 $\theta=0°$处，根据式(2-188)计算，当 $\theta_G=25°$、$r_D=0.5m$ 时，放矿开始 5 秒后的顶煤最高放出层位已经达到 12.21m。该结果与实验室试验和现场放煤实际情况出入较大，其原因在于 B-R 初始模型假设颗粒之间只受到重力和相互之间的摩擦力，且两者互为反力，忽略了颗粒之间的横向碰撞和嵌合作用。前面的研究证明在散体顶煤放出过程中，散体颗粒会受到明显的侧向压力即横向压力，且侧向压力的大小会决定煤岩分界面形态特征；另外颗粒间横向作用力的存在会使颗粒重力加速度的作用被弱化，在某些区域颗粒之间的横向作用力甚至会大于颗粒重力，此时会出现放煤现场和顶煤放出相似模拟试验中的卡矸和颗粒成拱现象，因此需要引进重力加速度修正系数 K 来对弱化后的重力作用进行修正，K 值的大小可通过试验确定。本书采用 PFC^{3D} 数值模拟和散体顶煤放出相似模拟两种方法求得 K 值。

8.3.2.1 PFC^{3D} 数值模拟计算 K

利用 PFC^{3D} 颗粒流软件建立散体顶煤综放开采数值模型，采高为 3m，顶煤厚度为 6m，采放比 1∶2。数值模型中建立 5 个综放支架，为消除边界效应，取位于中间位置的 3$^{\#}$支架作为研究对象，支架掩护梁角度 $\theta_s=60°$。散体顶煤和矸石颗粒与放煤口的尺寸满足相似比要求，设置顶煤颗粒间的摩擦系数 $\mu_1=0.7$，颗粒与支架掩护梁间的摩擦系数为 $\mu_2=0.2$。

根据式(2-24)和式(8-79)，通过所设置参数可以计算出：$\theta_G=27.5°$，$\theta'_G=90°-\theta_s$，$\theta'_G=30°$。根据 B-R 模型最远始动点计算方程，选取 3$^{\#}$支架放煤口正上方($\theta=0°$)颗粒(ID:35978)为研究对象。

在改进的 B-R 模型中，由于 θ_G 的改变，散体顶煤放出体左右两侧流场有所差异，需分别求出左右两侧重力加速度修正系数 K_L 和 K_R。对于不受支架掩护梁影响的放出体左侧，当不考虑颗粒间的横向作用时，所选取的对象颗粒满足 B-R 原始模型最远始动点方程，此时颗粒只受到重力和竖直向上的摩擦力作用，加速度大小 $g_L=g(1-\cos\theta_G)$，方向竖直向下。此时对应的数值模型为单一颗粒模型，即整个支架上方只有所选取的研究颗粒，如图 8-51 所示，颗粒加速度被赋值为 $g(1-\cos\theta_G)$，因为 $\theta_G=27.5°$，颗粒的加速度 $g_L=1.129m/s^2$，方向竖直向下，分别记录颗粒对象开始移动和刚好到达放煤口时的时间，始动和放出时刻如图 8-51 所示。

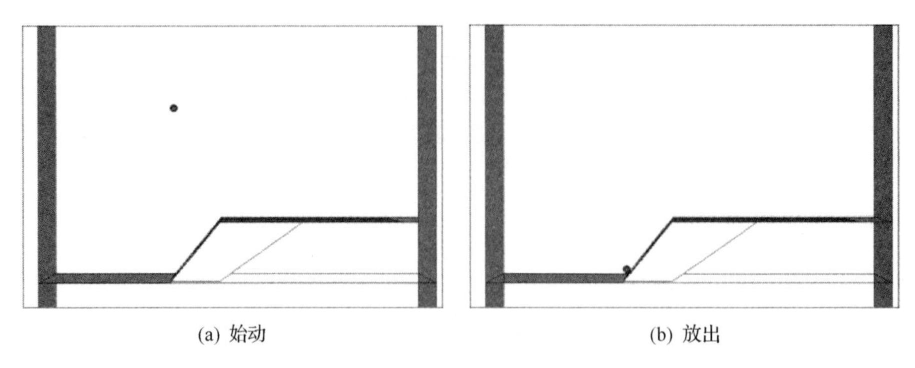
(a) 始动　　(b) 放出

图 8-51　研究颗粒(ID:35978)的放出过程

同理对于放出体右侧，由于受到支架掩护梁影响，$\theta_G' = 90° - \theta_s = 30°$，则颗粒加速度 g_R 被赋值为 $g(1-\cos\theta_G') = 1.339 \mathrm{m/s^2}$，方向竖直向下。分别记录所研究颗粒对象开始移动和刚好到达放煤口时的时间。

t_{1L} 为不考虑颗粒横向作用时，放煤口左侧最远始动颗粒放出所需时间；t_{1R} 为不考虑颗粒横向作用时，放煤口右侧最远始动颗粒从移动到放出所需时间，t_{1L}、t_{1R} 满足式(8-82)和式(8-83)：

$$r_{max} = r_D + \left(\frac{g t_{1L}{}^2}{2}\right)(1-\cos\theta_G) \tag{8-82}$$

$$r_{max} = r_D + \left(\frac{g t_{1R}{}^2}{2}\right)(1-\cos\theta_G') \tag{8-83}$$

当考虑颗粒间横向作用时，数值模型中充满散体颗粒，由于散体颗粒在数值计算过程中自动考虑水平方向作用力，放煤口正上方最远始动颗粒(ID：35978)的运动满足改进后的 B-R 方程要求。由于颗粒间横向作用力的存在，重力加速度的影响效果被削弱，分别记录对象颗粒开始移动和刚好到达放煤口时的时间，始动和放出时刻如图 8-52 所示。修正后的 B-R 模型最远始动点计算方程如式(8-84)所示：

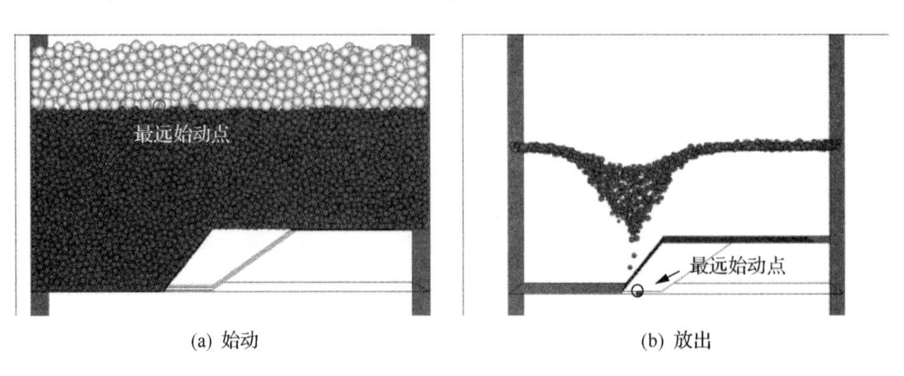

(a) 始动　　(b) 放出

图 8-52　考虑横向作用时颗粒(ID:35978)的放出过程

$$r_{\max}=r_D+K\left(\frac{gt_2^2}{2}\right)(1-\cos\theta_{\mathrm{G}})\tag{8-84}$$

式中，K 为重力加速度修正系数，t_2 为考虑颗粒横向作用时，研究颗粒对象从始动到刚好放出所需的时间；因两次模拟选取的是同一颗粒(ID:35978)，所以最远始动距离 $r_{\max}$ 相等，满足式(8-85)和式(8-86)：

$$r_D+\left(\frac{gt_{1L}{}^2}{2}\right)(1-\cos\theta_{\mathrm{G}})=r_D+K_{\mathrm{L}}\left(\frac{gt_2^2}{2}\right)(1-\cos\theta_{\mathrm{G}})\tag{8-85}$$

$$r_D+\left(\frac{gt_{1R}{}^2}{2}\right)(1-\cos\theta'_{\mathrm{G}})=r_D+K_{\mathrm{R}}\left(\frac{gt_2^2}{2}\right)(1-\cos\theta'_{\mathrm{G}})\tag{8-86}$$

解得

$$K_{\mathrm{L}}=\frac{t_{1\mathrm{L}}^2}{t_2^2},\quad K_{\mathrm{R}}=\frac{t_{1\mathrm{R}}^2}{t_2^2}\tag{8-87}$$

根据数值模拟结果求得 $K_{\mathrm{L}}=\dfrac{1}{618}$，$K_{\mathrm{R}}=\dfrac{1}{732}$。

8.3.2.2　相似模拟计算 K

选取粒径为 3～5mm 的巴厘石为散体顶煤模拟材料，散体颗粒间摩擦系数 μ_1 约为0.7，根据式(2-184)和式(8-79)可得 $\theta_{\mathrm{G}}=27.5°$。

采用顶煤放出三维模拟实验台进行试验，模拟支架和散体顶煤模拟材料均满足相似比。与数值模拟保持相同采放比，换算之后支架上方应铺设20cm散体巴厘石作为顶煤，支架高度为10cm，掩护梁角度 $\theta_{\mathrm{s}}=60°$。模型铺设3个支架，选取中间位置 $2^{\#}$支架放煤口上方最远始动点作为研究对象，模型铺设完毕如图8-53所示。

图8-53　相似模拟初始模型

根据 B-R 模型，依然分为左右两部分，求出放出体左右两侧重力加速度修正系数 K_L 和 K_R。当不考虑颗粒间横向作用时，仍满足式(8-82)和式(8-83)。

r_D（支架尾梁长度）在相似模拟中可忽略不计。根据牛顿第二定律算出不考虑横向作用力时，最远始动点到达放煤口所需时间 t_{1L}、t_{1R}。

$$S_D = gt^2 / 2 \tag{8-88}$$

式中，S_D 为最远始动点到放煤口距离，即相似模拟中的顶煤厚度，$S_D = 0.3\text{m}$。不考虑颗粒横向作用时，放出体左右两侧最远始动点加速度仍与数值模拟中取值相同，分别为：$g_L = 1.129\text{m/s}^2$，$g_R = 1.339\text{m/s}^2$。根据式(8-88)可以算出 $t_{1L} = 0.73\text{s}$，$t_{1R} = 0.66\text{s}$。

当考虑颗粒间横向作用时，相似模拟实验台中填充满相似材料，此时模型放煤口正上方顶煤最高层位颗粒的运动满足改进的 B-R 方程中最远始动点要求，分别记录相似模拟中放煤口正上方最远始动颗粒开始移动和刚好到达放出口时所需的时间 t_2，图 8-54 为中间位置的 2#支架上方最远始动点恰好放出时的瞬间。

图 8-54　2#支架上方最远始动点放出瞬间

K_L，K_R 计算同式(8-87)：$K_L = \dfrac{t_{1L}^2}{t_2^2}$，$K_R = \dfrac{t_{1R}^2}{t_2^2}$

经重复试验，测得相似模拟顶煤放出体最远始动点放出时间 t_2 见表 8-3。

表 8-3　相似模拟顶煤放出体最远始动点放出时间

试验次数	放煤时间(t_2)/s	放煤时间均值/s
1	15.90	
2	13.33	14.73
3	14.96	

根据表 8-3 中的数据，取均值 $t_2 = 14.73\text{s}$，代入式(8-87)求得：$K_L = \dfrac{1}{407}$，$K_R = \dfrac{1}{498}$。

8.3.3　改进模型的正确性验证

8.3.3.1　放出体形态描述验证

取采高为3m，顶煤厚度为6m，顶煤颗粒间摩擦系数为0.7，支架掩护梁角度为60°，放煤口尾梁长度$r_D=0.5m$。图8-55分别为原B-R模型[图8-55(a)]，考虑支架掩护梁作用的B-R模型[图8-55(b)]，引入重力加速度修正系数K后的B-R模型[图8-55(c)]和改变支架掩护梁角度后并引入K后的B-R模型[图8-55(d)]，依据上述参数所计算出的顶煤放出体理论形态。

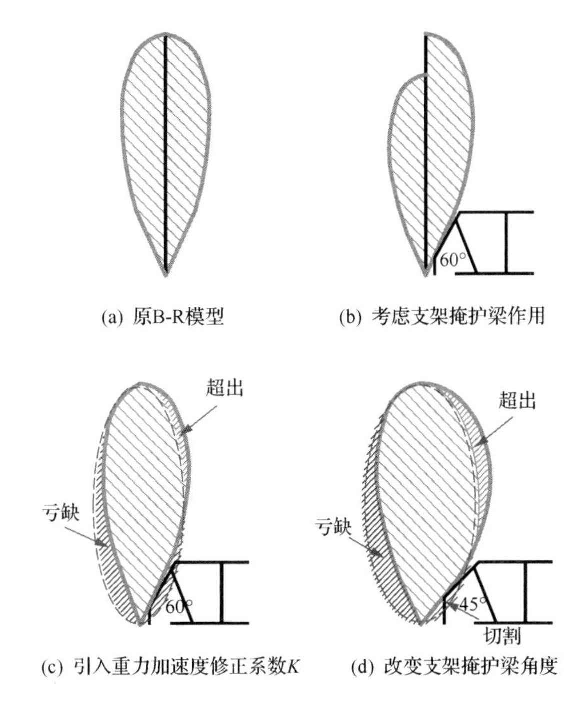

(a) 原B-R模型　(b) 考虑支架掩护梁作用
(c) 引入重力加速度修正系数K　(d) 改变支架掩护梁角度

图8-55　不同模型下计算出的放出体理论形态

可以看出，引入重力加速度修正系数K后的模型可以准确描述放出体右侧向支架前方超前发育的特征，并且可消除放出体顶点处的突变现象。放出体左右两侧形态特征差异随支架掩护梁角度减小而越发明显。与图8-11(g)基本吻合(微小差异是由理论模型中理想假设所致)：放出体左侧部分亏入椭球体，放出体右侧部分超出椭球体，且放出体下部被支架掩护梁部分切割。解释了切割变异椭球体形成的原因是由放出体左右两侧临界运移角θ_G不同造成的。

8.3.3.2　现场放煤时间准确性验证

某矿8103综放工作面，采高3m，顶煤厚度3m，采放比1∶1，利用原B-R模型、引入数值模拟得到的重力加速度修正系数K后的模型、引入相似模拟得到的重力加速度修正系数K后的模型计算得出单个支架单轮放煤工序持续时间见表8-4。

表 8-4　不同模型放煤时间估算误差

计算模型种类	理论时间/s	实测时间/s	误差/%
原 B-R 模型	3.12	65.8	–95.26
数值模拟改进模型	77.50	65.8	17.78
相似模拟改进模型	62.94	65.8	–4.35

从表 8-4 可以看出引入重力加速度修正系数 K 后的 B-R 模型，可以明显提高现场放煤时间预估的准确性，且通过相似模拟改进后的模型相比于数值模拟改进后的模型可以更加精确地预计顶煤放出时间，这是由于相似模拟所采用的散体颗粒不仅保持了几何相似，更保持了模拟材料的力学性质相似。

参 考 文 献

[1] 王家臣. 厚煤层开采理论与技术[M]. 北京: 冶金工业出版社, 2009.

[2] 马拉霍夫 Г М. 崩落矿块的放矿[M]. 杨迁仁, 刘兴国, 译. 北京: 冶金工业出版社, 1958.

[3] 王家臣, 富强. 低位综放开采顶煤放出的散体介质流理论与应用[J]. 煤炭学报, 2002, 27(4): 337-341.

[4] Wang J C, Yang S L, Li Y, et al. Caving mechanisms of loose top-coal in longwall top-coal caving mining method[J]. International Journal of Rock Mechanics &Mining Sciences, 2014, 71(10): 160-170.

[5] 王家臣, 张锦旺. 综放开采顶煤放出规律的 BBR 研究[J]. 煤炭学报, 2015, 40(3): 487-493.

[6] 王家臣, 李志刚, 陈亚军, 等. 综放开采顶煤放出散体介质流理论的试验研究[J]. 煤炭学报, 2004, 29(3): 260-263.

[7] 刘兴国. 放矿理论基础[M]. 冶金工业出版社, 北京, 1995.

[8] 徐永圻. 煤矿开采学[M]. 徐州: 中国矿业大学出版社, 1999: 231-232.

[9] 国家安全生产监督管理总局. 商品煤含矸率和限下率的测定方法: MT/T 1-2007[S]. 北京: 中国标准出版社, 2007.

[10] 王家臣, 杨胜利, 黄国君, 等. 综放开采顶煤运移跟踪仪研制与顶煤回收率测定[J]. 煤炭科学技术, 2013, 41(1): 36-39.

[11] 王家臣, 杨建立, 刘颢颢, 等. 顶煤放出散体介质流理论的现场观测研究[J]. 煤炭学报, 2010, 35(3): 353-356.

[12] 孙其诚, 王光谦. 颗粒物质力学导论[M]. 北京: 科学出版社, 2009.

[13] 周睿煦. 松散物料力学[M]. 徐州: 中国矿业大学出版社, 1995.

[14] 赵彭年. 松散介质力学[M]. 北京: 地震出版社, 1995.

[15] 王家臣, 宋正阳. 综放开采散体顶煤初始煤岩分界面特征及控制方法[J]. 煤炭工程, 2015, 47(7): 1-4.

[16] Wang J C, Zhang J M, Song Z Y, et al. 3-dimensional experimental study of loose top-coal drawing law for longwall top-coal caving mining technology [J]. Journal of Rock Mechanics and Geotechnical Enginnering, 2015, 47(7): 318-326.

[17] 温诗铸. 摩擦学原理[M]. 北京: 清华大学出版社, 1990.

[18] Melo F, Vivanco F, Fuentes C, et al. On drawbody shapes: from Bergmark-Roos to kinematic models [J]. International Journal of Rock Mechanics and Mining Sciences, 2007, 44(1): 77 -86.

[19] 陶干强, 杨世教, 刘振东, 等. 基于 Bergmark-Roos 方程的松散矿岩放矿理论研究[J]. 煤炭学报, 2010, 35(5) 750-753.

9 顶煤三维放出规律

放顶煤开采中，顶煤破碎与放出规律研究一直是放顶煤开采理论研究的核心和主要内容之一，然而目前的放煤理论研究中，普遍采用二维相似模拟试验和二维数值模拟计算，而且对支架尾梁和移架的影响考虑较少，本章主要介绍作者基于散体介质流理论的思想，采用三维离散元数值模拟、三维物理实验方法进行顶煤放出过程的研究，以及取得的一些对顶煤三维放出规律的基本认识。

9.1 顶煤放出规律三维数值模拟

本节基于散体介质流理论的思想，采用基于离散元方法的数值软件 PFC^{3D}，建立了综放开采顶煤放出三维数值模型，进行了顶煤放出过程及主要影响因素的模拟计算[1]。

9.1.1 PFC^{3D} 模型的建立

9.1.1.1 基本假设

为了减少计算工作量，作如下基本假设[2]：

(1) 放煤过程中顶煤呈现松散破碎状态，由于工作面后上方的顶煤所受到的压力不是很大，因此各块体在运动过程中可视为准刚体；

(2) 支架只承受上方破碎顶煤及少量破碎直接顶的质量；

(3) 煤壁前方支承压力不影响支架上方已破碎顶煤的放出；

(4) 正常开采期间，不发生煤壁片帮和端面冒漏事故。

9.1.1.2 模型参数确定

为了更加真实地模拟放煤移架过程，模型中设置了液压支架，并在液压支架尾部设置放煤口，整体模型空间结构如图 9-1 所示。

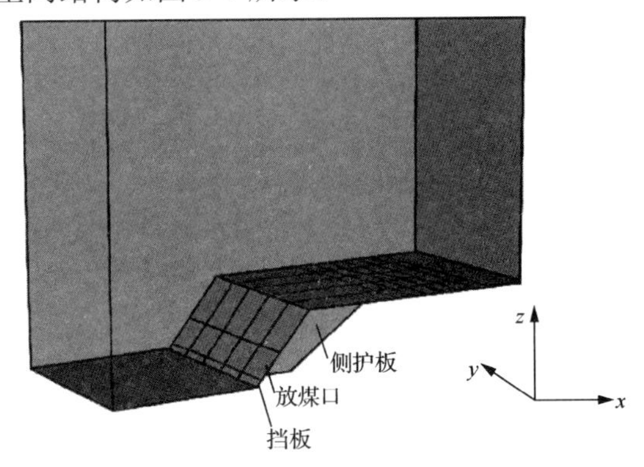

图 9-1 几何模型示意图

支架参数按照真实的放顶煤液压支架尺寸来设计，并在支架的放煤口底部设立高度为 20cm 的挡板模拟放煤口下方的刮板输送机。液压支架及煤矸颗粒物理力学参数见表 9-1 和表 9-2。

表 9-1　液压支架参数

高度/mm	中心距/mm	刚度/(N/m)	放煤口尺寸/mm^2	支架尾梁角度/(°)	摩擦系数
2200	1200	4×10^8	1200×1000	50	0.2

表 9-2　模型材料颗粒力学参数

材料	密度 ρ/(kg/m^3)	半径 R/mm	法向刚度 k_n/(N/m)	剪切刚度 k_s/(N/m)	摩擦系数
煤炭	1500	100～150	2×10^8	2×10^8	0.4
矸石	2500	200～220	4×10^8	4×10^8	0.4

模拟计算中，认为顶煤和矸石颗粒靠自重作用达到密实状态。在指定的长方体空间内按照给定尺寸、数量和半径大小随机生成松散的颗粒，然后让颗粒受自重作用，颗粒下落并相互接触产生力的作用，从而形成相对密实的颗粒体系，作为顶煤放出过程的研究对象。模拟初始条件：颗粒初始速度为 0，只受重力作用，$g=9.81m/s^2$，墙体速度与加速度为 0。边界条件：颗粒四周及底部墙体作为模型的外边界，其速度和加速度固定为 0。

本书分别模拟了采放比为 1∶1、1∶2、1∶3 的情况，并在每种采放比情况下进行了不同放煤步距(一刀一放、两刀一放、三刀一放)的放煤过程模拟，图 9-2 是采放比为 1∶2 情况下的综放开采 PFC^{3D} 计算模型。图中上部灰白色的颗粒为矸石，下部黑褐色颗粒为煤，煤层中设置若干颜色标志线以观察放煤过程中破碎顶煤的运动趋势。

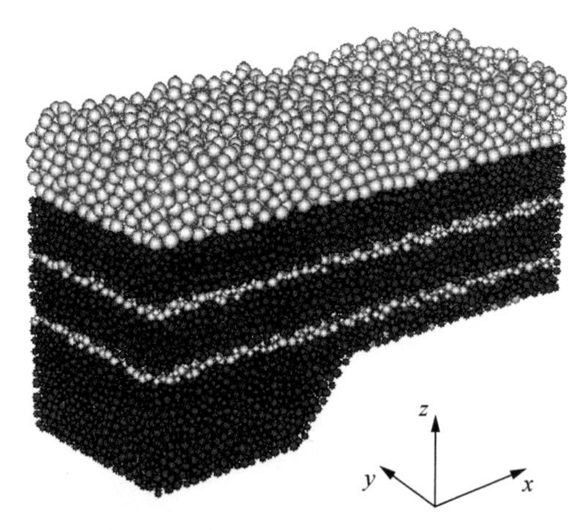

图 9-2　采放比为 1∶2 情况下的综放开采 PFC^{3D} 计算模型

利用 PFC 中的墙单元，模拟液压支架。支架放煤口的打开或关闭，通过为放煤口墙单元赋予绕放煤口上部轴心处逆时针或顺时针的角速度来实现；移架动作通过设置液压支架整体沿 x 正方向的水平速度来实现。在放煤的过程中，每运行一步，都利用 PFC 内置的 FISH 语言来精确判断矸石的实时位置，当判断出有矸石颗粒放出(矸石中位置最低

的颗粒 z 坐标<0)，则执行关门动作，模拟现场“见矸关门”的工序。关门动作完成之后，其他支架开始放煤或执行移架动作。

9.1.2　模拟结果分析

经过计算发现，不同采放比及放煤步距模拟结果在采出率上有所差别，但在顶煤放出规律上是相似的，该部分内容的目的是研究综放开采顶煤放出的一般性规律，为了避免篇幅过长，选取最具有代表性的中间采放比 1∶2 为研究对象进行论述。

9.1.2.1　顶煤速度场与位移场分析

为了研究速度场的变化规律，放煤过程每隔 1 秒观测一次速度场分布图。放煤口的颗粒流出速度在 3.5m/s 左右，放出顶煤颗粒数量 N_f 除第一秒以外其他时间都是比较平稳的，只是因颗粒大小在指定半径范围内等概率随机生成而导致一定量的偏差，如图 9-3 所示。当放煤开始后会迅速达到稳定流出状态，此时速度场的大小分布不再发生明显变化从而形成稳定的速度场及二次松散区域，如图 9-4 所示。因此从速度场的变化可以看出固定放煤口大小后放出顶煤颗粒的最大速度就确定了。

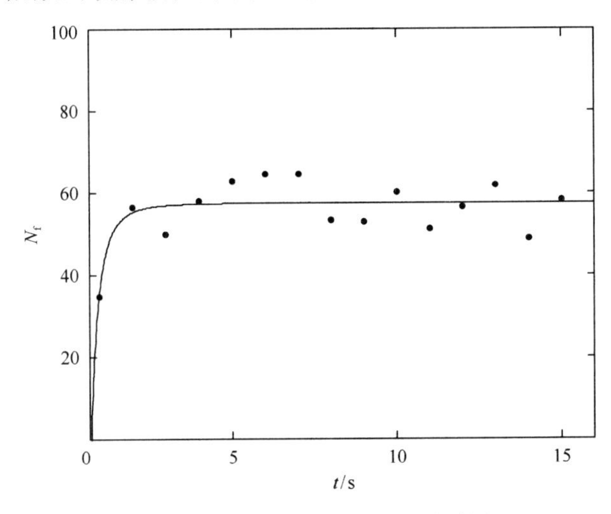

图 9-3　放煤量随时间变化的关系图

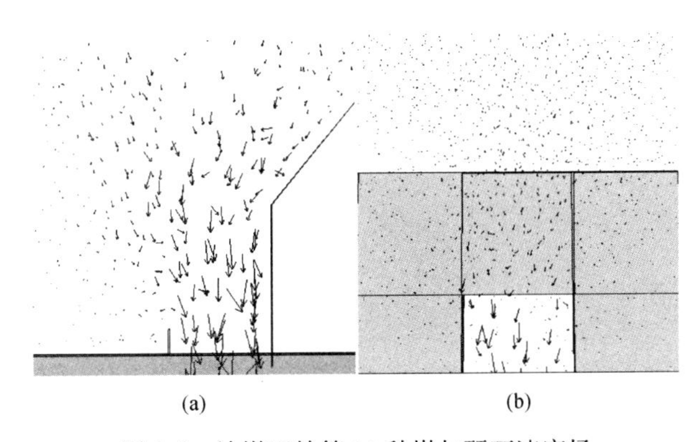

图 9-4　放煤开始第 20 秒煤与矸石速度场

对顶煤颗粒进行追踪，发现顶煤会在支架放煤口附近形成一个类似拱形的动态稳定体。稳定体内部的颗粒非常松散基本不受摩擦力作用而只受重力作用。通过观察顶煤颗粒的运动速度可以判断，顶煤颗粒在 1.5m 高度以下的某个地方阻力突然减小，一般在高度为 1.2m 的位置顶煤颗粒间接触力就基本消失，此时加速度就是重力加速度，同时可以得到动态稳定拱高度(支架放煤口中心到拱顶距离)为 0.6m 左右。

选定中部支架上方区域研究稳定拱外的煤与矸石颗粒的移动规律，在该区域内设置监测颗粒，根据监测结果绘制图 9-5，图中 H 为监测颗粒高度，X 为监测颗粒的 x 轴坐标，Y 为监测颗粒的 y 轴坐标(x 轴、y 轴方向如图 9-2 中坐标轴所示)。

从图 9-5 可以看出支架放煤口上方各个方向的顶煤颗粒都有指向放煤口且近似呈直线的运移轨迹。因此基于这种规律，简单的二维模拟和不恰当的三维模拟(未考虑边界条件影响)都会限制煤的侧向移动，从而改变模型边界处煤与矸石颗粒的运移轨迹，采用考虑边界条件的三维模拟可以更加准确地反映煤与矸石颗粒的运移规律。

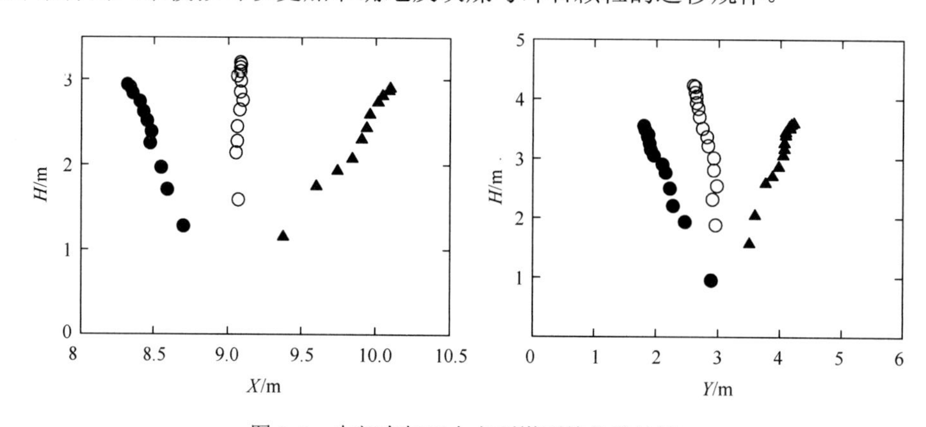

图 9-5　中部支架正上方顶煤颗粒位移轨迹

9.1.2.2　顶煤放出体分析

放煤过程每隔 1 秒对模拟结果进行二次分析提取，并反演出放出体形态。因支架尾梁的限定，放出体中线与放煤口中线之间存在一夹角 θ(以下称轴偏角)，图 9-6 显示了放出体轴偏角 θ 随放煤时间变化的示意图。

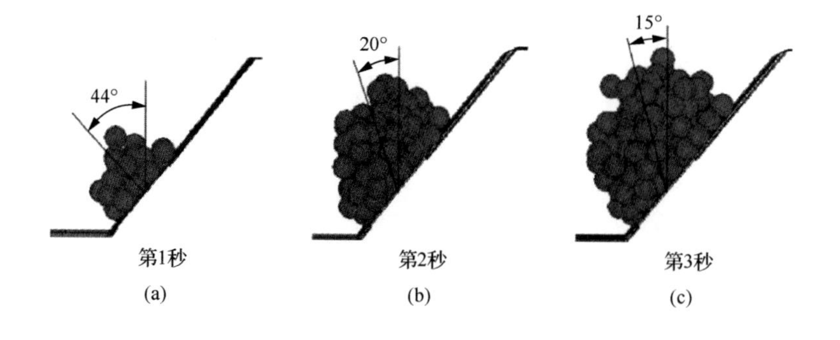

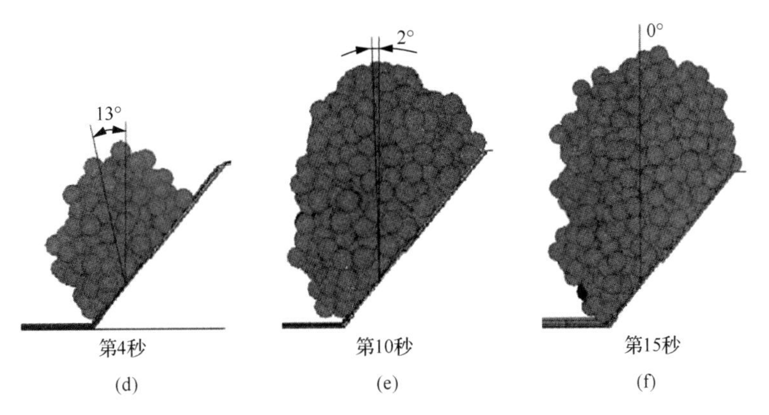

图 9-6　不同时刻放出体形态截面图

由图 9-6 可知随着时间的推移，顶煤放出体体积增大，轴偏角 θ 逐渐减小，且 θ 与放煤时间呈指数关系，拟合曲线如图 9-7 所示。

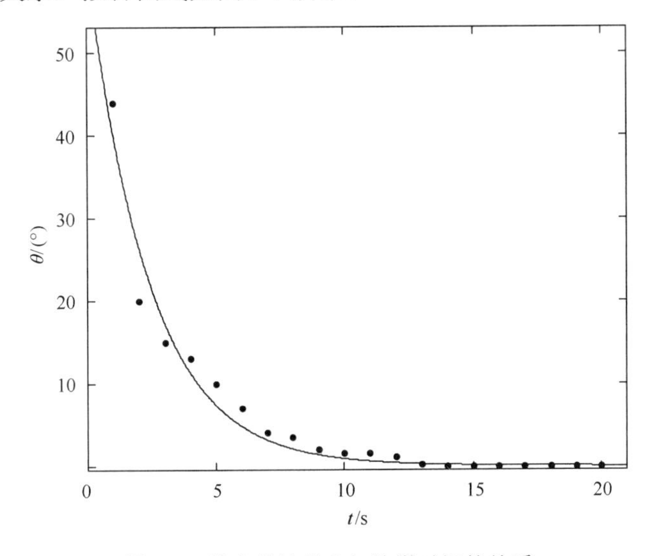

图 9-7　放出体轴偏角与放煤时间的关系

放出体轴偏角与放煤时间的拟合关系如式(9-1)所示：

$$\theta = 61.6\mathrm{e}^{-0.4244t} \tag{9-1}$$

式中，θ 为放出体轴偏角，(°)；t 为放煤时间，s；该拟合相关系数 $R^2=0.9683$。

由图 9-7 可以看出，在放煤初期，θ 减小得很快；到 6 秒之后，θ 减小程度逐渐趋于平缓；到了 13 秒后 θ 完全归零，之后放出体中线与放煤口中线重合。此时，顶煤放出体可看作是支架限定的切割变异椭球体。

把放出体在 xyz 三维坐标轴的各个轴以放煤口中线为中心分别划分为 x 轴两个部分(x+和 x–)、y 轴两个部分(统计数据获知放出体在 y+、y–方向上随时间扩展程度相同，于是将两部分统一由 y 表示)和 z 轴一个部分进行观测，如图 9-8 所示。

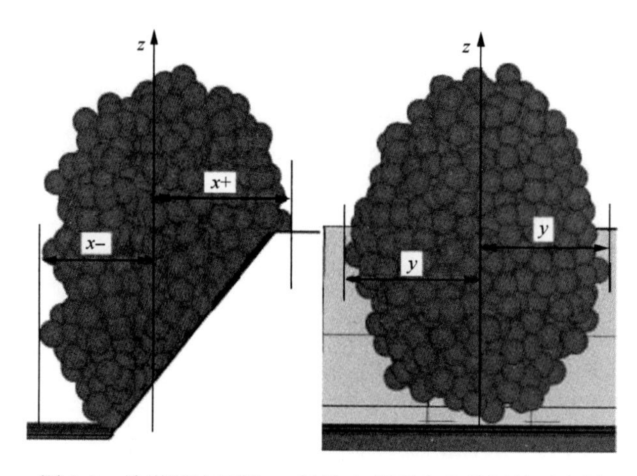

图 9-8　放煤开始后第 15 秒放出体形态及扩展轴示意图

同样根据前 15 秒数据利用 MATLAB 绘制出放出体 x 轴、y 轴长度随时间的关系图，如图 9-9 所示。不难看出 6 秒以前放出体还处于一个发育的过程。最开始受放煤口影响最大，以过放煤口中心并垂直于支架尾梁的直线为中轴形成半圆拱，之后由于重力作用拱形逐渐向成熟的放出体演变。由于放出体 x+方向顶煤接触面为液压支架，摩擦系数比较小，结合图 9-6 可知，这段时间 x–轴的扩展速率小于 x+轴的扩展速率，直到形成稳定的扩展形态。6s 以后各轴扩展速率逐渐稳定，此时形成成熟的放出体形态，对应的放出体轴偏角为 0°。

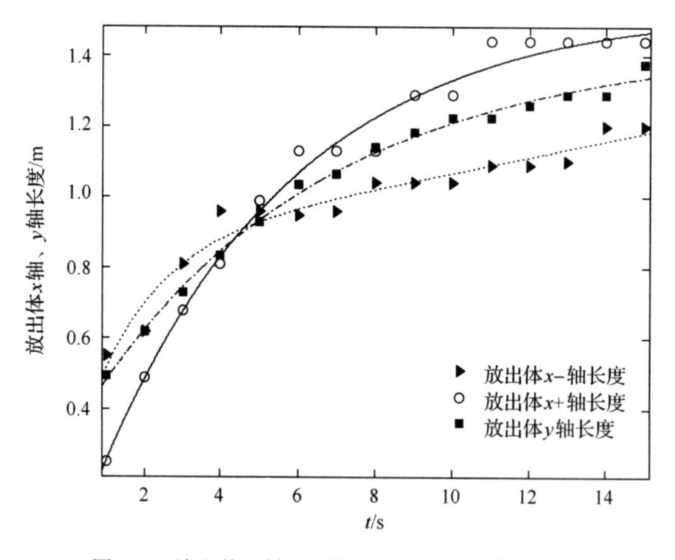

图 9-9　放出体 x 轴、y 轴长度与时间的拟合曲线

放煤过程中，顶煤放出体高度与放煤时间呈幂函数关系，拟合曲线如图 9-10 所示。

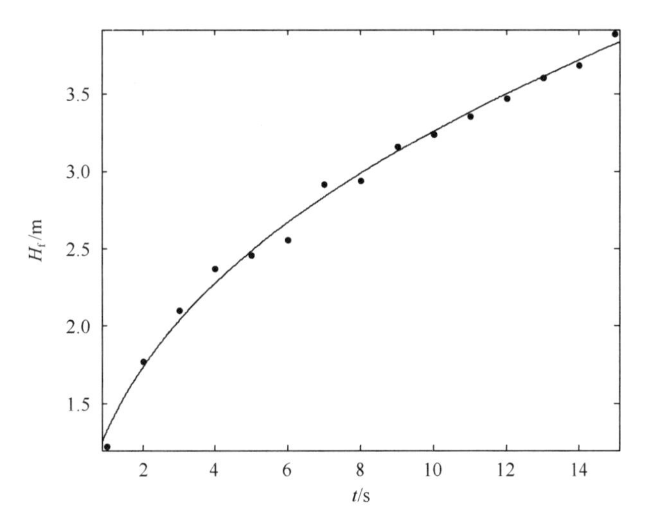

图 9-10 顶煤放出体高度与放煤时间的拟合曲线

顶煤放出体高度与放煤时间的拟合关系如式(9-2)所示：

$$H_f = 1.321t^{0.3924} \tag{9-2}$$

式中，H_f为放出体 z 轴方向高度，m；t 为放煤时间，s；该拟合相关系数 R^2＝0.9932。

成熟顶煤放出体形态呈现出一种以支架为边界限定条件下的切割变异椭球体，这种切割变异椭球体可在垂直于工作面剖面按放煤口中线和椭球体中线分为 4 个部分，如图 9-11 所示。

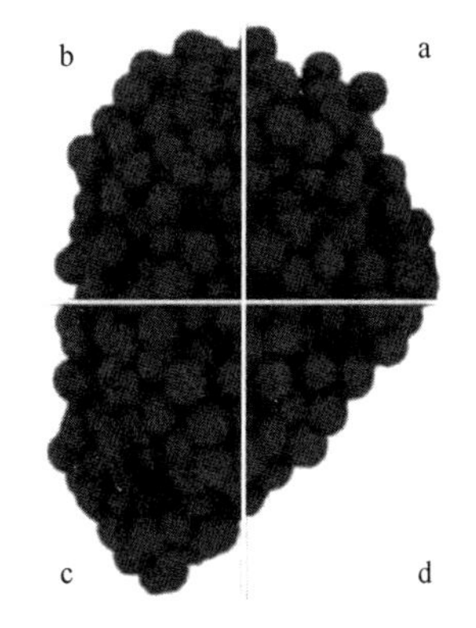

图 9-11 放出体垂直工作面剖面的区域划分

经统计发现在支架的限定条件下 4 个部分体积存在如下关系：

$$V_a > V_c > V_b > V_d \text{ 且 } V_a + V_d = V_b + V_c$$

即 d 部分由于支架尾梁限定而欠发育的放出体由 a 部分补偿，并且从采空区向工作面方向可以看出限定椭球体下部比上部肥大，总体来说这个支架限定放出体是以放煤口中心线为中轴线开始逐渐发育。顶煤放出体的三维空间形态受支架影响很大，支架与顶煤之间的摩擦系数小于顶煤与顶煤之间的摩擦系数，因此 V_a 部分发育较快。

9.1.2.3 煤矸分界面的形态变化特征

从图 9-12 可以看出在三维空间中，放出体切割煤矸分界面所形成的漏斗面是一个中心轴朝采空区偏移的三维漏斗曲面。

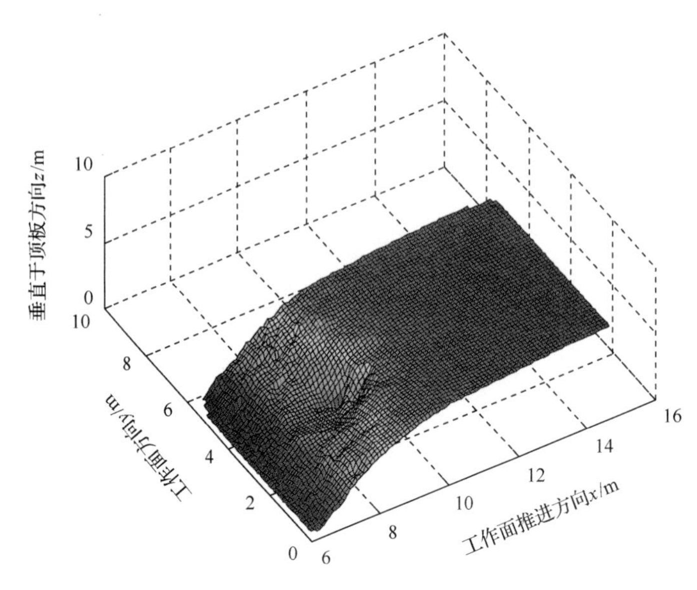

图 9-12　多次移架后的放煤漏斗面

为了观察顶煤运移路线的规律及残煤形态，利用 3DMAX 结合 PFC^{3D} 模拟结果反演出多次移架放煤后工作面方向上顶煤的运移形态及空间残煤形态，如图 9-13 所示。

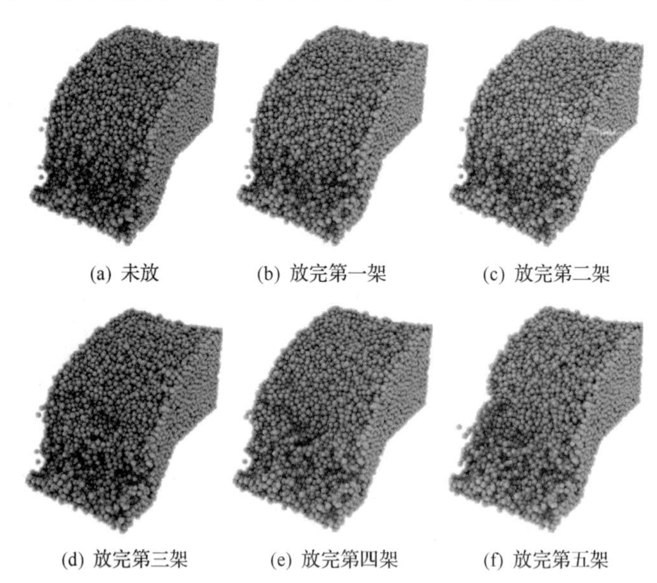

(a) 未放　(b) 放完第一架　(c) 放完第二架

(d) 放完第三架　(e) 放完第四架　(f) 放完第五架

图 9-13　多次移架放煤后工作面方向上顶煤的运移形态及空间残煤形态

由图 9-13 可以看出，每次放煤后在“见矸关门”的控制条件下所形成的漏斗大小都不同，煤矸分界面的形态也变化较大，因放出体是按一定趋势在三维空间内扩展的，如果放出体表面与放出漏斗相切就会“见矸关门”，“见矸关门”后形成新的漏斗又是下一个“见矸关门”的初始条件，因此不同的放煤顺序会形成不同的漏斗形态，从而通过影响“见矸关门”的时间而影响采出率的大小，因此合理地安排支架放出顺序能够使放煤时间尽可能变长，提高煤炭采出率。

9.1.2.4 煤炭采出率计算

通过对采放比分别为 1∶1、1∶2、1∶3 和放煤步距一刀一放、两刀一放、三刀一放的放煤方式进行模拟分析，并通过式(9-3)求解出每个放煤循环结束后的顶煤采出率 ω_{t}。

$$\omega_{\mathrm{t}}=\left(1-\frac{N_{\mathrm{c}}}{N_{\mathrm{d}}}\right)\times 100\% \tag{9-3}$$

式中，N_{c} 为统计区间段内残煤颗粒个数；N_{d} 为统计区间内支架上方的顶煤颗粒个数。

不同放煤方式、不同采放比时的顶煤采出率与工作面推进距离的关系如图 9-14 所示。

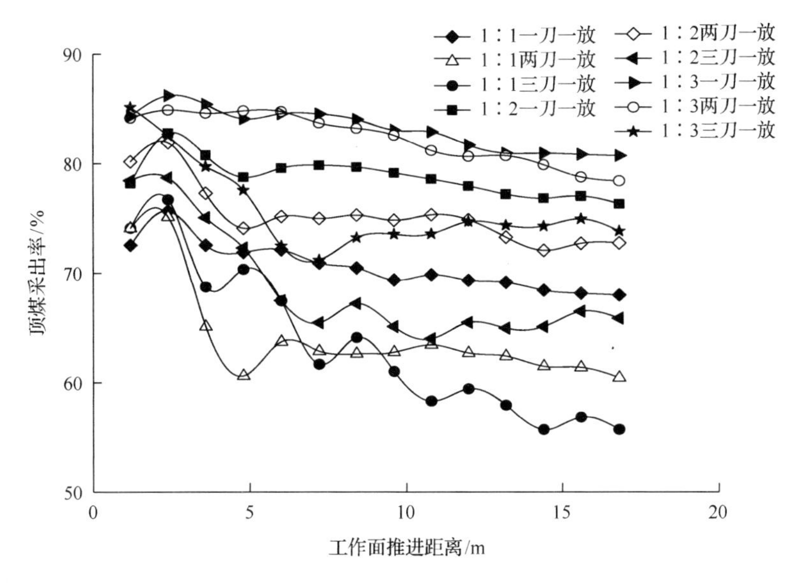

图 9-14 顶煤采出率与工作面推进距离的关系

从图 9-14 可以看出，各种采放比和放煤步距下，顶煤采出率都呈现出按一定趋势下降后再趋于稳定的规律，并且不同采放比和不同放煤步距下达到稳定状态时的工作面推进距离不同。

如在模拟两刀一放且采放比为 1∶1 时，工作面推进到 4.8m 的位置，采出率就达到了稳定状态；三刀一放且采放比为 1∶2 时，工作面推进到 9.6m 的位置采出率才达到稳定状态；而对于模拟三刀一放且采放比为 1∶1 时，工作面推进到 16.8m 的位置采出率还未达到稳定状态。因此开采初期前几个循环统计的采出率不能代表工作面稳定的采出率，而必须在工作面推进到一定距离后，采出率达到稳态时，才能代表现场的实际采出率，该规律称为采出率的渐进稳定效应。

采出率的渐进稳定效应的意义在于，由于室内相似模拟试验的尺寸限制，在测定顶煤采出率时，若模拟推进距离过小则容易导致所测定的采出率无法代表生产过程中的实际采出率，若模拟推进距离过大又会导致试验时间过长和试验平台设计的浪费。该结论可以用于指导三维模拟试验平台的制作和试验方案的设计，将不同采放比和放煤步距下采出率均可达到稳定的最小推进距离作为试验台设计的合理尺寸(本课题组在设计三维模拟试验平台过程中已用到了该结论)，具有实际的指导意义。

待采出率趋于稳定后，对不同采放(1∶1、1∶2、1∶3)、放煤步距(一刀一放、两刀一放、三刀一放)情况下的稳定采出率进行比较，并做出不同情况下顶煤采出率柱状图，如图 9-15 所示。

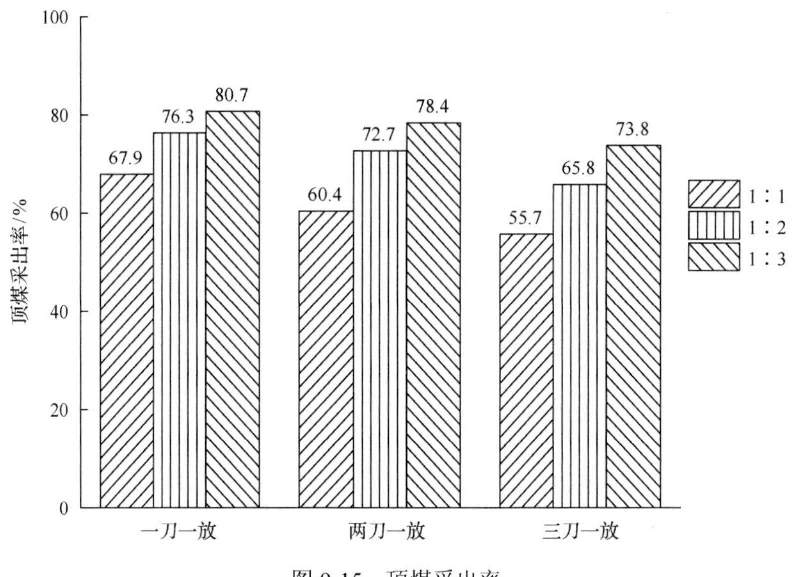

图 9-15　顶煤采出率

由图 9-15 可知，当采放比一定时，随着放煤步距的增大，顶煤采出率逐渐减小；一刀一放情况下顶煤采出率最高。当放煤步距一定时，采放比为 1∶3 的情况下的顶煤采出率最高，1∶1 情况下的最低。本节三维数值模拟中采出率的最大值出现在采放比为 1∶3、放煤步距为一刀一放的情况下。

9.2　支架对顶煤放出体空间形态的影响

综放支架的存在是综放开采的顶煤放出与金属矿开采的崩落法放矿最重要的差别之一。本节在消除边界影响条件下，进行了有、无支架单口放煤的三维对比试验研究。消除试验过程中其他因素对顶煤放出体空间形态的干扰，重点研究支架存在对放煤量大小、顶煤放出体发育过程、煤岩分界面形态等的影响，并对实验结论进行了数值验证[3]。

9.2.1　有、无支架顶煤放出三维对比试验

目前关于顶煤放出体形态的研究中，并没有将综放支架与顶煤放出体形态联系起来，且均采用二维相似模拟的方法进行室内试验，二维试验由于无法模拟散体顶煤和矸石的空间运移过程和三维放出规律，所得结论与现场差距较大。而三维试验则能够更加真实地模拟现场放煤过程，该部分进行了有支架单口放煤和无支架单口放煤的三维对比试验研究，基于 BBR 研究体系，重点分析了综放支架对顶煤放出体三维形态的影响。

9.2.1.1　试验装置与相似材料

试验在中国矿业大学(北京)放顶煤实验室进行，所用装置为自主研制的综放开采顶煤放出三维模拟试验台，如图 9-16(a)所示，试验台内部尺寸为 100cm×50cm×60cm，可放置模拟用的微型综放支架 10 个，高度 10cm，如图 9-16(b)所示。试验台底部盛煤盒拼组而成，放煤过程中将盛煤盒翻转并以一定速率向外推出，同时沿推出方向补充另一盛煤盒，模拟刮板输送机运煤的过程。微型综放支架通过将支架中部连杆上撬和下压，实现液压支架放煤口的打开与关闭。

(a) 试验台整体图　(b) 微型综放支架

图 9-16　综放开采顶煤放出三维模拟试验台

试验模型的几何比例常数为 20∶1，试验支架高度为 10cm，试验散体材料为巴厘石，用不同孔径的筛子将散体分成不同粒径范围，选取粒径为 0.5～1cm 的灰褐色巴厘石模拟破碎顶煤，自然安息角为 36.1°，散体密度为 1.712×10^3kg/m^3；选取粒径为 1～2cm 的白色巴里石模拟破碎顶板，自然安息角为 37.7°，散体密度为 1.782×10^3kg/m^3，如图 9-17 所示。

(a) 散体顶煤　(b) 散体直接顶

图 9-17　试验材料

9.2.1.2　标志颗粒制作与布置

试验中，采用标志颗粒法研究顶煤散体流动特性及反演放出体的空间形态，为了使标志颗粒与试验散体的流动特性一致，直接从试验散体中选取粒径为 0.5～1cm 的白色巴厘石作为标志颗粒，用黑色马克笔标写数字进行统一编号，表示其坐标位置，如图 9-18 所示。

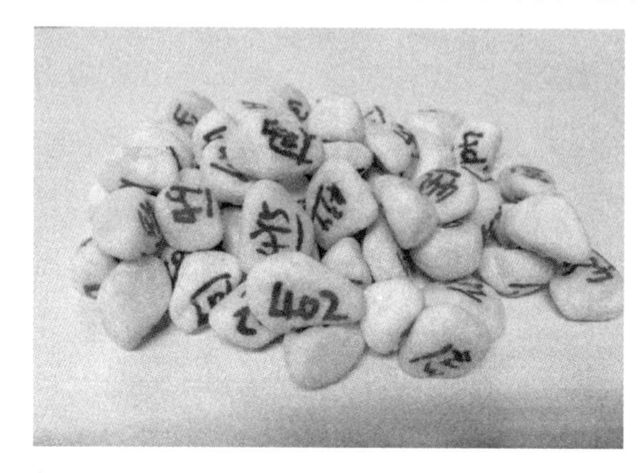

图 9-18　标志颗粒制备

在填装散体顶煤颗粒时，每隔 3cm 高度放置一层标志颗粒。每一水平分层，标志颗粒在 X(工作面推进方向)、Y(工作面方向)、X+45°和 X–45°方向安放，填装时根据试验台内部刻线逐层填装并安放标志颗粒(共 10 层)，同时记录标志颗粒的安放位置。

9.2.1.3　试验方案设计

试验分为两组，试验一为有支架单口放煤试验[图 9-19(a)]，试验二无支架对照试验[图 9-19(b)]。为了尽量减少试验误差对试验结果的影响，每组试验进行 3 次，取 3 次试验结果的平均值进行分析。

(a) 试验一　　(b) 试验二

图 9-19　两组试验方案所用模型箱体

两组试验中标志颗粒的安放位置分别如图 9-20 和图 9-21 所示。为了研究散体的流动特性，反演不受边界影响时的放出体空间形态，选取模型 Y 方向工作面中部 $6^{\#}$支架进行单口放煤试验。以试验一为例，将试验过程和方法简述如下。

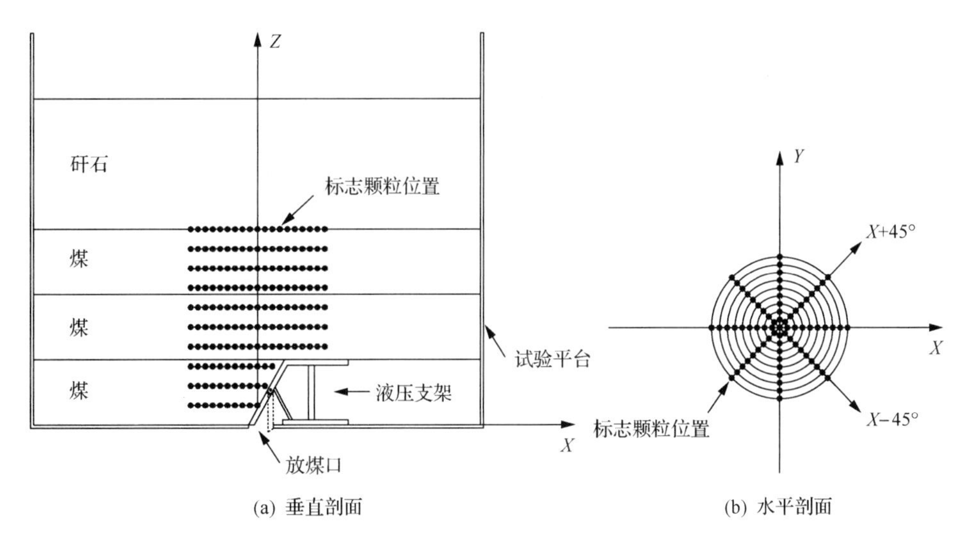

图 9-20 标志颗粒安放位置示意图(单口放煤试验)

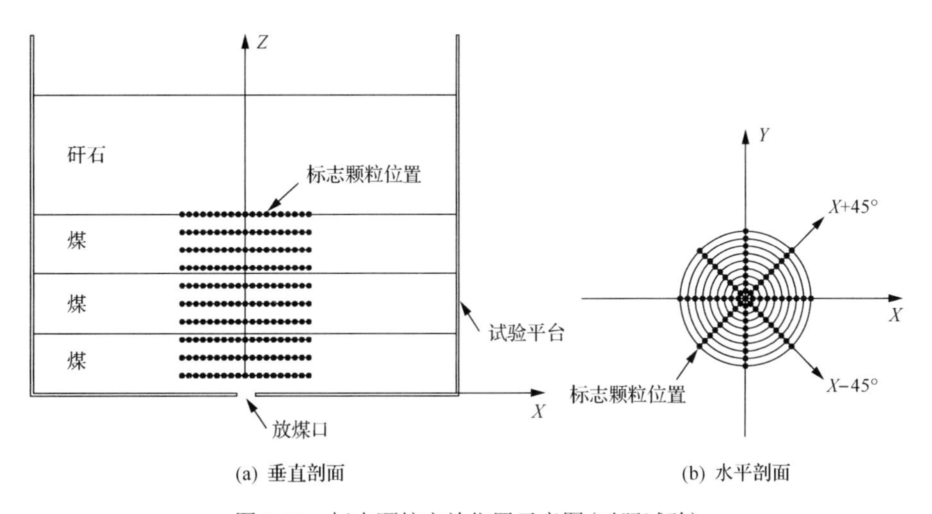

图 9-21 标志颗粒安放位置示意图(对照试验)

(1)将散体顶煤颗粒填入试验箱，同时每隔 3cm 高度放置一层标志颗粒，每一层标志颗粒按照图 9-20(b)布置。散体填装高度煤炭颗粒装 30cm，采放比为 1∶2，之上覆盖 20cm 的矸石模拟破碎直接顶，矸石层顶部使用黑色毛笔绘制 5cm×5cm 的网格线，以观察放煤过程中矸石层顶部的沉陷变化。

(2)散体填装完毕后，翻转放煤口正下方的盛煤盒，打开支架放煤口，开始放煤。放煤过程中将盛煤盒以一定速率向外推出，同时沿推出方向补充另一盛煤盒，以确保煤体连续放出。

(3)放煤过程中，同时从盛煤盒的递补侧观察放煤口放出状态，若观察到各层中心标志点颗粒(红色颗粒)时，从支架前方关闭放煤口，暂停放煤。

(4)将该层位放出的煤炭颗粒和标志颗粒分拣出来，用电子秤分别称重并记录放出量和标志颗粒编号。

(5)打开放煤口，继续放煤直至出现下一层标志颗粒，重复步骤(4)直至观察到第一颗白色矸石颗粒出现，关闭放煤口暂停放煤，称量并记录为“初次见矸”。

(6)打开放煤口继续放煤，当盛煤盒中连续出现白色矸石颗粒时，停止放煤，称量并记录为“连续见矸”。

(7)将步骤(2)中的盛煤盒翻转，结束放煤。

(8)整个放煤过程中，每隔一定时间使用高分辨率单反相机拍照，记录矸石层顶部沉陷情况。

9.2.2　支架对顶煤放出体空间形态的影响

9.2.2.1　顶煤放出体空间发育过程分析

对单口放煤试验中所放出的标志颗粒进行整理分析，将标志颗粒编号逐个换算为所代表的空间坐标，反演出顶煤放出体的空间发育过程。为了便于分析和观察，将放出体分为在 *XOZ*、*YOZ*、(*X*+45°) *OZ* 和 (*X*–45°) *OZ* 4 个剖面上的形态进行分析。绘制各剖面上的放出体边界的发育过程，如图 9-22 所示(图中椭圆为不同放煤高度时，对放出体边界上各点进行拟合所得)。

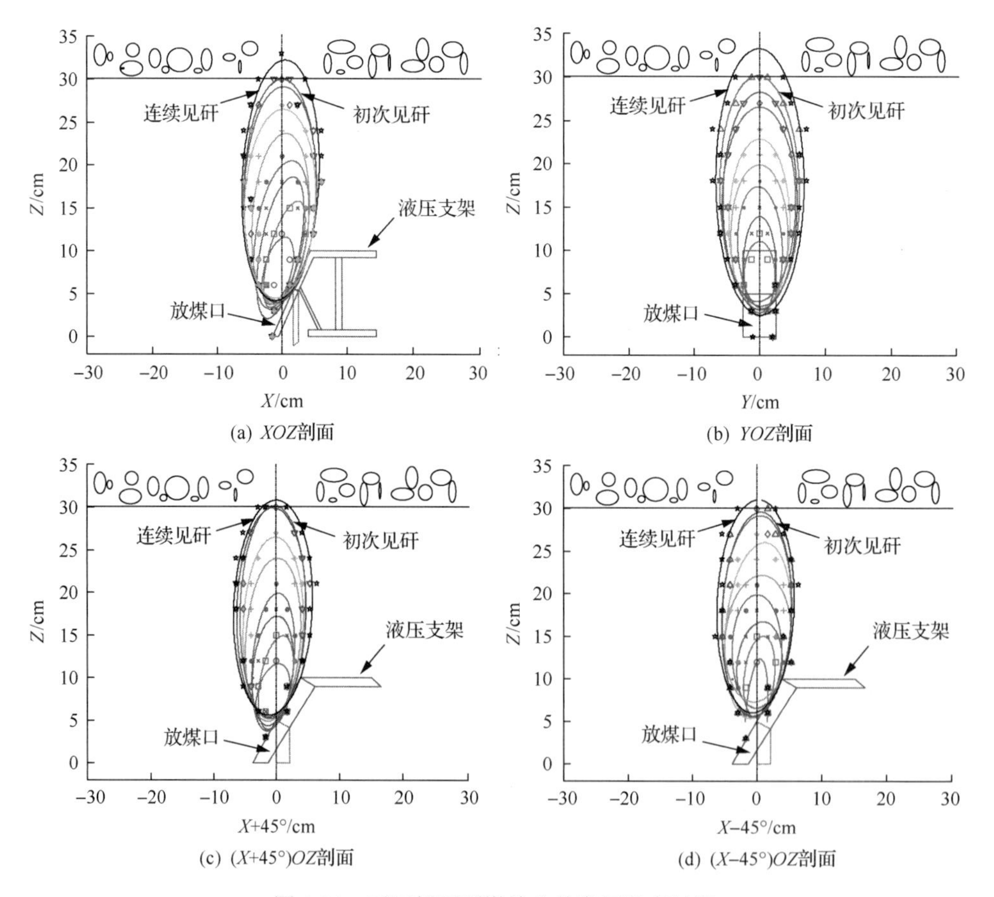

图 9-22　不同剖面顶煤放出体空间发育过程

由图 9-22 可知：

(1) 综放开采顶煤放出过程中，不同剖面上的顶煤放出体的边界可以较好地拟合为椭圆形。

(2) 由于支架尺寸在沿工作面推进方向上的非对称性，顶煤放出体在 *XOZ* 剖面上出现了明显向支架前方 (*X*＋方向) 的“超前发育”[图 9-22(a)]，而在 *YOZ* 剖面上顶煤放出体则基本关于 *Z* 轴对称[图 9-22(b)]。产生该现象的原因是支架与顶煤之间的摩擦系数小于顶煤与顶煤之间的摩擦系数，支架前方煤炭颗粒流动较支架后方要快，从而出现顶煤放出体向支架前方“超前发育”的特征。

(3) 为了更加全面地观察放出体的空间形态，在 (*X*＋45°) *OZ* 剖面和 (*X*–45°) *OZ* 剖面上对顶煤放出体进行进一步分析，如图 9-22(c) 和 (d)，可以看出放出体在该剖面上仍然呈现出向支架前方的“超前发育”现象，但是支架非对称的程度相较 *XOZ* 剖面有所减小，因此和 *XOZ* 剖面相比偏转角度也有所减小。

(4) 从图 9-22(a)、(c) 和 (d) 中均可看出，随着顶煤放出体高度的增加，顶煤放出体向支架前方的“超前发育”程度逐渐减小。

为了更加清晰地表示出支架在工作面推进方向上对顶煤放出体空间发育过程的影响，将无支架对照试验放出体在 *XOZ* 剖面上的发育过程绘制出来，并与单口放煤试验进行对比，如图 9-23 所示。

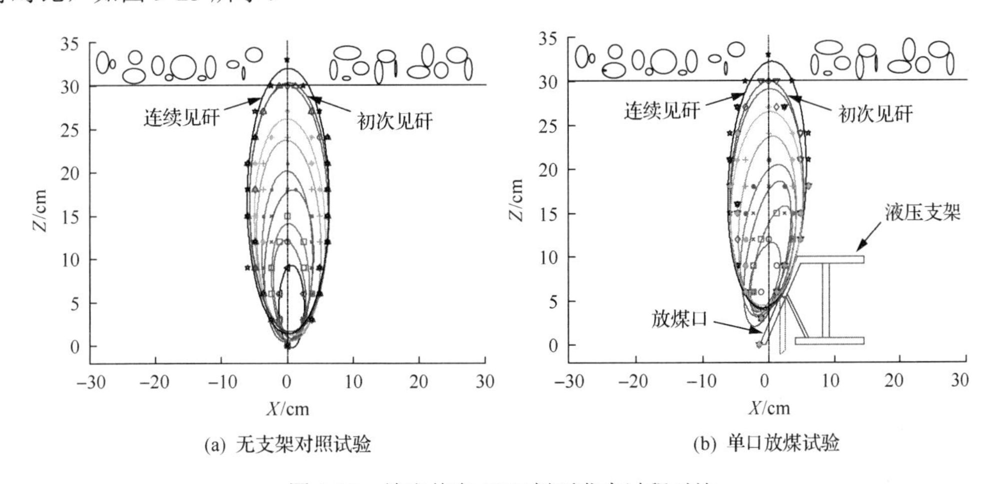

图 9-23　放出体在 *XOZ* 剖面发育过程对比

由图 9-23 可知：

(1) 支架存在会导致尾梁和放煤口附近顶煤放出量较少且无固定形态，从而使单口放煤试验放出体在竖直方向的位置比对照试验要高；

(2) 通过和对照试验的比较可以得出，单口放煤试验中顶煤放出体在 *XOZ* 剖面上向支架前方 (*X*＋方向) 的“超前发育”是由支架存在而引起的，通过对比试验验证了这一结论；

(3) 单口放煤试验中，顶煤放出体在 *XOZ* 剖面上向支架前方 (*X*＋方向) 的“超前发育”程度和放出中部高度向上移动的程度，与支架的尺寸和摩擦系数等参数有关。

以上分析表明，综放开采顶煤放出体在发育过程中存在向支架前方的“超前发育”现象，室内三维相似模拟试验观察到了这一现象；通过对比试验的方法，证明该“超前发育”特征是由支架存在而引起的，接下来对顶煤放出体的“超前发育”特征进行进一步分析。

9.2.2.2　顶煤放出体“超前发育”特征分析

在对顶煤放出体“超前发育”的分析中，顶煤放出体边界在某一剖面上所截得椭圆的偏心率 ε 和椭圆长轴与重力方向的夹角 θ(以下称轴偏角)是两个关键参数：ε 决定了椭圆的整体形态，ε 越大，椭圆越扁平；ε 越小，椭圆越圆胖。θ 决定了顶煤放出体“超前发育”的程度，θ 值越大，放出体向支架前方“超前发育”得越厉害；θ 值越小，放出体向支架前方“超前发育”的程度也越小；当 θ 值接近于 0 时，说明放出体没有发生“超前发育”现象。

单口放煤试验中，顶煤放出体在不同剖面上所截得椭圆的偏心率 ε 随顶煤放出体高度 H_f 的变化表示如图 9-24 所示。

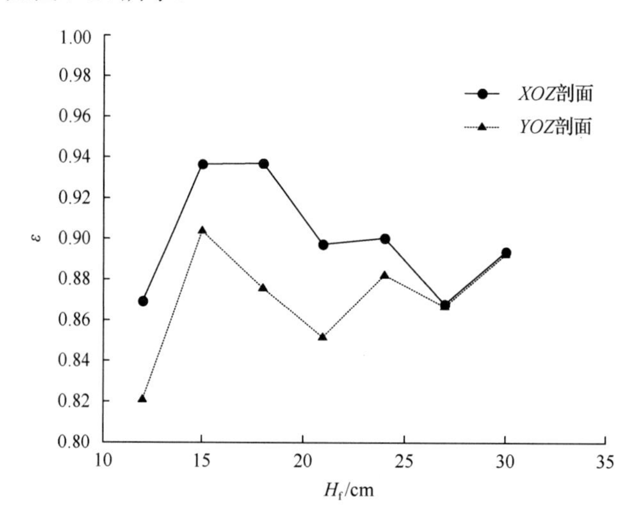

图 9-24　偏心率 ε 与 H_f 的试验数据关系

由图 9-24 可知：

(1) 放煤过程中，不同放煤高度 ε 值的大小在 0.82～0.94 变化，大致趋势随放煤高度的增加而减小，到放煤见矸时 ε 值为 0.89。

(2) 顶煤放出体在 *XOZ* 剖面所截得椭圆的偏心率 ε 大于 *YOZ* 剖面。表明支架在工作面推进方向的非对称性会导致顶煤放出体整体形态的变化。根据偏心率的定义，顶煤放出体在 *XOZ* 剖面上的整体宽度大于 *YOZ* 剖面。从图 9-22 中可更加直观地看到这一特征。

(3) 随着顶煤放出体高度 H_f 的增大，ε 在两个剖面上的差值呈逐渐减小的趋势，放煤见矸时已经基本相同。表明支架对顶煤放出体整体形态的影响程度随 H_f 的增加而逐渐减弱，即存在一临界高度，当 H_f 大于临界高度之后，支架的存在对顶煤放出体的影响很小甚至可以忽略不计。

轴偏角 θ 是描述顶煤放出体“超前发育”程度最直观的参数，试验过程中 θ 随顶煤放出体高度 H_f 的变化如图 9-25 所示。

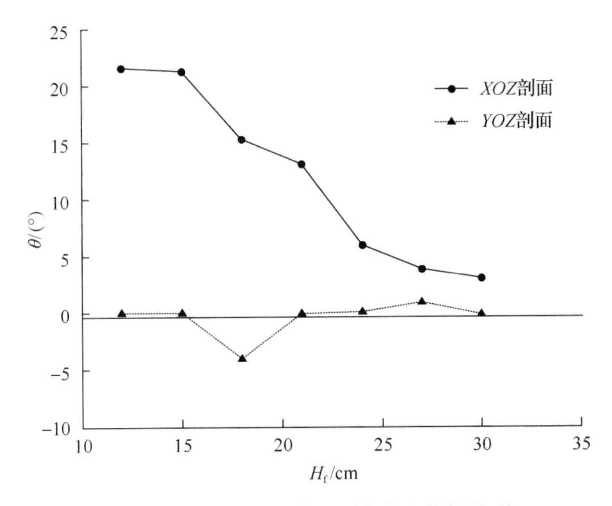

图 9-25　轴偏角 θ 与 H_f 的试验数据关系

由图 9-25 可知：

(1) 顶煤放出体在 XOZ 剖面的轴偏角较 YOZ 剖面大，最大轴偏角为 21.53°，最小轴偏角为 3.03°；YOZ 剖面的轴偏角普遍较小，波动范围在 0°±4°内。顶煤放出体产生偏转“超前发育”的主要原因是支架在工作面推进方向的非对称性，故在 XOZ 剖面上体现得最为明显，从 XOZ 剖面经过 $(X\pm45°)OZ$ 向 YOZ 剖面过渡的过程中，轴偏角体现越来越不明显，到 YOZ 剖面时由于支架在倾斜方向的对称性使得轴偏角基本接近于 0°。

(2) 当顶煤放出体高度 H_f 小于支架高度 h 且趋近于 0 时，由于受支架尾梁倾角的限定，顶煤放出体沿支架尾梁发育，在 XOZ 剖面的偏转角无限趋近于支架尾梁与竖直方向的夹角 $\alpha_{支架}$（本试验中 $\alpha_{支架}=30°$）。

(3) 当顶煤放出体高度 H_f 趋于∞时，在 XOZ 剖面的轴偏角趋近于 0°，即支架的存在对顶煤放出体空间形态的影响可以忽略不计。

顶煤放出体在 XOZ 剖面的轴偏角 θ 随放出体高度 H_f 的增大而减小的变化全过程如图 9-26 所示。

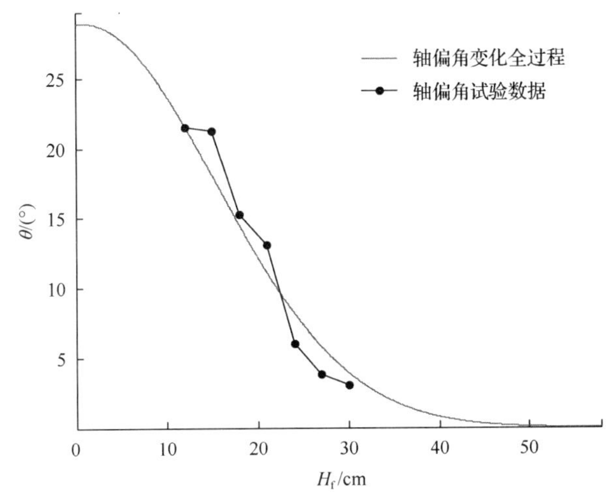

图 9-26　XOZ 剖面轴偏角 θ 随 H_f 变化的全过程

9.2.2.3　支架影响程度等级划分

由图 9-25 和图 9-26 可以看出，*XOZ* 剖面顶煤放出体轴偏角随顶煤放出体高度 H_f 的增大而逐渐减小。支架存在是轴偏角出现的根本原因，但是由于支架尺寸是一定的，随着顶煤放出体高度的增加，支架对放出体空间形态的影响程度会逐渐变小，因此放出体的“超前发育”程度也会随之减小。

考虑支架尺寸对顶煤放出量和放出体空间形态的影响程度，将顶煤放出体高度 H_f 与支架高度 h 的比值设为参数 λ_s，即

$$\lambda_s = \frac{H_f}{h}\ (\lambda \geqslant 1) \tag{9-4}$$

式中，h 为支架高度，m。

根据参数 λ_s 的大小，可以将支架影响程度划分为以下 3 个等级：

(1) 当 $\lambda_s > 10$ 时，支架尺寸在整个放出体尺寸中所占比例很小(小于 10%)，支架的存在对顶煤放出体空间形态的影响可以忽略不计；

(2) 当 $3 < \lambda_s < 10$ 时，支架的存在对顶煤放出体空间形态影响不大，但是不可忽略；

(3) 当 $1 < \lambda_s < 3$ 时，支架的存在对顶煤放出体影响很大，放出体发育过程中始终存在向支架前方的“超前发育”现象。

在工程实践中，由于我国煤矿安全规程规定采用走向长壁放顶煤采煤法时，采放比不得大于 1∶3，而且在正常的放煤循环过程中，由于煤岩分界面的限制，放煤高度一般都远小于顶煤厚度，即 $\lambda_s < 3$，在综放开采中，支架的存在会对顶煤放出过程产生非常大的影响，所以研究综放开采顶煤三维放出规律时，必须要重点考虑支架对顶煤放出体空间形态的影响，这样才能正确认识和利用放出规律，为提高现场顶煤采出率提供理论依据。

9.2.3　支架对煤岩分界面形态的影响

放煤过程中矸石层顶部网格线的变化，可以间接反映出放出顶煤对上部岩层引起的扰动程度，如图 9-27 所示，可以看出顶煤放出过程中矸石层顶部的黑色网格线逐步被破坏，扰动破坏的范围可以显示出顶煤放出后破碎直接顶冒落形成沉陷盆地的大小，由于煤岩体的碎胀特性，其在矸石层顶部形成的沉降盆地并不是很大。

(a) 未放煤

(b) 放煤结束

图 9-27　直接顶沉陷盆地(单口放煤试验)

为测定煤岩分界面的空间形态，放煤完毕后，自上而下逐层剥离直接顶矸石层和煤层，在煤层中每隔 3cm 记录一次煤岩分界面位置(图 9-28)，并测量形成的放煤漏斗尺寸。

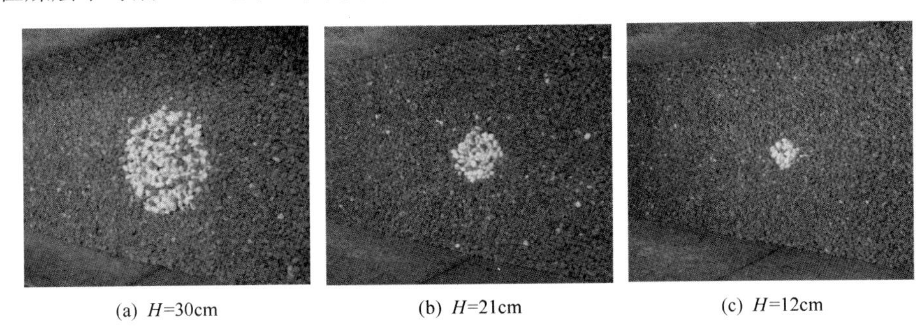

图 9-28　煤岩分界面形态(单口放煤试验)

根据煤岩分界面在不同层位的尺寸，以及不同剖面上直接顶沉降盆地的大小，绘制煤岩分界面在 XOZ 剖面和 YOZ 剖面的形态，如图 9-29 所示。

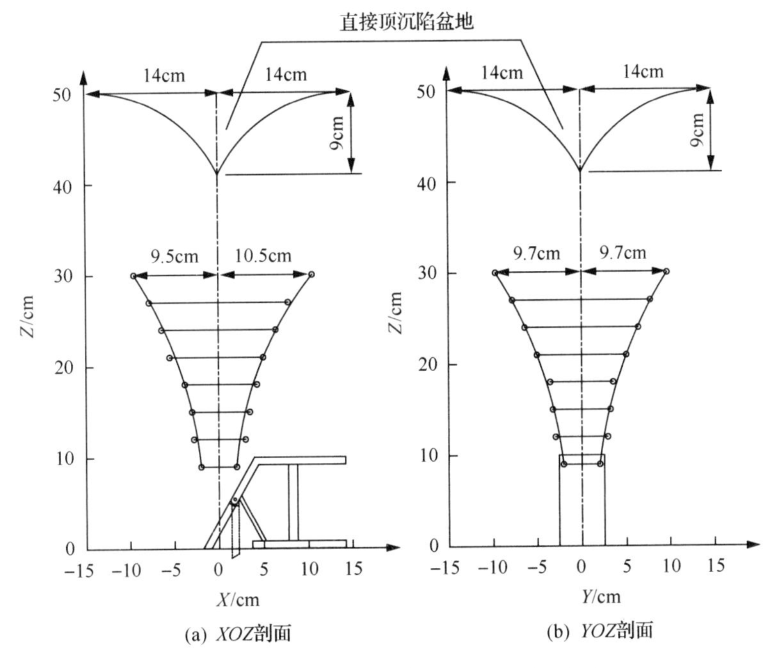

图 9-29　煤岩分界面空间形态(单口放煤试验)

由图 9-29 可知：

(1)煤岩分界面在 XOZ 剖面上显示出向支架前方的偏转，但是偏转程度较小，这是因为在连续见矸阶段顶煤放出体的轴偏角很小，“超前发育”特征不是很明显，仅呈现出向支架前方的轻微偏转，且支架后方煤岩分界线相对较陡，而支架前方较缓。

(2)煤岩分界面在 YOZ 剖面总体上呈对称状，这是由于顶煤放出体在 YOZ 剖面上的轴偏角接近于 0，从而使得放煤漏斗未发生偏转。

(3) 支架的存在对直接顶沉陷盆地形态影响很小。放煤结束后，形成的直接顶沉陷盆地深度为 9cm；其在 *XOZ* 剖面和 *YOZ* 剖面的边界距离沉陷盆地中心点的距离均为 14cm，这是因为直接顶矸石颗粒大于煤炭颗粒，沉陷盆地在支架前后方的形成的差异不大，所以支架的存在对直接顶沉陷盆地形态的影响很小。

9.2.4　顶煤放出体“超前发育”的数值验证

为了进一步验证顶煤放出体在发育过程中存在向支架前方“超前发育”的特征，采用 PFC^{3D} 数值模拟软件建立了三维数值模型，并进行了有支架单口放煤和无支架对照试验的数值模拟实验。模型边界及初始状态如图 9-30 所示。

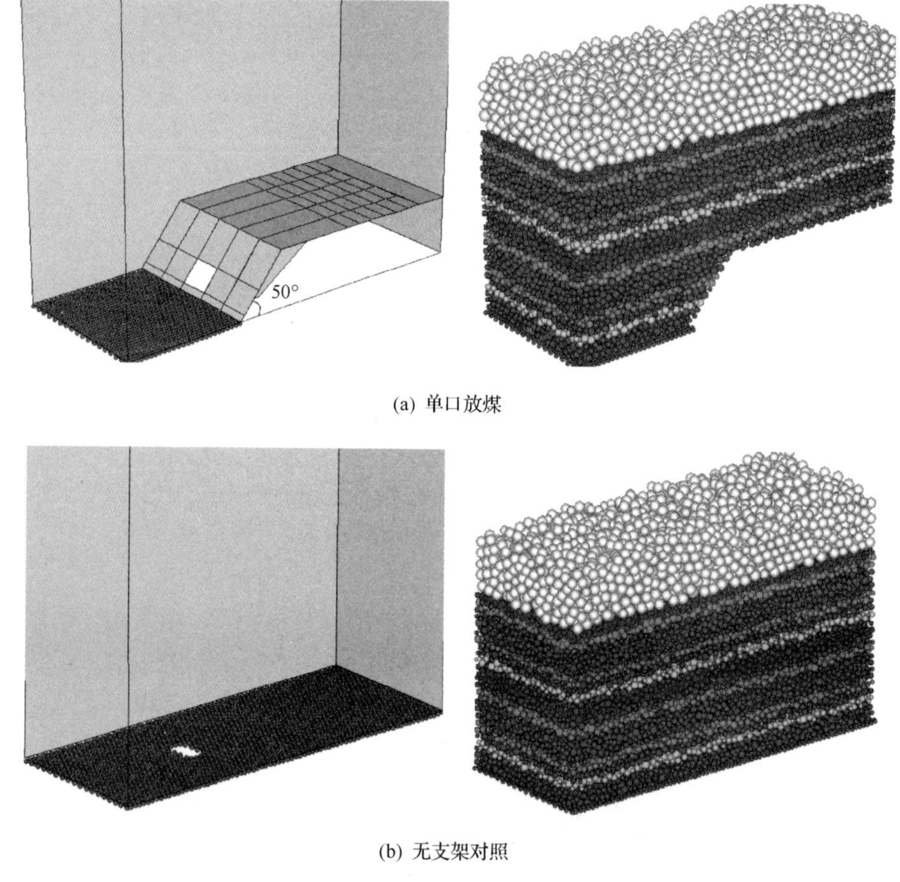

(a) 单口放煤

(b) 无支架对照

图 9-30　模型边界及初始状态图

模拟过程中，单口放煤试验采用 PFC 中的墙单元来模拟综放支架，支架尾梁与数值方向之间的夹角 40°，放煤口宽 1.2m、斜长 1m；无支架对照试验放煤口宽 1.2m、长 0.64m，与单口放煤试验中放煤口在煤层底板正投影的尺寸相同。两个模型采用相同的材料力学参数，具体见表 9-3。

表 9-3　模型材料颗粒力学参数

材料	密度 ρ/(kg/m^3)	半径 R/mm	法向刚度 k_n/(N/m)	剪切刚度 k_s/(N/m)	摩擦系数
煤炭	1500	100～150	2×10^8	2×10^8	0.4
矸石	2500	200～220	4×10^8	4×10^8	0.4

对两组数值模拟实验的计算结果进行分析，重点研究放煤过程中顶煤放出体空间形态的变化，顶煤放出体发育过程中，不同放煤高度 H_f 下顶煤放出体的形态反演如图 9-31 所示。

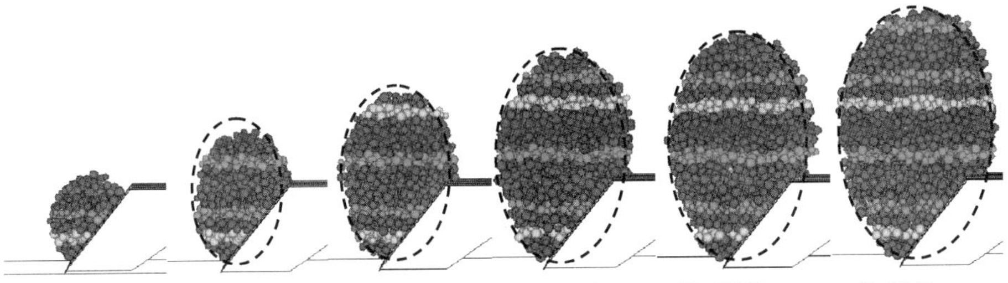

(a) 单口放煤

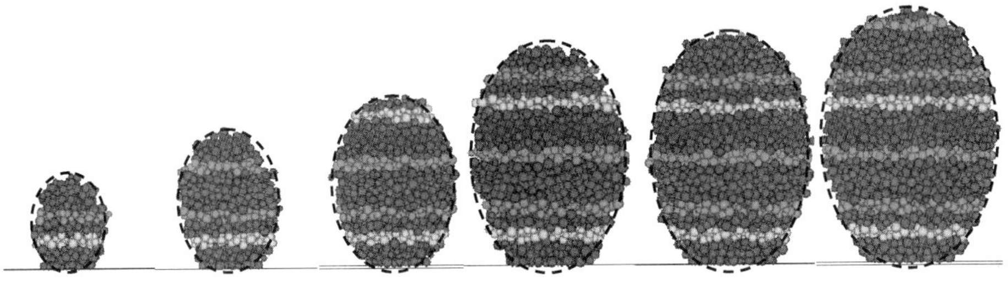

(b) 对照试验

图 9-31　数值计算放出体发育过程反演
H_f 为按照相似比换算后的高度

由图 9-31 可以看出：

(1) 单口放煤数值模拟实验中，当放煤高度较低时，放出体在 *XOZ* 剖面上向支架前方的“超前发育”特征非常明显，其边界形态与 *XOZ* 剖面正椭圆(图中虚线椭圆形)的差异主要体现在椭圆的左上部分和右下部分。右下部分差异是由支架尾梁的限定引起的，这与 BBR 体系中“切割变异椭球体斜切成面”特征相吻合；左上部分差异则说明顶煤放出体的“超前发育”是靠近支架侧的煤炭颗粒流动较支架后方要快，从而导致顶煤放出体优先向支架前方发育而引起的。

(2) 随着放煤高度的增加，顶煤放出体与 *XOZ* 剖面正椭圆在左上部分的差异越来越小，当 H_f=29.81cm(煤厚 H=30cm)时，顶煤放出体在左上部分的边界与正椭圆基本重合，即顶煤放出体向支架前方的“超前发育”量很小，这与物理试验的结果也是相吻合的。

(3) 数值模拟中依然进行了无支架的对照试验，试验结果如图 9-31(b)所示。当没有支架存在时，顶煤放出体基本为一椭球体，在不同的放煤高度下，其边界均可与 *XOZ* 剖面的正椭圆进行很好的重合，即不存在“超前发育”现象，该结果与物理试验相吻合。

(4) 对比图 9-31 (a) 和 (b)，说明在数值模拟试验中也观察到了顶煤放出体向支架前方“超前发育”的特征，且通过对照试验证明了该现象是由支架的存在引起的；物理试验和数值模拟试验结果的对比，验证了在物理试验中得到的结论，即顶煤放出体在发育过程中存在向支架前方“超前发育”的特征。

为了进一步验证物理试验中关于偏转角和放煤高度的结论，计算数值模拟试验中不同放煤高度 H_f 下顶煤放出体向支架前方的偏转角 θ，并将其与物理试验数据进行对比，如图 9-32 所示。

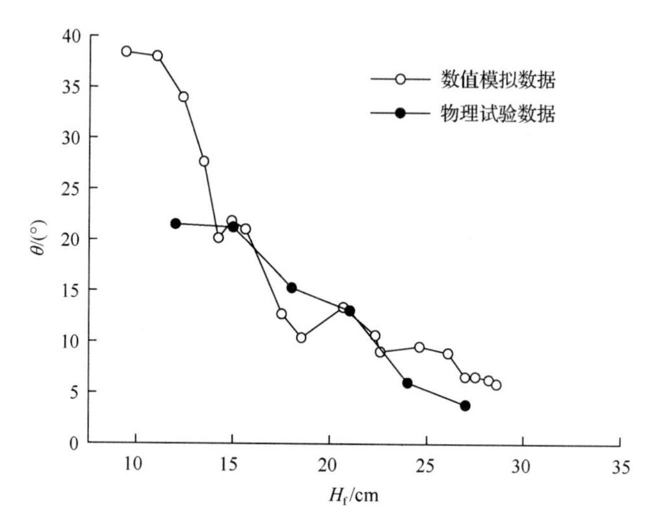

图 9-32　数值试验与室内试验偏转角比较

由图 9-32 可知，数值模拟中顶煤放出体的偏转角随放煤高度的增大呈现出了逐步减小的趋势；数值模型中支架尾梁与竖直方向的夹角 $\alpha'_{支架}=40°$，观察到当放煤高度较小时，放出体的偏转角接近 40°，验证了“当顶煤放出体高度 H_f 趋近于 0 时顶煤放出体沿支架尾梁发育，且在 *XOZ* 剖面的偏转角无限趋近于支架尾梁与竖直方向的夹角 $\alpha_{支架}$”的结论。

随着放煤高度的增加，数值模拟放出体轴偏角与物理试验轴偏角大小基本吻合，当放煤高度接近煤层厚度时，偏转角达到了最小值 5.88°。该结果也验证了“当顶煤放出体高度 H_f 趋于∞时，在 *XOZ* 剖面的轴偏角趋近于 0°”的结论。

9.3　工作面倾角对顶煤放出规律的影响

近年来，综放开采技术除了在水平及近水平厚煤层中被广泛应用外，在大倾角、大起伏等赋存条件复杂的厚煤层开采中也得到了进一步应用。分析不同工作面倾角条件下综放开采顶煤放出特点，掌握工作面倾角变化对散体顶煤放出规律的影响，对综放开采技术在大倾角、大起伏复杂厚煤层开采中的成功应用至关重要。本节主要介绍工作面倾对顶煤三维放出规律影响的相关研究成果[4-7]。

9.3.1 不同工作面倾角下顶煤放出离散元模拟

9.3.1.1 模型建立与运算

1) 模型参数与边界条件

为了研究工作面倾角对综放开采散体顶煤放出规律的影响，利用颗粒流软件(PFC)建立沿工作面布置方向的综放开采离散元数值计算模型，分析不同工作面倾角条件下煤岩分界面演化特征和顶煤放出体发育过程。模型初始状态如图 9-33 所示。

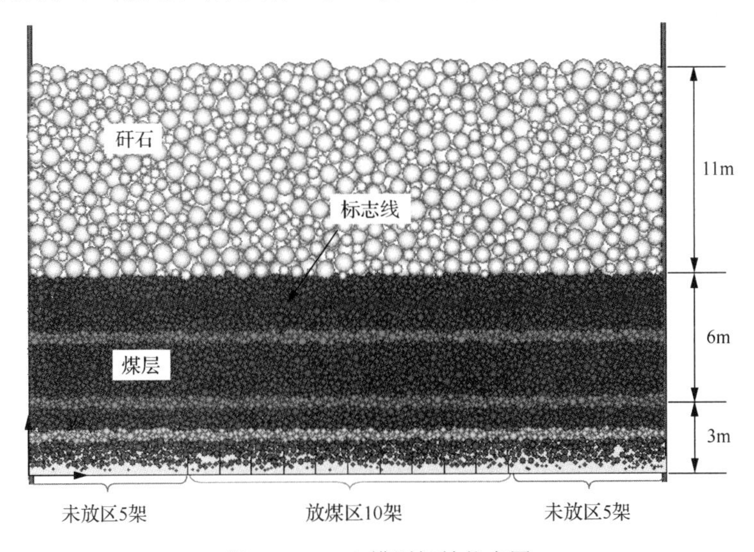

图 9-33 PFC 模型初始状态图

图 9-33 中上部灰白色的颗粒为破碎直接顶(11m)，下部灰黑色颗粒为煤层(9m)，在煤层中设置 5 层不同颜色的彩色标志线，以观察煤体的流动状态和特征。煤炭颗粒和岩石颗粒的物理力学参数见表 9-4。

表 9-4 煤炭颗粒和岩石颗粒的物理力学参数

材料	密度 ρ/(kg/m^3)	半径 R/m	法向刚度 k_n/(N/m)	剪切刚度 k_s/(N/m)	摩擦系数
煤炭	1500	0.05～0.2	2×10^8	2×10^8	0.4
矸石	2500	0.2～0.5	4×10^8	4×10^8	0.4

综放支架由 PFC 中的墙单元来模拟，通过 fish 语言控制支架放煤口的开或关，计算中采用“见矸关门”的原则来进行放煤和移架。模型共设置 20 个支架，两侧各保留 5 架不放煤，每个支架的几何尺寸及物理力学参数见表 9-5。

表 9-5 支架的几何尺寸及物理力学参数

高度 H/m	中心距 W/m	法向刚度 k_n/(N/m)	剪切刚度 k_s/(N/m)	掩护梁角度/(°)	摩擦系数
3	1.5	1×10^9	1×10^9	60	0.2

模拟边界条件：颗粒四周及顶底部墙体作为模型的外边界，其速度和加速度固定为 0。初始条件：颗粒初始速度为 0，只受重力作用，g=9.81m/s^2，墙体速度与加速度为 0。

2)等效重力场法

为了简化建模和运算过程，采用等效重力场法对不同工作面倾角条件下的顶煤放出过程进行模拟，即通过调整施加在水平模型上重力的方向，来等效模拟不同工作面倾角下的放煤过程。本书共模拟了工作面倾角 θ=0º、10°、20°、30°、40°和 50°6 种情况，6 个模型中重力方向分别沿顺时针方向旋转了相应角度 θ，如图 9-34 所示。

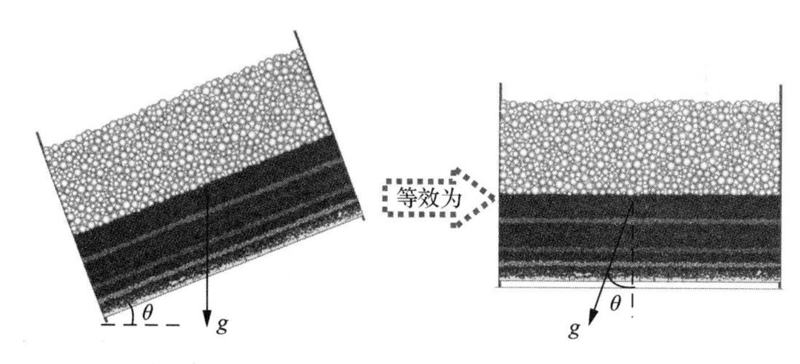

图 9-34　等效重力场法示意图

9.3.1.2　工作面倾角对顶煤放出体的影响

6 个模型运算结束后，对各个支架顶煤放出体进行反演，从初始放煤阶段(第一架)和正常循环阶段两个方面，分析不同的工作面倾角对综放开采顶煤放出体形态变化的影响。

1)初始放煤阶段

为了更好地观察自放煤口放出颗粒的原始位置，在初始模型中找到已放出颗粒的编号，将其一一删除，所得空洞可表示顶煤放出体的形态，如图 9-35 所示，图中黑色点划线为过放煤口中心点的重力线，后面简称重力线。

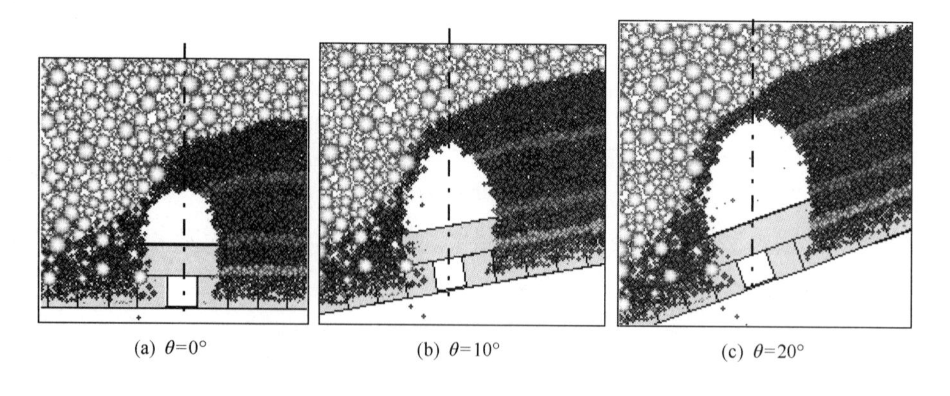

(a) θ=0°　　(b) θ=10°　　(c) θ=20°

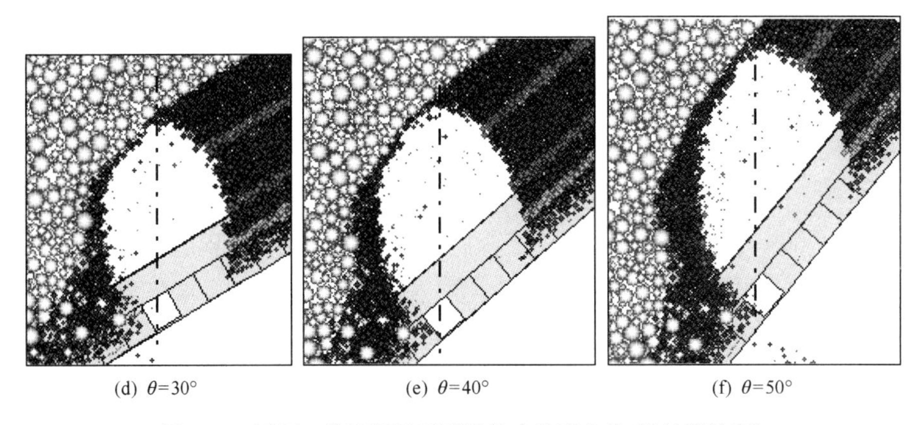

图 9-35 不同工作面倾角下顶煤放出体形态(初始放煤阶段)

由图 9-35 可以得出如下结论。

(1)随着工作面倾角的增大，初始顶煤放出体的体积越来越大。计算不同工作面倾角条件下顶煤放出体的总体积 V、重力线左侧体积 V_1 和右侧体积 V_2，如图 9-36 所示，可以发现当工作面倾角 $\theta<30°$时，放出体总体积随着工作面倾角的增大而缓慢增大；当 $\theta>30°$后，增大速率明显加快，这是由于此时的工作面倾角已经接近或者大于松散煤体的自然安息角，顶煤的流动速度加快，放出的煤量也随之快速增大。

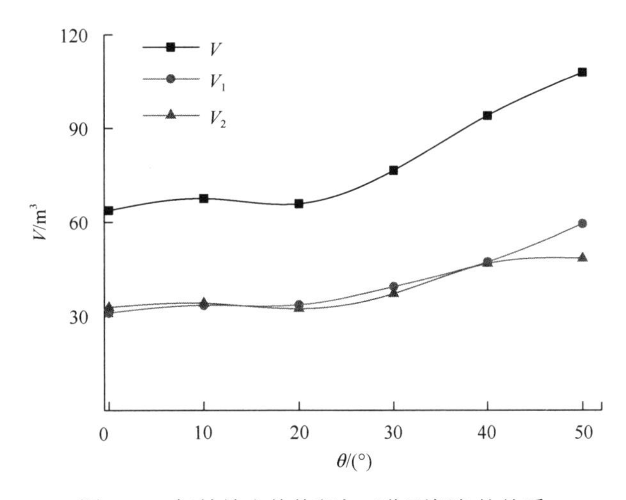

图 9-36 初始放出体体积与工作面倾角的关系

(2)当 $\theta=0°$时，放出体形态基本对称于过放煤口中心的重力线；当 $\theta>0°$时，由于受支架尾梁和掩护梁的影响，放出体形态逐步由基本对称状向非对称状演化，且工作面倾角越大，这种非对称性越明显。为了定量描述顶煤放出体的这种非对称性，根据放出体在重力线两侧的体积大小，定义放出体体积非对称性系数 W 如下所述：

$$W=\frac{V_2}{V_1} \tag{9-5}$$

式中，W 为顶煤放出体体积非对称系数；V_1 为顶煤放出体在重力线左侧的体积，m^3；V_2 为顶煤放出体在重力线右侧的体积，m^3。

显然，V_1 与 V_2 具有如下关系：

$$V_1+V_2=V \tag{9-6}$$

式中，V 为放出体的总体积，m^3。

计算不同工作面倾角 θ 下的放出体体积非对称系数 W，可得两者之间的关系如图 9-37 所示。

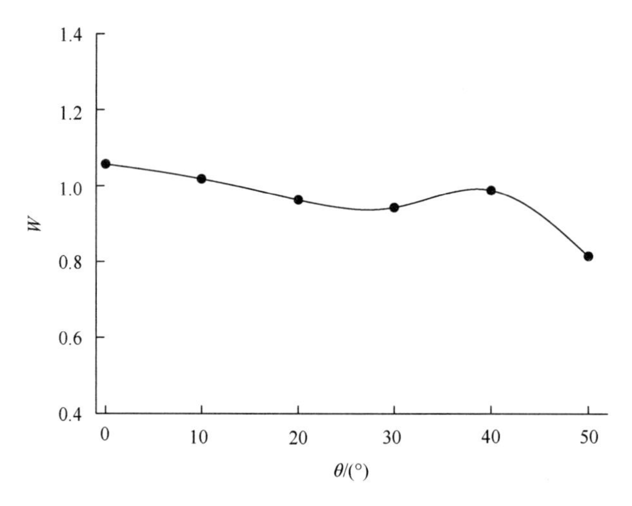

图 9-37　放出体体积非对称性系数与工作面倾角的关系

由图 9-37 可知，放出体体积非对称性系数 W 随着工作面倾角的增大基本呈减小趋势，结合图 9-36 中 V_1/V_2-θ 关系曲线可以看出，这是随着工作面倾角的增大，V_1 逐渐大于 V_2，导致 W 值呈现降下降趋势；且当 $\theta=50°$时，W 值明显下跌，为了从理论上解释这种现象，以放煤口两侧等距离点处颗粒为研究对象，分析其所受竖直荷载的情况，图 9-38 为倾角为 θ 时，沿工作面布置方向建立的初始放煤阶段颗粒所受竖直载荷示意图。

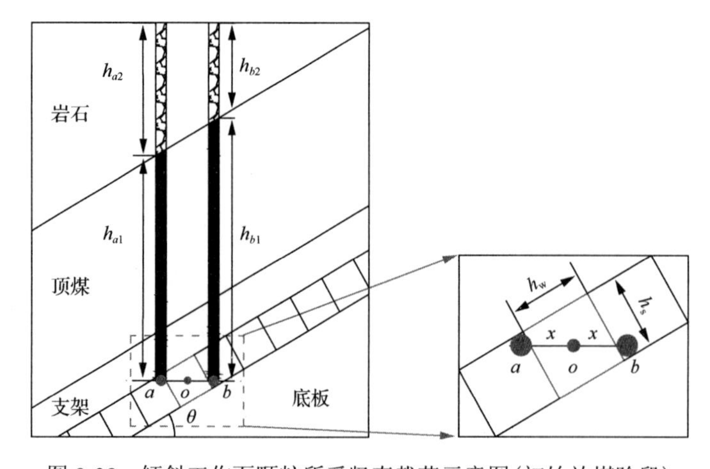

图 9-38　倾斜工作面颗粒所受竖直载荷示意图(初始放煤阶段)

在综放开采散体顶煤放出过程中，工作面倾角的存在会引起放煤口两侧顶煤颗粒所受的竖直方向载荷的差异，从而导致放煤过程的非均匀性。假设煤层厚度为 h_c，上覆岩层厚度为 h_z，煤层和岩层颗粒堆积较均匀，取距放煤口中心点 o 距离 x 处颗粒 a 和 b 作为研究对象，则 a 和 b 两颗粒所受上方煤岩柱载荷 G_a 和 G_b 分别为

$$G_a = (\gamma_1 h_{a1} + \gamma_2 h_{a2})\Delta S_a \tag{9-7}$$

$$G_b = (\gamma_1 h_{b1} + \gamma_2 h_{b2})\Delta S_b \tag{9-8}$$

式中，γ_1、γ_2 分别为煤层和上覆岩层的体积力，$\mathrm{N/m^3}$；h_{a1} 和 h_{a2} 分别为颗粒 a 上方煤柱和岩柱高度，m；h_{b1} 和 h_{b2} 分别为颗粒 b 上方煤柱和岩柱高度，m；ΔS_a 和 ΔS_b 分别是颗粒 a 和 b 的所受载荷的面积，$\mathrm{m^2}$。

放煤口两侧颗粒流动和放出的难易程度及放出体在重力线两侧的体积大小主要取决于 G_a 和 G_b 的数值差异 ΔG。假设颗粒 a 和 b 大小相同，则所受载荷面积 ΔS 相同，由此可得式(9-9)：

$$\Delta G = G_b - G_a = \left[\left(h_{b1} - h_{a1}\right)\gamma_1 + \left(h_{b2} - h_{a2}\right)\gamma_2\right]\Delta S \tag{9-9}$$

由图 9-38 可以看出，当颗粒 a 和 b 处于同一水平位置时，岩柱的高度差值($|h_{a2}-h_{b2}|$)和煤柱的高度差值($|h_{a1}-h_{b1}|$)相等，在数值上有如下关系：

$$h_{b2} - h_{a2} = -(h_{b1} - h_{a1}) \tag{9-10}$$

将式(9-10)代入式(9-9)，可得

$$\Delta G = (h_{b1} - h_{a1})(\gamma_1 - \gamma_2)\Delta S \tag{9-11}$$

因此，颗粒 a 和 b 的所受竖直载荷差 ΔG 的大小主要取决于颗粒上方煤柱高度的差值。根据几何关系可得在工作面倾角为 θ 时，a 和 b 两颗粒上方煤柱高度分别为

$$h_{a1} = \begin{cases} \dfrac{2h_\mathrm{c} - h_\mathrm{s} - h_\mathrm{w}\tan\theta}{2\cos\theta}, & 0° \leqslant \theta \leqslant 45° \\ \dfrac{h_\mathrm{c} - h_\mathrm{s}}{\cos\theta}, & 45° \leqslant \theta \leqslant 90° \end{cases} \tag{9-12}$$

$$h_{b1} = \begin{cases} \dfrac{2h_\mathrm{c} - h_\mathrm{s} + h_\mathrm{w}\tan\theta}{2\cos\theta}, & 0° \leqslant \theta \leqslant 45° \\ \dfrac{h_\mathrm{c}}{\cos\theta}, & 45° \leqslant \theta \leqslant 90° \end{cases} \tag{9-13}$$

式中，h_s 为放煤口投影高度，m；h_w 为放煤口投影宽度，m。

由式(9-12)和式(9-13)可知，颗粒 a 和 b 上方煤柱高度随着倾角 θ 的增大而增大。取 h_c＝9m、h_s＝1.5m、h_w＝1.5m，则颗粒 a 和 b 上方煤柱高度变化趋势如图 9-39 所示。

当 $\theta<45°$时，颗粒 a 和 b 上方煤柱高度缓慢增大，而当 $\theta>45°$以后，煤柱高度则快速增大，a 和 b 颗粒上方煤柱高度差也迅速增大。

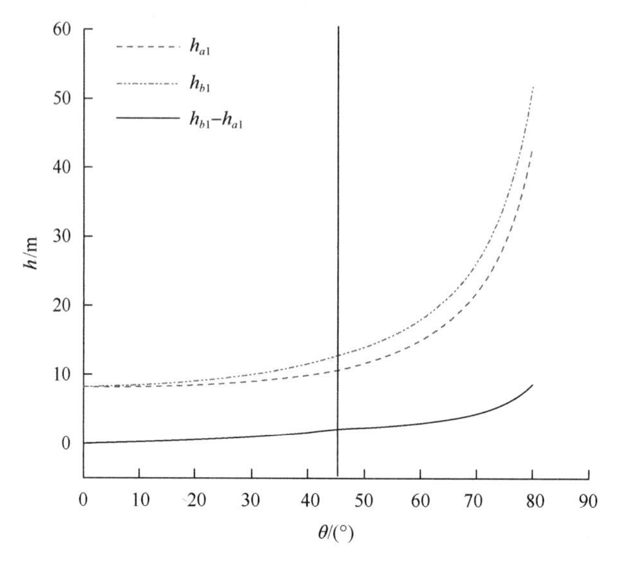

图 9-39　煤柱高度随工作面倾角 θ 变化趋势图

将式(9-12)和式(9-13)代入式(9-11)得 ΔG 的计算公式：

$$\Delta G=\begin{cases}\dfrac{h_{\mathrm{w}}\tan\theta}{\cos\theta}(\gamma_1-\gamma_2)\Delta S, & 0°\leqslant\theta\leqslant 45°\\ \dfrac{h_{\mathrm{s}}}{\cos\theta}(\gamma_1-\gamma_2)\Delta S, & 45°\leqslant\theta\leqslant 90°\end{cases}\tag{9-14}$$

取 $\gamma_1=1500\text{N/m}^3$、$\gamma_2=2500\text{N/m}^3$，则 $\Delta G/\Delta S$ 随工作面倾角 θ 的变化趋势如图 9-40 所示。

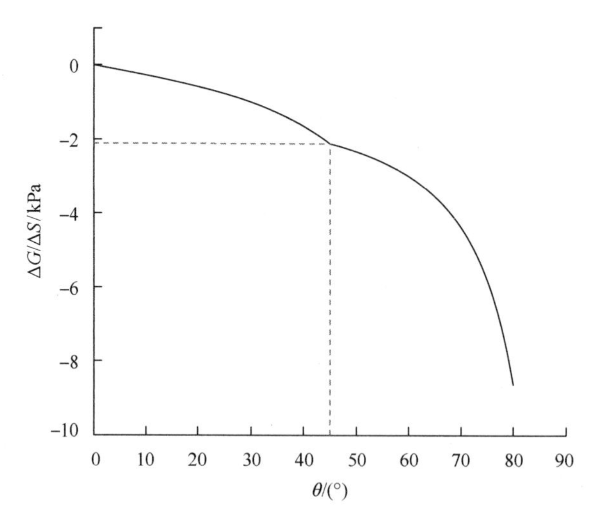

图 9-40　$\Delta G/\Delta S$ 随工作面倾角 θ 的变化趋势图

由图 9-40 可知，$\Delta G/\Delta S$ 整体随工作面倾角 θ 的增大而逐渐减小，其中当 $0°\leqslant\theta\leqslant45°$ 时，$\Delta G/\Delta S$ 的减小趋势相对平缓，当 $\theta\geqslant45°$时，$\Delta G/\Delta S$ 将迅速减小。其物理意义为，放煤口左右两侧同一水平等距离 x 处颗粒，左侧颗粒受到的竖直载荷大于右侧($\theta=0°$时，左右两侧颗粒所受载荷相同)，且随着工作面倾角的增大，两侧载荷差越来越大，尤其是当工作面倾角 $\theta>45°$以后，放煤口左右两侧 ΔG 会迅速增大，导致左侧颗粒运动的概率及速度要比右侧大，左侧放出的顶煤量要逐渐大于右侧，即 $V_1>V_2$，使得放出体非对称系数 W 随着倾角的增大而减小，这也解释了图 9-37 中当 $\theta>45°$时，W 值有明显下跌的现象。

2) 正常循环阶段

正常循环阶段，顶煤放出体的发育是在上一轮放煤后的煤岩分界面下进行的，这与初始放煤有着本质的区别，因此需要研究在正常循环段，工作面倾角对顶煤放出体形态的影响。

根据单一变量原则，需控制起始煤岩分界面相同，以观察不同工作面倾角条件下顶煤放出体发育的差别。这里依旧通过等效重力场法，即通过为顺次放至 5#支架后，6#支架尚未放煤前的水平模型赋予不同方向的重力作用，来等效模拟不同工作面倾角条件下的顶煤放出过程，分析工作面倾角变化对正常循环放煤段顶煤放出体形态的影响。计算结束后，将不同模型的计算结果逐一提取，同样根据放出颗粒的编号，可得不同工作面倾角下正常循环阶段的顶煤放出体形态，如图 9-41 所示。

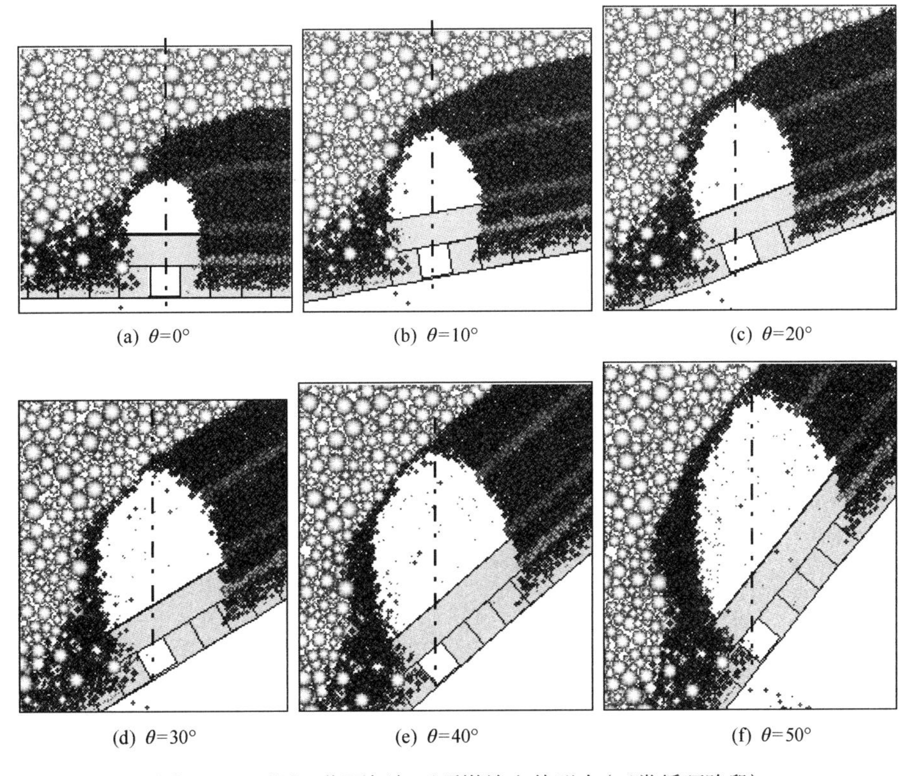

图 9-41 不同工作面倾角下顶煤放出体形态(正常循环阶段)

由图 9-41 可以得出如下结论。

(1)在正常循环阶段、相同的起始煤岩分界面下，不同的工作面倾角会明显地影响放出量的大小，与初始放煤阶段类似，顶煤放出体体积随工作面倾角的增大而增大，且其形态逐步由基本对称状向非对称状演化。

(2)当工作面倾角较大时，顶煤放出体呈现出明显的向工作面上端头侧发育的特征。将放煤结束(初次见矸)后放出的所有煤炭颗粒，根据其编号反演至未放煤时刻的位置，即可得到反演放出体，如图 9-42 所示。

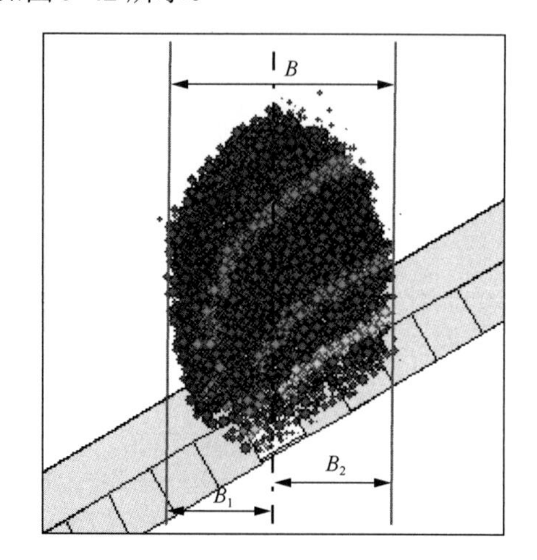

图 9-42　反演放出体及扩展宽度示意图($\theta=30°$)

从图 9-42 可以看出放出体在重力线两侧的扩展宽度 B_1、B_2 有较明显的差别。统计正常循环阶段不同工作面倾角下反演放出体总宽度 B 及在重力线两侧的扩展宽度 B_1、B_2 的大小，如图 9-43 所示。

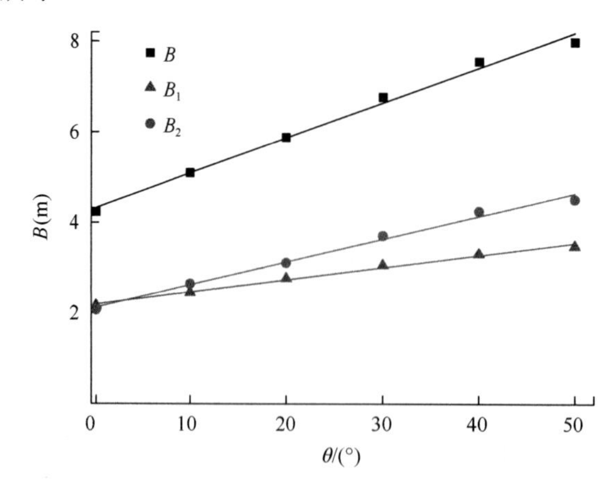

图 9-43　反演放出体扩展宽度与工作面倾角的关系

由图 9-44 可知：

(1)在相同的起始煤岩分界面下，反演放出体的总宽度 B 随着工作面倾角的增大而呈线性增大趋势。

(2) 当 $\theta=0°$时，放出体靠近下端头侧的扩展宽度 B_1 略大于上端头侧的扩展宽度 B_2，这是由于正常循环阶段的顶煤放出体是在特定的煤岩分界面条件下逐步发育的[图 9-41 (a)]，而放煤口上方靠近下端头侧采空区破碎矸石的比重大于上端头侧松散煤体的比重，导致下端头侧顶煤运移速度较快，体现为放出体在该侧扩展宽度更大，因此 $B_1>B_2$。

(3) 当 $\theta\geqslant 10°$时，放出体靠近下端头侧的扩展宽度 B_1 小于上端头侧的扩展宽度 B_2，且随着工作面倾角的增大，两者的差值越来越大，即放出体向上端头扩展的速度随工作面倾角的增大而增大。这是由于在工作面存在倾角的情况下，放煤口上方靠近上端头侧的顶煤在流动过程中，受到了支架掩护梁和顶梁摩擦系数较小的影响更容易被放出，且工作面倾角越大，该部分顶煤越靠近重力线，即其在重力流的控制下越容易自放煤口放出，反演放出体呈现出向上端头发育的特征，在横向上表现为靠近上端头侧扩展宽度更大，因此 $B_2>B_1$。

为了定量表征放出体在重力线两侧扩展发育程度的差异，定义反演顶煤放出体在上端头侧的扩展宽度 B_2 与下端头侧的扩展宽度 B_1 的差值为顶煤放出体横向扩展差 ΔB：

$$\Delta B = B_2 - B_1 \tag{9-15}$$

根据以上定义可知，横向扩展差越大，反演放出体向工作面上端头侧发育的趋势越明显，放煤不均衡性也越显著；反之，放煤均衡性较好。计算不同工作面倾角条件下的放出体扩展宽度差 ΔB 的大小，绘制 $\Delta B-\theta$ 关系曲线，如图 9-44 所示。

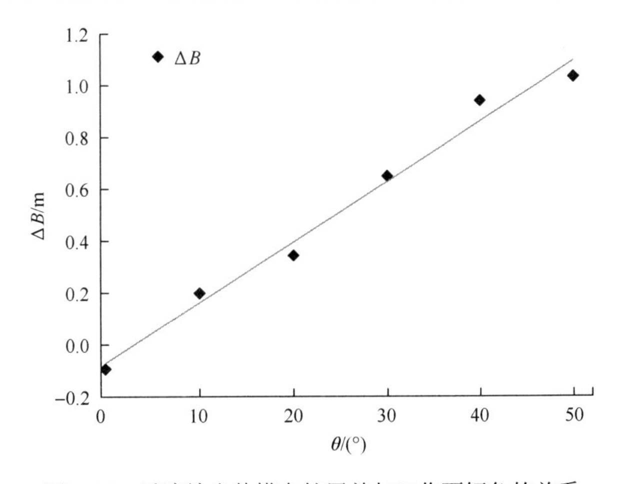

图 9-44　反演放出体横向扩展差与工作面倾角的关系

由图 9-44 可知，在倾斜煤层综放开采顶煤放出过程中，放出体横向扩展差与工作面倾角呈线性函数关系，横向扩展差随着工作面倾角的增大而线性增大，两者之间的拟合关系为

$$\Delta B = 0.023\theta - 0.070 \tag{9-16}$$

式 (9-16) 的相关系数 $R^2=0.9844$。

式 (9-16) 说明放出体在形态上的非对称性随着工作面倾角的增大而逐渐增大，为了进一步研究放出体在体积上是否也存在相同的规律，计算不同工作面倾角条件下，正常循环阶段顶煤放出体的总体积 V、重力线左侧体积 V_1 和右侧体积 V_2，绘制顶煤放出体体积随工作面倾角的变化关系，如图 9-45 所示。

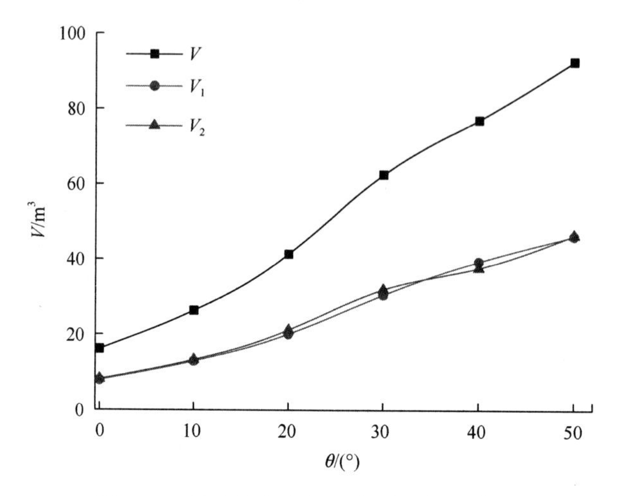

图 9-45　放出体体积与工作面倾角的关系

由图 9-45 可以看出，正常循环阶段放出体在重力线两侧的体积 V_1、V_2 之间的差值随着工作面倾角的增大变化不大。计算不同工作面倾角下顶煤放出体体积非对称性系数 W，其与工作面倾角 θ 的关系如图 9-46 所示。

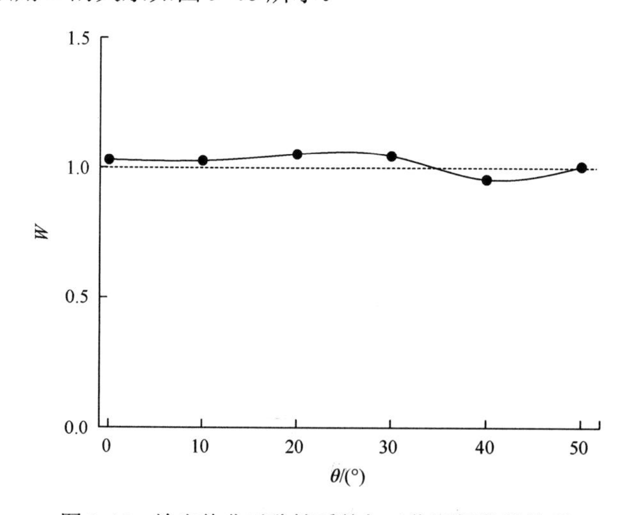

图 9-46　放出体非对称性系数与工作面倾角的关系

由图 9-46 可以看出，随着工作面倾角的增大，W 值基本保持不变，在 1.0 上下小范围波动，说明在正常循环放煤阶段，顶煤放出体的非对称性仅仅表现在形态上，而非体积上。这是由于在正常循环放煤阶段，煤岩分界面经过了多次放煤过程的干扰，形成了不同于初始放煤阶段的边界条件，此时放煤口两侧颗粒所受竖直载荷与煤岩分界面形态间的关系有较大变化。图 9-47 为在相同的煤岩分界面下，工作面倾角为 0°和 θ 时沿工作面布置方向放煤口两侧颗粒所受竖直载荷示意图。

如图 9-47 所示，相较于初始放煤阶段颗粒所受竖直载荷状态，当 $\theta=0°$时，正常循环阶段由于煤岩分界面形态的限制，煤柱高度 h_{a1} 和 h_{b1} 相对减小且不再相等；当工作面倾角从 0°增大到 α(α 的大小与煤岩分界面的斜率变化有关)时，颗粒 a 上方煤柱的顶部恰好达到煤岩分界面始动点处，此后随着工作面倾角的增大，煤柱高度 h_{a1} 和 h_{b1} 的变化趋势将与初始放煤阶段相同，因此，当 α 小于 45°时，颗粒 a 和 b 所受竖直载荷 $G_{\rm a}$ 和 $G_{\rm b}$ 的差值 ΔG 与工作面倾角 θ 之间的关系如式(9-17)所示：

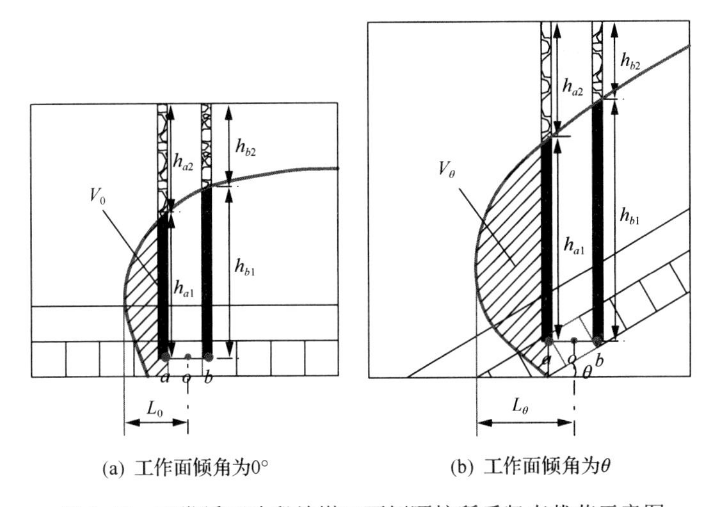

(a) 工作面倾角为0°　(b) 工作面倾角为θ

图 9-47　正常循环阶段放煤口两侧颗粒所受竖直载荷示意图

$$\Delta G=\begin{cases}\left(h_{b1}-h_{a1}\right)\left(\gamma_1-\gamma_2\right)\Delta S, & \left(0°\leqslant\theta\leqslant\alpha\right)\\ \dfrac{h_{\rm w}\tan\theta}{\cos\theta}\left(\gamma_1-\gamma_2\right)\Delta S, & \left(\alpha\leqslant\theta\leqslant 45°\right)\\ \dfrac{h_{\rm s}}{\cos\theta}\left(\gamma_1-\gamma_2\right)\Delta S, & \left(45°\leqslant\theta\leqslant 90°\right)\end{cases}\tag{9-17}$$

由图 9-47 和式(9-17)可知，颗粒 a 和 b 所受竖直载荷差值 ΔG 在工作面倾角 $\theta<\alpha$ 时呈增大趋势；而当 $\theta>\alpha$ 时，ΔG 的变化趋势与初始放煤阶段相同，由缓慢减小变为迅速减小阶段。其物理意义为：放煤口左右两侧同一水平等距离 x 处颗粒 a 和 b 的载荷高度差呈现出先减小后增大的趋势，但整体表现为左侧颗粒所受载荷大于右侧，也就是说左侧颗粒自放煤口流出的可能性较大。但是当工作面存在一定倾角时，相同的煤岩分界面下位于放煤口左侧的顶煤体积也显著增大，如图 9-47 中的 V_0 和 V_θ，显然，$V_\theta>V_0(\theta>0)$，且随着工作面倾角 θ 的增大，V_θ 的值也越大，这部分顶煤边界与放煤口中心线的距离 L 也随之增大，即

$$L_\theta>L_0(\theta>0)\tag{9-18}$$

这部分顶煤紧邻煤岩分界面左侧的矸石区域，在放煤过程中矸石进入放煤口的概率很大，且模拟中采取“见矸关门”的原则，因此随着工作面倾角 θ 的增大，L_θ 显著增大，会导致矸石超前混入，使得这部分顶煤遗留在采空区的残煤量也增大，当 $\theta>45°$后，靠

近煤岩分界面处有大量顶煤未被放出，如图 9-41(f)所示。因此，该因素导致顶煤放出体在重力线左侧体积减小，在重力线右侧颗粒竖直载荷减小和左侧顶煤损失增大的共同作用下，重力线两侧顶煤放出体体积基本相等，即放出体体积非对称性系数 W 随着工作面倾角 θ 的增大基本保持不变，如图 9-47 所示。

9.3.1.3　工作面倾角对煤岩分界面的影响

1)初始放煤阶段

初始放煤阶段结束后，对不同工作面倾角下的初始煤岩分界面进行提取，结果如图 9-48 所示。

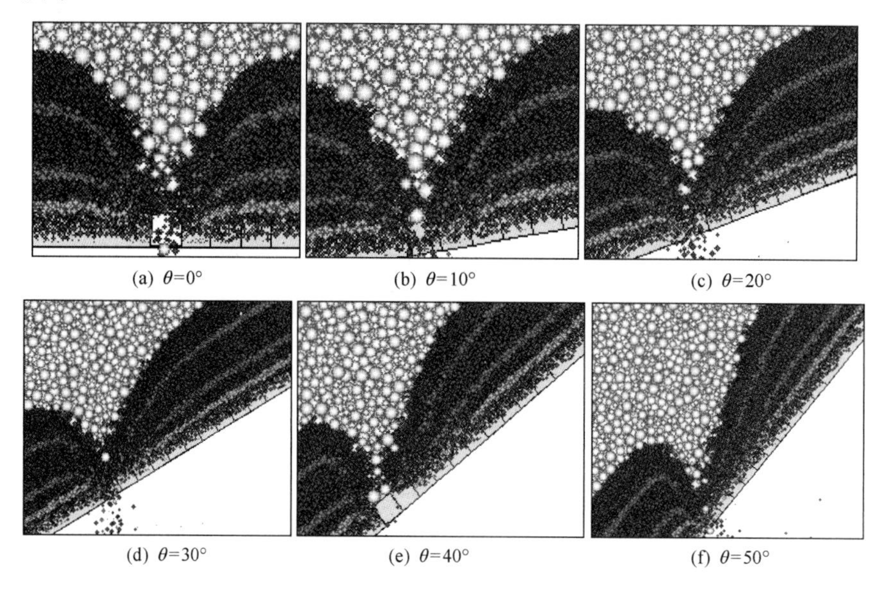

图 9-48　不同工作面倾角下初始煤岩分界面形态

由图 9-48 可以看出，随着工作面倾角的增大，初始放煤结束后的煤岩分界面在放煤口两侧的非对称性越来越大：

(1) $\theta=0°$ 时，初始煤岩分界面基本对称于放煤口中心线，如图 9-48(a)所示，这是由于综放支架的结构虽然在工作面推进方向上具有不对称性，但是在沿工作面布置方向上却是基本对称的，在此截面上散体顶煤从放煤口的放出规律与金属放矿过程类似，因此初始分界面的对称性较为明显；

(2) 随着工作面倾角的增大，靠近工作面上端头侧的煤岩分界面逐渐被拉长并越显平缓，而下端头侧的分界面则受到岩石流的压制而越显陡峭，如图 9-48(b)～(f)所示，为了更好地显示工作面倾角对煤岩分界面的影响，将 $\theta=0°$、10°、20°、30°、40°、50° 时初始放煤结束后的煤岩分界面提取并放在 $\theta=0°$ 的坐标系中进行比较，如图 9-49 所示。

图 9-49 中坐标原点为沿工作面布置方向放煤口中点所在的位置。煤岩混合散体放出过程的实质是散体顶煤和散体岩块向支架放煤口方向逐渐移动的重力流，因此放煤口位置和重力的方向是控制煤岩混合流的两个因素，而重力方向始终竖直向下，所以导致初始煤岩分界面始终分布在重力方向的两侧；工作面倾角的增大导致上端头侧的顶煤靠近

重力线(即通过放煤口的垂直线，图 9-49 中的纵坐标轴所在的直线)、下端头侧的顶煤远离重力线，因此煤岩分界面在上端头侧平缓而绵长，在下端头侧陡峭而较短。

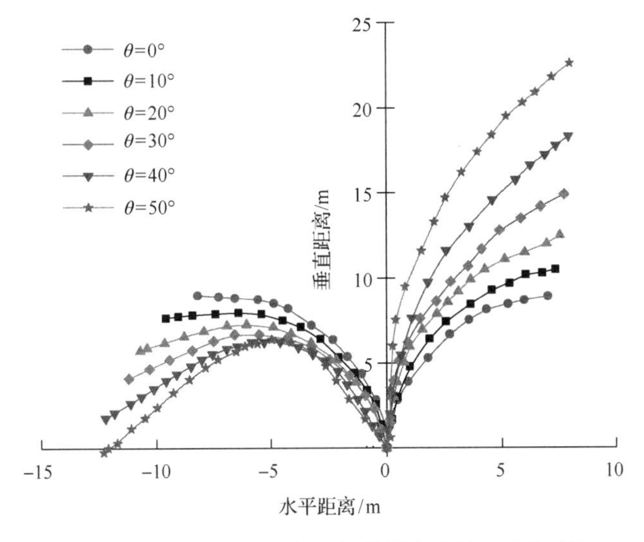

图 9-49 不同工作面倾角下初始煤岩分界面形态对比

2) 正常循环阶段

正常循环阶段，沿工作面布置方向上一架放煤后的煤岩分界面，是下一架顶煤放出体发育的边界条件，在放煤过程中，煤岩分界面的形态直接决定了放煤见矸的时间早晚。同时，在起始煤岩分界面相同的条件下，放煤后的终止煤岩分界面直接决定了放出煤量。倾斜综放工作面放煤过程中煤岩分界面的形态有不同于水平综放的特点，提取放煤见矸时刻终止煤岩分界面的形态如图 9-50 所示。

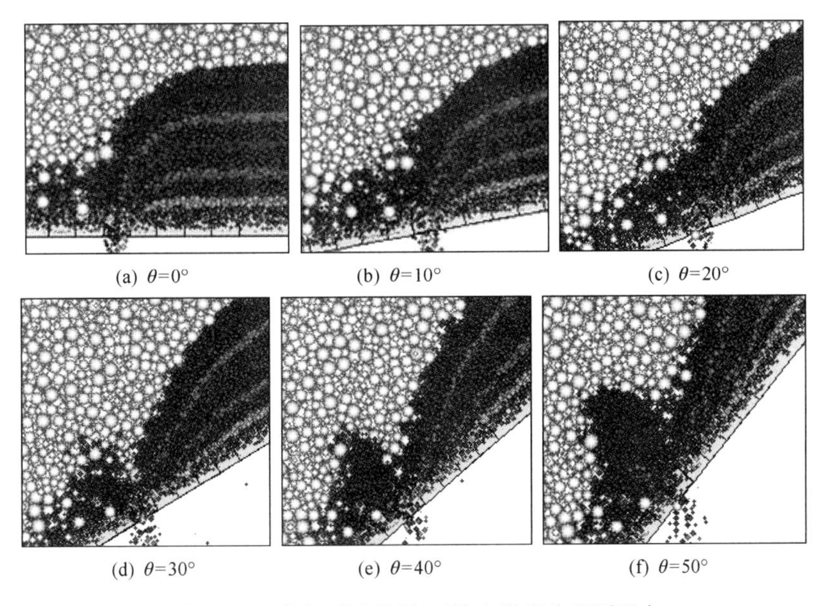

图 9-50 不同工作面倾角下终止煤岩分界面形态

由图 9-50 可知，随着工作面倾角的增大，终止煤岩分界面逐渐由缓变陡，且本轮放煤遗留在采空区的煤损也越来越大，这是由于工作面倾角增大会使得煤岩分界面上最先出现混矸的部位由放煤口靠近采空区一侧，逐渐向放煤口上方和工作面上端头侧转移，且由于矸石比重大于煤的比重，煤岩分界面在放煤口上方极易被超前混入的矸石所切断，遗留在采空区的煤损量增加，且工作面倾角越大，该部分煤损越大，如图 9-50(d)～(f)所示。通过反演法可知，这部分煤损来自于靠近煤岩分界面边界处的顶煤，即图 9-41(d)～(f)中放出体左侧未放出的部分。图 9-48 及式(9-17)和式(9-18)的理论分析表明，该部分煤损量随着工作面倾角的增大而增大，说明煤岩分界面形态对采空区残煤量影响很大。

将 θ=0º、10º、20º、30º、40º、50º 时正常循环段结束后的煤岩分界面提取并放在 θ=0º 的坐标系中进行比较，如图 9-51 所示，图中坐标原点为 6#支架沿工作面布置方向上放煤口中点所在的位置。

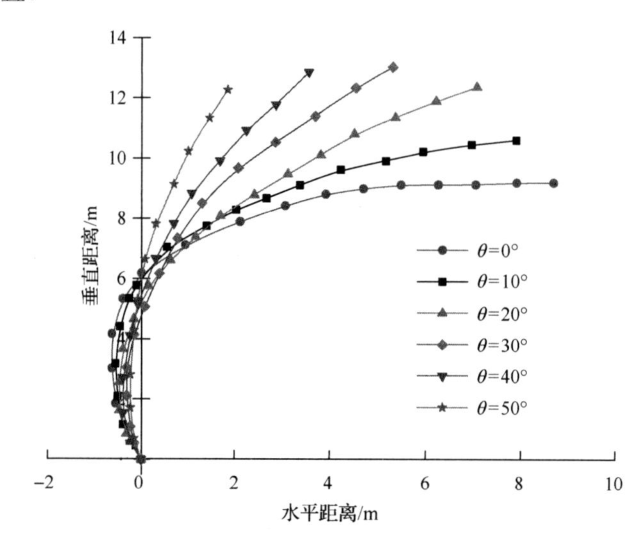

图 9-51　不同工作面倾角下终止煤岩分界面形态对比

由图 9-51 可以看出，在相同的起始煤岩分界面下，随着工作面倾角的增大，正常循环阶段的终止煤岩分界面上部逐渐靠近重力线(纵坐标轴)，使得上端头侧顶煤大量放出；不同工作面倾角条件下煤岩分界面下部均位于重力线左侧，这是由于受多次放煤的影响煤岩分界面下部呈现出向采空区侧凸出的特征，但随着工作面倾角的增大，下部煤岩分界面也显现出了向重力线靠近的变化规律，且煤岩分界面的整体形态表现出了由平缓向陡峭的变化趋势。

9.3.1.4　工作面倾角对顶煤采出率的影响

为了深入分析工作面倾角对顶煤采出率的影响，同时便于不同倾角范畴之间(近水平、缓倾斜、倾斜、急倾斜)顶煤采出率的对比研究，将上述 6 个工作面倾角进一步细化，建立工作面倾角 θ=0º、5º、10º、15º、20º、25º、30º、35º、40º、45º、50º、55º 条件下的 12 个数值模型。为了提高求解效率，减少运算时间，该部分采用 PFC^{2D} 进行建模，各模型除了工作面倾角外，其余参数均相同。以工作面倾角 θ=15º、35º 为例，建立的模型初始状态如图 9-52 所示。图中黑色颗粒为煤层(厚 6.5m)，白色颗粒为破碎直接顶(厚 5m)，直接顶上方块体为老顶岩层(厚 15m)。工作面长 60m，共设置 36 个综放支架，其中，上端头 1 个过渡支架，下端头 2 个过渡支架；上下端头各有 5 个支架不放煤，故数值模拟试验中共有 23 个支架进行放煤，采用上行放煤方式。

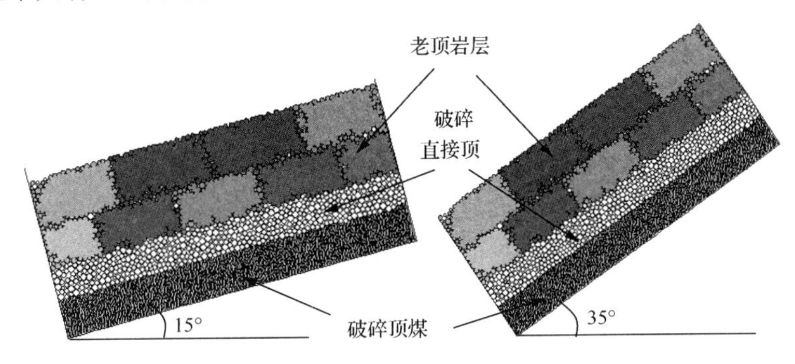

图 9-52　PFC2D 数值模型

运算结束后，计算残煤颗粒的体积，根据统计区域内原始顶煤的体积，即可得出顶煤采出率的值。计算公式如式(9-19)所示：

$$\omega=\frac{V_{原始}-V_{残煤}}{V_{原始}}\times 100\% \tag{9-19}$$

式中，ω 为顶煤采出率；$V_{原始}$为工作面未放煤时，统计区域内的原始顶煤体积，m^3；$V_{残煤}$为经过整个工作面放煤结束后，统计区域内残留的顶煤体积，m^3；

对 12 个模型的顶煤采出率进行计算，得到顶煤采出率与工作面倾角之间的关系，如图 9-53 所示。

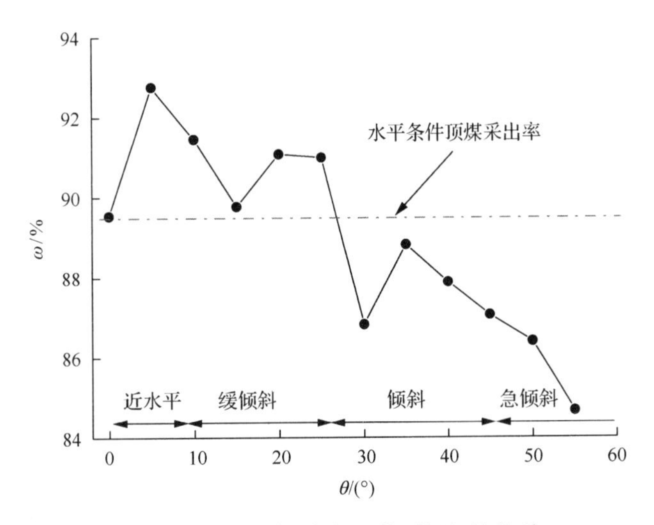

图 9-53　顶煤采出率与工作面倾角的关系

由图 9-53 可知，随着工作面倾角的增大，顶煤采出率大致呈现出先增大后减小的趋势：

(1) 当 $0^{\circ}\leqslant\theta\leqslant 25^{\circ}$(近水平、缓倾斜)时，工作面倾角的存在有利于上端头顶煤的放出，

放出煤量较水平煤层大，其顶煤采出率大于水平条件下的顶煤采出率；

(2) 当 $\theta>25°$(倾斜、急倾斜)时，普通的上行放煤方式会导致放煤不均衡且下端头煤损急剧增大，其顶煤采出率低于水平条件下的顶煤采出率(图中虚线)。

因此在现场生产中，应当对倾斜、急倾斜综放开采放煤工艺进行针对性的优化，以提高倾斜、急倾斜条件下放煤的均衡性和采出率。

9.3.2　近水平煤层顶煤放出三维模拟试验

9.3.2.1　工程背景

某矿综放工作面开采 5#煤层，该煤层赋存于太原组顶部，山西组底部砂岩(K3)之下，顶板岩性以泥岩、砂质泥岩为主，碳质泥岩次之；底板为泥岩、砂质泥岩和黏土岩。工作面倾角 2°～4°，平均 3°，为近水平煤层；煤层厚度 2.85～9.07m，平均 6.39m；煤层中含多层夹矸，夹矸层数 3～10 层，一般为 5～6 层，夹矸厚度为 0.10～0.42m。煤层结构示意图如图 9-54 所示。

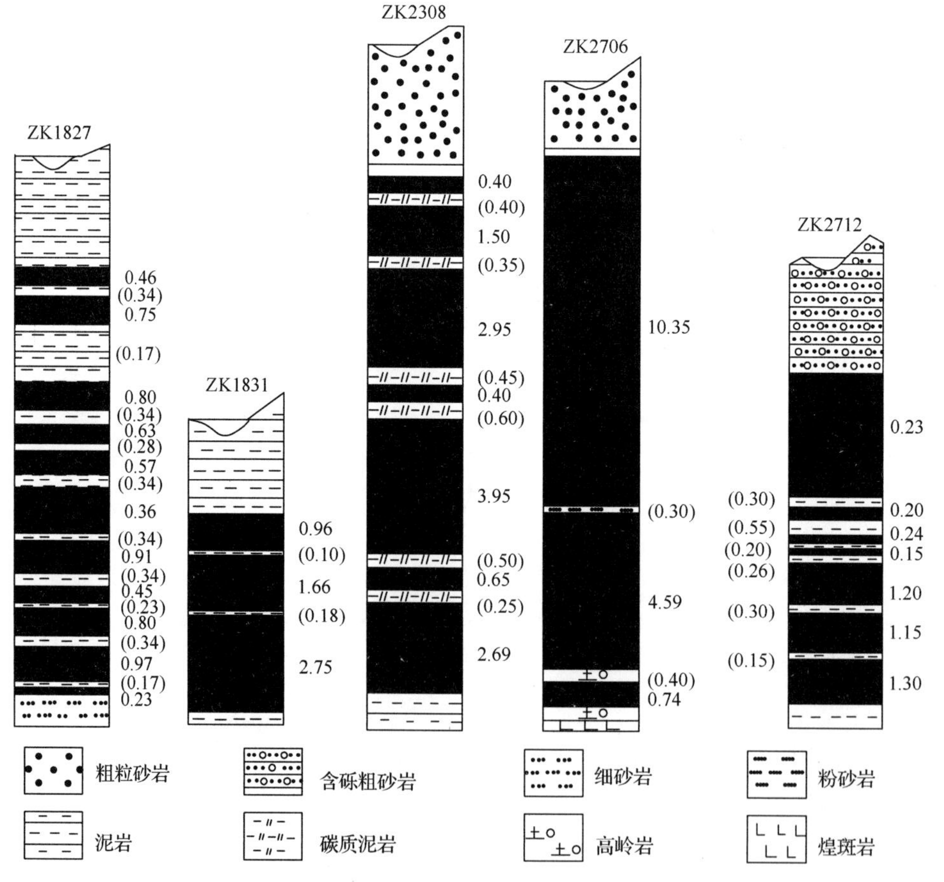

图 9-54　5#煤层结构示意图(单位：m)

该矿综放工作面由于工作面倾角较小，且受夹矸的影响较大，其顶煤三维放出规律不清晰，为此根据该矿具体条件进行了近水平夹矸煤层顶煤三维放出试验，并对试验结果进行了数值验证。

9.3.2.2 倾角可调的顶煤放出三维模拟试验台

该试验在中国矿业大学(北京)放顶煤实验室进行，采用自主研制倾角可调的综放长壁顶煤放出三维模拟试验装置[8]，该装置能够模拟煤层在走向方向和倾向方向的倾角，在0°～55°任意调节，并实时显示角度变化，可进行各种复杂条件下顶煤放出过程的三维模拟试验，其结构如图9-55所示。箱体内部尺寸为：长×宽×高=1500mm×1000mm×800mm，试验台主要由试验箱体、移架与放煤系统、倾角调节与监测系统、标志颗粒制作与安设系统、箱体支座及其他附属装置组成，其结构如图9-55所示。

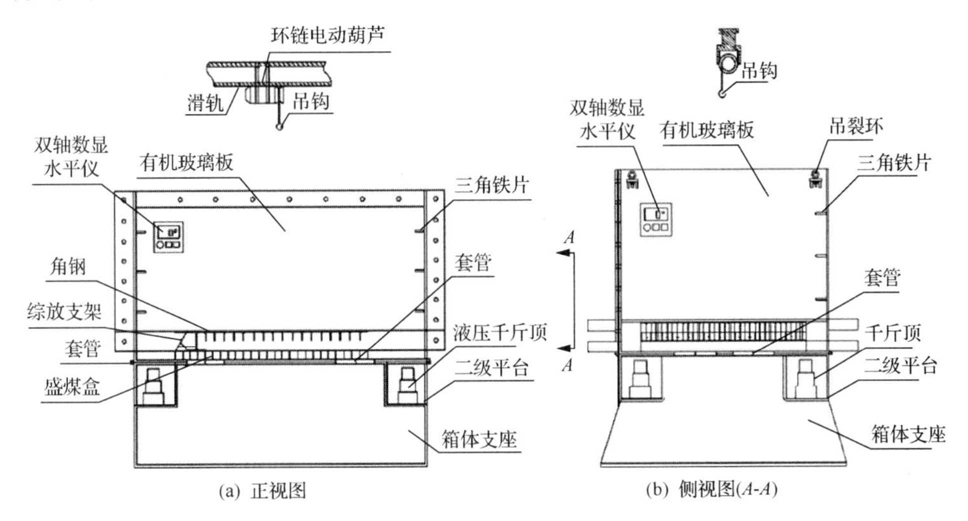

图9-55 综放开采散体顶煤放出三维模拟试验台结构图

1) 试验箱体

试验箱体长1700mm、宽1000mm、高800mm，箱体左右两侧和后方为厚度为10mm的整体钢板，前方为厚度为17mm有机玻璃板，便于对试验箱体内部进行观察。在前方玻璃板和后方钢板的下方中部，预留高度50mm、长度1000mm的间隙，用以放置盛煤盒；在距离箱体底部100mm高度的位置，设置与角钢厚度尺寸相匹配的装配槽，槽间距与角钢宽度相同。试验箱体的侧棱每隔200mm设有三角铁片，用于标示高度和加固箱体。箱体底部为一整体钢板，厚度为10mm，与两侧和后方钢板焊接为一整体。有机玻璃板外表面绘制有坐标网格，有机玻璃板两侧和顶部预留有装配孔，利用装配螺丝和螺母将其固定在箱体两侧的钢板上。箱体左右两侧和后侧的钢板底部各设置2个套管，套管内径20mm、外径40mm。

2) 移架与放煤系统

移架与放煤是综放开采模拟试验的关键。移架与放煤系统主要由综放支架、操控杆、角钢和盛煤盒组成。

综放支架主要由底座、顶梁、支撑柱、连接杆、放煤挡板和侧护板组成，如图 9-56 所示。支架高 100mm，顶梁宽 50mm，顶梁长 102mm，尾梁与水平夹角 60°。支撑柱内嵌在底座上，其顶端设有一平板模拟支架顶梁，平板通过一斜板，与支架尾梁处的放煤挡板通过铰链铰接，放煤挡板内侧通过铰链与连接杆相连，连接杆的另一端抵在支撑柱上，并可上、下滑动，以控制放煤挡板的打开与闭合。图 9-56(a) 为将连接杆上移，放煤口打开；图 9-56(b) 为将连接杆下移，放煤挡板关闭。

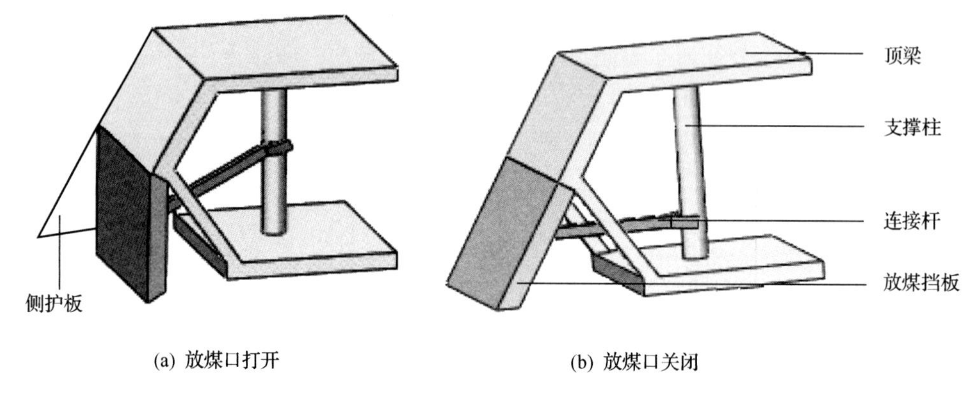

(a) 放煤口打开　　(b) 放煤口关闭

图 9-56　综放支架结构图

操控杆为长 800mm 的金属圆柱体，其中一端弯折为钩状。利用操控杆把综放支架中的连接杆向上撬移，即可实现打开放煤口的效果；放煤见矸后，利用操控杆将连接杆向下压，放煤口关闭。综放支架的移架动作也是通过操控杆和综放支架的相互配合来完成的。执行移架动作时，用操控杆逐个勾住综放支架的支撑柱并向工作面推进方向拉拽，至支架前部与下一根角钢接触密实，即完成了一个步距的移架。

模型中角钢为等边角钢，主要用来承担支架前方顶煤的质量和控制移架的步距，其宽度和厚度需与有机玻璃板上所留装配槽的尺寸及间距相匹配。角钢抽出后，即可将支架向前移动一个步距，因此角钢的宽度等于放煤步距的大小，通过连续抽出两根或三根角钢，可以模拟放煤步距为两刀一放和三刀一放的情况。

盛煤盒是将厚度为 2mm 的不锈钢板经过两次 90°弯折加工而成的，盛煤盒的宽度和高度与角钢的宽度相同，其一端为圆角。未放煤时，将盛煤盒的顶部开口侧向下翻转模拟底板；放煤时，将放煤挡板正下方的盛煤盒向上翻转使开口侧向上模拟刮板输送机。放煤过程中将盛煤盒以一定速率向外推出，同时沿推出方向补充另一盛煤盒，以确保煤体连续放出。从盛煤盒的递补侧观察放煤口放出状态，若观察到有矸石颗粒被连续放出时，从支架前方关闭放煤口，放煤结束。不锈钢板具有表面光滑、摩擦力小的优点，可以保证试验过程的流畅性，真实地模拟现场的刮板输送机运送煤炭的过程。

3) 倾角调节与监测系统

倾角调节与监测系统主要由液压千斤顶、单轨吊车(包括滑轨、环链电动葫芦和吊钩)、双轴数显水平仪组成。

液压千斤共两组，每组由 1 号、2 号和 3 号千斤顶组成，1 号、2 号和 3 号千斤顶按照最大起重高度由小到大依次排列，每次试验中相同编号的两个千斤顶安装于相邻的一组二级平台上。1 号千斤顶为普通千斤顶，最大荷载 5t，行程范围 170～340mm；2 号千斤顶为汽车用大行程千斤顶，型号 CESS-J1230，最大荷载 3t，行程范围 300～685mm；3 号千斤顶型号 CESS-J171，最大荷载 3t，行程范围 410～1020mm。所需倾角小于 20°时，可通过 3 组千斤顶的相互配合与替换来实现。

当试验所需倾角大于 20°时，为了保证试验箱体抬升时试验台的稳定性及操作过程的安全性，采用单轨吊车和手拉葫芦对试验箱体角度进行调节。单轨吊车由滑轨、电动葫芦和吊钩组成；手拉葫芦型号为 HSZ–1 型，起重量 1t，标准起重高度 2.5m。通过滑轨将单轨吊车移至试验箱体上方。手拉葫芦上方吊钩与单轨吊车吊钩相连，下方吊钩通过绳索与试验箱体上的吊装坏相连。检查手拉葫芦与上、下吊钩挂牢后，拽动手链条，使手链轮沿顺时针方向旋转，即可使试验箱体一侧上升，倾角增大；反向拽动手链条，倾角变小。

双轴数显水平仪(图 9-57)型号为 DXL360，精度为±0.1°，分辨率为 0.02°，可测单轴、双轴倾斜角度，显示面为 LCD 屏，能够清晰显示角度，消除了人为读数的误差，如图 9-57 所示。使用时，在试验箱体抬升侧安装两个数显水平仪(水平仪底面和四周均有磁铁，可直接吸附于试验箱体的钢板上)，抬升过程中根据两个水平仪的读数，调整试验箱体的位置至所需倾角。

(a) 双轴测试模式

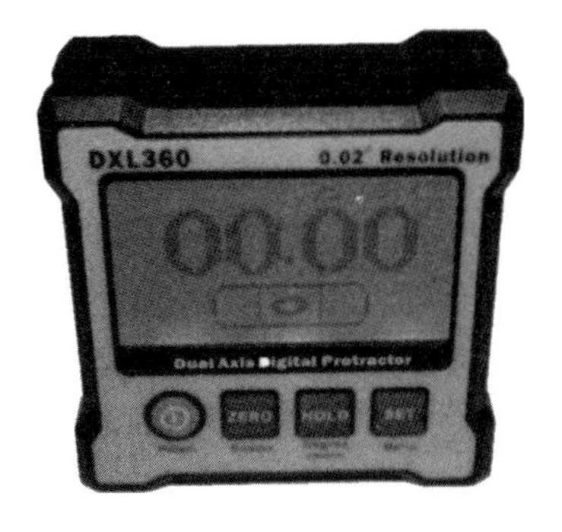

(b) 单轴测试模式

图 9-57 双轴数显水平仪

当试验箱体倾角大于 55°时，试验台的稳定性大大降低，且给试验顺利操作增加了很大的难度，为了保证试验人员的安全，确定模拟试验台的最大模拟倾角为 55°。

4) 标志颗粒制作与安设系统

试验采用粒径较小的青色石子模拟破碎顶煤，选取粒径较大的白色石子模拟破碎顶板。试验中，采用标志颗粒法研究顶煤散体流动特性及反演放出体的空间形态，为了使标志颗粒与试验散体的流动性能一致，从试验散体材料中选取与顶煤颗粒粒径级配相同的白色石子作为标志颗粒，用黑色马克笔标写数字进行统一编号，标志颗粒的编号代表其空间坐标位置，如图 9-58 所示。

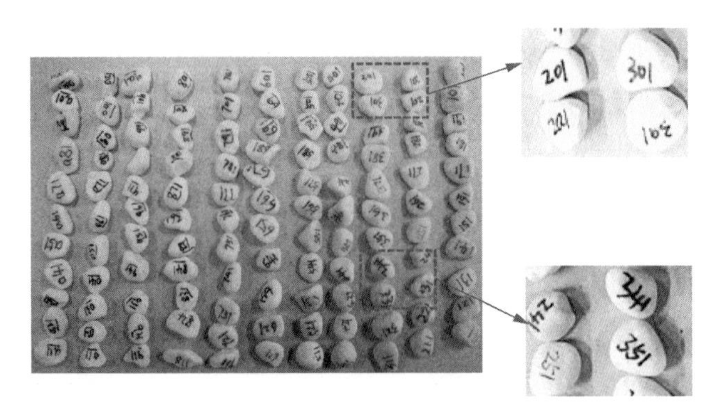

图 9-58　标志颗粒制备

填装散体顶煤材料时，在工作面前方顶煤中每隔一定高度安设一层标志颗粒。每一水平分层标志颗粒呈网格状布置，如图 9-59 所示。填装时根据试验台三角铁片及内部刻线逐层填装并安放标志颗粒，同时记录标志颗粒安放的空间坐标。

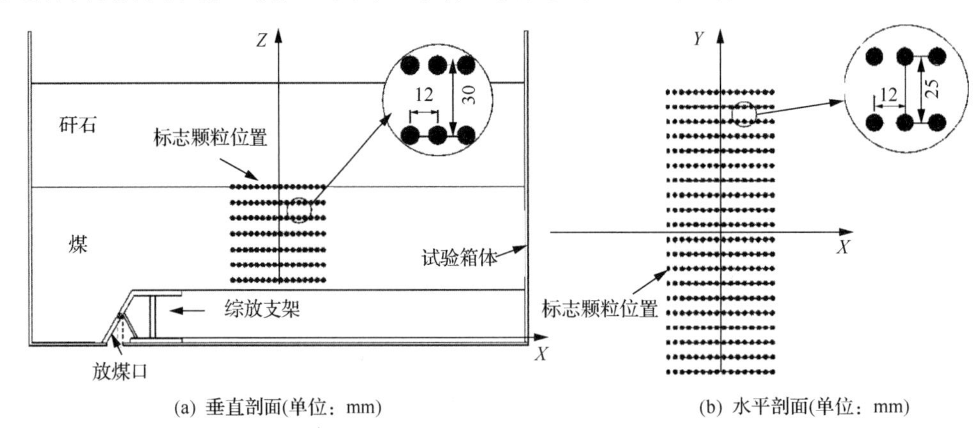

(a) 垂直剖面(单位：mm)　(b) 水平剖面(单位：mm)

图 9-59　标志颗粒安设位置示意图

5) 箱体支座

箱体支座由壁厚 10mm、宽 50mm 的方管焊接而成的支架、上部钢板、二级平台和套管组成。上部钢板长度和宽度略大于箱体支座，用于焊接套管；套管焊接的位置应与试验箱体底部套管相匹配，尺寸与箱体底部套管相同；二级平台位于箱体支座四角，平台台面距上部钢板 250mm，平台长 300mm、宽 150mm，可同时放置两台液压千斤顶；箱体支座底部预留有 6 个锚固孔，试验台放置好后打入地脚螺钉将箱体支座锚固在实验室地基上。

箱体支架的主要作用是为液压千斤顶提供二级平台及承载试验箱体质量，并保证试验箱体旋转时模拟试验台的稳定性。

6) 其他附属装置

本模拟试验台的附属装置主要包括销棒、筛子和相机等。

销棒材质为实心钢柱，直径 16mm，共两根，长度分别为 800mm 和 1000mm。需要将试验箱体抬升一定倾角时，先将销棒插入抬升侧对立面的套管中，使试验箱体和支座通过套管和销棒铰接，保证试验箱体在抬升过程中以销棒为轴旋转，减小试验箱体和支座之间的摩擦力并防止两者脱离，增加模拟试验台的稳定性。

筛子有从大到小不同的孔径。不同孔径的筛子将散体试验材料筛分成不同粒径范围。试验材料的颗粒级配关系经过相似比换算后，应与实际采场放出顶煤块度级配基本符合。

相机采用高分辨率单反相机，型号为索尼 DSLR- A200，具有良好的光学防抖功能；使用时结合有机玻璃板上的网格线，可对模型近有机玻璃板侧煤–岩分界线的发展及变化进行监测和记录。

试验台加工完毕的实物图如图 9-60 所示。

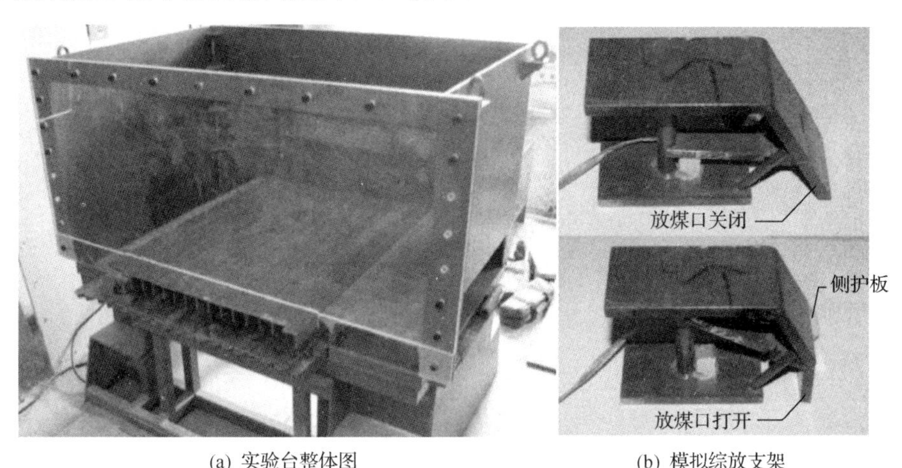

(a) 实验台整体图　　(b) 模拟综放支架

图 9-60　综放开采顶煤放出三维模拟实验台

该试验采用 5～8mm 粒径的青色石子模拟破碎顶煤，铺设厚度为 200mm；采用 8～12mm 白色石子模拟破碎直接顶，铺设厚度为 150mm，放煤步距为 50mm，试验模型的几何相似比为 30∶1。根据现场实际情况，煤层中共有 3～5 层不规则夹矸，为了简化操作，本试验只铺设支架上方顶煤中的夹矸部分，因此设置一薄一厚两层夹矸，分别位于支架上方 30mm 和 60mm 处。模型初始状态如图 9-61 所示。

图 9-61　模型初始状态图

试验材料铺设完毕后，使用千斤顶及单轨吊车，将试验箱体一侧抬升至3°，模拟工作面倾角，如图9-61左下所示。

填装散体顶煤材料时，在工作面前方一定区域顶煤中每隔30mm高度安设一层标志颗粒，每一水平分层标志颗粒呈网格状布置，行间距12mm、列间距25mm。标志颗粒安设示意图如图9-62所示。

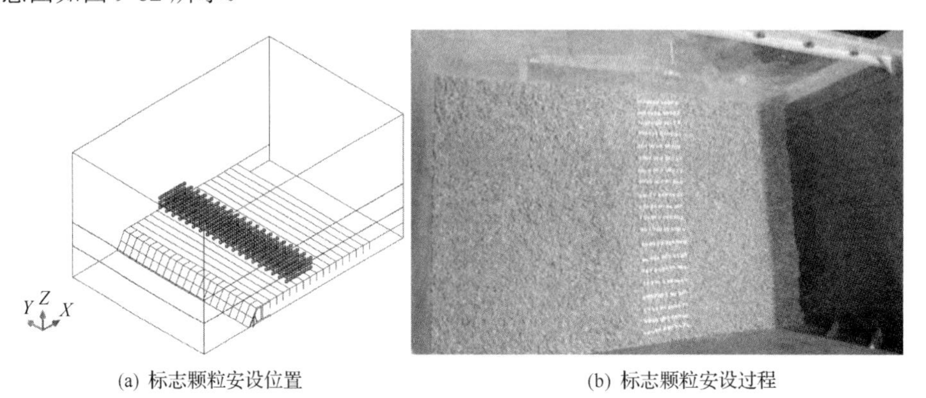

(a) 标志颗粒安设位置　　(b) 标志颗粒安设过程

图9-62　标志颗粒安设位置及过程

试验中共移架7次，进行了8次放煤，每次放煤顺序为1～20#支架。试验过程记录如图9-63所示。

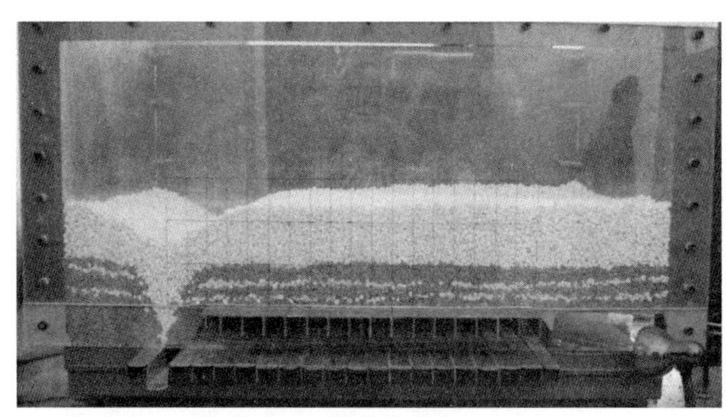

(a) 第1次放煤结束

(b) 第4次放煤结束

(c) 第7次放煤结束

图 9-63 近水平煤层散体顶煤三维放出试验过程

试验过程中，称量并记录每次放出的顶煤质量、矸石质量、标志颗粒编号和质量；试验结束后，对顶煤放出量、含矸率与采出率进行计算，结果分析如下。

9.3.2.3 放煤量、含矸率的变化规律分析

1) 平均含矸率、放煤量与移架次数的关系

放煤过程中遵循“见矸关门”的原则，为了减少试验中人为操作引起的放煤量和含矸率的波动，取各次移架放煤后 1～20#支架放煤量和含矸率的平均值进行分析，研究两者与移架次数的变化规律，如图 9-64 所示。

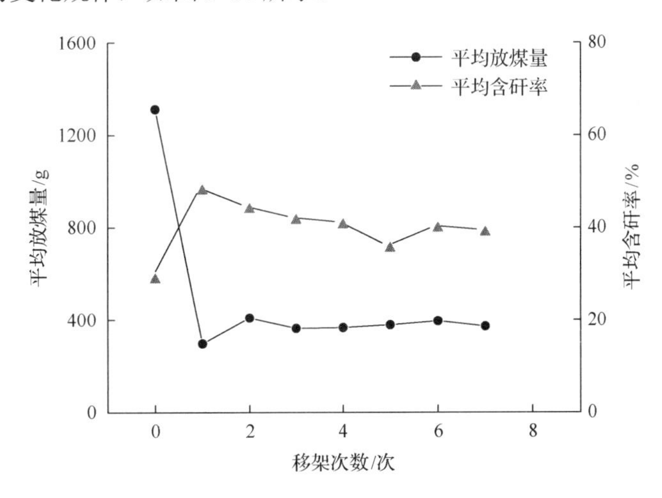

图 9-64 平均含矸率、放煤量与移架次数的关系

由图 9-64 可知：

(1) 在移架放煤的过程中，放煤量与含矸率呈现出显著的负相关关系，放煤量增大往往会伴随着含矸率的减小。

(2) 第一次放煤(初始放煤) 平均放煤量最大，为 1312.15g；平均含矸率最小，为 28.81%；这是初始放煤时工作面后方的煤炭颗粒会通过放煤口放出，导致放煤量较大而含矸率较小。

(3) 初始放煤结束后，进行第一次移架，移架后平均放煤量急剧减小，为 297.63g，约是初始平均放煤量的 22.68%，达到了平均放煤量的最小值；而平均含矸率则急剧增大，达到了 47.96%，是初始放煤平均含矸率的 1.66 倍，为平均含矸率的最大值；这是由于初始放煤结束后会在支架后方形成煤岩分界面，以后的放煤过程是在煤岩分界面下进行的，其“见矸关门”时的放煤高度远小于顶煤的实际高度，平均放煤量急剧减小而平均含矸率增大；从第二次移架开始，随着煤岩分界面的稳定，平均放煤量和平均含矸率也逐渐趋于稳定。

2) 不同支架的含矸率、放煤量分布规律

取同一支架在 7 次移架中的平均放煤量和平均含矸率作为该支架的放煤量和含矸率，分析工作面不同位置支架的放煤量、含矸率的分布规律，如图 9-65 所示。

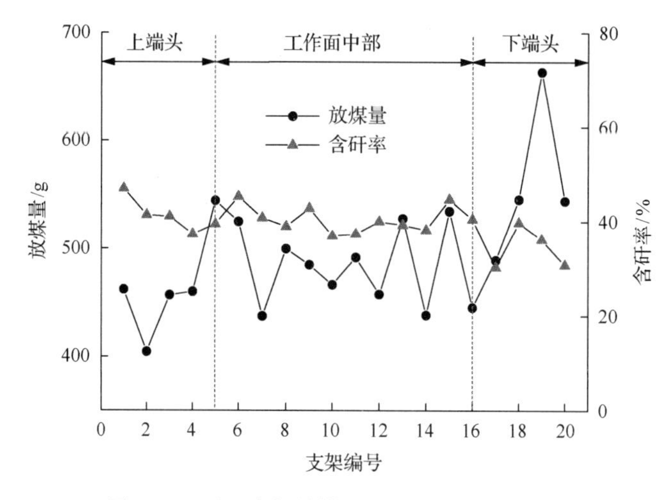

图 9-65 不同支架放煤量、含矸率的分布规律

由图 9-64 可得到如下结论。

不同支架的放煤量和含矸率在工作面中部区域 (6～15#支架) 比较稳定，而在工作面上端头 (1～5#支架) 和下端头 (16～20#支架) 则出现了比较明显的上升和下降趋势；

支架放煤量在工作面上端头区域整体较低，进入工作面中部后逐渐增加并趋于稳定，在下端头放煤量又出现了明显的增加，这是由煤层为近水平煤层，工作面上下端头存在 3°的倾角落差引起的。图 9-66 显示了工作面倾角对支架放煤量的影响。

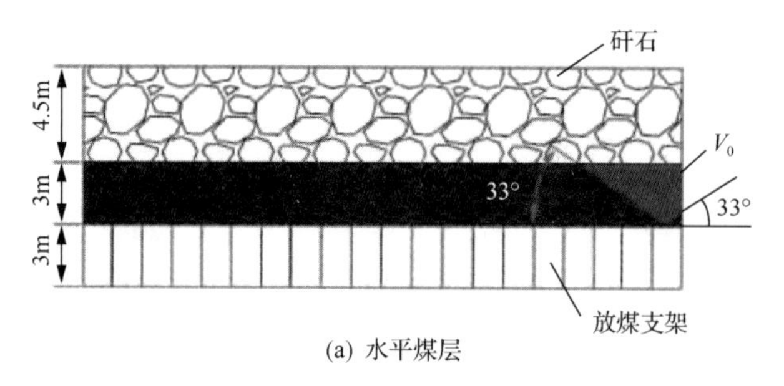

(a) 水平煤层

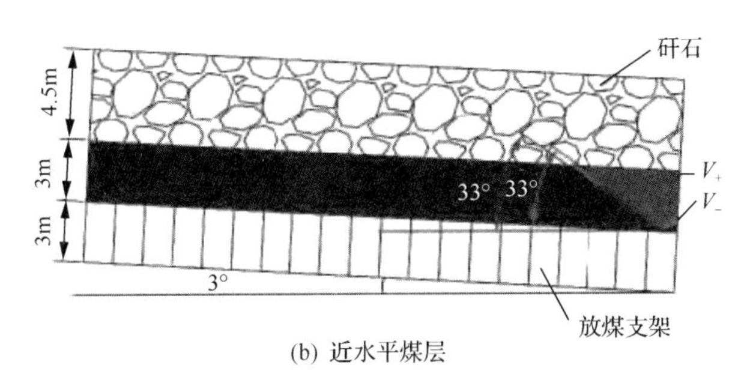

(b) 近水平煤层

图 9-66 工作面倾角对支架放煤量的影响

试验中破碎顶煤可以看成散体，其自然安息角为 33°，顶煤可放出区域应为角度大于自然安息角的区域。如图 9-66 所示，当煤层有倾角 θ 存在时，工作面下端头区域支架顶煤放出量 V_θ 满足式(9-20)：

$$V_\theta = V_0 + V_+ - V_- \tag{9-20}$$

式中，V_0 为倾角为 0°时工作面下端头区域支架顶煤放出量，m^3；V_+ 为有倾角时顶煤放出量在上端头方向的增加值，m^3；V_- 为有倾角时顶煤放出量在下端头方向的增加值，m^3。

当倾角为 0°时，工作面下端头区域支架的理论放煤量应为大于自然安息角(33°)的区域，即图 9-66(a)中的 V_0。

当倾角为 3°时，自然安息角依然为 33°，由于自然安息角是指滑动面与水平面之间的夹角，理论放煤量不再等于 V_0，其放煤区域可以等效为将图 9-66(a)中 V_0 区域旋转 3°后，减去超出自然安息角范围的部分[图 9-66(b)中的 V_-]和加上由倾角产生的新的放出部分[图 9-66(b)中的 V_+]。因此当煤层存在 3°的倾角时，工作面下端头区域支架顶煤放出量 V_3 可以表示为

$$V_3 = V_0 + V_+ - V_- \tag{9-21}$$

如图 9-66(b)所示，工作面倾角存在时，V_+ 明显大于 V_-，即 $V_+ - V_- > 0$，故 $V_3 > V_0$，所以有倾角时下端头放煤量会增加。且随着逐架放煤的进行，这种放煤量的增加会逐步积累，最终会导致下端头和上端头放煤量之间形成较大差异。

近水平含夹矸煤层下行放煤时，由于夹矸层的干扰，传统“见矸关门”的原则已经不再适用，根据工作面不同区域放煤量的分布规律，可以通过放煤时间来辅助判断是否已经达到最大放煤量并关门。该矿在近水平含夹矸综放的条件下，在上下端头应当注意对放煤时间的控制，上端头应该适当缩短放煤时间，减少放煤量；而下端头放煤量较多，应适当延长放煤时间。

3) 支架放煤效率分析

在煤层含有多层夹矸的情况下，在煤矸运移过程中，矸石与顶煤会在支架后方充分混合，因此放煤过程中放煤口出现顶煤与夹矸的混合介质的概率很大，由于在采煤过程中追求的是较大的放煤量和较小的含矸率，在含夹矸煤层放煤过程的分析中，引入放煤效率 K_f 的概念。定义放煤效率 K_f 值由式(9-22)求得

$$K_{\mathrm{f}}=\frac{\bar{Q}_{煤}}{\bar{p}} \tag{9-22}$$

式中，K_{f} 为某个支架的放煤效率，K_{f} 值越大说明放煤效率越高；$\bar{Q}_{煤}$ 为该支架多次移架放煤量的平均值，g；$\bar{p}$ 为该支架多次移架含矸率的平均值，%。

计算工作面 20 个支架的放煤效率如图 9-67 所示，在 1～5#支架区域，K_{f} 值呈现缓慢上升的趋势，但总体较小，说明该区域放煤效率相对较低。在 6～15#支架区域，K_{f} 值呈现近似平稳趋势，波动较小，说明该区域放煤效率平稳。在 16～20#支架区域，K_{f} 值呈现急剧上升的趋势，而且此区域 K_{f} 值明显大于工作面其他位置的 K_{f} 值。根据此规律，可以指导近水平含夹矸煤层工作面的实际生产，工作面下端头放煤效率最高，应当作为重点放煤区域；工作面中部区域放煤效率较稳定但小于下端头；工作面上端头的放煤效率最低，应当注意控制上端头的放煤时间，避免过多矸石混入。

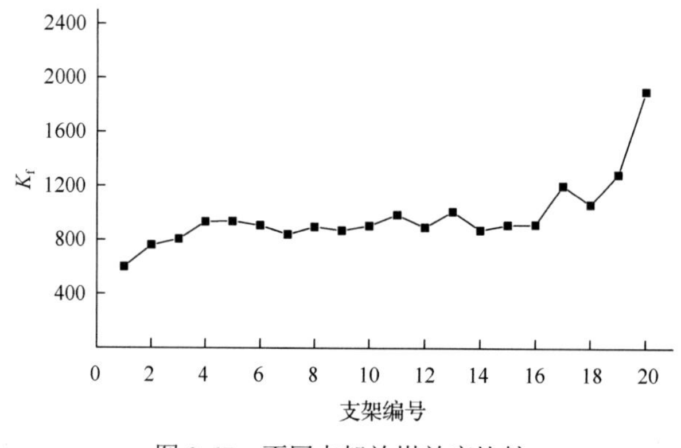

图 9-67　不同支架放煤效率比较

9.3.2.4　顶煤采出率的三维分布特征

顶煤中安设标志颗粒 720 个，试验中共放出 511 个，平均采出率为 70.97%。分析顶煤采出率在沿煤层走向、沿煤层倾向、垂直方向上的变化规律，从而深入理解顶煤采出率的三维分布特征。

1) 沿煤层走向

试验中在顶煤中沿煤层走向方向每一层位均铺设 12×20 个标志颗粒，如图 9-68 所示。

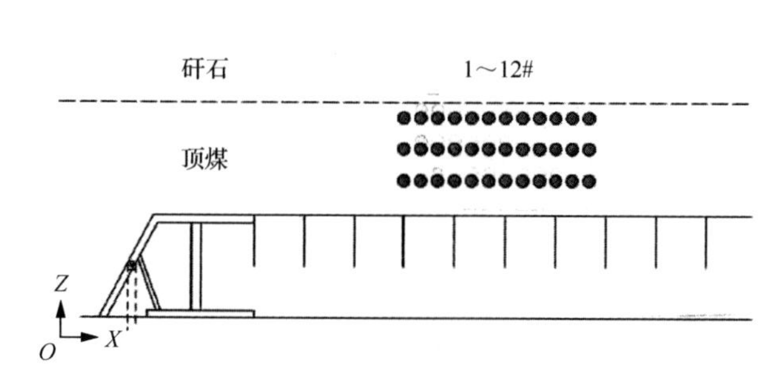

图 9-68　*XOZ* 剖面标志颗粒示意图

标志颗粒沿煤层走向分别位于 *YOZ* 平面的 12 个竖直平面内，统计放煤过程中每个竖直平面内放出的标志颗粒数目，计算得出沿煤层走向 12 个竖直平面顶煤采出率的分布，如图 9-69 所示。

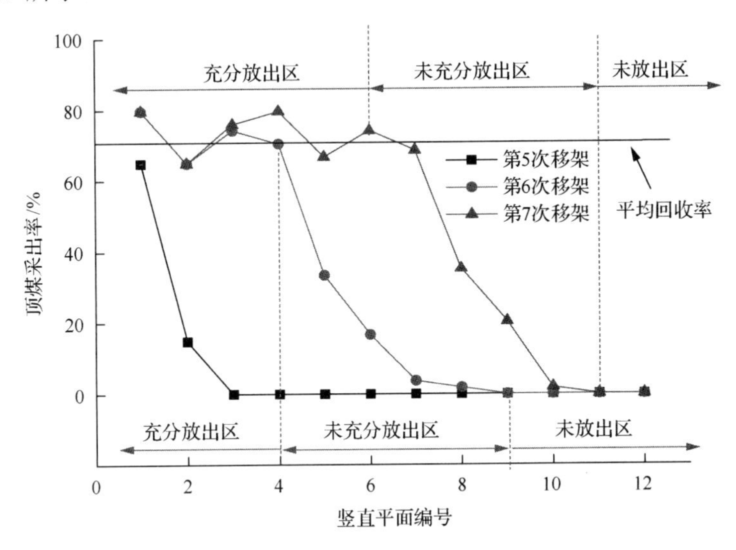

图 9-69 顶煤采出率沿煤层走向分布特征

由图 9-69 可知：

(1) 第 5 次移架后，仅有 1#和 2#竖直平面内的少量标志颗粒被放出，且两个平面内的顶煤采出率均小于平均采出率，表示此时放出区域开始进入标志颗粒区域，标志点开始放出；

(2) 第 6 次移架后，1#～8#竖直平面均有标志颗粒放出，放出范围为 8 个竖直平面；第 7 次移架后，1#～10#竖直平面均有标志颗粒放出，但此时 1#和 2#平面的采出率已经不再发生变化，说明第 7 次移架的放出范围为 3#～10#，依然为 8 个竖直平面，根据标志颗粒的安设的间距，可以得出单次移架放煤在沿煤层走向方向的放出宽度为 11.67cm。

顶煤采出率沿煤层走向表现出显著的分区现象，分为如下 3 个区域。

(1) 充分放出区 (顶煤采出率≥70.97%)：该区域内顶煤已经充分放出，顶煤采出率大于平均采出率；且随着工作面的推进不再发生变化。

(2) 未充分放出区 (0＜顶煤采出率＜70.97%)：该区域内顶煤部分放出，顶煤采出率小于平均采出率；且随着工作面的推进将会进一步增大，并逐步转化为充分放出区。

(3) 未放出区 (顶煤采出率＝0)：该区域内顶煤虽然已经发生了一定程度的松动和运移，但是尚未被放出，顶煤采出率等于 0。

随着移架放煤的进行，上述 3 个区域逐步向工作面前方移动，且呈现出动态演化过程：部分未充分放出区会逐渐演化为充分放出区，导致充分放出区逐步增大，如第 6 次移架中的 4#～7#平面；而部分未放出区则会逐渐演化为未充分放出区，如第 6 次移架中的 9#～10#平面；因此未充分放出区的前后边缘一直处在动态变化中，其宽度则基本保持不变，为 7.29cm。由于工作面一直向前推进，未放出区的宽度将会越来越小。

2）沿煤层倾向

模拟试验台沿煤层倾向共布置了 20 个综放支架，在每个支架的正上方均安设了 12×3 个标志颗粒，如图 9-70 所示，统计放煤过程中每个支架正上方 *YOZ* 平面内放出的标志颗粒数目，计算沿煤层倾向不同位置的顶煤采出率，如图 9-70 所示。

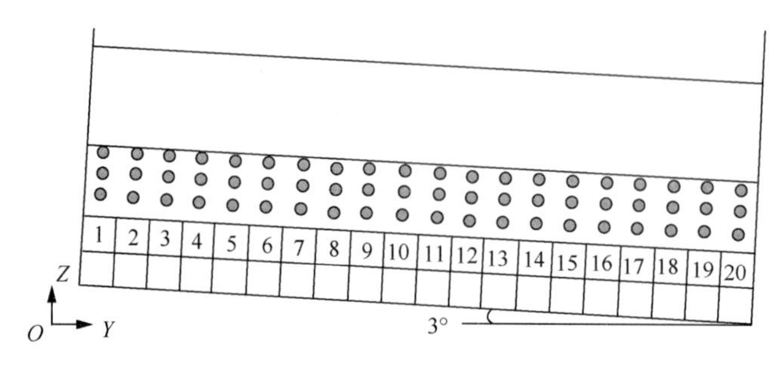

图 9-70　*YOZ* 剖面标志颗粒示意图

由图 9-71 可以看出，本试验中顶煤采出率沿煤层倾向呈现出一定的周期性分布规律：在 1～5#架范围有逐渐递减的趋势，在 6～15#支架范围表现为逐渐增大的趋势，在 16～20#范围又呈现出逐渐递减的趋势；其中变化周期的波谷和波峰分别出现在 7#架处和 15#架处。

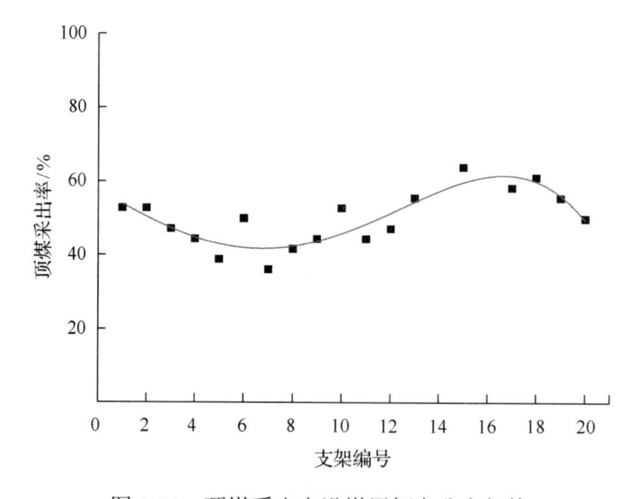

图 9-71　顶煤采出率沿煤层倾向分布规律

根据该相似模拟实验，在近水平煤层采放比为 1∶1 的情况下，顶煤采出率沿煤层倾向分布曲线周期大约为 20 个支架的宽度。在近水平煤层综放开采的生产实践中，应当先掌握住工作面采出率的变化周期，这样可以确定顶煤采出率出现最大值和最小值的支架位置，从而再根据采出率指导放煤量，避免“提早关门”或者“过晚关门”导致的煤炭损失，从而提高整体的采出率。

3）沿垂直方向

根据对垂直方向上各个层位标志颗粒回收情况的统计，顶煤采出率沿垂直方向的分布如图 9-72 所示。

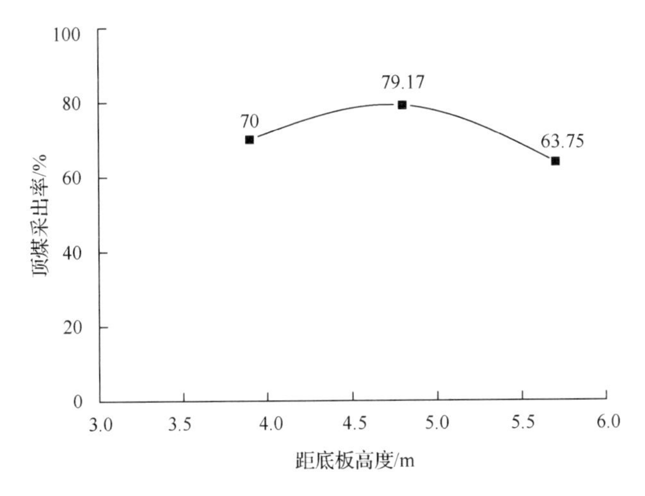

图 9-72　顶煤采出率沿煤层垂直方向分布规律

由图 9-72 可以看出，在垂直方向上，中间层位的顶煤采出率最高，且高于平均采出率(70.97%)；高位顶煤的采出率和靠近支架顶梁附近的低位顶煤采出率较小，均小于平均采出率；其中高位顶煤的采出率最低，为 63.75%，因此在垂直方向上，近水平含夹矸煤层综放开采应该重点提高高层位的顶煤采出率。

9.3.2.5　顶煤放出体三维形态分析

利用三维颗粒流软件(PFC^{3D})建立近水平含夹矸煤层综放开采数值计算模型，模型初始状态如图 9-73 所示。模型尺寸为：长×宽×高＝1500mm×6000mm×6800mm。

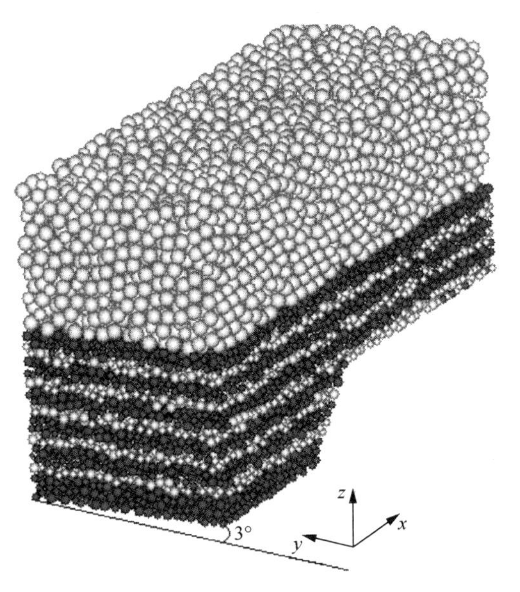

图 9-73　PFC^{3D} 模型初始状态图

模拟初始条件：颗粒初始速度为 0，只受重力作用，$g=9.81\text{m/s}^2$，墙体速度与加速度为 0；边界条件为颗粒四周及底部墙体作为模型的外边界，其速度和加速度固定为 0。

图 9-73 中上部灰白色的颗粒为破碎直接顶，下部黑色颗粒为煤，按照 5#煤的实际条件，在煤层中设置 5 层白色夹矸层。

综放支架由 PFC 中的墙单元来模拟，通过 fish 语言控制支架放煤口的打开或关闭，为了避免颗粒过多导致运算时间过长，模型设置 5 个综放支架进行模拟计算，计算中根据“见矸关门”的时机选择放煤口出现直接顶矸石的时候，而非出现煤层夹矸。

对放煤过程中不同时刻的模拟结果进行二次分析提取，并反演出放出体形态。因顶煤中含有多层夹矸，所以顶煤放出体实际为煤炭颗粒和矸石颗粒的混合体，称之为煤矸放出体，如图 9-74 所示(图中黑色颗粒为煤炭颗粒，白色颗粒为顶煤夹矸，最大颗粒为直接顶矸石)。

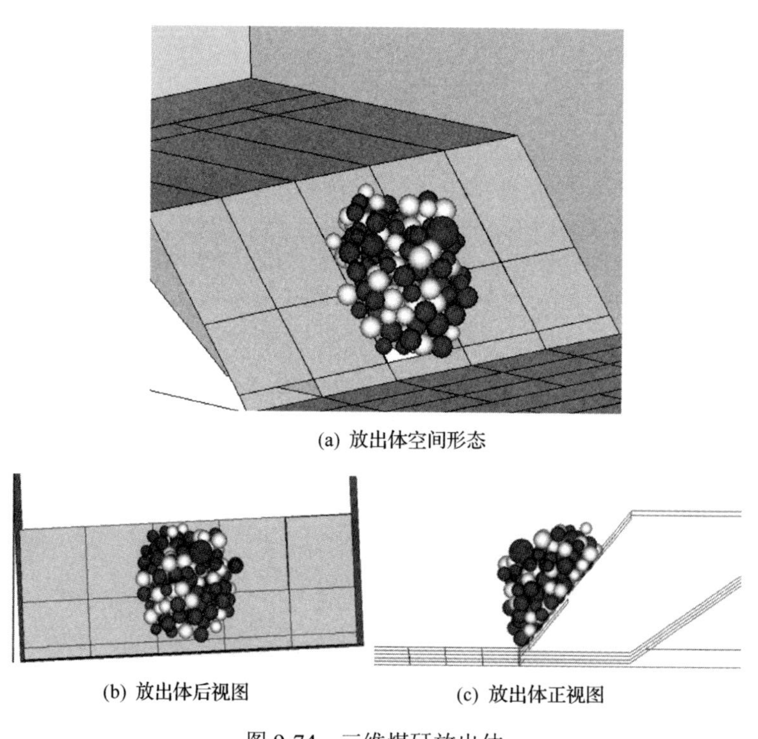

(a) 放出体空间形态

(b) 放出体后视图　　(c) 放出体正视图

图 9-74　三维煤矸放出体

由图 9-74 可以看出，三维煤矸放出体基本是沿着综放支架尾梁向上方和后方发育，且放出体高度较低，初次见矸时放出体高度小于支架高度，这是因为本次放煤是在多次移架后形成的煤矸分界面下进行的，“见矸关门”时放煤高度仅达到了放煤口正上方煤矸分界面的位置，而非初始状态时的顶煤高度，真实的放煤高度可以通过放煤体积来判断，放煤体积与放煤高度之间的关系如图 9-75 所示。

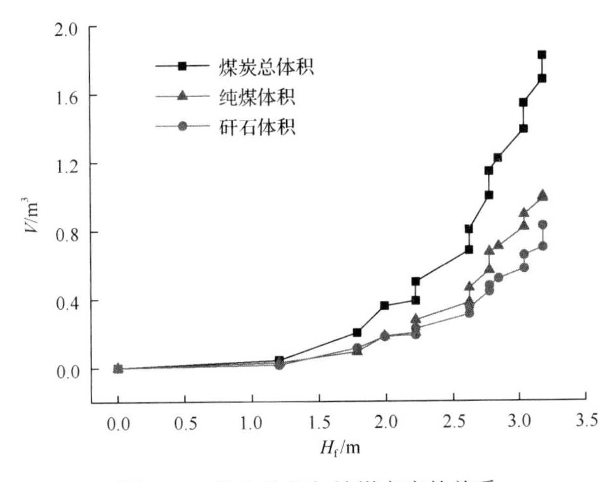

图 9-75　放出体积与放煤高度的关系

由图 9-75 可知，煤矸放出体体积随着放煤高度 H_f 的增大而增大，对图 9-75 数据回归计算可得

煤矸总体积：

$$V_{煤矸}=0.01978H_f^{3.874} \tag{9-23}$$

纯煤体积：

$$V_{煤}=0.00996H_f^{3.989} \tag{9-24}$$

矸石体积：

$$V_{矸}=0.01011H_f^{3.714} \tag{9-25}$$

式中，$V_{煤矸}$、$V_{煤}$和 $V_{矸}$分别为煤矸总体积、纯煤体积和矸石体积，m³；H_f 为放煤高度，m。式(9-23)回归相关系数 $R^2=0.9872$，式(9-24)回归相关系数 $R^2=0.9819$，式(9-25)回归相关系数 $R^2=0.9725$。

利用式(9-23)～式(9-25)，可以通过放出体积大致判断放煤高度，反之，也可通过放煤高度估算判断放出体积，有助于现场中最佳“关门时间”的确定。

研究不同放煤方式对煤矸放出体空间形态的影响，分别进行了顺序放煤和间隔放煤的数值模拟，其中顺序放煤为 1→2→3→4→5，间隔放煤为 1→3→5→2→4，计算结果如图 9-76 所示。

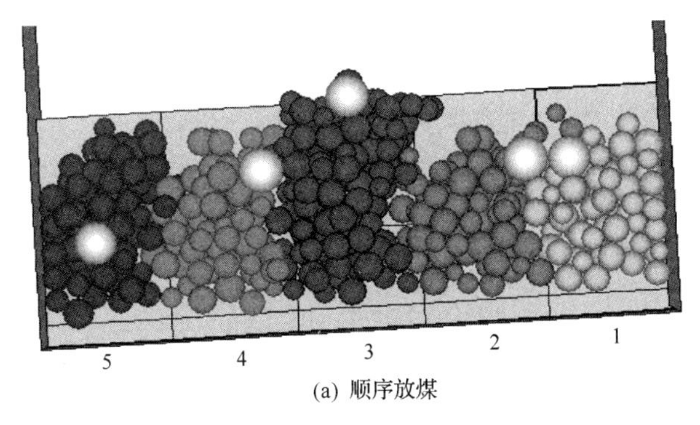

(a) 顺序放煤

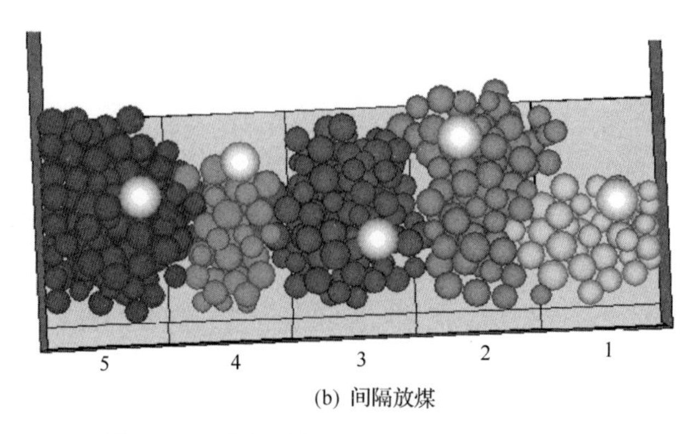

(b) 间隔放煤

图 9-76　不同放煤方式煤矸放出体形态比较

为了便于显示各个支架煤矸放出体之间的差异，将单个支架放出的煤矸颗粒用同一种颜色表示，重点研究架间的煤炭损失情况，由图 9-76 可以看出，顺序放煤不同支架间煤矸放出体差异不大，而间隔放煤则差异较大；比较两种放煤方式的各架煤矸放出体体积大小，如图 9-77 所示。

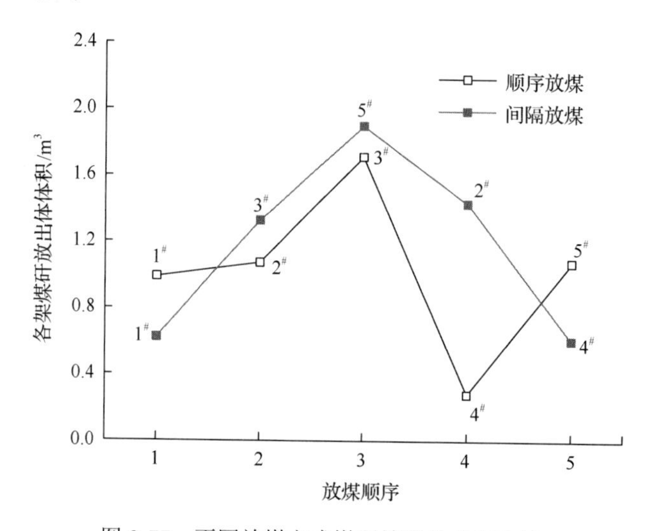

图 9-77　不同放煤方式煤矸放出体体积比较

由图 9-77 可以看出，间隔放煤有利于中部支架上方顶煤的放出，且间隔放煤放出体体积呈现出明显的先增加、至最高点后降低的特点；除 1#支架和 5#支架的放出量较少外，其余各支架的放出量均大于顺序放煤，间隔放煤 1～5#支架煤矸放出体的总体积为 4.32m^3，大于顺序放煤的 3.76m^3，故现场建议选取间隔放煤的放煤方式以提高放出量。

9.3.2.6　纯煤采出率与含矸率分析

模拟过程中采用“见矸关门”作为终止放煤的依据，但是现场中依靠人为观察很难做到非常准确的“见矸关门”，往往会有一定的滞后性，为了更加真实地模拟现场放煤过程，进行见矸之后不关门的“过量放煤”数值模拟试验，试验中，煤、矸体积随放煤时间的变化如图 9-78 所示。

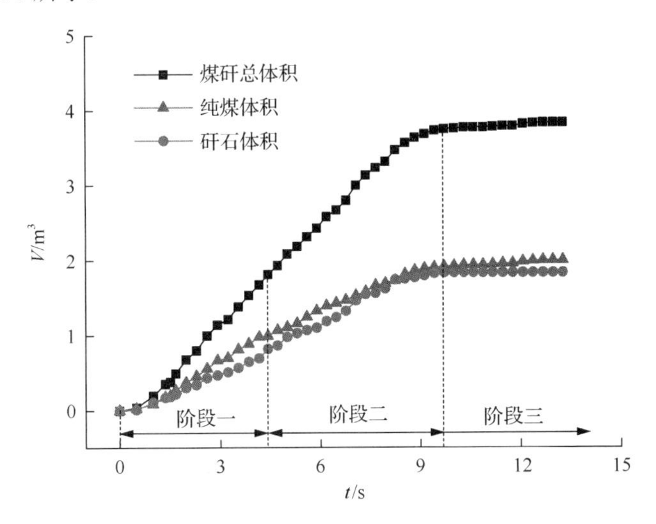

图 9-78 放出量与放煤时间的关系

图 9-78 中，以打开放煤口为时间起始点，煤矸总体积、纯煤体积和矸石体积随放煤时间的变化可以分为 3 个阶段。

(1) 阶段一 (t≤4.4s)：在该阶段中，随着放煤口的打开，顶煤和顶煤中的夹矸一起被放出，放出量快速增大，当煤矸放出体的顶部与煤矸分界面相切时，该阶段结束，结束的标志为首次有破碎直接顶的矸石被放出，即初次见矸。

(2) 阶段二 (4.4s<t<9.7s)：在该阶段中，随着直接顶矸石的进一步放出，煤矸放出体的体积继续快速增加，说明初次见矸后继续放出少量的矸石，可以回收较多的顶煤；该阶段终止在 9.7s，结束的标志为连续见矸，并在放煤口形成煤矸拱堵塞放煤口，导致进一步放煤困难。

(3) 阶段三 (t≥9.7s)：在该阶段中，由于连续见矸，放煤口附近极易形成煤矸拱或矸石拱，煤矸放出体体积增加缓慢，仅有少量纯煤放出，可以认为不具有进一步放煤的价值。

在目前的综放开采技术条件下，放煤过程一般终止在阶段二的初期；少数情况下为了避免直接顶矸石混入，会在阶段一结束之前提前关门，这两种情况都会造成了大量的资源浪费，合理的关门时机应当选择在阶段二的末段，通过放出适量的直接顶矸石以获得最大的煤炭资源采出率。

由于煤层中含有多层夹矸，放出的顶煤中矸石含量较多，根据图 9-78 中的煤矸放出体积数据，计算并绘制纯煤采出率和含矸率随放煤时间的变化过程，如图 9-79 所示。

图 9-79 中纯煤采出率 $\omega_{纯煤}$和含矸率 $p_{矸}$ 的计算公式如式 (9-26) 和式 (9-27) 所示：

$$\omega_{纯煤} = \frac{V_{煤}}{V_{步距}} \times 100\% \tag{9-26}$$

式中，$\omega_{纯煤}$为纯煤采出率；$V_{煤}$为累计纯煤体积，即从开始放煤到某一时刻 t 期间，放出纯煤的体积，m^3；$V_{步距}$为该放煤步距内纯顶煤体积，m^3。

$$p_{矸}=\frac{V_{矸}}{V_{煤矸}}\times 100\% \tag{9-27}$$

式中，$V_{矸}(V_{煤矸})$为累计矸石(煤矸)体积，为从开始放煤到某一时刻 t 期间，放出矸石(煤矸)体积的数值，m^3；此处矸石包括顶煤中的夹矸和直接顶矸石两部分。

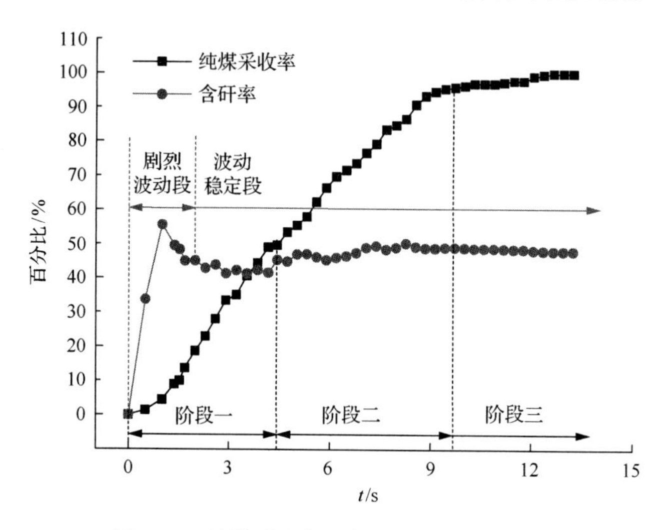

图 9-79　纯煤采出率和含矸率与时间的关系

由图 9-79 可得到如下结论。

纯煤采出率随着放煤时间的增加而逐步增大，与放出量相同，纯煤采出率随着放煤时间的变化也相应地分为 3 个阶段：在阶段一和阶段二，纯煤采出率增大速度较快，到阶段三之后增大速度逐渐变慢，最后趋于稳定。含矸率随时间的变化可以分为两个阶段。

(1)剧烈波动段($t\leqslant 1.67$s)：该阶段为放煤口刚打开的前 2s 时间内，煤和矸石同时涌出，含矸率急剧增大至 55.49%后又马上回落到 44%左右，表现出显著的不稳定性；

(2)波动稳定段($t>1.67$s)：该阶段放煤口中煤矸流出稳定，含矸率在小范围内波动，随时间变化不大，平均含矸率为 45.72%，该数值与三维散体相似模拟试验所得结果相吻合，说明近水平含夹矸煤层综放开采放煤过程中的含矸率远高于普通综放工作面。

对不同放煤方式下的计算结果进行分析，计算顶煤采出率和含矸率与工作面推进距离的关系，比较顺序放煤和间隔放煤条件下顶煤采出率和含矸率的差别，如图 9-80 所示。

由图 9-80 可知，采用间隔放煤方式可以提高顶煤采出率，但是由于顶煤中多层夹矸的影响，两种方式下含矸率的差别不大，因此现场中建议采用间隔放煤作为近水平含夹矸煤层的放煤方式，可有效提高顶煤采出率。

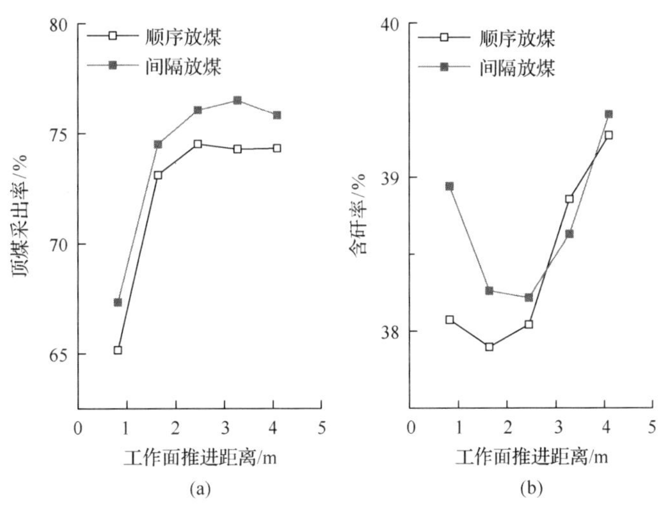

图 9-80 顶煤采出率、含矸率与工作面推进距离的关系

9.3.3 急倾斜厚煤层顶煤采出率分布规律

9.3.3.1 工程背景

某矿综放工作面主采煤层为 2#煤层，赋存于太原组顶部，上距 K3 砂岩 3～5m，下距 L3 石灰岩 30～50m。煤层厚度 2.3～9.5m，厚度变异性较大，平均为 6.5m；工作面倾角为 40°～55°，平均为 45°，为急倾斜煤层；顶板为砂质泥岩及粉砂岩，底板为泥质粉砂岩。工作面柱状图如图 9-81 所示。

岩性	柱状图 1∶200	厚度/m	岩性描述
粉砂岩		8	灰色，具一定水平层理。夹薄煤层，易离层。层面有植物化石。
砂质泥岩		0.6	浅灰-灰色，易与上部岩石离层，吸水后变软。
2#煤层		6.5	黑色，质软 f=0.1～0.5
泥质粉砂岩		1.0	上部含植物根部化石，遇水易膨胀变软。
煤		0.1～0.3	含杂质，不可采
粉砂岩		2.6	深灰-灰黑色，上部含炭质较高。

图 9-81 2#煤层柱状图

该工作面采用走向长壁综采放顶煤开采工艺，走向推进长度为 680m，倾斜方向工作面长度 60m，埋深为 242.6～195.6m。机采高度 2.5m，平均放高为 4m，采放比为 1∶1.6，采用 ZFY4800/17/28 型综放支架，中心距 1.5m。

9.3.3.2　顶煤采出率的“几”字形分布

根据急倾斜煤层综放开采散体顶煤三维放出试验数据[9]，对急倾斜条件下顶煤采出率的分布规律进行深入分析。试验前铺设标志颗粒 1890 个，试验后放出标志颗粒 1435 个，平均顶煤采出率为 75.93%。分析顶煤采出率在沿煤层走向、沿煤层倾向、沿垂直方向上的变化规律，研究急倾斜煤层综放开采顶煤采出率的三维分布特征。

1) 沿煤层倾向

在标志颗粒区域内沿煤层倾向共布置了 21 列标志颗粒，分别位于 11～20#支架中部和两相邻支架架间的 21 个垂直支架顶梁的平面内，标志颗粒平面之间的间距为支架宽度的 1/2，每一平面均安设标志颗粒 6 个×15 个＝90 个。统计放煤过程中每个平面内放出的标志颗粒数目，计算沿煤层倾向不同位置的顶煤采出率，如图 9-82 所示。

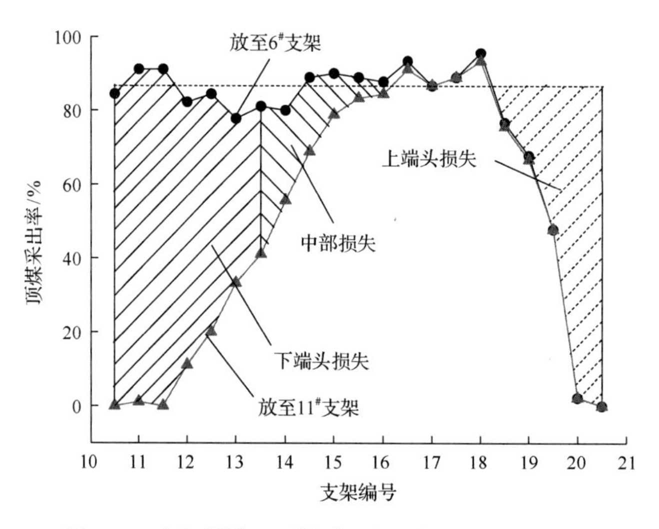

图 9-82　急倾斜煤层顶煤采出率沿煤层倾向分布特征

由图 9-82 可知：

当 14～11#支架依次放煤结束时，顶煤采出率沿煤层倾向呈现出“几”字形分布，即工作面上端头和下端头采出率低，中部采出率较高，如图 9-82 中三角折线所示：平均顶煤采出率上端头 18～20#支架为 47.60%，中部 14～17#支架为 79.73%，下端头 11～13#支架为 15.23%。

14～11#支架放煤结束后，继续下行放煤至 6#支架，发现工作面中部和下端头的顶煤采出率会继续增大，14～6#支架放煤结束后，顶煤采出率分布如图 9-82 中黑色圆点折线所示。计算可知，平均顶煤采出率 18～20#支架为 48.33%，相较 11#支架放煤结束时变化不大；14～17#支架为 88.06%，相较 11#支架放煤结束时顶煤采出率净增长 8.33%；11～13#支架为 84.60%，顶煤采出率净增长值为 69.37%。

继续放煤提高了 11～13#支架顶煤采出率，减少了工作面端头煤炭损失量。图 9-82 中右侧虚线阴影部分的面积显示出了本试验中由上端头煤损造成的顶煤采出率损失的大小；左侧实线阴影部分的面积是对下端头煤损引起顶煤采出率损失大小的估算。显然，下端头顶煤损失量远大于上端头顶煤损失量，这正是急倾斜煤层综放显示出不同于水平煤层综放的特殊性，即上下端头煤损的差异，导致顶煤采出率沿煤层倾向呈现出典型的“几”字形分布，即工作面上下端头顶煤采出率低、中部高的规律。

2) 沿煤层走向

试验时在顶煤中沿煤层走向方向布置标志颗粒，标志颗粒沿煤层走向分别位于间隔 10mm 的 6 个竖直平面内，每一平面均安设标志颗粒 15×21＝315 个，统计放煤过程中每个竖直平面内放出的标志颗粒数目，计算得出沿煤层走向 6 个竖直平面内顶煤采出率的分布，如图 9-83 所示。

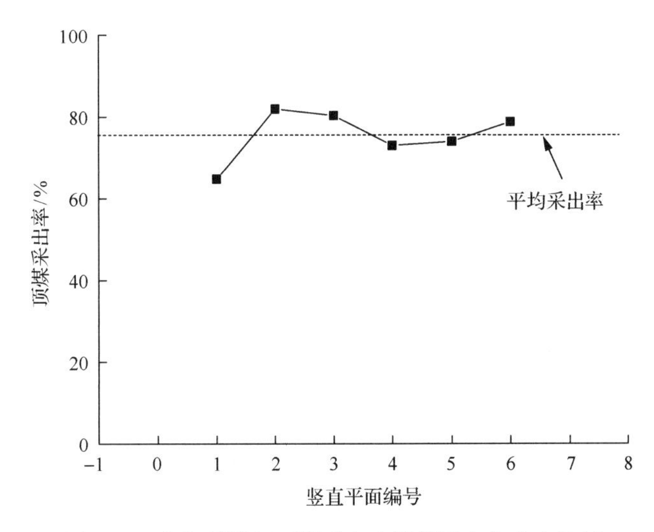

图 9-83　急倾斜煤层顶煤采出率沿煤层走向分布特征

由图 9-83 中可知：

工作面倾角对顶煤采出率沿走向方向分布的影响不大。顶煤采出率基本在 64.76%～81.90%范围波动，与平均采出率偏差较小。

1#平面作为工作面推进时经过的第一个平面，具有最小的顶煤采出率，采出率为 64.76%。随着工作面的推进，2～6#平面的标志颗粒被陆续放出，由于工作面移架放煤循环逐步趋于稳定，顶煤采出率值基本稳定在平均采出率上下。

3) 沿垂直方向

沿煤层垂直方向上共布置了 15 层标志颗粒，每一层有 21×6＝126 个，根据对垂直方向上各个层位标志颗粒回收情况的统计，顶煤采出率沿垂直方向的分布如图 9-84 所示(距离底板高度为换算后的为实际高度)。

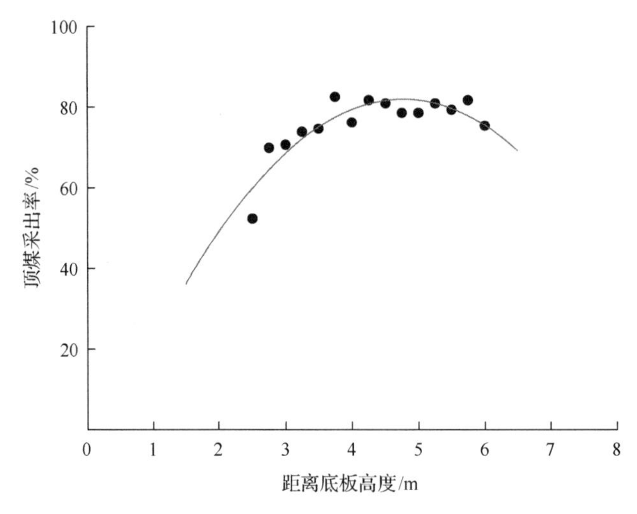

图 9-84　急倾斜煤层顶煤采出率沿煤层垂直方向分布规律

根据工作面的实际煤层厚度，将顶煤中距离底板 2.5～3.5m 的部分定义为低位顶煤；距离底板 3.5～5.5m 的部分定义为中位顶煤；距离底板 5.5～6.5m 的部分定义为高位顶煤。从图 9-84 可以看出，低位顶煤平均采出率为 68.25%，明显小于中位和高位顶煤采出率。在中位和高位顶煤区域，顶煤采出率随着距离顶板高度的增加有微小波动，但总体波动平稳。中位顶煤采出率为 80%，高位顶煤平均采出率为 79.21%。低位顶煤放出受移架等操作的影响较大，容易形成端头冒落和步距煤损，因此采出率较低；随着距离顶煤高度的逐渐增加，中位和高位顶煤放出时受支架尾梁的影响逐渐减小，顶煤采出率大小接近整体的平均采出率。

4）“几”字形分布数值模拟验证

采用 PFC^{2D} 数值软件，建立沿倾向的急倾斜煤层综放开采离散元数值模型，如图 9-85 所示。

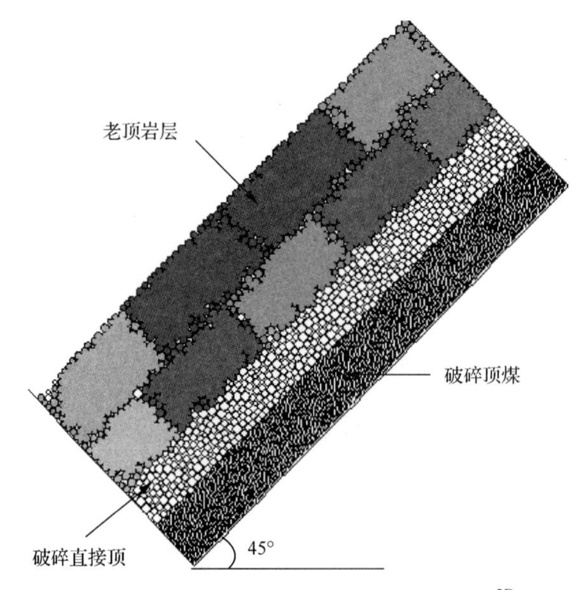

图 9-85　沿倾向的急倾斜煤层综放开采离散元 PFC^{2D} 数值模型

模型中共设置36个支架，上端头留9个架不放，下端头留7个架不放，从27#支架开始，下行放煤至8#支架结束。放煤结束后统计各个架采出率，如图9-86所示，图中计算端头损失的虚线上边界为工作面中部采出率稳定段顶煤采出率均值。

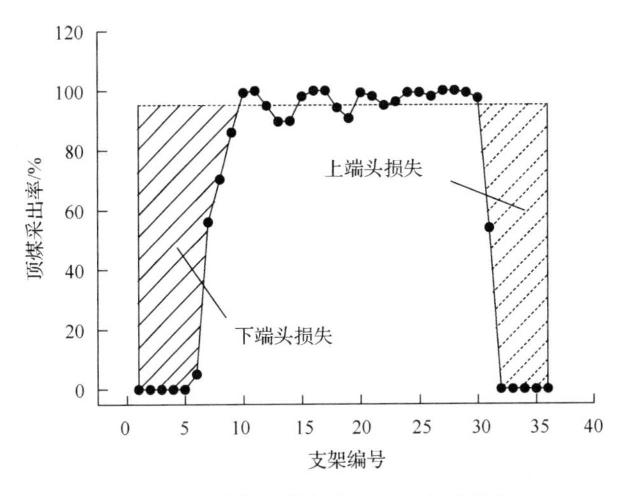

图9-86 数值计算中的“几”字形分布

由图9-86可知，数值计算的结果亦呈现出典型的“几”字形分布。这与三维散体相似模拟所得结论相一致，进一步验证了急倾斜煤层综放开采顶煤采出率的“几”字形分布规律。

9.3.3.3 顶煤放出体反演

顶煤采出率的大小是顶煤放出体和煤岩分界面相互作用的结果，从顶煤放出体形态和煤岩分界面空间演化的角度探究急倾斜煤层综放开采顶煤采出率呈现“几”字形分布的机理。第5轮放煤结束后，对各支架放出的标志颗粒编号进行统计，根据不同编号代表的空间坐标，将第11～14#支架的放出体进行反演至未放煤的初始状态，得到各支架放出体空间形态，如图9-87所示。

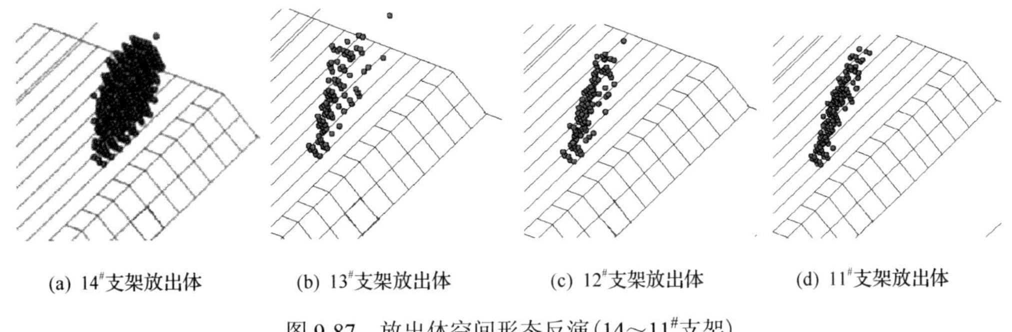

(a) 14#支架放出体　(b) 13#支架放出体　(c) 12#支架放出体　(d) 11#支架放出体

图9-87 放出体空间形态反演(14～11#支架)

由图 9-87 可知，14#支架(初始放煤)的顶煤放出体体积最大，11～13#各支架的放出体体积明显减小，且无固定形态。由于 14#支架是在消除边界影响的条件下进行放煤，可以较好地反映急倾斜条件下顶煤松动范围和运移过程，对 14#支架的放出体形态进行详细分析。如图 9-88 所示，为第 14#支架放出体在 *XOZ* 平面上(沿煤层倾向)的投影。

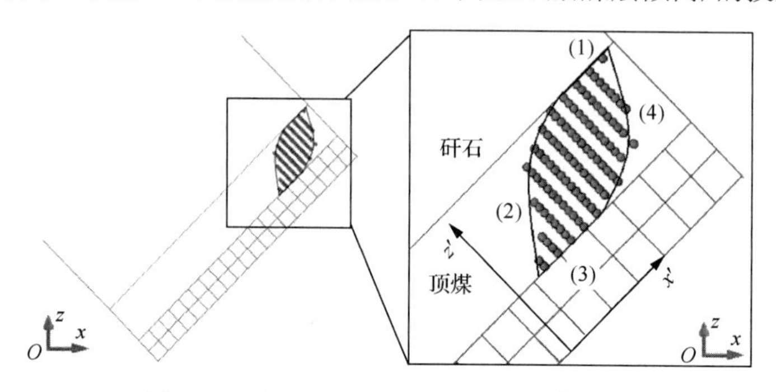

图 9-88　放出体在 *XOZ* 剖面投影(14#支架)

由图 9-88 可得到如下结论。

(1) 从 14#支架放出的顶煤并非来自该支架垂直煤层正上方的区域，而多来自于工作面的上端头区域，顶煤放出体向工作面上端头延伸的趋势非常明显，其延伸范围大约为 5 个支架的宽度；

(2) 顶煤放出体在 *XOZ* 剖面上呈现出类似“枣核状”的形态，依据顶煤放出体边界与煤岩分界面及支架顶梁相交的情况，可以将顶煤放出体在 *XOZ* 剖面上的边界线分为 4 部分，以 14#支架放煤口中心为原点建立沿倾向的坐标系 $x'o'z$，求得 4 部分曲线的方程如下。

直线段(1)的方程为

$$z'_{(1)} = 26 \tag{9-28}$$

式中，$23.11 < x' < 26.12$。

曲线段(2)的方程为

$$z'_{(2)} = -0.04x'^2 + 1.92x' + 4.07 \tag{9-29}$$

式中，$3.54 \leqslant x' \leqslant 23.11$。

直线段(3)的方程为

$$z'_{(3)} = 10 \tag{9-30}$$

式中，$3.54 < x' < 10.44$。

曲线段(4)的方程为

$$z'_{(4)} = 0.06x'^2 + 2.31x' + 30.77 \tag{9-31}$$

式中，$10.44 \leqslant x' \leqslant 26.12$。

由式(9-28)～式(9-31)可知，顶煤放出体边界线中，受煤岩分界平面和支架顶梁平面的影响，第(1)、(3)部分为直线段；而第(2)、(4)部分则为曲线段，且均符合二次曲线关系，为了比较曲线段(2)和曲线段(3)的差别，分别对式(9-29)和式(9-31)求一次导数，得

$$z'_{(2)}{}' = -0.08x' + 1.92 \tag{9-32}$$

$$z'_{(4)}{}' = 0.06x' + 2.31 \tag{9-33}$$

计算曲线段(2)和曲线段(4)上各点切线的斜率值，如图 9-89 所示。

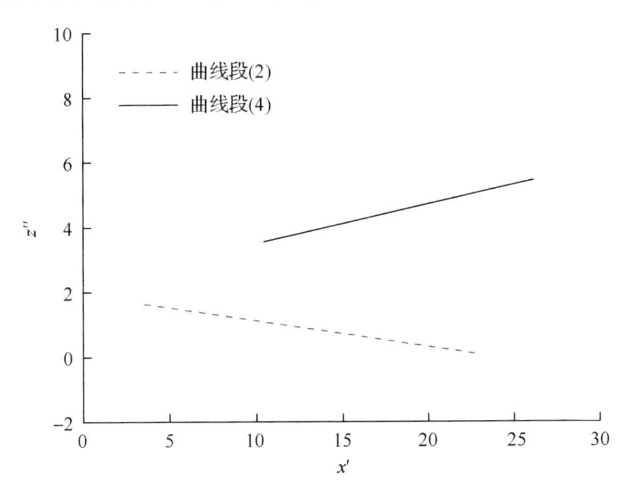

图 9-89 曲线段各点切线斜率比较

由图 9-89 可以看出：曲线段(4)上各点的斜率均大于曲线段(2)，说明第(4)部分曲线比较陡峭，而第(2)部分则比较缓和，这是在放出过程中，顶煤与顶梁接触界面的摩擦系数小于顶煤与岩石接触面摩擦系数，导致靠近支架部分的顶煤颗粒的运动阻力较小。根据散体介质流理论，在煤岩流场中，散体顶煤总是沿阻力最小的路径向放煤口处移动，因此急倾斜煤层综放过程中，顶煤放出体在靠近顶梁处发育较快。

(3)顶煤放出体向上端头发育的特点和“枣核状”的形态导致了急倾斜煤层综放工作面上端头区域的顶煤更容易被放出，而下端头区域的顶煤放出则较为困难，因此上端头煤损小于下端头煤损，最终使得顶煤采出率呈现出“几”字形分布。

9.3.3.4 煤岩分界面分析

煤岩分界面是放出体发育的边界条件，研究急倾斜煤层综放开采初始放煤过程中煤岩分界面空间形态，可以显示出工作面倾角对其产生的影响。煤岩分界面在煤矸散体介质流场中的动态演化过程，可以看作破碎矸石不断混入顶煤并逐渐向放煤口方向流动的过程。提取文献[9]中 PFC^{3D} 数值模拟放煤见矸时刻矸石流的空间形态，如图 9-90 所示。

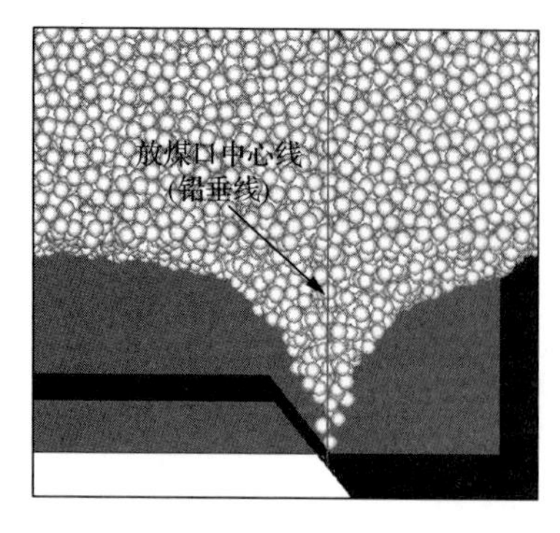

(a) 沿煤层走向

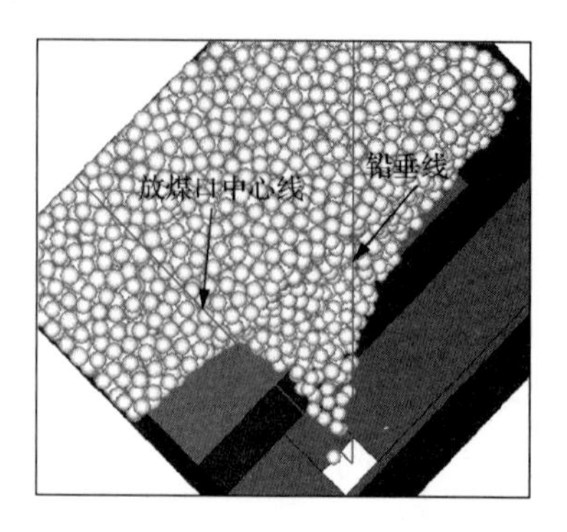

(b) 沿煤层倾向

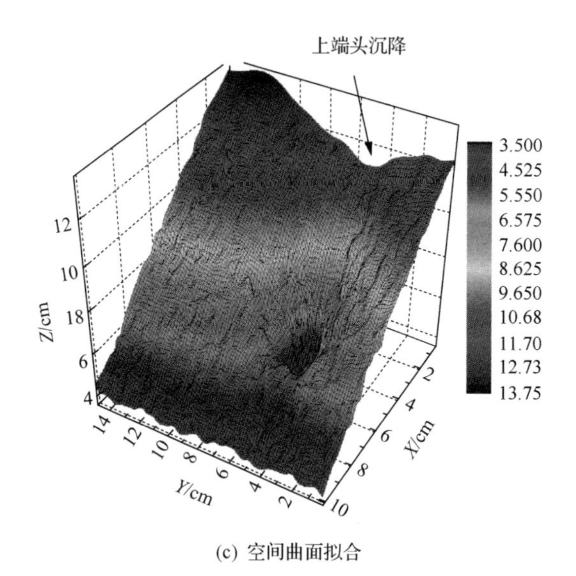

(c) 空间曲面拟合

图 9-90　初始煤岩分界面空间形态

由图 9-90 可知，急倾斜煤层初始煤岩分界面有如下特征：①沿煤层走向，放煤口中心线和铅垂线重合，煤岩分界面大致对称于放煤口中心线(铅垂线)。②沿煤层倾向，受工作面倾角的影响，放煤口中心线和铅垂线呈 45°夹角，煤岩分界面呈现出明显的非对称性，沿倾向剖面煤岩分界线靠近下端头的部分陡峭而较短，近似竖直线；靠近上端头的部分相对平缓而较长。结合图 9-90(c) 中拟合所得的空间曲面形态，发现煤岩分界面在上端头区域有明显的沉降特征。

初始煤岩分界面的特征说明急倾斜煤层综放开采煤岩分界面的特殊性主要体现在沿煤层倾向上，因此根据图 9-85 中的二维数值模型，分析正常放煤段煤岩分界面的特征，以及对顶煤采出率的影响。放煤过程中煤岩分界面变化如图 9-91 所示。

由图 9-91 可知，在放煤过程中，由于上端头顶煤容易被放出，煤岩分界线靠近上端头的部分会逐渐变长；而下端头顶煤由于被破碎的直接顶压实而不易被放出，煤岩分界线靠近下端头的部分始终较短。因为煤岩分界线约束区内的顶煤即为端头损失的煤量，所以煤岩分界线的这种特征会导致上下端头煤损差异较大，最终导致上端头顶煤采出率大于下端头，这是顶煤采出率呈“几”字形分布的根本原因。

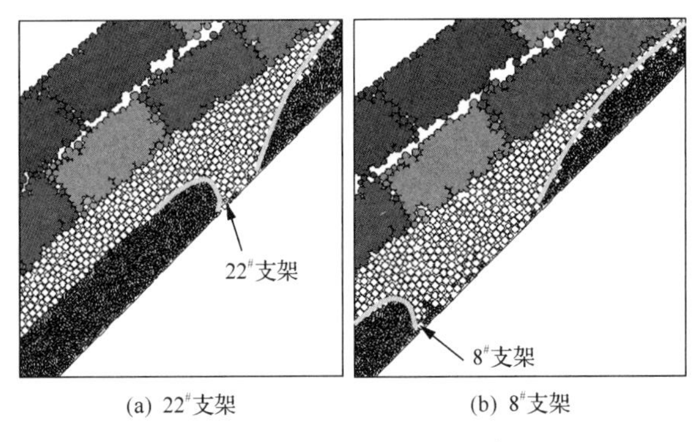

(a) 22#支架　　(b) 8#支架

图 9-91　煤岩分界面演化过程

9.4　工作面仰/俯采角对顶煤放出规律的影响

综放工作面在通过褶皱影响段时，会遇到局部仰斜或俯斜开采的情况，工作面的仰/俯采角对顶煤放出规律的影响很大。本节采用离散元数值模拟和三维散体相似模拟相结合的方法，基于 BBR 研究体系，分析了不同工作面仰/俯采角条件下散体顶煤的放出规律，研究了仰/俯采角对顶煤放出体、煤岩分界面形态和顶煤采出率分布特征的影响[7]。

9.4.1　不同仰采角下顶煤放出离散元模拟

在我国中西部地区，由于褶皱、断层等地质构造的影响，许多厚煤层赋存条件复杂。在开采这类煤层时，工作面推进过程中常常会出现局部仰斜开采或俯斜开采的情况，尤其是在通过褶皱的轴部和翼部区域的时候。仰采或俯采对顶煤的放出规律的影响不同，不同的仰/俯采角度对散体顶煤放出规律的影响程度也不同，针对以上问题建立不同仰/俯采角条件下的离散元数值模型，分析仰/俯采角对综放散体顶煤放出规律的影响。

9.4.1.1　PFC 模型建立与运算

利用颗粒流软件(PFC)建立综放开采数值计算模型，为了研究仰采角变化对顶煤放出过程的影响，可将该问题简化为给同一水平综放模型赋予不同方向的加速度 a，加速度 a 的大小等于重力加速度 g，其方向与重力方向存在一夹角 α(顺时针为正，逆时针为负)，在 α=0°、10°、20°、30°、40°条件下进行的放煤，可以等效为仰采角为 β=0°、10°、20°、30°、40°时仰斜综放开采的放煤过程。模型初始状态如图 9-92 所示。

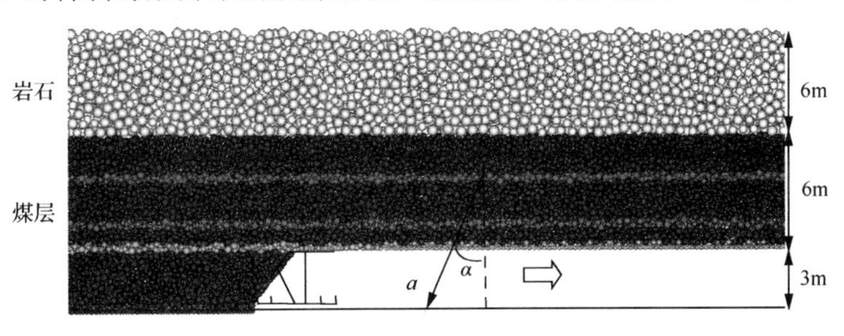

图 9-92　PFC 模型初始状态图

图 9-92 中上部灰白色的颗粒为破碎直接顶，下部黑色颗粒为煤，在煤中设置 5 层不同颜色的标志层，以观察煤体的流动状态和特征。煤炭颗粒和岩石颗粒的物理力学参数见表 9-6。综放支架由 PFC 中的墙体单元模拟，支架的几何尺寸及物理力学参数见表 9-7。

表 9-6　煤岩物理力学参数

材料	密度 ρ/(kg/m^3)	颗粒半径 R/mm	法向刚度 k_n/(N/m)	切向刚度 k_s/(N/m)	摩擦系数
煤层	1500	100～150	2×10^8	2×10^8	0.4
岩石	2500	200～220	4×10^8	4×10^8	0.4

表 9-7　支架物理力学参数

高度/m	宽度/m	法向刚度 k_n/(N/m)	切向刚度 ks/(N/m)	掩护梁倾角/(°)	摩擦系数
3	1.5	2×10^8	2×10^8	40	0.2

计算中采用“见矸关门”的原则进行放煤和移架，即只要岩石层有颗粒从放煤口中放出，则执行关门动作。支架放煤口的打开与关闭，可以通过为尾梁赋予一定的绕尾梁上部轴心处的角速度 ω 来实现；移架动作可以通过为整个支架赋予沿 x 方向的水平速度 v 来实现，如图 9-93 所示。

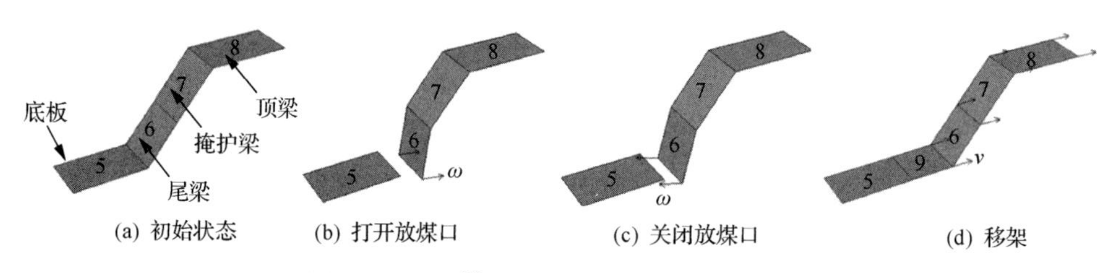

(a) 初始状态　(b) 打开放煤口　(c) 关闭放煤口　(d) 移架

图 9-93　PFC^{3D} 中模拟综放支架的不同状态

模拟初始条件：颗粒初始速度为 0，只受重力作用，g=9.81m/s^2，墙体速度与加速度为 0。边界条件：颗粒四周及顶底部墙体作为模型的外边界，其速度和加速度固定为 0。

9.4.1.2　仰采角对顶煤放出体的影响

根据单一变量原则，为研究仰采角对顶煤放出体形态的影响，需控制起始煤岩分界面相同，以观察不同仰采角条件下顶煤放出体发育的差别。本书通过为第 8 次移架后第 9 次放煤前的水平模型赋予 α=0°、10°、20°、30°、40°的加速度 a 来实现。通过这种方法，将不同模型的计算结果逐一提取，记录放出颗粒的编号，在起始模型中删除已放出颗粒后，所形成的放出空洞即为顶煤放出体形态，如图 9-94 所示：

为了便于理解放出体在不同仰采角下的表现形态并进行比对研究，将 β=10°、20°、30°、40°条件下的计算结果按照设定的仰采角进行旋转显示，如图 9-95 所示。

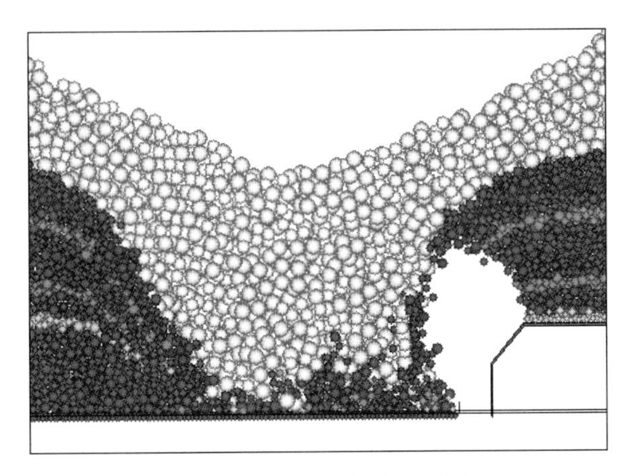

图 9-94 水平综放模型放出体形态

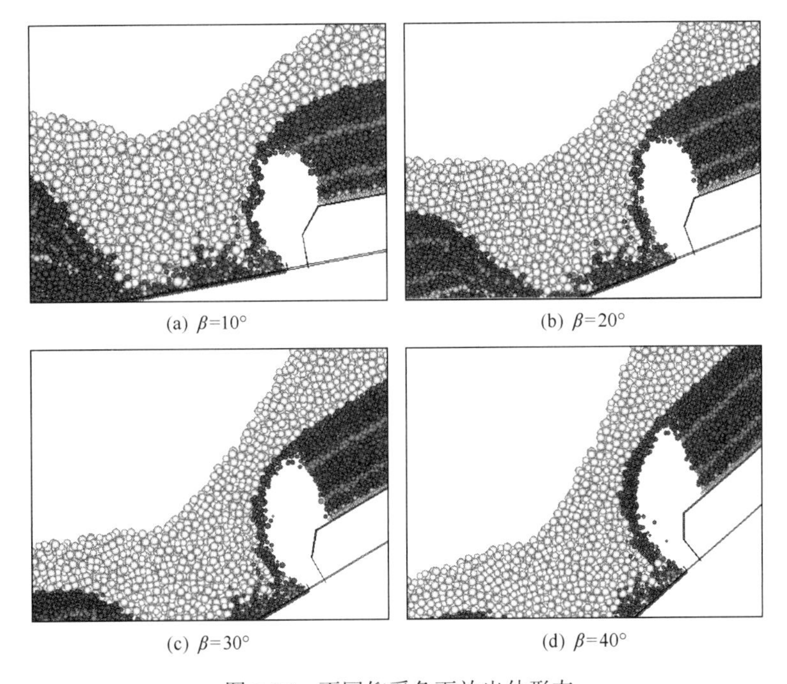

图 9-95 不同仰采角下放出体形态

由图 9-95 可以看出：

(1) 在相同的起始煤岩分界面下，不同的仰采角会明显地影响到放出量的大小，但是对于放出体的基本形态影响不大，不同仰采角下放出体的基本形态仍然符合“切割变异椭球体”的特征。

(2) 在仰采综放中，放出体依然存在前部发育较快，始终超出椭球体范围的现象，这与水平综放开采中关于顶煤放出体形态的结论相吻合，说明该结论具有普遍性。

(3) 在仰斜顶煤放出体形态发育的各影响因素中，重力是主导因素，支架的存在是次要因素，而仰采角则对放出体形态影响甚微。

仰采角对放出体的基本形态影响不大，但是不同仰采角条件下放出体的发育程度有所差别，图 9-96(a)、9-96(b)显示了“切割变异椭球体”边界在 *XOZ* 平面上投影所得近似椭圆的长轴(短轴)长度、偏心率随仰采角大小的变化的关系。

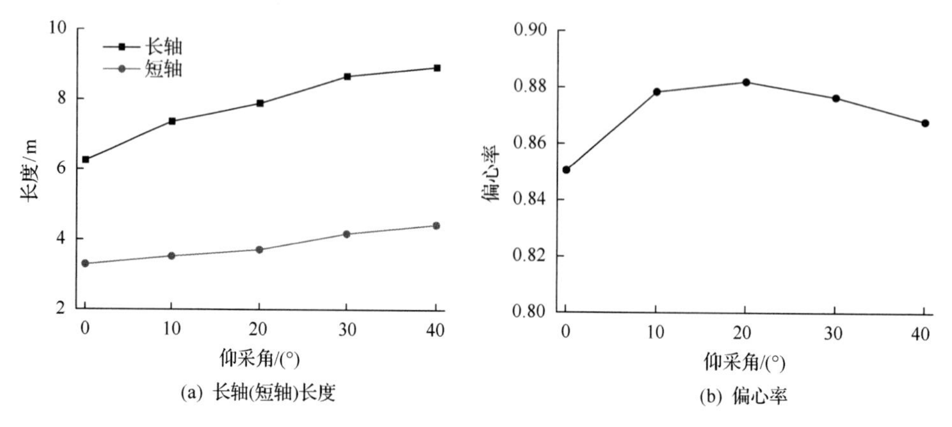

图 9-96　长/短轴长度、偏心率随仰采角变化的关系

由图 9-96a 可知，长轴和短轴长度随仰采角的增大而增大，但是长轴增大的速率大于短轴增大的速率，这是因为仰采角的变化在重力方向上的体现最为明显，而椭圆长轴方向与重力方向相同，所以长轴的变化速率要快于短轴。

图 9-96(b)显示了偏心率随仰采角的增大呈现出先增大后减小的特征：

(1)当 $0°\leqslant\beta<20°$时，随着仰采角的增大，椭圆长轴快速增大，与此同时，短轴的增加则较慢，因此在此阶段内椭圆的偏心率值增大，放出体形态体现为向“瘦高状”发育；

(2)当 $20°\leqslant\beta\leqslant40°$时，仰采角继续增大，放出体由于受煤岩分界面高度的限制，其在 *XOZ* 平面上投影所得椭圆的长轴长度增大速度变缓；同时由于支架顶梁前方的顶煤在大仰采角的情况下极易被放出，上述椭圆短轴长度的增大速度也逐渐变快，所以在该阶段内椭圆的偏心率值出现了减小的趋势。

综上所述，在相同的起始煤岩分界面下，仰采角越大，可放出的顶煤量越大，即越有利于顶煤的放出，关于放出量的统计也证实了这一点，不同仰采角下顶煤放出量(放出体的体积)的变化如图 9-97 所示。

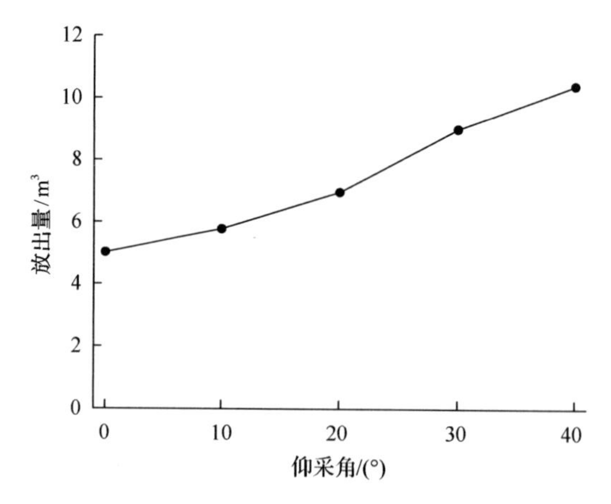

图 9-97　顶煤放出量随仰采角变化的关系

9.4.1.3　仰采角对煤岩分界面的影响

煤岩分界面是顶煤放出体发育的边界条件，在放煤过程中，煤岩分界面的形态直接决定了放煤见矸的时间早晚。同时，在起始煤岩分界面相同的条件下，放煤后的终止煤岩分界面直接决定了放出煤量。仰斜综放开采过程中煤岩分界面的形态有不同于水平综放的特点，提取放煤见矸时刻终止煤岩分界面的形态，如图 9-98 和图 9-99 所示。

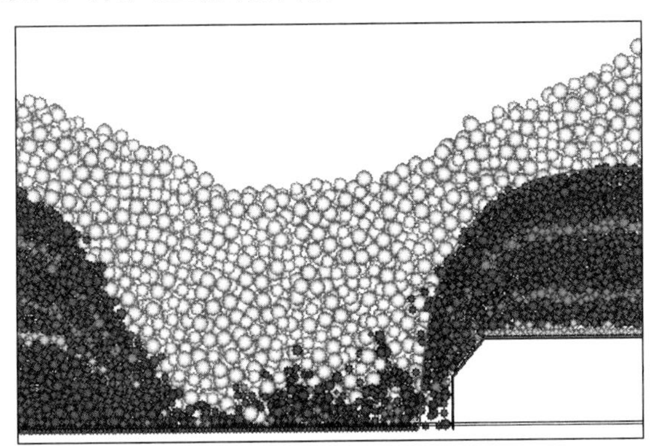

图 9-98　水平综放模型终止煤岩分界面形态

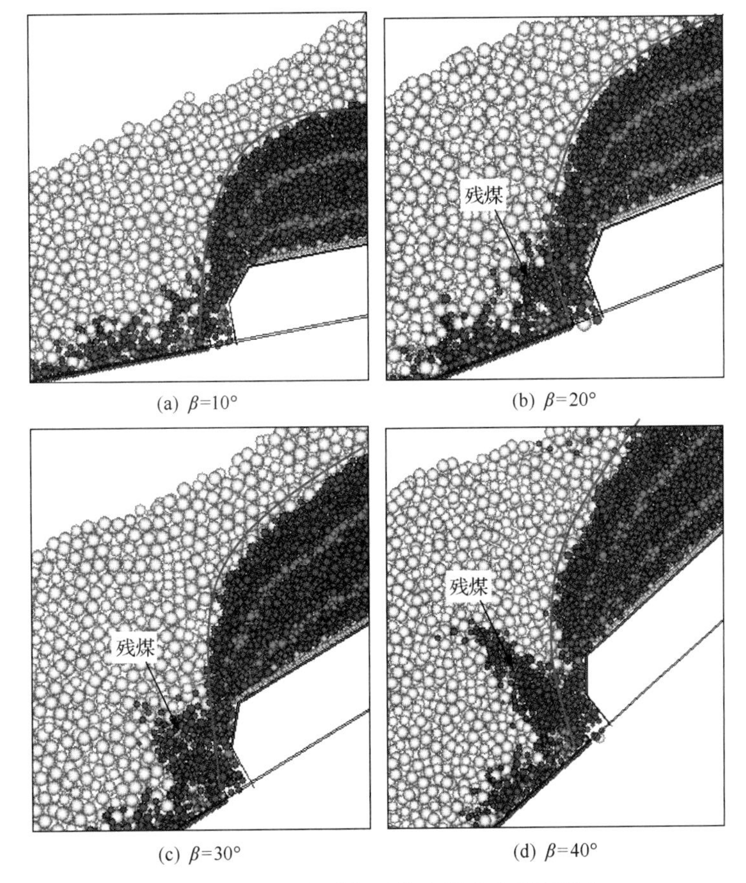

(a) β=10°　(b) β=20°

(c) β=30°　(d) β=40°

图 9-99　不同仰采角下终止煤岩分界面形态

由图 9-99 可知，随着仰采角的增大，终止煤岩分界面由缓变陡，且本轮放煤遗留在采空区的煤损也越来越大，这是因为仰采角增大会使得煤岩分界面上最先出现混矸的部位由放煤口靠近采空区一侧，逐渐向放煤口上方和前方转移，所以在煤岩分界面沉降过程中放煤口上方靠近采空区侧的煤炭不易被放出，且仰采角越大，该部分煤损越大，如图 9-99(b)～(d)所示。

本轮放煤结束时的终止煤岩分界面将会成为移架后下一轮放煤的起始煤岩分界面，因此当仰采角较大时，虽然本轮的放煤量会增加(图 9-97)，但是增加的煤量来自于支架上部及前方的顶煤，从而导致下一轮可放煤量变少，同时煤岩分界面沉降过程中造成的采空区残煤损失较大，因此在连续的移架放煤过程中，这种由仰采角增大而导致的放煤量增大具有不可持续性。

9.4.1.4　仰采角对顶煤采出率的影响

为了研究仰采角对顶煤采出率的影响，计算不同的仰采角下 9 次连续移架放煤之后的顶煤采出率，计算方法如下所述。

选取初始模型中支架前方一定区域内的顶煤作为监测对象，统计该区域内顶煤颗粒的 ID；多次移架放煤后，删除统计区域所对应采空区内的除被检测对象外的所有颗粒，提取残煤形态，如图 9-100 所示。

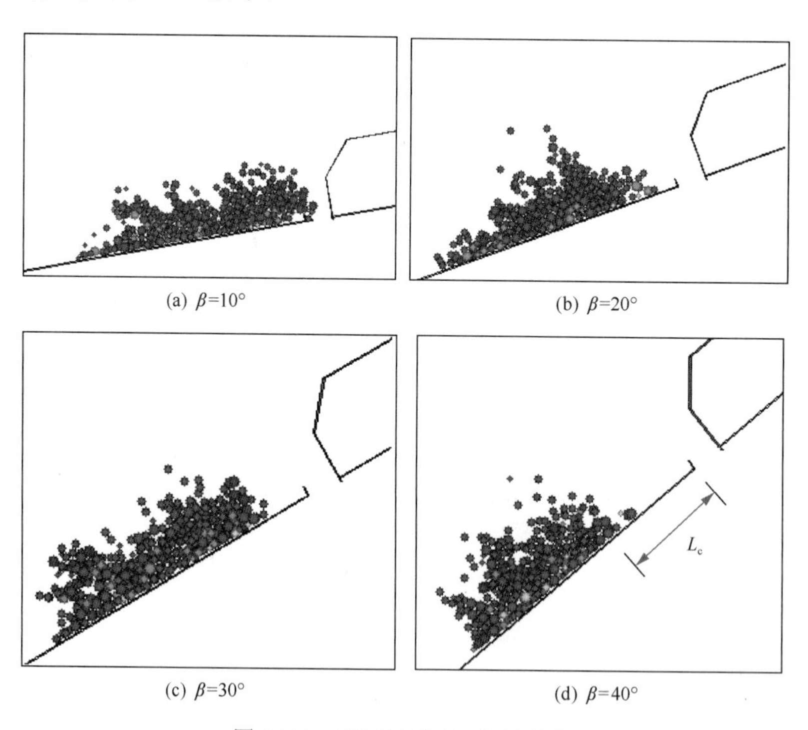

(a) β=10°　(b) β=20°　(c) β=30°　(d) β=40°

图 9-100　不同仰采角下残煤形态

由图 9-100 可知，仰采条件下残煤形态有向采空区后方聚集的趋势，且随着仰采角的增大这种聚集现象越来越明显，当仰采角为 40°时，残煤前边界到支架放煤口的距离达到 2.84m。定义残煤前边界到支架放煤口的距离为残煤滞后距 L_c，残煤滞后距随仰采角的变化如图 9-101 所示。

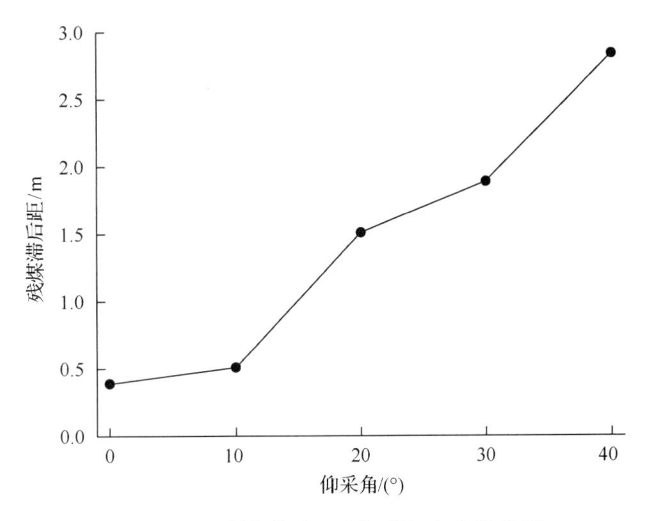

图 9-101 残煤滞后距随仰采角变化的关系

采空区残煤的这种聚集现象说明了随着仰采角的增大，顶煤的运移从单一的向放煤口方向运动逐渐变为了兼具向放煤口方向和采空区后方运动两种趋势的复合运动。这是因为随着仰采角的增大，顶煤重力沿煤层走向的分力也逐渐变大，所以顶煤运移过程中向采空区后方流动的趋势越来越显著。

计算残煤颗粒的体积，根据统计区域内原始顶煤的体积，即可得出顶煤采出率的值。计算公式如式(9-34)所示：

$$\omega = \frac{V_{原始} - V_{残煤}}{V_{原始}} \times 100\% \tag{9-34}$$

式中，ω 为顶煤采出率；$V_{原始}$为未进行移架放煤时，统计区域内的原始顶煤体积，m^3；$V_{残煤}$为经过多次移架放煤后，统计区域内残留的顶煤体积，m^3。

不同仰采角条件下多次移架后顶煤采出率的计算值如图 9-102 所示。

由图 9-102 可知，顶煤采出率随仰采角的增大呈现出先减小后增大的变化趋势，结合顶煤放出体形态和煤岩分界面特征(图 9-95，图 9-99)，可知仰采角对顶煤采出率的影响主要体现在两个方面：①由于仰采角的存在，原本在水平条件下应当进入放煤口的部分顶煤会进入采空区形成煤损(该部分体积记做 $V_{煤损}$)，该因素使得顶煤采出率降低；②原本无法放出的部分超前顶煤，由于有仰采角的存在也会被放出(该部分体积记做 $V_{超前顶煤}$)，该因素使得顶煤采出率增大。

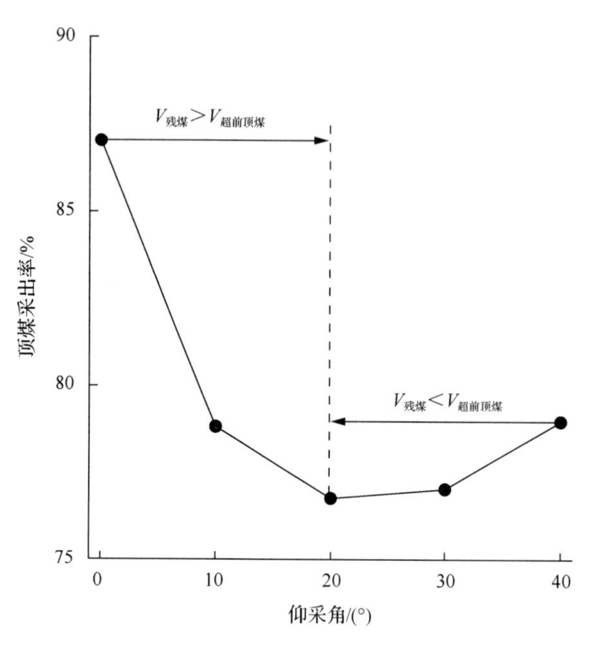

图 9-102　顶煤采出率随仰采角变化的关系

在仰采角增大初期，由于放出体偏心率增大(图 9-96)，放出体横轴增大速度较慢，支架前方顶煤超前放出量很小，即 $V_{煤损}>V_{超前顶煤}$，顶煤采出率会随着仰采角的增大而减小，如图 9-102 虚线左侧；当仰采角继续增大时，由于支架前方顶煤被大量放出，$V_{煤损}<V_{超前顶煤}$，顶煤采出率又有所增大，如图 9-102 虚线右侧。

9.4.2　不同俯采角下顶煤放出离散元模拟

9.4.2.1　模型建立与运算

为了研究俯斜开采时散体顶煤的运移规律，以及俯采角对顶煤放出体、煤岩分界面及顶煤采出率的影响，建立不同俯采角条件下的离散元数值模型，分别对俯采角 $\beta'=0°$、10°、20°、30°、40°的综放散体顶煤放出过程进行模拟，所用方法与仰斜开采模拟时相同，即运用“等效重力场法”对模型的重力方向进行调整，用来模拟不同俯采角对顶煤放出过程的影响，模型尺寸与参数与仰斜模型相同，如图 9-92、表 9-6 和表 9-7 所示。

9.4.2.2　俯采角对顶煤放出体的影响

为研究俯采角对顶煤放出体形态的影响，控制起始煤岩分界面相同，观察不同俯采角条件下顶煤放出体发育的差别。通过对第 8 次移架后第 9 次放煤前的水平模型进行等效重力方向的调整，调整后模拟不同俯采角条件下的顶煤放出过程。放煤结束后，将不同模型的计算结果逐一提取，记录放出颗粒的编号，在起始模型中删除已放出颗粒后，提取顶煤放出体形态。为了便于理解放出体在不同俯采角下的形态特征并进行比对研究，将 $\beta'=10°$、20°、30°、40°条件下的计算结果按照设定的俯采角进行旋转显示，如图 9-103 所示。

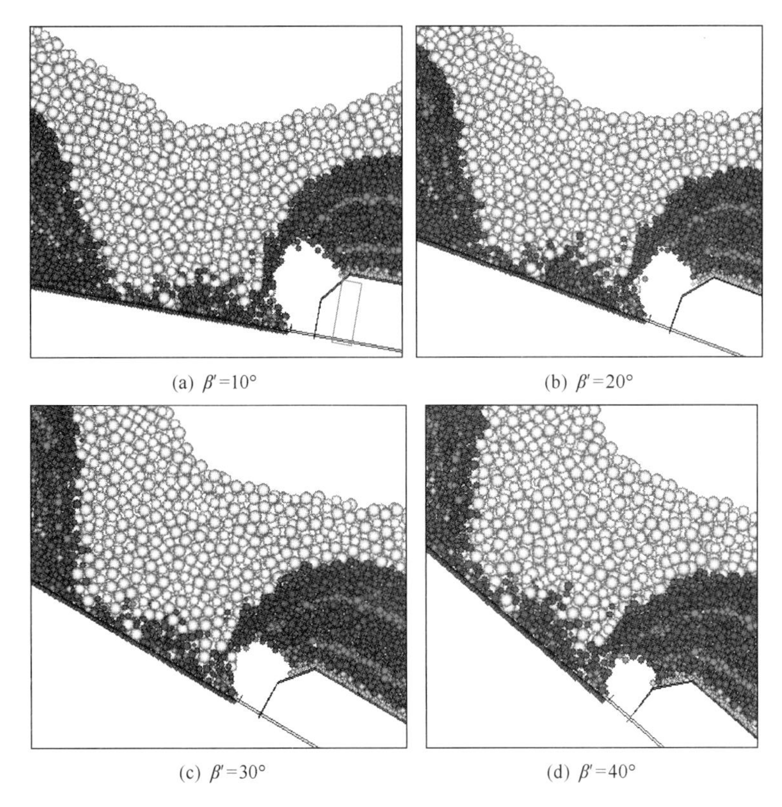

(a) $\beta'=10°$ (b) $\beta'=20°$

(c) $\beta'=30°$ (d) $\beta'=40°$

图 9-103 不同俯采角下放出体形态

由图 9-103 可以看出：

(1) 与仰斜开采类似，在相同的起始煤岩分界面下，不同的俯采角虽然会影响到放出量的大小，但是对放出体的基本形态影响不大，不同俯采角下放出体的基本形态仍然符合“切割变异椭球体”的特征。

(2) 在俯斜综放中，放出体依然存在前部发育较快、始终超出椭球体范围的现象，这与水平综放、仰斜综放中关于顶煤放出体形态的结论相吻合，说明该结论具有突出的普遍性。同样的，通过分析俯斜开采顶煤放出体形态发育的各影响因素，发现重力是主导因素，支架存在是次要因素，而俯采角则对放出体形态影响甚微。

俯采角对放出体的基本形态影响不大，但是不同俯采角条件下放出体的发育程度有所差别，图 9-104 和图 9-105 显示了“切割变异椭球体”边界在 *XOZ* 平面上投影所得近似椭圆的长轴(短轴)长度、偏心率随俯采角大小变化的关系。

由图 9-104 可知，长轴和短轴长度随着俯采角的增大而呈现减小的趋势，但是长轴减小的速率大于短轴减小的速率，这是因为俯采角的变化在重力方向上的体现最为明显，而椭圆长轴方向与重力方向相同，所以长轴的变化速率要快于短轴。但同时这也导致随着俯采角的增大，其整体形态变得矮胖，顶煤放出体的偏心率也逐渐减小，如图 9-105 所示。

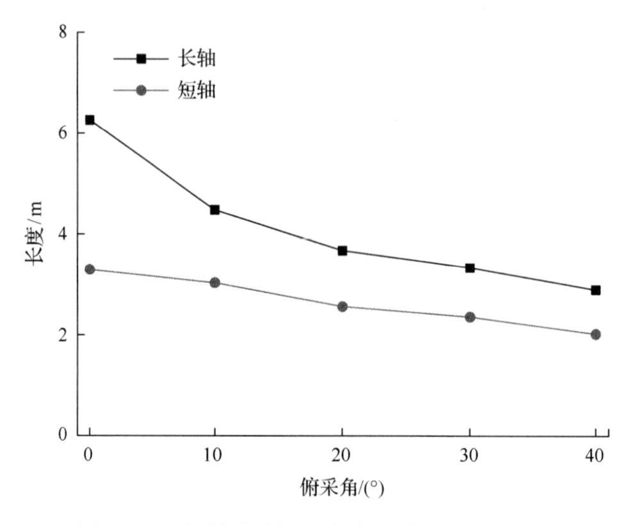

图 9-104　长轴(短轴)长度随俯采角变化的关系

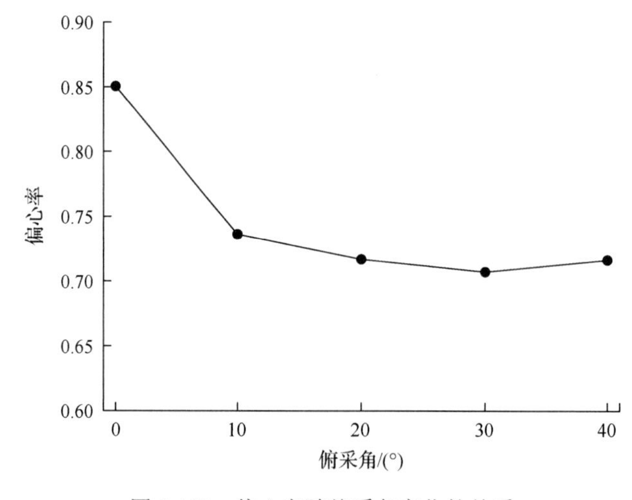

图 9-105　偏心率随俯采角变化的关系

图 9-105 显示了偏心率随俯采角的增大呈现出先快速减小后缓慢增大的特征：

当 $0°\leqslant\beta'<30°$时，随着俯采角的增大，椭圆长轴快速减小，与此同时，短轴的减小则较慢，因此在此阶段内椭圆的偏心率值快速减小，放出体形态体现为向“矮胖状”发育。

当 $30°\leqslant\beta'\leqslant40°$时，俯采角继续增大，放出体由于受煤岩分界面高度的限制，其在 *XOZ* 平面上投影所得椭圆的长轴长度减小速度变缓；同时采空区后方的矸石在大俯采角的情况下极易被放出，减小了横向顶煤放出的概率，因此上述椭圆短轴长度的减小速度也逐渐变快，所以在该阶段内椭圆的偏心率值出现了增大的趋势。

综上所述，在相同的起始煤岩分界面下，俯采角越大，可放出的顶煤量越少，而采空区矸石被放出的概率越大，即越不利于顶煤的放出，关于放出量的统计也证实了这一点，不同俯采角下顶煤放出量(放出体的体积)的变化如图 9-106 所示。

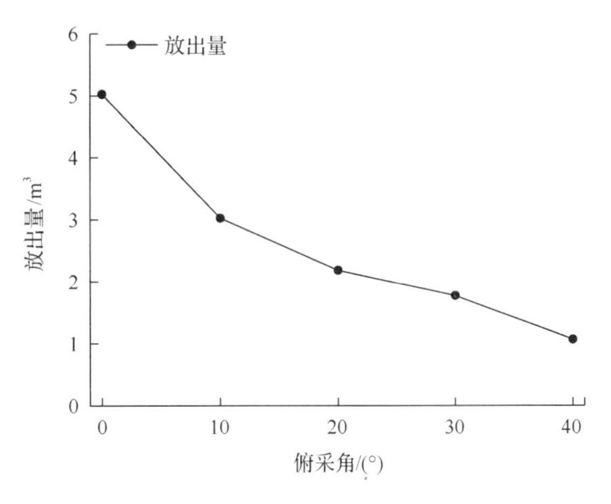

图 9-106 顶煤放出量随俯采角变化的关系

9.4.2.3 俯采角对煤岩分界面形态的影响

作为顶煤放出体发育的边界条件，煤岩分界面的形态直接决定了放煤见矸时间的早晚。在起始煤岩分界面相同的条件下，放煤后的终止煤岩分界面直接决定了放出煤量。提取不同俯采角条件下放煤见矸时刻终止煤岩分界面的形态，如图 9-107 所示。

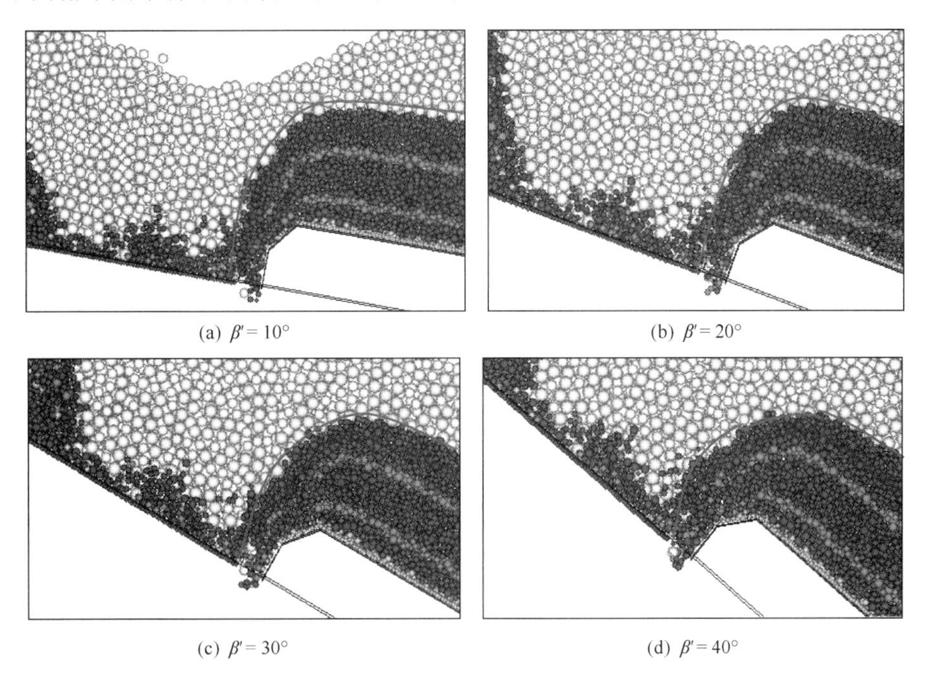

(a) $\beta' = 10°$ (b) $\beta' = 20°$

(c) $\beta' = 30°$ (d) $\beta' = 40°$

图 9-107 不同俯采角下终止煤岩分界面形态

由图 9-107 可知，随着俯采角的增大，终止煤岩分界面中部向采空区侧凸出的特征越来越明显，且本轮顶煤整体的放出量也越来越少，这是由于俯采角增大，煤岩分界面上最先出现混矸的部位由放煤口正上方，逐渐向采空区靠近底板处转移，在煤岩分界面沉降过程中放煤口上方靠近支架掩护梁和顶梁的煤炭不易被放出，且俯采角越大，该部分煤损越大，如图 9-107(b)～(d)所示。

依据 BBR 体系，本轮放煤结束时的终止煤岩分界面将会成为移架后下一轮放煤的起始煤岩分界面，因此当俯采角较大时，虽然本轮的放煤量会减少(图 9-106)，但是减小的煤量来自支架上部及前方未放出的顶煤，从而导致下一轮可放煤量增加，但是当俯采角达到一定程度时，连续的移架放煤依然会体现出较明显的放出量减少，特别是容易导致采空区矸石超前混入，为了避免煤炭中的混矸率过高，现场的放煤工人一般会选择提前关闭放煤口，从而间接地造成了俯斜综放开采顶煤采出率地降低。

9.4.2.4　俯采角对顶煤采出率影响

为了研究俯采角对顶煤采出率的影响，计算不同的俯采角下 9 次连续移架放煤之后的顶煤采出率，仍采用式(9-34)所示的公式计算，不同俯采角下多次移架后顶煤采出率的计算值如图 9-108 所示。

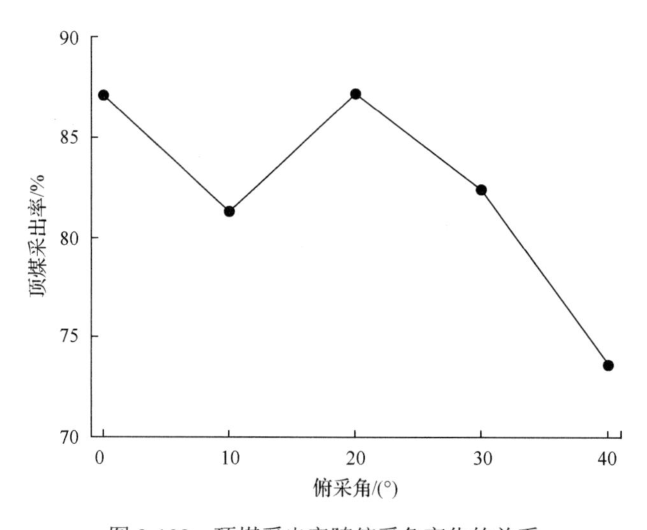

图 9-108　顶煤采出率随俯采角变化的关系

由图 9-108 可知，顶煤采出率随着俯采角的增大基本呈现出逐步减小的变化趋势，结合顶煤放出体形态和煤岩分界面特征(图 9-103，图 9-107)，可知俯采角对顶煤采出率的影响主要体现在两个方面：①由于俯采角的存在，原本在水平条件下应当进入放煤口的部分掩护梁和顶梁上方的顶煤，由于采空区矸石的超前混入(图 9-109)而无法放出(该部分体积记做 $V_{未放顶煤}$)，该因素使得顶煤采出率降低；②原本会落入采空区的部分残煤，由于有俯采角的存在也会被放出(该部分体积记做 $V_{残煤放出}$)，俯斜开采采空区中的残煤较少，该因素使得顶煤采出率增大。一般情况下，$V_{未放顶煤}$远大于 $V_{残煤放出}$，且随着俯斜角的增大，两者差值越大，因此俯采角越大，顶煤的采出率越小。

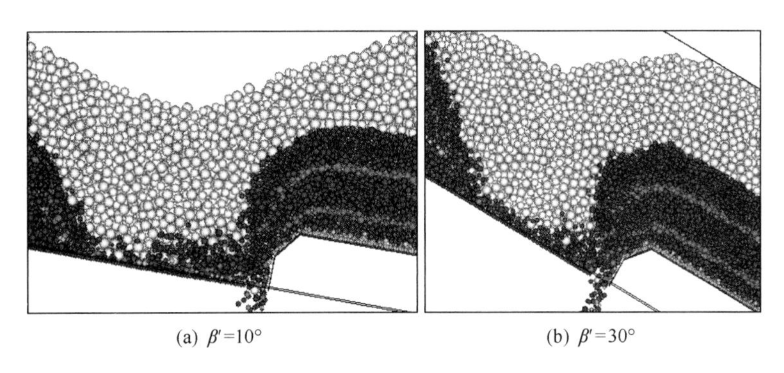

(a) $\beta'=10°$　(b) $\beta'=30°$

图 9-109　俯斜综放矸石超前混入现象

俯采角的存在使得矸石相较顶煤更容易进入放煤口，如图 9-109(a)所示，矸石的超前混入现象还会导致煤岩分界面下部(靠近放煤口处)向前移动速度大于上部(远离放煤口处)，并且这种现象随着俯采角的增加而越加明显，如图 9-109(b)所示。因此导致顶煤采出率随着俯采角的增加而呈现出逐步减小的特征。

9.4.3　仰斜开采顶煤放出三维模拟试验

9.4.3.1　试验方案与试验过程

该试验在中国矿业大学(北京)放顶煤实验室进行，采用自主研制的倾角可调的综放长壁顶煤放出三维模拟试验装置，试验箱体内部尺寸为：长×宽×高＝1500mm×1000cm×800mm，本试验采用 5～8mm 粒径的青色石子模拟破碎顶煤，铺设厚度为 200mm；采用 8～12mm 白色石子模拟破碎直接顶，铺设厚度为 150mm，将顶煤材料逐层填装到模拟试验台箱体中。填装散体顶煤材料时，在工作面前方顶煤中每隔 30mm 高度安设一层标志颗粒，每一水平分层标志颗粒呈网格状布置，行间距 12mm、列间距 25mm，共计 1440 个标志颗粒。标志颗粒布置示意图和铺设过程如图 9-110、图 9-111 所示。

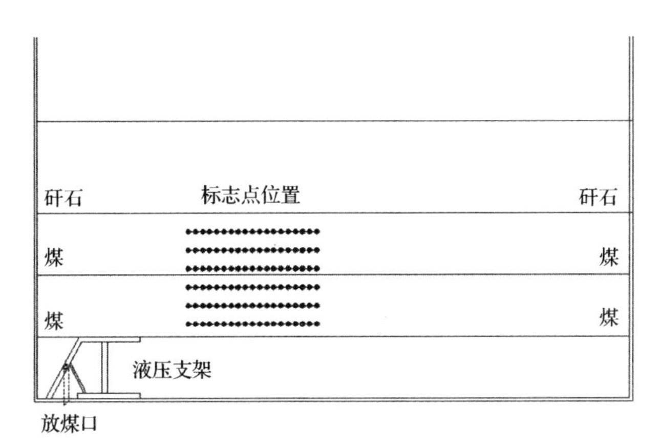

图 9-110　标志点布置示意图

图 9-111　标志颗粒铺设过程

试验材料和标志颗粒铺设完毕后，利用单轨吊车将模型右侧抬升，并利用数显水平仪记录抬升角度至仰采角 22°，为了保证操作安全，调整完毕后在试验箱体下方支设木垛增加试验台的稳定性，如图 9-112 所示。

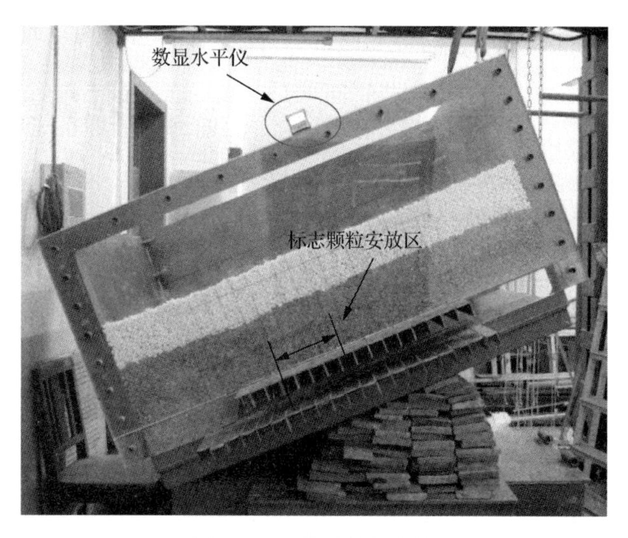

图 9-112　模型铺设完毕

试验中共移架 9 次，进行了 10 次放煤，每次放煤顺序为 1～20#支架；其中第 7 次、8 次、9 次移架后，保留工作面两端各 3 个支架不放煤，以研究端头留煤对放出过程的影响。具体试验过程如图 9-113 所示，试验结束后，对顶煤放出体、煤岩分界面、放煤量、含矸率与采出率进行计算与分析。

(a) 初始放煤结束

(b) 第2次放煤结束

(c) 第5次放煤结束

(d) 第7次放煤结束

图 9-113 仰斜综放开采散体顶煤放出三维模拟试验过程

9.4.3.2 顶煤放出体与煤岩分界面分析

1) 顶煤放出体分析

对试验所放出的标志颗粒进行整理分析，将标志颗粒编号逐个换算为所代表的空间坐标，反演顶煤放出体的形态。以正常放煤段第 6 次移架后顺序放煤至工作面中部第 11# 支架的数据为例进行分析。该支架共放出 15 个标志颗粒，标志颗粒位置和编号见表 9-8。

表 9-8 11 号支架放出标志颗粒

位置	编号
11#支架上方	5x4、7x8、4x4、7x7、4x5、8x0、6x6、7x9、9xy、5x5、6x5、6x7、4x3、8x9
10#支架上方	809

由表 9-8 可知，放出的标志颗粒中，位于 11#支架上方的有 14 个，位于 10#支架上方的有 1 个。根据不同编号所代表的坐标，将该支架的顶煤放出体反演如图 9-114 所示，图中支架为移架 6 次后所处的位置。

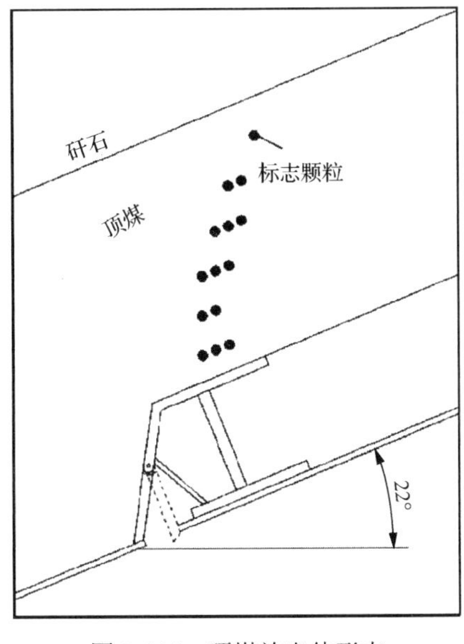

图 9-114 顶煤放出体形态

由图 9-114 可知，顶煤放出体在不同层位的形态差异很大，体现在采出率上即为中上部顶煤的采出率较高而下部顶煤的采出率较低，因此可以从放出体形态上对顶煤采出率的特征进行分析和解释。

2)煤岩分界面变化特征

煤岩分界线体现了综放开采中散体顶煤与矸石的流动趋势，是控制顶煤放出体形态的重要因素。本模拟试验台通过在试验箱体一侧安装有机玻璃板，可以观察单侧约束下煤岩分界线的发展与变化特征，图 9-115 为初始煤岩分界线和正常段煤岩分界线。

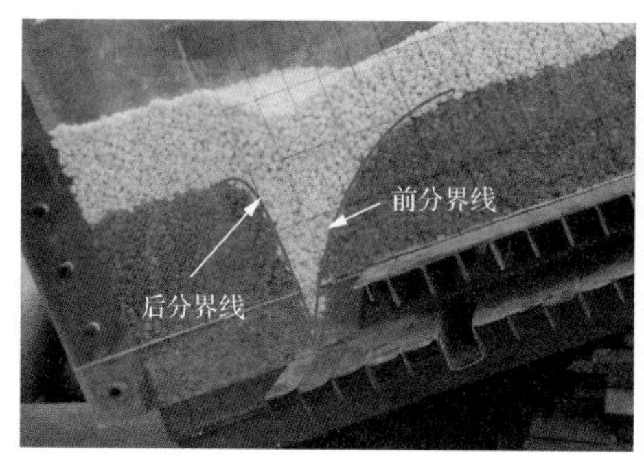

(a) 初始煤岩分界线

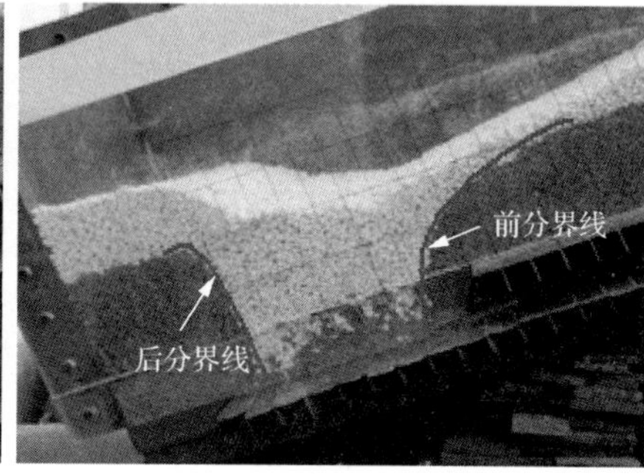

(b) 正常段煤岩分界线

图 9-115　煤岩分界线

依据散体介质流理论，初始放煤时放出漏斗总体上呈对称状，前、后煤岩分界线均为二次曲线。但是本试验中，由于仰采倾角的存在，初始放煤的放出漏斗显示出显著的非对称性：后分界线陡峭而较短，近似竖直线；前分界线相对平缓而较长，依然符合二次曲线关系，拟合曲线如图 9-116 所示。

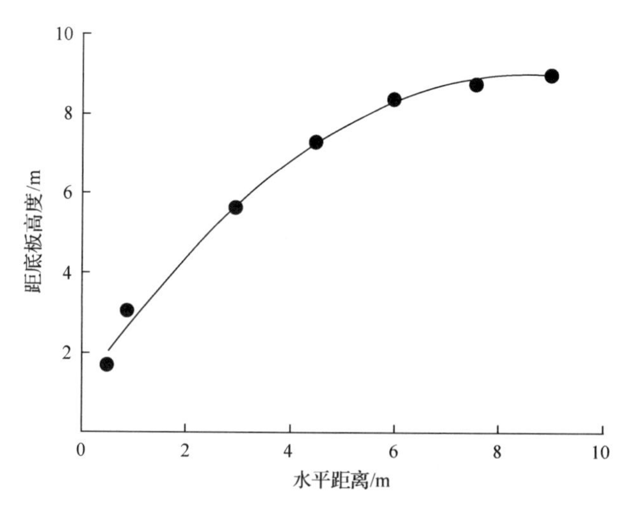

图 9-116　煤岩分界线拟合曲线

初始煤岩分界线拟合曲线方程(前分界线)为

$$y = -0.1119x^2 + 1.8815x + 1.0572 \tag{9-35}$$

式中，x 为水平距离，m；y 为距底板高度，m。该拟合相关系数 $R^2=0.9947$。

式(9-35)中以前边界支架尾梁末端处为 x 坐标零点，式(9-35)的截距为正，是因为在仰采倾角存在的情况下，支架后方矸石向放煤口流动的阻力大于支架前方矸石的流动阻力，根据散体介质流理论，在散体介质流场中，破碎煤岩颗粒会以阻力最小路径逐渐向放煤口方向移动，因仰采时前后阻力差异较大，所以放煤前后边界呈现出显著的非对称性。

初始放煤结束后，经过多次移架放煤，进入了正常放煤阶段，此时的煤岩前分界线与初始放煤相比发生了较大变化，为了比较两者的差异，将两个阶段的前分界线放入同一坐标系中进行分析，如图 9-117 所示。

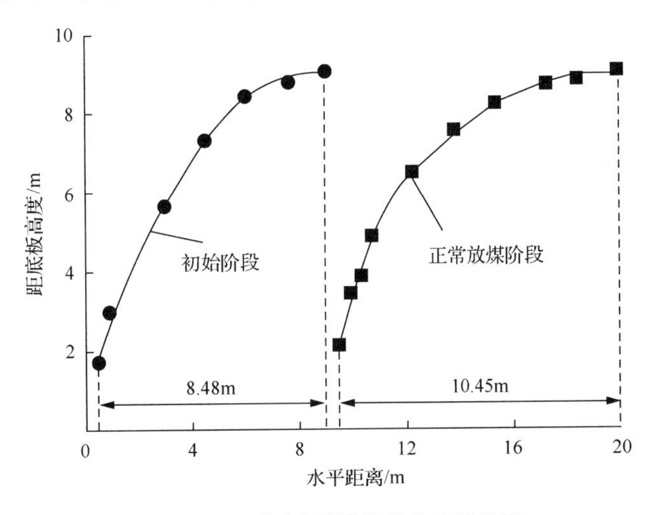

图 9-117 不同阶段煤岩前分界线比较

由图 9-117 可以看出，在仰采条件下，正常循环段和初始放煤段相比，其煤–岩前分界线要平缓，且分界线在水平投影的长度要大于初始放煤。初始放煤的煤岩分界线体现了特定地质条件和放煤工艺下煤岩散体本身的流动特性，而正常放煤段的煤岩分界面则是控制顶煤放出体发育和放煤量大小的边界条件。因此只有将煤岩分界面特征和顶煤放出体形态结合起来进行研究，才能更深层次地揭示仰斜综放开采散体顶煤三维放出机制。

9.4.3.3 放煤量、含矸率的变化规律分析

1) 放煤过程中放煤量、矸石量的变化

统计每次移架后放煤过程中 20 个支架(最后 3 次为 14 个支架)的放煤量和矸石量，如图 9-118 所示(图中横坐 0 表示初始放煤)。

由图 9-118 可知，初始放煤的放煤量最大，达 36.321kg，但是移架放煤的连续性对相邻两次移架放煤之间放煤量的影响很大：当本次移架后放煤较为充分，放煤量较多时，往往会导致下一次放煤量相对较小，反之亦然；同时仰采角的存在让单次放煤更加充分，所以也加剧了这一现象。例如，初始放煤和第 1 次移架后放煤，两者的放煤量相差近 25.983kg，且均明显偏离平均放煤量(15.928kg)。

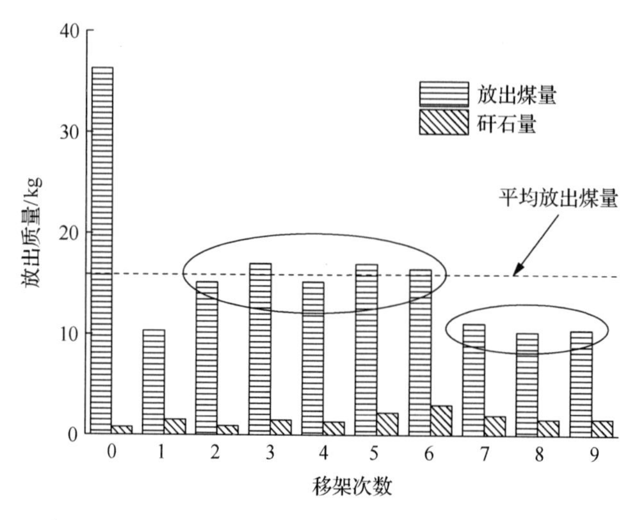

图 9-118　放煤量、矸石量与移架次数的关系

第 2～6 次移架后的放煤量逐渐趋于稳定，在 15.148～16.989kg 波动，偏离平均放煤量较小；第 7～9 次移架后，由于保留了工作面两端各 3 架不放煤，最后 3 次的放煤量整体小于平均放煤量。

2) 平均放煤量、含矸率与移架次数的关系

放煤过程中遵循“见矸关门”的原则，为了减少试验中人为操作引起的放煤量和含矸率的波动，取各次移架放煤后 1～20#支架放煤量和含矸率的平均值进行分析，研究两者与移架次数之间的变化规律，如图 9-119 所示。

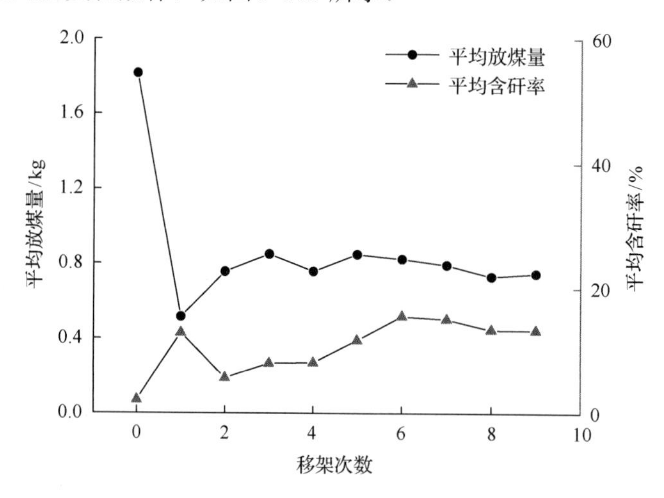

图 9-119　平均含矸率、放煤量与移架次数的关系

由图 9-118 可知：

在移架放煤的过程中，放煤量与含矸率呈现出显著的负相关关系，放煤量增大往往会伴随着含矸率的减小；这是由于在放煤见矸之前，所放出的为纯煤，当放煤见矸之后，

纯煤中会混入部分矸石，此后继续放煤即为过量放煤，过量放煤虽然能增加本轮放煤量，但是同时也会导致下一轮放煤过早见矸，导致含矸率增大。因此，在放煤过程中应当选取适当的关门时机，在含矸率允许的情况下尽可能地增加放煤量，以提高资源采出率。

3) 不同支架的含矸率、放煤量分布规律

取同一支架在 9 次移架中的平均放煤量和平均含矸率作为该支架的放煤量和含矸率，为了消除模型箱体的边界影响，以工作面中部 5～16#支架为研究对象，分析工作面不同位置支架的放煤量、含矸率的分布规律，如图 9-120 所示。

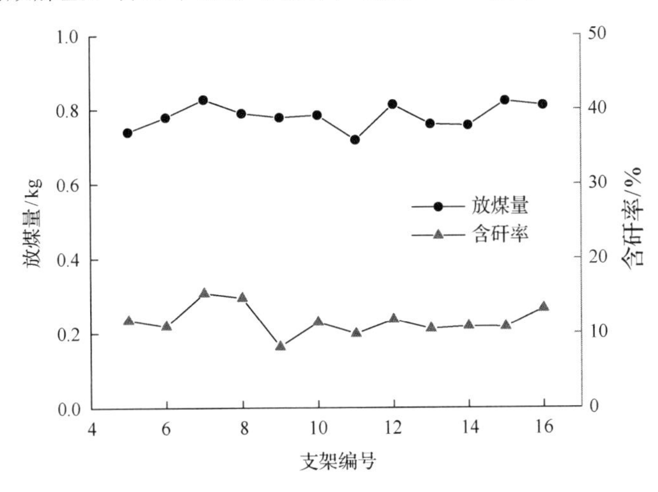

图 9-120 不同支架放煤量、含矸率的分布规律

由图 9-120 可知：

沿工作面布置方向，不同支架的平均放煤量和含矸率值波动较小，各支架的平均放煤量在 0.718～0.813kg 变化，平均含矸率在 8.17%～15.36%变化，说明仰斜综放开采顶煤放出规律在工作面不同位置基本相同。

9.4.3.4 顶煤采出率三维分布特征

顶煤中研究区域内共安设标志颗粒 1008 个，实验中共放出 776 个，平均采出率为 76.98%。根据不同区域标志颗粒的回收情况，采用空间插值的方法，绘制顶煤采出率分布曲面，如图 9-121 所示。

由图 9-121 可以看出，在标志点安设区域内，顶煤采出率呈现出大小间隔、随机分布的特征，并无固定的分区特征；随着工作面的推进，顶煤采出率的极大值与极小值交替出现在煤层的不同区域。

将试验数据分别沿煤层走向、沿煤层倾向和沿垂直方向进行单独处理。分析顶煤采出率在沿煤层走向、沿煤层倾向、沿垂直方向上的变化规律，从而深入理解仰斜综放开采顶煤采出率的三维分布特征。

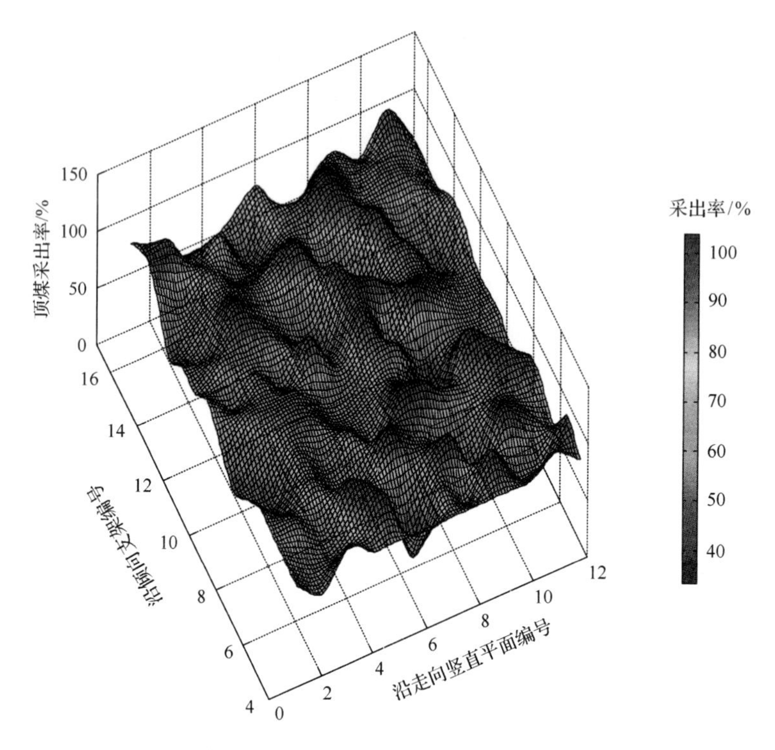

图 9-121　顶煤采出率空间分布曲面

1) 沿煤层走向(工作面推进方向)

标志颗粒沿煤层走向分别位于 *YOZ* 平面的 12 个垂直平面内，统计放煤过程中每个垂直平面内放出的标志颗粒数目，分别计算出 12 个垂直平面内的顶煤采出率，分析顶煤采出率沿煤层走向(工作面推进方向)的分布特征，如图 9-122 中实线所示。

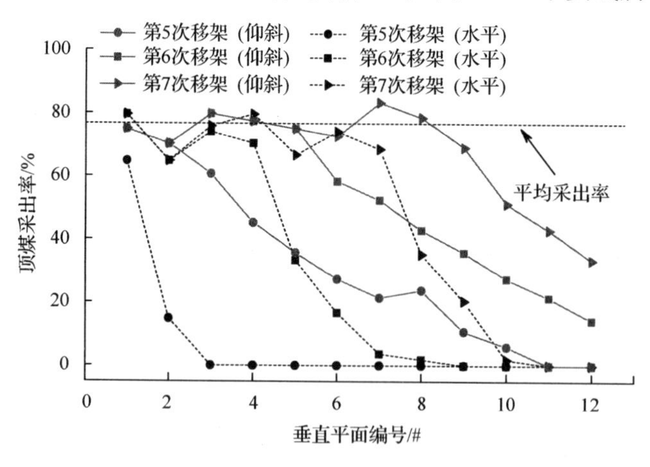

图 9-122　仰斜开采顶煤采出率沿煤层走向分布特征

为了更好地理解仰采角的存在对顶煤采出率沿煤层走向分布特征的影响，对比本章 9.3.2 小节中仰采角为 0°条件下综放散体顶煤放出试验的顶煤采出率计算结果，如图 9-122 中黑色虚线所示。

由图 9-122 可知：

第 5 次移架后，在仰采角为 0°的条件下，只有 1#和 2#垂直平面内的少量标志颗粒被放出，且两个平面内的顶煤采出率均小于平均采出率；而在仰采角存在的条件下，1～10#垂直平面内均有数量不等的标志颗粒被放出，且 1#和 2#平面内的顶煤采出率已接近平均采出率。这说明仰采角的存在使得顶煤采出率的分布呈现充分放出区向前偏移的特征。

第 6 次和第 7 次移架后，在水平综放条件下，有 7～8 个垂直平面内的标志颗粒继续放出；而在仰斜综放条件下，从图 9-122 中不难看出，至少有 10 个垂直平面内的标志颗粒继续放出。这再次证明了工作面推进方向上 22°的仰采角使得顶煤放出的范围向前扩展至少两个垂直平面的距离，支架前方的部分顶煤被超前放出，总体放煤量增加，最终导致仰采条件下平均顶煤采出率大于水平条件(水平条件下平均顶煤采出率为 70.79%)。

2) 沿煤层倾向

模拟试验台沿煤层倾向共布置了 20 个综放支架，在每个支架的正上方均安设了 12×6＝72 个标志颗粒，如图 9-110 所示，统计放煤过程中每个支架正上方 *XOZ* 平面内放出的标志颗粒数目，计算沿煤层倾向不同位置支架处的顶煤采出率，分析顶煤采出率沿煤层倾向(工作面布置方向)的分布特征，如图 9-123 所示。

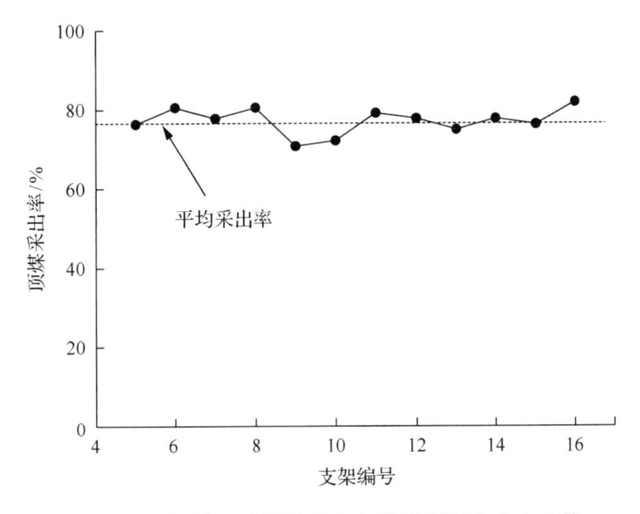

图 9-123　仰斜开采顶煤采出率沿煤层倾向分布规律

为了消除边界效应对试验结果的影响，仍然以工作面中部 5～16#支架为研究对象，由图 9-123 可以看出，顶煤采出率沿煤层倾向分布较为稳定，基本在平均采出率±6.2%范围内变化，其中最小值现在工作面中部第 9#支架，采出率为 70.83%；最大值出现在工作面端头处 17#支架，采出率为 81.94%。

顶煤采出率沿煤层倾向均匀分布的特征，证明了仰斜综放开采仰采角的存在对顶煤采出率沿煤层倾向的分布影响不大，结合采出率沿煤层走向的分布特征可以得出，仰采角对仰斜综放顶煤放出过程和采出率的影响，主要体现在沿煤层走向(工作面推进方向)上，因此关于倾斜综放开采顶煤放出体和煤岩分界面的研究，应当以沿煤层走向的分析为主，探究仰斜综放开采散体顶煤的放出机理。

3）沿垂直方向

根据对垂直方向上 6 个层位标志颗粒回收情况的统计，顶煤采出率沿垂直方向的分布如图 9-124 所示。

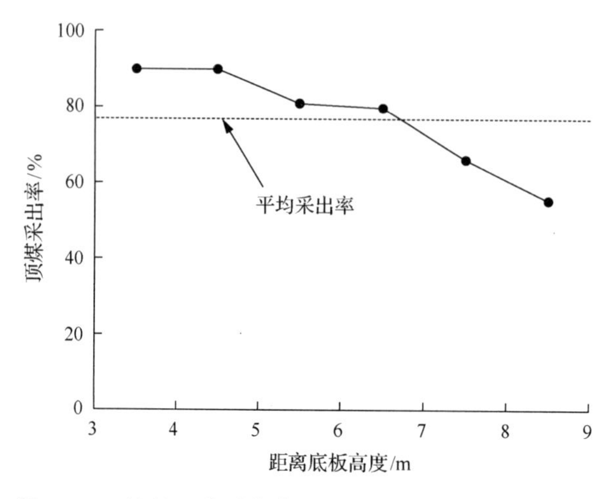

图 9-124　仰斜开采顶煤采出率沿煤层垂直方向分布规律

由图 9-124 可以看出，在沿煤层垂直方向上，顶煤采出率随距离底板高度的增大而减小，距离底板 3～5m 的低位顶煤采出率均高于平均采出率，平均值达到 89.88%；而距离底板 7～9m 的高位顶煤采出率均低于平均采出率，平均值只有 60.71%。因此在仰斜综放开采中，应重点提高高位顶煤的采出率，从而有效提高整体采出率，减少放煤过程中煤炭资源的浪费。

9.5　水平分段放顶煤开采顶煤放出规律

在我国西部地区，存在着一定数量的急倾斜厚煤层，应用水平分段综放开采技术是目前开采这类煤层的主要方法。我国从 20 世纪 80 年代末开始，在甘肃窑街、吉林辽源、乌鲁木齐等矿区先后进行了急倾斜煤层水平分段放顶煤的应用和研究，取得了一些重要成果，其中掌握顶煤放出规律和提高顶煤采出率是该技术的核心研究内容之一，许多学者先后开展了卓有成效的研究。但是目前的研究成果主要集中于对急倾斜厚煤层分段综放开采的放煤工艺方面，虽然提出了确定分段高度和放煤工艺优化的方法，但没有从煤岩分界面、顶煤放出体、顶煤采出率三者相互关系的角度，对急斜煤层水平分段综放开采顶煤的放出规律进行深入分析。本节基于顶煤放出规律研究的 BBR 体系，采用数值模拟和物理模拟相结合的方法，对非常规采放比条件下顶煤放出体形态、合理分段高度的确定和放煤方式的优化进行了探讨，得出了一些有益的结论[10,11]。

9.5.1　顶煤放出体形态特征

我国《煤炭安全规程》规定，对于普通长壁开采使用放顶煤采煤法，采放比不得小于 1∶3，但是在急倾斜厚煤层水平分段综放开采中，采放比往往远小于 1∶3，表 9-9 列出了新疆乌鲁木齐矿区部分采用水平分段放顶煤矿井的段高及采放比统计。

表 9-9 新疆乌鲁木齐矿区部分采用水平分段放顶煤矿井的段高采放比统计

矿井名称	分段高度/m	割煤高度/m	放煤高度/m	采放比
乌东	23	3	20	1∶6.7
六道湾	30	3	27	1∶9
碱沟	25	3.2	21.8	1∶6.8
苇湖梁	20	2.5	17.5	1∶7
小红沟	22	3	19	1∶6.3

在这种非常规采放比条件下，顶煤放出体的形态变化必然有其独有的特征，建立沿工作面推进方向的小采放比(以 1∶6 为例)数值模型，采用反演法得到其发育过程和形态，如图 9-125 所示。

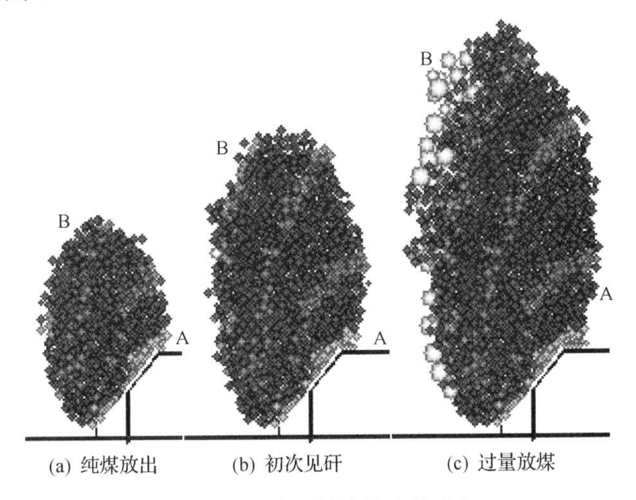

图 9-125 小采放比放出体形态

由图 9-125 可知，在采放比为 1∶6 的情况下，放出体沿竖直方向发育的特征非常明显，初次见矸时，放出体高度已大于 3.5 倍支架高度。根据 BBR 体系，当放出体高度大于 2 倍支架高度后，放出体在 B 附近的亏缺部分将逐渐消失，但是 A 附近的超出部分始终存在，图 9-125 中放出体的形态证实了该结论。因此在小采放比条件下，由于放出体高度较大，支架对放出体形态的影响变小，但其基本形态仍为“切割变异椭球体”。

9.5.2 合理分段高度确定

急倾斜煤层水平分段综采放顶煤采煤法工作面长度受煤层厚度的限制，因此提高顶煤分段高度是提高单位推进度煤炭产量、降低掘进成本和百万吨掘进率的重要途径。但是分段高度过大是否会影响顶煤的放出过程及顶煤采出率，是否能够达到规程要求，是值得研究的一个重要问题。采用离散元数值模拟的手段，研究不同分段高度下的顶煤放出过程，从顶煤采出率的角度对合理分段高度的确定进行探讨。

9.5.2.1　PFC 模型的建立与运算

利用颗粒流软件(PFC)，建立沿工作面布置方向分段高度分别为 H_s=9.4m、11.6m、13.8m、16m、18.2m、20.4m、22.6m、24.8m 条件下的 8 个急倾斜煤层水平分段综放开采数值模型。各模型除分段高度不同外，其余参数均相同。以分段高度 16m、采放比 1∶6 为例，模型初始状态如图 9-126 所示。图中黑色颗粒为煤层，煤层上方颗粒为破碎直接顶，左右两侧为顶板岩层和底板岩层，H_s 为分段高度。表 9-10 列出了模型中煤层及顶底板颗粒的物理力学参数(本模拟中假设顶煤在矿山压力作用下已经破碎为散体，因此煤炭颗粒间的接触黏结强度设为 0)。

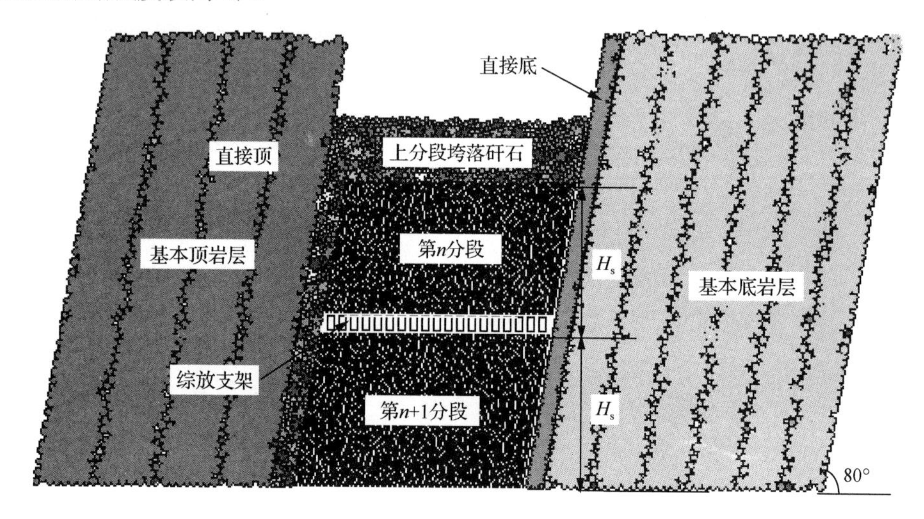

图 9-126　PFC 模型初始状态图

表 9-10　煤岩力学参数

材料	密度 ρ/(kg/m^3)	颗粒半径 R/mm	颗粒法向刚度 k_n/(N/m)	颗粒切向刚度 k_s/(N/m)	黏结法向强度 F_c^n/N	黏结切向强度 F_c^s/N	摩擦系数
基本顶	2650	300～500	4×10^8	4×10^8	6.29×10^6	6.29×10^6	0.4
直接顶	2500	200～300	3×10^8	3×10^8	3.74×10^6	3.74×10^6	0.4
煤层	1500	100～150	2×10^8	2×10^8	0	0	0.4
直接底	2650	200～300	3×10^8	3×10^8	7.31×10^6	7.31×10^6	0.4
基本底	2700	300～500	4×10^8	4×10^8	8.52×10^6	8.52×10^6	0.4

计算中采用删除法进行放煤过程模拟，即每运行 5000 步，对第 n 分段工作面内的放出颗粒进行删除，然后继续运算 5000 步，如此循环，直到直接顶沉降至放煤口或有岩石颗粒被放出时，停止循环，进行下一支架的放煤操作。

模拟初始条件：颗粒初始速度为 0，只受重力作用，g=9.81m/s^2，墙体速度与加速度为 0。边界条件：颗粒四周及底部墙体为模型的外边界，其速度和加速度固定为 0。

9.5.2.2 分段高度对煤岩分界面和放出体形态的影响

图 9-127 显示了分段高度分别为 9.4m、13.8m、18.2m 和 22.6m 时，工作面中部 9[#]支架放煤前的煤岩分界面(图中曲线)和 9[#]支架顶煤放出体(图中白色空洞)的形态。

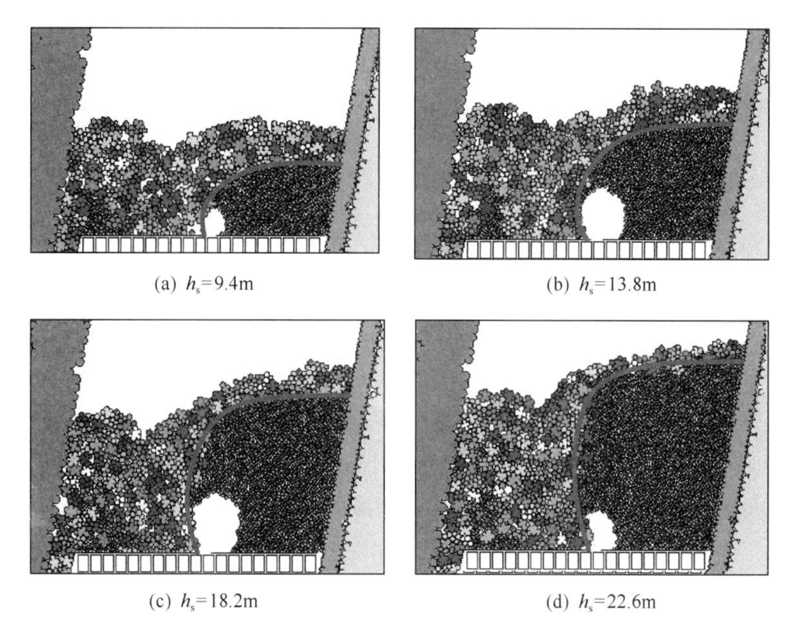

(a) h_s=9.4m (b) h_s=13.8m

(c) h_s=18.2m (d) h_s=22.6m

图 9-127 不同段高下煤岩分界面和放出体形态

由图 9-127 可知，随着分段高度的增大，煤岩分界面形态差异较大，但其形态基本可用抛物线来近似描述，以分段高度为 9.4m 和 18.2m 为例，其煤岩分界面的抛物线方程拟合分别如式(9-36)、式(9-37)所示：

$$(y-3.89)^2 = 2.93(x-12.08) \tag{9-36}$$

$$(y-6.62)^2 = 15.92(x-12.01) \tag{9-37}$$

其中，式(9-36)的相关系数 R^2＝0.9524，式(9-37)的相关系数 R^2＝0.9455。

由式(9-36)、式(9-37)可以看出，煤岩分界面形态随着分段高度变化过程的实质是右开口抛物线顶点左移、对称轴上移的过程。这说明随着分段高度的增大，煤岩分界面有向采空区凸出的趋势，且分段高度越大，这种特征越明显，在图 9-127 中可以很好地观察到这一点。根据 BBR 研究体系中的空间关系，煤岩分界面是控制顶煤放出体形态和放煤量大小的边界条件。在水平分段综放开采中，煤岩分界面随着分段高度的增大表现出的向采空区凸出的特征，直接影响到了顶煤放出体形态。计算不同分段高度下的顶煤放出体体积，如图 9-128 所示。

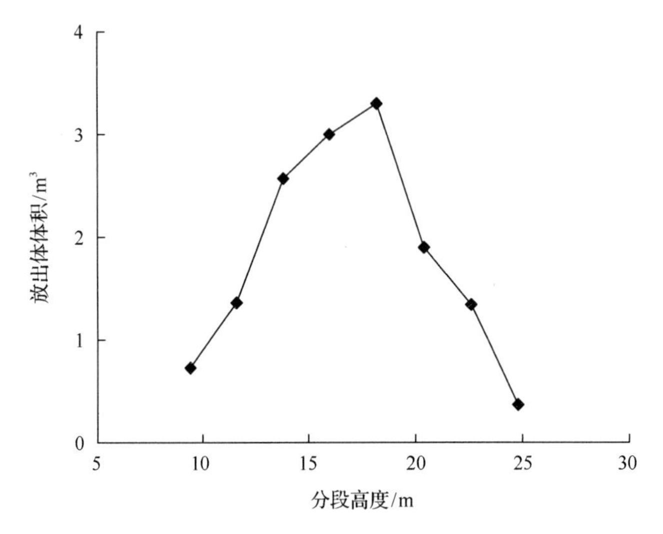

图 9-128　放出体体积随分段高度变化的关系

由图 9-127 及图 9-128 可以看出，在急倾斜煤层水平分段综放开采中，顶煤放出体体积随着分段高度的增大呈现出先增大后减小的特征。在分段高度增大的初期(9.4m≤H_s≤16m)，由于煤岩分界面形态有利于放出体向上方发育，放煤高度随着分段高度同步增大，放出体积随之增加；随着分段高度继续增大(18.2m≤H_s≤24.8m)，煤岩分界面向采空区凸出特征越明显，相邻支架上方采空区的矸石极易混入放煤口下部而被迫提前关门，放出体难以向上充分发育[图 9-127(d)]，从而导致放煤高度随着分段高度的增加而减小，因此放出体体积急剧减小，当分段高度为 24.8m(此时采放比约为 1∶10)时，9 号支架顶煤放出体体积仅为 0.37m³。

以上分析说明，在水平分段综放开采中，放煤高度是一个关键参数，虽然随着分段高度的增大顶煤厚度增大，但是由于煤岩分界面形态的限制，实际的放煤高度并不等于顶煤厚度，过大的分段高度并未使放出体体积增加，反而有可能因放煤高度过低而增大顶煤损失的体积。

为了定量考察特定顶煤厚度条件下放煤程度，定义放煤高度 H_f 和顶煤厚度 H_t 之比为放顶比，用 η_t 表示：

$$\eta_t = \frac{H_f}{H_t} \tag{9-38}$$

式中，H_f 为放煤高度，m；H_t 为顶煤厚度，m；η_t 为放顶比，$0<\eta_t<1$。

根据以上定义可知，放顶比越大，放煤越充分，顶煤回收程度也越高；放顶比越小，放煤越不充分，形成的煤损越大。

计算不同分段高度条件下 η_t 值的大小，如图 9-129 所示。

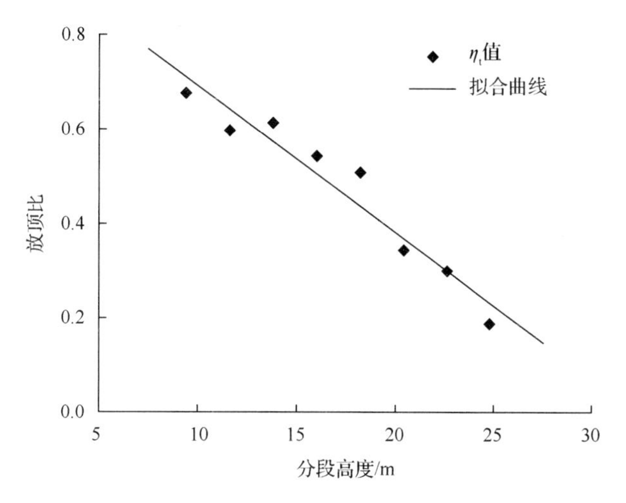

图 9-129 放顶比随着分段高度变化的关系

由图 9-129 可知，在急倾斜煤层水平分段综放开采放煤过程中，放顶比与分段高度呈线性函数关系，放顶比随着分段高度的增大而呈线性减小趋势，两者之间的拟合关系为

$$\eta_t = -0.031H_s + 1.003 \tag{9-39}$$

式中，η_t为放顶比；H_s为分段高度，m；相关系数 R^2＝0.9346。

对式(9-39)进行变换，可以得到基于放顶比的分段高度确定公式

$$H_s = \frac{1.003 - \eta_t}{0.031} \tag{9-40}$$

水平分段综放中，合理的分段高度应当使放顶比η_t值不低于 0.5，以保证对顶煤的充分回收。将$\eta_t \geqslant 0.5$ 代入式(9-40)，计算可得使放顶比不低于 0.5 的分段高度的取值范围为

$$H_s \leqslant 16.2 \tag{9-41}$$

9.5.2.3 分段高度对顶煤采出率的影响

工作面所有支架放煤结束后，统计该分段整体的放煤量和残煤量，再根据原始顶煤总量，计算该分段的顶煤采出率。不同分段高度条件下的计算结果如图 9-130、图 9-131 所示。

由图 9-130 可知，放煤量和残煤量均随着分段高度的增大而增大，但两者在不同阶段的增大速率呈现出不同的特征。在分段高度增大的初期(9.4m≤H_s≤16m)，放煤量的增大速率大于残煤量的增大速率，这说明在该区间内增大分段高度有利于放煤量的增加；随着分段高度继续增大(18.2m≤H_s≤24.8m)，放煤量的增大速率逐渐减小，且小于残煤量的增大速率，如图 9-130 所示，说明在该区间内继续增大分段高度会使得残煤量急剧增加，造成较大的煤损。

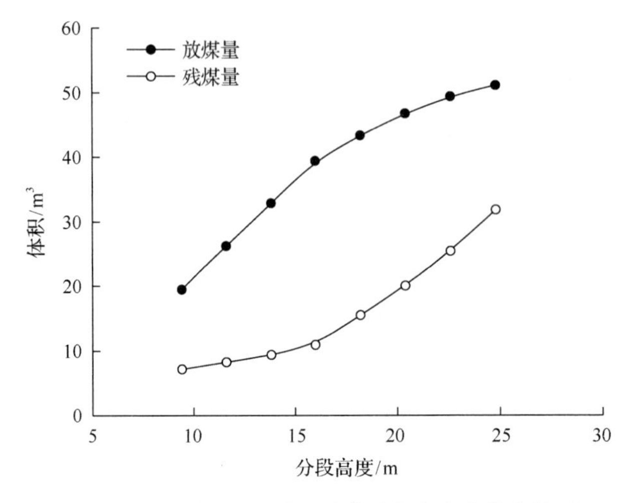

图 9-130　放煤量和残煤量随着分段高度变化的关系

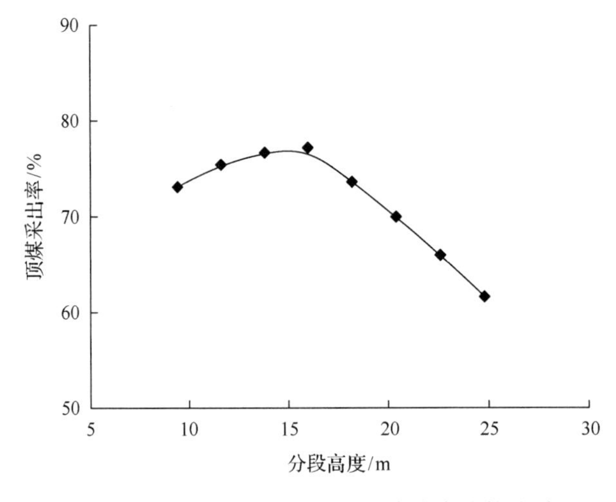

图 9-131　顶煤采出率随着分段高度变化的关系

图 9-131 显示了顶煤采出率随着分段高度的增大呈现出先增大后减小的趋势，结合图 9-130 可知，这正是放煤量和残煤量增大速率的差别在顶煤采出率变化上的体现。因此从顶煤采出率的角度来看，分段高度的增大存在一临界值，超过该临界值后，顶煤采出率随着分段高度的继续增大而减小。由图 9-131 可知，该临界值出现在 13.8～17.2m。

因此在满足放顶比不小于 0.5 的前提下，使顶煤采出率达到最大的水平分段综放开采合理分段高度取值范围为

$$13.2 < H_s \leqslant 16.2 \tag{9-42}$$

考虑到分段高度较低时，可能会导致开掘巷道的数量和掘进成本增加，因此在以上合理分段高度取值范围内，应取其大值。结合该矿的实际情况，建议阿刀亥煤矿采用 16m 分段高度。

9.5.3 放煤方式优化

在确定合理的分段高度之后，还需要确定适当的放煤方式，不同的放煤方式对顶煤放出过程和顶煤采出率影响很大。本节采用散体放煤试验和数值模拟相结合的方法，研究不同放煤方向下的顶煤放出规律，对水平分段综放放煤方式进行优化。

9.5.3.1 水平分段散体放煤试验

在急倾斜煤层水平分段综放中，存在两种可选择的放煤方向：

(1) 自顶板向底板方向进行；

(2) 自底板向顶板方向进行。

为了研究这两种放煤方向对顶煤放出规律的影响，进行了两组水平分段散体顶煤放出室内试验，试验中布置 9 个微型综放支架，支架高度为 110mm，分段高度为 800mm，矸石颗粒采用直径为 10～30mm 的青色石子模拟，顶煤颗粒采用直径为 5～8mm 的青色石子模拟，顶煤中沿不同层位布置标志颗粒 741 个，试验过程及结果如图 9-132 所示。

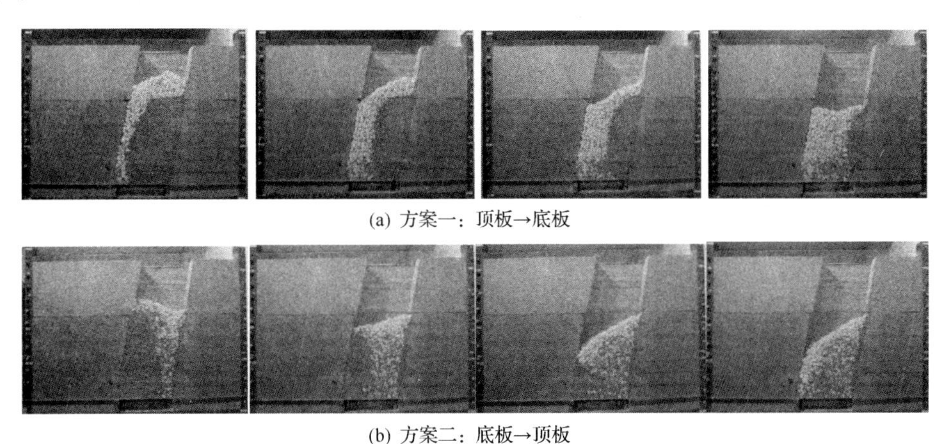

(a) 方案一：顶板→底板

(b) 方案二：底板→顶板

图 9-132 不同放煤方向散体放煤试验

9.5.3.2 试验结果及分析

1) 放煤方向对煤岩分界面演化的影响

提取两个方案中各个支架放煤结束后煤岩分界面的形态，绘制放煤过程中煤岩分界面变化过程的示意图，如图 9-133 所示。

图 9-133 中 9 条曲线与 9 个放煤支架一一对应，从右至左，分别编号为 $1^{\#}$～$9^{\#}$。方案一的放煤顺序为 $9^{\#}$支架→$1^{\#}$支架，从图 9-133(a) 中可以看出，在工作面放煤初期($9^{\#}$支架→$6^{\#}$支架)，煤岩分界面上部较陡且形态变化不大，仅发生少量平移；但下部以较快速度向右侧移动；从 $5^{\#}$支架开始，煤岩分界线上部向右侧移动速度加快，起始和终止煤岩分界面之间的间距增大，同时煤岩分界面逐渐出现了向采空区凸出的特征。最右侧 $1^{\#}$支架放煤结束后，终止煤岩分界面的这种凸出的特征，导致其与煤层底板之间所包围的部分无法被放出，形成底板煤损。

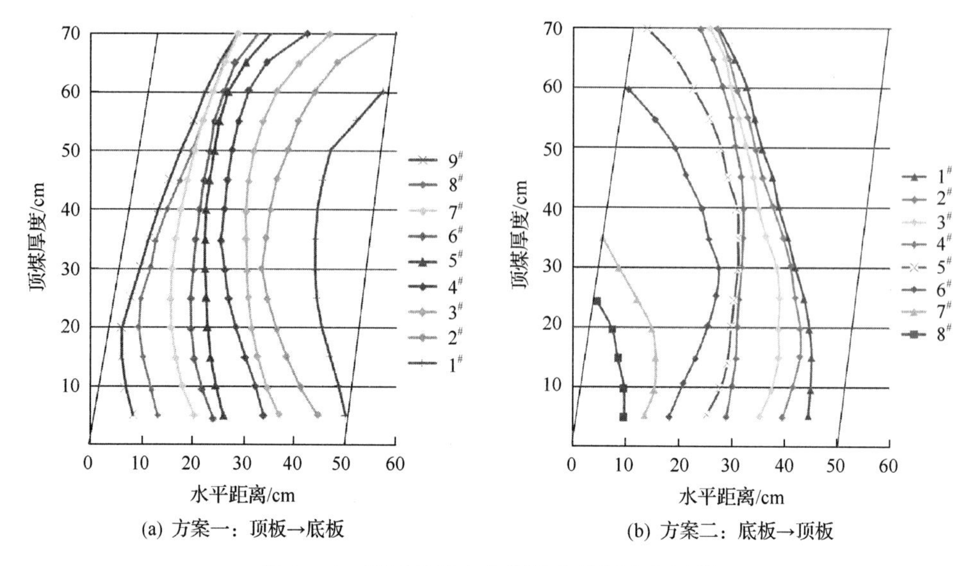

图 9-133　不同放煤方向煤岩分界面演化过程

方案二的放煤顺序为 1#支架→9#支架，放煤过程中煤岩分界面体现出了完全不同的演化过程，从图 9-133(b)可以看出，在工作面放煤初期(1#支架→4#支架)，煤岩分界面上部形态变化依然不大，下部移动较快，分界面的整体形态为抛物线。放至 5#支架时，煤岩分界面上部出现向左侧的大幅移动，逐渐发育至接触顶板；随后的 6～8#支架的煤岩分界面上部表现出沿顶板的快速下滑，到 8#支架放煤结束后，其终止煤岩分界面的高度仅为顶煤厚度的 1/3 左右；9#支架放煤后，靠近顶板处的顶煤基本都被放出，煤岩分界面仅存在于左侧底角，已无明显形态[图 9-131(b)]，因此未在图 9-133(b)中绘制。

两个方案煤岩分界面在变化过程中，其形态依然可用抛物线来近似描述，以方案一中 1#、5#、9#支架和方案二中的 1#、5#、8#支架为例，其终止煤岩分界面的拟合方程依次如式(9-43)～式(9-48)所示。

方案一：

$$(y-29.46)^2 = 74.07(x-43.66) \tag{9-43}$$

$$(y-30.09)^2 = 140.85(x-22.03) \tag{9-44}$$

$$(y-7.45)^2 = 172.41(x-6.67) \tag{9-45}$$

方案二：

$$(y+0.43)^2 = -74.07(x-45.42) \tag{9-46}$$

$$(y-30.07)^2 = -95.24(x-31.45) \tag{9-47}$$

$$\left(y-7.34\right)^2=-57.14\left(x-9.79\right) \tag{9-48}$$

其中，式(9-43)的相关系数 R^2＝0.9811；式(9-44)的相关系数 R^2＝0.9807；式(9-45)的相关系数 R^2＝0.9892；式(9-46)的相关系数 R^2＝0.9927；式(9-47)的相关系数 R^2＝0.9885；式(9-48)的相关系数 R^2＝0.9903。

由式(9-43)～式(9-48)可以看出，方案一中煤岩分界面为顶点右移的右开口抛物线，方案二为顶点左移的左开口抛物线，但方案二抛物线的对称轴的位置均低于方案一。对称轴距离 x 轴越近，煤岩分界面向采空区凸出的特征越不明显，放煤过程中采空区矸石从放煤口下部混入的概率越小，因此方案二放煤较为充分，所形成的残煤量也小于方案一。

2)放煤方向对放出体形态的影响

放煤结束后，统计各支架放出的煤炭颗粒中标志颗粒的数目和编号，根据不同编号所代表的空间坐标，将放出的标志颗粒反演至未放煤时刻的初始位置，如图 9-134 所示。图中颜色相同的颗粒代表其从同一支架放出，用黑色折线连接相同颜色区域边界上的颗粒，形成的多边形可表示该支架放出顶煤的范围，即顶煤放出体形态。

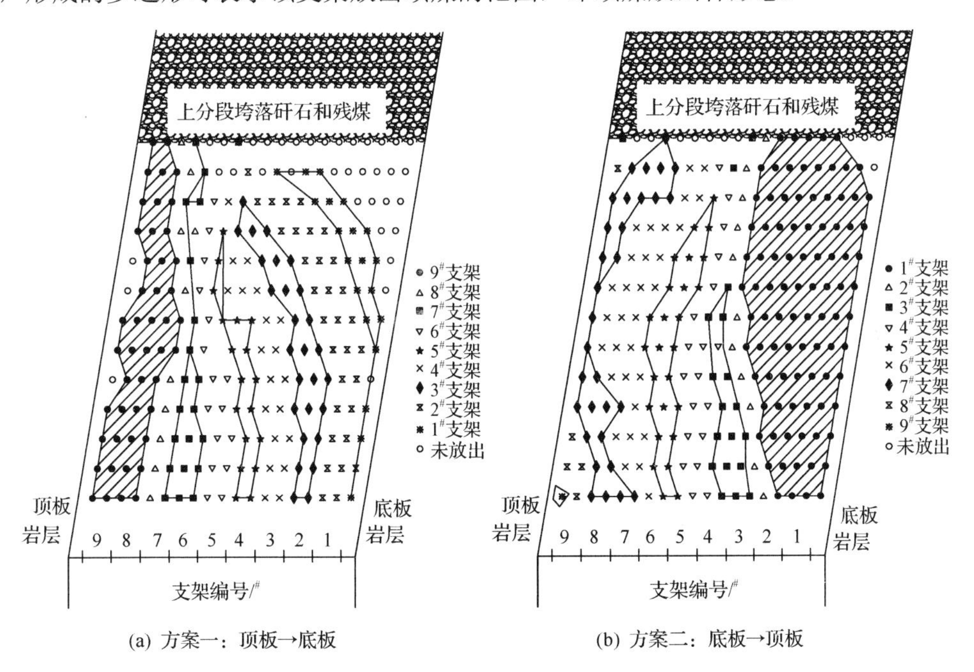

图 9-134　不同放煤方向顶煤放出体形态

由图 9-134 可以看出，由于放煤方向不同，初始放煤放出体(图 9-134 中阴影部分)差别很大：方案一呈条状，且放出体中部略大于上下部，整体体积偏小；方案二呈右侧限定的椭球状，放出体下部小上部大，整体体积较大。这是由于方案二底板侧固定壁的倾斜方向有利于顶煤放出体向右上方充分发育，扩大了煤岩分界面与放出体的相切范围；而方案一顶板侧固定壁倾斜方向则恰恰限制了放出体向左上方发育，且会在顶板处形成少量顶板煤损[图 9-132(a)]，从各次放煤量的统计数据也可看出这一特点，如图 9-135 所示。

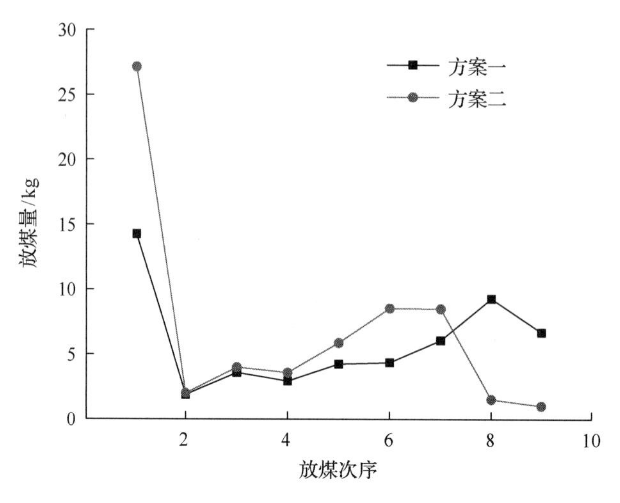

图 9-135　各支架放煤量

第 3 次～第 7 次放煤的顶煤放出体形态较为相近，均为弯曲条带状，但该区域内方案二的放出体体积大于方案一(图 9-134)。放 1#支架时，方案一右上角的一部分原始顶煤会沿着底板向下滑落，但采空区矸石先于该部分顶煤到达放煤口，导致其无法放出，最终成为底板煤损，如图 9-132(a)所示。

3)放煤方向对顶煤采出率的影响

模型铺设时，标志颗粒布置在每个支架顶梁中部及两支架架间的 19 个竖直平面内，放煤结束后，统计各个平面内放出的标志颗粒个数，计算顶煤采出率沿工作面布置方向的分布，如图 9-136 所示。

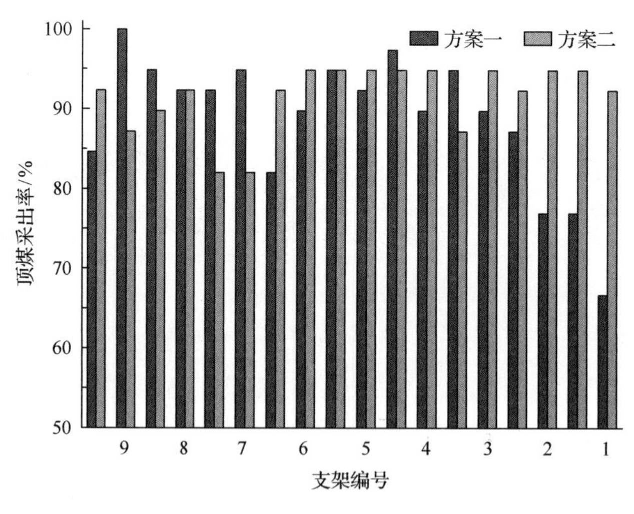

图 9-136　各支架顶煤采出率

由图 9-136 可知，两方案在靠近顶板处和工作面中部采出率差别不大；但在靠近底板处方案二采出率较高，说明在水平分段综放中，选择自底板到顶板的放煤方向可减少底板煤损，提高顶煤采出率。

图 9-137 显示了顶煤中 13 个不同层位标志颗粒的放出情况，可以看出方案二对于高位顶煤的回收效果更好，由于高位顶煤的回收一直是厚煤层综放开采中的重点，通过采用自底板向顶板的放煤方式可以使高位顶煤的采出率提高 35.3%，整体的顶煤采出率达 92.85%，有效减少了水平分段综放开采中的高位顶煤损失，提高了顶煤采出率。

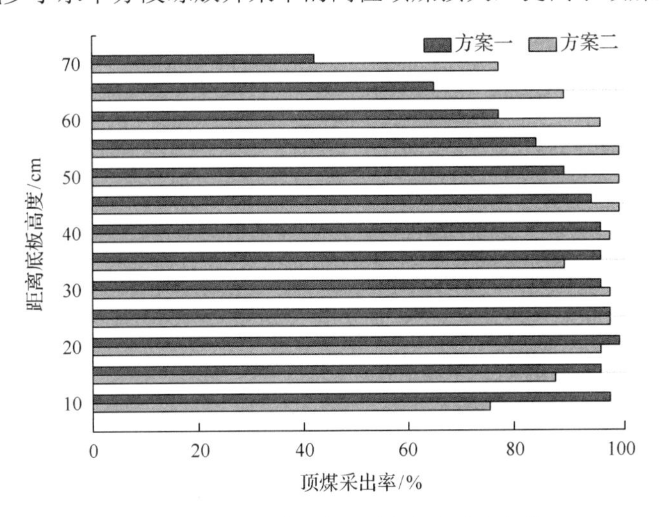

图 9-137 顶煤采出率沿垂直方向分布规律

4) PFC 数值计算验证

为了进一步验证室内放煤试验中，关于不同放煤方向顶底板残煤差异的结论，进行了顶板→底板、底板→顶板两种放煤顺序下的 PFC 数值计算，第 n 分段放煤结束后的计算结果如图 9-138 所示。

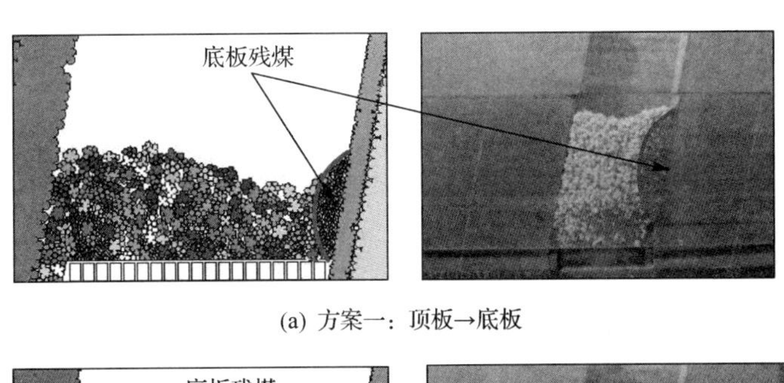

(a) 方案一：顶板→底板

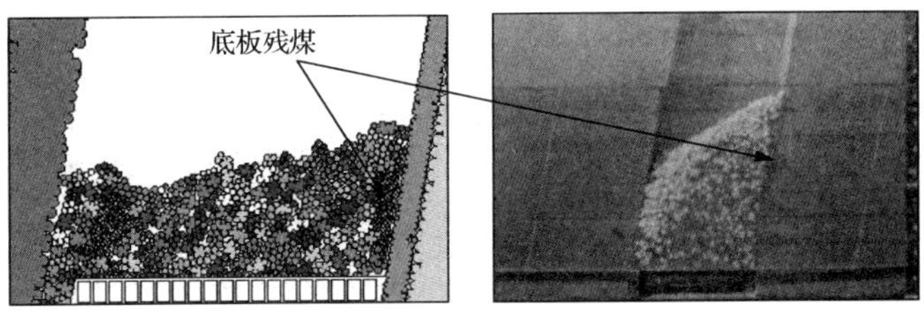

(b) 方案二：底板→顶板

图 9-138 数值计算与室内试验结果比较

由图 9-138 可以看出，PFC 数值计算的顶板残煤形态与室内放煤试验基本一致，但与室内试验不同的是方案二在顶板处形成了部分顶板残煤，这在现场实践中也是存在。将未放出的残煤分为顶板煤损、中部煤损和底板煤损 3 部分，各部分体积及整体的顶煤采出率计算见表 9-11。

表 9-11　不同放煤方向残煤体积及采出率(数值计算)

方案编号	顶板煤损/m^3	中部煤损/m^3	底板煤损/m^3	顶煤采出率/%
1	1.71	1.38	2.86	88.28
2	2.03	0.68	1.77	91.17

由表 9-11 可知，数值计算结果表明采用方案二可以使底板煤损减少约 38.11%，整体的顶煤采出率达 91.17%，这与室内放煤试验结论相吻合，因此在水平分段综放开采中，建议采用自底板向顶板的放煤顺序，可以有效降低由煤层倾角造成的大量底板煤损，显著提高急倾斜厚煤层的资源采出率。

5）分段残煤不可回收性

分段残煤不可回收性是指上一分段未放出的顶煤，在下一分段也无法继续被放出。分段残煤一旦形成，即为永久煤损。

为了验证该结论的正确性，在数值计算方案一第 n 分段放煤结束后，继续进行下一分段放煤，第 n+1 分段仍然按照两个方向进行，放煤结束后残煤形态如图 9-139 所示。

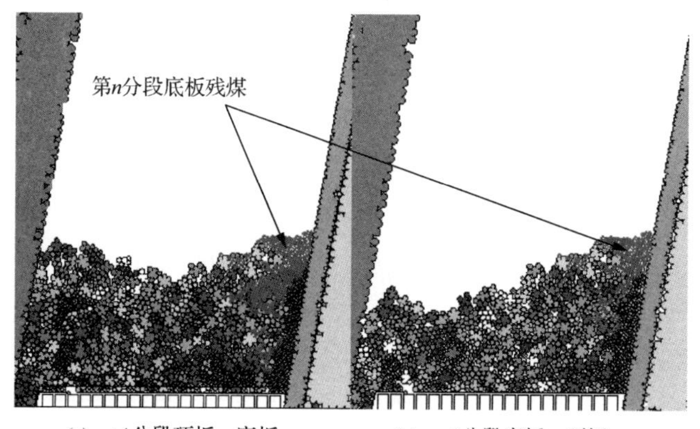

(a) n+1分段顶板→底板　　(b) n+1分段底板→顶板

图 9-139　第 n+1 分段放煤残煤形态

统计上一分段各部分残煤在下一分段放煤结束后，仍然残留在采空区的体积，计算不可采出率的大小，结果见表 9-12。

表 9-12　下一分段放煤结束后上一分段残煤的残留情况

n+1 分段放煤顺序	顶板煤损/m^3	中部煤损/m^3	底板煤损/m^3	不可采出率/%
顶板→底板	1.68	1.07	2.86	94.41
底板→顶板	1.34	0.95	2.86	86.60

由图 9-139 及表 9-12 可以看出：①在第 n+1 分段放煤结束后，上一分段形成的残煤中绝大多数(约 90%)，仍然被遗留在采空区，只有极少部分在下一分段中被放出；②被放出的部分多为工作面中部残煤，这是由于中部残煤易与下一分段顶煤接触而被放出；③上一分段顶板残煤和底板残煤中，仅有约 10%在第 n+1 分段中被放出，特别是底板残煤，未采出率达 100%，即全部残留在了采空区，成为永久煤损。

以上通过数值计算的方法，验证了分段残煤的不可回收性。分段煤损的这种性质说明选择合理的分段高度和放煤方式，最大限度地减少顶煤损失是至关重要的；采用自底板到顶板的放煤顺序可以增加对上一分段顶板残煤和中部残煤的回收，在一定程度上减小这种不可回收性。

参 考 文 献

[1] 王家臣, 魏立科, 张锦旺, 等. 综放开采顶煤放出规律三维数值模拟[J]. 煤炭学报, 2013, 38(11): 1905-1911.

[2] 富强, 吴健, 陈学华. 综放开采松散顶煤落放规律的离散元模拟研究[J]. 辽宁工程技术大学学报(自然科学版), 1999, 18(6): 570-573.

[3] Wang J C, Zhang J W, Song Z Y, et al. 3-dimensional experimental study of loose top-coal drawing law for longwall top-coal caving mining technology [J]. Journal of Rock Mechanics and Geotechnical Enginnering, 2015, 7(3): 318-326.

[4] 张锦旺, 王家臣, 魏炜杰. 工作面倾角对综放开采散体顶煤放出规律的影响[J]. 中国矿业大学学报, 2018, 47(4): 805-814.

[5] 王家臣, 张锦旺, 杨胜利, 等. 多夹矸近水平煤层综放开采顶煤三维放出规律[J]. 煤炭学报, 2015, 40(5): 979-987.

[6] 王家臣, 张锦旺. 急倾斜厚煤层综放开采顶煤采出率分布规律研究[J]. 煤炭科学技术, 2015, 43(12): 1-7.

[7] Yang S L, Zhang J W, Chen Y, et al. Effect of upward angle on the drawing mechanism in longwall top-coal caving mining[J]. International Journal of Rock Mechanics and Mining Sciences, 2016, 85(5): 92-101.

[8] 张锦旺, 潘卫东, 李兆龙, 等. 综放开采散体顶煤放出三维模拟试验台的研制与应用[J]. 岩石力学与工程学报, 2015, 34(s2): 3871-3879.

[9] 谢德瑜. 急倾斜三软煤层综放采场覆岩移动与顶煤放出规律研究[D]. 北京: 中国矿业大学(北京), 2016.

[10] Wang J C, Zhang J W, Li Z L. A new research system for caving mechanism analysis and its application to sublevel top-coal caving mining[J]. International Journal of Rock Mechanics and Mining Sciences, 2016, 88(10): 273-285.

[11] 李兆龙. 急倾斜厚煤层水平分段综放开采顶煤放出规律研究[D]. 北京:中国矿业大学(北京), 2015.

10　顶煤采出率实测仪器研制及应用

目前，综合机械化放顶煤开采顶煤运移规律现场观测的研究中普遍采用深基点跟踪观测法，这种观测方法的主要思想是在顶煤的不同位置安装钢锚，通过观测系在钢锚尾端并引至钻孔孔口处的细钢丝绳的移动情况，分析不同位置的顶煤运移规律[1, 2]。这种方法在顶煤破碎放出之前观测比较理想，但在放出过程中，顶煤完全破碎、下移速度快，致使细钢丝绳被拉断而无法继续观测顶煤破碎后的运移及放出规律。

而对放顶煤开采顶煤采出率的现场观测通常采用的办法是：先探测顶煤厚度，计算顶煤量；开采过程中在顺槽运煤皮带上进行工作面运出煤量称重，通过扣除工作面下部的割出煤量和混入的矸石量，得到顶煤放出量，然后得出其与动用的顶煤量之比，可近似获得顶煤采出率。这种方法从理论上看是正确和可行的，但是实际应用中，由于煤矿井下工作面条件变化大，受温度、湿度、粉尘、噪声等影响，往往使计量的煤炭质量不准确，皮带秤的可靠性差，扣除混入的矸石时人为误差大，现在很少使用。目前关于顶煤采出率的计算，仅仅采用估算，其中没有进行顶煤采出率现场观测的一个主要原因是没有可用的观测仪器，为此本章介绍了自主研发的观测顶煤采出率的顶煤运移跟踪仪(专利号：ZL200910080005.9)，以及采用该跟踪仪在全国 9 个典型放顶煤现场的实测结果及分析[3,4]。

10.1　顶煤运移跟踪仪

10.1.1　标志点法观测顶煤采出率的试验研究

采用标志点法代替称重法进行顶煤采出率测试，是作者根据大量实验和现场经验，提出的现场测试顶煤采出率的新思路，也是顶煤运移跟踪仪的研制基础。为了验证标志点法计算顶煤采出率的正确性，设计了在顶煤中预埋设标志点的模拟放煤试验，以期通过计算放出标志点数量的方法来计算顶煤采出率，如图 10-1 所示。

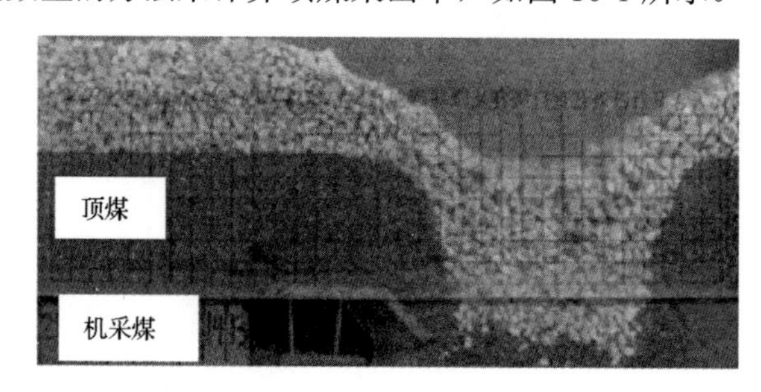

图 10-1　模拟放煤试验

模拟试验台长 1.6m，工作面支架高为 12.5cm，顶煤采用粒径为 1cm 的棕黑色巴厘石模拟，破碎顶板采用粒径为2cm白色巴厘石模拟，标志点采用粒径为1.5cm的莲子颗粒。采用称重和标志点两种方法计算顶煤采出率。标志点法是指通过计算放出顶煤中标志点的数量与预埋在顶煤中的标志点数量之比作为顶煤采出率。顶煤厚度根据实际情况有所变化，共进行了多种煤层厚度和顶煤中含有不同厚度夹矸条件的模拟放煤试验，试验结果见表10-1。

表10-1　模拟放煤结果

模型		顶煤采出率/%	
		称重法	标志点法
1	几何比1∶24，煤层厚度30cm，无夹矸，放煤步距3.4cm，割煤高度12.5cm。	76.96	75.24
2	几何比1∶20，放煤步距3cm，煤层自上而下为8.8cm煤、5cm夹矸、23.5cm煤，割煤高度12.5cm	80.3	79.5
3	几何比1∶20，放煤步距6cm，煤层自上而下为26cm煤、10cm夹矸、12.5cm煤，割煤高度12.5cm	77.51	76.4

从表10-1试验结果可以看出，称重法与标志点法计算所得的顶煤采出率十分接近，即可以用统计标志点数量的方法计算顶煤采出率，标志点布置在顶煤中的不同层位，因此可以通过计算不同层位放出的标志点数量来确定不同层位的顶煤采出率，结果如图10-2所示。

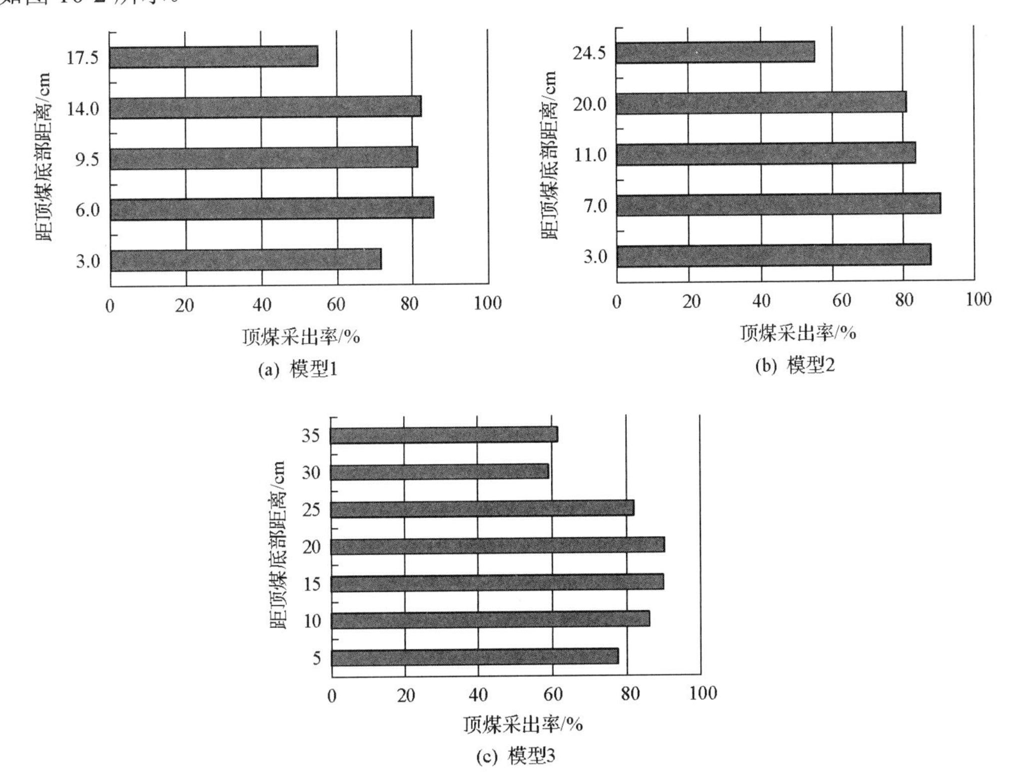

图10-2　不同层位的顶煤采出率试验结果

图 10-2 结果表明，不同层位的顶煤采出率是不同的，总体上看，中下部顶煤的采出率较高，上部顶煤采出率较低。上部顶煤在放出过程中，容易被采空区冒落的矸石提前窜入而挤到采空区难以回收。最下部的顶煤在支架移架后落到煤层底板，在随后放煤过程中，以放煤口为流动放出口，在散体顶煤和矸石中，形成了散体介质流动场，落在煤层底板的下部顶煤则位于散体介质流动场的下部边缘，会有部分下部顶煤难以流动放出，因此最下部顶煤的采出率一般也稍低。

10.1.2　顶煤跟踪仪的构成及工作原理

顶煤跟踪仪是一种可以测量放顶煤开采顶煤移动规律的顶煤跟踪识别系统，可以监控放煤过程的顶煤回收情况，仪器主要由井下和井上两部分组成，如图 10-3 所示。井下部分包括：①顶煤跟踪标签(marker)；②标签接收基站(信号接收仪)；③标签参数设定仪；④标签数据采集仪；⑤稳压电源。井上部分包括：①USB 数据接收器；②微机数据分析系统。

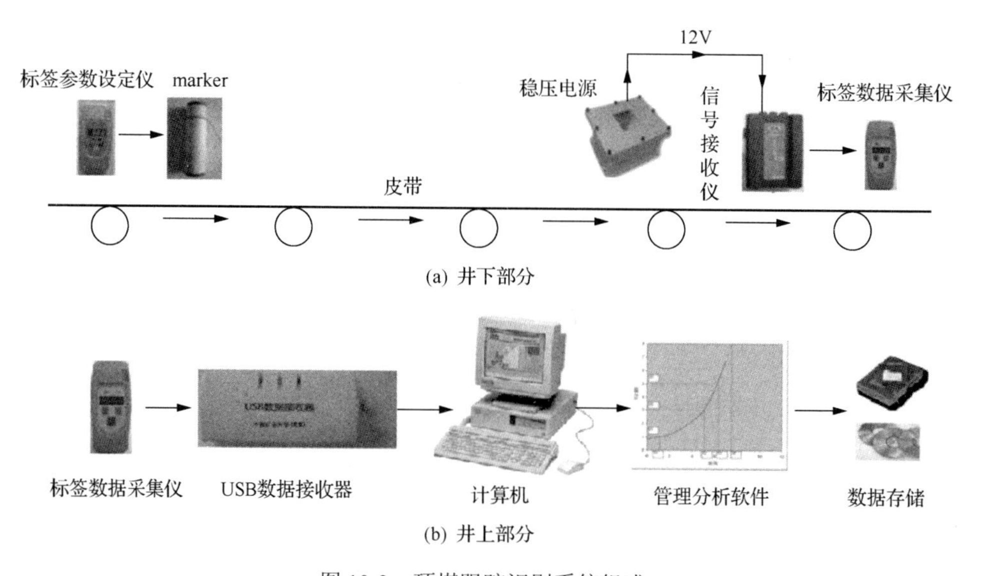

图 10-3　顶煤跟踪识别系统组成

在放顶煤开采过程中，在工作面或者巷道内利用钻机向顶煤中钻孔，然后将预先设置好坐标位置(X，Y，Z)的顶煤跟踪标签安装在顶煤的相应位置。随着工作面的推进，安装在顶煤中的顶煤跟踪标签随着散体顶煤一起从放煤口放出。当顶煤跟踪标签放出后，由后部刮板机运出工作面，然后经转载机、皮带运至地面。在运输过程中，顶煤跟踪标签每秒发出特定的信息被安装在皮带上方的标签接收基站(信号接收仪)接收，并存储在基站的芯片内。实测过程中可随时通过标签数据采集仪读取芯片内接收到的信息。然后，将标签数据采集仪带到地面，并通过 USB 数据接收器传入计算机，由计算机对其接收的数据进行处理，并根据接收到的数据来判断顶煤放出情况，计算顶煤采出率。

10.1.2.1 顶煤跟踪标签(marker)

1) 工作原理

顶煤跟踪标签采用电子标签技术即射频识别技术(RFID)，该技术是从 20 世纪 90 年代兴起的一项自动识别技术，它利用无线射频方式进行非接触双向通信，以达到识别目的并交换数据。与磁卡、IC 卡等接触式识别技术不同，RFID 系统的电子标签和阅读器之间无须物理接触就可完成识别。

电子标签也叫智能标签，其核心是采用了射频识别(RFID)技术、具有一定存储容量的芯片。它通常由耦合单元(线圈、微波天线)和用于存储有关应用标识信息的存储器、微电子芯片及外壳组成，如图 10-4 所示。

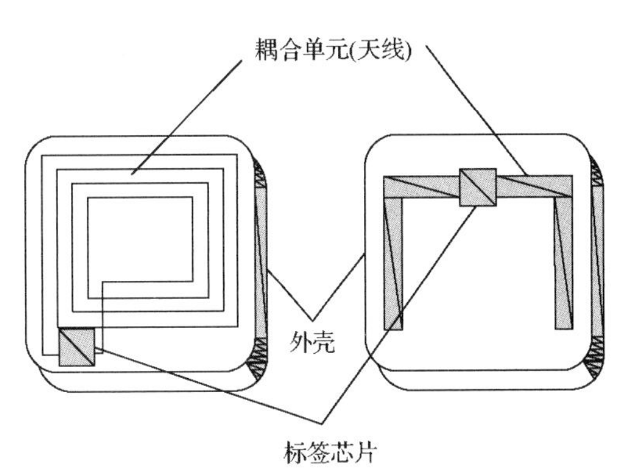

图 10-4 电子标签结构

信息存储器中的数据信息要通过阅读器获得，一台典型的读写器包括高频模块(发送器和接收器)、控制单元和耦合单元(天线)。电子标签根据其上有无电源可以分为有源电子标签和无源电子标签。由于无源电子标签读写距离近，在要求较远距离的场合，必须采用有源电子标签。

电子标签测距原理：一个典型的有源电子标签一般由微处理器和射频芯片电路两部分组成。微处理器向射频芯片发送控制信号，并接收由射频芯片发来的数据。射频芯片负责信号的调制、解调和编码，并通过高频电路将信号向空中辐射或接收来自空中的射频信号。

由 Chipcon 公司生产的芯片 CC1100 和 CC2500 是市场上应用广泛的有源电子标签芯片之一。其特点是低功耗，发射频率为 433MHz、898MHz 和 2.4GHz 波段。CC2500 的发射功率可达 1dBm。由于该芯片采用了信号强度检测机制，有一个专用寄存器存放接收到的信号强度指标 RSSI。这样，通过读取该寄存器的信号强度 RSSI 就可以判断电子标签与读卡器之间的距离。表 10-2 给出了以 CC2500 为芯片的电子标签，在不同距离下读卡器接收端信号强度 RSSI 的对应关系。

表 10-2 RSSI 与距离的变化关系

由近到远	距离/m	1	2	3	4	5	6	7	8	9
	强度值 RSSI	37	36	35	3	32	31	29	28	27
由远到近	距离/m	9	8	7	6	5	4	3	2	1
	强度值 RSSI	26	28	28	29	32	32	35	35	37

2) marker 的特点

用于井下煤层移动规律跟踪的 RF 射频标签，我们称为标记物(marker)。由于应用在井下恶劣的条件下，并要预先埋置在顶煤中，既要坚固耐用，又要有一定的信号强度。Marker 的外观及内部结构如图 10-5 所示。Marker 的加工试验如图 10-6 所示。其特点如下所述。

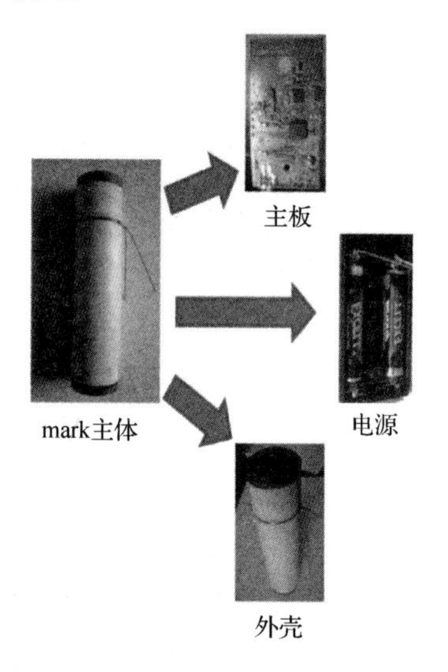

图 10-5　Marker 的外观及内部结构

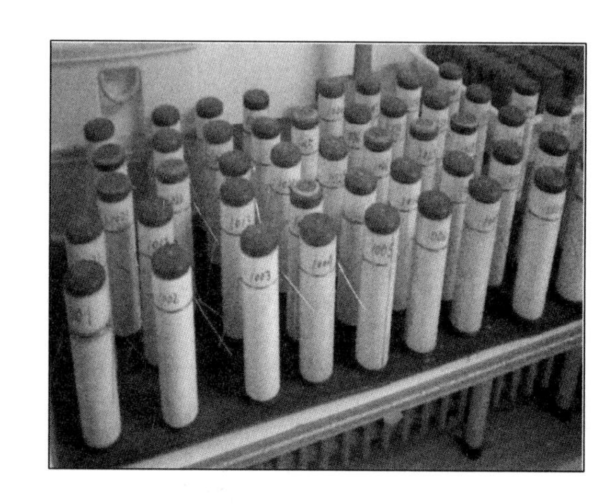

图 10-6　Marker 的加工试验

(1) 属于主动标签。由于标签在放出过程中，被埋在皮带输送机上的煤堆内，信号被大大地弱化了。若采用无源(无电源)电子标签，被埋在煤堆里，感应信号太弱，很难读取，因此采用了有源电子标签。

(2) 标签射频频段为 433MHz。在应用研究过程中，开始是采用 2.4GHz 的频段，由于不同频段的信号在煤堆中的穿透力并不相同，我们研究了各种频段的在皮带上能否被读到，从而确定 433MHz 频段的标签较为理想。

(3) 发射功率。对于射频模块，一般的发射功率都比较小，多半是 0dBm，即 1mW。为了提高发射功率，必须选择较高发射功率的芯片，采用 CC1100 类型的芯片，其功率在 10dBm，即为 100mW，达到了接收和发射的距离要求。

(4) 电源与标签寿命。采用 3V 高能 7#碱性电池，一般容量在 1000mA·h。对于电子标签来说，其使用寿命为：marker 的工作电流为 30mA，休眠电流为 2μA，且工作与休眠的比例为 1∶99，这样，1000mA·h/[(30×1+0.002×99)/100]mA=137 天，取 80%，110 天。说明在这种工作条件下，marker 的工作寿命大于 3 个月，完全满足现场的需要。

(5) 强度和防水。为了能适应在恶劣的条件下正常工作，我们采用了尼龙材料，具有高度韧性和抗冲击特点。在上下堵头，采用防水胶圈密封。内部采用防震材料填充，保证了标签在煤层内正常工作。

(6) 休眠和唤醒功能。marker 具有休眠和唤醒功能。当不工作时，可设定为休眠功能，减少能量的消耗。当需要工作时，利用水银开关使其复位和唤醒。

3) 标签内存放的信息

marker 内存放的信息包括：

(1) 自身的号码：0001-9999；

(2) 时钟：小时、分、秒；

(3) 日期：年、月、日。

10.1.2.2　标签接收基站(信号接收仪)

信号接收仪就是为了接收皮带运输的煤炭中埋藏的顶煤跟踪标签，图 10-7、图 10-8 分别为信号接收仪内部结构和信号接收仪外壳。为了准确地接收到所有顶煤跟踪标签的信息，必须采用无线功率较大的接收装置。一方面，采用功率放大技术，实现较高的功率来满足射频信号的接收要求。另一方面，采用定向天线技术来提高接收信号的强度，以此来完成所有顶煤跟踪标签的接收任务。信号接收仪的技术原理如下所述。

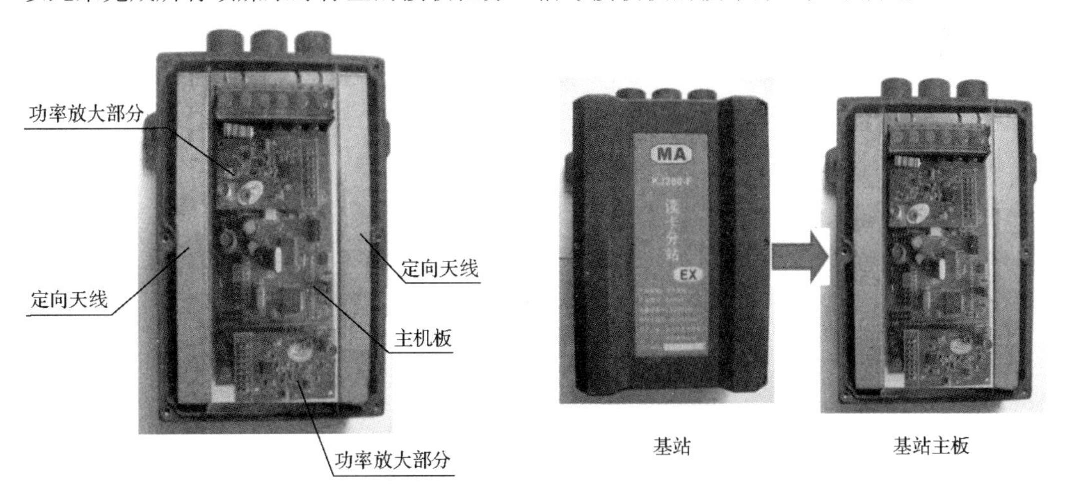

图 10-7　信号接收仪内部结构　　　10-8　信号接收仪外壳

1) 放大器技术原理

无线模块的放大原理较为复杂，技术含量较高，主要是由于高频放大信号处理较为困难。一般要采用一个频率匹配的放大元件，同时还要考虑接收链路的信号滤波问题，因此，这些技术要综合考虑。图 10-9 说明了 CC1100 的电路板上的基本件。包括接口和微带电路。而图 10-10 说明了功放电路的基本安排。其中要有功放模块，同时也要采用高频开关来切换模块的接收和发送。

2) 定向天线技术原理

定向天线的基本原理是无线信号在遇到金属板面时，会产生反射。其反射面的大小和反射板夹角对反射能量有很大的作用。由于基站的空间有限，只能采用平板模式，即 180°夹角(即)平角。这样，信号在这个方向上具有更强的积聚，便于标签的接收。一般，天线距离反射板面的距离为无线射频波段的波长的 1/4。

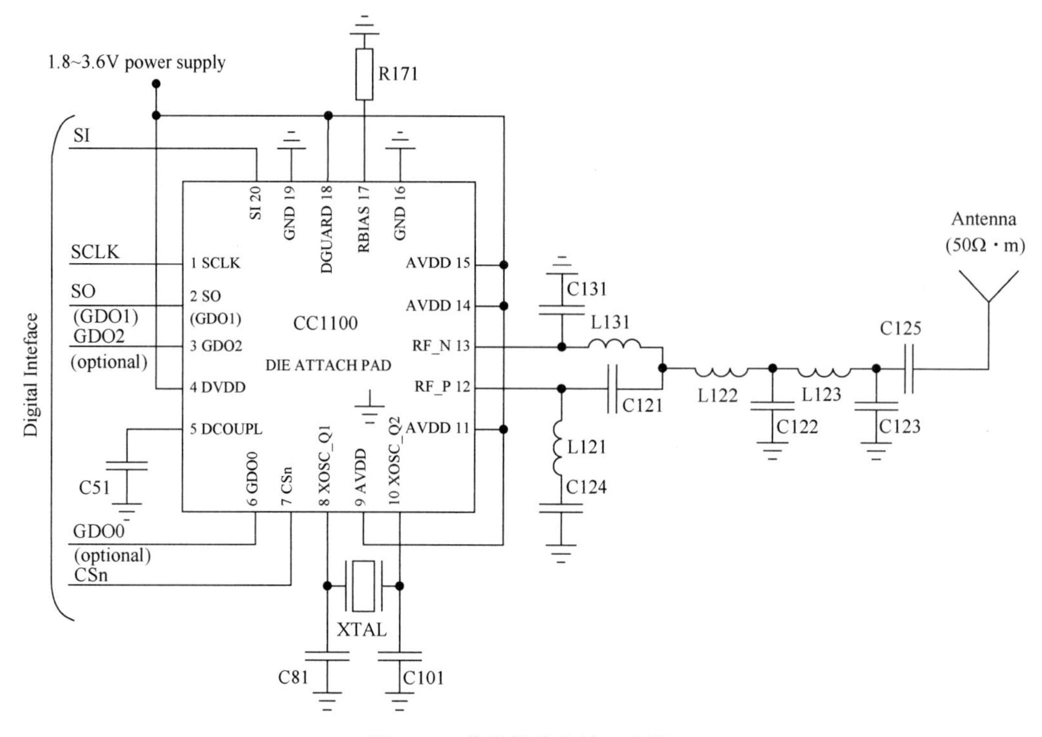

图 10-9　信号接收仪接口电路

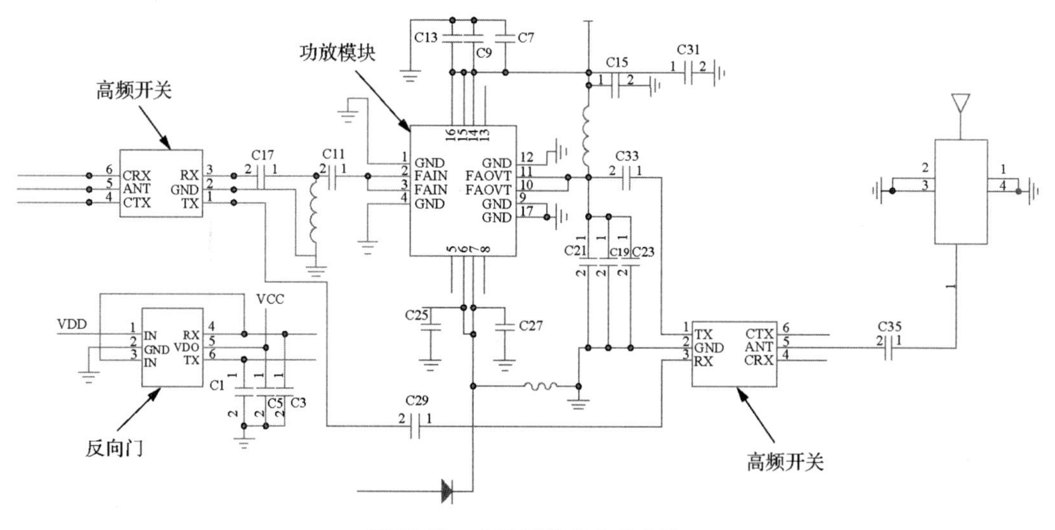

图 10-10　信号接收仪功放电路

3) 信号接收仪特点

信号接收仪的特点如下所述。

(1) 接收容量大：信号接收仪的容量为 500 个顶煤跟踪标签的容量。满足了一般性工业试验的要求。一般的试验，顶煤跟踪标签的用量在 100 个以内。当然也可增加容量，只要更换容量大的存储器即可。

(2) 参数设定功能：信号接收仪内有存储器，在顶煤跟踪标签被放出时，记录当时的时间和日期至关重要。因此，设定日期时间采用标签参数设定仪，以无线的方式完成日期时间的修正。

(3) 双向通信功能：信号接收仪具有双向通信的功能，即可接受外来的命令(由通信协议完成)并有严格的标准。信号接收仪也可以接受命令将存储器的内容以无线通信的方式发送到标签数据采集仪内，以便到井上时录入计算机中。

(4) 通信状态指示功能：信号接收仪具有通信状态指示功能，便于现场测试人员判断设备是否工作正常，以便采取措施，完成试验工作。主要的指示有电源指示、参数设定指示、标签接收指示等。

(5) 外壳防爆处理：由于是井下作业，必须保证安全，也要满足煤矿安标要求，信号接收仪采用了防静电阻燃材料完成了信号接收仪外壳的设计和加工，并具有防水密封处理。

10.1.2.3 标签参数设定仪

标签参数设定仪如图 10-11 所示，标签参数设定仪电路如图 10-12 所示。

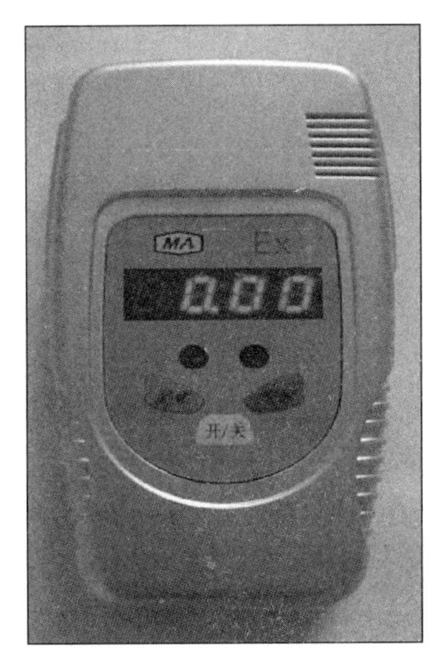

图 10-11 标签参数设定仪

图 10-12 标签参数设定仪电路

1) 标签参数设定仪的基本功能

标签参数设定仪的基本功能如下所述。

(1) 设置时间和日期。采用标签参数设定仪，设置基站的时间和日期，使在井下接收到标签 marker 时，记录当时的时间和日期，以便在井上送入计算机时有时间序列，完成数据的分析处理。

(2) 检查电源容量。在安排标签埋入孔内之前，知道标签内的电池还有多少电能是关键一环。因此，采用 A/D 转换技术，通过手持的标签参数设定仪来检验标签内的电池剩余能量。将电池能量分为 3 个区，犹如在手机上显示电池容量的办法，显示在标签参数设定仪上。如果电池能量不够，那么不允许使用。

(3) 检查标签号码。标签参数设定仪能方便地采集附近的标签 marker 的号码，以方便试验。当检查标签的号码时，可选择一次读取一个标签，也可选择多个标签。在试验埋入煤层之前，用标签参数设定仪读出 marker 的号码，确信与计划的安排匹配，才能保证埋入的标签准确无误。

(4) 设定标签休眠。标签参数设定仪还有设定标签 marker 的休眠功能。当不需要工作时，可设定标签为休眠状态，减少电池能量的消耗。当需要工作时，由标签内的水银开关使其唤醒，采用无线的方式来设定标签的休眠与否，操作方便快捷。

2) 标签参数设定仪的技术原理

标签参数设定仪的技术原理如下所述。

(1) RF 通信技术。采用 433MHz 波段的 RF 射频通信功能，通信无线协议，与基站和标签 marker 建立通信标准。使一台设备在手，既解决了基站的参数设置，也解决了标签的检查和设定。

(2) AVR 单片机技术。采用 AVR 单片机芯片来完成与无线通信的接口。首先，可实现 A/D 转换的功能，即识别电池能量；其次，可进行驱动 LED 显示，即显示标签的号码、电池容量、当前的日期和时间等；最后，还具键盘操作功能：上、下电按键，参数设置按键，休眠按键，等等。

10.1.2.4　标签数据采集仪

1) 标签数据采集仪的功能

为了将信号接收仪内存储的数据(在皮带上检测到的顶煤跟踪标签号码和记录的时间日期)采集到井上计算机内，应通过另一个无线通信设备来完成。标签数据采集仪应运而生，如图 10-13 所示。当然也可将标签参数设定仪与标签数据采集仪合并，但由于在试验的重要性和数据的安全性方面的考虑，采用专一的设备来完成实验数据的采集更为理想。因而，数据采集仪功能固定，负责采集和发送信号接收仪内存储器中的实验数据。在井下与基站通信，在地面与 USB 数据接收器通信，将数据发送到计算机内。

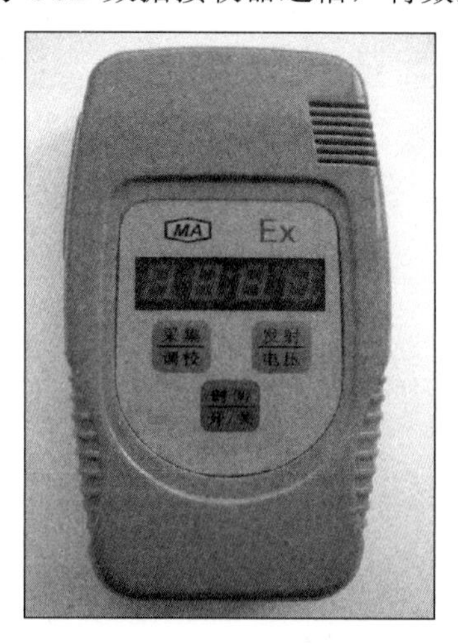

图 10-13　标签数据采集仪

2) 标签数据采集仪的技术原理

标签数据采集仪的技术原理如下所述。

(1) RF 通信技术。采用 433MHz 的波段的 RF 射频通信功能，通信无线协议，与信号接收仪和 USB 数据接收器建立通信标准。

(2) AVR 单片机技术。采用 AVR 单片机芯片来完成与无线通信的接口。具有如下的功能：驱动 LED 显示功能，即显示基本功能，观察发送和接收提示；键盘操作功能，即采用上、下电按键，在井下读取基站内的实验数据，在地面发送这些数据到 USB 数据接收器。

10.1.2.5　USB 数据接收器

1) USB 数据接收器接收原理

采用 USB 数据接收器，如图 10-14 所示。将标签数据采集仪发送来的数据传输到计算机中。由于计算机没有无线通信接口，必须采用无线接收器将无线信号转换成有线信号，因此，USB 数据接收器就是为了达到这一目的而产生的。由于计算机的接口一般为 USB 接口，采用 USB 转串口芯片 CP2101，将 USB 数据格式换为 RS-232 串口格式，然后，采用单片机接收，与 CP2101 芯片和无线模块接口，完成数据的采集和传输。

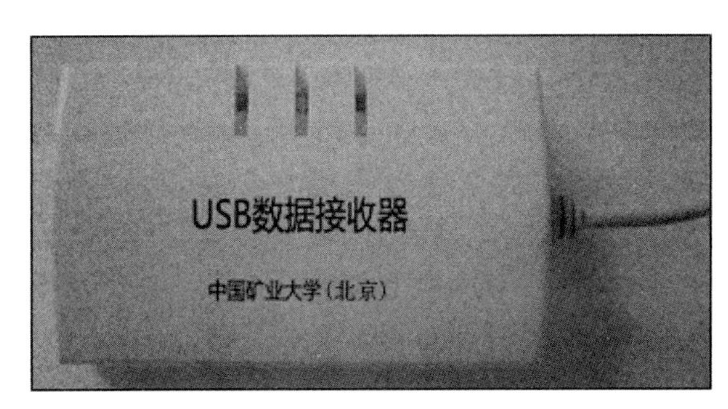

图 10-14　USB 数据接收器

2) USB 数据接收器的特点

USB 数据接收器的特点如下所述。

(1) 无线通信：433MHz，空中速率可达 500KBPS，无线链路有协议管理，传输速度快，可靠性高。

(2) 电源供电：由计算机上的 USB 接口供电(5V)，其中采用了特殊的编程技术，使数据接收器的电流消耗低于计算机 USB 接口的负荷，满足了设备的电能要求，便于日常使用。

(3) USB 驱动：采用 CP2101 芯片，使得 USB 接口与 RS-232 接口之间的转换更为便利，无线通信和计算机通信之间的数据转换也变得容易，而且，USB 的驱动软件可由厂家直接提供，为数据的交换提供了手段，如图 10-15 和图 10-16 所示。

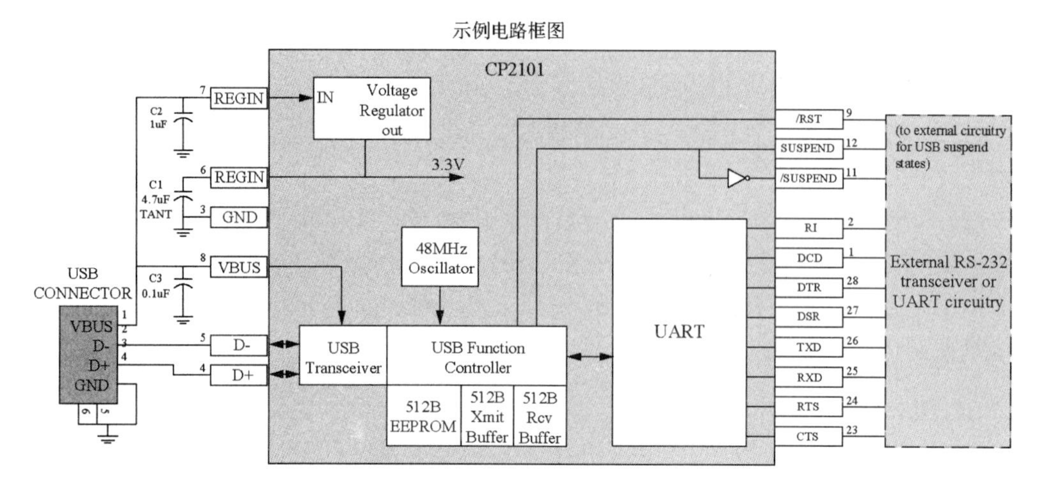

图 10-15　USB 转 UART 接口

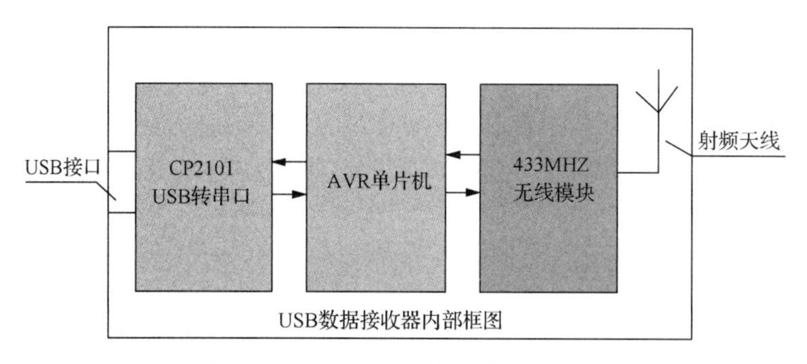

图 10-16　USB 数据接收器内部框图

10.1.2.6　微机数据分析系统

通过 USB 数据接收器，将数据送入计算机，如图 10-17 所示。由计算机管理程序来完成分析任务。

图 10-17　计算机管理程序

10.2　顶煤运移跟踪仪现场安装与实测方法

10.2.1　基本思路与流程

以标志点法为基础，采用运移顶煤跟踪仪(图 10-18)在现场对顶煤采出率进行测试，其基本思路是在顶煤中均匀布置多个顶煤跟踪标签(相当于顶煤中的标志点)，每个标签均可自动发出信号，且有固定编号，然后通过放置在运输平巷带式输送机两侧的标签信号接收仪接收放出标签的数量和位置，以此计算顶煤采出率，如图 10-19 所示。

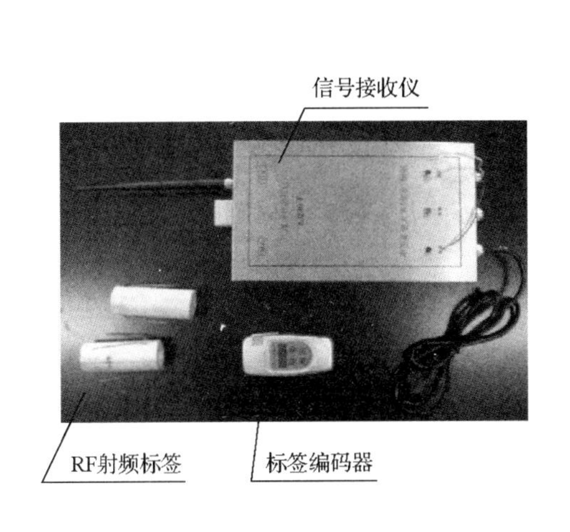

图 10-18　顶煤跟踪仪实物图

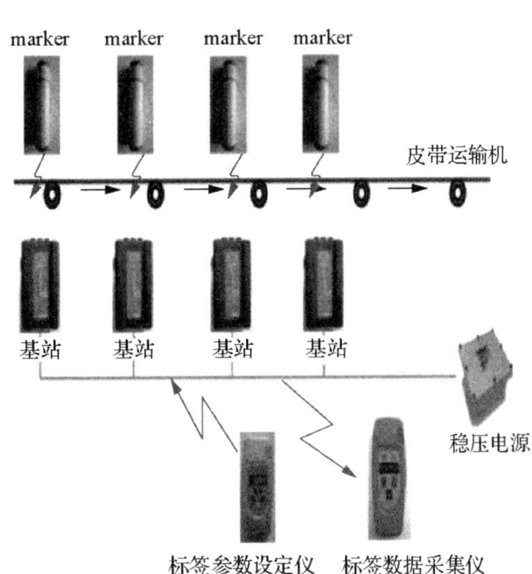

图 10-19　标志点法计算顶煤采出率流程图

10.2.2　现场测试步骤

现场测试的基本步骤如下：在工作面或者运输(回风)巷内利用钻机向顶煤中钻孔，然后将设计好编号程序的顶煤跟踪标签(marker)安装在顶煤中的不同层位中。随着工作面的推进，安装在顶煤中的顶煤跟踪标签随着散体顶煤一起从放煤口放出，经后部刮板输送机运出工作面，然后经转载机、皮带运至地面。在运输过程中，顶煤跟踪标签每秒发出特定的信息被安装在皮带上方的信号接收仪接收，并存储在信号接收仪的芯片内。实验过程中可以随时通过标签数据采集仪导出芯片内存储的信息，然后将标签数据采集仪带到地面，通过 USB 数据接收器将数据导入计算机，利用管理分析软件对接收的数据进行处理，得出放出顶煤跟踪标签的数量和埋设在顶煤中的原始位置，以此进行顶煤放出煤量和位置计算。为方便比较和计算，将端头不放煤和初末采煤柱的损失看作一定值，以标签放出数量的百分比统计顶煤采出率。

10.2.3　顶煤跟踪标签的现场安装

由以上分析可知，现场测试中，最关键的部分是顶煤跟踪标签的现场安装，其主要分为工作面或运输(回风)巷道内安装两种方式，以下分别进行叙述。

10.2.3.1 工作面钻孔安装

在工作面煤壁顶端位置，煤壁完整无片帮的区域，架设临时钻孔平台，在架间斜向上打钻孔，共 n(视现场具体情况而定)个且在同一平面内。钻孔所在的平面和煤壁成 α 角(一般采用 45°，若煤体 f 值较大时可以适当地增加角度以减少钻孔长度；若煤体 f 值较小时可以适当地增加角度以减少塌孔概率)。信号接收仪布置在运输巷道内的皮带上方，距工作面距离大于 100m，为保证接收数据的准确性，共安装两个信号接收仪。工作面顶煤跟踪仪布置如图 10-20 所示。顶煤跟踪标签在工作面钻孔中的安放位置参数见表 10-3。

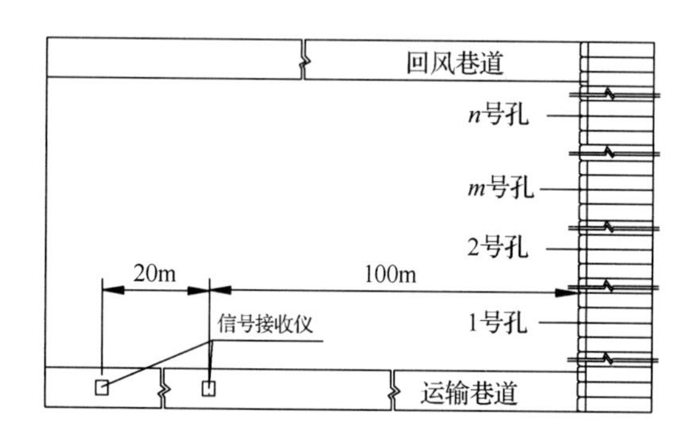

(a) 顶煤跟踪仪整体布置平面图

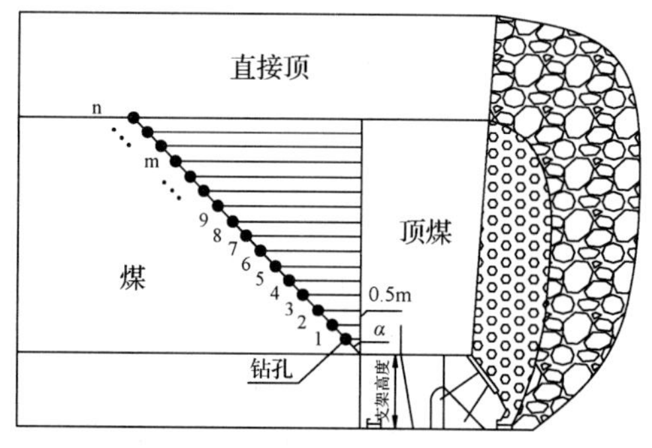

(b) 工作面顶煤跟踪标签安放位置

图 10-20 工作面顶煤跟踪标签系统布置图

表 10-3 顶煤跟踪标签在工作面钻孔中的安放位置参数(α=45°)

钻孔编号	跟踪标签距煤壁垂距/m	跟踪标签距孔口距离/m
1	0.5	0.71
2	1.0	1.42
3	1.5	2.13
⋮	⋮	⋮
m	0.5m	0.71m
⋮	⋮	⋮
n	0.5n	0.71n

10.2.3.2 运输(回风)巷道钻孔安装

在运输(回风)巷道布置顶煤跟踪仪时，为避开机头转载机和为安装顶煤跟踪仪留出时间，顶煤跟踪标签布置在工作面推进前方 60m 处，信号接收仪布置在运巷道内的皮带上方，分别距工作面 260m 和 300m。为防止端头不放煤影响顶煤采出率现场实测，测点各个终孔位置距运输(回风)巷道煤壁的水平距离为 30m，各测点在竖直方向的间距为 0.5m，钻孔数量由安装顶煤跟踪标签的具体数目而定，每组钻孔水平间距为 1m。运输(回风)巷道顶煤跟踪仪系统布置图如图 10-21 所示。

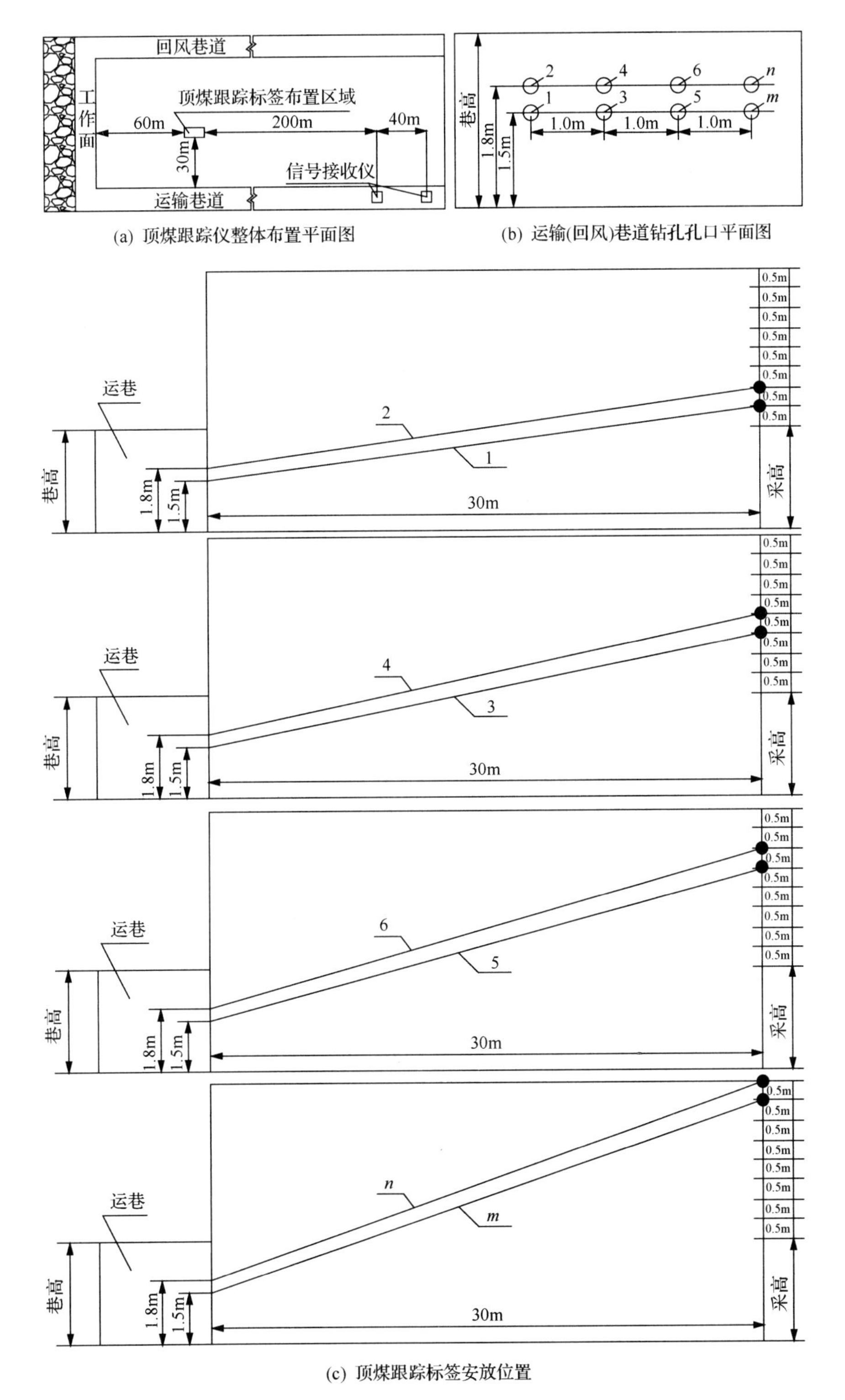

(a) 顶煤跟踪仪整体布置平面图

(b) 运输(回风)巷道钻孔孔口平面图

(c) 顶煤跟踪标签安放位置

图 10-21 运输(回风)巷道顶煤跟踪仪系统布置图

图中 1、2、…、m、…、n 为钻孔编号

10.2.3.3 工作面和运输(回风)巷道钻孔安装顶煤跟踪仪方案比较

工作面煤壁和运输(回风)巷道两种安装顶煤跟踪仪的方案各有优点，安装顶煤跟踪仪时必须根据各个煤矿具体地质概况进行设计。

在工作面煤壁安装顶煤跟踪仪方案的优点表现在以下几个方面：

(1)钻孔钻进长度短。例如，在工作面煤壁上方不同层位安装一组顶煤跟踪标签钻孔(角度为45°)长度约为1.414(h–M)m(h为煤厚；M为采高)，而在(运输)回风巷道煤壁上方不同层位安装一组顶煤跟踪标签需要钻孔数 n 个(n 为安装顶煤跟踪标签的数量)，且每个钻孔长度在30m左右。

(2)钻孔利用率高。在工作面煤壁布置钻孔，每个钻孔可以安装一组顶煤跟踪标签；在回风巷煤壁布置钻孔，每个钻孔长度在30m左右，仅安装1个顶煤跟踪标签。

(3)工人劳动强度低。从上面两点可以看出工人在工作面安装顶煤跟踪标签时钻孔的长度大于在回风巷内的长度，再者工人在工作面安装顶煤跟踪标签时的总的劳动强度也较低。

(4)试验时间短。在工作面安装的顶煤跟踪标签只超前工作面(h–M)m，而在回风巷内安装顶煤跟踪标签需超前工作面50～60m，要做完该试验需要更长的时间。

(5)从设计上来说，在工作面安装顶煤跟踪标签设计比较简单。安装每个顶煤跟踪标签只需在前一个的基础上减去0.71m，灵活性比较好。

在运输(回风)巷道安装顶煤跟踪仪方案的优点表现在以下几个方面：

(1)工人的作业空间大。运输(回风)巷道的巷道断面远大于工作面断面，在运输(回风)巷道中作业可以投入较多的人力，进而提高作业进度。

(2)工人作业安全。工作面虽然有护帮板防止煤壁片帮，但由于受采动影响较大，偶尔也会发生片帮。而运输(回风)巷道壁由于远离采场，受采动影响较小，巷道壁的完整性较好，再加上巷道采用锚网支护，更加保证了作业的安全性。

(3)工人工作环境好。工作面安装顶煤跟踪仪时采用煤电钻钻孔，而运输(回风)巷道中采用注水钻钻孔，因此，在工作面作业时，煤尘、瓦斯等有毒有害气体浓度较运输(回风)巷中高，影响工人的健康。

(4)对生产影响较小。在运输(回风)巷道中既可以在检修班安装顶煤跟踪仪，也可以在生产班进行安装，而在工作面只能在检修班安装，否则对生产将有较大影响。

10.3 顶煤跟踪标签布置方案优化研究

基于标志点法利用顶煤运移跟踪仪可以有效地现场测定顶煤采出率，但顶煤中预埋跟踪标签的安设密度对测定精确度影响显著，安设密度大，测定精度高，成本也相应提高；安设密度小，成本固然低，但测定精度也必然降低。研究如何以尽量小的成本投入获得较为理想的顶煤采出率测定精度值得进一步探讨和分析。本节运用离散元数值模拟的方法，进行了一系列不同跟踪标签安设密度的数值试验[5,6]，并测定对应密度下的顶煤采出率，获得了跟踪标签安设密度与顶煤采出率测定精度的关系曲线。通过变量代换方法将非线性问题进行可线性化回归，分析并深入研究了达到一定精度要求条件下跟踪标签合理安设密度的确定方法。另外，对跟踪标签的优化布置方案进行了实验分析。

10.3.1 沿煤层走向的跟踪标签合理布置密度

10.3.1.1 PFC^{2D}建模过程

根据放顶煤开采过程中顶煤运移散体介质流理论，在矿山压力作用下，顶煤从煤壁前方始动点开始破碎，松散破碎煤岩体在矿山压力及自重作用下运移至放煤口。理想条件下，可以将松散煤岩体的流动简化为颗粒流模型，因此可以利用散体介质的 PFC^{2D} 软件模拟二维综采放顶煤走向长壁开采过程。因为该实验模拟的是理想条件下的放顶煤开采过程，仅考虑煤体物理性质和力学参数，未考虑煤层赋存条件、顶底板结构、夹矸、煤体硬度和裂隙发育程度等因素的影响，所以模拟得到的顶煤采出率会比实际偏高。实验模拟的煤层赋存条件及放煤工艺参数为：近水平煤层，地质条件简单，无夹矸，煤层厚度为 6.6m，走向长壁综放开采，采放比为 1∶2(割煤高度为 2.2m，放煤高度为 4.4m)，采煤机截深 1.2m，一刀一放，单轮顺序放煤。

基于利用顶煤运移跟踪仪现场测定顶煤采出率的方法，运用二维颗粒流程序 PFC^{2D} 软件模拟沿煤层走向的放顶煤开采过程。为了得到跟踪标签的数量和位置，在工作面前方 15m 处开始布置 3 组双实线模拟钻孔，钻孔与水平面夹角约 33°，组间距 3.3m，沿钻孔线每隔一定间距选取对应的颗粒单元作为跟踪标签并记录其 ID 号，沿工作面法线方向相邻跟踪标签间距取值系列范围为 0.2～2.5m，以模拟不同跟踪标签安设密度条件下的顶煤采出率测定实验。以垂距 0.5m 为例，建立的放顶煤开采模型及跟踪标签沿煤层走向布置模型如图 10-22 所示。模型中液压支架参数和颗粒参数如表 10-4 和表 10-5 所示。

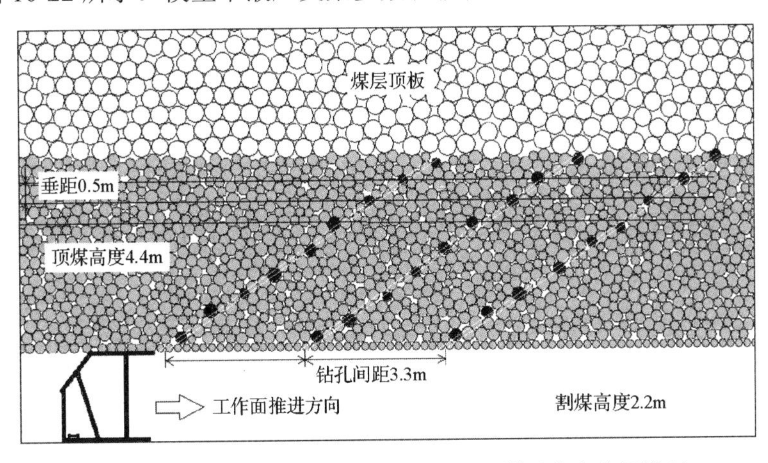

图 10-22 放顶煤开采模型及跟踪标签沿煤层走向布置模型

表 10-4 液压支架参数

高度/mm	中心距/mm	刚度/(N/m)	放煤口尺寸/(mm×mm)	支架尾梁角度/(°)	摩擦因数
2200	1200	4×10^8	1200×100	50	0.2

表 10-5　模型材料颗粒物理力学参数

材料	密度 ρ /(kg/m³)	半径 R/mm	法向刚度 k_n/(N/m)	剪切刚度 k_s/(N/m)	摩擦因数
煤炭	1500	100～150	2×10^8	2×10^8	0.4
顶板	2500	200～220	4×10^8	4×10^8	0.4

10.3.1.2　实验结果及测定精度计算

模型建成后，继而模拟移架放煤过程，为了便于程序计算，放煤口采取“见矸关门”原则，待顶煤全部放出后，记录放出的跟踪标签 ID 号，则放出跟踪标签数量与预埋跟踪标签数量的比值即为测定顶煤采出率；而所有放出的顶煤颗粒数量与模型初始顶煤颗粒数量的比值为实际顶煤采出率。移架放煤过程如图 10-23 所示。

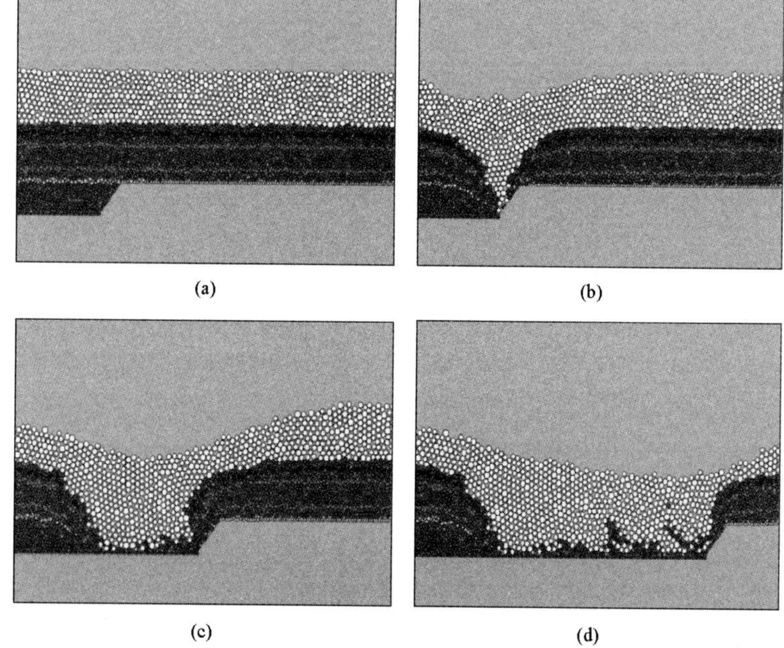

(a)　(b)　(c)　(d)

图 10-23　移架放煤过程

测定精度的计算公式如下：

$$\text{测定精度}=1-\frac{\left|\text{测定顶煤放出率}-\text{实际顶煤放出率}\right|}{\text{实际顶煤放出率}} \tag{10-1}$$

跟踪标签安放情况及不同跟踪标签安设密度对应的顶煤采出率和顶煤采出率测定精度计算结果见表 10-6。

建立二维直角坐标系，根据测得的数据画出散点图，继而作出跟踪标签安设密度与顶煤采出率测定精度之间的关系拟合曲线，如图 10-24 所示。

表 10-6　不同跟踪标签安设密度(垂距)对应的顶煤采出率和顶煤采出率测定精度

垂距/m	密度 x/(个/m)	跟踪标签总量/个	放出数量/个	顶煤采出率/%	精度 y(实际 86.75%)
0.2	5.00	63	54	85.7	0.990
0.3	3.33	45	38	84.5	0.977
0.4	2.50	33	28	84.8	0.981
0.5	2.00	27	23	85.2	0.982
0.6	1.67	24	20	83.3	0.966
0.7	1.43	21	17	81.0	0.942
0.8	1.25	18	14	77.8	0.910
0.9	1.11	15	12	80.0	0.933
1.0	1.00	15	12	80.0	0.933
1.1	0.91	12	9	75.0	0.883
1.2	0.83	12	9	75.0	0.883
1.3	0.77	12	8	66.7	0.799
1.4	0.71	12	9	75.0	0.883
1.5	0.67	9	6	66.7	0.799
1.6	0.63	9	6	66.7	0.799
1.8	0.56	9	6	66.7	0.799
2.0	0.50	9	6	66.7	0.799
2.5	0.40	6	3	50.0	0.633

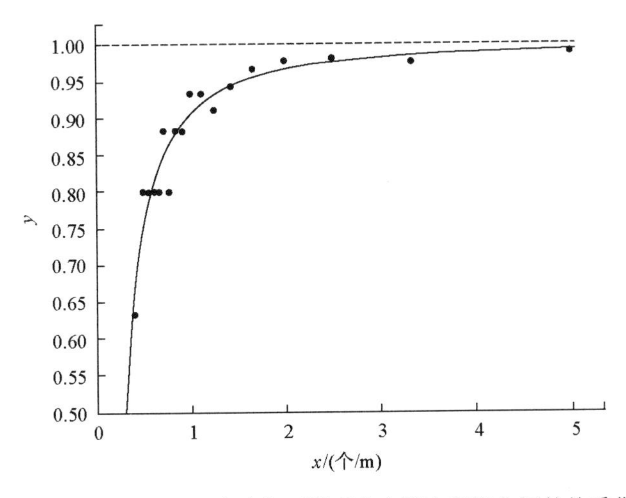

图 10-24　跟踪标签安设密度与顶煤采出率测定精度之间的关系曲线

10.3.1.3　确定拟合曲线的回归函数与方程

根据散点图的分布特点和拟合曲线的形状，对比常见的几种非线性回归模型，可以选出两种形状相近的可配曲线类型。运用变量代换方法将以上非线性问题进行可线性化回归，继而通过对比分析，选择回归效果较好者作为该曲线的回归方程[7]。具体分析过程如下所述。

(1) 可配曲线类型Ⅰ：双曲线回归模型

$$\frac{1}{y}=a+\frac{b}{x} \tag{10-2}$$

令 $\zeta=\frac{1}{\hat{y}}$，$t=\frac{1}{\hat{x}}$，则原方程化为一元线性回归方程

$$\xi=\hat{a}+\hat{b}t \tag{10-3}$$

线性变换后的数据详见表 10-7，拟合回归曲线如图 10-25 所示。

表 10-7　双曲线回归模型线性变换数据表

t	0.2	0.3	0.4	0.5	0.6	0.7	0.8	0.9	1.0
Z	1.010	1.024	1.019	1.021	1.035	1.062	1.099	1.072	1.072
t	1.1	1.2	1.3	1.4	1.5	1.6	1.8	2.0	2.5
ζ	1.133	1.133	1.252	1.133	1.252	1.252	1.252	1.252	1.580

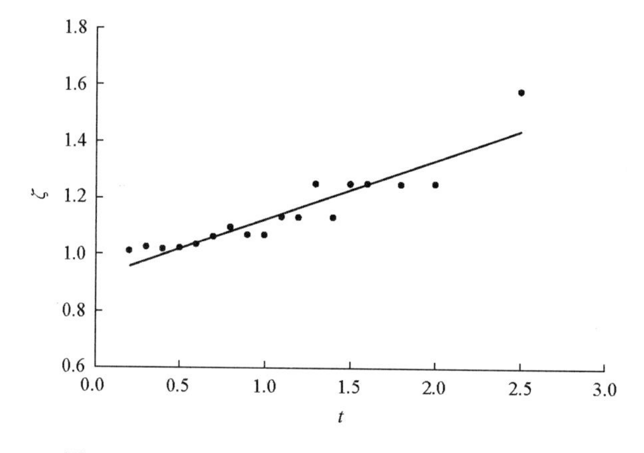

图 10-25　双曲线回归模型线性变换后的拟合曲线

计算可得

$$\overline{t}=\frac{1}{18}\sum_{i=1}^{18}t_i=1.1$$

$$\overline{\xi}=\frac{1}{18}\sum_{i=1}^{18}\xi_i=1.147 \tag{10-4}$$

根据一元线性回归方程求解公式，得

$$\hat{b}=\frac{L_{t\xi}}{L_{tt}}=\frac{L_{tt}=\sum_{i=1}^{18}(t_i-\overline{t})^2}{L_{t\xi}=\sum_{i=1}^{18}t_i\xi_i-18\overline{t\xi}}=0.2099$$

$$\hat{a}=\overline{\xi}-\hat{b}\overline{t}=0.9165 \tag{10-5}$$

于是得到

$$\xi = 0.2099t + 0.9165 \tag{10-6}$$

即所得的双曲线回归方程为

$$\frac{1}{\hat{y}} = \frac{0.2099}{x} + 0.9165 \tag{10-7}$$

(2) 可配曲线类型Ⅱ：倒指数回归模型

$$y = a \cdot \mathrm{e}^{\frac{b}{x}} \ (b < 0) \tag{10-8}$$

替换变量 $\xi = \ln y, A = \ln a, t = \dfrac{1}{x}$，可得

$$\xi = A + bt \tag{10-9}$$

线性变换后的数据详见表 10-8，拟合曲线如图 10-26 所示。

表 10-8　倒指数回归模型线性变换数据表

t	0.2	0.3	0.4	0.5	0.6	0.7	0.8	0.9	1.0
Z	–0.010	–0.023	–0.019	–0.021	–0.035	–0.060	–0.094	–0.069	–0.069
t	1.1	1.2	1.3	1.4	1.5	1.6	1.8	2.0	2.5
ζ	–0.124	–0.124	–0.224	–0.124	–0.224	–0.224	–0.224	–0.224	–0.457

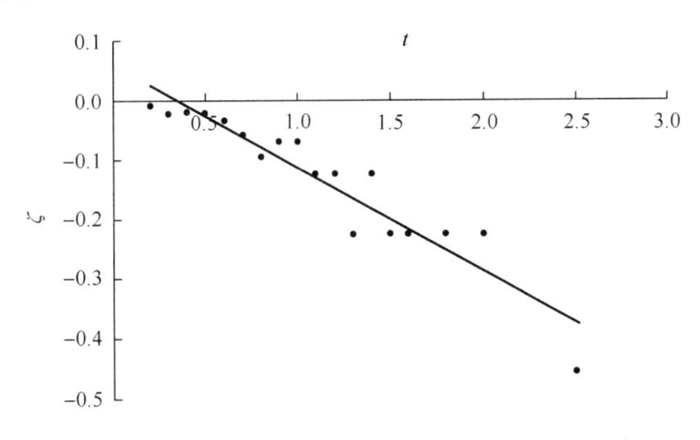

图 10-26　倒指数回归模型线性变换后的拟合曲线

计算可得

$$\overline{t} = \frac{1}{18}\sum_{i=1}^{18} t_i = 1.1 \qquad \overline{\xi} = \frac{1}{18}\sum_{i=1}^{18} \xi_i = -0.1305 \tag{10-10}$$

根据一元线性回归方程中的公式，得

$$\hat{b} = \frac{L_{t\xi}}{L_{tt}} = \frac{L_{tt} = \sum_{i=1}^{18}(t_i - \overline{t})^2}{L_{t\xi} = \sum_{i=1}^{18} t_i \xi_i - 18\overline{t}\overline{\xi}} = -0.1727 \qquad \hat{A} = \overline{\xi} - \hat{b}\overline{t} = 0.0595 \tag{10-11}$$

$$\hat{a} = e^{\hat{A}} = 1.0613$$

于是得到：

$$\xi = -0.1727t + 0.0595$$

即所求的回归方程为

$$\hat{y} = 1.0613e^{\frac{-0.1727}{x}} \tag{10-12}$$

为了从以上给出的两个回归模型中进一步比较拟合效果的优劣，只需将拟合度评价指标 Q_e 进行比较，Q_e 小者为优。

对双曲线回归模型，可得 $Q_{e双曲线}=\sum_{i=1}^{n}(y_i - \hat{y}_i)^2 = 0.0211$

对倒指数回归模型，可得 $Q_{e倒指数}=\sum_{i=1}^{n}(y_i - \hat{y}_i)^2 = 0.0009$　(10-13)

很显然，倒指数模型的回归效果更好一些。

10.3.1.4　线性回归效果的显著性检验

选取倒指数模型线性变换后的结果作为回归方程，为检验 y(测定精度)与 x(跟踪标签安设密度)是否具有线性相关性，可用统计量 r(相关系数)进行假设检验，$|r|$越接近于1，y 与 x 之间的线性相关程度就越高。其中：

$$r = \frac{L_{xy}}{\sqrt{L_{xx}L_{yy}}} \tag{10-14}$$

假设检验：$H_0: b = 0$，$H_0: b \neq 0$

检验法则：给定显著性水平 r_α，若$|r|\geqslant r_\alpha$，拒绝 H_0；若$|r|<r_\alpha$，接受 H_0。对于 n–18，α=0.001，查表可得 $r_\alpha(16)=r_{0.001}(16)=0.7084<|r|=0.9421$，所以回归效果是高度显著的。

10.3.1.5　跟踪标签合理安设密度的确定

根据数理统计回归控制理论，欲将一元线性回归方程中 y 的取值以不小于 $1-\alpha$ 的置信度控制在 (y', y'') 之内时，对应的 x 的控制域近似为 $G(y', y'')=[x', x'']$。

其中，$x' = \frac{1}{\hat{b}}(y' + \hat{\sigma}_e u_{1-\alpha/2} - \hat{a}), x'' = \frac{1}{\hat{b}}(y'' - \hat{\sigma}_e u_{1-\alpha/2} - \hat{a})$

$$\hat{\sigma}_e = \frac{1}{n-2}(L_{yy} + \hat{b}^2 L_{xx}) \tag{10-15}$$

因此，假设要将顶煤采出率测定精度以不小于 95%的置信度控制在(0.95，0.98)，参考回归控制公式，对应的跟踪标签安设密度如下：

$$\frac{1}{x'}=\frac{1}{\hat{b}}(\ln y'+\hat{\sigma}_{\mathrm{e}}u_{1-\alpha/2}-\hat{a})=\frac{1}{-0.1727}(\ln 0.95+0.0015\times 1.96-0.0595)=0.6245$$

$$\frac{1}{x''}=\frac{1}{\hat{b}}(\ln y''-\hat{\sigma}_{\mathrm{e}}u_{1-\alpha/2}-\hat{a})=\frac{1}{-0.1727}(\ln 0.98-0.0015\times 1.96-0.0595)=0.4785$$

即相邻跟踪标签垂距取值范围为(0.4785，0.6245)(单位为 m)，此时对应的跟踪标签安设密度控制域区间为(1.60，2.01)(单位为个/m)。在现场实测中，跟踪仪射频标签安设垂距一般取为 0.5m，根据以上计算结果，说明该取值是合理的，测定结果比较接近真实的顶煤采出率。

10.3.2　沿煤层倾向的跟踪标签合理布置密度

10.3.1 节研究的是走向长壁放顶煤开采过程中应用标志点法测定顶煤采出率时沿煤层走向的顶煤跟踪标签合理布置密度。基于类似的原理和方法，研究工作面移架时沿煤层倾向的顶煤跟踪标签合理布置密度。

10.3.2.1　PFC^{2D} 建模过程

基于利用标志点法测定顶煤采出率，运用 PFC^{2D} 软件模拟综放面沿煤层倾斜方向移架时的二维放顶煤开采过程，实验模拟的煤层赋存条件及放煤工艺参数为：缓倾斜煤层，煤层倾角约 25°，地质条件简单，无夹矸，煤层厚度为 6.6m，综放走向长壁开采，采放比为 1∶2，支架宽度为 1.2m，上行开采，一刀一放，单轮顺序放煤。液压支架选型及模型材料颗粒物理力学参数见表 10-4 和表 10-5。

实验中为了得到跟踪标签的数量和位置，在距离工作面端头位置 10m 处开始布置 3 组双实线模拟钻孔，钻孔与煤层倾向夹角约 25°，组间距约 3m，沿钻孔线每隔一定垂距选取对应的颗粒单元作为跟踪标签并记录 ID 号，垂距取值系列范围为 0.2～2.5m。以间距 0.5m 为例，建立的模型如图 10-27 所示。

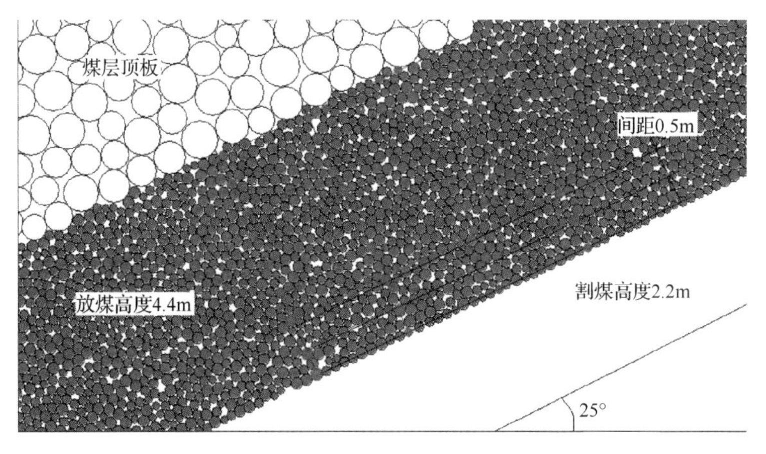

图 10-27　顶煤跟踪标签沿煤层倾向布置模型

10.3.2.2　实验结果及顶煤采出率测定精度计算

模型建成后，模拟单轮顺序放煤及移架过程，为了便于程序顺利运行，放煤口采取“见矸关门”原则。待放煤结束后，统计不同跟踪标签安设密度条件下的跟踪标签颗粒放出情况。考虑到综放工作面顶煤损失主要包括放煤工艺损失、初末采损失和端头损失，为了得到较为精确的计算结果，实际顶煤采出率的计算充分扣除两端头顶煤损失。按照统计学原理，参照式(10-1)，得到对应跟踪标签安设密度下的顶煤采出率及其测定精度。根据测得的数据画出散点图，并作出跟踪标签安设密度与顶煤采出率测定精度之间的关系拟合曲线，如图 10-28 所示。

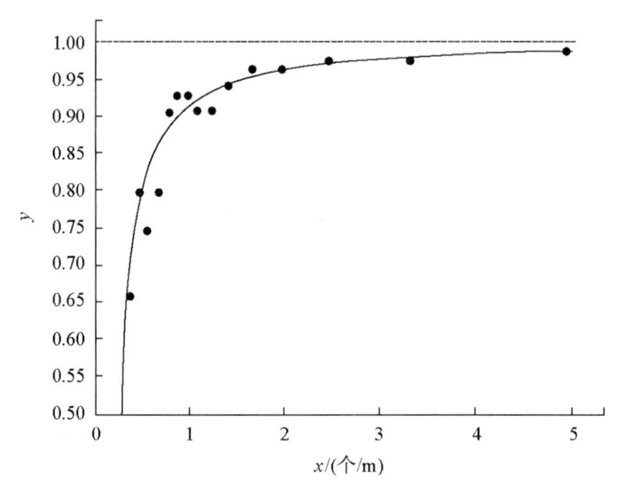

图 10-28　沿煤层倾向跟踪标签安设密度与顶煤采出率测定精度的关系

10.3.2.3　跟踪标签合理安设密度的确定

根据散点图的分布特点和拟合曲线的形状选择合适的曲线模型，运用变量代换方法将以上非线性问题进行可线性化回归，继而通过对比分析，确定拟合曲线的回归函数与方程。计算得到的双曲线回归方程为

$$\hat{y}=1.0596\mathrm{e}^{\frac{-0.1653}{x}} \tag{10-16}$$

根据数理统计回归控制理论，假设要将顶煤采出率测定精度以不小于 95%的置信度控制在 0.95～0.98，参考回归控制公式，对应的跟踪标签安设密度如下：

$$\frac{1}{x'}=\frac{1}{\hat{b}}(\ln y'+\hat{\sigma}_{\mathrm{e}}u_{1-\alpha/2}-\hat{a})=\frac{1}{-0.1653}(\ln 0.95+0.0017\times 1.96-0.0611)=0.6598$$

$$\frac{1}{x''}=\frac{1}{\hat{b}}(\ln y''-\hat{\sigma}_{\mathrm{e}}u_{1-\alpha/2}-\hat{a})=\frac{1}{-0.1653}(\ln 0.98-0.0017\times 1.96-0.0611)=0.5120$$

即相邻跟踪标签沿跟踪标签线间距取值范围为(0.5120，0.6598)(单位为 m)，此时对应的跟踪标签安设密度控制域区间为(1.52，1.96)(单位为个/m)。对比上节跟踪标签沿煤层走向的合理安设密度区间可知，沿煤层倾向的跟踪标签安设密度值偏小且二者对测定精度的影响具有较大的相似性。两者最大的区别在于跟踪标签间距的界定：沿煤层走向跟踪标签合理安设垂距指的是同一跟踪标签线上两相邻跟踪标签的垂直距离；而沿煤层倾向跟踪标签合理安设间距指的是同一跟踪标签线上两相邻跟踪标签沿跟踪标签线方向的距离。

10.3.3 跟踪标签布置方式优化

10.3.3.1 跟踪标签组数的选取

由以上分析可知，顶煤跟踪标签组数对顶煤采出率测定精度影响显著，跟踪标签组数偏少必然会导致随机误差增大，而较多的跟踪标签组数虽然会有效降低随机误差，提高顶煤采出率测定精度，但是又会带来设备成本的增加和钻孔施工上的不便。为此，基于上述得到的跟踪标签合理安设密度，进一步探究跟踪标签组数与顶煤采出率测定精度之间的关系，研究同一跟踪标签安设密度条件合理跟踪标签组数的确定方法。

参考跟踪标签合理安设密度范围，选取 0.5m 跟踪标签垂距作为研究对象，运用上述 PFC^{2D} 模拟的放顶煤开采结果，在工作面前方 15m 处开始布置 4 组双实线模拟钻孔，钻孔与水平面之间的夹角约 33°，组间距 3～4m，沿钻孔线每隔 0.5m 垂距选取对应的颗粒单元作为跟踪标签并记录 ID 号。放煤结束后，统计各钻孔跟踪标签回收情况及对应的采出率，再根据得到的每组钻孔的采出率统计分析数据，运用组合数原理，可以得到不同跟踪标签组数对应的顶煤采出率测定精度。钻孔布置图及跟踪标签取样如图 10-29 所示，放煤结果参见表 10-9。

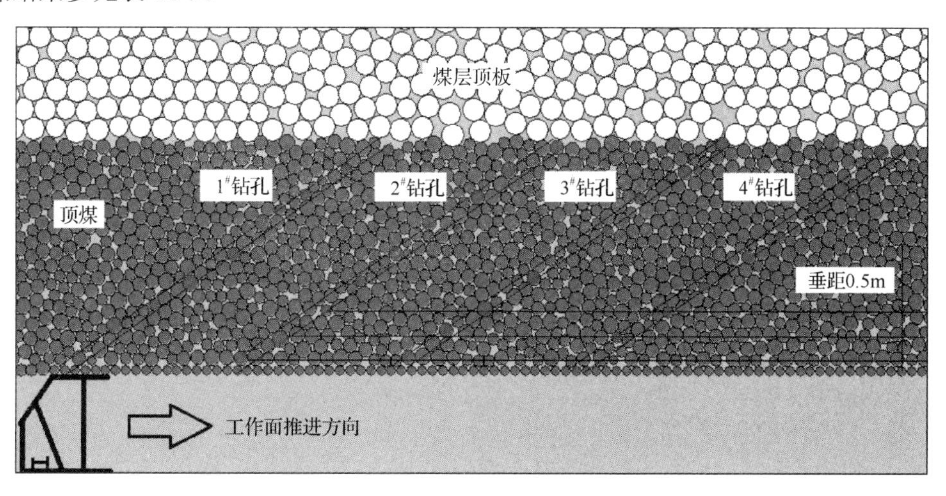

图 10-29 钻孔布置图及跟踪标签取样

表 10-9　不同钻孔(跟踪标签)组数对应的顶煤采出率和顶煤采出率测定精度

钻孔(跟踪标签)组数	钻孔编号	预埋跟踪标签数	回收跟踪标签数	测定采出率/%	测定精度(实际86.75%)	精度范围
1	1#	9	7	77.78	0.8965	0.8470～0.9750
	2#	9	9	100	0.8470	
	3#	9	7	77.78	0.8965	
	4#	9	8	88.89	0.9753	
2	1#、2#	18	16	88.89	0.9753	0.8970～0.9750
	1#、3#	18	14	77.78	0.8966	
	1#、4#	18	15	83.33	0.9606	
	2#、3#	18	16	88.89	0.9753	
	2#、4#	18	17	94.44	0.9113	
	3#、4#	18	15	83.33	0.9606	
3	1#、2#、3#	27	23	85.19	0.9820	0.9390～0.9820
	1#、2#、4#	27	24	88.89	0.9753	
	1#、3#、4#	27	22	81.48	0.9393	
	2#、3#、4#	27	24	88.89	0.9753	
4	1#、2#、3#、4#	36	31	86.11	0.9926	0.9930

根据表 10-9 统计分析结果可知，当跟踪标签组数取 3 组时，测定的顶煤采出率精度下限达到 0.9390，基本可以满足测定精度要求；当跟踪标签组数取 4 组时，顶煤采出率精度高达 0.9930。此跟踪标签组数条件下测得的顶煤采出率可靠性较高，且成本较低。另外，钻孔组数的确定还应统筹考虑煤层地质条件及煤层结构变异性系数等因素，当煤层结构稳定且煤厚变异较小时，跟踪标签组数建议取 3～4 组为宜。

10.3.3.2　煤层倾角及主要放煤工艺参数对测定精度的影响

1) 煤层倾角对测定精度的影响

煤层倾角对于开采工艺的选择具有很大影响，煤炭采出率也随着煤层倾角的变化而呈现出较大差异。为了研究综放开采中煤层倾角对顶煤采出率测定精度的影响，通过模拟不同煤层倾角条件下一系列跟踪标签安设密度对应的顶煤采出率及其测定精度，得到煤层倾角与顶煤采出率测定精度之间的关系。

基于利用标志点法测定顶煤采出率，参照上述跟踪标签合理布置密度的确定方法及基本思路，利用 PFC^{2D} 软件模拟煤层倾角分别为 5°、15°、25°、35°、45°时的放顶煤开采倾向移架过程，煤层赋存条件及放煤工艺参数为：地质条件简单，无夹矸，走向长壁综放开采，煤层厚度为 6.6m，采放比为 1∶2，支架宽度为 1.2m，上行开采，一刀一放，单轮顺序放煤。液压支架选型及模型材料颗粒物理力学参数参见表 10-4 和表 10-5。

实验中为了得到跟踪标签的数量和位置，在距离工作面端头位置 10m 处开始布置 3 组双实线模拟钻孔，钻孔沿煤层顶板外法线方向掘进，组间距为 3～5m，沿钻孔线每隔一定垂距选取对应的颗粒单元作为跟踪标签并记录 ID 号，垂距取值系列范围为 0.2～2.5m，以模拟不同跟踪标签安设密度方案下的顶煤采出率测定。

放煤结束后，统计不同跟踪标签安设密度条件下各钻孔跟踪标签回收情况，计算对应的顶煤采出率及顶煤采出率测定精度，得到不同煤层倾角对应的跟踪标签安设密度与顶煤采出率测定精度的拟合关系曲线，如图 10-30 所示。

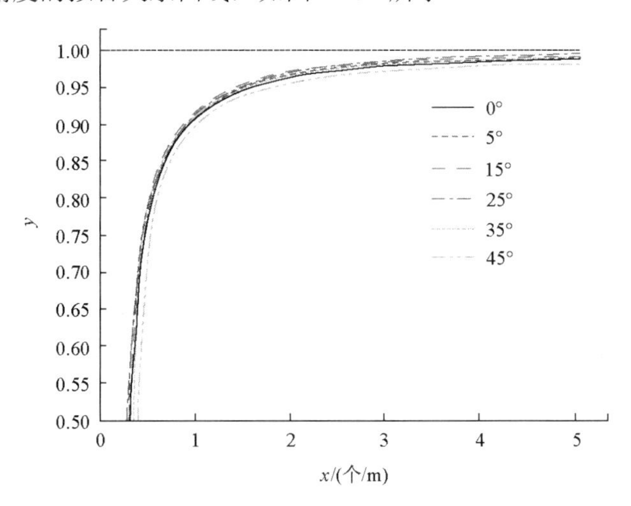

图 10-30 不同煤层倾角对应的跟踪标签安设密度与顶煤采出率测定精度的拟合关系曲线

由图 10-30 分析可知，当煤层倾角小于 45°时，煤层倾角的差异并没有引起跟踪标签安设密度与顶煤采出率测定精度关系拟合曲线的显著不同。随着煤层倾角的增加，相同跟踪标签安设密度条件下得到的顶煤采出率测定精度虽然有一定程度的增大，但增幅并不明显，因而煤层倾角与顶煤采出率测定精度之间并不存在明显的相关关系。但该结论并不适用于急倾斜煤层。

2) 采放比对测定精度的影响

综放开采放煤工艺的选择是影响顶煤采出率的重要因素，采放比作为放煤工艺的主要参数之一，与顶煤的松散破碎程度及放出体的形成联系紧密。为此，研究相同割煤高度条件下不同采放比对顶煤采出率测定精度的影响具有十分重要的意义。

利用 PFC^{2D} 软件模拟割煤高度 2.2m，采放比分别为 1∶1、1∶2、1∶3 的综放开采过程，煤层赋存条件及放煤工艺参数为：近水平煤层，地质条件简单，无夹矸，综放走向长壁开采，采煤机截深 1.2m，上行开采，一刀一放，单轮顺序放煤。液压支架选型及模型材料颗粒物理力学参数见表 10-4 和表 10-5。

跟踪标签选取方案参照图 10-22，放煤结束后，统计不同跟踪标签安设密度条件下各钻孔跟踪标签回收情况，计算对应的顶煤采出率及顶煤采出率测定精度，模拟得到不同采放比对应的跟踪标签安设密度与顶煤采出率测定精度的拟合关系曲线，如图 10-31 所示。

分析可知，当割煤高度一定时，随着采放比的增加，放煤高度也越来越大，相同跟踪标签安设密度条件下测得的顶煤采出率测定精度也逐渐增高，对应的跟踪标签合理安设密度变小。

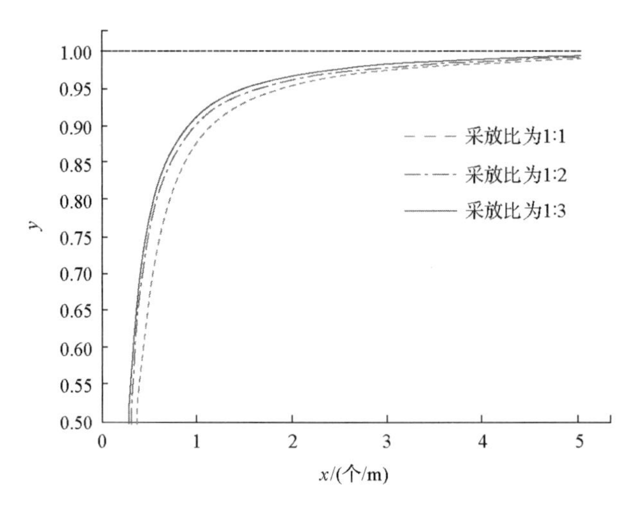

图 10-31　不同采放比对应的跟踪标签安设密度与顶煤采出率测定精度的拟合关系曲线

3) 放煤步距对测定精度的影响

放煤步距是影响脊背煤形成和发展的主要因素，也是影响顶煤损失率和含矸率大小的重要工艺参数。由此可见，探究一定采煤机截深条件下不同放煤步距对顶煤采出率测定精度的影响也是相当必要的。

利用 PFC^{2D} 软件模拟放顶煤开采过程，煤层赋存条件及放煤工艺参数为近水平煤层，地质条件简单，无夹矸，煤层厚度为 6.6m，走向长壁综放开采，采放比为 1∶2，上行开采，单轮顺序放煤，采煤机截深 1.2m，放煤步距分别选取一采一放、两采一放和三采一放。液压支架选型及模型材料颗粒物理力学参数见表 10-4 和表 10-5。

跟踪标签选取方案参照图 10-22，放煤结束后，统计不同跟踪标签安设密度条件下各钻孔跟踪标签回收情况，计算对应的顶煤采出率及顶煤采出率测定精度，模拟得到不同放煤步距对应的跟踪标签安设密度与顶煤采出率测定精度的拟合关系曲线，如图 10-32 所示。

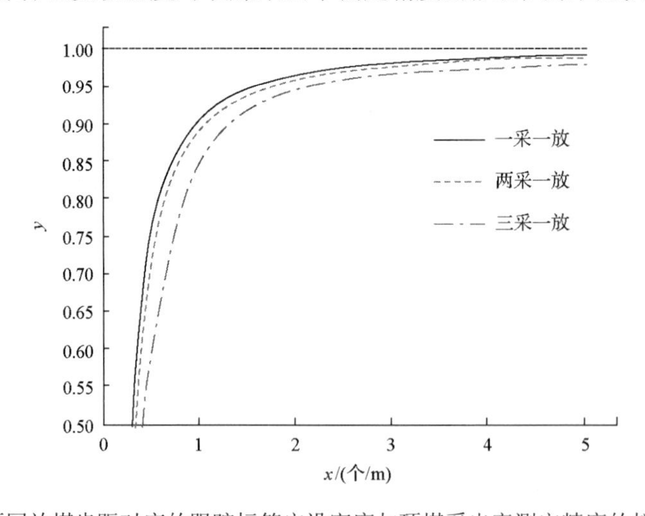

图 10-32　不同放煤步距对应的跟踪标签安设密度与顶煤采出率测定精度的拟合关系曲线

由图 10-32 分析可知，当采煤机截深不变时，随着放煤步距的增加，相同跟踪标签安设密度条件下测得的顶煤采出率测定精度减小，对应的跟踪标签合理安设密度增大。这种现象出现的主要原因在于放煤步距的不同使得脊背煤损的形态有很大差异，并且随着放煤步距的增大，相邻脊背煤的间距也相应增加，顶煤在不同位置的采出率相差甚大，从而使得跟踪标签在测定顶煤采出率时产生较大的误差。

10.3.3.3 跟踪标签布置方式与层位关系

考虑到顶煤不同层位煤炭采出率差别很大，中下部层位的顶煤采出率较高，上部顶煤的采出率较低，靠近支架的最下部顶煤的采出率也较低。若每组钻孔中顺序相对应的跟踪标签均沿同一层位布置，必然会因多数层位未安设跟踪标签而产生较大误差，若将每组钻孔中顺序相对应的跟踪标签错开一定层位间距布置，可视为各个层位均有跟踪标签存在，该布置方式称为跟踪标签的错层位布置方式，如图 10-33 所示。

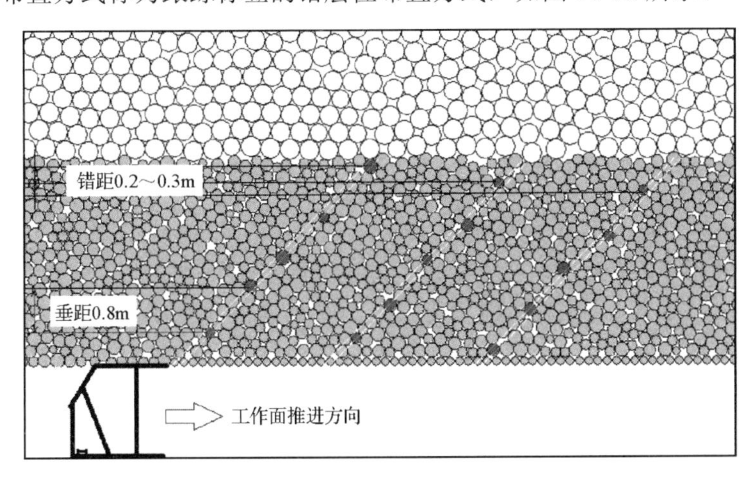

图 10-33 跟踪标签错层位布置示意图

按照图 10-33 的布置方式进行综放开采数值模拟，并计算顶煤采出率，通过对计算结果进行精度分析并与齐层位布置方式进行比较可知，采用跟踪标签错层位布置方式所得的采出率精度总体要比齐层位方式高，并且随着跟踪标签安设密度的降低，错层位布置方式采出率测定精度下降较齐层位方式缓慢，比较结果如图 10-34 所示。

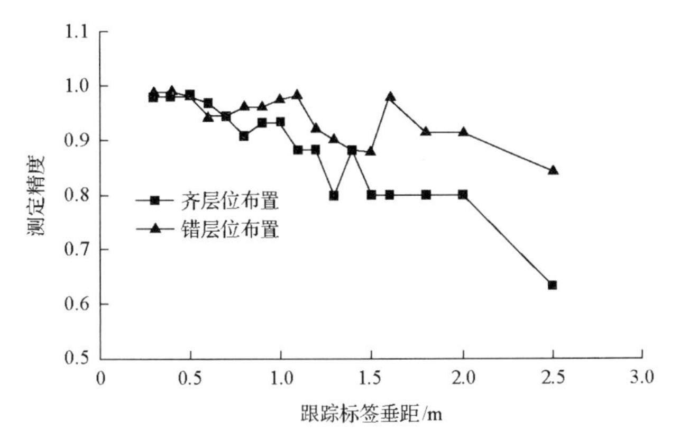

图 10-34 不同层位布置方式对应的顶煤采出率精度

根据以上分析和研究，可知对于现场测试中顶煤跟踪标签布置方式，应从以下几个方面进行优化：

(1)要将顶煤采出率测定精度以不小于 95%的置信度控制在 0.95～0.98，沿煤层走向推进时，相邻顶煤 marker 沿钻孔线间距取值范围为(0.48，0.62)(单位为 m)；沿煤层倾向移架放煤时，相邻顶煤 marker 沿钻孔线间距取值范围为(0.51，0.66)(单位为 m)。

(2)对于结构稳定且厚度变异较小的煤，顶煤采出率现场测试时时钻孔组数取 3～4 组为宜；在相同顶煤标志点安设密度条件下，顶煤采出率测定精度随着采放比的增大而增大，随着放煤步距的增大而减小，而煤层倾角与顶煤采出率测定精度之间并不存在明显的相关关系。

(3)将跟踪标签以错层位布置方式代替齐层位布置方式，能有效地提高顶煤采出率测定精度，具有一定的实践指导意义。

10.4 典型现场实测结果及分析

10.4.1 观测案例 1

现场观测的第 1 个工作面为王庄煤矿 4331 放顶煤工作面。该工作面对应的地面标高为 924～927m，工作面标高为 675～740m。工作面运输巷道长 1067m，回风巷道长 1104m，运输(回风)巷道可采长度均为 955m，工作面长 154.4m，煤层厚度为 7.18m，割煤高度为 3m，放煤步距为 0.8m，单轮顺序放煤。煤体容重为 13.5kN/m^3。煤层的普氏硬度系数为 1～3，煤层中有 4 层夹矸，如图 10-35 所示，图中左侧为煤层厚度，右侧为夹矸厚度。夹矸的普氏硬度系数为 2～3，直接顶的普氏硬度系数为 3～8。

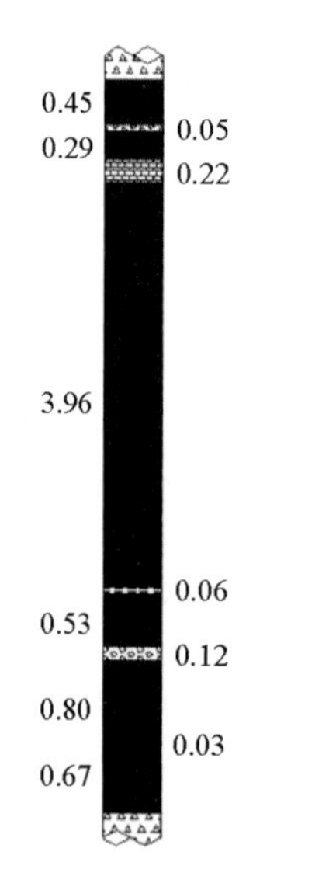

图 10-35 王庄煤矿 4331 工作面柱状图(单位：m)

10.4.1.1 顶煤跟踪仪安装

根据顶煤移动规律及试验要求和王庄煤矿 4331 工作面的具体地质概况，采用从运输巷道向顶煤安装顶煤跟踪标签的观测方法。

为了提高钻孔的利用率，在每个钻孔中安装 2～3 个顶煤跟踪标签，离巷道最近的顶煤跟踪标签与巷道煤壁的垂直距离大于 20m(避开端头不放煤的影响)。每个顶煤跟踪标签垂直间距为 0.5m。顶煤跟踪标签在顶煤中的布置及编号如图 10-36 所示。各钻孔的布置参数见表 10-10。

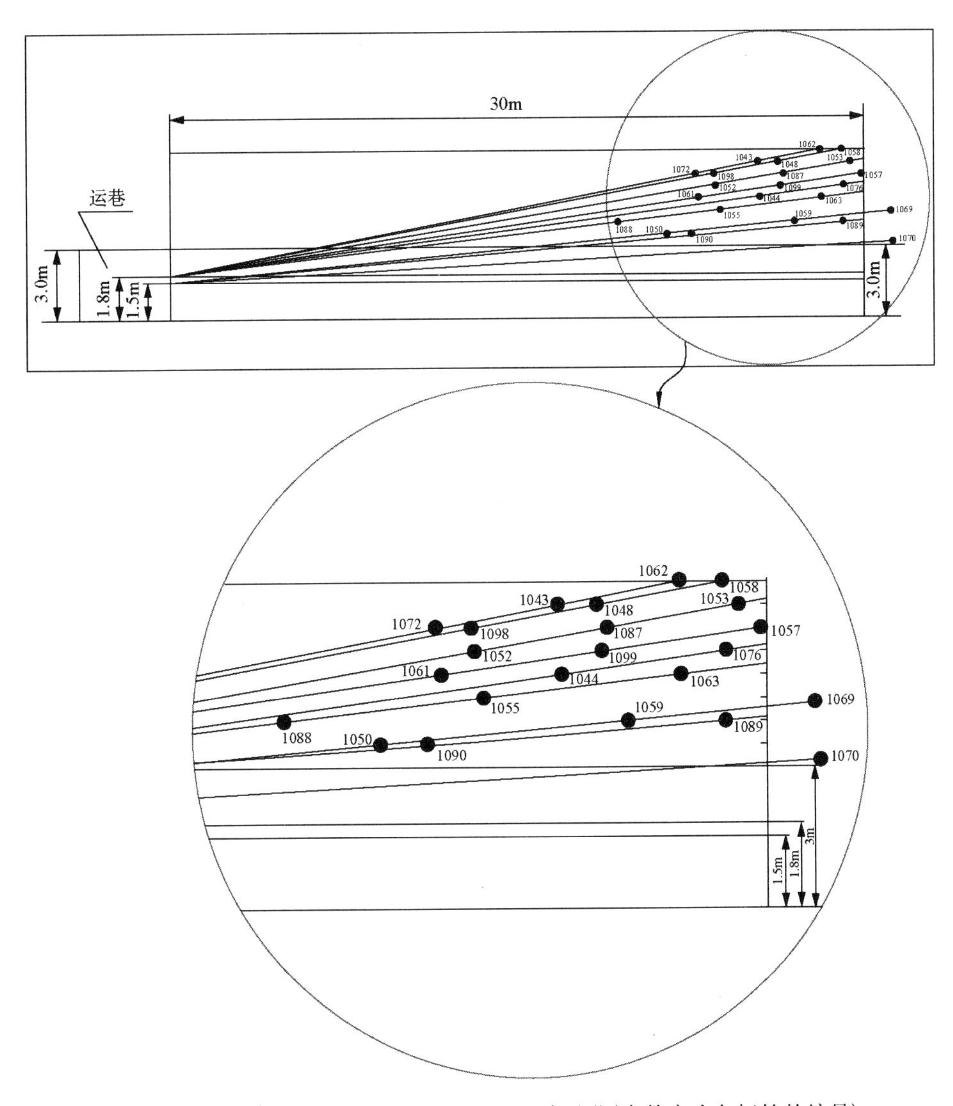

图 10-36 顶煤跟踪标签在顶煤中的位置及编号(图中数字为各标签的编号)

表 10-10 顶煤跟踪标签在运输巷道内各钻孔的布置参数

钻孔号	孔深/m	钻孔角度	孔口距巷道底板垂距/m	跟踪标签安放位置及编号			
				参数	第一放点	第二放点	第三放点
1	31.2	3°4′	1.5	距孔口距离/m	31.20	—	—
				距底板垂距/m	3.50		
				marker 编号	1070		
2	31.2	4°20′	1.8	距孔口距离/m	29.12	22.52	—
				距底板垂距/m	4.00	3.50	
				marker 编号	1089	1090	
3	31.2	5°20′	1.5	距孔口距离/m	31.20	28.90	21.52
				距底板垂距/m	4.40	4.00	3.50
				marker 编号	1069	1059	1050

续表

钻孔号	孔深/m	钻孔角度	孔口距巷道底板垂距/m	跟踪标签安放位置及编号			
				参数	第一放点	第二放点	第三放点
4	31.2	6°30′	1.8	距孔口距离/m	28.27	23.85	19.43
				距底板垂距/m	5.00	4.50	4.00
				marker 编号	1063	1055	1088
5	31.2	7°50′	1.5	距孔口距离/m	29.36	25.69	—
				距底板垂距/m	5.50	5.00	
				marker 编号	1076	1044	
6	31.2	8°	1.8	距孔口距离/m	30.18	26.59	22.99
				距底板垂距/m	6.00	5.50	5.00
				marker 编号	1057	1099	1061
7	31.2	9°40′	1.5	距孔口距离/m	29.80	26.82	23.84
				距底板垂距/m	6.50	6.00	5.50
				marker 编号	1053	1087	1052
8	31.2	10°10′	1.8	距孔口距离/m	29.45	26.62	23.79
				距底板垂距/m	7.00	6.50	6.00
				marker 编号	1058	1048	1098
9	31.2	10°30′	1.8	距孔口距离/m	28.53	25.79	23.05
				距底板垂距/m	7.00	6.50	6.00
				marker 编号	1062	1043	1072

10.4.1.2　现场观测结果

现场观测中共在顶煤不同的层位安设了23个顶煤跟踪标签，信号接收仪共接收到了16个不同层位放出的顶煤跟踪标签信号，因此可以保守地确定顶煤采出率约为16/23=69.6%，因为理论上讲有的跟踪标签可能在放出与运输过程中破损，导致无法记录。从放出层位上看，距煤层底板4.0m、5.0m、5.5m、6.0m、7.0m的顶煤跟踪标签均有信号放出，说明4m厚的顶煤完全可以放出，但是下位顶煤反而难以放出，从记录的标签来看，3.5m层位的3个标签都没有放出，这与放煤工艺和参数有关，但是更多是由放煤的固有规律造成的，下位顶煤过早地落入了采空区底部，导致无法放出，室内放煤试验也说明了这种现象。在煤层6.5m及7m处共布置5个跟踪标签，但只放出来一个，说明上部顶煤也难以放出，结合工作面煤层具体情况，由工作面柱状图可知，在6.2m处有一层0.2m的夹矸，可能会影响上部顶煤的放出，或者放煤工会误认为这层夹矸就是直接顶而关闭放煤口。如果工作面割煤的采出率按100%计算，则放顶煤工作面的采出率为82.3%。

10.4.2　观测案例2

现场观测的第2个工作面是新柳煤矿241103放顶煤工作面，工作面走向长895m，倾斜长200m，面积为179000m^2。所采煤层为太原组11$^\#$煤，煤层平均厚度为6.2m，结构复杂，含有4层以上夹矸，如图10-37所示。煤层倾角为1°～7°，平均为3°。煤层普氏硬度系数为1～2，煤层节理发育、松软，割煤高度为2.5m。煤层没有伪顶，直接顶为页岩，层厚1.2m，黑灰色，具层理，单轴抗压强度为38.9MPa，老顶为K_2灰岩，层厚6.8m，深灰色、致密、坚硬，单轴抗压强度为94.0MPa。

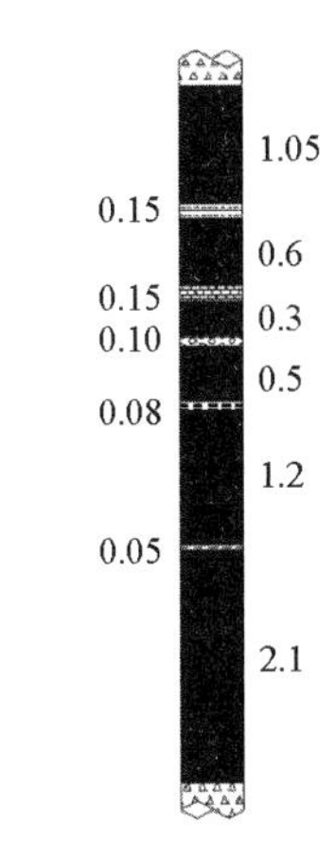

图10-37　241103工作面柱状图(单位：m)

10.4.2.1　顶煤跟踪标签安装

根据该矿的地质概况及现场生产情况，通过比较分析，采用从工作面向顶煤安装顶煤跟踪标签的观测方法。钻孔中顶煤跟踪标签布置情况如图10-38所示。钻孔布置参数见表10-11。顶煤跟踪标签布置情况见表10-12。

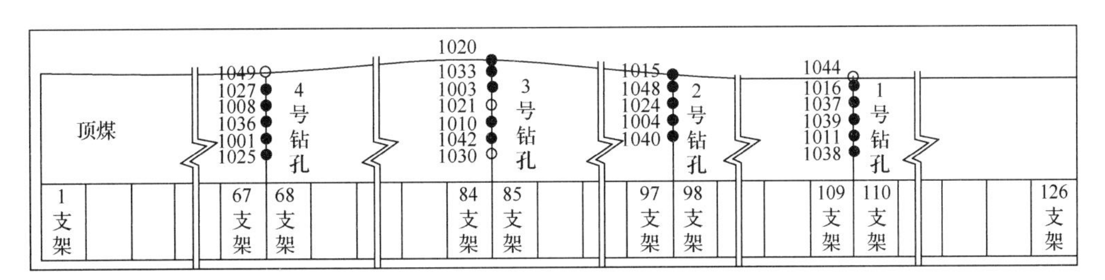

图10-38　241103工作面顶煤跟踪标签布置图

表10-11　钻孔布置参数(案例2)

钻孔编号	孔深/m	钻孔和煤壁角度/(°)	钻孔位置	是否到顶
1	4.7	45	109#支架和110#支架间	是
2	4.8	45	97#支架和98#支架间	是
3	5.5	45	84#支架和85#支架间	是
4	5.0	45	67#支架和68#支架间	是

表10-12　顶煤跟踪标签布置参数

钻孔编号	marker编号	距钻口距离/m	距煤壁距离/m	距底板距离/m
1	1044	4.7	3.3	5.8
	1016	4.2	3.0	5.5
	1037	3.5	2.5	5.0
	1039	2.8	2.0	4.5
	1011	2.1	1.5	4.0
	1038	1.4	1.0	3.5
2	1015	4.8	3.4	5.9
	1048	4.2	2.5	5.0
	1024	3.5	2.0	4.5
	1004	2.8	1.5	4.0
	1040	2.1	1.0	3.5

续表

钻孔编号	marker 编号	距钻口距离/m	距煤壁距离/m	距底板距离/m
3	1020	5.5	3.9	6.4
	1033	4.9	3.5	6.0
	1003	4.2	3.0	5.5
	1021	3.5	2.5	5.0
	1010	2.8	2.0	4.5
	1042	2.1	1.5	4.0
	1030	1.4	1.0	3.5
4	1049	5.0	3.5	6.0
	1027	4.2	3.0	5.5
	1008	3.5	2.5	5.0
	1036	2.8	2.0	4.5
	1001	2.1	1.5	4.0
	1025	1.4	1.0	3.5

10.4.2.2　现场观测结果

伴随着工作面的推进，顶煤跟踪标签和顶煤一起冒落，在运输巷道距煤壁 115m 和 155m 处安装的两个接收机站接收数据一致，均为 21 个，根据原始数据读取发现数据准确无误，接收情况很理想。放入 24 个，放出 20 个，采出率为 83.3%，如果工作面割煤的采出率按 100%计算，则放顶煤工作面的采出率为 87.2%。信号接收仪接收数据情况见表 10-13。

表 10-13　信号接收仪接收数据表

接收到的顶煤跟踪仪编号	没有接收到的顶煤跟踪仪编号
1016　1037　1039　1011　1038	1044
1015　1048　1024　1004　1040	1021
1020　1033　1003　1010　1042	1030
1049　1027　1008　1036　1001　1025	1049

10.4.3　观测案例 3

现场观测的第 3 个工作面为靖远煤业集团有限责任公司宝积山煤矿（简称宝积山煤矿）703 大倾角放顶煤工作面。该工作面标高为 1176～1092m，对应的地面标高为 1610～1638m。工作面沿煤层走向掘进 715m，可采长度为 650m，运输巷道顺煤层走向沿煤层顶板（局部破顶板）布置，回风巷道顺煤层走向沿煤层底板布置，开切眼沿底板伪倾斜布置。工作面长 112m，倾角为 37°～53°，平均倾角为 45°，局部达到 53°。煤层结构单一，煤厚较为稳定，厚度平均为 11m，煤层节理、裂隙发育，构造简单，工作面柱状图如图 10-39 所示。割煤高度 2.5m，采用两采一放，即放煤步距为 1.2m，从下向上顺序间隔多轮多次均匀放煤，第一轮放出顶煤的 1/3，第二轮放出剩余顶煤的 2/3,多轮后放完顶煤，放煤时每隔两台支架打开尾梁插板按规定放煤，见矸关门。煤体容重为 13.5kN/m^3。煤层的普氏硬度系数为 0.55～1.18，直接顶的普氏硬度系数为 2.5～5.0。

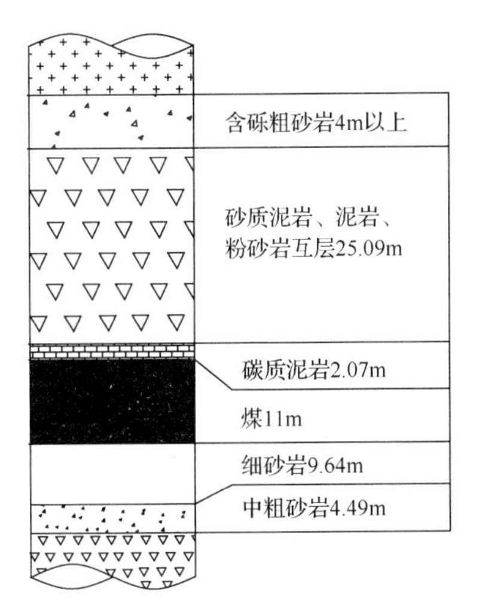

图 10-39　703 工作面柱状图

10.4.3.1　顶煤跟踪仪安装

703 工作面为大倾角(平均倾角 45°)放顶煤工作面，在回风巷道向顶煤中打孔安装顶煤跟踪标签时，所打钻孔向下有一定的角度，钻屑很难排出来，打孔作业时需要较长时间；同时大倾角工作面推进较慢，在回风巷道中安装顶煤运移跟踪标签完成现场测试需要 1～2 个月，甚至更长的时间，顶煤跟踪标签中的电量有可能耗尽而失效，即使放煤过程中将其放出，布置在运巷道中的信号接收仪也无法接收到信号，在处理数据时把这些顶煤运移跟踪仪做没有放出来处理。在运输巷道里安装顶煤运移跟踪标签虽然可以避免向下打孔时钻屑难以排出的困难，但运输巷道里由于有转载机、皮带等设备阻碍，打孔作业时也需要较长时间；在运输巷道里安装时不仅要考虑工作面的推进度，而且需要让开转载机，这样在运输巷道里完成现场测试需要更长的时间，顶煤跟踪标签同样会由于时间过长而失效；在布置 703 大倾角工作面时为了缓解支架下滑，将回风巷道沿煤层底板布置，运输巷道沿煤层顶板布置，在运输巷道里安装顶煤跟踪标签时顶煤的厚度不能真实地反映该工作面的平均顶煤厚度。由于是大倾角工作面，在工作面安装顶煤运移跟踪标签架设钻台比较难，且要做好防护措施，防止煤壁片帮飞石伤人；但工作面安装顶煤跟踪标签时钻孔数目少且钻孔长度短，可以根据顶煤厚度灵活布置钻孔长度且钻孔平均分布在工作面内，观测真实可信度比较高。通过比较以上 3 种方案，采用从工作面向顶煤安装顶煤跟踪标签的观测方法。钻孔布置参数见表 10-14。各钻孔内顶煤跟踪标签安装参数见表 10-15～表 10-19。

表 10-14　钻孔布置参数(案例 3)

钻孔编号	钻孔长度/m	钻孔角度/(°)	钻孔位置	marker 安装数量
1	7.4	48	$17^{\#}$与 $18^{\#}$支架间	11
2(2*)	10.4(10.4)	45(48)	$29^{\#}$与 $30^{\#}$支架间	12(3)
3	10.0	58	$43^{\#}$与 $44^{\#}$支架间	16
4	10.0	40	$55^{\#}$与 $56^{\#}$支架间	16
5	10.8	45	$66^{\#}$与 $67^{\#}$支架间	15

注：2*号与 2 号钻孔所处位置一致，由于塌孔致使钻孔报废，但已安装的顶煤跟踪标签仍具有一定的意义。

表 10-15　1 号钻孔内顶煤跟踪标签安装参数(案例 3)

marker 编号	距孔口距离/m	距底板垂距/m	距煤壁垂距/m	是否放出(“√”或“×”)
1014	0.70	3.0	0.46	√
1129	1.37	3.5	0.91	√
1103	2.04	4.0	1.36	√
1108	2.71	4.5	1.81	√
1136	3.38	5.0	2.26	√
1116	4.05	5.5	2.71	√
1023	4.72	6.0	3.16	√
1007	5.39	6.5	3.61	√
1110	6.06	7.0	4.05	×
1104	6.73	7.5	4.50	√
1117	7.40	8.0	4.95	√

表 10-16　2(2*)号钻孔内顶煤跟踪标签安装参数(案例 3)

marker 编号	距孔口距离/m	距底板垂距/m	距煤壁垂距/m	是否放出(“√”或“×”)
1122	0.7	2.99	0.49	√
1148	1.4	3.49	0.99	√
1125	2.1	3.98	1.48	√
1113	2.8	4.48	1.98	√
1138	3.5	4.97	2.47	√
1143(2*)	3.7	5.25	2.48	√
1147	4.2	5.47	2.97	√
1107	4.9	5.96	3.46	×
1127	5.6	6.46	3.96	√
1114	6.3	6.95	4.45	√
1120	6.6	7.17	4.67	×
1102	7.3	7.66	5.16	×
1139(2*)	7.9	8.37	5.29	√
1141(2*)	8.5	8.82	5.69	√
1131	10.4	9.85	7.35	×

表 10-17　3 号钻孔内顶煤跟踪标签安装参数(案例 3)

marker 编号	距孔口距离/m	距底板垂距/m	距煤壁垂距/m	是否放出(“√”或“×”)
1123	0.6	3	0.31	×
1135	1.2	3.51	0.63	√
1124	1.8	4.02	0.95	√
1109	2.4	4.53	1.27	√

续表

marker 编号	距孔口距离/m	距底板垂距/m	距煤壁垂距/m	是否放出（“√”或“×”）
1106	3.0	5.04	1.59	√
1133	3.6	5.55	1.91	√
1111	4.2	6.06	2.23	√
1137	4.8	6.57	2.54	√
1128	5.4	7.08	2.86	√
1140	6.0	7.59	3.18	√
1132	6.6	8.1	3.50	√
1150	7.2	8.61	3.82	√
1144	7.8	9.11	4.13	√
1146	8.4	9.62	4.45	√
1118	9.0	10.13	4.77	×
1101	9.8	10.8	5.19	√

表 10-18　4 号钻孔内顶煤跟踪标签安装参数（案例 3）

marker 编号	距孔口距离/m	距底板垂距/m	距煤壁垂距/m	是否放出（“√”或“×”）
1142	0.65	3.0	0.42	√
1029	1.30	3.5	0.84	√
1149	1.95	4.0	1.26	√
1121	2.60	4.5	1.68	√
1026	3.25	5.0	2.10	√
1046	3.90	5.5	2.52	√
1017	4.55	6.0	2.94	√
1031	5.20	6.5	3.36	×
1002	5.85	7.0	3.78	×
1006	6.50	7.5	4.20	×
1012	7.15	8.0	4.62	×
1115	7.80	8.5	5.04	×
1018	8.45	9.0	5.46	×
1112	9.10	9.5	5.88	×
1105	9.75	10.0	6.30	×
1034	10.0	10.16	6.43	×

表 10-19　5 号钻孔内顶煤跟踪标签安装参数(案例 3)

marker 编号	距孔口距离/m	距底板垂距/m	距煤壁垂距/m	是否放出(“√”或“×”)
1022	0.7	3.0	0.5	√
1013	1.4	3.5	1.0	√
1019	2.1	4.0	1.5	√
1041	2.8	4.5	2.0	×
1005	3.5	5.0	2.5	×
1035	4.2	5.5	3.0	×
1047	4.9	6.0	3.5	√
1043	5.6	6.5	4.0	√
1028	6.3	7.0	4.5	×
1032	7.0	7.5	5.0	×
1134	7.7	8.0	5.5	√
1145	8.4	8.5	6.0	√
1130	9.1	9.0	6.5	√
1009	9.8	9.5	7.0	×
1126	10.8	10.14	7.64	×

10.4.3.2　现场观测结果

现场观测中共在顶煤不同层位安装 73 个顶煤跟踪标签，不同层位顶煤跟踪标签采出率统计见表 10-20。不同层位顶煤跟踪仪采出率柱状图如图 10-40 所示。

表 10-20　不同层位顶煤跟踪标签采出率统计(案例 3)

距底板高度/m	安装顶煤跟踪标签数目/个	放出顶煤跟踪标签数目/个	采出率/%	未放出的顶煤跟踪标签位置
3.0	5	4	80	3 号钻孔
3.5	5	5	100	—
4.0	5	5	100	—
4.5	5	4	80	5 号钻孔
5.0	5	4	80	5 号钻孔
5.5	6	5	83.3	5 号钻孔
6.0	5	4	80	2 号钻孔
6.5	5	4	80	1 号钻孔
7.0	6	2	33.3	2 号、4 号、5 号钻孔
7.5	5	2	40	2 号、4 号、5 号钻孔
8.0	4	3	75	4 号钻孔
8.5	4	3	75	4 号钻孔
9.0	4	2	50	4 号钻孔
9.5	4	1	25	2 号、4 号、5 号钻孔
＞10	5	1	20	3 号、4 号、5 号钻孔

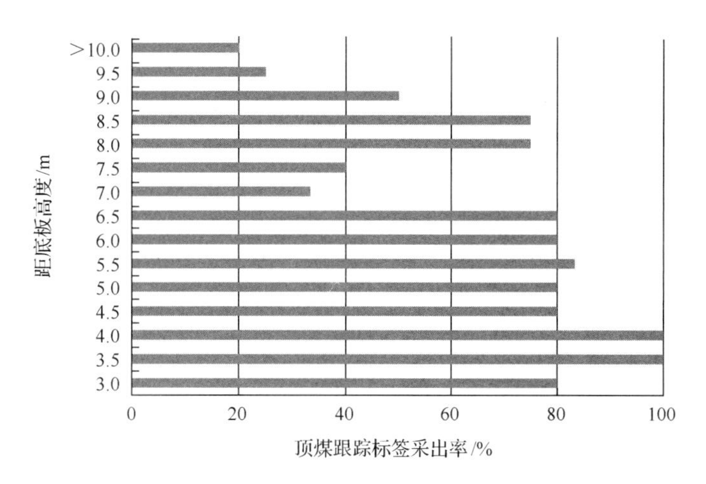

图 10-40　不同层位顶煤跟踪标签采出率柱状图(案例 3)

可以看出，7.0m 以上顶煤跟踪标签采出率远低于 7.0m 以下的顶煤跟踪标签采出率，7.0m 以下的平均顶煤跟踪标签采出率为 35/41=85.4%，7.0m 以上的平均顶煤跟踪标签采出率为 15/32= 46.9%，说明需要采取一些技术手段进行顶煤弱化及改进放煤工艺来提高 7.0m 以上顶煤采出率。平均顶煤跟踪标签采出率为 68.5%，如果工作面割煤的采出率按 100%计算，则放顶煤工作面的采出率为 75.7%。

10.4.4　观测案例 4

现场观测的第 4 个工作面为塔山煤矿 8104 放顶煤工作面。该工作面为三巷布置，3 条顺槽与 1070 大巷的夹角分别为 82°35′44″向北开掘。2104 皮带顺槽、5104 辅助运输顺槽沿 3～5#煤层底板掘进，8104 顶回风巷岩 2#煤层底板掘进。运输平巷 2104 巷走向长度为 2878m，5104 回风平巷长度为 2905m。平均走向长度 2892m。工作面沿煤层倾向上山回采，根据顺槽巷揭露及钻孔资料分析煤层赋存稳定，结构复杂，普遍含 3～9 层夹石，煤层厚度为 12.90～16.44m，平均为 14.67m。工作面长 207m，走向方向长 570m，割煤高度 3.5m，采用一刀一放，即放煤步距为 0.8m，双轮顺序放煤，煤体容重为 $14kN/m^3$。煤层上方伪顶局部为 0.33m 的灰黑色碳质泥岩，直接顶平均厚度为 3.86m，底部主要为灰黑色碳质泥岩、高岭质泥岩、岩浆岩。老顶自上而下为粉砂岩、细砂岩、高岭质泥岩与砂质泥岩等，厚度为 11.31～27.36m。直接底平均厚度为 1.76m，为灰褐色高岭质泥岩、砂质泥岩。

10.4.4.1　顶煤跟踪仪安装

根据塔山煤矿 8104 工作面煤体硬度及顶煤厚度，为了提高顶煤运移跟踪标签的安装效率及测试效果，采用从工作面向顶煤安装顶煤跟踪标签的观测方法。安装顶煤运移跟踪标签时的垂距为 0.8m。钻孔布置参数见表 10-21。各孔内顶煤跟踪标签安装参数如表 10-22～表 10-25。

表 10-21　钻孔布置参数(案例 4)

钻孔号	钻孔长度/m	钻孔角度/(°)	钻孔位置	marker 安装数量
1	11.8	90	60#与 61#支架间	15
2	10.1	90	65#与 66#支架间	13
3	13.5	90	90#与 91#支架间	17
4	14.4	90	109#与 110#支架间	18

表 10-22　1 号钻孔内顶煤跟踪标签安装参数(案例 4)

marker 编号	距孔口距离/m	距底板垂距/m	距煤壁垂距/m	是否放出(“√”或“×”)
1167	0.8	4.3	1	√
1320	1.6	5.1	1	√
1309	2.4	5.9	1	√
1310	3.2	6.7	1	√
1318	4.0	7.5	1	×
1216	4.8	8.3	1	√
1345	5.6	9.1	1	√
1379	6.4	9.9	1	×
1279	7.2	10.7	1	√
1303	8.0	11.5	1	√
1329	8.8	12.3	1	×
1352	9.6	13.1	1	×
1296	10.4	13.9	1	×
1242	11.2	14.7	1	×
1273	12.0	15.5	1	×

表 10-23　2 号钻孔内顶煤跟踪标签安装参数(案例 4)

marker 编号	距孔口距离/m	距底板垂距/m	距煤壁垂距/m	是否放出(“√”或“×”)
1235	0.8	4.3	1	×
1169	1.6	5.1	1	√
1319	2.4	5.9	1	√
1205	3.2	6.7	1	√
1243	4.0	7.5	1	√
1285	4.8	8.3	1	√
1267	5.6	9.1	1	×
1232	6.4	9.9	1	×
1269	7.2	10.7	1	×
1402	8.0	11.5	1	×
1327	8.8	12.3	1	×
1301	9.6	13.1	1	×
1392	10.4	13.9	1	×

表 10-24　3 号钻孔内顶煤跟踪标签安装参数(案例 4)

marker 编号	距孔口距离/m	距底板垂距/m	距煤壁垂距/m	是否放出（“√”或“×”）
1381	0.8	4.3	1	√
1408	1.6	5.1	1	√
1297	2.4	5.9	1	√
1158	3.2	6.7	1	√
1283	4.0	7.5	1	√
1305	4.8	8.3	1	√
1368	5.6	9.1	1	√
1215	6.4	9.9	1	√
1367	7.2	10.7	1	×
1166	8.0	11.5	1	×
1287	8.8	12.3	1	×
1311	9.6	13.1	1	×
1409	10.4	13.9	1	×
1265	11.2	14.7	1	√
1347	12.0	15.5	1	×
1326	12.8	16.3	1	×
1233	13.6	17.1	1	×

表 10-25　4 号钻孔内顶煤跟踪标签安装参数(案例 4)

marker 编号	距孔口距离/m	距底板垂距/m	距煤壁垂距/m	是否放出（“√”或“×”）
1253	0.8	4.3	1	√
1403	1.6	5.1	1	√
1217	2.4	5.9	1	√
1231	3.2	6.7	1	×
1259	4.0	7.5	1	×
1219	4.8	8.3	1	×
1293	5.6	9.1	1	×
1356	6.4	9.9	1	×
1330	7.2	10.7	1	√
1360	8.0	11.5	1	√
1292	8.8	12.3	1	×
1332	9.6	13.1	1	×
1397	10.4	13.9	1	×
1386	11.2	14.7	1	×
1328	12.0	15.5	1	×
1401	12.8	16.3	1	×
1247	13.6	17.1	1	×
1280	14.4	17.9	1	×

10.4.4.2　现场观测结果

现场观测中共在顶煤(顶板)中不同层位安设了 63 个顶煤跟踪标签，不同层位顶煤跟踪标签采出率统计见表 10-26。不同层位顶煤跟踪标签采出率柱状图如图 10-41 所示。从表 10-26 中可以看出 9.1～13.1m 顶煤跟踪标签采出率远低于 9.1m 及以下的顶煤跟踪标签采出率，9.1m 及以下的平均顶煤跟踪标签采出率为 21/28=75%；9.1～13.1m 顶煤平均顶煤跟踪标签采出率为 4/20=20%，其中 12.3～13.1m 安装的 8 个顶煤跟踪标签均没放出；13.1m 以上顶板中共安设了 15 个顶煤跟踪标签，共放出来 1 个，采出率为 1/15=6.67%。以上观测结果说明在目前的生产条件下仍需要采取技术手段针对性地提高 9.1m 以上顶煤的采出率，同时保证较低的混矸率。

表 10-26　不同层位顶煤跟踪标签采出率统计（案例 4）

距底板高度/m	安装数目/个	放出数目/个	采出率/%	未放出的 marker 位置
4.3	4	3	75	2 号钻孔
5.1	4	4	100	—
5.9	4	4	100	—
6.7	4	3	75	4 号钻孔
7.5	4	2	50	1 号、4 号钻孔
8.3	4	3	75	4 号钻孔
9.1	4	2	50	2 号、4 号钻孔
9.9	4	1	25	1 号、2 号、4 号钻孔
10.7	4	2	50	2 号、3 号钻孔
11.5	4	1	25	2 号、3 号、4 号钻孔
12.3	4	0	0	1 号、2 号、3 号、4 号钻孔
13.1	4	0	0	1 号、2 号、3 号、4 号钻孔
13.9	4	0	0	1 号、2 号、3 号、4 号钻孔
14.7	3	1	33.3	1 号、4 号钻孔
15.5	3	0	0	1 号、3 号、4 号钻孔
16.3	2	0	0	3 号、4 号钻孔
17.1	2	0	0	3 号、4 号钻孔
17.9	1	0	0	4 号钻孔

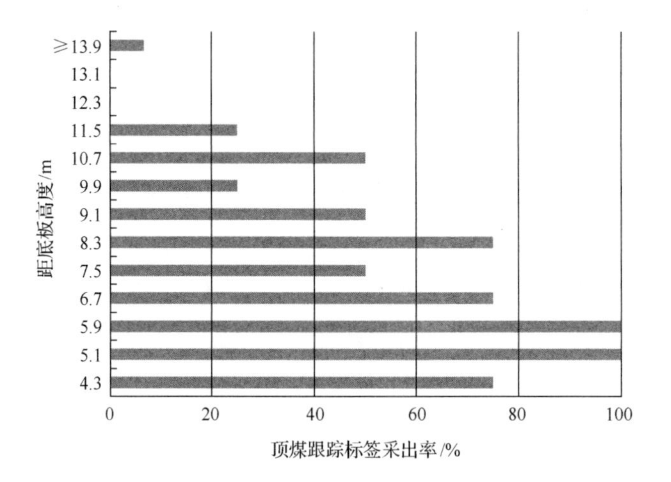

图 10-41　不同层位顶煤跟踪标签采出率柱状图（案例 4）

10.4.5　观测案例 5

现场观测的第 5 个工作面为塔山煤矿 8105 大采高放顶煤工作面。该工作面为一进一回一抽三巷布置，3 条巷道与 1070 大巷的夹角为 82°35′44″向北。其中 2105 皮带巷、5105 回风巷道沿 3～5#煤层底板布置；8105 顶板高抽巷沿 3～5#煤层顶板布置。2105 皮带巷与 1070 皮带巷、2105 皮带巷与 1070 辅助巷通过斜巷相连接，5105 回风巷道与 1070 辅助运输巷道连接。切眼位于工作面北部，距 1070 回风巷道平均 2965.9m，与皮带巷、回风巷道垂直连通，形成采场，工作面由北向南推进。运输平巷 2105 巷走向长度为 2952m，回风平巷 5104 巷长度为 2980m。平均走向长度 2966m。工作面沿煤层倾向上山回采，根据顺槽巷揭露及钻孔资料分析煤层赋存稳定，结构复杂，普遍含 4～14 层夹石，煤层厚度为 9.42～19.44m，平均为 14.50m。割煤高度 4.2m，采用一刀一放，即放煤步距为 0.8m，双轮顺序放煤。煤体容重为 14kN/m^3。直接顶平均厚度为 8.79m，主要由灰黑色碳质泥岩、高岭质泥岩、岩浆岩组成。老顶成分以石英长石为主，上部为灰黑色砂质泥岩、高岭质泥岩，厚层状构造，局部有深灰色粉砂岩等。厚度为 11.8～39.55m。直接底平均厚度为 4.87m，为灰褐色、浅灰色高岭质泥岩。

10.4.5.1　顶煤跟踪仪安装

根据塔山煤矿 8105 工作面煤体硬度及顶煤厚度，为了提高顶煤运移跟踪仪的安装效率及测试效果，采用从工作面向顶煤安装顶煤跟踪仪的观测方法。安装顶煤运移跟踪标签时的垂距为 0.8m。钻孔布置参数见表 10-27。由于工作面打钻时钻机出现故障，现场只完成 3 个钻孔，钻孔数量比预计的少一个，而且工作面顶煤厚度比预计得薄，钻孔见直接顶时的深度比计划得 11.8m 低，为保证现场测试的精度，现场调整了安装顶煤运移跟踪标签的垂距，在 2 号钻孔和 3 号钻孔安装顶煤运移跟踪标签时的垂距为 0.5m。各钻孔内顶煤跟踪标签安装参数见表 10-28～表 10-30。

表 10-27　钻孔布置参数(案例 5)

钻孔号	钻孔长度/m	钻孔位置	marker 安装数量
1	11.8	29#与 30#支架间	13
2	8.0	59#与 60#支架间	16
3	11.0	91#与 92#支架间	19

表 10-28　1 号钻孔内顶煤跟踪标签安装参数(案例 5)

marker 编号	距孔口距离/m	距底板垂距/m	距煤壁垂距/m	是否放出(“√”或“×”)
1312	0.8	4.8	1	√
1230	1.6	5.6	1	√
1325	2.4	6.4	1	√
1277	3.2	7.2	1	√
1342	4.0	8.0	1	√
1286	4.8	8.8	1	√
1252	5.6	9.6	1	×

续表

marker 编号	距孔口距离/m	距底板垂距/m	距煤壁垂距/m	是否放出（“√”或“×”）
1282	6.4	10.4	1	√
1393	7.2	11.2	1	√
1212	8.0	12.0	1	√
1238	8.8	12.8	1	√
1261	9.6	13.6	1	√
1407	10.4	14.4	1	√

表 10-29　2 号钻孔内顶煤跟踪标签安装参数(案例 5)

marker 编号	距孔口距离/m	距底板垂距/m	距煤壁垂距/m	是否放出（“√”或“×”）
1357	0.5	4.5	1	√
1322	1.0	5.0	1	√
1270	1.5	5.5	1	√
1390	2.0	6.0	1	√
1156	2.5	6.5	1	√
1204	3.0	7.0	1	×
1373	3.5	7.5	1	×
1389	4.0	8.0	1	×
1289	4.5	8.5	1	×
1161	5.0	9.0	1	√
1307	5.5	9.5	1	√
1172	6.0	10.0	1	×
1375	6.5	10.5	1	×
1351	7.0	11.0	1	×
1268	7.5	11.5	1	×
1383	8.0	12.0	1	×

表 10-30　3 号钻孔内顶煤跟踪标签安装参数(案例 5)

marker 编号	距孔口距离/m	距底板垂距/m	距煤壁垂距/m	是否放出（“√”或“×”）
1250	0.5	4.5	1	√
1157	1.0	5.0	1	√
1213	1.5	5.5	1	√
1263	2.0	6.0	1	√
1308	2.5	6.5	1	√
1200	3.0	7.0	1	√
1239	3.5	7.5	1	√
1338	4.0	8.0	1	√
1223	4.5	8.5	1	√
1391	5.0	9.0	1	×
1317	5.5	9.5	1	×
1236	6.0	10.0	1	×

续表

marker 编号	距孔口距离/m	距底板垂距/m	距煤壁垂距/m	是否放出（“√”或“×”）
1337	6.5	10.5	1	×
1227	7.0	11.0	1	×
1340	7.5	11.5	1	×
1349	8.0	12.0	1	×
1361	8.5	12.5	1	×
1385	9.0	13.0	1	×
1306	9.5	13.5	1	×

10.4.5.2 现场观测结果

现场观测中共在顶煤(顶板)中不同层位安设了48个顶煤跟踪标签,不同层位顶煤跟踪标签采出率统计见表10-31。可以看出，8m以上的顶煤采出率远低于8m以下的顶煤采出率，8m以下的平均顶煤采出率为18/21=85.71%，8～14m顶煤平均采出率为10/27=37.03%，其中8～10m安装10个跟踪标签，共放出4个，采出率为40%，结合现场测试记录的数据可以看出在工作面煤层8～10m处有0.3～0.5m厚的夹矸,其中2号钻孔和3号钻孔夹矸上面放置的跟踪标签全部没有放出；10～12m安装的11个跟踪标签，共放出3个，采出率为27.3%，其中2号钻孔和3号钻孔放置的8个跟踪标签均没有放出；12～14m以上顶板中共安设了6个跟踪标签，共放出来3个，其中2号孔没有放置，3号孔放置的3个全部没有放出，采出率为3/6=50%。以上分析说明在目前的生产条件下仍需要采取一些技术手段进行顶煤弱化及改进放煤工艺来提高8m以上顶煤采出率同时保证较少的混矸率。平均顶煤跟踪标签采出率为58.3%，如果工作面割煤的采出率按100%计算，则放顶煤工作面的采出率为70.1%。

表10-31 不同层位顶煤跟踪标签采出率统计(案例5)

距底板高度/m	安装数目/个	放出数目/个	采出率/%	未放出的marker位置
4～6	10	10	100	—
6～8	11	8	72.7	2号钻孔4个有3个未放出
8～10	10	4	40	1号钻孔2个有1个未放出 2号钻孔4个有2个未放出 3号钻孔4个有3个未放出
10～12	11	3	27.3	— 2号钻孔4个有4个未放出 3号钻孔4个有4个未放出
12～14	6	3	50	— 2号钻孔没有放置 3号钻孔3个有3个未放出

10.4.6 观测案例6

现场观测的第6个工作面为淮北矿业集团有限责任公司芦岭煤矿(简称芦岭煤矿)II

927 放顶煤工作面。Ⅱ927 综放工作面是芦岭煤矿采 9 煤放 8 煤首个综放面，工作面平均倾角 12°，推进长度为 630m，倾斜长度为 110m。切眼与机巷呈 95°夹角，方位角为 40°，倾斜长 115.437m，上限底板标高约为–490m，下限底板标高约为–522.9m。9 煤底板为泥岩，局部为粉砂岩；8 煤顶板为泥岩，细砂岩次之，局部为粉砂岩或中砂岩；8 煤与 9 煤之间的夹矸层为砂质泥岩，浅灰色，层理明显，较松软，易冒落，平均厚度为 3.0m。根据Ⅱ927 工作面溜煤眼及三巷揭露 9 煤为粉末状，平均厚度为 2.5m。

10.4.6.1 顶煤跟踪仪安装

根据芦岭煤矿Ⅱ927 工作面煤体硬度及顶煤厚度，为了提高顶煤运移跟踪标签的安装效率及测试效果，采用从工作面向顶煤安装顶煤跟踪标签的观测方法。安装顶煤运移跟踪标签时的垂距为 0.5m。钻孔布置参数见表 10-32。8 煤中各钻孔内顶煤跟踪标签安装参数见表 10-33～表 10-36。8 煤与 9 煤之间的夹矸层内的顶煤跟踪标签编号见表 10-37。

表 10-32 钻孔布置参数(案例 6)

钻孔号	钻孔长度/m	钻孔角度/(°)	钻孔位置	marker 安装数量
1	17.0	45	13#与 14#支架间	22
2	9.9	45	21#与 22#支架间	13
3	12.7	45	39#与 40#支架间	17
4	15.6	45	61#与 62#支架间	20

表 10-33 1 号钻孔内顶煤跟踪标签安装参数(案例 6)

marker 编号	距煤壁垂距/m	距底板垂距/m	安放位置	是否放出(“√”或“×”)
1228	3.5	6.0	8 煤	√
1240	4.0	6.5	8 煤	√
1406	4.5	7.0	8 煤	√
1321	5.0	7.5	8 煤	√
1377	5.5	8.0	8 煤	×
1400	6.0	8.5	8 煤	√
1165	6.5	9.0	8 煤	√
1411	7.0	9.5	8 煤	×
1302	7.5	10.0	8 煤	√
1313	8.0	10.5	8 煤	×
1387	8.5	11.0	8 煤	×
1353	9.0	11.5	8 煤	×
1210	9.5	12.0	8 煤	×
1295	10.0	12.5	8 煤	×
1336	10.5	13.0	8 煤	×
1257	11.0	13.5	8 煤	√
1170	11.5	14.0	8 煤	√
1151	12.0	14.5	8 煤	√

表 10-34　2 号钻孔内顶煤跟踪标签安装参数(案例 6)

marker 编号	距煤壁垂距/m	距底板垂距/m	安放位置	是否放出(“√”或“×”)
1366	3.5	6.0	8 煤	√
1164	4.0	6.5	8 煤	√
1255	4.5	7.0	8 煤	√
1343	5.0	7.5	8 煤	×
1315	5.5	8.0	8 煤	√
1276	6.0	8.5	8 煤	×
1333	6.5	9.0	8 煤	×
1335	7.0	9.5	8 煤	×

表 10-35　3 号钻孔内顶煤跟踪标签安装参数(案例 6)

marker 编号	距煤壁垂距/m	距底板垂距/m	安放位置	是否放出(“√”或“×”)
1410	3.5	6.0	8 煤	√
1203	4.0	6.5	8 煤	×
1370	4.5	7.0	8 煤	√
1251	5.0	7.5	8 煤	√
1214	5.5	8.0	8 煤	√
1371	6.0	8.5	8 煤	√
1154	6.5	9.0	8 煤	√
1224	7.0	9.5	8 煤	√
1378	7.5	10.0	8 煤	√
1278	8.0	10.5	8 煤	√
1237	8.5	11.0	8 煤	√
1405	9.0	11.5	8 煤	√

表 10-36　4 号钻孔内顶煤跟踪标签安装参数(案例 6)

marker 编号	距煤壁垂距/m	距底板垂距/m	安放位置	是否放出(“√”或“×”)
1260	3.5	6.0	8 煤	×
1246	4.0	6.5	8 煤	√
1266	4.5	7.0	8 煤	√
1249	5.0	7.5	8 煤	×
1262	5.5	8.0	8 煤	×
1396	6.0	8.5	8 煤	√
1208	6.5	9.0	8 煤	√
1218	7.0	9.5	8 煤	√
1288	7.5	10.0	8 煤	√
1220	8.0	10.5	8 煤	×
1281	8.5	11.0	8 煤	√
1298	9.0	11.5	8 煤	√
1168	9.5	12.0	8 煤	√
1316	10.0	12.5	8 煤	√
1362	10.5	13.0	8 煤	√
1376	11.0	13.5	8 煤	×

表 10-37　8 煤与 9 煤之间的夹矸层内的顶煤跟踪标签编号

夹矸内顶煤跟踪标签安装编号					
1225	1248	1299	1221	1202	1323
1275	1271	1201	1359	1162	1256
1290	1206	1207	1163	1341	1153

10.4.6.2　现场观测结果

现场观测中共在 8 煤不同层位安装 54 个顶煤跟踪标签，8 煤不同层位顶煤跟踪标签采出率统计见表 10-38。8 煤不同层位顶煤跟踪标签采出率柱状图如图 10-42 所示。

表 10-38　8 煤不同层位顶煤跟踪标签采出率统计

距 9 煤底板高度/m	安装 marker 数目/个	放出 marker 数目/个	采出率/%	未放出的 marker 位置
6.0	4	3	75	4 号钻孔
6.5	4	3	75	3 号钻孔
7.0	4	4	100	—
7.5	4	2	50	2 号、4 号钻孔
8.0	4	3	75	1 号钻孔
8.5	4	3	75	2 号钻孔
9.0	4	3	75	2 号钻孔
9.5	4	2	50	1 号、2 号钻孔
10.0	3	3	100	—
10.5	3	1	33.3	1 号、4 号钻孔
11.0	3	2	66.7	1 号钻孔
11.5	3	2	66.7	1 号钻孔
12.0	2	1	50	1 号钻孔
≥12.5	8	5	62.5	1 号、4 号钻孔

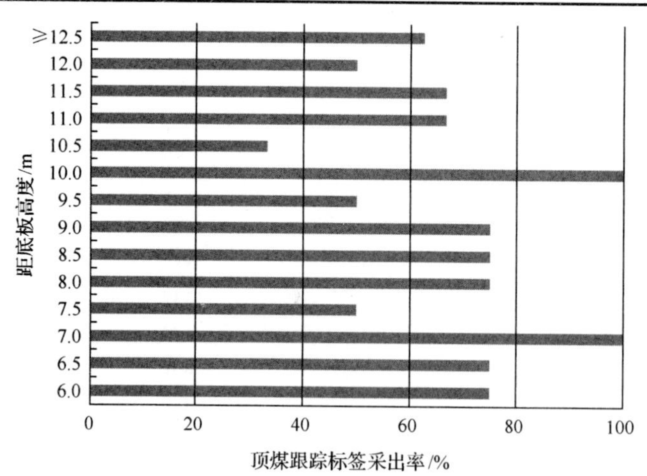

图 10-42　8 煤不同层位顶煤跟踪标签采出率柱状图

从表 10-38 可以看出，8 煤不同层位安设了 54 个顶煤跟踪标签，10.0m 以下平均顶煤跟踪标签采出率为 26/35=74.3%，10.0m 以上平均顶煤跟踪标签采出率为 11/19=57.9%，8 煤的平均顶煤跟踪标签采出率为 37/54=68.5%。如果 9 煤工作面割煤的采出率按 100% 计算，那么放顶煤工作面的采出率为 75.7%。夹矸中共安设 18 个顶煤跟踪标签，接收到 16 个，夹矸的采出率为 16/18=88.9%，表明 8 煤与 9 煤间的夹矸的破碎度比较好，同时也表明 8 煤、9 煤合层综放开采时夹矸对 8 煤的冒放性没有太大的影响。

10.4.7 观测案例 7

现场观测的第 7 个工作面为新巨龙煤矿 1302N 综放工作面。该工作面位于–810 水平一采区北翼进风上山以北，西为尚未开采的 1303N 工作面，东为 1301N 工作面采空区，北为尚未开拓的三采区。主采煤层的平均走向长度为 2570m，倾斜长度为 258m。煤层厚度为 2.8～10.9m，平均厚度为 9.4m(南部 3.3m)。煤层倾角为 0°～6°，为近水平煤层。根据 1301N 工作面、已施工的 1302N 上下平巷揭露资料，工作面第一联络巷以南部西部区域 3 煤厚度在 2.8～3.3m，东部靠近 1301N 工作面上平巷附近煤层厚度为 4.3～8.0m；第一联络巷以北西部区域 3 煤厚 9.7～10.9m，1301N 工作面上头揭露 3 煤厚 8.0～9.5m；煤层中间夹 0～1.2m 泥岩或碳质泥岩。3 煤可采指数为 1，为较稳定煤层，煤层倾角为 0°～6°，平均为 3°；煤种在二联巷处分界，煤质牌号为肥煤；宏观煤岩类型为半暗-半亮型煤，低灰低硫易洗选，发热量为 30.13MJ/kg，硫份 0.55%，灰分 12.95%。工作面基本顶为灰白色，夹深灰色条带，中厚层状，薄层状，水平层理，含长石、绿泥石、白云母片及黄铁矿，分选中等，硬度较大。老底为灰白绿色，夹有粉砂岩薄层，内有方解石薄膜及黄铁矿晶体。直接底为深灰色，厚层状，含黄铁矿、煤粒及植物要化石，具斜纵向裂隙，半充填黄铁矿片晶，硬度小，较脆，棱角状断口。

10.4.7.1 顶煤运移跟踪仪安装方案确定

为了观测不同层位顶煤的采出率，顶煤运移跟踪仪可以从工作面煤壁或运输(回风)巷道两处进行安装，根据顶煤移动规律试验以往的经验，工作面煤壁和运输(回风)巷道两种安装顶煤运移跟踪仪的方案各有优点，在回风巷道中安装顶煤运移跟踪标签向顶煤中打钻孔作业时需要较长时间，可能导致顶煤运移跟踪标签中的电量耗尽而失效。而在运输巷道里由于有转载机、皮带等设备阻碍，在运输巷道里安装时不仅要考虑工作面的推进度，而且需要避开转载机，这样在运输巷道里完成现场测试需要更长的时间，顶煤运移跟踪标签同样会由于时间过长而失效。通过方案比较及以往其他类似矿井施工经验，本次观测设计在工作面安装顶煤运移跟踪标签，具体如下所述。

在工作面煤壁顶端位置，煤壁完整无片帮的区域，架设钻孔临时平台，选取距底板 4m 处(架间)斜向上打钻孔，采用ϕ65 钻头的注水钻以 45°向上施工，安装顶煤运移跟踪标签时的垂距为 0.5m，共 3 个且在同一平面内。钻孔所在的平面和煤壁呈 45°夹角，钻孔长度均为 7.7m，钻孔顶点距煤壁顶端垂距 5.4m(煤层厚度取平均厚度 9.4m)，顶煤运移跟踪仪整体布置平面图如图 10-43 所示，顶煤运移跟踪标签单孔布置方案如图 10-44 所示。

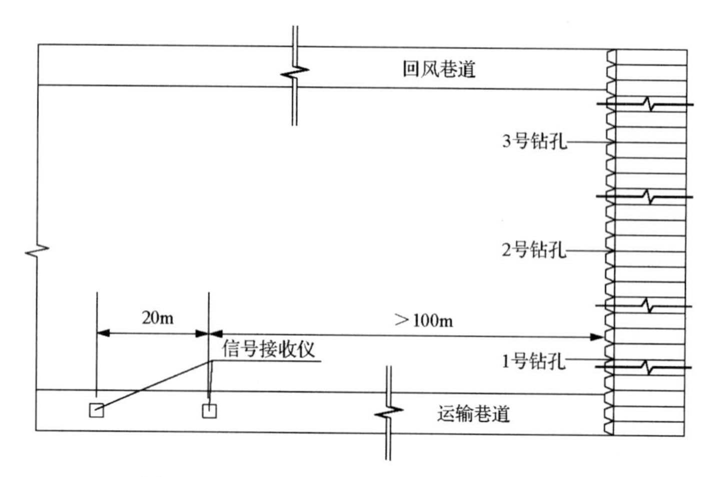

图 10-43　顶煤运移跟踪仪整体布置平面图

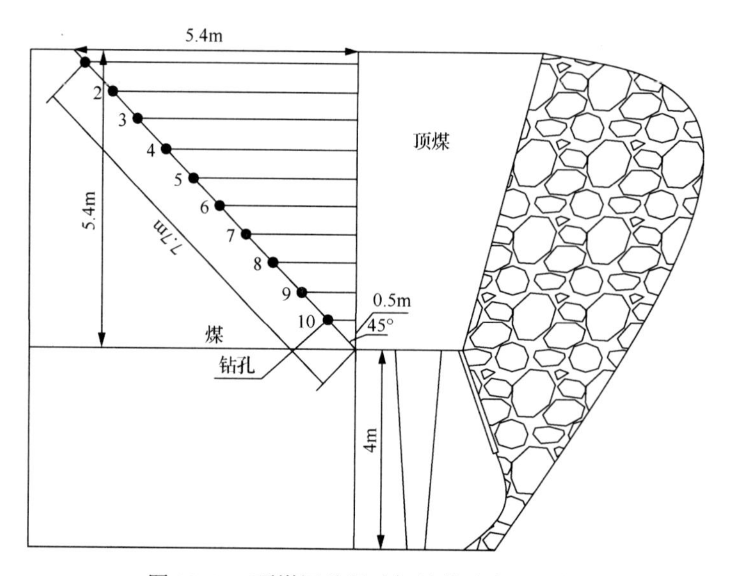

图 10-44　顶煤运移跟踪标签单孔布置方案

表 10-39　顶煤跟踪仪在工作面钻孔中的安放位置参数

跟踪标签位置编号	距底板垂距/m	距煤壁垂距/m	离孔口距离/m
1	9.0	5.0	7.70
2	8.5	4.5	6.93
3	8.0	4.0	6.16
4	7.5	3.5	5.39
5	7.0	3.0	4.62
6	6.5	2.5	3.85
7	6.0	2.0	3.08
8	5.5	1.5	2.31
9	5.0	1.0	1.54
10	4.5	0.5	0.77

注：钻孔采用 ϕ 65 钻头的注水钻进行施工。

10.4.7.2　顶煤运移跟踪仪的现场安装

根据新巨龙煤矿工作面煤质硬度及顶煤厚度，为了提高顶煤运移跟踪仪的安装效率及测试效果，确定在工作面煤壁顶端位置，煤壁完整无片帮的区域，架设钻孔临时平台，根据现场实际情况，采用ϕ65钻头的注水钻分别以倾斜43°、41°向上施工两个钻孔，安装顶煤运移跟踪标签时的垂距为0.5m。

安装时钻孔布置参数见表10-40。各孔内marker安装参数见表10-41和表10-42。各钻孔内安装的顶煤运移跟踪标签放出顺序如图10-45和图10-46所示。

表10-40　钻孔布置参数(案例7)

钻孔号	钻孔长度/m	钻孔角度/(°)	钻孔位置	marker安装数量
1	9.1	43	34#与35#支架间	13
2	9.1	41	73#与74#支架间	12

表10-41　1号钻孔内marker安装参数(案例7)

marker编号	距孔口距离/m	距底板垂距/m	是否放出("√"或"×")
2104	0.73	4.5	√
2100	1.46	5.0	√
2018	2.19	5.5	√
2003	2.92	6.0	√
2055	3.65	6.5	√
2163	4.38	7.0	√
2179	5.11	7.5	√
2021	5.84	8.0	√
2175	6.57	8.5	√
2115	7.30	9.0	×
2173	8.03	9.5	√
2079	8.76	10.0	√
2028	9.49	10.5	√

表10-42　2号钻孔内marker安装参数(案例7)

marker编号	距孔口距离/m	距底板垂距/m	是否放出("√"或"×")
2165	0.76	4.5	√
2047	1.52	5.0	√
2178	2.28	5.5	√
2138	3.04	6.0	√
2017	3.80	6.5	√
2101	4.56	7.0	√
2006	5.32	7.5	×
2192	6.08	8.0	√
2068	6.84	8.5	×
2032	7.60	9.0	√
2020	8.36	9.5	√
2126	9.12	10.0	√

	放出顺序	marker编号	距底板垂距/m
1号钻孔	21	2028	10.5
	18	2079	10.0
	17	2178	9.5
	○	2115	9.0
	16	2175	8.5
	15	2021	8.0
	13	2179	7.5
	11	2068	7.0
	12	2055	6.5
	6	2008	6.0
	5	2018	5.5
	4	2100	5.0
	3	2104	4.5

○—— 表示没有放出

图 10-45　1 号钻孔 marker 放出顺序

	放出顺序	marker编号	距底板垂距/m
2号钻孔	22	2126	10.0
	20	2020	9.5
	19	2032	9.0
	○	2068	8.5
	14	2192	8.0
	○	2006	7.5
	10	2101	7.0
	9	2017	6.5
	8	2138	6.0
	7	2178	5.5
	2	2047	5.0
	1	2165	4.5

○—— 表示没有放出

图 10-46　2 号钻孔 marker 放出顺序

10.4.7.3　现场观测结果

现场观测中，共在顶煤(顶板)中不同层位安设了 25 个跟踪标签，不同层位 marker 放出情况统计见表 10-43。不同层位 marker 采出率柱状图如图 10-47 所示。可以看出 8.5～10.5m 顶煤采出率远低于 8.5m 以下的顶煤采出率，8.5m 以下(不含 8.5m)的平均顶煤采出率为 15/16=93.75%；8.5～10.5m 顶煤平均采出率为 7/9=77.8%。

表 10-43　不同层位 marker 放出情况统计(案例 7)

距底板高度/m	安装数目/个	放出数目/个	采出率/%	未放出的 marker 位置
4.5	2	2	100	—
5.0	2	2	100	—
5.5	2	2	100	—
6.0	2	2	100	—
6.5	2	2	100	—
7.0	2	2	100	—
7.5	2	1	50	2 号钻孔
8.0	2	2	100	—
8.5	2	1	50	2 号钻孔
9.0	2	1	50	1 号钻孔
9.5	2	2	100	—
10.0	2	2	100	—
10.5	1	1	100	—

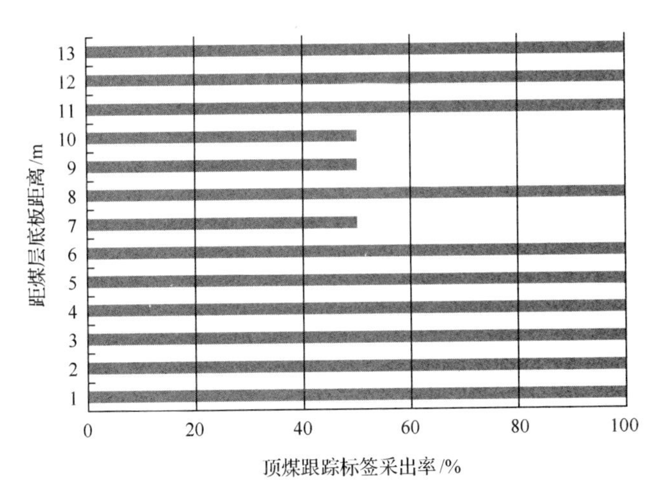

图 10-47 不同层位 marker 采出率柱状图(案例 7)

1 号钻孔 marker 安装数量为 13，顶煤中安装的数量为 13，其中有 1 个 marker 未放出，采出率为 92.3%；2 号钻孔 marker 安装数量为 12，顶煤中安装的数量为 12，其中有 2 个 marker 未放出，采出率为 83.3%；各钻孔中 marker 采出率见表 10-44。顶煤平均采出率约为 88%。

表 10-44 各钻孔顶煤中 marker 采出率

钻孔号	安装 marker 数量/个	放出 marker 数量/个	采出率/%
1	13	12	92.3
2	12	10	83.3

10.4.8 观测案例 8

现场观测的第 8 个工作面为山西金晖瑞隆煤矿 8101 综放工作面。该工作面埋深 220～260m，走向长 513m，倾斜长 161m，面积为 82593m^2。8101 工作面主采 8+10 煤，平均厚度为 9m，煤层直接顶厚度为 3.5m，岩性为灰岩；老顶厚度为 18.7m，岩性为石灰岩；直接底厚度为 3.3m，岩性为砂质泥岩、粉砂岩。工作面采用 ZF7200/18/33 型综放支架，机采高度 3m，放煤高度 6m，采放比为 1∶2；采煤机截深 0.8m，采用一刀一放双向割煤，往返一次进两刀。煤层受褶皱影响剧烈，为典型的起伏煤层，现阶段为仰斜开采，图 10-48 为 8101 工作面顺槽地质剖面示意图。

10.4.8.1 顶煤跟踪仪安设方案

采用自主研制的顶煤运移跟踪仪，对瑞隆煤矿 8101 仰斜综放工作面顶煤采出率进行现场实测。在工作面煤壁完整无片帮的区域，架设临时钻孔平台，在工作面顶端且距离煤壁 1.0m 处的架间采用 Φ50 风煤钻垂直向上施工钻孔[图 10-49(a)]，钻孔内以 0.5m 垂距安设不同编号的顶煤运移标签，如图 10-49(b)所示。

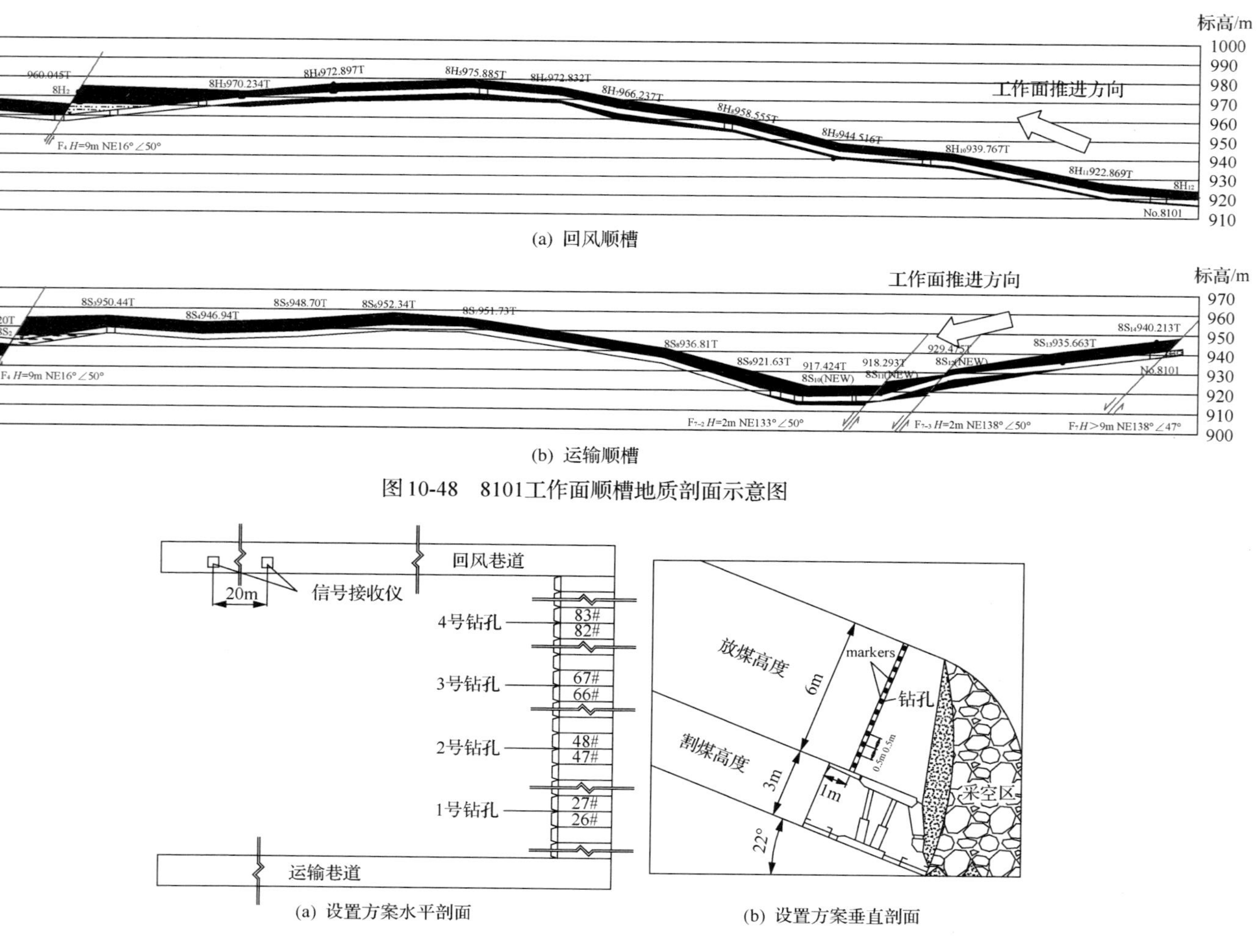

(a) 回风顺槽

(b) 运输顺槽

图 10-48　8101工作面顺槽地质剖面示意图

(a) 设置方案水平剖面

(b) 设置方案垂直剖面

图 10-49　顶煤跟踪仪安设方案示意图(案例8)

各测试钻孔参数及 marker 安装数量见表 10-45。在工作面正常放煤过程中，marker 随顶煤放出，在皮带顺槽内安装信号接收仪记录从不同钻孔内放出 marker 的编号及个数。

表 10-45 测试钻孔参数及 marker 安装数量

孔号	孔径/mm	孔深/m	钻孔位置	marker 安装数量
1	50	5.6	26#、27#支架间	11
2	50	6.0	47#、48#支架间	12
3	50	4.5	66#、67##支架间	9
4	50	4.7	82#、83#支架间	10

10.4.8.2 实测结果与分析

本书测试中，工作面推过 marker 安设区域后，共回收到 29 个 marker，各测试钻孔 marker 放出顺序及对应的钻孔柱状图如图 10-50 所示。

从图 10-50 可以看出，钻孔间放出顺序大致为 4 号钻孔→3 号钻孔→2 号钻孔→1 号钻孔，这是由工作面的放煤顺序决定的；钻孔内放出顺序大致为高位→低位→中位，这是由于在仰采角存在的条件下，高位顶煤极易成为超前顶煤在本轮中最先放出，或在上一轮放煤过程中提前放出。低位顶煤由于距离放煤口最近，且受移架过程中顶煤下落的影响，也相对较早地被放出；最后被放出的一般为中位顶煤。统计实测中放出的 marker 个数，计算各钻孔顶煤采出率，如图 10-51 所示。

marker 编号	放出顺序	距离底板距离/m	钻孔
2140	20	8.5	
2030	25	8.0	
2060	Null	7.5	
2067	32	7.0	
2162	30	6.5	
2058	31	6.0	
2007	Null	5.5	
2182	24	5.0	
2074	27	4.5	
2082	28	4.0	
2142	Null	3.5	

(a) 1号钻孔

marker 编号	放出顺序	距离底板距离/m	钻孔
2125	29	9.0	
2097	Null	8.5	
2199	Null	8.0	
2009	26	7.5	
2077	23	7.0	
2025	21	6.5	
2120	Null	6.0	
2087	22	5.5	
2026	19	5.0	
2013	17	4.5	
2168	18	4.0	
2184	16	3.5	

(b) 2号钻孔

marker编号	放出顺序	距离底板距离/m	钻孔
2083	Null	7.5	
2106	12	7.0	
2107	11	6.5	
2112	9	6.0	
2102	10	5.5	
2085	33	5.0	
2089	14	4.5	
2057	15	4.0	
2091	13	3.5	

(c) 3号钻孔

marker编号	放出顺序	距离底板距离/m	钻孔
2094	1	7.7	
2134	4	7.5	
2157	Null	7.0	
2073	3	6.5	
2196	7	6.0	
2132	8	5.5	
2096	5	5.0	
2052	6	4.5	
2160	2	4.0	
2180	Null	3.5	

(d) 4号钻孔

图 10-50　各测试钻孔内放出的 marker 及其顺序(■煤;▨矸石；Null 表示该 maker 未放出)

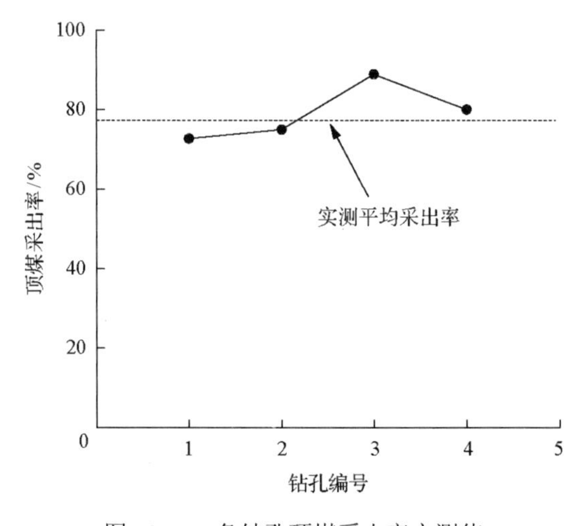

图 10-51　各钻孔顶煤采出率实测值

不同钻孔顶煤采出率实测值的差异体现了顶煤采出率在工作面不同位置的分布特征。由图 10-51 可知，3 号钻孔采出率最大，达 88.8%；1 号钻孔采出率最小，为 72.7%。结合钻孔位置说明靠近端头处顶煤采出率较小，而工作面中部较大，这是由于靠近端头处易受端头煤损的影响，部分低位顶煤无法被放出(1 号钻孔中编号为 2142 的 marker 和 4 号钻孔中编号为 2180 的 marker)，从而导致顶煤采出率较低。这说明不同层位顶煤采出率也存在一定的差异，计算各层位采出率的分布如图 10-52 所示。

图 10-52 中，高位顶煤指 7～9m 范围的顶煤，中位顶煤指 5～7m 范围的顶煤，低位顶煤指 3～5m 范围的顶煤。由图 10-50 可知，虽然在放出顺序上高位顶煤较早被放出，但是采出率却低于中低、低位顶煤。这是由于高位顶煤在仰采条件下虽然会被超前放出，但其向采空区后方运移的概率也同时增大，相当部分高位顶煤成为残煤遗落在采空区。

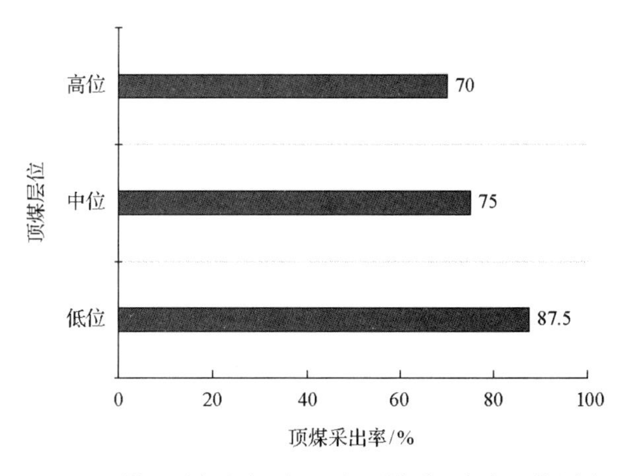

图 10-52　沿煤层垂直方向不同层位顶煤采出率实测值(案例 8)

10.4.9　观测案例 9

现场观测的第 9 个工作面为山西大远煤业有限公司(简称大远煤业)1203 急倾斜煤层综放工作面。1203 工作面主采煤层为 2 煤，赋存于太原组顶部，上距 K3 砂岩 3～5m，下距 L3 石灰岩 30～50m。煤层厚度 2.3～9.5m，厚度变异性较大，平均为 6.5m；工作面倾角为 40°～55°，平均为 45°，为急倾斜煤层。顶板为泥岩及砂质泥岩，底板为砂质泥岩或泥岩。该工作面采用走向长壁综采放顶煤开采工艺，走向推进长度为 680m，倾斜方向工作面长度 60m，埋深为 242.6～195.6m。机采高度 2.5m，平均放高为 4m，采放比为 1∶1.6，采用 ZFY4800/17/28 型综放支架，中心距 1.5m。

10.4.9.1　顶煤跟踪仪安设方案

采用顶煤运移跟踪仪在大远煤业 1203 急倾斜煤层综放工作面对放顶煤采出率值进行现场实测，沿工作面每隔 4 台支架打一测试钻孔，每个钻孔内顶煤运移标签垂距为 0.5m，如图 10-53 所示。

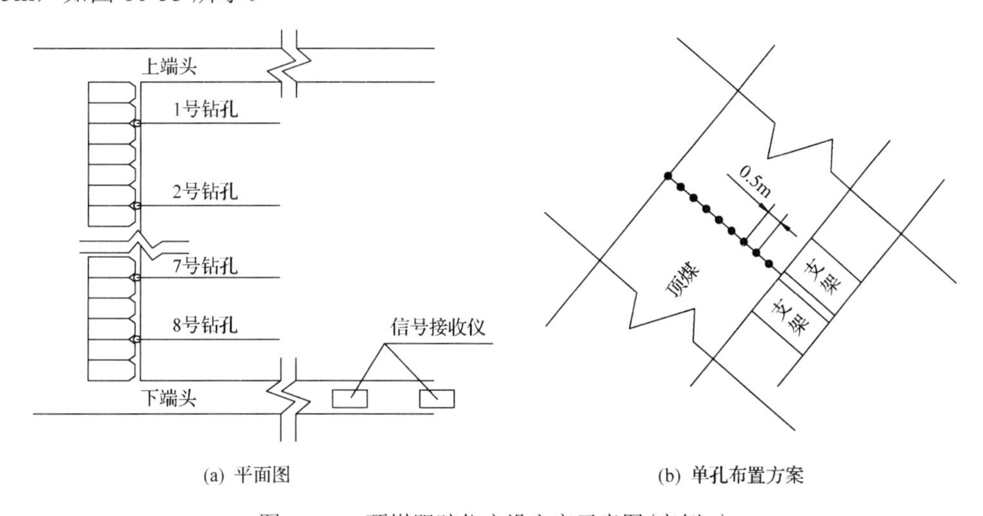

(a) 平面图　(b) 单孔布置方案

图 10-53　顶煤跟踪仪安设方案示意图(案例 9)

因受到采煤机位置限制，工作面 11#、12#支架间未钻孔测定；下顺槽沿煤层顶板布置，靠近下端头位置顶煤变薄，因此 3#、4#支架间未钻孔测定，最终在 6 个测试钻孔共安设 marker37 个，由于顶煤厚度的变异性，各孔内 marker 数量为 5～7 个。在工作面正常放煤过程中，marker 随顶煤放出，在皮带顺槽内安装信号接收仪记录从不同钻孔内放出 marker 的编号及个数。

10.4.9.2　实测结果与顶煤采出率计算

工作面推过 marker 安设区域后，共回收到 29 个 marker，即现场实测的平均顶煤采出率约为 78.38%，该结果与三维室内试验的结果(75.93%)较为吻合。顶煤采出率沿煤层垂直方向不同高度的分布如图 10-54 所示。

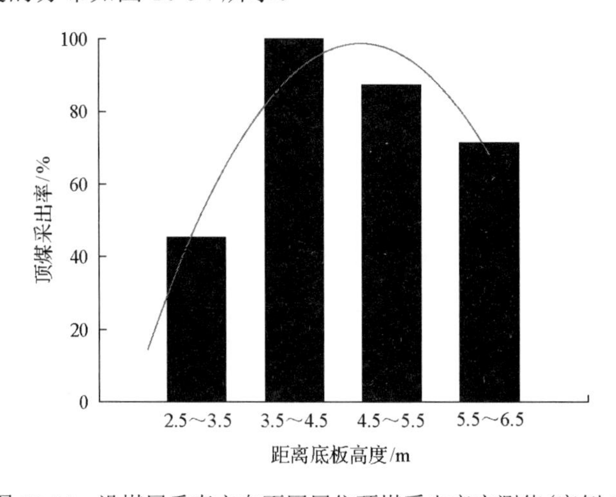

图 10-54　沿煤层垂直方向不同层位顶煤采出率实测值(案例 9)

由图 10-54 可以看出，沿煤层垂直方向中位顶煤的采出率最高；高位顶煤采出率次之；低位顶煤采出率最低，该结果印证了室内三维散体试验结论的正确性，说明急倾斜煤层综放开采顶煤采出率沿煤层垂直方向呈现出中位＞高位＞低位的分布特征。同时，本书现场实测与其他矿区综放工作面的实测结果所得结论一致，即综放开采放煤过程中，沿煤层垂直方向中位顶煤采出率均大于高位和低位顶煤采出率，说明该结论具有普遍性。

10.4.9.3　实测与实验顶煤采出率对比分析

为了进一步验证顶煤采出率的“几”字形分布规律，计算各个测试钻孔的顶煤采出率，并与室内模拟试验和 PFC 数值试验的结果进行对比分析，如图 10-55 所示。

现场实测结果表明顶煤采出率依然服从“几”字形分布规律，即工作面中部的顶煤采出率最高，且大于平均顶煤采出率 78.38%；工作面上端头和下端头顶煤采出率均低于平均采出率，其中，下端头的顶煤采出率最低。这与三维室内实验和 PFC 数值模拟的结果基本吻合，如图 10-55 所示，即通过现场实测的方法进一步验证了急倾斜煤层综放顶煤采出率的“几”字形分布规律正确性。同时依据“几”字形分布规律，提出以下措施建议，以提高现场生产的顶煤采出率：

(1) 由“几”字形分布规律可知，工作面下端头的顶煤采出率最低，现场采用上下端头各 5 个支架不放煤的方案。建议将下端头不放煤支架数目由 5 个减少至 2～3 个，重点回收下端头顶煤。

(2) 针对生产初期上端头顶煤漏冒严重的问题，建议对工作面上端头回风巷顶部煤体进行锚索加固，确保回风巷道和上端头支架的稳定性。

(3) 目前工作面长度为 60m，建议适当增加工作面长度，扩大工作面中部高采出率区域的面积，提高整体采出率。

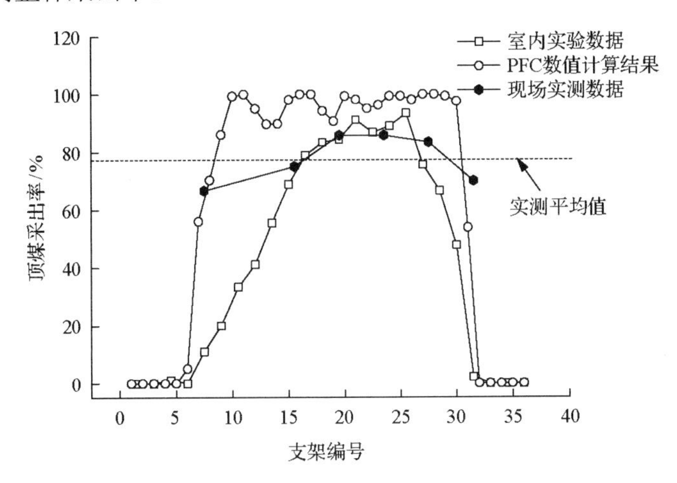

图 10-55　现场实测数据与室内实验、数值计算结果比较

参 考 文 献

[1] 贾双春, 冯灵斌, 李建平, 等. 王庄煤矿综放工作面顶煤运移规律研究[J]. 煤, 1998, 7(4): 17-19.

[2] 邢士军, 张连勇, 陈龙高. 综放面顶板(顶煤)运移规律实测研究[J]. 矿山压力与顶板管理, 2002, 19(2): 8-10.

[3] 王家臣, 杨胜利, 黄国君, 等. 综放开采顶煤运移跟踪仪研制与顶煤回收率测定[J]. 煤炭科学技术, 2013, 41(1): 36-39.

[4] 刘颢颢. 顶煤跟踪仪的研制及应用研究[D]. 北京: 中国矿业大学(北京), 2011.

[5] 王家臣, 耿华乐, 张锦旺. 顶煤运移跟踪标签合理布置密度与方式的数值模拟研究[J]. 煤炭工程, 2014, 46(2): 1-3.

[6] 耿华乐. 综放开采顶煤放出率测定方法优化研究[D]. 北京: 中国矿业大学(北京), 2015.

[7] 高运良, 马玲. 数理统计[M]. 北京: 煤炭工业出版社, 2002.

11 提高顶煤采出率的工艺

提高工作面和采区采出率一直是综放开采所面临的重要技术问题，而采放工艺是现场顶煤采出率提高的核心。根据原煤炭工业部综放专家组对我国综采放顶煤开采回采率的调研统计结果[1]，综放开采采区煤炭损失的基本构成如图 11-1 所示。

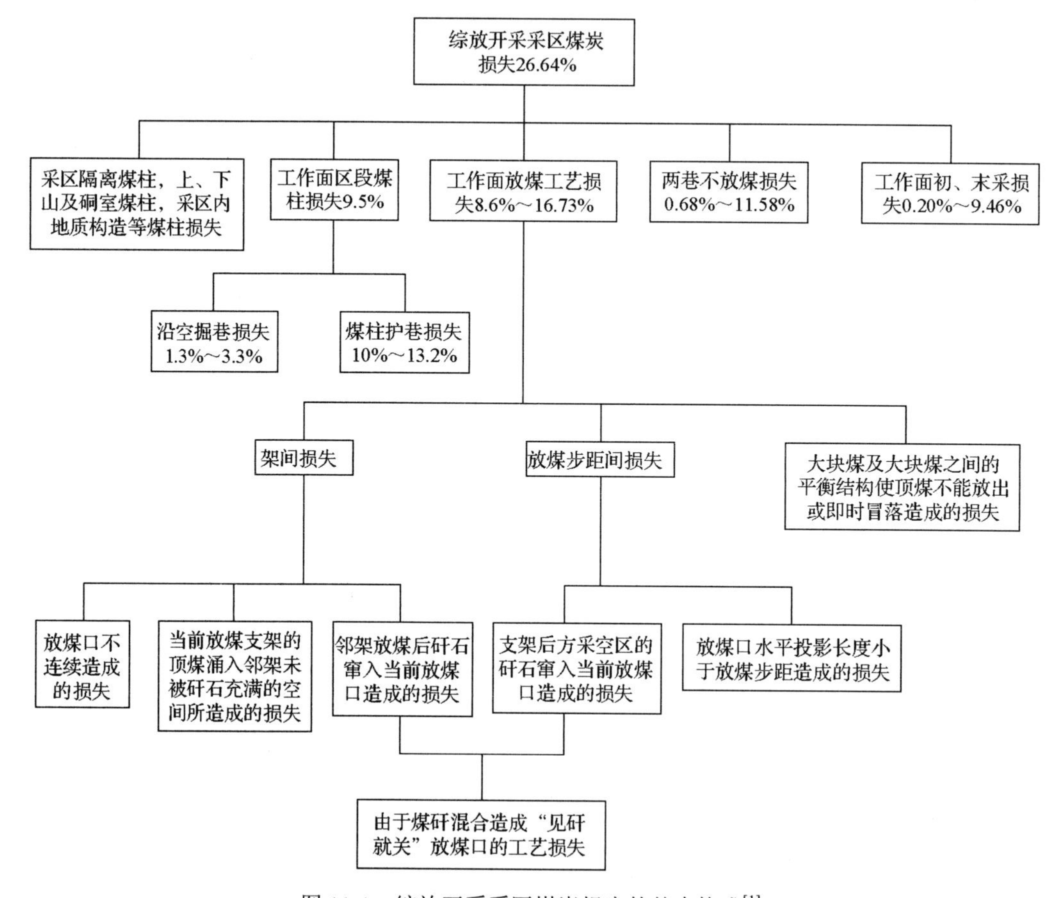

图 11-1 综放开采采区煤炭损失的基本构成[1]

目前在现场的生产实践中，提高顶煤采出率的基本思路和常见的工艺优化途径主要有以下几种[2-4]：①通过调节放煤步距，尽可能减少步距煤损，提高采出率；②通过多轮放煤，煤岩分界面均匀下沉，减少架间残煤损失；③通过增大割煤高度，调节采放比，使工作面采出率最大化；④通过减小切眼不放煤段的长度，减小初采损失，提高采出率；⑤通过增加工作面长度，减少区段损失。

以上工艺优化措施主要是从现场实践的角度进行思考的，并未考虑到不同工艺顶煤放出体形态、煤岩分界面特征，以及两者之间的相互作用对顶煤采出率提高的影响机理。

本章基于BBR研究体系，对多口同时放煤、分段逆序放煤的顶煤放出规律进行深入系统的研究，并介绍了在急倾斜煤层中应用的“分段动态下行，段内上行放煤”采放工艺。

11.1　多口同时放煤工艺

多口同时放煤是指在沿工作面布置方向上，同时打开两个或者两个以上的支架放煤口进行放煤作业，这些放煤口可以相邻，也可以相隔一定的距离。多口同时放煤工艺在早期的放煤实践中有所应用，但是由于该工艺操作较单口放煤复杂，且对顶煤放出控制和后部刮板输送机运量的要求较高，加之并未能够从理论上认识多口放煤的顶煤放出规律，目前使用较少。采用物理模拟实验和数值模拟计算相结合的方法，研究单口、双口和3口同时放煤条件下的顶煤放出规律，从提高顶煤采出率的角度对多口放煤工艺的适用性进行深入探讨[5]。

11.1.1　多口同时放煤物理模拟试验

11.1.1.1　模型建立及试验过程

为了研究同时放煤支架数量对顶煤放出规律的影响，进行了3组综放开采散体顶煤放出物理模拟试验，试验中布置24个微型放煤支架，支架高度为100mm，宽度为50mm，几何相似比 α_L=30∶1，模拟采高为3m、顶煤厚度为6m的情况。矸石颗粒采用直径为10～30mm的白色石子模拟，铺设厚度200mm；煤颗粒采用直径为5～8mm的青色石子模拟，铺设厚度300mm(含支架高度)。顶煤中沿不同层位布置7层标志颗粒共378个。模拟试验台及微型放煤支架工作原理如图11-2所示。

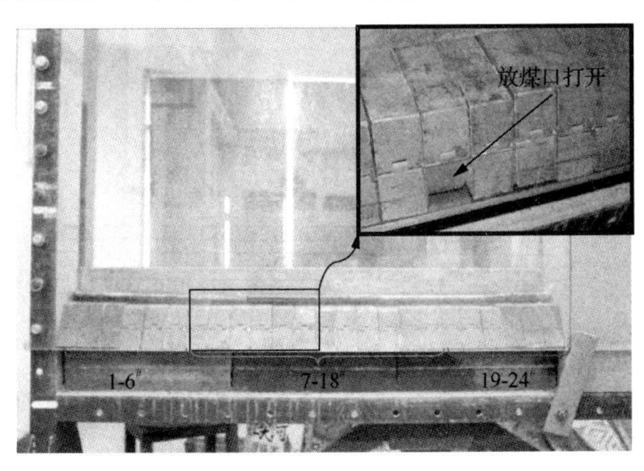

图11-2　模拟试验台及微型放煤支架工作原理

为消除边界效应对顶煤放出过程的影响，工作面上、下端头处的各6台支架不进行放煤工序，对7～18#支架进行放煤。本书讨论的是相邻支架多口同时放煤的情况，其问题的本质是放煤口长度(沿工作面方向)增大对顶煤放出规律的影响，因此设置A、B和C 3种试验方案，分别进行单口、双口和3口同时放煤试验，各试验支架放煤顺序见表11-1(括号内数字表示同时放煤支架的编号)。

表 11-1　试验方案设计

方案编号	支架放煤顺序
A	7—8—9—10—11—12—13—14—15—16—17—18
B	(7、8)—(9、10)—(11、12)—(13、14)—(15、16)—(17、18)
C	(7、8、9)—(10、11、12)—(13、14、15)—(16、17、18)

试验中，按照表 11-1 的顺序依次打开微型支架的放煤口，以放煤见矸为标志作为本次放煤的结束时刻，每次放煤结束后对放出煤量进行称量，并记录标志颗粒的编号及放出顺序，3 组试验的过程及结果如图 11-3 所示。

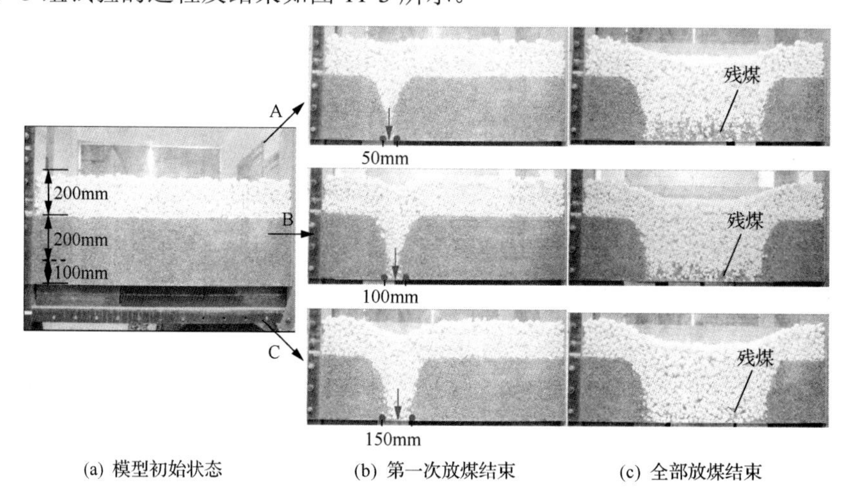

图 11-3　3 组试验的过程及结果

11.1.1.2　放煤口长度对放煤量的影响

由图 11-3 可知，A、B、C 3 组试验的放煤口长度分别为 50mm、100mm、150mm，统计 3 组试验放煤过程中的放出量大小，分析放煤口长度对各次放煤量的影响，如图 11-4 所示。

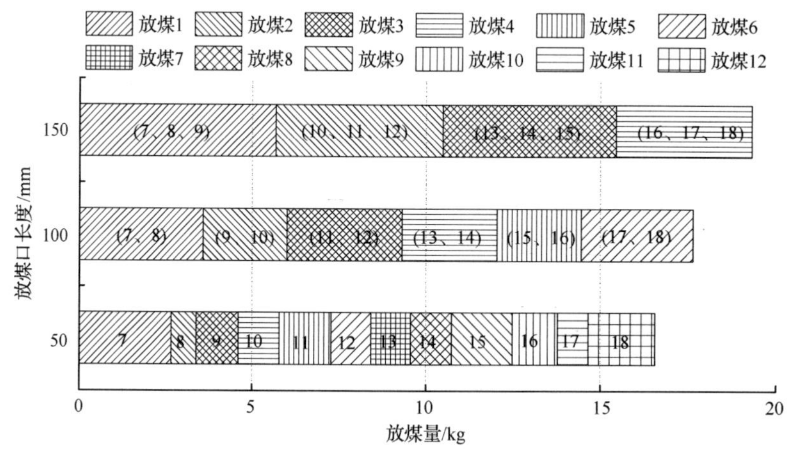

图 11-4　放煤口长度对放出量的影响

由图 11-4 可知，同时开口数目的增加，减少了放煤次数，但是增加了每次的放煤量，同时也增加了放煤总量。本试验中，采用双口同时放煤方式较单口放煤的放煤总量增加了 6.52%；采用 3 口同时放煤较单口放煤增加了 16.67%。

这是由于多口同时放煤方式增大了放煤口尺寸，有利于大块煤顺利放入后部刮板输送机而运出，减少了放煤过程中的成拱次数，有效提高了放煤工序的连贯性。与此同时，放煤口尺寸的增大也使得破碎直接顶矸石进入放煤口的概率增大，根据每次放煤结束后记录的矸石质量，计算不同放煤方式下的含矸率变化，如图 11-5 所示。

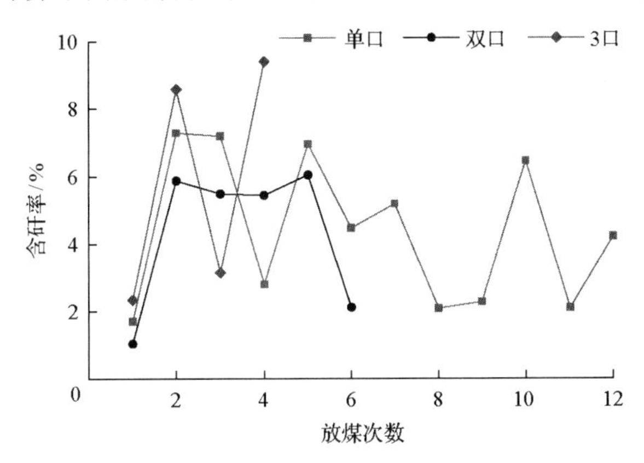

图 11-5　不同放煤方式含矸率变化图

图 11-5 显示 3 种方式含矸率的差别不大，单口放煤的含矸率基本在 1.71%～7.29%变化，含矸率的平均值为 4.39%；双口同时放煤的含矸率在 1.04%～6.04%变化，其平均值为 4.33%，与单口放煤基本持平。这说明和单口放煤相比，双口同时放煤能够在含矸率水平保持不变的情况下，增加纯煤的放出量，有利于顶煤采出率的提高。

3 口同时放煤的含矸率在 2.33%～9.41%波动，平均含矸率为 5.86%，说明当放煤口长度增加到 150mm 时，含矸率显著增高；较单口放煤相比，含矸率增加了约 33.5%，虽然放煤量也有显著增加，但此时应当考虑含矸率增高会带来后期洗选成本增加。

11.1.1.3　放煤口长度对顶煤采出率的影响

根据每次放出标志颗粒的编号及数量，计算不同支架上方顶煤采出率的大小。本试验中，除了中部 7～18#支架，在两端头的各 3 台支架(4～6#、19～21#)正上方亦安设了标志颗粒，通过对放出标志颗粒的坐标反演，分析端头煤损的大小及其在多口同时放煤条件下的变化规律。

图 11-6 显示了不同放煤口长度下顶煤采出率在工作面不同位置的分布规律。由图 11-6 可知，不同放煤口长度条件下顶煤采出率均体现出了典型的“几”字形分布特征，即工作面中部采出率大，工作面两端头采出率小，这与急倾斜煤层中的研究结果相吻合，说明该结论具有普遍性。同时开口数目的增加对工作面中部顶煤采出率的影响较大，如双口同时放煤时工作面中部 7～18#支架的平均顶煤采出率为 78.57%，而单口放煤时仅为 70.24%；3 口同时放煤时顶煤采出率较单口放煤增加了约 19.44%，达 89.68%。

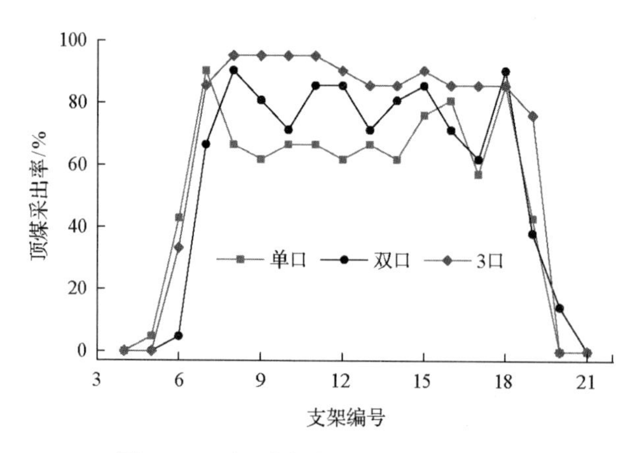

图 11-6　不同支架上方顶煤采出率分布

图 11-3 中 A、B、C 3 个方案下的残煤量及形态亦佐证了这一点，3 个方案中两端头的煤岩分界面形态差异不大，但是随着同时开口数目的增加，工作面中部残煤量越来越少。说明在双口和 3 口同时放煤条件下多回收的顶煤主要来自于工作面中部，为了进一步分析该部分顶煤的具体来源，计算工作面中部 7～18#支架上方不同层位的顶煤采出率，如图 11-7 所示。

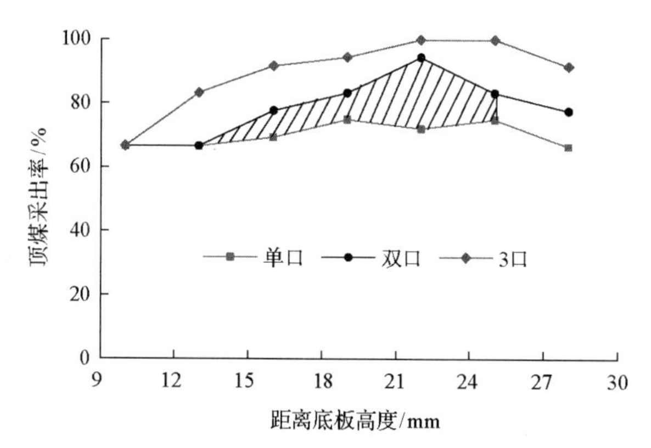

图 11-7　顶煤采出率沿不同竖直层位分布

由图 11-7 可知，在煤层竖直方向上，顶煤采出率体现出了中位＞高位＞低位的分布规律；且随着同时开口数目的增加，中位和高位顶煤的采出率增大较多，最为显著的是中位顶煤。如双口同时放煤时，中位顶煤的采出率有明显增大(图 11-7 中阴影部分)，但低位顶煤采出率依然保持不变，这说明多口同时放煤工艺相较普通单口放煤工艺多回收的顶煤主要来源于工作面中部的中高位顶煤。

11.1.2　多口同时放煤数值模拟计算

11.1.2.1　模型参数与边界条件

为了研究多口同时放煤工艺提高顶煤采出率的机理，利用颗粒流软件建立沿工作面布置方向的综放开采数值计算模型，分析多口同时放煤条件下煤岩分界面演化特征和顶煤放出体发育过程。模型初始状态如图 11-8 所示。

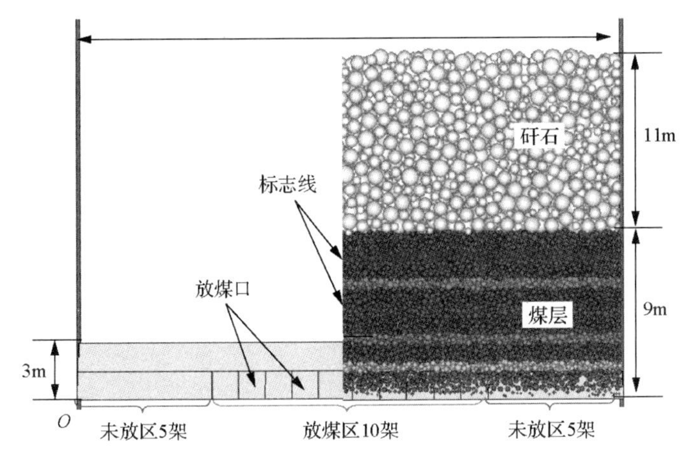

图 11-8 PFC 模型初始状态图

为了便于展示支架参数及放煤口位置，图 11-8 模型中左侧 1/2 的颗粒未予显示，图中上部灰白色的颗粒为破碎直接顶(11m)，下部黑色颗粒为煤(9m)，在煤中设置 5 层不同灰度的标志线，以观察煤体的流动状态和特征。煤炭颗粒和岩石颗粒的物理力学参数见表 11-2。

表 11-2 煤岩物理力学参数

材料	密度 ρ/(kg/m^3)	半径 R/m	法向刚度 k_n/(N/m)	剪切刚度 k_s/(N/m)	摩擦系数
煤炭	1500	0.05～0.2	2×10^8	2×10^8	0.4
矸石	2500	0.2～0.5	2×10^8	4×10^8	0.4

综放支架由 PFC 中的墙单元来模拟，通过 fish 语言控制支架放煤口的打开或关闭，计算中采用“见矸关门”的原则来进行放煤和移架。模型共设置 20 个支架，两侧各保留 5 个支架不放煤，每个支架的几何尺寸及物理力学参数见表 11-3。

表 11-3 支架的几何尺寸及物理力学参数

高度 H/m	中心距 W/m	法向刚度 k_n/(N/m)	剪切刚度 k_s/(N/m)	掩护梁角度/(°)	摩擦系数
3	1.5	1×10^9	1×10^9	60	0.2

模拟边界条件：颗粒四周及顶底部墙体作为模型的外边界，其速度和加速度固定为 0。初始条件：颗粒初始速度为 0，只受重力作用，g=9.81m/s^2，墙体速度与加速度为 0。

11.1.2.2 放煤口长度对放出体形态的影响

对模型中部的 10 个支架分别采用单口、双口、3 口方式进行自左向右放煤，3 种方案中放煤口长度分别为 1.5m、3m 和 4.5m。放煤结束后，将放出颗粒按照编号反演至未放煤时的初始时刻，并用不同颜色区分各次放煤的放出体形态，如图 11-9 所示。

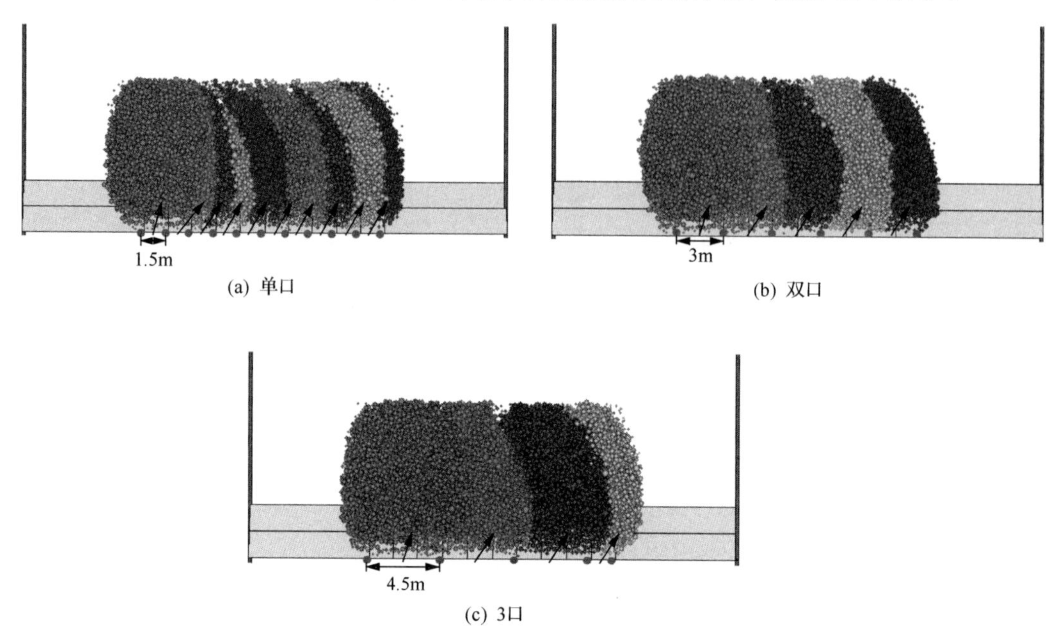

图 11-9　放煤口长度对各支架放出体的影响

由图 11-9 可知，在“见矸关门”的控制下，同时开口数目的增加显著地增大了单次放煤的放出量，计算 3 次试验中顶煤采出率，如图 11-10 所示。由图 11-10 可以看出，采用多口同时放煤的方式可提高顶煤采出率：双口同时放煤较单口放煤采出率提高了 3.52%，3 口同时放煤较单口放煤采出率提高了 4.49%。这是因为多口同时放煤增大了放出体体积，计算 3 种方式下单次放煤放出体体积的平均值(不含初次放煤及 3 口放煤第 4 次数据)如图 11-11 所示。

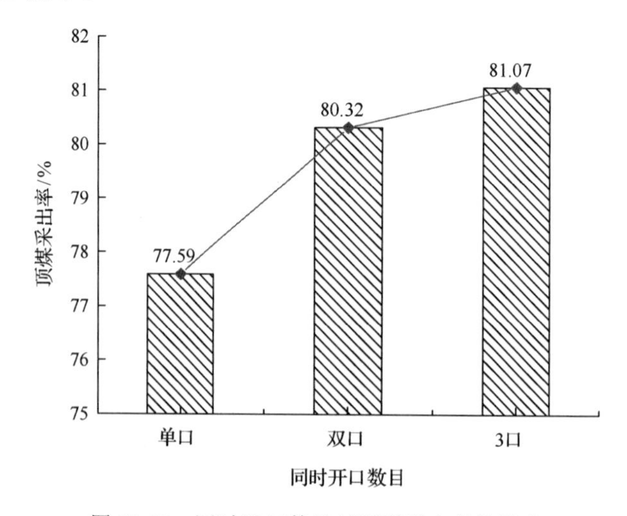

图 11-10　同时开口数目对顶煤采出率的影响

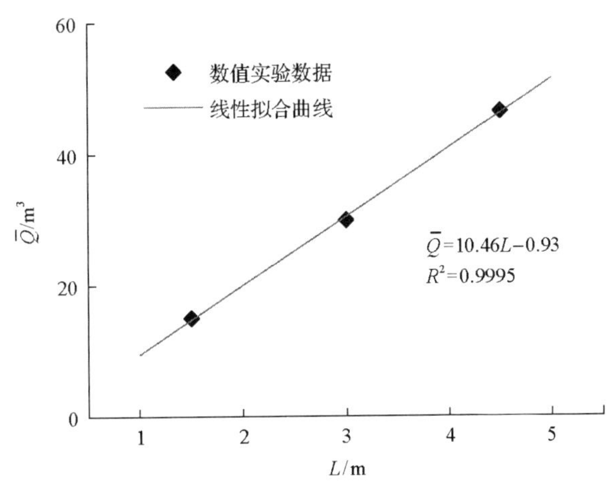

图 11-11 $\bar{Q}$ 随 L 增大的变化规律

图 11-11 显示了放出体体积 $\bar{Q}$ 随放煤口长度 L 的增大呈线性增大，双口同时放煤单次放煤体积均值为单口放煤的 1.99 倍，三口同时放煤为单口的 3.09 倍。为深入研究放煤口长度对放出体形态的影响，根据单一变量原则，需控制起始煤岩分界面相同，以观察不同放煤口长度条件下顶煤放出体发育的差别。本书通过对第 7 次放煤后第 8 次放煤前的单口放煤模型进行单口、双口、3 口同时放煤设置，进行相同起始煤岩分界面下不同放煤口长度的放煤过程模拟。放煤见矸后，将不同模型的计算结果逐一提取，记录放出颗粒的编号，在起始模型中删除已放出颗粒后，所形成的放出空洞即为顶煤放出体形态，如图 11-12 所示。

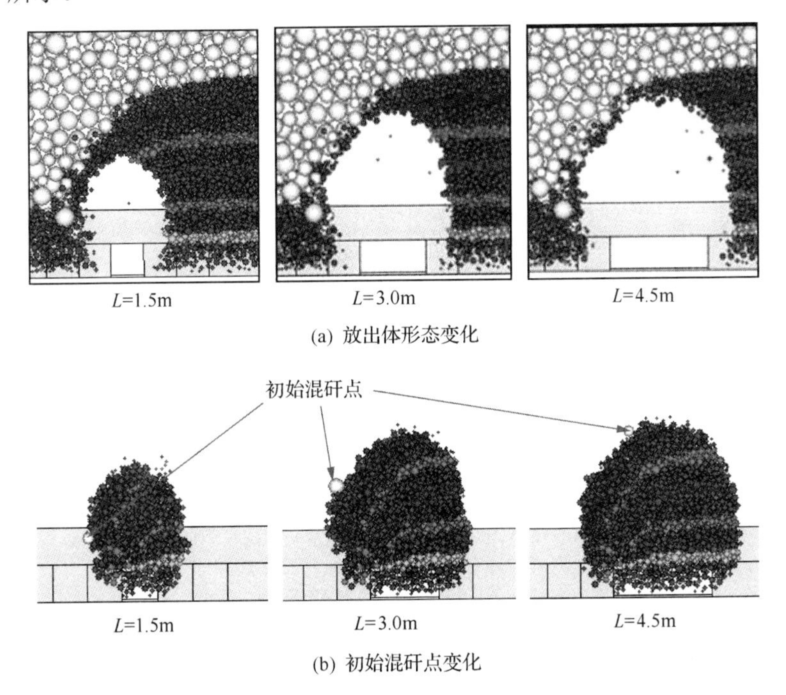

图 11-12 放出体形态及初始混矸点位置随放煤口长度变化

由图 11-12(a)可以看出，在相同的起始煤岩分界面下，随着放煤口长度的增大，放出体与煤岩分界面的相切范围逐步增大，说明多口同时放煤方式能够使放出体发育更加充分；同时由图 11-12(b)可知，多口同时放煤增大了放煤口在沿工作面方向上的尺寸，使得初始矸石混入点由放煤口靠近已放煤侧逐步向放煤口上方转移，这种特征有利于降低放煤过程中已放煤侧矸石混入的概率，使放出体得到充分的横向发育，如图 11-12(b)所示。

初次见矸后，继续放煤会使放出的煤炭中的矸石量逐步增多，图 11-13 显示了不同放煤口长度条件下，放出的纯煤体积随含矸率增大的变化过程，可以看出当含矸率相同时，放煤口长度越大，放出的纯煤量越多。

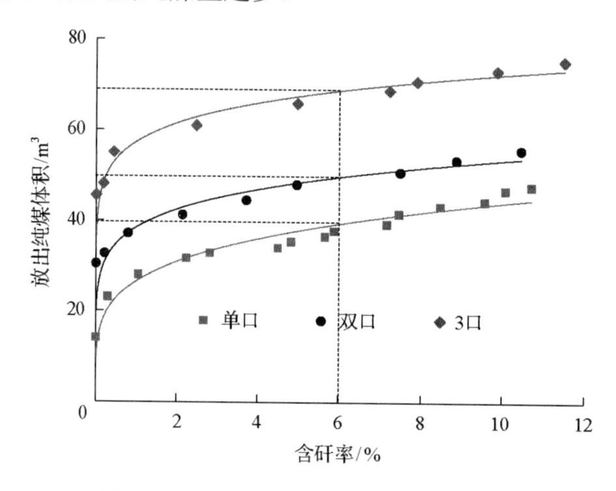

图 11-13　放出纯煤体积随含矸率的变化

11.1.2.3　放煤口长度对煤岩分界面形态的影响

煤岩分界面是放出体发育的边界条件，在相同的起始煤岩分界面(图 11-14 中黑线)下，放煤后的终止煤岩分界面直接决定了放煤量。为了分析放煤口长度对煤岩分界面形态变化的影响，在相同的含矸率(6%)条件下，提取 3 种放煤方式终止煤岩分界面(图 11-14 中白线)的形态，如图 11-14 所示。

由图 11-14 可知，随着放煤口长度的增大，终止煤岩分界面与初始煤岩分界面之间的距离亦随之增大，从而使放煤量增加；当含矸率为 6%时，L=3m 时放出纯煤体积较 L=1.5m 增加了约 25%，L=4.5m 时放出纯煤体积较 L=1.5m 时增加了约 75%，说明增大放煤口长度可使含矸率保持在较低水平的同时，增加放煤量。BBR 研究体系将放煤过程中煤岩分界线的变化过程简化为右开口抛物线顶点右移、对称轴下移的几何问题，本数值试验中，初始煤岩分界面方程用横向抛物线状描述，如式(11-1)所示：

$$(y-2.91)^2=8.21(x-15.99) \tag{11-1}$$

式中，坐标原点 $O(0,0)$ 位于模型左下角边界点处(图 11-8)，相关系数 $R^2=0.9763$。

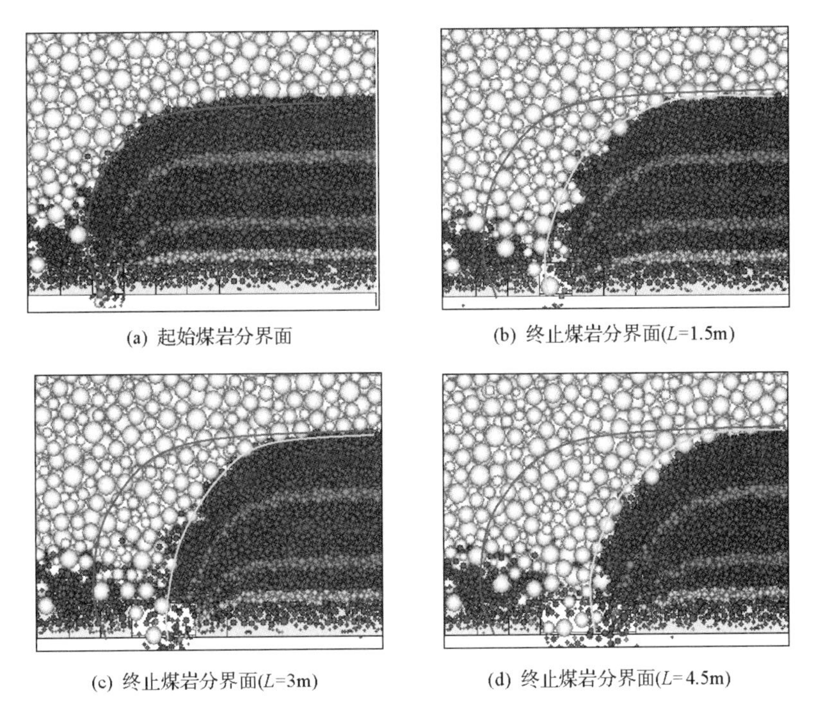

(a) 起始煤岩分界面 (b) 终止煤岩分界面(L=1.5m)

(c) 终止煤岩分界面(L=3m) (d) 终止煤岩分界面(L=4.5m)

图 11-14 放煤口长度对煤岩分界面的影响

分析单口、双口和3口同时放煤的数值计算结果(图 11-14)，发现在不同放煤口长度下，终止煤岩分界面的形态依然可用横向抛物线状描述，其数学方程分别如式(11-2)～式(11-4)所示：

$$(y-1.95)^2=8.78(x-19.49) \tag{11-2}$$

$$(y-1.96)^2=9.39(x-20.08) \tag{11-3}$$

$$(y-2.14)^2=9.65(x-21.43) \tag{11-4}$$

其中，式(11-2)的相关系数 R^2=0.9871；式(11-3)的相关系数 R^2=0.9767；式(11-4)的相关系数 R^2=0.9910。

由式(11-1)～式(11-4)可以看出，初始煤岩分界面的对称轴偏离 x 轴较多(y=2.91)，放煤结束后，对称轴出现了明显下移，不同放煤口长度条件下终止煤岩分界面的对称轴基本在y=2上下波动，并且随着放煤口长度的增大，对称轴有逐步上移的趋势，L=1.5m 时，对称轴为 y=1.95；当增大至 L=4.5m 时，对称轴上移至 y=2.14。说明放煤口长度增加有助于终止煤岩分解面形成向已放煤侧凸出的形态特征，由于本次放煤结束时的终止煤岩分界面将会成为下一次放煤的起始煤岩分界面，这种凸出特征将有利于下次放煤时放出体的充分发育，从而扩大放出体和分界面的相切范围，提高下次放煤的煤炭采出率。

11.2　分段逆序放煤工艺

多口同时放煤对顶煤采出率的提高主要体现在工作面中部区域，而工作面两端的煤损也是采区煤损的重要组成部分，采用逆序放煤可增大下端头顶煤的放出量，其工艺示意图如图 11-15 所示。

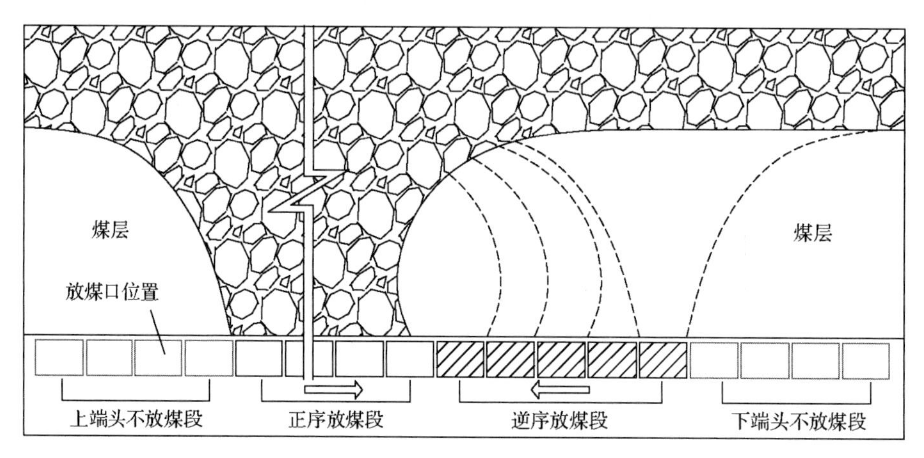

图 11-15　分段逆序放煤工艺示意图

分段逆序放煤是指将工作面内除上、下端头不放煤段之外的所有放煤支架划分为两段：①正序放煤段；②逆序放煤段，如图 11-15 所示。

正序放煤段是指在该段内放煤方向与采煤机割煤方向相同(图中为下行放煤)；逆序放煤段是指在该段内放煤方向与采煤机割煤方向相反(图中为上行放煤)，逆序段与下端头不放煤段相邻，其长度约为支架宽度的 3～5 倍。现场生产中，若采用双向割煤，往返一次进两刀，且上行和下行都放煤，则逆序段交替出现在上下端头处。

11.2.1　分段逆序放煤对比试验

为了研究分段逆序放煤对端头顶煤采出率提高的机理，进行对比试验，即对相同的模型分别采用普通正序和分段逆序两种方式进行放煤，对计算结果进行分析，从放出体形态、煤岩分界面特征等方面探究分段逆序对端头放煤效果的影响。

以图 11-8 中的数值模型为基础对模型中部 10 个支架的放煤过程设计以下两组试验方案，见表 11-4。

表 11-4　对比试验方案设计

试验编号	放煤方式	支架放煤顺序
1	普通正序	1—2—3—4—5—6—7—8—9—10
2	分段逆序	1—2—3—4—5—10—9—8—7—6

试验 1 和试验 2 除放煤顺序不同外，其余参数均相同，试验结果如图 11-16 所示。

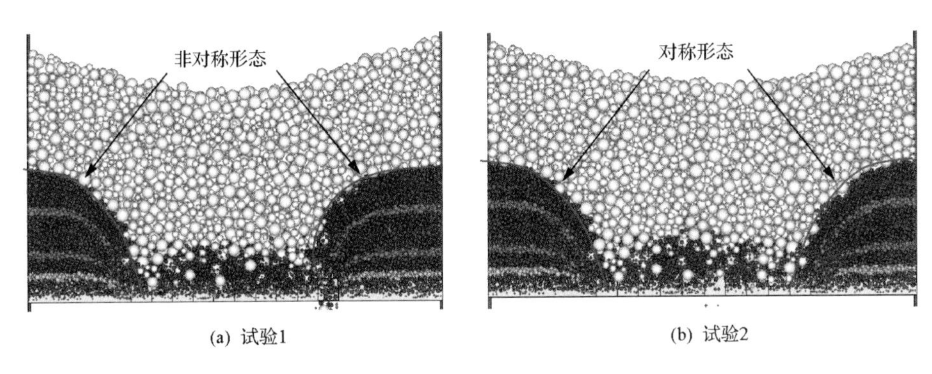

(a) 试验1　(b) 试验2

图 11-16 数值试验计算结果

11.2.2　试验结果分析

11.2.2.1　端头处煤岩分界面对比分析

两组试验的 1～5#支架的放煤过程相同，差别主要体现在 6～10#支架的放煤过程中，由于试验 1 采用普通正序放煤，煤岩前分界面在随各支架放煤不断移动的过程中，逐步呈现出了向已放煤侧凸出的特征，煤岩前后分界面非对称性明显；而试验 2 由于设置了逆序段，10#支架放煤时的边界条件与 1#支架相近，在没有已放煤侧矸石混入的条件下，放煤结束后形成的右侧煤岩分界面与左侧基本对称，且放煤量有显著增加，如图 11-17 所示。

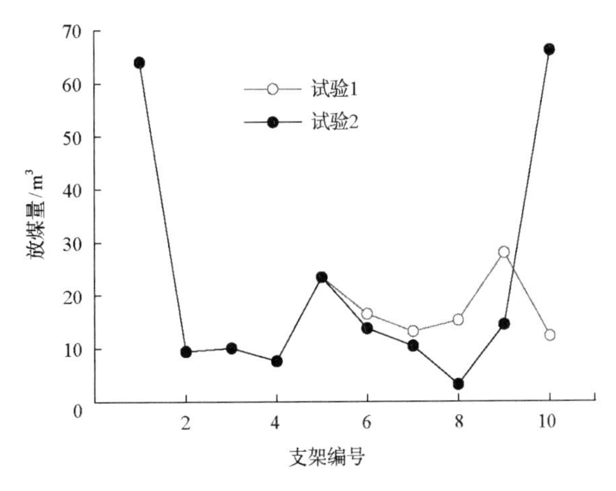

图 11-17　不同试验方案各架放煤量

由图 11-17 可以看出：

(1) 试验 2 中 10#支架的放煤量为 66.1m^3，远大于试验 1 中 10#支架的放煤量，且基本与初次放煤(1 号支架)的放煤量持平；

(2) 试验 2 中 8#、9#支架的放煤量小于试验 1 中的放煤量，这是由于受 10#支架大放煤量的影响，8#和 9#支架见矸早，放煤量较小；

(3) 采用分段逆序放煤方式，逆序段放煤总放煤量较普通正序放煤中 6～10#支架总放煤量提高了 26.89%，下端头顶煤采出率提高了 13.98%。

为了从理论上解释分段逆序放煤对下端头顶煤的回收效果，提取图 11-16 中两组试验下端头煤岩分界面的曲线，并将其放在同一坐标系中进行比较，如图 11-18 所示。

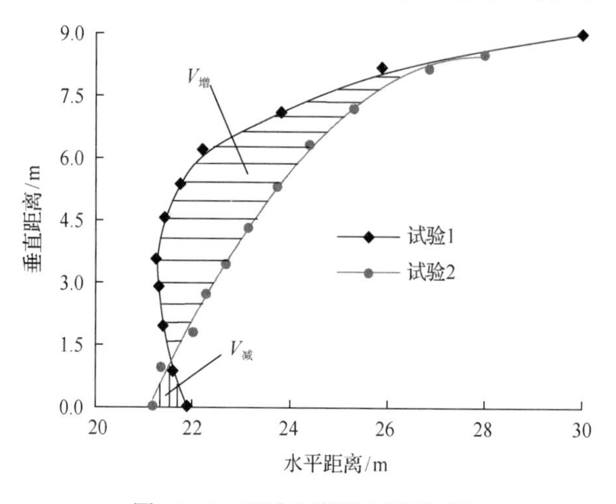

图 11-18 下端头煤岩分界面对比

煤岩分界面形态的差异是分段逆序放煤放出量增大的根本原因，增大的煤量 ΔQ 可由式(11-5)求出：

$$\Delta Q=V_{增}-V_{减} \tag{11-5}$$

式中，ΔQ 为采用分段逆序放煤后在下端头处多回收的煤炭资源体积，m^3；$V_{增}$为分界面中上部右移引起的放出煤量增大值，m^3；$V_{减}$为分界面下部左移而引起的放出量减小值，m^3。

11.2.2.2 正、逆序段衔接处放出体形态特征

分段逆序放煤可增加对下端头顶煤的回收，但是在正、逆序段衔接处是否会造成大量煤损也是需要探讨的问题。选取试验 2 中逆序段最后一个支架放煤前($7^{\#}$架放煤结束，$6^{\#}$架放煤之前)的时刻，提取 $6^{\#}$支架起始煤岩分界面形态，如图 11-19 所示。

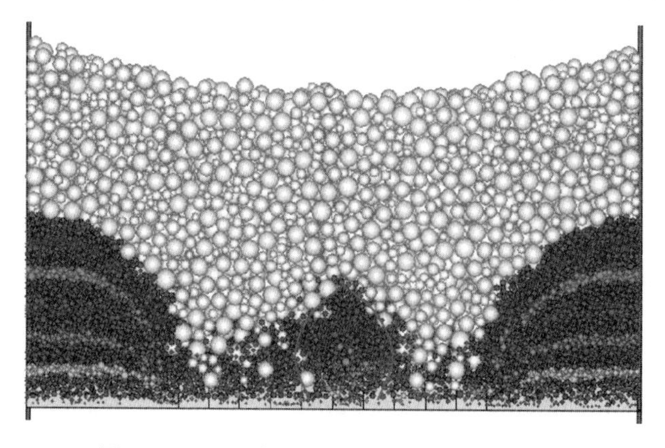

图 11-19 6 号支架起始煤岩分界面(试验 2)

由图 11-19 可知，当逆序段进行过多次放煤后，6#支架放煤口右侧的煤岩分界面逐步呈现出了向已放煤侧凸出的特征，其形态较稳定且与 6#支架放煤口左侧的煤岩分界面基本对称，左右两侧煤岩分界面整体形态有利于放出体的发育。

为了进一步分析放出体在正、逆序段衔接处的发育形态特征，将试验 1 和试验 2 中 6#支架放出颗粒进行反演并对比，如图 11-20 所示。

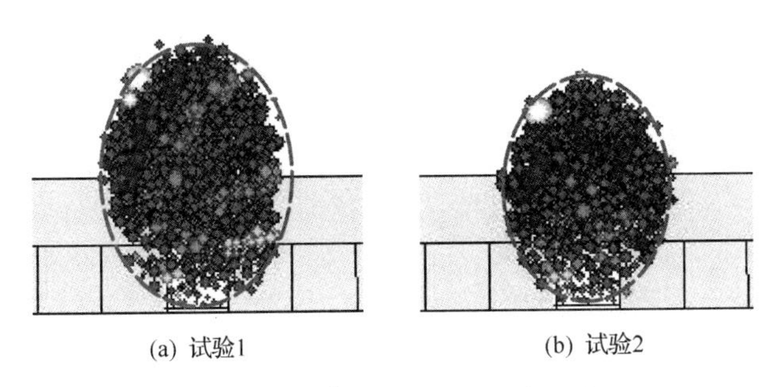

(a) 试验1　　(b) 试验2

图 11-20　6#支架放出体形态对比

由图 11-20 可以看出，试验 2 中 6#支架的放出体体积小于试验 1，这是由于逆序段经过多次放煤后，6#支架上方的煤岩分界面已发生了部分沉降(图 11-19 所示)，受煤岩分界面的约束，分段逆序放煤在正、逆序衔接处的放出体体积较小，但是其形态发育较好，呈左右对称状，放出体边界基本与标准椭圆契合，如图 11-20(b)所示；而试验 1 中 6#支架已放煤侧矸石较易混入放煤口，导致放出体在未放煤侧发育不充分，形成了一定的亏缺，如图 11-20(a)所示。因此采用分段逆序放煤除了可提高端头顶煤的采出率，还可在正、逆序段衔接处形成有利于放出体发育的煤岩分界面形态，从而减少该处遗留在采空区的残煤量。

11.2.3　逆序段合理长度确定

分段逆序放煤中，逆序段长度是一个重要参数，逆序段过长，会造成放煤工序复杂，降低放煤效率；逆序段过短，则容易导致已放煤侧矸石提前涌入放煤口的概率增大，削弱逆序放煤提高下端头顶煤采出率的效果。

为了确定合理的逆序段长度，需要研究逆序段长度效应，分析逆序段长度变化对分段逆序放煤效果的影响。采用改变数值模型中逆序段支架数量的方法，模拟逆序段长度 L_r 分别为 7.5m、6m、4.5m、3m、1.5m 条件下的放煤过程，比较其煤岩分界面、放煤量和采出率的差别，分析逆序段的长度效应。

图 11-21 显示了不同逆序段长度 L_r 条件下，10#支架放煤量 Q_{10} 和逆序段总放煤量增长率 p_r 之间的变化规律。图中放煤量增长率 p_r 的计算公式为

$$p_r = \frac{\sum\limits_{i=(11-L_r/1.5)}^{10} Q_i' - \sum\limits_{i=(11-L_r/1.5)}^{10} Q_i}{\sum\limits_{i=(11-L_r/1.5)}^{10} Q_i} \times 100\% \tag{11-6}$$

式中，Q_i'为逆序放煤时，逆序段中 i 号支架的放煤量，m^3；Q_i 为正序放煤时，相应的 i 号支架的放煤量，m^3。

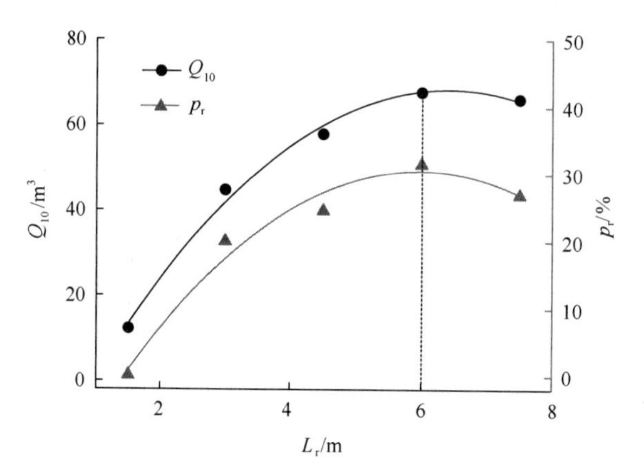

图 11-21　Q_{10} 和 p_r 随 L_r 增大的变化规律

设置逆序段主要的作用是通过改变端头处煤岩分界面的形态来增加下端头处的放煤量，因此对分段逆序放煤效果影响最大的是逆序段中首个支架(试验 2 中 10#架)的放煤过程；由图 11-21 可知，随着逆序段长度的增大，10#支架的放煤量逐步增大，当 L_r=6m 时，放煤量达到最大值 67.69m^3，之后放煤量有所减小。放煤量增长率也呈现出了类似的特点，当留设 4 个支架作为逆序段时，逆序段总的放煤量较正序段相同支架提高了 31.49%。据此可得到下端头顶煤采出率的增量 $\Delta\rho$ 随逆序段长度 L_r 的变化如图 11-22 所示。

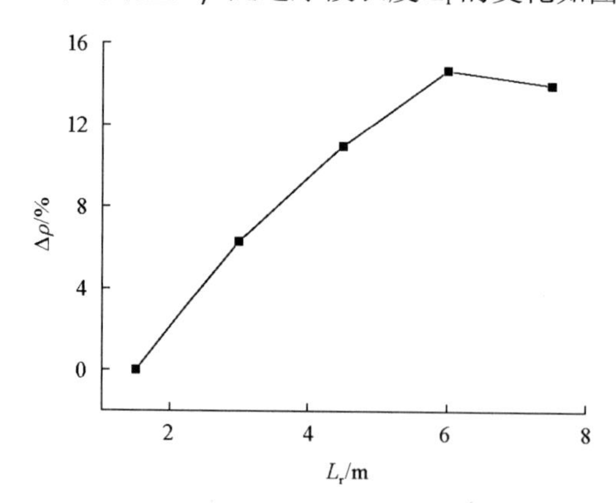

图 11-22　$\Delta\rho$ 随 L_r 增大的变化规律

图 11-22 中，$\Delta\rho$ 的计算公式为

$$\Delta\rho=\rho'-\rho \tag{11-7}$$

式中，ρ'为逆序放煤时下端头顶煤的采出率，%；ρ 为正序放煤时下端头顶煤的采出率，%。

由图 11-22 可知，下端头顶煤采出率的增量随逆序段长度的增大呈现出先增大后减小的趋势，为了保证较高的端头顶煤采出率并避免工序复杂化，建议选取 6m 作为逆序段长度。

11.2.4 分段逆序双口同时放煤

以上讨论了采用多口同时放煤和分段逆序放煤提高顶煤采出率的机理，分析了其分别在增加工作面中部和端头处放煤量的效果，为了同时提高工作面中部和端头顶煤采出率，将两种方法有机地结合起来，即分段逆序双口同时放煤。

分段逆序双口同时放煤的基本思路是在双口放煤的基础上，在靠近工作面下端头处设置一逆序放煤段，逆序段内亦采用相邻两支架同时放煤的方式进行操作。该种方式利用双口同时放煤的优点，可进一步增加逆序段的放出量。以 L_r=6m 为例，其逆序段放煤量及与普通双口放煤量的对比如图 11-23 所示。

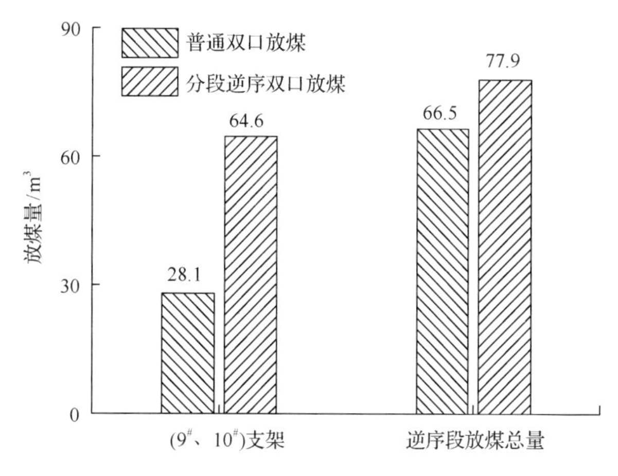

图 11-23 分段逆序双口放煤量

由图 11-23 可知，和普通双口放煤相比，分段逆序双口放煤在下端头处 9#、10#支架的放煤量增大了 36.5m^3，逆序段总放煤量增大了 17.14%，说明在双口同时放煤的情况下，采用分段逆序放煤方式可进一步增大逆序段的放煤量，既提高了工作面中部顶煤采出率，又提高了下端头的顶煤采出率。

11.3 下行分段-段内上行放煤工艺

采放工艺确定对于急倾斜厚煤层走向长壁放顶煤开采极其重要，合理的采放工艺有利于支架和工作面设备稳定及提高工作面采出率。在早期的大倾角工作面采放工艺方面，强调 4 个“自下而上”，即自下而上割煤、自下而上移架、自下而上放煤、自下而上推溜。但是对于急倾斜厚煤层综放开采，当工作面倾角大于破碎顶煤自然安息角或破碎顶煤与支架掩护梁摩擦角时，整个工作面的自下而上放煤不再适用，工作面下部放煤时，会引起上部支架顶煤向下流动，减小上部支架与顶煤及顶板的作用力，减弱支架的稳定性。因此基于急倾斜厚煤层的顶煤运动与放出规律，作者及其团队针对性地开发了急倾斜厚煤层走向长壁综放开采的“下行动态分段、段内上行放煤”的采放工艺[6]。

11.3.1　工艺简介

“下行动态分段、段内上行放煤”采放工艺，简称下行分段-段内上行放煤工艺，是针对急倾斜厚煤层走向长壁综放开采而设计的一种新型的采放工艺，即采煤机自上而下割煤；自上而下移架；自上而下动态分段，每个放煤分段内自下而上放煤；自下而上整体推移前刮板输送机和拉移后刮板输送机。自上而下动态分段是指根据煤岩分界面和放出体形状，确定每个分段内的支架数量，其示意图如图 11-24 所示。

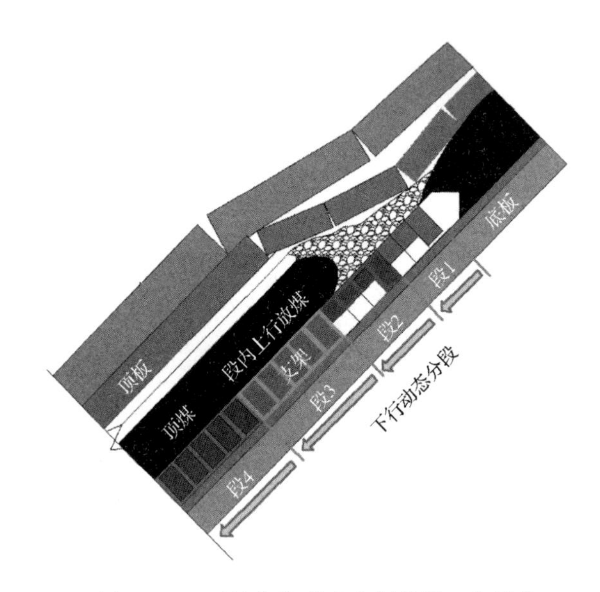

图 11-24　下行分段-段内上行放煤工艺示意

11.3.2　工艺实施

下行分段-段内上行采放工艺(简称动态分段采放工艺)，发挥急倾斜厚煤层走向长壁放顶煤开采的优势，在急倾斜煤层条件下使用该工艺可以实现工作面的均衡放煤，提高综放设备防滑性能的效果，提高综放工作安全性、采出率和资源利用率。

图 11-25 描述了动态分段采放工艺在急倾斜厚煤层走向长壁综放工作面的实施流程。

11.3.2.1　在无俯伪斜角的走向长壁综放工作面的实施流程

如图 11-26(a)所示，多个俯视为长方形的放煤支架顶梁前边缘依次沿走向长壁综放工作面的边缘布置，上下相邻的放煤支架沿走向长壁综放工作面的推进方向形成从上至下的依次排布，形成完整的工作面。采煤机自上而下采煤后，在走向长壁综放工作面上进行放煤过程中将工作面的放煤支架人为地从上至下依次划分为数段，经过大量数值模拟实验发现每段放煤支架的个数一般为 3～5 个为宜。

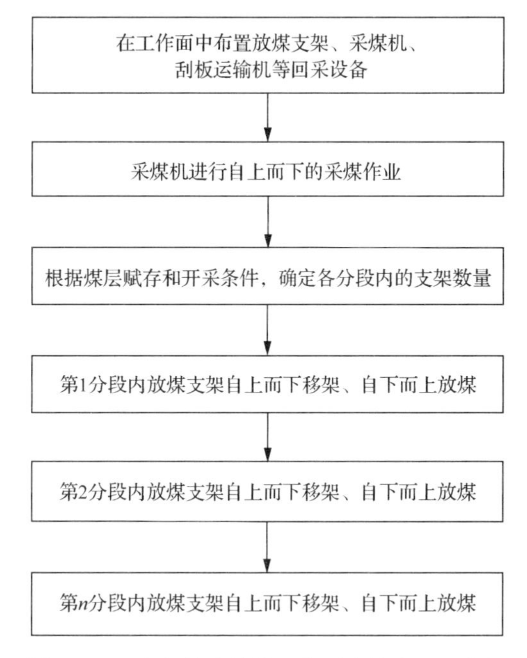

图 11-25　走向长壁综放工作面实施流程示意图

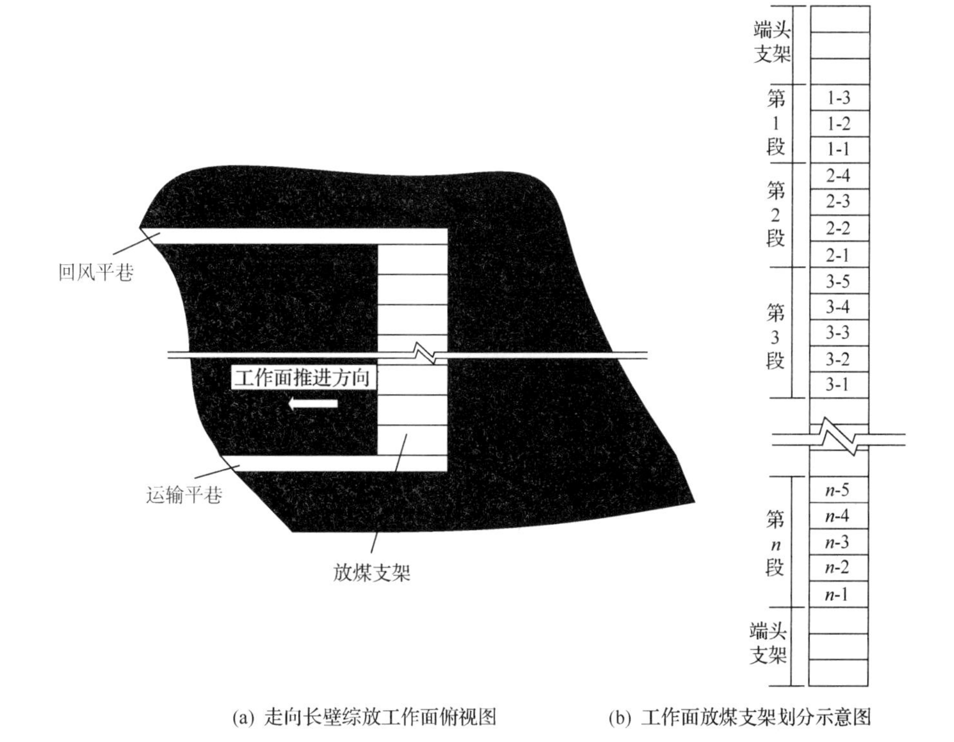

(a) 走向长壁综放工作面俯视图　(b) 工作面放煤支架划分示意图

图 11-26　动态分段采放工艺在无俯伪斜角走向长壁综放工作面的应用

如图 11-26(b)所示，各段内放煤支架采用从下往上的放煤方式，即先放急倾斜厚煤层走向长壁综放工作面第 1 段第 1 个放煤支架 1-1，然后为急倾斜厚煤层走向长壁综放工作面第一段第二个放煤支架 1-2，直至第 1 分段内 3 个支架全部放煤支架全部放完，接着进行第二段的放煤工作，放煤方法与第一段相同直至各段内的全部放煤支架放完，如此重复，直至第 n 个分段内的全部放煤支架放完，从而完成对整个工作面的放煤作业，最后刮板输送机将采煤机采下来的煤和放煤支架放出的煤运出。

11.3.2.2　在具有俯伪斜角的走向长壁综放工作面的实施流程

俯伪斜角度为急倾斜厚煤层走向长壁综放工作面上巷超前急倾斜厚煤层走向长壁综放工作面下巷所产生的工作面倾角，俯伪斜角度可以为 20°～30°。工作面支架布置如图 11-27(a)所示，多个放煤支架依次沿走向长壁综放工作面的斜度走向设置，上下相邻的放煤支架沿工作面的推进方向形成从上至下的依次滞后错位；同样的，将工作面的放煤支架人为地从上至下依次划分为数段，每段放煤支架个数一般为 3～5 个最宜，具体的放煤过程与无俯伪斜角相同。该方法可以减小工作面的实际倾角，提高综放设备防滑性能，配合采放工艺进行煤层开采。

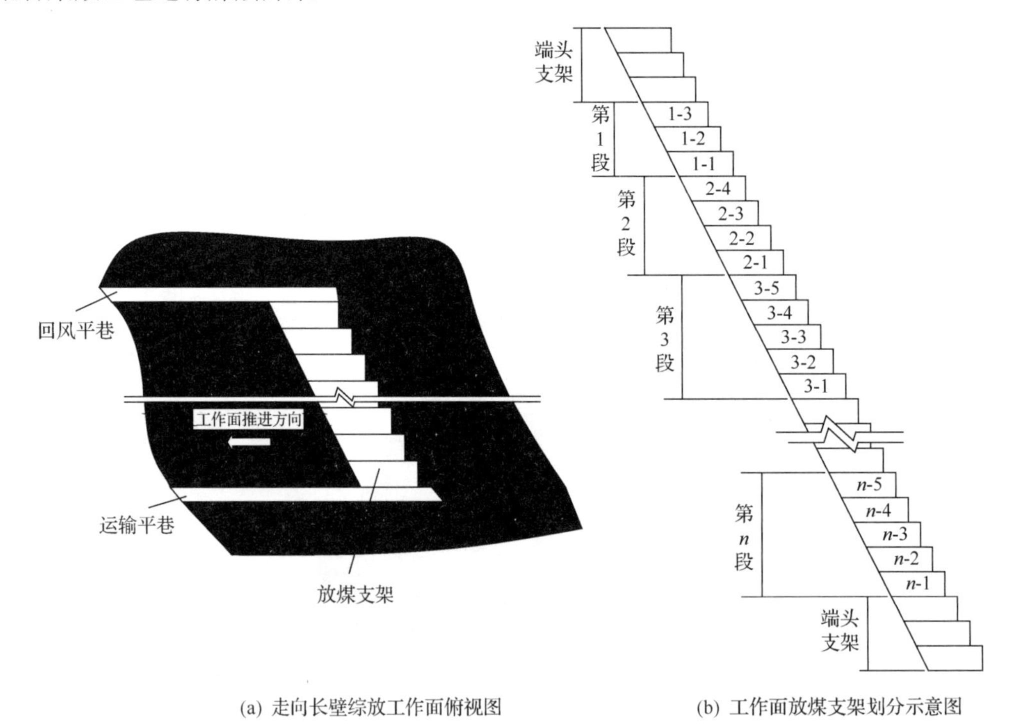

(a) 走向长壁综放工作面俯视图　　(b) 工作面放煤支架划分示意图

图 11-27　动态分段采放工艺在有俯伪斜角走向长壁综放工作面应用

11.3.3　支架稳定性力学分析

急倾斜厚煤层走向长壁综放开采其围岩运动具有独特的不同于水平及缓倾斜煤层开采的规律。首先，工作面顶板除了受到上覆岩层的载荷外，还受到其自身重力切向分量的影响，使得顶板不是沿重力方向运动，而是沿一条渐进于重力方向的曲线运动，其对支架产生一个侧向推动力，增加了支架在工作面方向的受力，使得支架更加容易发生倾倒。其次，放煤时本支架及工作面上端头方向相邻几个支架上方破碎顶煤会沿着支架顶梁、掩护梁、煤层底板等向放煤口流动，带动支架下滑或倾倒，不利于放顶煤开采。除此之外，工作面倾角较大，采空区破碎矸石会沿着煤层底板向工作面下端头方向滑动，使得工作面下端头采空区填充密实，中部不均匀填充，上部无填充，造成工作面支架受力不均匀，支架与围岩关系复杂。

综放支架在急倾斜煤层开采中不论发生倾倒或者下滑时，都会使支架间产生较大的挤压力，如果支架两侧护板间液压千斤顶提供不了足够的抗挤压能力，则会使支架侧护板发生回缩变形卡死等现象，进而使支架歪斜，移架困难，不利于安全生产。因此，支架侧护板的抗挤压能力显得尤为重要，当在急倾斜煤层综放开采中采用动态分段采放工艺时，支架的受力情况更为复杂，需要针对性地建立力学模型进行分析。

11.3.3.1　力学模型建立

根据工作面动态分段开采工艺的流程，建立如图 11-28 所示模型[7]，将 $N+1$～$N+M$ 号支架作为一个放煤段，段内实行上行放煤方式。当 $N+1$ 号支架放煤口打开后，顶煤放出体逐渐向上发展，使得 $N+1$～$N+M$ 号支架上方顶煤部分被放出，最终形成如图 11-28 所示的煤岩分界面形态。

由于工作面倾角大，放煤过程对 N 号及以下支架稳定性影响较小，而 $N+1$ 号支架要承受来自上侧放煤影响区域支架的挤压。因此，对 $N+1$ 号支架进行受力分析，如图 11-29 所示，可将其受力简化为受顶板压力 Q_{N+1}，其中 $Q_{S(N+1)}$、$Q_{N(N+1)}$ 分别为 Q_{N+1} 的切向和法向分量；重力 W，其中 W_S、W_N 分别是 W 的切向和法向分量；支架底座反力 $R_{(N+1)}$；支架上下两侧侧护板受力 $T_{U(N+1)}$、$T_{L(N+1)}$；支架与顶底板间摩擦力 $F_{R(N+1)}$、$F_{B(N+1)}$。

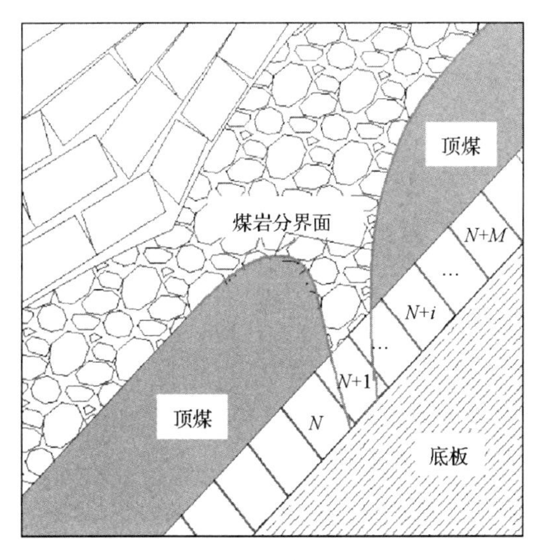

图 11-28　分段放煤示意

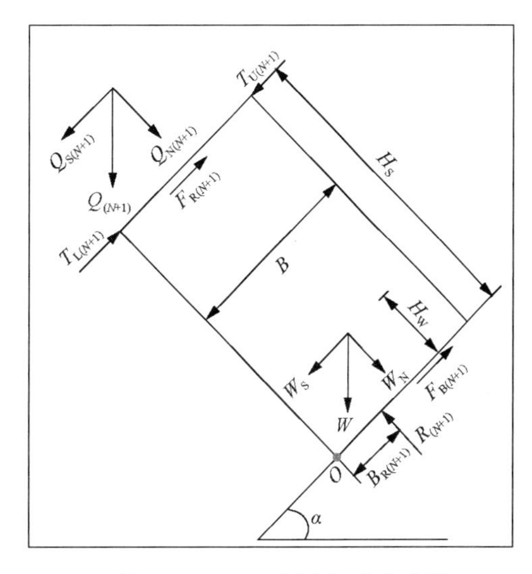

图 11-29　$N+1$ 号支架受力分析

11.3.3.2 支架抗倾倒能力计算

急倾斜或大倾角工作面支架失稳主要是两种形式：一种是支架倾倒失稳，另一种是支架滑动失稳。一般情况下支架倾倒失稳更容易发生，俗称倒架，尤其在综放工作面放煤过程中，支架顶部作用力减小，此时支架侧护板在防止支架倾倒方面具有极其重要的作用。由支架在垂直工作面底板方向受力平衡可得式(11-8)：

$$Q_{\mathrm{N}(N+1)} + W_{\mathrm{N}} = R_{(N+1)} \tag{11-8}$$

支架倾倒是以图 11-29 中点 O 为旋转点，对点 O 列矩平衡方程，得式(11-9)：

$$(T_{\mathrm{L}(N+1)} + F_{\mathrm{R}(N+1)} - T_{\mathrm{U}(N+1)} - Q_{\mathrm{S}(N+1)})H_{\mathrm{S}} + (Q_{\mathrm{N}(N+1)} + W_{N})\frac{B}{2} - W_{\mathrm{S}}H_{\mathrm{W}} - R_{(N+1)}B_{\mathrm{R}(N+1)} = 0 \tag{11-9}$$

式中，H_{S} 为支架高度，m；B 为支架宽度，m；H_{W} 为重心高度，m；$B_{\mathrm{R}(N+1)}$为底座反力 $R_{(N+1)}$对点 O 力臂；α 为工作面倾角，(°)。

将式(11-9)化简得

$$\Delta T_{(N+1)} = T_{\mathrm{L}(N+1)} - T_{\mathrm{U}(N+1)} = Q_{\mathrm{S}(N+1)} + W_{\mathrm{S}}\frac{H_{\mathrm{W}}}{H_{\mathrm{S}}} + R_{(N+1)}\frac{B_{\mathrm{R}(N+1)}}{H_{\mathrm{S}}} - F_{\mathrm{R}(N+1)} - \frac{B}{2H_{\mathrm{S}}}(Q_{\mathrm{N}(N+1)} + W_{\mathrm{N}}) \tag{11-10}$$

取工作面上端头方向为正方向，则 N+1 号支架正常工作时 $F_{\mathrm{R}(N+1)}$为正，其最大值为最大静摩擦力 $f_1Q_{\mathrm{N}(N+1)}$，即

$$0 \leqslant F_{\mathrm{R}(N+1)} \leqslant f_1 Q_{\mathrm{N}(N+1)} \tag{11-11}$$

式中，f_1 为支架顶梁与顶煤间的摩擦系数。

将式(11-8)、式(11-11)代入式(11-10)整理化简得

$$\left(Q_{(N+1)} + W\frac{H_{\mathrm{W}}}{H_{\mathrm{S}}}\right)\sin\alpha + \left[\frac{(W + Q_{(N+1)})(2B_{\mathrm{R}(N+1)} - B)}{2H_{\mathrm{S}}} - f_1 Q_{(N+1)}\right]\cos\alpha \leqslant \Delta T_{(N+1)} \leqslant \left(Q_{(N+1)} + W\frac{H_{\mathrm{W}}}{H_{\mathrm{S}}}\right)\sin\alpha + \frac{(W + Q_{(N+1)})(2B_{\mathrm{R}(N+1)} - B)}{2H_{\mathrm{S}}}\cos\alpha \tag{11-12}$$

假设老顶传递下来的载荷是均布载荷，当第 N+1 号支架放煤后煤层倾斜角度超过了煤的自然安息角，使得 N+1 号到 N+M 号支架上方的破碎顶煤不同程度地流向 N+1 号支架，同时 N+2 号到 N+M 号支架后方采空区处的矸石也会向 N+1 号支架后方采空区流动

使其被充分填充，$N+2$ 号到 $N+M$ 号支架后方采空区依次逐渐变疏。而支护系统从工作面推进方向来看是“煤壁-支架-采空区矸石”的综合作用，因此，这种结果导致工作面支架受力不均匀，$N+1$ 号到 $N+M$ 号支架上方顶板压力 Q 逐渐增大，设顶板压力 Q 与支架重力 W 的比值为 K，则 $K_{(N+1)}<\cdots<K_{(N+i)}<\cdots<K_{(N+M)}$，现场实测结果也证实了这一点。一般情况下，支架的实际工作阻力 P 与顶板对支架的法向压力是相等的，因此，$P=Q\cdot\cos\alpha=Q_{\mathrm{N}}$，则

$$K=\frac{Q}{W}=\frac{P}{W\cos\alpha}=\frac{Q_{\mathrm{N}}}{W\cos\alpha} \tag{11-13}$$

将 $K_{(N+1)}$ 代入不等式(11-12)得

$$W(A_{(N+1)}\sin\alpha+C_{1(N+1)}\cos\alpha)\leqslant\Delta T_{(N+1)}\leqslant W(A_{(N+1)}\sin\alpha+C_{2(N+1)}\cos\alpha) \tag{11-14}$$

式中，$A_{(N+1)}=K_{(N+1)}+\dfrac{H_{\mathrm{W}}}{H_{\mathrm{s}}}C_{1(N+1)}=(1+K_{(N+1)})\dfrac{2B_{\mathrm{R}(N+1)}-B}{2H_{\mathrm{s}}}-f_1K_{(N+1)}$；$C_{2(N+1)}=(1+K_{(N+1)})\dfrac{2B_{\mathrm{R}(N+1)}-B}{2H_{\mathrm{s}}}$

同理，可以分别求出 $\Delta T_{(N+i)}$ 的值域：

$$W(A_{(N+i)}\sin\alpha+C_{1(N+i)}\cos\alpha)\leqslant\Delta T_{(N+i)}\leqslant W(A_{(N+i)}\sin\alpha+C_{2(N+i)}\cos\alpha) \tag{11-15}$$

式中，$1\leqslant i\leqslant M$。设 $y_1=A_{(N+i)}\sin\alpha+C_{1(N+i)}\cos\alpha$，$y_2=A_{(N+i)}\sin\alpha+C_{2(N+i)}\cos\alpha$，则 y 是一个关于 K 的函数，分别对 y_1、y_2 求导得

$$\frac{\mathrm{d}y_1}{\mathrm{d}K}=y_1'=\sin\alpha+\cos\alpha\left(\frac{2B_{\mathrm{R}(N+i)}-B}{2H_{\mathrm{S}}}-f_1\right)\frac{\mathrm{d}y_2}{\mathrm{d}K}=y_2'=\sin\alpha+\cos\alpha\left(\frac{2B_{\mathrm{R}(N+i)}-B}{2H_{\mathrm{S}}}\right) \tag{11-16}$$

式中，$B_{\mathrm{R}(N+i)}$ 为 $N+i$ 号支架底座等效集中应力 $R_{(N+i)}$ 对点 O 的力臂，底座反力 $R_{(N+i)}$ 的分布情况如图 11-30 所示，分为 3 种分布方式，则由计算可得 $B/3\leqslant B_{\mathrm{R}(N+i)}\leqslant B/2$，代入式(11-16)得

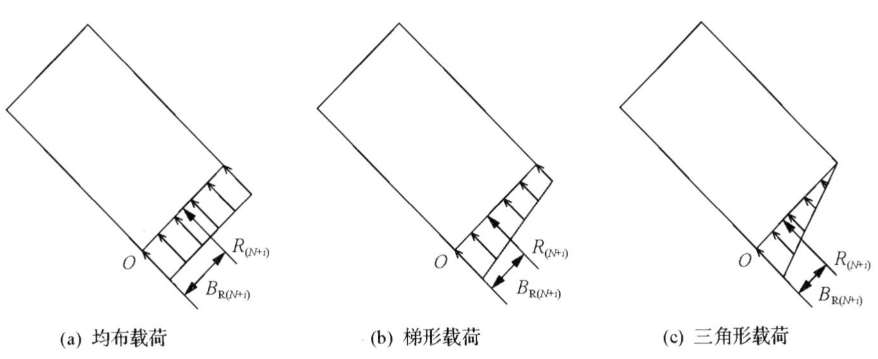

图 11-30　底座反力 $R_{(N+i)}$ 的分布情况图

$$\sin\alpha-\left(f_1+\frac{B}{6H_S}\right)\cos\alpha\leqslant y_1'\leqslant\sin\alpha-f_1\cos\alpha \tag{11-17}$$

$$\sin\alpha-\frac{B}{6H_S}\cos\alpha\leqslant y_2'\leqslant\sin\alpha \tag{11-18}$$

一般情况下若为急倾斜煤层，则 $\alpha \geqslant 45°$，由此可得，$y_1'>0$，$y_2'>0$，因此，y_1、y_2 随着 K 的增大而增大，也就是说 $\Delta T_{(N+i)}$ 随着 K 的增大而增大，随着支架编号的增大而增大。同理，由 $B_{R(N+1)}$ 的范围可得 y_1、y_2 的范围：

$$\left(K_{(N+i)}+\frac{H_W}{H_S}\right)\sin\alpha-\left[\frac{(1+K_{(N+i)})B}{6H_S}+f_1K_{(N+i)}\right]\cos\alpha\leqslant y_1\leqslant\left(K_{(N+i)}+\frac{H_W}{H_S}\right)\sin\alpha-f_1K_{(N+i)}\cos\alpha \tag{11-19}$$

$$\left(K_{(N+i)}+\frac{H_W}{H_S}\right)\sin\alpha-\left[\frac{(1+K_{(N+i)})B}{6H_S}\right]\cos\alpha\leqslant y_2\leqslant\left(K_{(N+i)}+\frac{H_W}{H_S}\right)\sin\alpha \tag{11-20}$$

由 y_1、y_2 的取值范围，就可得到 $\Delta T_{L(N+i)}$ 的最大取值范围：

$$W\left(K_{(N+i)}+\frac{H_W}{H_S}\right)\sin\alpha-W\left[\frac{(1+K_{(N+i)})B}{6H_S}+f_1K_{(N+i)}\right]\cos\alpha\leqslant\Delta T_{L(N+i)}\leqslant W\left(K_{(N+i)}+\frac{H_W}{H_S}\right)\sin\alpha \tag{11-21}$$

设 $N+i$ 号支架侧护板左右两侧所受力分别为 $T_{L(N+i)}$ 和 $T_{U(N+i)}$，则第 $N+i$ 号支架左侧护板受力 $T_{L(N+i)}$ 为

$$T_{L(N+i)}=\sum_{j=N+i}^{N+M}\Delta T_j+T_{U(N+M)},\ (1\leqslant i\leqslant M) \tag{11-22}$$

式中，$N+M$ 号支架所受力 $T_{U(N+M)}$ 取 0，即认为段外 $N+M+1$ 号支架可以自稳，对 $N+M$ 号支架不产生挤压力或较小的挤压力，因此，$T_{L(N+i)}=\sum\limits_{j=N+1}^{N+M}\Delta T_j$，则

$$\sum_{j=N+i}^{N+M}W(A_j\sin\alpha+C_{1j}\cos\alpha)\leqslant T_{L(N+i)}\leqslant\sum_{j=N+i}^{N+M}W(A_j\sin\alpha+C_{2j}\cos\alpha) \tag{11-23}$$

$N+i$ 号支架临界倾倒时左侧护板受力 $T_{L(N+i)d}$ 的最大取值范围为

$$T_{L(N+i)dmin}=\sum_{j=N+i}^{N+M}W\left(K_{(N+i)}+\frac{H_W}{H_S}\right)\sin\alpha-\sum_{j=N+i}^{N+M}W\left[\frac{(1+K_{(N+i)})B}{6H_S}+f_1K_{(N+i)}\right]\cos\alpha$$
$$\leqslant T_{L(N+i)d}\leqslant\sum_{j=N+i}^{N+M}W\left(K_{(N+i)}+\frac{H_W}{H_S}\right)\sin\alpha=T_{L(N+i)dmax}\tag{11-24}$$

式中，$T_{L(N+i)dmin}$为$N+i$号支架临界倾倒时左侧护板受力最小值，此时$F_{R(N+i)}$取最大值，B_R取$B/3$；$T_{L(N+i)dmax}$为$N+i$号支架临界倾倒时左侧护板受力最大值，此时$F_{R(N+i)}$取0，B_R取$B/2$。

由上述求得的结果，以支架编号为横坐标、支架临界倾倒时左侧护板受力$T_{L(j)d}$($j=N+i$)为纵坐标建立直角坐标系，用平滑曲线将M个$T_{L(j)d}$连接起来，则$T_{L(j)d}$与支架编号j的关系曲线如图11-31所示。

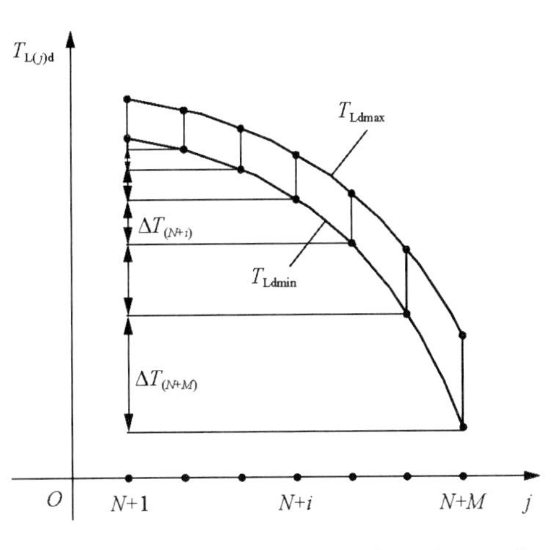

图11-31　支架临界倾倒左侧护板受力$T_{L(j)d}$与支架编号j的关系

由图11-31可以看出，随着支架编号逐渐变小，支架临界倾倒时左侧护板受力是先快后慢逐渐增大的，$N+1$号支架左侧护板受力最大，它是$N+1$号到$N+M$号支架挤压力累积的结果，为保证液压支架不倾倒，侧护板不回缩，侧护板的抗倾倒能力T_{Lrd}需不小于$T_{L(N+1)d}$的最小值，即

$$T_{Lrd}\geqslant T_{L(N+1)dmin}\tag{11-25}$$

11.3.3.3　支架抗下滑能力计算

根据图11-29中$N+1$号支架在工作面布置方向受力平衡得式(11-26)，且支架抗下滑能力需不小于下滑力才能保证支架稳定。

$$T_{L(N+1)}+F_{R(N+1)}+F_{B(N+1)}=Q_{S(N+1)}+T_{U(N+1)}+W_S$$

化简得

$$\Delta T_{(N+1)}=Q_{S(N+1)}+W_S-(F_{R(N+1)}+F_{B(N+1)})\tag{11-26}$$

同理，由F_B为支架底座与顶板的静摩擦力得$0\leqslant F_{B(N+1)}\leqslant f_2R_{(N+1)}$，则

$$W(1+K_{(N+1)})\sin\alpha-W\left[(f_1+f_2)K_{(N+1)}+f_2\right]\cos\alpha\leqslant\Delta T_{(N+1)}\leqslant W(1+K_{(N+1)})\sin\alpha\tag{11-27}$$

式中，f_2为支架底座与底板之间的摩擦系数。

同理，可也可得到$\Delta T_{(N+i)}$的范围：

$$W(1+K_{(N+i)})\sin\alpha-W\left[(f_1+f_2)K_{(N+i)}+f_2\right]\cos\alpha\leqslant\Delta T_{(N+i)}\leqslant W(1+K_{(N+i)})\sin\alpha\tag{11-28}$$

进而得到 $N+i$ 号支架临界下滑时左侧护板受力 $T_{L(j)g}$ 的取值范围为

$$\begin{aligned} T_{L(j)g\min} &= \sum_{j=N+i}^{N+M} W(1+K_{(j)})\sin\alpha - \sum_{j=N+i}^{N+M} W\left[(f_1+f_2)K_{(j)}+f_2\right]\cos\alpha \\ &\leqslant T_{L(j)g} \leqslant \sum_{j=N+i}^{N+M} W(1+K_{(j)})\sin\alpha = T_{L(j)g\max} \end{aligned} \tag{11-29}$$

式中，$T_{L(j)g\min}$ 为 $N+i$ 号支架临界下滑时左侧护板受力最小值，此时 $F_{B(N+i)}$ 和 $F_{R(N+i)}$ 均取最大值；$T_{L(j)g\max}$ 为 $N+i$ 号支架临界下滑时左侧护板受力最大值，此时 $F_{R(N+i)}$ 和 $F_{R(N+i)}$ 均取 0。

设 $y_3=(1+K_{(N+i)})\sin\alpha-[(f_1+f_2)K_{(N+i)}+f_2]\cos\alpha$，$y_4=(1+K_{(N+i)})\sin\alpha$，则 y 为 K 的函数，对 K 求导得

$$\frac{dy_3}{dK}=\sin\alpha-(f_1+f_2)\cos\alpha,\ \frac{dy_4}{dK}=\sin\alpha \tag{11-30}$$

显而易见，$y_4'>0$，而 y_3' 的值则分 3 种情况：

(1) 当 $y_3'>0$ 时，则说明 y_3 随着 K 的增大而增大，即 $\Delta T_{(N+i)}$ 随着 K 的增大而增大，$T_{L(j)g}$ 与支架编号的关系曲线如图 11-32(a) 所示；

(2) 当 $y_3'=0$ 时，则说明 y_3 不随着 K 的变化而变化，即 $\Delta T_{(N+i)}$ 为一常数，$T_{L(j)g}$ 与支架编号的关系曲线如图 11-32(b) 所示；

(3) 当 $y_3'<0$ 时，则说明 y_3 随着 K 的增大而减小，即 $\Delta T_{(N+i)}$ 随着 K 的增大而减小，$T_{L(j)g}$ 与支架编号的关系曲线如图 11-32(c) 所示。

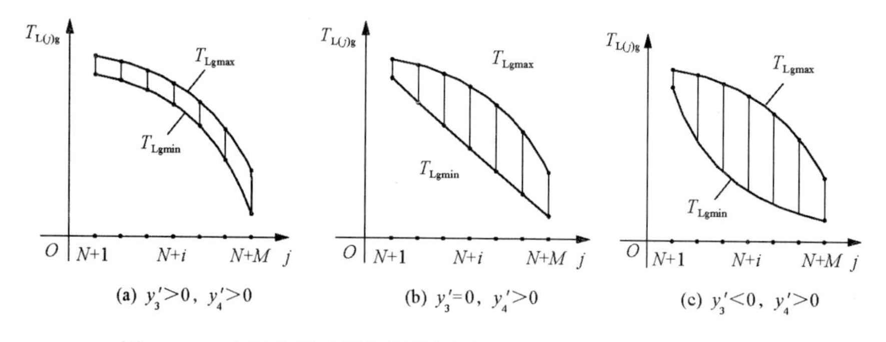

图 11-32　支架临界下滑左侧护板受力 $T_{L(j)g}$ 与支架编号 j 的关系

支架临界下滑时左侧护板受力情况如图 11-32 所示，与图 11-32(a) 和 (b) 相比，图 11-32(c) 中曲线说明支架临界下滑时左侧护板受力最小值更加小，即在相同综放支架条件下，更能保证侧护板可以安全使用，因此，选择或设计支架时，应使 $(f_1+f_2)>\tan\alpha$。

同样的，由图 11-32 可以看出，$N+1$ 号支架左侧护板受力最大，为保证段内支架不下滑，则需要求支架侧护板的抗下滑能力 T_{Lrg} 至少不小于 $T_{L(N+1)g}$ 的最小值，因此：

$$T_{Lrg} \geqslant T_{L(N+1)g\min} \tag{11-31}$$

由式(11-25)和式(11-31)作比较，最终确定支架侧护板的抗挤压能力 T_{Lae} 为

$$T_{\mathrm{Lae}} \geqslant \max\left\{T_{\mathrm{L}(N+1)\mathrm{d}\min}, T_{\mathrm{L}(N+1)\mathrm{g}\min}\right\} \tag{11-32}$$

即 T_{Lae} 能保证工作面正常生产时液压支架设计需达到的最小抗挤压能力值。

11.3.3.4 数值模拟验证

1)模型参数与边界条件

为了对以上理论推导结论进行验证，根据某矿具体地质条件与工程背景，利用(PFC^{2D})数值模拟软件建立沿工作面布置方向的综放开采数值计算模型，监控支架顶梁及侧护板的受力情况。模型初始状态如图 11-33 所示，图 11-33(a)为建立的该矿 1201 工作面整体模型，模型上部灰白色颗粒表示老顶及上覆岩层，中部浅色颗粒表示直接顶，下部深色颗粒表示煤，最下面为 45 个模拟综放支架，煤岩颗粒具体物理力学参数见表 11-5。为了减小运算强度且较准确地还原支架在上覆岩层载荷作用下的受力状态，在模拟中采用将老顶及上覆岩层的厚度缩小为原厚度的 0.44，同时将老顶颗粒密度增加为原密度的 2.28 倍的方法，加快模型运算速率，如图 11-33(b)所示。

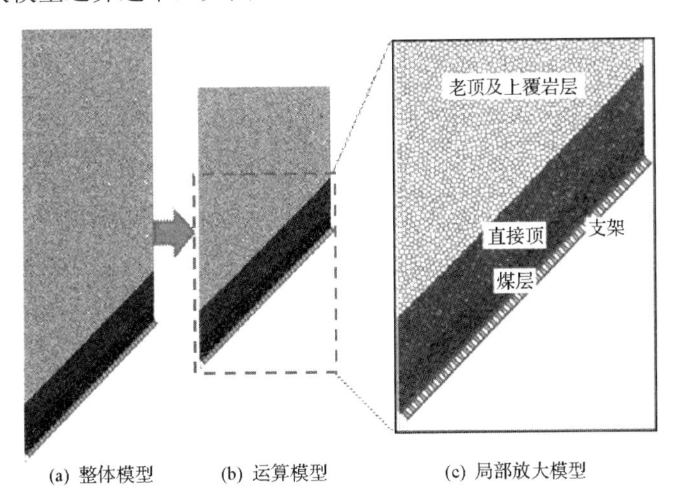

图 11-33 PFC^{2D} 模型初始状态

表 11-5 煤岩颗粒具体物理力学参数

材料	密度/(kg/m^3)	颗粒半径/m	法向刚度/(N/m)	剪切刚度/(N/m)	摩擦系数
煤	1500	0.10～0.15	2×10^8	2×10^8	0.4
直接顶	2500	0.20～0.30	4×10^8	4×10^8	0.4
老顶及覆岩	2630	0.40～0.50	4×10^8	4×10^8	0.4

如图 11-34 所示，单个综放支架是由 29 个颗粒单元组成的簇单元及 3 个墙体单元组合而成，该综放支架既可以开关门实现放煤过程，又可以通过墙体单元测试相应的受力大小。其中，上边 10 个颗粒单元模拟支架顶梁，中间 14 个颗粒单元模拟支架支柱，下

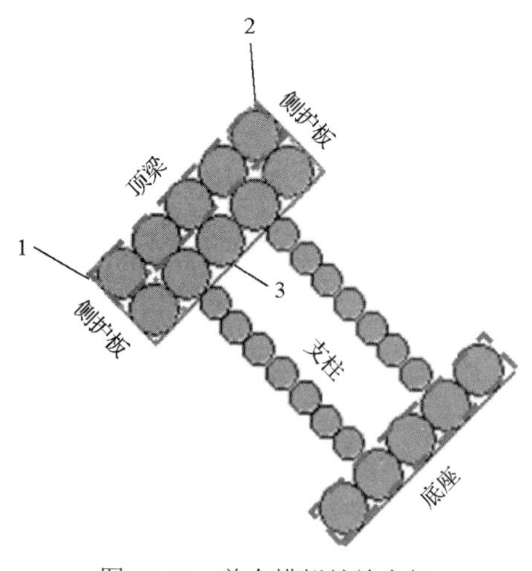

图 11-34　单个模拟综放支架

边 5 个颗粒单元模拟支架底座，1#墙体单元和 2#墙体单元分别模拟支架左右侧护板。实验时通过 1#墙体单元监测支架左侧护板受力 T_L，2#墙体单元监测支架右侧护板受力 T_U，3#墙体单元监测支架顶梁受力 Q，通过 fish 语言来控制支架放煤口的打开或关闭，计算中采用“见矸关门”的原则来进行放煤。为减小边界效应影响，模型中共设置了 45 个支架，由下端头到上端头依次编号为：1#,2#,…,45#，上下端头各保留 6 个支架不放煤。

模型边界条件：颗粒周围墙体作为模型外边界，其速度和加速度固定为 0。初始条件：颗粒初始速度为 0，只受重力作用，$g = 9.81\text{m/s}^2$，墙体的速度和加速度为 0。

2) 支架侧护板受力分析

初始模型建成且受力平衡后，分别对 45 个支架进行受力监测，记录放煤前各个支架顶梁及侧护板受力平均值，如图 11-36 和图 11-37 中黑色方点所示。为确定理论分析中每个放煤段内支架的个数，选取工作面中间区域 25#支架作为放煤支架进行研究。打开 25#支架放煤口进行放煤，放煤结束后形成的煤岩分界面形态如图 11-35 所示，该煤岩分界面具有明显的不对称性，右翼煤岩分界面向工作面上端头方向延伸较长，斜率变化比较平缓，左翼煤岩分界面延伸较短，斜率变化大。

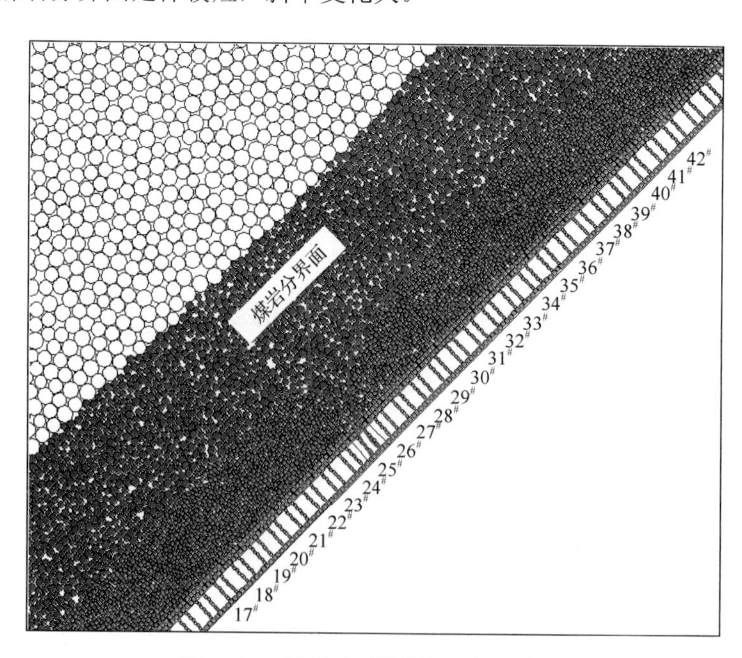

图 11-35　放煤结束后煤岩分界面形态

$1^{\#}$、$2^{\#}$、$3^{\#}$墙体单元实时监测整个放煤过程中支架受力情况，当放煤结束模型再次平衡后，各支架顶梁和侧护板受力大小平均值如图 11-36 和图 11-37 中圆点折线所示。

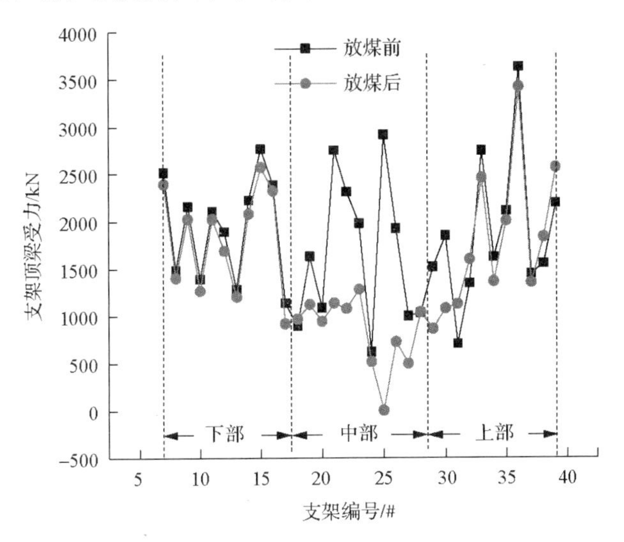

图 11-36　放煤前后支架顶梁受力情况

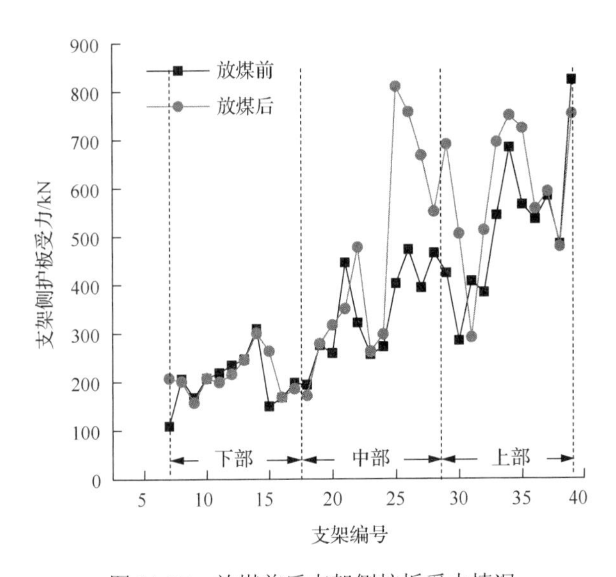

图 11-37　放煤前后支架侧护板受力情况

如图 11-36 所示，根据支架顶梁及侧护板受载状况不同，将工作面分为上、中、下 3 部分。放煤前设 7～$17^{\#}$支架为工作面下部支架，其平均受力大小为 1787kN，最大为 2767kN；18～$28^{\#}$支架为工作面中部支架，平均受力为 1953kN，最大为 2913kN；29～$39^{\#}$支架为上部支架，平均受力为 2153kN，最大为 3626kN。因此，支架顶梁受力大小表现为：上部>中部>下部，这与前面分析的支架与围岩关系相符合。$25^{\#}$支架放煤后，从图 11-36 可以看出，25～$30^{\#}$支架放煤前后顶梁受力变动较大，平均减小 49.49%，即此支架范围为放煤影响区域，该区域 25～$30^{\#}$支架顶梁受力逐渐增大，$25^{\#}$支架顶梁受力最小，而其他支架顶梁受力几乎不变。

由图 11-37 可知，25#支架放煤后，7～24#支架侧护板受力几乎不变；25～30#支架侧护板受力大幅度增大，平均增长 65.01%；31～39#支架侧护板受力增加幅度较小，平均增长 9.14%；同时，可以发现支架侧护板的受力呈“锯齿”状分段分布，根据理论分析可知，每个“锯齿”的波峰受力是由相邻几个支架侧护板受力累积所得，因此支架侧护板抗挤压能力要大于该最大波峰值，才能保证整个工作面支架稳定。25#支架放煤后，该支架左侧护板受力达到最大值，放煤影响区域 25～30#随支架编号的增大其侧护板受力逐渐减小，因此，认为该矿 1201 工作面采用 6 个支架为一组进行分段上行放煤较为合适。

根据该矿 1201 工作面相关参数，H_W=0.75m，H_S=2.3m，B=1.5m，W=195kN，f_1=f_2=0.5，将其代入式(11-25)和式(11-32)中，分别求出支架抗倾倒和抗下滑力大小，其和 PFC^{2D} 模拟结果对比如图 11-38 所示。

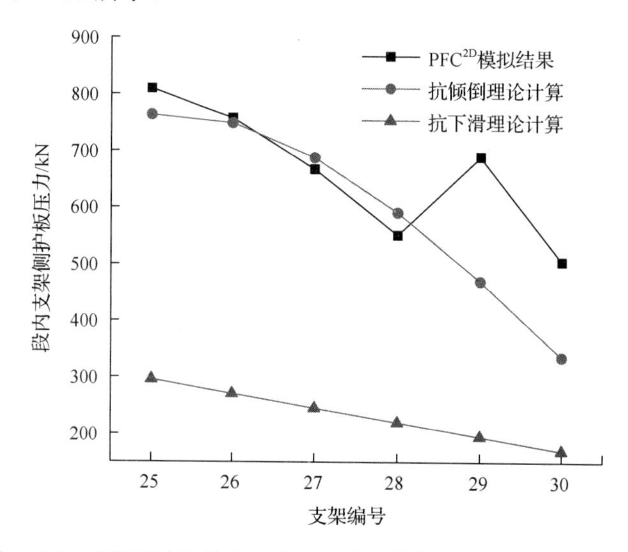

图 11-38　支架侧护板抗挤压能力理论计算与 PFC 模拟结果对比图

由图 11-38 可知，支架侧护板抗下滑所需力远远小于抗倾倒所需力，因此支架侧护板抗挤压能力应和支架抗倾倒能力相一致，同时也说明在支架侧护板抗挤压能力有限时，支架倾倒相较于下滑更容易发生。对比理论计算结果和模拟结果，发现 29#支架侧护板压力在模拟结果中突然变大，可能是由模拟颗粒力链间随机性作用结果导致，但两条曲线趋势基本吻合，验证了理论方程的正确性。同时，由图 11-38 可知支架侧护板理论抗挤压能力为 763kN，模拟抗挤压能力为 809kN，而实际工作面选用的 ZFY4800/17/28 综放支架的抗挤压能力为 700kN，较计算与模拟值偏小，但基本满足生产需要。

11.3.3.5　提高支架稳定性措施

式(11-25)和式(11-32)涉及的因素有 W、K、$N+i$、H_W/H_S、α、B/H_S、f_1、f_2，不同因素对支架稳定性影响不同，为提高该矿 1201 工作面支架稳定性，具体措施如下所述。

1) 合理的支架参数选择及设计

(1) 为使支架侧护板受力 $T_{L(N+i)}$ 较小，B/H_S 要尽可能大。要求在采高一定时，应选用宽度大的支架或设计成宽支架；或者在支架宽度一定时，采高要适当降低。

(2) H_W/H_S 要尽可能小，即支架重心位置尽可能低，这可以通过加大支架底座质量配比来实现。

(3) 不受外力情况下，一般认为若液压支架重心垂线没有超过底座下边界，则支架可以自稳不发生倾倒现象。

如图 11-39 所示，为支架重心位置示意图，则支架能自稳不倾倒需要满足：

$$H_W \tan\alpha \leqslant \frac{B}{2} \tag{11-33}$$

化简得：$H_W \leqslant B/(2\tan\alpha)$，因此在设计支架时，需要注意重心位置是否符合该条件。

(4) 当支架重力 W 减小时，侧护板受力 $T_{L(N+i)}$ 会随着减小。因此，支架在保证足够支护强度的条件下，尽可能选择轻型支架。

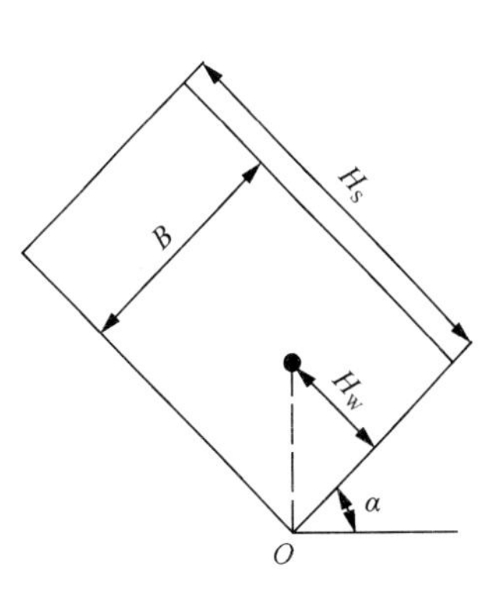

图 11-39　支架重心位置示意图

2) 合理生产工艺

(1) 为满足 $(f_1+f_2)>\tan\alpha$，则 f_1、f_2 应尽可能增大：①当顶板破碎时，做好超前支护，底板有浮煤及积水时要注意清理干净，确保支架底座与底板可以严密接触；②合理控制采高，提高采煤机截割质量，使滚筒可以沿底割煤，增大支架底座与底板的摩擦系数。

(2) 顶板对支架的压力 Q 尽可能减小，即 K 要减小，要求最大限度发挥围岩的支护性能：①加强煤壁片帮预防，保持煤壁的完整；②控制直接顶与煤层厚度相适应，保证破碎直接顶尽可能充满采空区，发挥采空区矸石的支撑作用。

(3) 段内支架个数 M 要尽量少：①倾角一定时，要适当缩小采高；②可以将工作面伪斜布置，减小工作面的真倾角。

参考文献

[1] 孟金锁. 综放采区煤炭损失构成及对策分析[J]. 煤炭学报, 1998, 23(3): 83-87.

[2] 樊运策. 综放工作面冒落顶煤放出控制[J]. 煤炭学报, 2001, 26(6): 606-610.

[3] 吴健. 放顶煤开采的高产和煤炭损失[J]. 矿山压力与顶板管理, 1991, (1): 13-18, 72-73.

[4] 曹胜根, 刘长友, 李鸿昌. 浅析放顶煤开采的煤炭回收率[J]. 矿山压力与顶板管理, 1993, (Z1): 100-104.

[5] 王家臣, 张锦旺, 陈祎. 基于 BBR 体系的提高综放开采顶煤采出率工艺研究[J]. 矿业科学学报, 2016, 1(1): 38-48.

[6] 王家臣, 赵兵文, 赵鹏飞, 等. 急倾斜极软厚煤层走向长壁综放开采技术研究[J]. 煤炭学报, 2017, 42(2): 286-292.

[7] 王家臣, 魏炜杰, 张锦旺, 等. 急倾斜厚煤层走向长壁综放开采支架稳定性分析[J]. 煤炭学报, 2017, 42(11): 2783-2791.